二維結構中支撐點與連結點的反作用力

支撐或連接	反力	未知數數目
滾輪　　弧腳　　無摩擦面	已知作用線的力	1
短纜繩　　短連桿	已知作用線的力	1
無摩擦桿上的軸環　　槽內的無摩擦插銷	已知作用線的力（90°）	1
無摩擦插銷/鉸鍊　　粗糙面	未知方向的力	2
固定支撐	力與力偶	3

解決剛體平衡之相關問題的首要步驟：

為物體繪製一張適當的自由體圖。繪製時需在圖中顯示地面與其他物體透過此反作用力所產生的抗衡的物體的運動。本頁與次頁的圖表總結了作用於二維體與三維體可能的反作用力。

靜力學

第十版

Vector Mechanics for Engineers: Statics, 10e

Ferdinand Beer
E. Russell Johnston Jr.
David Mazurek

著

莊嘉揚

譯

國家圖書館出版品預行編目(CIP)資料

靜力學 ／ Ferdinand Beer, E. Russell Johnston Jr., David Mazurek 著；莊嘉揚譯. -- 四版. -- 臺北市：麥格羅希爾，台灣東華, 2015. 01
　　面；　公分
　　譯自：Vector mechanics for engineers : Statics. 10th ed.
　　ISBN　978-986-157-158-1（平裝）.

　　1. 應用靜力學

440.131　　　　　　　　　　　　　103026189

靜力學 第十版

繁體中文版© 2015 年，美商麥格羅希爾國際股份有限公司台灣分公司版權所有。本書所有內容，未經本公司事前書面授權，不得以任何方式（包括儲存於資料庫或任何存取系統內）作全部或局部之翻印、仿製或轉載。

Traditional Chinese Translation Copyright ©2015 by McGraw-Hill International Enterprises, LLC., Taiwan Branch
Original title: Vector Mechanics for Engineers: Statics, 10e (ISBN: 978-0-07-740228-0)
Original title copyright © 2012 by McGraw-Hill Education
All rights reserved.

作　　者	Ferdinand Beer, E. Russell Johnston Jr., David Mazurek
譯　　者	莊嘉揚
漫畫繪圖	翁梓期
合作出版暨發行所	美商麥格羅希爾國際股份有限公司台灣分公司 台北市 10044 中正區博愛路 53 號 7 樓 TEL: (02) 2383-6000　　FAX: (02) 2388-8822 http://www.mcgraw-hill.com.tw 臺灣東華書局股份有限公司 10045 台北市重慶南路一段 147 號 3 樓 TEL: (02) 2311-4027　　FAX: (02) 2311-6615 郵撥帳號：00064813 門市一 10045 台北市重慶南路一段 77 號 1 樓 TEL: (02) 2371-9311 門市二 10045 台北市重慶南路一段 147 號 1 樓 TEL: (02) 2382-1762
總　代　理	臺灣東華書局股份有限公司
出版日期	西元 2015 年 1 月 四版一刷

ISBN：978-986-341-158-1

譯序

翻譯本書對我來說，就好像跑一場馬拉松。剛開始跑的時候體力充沛、精神十足，跑到半途時覺得遙遙無期，幾乎後繼無力。沒想到最後竟然完成了，雖然心想以後再也不跑了，但內心的滿足無以言喻，也許幾年之後，我又答應再跑一場，誰知道呢？

現今制度下，翻譯教科書對大學教授並不算「業績」，升等雖然要求教學、研究、服務兼顧，但實際上通過與否還是以研究為主。亦即若發表的論文不足，無論教學或服務做得多好，還是幾乎無法順利升等。因此，在這樣的客觀條件下，當時我身為助理教授、有升等壓力之下，為何要翻譯這本書呢？我是被東華書局的儲方先生感動，他帶著無比的熱情向我提議要翻譯一本與眾不同的教科書，在討論的過程中，他不時以學生和授課教授的角度，思考書本以及投影片教材應以何種方式呈現，最能幫助學生學習。教科書方面，我們決定將原文書中每章首頁的照片，取代為曾修習我開設的靜力學的台大機械系大一學生的攝影作品，並附上他們的一段話。另外，我們請台大機械系翁梓期同學繪製漫畫，以漫畫的形式介紹各章的重點。希望可以使同是大一的讀者覺得親切，進而提升他們學習的興趣。投影片教材部分，儲先生特別委託思渤科技公司使用 Maple 軟體製作三維的動畫圖，以動畫的方式清楚呈現三維向量和物體。

本書最初是由李海大學 (Lehigh University) 的 Ferdinand P. Beer 教授與康乃迪克大學 (University of Connecticut) 的 E. Russell Johnston 教授根據他們在大學授課講義合撰而成。後來 U.S. Coast Guard Academy 的 David F. Mazurek 博士也加入陣營。本書第一版於 1956 年出版，之後陸續修訂改版至今已第十版。由於內容嚴謹、文字簡潔、圖片豐富、編排精美、每章均附有一、兩百道習題可供練習，因此一直為國內外大專院校講授靜力學的主要教材之一。

靜力學為力學領域的入門課程，為許多工程科系的必修課。內容延續高中物理的基礎力學內容，再加入更有系統、更深入的探討，強調自由體圖的概念並引入向量表示法求解工程中常見結構的力平衡問題。本書的特色包含：1. 提早並大量引入實例，使讀者熟悉如何應用所學於生活中；2. 用淺顯的文字介紹新概念；3. 先易後難、由淺入深；4. 強調自由體圖；5. 公制和英制的平衡；6. 包含許多較進階的章節，教師或讀者可根據需求選讀。

本書內容盡量依照原文翻譯，並力求清楚表達作者原意，惟許多名詞與觀念並無唯一的中文翻譯，因此難免用詞有所差異或不夠精確，期望讀者不吝指正，使本書能盡善盡美，持續提供讀者最佳的靜力學教材。

國立台灣大學機械系暨研究所副教授

莊嘉揚 博士

原文序

本書目標

力學第一門課的主要目標,應在幫助學生建立能以簡單、有邏輯方式分析問題的能力,並能利用幾個充分了解的基本原理解題。希望本書(設計為靜力學的第一門課,通常在大二時講授)以及後續的《動力學》(*Vector Mechanics for Engineers: Dynamics*)能幫助授課教授達到這個目標。

本書特色

本書很早即介紹向量分析,並用來表達及討論力學的基本原理。向量方法也用來解許多問題,特別是若用在三維問題,可得到精簡的解答。然而,本書仍強調正確了解力學的原理,以及正確的應用於工程問題,並用向量分析作為主要工具。

提早並大量引入實例

本書以及後續的動力學的一個特點是將質點力學與剛體力學明確區分開來。因此,我們可以提早考慮簡單的實例,而將較困難的觀念延後介紹。例如:

- 在**靜力學**中,先介紹質點的靜力學(第二章);在介紹向量的加法與減法後,立即應用質點的力平衡於僅涉及共點力的實例。剛體的力平衡則於第三章和第四章討論。第三章介紹兩向量的向量積與純量積,並用來定義一力對一點或一軸的力矩。呈現這些新觀念之後接著嚴謹的討論力的等效系(第四章),以及一般受力下剛體平衡的許多實際應用。
- **動力學**中也採用相同的安排。先介紹力、質量、加速度、功、能、衝量、動量的基本觀念,並應用於僅涉及質點的問題。因此,學生可先熟悉動力學的三個基本方法、學習這些方法的優點,接著才處理較困難的剛體運動問題。

用淺顯的文字介紹新觀念

本書設計為靜力學的第一門課,因此使用淺顯的文字介紹新觀念,並詳細的說明每一步驟。另一方面,藉由討論問題的各個面向、強調具通用性的方法,以成一套完整的解題方法。例如:本書很早即介紹部分拘束與靜不定,並於後續章節中持續用到。

先易後難、由淺入深

本書強調力學為基於幾個基本原理的演繹(deductive)科學。公式的推導依其邏輯

順序、以適當的嚴謹度呈現。然而，學習的過程主要為**歸納法** (inductive)，先考慮簡單的應用。例如：

- 質點的靜力學先於剛體的靜力學，而涉及內力的問題則延後到第六章討論。
- 第四章先考慮僅涉及共面力的平衡問題，並以一般的代數求解。而需要用到向量代數的三維力的問題，則在後半章才討論。

強調自由體圖

　　本書很早即介紹自由體圖，並自始至終強調其重要性。自由體圖不只用來解平衡問題，也用來表示兩力系或兩向量系的等效性。此方法的優點在研究三維和二維剛體問題的動力學時清楚可見。強調「自由體圖方程式」而不是標準的運動方程式，可較直覺並完整的了解動力學的基本原理。這套方法自 1962 年首次使用於《向量力學》(*Vector Mechanics for Engineers*) 第一版後，即獲得全國力學教師普遍的好評。因此，本書所有範例均優先使用這套方法。

包含較進階的章節，供教師或讀者選讀

　　本書包含許多進階的選讀章節。這些章節以星號標示，因此很容易與其他基礎章節區分。這些章節可跳過，而不影響全書其他章節的學習。

　　這些額外章節包括：將力系化簡成一起子力系 (wrench)、靜液壓的應用、梁的剪力圖和彎矩圖、纜繩的平衡、慣性積和莫爾圓、任意形狀物體的主軸和質量慣性矩，以及虛功法。梁的章節對日後學習材料力學非常有用，而三維物體的慣性性質對學習剛體的三維運動的動力學有幫助。

　　本書內容和大部分的問題不需除了代數、三角函數以及基本微積分以外的特別數學知識。課程所需的向量代數於第二章和第三章有完整的介紹。一般而言，本書強調正確的了解基本數學觀念，而不在數學公式的運算。值得一提的是，本書先介紹求解由基本形狀組成的複合區域的形心，再討論利用積分法計算形心。因此，在介紹積分的使用前，即可先建立穩固的面積矩的概念。

目錄

譯序 iii
原文序 iv

1 緒論　　　　　　　　　　　　　　　　　　　　　　　　　1

1.1　什麼是力學？ 3
1.2　基本觀念與原理 3
1.3　單位制 6
1.4　不同單位制間的轉換 11
1.5　解題方法 13
1.6　數值準確度 15

2 質點靜力學　　　　　　　　　　　　　　　　　　　　　17

2.1　緒論 19
2.2　質點上的力 / 二力的合力 19
2.3　向量 20
2.4　向量的加法 21
2.5　數個共點力的合力 23
2.6　將一力分解為其分量 23
2.7　力的直角分量 / 單位向量 29
2.8　利用直角分量求合力 32
2.9　質點的力平衡 37
2.10　牛頓第一運動定律 38
2.11　力平衡質點的相關問題 / 自由體圖 39
2.12　空間力的垂直分量 49
2.13　以大小和作用線上的兩點定義力 52
2.14　空間中共點力的相加 54
2.15　空間中質點的平衡 61

	複習與摘要	69
	複習題	73
	電腦題	76

3 剛體：等效力系　　79

3.1	緒論	82
3.2	外力和內力	82
3.3	傳遞性原理／等效力	83
3.4	兩向量的向量積	85
3.5	以直角分量表示的向量積	88
3.6	一力對一點的力矩	89
3.7	范力農定理	90
3.8	力矩的直角分量	91
3.9	兩向量的純量積	102
3.10	三向量的混合三重積	104
3.11	力對一軸的力矩	105
3.12	力偶矩 (力偶的力矩)	114
3.13	等效力偶	115
3.14	力偶相加	117
3.15	力偶可以向量表示	118
3.16	將一給定力分解成作用於點 O 的力和一力偶	119
3.17	將力系化簡為一等效力—力偶系	130
3.18	等效力系	132
3.19	等價向量系	132
3.20	力系的進一步簡化	133
*3.21	將力系化簡為一力與一垂直於平面的力偶 (合稱起子力系)	135
	複習與摘要	153
	複習題	158
	電腦題	162

4 剛體平衡 — 165

- 4.1 緒論 167
- 4.2 自由體圖 167
- 4.3 二維結構中支撐與連接的反力 168
- 4.4 二維平面問題的剛體平衡 169
- 4.5 靜不定問題的反力 / 部分拘束 172
- 4.6 二力物體的平衡 190
- 4.7 三力物體的平衡 191
- 4.8 三維空間中剛體的平衡問題 197
- 4.9 三維結構支撐與連接的反力 198
- 複習與摘要 216
- 複習題 218
- 電腦題 221

5 分布力：形心和重心 — 225

- 5.1 緒論 228
- 5.2 二維物體的重心 228
- 5.3 面和線的形心 229
- 5.4 面和線的一次矩 231
- 5.5 複合平板和線材 234
- 5.6 以積分法求形心 242
- 5.7 帕普斯—古爾丁定理 244
- *5.8 梁上的分布負載 253
- *5.9 液體中表面的受力 254
- 5.10 三維物體的重心 / 體的形心 263
- 5.11 組合體 265
- 5.12 以積分法求物體的形心 265
- 複習與摘要 278
- 複習題 282
- 電腦題 284

6 結構分析　　287

- 6.1 緒論 290
- 6.2 桁架的定義 291
- 6.3 簡單桁架 292
- 6.4 平面桁架的分析——節點法 293
- *6.5 受特殊負載的節點 296
- *6.6 空間桁架 297
- 6.7 平面桁架的分析——截面法 307
- *6.8 多個簡單桁架構成的桁架 308
- 6.9 含有多力桿件的結構 318
- 6.10 構架的分析 318
- 6.11 與支撐分開後失去剛性的構架 319
- 6.12 機具 334
- 複習與摘要 349
- 複習題 351
- 電腦題 354

7 梁與纜繩的力　　357

- *7.1 緒論 360
- *7.2 桿件的內力 360
- *7.3 各式負載與支撐 367
- *7.4 梁的剪力和彎矩 368
- *7.5 剪力圖和彎矩圖 370
- *7.6 負載、剪力和彎矩的關係 378
- *7.7 受集中負載的纜繩 387
- *7.8 受分布負載的纜繩 388
- *7.9 拋物線纜繩 389
- *7.10 懸鏈線纜繩 398
- 複習與摘要 405
- 複習題 408
- 電腦題 410

8 摩擦 413

- 8.1 緒論 415
- 8.2 乾摩擦定理 / 摩擦係數 415
- 8.3 摩擦角 417
- 8.4 乾摩擦的相關問題 418
- 8.5 楔 431
- 8.6 方螺紋螺桿 432
- *8.7 軸頸軸承 / 軸摩擦 439
- *8.8 止推軸承 / 圓盤摩擦 441
- *8.9 滾動輪摩擦 / 滾動阻力 443
- 8.10 皮帶摩擦 449
- 複習與摘要 458
- 複習題 460
- 電腦題 463

9 分布力：慣性矩 467

- 9.1 緒論 469
- 9.2 二次矩，或稱面積的慣性矩 470
- 9.3 以積分法求面積的慣性矩 471
- 9.4 極慣性矩 472
- 9.5 面積的迴轉半徑 473
- 9.6 平行軸定理 479
- 9.7 複合面的慣性矩 481
- *9.8 慣性積 494
- *9.9 主軸與主慣性矩 495
- *9.10 莫爾圓求解慣性矩與慣性積 503
- 9.11 質量慣性矩 508
- 9.12 平行軸定理 510
- 9.13 薄平板的慣性矩 511
- 9.14 以積分法求三維物體的慣性矩 513

9.15	複合體的慣性矩	513
*9.16	物體對通過 O 的任意軸的慣性矩/質量慣性矩	529
*9.17	慣性橢球/慣性主軸	530
*9.18	任意形狀物體的主軸與主慣性矩的求解	531
	複習與摘要	543
	複習題	548
	電腦題	550

10 虛功法　　553

*10.1	緒論	555
*10.2	力所作的功	555
*10.3	虛功原理	557
*10.4	虛功原理的應用	558
*10.5	真實機具/機械效率	560
*10.6	一力於有限位移所作的功	574
*10.7	位能	576
*10.8	位能與平衡	577
*10.9	平衡點的穩定性	578
	複習與摘要	588
	複習題	591
	電腦題	593

圖片來源	595
習題答案	596
索引	607

CHAPTER 1

緒論

　　金門大橋橫跨金門海峽,全長約 2737 公尺,是世界最著名的吊橋之一。我於加州柏克萊大學攻讀博士時,從實驗室窗戶向西邊遠眺,天氣好時可看到金門大橋,與周圍的山丘、海灣和太平洋構成一幅生動的山水畫。晚間從橋的北邊山丘往南望去,可看到美麗的舊金山市的夜景,與金門大橋互相輝映,非常動人。

　　金門大橋有南北兩座鋼塔,高出海面約 227 公尺,塔的頂端由兩條直徑約為 93 公分,重達 2.45 萬公噸的鋼纜相連。兩鋼塔跨度約為 1280 公尺,海面到橋底的距離約為 60 公尺,進出奧克蘭港的大型遠洋輪船也可暢通無阻。金門大橋的主要組成元件有纜繩 (cables)、梁 (beams)、桁架 (trusses)、構架 (frames) 等,在本書都會介紹,讀者將會學到這些基本元件的受力分析。

—莊嘉揚

美國加州舊金山金門大橋 (Golden Gate Bridge) 夜景。

1.1 什麼是力學？(What is Mechanics?)

力學可定義為描述並預測物體受力時的靜止或運動狀態的科學。可分成三個部分：**剛體** (rigid bodies) 力學、**可變形體** (deformable bodies) 力學及**流體** (fluids) 力學。

剛體力學可再細分為**靜力學** (statics) 與**動力學** (dynamics)，前者處理靜止的物體，後者則探討運動中的物體。剛體力學的基本假設為物體為完全剛性。雖然完全剛性的結構和機具現實中並不存在，所有物體受力時都會變形，但此變形通常極小，因此不會顯著地影響所考慮結構的平衡或運動狀態。儘管如此，這種小變形對結構抵抗失效 (failure) 的能力強弱非常重要，會在材料力學中研究，屬於可變形體力學的一部分。力學的第三部分為流體力學，可再細分為**不可壓縮流體** (incompressible fluids) 和**可壓縮流體** (compressible fluids)。其中屬於不可壓縮流體中的**水力學** (hydraulics) 研究涉及水的力學問題，是很重要的領域。

力學是一種物理科學，因為它研究物理現象。有些人認為力學即為數學，還有許多人則認為它屬於工程。這兩種觀點都只有部分正確。力學為大部分工程科學的基礎，也是研究工程不可或缺的先修科目。不過，力學並非基於某些工程科學中常見的**經驗法則** (empiricism)，亦即只依賴經驗或觀察。力學很像數學，很重視嚴謹及演繹推理，但是不是一種抽象 (abstract) 或純科學 (pure science)，而是一種應用 (applied) 科學。力學的目的在解釋並預測物理現象，以建立工程應用的基礎。

1.2 基本觀念與原理 (Fundamental Concepts and Principles)

力學的研究最早可追溯至亞里斯多德 (西元前 384~322) 和阿基米德 (西元前 287~212)，但一直到牛頓時才發現其基本原理一套令人滿意的公式。這些原理後來又經過達朗柏 (d'Alembert)、拉格朗日 (Lagrange) 和漢米爾頓 (Hamilton) 等人的修正。此後其正確性一直到愛因斯坦提出相對論 (1905) 後才受到挑戰。儘管牛頓力學有公認的限制，但是至今仍是工程科學的基礎。

力學中所用的基本觀念是**空間** (space)、**時間** (time)、**質量** (mass) 和**力** (force)。這些觀念無法定義，而必須以直覺和經驗為基礎加以接受，且作為我們研究力學的心靈參考系統。

空間的觀念與一點 P 的位置有關。P 的位置可由從某參考點或原點 (origin) 在三個給定方向，分別量得的三個長度定義。這些長度稱為 P 的**座標** (coordinates)。

只有指出空間中的位置並不足以完全定義一個事件，還必須指出事件發生的時間。

質量是由某些基本機械實驗得到的物體的特徵，可用來比較物體。例如，兩個具有相同質量的物體將受到相同的地心引力。它們對平移運動改變時的阻力也相同。

力代表一物體對另一物體的作用。力可透過實際接觸施加，或相隔一段距離，例如重力或磁力。力的三元素為**施力點** (point of application)、**大小** (magnitude) 與**方向** (direction)，而以**向量** (vector) 表示 (第 2.3 節)。

牛頓力學中，空間、時間和質量為絕對觀念，彼此獨立。(這點在相對論力學中並不成立，其中事件的時間和它的位置有關，且物體質量會隨速度改變。) 另一方面，力的觀念和其他三者有關。事實上，下面所列的牛頓力學的基本原理中有一項指出作用於物體上的合力和物體的質量及其速度隨時間改變有關。

本書將以前述四種基本觀念研究質點 (particles) 與剛體 (rigid bodies) 靜止或運動的狀態。質點的體積很小可忽略，通常假設為佔有空間中的一點。剛體為大量質點組合而成，且質點間的相對位置固定。欲研究剛體力學，顯然必須先研究質點力學。此外，分析一質點所得的結果可直接應用於許多處理實際物體靜止與運動狀態的問題。

基本力學的研究基於經由實驗驗證的六個基本定理。

▶ 力相加時所用的平行四邊形定律 (The Parallelogram Law for the Addition of Forces)

此定律描述作用於一質點的兩力可用一力取代，此力稱為這兩力的**合力** (resultant)。合力的求法為先畫出兩邊為原本兩力所構成的平行四邊形，其對角線即為這兩力的合力 (第 2.2 節)。

▶ 傳遞性原理 (The Principle of Transmissibility)

此原理指出，若作用於剛體一給定點的力由另一大小和方向都相同但作用點不同的力取代，則只要這兩力的作用線相同，剛體的平衡或運動狀態將不會改變 (第 3.3 節)。

▶ 牛頓三定律 (Newton's Three Fundamental Laws)

牛頓於十七世紀後期寫出，即

第一定律：若作用於一質點的合力為零，原本靜止的質點將保持靜止，運動中的質點則將做直線等速度運動 (第 2.10 節)。

第二定律：若作用於一質點的合力不為零，則此質點會有一大小正比於合力、方向與合力相同的加速度。

此定律可由下式表示 (第 12.2 節)

$$\mathbf{F} = m\mathbf{a} \tag{1.1}$$

其中 $\mathbf{F}$、m 和 $\mathbf{a}$ 分別為作用於質點的合力、質點的質量和質點的加速度。其單位須為一致的單位系統。

第三定律：兩接觸物體的作用力與反作用力的大小相等、方向相反且作用於同一直線 (第 6.1 節)。

▶ 牛頓萬有引力定律 (Newton's Law of Gravitation)

此定律指出兩個質量分別為 M 和 m 的質點會相互吸引，吸引力分別為 $\mathbf{F}$ 和 $-\mathbf{F}$ (圖 1.1)，可由下式表示

$$F = G\frac{Mm}{r^2} \tag{1.2}$$

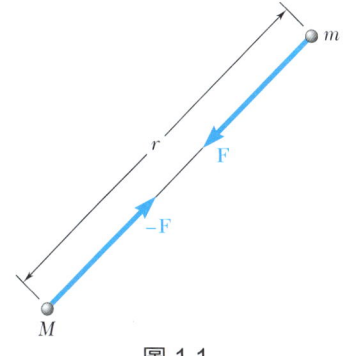

圖 1.1

其中　r = 兩質點間距離，

　　　G = **萬有引力常數** (constant of gravitation)。

牛頓的萬有引力定律指出相隔一段距離作用的概念，且延伸了牛頓第三定律的應用範圍：即圖 1.1 中的兩力雖然沒有接觸但其作用力與反作用力的大小相等、方向相反且作用於同一直線。

一個相當重要的特例是地球表面上的質點受到地球的吸引力。這個吸引力 $\mathbf{F}$ 定義為質點的**重量** (weight) $\mathbf{W}$。取 M 等於地球的質量、m 等於質點的質量和 r 等於地球的半徑 R，並定義常數如下

$$g = \frac{GM}{R^2} \tag{1.3}$$

則質量為 m 的質點的重量大小 W 可寫成

$$W = mg \tag{1.4}$$

因為地球並非完全球形，式 (1.3) 中的 R 和質點的海拔和緯度有關。g 的大小因此會隨著考慮點的位置改變。不過只要考慮的點位於地球表面，則大部分工程應用均可假設 g 等於 9.81 m/s^2，且得到充分的準確性。

上述介紹的原理在後面相關章節會詳細介紹。第二章中關於質點靜力學的研究將用到平行四邊形定律的向量加法和牛頓第一定律。第三章開始探討剛體靜力學時會介紹力的傳遞性原理。第六章中我們分析構成一結構 (structure) 的各元件相互作用的力時用到牛頓第三定律。研究動力學時會用到牛頓第二定律和萬有引力定律，並證明牛頓第一定律是第二定律的特例。而且傳遞性原理可以從其他導出，因此可以去掉。儘管如此，牛頓第一定律、第三定律、向量加法的平行四邊形定律和傳遞性原理將提供研究質點、剛體和剛體系統的靜力學所需的基礎。

如前所述，上述六個基本原理皆有實驗驗證。其中除了牛頓第一定律和傳遞性原理外，其他皆為獨立原理，無法彼此以數學方式導出或以任何物理基本原理得到。這些原理可闡述大部分牛頓力學中的複雜結構。兩個世紀以來，這些基本原理協助我們解決大量關於剛體、可變形體和流體的靜止和運動狀態問題。其中許多解都可經由實驗檢查，從而驗證這些原理的正確性。一直到二十世紀，牛頓力學才在原子運動的研究和某些行星運動的研究中出現其侷限性，而必須以相對論修正。但大部分人類活動或工程問題中的速度遠小於光速，牛頓力學仍然適用。

1.3　單位制 (Systems of Units)

上一節中介紹的四個基本觀念和所謂的**動力單位** (kinetic units) 有關，即長度 (length)、時間 (time)、質量 (mass) 和力 (force)。若要滿足式 (1.1)，則這四個單位不能全部獨立選定。其中三個單位任意定義後，稱為**基本單位** (basic units)，第四個單位必須根據式 (1.1) 選擇，稱為**導出單位** (derived unit)。以這種方式選定的單位稱為**形成一致的單位制** (consistent system of units)。

▶ 國際單位制 (International System of Units, SI Units)

在美國完成轉換成 SI 制後，SI 成為全球通用的單位制。基本單位是長度、質量和時間，分別為**公尺** (m)、**公斤** (kg) 和**秒** (s)。這三個單位都是任意定義而成。每秒最初選定為表示平均太陽日 (solar day) 的 1/86400，現在則定義為銫 133 原子基態兩能階轉變時釋放的 9192631770 週次輻射所持續的時間。公尺最初定義為赤道到兩極距離的一千萬分之一，現在則定義為氪 86 原子某個能階轉換產生的橘紅色光波長的 1650763.73 倍。一公斤約為 0.001 m³ 水的質量，定義為保存在法國巴黎附近的賽佛里的國際重量與量度局 (International Bureau of Weights and Measures) 中的鉑銥標準塊的質量。力的單位為導出單位，稱為**牛頓** (N)，定義為使 1 kg 質量產生 1 m/s² 加速度的力 (圖 1.2)。由式 (1.1) 可寫下

$$1 \text{ N} = (1 \text{ kg})(1 \text{ m/s}^2) = 1 \text{ kg} \cdot \text{m/s}^2 \quad (1.5)$$

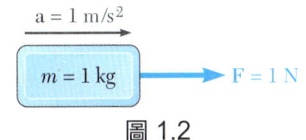

圖 1.2

SI 單位稱為形成一絕對 (absolute) 單位制。表示其三個基本單位的選定和量測時的位置無關。公尺、公斤和秒可在地球上任意地方或其他行星上使用，均有同樣的意義。

物體的**重量** (weight) 或作用於物體的**重力** (force of gravity) 單位為牛頓 (N)。從式 (1.4) 可得一質量為 1 kg 的物體重量為 (圖 1.3)

$$\begin{aligned} W &= mg \\ &= (1 \text{ kg})(9.81 \text{ m/s}^2) \\ &= 9.81 \text{ N} \end{aligned}$$

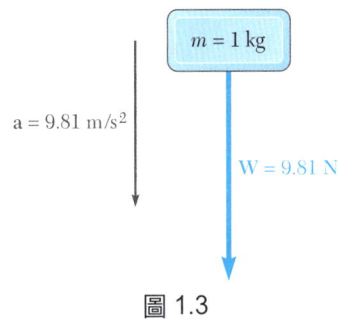

圖 1.3

利用表 1.1 所列的字首，我們可得到基本 SI 單位的倍數和約數。工程中最常用的長度、質量和力的倍數和約數分別為**公里** (km)、**公厘** (mm)；**百萬公克** (Mg，亦稱為公噸) 和**公克** (g)；**千牛頓** (kN)。根據表 1.1 我們得到：

$$\begin{aligned} &1 \text{ km} = 1000 \text{ m} \qquad 1 \text{ mm} = 0.001 \text{ m} \\ &1 \text{ Mg} = 1000 \text{ kg} \qquad 1 \text{ g} = 0.001 \text{ kg} \\ &\qquad\quad 1 \text{ kN} = 1000 \text{ N} \end{aligned}$$

這些單位分別換算為公尺、公斤和牛頓時只須將小數點往左或往右移三個位數。例如：3.82 km 換算成 m 時只須將小數點右移三個位數：

$$3.82 \text{ km} = 3820 \text{ m}$$

表 1.1　SI 字首

倍數	字首	符號
$1\,000\,000\,000\,000 = 10^{12}$	tera	T
$1\,000\,000\,000 = 10^{9}$	giga	G
$1\,000\,000 = 10^{6}$	mega	M
$1\,000 = 10^{3}$	kilo	k
$100 = 10^{2}$	hecto‡	h
$10 = 10^{1}$	deka‡	da
$0.1 = 10^{-1}$	deci‡	d
$0.01 = 10^{-2}$	centi‡	c
$0.001 = 10^{-3}$	milli	m
$0.000\,001 = 10^{-6}$	micro	μ
$0.000\,000\,001 = 10^{-9}$	nano	n
$0.000\,000\,000\,001 = 10^{-12}$	pico	p
$0.000\,000\,000\,000\,001 = 10^{-15}$	femto	f
$0.000\,000\,000\,000\,000\,001 = 10^{-18}$	atto	a

†每個字首的重音都在第一音節。因此，kilometer 的發音應將重音放在第一音節，而不是第二音節。

‡應避免使用這些字首，除非用在面積和體積的量測。公分則用在日常生活中非技術性的地方，例如：身高和衣物的尺寸。

依此類推，47.2 mm 換算成 m 只須將小數點左移三個位數：

$$47.2 \text{ mm} = 0.0472 \text{ m}$$

我們也可利用科學記號寫成：

$$3.82 \text{ km} = 3.82 \times 10^{3} \text{ m}$$
$$47.2 \text{ mm} = 47.2 \times 10^{-3} \text{ m}$$

時間單位的倍數為**分** (min) 和**小時** (h)。由於 1 min = 60 s，而 1 h = 60 min = 3600 s，因此時間單位的轉換不像其他單位容易。

使用適當的單位可避免寫下很大或很小的數字，例如，通常寫 427.2 km 而不是 427200 m，以及 2.16 mm 而不是 0.00216 m。

▶ **面積和體積單位**

面積的單位為**平方公尺** (square meter, m^2)，代表一邊長為 1 m 正方形的面積。體積的單位為**立方公尺** (cubic meter, m^3)，代表一邊長為 1 m 立方體的體積。為了避免計算面積和體積時有極大或極小的數值，我們使用的次單位 (subunits) 除了公厘的平方和立方外，也用到公尺另兩個中間約數，即**公寸** (decimeter, dm) 和**公分** (centimeter, cm)。根據定義

$$1 \text{ dm} = 0.1 \text{ m} = 10^{-1} \text{ m}$$
$$1 \text{ cm} = 0.01 \text{ m} = 10^{-2} \text{ m}$$
$$1 \text{ mm} = 0.001 \text{ m} = 10^{-3} \text{ m}$$

面積單位的約數為

$$1 \text{ dm}^2 = (1 \text{ dm})^2 = (10^{-1} \text{ m})^2 = 10^{-2} \text{ m}^2$$
$$1 \text{ cm}^2 = (1 \text{ cm})^2 = (10^{-2} \text{ m})^2 = 10^{-4} \text{ m}^2$$
$$1 \text{ mm}^2 = (1 \text{ mm})^2 = (10^{-3} \text{ m})^2 = 10^{-6} \text{ m}$$

體積單位的約數為

$$1 \text{ dm}^3 = (1 \text{ dm})^3 = (10^{-1} \text{ m})^3 = 10^{-3} \text{ m}^3$$
$$1 \text{ cm}^3 = (1 \text{ cm})^3 = (10^{-2} \text{ m})^3 = 10^{-6} \text{ m}^3$$
$$1 \text{ mm}^3 = (1 \text{ mm})^3 = (10^{-3} \text{ m})^3 = 10^{-9} \text{ m}^3$$

注意在量測液體體積時，立方公寸 (dm^3) 通常稱為**公升** (liter, L)。

其他用來量測力矩、功等其他 SI 導出單位表列於表 1.2 中。這些單位將會在後面章節介紹，但在此處須注意一點：當一基本單位除以另一基本單位得到一導出單位時，導出單位的分子可以使用字首 (prefix)，但分母不可。例如：若彈簧在受力 100 N 時伸長 20 mm，其彈簧常數 k 可表示為

$$k = \frac{100 \text{ N}}{20 \text{ mm}} = \frac{100 \text{ N}}{0.020 \text{ m}} = 5000 \text{ N/m} \text{ 或 } k = 5 \text{ kN/m}$$

但不可寫成 $k = 5$ N/mm。

▶ 美國慣用單位 (U.S. Customary Units)

大部分美國工程師仍使用一種以長度、力和時間為基本單位的單位制。這些單位分別為**英尺** (foot, ft)、**英磅** (pound, lb) 和**秒** (second, s)。其中秒和 SI 制相同，英呎定義為 0.3048 m。英磅定義為一鉑標準質量塊的重量，稱為**標準磅** (standard pound)。此標準質量塊放置於美國華盛頓特區附近的國家標準局 (National Institute of Standards and Technology)，其質量為 0.45359243 kg。因為物體的重量取決於地心引力，而地心引力大小隨地點改變。因此，1 lb 的力定義為標準磅放置於海平面及緯度 45° 的地點的重量。由此可見，美國慣用單位並不是一絕對單位制，因為它與地心引力有關，故形成一引力單位制。

雖然標準磅在美國境內商業交易作為質量單位，但不能用在工程計算上。因為這種單位和前述的基本單位並不一致。當受到 1 lb 力

表 1.2 力學中主要的 SI 單位

數量	單位	符號	公式
加速度	公尺/秒²	...	m/s²
角度	弧度(又稱弳度)	rad	†
角加速度	弧度/秒²	...	rad/s²
角速度	弧度/秒	...	rad/s
面積	平方公尺	...	m²
密度	公斤/公尺³	...	kg/m³
能量	焦耳	J	N·m
力	牛頓	N	kg·m/s²
頻率	赫茲	Hz	s⁻¹
衝量	牛頓·秒	...	kg·m/s
長度	公尺	m	‡
質量	公斤	kg	‡
力矩	牛頓·公尺	...	N·m
功率	瓦	W	J/s
壓力	帕	Pa	N/m²
應力	帕	Pa	N/m²
時間	秒	s	‡
速度	公尺/秒	...	m/s
體積			
固體	立方公尺	...	m³
液體	公升	L	10⁻³ m³
功	焦耳	J	N·m

†輔助單位 (1 周 = 2π rad = 360°)。
‡基本單位。

作用時,即受到地心引力作用標準磅受到重力加速度 $g = 32.2$ ft/s² (圖 1.4),而非式 (1.1) 要求的單位加速度。與英尺、英磅和秒一致的質量單位在受到 1 lb 力時的加速度應為 1 ft/s² (圖 1.5)。這個單位有時稱為 **slug**,可以分別將 1 lb 和 1 ft/s² 代入 $F = ma$ 中的 F 和 a 得到

$$F = ma \qquad 1 \text{ lb} = (1 \text{ slug})(1 \text{ ft/s}^2)$$

可得

$$1 \text{ slug} = \frac{1 \text{ lb}}{1 \text{ ft/s}^2} = 1 \text{ lb} \cdot \text{s}^2/\text{ft} \tag{1.6}$$

比較圖 1.4 和圖 1.5,我們可知 slug 的質量是標準磅質量的 32.2 倍。

圖 1.4　　　　　　　　圖 1.5

美國慣用單位制中描述物體是以其重量而非質量在處理靜力學問題時很方便，因為靜力學中我們常只用到重力和其他外力，幾乎不會用到物體的質量。然而，研究動力學時，我們須考慮力、質量和加速度，物體的質量必須以 slug 為單位。根據式 (1.4)，我們有

$$m = \frac{W}{g} \tag{1.7}$$

其中 g 為重力加速度 ($g = 32.2 \text{ ft/s}^2$)。

其他常見的美國慣用單位有**英里** (mile, mi)，等於 5280 英尺；**英寸** (inch, in.)，等於 1/12 英尺；和**千磅** (kilopound, kip)，等於 1000 lb。**噸** (ton) 常用來表示 2000 lb 質量，但在工程計算中也須轉換成 slug。

美國慣用單位間的轉換常常較 SI 制複雜。例如，若一速度的大小為 $v = 30$ mi/h，換算成 ft/s 的作法如下，先寫下

$$v = 30 \frac{\text{mi}}{\text{h}}$$

因為我們要以 ft 取代 mi，以 s 取代 h。我們在等式右邊乘上 (5280 ft) / (1 mi) 和 (1 h) / (3600 s) 如下

$$v = \left(30 \frac{\text{mi}}{\text{h}}\right)\left(\frac{5280 \text{ ft}}{1 \text{ mi}}\right)\left(\frac{1 \text{ h}}{3600 \text{ s}}\right)$$

然後進行數值運算，消掉同時出現在分母和分子的單位，可得

$$v = 44 \frac{\text{ft}}{\text{s}} = 44 \text{ ft/s}$$

1.4　不同單位制間的轉換 (Conversion from One System of Units to Another)

工程師經常需要將美國慣用單位得到的數值轉換至 SI 制，或者從 SI 制轉換至美國慣用單位。因為兩個單位制中的時間單位相同，因此只須做其他兩個動力基本單位的換算。其他所有動力單位均可

由基本單位導出，我們只需記住這兩個單位的轉換因數 (conversion factors)。

▶ 長度單位

根據定義，美國慣用長度單位為

$$1 \text{ ft} = 0.3048 \text{ m} \tag{1.8}$$

接著可得

$$1 \text{ mi} = 5280 \text{ ft} = 5280(0.3048 \text{ m}) = 1609 \text{ m}$$

或

$$1 \text{ mi} = 1.609 \text{ km} \tag{1.9}$$

而且

$$1 \text{ in.} = \tfrac{1}{12} \text{ ft} = \tfrac{1}{12}(0.3048 \text{ m}) = 0.0254 \text{ m}$$

或

$$1 \text{ in.} = 25.4 \text{ mm} \tag{1.10}$$

▶ 力的單位

由於美國慣用單位中力的單位英磅的定義為質量為 0.4536 公斤的標準磅在水平面及緯度 45° 位置的重量 (其中 $g = 9.807 \text{ m/s}^2$)。根據式 (1.4)，可寫下

$$W = mg$$
$$1 \text{ lb} = (0.4536 \text{ kg})(9.807 \text{ m/s}^2) = 4.448 \text{ kg} \cdot \text{m/s}^2$$

或利用式 (1.5)

$$1 \text{ lb} = 4.448 \text{ N} \tag{1.11}$$

▶ 質量單位

美國慣用單位中的質量單位 slug 為導出單位。利用式 (1.6)、(1.8) 和 (1.11)，可寫下

$$1 \text{ slug} = 1 \text{ lb} \cdot \text{s}^2/\text{ft} = \frac{1 \text{ lb}}{1 \text{ ft/s}^2} = \frac{4.448 \text{ N}}{0.3048 \text{ m/s}^2} = 14.59 \text{ N} \cdot \text{s}^2/\text{m}$$

而由式 (1.5)

$$1 \text{ slug} = 1 \text{ lb} \cdot \text{s}^2/\text{ft} = 14.59 \text{ kg} \tag{1.12}$$

儘管無法作為一致的質量單位，標準磅的質量根據定義為

$$1 \text{ pound mass} = 0.4536 \text{ kg} \tag{1.13}$$

這個常數可用來換算美國慣用單位中以重量 (lb) 標示的物體和 SI 制中的質量 (kg)。

欲轉換一個美國慣用單位至 SI 單位，我們只須乘上或除以適當的轉換因數。例如，欲轉換力矩 $M = 47 \text{ lb} \cdot \text{in.}$ 至 SI 單位，可利用式 (1.10) 和 (1.11) 得到

$$M = 47 \text{ lb} \cdot \text{in.} = 47(4.448 \text{ N})(25.4 \text{ mm})$$
$$= 5310 \text{ N} \cdot \text{mm} = 5.31 \text{ N} \cdot \text{m}$$

此處得到的轉換因數也可用來將 SI 單位得到的數值結果換算至美國慣用單位。例如，若力矩為 $M = 40 \text{ N} \cdot \text{m}$，仿照第 1.3 節的作法可得

$$M = 40 \text{ N} \cdot \text{m} = (40 \text{ N} \cdot \text{m})\left(\frac{1 \text{ lb}}{4.448 \text{ N}}\right)\left(\frac{1 \text{ ft}}{0.3048 \text{ m}}\right)$$

進行數值運算再消掉同時出現在分子和分母的單位，可得

$$M = 29.5 \text{ lb} \cdot \text{ft}$$

表 1.3 列出力學中最常用的美國慣用單位及其對應的 SI 單位。

1.5 解題方法 (Method of Problem Solution)

讀者在解力學問題時，應如解實際工程問題般先從經驗和直覺著手，如此較容易了解並陳述問題。不過一旦明確陳述問題，則不能靠想像答題，而必須利用第 1.2 節介紹的六個基本原理或其衍生原理進行解題。每一步驟必須有其根據，遵循嚴格的解題步驟使得答案幾乎一定可以得到，而不需任何直覺或「感覺」。得到解答時，必須加以檢驗。檢驗時可運用個人經驗或常識判斷答案是否合理。若有不甚滿意之處應該重新檢查問題的陳述 (formulation)、解答時所用的方法 (methods) 和有無計算錯誤 (computations)。

問題的敘述 (statement) 應該清楚精確。應該有給定的數據並指出需要哪些資訊。清楚畫出一張標有所有尺寸和受力的圖，另外對問

表 1.3　最常用的美國慣用單位和對應的 SI 單位值

數量	美國慣用單位	對應 SI 單位值
加速度	ft/s^2	0.3048 m/s^2
	in./s^2	0.0254 m/s^2
面積	ft^2	0.0929 m^2
	in^2	645.2 mm^2
能量	ft · lb	1.356 J
力	kip	4.448 kN
	lb	4.448 N
	oz	0.2780 N
衝量	lb · s	4.448 N · s
長度	ft	0.3048 m
	in.	25.40 mm
	mi	1.609 km
質量	oz mass	28.35 g
	lb mass	0.4536 kg
	slug	14.59 kg
	ton	97.2 kg
力矩	lb · ft	1.356 N · m
	lb · in.	0.1130 N · m
慣性矩		
面積	in^4	0.4162×10^6 mm^4
質量	lb · ft · s^2	1.356 kg · m^2
動量	lb · s	4.448 kg · m/s
功率	ft · lb/s	1.356 W
	hp	745.7 W
壓力或應力	lb/ft^2	47.88 Pa
	lb/in^2 (psi)	6.895 kPa
速度	ft/s	0.3048 m/s
	in./s	0.0254 m/s
	mi/h (mph)	0.4470 m/s
	mi/h (mph)	1.609 km/h
體積	ft^3	0.02832 m^3
	in^3	16.39 cm^3
液體	gal	3.785 L
	qt	0.9464 L
功	ft · lb	1.356 J

題中每一物體分別畫出示意圖，上面清楚標示所有作用在該物體上的力。這種圖稱為**自由體圖** (free-body diagrams)，在第 2.11 和 4.2 節中會再詳細說明。

我們將利用第 1.2 節中列出的力學的**基本原理**寫出描述物體靜止和運動狀態的方程式。每個方程式應該清楚連結至其中一個自由體圖。接著求解方程式，並寫下每一步驟。

獲得答案後，應該細心地檢查，推理 (reasoning) 時的錯誤常可藉由檢查單位發現。例如，求解大小為 50 N 的力對距離其作用線 0.60 m 的一點的力矩時，我們可寫下 (第 3.12 節)

$$M = Fd = (50 \text{ N})(0.60 \text{ m}) = 30 \text{ N} \cdot \text{m}$$

其單位 N·m 由力乘以距離得到，的確是力矩的單位，如果此處得到的單位不是 N·m 則計算過程中必有某處出錯。

計算錯誤常可利用將求得的數值代入未使用的式子中驗算得知。確保工程中計算的正確性極為重要。

1.6 　數值準確度 (Numerical Accuracy)

解答的準確度 (accuracy) 由兩項因素決定：(1) 已知數據的準確度，(2) 計算的準確度。

解答不會比這兩者中較不準確的一項還準確。例如，若某一橋受到 75000 N 的負載，而可能的誤差為正負 100 N，則受力的量測相對誤差為

$$\frac{100 \text{ N}}{75{,}000 \text{ N}} = 0.0013 = 0.13 \text{ percent}$$

在計算一橋墩的反作用力時，將結果寫成 14,322 N 將沒有意義，因為無論計算如何精準，解答的準確度最高只能達到 0.13%。而解的誤差可能高達 (0.13/100)(14,322 N) ≈ 20 N。因此，適當的寫法應為 14,320 ± 20 N。

工程問題中數據的準確度很少高於 0.2%。因此，這類問題的答案的準確度很少要求達到 0.2% 以上。實際應用中我們可以用 4 個數字記錄以 "1" 開頭的數值、用 3 個數字記錄以其他數字開頭的數值。除非另加說明，否則一問題中的所有數據應具有類似的準確度。例如，40 N 的力應理解成 40.0 N，而 15 N 的力應理解成 15.00 N。

工程師和工程科系學生現已廣泛使用掌上型計算機，這使得許多問題的數值運算得以更快速、更準確。不過，讀者應只寫下計算機上得到的有效位數即可，記下超過有效位數的數字並無意義。如上所述，實際工程問題的解的準確度很少超過 0.2%，追求計算準確度超過 0.2% 意義不大。

CHAPTER 2

質點靜力學

這張照片中的起重機是用來懸吊漁夫從外面捕回的漁獲用的，主要是由支架及滑輪組組成。

(假設滑輪摩擦力很小)

$T = mg$

假設 T 分別為垂直及水平

$F_1 \sin\theta = T \quad \theta = 45°$

$F_1 \cos\theta = T \quad F_1 = \sqrt{2} = T$

$= \sqrt{2}\,mg$

$F_2 \sin\phi = T\cos\alpha$

$F_2 \cos\phi = T - T\sin\alpha$

$\tan\phi = \dfrac{\cos\alpha}{1-\sin\alpha}$

$F_2 \dfrac{\cancel{\cos\alpha}}{\sqrt{2-2\sin\alpha}} = T\cancel{\cos\alpha}$

$F_2 = \sqrt{2-2\sin\alpha}\ T$

$= \sqrt{2-2\sin\alpha}\ mg$

由

F_2、F_3、F_4 平衡

F_1、F_3、F_4 平衡

F_2、F_5、N 平衡

以及設 C 為 pivot，

可列出 $\sum\tau = 0$

可求出 F_3、F_4

再代回求 N

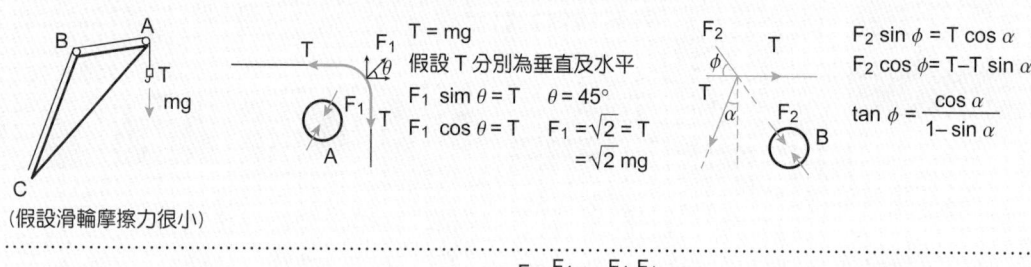

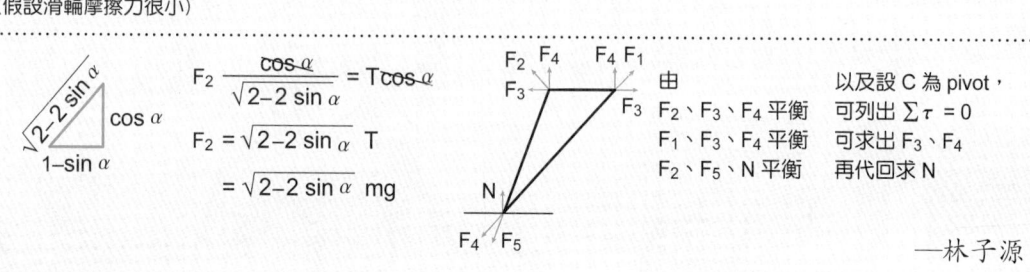

—林子源

彰化縣芳苑鄉王功漁港「吊，橋」。

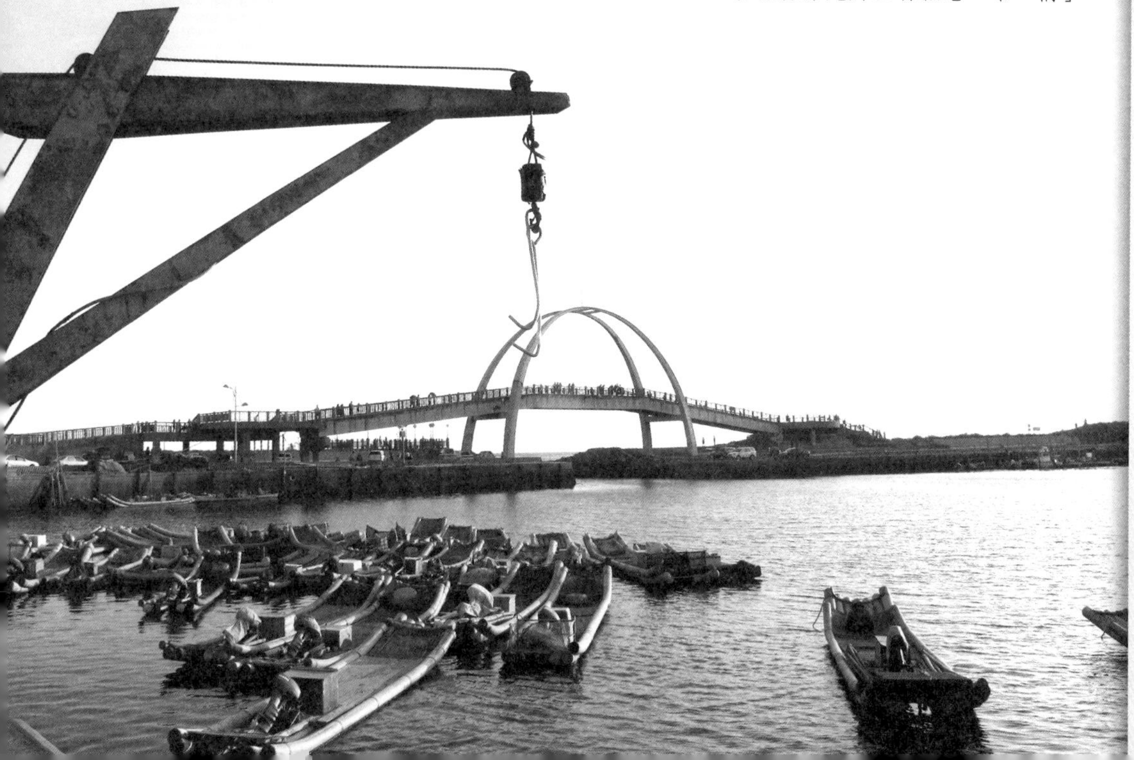

2.1 緒論 (Introduction)

本章將研究力作用於質點上的效應。首先你將學到如何將作用於一給定質點的二或多力用等效的單一力取代，使其對質點的效應相同。此單一等效力稱為原先作用於質點上的所有力的**合力** (resultant)。接著我們推導出作用於平衡狀態質點上各力的關係，並利用此關係決定某些未知力。

使用「質點」一詞並不表示本章介紹的方法只限於研究微粒，而是指物體的大小和形狀不會顯著影響問題的解答，而這些力可假設作用於同一點。這個假設已在許多實際工程應用中證實可行，你也可以在本章中解出一些工程問題。

本章第一部分旨在研究一平面上的力，第二部分將分析三維空間中 (three-dimensional) 的力。

平面上的力 (Force in a Plane)

2.2 質點上的力 / 二力的合力 (Force on a Particle. Resultant of Two Forces)

力代表一物體對另一物體的作用，其特性有**施力點** (point of application)、**大小** (magnitude) 和**方向** (direction)。作用於一給定質點的力有相同作用點，因此本章探討的力只須定義其大小和方向。

力的大小以一特定數字和單位表示。如第一章所述，工程師使用 SI 單位制中的牛頓 (N) 或千牛頓 (kN) 作為力的單位。力的方向由其**作用線** (line of action) 和**指向** (sense) 定義。作用線是一條與力重合的無限長直線，由其與座標軸夾角定義 (圖 2.1)。力本身則由作用線上的一小段直線代表，此直線的長度配合適當的比例可用來表示力的大小。最後，力的指向可用箭頭表示。定義力時必須標示指向，

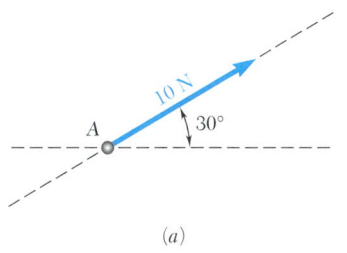

(a)

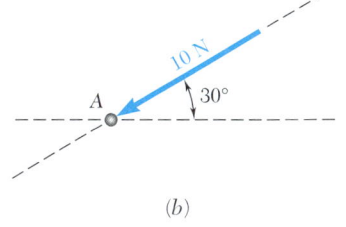

(b)

圖 2.1

20 靜力學

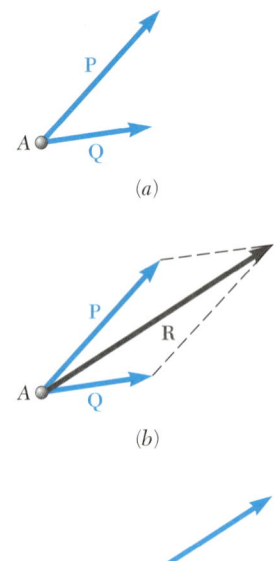

圖 2.2

兩個大小相等且作用線相同的力，若其指向相反 (如圖 2.1a 和 b) 則對質點會有的相反的效應。

實驗證據顯示，作用於一質點 A 的兩力 **P** 和 **Q** (圖 2.2a) 可用一力 **R** 取代 (圖 2.2c)，且此力 **R** 對質點的效應和原有的兩力相同，稱為 **P** 和 **Q** 的合力。如圖 2.2b 所示，以 **P** 和 **Q** 為相鄰兩邊畫出一平行四邊形，其通過 A 的對角線即為合力 **R**。這個方法用來求兩力相加的合力，稱為**平行四邊形定律** (parallelogram law)。此定律經過實驗驗證，而無法由數學方法證明或推導出。

2.3 向量 (Vectors)

上面討論似乎顯示力並不遵循普通算數或代數定義的加法規則。例如，夾角為直角的兩力，大小分別為 4 N 和 3 N，其合力為 5 N，而不是一般加法得到的 7 N。除了力之外，其他如本書後面會介紹的**位移** (displacements)、**速度** (velocities)、**加速度** (accelerations) 和**動量** (momenta) 等物理量均適用平行四邊形定律。這些物理量數學上均以**向量** (vectors) 表示。相對於某些物理量如體積、質量、能量等只有大小沒有方向，只須以普通數表示，稱為**純量** (scalars)。

向量定義為具有大小和方向，且其相加依據平行四邊形法的一種數學表示。向量在畫圖時以箭號表示，在本書中為了和純量區隔，以粗體字母 (例如 **P**) 表示。書寫時，可在字母上加上一箭號 ($\vec{P}$) 或在字母下加橫線 ($\underline{P}$) 來代表向量。後者畫底線的方式較易在打字機或電腦上使用。向量的大小定義了用來代表向量的箭號長度。本書中，斜

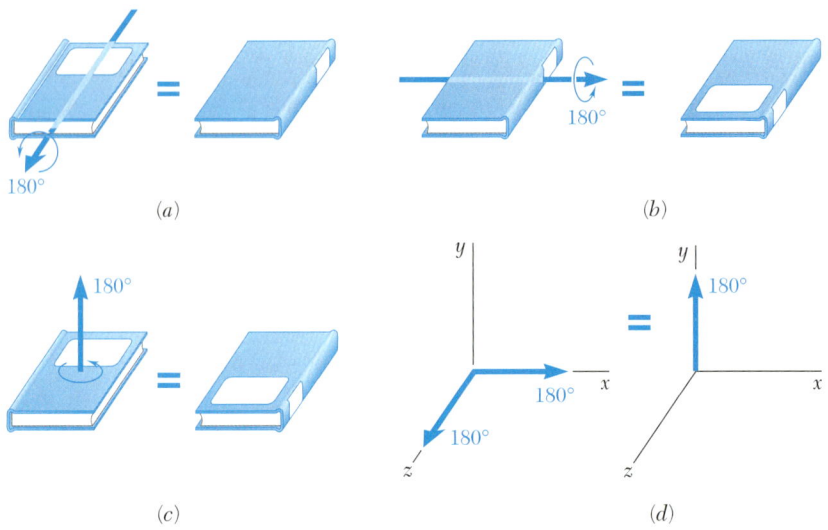

圖 2.3　剛體的大角度旋轉

體字用來標示向量的大小。因此，向量 **P** 的大小標示為 *P*。

　　用來代表作用於給定質點的力的向量，具有明確的作用點，即質點本身。此類向量稱為**固定** (fixed) 或**束縛** (bound) 向量，除非修改問題條件，否則無法移動。不過有些物理量，如**力偶** (couples)（參見第三章），則由可在空間中自由移動的向量表示。這類向量稱為**自由** (free) **向量**。還有一些物理量，如作用於剛體的力，由可以在作用線上移動或滑動的向量表示，稱為**滑動** (sliding) 向量。

　　兩個大小相等、方向相同的向量稱為**相等** (equal)，儘管其作用點和作用線可能不同（圖 2.4）。相等的向量可用相同的字母表示。

　　一給定向量 **P** 的**負向量** (negative vector) 定義為一與 **P** 有相同大小但相反方向的向量（圖 2.5）。向量 **P** 的負向量標示成 −**P**，**P** 和 −**P** 一般稱為相等而反向向量，顯然

$$\mathbf{P} + (-\mathbf{P}) = 0$$

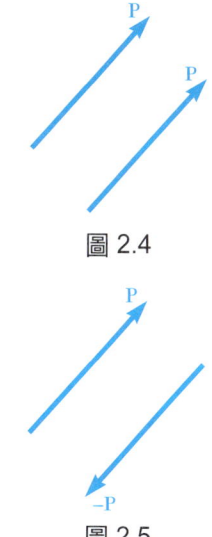

圖 2.4

圖 2.5

2.4　向量的加法 (Addition of Vectors)

　　上節中，我們學到根據定義向量的加法可由平行四邊形定律得到。因此，為求向量 **P** 和 **Q** 的和，我們可將 **P** 和 **Q** 移到某一點 *A*，再以 **P** 和 **Q** 為相鄰兩邊畫出平行四邊形（圖 2.6）。通過 *A* 的對角線即為 **P** 和 **Q** 的和，標示為 **P** + **Q**。此處的 + 號用來標示向量相加，與純量相加的加號相同，但使用時必須仔細分別向量與純量，不可混淆。因此，須注意的是向量 **P** + **Q** 的大小一般情況下**不會**等於 *P* + *Q*。

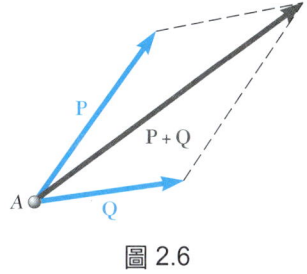

圖 2.6

　　以 **P** 與 **Q** 畫出的平行四邊形和 **P** 與 **Q** 的順序無關，可知向量的加法為**可交換** (commutative)，如下所示

$$\mathbf{P} + \mathbf{Q} = \mathbf{Q} + \mathbf{P} \qquad (2.1)$$

　　我們由平行四邊形定律可導出另一種方法得到兩向量的和，此方法稱為**三角形法則** (triangle rule)，推導如下：考慮圖 2.6，其中向量 **P** 和 **Q** 的和已由平行四邊形定律得到。因為平行四邊形中 **Q** 的對邊的大小和方向皆與 **Q** 相同，我們只須畫出平行四邊形的一半（圖 2.7a）。因此，如果將 **P** 和 **Q** 畫成頭尾相連，它們的和即為連接 **P** 的箭尾和 **Q** 的箭頭所成的向量。若考慮平行四邊形的另一半（圖 2.7b），仍得到相同的結果。這確認了向量加法為可交換。

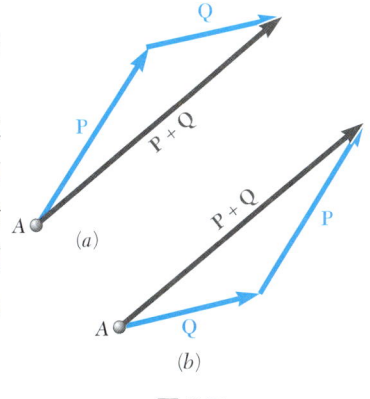

圖 2.7

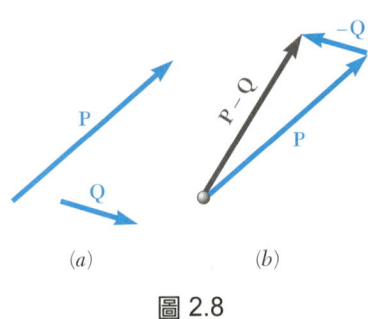

圖 2.8

向量的減法定義為和對應的負向量相加。因此，向量 P – Q 代表 P 和 Q 的差，可由 P 和負向量 –Q 相加得到（圖 2.8），可寫成

$$P - Q = P + (-Q) \tag{2.2}$$

此處要再次強調的是，雖然以相同的−號標示向量和純量的減法，但切勿混淆。

現在考慮三或多向量的和。根據定義，三個向量 P、Q 和 S 的和，可先將向量 P 和 Q 相加，再將向量 S 加到 P + Q，如下所示

$$P + Q + S = (P + Q) + S \tag{2.3}$$

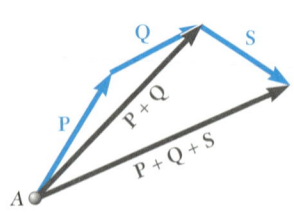

圖 2.9

依此類推，四個向量的和可將第四個向量加到前三向量的和得到。由此，任何數目的向量的和皆可重複使用平行四邊形定律，逐一加上給定的向量，直到所有向量被單一向量取代，此即為所有向量的和。

如果給定的向量為**共面** (coplanar)，即所有向量均在同一平面，則用上述的圖解法得到其和。在這種情況，反覆使用三角形法則將比平行四邊形定律容易使用。如圖 2.9 所示，三向量 P、Q 和 S 的和可藉由反覆使用三角形法得到。我們先用三角形法求得 P 與 Q 的和 P + Q，再使用一次求得向量 P + Q 和 S 的和。不過，我們可以跳過 P + Q 直接求得 P + Q + S（圖 2.10）。方法如下：將所有給定向量逐一以頭尾相連方式連接，接著連接第一個向量的箭尾與最後一個向量的箭頭，即得所有向量的和。這個方法稱為向量加法的**多邊形法則** (polygon rule)。

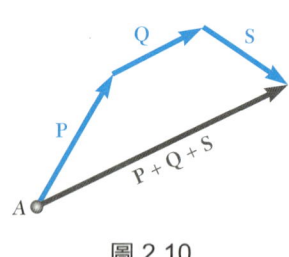

圖 2.10

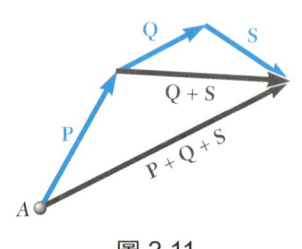

圖 2.11

如圖 2.11 所示，若將 Q 與 S 以其和 Q + S 取代，可寫成

$$P + Q + S = (P + Q) + S = P + (Q + S) \tag{2.4}$$

上式顯示向量加法**可結合** (associative)。前面指出兩向量的加法可交換，因此

$$\begin{aligned} P + Q + S &= (P + Q) + S = S + (P + Q) \\ &= S + (Q + P) = S + Q + P \end{aligned} \tag{2.5}$$

此表達式與類似方法可得的式子顯示，數個向量相加時其順序並不重要（圖 2.12）。

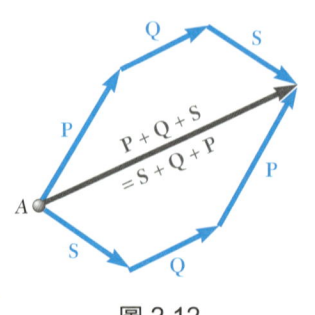

圖 2.12

▶ 純量和向量的乘積

我們可以 2**P** 表示 **P** + **P**、以 3**P** 表示 **P** + **P** + **P**，並以 n**P** 表示 n 個相同向量的和。此處定義一正整數 n 與一向量 **P** 的乘積 n**P** 為一方向與 **P** 相同，且大小為 nP 的向量。若延伸此定義至所有純量，並利用第 2.3 節定義的負向量概念，定義一純量 k 與一向量 **P** 的乘積為向量 k**P**，其方向與 **P** 相同 (若 k 為正) 或與 **P** 相反 (若 k 為負)，且大小為 **P** 與 k 的絕對值的乘積 (圖 2.13)。

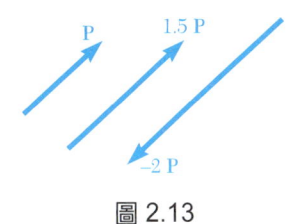

圖 2.13

2.5 數個共點力的合力 (Resultant of Several Concurrent Forces)

考慮數個在同一平面上的共面力作用於一質點 A 上 (圖 2.14a)。由於這些力均通過 A，故也稱為**共點力** (concurrent)。代表作用於 A 的力的向量可用多邊形法則相加 (圖 2.14b)。因為使用多邊形法則等同於重複使用平行四邊形定律，得到的向量 **R** 代表所有給定共點力的合力，**R** 對質點 A 具有與給定力相同的效應。如上節中指出，代表各力的向量 **P**、**Q** 與 **S** 相加的順序並不重要。

2.6 將一力分解為其分量 (Resolution of a Force into Components)

上節中我們學到作用於一質點上的二或多力，可由對該質點具有相同效應的一力取代。反過來看，作用於質點上的一力 **F** 也可由二或多力取代。這些力對質點的總效應和 **F** 相同，稱為原作用力 **F** 的**分量** (components)。將 **F** 由其分量取代的過程稱為**力的分解** (resolving the force **F**)。

任一力 **F** 皆可被分解成無限多組分量，其中實際應用中最重要

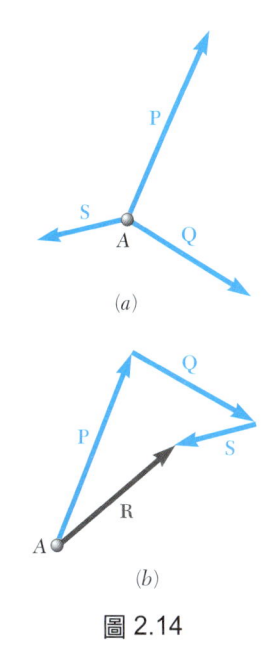

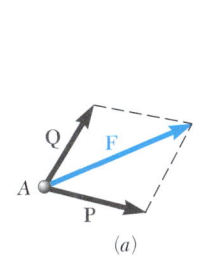

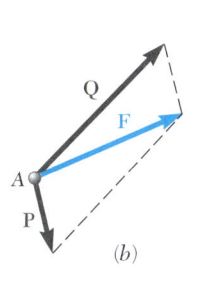

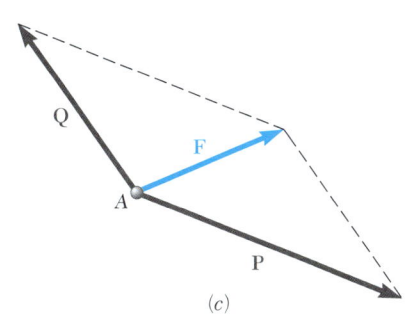

圖 2.14

圖 2.15

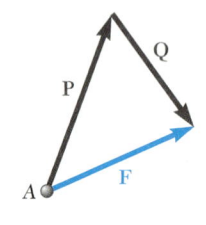

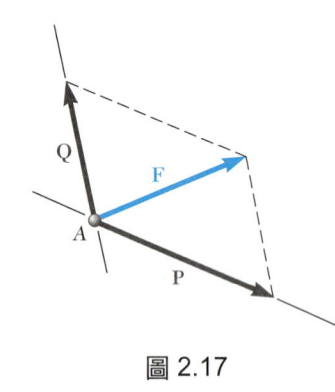

的是分解成 **P** 與 **Q** 兩個分量。儘管如此，將力分解成兩個分量的組合仍有無限多種。但其中有兩種情況特別重要：

1. 已知兩分量中的一個 **P**。另一個分量則由三角形法則將 **P** 的箭頭和 **F** 的箭頭連接起來 (圖 2.16)，得到的向量 **Q** 大小和方向可由圖解法或套用三角公式求得。求得 **Q** 後即可將 **P** 與 **Q** 同時施加在 **A** 上以取代 **F**。

2. 已知兩分量的作用線。此時分量的大小和指向可利用平行四邊形定律得到，先畫出兩條平行原作用線且通過 **F** 箭頭的直線，接著 **P** 與 **Q** 即可由圖解法或套用正弦定理 (the law of sines) 求得 (圖 2.17)。

還有許多其他可能，例如：已知一分量的方向，求另一分量的極小值 (參見範例 2.2)。但不管條件如何，我們都應先畫出滿足條件的三角形或平行四邊形。

範例 2.1

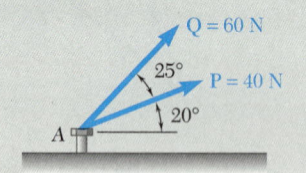

兩力 **P** 與 **Q** 作用於螺栓 A 上，試求其合力。

解

圖解法。按照比例畫出兩邊分別等於 **P** 與 **Q** 的平行四邊形。直接量測其合力與方向可得

$$R = 98 \text{ N} \qquad \alpha = 35° \qquad \mathbf{R} = 98 \text{ N} \measuredangle 35°$$

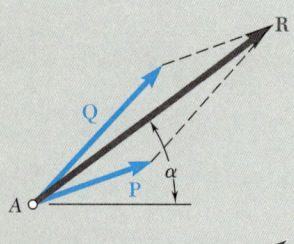

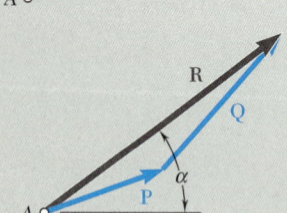

也可使用三角形法則，即以頭尾相接方式畫出 **P** 與 **Q**，也可畫出合力，量測其大小與方向。

$$R = 98 \text{ N} \qquad \alpha = 35° \qquad \mathbf{R} = 98 \text{ N} \measuredangle 35°$$

三角公式法。再次使用三角形法則，已知兩邊與給定角度。利用餘弦定理。

$$R^2 = P^2 + Q^2 - 2PQ \cos B$$
$$R^2 = (40 \text{ N})^2 + (60 \text{ N})^2 - 2(40 \text{ N})(60 \text{ N}) \cos 155°$$
$$R = 97.73 \text{ N}$$

接著利用正弦定理

$$\frac{\sin A}{Q} = \frac{\sin B}{R} \qquad \frac{\sin A}{60 \text{ N}} = \frac{\sin 155°}{97.73 \text{ N}} \qquad (1)$$

解式(1)得 sin A 如下

$$\sin A = \frac{(60 \text{ N}) \sin 155°}{97.73 \text{ N}}$$

用計算機先算出商,再算出反正弦,即得

$$A = 15.04° \qquad \alpha = 20° + A = 35.04°$$

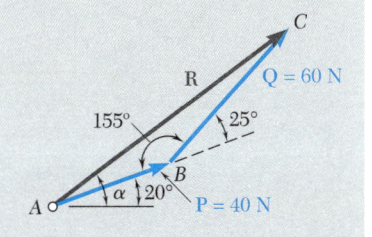

以三位有效數字寫出答案(第1.6節):

$$\mathbf{R} = 97.7 \text{ N} \angle 35.0°$$

另一種三角公式法。 畫出正三角形 *BCD*,計算

$$CD = (60 \text{ N}) \sin 25° = 25.36 \text{ N}$$
$$BD = (60 \text{ N}) \cos 25° = 54.38 \text{ N}$$

接著,用三角形 *ACD* 得到

$$\tan A = \frac{25.36 \text{ N}}{94.38 \text{ N}} \qquad A = 15.04°$$
$$R = \frac{25.36}{\sin A} \qquad R = 97.73 \text{ N}$$

$$\alpha = 20° + A = 35.04° \qquad \mathbf{R} = 97.7 \text{ N} \angle 35.0°$$

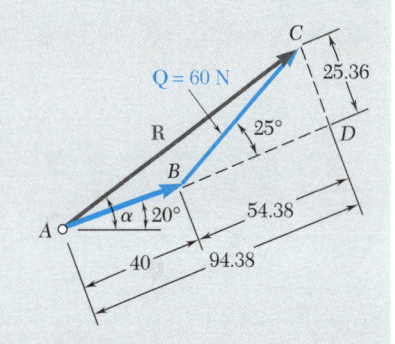

範例 2.2

一平底貨船由兩艘拖船拉動。已知兩拖船施加的合力為 5 kN,且沿貨船軸向作用。試求
(a) 每條繩索的拉力,已知 $\alpha = 45°$;
(b) 使繩索 2 拉力最小的 α 值。

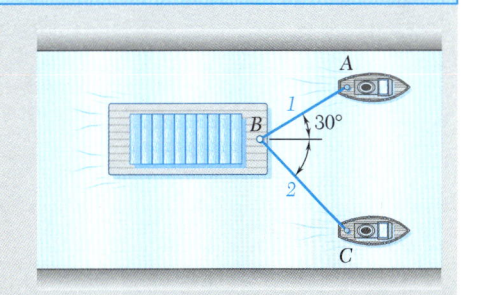

解

a. **$\alpha = 45°$ 的拉力。圖解法。** 使用平行四邊形法;已知對角線

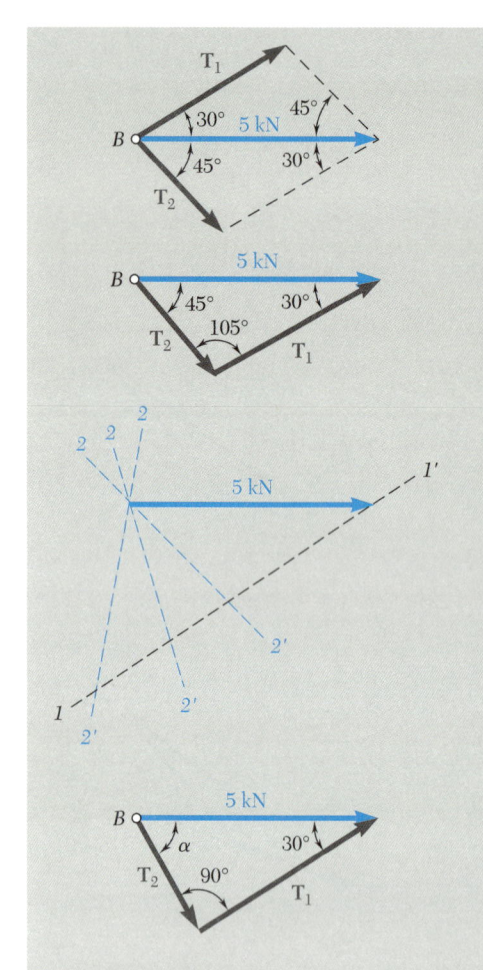

(合力)等於 5 kN，且朝向右邊。平行四邊形兩邊分別與兩繩索平行。若按照比例畫圖，可量得

$$T_1 = 3.7 \text{ kN} \qquad T_2 = 2.6 \text{ kN}$$

三角公式法。使用三角形法則。注意三角形是上面的平行四邊形的一半。利用正弦定理，寫下

$$\frac{T_1}{\sin 45°} = \frac{T_2}{\sin 30°} = \frac{5 \text{ kN}}{\sin 105°}$$

用計算機先算出商，再將商分別乘以 sin 45° 與 sin 30°，得到

$$T_1 = 3.66 \text{ kN} \qquad T_2 = 2.59 \text{ kN}$$

b. 使 T_2 最小的 α 值。為求使繩索 2 拉力最小的 α 值，再度使用三角形法則，線 1-1' 為 $\mathbf{T}_1$ 的已知方向，$\mathbf{T}_2$ 的幾個可能方向標示為線 2-2'。注意當 $\mathbf{T}_1$ 與 $\mathbf{T}_2$ 互相垂直時，$\mathbf{T}_2$ 值最小

$$T_2 = (5 \text{ kN}) \sin 30° = 2.5 \text{ kN}$$

對應的 T_1 與 α 值為

$$T_1 = (5 \text{ kN}) \cos 30° = 4.33 \text{ kN}$$
$$\alpha = 90° - 30° \qquad\qquad \alpha = 60°$$

習　題

2.1 兩力作用於梁 AB 上的點 B。以兩種圖解法求其合力的大小與方向：(a) 平行四邊形定律；(b) 三角形法則。

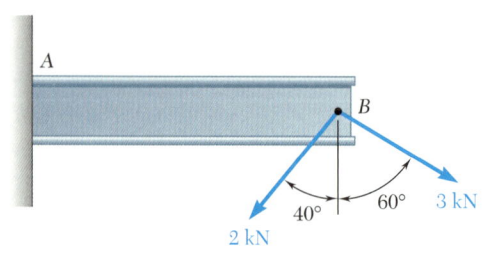

圖 P2.1

2.2 纜繩 *AB* 與 *AD* 輔助固定立竿 *AC*。已知 *AB* 的拉力為 600 N、*AD* 的拉力為 200 N，試利用兩種圖解法求纜繩施加在 *A* 的合力的大小與方向：(a) 平行四邊形定律；(b) 三角形法則。

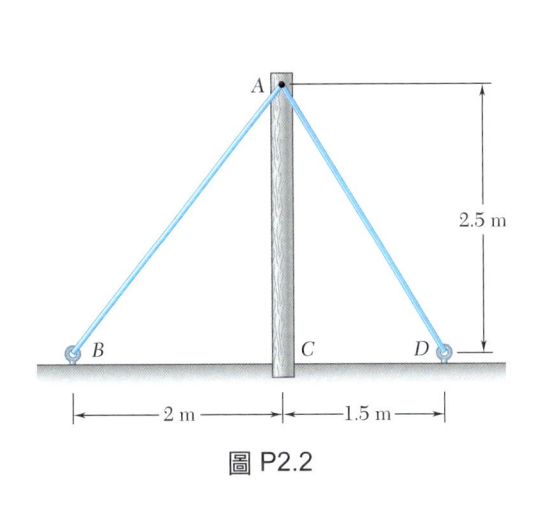

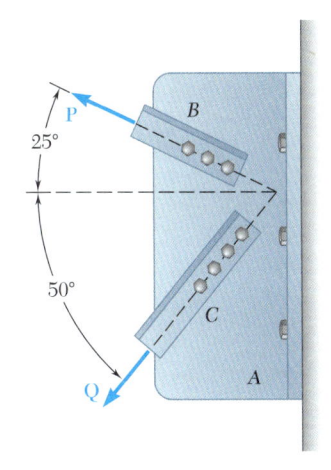

圖 P2.2

圖 *P2.3* 與 P2.4

2.3 兩桿件 *B*、*C* 以螺栓固定於拖架 *A* 上。已知兩桿件受張力，大小分別為 *P* = 10 kN 與 *Q* = 15 kN，試以兩種圖解法求兩力作用在拖架的合力的大小與方向：(a) 平行四邊形定律；(b) 三角形法則。

2.4 兩桿件 *B*、*C* 以螺栓固定於拖架 *A* 上。已知兩桿件受張力，大小分別為 *P* = 6 kN 與 *Q* = 4 kN，試以兩種圖解法求兩力作用在拖架的合力的大小與方向：(a) 平行四邊形定律；(b) 三角形法則。

2.5 兩繩將固定於地面的木樁拉出。已知 α = 30°，試以三角公式求 (a) 使作用於木樁的合力為垂直時所需的力 **P** 的大小；(b) 對應合力的大小。

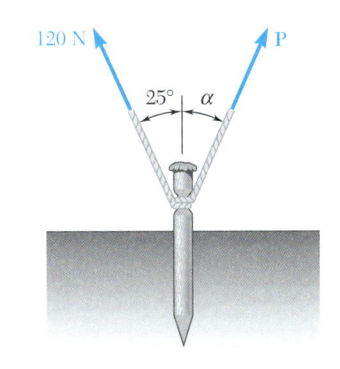

圖 P2.5

2.6 兩力作用在可在水平梁滑行的滑輪。(a) 已知 α = 25°，試以三角公式求 **P** 的大小，使兩力的合力垂直；(b) 對應合力的大小為何？

2.7 兩力作用在可在水平梁滑行的滑輪。試以三角公式求 **P** 的大小與方向，使兩力的合力垂直且大小為 2500 N。

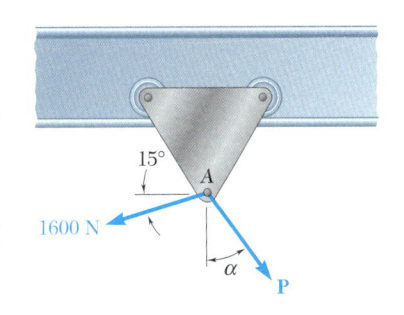

圖 P2.6 與 P2.7

2.8 兩控制桿在點 A 與槓桿 AB 相連。已知作用在左手桿件的力 $F_1 = 30$ N，試以三角公式求 (a) 使兩力的合力 **R** 為垂直時所需的力 F_2 的大小；(b) 對應合力 **R** 的大小。

2.9 兩控制桿在點 A 與槓桿 AB 相連。已知作用在右手桿件的力 $F_2 = 20$ N，試以三角公式求 (a) 使兩力的合力 **R** 為垂直時所需的力 F_1 的大小；(b) 對應合力 **R** 的大小。

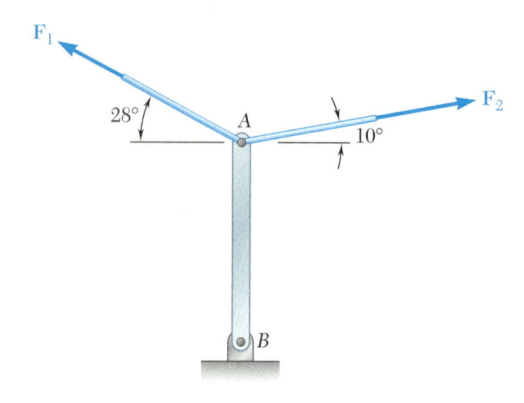

圖 P2.8 與 P2.9

2.10 兩力作用在一支撐鉤上。已知力 **P** 的大小為 35 N，試以三角公式求 (a) 使兩力的合力 **R** 為水平時的 α 值；(b) 對應合力 **R** 的大小。

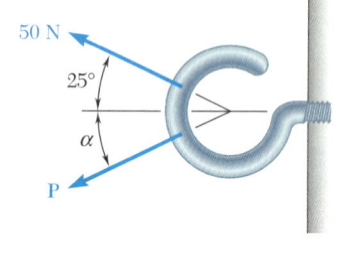

圖 P2.10

2.11 放置在凹槽的鋼桶受兩力。已知 $\alpha = 20°$，試以三角公式求 (a) 使兩力的合力 **R** 為垂直所需的力 **P** 的大小；(b) 對應合力 **R** 的大小。

2.12 放置在凹槽的鋼桶受兩力。已知 **P** = 500 N，試以三角公式求 (a) 使兩力的合力 **R** 為垂直時的 α 值；(b) 對應合力 **R** 的大小。

2.13 放置在凹槽的鋼桶受兩力。試以三角公式求 (a) 使兩力的合力 **R** 為垂直所需最小力 **P** 的大小與方向；(b) 對應合力 **R** 的大小。

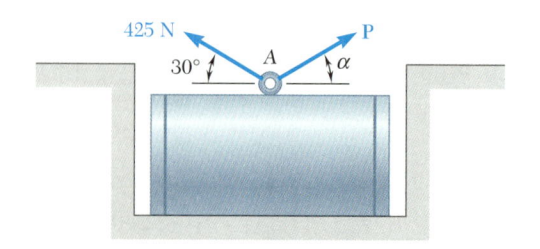

圖 P2.11、P2.12 與 P2.13

2.14 習題 2.10 的支撐鉤，試以三角公式求 (a) 使兩力的合力 **R** 為水平時所需最小力 **P** 的大小與方向；(b) 對應合力 **R** 的大小。

2.15 以三角公式解習題 2.2。

2.16 以三角公式解習題 2.4。

2.17 習題 2.5 中的木樁，已知一繩的張力為 120 N，試以三角公式求使合力為垂直 160 N 時，所需的力 **P** 的大小與方向。

2.18 習題 2.10 中的支撐鉤，已知 $P = 75$ N 且 $\alpha = 50°$，試以三角公式求兩力合力的大小與方向。

2.19 兩力 **P** 與 **Q** 作用於一置物箱的蓋子。已知 $P = 48$ N、$Q = 60$ N，試以三角公式求兩力合力的大小與方向。

2.20 兩力 **P** 與 **Q** 作用於一置物箱的蓋子。已知 $P = 60$ N、$Q = 48$ N，試以三角公式求兩力合力的大小與方向。

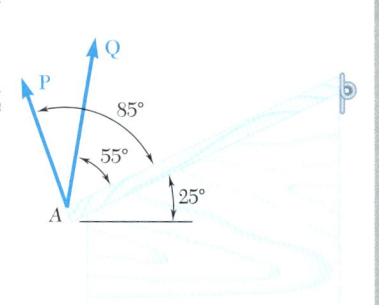

圖 P2.19 與 *P2.20*

2.7　力的直角分量／單位向量 (Rectangular Components of a Force. Unit Vectors)

解決一般工程問題時，最常將力分解成互相垂直的兩個分量。如圖 2.18 所示，將力 **F** 分解成沿 x 軸及 y 軸的分力 **F**$_x$ 以及 **F**$_y$。由於此處用的平行四邊形剛好是一個**長方形** (rectangle)，故 **F**$_x$ 與 **F**$_y$ 稱為直角分量。

x 軸及 y 軸常用來分別表示水平軸及垂直軸，但如有需要也可選用任意兩互相垂直的方向 (圖 2.19)。在畫圖 2.18 與圖 2.19 中的虛線求直角分量時，最好視為平行於 x 軸及 y 軸而不是垂直於這兩軸畫出，如此可避免在求**傾斜** (oblique) 分量時畫錯 (第 2.6 節)。

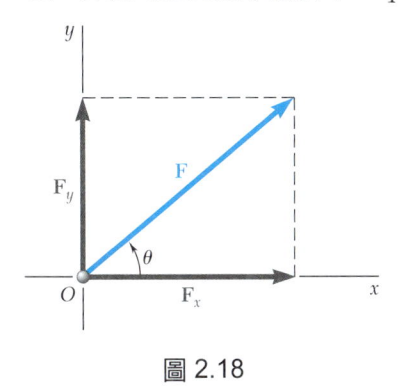

圖 2.18

圖 2.19

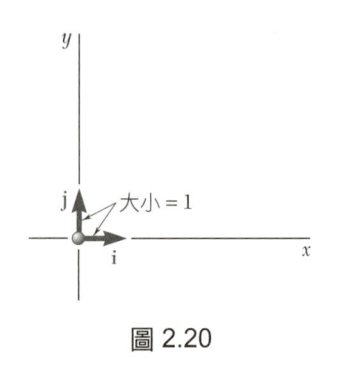

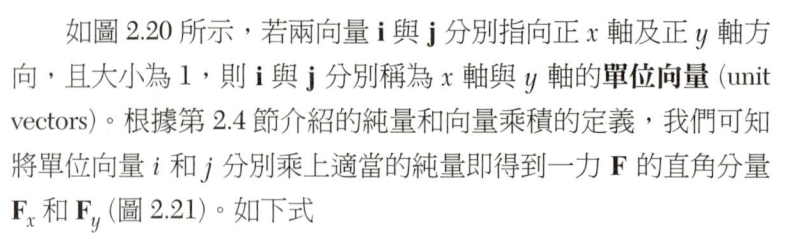

如圖 2.20 所示，若兩向量 **i** 與 **j** 分別指向正 x 軸及正 y 軸方向，且大小為 1，則 **i** 與 **j** 分別稱為 x 軸與 y 軸的**單位向量** (unit vectors)。根據第 2.4 節介紹的純量和向量乘積的定義，我們可知將單位向量 i 和 j 分別乘上適當的純量即得到一力 **F** 的直角分量 **F**$_x$ 和 **F**$_y$ (圖 2.21)。如下式

$$\mathbf{F}_x = F_x \mathbf{i} \qquad \mathbf{F}_y = F_y \mathbf{j} \tag{2.6}$$

以及

$$\mathbf{F} = F_x \mathbf{i} + F_y \mathbf{j} \tag{2.7}$$

圖 2.20

上式中的純量 F_x 和 F_y 可正可負，其正負號分別由 **F**$_x$ 和 **F**$_y$ 的指向而定，但其絕對值大小等於分力 **F**$_x$ 和 **F**$_y$ 的大小。因此，純量 F_x 和 F_y 稱為力 **F** 的純量分量，而向量 **F**$_x$ 和 **F**$_y$ 則稱為力 **F** 的向量分量。只要不產生誤解，純量和向量分量都可簡稱為力 **F** 的分量。需要注意的是，當向量分量 **F**$_x$ 與單位向量 **i** 的指向相同時 (即朝正 x 軸方向)，其純量分量 F_x 為正，若 **F**$_x$ 指向相反則為負。純量分量 F_y 的正負號同理可得。

若以 F 標示力 **F** 的大小，角度 θ 標示 **F** 和正 x 軸逆時針旋轉所得的夾角 (圖 2.21)，則力 **F** 的純量分量如下

$$F_x = F \cos \theta \qquad F_y = F \sin \theta \tag{2.8}$$

圖 2.21

上式對 θ 從 0 到 360° 都成立，也同時定義了純量分量 F_x 和 F_y 的正負和絕對值大小。

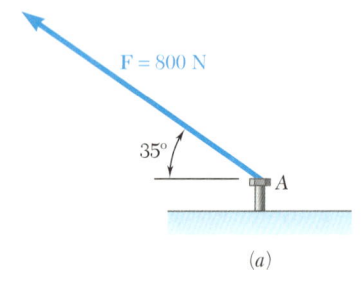

例題 1

如圖 2.22a 所示，一 800 N 的力施加於螺栓 A 上。求該力的水平和垂直分量。

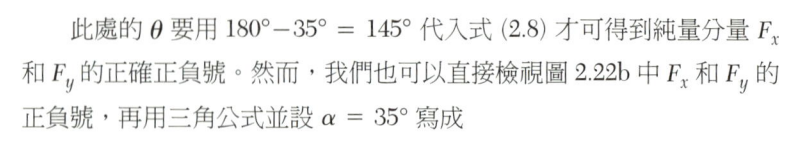

此處的 θ 要用 180°−35° = 145° 代入式 (2.8) 才可得到純量分量 F_x 和 F_y 的正確正負號。然而，我們也可以直接檢視圖 2.22b 中 F_x 和 F_y 的正負號，再用三角公式並設 $\alpha = 35°$ 寫成

$$F_x = -F \cos \alpha = -(800 \text{ N}) \cos 35° = -655 \text{ N}$$
$$F_y = +F \sin \alpha = +(800 \text{ N}) \sin 35° = +459 \text{ N}$$

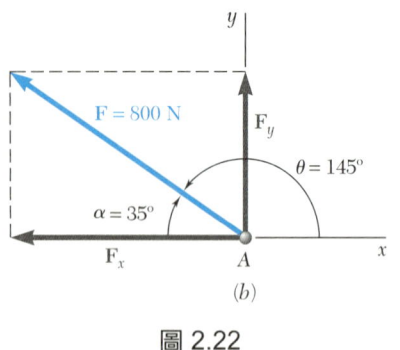

圖 2.22

因此得到 **F** 的向量分量

$$\mathbf{F}_x = -(655 \text{ N})\mathbf{i} \qquad \mathbf{F}_y = +(459 \text{ N})\mathbf{j}$$

或寫成下面形式

$$\mathbf{F} = -(655 \text{ N})\mathbf{i} + (459 \text{ N})\mathbf{j}$$

例題 2

如圖 2.23a 所示，一人以 300 N 的力拉住一端繫於建築物一角 A 的繩索。請問施加在 A 點的繩張力的水平和垂直分量為何？

由圖 2.23b 可得

$$F_x = +(300 \text{ N}) \cos\alpha \qquad F_y = -(300 \text{ N}) \sin\alpha$$

由圖 2.23a 觀察得纜繩長 $AB = 10$ m 且

$$\cos\alpha = \frac{8 \text{ m}}{AB} = \frac{8 \text{ m}}{10 \text{ m}} = \frac{4}{5} \qquad \sin\alpha = \frac{6 \text{ m}}{AB} = \frac{6 \text{ m}}{10 \text{ m}} = \frac{3}{5}$$

因此得到

$$F_x = +(300 \text{ N})\tfrac{4}{5} = +240 \text{ N} \qquad F_y = -(300 \text{ N})\tfrac{3}{5} = -180 \text{ N}$$

最後寫成

$$\mathbf{F} = (240 \text{ N})\mathbf{i} - (180 \text{ N})\mathbf{j}$$

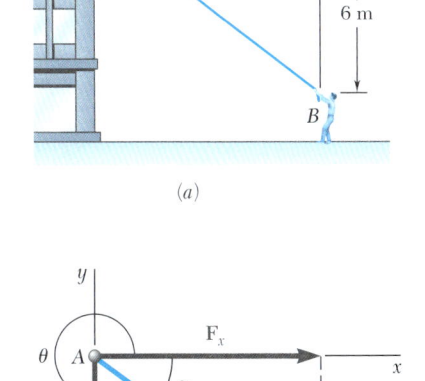

當使用直角分量 F_x 和 F_y 定義一力 **F** 時，定義 **F** 方向的 θ 可由下式得到

$$\tan\theta = \frac{F_y}{F_x} \qquad (2.9)$$

力的大小 F 可由畢氏定理得到

$$F = \sqrt{F_x^2 + F_y^2} \qquad (2.10)$$

F 也可用式 (2.8) 其中一個等式求得。

圖 2.23

例題 3

一力 $\mathbf{F} = (700 \text{ N})\mathbf{i} + (1500 \text{ N})\mathbf{j}$ 施加於一螺栓 A 上。求力的大小以及力與 x 軸夾角 θ 的值。

我們先在圖上畫出兩個直角分量和夾角 θ (圖 2.24)，再套用式 (2.9) 得到

$$\tan \theta = \frac{F_y}{F_x} = \frac{1500 \text{ N}}{700 \text{ N}}$$

使用掌上型計算機可得 $\theta = 65.0°$，再用式 (2.8) 中第二個等式可得

$$F = \frac{F_y}{\sin \theta} = \frac{1500 \text{ N}}{\sin 65.0°} = 1655 \text{ N}$$

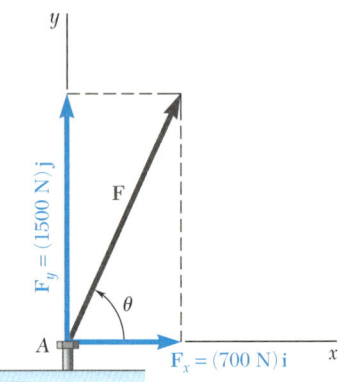

圖 2.24

2.8 利用直角分量求合力 (Addition of Forces by Summing x and y Components)

我們在第 2.2 節中學到用平行四邊形定律求數個力的合力，後來 (第 2.4 和 2.5 節) 根據此定律導出的兩種更容易使用的方法：以三角形法則求兩力相加以及用多邊形法則求多力相加。這兩種方法都很容易用來以圖解的方式求解。二力與其合力構成的三角形中的未知數也可以套用三角公式得到。

然而，當三個以上的力相加時，這些力與其合力構成的多邊形無法套用三角公式得到其中的未知數。此時我們可將每一力都分解成兩個直角分量，再對各方向分別求和即可得到合力的直角分量。例如，考慮作用於質點 A 上的三力 **P**、**Q** 和 **S** (圖 2.25a)，其合力 **R** 為

$$\mathbf{R} = \mathbf{P} + \mathbf{Q} + \mathbf{S} \tag{2.11}$$

將各力分解成直角分量，寫成

$$R_x \mathbf{i} + R_y \mathbf{j} = P_x \mathbf{i} + P_y \mathbf{j} + Q_x \mathbf{i} + Q_y \mathbf{j} + S_x \mathbf{i} + S_y \mathbf{j}$$
$$= (P_x + Q_x + S_x)\mathbf{i} + (P_y + Q_y + S_y)\mathbf{j}$$

接著得到以下等式

$$R_x = P_x + Q_x + S_x \qquad R_y = P_y + Q_y + S_y \tag{2.12}$$

或寫成

$$R_x = \Sigma F_x \qquad R_y = \Sigma F_y \tag{2.13}$$

因此我們得到以下結論：若有數力同時作用於一質點上，其合力的純量分量 R_x 與 R_y 等於所有給定力的純量分量在對應方向的代數和 (adding algebraically)。

圖 2.25

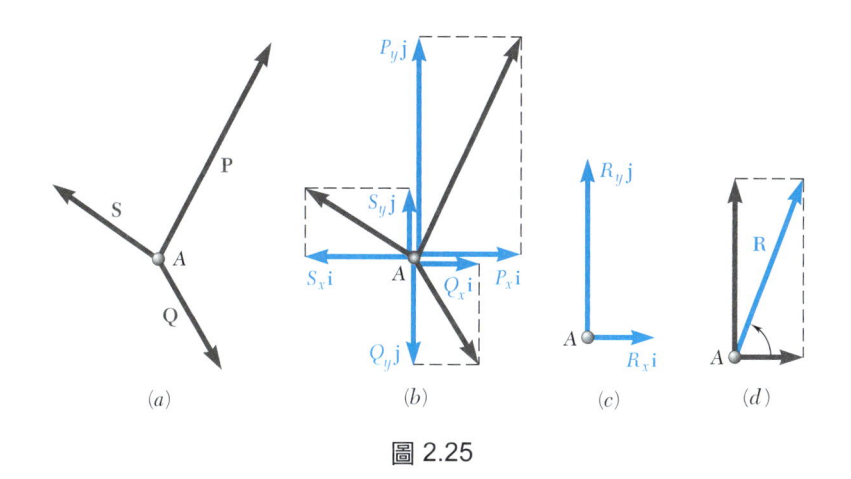

實務上，我們常用圖 2.25 所示的三步驟來求合力 **R**。首先，將圖 2.25a 中給定的力分別分解成 x 和 y 方向的直角分量 (圖 2.25b)。接著，將這些分量直接相加即可得到 **R** 的 x 和 y 方向的直角分量。最後，利用平行四邊形定律即可得到合力 $\mathbf{R} = R_x \mathbf{i} + R_y \mathbf{j}$ (圖 2.25d)。上述流程搭配表列方式記錄計算過程可以很有效率地求得多力的合力。雖然二力的合力可由其他方法如三角公式得到，但本節介紹的方法在實務上較常用。

範例 2.3

四力作用於螺栓 A 上。試求四力的合力。

解

如圖所示，以三角公式算出各力的 x 和 y 的分量，並填入下表中。根據第 2.7 節中的慣例，若力分量的指向與座標軸相同，則代表分量為正值。因此，x 分量朝右、y 分量朝上為正。

力	大小	x 分量, N	y 分量, N
$\mathbf{F}_1$	150	+129.9	+75.0
$\mathbf{F}_2$	80	−27.4	+75.2
$\mathbf{F}_3$	110	0	−110.0
$\mathbf{F}_4$	100	+96.6	−25.9
		$R_x = +199.1$	$R_y = +14.3$

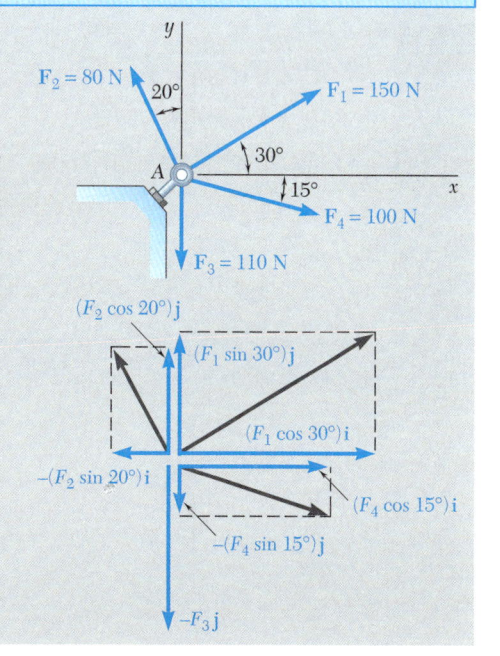

因此,四力的合力 **R** 為

$$\mathbf{R} = R_x\mathbf{i} + R_y\mathbf{j} \qquad \mathbf{R} = (199.1\ \text{N})\mathbf{i} + (14.3\ \text{N})\mathbf{j}$$

接著計算合力的大小與方向。由所示的三角形可得到

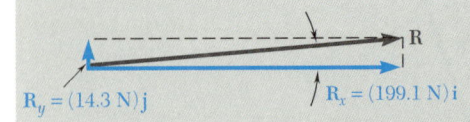

$$\tan \alpha = \frac{R_y}{R_x} = \frac{14.3\ \text{N}}{199.1\ \text{N}} \qquad \alpha = 4.1°$$

$$R = \frac{14.3\ \text{N}}{\sin \alpha} = 199.6\ \text{N} \qquad \mathbf{R} = 199.6\ \text{N} \measuredangle 4.1°$$

用計算機求解。

重點提示

力的合力可由圖解法或套用三角公式得到。

A. **求三力以上的合力 R**。首先將各力分解成直角分量,接著依據定義力的方式不同,我們會有以下兩種情況:

情況一:若力 **F** 由其大小 F 與 x 軸的夾角 α 定義,則力在 x 軸和 y 軸的分量分別等於 F 乘以 $\cos \alpha$ 和 $\sin \alpha$ [例題 1]。

情況二:若力 **F** 由其大小 F 和作用線上某兩點 A 和 B 定義 (圖 2.23)。可先由三角公式求得 **F** 和 x 軸的夾角 α。或者直接由三角形邊長的比例計算力的分量,不需算出夾角 α [例題 2]。

B. **合力的直角分量**。合力在 x 軸和 y 軸方向的直角分量 R_x 和 R_y 分別等於所有給定力在 x 軸和 y 軸方向的分量的代數和 [範例 2.3]。

合力的向量以 x 軸和 y 軸方向的單位向量 **i** 與 **j** 表示如下:

$$\mathbf{R} = R_x\mathbf{i} + R_y\mathbf{j}$$

合力也可以其大小和與 x 軸的夾角表示。

習　題

2.21 與 **2.22** 試求附圖所示各力的 x 分量與 y 分量。

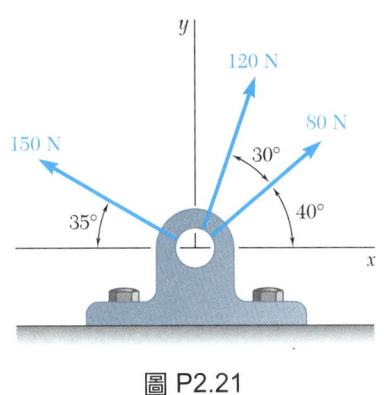

圖 P2.21

圖 P2.22

2.23 與 **2.24** 試求附圖所示各力的 x 分量與 y 分量。

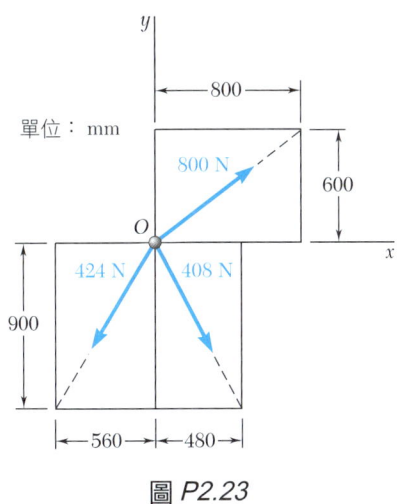

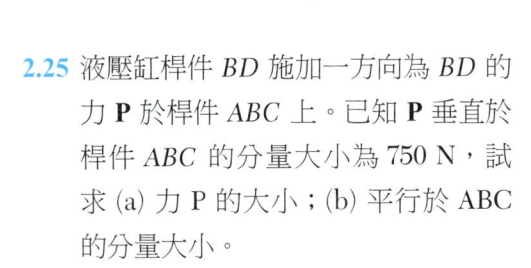

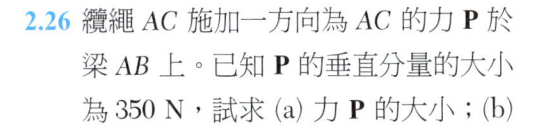

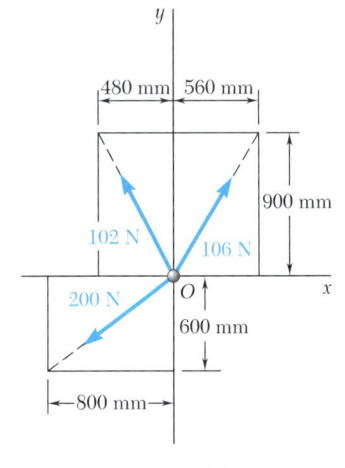

圖 P2.23

圖 P2.24

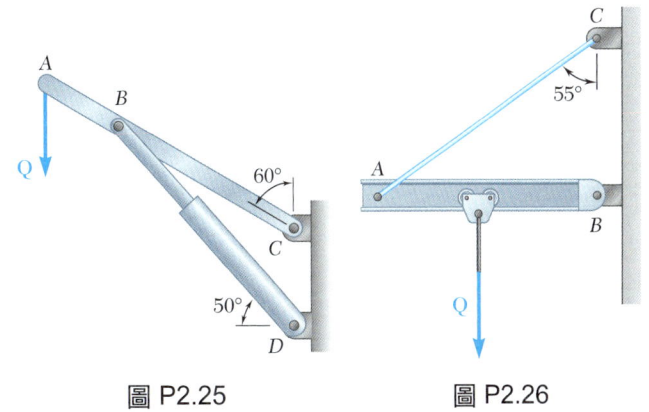

2.25 液壓缸桿件 BD 施加一方向為 BD 的力 **P** 於桿件 ABC 上。已知 **P** 垂直於桿件 ABC 的分量大小為 750 N，試求 (a) 力 P 的大小；(b) 平行於 ABC 的分量大小。

2.26 纜繩 AC 施加一方向為 AC 的力 **P** 於梁 AB 上。已知 **P** 的垂直分量的大小為 350 N，試求 (a) 力 **P** 的大小；(b)

圖 P2.25

圖 P2.26

2.27 桿件 BC 施加一方向為 BC 的力 **P** 於桿件 AC 上。已知 **P** 的水平分量的大小為 325 N，試求 (a) 力 **P** 的大小；(b) 其垂直分量。

圖 P2.27

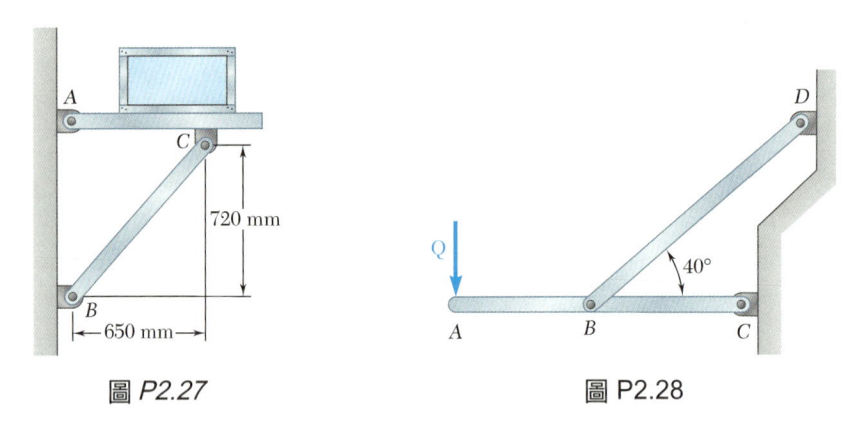

圖 P2.28

2.28 桿件 BD 施加一方向為 BD 的力 **P** 於桿件 ABC 上。已知 **P** 的垂直分量的大小為 240 N，試求 (a) 力 **P** 的大小；(b) 其水平分量。

2.29 繩 BD 施加一方向為 BD 的力 **P** 於電線桿 AC 上。已知 **P** 垂直於 AC 的分量大小為 720 N，試求 (a) 力 **P** 的大小；(b) 沿 AC 的分量大小。

2.30 液壓缸桿件 BC 施加一方向為 BC 的力 **P** 於桿件 AB 上。已知 **P** 垂直於桿件 AB 的分量大小為 600 N，試求 (a) 力 **P** 的大小；(b) 沿 AB 的分量大小。

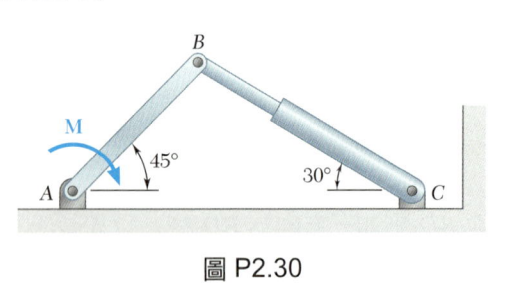

圖 P2.29

圖 P2.30

2.31 試求習題 2.23 中三力的合力。

2.32 試求習題 2.21 中三力的合力。

2.33 試求習題 2.22 中三力的合力。

2.34 試求習題 2.24 中三力的合力。

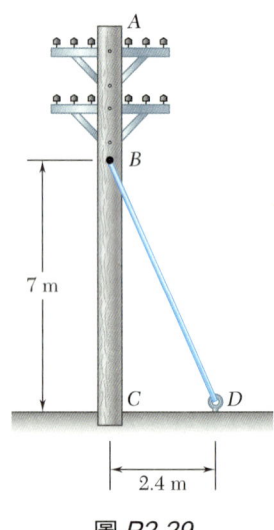

2.35 已知 $\alpha = 35°$，試求圖示三力的合力。

2.36 已知繩 AC 的張力為 365 N，試求作用於電線桿 BC 上點 C 三力的合力。

2.37 已知 $\alpha = 40°$，試求圖示三力的合力。

2.38 已知 $\alpha = 75°$，試求圖示三力的合力。

2.39 習題 2.35 中的軸環，試求 (a) 使圖示三力的合力為垂直所需的 α 值；(b) 其對應的合力大小。

2.40 習題 2.36 中的電線桿，試求 (a) 使作用於點 C 的三力合力為水平所需的繩 AC 張力；(b) 其對應的合力大小。

2.41 一滑輪受圖示三力作用。已知 $\alpha = 40°$，試求 (a) 使三力的合力為垂直所需的力 **P** 的大小；(b) 其對應的合力大小。

2.42 一滑輪受圖示三力作用。已知 $P = 250$ N，試求 (a) 使三力的合力為垂直所需的 α 值；(b) 其對應的合力大小。

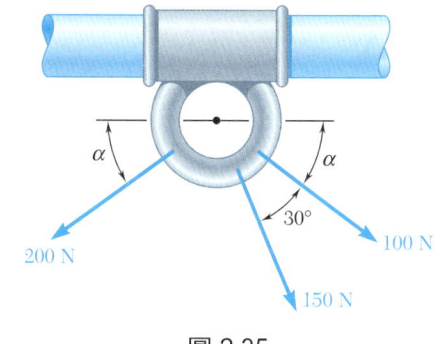

圖 2.35

圖 2.36

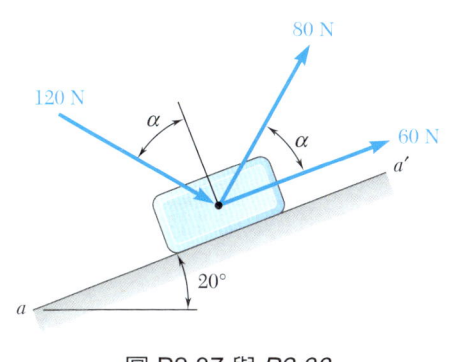

圖 P2.37 與 P2.38

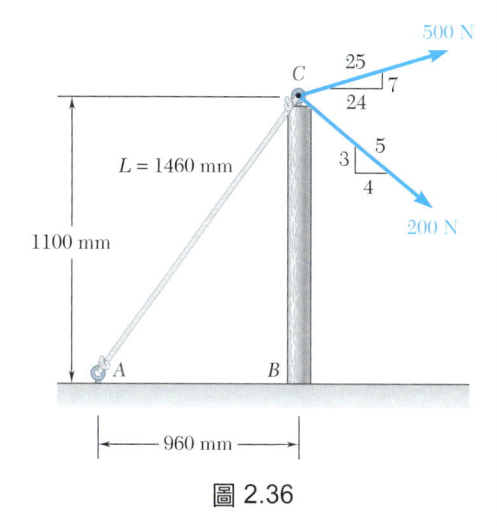

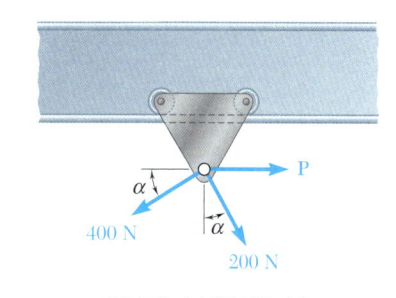

圖 P2.41 與 P2.42

2.9　質點的力平衡 (Equilibrium of a Particle)

　　我們在前面章節中介紹幾個求作用於一質點上數力的合力的方法。儘管本書到目前為止還沒遇到，但某些情況下合力剛好為零。若合力為零，則給定力對質點的淨效果 (net effect) 為零，我們稱質點處於力平衡 (in equilibrium)。定義如下：當施加在一質點的所有力的合力為零，則此質點處於力平衡。

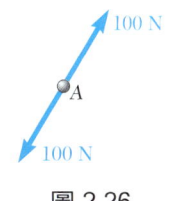

圖 2.26

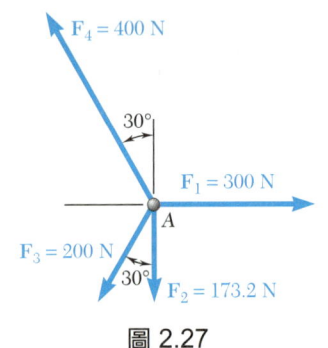

一質點受二力作用，若力的大小相等、作用於同一作用線且指向相反，則二力的合力為零且此質點處於平衡狀態 (圖 2.26)。

圖 2.27 中質點 A 受到四力作用且處於平衡狀態。這四個給定力的合力可由多邊形法則得到 (圖 2.28)，平移 $\mathbf{F}_1$、$\mathbf{F}_2$、$\mathbf{F}_3$ 和 $\mathbf{F}_4$，使其逐一頭尾相接，我們發現 $\mathbf{F}_4$ 的箭頭剛好與起始 O 點重合。因此，得到的合力為零，而質點處於力平衡。

圖 2.28 中的密閉多邊形提供了質點力平衡的圖形 (graphical) 表示法。質點力平衡的代數 (algebraically) 表示法可寫成下式

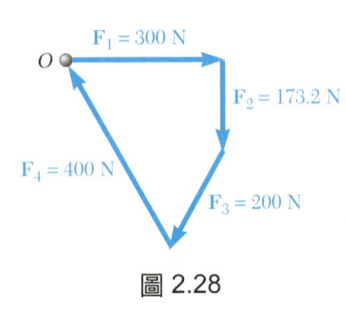

$$\mathbf{R} = \Sigma \mathbf{F} = 0 \tag{2.14}$$

將各力 $\mathbf{F}$ 分解成直角分量，我們有

$$\Sigma(F_x\mathbf{i} + F_y\mathbf{j}) = 0 \quad \text{或} \quad (\Sigma F_x)\mathbf{i} + (\Sigma F_y)\mathbf{j} = 0$$

由此可得，質點力平衡的充要條件是

$$\Sigma F_x = 0 \qquad \Sigma F_y = 0 \tag{2.15}$$

再次檢視圖 2.27 中的質點，發現其受力滿足平衡條件，如下所示

$$\begin{aligned}
\Sigma F_x &= 300 \text{ N} - (200 \text{ N}) \sin 30° - (400 \text{ N}) \sin 30° \\
&= 300 \text{ N} - 100 \text{ N} - 200 \text{ N} = 0 \\
\Sigma F_y &= -173.2 \text{ N} - (200 \text{ N}) \cos 30° + (400 \text{ N}) \cos 30° \\
&= -173.2 \text{ N} - 173.2 \text{ N} + 346.4 \text{ N} = 0
\end{aligned}$$

2.10 牛頓第一運動定律 (Newton's First Law of Motion)

牛頓於十七世紀末葉寫下了三個基本定律，成為力學研究的礎石。其中的第一定律敘述如下：

如果作用於一質點的合力為零，則此質點將保持靜止 (若原本靜止) 或作等速直線運動 (若原本處於運動狀態)。

根據第一定律以及第 2.9 節定義的平衡條件可知，力平衡的質點必定靜止或作等速直線運動。我們接著考慮幾個力平衡質點的相關問題。

2.11 力平衡質點的相關問題 / 自由體圖
(Problems Involving the Equilibrium of a Particle. Free-body Diagrams)

工程力學中問題在實務上是由實際物理現象導出。通常以**空間圖** (space diagram) 描繪出問題的物理條件。

前面幾節討論的分析方法適用於作用於一質點的力系。然而，許多實際結構的受力可簡化成質點的力平衡問題。作法是先選定結構上某一關鍵質點，接著畫出這個質點和所有施加在質點上的力，稱為**自由體圖**。

例如，圖 2.29a 中有一懸掛在兩棟建築物間，質量為 75 公斤的重物被繩索吊起至一部貨車上。重物上方的 A 點連接三段繩索，其中一段垂直連接重物，另兩段分別由施力者透過固定於建築物上的滑輪 B 和 C 支撐。試求平衡時繩索 AB 和 AC 的張力？

此處 A 點是關鍵質點，我們先畫出 A 的自由體圖，並標示出所有的力，即繩 AB 和 AC 的張力以及重物的重力 (圖 2.29b)。重物的重力朝下、大小等於重物的重量，根據式 (1.4)，寫成

$$W = mg = (75 \text{ kg})(9.81 \text{ m/s}^2) = 736 \text{ N}$$

將這個數值標示於自由體圖上。繩索 AB 和 AC 的大小未知，力向量分別以 $\mathbf{T}_{AB}$ 和 $\mathbf{T}_{AC}$ 標示，這裡力的箭頭指離 A。

因為 A 點處於力平衡，作用其上的三力若頭尾相連必定形成一個三角形，稱為**力三角** (force triangle) (圖 2.29c)。若三角形依比例畫

照片 2.1 如上例所示，求纜繩張力時，可將彎鉤視為質點，再利用平衡方程式求解作用於質點上的力。

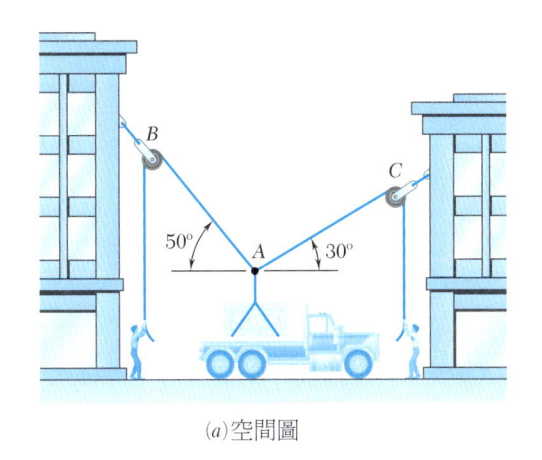

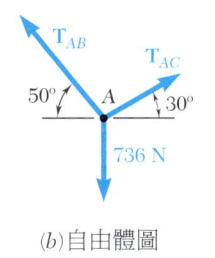

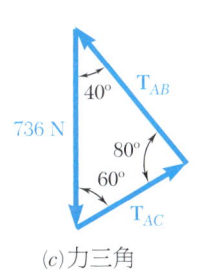

(a) 空間圖　　(b) 自由體圖　　(c) 力三角

圖 2.29

成，則可由圖解法得到未知力的大小，也可直接套用三角公式得到。常用的三角公式如正弦定理如下所示

$$\frac{T_{AB}}{\sin 60°} = \frac{T_{AC}}{\sin 40°} = \frac{736 \text{ N}}{\sin 80°}$$
$$T_{AB} = 647 \text{ N} \qquad T_{AC} = 480 \text{ N}$$

三力平衡下的質點可畫出力三角得到未知數。當質點受到三個以上的力且力平衡時，將這些力頭尾相連得到一個密閉的多邊形，而未知力的大小與方向則可由多邊形的幾何形狀得知。或者可用第 2.9 節介紹的平衡方程式，以解析的方式求得未知力，如下所示：

$$\Sigma F_x = 0 \qquad \Sigma F_y = 0 \qquad (2.15)$$

須注意的是，上式最多能解兩個未知數；三力平衡下的力三角圖解法最多也只能解兩個未知數。

這兩個未知數比較常見的情況是代表：(1) 某一力的兩個分量或者是力的大小與方向，以及 (2) 某兩已知方向的力的大小。有時也會遇到求解某力大小的極大或極小值（習題 2.57 到習題 2.62）。

範例 2.4

在某船舶卸載操作中，有一部重 3500 N 的汽車以纜繩懸吊離地。另外有一繩索連接於 A，操作員拉動繩索以調整汽車位置。已知纜繩與垂直夾角為 2°，而繩索與水平夾角為 30°。繩索的張力為何？

解

自由體圖。選用點 A 為自由體，畫出自由體圖，其中 T_{AB} 為纜繩 AB 的張力、T_{AC} 為繩索 AC 的張力。

平衡條件。由於自由體只受三力，可畫出平衡下的力三角。利用正弦定理，寫下

$$\frac{T_{AB}}{\sin 120°} = \frac{T_{AC}}{\sin 2°} = \frac{3500 \text{ N}}{\sin 58°}$$

用計算機先算出最後一項的商，再分別乘以 sin 120° 與 sin 2°，算出張力如下

$$T_{AB} = 3574 \text{ N} \qquad T_{AC} = 144 \text{ N}$$

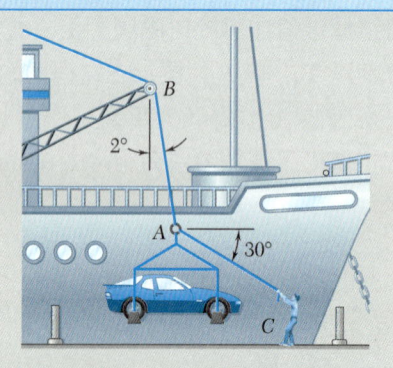

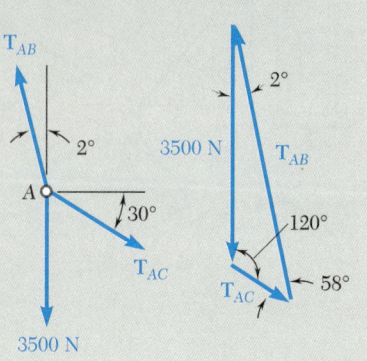

CHAPTER 2　質點靜力學　41

範例　2.5

試求使包裹維持平衡所需的最小力 **F** 的大小與方向。注意滾輪作用於包裹的力與斜面垂直。

解

自由體圖。選擇包裹為自由體，假設可視為質點。畫出對應的自由體圖。

平衡條件。由於自由體只受三力，可畫出平衡下的力三角。線 *1-1'* 表示 **P** 的已知方向。為了得到力 **F** 的最小值，選擇 **F** 的方向垂直於 **P**。由所得的三角形幾何關係，可得到

$F = (294 \text{ N}) \sin 15° = 76.1 \text{ N} \qquad \alpha = 15°$

$\mathbf{F} = 76.1 \text{ N} \searrow 15°$

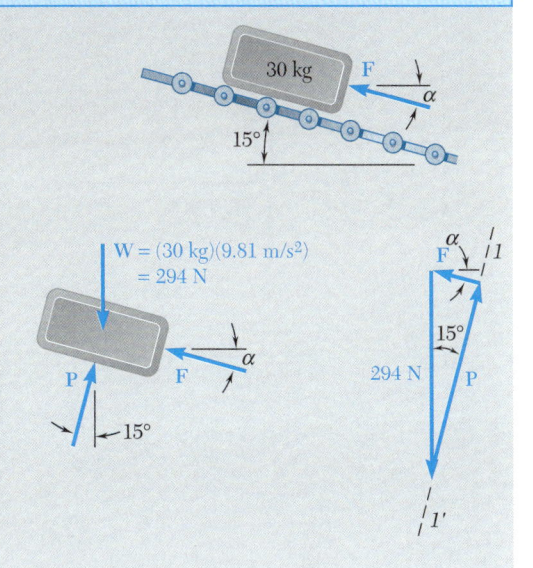

範例　2.6

在設計一新帆船時，欲求在給定速率下的阻力。將設計出的船身模型放置在試驗槽中，並以三纜繩使其保持在水槽中線。測力計讀數顯示，在某一速度時，纜繩 *AB* 和 *AE* 的張力分別為 200 N 和 300 N。試求作用在船身的阻力與纜繩 *AC* 的張力。

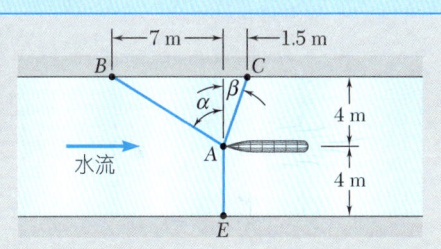

解

求各角度。首先，計算定義纜繩 *AB* 與 *AC* 方向的角度 α 和 β，寫下

$\tan \alpha = \dfrac{7 \text{ m}}{4 \text{ m}} = 1.75 \qquad \tan \beta = \dfrac{1.5 \text{ m}}{4 \text{ m}} = 0.375$

$\alpha = 60.26° \qquad\qquad\quad \beta = 20.56°$

自由體圖。選擇船身為自由體，畫出自由體圖，包含三條纜繩的力，以及水流施加在船身的阻力 $\mathbf{F}_D$。

平衡條件。平衡下的船身所受合力為零，故

$$\mathbf{R} = \mathbf{T}_{AB} + \mathbf{T}_{AC} + \mathbf{T}_{AE} + \mathbf{F}_D = 0 \qquad (1)$$

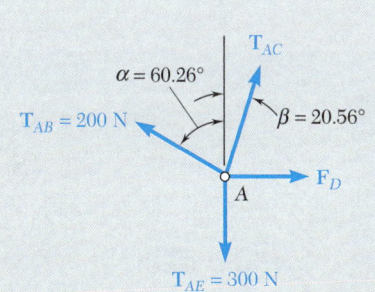

由於超過三個力作用，故將各力分解成 x 和 y 分量：

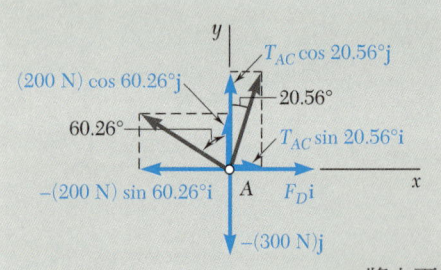

$$\mathbf{T}_{AB} = -(200 \text{ N}) \sin 60.26°\mathbf{i} + (200 \text{ N}) \cos 60.26°\mathbf{j}$$
$$= -(173.66 \text{ N})\mathbf{i} + (99.21 \text{ N})\mathbf{j}$$
$$\mathbf{T}_{AC} = T_{AC} \sin 20.56°\mathbf{i} + T_{AC} \cos 20.56°\mathbf{j}$$
$$= 0.3512T_{AC}\mathbf{i} + 0.9363T_{AC}\mathbf{j}$$
$$\mathbf{T}_{AE} = -(300 \text{ N})\mathbf{j}$$
$$\mathbf{F}_D = F_D\mathbf{i}$$

將上面表達式代入式 (1)，依單位向量 $\mathbf{i}$ 和 $\mathbf{j}$ 整理如下

$$(-173.66 \text{ N} + 0.3512T_{AC} + F_D)\mathbf{i} + (99.21 \text{ N} + 0.9363T_{AC} - 300 \text{ N})\mathbf{j} = 0$$

若且唯若 $\mathbf{i}$ 與 $\mathbf{j}$ 的係數都等於零，則能滿足上式。故得到以下兩個平衡方程式，分別代表 x 與 y 分量的合力都等於零。

$$(\Sigma F_x = 0:) \quad -173.66 \text{ N} + 0.3512T_{AC} + F_D = 0 \quad (2)$$

$$(\Sigma F_y = 0:) \quad 99.21 \text{ N} + 0.9363T_{AC} - 300 \text{ N} = 0 \quad (3)$$

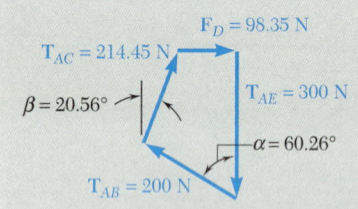

由式 (3) 可得到　　　　　　　　　　　　$T_{AC} = +214.45 \text{ N}$

將此值代入式 (2) 可得　　　　　　　　　$F_D = +98.35 \text{ N}$

畫自由體圖時，先假設每個未知力的指向。若最後解出的答案為正值，表示假設正確。也可畫出力多邊形驗算。

重點提示

一平衡狀態的質點，作用其上的力合力必定為零。若這些力為**共面力** (coplanar forces)，則可寫下兩個平衡方程式。這兩個關係式可求得兩個未知數，例如，一力的大小與方向。或者是兩力的大小。

先畫出自由體圖。 求解質點平衡問題的第一步是畫出自由體圖，在圖上畫出質點與所受的所有力。已知力的大小或方向應標示於圖上；未知大小或方向的力應以適當符號表示。僅此即可。

情況一：如果自由體圖中只有三力。後續作法是將這三力以頭尾相連方式畫成一個**力三角** (force triangle)。接著用圖解法或套用三角公式解出不超過兩個未知數 [範例 2.4 和 2.5]。

情況二： 如果有三個以上的力，則使用**解析法** (analytic solution) 比用圖解法或三角公式更好。先選定 x 軸和 y 軸，再將自由體圖中的力分解成 x 和 y 分量。x 分量的和以及 y 分量的和同時為零，得到兩個方程式，因此可解出不超過兩個未知數 [範例 2.6]。

當使用解析法時，我們強烈建議將平衡方程式寫成範例 2.6 中的式 (2) 和 (3) 的形式。有些學生會開始時就將所有未知數放在等號左邊，將已知數放在等號右邊，這樣作法容易造成正負號混淆，並不推薦。

請注意，二維平衡問題無論使用哪種方法，最多只能解出兩個未知數。如果二維問題有超過兩個未知數，則題目中必須給出一個以上額外的關係式。

習　題

自由體圖練習

2.F1 兩纜繩同繫在 C，下吊一重物，如附圖所示。請畫出求解 AC 與 BC 的張力所需的自由體圖。

2.F2 某纜椅停止在附圖所示的位置。已知每一纜椅的重量為 250 N，且纜椅 E 內的滑雪者重量為 765 N。請畫出欲求纜椅 F 中的滑雪者重量所需的自由體圖。

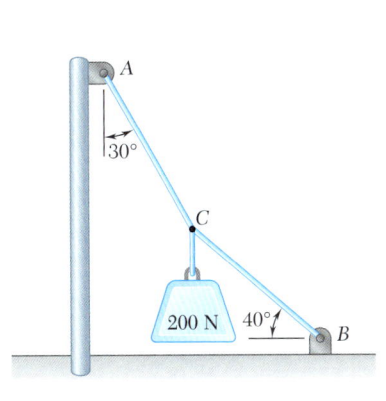

圖 P2.F1

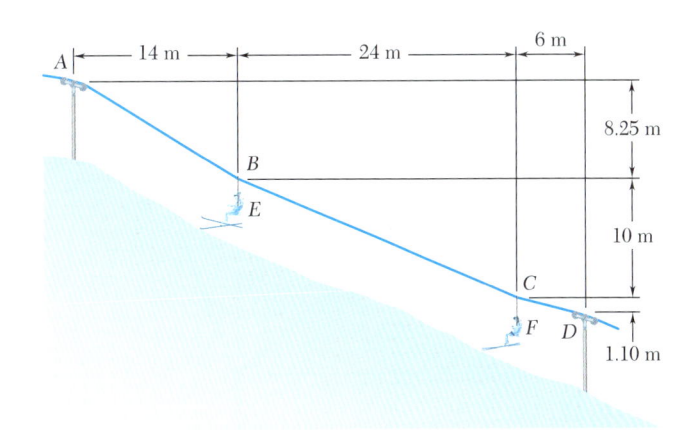

圖 P2.F2

2.F3 兩纜繩同繫在 A，受力如附圖所示。請畫出求解兩纜繩張力所需的自由體圖。

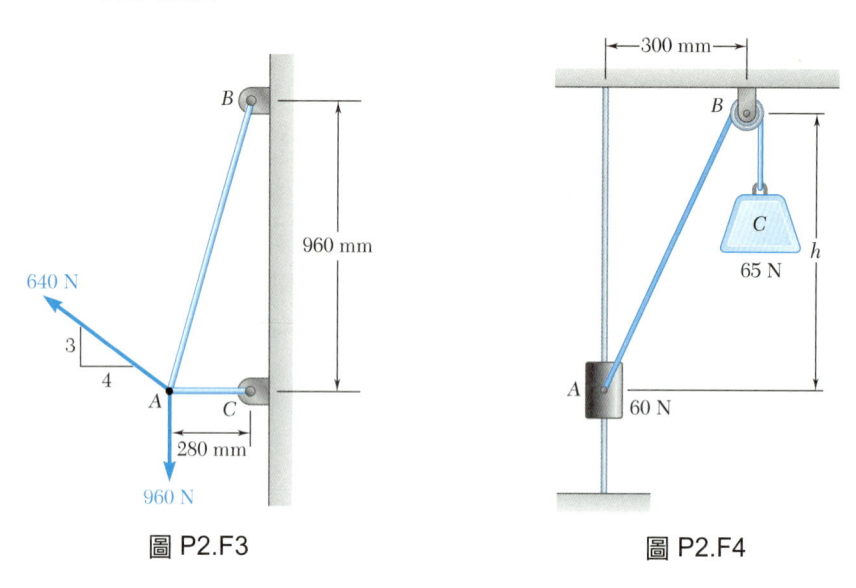

圖 P2.F3

圖 P2.F4

2.F4 一重量為 60 N 的軸環可在一垂直無摩擦的桿件上滑動，且與一重量 65 N 的重物 C 相連如附圖所示。請畫出求解平衡時的 h 值所需的自由體圖。

課後習題

2.43 與 **2.44** 兩纜繩同繫在 C，受力如附圖所示。試求 (a) 纜繩 AC 的張力；(b) 纜繩 BC 的張力。

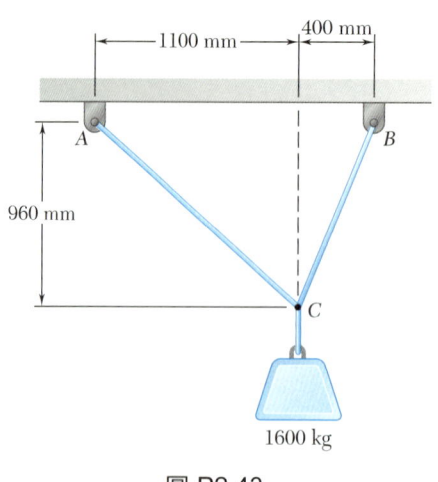

圖 P2.43

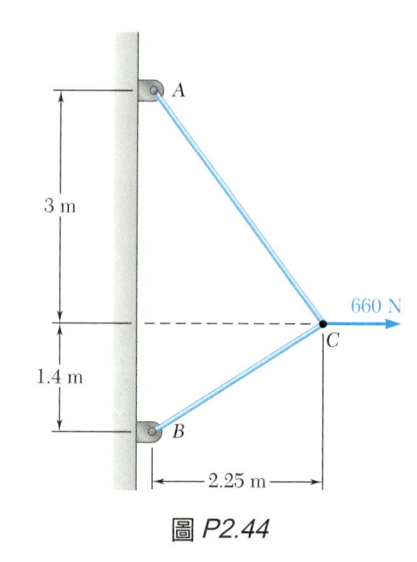

圖 P2.44

2.45 已知 α = 20°，試求 (a) 纜繩 AC 的張力；(b) 繩索 BC 的張力。

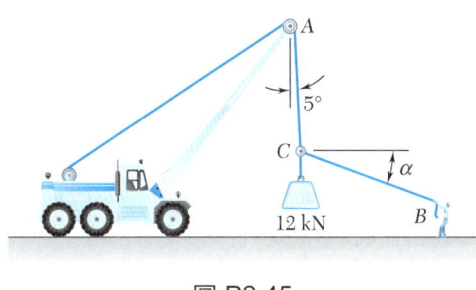

圖 P2.45

2.46 已知 α = 55°，且吊桿 AC 對插銷 C 施加沿線 AC 的力。試求 (a) 此力的大小；(b) 纜繩 BC 的張力。

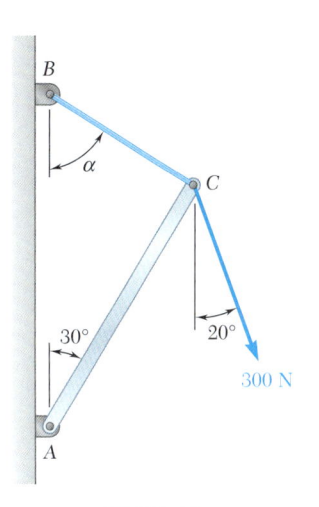

圖 P2.46

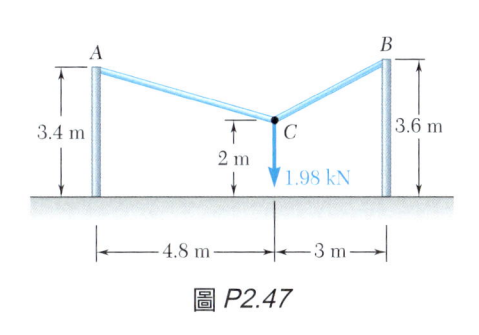

2.47 兩纜繩同繫在 C，受力如附圖所示。試求 (a) 纜繩 AC 的張力；(b) 纜繩 BC 的張力。

圖 P2.47

圖 P2.48

2.48 兩纜繩同繫在 C，受力如附圖所示。已知 P = 500 N 與 α = 60°，試求 (a) 纜繩 AC 的張力；(b) 纜繩 BC 的張力。

2.49 已知兩力大小分別為 T_A = 8 kN 與 T_B = 15 kN，作用於圖示的焊接點。已知焊接點力平衡，試求另兩力 T_C 和 T_D 的大小。

2.50 已知兩力大小分別為 T_A = 6 kN 與 T_C = 9 kN，作用於圖示的焊接點。已知焊接點力平衡，試求另兩力 T_B 和 T_D 的大小。

2.51 兩纜繩同繫在 C，受力如附圖所示。已知 P = 360 N，試求 (a) 纜繩 AC 的張力；(b) 纜繩 BC 的張力。

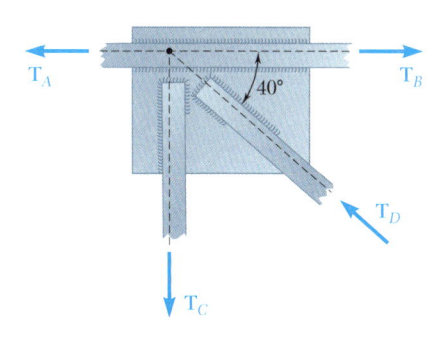

圖 P2.49 與 P2.50

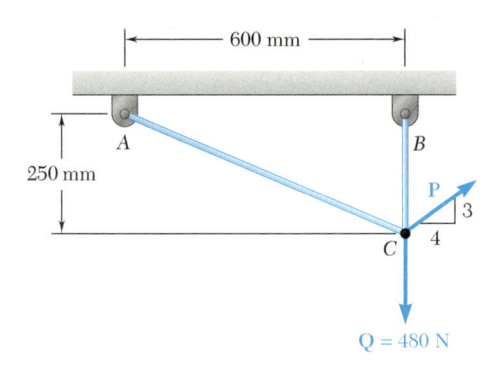

圖 P2.51 與 P2.52

2.52 兩纜繩同繫在 C，受力如附圖所示。試求使兩條纜繩都拉緊的 P 值範圍。

2.53 一受難水手乘坐懸掛於纜繩上之救生椅回到安全地點。救生椅透過滑輪可於纜繩 ACB 上滑動，而另一纜繩 CD 則將救生椅等速往左邊拉。已知 $\alpha = 30°$、$\beta = 10°$，救生椅和水手總重為 900 N，試求 (a) 纜繩 ACB 的張力；(b) 纜繩 CD 的張力。

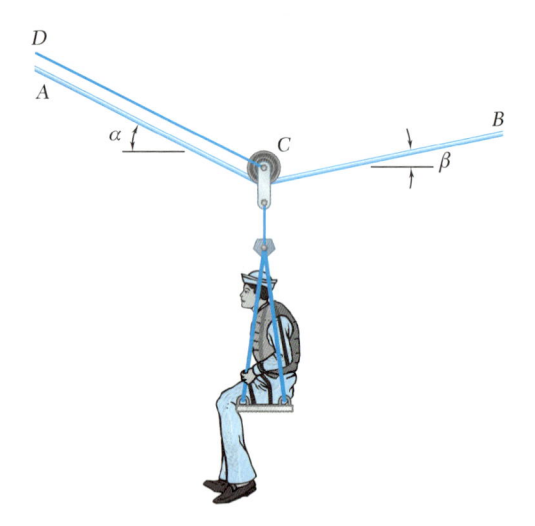

圖 P2.53 與 P2.54

2.54 一受難水手乘坐懸掛於纜繩上之救生椅回到安全地點。救生椅透過滑輪可於纜繩 ACB 上滑動，而另一纜繩 CD 則將救生椅等速往左邊拉。已知 $\alpha = 25°$、$\beta = 15°$，纜繩 CD 的張力為 80 N，試求 (a) 救生椅和水手總重；(b) 纜繩 ACB 的張力。

2.55 兩力 **P** 與 **Q** 於附圖般作用於某飛機連接件上。已知連接件成平衡且 $P = 500$ N、$Q = 650$ N，試求作用在桿 A 與 B 上的力的大小。

2.56 兩力 **P** 與 **Q** 於附圖般作用於某飛機連接件上。已知連接件成平衡且桿 A 與 B 受力分別為 $F_A = 750$ N 與 $F_B = 400$ N，求 **P** 與 **Q** 的大小。

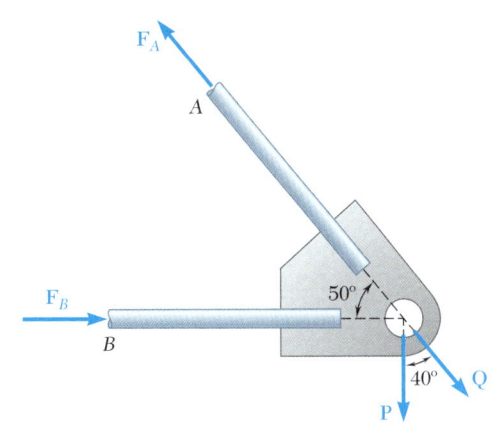

圖 P2.55 和 *P2.56*

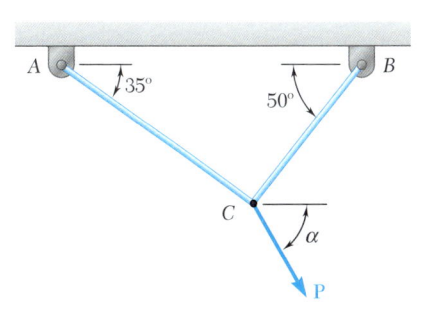

圖 P2.57 和 P2.58

2.57 兩纜繩同繫在 C，受力如附圖所示。已知纜繩最大容許張力為 800 N，試求 (a) 可施加在點 C 的最大力 **P** 的大小；(b) 對應的 α 值。

2.58 兩纜繩同繫在 C，受力如附圖所示。已知纜繩 AC 與 BC 的最大容許張力分別為 1200 N 與 600 N，試求 (a) 可施加在點 C 的最大力 **P** 的大小；(b) 對應的 α 值。

2.59 如圖 P2.45 所示，試求 (a) 使繩索 BC 張力最小的 α 值；(b) 對應的張力。

2.60 如習題 2.46，試求 (a) 使纜繩 BC 張力最小的 α 值；(b) 對應的張力。

2.61 如習題 2.48，已知纜繩 AC 與 BC 的可容許張力分別為 600 N 與 750 N，試求 (a) 可作用於 C 的最大力 **P**；(b) 對應的 α 值。

2.62 容器和內容物總重 2.8 kN，如果鏈條張力不可超過 5 kN，試求鏈條 ACB 可容許的最短長度。

2.63 軸環 A 可在一無摩擦的水平桿上滑動，受力如附圖所示。試求

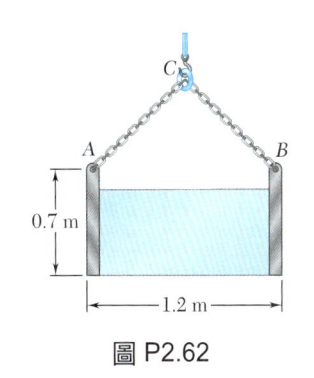

圖 P2.62

保持軸環平衡所需的外力 **P** 的大小，當 (a) $x = 90$ mm；(b) $x = 300$ mm。

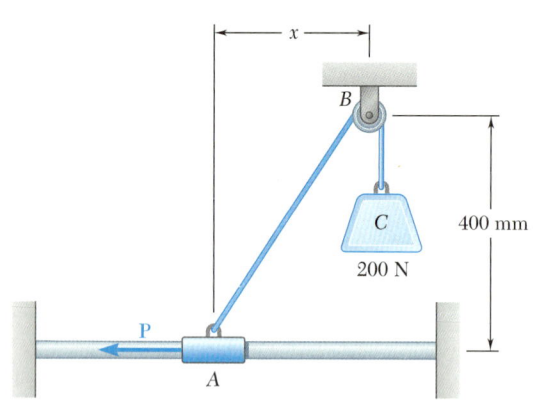

圖 P2.63 與 *P2.64*

2.64 軸環 A 可在一無摩擦的水平桿上滑動，受力如附圖所示。若保持軸環平衡所需的外力 $P = 192$ N，則 x 值為何？

2.65 三力作用在拖架 A 上，其中兩個 150 N 的力的方向可改變，但夾角保持在 50°。若三力於拖架 A 的合力小於 600 N，則角度 α 的範圍為何？

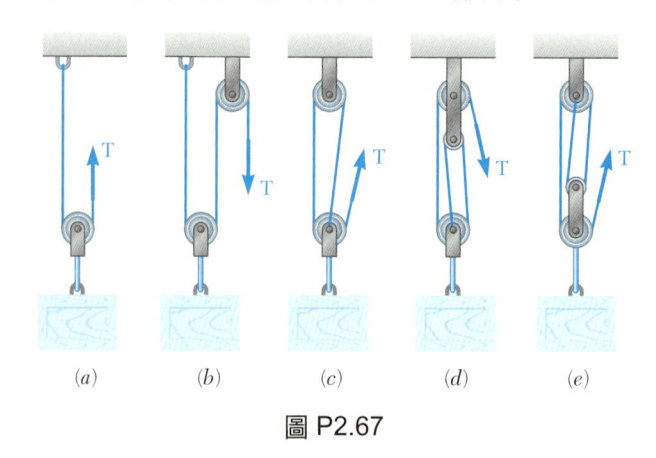

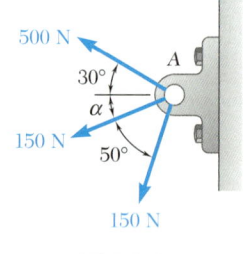

圖 P2.65

2.66 一 200 kg 的重物懸掛在圖示的繩索滑輪系統。試求保持平衡時的 **P** 的大小與方向。(提示：繩索在滑輪兩側的張力相同，可用第四章介紹的方法證明。)

2.67 一 6 kN 的重物懸掛在圖示的幾種不同的繩索滑輪系統。試求各種系統中繩索的張力。(參考習題 2.66 的提示)

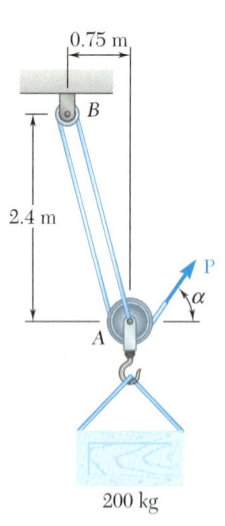

圖 *P2.66*

圖 P2.67

2.68 假設習題 2.67 的 (b) 與 (d) 中的繩索自由端連接到重物，則繩索的張力為何？

2.69 一負載 **Q** 作用在滑輪 C 上，滑輪可在纜繩 ACB 上滾動。第二條纜繩 CAD 作用於滑輪 C，使其保持平衡。纜繩 CAD 通過滑輪 A，且於點 D 受負載 **P**。已知 P = 750 N，試求 (a) 纜繩 ACB 的張力；(b) 負載 **Q** 的大小。

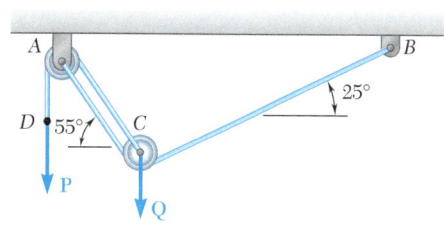

圖 P2.68 與 P2.70

2.70 一負載 **Q** = 1800 N 作用在滑輪 C 上，滑輪可在纜繩 ACB 上滾動。第二條纜繩 CAD 作用於滑輪 C，使其保持平衡。纜繩 CAD 通過滑輪 A，且於點 D 受負載 **P**。試求 (a) 纜繩 ACB 的張力；(b) 負載 **P** 的大小。

空間中的力 (Forces in Space)

2.12 空間力的垂直分量 (Rectangular Components of a Force in Space)

本章第一部分探討的問題只涉及二維，這些問題的定義與求解均只在一個平面上。從本節開始，則探討涉及三維空間的問題。

考慮一力 **F** 作用於直角座標系 x, y, z 的原點 O。為定義 **F** 的方向，畫出包含 **F** 的垂直平面 OBAC (圖 2.30a)。此平面通過垂直的 y 軸，和 xy 平面的夾角為 ϕ。**F** 在平面上的方向定義為 **F** 和 y 軸的夾角 θ_y。**F** 可分解成一個垂直分量 $\mathbf{F}_y$ 和一個水平分量 $\mathbf{F}_h$，此步驟如圖 2.30b 所示，根據本章第一部分介紹的法則在平面 OBAC 上進行，對應的純量分量為

$$F_y = F \cos \theta_y \qquad F_h = F \sin \theta_y \qquad (2.16)$$

但 $\mathbf{F}_h$ 可再進一步分解成 x 軸和 z 軸方向的兩個直角分量 $\mathbf{F}_x$ 和 $\mathbf{F}_z$。此步驟如圖 2.30c 所示，是在 xz 平面上進行，得到對應的純量分量表示法如下：

$$\begin{aligned} F_x &= F_h \cos \phi = F \sin \theta_y \cos \phi \\ F_z &= F_h \sin \phi = F \sin \theta_y \sin \phi \end{aligned} \qquad (2.17)$$

至此，我們得到給定力 **F** 在三個座標軸方向的三個直角分量 $\mathbf{F}_x$、$\mathbf{F}_y$ 與 $\mathbf{F}_z$。

套用畢氏定理到圖 2.30 中的三角形 OAB 和 OCD，可得

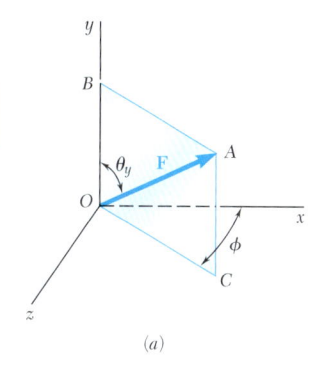

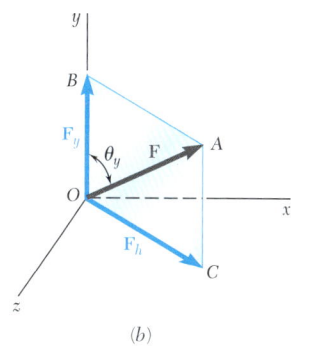

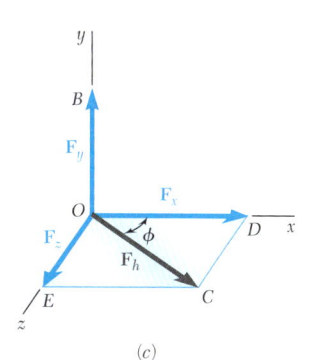

圖 2.30

圖 2.31

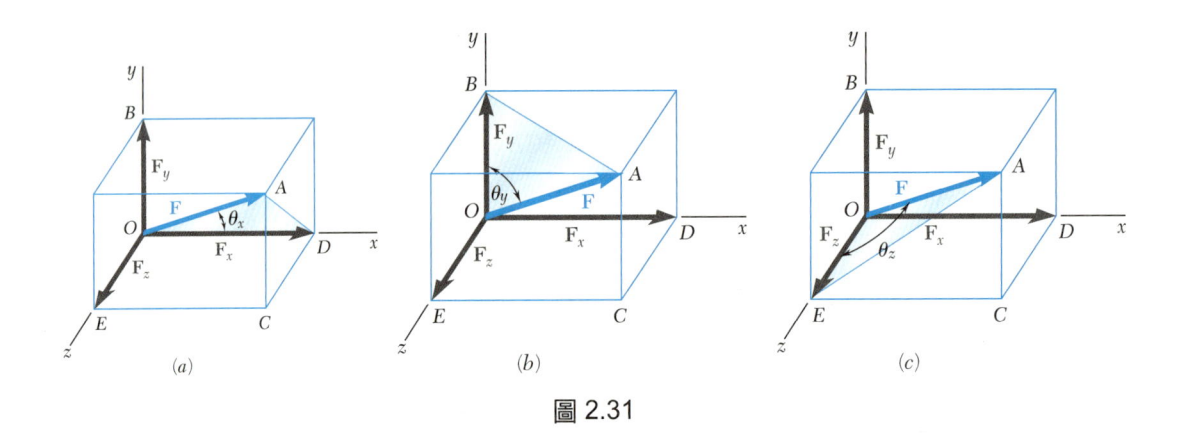

$$F^2 = (OA)^2 = (OB)^2 + (BA)^2 = F_y^2 + F_h^2$$
$$F_h^2 = (OC)^2 = (OD)^2 + (DC)^2 = F_x^2 + F_z^2$$

將上兩式中的 F_h^2 消掉可解出 **F** 的大小 F 與其直角分量的關係式

$$F = \sqrt{F_x^2 + F_y^2 + F_z^2} \tag{2.18}$$

畫出如圖 2.31 中的藍框可較清楚地展現出力 **F** 與其三個分量 F_x、F_y 和 F_z 的關係。力 **F** 即為藍框的對角線 OA。圖 2.31b 中的直角三角形 OAB 可得到式 (2.16) 中的第一個式子：$F_y = F \cos\theta_y$。如圖 2.31a 和 c，畫出另外兩個直角三角形 OAD 與 OAE。仿照三角形 OAB，分別以 θ_x 和 θ_z 標示 **F** 與 x 軸、y 軸的夾角，並導出

$$F_x = F \cos\theta_x \qquad F_y = F \cos\theta_y \qquad F_z = F \cos\theta_z \tag{2.19}$$

這三個角 θ_x、θ_y 和 θ_z 定義出力 **F** 的方向，在應用上較本節開始時介紹的 θ_y 和 ϕ 表示法普遍。θ_x、θ_y 和 θ_z 的餘弦稱為力 **F** 的**方向餘弦** (direction cosines)。

圖 2.32

引用分別指向正 x、y 和 z 軸的單位向量 **i**、**j** 和 **k** (圖 2.32)，可將 **F** 表示如下

$$\mathbf{F} = F_x\mathbf{i} + F_y\mathbf{j} + F_z\mathbf{k} \tag{2.20}$$

其中純量分量 F_x、F_y 和 F_z 由式 (2.19) 中的關係式定義。

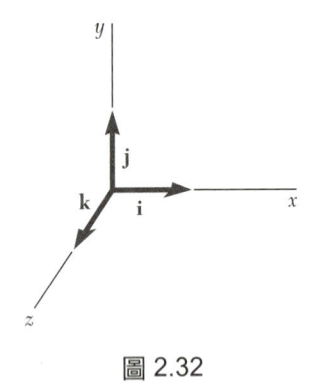

例題 1

一 500 N 的力和 x、y 和 z 軸的夾角分別為 60°、45° 和 120°。試求力的分量 F_x、F_y 和 F_z。

將 $F = 500$ N, $\theta_x = 60°$, $\theta_y = 45°$, $\theta_z = 120°$ 代入式 (2.19),寫成

$$F_x = (500 \text{ N}) \cos 60° = +250 \text{ N}$$
$$F_y = (500 \text{ N}) \cos 45° = +354 \text{ N}$$
$$F_z = (500 \text{ N}) \cos 120° = -250 \text{ N}$$

將上面得到的數值代入式 (2.20) 求得 **F**

$$\mathbf{F} = (250 \text{ N})\mathbf{i} + (354 \text{ N})\mathbf{j} - (250 \text{ N})\mathbf{k}$$

如同二維問題,正號表示分量和對應軸的方向相同,負號則表示相反。

力 **F** 和一軸的夾角應從該軸的正邊量起,且一定在 0 和 180° 之間。夾角 θ_x 小於 90°(銳角)表示 **F** 和正 x 軸位於 yz 平面的同一邊;$\cos \theta_x$ 和 F_x 皆為正值。夾角 θ_x 大於 90°(鈍角)表示 **F** 位於 yz 平面的另一邊;$\cos \theta_x$ 和 F_x 皆為負值。例題 1 中的 θ_x 和 θ_y 為銳角、θ_z 為鈍角,因此 F_x 和 F_y 為正,而 F_z 為負。

將式 (2.19) 的表達式代入式 (2.20) 得到

$$\mathbf{F} = F(\cos \theta_x \mathbf{i} + \cos \theta_y \mathbf{j} + \cos \theta_z \mathbf{k}) \tag{2.21}$$

顯示力 **F** 等於純量 F 與下式向量的乘積

$$\boldsymbol{\lambda} = \cos \theta_x \mathbf{i} + \cos \theta_y \mathbf{j} + \cos \theta_z \mathbf{k} \tag{2.22}$$

顯然,向量 $\boldsymbol{\lambda}$ 的大小為 1,方向和 **F** 相同(圖 2.33)。向量 $\boldsymbol{\lambda}$ 稱為 **F** 作用線的**單位向量**(unit vector)。由式 (2.22) 可知,單位向量 $\boldsymbol{\lambda}$ 的分量分別等於 **F** 作用線的方向餘弦:

$$\lambda_x = \cos \theta_x \qquad \lambda_y = \cos \theta_y \qquad \lambda_z = \cos \theta_z \tag{2.23}$$

另外可看出,角 θ_x、θ_y 和 θ_z 並非互相獨立。由於向量的分量的平方和等於其大小,可得

$$\lambda_x^2 + \lambda_y^2 + \lambda_z^2 = 1$$

或將得自式 (2.23) 的 λ_x、λ_y 和 λ_z 代入,則

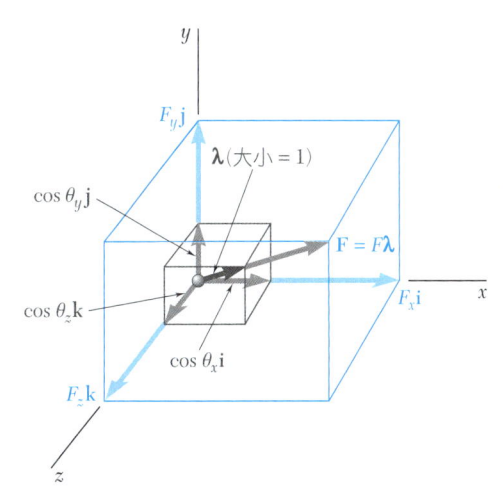

圖 2.33

$$\cos^2 \theta_x + \cos^2 \theta_y + \cos^2 \theta_z = 1 \tag{2.24}$$

例如例題 1 中，一旦選定 $\theta_x = 60°$ 和 $\theta_y = 45°$，則 θ_z 必定等於 $60°$ 或 $120°$ 才能滿足式 (2.24)。

當給定一力 **F** 的分量 F_x、F_y 和 F_z，則可由式 (2.18) 得到力的大小 F，再由式 (2.19) 求得其方向餘弦

$$\cos \theta_x = \frac{F_x}{F} \quad \cos \theta_y = \frac{F_y}{F} \quad \cos \theta_z = \frac{F_z}{F} \tag{2.25}$$

也可求得定義 **F** 方向的角 θ_x、θ_y 和 θ_z。

例題 2

某力 **F** 的分量為 $F_x = 20$ N、$F_y = -30$ N、$F_z = 60$ N。試求力的大小 **F** 和與座標軸的夾角 θ_x、θ_y 和 θ_z。

由式 (2.18) 得到

$$\begin{aligned} F &= \sqrt{F_x^2 + F_y^2 + F_z^2} \\ &= \sqrt{(20\text{ N})^2 + (-30\text{ N})^2 + (60\text{ N})^2} \\ &= \sqrt{4900}\text{ N} = 70\text{ N} \end{aligned}$$

將 **F** 的大小 F 與各分量值代入式 (2.25)，可得

$$\cos \theta_x = \frac{F_x}{F} = \frac{20\text{ N}}{70\text{ N}} \quad \cos \theta_y = \frac{F_y}{F} = \frac{-30\text{ N}}{70\text{ N}} \quad \cos \theta_z = \frac{F_z}{F} = \frac{60\text{ N}}{70\text{ N}}$$

接著求反餘弦得到

$$\theta_x = 73.4° \quad \theta_y = 115.4° \quad \theta_z = 31.0°$$

使用計算機很容易得到以上結果。

2.13 以大小和作用線上的兩點定義力 (Force Defined by Its Magnitude and Two Points on Its Line of Action)

在許多應用中，力 **F** 的方向是由其作用線上的兩點 $M(x_1, y_1, z_1)$ 和 $N(x_2, y_2, z_2)$ 的座標定義 (圖 2.34)。考慮連接 M 和 N 而成的向量，且其指向和 **F** 相同。將其純量分量分別標示為 d_x、d_y 和 d_z，可得

$$\overrightarrow{MN} = d_x\mathbf{i} + d_y\mathbf{j} + d_z\mathbf{k} \tag{2.26}$$

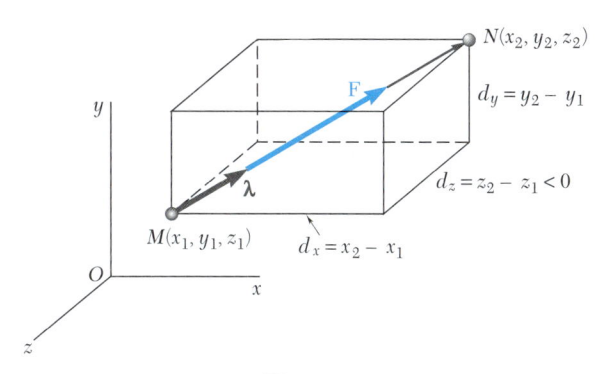

圖 2.34

F 的作用線 (即 MN 連線) 的單位向量 **λ**，可以向量 $\overrightarrow{MN}$ 除以其大小 MN 得到。將得自式 (2.26) 的 $\overrightarrow{MN}$ 代入，且由觀察得到 MN 等於 M 和 N 的距離 d，可得

$$\boldsymbol{\lambda} = \frac{\overrightarrow{MN}}{MN} = \frac{1}{d}(d_x\mathbf{i} + d_y\mathbf{j} + d_z\mathbf{k}) \tag{2.27}$$

由於 **F** 等於 F 和 **λ** 的乘積，故

$$\mathbf{F} = F\boldsymbol{\lambda} = \frac{F}{d}(d_x\mathbf{i} + d_y\mathbf{j} + d_z\mathbf{k}) \tag{2.28}$$

由此可分別得到 **F** 的純量分量

$$F_x = \frac{Fd_x}{d} \qquad F_y = \frac{Fd_y}{d} \qquad F_z = \frac{Fd_z}{d} \tag{2.29}$$

當某已知大小為 F 的力 **F** 的作用線由兩點 M 和 N 決定時，利用式 (2.29) 可大幅簡化求解 **F** 的分量計算。我們先將 N 的座標減去 M 的座標以得到向量 $\overrightarrow{MN}$ 及從 M 到 N 的距離 d

$$d_x = x_2 - x_1 \qquad d_y = y_2 - y_1 \qquad d_z = z_2 - z_1$$
$$d = \sqrt{d_x^2 + d_y^2 + d_z^2}$$

將 F、d_x、d_y、d_z 和 d 代入式 (2.29) 中，得到各分量 F_x、F_y 和 F_z。

F 和座標軸的夾角 θ_x、θ_y 和 θ_z 可由式 (2.25) 得到。比較式 (2.22) 和式 (2.27)，可知

$$\cos\theta_x = \frac{d_x}{d} \qquad \cos\theta_y = \frac{d_y}{d} \qquad \cos\theta_z = \frac{d_z}{d} \tag{2.30}$$

故可由向量 $\overrightarrow{MN}$ 的大小和分量直接求得角 θ_x、θ_y 和 θ_z。

2.14 空間中共點力的相加 (Addition of Concurrent Forces in Space)

空間中二或更多力的合力 **R** 可由各力的直角分量相加求得。二維問題中用到的圖解法和三角公式法在三維空間並不實用。

類似第 2.8 節中處理共面力的方法，令

$$\mathbf{R} = \Sigma \mathbf{F}$$

將各力分解成直角分量，寫成

$$R_x\mathbf{i} + R_y\mathbf{j} + R_z\mathbf{k} = \Sigma(F_x\mathbf{i} + F_y\mathbf{j} + F_z\mathbf{k})$$
$$= (\Sigma F_x)\mathbf{i} + (\Sigma F_y)\mathbf{j} + (\Sigma F_z)\mathbf{k}$$

由此可得

$$R_x = \Sigma F_x \qquad R_y = \Sigma F_y \qquad R_z = \Sigma F_z \tag{2.31}$$

合力的大小和合力與座標軸的夾角 θ_x、θ_y 和 θ_z 可由第 2.12 節中的方法求得，即

$$R = \sqrt{R_x^2 + R_y^2 + R_z^2} \tag{2.32}$$

$$\cos \theta_x = \frac{R_x}{R} \qquad \cos \theta_y = \frac{R_y}{R} \qquad \cos \theta_z = \frac{R_z}{R} \tag{2.33}$$

範例 2.7

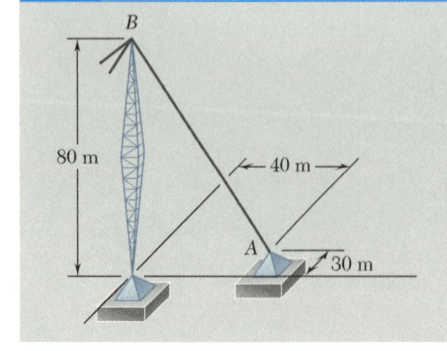

某鐵塔的牽引索固定於 A 的螺栓。已知牽引索的張力為 2500 N。試求 (a) 作用在螺栓的力分量 F_x、F_y 與 F_z；(b) 定義力方向的角度 θ_x、θ_y 與 θ_z。

解

a. **力的分量**。作用在螺栓的力的作用線通過 A 與 B，且力的方向為從 A 指向 B。與力同向的向量 $\overrightarrow{AB}$ 的分量為

$$d_x = -40 \text{ m} \qquad d_y = +80 \text{ m} \qquad d_z = +30 \text{ m}$$

從 A 到 B 的距離為

$$AB = d = \sqrt{d_x^2 + d_y^2 + d_z^2} = 94.3 \text{ m}$$

以 **i**、**j** 與 **k** 標示座標軸的單位向量，可得

$$\overrightarrow{AB} = -(40 \text{ m})\mathbf{i} + (80 \text{ m})\mathbf{j} + (30 \text{ m})\mathbf{k}$$

利用單位向量 $\boldsymbol{\lambda} = \overrightarrow{AB}/AB$，可得

$$\mathbf{F} = F\boldsymbol{\lambda} = F\frac{\overrightarrow{AB}}{AB} = \frac{2500 \text{ N}}{94.3 \text{ m}}\overrightarrow{AB}$$

代入 $\overrightarrow{AB}$ 的表達式，得到

$$\mathbf{F} = \frac{2500 \text{ N}}{94.3 \text{ m}}[-(40 \text{ m})\mathbf{i} + (80 \text{ m})\mathbf{j} + (30 \text{ m})\mathbf{k}]$$
$$\mathbf{F} = -(1060 \text{ N})\mathbf{i} + (2120 \text{ N})\mathbf{j} + (795 \text{ N})\mathbf{k}$$

因此，**F** 的分量為

$$F_x = -1060 \text{ N} \qquad F_y = +2120 \text{ N} \qquad F_z = +795 \text{ N}$$

b. 力的方向。利用式 (2.25)，可得

$$\cos\theta_x = \frac{F_x}{F} = \frac{-1060 \text{ N}}{2500 \text{ N}} \qquad \cos\theta_y = \frac{F_y}{F} = \frac{+2120 \text{ N}}{2500 \text{ N}}$$

$$\cos\theta_z = \frac{F_z}{F} = \frac{+795 \text{ N}}{2500 \text{ N}}$$

依次計算每一項的商與反餘弦，可得

$$\theta_x = 115.1° \qquad \theta_y = 32.0° \qquad \theta_z = 71.5°$$

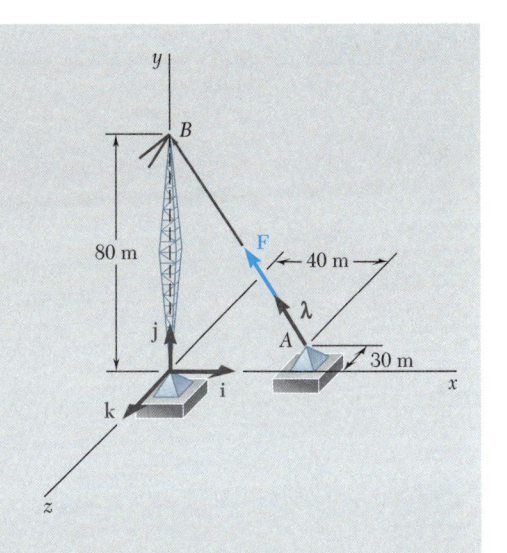

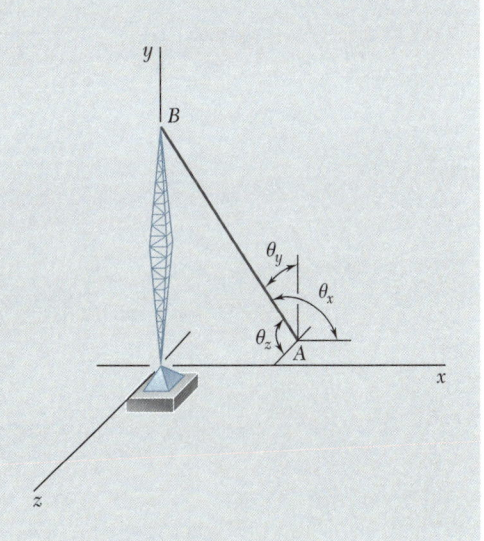

範例 2.8

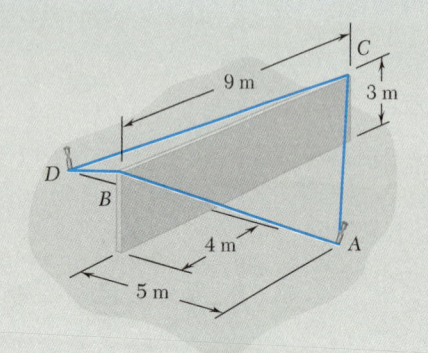

某段預鑄混凝土牆暫時以纜繩固定。已知纜繩 AB 與 AC 的張力分別為 4.2 kN 與 6 kN，試求纜繩 AB 與 AC 作用在 A 上的合力大小與方向。

解

力的分量。 各纜繩作用在 A 的力可分解成 x、y 與 z 分量。首先求向量 $\overrightarrow{AB}$ 與 $\overrightarrow{AC}$ 的分量。以 $\mathbf{i}$、$\mathbf{j}$ 與 $\mathbf{k}$ 標示座標軸的單位向量，可得

$$\overrightarrow{AB} = -(5\text{ m})\mathbf{i} + (3\text{ m})\mathbf{j} + (4\text{ m})\mathbf{k} \qquad AB = 7.07\text{ m}$$
$$\overrightarrow{AC} = -(5\text{ m})\mathbf{i} + (3\text{ m})\mathbf{j} - (5\text{ m})\mathbf{k} \qquad AC = 7.68\text{ m}$$

以 $\boldsymbol{\lambda}_{AB}$ 標示 AB 的單位向量，故

$$\mathbf{T}_{AB} = T_{AB}\boldsymbol{\lambda}_{AB} = T_{AB}\frac{\overrightarrow{AB}}{AB} = \frac{4.2\text{ kN}}{7.07\text{ m}}\overrightarrow{AB}$$

代入 $\overrightarrow{AB}$ 的表達式，可得

$$\mathbf{T}_{AB} = \frac{4.2\text{ kN}}{7.07\text{ m}}[-(5\text{ m})\mathbf{i} + (3\text{ m})\mathbf{j} + (4\text{ m})\mathbf{k}]$$
$$\mathbf{T}_{AB} = -(2.97\text{ kN})\mathbf{i} + (1.78\text{ kN})\mathbf{j} + (2.38\text{ kN})\mathbf{k}$$

以此類推，以 $\boldsymbol{\lambda}_{AC}$ 標示 AC 的單位向量，故

$$\mathbf{T}_{AC} = T_{AC}\boldsymbol{\lambda}_{AC} = T_{AC}\frac{\overrightarrow{AC}}{AC} = \frac{6\text{ kN}}{7.68\text{ m}}\overrightarrow{AC}$$
$$\mathbf{T}_{AC} = -(3.91\text{ kN})\mathbf{i} + (2.34\text{ kN})\mathbf{j} - (3.91\text{ kN})\mathbf{k}$$

力的合力。 兩纜繩的合力 $\mathbf{R}$ 為

$$\mathbf{R} = \mathbf{T}_{AB} + \mathbf{T}_{AC} = -(6.88\text{ kN})\mathbf{i} + (4.12\text{ kN})\mathbf{j} - (1.53\text{ kN})\mathbf{k}$$

可求得合力的大小與方向，如下：

$$R = \sqrt{R_x^2 + R_y^2 + R_z^2} = \sqrt{(-6.88)^2 + (4.12)^2 + (-1.53)^2}$$

$$R = 8.16\text{ kN}$$

由式 (2.33) 得到

$$\cos\theta_x = \frac{R_x}{R} = \frac{-6.88 \text{ kN}}{8.16 \text{ kN}} \qquad \cos\theta_y = \frac{R_y}{R} = \frac{+4.12 \text{ kN}}{8.16 \text{ kN}}$$

$$\cos\theta_z = \frac{R_z}{R} = \frac{-1.53 \text{ kN}}{8.16 \text{ kN}}$$

依次計算每一項的商與其反餘弦，即可得到

$$\theta_x = 147.5° \qquad \theta_y = 59.7° \qquad \theta_z = 100.8°$$

重點提示

本節中我們學到空間中的力可由其大小和方向定義，或由其三個直角分量 F_x、F_y 和 F_z 定義。

A. 當一力以其大小和方向定義，其直角分量 F_x、F_y 和 F_z 的求法如下：

情況一： 若力 **F** 的方向是以圖 2.30 中的角 θ_y 和 ϕ 定義時，先將 **F** 投影到 xz 平面得到 $\mathbf{F}_h$，再將 $\mathbf{F}_h$ 分別投影到 x 軸和 z 軸而得到分量 F_x 和 F_z（圖 2.30c）。

情況二： 若力 **F** 的方向是以 **F** 與座標軸的夾角 θ_x、θ_y 和 θ_z 定義，則各分量可由力的大小分別乘以對應夾角的餘弦得到 [例題 1]：

$$F_x = F\cos\theta_x \qquad F_y = F\cos\theta_y \qquad F_z = F\cos\theta_z$$

情況三： 若力 **F** 的方向是以其作用線上的兩點 M 和 N 定義（圖 2.34），則可將從 M 到 N 的向量 $\overrightarrow{MN}$ 以其分量 d_x、d_y、d_z 和單位向量 **i**、**j**、**k** 表示：

$$\overrightarrow{MN} = d_x\mathbf{i} + d_y\mathbf{j} + d_z\mathbf{k}$$

接著，將向量 $\overrightarrow{MN}$ 除以其大小 MN 而得到 **F** 作用線的單位向量 **λ**。因此，**F** 的直角分量表示法可寫成 **F** 的大小乘以 **λ** [範例 2.7]：

$$\mathbf{F} = F\boldsymbol{\lambda} = \frac{F}{d}(d_x\mathbf{i} + d_y\mathbf{j} + d_z\mathbf{k})$$

求解力的分量時最好使用一致、好辨認的符號。如範例 2.8 所示，將由點 A 往點 B 拉的力標示為 $\mathbf{T}_{AB}$。請注意，下標中的字母順序與力的方向一致。採用上述的標示法可有效辨認點 1（下標第一個字母、力的箭尾）和點 2（下標第二個字母、力的箭頭），不易混淆。

在求一力的作用線向量時，可將其純量向量想成每一方向由點 1 到點 2 所需的步驟數。切記各分量的正負號必須完全正確。

B. 當一力以其直角分量 F_x、F_y 和 F_z 定義時,力的大小為:

$$F = \sqrt{F_x^2 + F_y^2 + F_z^2}$$

分別將各分量除以 F 可得到 **F** 作用線的方向餘弦:

$$\cos\theta_x = \frac{F_x}{F} \quad \cos\theta_y = \frac{F_y}{F} \quad \cos\theta_z = \frac{F_z}{F}$$

由方向餘弦進一步求得 **F** 和座標軸的夾角 θ_x、θ_y 和 θ_z [例題 2]。

C. 求三維空間中兩個或兩個以上的力的合力 **R** 時,先將力分解成直角分量,再分別將各方向的分量相加,即得到合力的分量 R_x、R_y 和 R_z。合力的大小和方向可由前面介紹的方法得到 [範例 2.8]。

習題

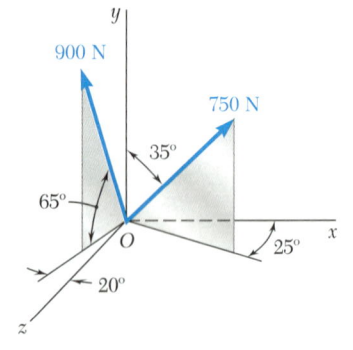

圖 P2.71 與 P2.72

2.71 試求 (a) 900 N 力的 x、y 與 z 分量;(b) 此力與各座標軸的夾角 θ_x、θ_y 與 θ_z。

2.72 試求 (a) 750 N 力的 x、y 與 z 分量;(b) 此力與各座標軸的夾角 θ_x、θ_y 與 θ_z。

2.73 某槍瞄準位於正北朝東 35° 的點 A。已知槍管與水平面夾角 40°、射擊最大後座力為 400 N,試求 (a) 此力的 x、y 與 z 分量;(b) 定義此力方向的角度 θ_x、θ_y 與 θ_z。(假設 x、y 與 z 的方向分別為朝東、朝上與朝南。)

2.74 解習題 2.73,但假設點 A 位於正北朝西 15°,且槍管與水平面的夾角為 25°。

2.75 彈簧 AB 與桿件 DA 夾角為 30°。已知彈簧張力為 220 N,試求 (a) 彈簧作用於平板的力的 x、y 與 z 分量;(b) 此力與座標軸的夾角 θ_x、θ_y 與 θ_z。

2.76 彈簧 AC 與桿件 DA 夾角為 30°。已知彈簧作用於平板的張力的 x 分量為 180 N,試求 (a) 彈簧 AC 的張力;(b) 此力在點 C 與座標軸的夾角 θ_x、θ_y 與 θ_z。

圖 P2.75 與 P2.76

圖 P2.77 與 P2.78

2.77 同軸纜繩 AE 的一端固定於立桿 AB 上，另有兩牽引索 AC 與 AD 加固立桿。已知牽引索 AC 的張力為 120 N，試求 (a) 此力作用於立桿的張力分量；(b) 此力與座標軸的夾角 θ_x、θ_y 與 θ_z。

2.78 同軸纜繩 AE 的一端固定於立桿 AB 上，另有兩牽引索 AC 與 AD 加固立桿。已知牽引索 AD 的張力為 85 N，試求 (a) 此力作用於立桿的張力分量；(b) 此力與座標軸的夾角 θ_x、θ_y 與 θ_z。

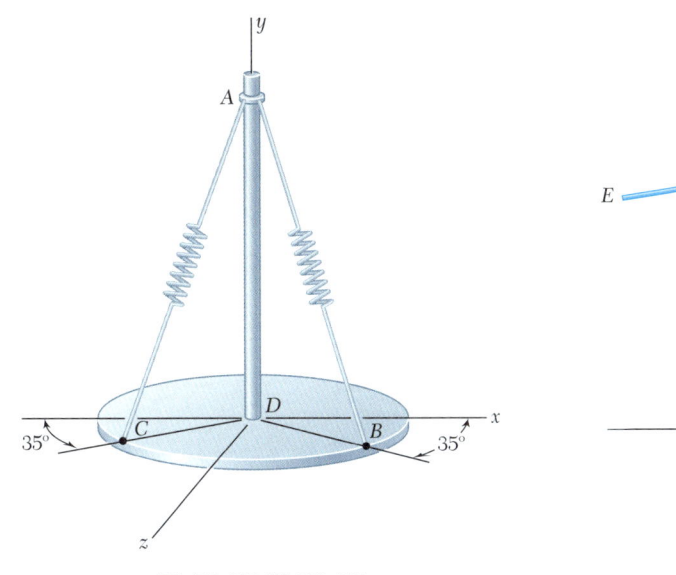

2.79 試求力 $\mathbf{F} = (690\ N)\mathbf{i} + (300\ N)\mathbf{j} - (580\ N)\mathbf{k}$ 的大小與方向。

2.80 試求力 $\mathbf{F} = (650\ N)\mathbf{i} - (320\ N)\mathbf{j} + (760\ N)\mathbf{k}$ 的大小與方向。

2.81 一力作用於座標原點，其方向與座標軸的夾角為 $\theta_x = 43.2°$ 與 $\theta_z = 83.8°$。已知此力的 y 分量為 -50 N，試求 (a) 夾角 θ_y；(b) 其他分量以及此力的大小。

2.82 一力作用於座標原點，其方向與座標軸的夾角為 $\theta_y = 55°$ 與 $\theta_z = 45°$。已知此力的 x 分量為 -500 N，試求 (a) 夾角 θ_x；(b) 其他分量以及此力的大小。

2.83 一力 $\mathbf{F}$ 作用於座標原點，大小為 230 N。已知 $\theta_x = 32.5°$、$F_y = -60$ N 且 $F_z > 0$，試求 (a) 分量 F_x 與 F_z；(b) 夾角 θ_y 與 θ_z。

2.84 一力 $\mathbf{F}$ 作用於座標原點，大小為 210 N。已知 $F_x = 80$ N、$\theta_z = 151.2°$ 且 $F_y < 0$，試求 (a) 分量 F_y 與 F_z；(b) 夾角 θ_x 與 θ_y。

2.85 將一鋼桿彎成半徑為 36 cm 的半圓環，此半圓環在環周點 B 與纜繩 BD 與 BE 連接而成平衡。已知纜繩 BD 張力為 55 N，試求纜繩作用在 D 的分量。

2.86 將一鋼桿彎成半徑為 36 cm 的半圓環，此半圓環在環周點 B 與纜繩 BD 與 BE 連接而成平衡。已知纜繩 BE 張力為 60 N，試求纜繩作用在 E 的分量。

2.87 已知纜繩 AB 的張力為 1425 N，試求此力作用於平板點 B 的分量。

2.88 已知纜繩 AC 的張力為 2130 N，試求此力作用於平板點 C 的分量。

2.89 一構架 ABC 由纜繩 DBE 輔助支撐而成平衡，此纜繩穿過點 B 無摩擦的小環。已知纜繩張力為 385 N，試求纜繩作用於 D 的力分量。

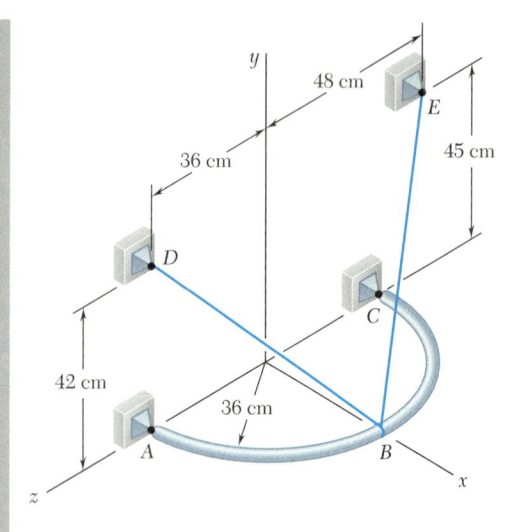

圖 P2.85 與 P2.86

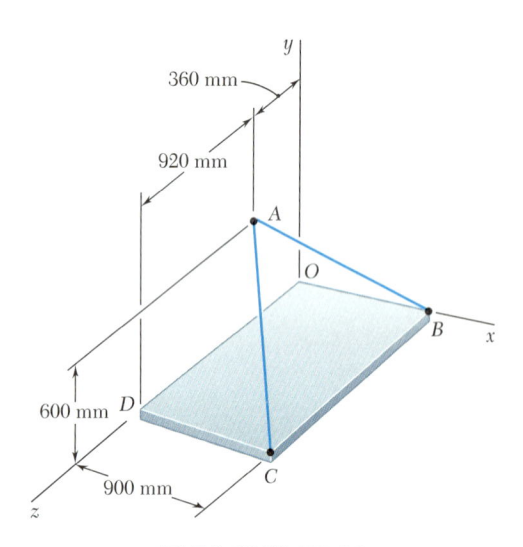

圖 P2.87 與 *P2.88*

圖 P2.89

2.90 如習題 2.89，試求纜繩作用於 E 的力分量。

2.91 試求圖示兩力 P = 600 N 與 Q = 450 N 的合力的大小與方向。

2.92 試求圖示兩力 P = 450 N 與 Q = 600 N 的合力的大小與方向。

2.93 已知纜繩 AB 與 AC 的張力分別為 425 N 與 510 N，試求兩纜繩作用於 A 的合力的大小與方向。

2.94 已知纜繩 AB 與 AC 的張力分別為 510 N 與 425 N，試求兩纜繩

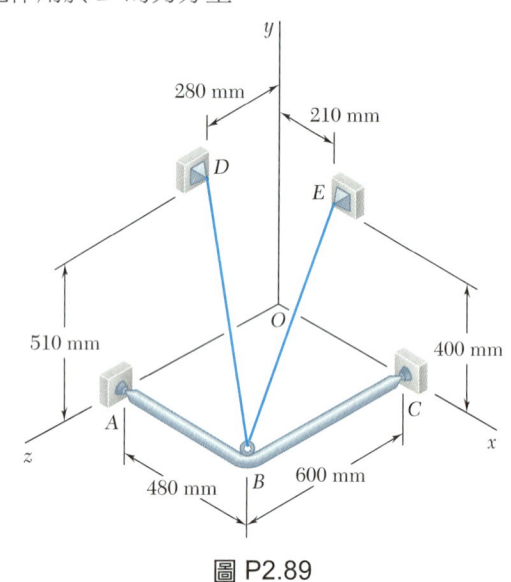

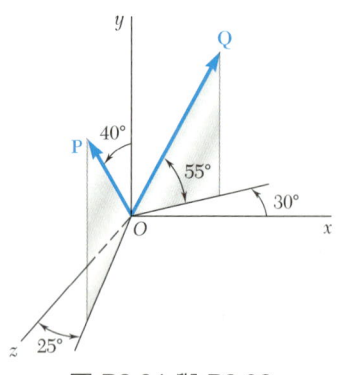

圖 P2.91 與 P2.92

CHAPTER 2　質點靜力學　61

圖 P2.93 與 P2.94

圖 P2.97 與 P2.98

作用於 A 的合力的大小與方向。

2.95 如習題 2.89 的構架，已知纜繩張力為 385 N，試求纜繩作用於 B 的合力的大小與方向。

2.96 如習題 2.87 的纜繩，已知纜繩 AB 與 AC 的張力分別為 1425 N 與 2130 N，試求兩纜繩作用於 A 的合力的大小與方向。

2.97 試求圖示兩力 $P = 4$ kN 與 $Q = 8$ kN 的合力的大小與方向。

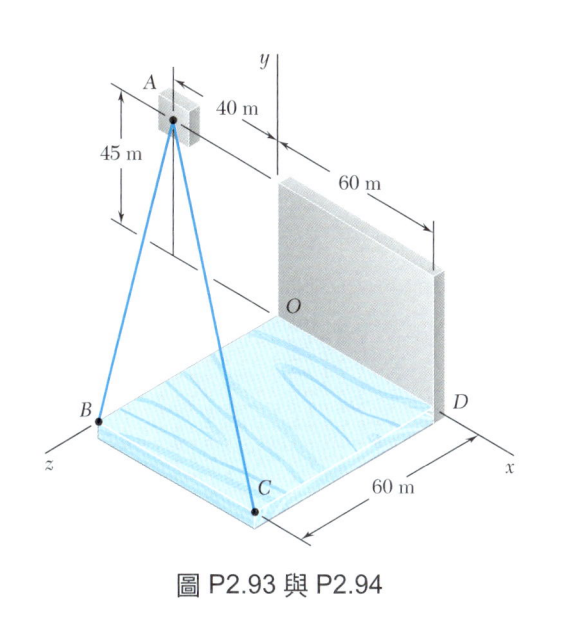

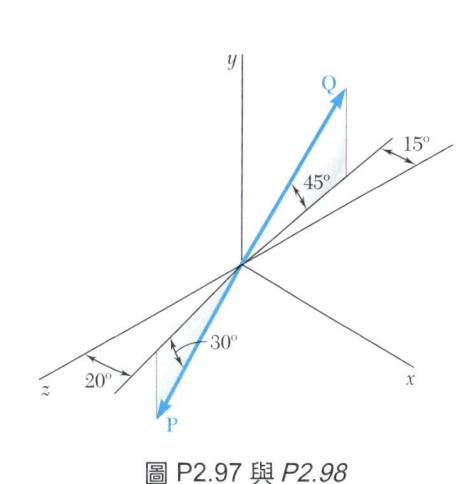

2.98 試求圖示兩力 $P = 6$ kN 與 $Q = 7$ kN 的合力的大小與方向。

2.15　空間中質點的平衡 (Equilibrium of a Particle in Space)

根據第 2.9 節介紹的定義，如果作用於質點 A 的所有力的合力為零，則質點 A 處於力平衡。合力的分量 R_x、R_y 和 R_z 可由式 (2.31) 得到。各分量等於零，故得

$$\Sigma F_x = 0 \quad \Sigma F_y = 0 \quad \Sigma F_z = 0 \quad (2.34)$$

式 (2.34) 為空間中質點平衡的充要條件，可用來解最多三個未知數的質點平衡問題。

求解時，必須先畫出自由體圖，在圖上標示質點以及所有作用其上的力。接著即可依式 (2.34) 寫下三個平衡方程式，並解出三個未

照片 2.2　雖然吊起車子的四條纜繩的張力無法由式 (2.34) 的三條方程式求出，但考慮鉤子的力平衡可得到各張力間的關係。

知數。常見的未知數組合有 (1) 單一力的三個分量，或 (2) 三個已知方向的力的大小。

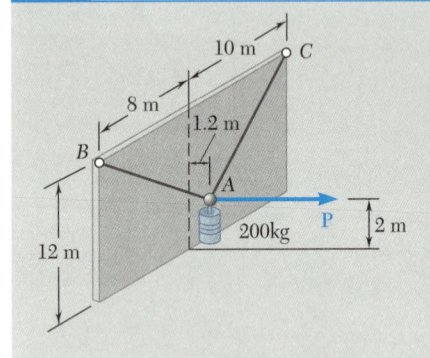

範例 2.9

一 200 kg 的圓柱體以兩條纜繩 AB 與 AC 懸吊，纜繩一端固定在垂直牆的頂部。有一垂直於牆面的水平力 **P** 作用於圓柱上，使其保持平衡。試求 **P** 的大小與各纜繩的張力。

解

自由體圖。選擇點 A 為自由體，此點受到四力作用，其中三力未知。

引入單位向量 **i**、**j** 與 **k**，將各力表示成直角分量

$$\mathbf{P} = P\mathbf{i}$$
$$\mathbf{W} = -mg\mathbf{j} = -(200 \text{ kg})(9.81 \text{ m/s}^2)\mathbf{j} = -(1962 \text{ N})\mathbf{j} \quad (1)$$

為求 $\mathbf{T}_{AB}$ 與 $\mathbf{T}_{AC}$，必須先計算向量 $\overrightarrow{AB}$ 與 $\overrightarrow{AC}$ 的分量與大小。以 $\boldsymbol{\lambda}_{AB}$ 標示 AB 的單位向量，故

$$\overrightarrow{AB} = -(1.2 \text{ m})\mathbf{i} + (10 \text{ m})\mathbf{j} + (8 \text{ m})\mathbf{k} \qquad AB = 12.862 \text{ m}$$
$$\boldsymbol{\lambda}_{AB} = \frac{\overrightarrow{AB}}{12.862 \text{ m}} = -0.09330\mathbf{i} + 0.7775\mathbf{j} + 0.6220\mathbf{k} \quad (2)$$
$$\mathbf{T}_{AB} = T_{AB}\boldsymbol{\lambda}_{AB} = -0.09330 T_{AB}\mathbf{i} + 0.7775 T_{AB}\mathbf{j} + 0.6220 T_{AB}\mathbf{k}$$

以 $\boldsymbol{\lambda}_{AC}$ 標示 AC 的單位向量，故

$$\overrightarrow{AC} = -(1.2 \text{ m})\mathbf{i} + (10 \text{ m})\mathbf{j} - (10 \text{ m})\mathbf{k} \qquad AC = 14.193 \text{ m}$$
$$\boldsymbol{\lambda}_{AC} = \frac{\overrightarrow{AC}}{14.193 \text{ m}} = -0.08455\mathbf{i} + 0.7046\mathbf{j} - 0.7046\mathbf{k} \quad (3)$$
$$\mathbf{T}_{AC} = T_{AC}\boldsymbol{\lambda}_{AC} = -0.08455 T_{AC}\mathbf{i} + 0.7046 T_{AC}\mathbf{j} - 0.7046 T_{AC}\mathbf{k}$$

平衡條件。由於 A 成平衡，故 $\Sigma\mathbf{F} = 0$：

$$\mathbf{T}_{AB} + \mathbf{T}_{AC} + \mathbf{P} + \mathbf{W} = 0$$

再將式 (1)、(2)、(3) 得到的力代入上式，整理如下

$$(-0.09330 T_{AB} - 0.08455 T_{AC} + P)\mathbf{i}$$
$$+ (0.7775 T_{AB} + 0.7046 T_{AC} - 1962 \text{ N})\mathbf{j}$$
$$+ (0.6220 T_{AB} - 0.7046 T_{AC})\mathbf{k} = 0$$

將 **i**、**j**、**k** 的係數令為零，得到三個純量方程式，分別代表力的 x、y、z 分量都為零。

$$(\Sigma F_x = 0\text{:}) \quad -0.09330T_{AB} - 0.08455T_{AC} + P = 0$$
$$(\Sigma F_y = 0\text{:}) \quad +0.7775T_{AB} + 0.7046T_{AC} - 1962 \text{ N} = 0$$
$$(\Sigma F_z = 0\text{:}) \quad +0.6220T_{AB} - 0.7046T_{AC} = 0$$

可解出

$$P = 235 \text{ N} \quad T_{AB} = 1402 \text{ N} \quad T_{AC} = 1238 \text{ N}$$

重點提示

當一質點處於平衡狀態時，所有作用其上的力的合力必須為零。三維空間的質點力平衡可得三個力的關係式。利用這三個關係式可求解三個未知數，通常為三力的大小。

求解的步驟如下：

1. 畫出質點的自由體圖，標示出質點以及所有作用在質點上的力。在圖上標示出已知力的大小以及定義力的角度和尺度。所有未知的大小和角度都必須以適當的符號標示。除此之外，不要加其他不必要的資訊於圖上，以避免混淆。

2. 將所有力分解成直角分量。依前面章節介紹的方法，先求定義每一力 **F** 方向的單位向量 **λ**，接著將 **F** 寫成其大小 F 和 **λ** 的乘積，如下

$$\mathbf{F} = F\boldsymbol{\lambda} = \frac{F}{d}(d_x\mathbf{i} + d_y\mathbf{j} + d_z\mathbf{k})$$

其中 d、d_x、d_y 和 d_z 是得自質點自由體圖的長度。如果力的大小和方向都已知，則 F 已知且 **F** 可清楚定義。若力的方向已知而大小未知，則 F 為三個要求的未知數之一。

3. 將施加在質點上所有力的合力設為零，得到一個包含單位向量 **i**、**j** 和 **k** 的向量方程式。將式中各項依單位向量分組。此向量方程式等式成立的條件是各單位向量的係數都等於零。即可得到三個純量方程式，並求得三個以內的未知數 [範例 2.9]。

習 題

自由體圖練習

2.F5 一 36 N 的三角平板由三條纜繩懸掛，請畫出求解張力所需的自由體圖。

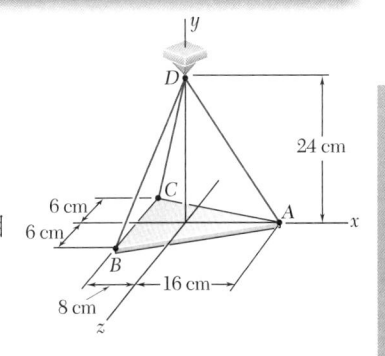

圖 P2.F5

2.F6 一 70 kg 的圓柱體以兩條纜繩 AC 與 BC 懸吊，纜繩一端固定在兩根垂直立桿的頂部。有一垂直於兩根立桿所成平面的水平力 **P** 作用於圓柱上，使其保持平衡。請畫出求解 **P** 的大小與纜繩張力所需的自由體圖。

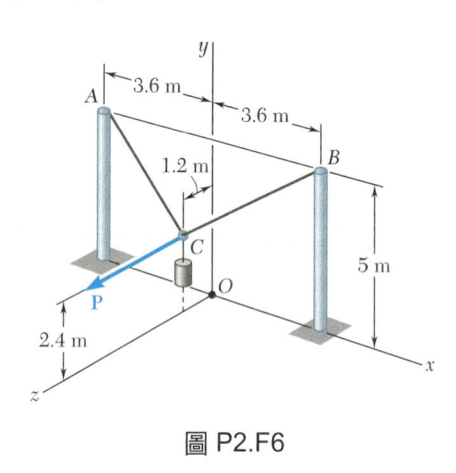

圖 P2.F6

2.F7 三條纜繩同繫於點 D，點 D 位於支撐 ABC 的 T 形桿的下方 18 cm 處。D 下方懸吊一 180 N 的圓柱。請畫出求解張力所需的自由體圖。

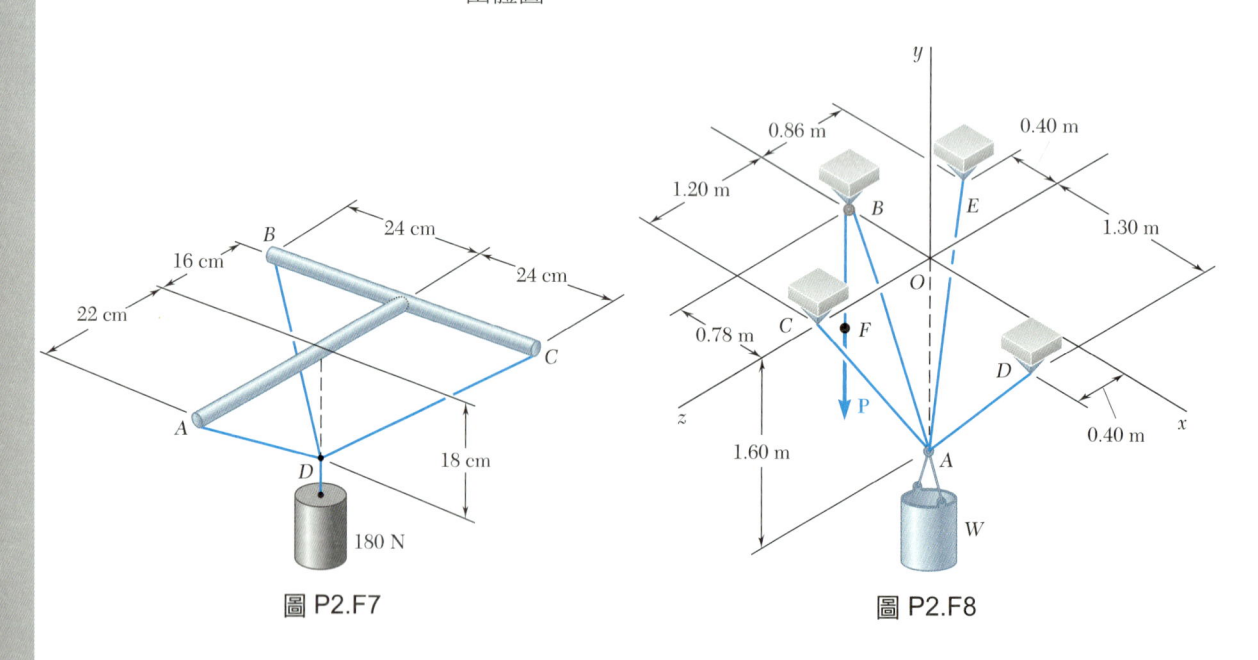

圖 P2.F7

圖 P2.F8

2.F8 一 100 kg 的容器懸吊於一小環 A 的下方，兩纜繩 AC 與 AE 固定於 A。第三條纜繩 FBAD 穿過小環 A 與滑輪 B，一端固定於 D，

另一端則受一垂直朝下的力 **P**。請畫出求解 **P** 的大小所需的自由體圖。(提示：纜繩 *FBAD* 中各處的張力相同。)

課後習題

2.99 一容器由三條纜繩懸吊，纜繩一端皆固定在同一平面。已知纜繩 *AB* 的張力為 6 kN，試求容器的重量。

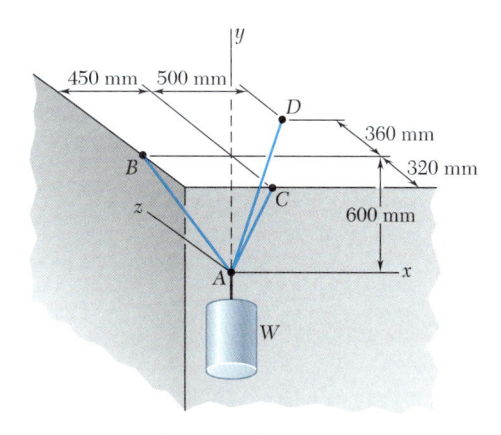

圖 P2.99 與 *P2.100*

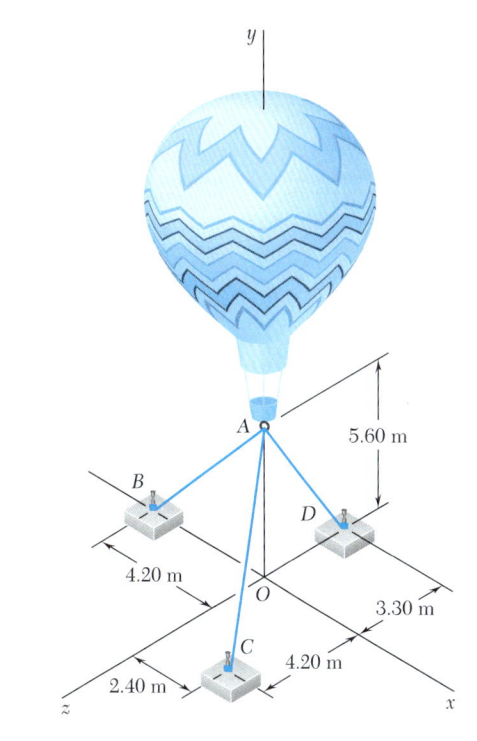

圖 P2.101 與 *P2.102*

2.100 一容器由三條纜繩懸吊，纜繩一端皆固定在同一平面。已知纜繩 *AD* 的張力為 4.3 kN，試求容器的重量。

2.101 三條纜繩繫住一氣球。已知纜繩 *AD* 的張力為 481 N，試求氣球施加在 *A* 的垂直力 **P**。

2.102 三條纜繩繫住一氣球。已知氣球施加在 *A* 的垂直力為 800 N，試求三條纜繩的張力。

2.103 一條板箱由三條纜繩懸吊。已知纜繩 *AB* 的張力為 750 N，試求條板箱的重量。

2.104 一條板箱由三條纜繩懸吊。已知纜繩 *AD* 的張力為 616 N，試求條板箱的重量。

2.105 一條板箱由三條纜繩懸吊。已知纜繩 *AC* 的張力為 544 N，試求條板箱的重量。

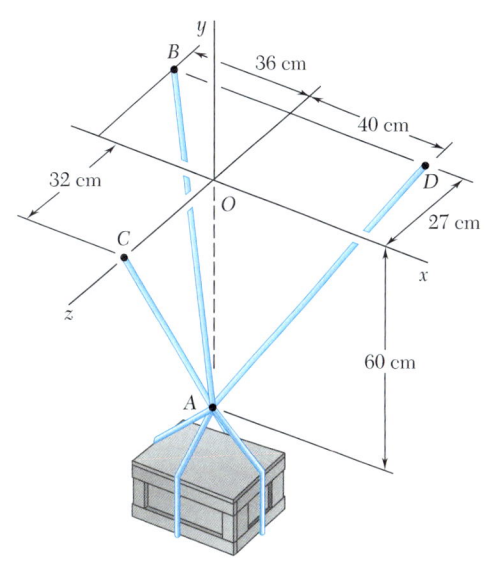

圖 P2.103、P2、104、*P2.105* 與 P2.106

2.106 一 1.6 kN 的板條箱由三條纜繩懸吊。試求三條纜繩的張力。

2.107 三條纜繩同繫於 A，另有兩力 **P** 與 **Q** 施加於 A。已知 $Q = 0$，試求纜繩 AD 的張力為 305 N 時的 P 值。

2.108 三條纜繩同繫於 A，另有兩力 **P** 與 **Q** 施加於 A。已知 $P = 1200$ N，若纜繩 AD 被拉緊，試求此時的 Q 值。

2.109 一矩形板由三條纜繩懸吊。已知纜繩 AC 的張力為 60 N，試求矩形板的重量。

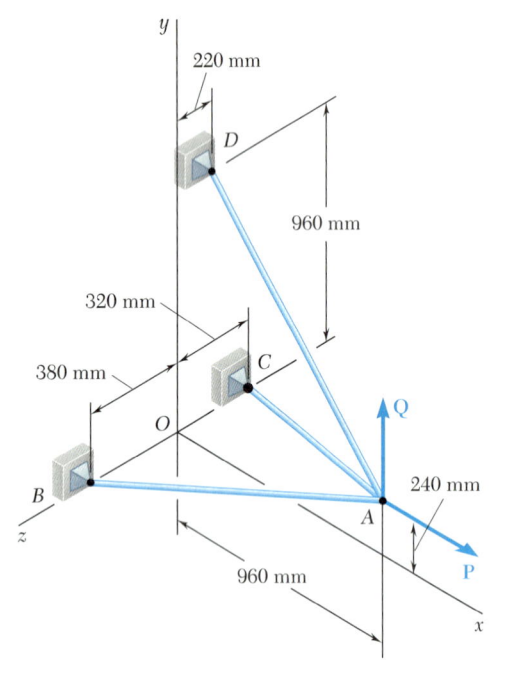

圖 P2.107 與 P2.108

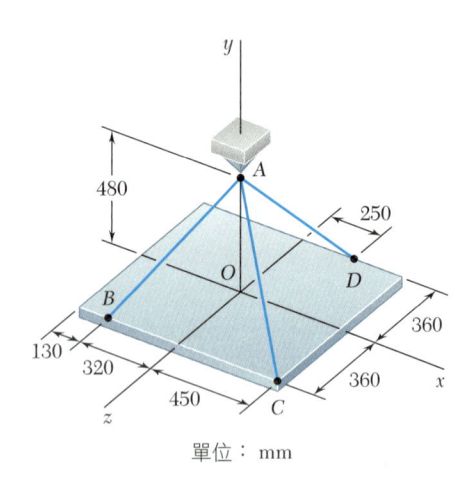

圖 P2.109 與 P2.110

2.110 一矩形板由三條纜繩懸吊。已知纜繩 AD 的張力為 520 N，試求矩形板的重量。

2.111 一電塔由三條同繫在插銷 A 的牽引索固定，繩索的另一端分別固定在螺栓 B、C 與 D。已知繩索 AB 的張力為 2.52 kN，試求電塔作用於插銷 A 的垂直力 **P**。

2.112 一電塔由三條同繫在插銷 A 的牽引索固定，繩索的另一端分別固定在螺栓 B、C 與 D。已知繩索 AC 的張力為 3.68 kN，試求電塔作用於插銷 A 的垂直力 **P**。

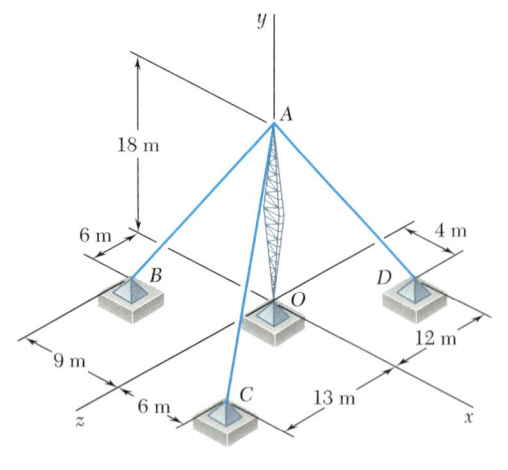

圖 P2.111 與 P2.112

2.113 一 720 N 重的人使用兩條繩索 AB 與 AC 橫跨一滑溜的冰面。已知冰面施加在人的力垂直於冰面，試求兩條繩索的張力。

2.114 解習題 2.113，但假設另有一人在點 A 以一力 $\mathbf{P} = -(240\ \text{N})\mathbf{k}$ 拉他。

2.115 如習題 2.109 與 2.110 的矩形板，已知平板的重量為 792 N，試求三條纜繩的張力。

2.116 如習題 2.107 與 2.108 的纜繩系統，已知 $P = 2880\ \text{N}$、$Q = 0$，試求三條纜繩的張力。

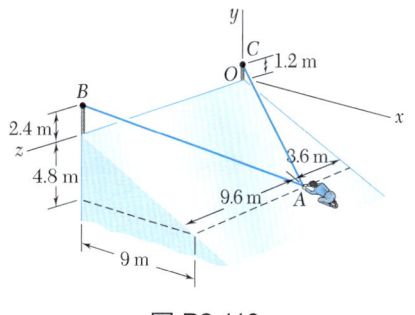

2.117 如習題 2.107 與 2.108 的纜繩系統，已知 $P = 2880\ \text{N}$、$Q = 576\ \text{N}$，試求三條纜繩的張力。

2.118 如習題 2.107 與 2.108 的纜繩系統，已知 $P = 2880\ \text{N}$、$Q = -576\ \text{N}$（$\mathbf{Q}$ 指向下），試求三條纜繩的張力。

2.119 如習題 2.111 與 2.112 的電塔，已知電塔施加一朝上 8.4 kN 的力於插銷 A，試求每條繩索的張力。

2.120 一重為 60 N 的水平圓板由三條線材懸吊，三條線材同繫於 D，並與垂直線成 $30°$。試求各線材的張力。

圖 P2.113

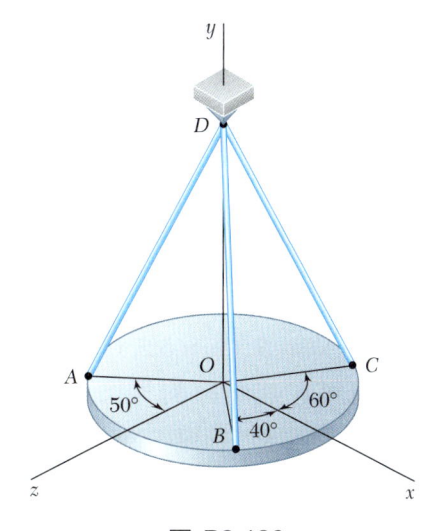

圖 *P2.120*

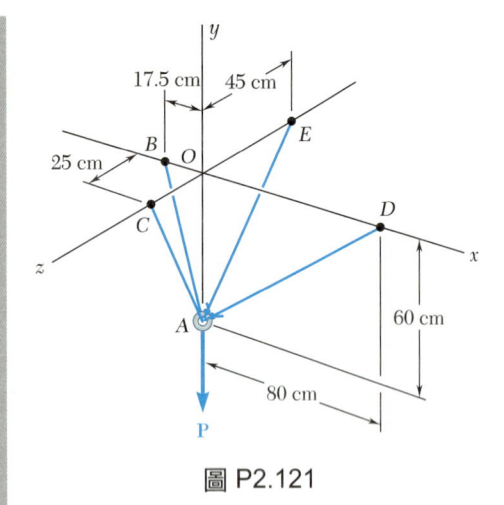

2.121 纜繩 BAC 穿過一無摩擦小環 A，且兩端固定於 B 與 C。另外兩纜繩 AD 與 AE 的一端同繫於小環 A，另一端則分別固定於 D 與 E。已知一 200 N 的垂直負載 **P** 作用於小環 A，試求三條纜繩的張力。

2.122 如習題 2.121，但假設已知纜繩 AE 的張力為 75 N，試求 (a) 負載 **P** 的大小；(b) 纜繩 BAC 與 AD 的張力。

2.123 一重 W 的容器懸吊於無摩擦小環 A。纜繩 BAC 穿過小環 A，且兩端固定於 B 與 C。兩力 **P** = P**i** 與 **Q** = Q**k** 施加於小環，使其保持如附圖位置。已知 W = 376 N，試求 P 與 Q。(提示：纜繩 BAC 各處的張力相同。)

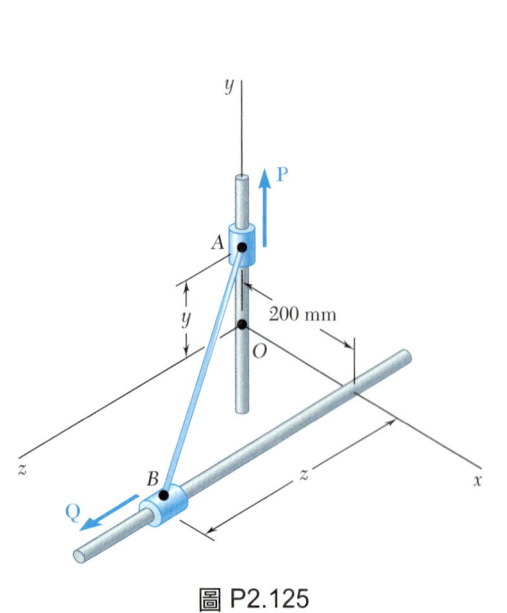

圖 P2.121

圖 P2.123

2.124 如習題 2.123，已知 P = 164 N，試求 W 與 Q。

2.125 軸環 A 與 B 由一 525 mm 長的線材連接，兩軸環可在無摩擦的桿上滑動。如果施加一力 **P** = (341 N)**j** 於軸環 A，試求 (a) 當 y = 155 mm 時，線材的張力；(b) 維持平衡所需的力 **Q** 的大小。

2.126 假設條件改為 y = 275 mm，請解習題 2.125。

圖 P2.125

複習與摘要

我們在本章中學習了如何分析力作用於質點的效果。此處受力的物體因其形狀和尺寸使得所有外力可假設作用於同一點上。

■ **二力的合力 (Resultant of two forces)**：

力為向量，構成力的三要素為作用點、力的大小及方向。向量相加可依據圖 2.35 所示之平行四邊形定律求得。除了圖解法外，也可配合三角公式，即利用正弦定律與餘弦定律求兩力 **P** 和 **Q** 的合力 **R** [範例 2.1]。

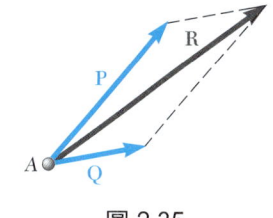

圖 2.35

■ **力的分解 (Components of a force)**：

作用於一質點上的力可分解成兩個或多個分量，即可將一個力置換成效果相同的兩個或多個力。力的分解方法說明如圖 2.36。圖中待分解的力為 **F**，希望分解成沿 **P** 和 **Q** 兩方向的兩個力。我們可畫出以 **F** 為一對角線，**P**、**Q** 為兩邊的平行四邊形。此時 **P** 和 **Q** 即為 **F** 在這特定方向的分量，其大小可用圖解法或套用三角公式求得 [第 2.6 節]。

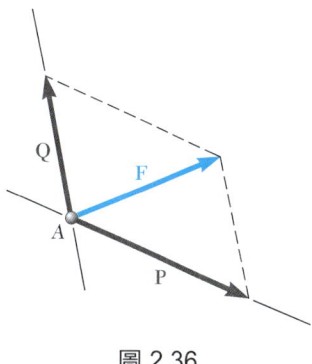

圖 2.36

■ **直角分量及單位向量 (Rectangular components. Unit vectors)**：

若一力 **F** 的兩分量 $\mathbf{F}_x$ 和 $\mathbf{F}_y$ 互相垂直且其方向分別在 x 軸與 y 軸，則 $\mathbf{F}_x$ 和 $\mathbf{F}_y$ 為 **F** 的直角分量 (圖 2.37)。設沿 x 軸與 y 軸之單位向量分別為 **i** 與 **j**，則 [第 2.7 節]

$$\mathbf{F}_x = F_x \mathbf{i} \qquad \mathbf{F}_y = F_y \mathbf{j} \tag{2.6}$$

且

$$\mathbf{F} = F_x \mathbf{i} + F_y \mathbf{j} \tag{2.7}$$

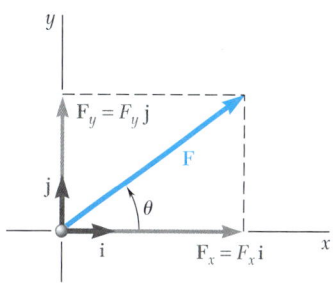

圖 2.37

其中 F_x 和 F_y 為向量 F 的純量分量。F_x 和 F_y 可正可負，且與向量 **F** 的大小 **F** 的關係為

$$F_x = F \cos \theta \qquad F_y = F \sin \theta \tag{2.8}$$

當給定向量 F 的直角座標分量 F_x 與 F_y，我們可以利用下式求得 **F** 與 x 軸的夾角

$$\tan \theta = \frac{F_y}{F_x} \tag{2.9}$$

該力的大小 F 可由式 (2.8) 或由畢氏定理求得

$$F = \sqrt{F_x^2 + F_y^2} \tag{2.10}$$

■ **多個共面力的合力 (Resultant of several coplanar forces)**：

當三個或三個以上的共面力作用於某質點，其合力 **R** 的直角分量可由所有力相對應的直角分量疊加而得 [第 2.8 節]：

$$R_x = \Sigma F_x \qquad R_y = \Sigma F_y \tag{2.13}$$

合力 **R** 的大小及方向可由類似式 (2.9) 及 (2.10) 求得 [範例 2.3]。

■ **空間中的力 (Forces in space)**：

三維空間中的力 **F** 可分解為直角分量 $\mathbf{F}_x$, $\mathbf{F}_y$ 與 $\mathbf{F}_z$ [第 2.12 節]。**F** 與各座標軸的夾角標示為 θ_x, θ_y 與 θ_z (圖 2.38)。若 **F**, $\mathbf{F}_x$, $\mathbf{F}_y$ 與 $\mathbf{F}_z$ 為向量 **F** 及其分量 $\mathbf{F}_x$, $\mathbf{F}_y$ 與 $\mathbf{F}_z$ 的大小，則：

$$F_x = F \cos \theta_x \qquad F_y = F \cos \theta_y \qquad F_z = F \cos \theta_z \tag{2.19}$$

■ **方向餘弦 (Direction cosines)**：

θ_x, θ_y 與 θ_z 的餘弦稱為力 **F** 的方向餘弦。若座標 x 軸、y 軸與 z 軸的單位向量分別為 **i**, **j** 與 **k**，可得

$$\mathbf{F} = F_x \mathbf{i} + F_y \mathbf{j} + F_z \mathbf{k} \tag{2.20}$$

或

$$F(\cos \theta_x \mathbf{i} + \cos \theta_y \mathbf{j} + \cos \theta_z \mathbf{k}) \tag{2.21}$$

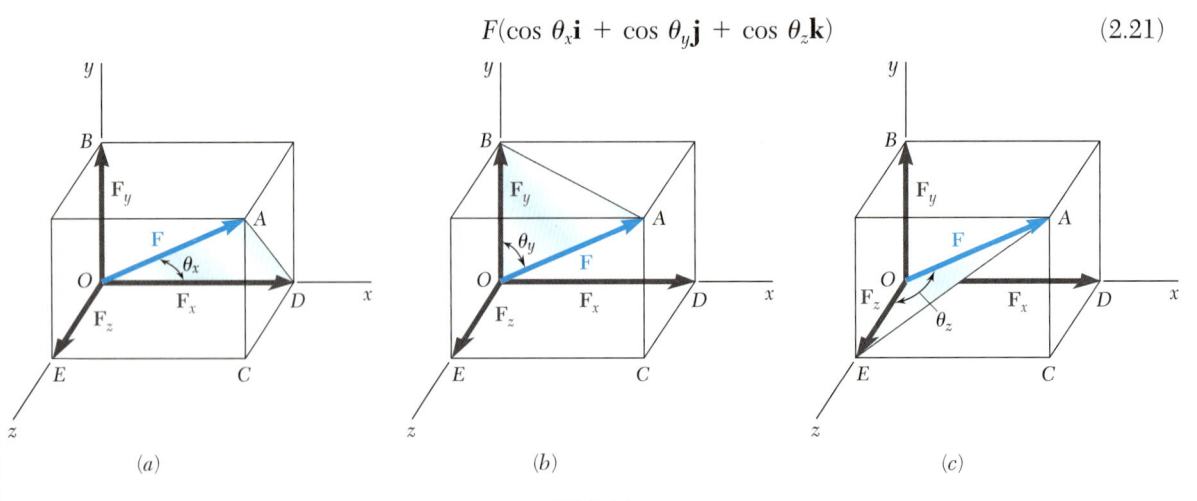

圖 2.38

如圖 2.39 所示，向量 **F** 為其大小 F 及其單位向量 **λ** 的乘積，其中

$$\boldsymbol{\lambda} = \cos\theta_x \mathbf{i} + \cos\theta_y \mathbf{j} + \cos\theta_z \mathbf{k}$$

單位向量 **λ** 的大小為 1，故

$$\cos^2\theta_x + \cos^2\theta_y + \cos^2\theta_z = 1 \tag{2.24}$$

若已知力 **F** 的直角分量 F_x, F_y 與 F_z，該力的大小 F 可由下式求得

$$F = \sqrt{F_x^2 + F_y^2 + F_z^2} \tag{2.18}$$

其方向餘弦也可由式 (2.19) 求得，如下所示

$$\cos\theta_x = \frac{F_x}{F} \quad \cos\theta_y = \frac{F_y}{F} \quad \cos\theta_z = \frac{F_z}{F} \tag{2.25}$$

當三維空間中一力 **F** 大小為 F、作用線在兩點 M 與 N 連線上 [第 2.13 節]，其直角分量可由以下步驟求得。首先將點 M 至點 N 的向量 $\overrightarrow{MN}$ 由其在 x 軸、y 軸與 z 軸的分量 d_x, d_y 與 d_z 表示：

$$\overrightarrow{MN} = d_x\mathbf{i} + d_y\mathbf{j} + d_z\mathbf{k} \tag{2.26}$$

接著由下式求出 **F** 作用線方向的單位向量 **λ**

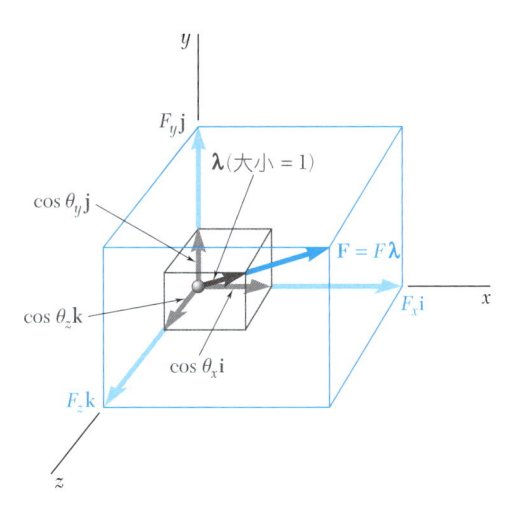

圖 2.39

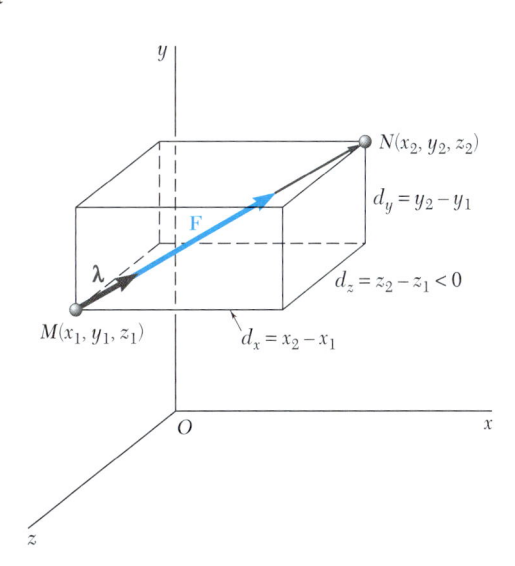

圖 2.40

$$\boldsymbol{\lambda} = \frac{\overrightarrow{MN}}{MN} = \frac{1}{d}(d_x\mathbf{i} + d_y\mathbf{j} + d_z\mathbf{k}) \tag{2.27}$$

由前述推導得知 **F** 等於 F 與 $\boldsymbol{\lambda}$ 的乘積

$$\mathbf{F} = F\boldsymbol{\lambda} = \frac{F}{d}(d_x\mathbf{i} + d_y\mathbf{j} + d_z\mathbf{k}) \tag{2.28}$$

因此可求得 **F** 的直角分量如下 [範例 2.7 及 2.8]

$$F_x = \frac{Fd_x}{d} \qquad F_y = \frac{Fd_y}{d} \qquad F_z = \frac{Fd_z}{d} \tag{2.29}$$

■ **空間中力的合力 (Resultant of forces in space)：**

當三維空間中兩個或兩個以上的力作用於一質點上，其合力 **R** 的直角分量可由所有力相對應的直角分量疊加而得 [第 2.14 節]：

$$R_x = \Sigma F_x \qquad R_y = \Sigma F_y \qquad R_z = \Sigma F_z \tag{2.31}$$

R 的大小及方向可由類似式 (2.18) 與 (2.25) 求得 [範例 2.8]。

■ **質點的平衡 (Equilibrium of a particle)：**

若作用於一質點的所有力合力為零，則稱此質點處於平衡狀態 [第 2.9 節]。此質點將維持原來靜止不動或原來等速直線運動的狀態 [第 2.10 節]。

■ **自由體圖 (Free-body diagram)：**

求解質點平衡的問題，第一步應先畫出該質點的自由體圖，在圖上標示出所有作用於該質點上的力 [第 2.11 節]。若該質點只受三個共面力的作用，且處於力平衡狀態，則這三個力形成一個三角形。如果未知數等於或少於兩個，我們可以用圖解法或三角關係求出未知數 [範例 2.4]。但若有超過三個共面力，則必須利用 x 軸及 y 軸的力平衡方程式求解

$$\Sigma F_x = 0 \qquad \Sigma F_y = 0 \tag{2.15}$$

然而上面兩個方程式只能解出兩個以下的未知數 [範例 2.6]。

■ **空間中的平衡 (Equilibrium in space)：**

當一質點於三維空間中處於平衡狀態，則滿足以下力平衡方程式 [第 2.15 節]

$$\Sigma F_x = 0 \qquad \Sigma F_y = 0 \qquad \Sigma F_z = 0 \qquad (2.34)$$

上面三個方程式只能解出三個以下的未知數 [範例 2.9]。

複習題

2.127 兩結構桿件 A 與 B 拴接於一拖架上。已知兩桿件都受壓縮，且桿件 A 與 B 的壓力分別為 15 kN 與 10 kN。試以三角公式求解施加於拖架的兩力的合力大小與方向。

2.128 桿件 BD 施加一沿 BD 方向的力 **P** 於桿件 ABC 上。已知 **P** 的水平分量為 300 N，試求 (a) 力 **P** 的大小；(b) 其垂直分量。

2.129 已知作用於桿件 BC 上的點 C 的三力的合力必須沿著 BC，試求 (a) 所需的纜繩 AC 的張力；(b) 對應的合力大小。

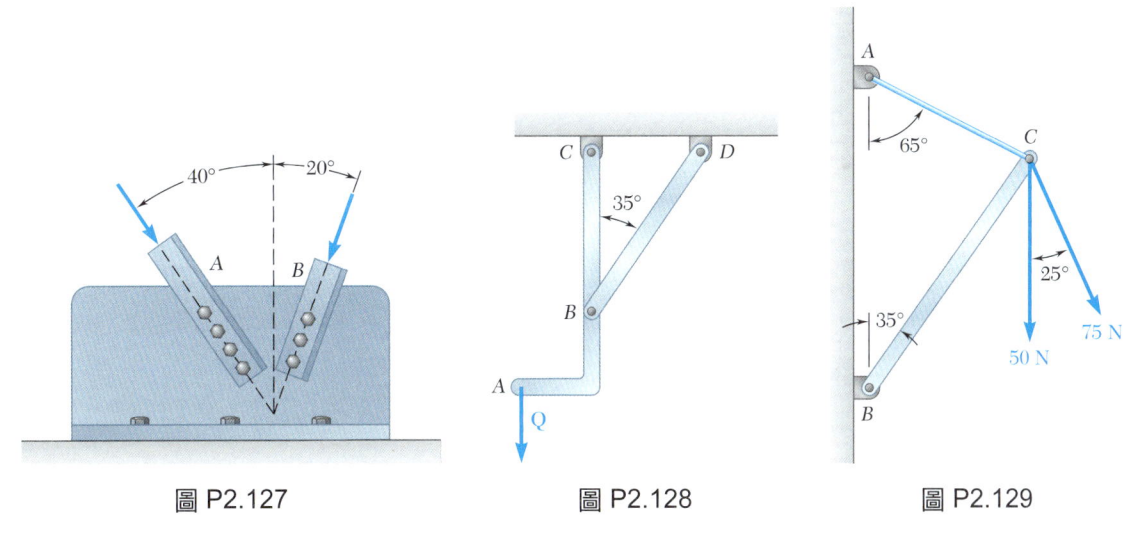

圖 P2.127

圖 P2.128

圖 P2.129

2.130 兩纜繩同繫於點 C，且負載如附圖所示。試求 (a) 纜繩 AC 的張力；(b) 纜繩 BC 的張力。

2.131 一焊接連接板受圖示四力作用時，處於平衡狀態。已知 $F_A = 8$ kN 與 $F_B = 16$ kN，試求其他兩力的大小。

圖 P2.130

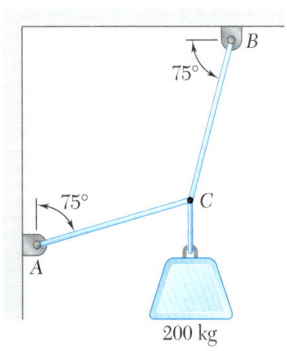

圖 P2.131

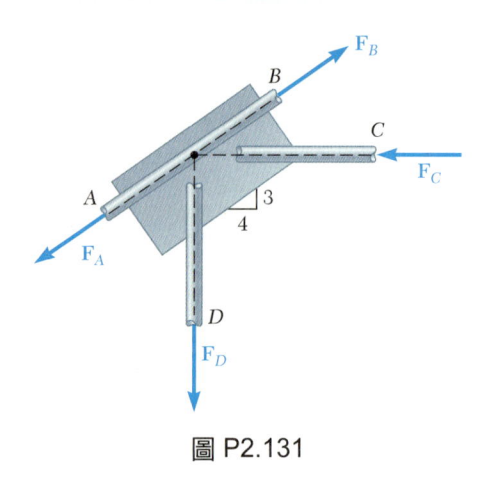

2.132 兩纜繩同繫於點 C，且負載如附圖所示。試求兩纜繩張力都不超過 60 N 時 Q 值的範圍。

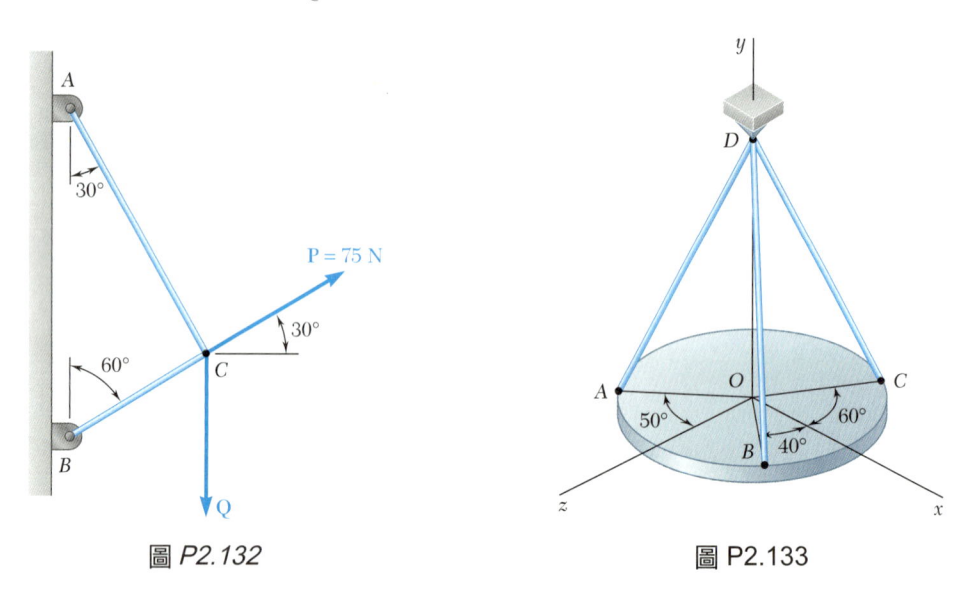

圖 P2.132

圖 P2.133

2.133 一水平圓板由三條線材懸吊，三條線材同繫於 D，並與垂直線成 30°。已知線材 AD 作用於圓板的力的 x 分量為 110.3 N，試求(a) 線材 AD 的張力；(b) 作用於 A 的張力與座標軸的夾角 θ_x、θ_y 與 θ_z。

2.134 一力作用於座標原點，其方向與座標軸的夾角為 $\theta_y = 55°$ 與 $\theta_x = 45°$。已知此力的 x 分量為 -500 N，試求 (a) 夾角 θ_x；(b) 其他分量以及此力的大小。

2.135 試求圖示兩力 $P = 300$ N 與 $Q = 400$ N 的合力的大小與方向。

2.136 三條纜繩繫住一氣球。已知纜繩 AC 的張力為 444 N，試求氣球施加在 A 的垂直力 **P**。

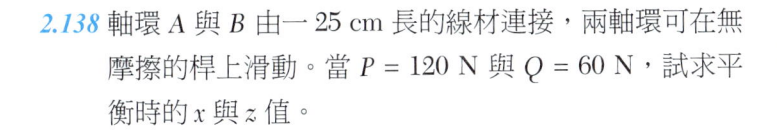

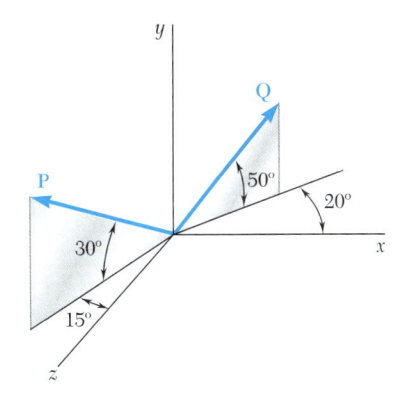

圖 P2.135

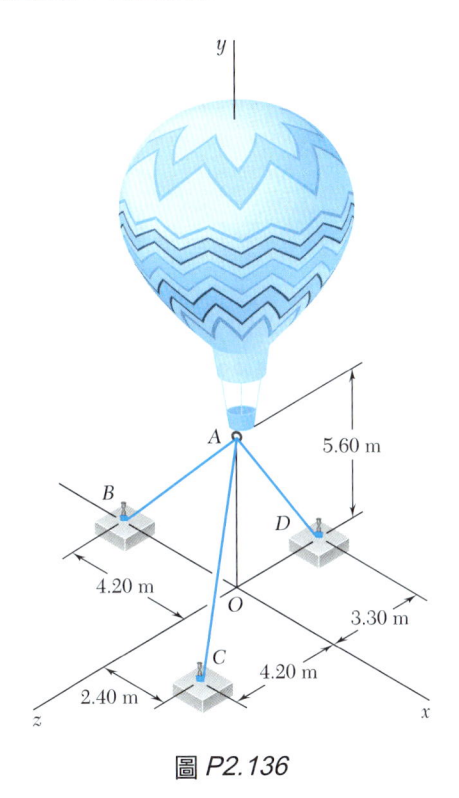

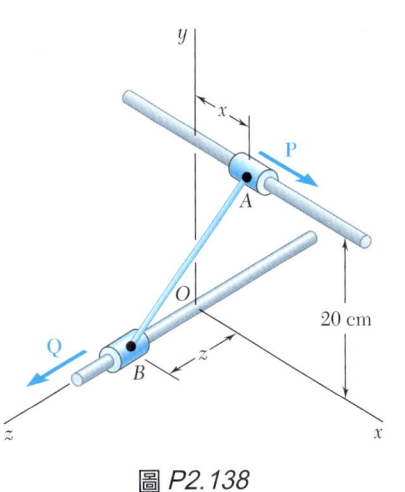

圖 P2.136

2.137 軸環 A 與 B 由一 25 cm 長的線材連接，兩軸環可在無摩擦的桿上滑動。如果施加一 60 N 的力 **Q** 於軸環 B，試求 (a) 當 $x = 9$ cm 時，線材的張力；(b) 維持平衡所需的力 **P** 的大小。

2.138 軸環 A 與 B 由一 25 cm 長的線材連接，兩軸環可在無摩擦的桿上滑動。當 $P = 120$ N 與 $Q = 60$ N，試求平衡時的 x 與 z 值。

圖 P2.138

電腦題

2.C1 寫一電腦程式計算作用於點 A 的 n 個共面力的合力大小與方向。使用此程式解習題 2.32、2.33、2.35 與 2.38。

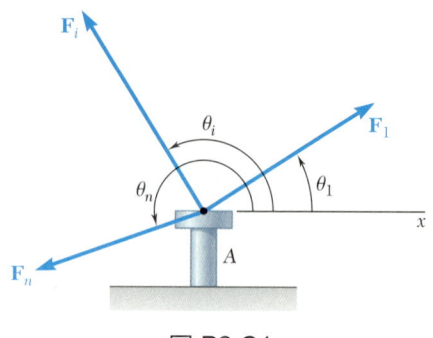

圖 P2.C1

2.C2 兩纜繩受一負載 **P** 作用。寫一電腦程式計算給定 **P** 時兩條纜繩的張力。θ 值的範圍為 $\theta_1 = \beta - 90°$ 到 $\theta_2 = 90° - \alpha$，使用給定的 $\Delta\theta$。使用這個程式計算以下三組問題 (a) θ 從 θ_1 到 θ_2 時兩纜繩的張力；(b) 兩纜繩的張力最小時的 θ 值；(c) 對應的張力：

(1) $\alpha = 35°$、$\beta = 75°$、$P = 400$ N、$\Delta\theta = 5°$
(2) $\alpha = 50°$、$\beta = 30°$、$P = 600$ N、$\Delta\theta = 10°$
(3) $\alpha = 40°$、$\beta = 60°$、$P = 250$ N、$\Delta\theta = 5°$

圖 P2.C2

2.C3 某走鋼索者在一條長度 $L = 20.1$ m 的繩索上行走，繩索綁在相距 20.0 m 的兩支撐 A 與 B 上。此人與平衡桿的總重量為 800 N，其鞋底與繩索之間的摩擦大到足以防止他滑倒。不計繩索重量與變形，寫一電腦程式計算 y 值與繩索 AC 與 BC 兩部分的張力，其中 x 從 0.5 m 到 10.0 m，增量為 0.5 m。由所得數據，求 (a) 繩索最大撓度；(b) 繩索最大張力；(c) 繩索的 AC 與 BC 兩部分的最小張力。

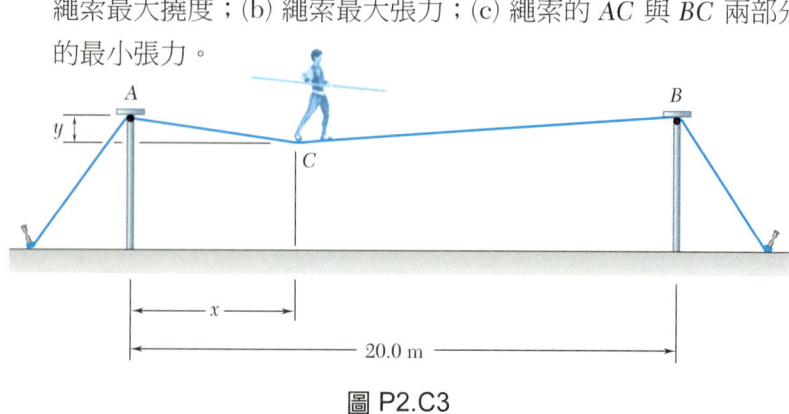

圖 P2.C3

2.C4 寫一電腦程式計算 n 個作用於點 A_0 的力 $\mathbf{F}_i$ 的合力的大小與方向，其中 $i = 1$、2、$\cdots$、n。A_0 的座標為 x_0、y_0 與 z_0。已知 $\mathbf{F}_i$ 的作用線通過座標為 x_0、y_0 與 z_0 的點 A_i。使用這個程式解習題 2.93、2.94 與 2.95。

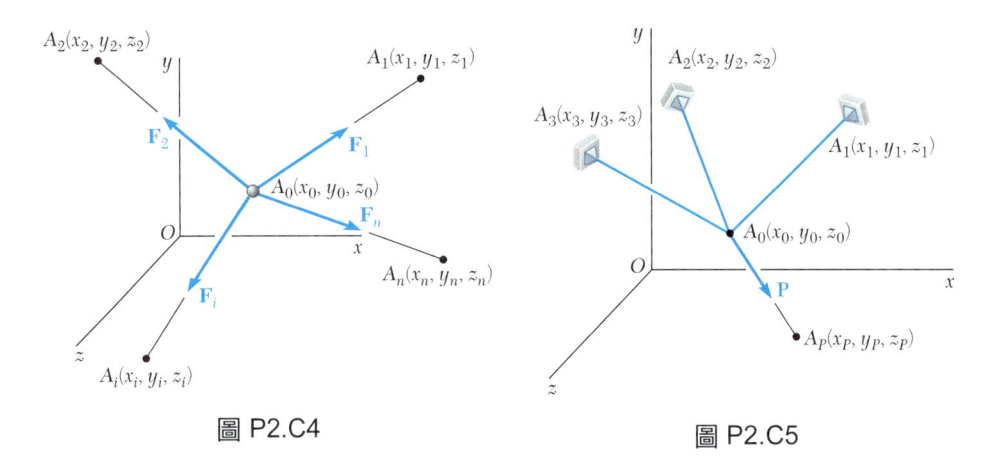

圖 P2.C4

圖 P2.C5

2.C5 三條纜繩分別繫於點 A_1、A_2 與 A_3，並同繫於點 A_0。另有一給定負載 $\mathbf{P}$ 作用於點 A_0。寫一電腦程式計算各條纜繩的張力。使用這個程式解習題 2.102、2.106、2.107 與 2.115。

CHAPTER 3

剛體：等效力系

簡化圖　　　一般人在使用課桌椅時，可將　　若課桌椅不會變形，則它會產
　　　　　　所有的分布力簡化為以上三個　　生能與此三力相抵消的應力
　　　　　　力：

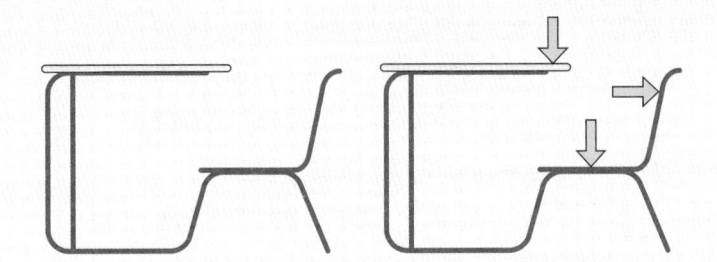

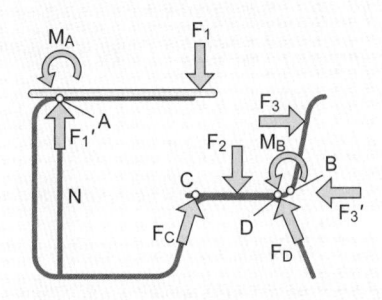

(續)

教室的課桌椅。

如圖所示，若施加在桌面上的分布力 (放手、放書等) 可以等於一集中力 F_1，則桌面與鐵架 N 的連接點 A 必須要產生大小相等、方向相反的力 F_1'，並另有一力偶 M_A 作用於 A 點，負責抵消由 F_1 對 A 點所產生的力矩。(最前方的圓弧鐵架假設無法提供應力，會這樣假設的原因是，通常單獨的圓弧鐵架若一端受力，則彎曲處容易形變、無法保持原樣，故假設其無法提供應力。)

　　至於施加在椅子上的人體重量，可以拆解成向椅座 (鉛直向下) 的 F_2 與向椅背的 F_2 (注意：F_3 通常不呈水平)。F_2 將由連接椅子與鐵架的 C、D 兩點所產生的應力 F_C、F_D 抵消，兩者的方向與鐵架角度有關，且兩者水平分量和應為零、垂直分量和應為 F_2。F_3 則由椅背與椅座的連接點 B 產生應力 F_3' 與力偶 M_B 抵消，其中 F_2' 與 F_2 大小相等、方向相反，M_B 與 F_3 對 B 點產生的力矩大小相等。

　　由此可知，鐵架 N 受到極大的應力，故我認為，該鐵架的堅固程度將是影響此課桌椅使用壽命的最主要原因。此鐵架若是不存在，則課桌會因為彎曲鐵架強度不足而不堪強力按壓；若將此鐵架後移，雖可有效減少 M_A 的大小，但使用者反而會因此不方便入座。因此，對我而言，這樣彎曲、一體成形的結構雖然看上去十分美觀，但不會是最耐用或最實用的結構。

　　另外，關於 B 點的分析是椅子的材質為剛體的情況下方能成立，但是這種椅子的材質多為塑膠，也就是說它極易變形，所以我們不應該把它當作剛體，而是把它當成可變形體來探討。若把它當作可變形體，塑膠本身擁有的堅韌度將可使它有一定程度、可產生應力卻可以復原的彎曲，因此我認為，對於可變形的椅子而言，設計為彎曲造型反而可以增加耐用性。

　　補充：椅子下方的置物籃因過於簡單，就不做探討了。最大受力點會是籃架與椅架相接的兩端點，因此荷重應與籃架本身，以及其與椅架的連接點堅固程度有關。此外，增加籃架數量能分攤荷重，故理論上荷重也會與籃架數量呈正比。

　　日常生活中有許多靜力學可以分析的事物，最常見的莫過於桌椅床櫃等家具了。但是，只有靜力學通常無法徹底的探討結構的穩固程度，往往都要結合材料力學，了解各種物體在多大的形變下會產生多大的應力，才能進行較精確的計算。

　　此外，還要結合物理學、化學、地理，考量環境對物體的影響、製作上的難易度、是否滿足使用者的需求……這麼說來，或許應用科學，也可以稱作一種藝術吧！

—周振涵

力矩=力×力臂

3.1 緒論 (Introduction)

第二章考慮的每一物體都假設為單一質點，進行力平衡分析。但這種假設並不總是成立。物體在一般情況下應視為許多質點的組合，因此必須考慮物體的尺寸與力作用於物體上不同質點從而有不同施力點的效應。

基本力學中考慮的物體都假設為**剛體** (rigid body)，表示受力時物體並不會變形。然而，實際結構和機具絕不是完全剛性，受力時或多或少會產生變形。但許多情況下，其變形量很小，不會顯著地影響平衡或運動狀態。這些變形雖然小，但對結構抵抗失效的能力很重要，會在研究材料力學時加以考慮。

本章研究力作用於剛體的效應，讀者會學到如何將某給定力系以一比較簡單的等效力系取代。其中分析的基本假設為，作用於一剛體的給定力若沿其作用線移動，則其對剛體的效應不會改變（*力的傳遞性原理*）。因此，作用於剛體的力可以第 2.3 節介紹的**滑動向量** (sliding vectors) 表示。

一力對剛體的效應有兩個相當重要的概念，即*力對一點的力矩* (moment of a force about a point)（第3.6節）與*力對一軸的力矩* (moment of a force about an axis)（第 3.11 節）。計算上述力矩時要用到兩個向量的向量積 (vector products) 和純量積 (scalar products)，本章會介紹基本的向量代數，並應用於剛體受力問題的求解。

本章將介紹的另一個重要概念是**力偶** (couple)。力偶由兩個大小相等、作用線平行以及指向相反的力組成（第 3.12 節）。稍後會提到，任一作用於剛體上的力系都可由一等效力系取代，此等效力系只包含作用於某一點的一力與一力偶。此基本系統稱為一個**力－力偶系** (force-couple system)。若剛體受的是共點力、共面力或平行力，則其等效力－力偶系可進一步簡化成單一力（系統的合力）或單一力偶（系統的合力偶）。

3.2 外力和內力 (External and Internal Forces)

作用於剛體上的力可分為兩大類：(1) **外力** (external forces) 與 (2) **內力** (internal forces)。

1. **外力**代表其他物體作用於所考慮剛體的力。外力決定了剛體的外部行為，可使其運動或保持靜止。本章及第四章、第五章只討論

外力。

2. **內力**是使剛體維持固定形狀內部質點間互相作用的力。如果剛體由幾個元件連接而成，則元件間相互的作用力也稱為內力。我們將在第六章和第七章介紹內力。

舉例說明，圖 3.1 中三個人以一條繫在保險桿的繩索拉動一輛故障的貨車。貨車的**自由體圖**上標示出貨車所受外力 (圖 3.2)。此處考慮貨車的**重量** (weight)，重量是地球拉扯貨車上每一質點的力的合力，此合力可以單一力 **W** 代表，其**作用點** (point of application) 定義為**重心** (center of gravity)。第五章會討論如何決定重心的座標。重量 **W** 傾向使貨車垂直向下移動，倘若沒有地面的支撐，貨車將往下掉。為抵抗貨車往下掉，地面施加了垂直朝上的反作用力 (R_1 和 R_2) 於貨車上。由於反作用力為地面施加在貨車的力，因此必須包含於作用於貨車的外力中。

圖 3.1

圖 3.2

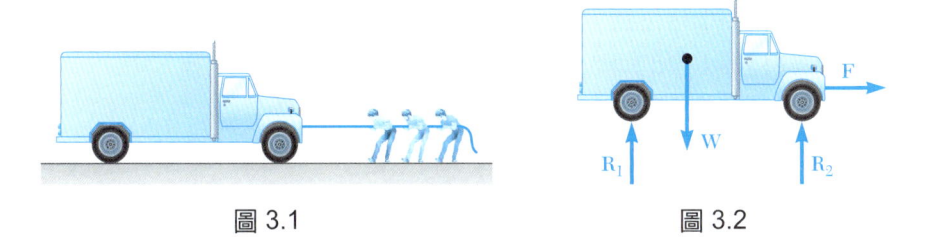

人們於繩索上施加力 **F**，**F** 的作用點在貨車的前保險桿。**F** 傾向於使貨車往前直線移動，由於水平方向沒有阻力 (假設輪胎的滾動阻力可忽略不計)，貨車的確會往前移動。貨車的向前運動稱為**平移** (translation)，期間所有直線方向不變，例如，地面保持水平、車壁保持垂直。其他力可使貨車作不同方式的運動，例如，置於前輪軸的千斤頂工作時施加的力可使得貨車以後輪軸為旋軸旋轉，這種運動稱為**旋轉** (rotation)。由此可知，作用於剛體上的每一**外力**若未受抵抗則可使剛體平移或旋轉，或使其同時具有兩種運動。

3.3 傳遞性原理／等效力 (Principle of Transmissibility. Equivalent Forces)

傳遞性原理 (principle of transmissibility) 指出，若作用於剛體上某一點的一力 **F** 以作用於另一點的力 **F′** 取代，只要這兩力的大小相等、方向相反而且作用於同一直線上，則兩力對剛體的效應相同 (圖 3.3)，

圖 3.3

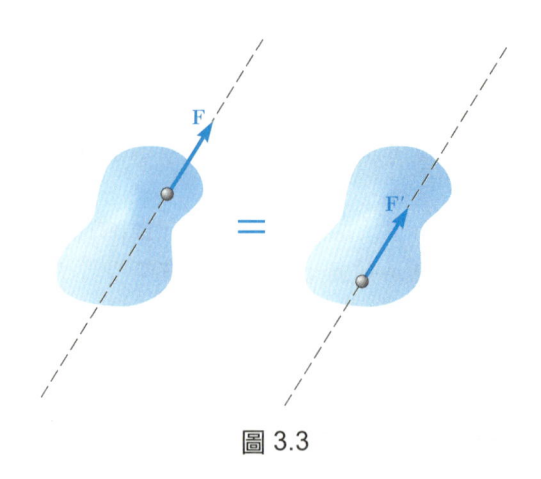

兩力 **F** 和 **F′ 等效**(equivalent)。此原理指出的一力可以沿著其作用線傳遞，乃基於實驗證據，無法以本書至此介紹的性質導出，因此必須視為實驗得到的經驗定律。然而，傳遞性原理可由剛體動力學研究導出，但需要引用牛頓第二與第三定律以及幾個其他觀念。因此，本書對於剛體靜力學的研究將根據前面介紹的平行四邊形定律、牛頓第一定律和傳遞性原理。

第二章指出，作用於質點的力可以向量表示。這些向量有定義明確的作用點，即質點本身，因此是固定 (fixed) 或約束 (bound) 向量。然而，剛體受力的情況，只要力的作用線相同，則其作用點並無影響。因作用於剛體的力可在作用線上自由滑動，故以另一種向量代表，稱為**滑動向量**。後面章節根據作用於剛體上的力所導出的性質適用於廣義的滑動向量系統。為使說明更加直觀，我們直接使用物理力而非數學上的滑動向量表示。

回到前述的貨車的例子，首先觀察得知力 **F** 的作用線是一條同時通過前後保險桿的水平線 (圖 3.4)。利用傳遞性原理，可將 **F** 以一作用於後保險桿的**等效力 F′** 取代。換句話說，貨車的運動狀態不會改變，且其他外力如 **W**、R_1 和 R_2 也不會因人們在前保險桿或後保險桿施力而有所改變。

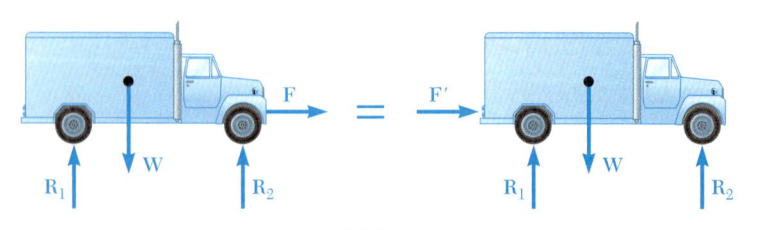

圖 3.4

圖 3.5

傳遞性原理和等效力的觀念仍有其侷限。例如，考慮受兩個大小相等、方向相反的力 $\mathbf{P}_1$ 和 $\mathbf{P}_2$ 作用的短棒 AB (圖 3.5a)。根據傳遞性原理，力 $\mathbf{P}_2$ 可由大小相等、作用線相同但作用於 A 的 $\mathbf{P}'_2$ 取代 (圖 3.5b)。此時，兩力 $\mathbf{P}_1$ 和 $\mathbf{P}'_2$ 作用於同一質點，可由第二章介紹的方法相加。由於兩力的大小相等、方向相反，相加等於零。因此，就短棒的外部行為而言，原本力系 (圖 3.5a) 等效於完全沒有外力施加於短棒上 (圖 3.5c)。

接著考慮圖 3.5d 中作用於棒 AB 上的大小相等、方向相反的兩力 $\mathbf{P}_1$ 和 $\mathbf{P}_2$。力 $\mathbf{P}_2$ 可以取代為具有相同大小、方向和作用線，但作用於 B 而不是 A 的力 $\mathbf{P}'_2$ (圖 3.5e)。兩力 $\mathbf{P}_1$ 和 $\mathbf{P}'_2$ 相加等於零 (圖 3.5f)。因此，從剛體力學的觀點來看，圖 3.5a 和 d 所示的系統等效。但這兩系統產生的**內力** (internal forces) 和**變形** (deformations) 明顯不同。圖 3.5a 的棒受**張力** (tension)，且若非完全剛體，長度將稍微增加；而圖 3.5d 的棒受**壓縮力** (compression)，若非完全剛體，長度將稍微縮短。因此，雖然傳遞性原理可用來求剛體的運動或平衡狀態，並用來計算作用剛體上的外力，但應盡量避免用來求內力和變形。

3.4 兩向量的向量積 (Vector Product of Two Vectors)

為了能更了解剛體受力的效應，此處將介紹一個新觀念，即一**力對一點的力矩** (a moment of a force about a point)。首先介紹數學工具：兩向量的**向量積** (vector product) 求法。

兩向量 **P** 和 **Q** 的向量積定義為 **V**，**V** 滿足下列條件：

1. **V** 的作用線垂直於包含 **P** 和 **Q** 的平面 (圖 3.6a)。
2. **V** 的大小等於 **P** 和 **Q** 大小相乘，再乘上 **P** 和 **Q** 夾角 θ 的正弦，故

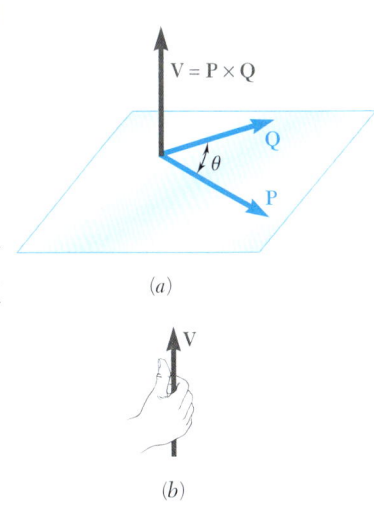

圖 3.6

$$V = PQ \sin \theta \tag{3.1}$$

3. **V** 的方向得自**右手定則** (right-hand rule)。伸出右手，手指彎曲由 **P** 的箭頭處指向 **Q** 的箭頭處，此時拇指所指的方向即為向量 **V** 的指向 (圖 3.6b)。若 **P** 和 **Q** 原本不在同一點，則須先將兩向量重畫於一點上，得到依次為 **P**、**Q** 和 **V** 的三向量，稱為**右手三元組** (right-handed triad)。

如前所述，**V** 是唯一滿足這三個條件的向量，稱為 **P** 和 **Q** 的向量積，數學表達式如下

$$\mathbf{V} = \mathbf{P} \times \mathbf{Q} \tag{3.2}$$

因為使用符號的關係，兩向量 **P** 和 **Q** 的向量積有時稱為 **P** 和 **Q** 的**叉積** (cross product)。有時也稱為外積。

根據式 (3.1)，當兩向量 **P** 和 **Q** 同向或反向時，其向量積等於零。當兩向量的夾角 θ 不為 0° 或 180° 的一般情形時，式 (3.1) 可用簡單的幾何關係詮釋：**P** 和 **Q** 的向量積的大小 V 等於以 **P** 和 **Q** 為兩邊的平行四邊形的面積 (圖 3.7)。因此，若以和 **P** 與 **Q** 共面的向量 **Q′** 取代 **Q**，且 **Q** 和 **Q′** 箭頭的連線平行於 **P**，則向量積 **P** × **Q** 保持不變，可寫成

$$\mathbf{V} = \mathbf{P} \times \mathbf{Q} = \mathbf{P} \times \mathbf{Q}' \tag{3.3}$$

由用來定義 **P** 和 **Q** 的向量積 **V** 的第三條件，即 **P**、**Q** 和 **V** 必須為一右手三元組，可知向量不可交換，即 **P** × **Q** 不等於 **Q** × **P**。不難看出，**Q** × **P** 等於 −**V**，和 **V** 的大小相等、方向相反。

$$\mathbf{Q} \times \mathbf{P} = -(\mathbf{P} \times \mathbf{Q}) \tag{3.4}$$

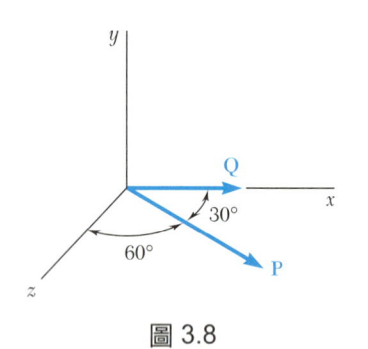

圖 3.7

例題

試計算向量積 **V** = **P** × **Q**，其中向量 **P** 的大小為 6、位於 zx 平面上，且和 x 軸夾角 30°。向量 **Q** 的大小為 4 且剛好位於 x 軸上 (圖 3.8)。

由定義可立即得知，向量 **V** 必定位於 y 軸上，且大小可由下式得到

$$V = PQ \sin \theta = (6)(4) \sin 30° = 12$$

指向朝上。

圖 3.8

前面指出向量積不滿足交換律,我們再檢驗其是否滿足分配律 (distributive),即下式是否成立:

$$\mathbf{P} \times (\mathbf{Q}_1 + \mathbf{Q}_2) = \mathbf{P} \times \mathbf{Q}_1 + \mathbf{P} \times \mathbf{Q}_2 \tag{3.5}$$

答案為是。大部分讀者可能可以憑直覺接受上式,而不需正式的證明。但由於向量幾何和靜力學的整體結構依據式 (3.5),故此處特別加以推導。

由於不失普遍性,我們可假設 $\mathbf{P}$ 指向正 y 軸方向 (圖 3.9a),$\mathbf{Q}$ 為 $\mathbf{Q}_1$ 與 $\mathbf{Q}_2$ 的和。將 $\mathbf{Q}$、$\mathbf{Q}_1$ 與 $\mathbf{Q}_2$ 投影至 zx 平面,分別得到其位於 zx 平面上的**投影** (projections) 向量 $\mathbf{Q}'$、$\mathbf{Q}'_1$ 與 $\mathbf{Q}'_2$。根據式 (3.3),式 (3.5) 等號左邊可以用 $\mathbf{P} \times \mathbf{Q}'$ 取代。同理,$\mathbf{P} \times \mathbf{Q}_1$ 和 $\mathbf{P} \times \mathbf{Q}_2$ 也可分別用 $\mathbf{P} \times \mathbf{Q}'_1$ 和 $\mathbf{P} \times \mathbf{Q}'_2$ 取代。因此,欲證明的關係式可寫成

$$\mathbf{P} \times \mathbf{Q}' = \mathbf{P} \times \mathbf{Q}'_1 + \mathbf{P} \times \mathbf{Q}'_2 \tag{3.5'}$$

觀察得知,$\mathbf{P} \times \mathbf{Q}'$ 等於 $\mathbf{Q}'$ 乘以純量 P,再於 zx 平面上逆時針方向旋轉 90° (圖 3.9b);式 (3.5') 中另外兩個向量積也以相同方式分別由 $\mathbf{Q}'_1$ 和 $\mathbf{Q}'_2$ 得到。因為平行四邊形在任意平面的投影為平行四邊形,$\mathbf{Q}_1$ 與 $\mathbf{Q}_2$ 的和 $\mathbf{Q}$ 於該平面的投影 $\mathbf{Q}'$ 必定等於 $\mathbf{Q}_1$ 與 $\mathbf{Q}_2$ 於相同平面的投影 $\mathbf{Q}'_1$ 與 $\mathbf{Q}'_2$ 的和 (圖 3.9a)。$\mathbf{Q}'$、$\mathbf{Q}'_1$ 與 $\mathbf{Q}'_2$ 之間的關係在三個向量同時乘以純量 P 並旋轉 90° 後仍成立 (圖 3.9b)。因此,即證明式 (3.5') 成立,確定向量積滿足分配律。

向量積一般情況不滿足結合律 (associative),即

$$(\mathbf{P} \times \mathbf{Q}) \times \mathbf{S} \neq \mathbf{P} \times (\mathbf{Q} \times \mathbf{S}) \tag{3.6}$$

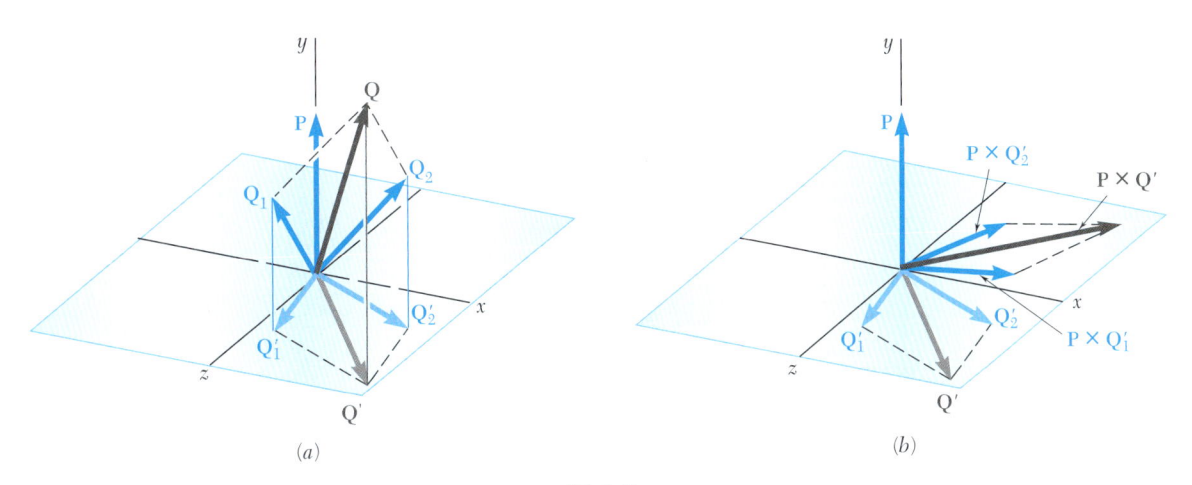

圖 3.9

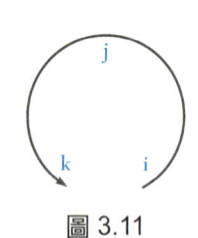

3.5 以直角分量表示的向量積 (Vector Products Expressed in Terms of Rectangular Components)

本節試求第二章定義的單位向量 i、j 和 k 中任意兩個的向量積。首先考慮如圖 3.10a 所示的向量積 i × j。因為兩個向量的大小均為 1 且互相垂直，故其向量積也是一個單位向量。這個單位向量必定為 k，因為向量 i、j 和 k 互相垂直且為一右手三元組。另一方面，由圖 3.6 所示的右手定則可得 j × i 等於 −k (圖 3.10b)。最後，單位向量與本身的向量積，例如 i × i，等於零，因為兩向量的方向相同。單位向量各種可能配對的向量積如下

$$\begin{aligned} \mathbf{i} \times \mathbf{i} &= 0 & \mathbf{j} \times \mathbf{i} &= -\mathbf{k} & \mathbf{k} \times \mathbf{i} &= \mathbf{j} \\ \mathbf{i} \times \mathbf{j} &= \mathbf{k} & \mathbf{j} \times \mathbf{j} &= 0 & \mathbf{k} \times \mathbf{j} &= -\mathbf{i} \\ \mathbf{i} \times \mathbf{k} &= -\mathbf{j} & \mathbf{j} \times \mathbf{k} &= \mathbf{i} & \mathbf{k} \times \mathbf{k} &= 0 \end{aligned} \quad (3.7)$$

將三個單位向量以圖 3.11 方式排列可協助判斷兩單位向量的向量積的正負號：若兩單位向量按照逆時針順序排列，則其向量積為正，反之則為負。

此時不難將兩給定向量 **P** 和 **Q** 的向量積 **V** 以其直角分量表示。將 **P** 和 **Q** 分解成分量，寫成

$$\mathbf{V} = \mathbf{P} \times \mathbf{Q} = (P_x\mathbf{i} + P_y\mathbf{j} + P_z\mathbf{k}) \times (Q_x\mathbf{i} + Q_y\mathbf{j} + Q_z\mathbf{k})$$

再利用分配律將上式乘開，將 **V** 表示成一串像是 $P_x\mathbf{i} \times Q_y\mathbf{j}$ 之類的向量乘積的和。其中每一項皆為兩單位向量的向量積乘上兩個純量 (如 P_xQ_y)。利用式 (3.7) 得到各項的向量積，再依 i、j 和 k 整理得

$$\mathbf{V} = (P_yQ_z - P_zQ_y)\mathbf{i} + (P_zQ_x - P_xQ_z)\mathbf{j} + (P_xQ_y - P_yQ_x)\mathbf{k} \quad (3.8)$$

由此得到向量積 **V** 的直角分量如下

$$\begin{aligned} V_x &= P_yQ_z - P_zQ_y \\ V_y &= P_zQ_x - P_xQ_z \\ V_z &= P_xQ_y - P_yQ_x \end{aligned} \quad (3.9)$$

回頭觀察式 (3.8)，發現其等號右邊各項代表一行列式的展開。因此，我們可將向量積 **V** 以下列比較好記的方式表示

$$\mathbf{V} = \begin{vmatrix} \mathbf{i} & \mathbf{j} & \mathbf{k} \\ P_x & P_y & P_z \\ Q_x & Q_y & Q_z \end{vmatrix} \quad (3.10)$$

圖 3.10

圖 3.11

3.6 一力對一點的力矩 (Moment of a Force about a Point)

接著考慮作用於一剛體上的力 **F**（圖 3.12a）。我們知道，此力 **F** 以定義其大小與方向的向量表示，但此力對剛體的效應也取決於力的作用點 A。A 的位置可由連接參考點 O 與 A 的向量 **r** 定義，稱為 A 的**位置向量**（position vector）。位置向量 **r** 與力 **F** 即定義出圖 3.12a 所示的平面。

我們定義 **F** 對 O 的力矩為 **r** 和 **F** 的向量積：

$$\mathbf{M}_O = \mathbf{r} \times \mathbf{F} \tag{3.11}$$

根據第 3.4 節介紹向量積的定義，力矩 $\mathbf{M}_O$ 必定垂直於包含 O 和力 **F** 的平面。$\mathbf{M}_O$ 的指向可由以下方式判定：若從向量 **r** 的箭頭朝向量 **F** 的箭頭旋轉，此旋轉對於 $\mathbf{M}_O$ 箭頭處的觀察者應為逆時針方向。另一種判斷方式是利用右手定則：右手手指合掌，並使指頭彎曲的方向如同 **F** 使剛體繞一固定軸（即 $\mathbf{M}_O$ 的作用線）旋轉的方向。此時，拇指所指的方向即為力矩 $\mathbf{M}_O$ 的指向（圖 3.12b）。

最後，將位置向量 **r** 和力 **F** 作用線的夾角標示為 θ，則 **F** 對 O 的力矩大小為

$$M_O = rF \sin \theta = Fd \tag{3.12}$$

其中 d 代表 O 和 **F** 作用線的垂直距離。因為力 **F** 使剛體繞垂直於力的固定軸旋轉的傾向，是由 **F** 與該軸的距離以及 **F** 的大小決定。故 $\mathbf{M}_O$ 的大小即為力 **F** 使剛體繞沿 $\mathbf{M}_O$ 方向的固定軸旋轉的傾向。

力的單位是牛頓（N），距離的單位是公尺（m），力矩的單位是牛頓-公尺（N·m）。

儘管一力對一點的力矩 $\mathbf{M}_O$ 取決於該力的大小、作用線和指向，但與力沿其作用線上的實際作用點無關。反過來說，力 **F** 的力矩 $\mathbf{M}_O$ 並無法指明 **F** 的實際作用點。

不過，下面將指出，已知大小和方向的力 **F** 產生的力矩 $\mathbf{M}_O$ 即完全定義出 **F** 的作用線。**F** 的作用線必定在通過 O 且垂直於力矩 $\mathbf{M}_O$ 的平面上，且與 O 的距離等於 $\mathbf{M}_O$ 和 **F** 的大小的比值 M_O / F；$\mathbf{M}_O$ 的指向決定 **F** 的作用線位於點 O 的哪一邊。

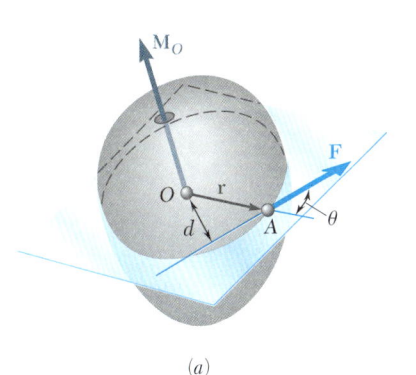

圖 3.12

由第 3.3 節可知，傳遞性原理指出若兩力 **F** 和 **F′** 大小相等、方向相同且有相同作用線，則兩力等效。此原理也可以說成：若且唯若兩力相等 (具有相同的大小與方向) 且對一給定點的力矩相等，則兩力等效。

$$\mathbf{F} = \mathbf{F'} \quad 與 \quad \mathbf{M}_O = \mathbf{M}'_O \tag{3.13}$$

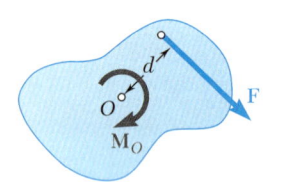

如果式 (3.13) 對某一點 O 成立，則其他任意點也成立。

▶ 二維問題

許多應用可視為二維問題，因其結構的厚度很小可忽略，且受力在結構所在的平面上。二維結構和作用力可直接在紙上或黑板上畫出。因此，分析二維結構比分析三維結構的受力問題容易很多。

例如，考慮圖 3.13 中受力 **F** 作用的剛性薄板。**F** 對板上一點 O 的力矩以一垂直於薄板、大小為 Fd 的向量 $\mathbf{M}_O$ 表示。圖 3.13a 中的向量 $\mathbf{M}_O$ 指出紙面，而圖 3.13b 中的 $\mathbf{M}_O$ 指入紙面。觀察可知，第一種情形的 **F** 傾向於使薄板逆時針旋轉，而第二種情形則傾向於使其順時針旋轉。因此，我們可以自然地將圖 3.13a 中 **F** 對 O 的力矩以逆時針記號 ↺ 表示，而以順時針記號 ↻ 表示圖 3.13b 中的力矩。

因為作用於圖上平面的力 **F** 的力矩必定垂直該平面，故只需指明大小與指向即可完整定義 **F** 對 O 的力矩，即在力矩的大小 M_O 前加上適當的正負號。

(a) $M_O = +Fd$

(b) $M_O = -Fd$

圖 3.13

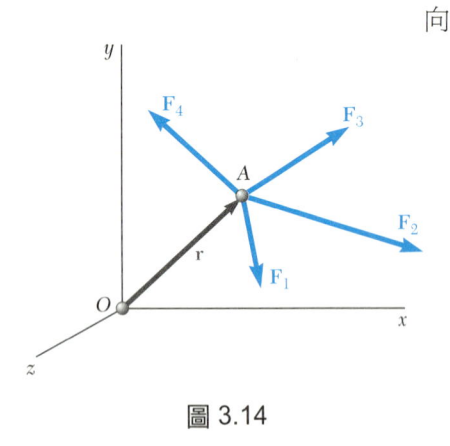

3.7 范力農定理 (Varignon's Theorem)

向量積的分配律可用來求數個**共點力**的合力的力矩。若有數力 $\mathbf{F}_1$、$\mathbf{F}_2$、$\cdots$ 作用於一點 A (圖 3.14)，且 A 的位置向量為 **r**，則由第 3.4 節的式 (3.5) 可得

$$\mathbf{r} \times (\mathbf{F}_1 + \mathbf{F}_2 + \cdots) = \mathbf{r} \times \mathbf{F}_1 + \mathbf{r} \times \mathbf{F}_2 + \cdots \tag{3.14}$$

意指數個共點力的合力對一點 O 的力矩等於各力對相同點 O 力矩的和。此性質最初由法國數學家范力農 (Varignon, 1654-1722) 建立，遠早於向量代數，稱為范力農定理。

根據關係式 (3.14)，我們可將直接計算一力力矩的問題改成分別計算其兩個或多個分量的力矩和。下一節將會指出，**F** 通常可分解成平行座標軸的分量。但有時將 **F** 分解至不平

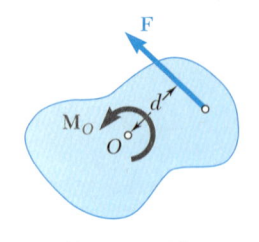

圖 3.14

行於座標軸的分量反而更方便計算 (範例 3.3)。

3.8 力矩的直角分量 (Rectangular Components of the Moment of a Force)

一般而言，求解空間中一力的力矩時，若能將力和作用點的位置向量分解成 x、y 和 z 直角分量，則將可大幅簡化計算。例如，考慮一力 $\mathbf{F}$ 對 O 的力矩 $\mathbf{M}_O$，力的直角分量為 F_x、F_y 和 F_z，作用點 A 的座標為 x、y 和 z (圖 3.15)。觀察得知，位置向量 $\mathbf{r}$ 的分量分別等於點 A 的座標 x、y 和 z，故

$$\mathbf{r} = x\mathbf{i} + y\mathbf{j} + z\mathbf{k} \tag{3.15}$$

$$\mathbf{F} = F_x\mathbf{i} + F_y\mathbf{j} + F_z\mathbf{k} \tag{3.16}$$

將上式的 $\mathbf{r}$ 與 $\mathbf{F}$ 代入下式

$$\mathbf{M}_O = \mathbf{r} \times \mathbf{F} \tag{3.11}$$

再利用得自第 3.5 節的結果，將 $\mathbf{F}$ 對 O 的力矩 $\mathbf{M}_O$ 寫成

$$\mathbf{M}_O = M_x\mathbf{i} + M_y\mathbf{j} + M_z\mathbf{k} \tag{3.17}$$

其中分量 M_x、M_y 和 M_z 定義為

$$\begin{aligned} M_x &= yF_z - zF_y \\ M_y &= zF_x - xF_z \\ M_z &= xF_y - yF_x \end{aligned} \tag{3.18}$$

第 3.11 節將指出，力矩 $\mathbf{M}_O$ 的純量分量 M_x、M_y 和 M_z 分別為力 $\mathbf{F}$ 使一剛體對 x、y 和 z 軸旋轉的量度。將式 (3.18) 代入式 (3.17)，則也可將 $\mathbf{M}_O$ 寫成行列式形式

$$\mathbf{M}_O = \begin{vmatrix} \mathbf{i} & \mathbf{j} & \mathbf{k} \\ x & y & z \\ F_x & F_y & F_z \end{vmatrix} \tag{3.19}$$

計算一力 $\mathbf{F}$ 對任一點 B 的力矩 $\mathbf{M}_B$，必須將式 (3.11) 中的位置向量 $\mathbf{r}$ 以從 B 畫到 A 的向量取代 (圖 3.16)。此向量為 A 相對於 B 的位置向量，標示為 $\mathbf{r}_{A/B}$。$\mathbf{r}_{A/B}$ 可由 $\mathbf{r}_A$ 減去 $\mathbf{r}_B$ 得到，即

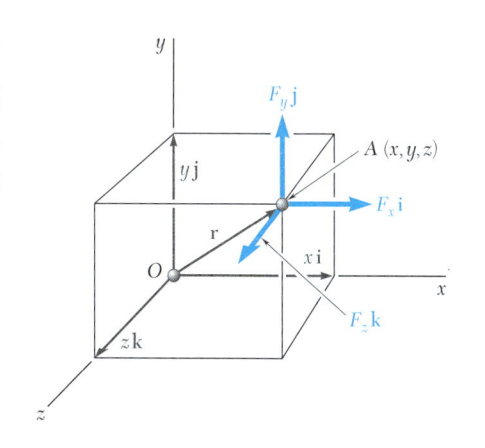

圖 3.15

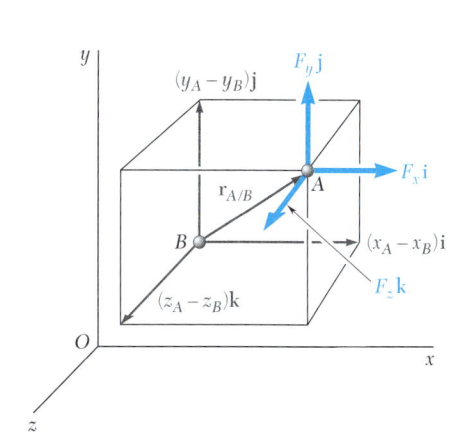

圖 3.16

$$\mathbf{M}_B = \mathbf{r}_{A/B} \times \mathbf{F} = (\mathbf{r}_A - \mathbf{r}_B) \times \mathbf{F} \tag{3.20}$$

或利用行列式

$$\mathbf{M}_B = \begin{vmatrix} \mathbf{i} & \mathbf{j} & \mathbf{k} \\ x_{A/B} & y_{A/B} & z_{A/B} \\ F_x & F_y & F_z \end{vmatrix} \tag{3.21}$$

其中 $x_{A/B}$、$y_{A/B}$ 和 $z_{A/B}$ 是向量 $\mathbf{r}_{A/B}$ 的分量：

$$x_{A/B} = x_A - x_B \qquad y_{A/B} = y_A - y_B \qquad z_{A/B} = z_A - z_B$$

在只涉及二維的問題中，力 $\mathbf{F}$ 可假設位於 xy 平面（圖 3.17），令式 (3.19) 中的 $z = 0$ 和 $F_z = 0$，得到

$$\mathbf{M}_O = (xF_y - yF_x)\mathbf{k}$$

$\mathbf{F}$ 對 O 的力矩垂直於圖中的平面，且由以下的純量完全定義

$$M_O = M_z = xF_y - yF_x \tag{3.22}$$

如前所述，若 M_O 為正值，表示向量 $\mathbf{M}_O$ 指出紙面（力 $\mathbf{F}$ 傾向於使物體對 O 逆時針旋轉）；若為負值則表示向量 $\mathbf{M}_O$ 指入紙面（力 $\mathbf{F}$ 傾向於使物體對 O 順時針旋轉）。

欲計算一位於 xy 平面上且作用於點 $A(x_A, y_A)$ 的力對點 $B(x_B, y_B)$ 的力矩（圖 3.18），可令式 (3.21) 中的 $z_{A/B} = 0$ 與 $F_z = 0$。須注意向量 $\mathbf{M}_B$ 垂直於 xy 平面，且大小與指向由以下純量定義

$$M_B = (x_A - x_B)F_y - (y_A - y_B)F_x \tag{3.23}$$

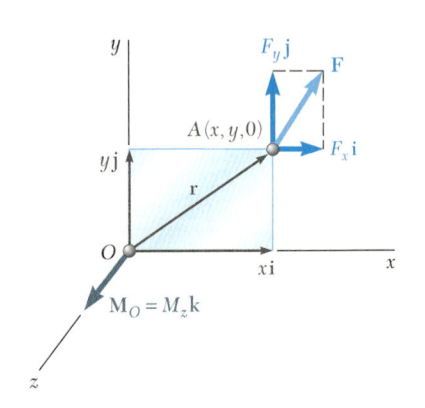

圖 3.17

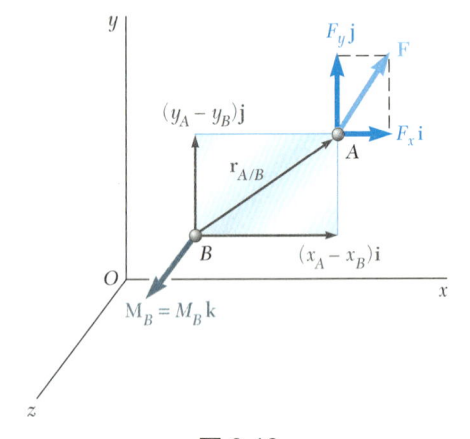

圖 3.18

範例 3.1

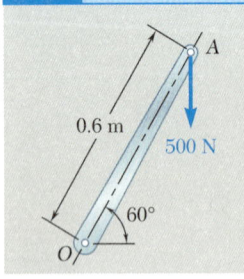

一槓桿 AO 的 A 端受一 500 N 的力作用，另一端 O 固定在一軸上。試求 (a) 500 N 的力對 O 的力矩；(b) 作用於 A，且對 O 有相同力矩的水平力；(c) 作用於 A，且對 O 有相同力矩的最小力；(d) 若有一 1200 N 的垂直力作用於槓桿某處，且對 O 有相同力矩，此力作用點與軸的距離；(e) 上面 (b)、(c)、(d) 小題的力是否等效於原力。

解

a. **對 O 的力矩**。500 N 的力的作用線與 O 的垂直距離為

$$d = (0.6 \text{ m}) \cos 60° = 0.3 \text{ m}$$

500 N 的力對 O 的力矩大小為

$$M_O = Fd = (500 \text{ N})(0.3 \text{ m}) = 150 \text{ N} \cdot \text{m}$$

由於此力傾向於使槓桿繞 O 順時針轉動，其力矩以垂直指入紙面的向量 $\mathbf{M}_O$ 表示。故寫成

$$\mathbf{M}_O = 150 \text{ N} \cdot \text{m} \downarrow$$

b. **水平力**。這裡

$$d = (0.6 \text{ m}) \sin 60° = 0.52 \text{ m}$$

由於對 O 的力矩必須為 150 N·m，故

$$M_O = Fd$$
$$150 \text{ N} \cdot \text{m} = F(0.52 \text{ m})$$
$$F = 288.5 \text{ N} \qquad \mathbf{F} = 288.5 \text{ N} \rightarrow$$

c. **最小力**。由於 $M_O = Fd$，最小的 F 值出現在當 d 最小時。選擇垂直於 OA 的力，$d = 0.6$ m，故

$$M_O = Fd$$
$$150 \text{ N} \cdot \text{m} = F(0.6 \text{ m})$$
$$F = 250 \text{ N} \qquad \mathbf{F} = 250 \text{ N} \; \angle 30°$$

d. **1200 N 的垂直力**。$M_O = Fd$ 得到

$$150 \text{ N} \cdot \text{m} = (1200 \text{ N})d \qquad d = 0.125 \text{ m}$$

但 $\qquad OB \cos 60° = d \qquad OB = 0.25 \text{ m}$

e. 前面 (b)、(c)、(d) 小題考慮的力都不等效於原本 500 N 的力。儘管這些力對 O 的力矩相同，但這些力的 x、y 分量不同。換句話說，儘管各力轉動槓桿的傾向一致，但使槓桿拉動軸的方式不同。

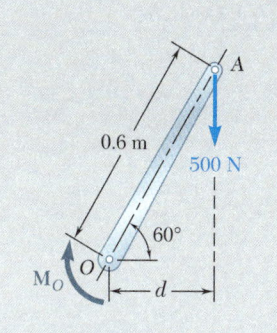

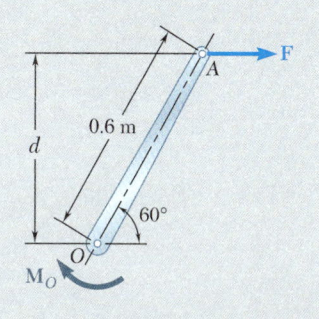

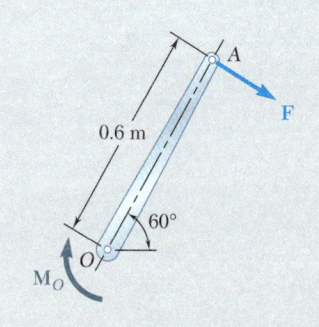

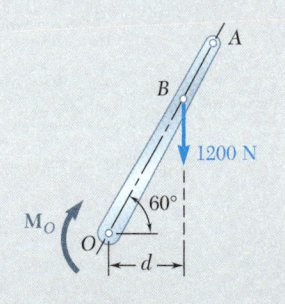

範例 3.2

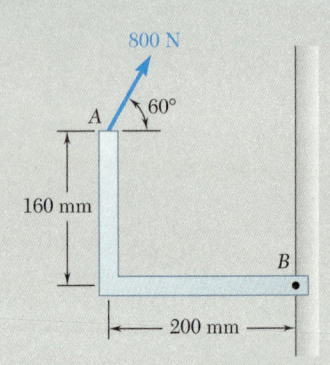

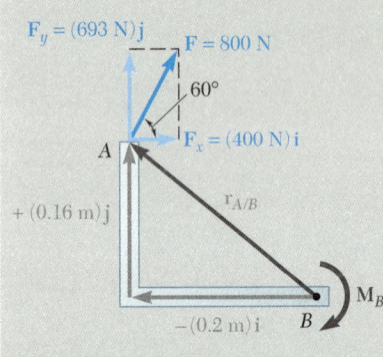

一 800 N 的力作用在拖架上，如附圖所示。試求此力對 B 的力矩。

解

力 $\mathbf{F}$ 對 B 的力矩 $\mathbf{M}_B$ 可由以下向量積得到

$$\mathbf{M}_B = \mathbf{r}_{A/B} \times \mathbf{F}$$

其中 $\mathbf{r}_{A/B}$ 為 B 到 A 的向量，將 $\mathbf{r}_{A/B}$ 與 $\mathbf{F}$ 分解成直角分量，可得

$$\mathbf{r}_{A/B} = -(0.2 \text{ m})\mathbf{i} + (0.16 \text{ m})\mathbf{j}$$
$$\mathbf{F} = (800 \text{ N}) \cos 60°\mathbf{i} + (800 \text{ N}) \sin 60°\mathbf{j}$$
$$= (400 \text{ N})\mathbf{i} + (693 \text{ N})\mathbf{j}$$

利用式 (3.7) 所列的單位向量的向量積（第 3.5 節），得到

$$\mathbf{M}_B = \mathbf{r}_{A/B} \times \mathbf{F} = [-(0.2 \text{ m})\mathbf{i} + (0.16 \text{ m})\mathbf{j}] \times [(400 \text{ N})\mathbf{i} + (693 \text{ N})\mathbf{j}]$$
$$= -(138.6 \text{ N} \cdot \text{m})\mathbf{k} - (64.0 \text{ N} \cdot \text{m})\mathbf{k}$$
$$= -(202.6 \text{ N} \cdot \text{m})\mathbf{k} \qquad \mathbf{M}_B = 203 \text{ N} \cdot \text{m} \downarrow$$

力矩 $\mathbf{M}_B$ 為垂直指入紙面的向量。

範例 3.3

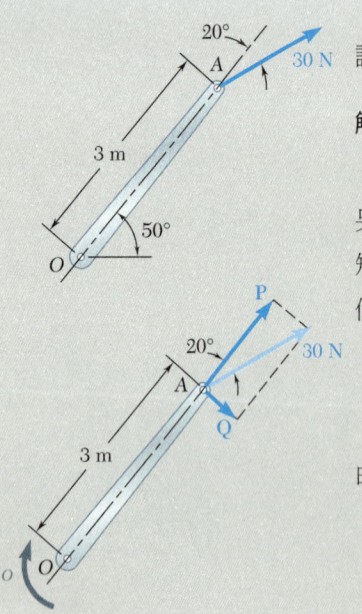

一 30 N 的力作用在一根 3 m 長的槓桿的一端，如附圖所示。試求此力對 O 的力矩。

解

先將此力以兩直角分量取代，其中一個分量 $\mathbf{P}$ 的方向為 OA，另一個分量 $\mathbf{Q}$ 則垂直於 OA。由於 O 在 $\mathbf{P}$ 的作用線上，$\mathbf{P}$ 對 O 的力矩為零，因此 30 N 的力對 O 的力矩化簡成 $\mathbf{Q}$ 對 O 的力矩。由於這個力矩順時針，故以負值表示。

$$Q = (30 \text{ N}) \sin 20° = 10.26 \text{ N}$$
$$M_O = -Q(3 \text{ m}) = -(10.26 \text{ N})(3 \text{ m}) = -30.8 \text{ N} \cdot \text{m}$$

由於純量 M_O 為負值，故力矩 $\mathbf{M}_O$ 垂直指入紙面。

$$\mathbf{M}_O = 30.8 \text{ N} \cdot \text{m} \downarrow$$

範例 3.4

一矩形板由 A 與 B 兩處的拖架以及一線材 CD 支撐。已知線材張力為 200 N，試求作用於點 C 的線材張力對 A 的力矩。

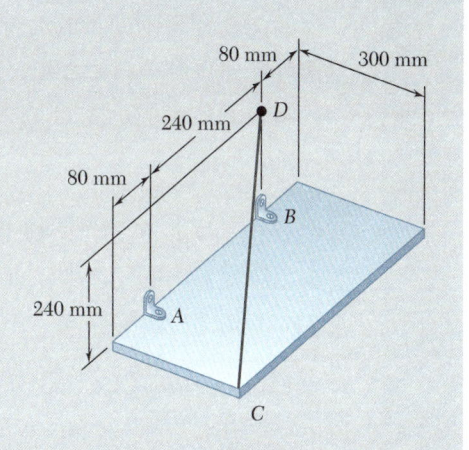

解

點 C 的線材張力 $\mathbf{F}$ 對 A 的力矩 $\mathbf{M}_A$ 可由以下的向量積求得

$$\mathbf{M}_A = \mathbf{r}_{C/A} \times \mathbf{F} \tag{1}$$

其中 $\mathbf{r}_{C/A}$ 為 A 到 C 的向量

$$\mathbf{r}_{C/A} = \overrightarrow{AC} = (0.3 \text{ m})\mathbf{i} + (0.08 \text{ m})\mathbf{k} \tag{2}$$

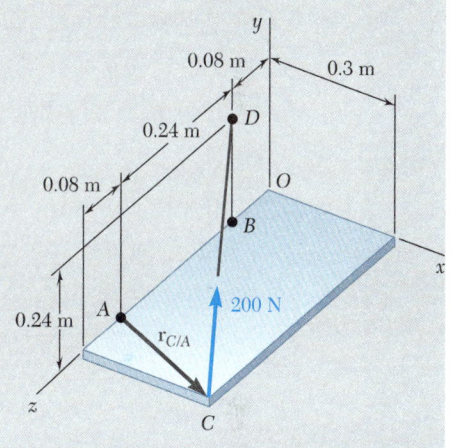

且 $\mathbf{F}$ 的大小為 200 N，方向在 CD 上。引入單位向量 $\boldsymbol{\lambda} = \overrightarrow{CD}/CD$，得到

$$\mathbf{F} = F\boldsymbol{\lambda} = (200 \text{ N})\frac{\overrightarrow{CD}}{CD} \tag{3}$$

將向量 $\overrightarrow{CD}$ 分解到直角分量如下

$$\overrightarrow{CD} = -(0.3 \text{ m})\mathbf{i} + (0.24 \text{ m})\mathbf{j} - (0.32 \text{ m})\mathbf{k} \quad CD = 0.50 \text{ m}$$

代入式 (3) 得到

$$\mathbf{F} = \frac{200 \text{ N}}{0.50 \text{ m}}[-(0.3 \text{ m})\mathbf{i} + (0.24 \text{ m})\mathbf{j} - (0.32 \text{ m})\mathbf{k}]$$
$$= -(120 \text{ N})\mathbf{i} + (96 \text{ N})\mathbf{j} - (128 \text{ N})\mathbf{k} \tag{4}$$

將式 (2) 與式 (4) 的 $\mathbf{r}_{C/A}$ 與 $\mathbf{F}$ 代入式 (1)，再由第 3.5 節的關係式 (3.7)，可得

$$\mathbf{M}_A = \mathbf{r}_{C/A} \times \mathbf{F} = (0.3\mathbf{i} + 0.08\mathbf{k}) \times (-120\mathbf{i} + 96\mathbf{j} - 128\mathbf{k})$$
$$= (0.3)(96)\mathbf{k} + (0.3)(-128)(-\mathbf{j}) + (0.08)(-120)\mathbf{j} + (0.08)(96)(-\mathbf{i})$$
$$\mathbf{M}_A = -(7.68 \text{ N} \cdot \text{m})\mathbf{i} + (28.8 \text{ N} \cdot \text{m})\mathbf{j} + (28.8 \text{ N} \cdot \text{m})\mathbf{k}$$

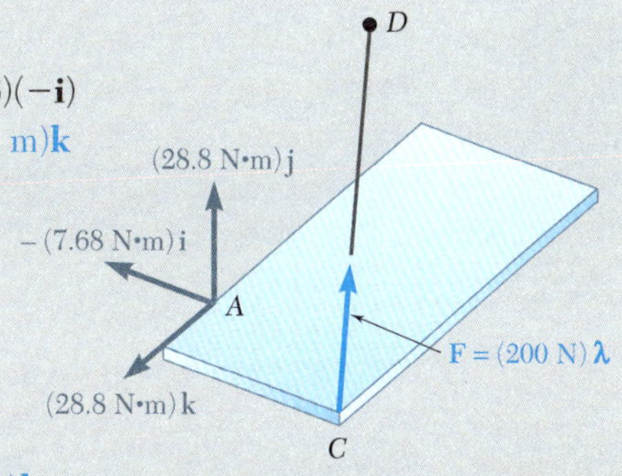

另一種解法。第 3.8 節指出，力矩 $\mathbf{M}_A$ 可表示成行列式，如下

$$\mathbf{M}_A = \begin{vmatrix} \mathbf{i} & \mathbf{j} & \mathbf{k} \\ x_C - x_A & y_C - y_A & z_C - z_A \\ F_x & F_y & F_z \end{vmatrix} = \begin{vmatrix} \mathbf{i} & \mathbf{j} & \mathbf{k} \\ 0.3 & 0 & 0.08 \\ -120 & 96 & -128 \end{vmatrix}$$

$$\mathbf{M}_A = -(7.68 \text{ N} \cdot \text{m})\mathbf{i} + (28.8 \text{ N} \cdot \text{m})\mathbf{j} + (28.8 \text{ N} \cdot \text{m})\mathbf{k}$$

重點提示

前面介紹了兩向量的向量積 (或稱為叉積、外積)。接下來的問題中，讀者可用向量積計算一力對一點的力矩，以及求解一點到一直線的垂直距離。

將力 F 對剛體上點 O 的力矩定義如下

$$\mathbf{M}_O = \mathbf{r} \times \mathbf{F} \tag{3.11}$$

其中 r 是從 O 到 F 的作用線上任一點 O 的位置向量。由於向量積不可交換，因此計算時必須確認各項的順序與正負號。力矩 $\mathbf{M}_O$ 很重要，因為其大小可量度力 F 使剛體繞沿 $\mathbf{M}_O$ 的軸線旋轉的傾向。

1. 計算二維中的力的力矩 $\mathbf{M}_O$。此時可用以下幾種方法之一：
   a. 使用式 (3.12)，$M_O = Fd$，表示力矩的大小等於 F 的大小乘以 O 與 F 作用線的垂直距離 d 的乘積 [範例 3.1]。
   b. 將 r 和 F 表示成分量形式，再使用 $\mathbf{M}_O = \mathbf{r} \times \mathbf{F}$ 計算向量積 [範例 3.2]。
   c. 將 F 分解成平行與垂直位置向量 r 的分量。其中只有垂直分量會產生力矩 [範例 3.3]。
   d. 使用式 (3.22)，$M_O = M_z = xF_y - yF_x$。使用這個方法時，最簡單的作法是將 r 和 F 的純量分量當作正值，然後依觀察決定各分量產生的力矩的正負。例如，若使用此法解範例 3.2，由觀察得知兩個力分量傾向於對點 B 產生順時針旋轉，因此，各力對 B 的力矩應以負純量表示，故力矩為

   $$M_B = -(0.16 \text{ m})(400 \text{ N}) - (0.20 \text{ m})(693 \text{ N}) = -202.6 \text{ N} \cdot \text{m}$$

2. 計算三維中的力 F 的力矩 $\mathbf{M}_O$。依照範例 3.4 的方法，首先選定最簡便的位置向量 r。接著將 F 以其直角分量表示。最後再計算向量積 $\mathbf{r} \times \mathbf{F}$ 以求得力矩。大部分三維問題求向量積最簡單的方法是利用行列式法。

3. 求點 A 到一給定直線的垂直距離。先假設一已知大小為 F 的力 F 位於一給定直線上。接著使用向量積 $\mathbf{M}_A = \mathbf{r} \times \mathbf{F}$ 求其對 A 的力矩大小 M_A。最後，將 F 和 M_A 的值代入方程式 $M_A = Fd$ 並求出 d。

習　題

3.1 一 90 N 的力作用在控制桿 AB 的一端，如附圖所示。已知桿長為 225 mm、α = 25°，請將此力分解成水平與垂直分量，再求對點 B 的力矩。

3.2 一 90 N 的力作用在控制桿 AB 的一端，如附圖所示。已知桿長為 225 mm、α = 25°，請將此力分解成沿 AB 與垂直 AB 的兩分量，再求對點 B 的力矩。

3.3 一 90 N 的力作用在控制桿 AB 的一端，如附圖所示。已知桿長為 225 mm，且此力對點 B 的力矩為順時針 13.5 N·m，試求 α 值。

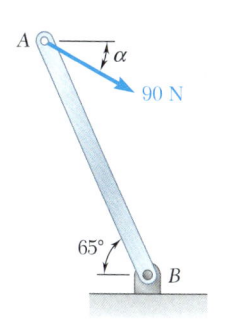

圖 P3.1、P3.2 與 *P3.3*

3.4 一質量 80 kg 的條板箱成平衡，如附圖所示。試求 (a) 條板箱的重量 **W** 對 E 的力矩；(b) 作用於 B 的最小力，此力對 E 產生一個與 (a) 大小相等、指向相反的力矩。

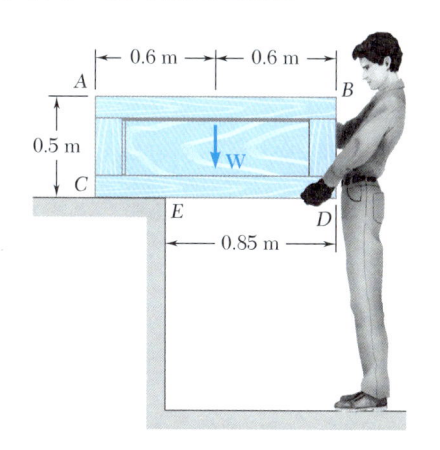

圖 P3.4 與 P3.5

3.5 一質量 80 kg 的條板箱成平衡，如附圖所示。試求 (a) 條板箱的重量 **W** 對 E 的力矩；(b) 作用於 A 的最小力，此力對 E 產生一個大小相等、指向相反的力矩；(c) 作用於條板箱底部的最小垂直力的大小、指向與作用點，此力對 E 產生一個大小相等、指向相反的力矩。

3.6 一 300 N 的力 **P** 作用在雙臂曲柄的點 A，如附圖所示。(a) 將 **P** 分解成水平與直角分量，再計算對 O 的力矩；(b) 利用 (a) 求 **P** 的作用線與 O 的垂直距離。

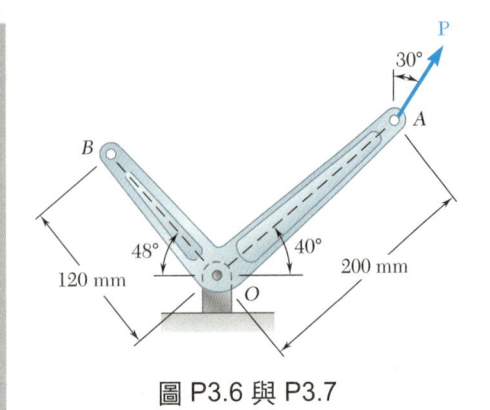

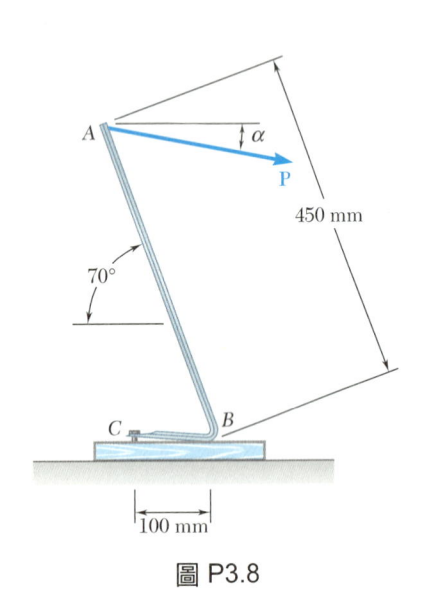

3.7 一 400 N 的力 **P** 作用在雙臂曲柄的點 A，如附圖所示。(a) 將 **P** 分解成沿 OA 與垂直 OA 的分量，再計算對 O 的力矩；(b) 計算作用於 B 的最小力 **Q** 的大小與方向，使對 O 的力矩與 **P** 相同。

3.8 已知一 200 N 的垂直力可將釘在木板上 C 處的釘子拔除。當釘子開始移動時，試求 (a) 作用於釘子的力對 B 的力矩；(b) 若 $\alpha = 10°$，對 B 產生相同力矩的力 **P** 的大小；(c) 對 B 產生相同力矩的最小力 **P**。

3.9 與 3.10 一朝下 2.5 kN 的力作用於連桿 AB 的點 A，使連桿 AB 推動曲柄 BC。試求此力對 C 的力矩。

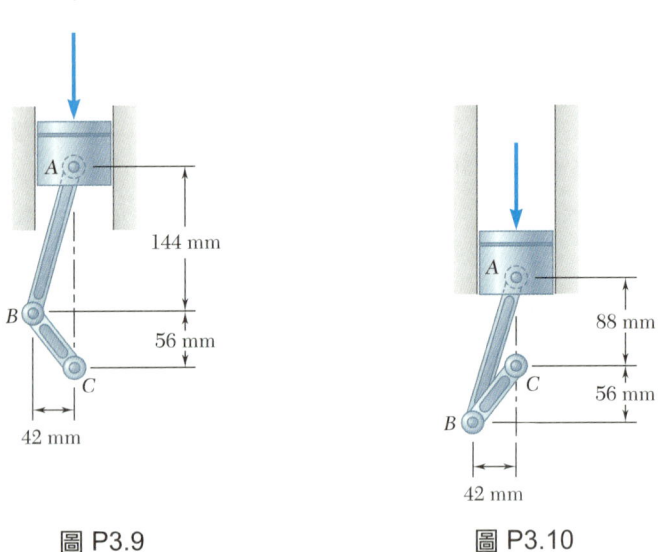

圖 P3.6 與 P3.7

圖 P3.8

圖 P3.9

圖 P3.10

3.11 一拉拔機 AB 將一欄杆立起，已知纜繩 BC 的張力為 1040 N、d 的長度為 1.90 m，試將纜繩作用於 C 的力分解成水平與垂直分量，再求對 D 的力矩。(a) 兩分量的作用點為 C；(b) 兩分量的作用點為 E。

3.12 已知必須對 D 產生 960 N·m 力矩的力，才可將欄杆 CD 立起。若 d = 2.80 m，試求拉拔機 AB 的張力為何，才可對 D 產生所需力矩。

3.13 已知必須對 D 產生 960 N·m 力矩的力，才可將欄杆 CD 立起。若拉拔機 AB 最大可施加 2400 N 的力，試求可對 D 產生所需力矩的最小 d 值為何。

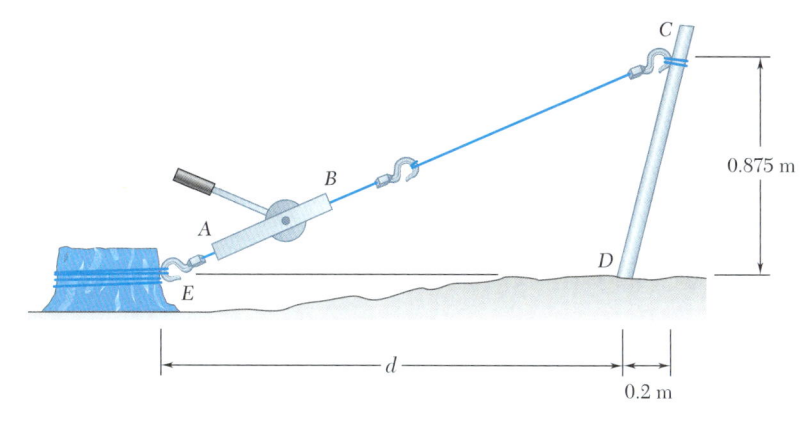

圖 P3.11、P3.12 與 P3.13

3.14 一機械員使用桿件 AB 來鎖緊交流發電機的皮帶。當他將桿件於 A 處往下推時，桿件施加 485 N 的力於發電機的 B 處。若此力的作用線通過 O，試求此力對螺栓 C 的力矩。

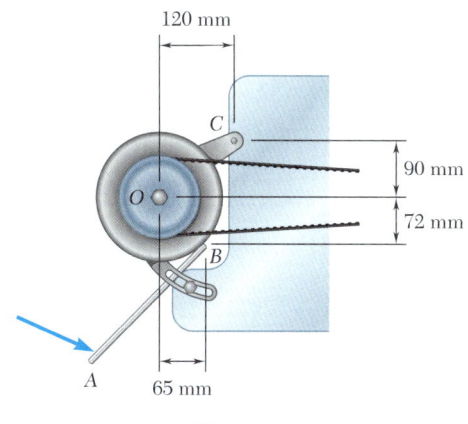

圖 P3.14

3.15 如附圖所示的向量，試求向量積 $\mathbf{B} \times \mathbf{C}$ 與 $\mathbf{B}' \times \mathbf{C}$，其中 $B = B'$，再利用求得的結果證明以下恆等式

$$\sin \alpha \cos \beta = \tfrac{1}{2} \sin (\alpha + \beta) + \tfrac{1}{2} \sin (\alpha - \beta).$$

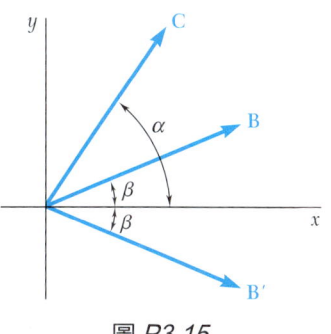

圖 P3.15

3.16 向量 P 與 Q 為一平行四邊形的相鄰兩邊。試求下列情況的平行四邊形面積：(a) **P** = −7**i** + 3**j** − 3**k** 與 **Q** = 2**i** + 2**j** + 5**k**；(b) **P** = 6**i** − 5**j** − 2**k** 與 **Q** = −2**i** + 5**j** − **k**。

3.17 一平面上有兩向量 **A** 與 **B**。試求 **A** 與 **B** 為下列情況時，該平面的單位法向量：(a) **i** + 2**j** − 5**k** 與 4**i** − 7**j** − 5**k**；(b) 3**i** − 3**j** + 2**k** 與 −2**i** + 6**j** − 4**k**。

3.18 一直線通過平面上座標為 (20 m, 16 m) 與 (−1 m, −4 m) 的兩點。試求該直線與座標原點 O 的垂直距離。

3.19 試求作用於點 A 的力 **F** = 4**i** − 3**j** + 5**k** 對原點 O 的力矩。假設 A 的位置向量為 (a) **r** = 2**i** + 3**j** − 4**k**；(b) **r** = −8**i** + 6**j** − 10**k**；(c) **r** = 8**i** − 6**j** + 5**k**。

3.20 試求作用於點 A 的力 **F** = 2**i** + 3**j** − 4**k** 對原點 O 的力矩。假設 A 的位置向量為 (a) **r** = 3**i** − 6**j** + 5**k**；(b) **r** = **i** − 4**j** − 2**k**；(c) **r** = 4**i** + 6**j** − 8**k**。

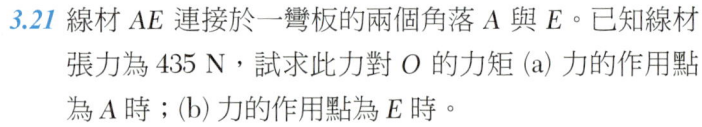

3.21 線材 AE 連接於一彎板的兩個角落 A 與 E。已知線材張力為 435 N，試求此力對 O 的力矩 (a) 力的作用點為 A 時；(b) 力的作用點為 E 時。

3.22 一小船懸吊於兩吊柱上，其中一吊柱如附圖所示。繩 $ABAD$ 區段的張力為 369 N，試求作用於 A 的合力 R_A 對 C 的力矩。

3.23 一根 2 m 長的釣竿 AB 的一端固定在沙灘上。魚上鉤後，釣線的張力為 30 N。試求作用於 B 的釣線張力對 A 的力矩。

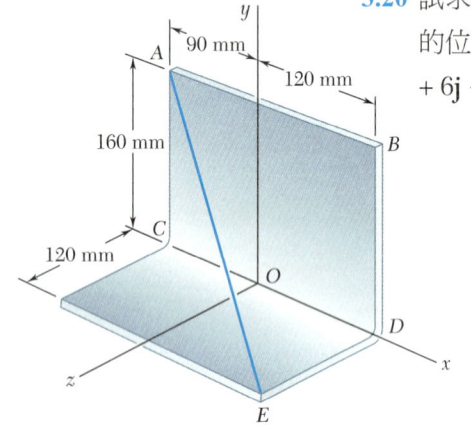

圖 P3.21

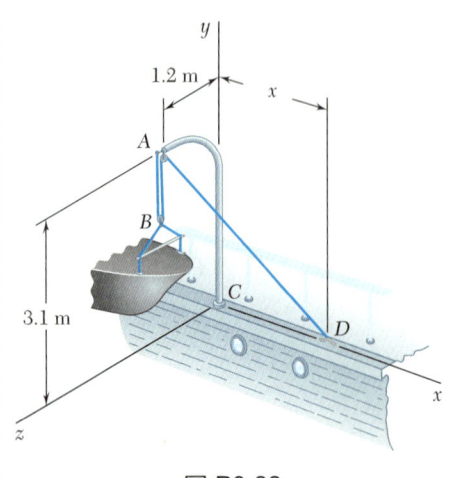

圖 P3.22

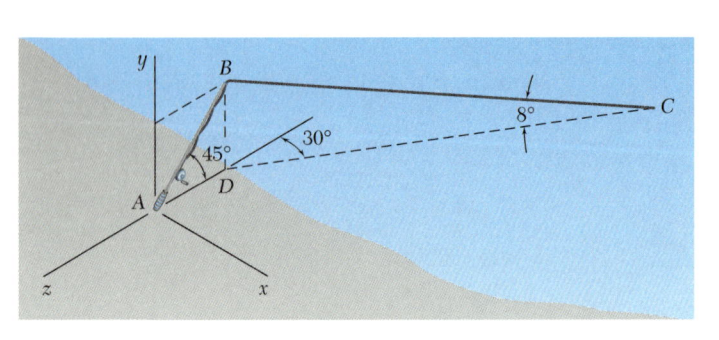

圖 P3.23

3.24 一預鑄水泥牆由圖示兩纜繩暫時固定。已知纜繩 BD 的張力為 900 N，試求作用於 B 的張力對點 O 的力矩。

3.25 一 200 N 的力作用於拖架 ABC 上，試求此力對 A 的力矩。

3.26 一 6 m 長的桿件 AB 的一端固定在 A。一鋼絲由桿件自由端 B 連接至垂直牆面上的點 C。若鋼絲的張力為 2.5 kN，試求作用於 B 的張力對 A 的力矩。

3.27 如習題 3.21，試求線材 AE 與點 O 的垂直距離。

3.28 如習題 3.21，試求線材 AE 與點 B 的垂直距離。

3.29 如習題 3.22，試求繩 ABAD 中的 AD 區段與點 C 的垂直距離。

3.30 如習題 3.23，試求通過 B、C 兩點的直線與點 A 的垂直距離。

3.31 如習題 3.23，試求通過 B、C 兩點的直線與點 D 的垂直距離。

3.32 如習題 3.24，試求纜繩 BD 與點 O 的垂直距離。

3.33 如習題 3.24，試求纜繩 BD 與點 C 的垂直距離。

3.34 一園丁試圖將一位於溫室下方的供水管連結到一通過點 A 與 B 的水管，試求 (a) 供水管長度最小時的 L 值；(b) 最小的供水管長度為何？

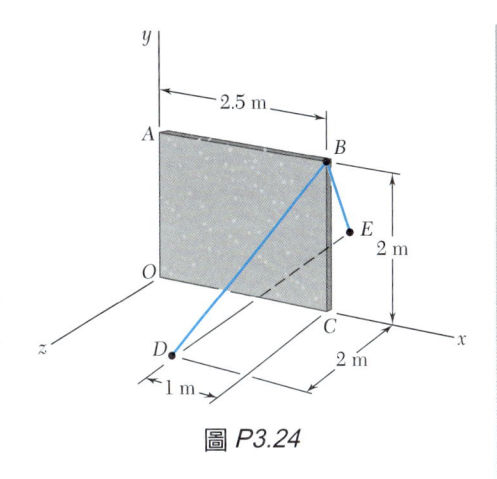

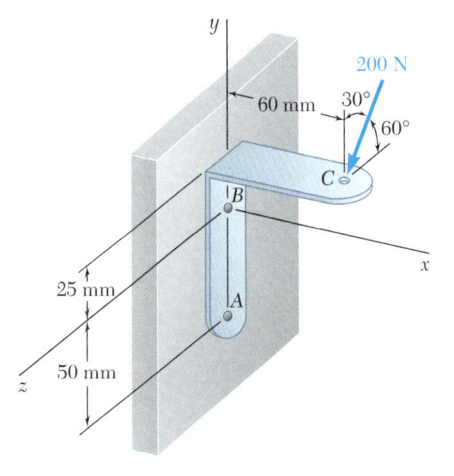

圖 P3.24

圖 P3.25

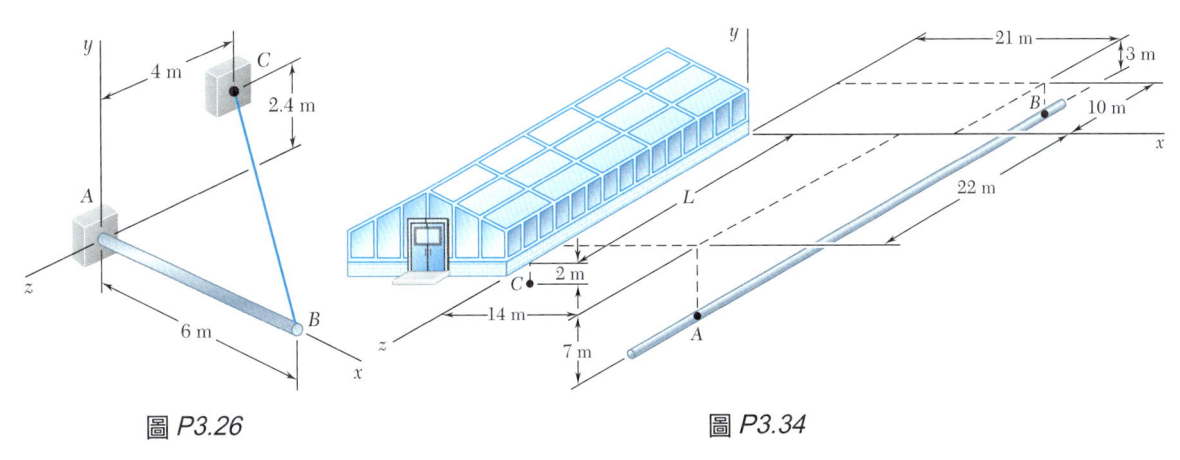

圖 P3.26

圖 P3.34

3.9 兩向量的純量積 (Scalar Product of Two Vectors)

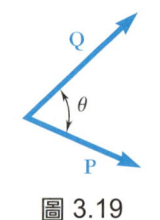

兩向量 **P** 和 **Q** 的**純量積** (scalar product) 定義為 **P** 和 **Q** 的大小以及 **P** 和 **Q** 的夾角 θ 的餘弦的乘積 (圖 3.19)。**P** 和 **Q** 的純量積標示為 **P** · **Q**，寫成

$$\mathbf{P} \cdot \mathbf{Q} = PQ \cos \theta \tag{3.24}$$

圖 3.19

注意此處定義的表達式是**純量** (scalar) 而不是向量，故稱為**純量積**。由於其符號為一點，故 **P** · **Q** 又稱為向量 **P** 和 **Q** 的**點積** (dot product)。有時也稱為內積。

根據純量積的基本定義可知，純量積**可交換** (commutative)，即滿足

$$\mathbf{P} \cdot \mathbf{Q} = \mathbf{Q} \cdot \mathbf{P} \tag{3.25}$$

為證明純量積滿足分配律，必須先證明以下關係

$$\mathbf{P} \cdot (\mathbf{Q}_1 + \mathbf{Q}_2) = \mathbf{P} \cdot \mathbf{Q}_1 + \mathbf{P} \cdot \mathbf{Q}_2 \tag{3.26}$$

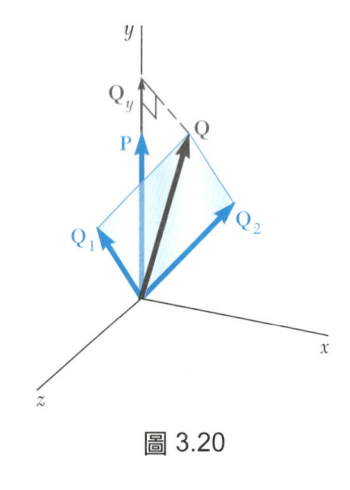

在不失一般性的情況之下，我們假設 **P** 沿 y 軸 (圖 3.20)，$\mathbf{Q}_1$ 和 $\mathbf{Q}_2$ 之和標示為 **Q**，且 **Q** 與 y 軸夾角為 θ_y。可將式 (3.26) 等號左邊寫成

$$\mathbf{P} \cdot (\mathbf{Q}_1 + \mathbf{Q}_2) = \mathbf{P} \cdot \mathbf{Q} = PQ \cos \theta_y = PQ_y \tag{3.27}$$

其中 Q_y 為 **Q** 的 y 分量。可將式 (3.26) 等號右邊各項以類似方式表示如下

$$\mathbf{P} \cdot \mathbf{Q}_1 + \mathbf{P} \cdot \mathbf{Q}_2 = P(Q_1)_y + P(Q_2)_y \tag{3.28}$$

由於 **Q** 為 $\mathbf{Q}_1$ 和 $\mathbf{Q}_2$ 之和，其 y 分量必定等於 $\mathbf{Q}_1$ 和 $\mathbf{Q}_2$ 的 y 分量之和。因此，式 (3.27) 和式 (3.28) 的表達式相等，故得證式 (3.26)。

就第三種性質——結合律——而言，此性質不適用於純量積。因為 **P** · **Q** 並非向量，故 (**P** · **Q**) · **S** 沒有定義。

兩向量 **P** 和 **Q** 的純量積可以其直角分量表示。將 **P** 和 **Q** 分解成分量，可得

$$\mathbf{P} \cdot \mathbf{Q} = (P_x\mathbf{i} + P_y\mathbf{j} + P_z\mathbf{k}) \cdot (Q_x\mathbf{i} + Q_y\mathbf{j} + Q_z\mathbf{k})$$

圖 3.20

利用分配律將 **P** · **Q** 乘開得到幾項純量積相加，每一項的形式如 $P_x\mathbf{i} \cdot Q_x\mathbf{i}$ 和 $P_x\mathbf{i} \cdot Q_y\mathbf{j}$。再由純量積的定義，單位向量的純量積等於 0 或 1，

如下所示

$$\begin{array}{ccc} \mathbf{i} \cdot \mathbf{i} = 1 & \mathbf{j} \cdot \mathbf{j} = 1 & \mathbf{k} \cdot \mathbf{k} = 1 \\ \mathbf{i} \cdot \mathbf{j} = 0 & \mathbf{j} \cdot \mathbf{k} = 0 & \mathbf{k} \cdot \mathbf{i} = 0 \end{array} \tag{3.29}$$

因此，$\mathbf{P} \cdot \mathbf{Q}$ 的表達式簡化成

$$\mathbf{P} \cdot \mathbf{Q} = P_x Q_x + P_y Q_y + P_z Q_z \tag{3.30}$$

若剛好 $\mathbf{P}$ 和 $\mathbf{Q}$ 相等，則

$$\mathbf{P} \cdot \mathbf{P} = P_x^2 + P_y^2 + P_z^2 = P^2 \tag{3.31}$$

▶ 純量積的應用

1. 求兩給定向量的夾角。將兩向量以其分量表示

$$\mathbf{P} = P_x \mathbf{i} + P_y \mathbf{j} + P_z \mathbf{k}$$
$$\mathbf{Q} = Q_x \mathbf{i} + Q_y \mathbf{j} + Q_z \mathbf{k}$$

為求兩向量的夾角，利用式 (3.24) 與式 (3.30) 相等，故

$$PQ \cos \theta = P_x Q_x + P_y Q_y + P_z Q_z$$

等號兩邊同除 PQ 得到

$$\cos \theta = \frac{P_x Q_x + P_y Q_y + P_z Q_z}{PQ} \tag{3.32}$$

2. 求一向量於一軸上的投影。考慮與一軸 OL 的夾角為 的向量 $\mathbf{P}$（圖 3.21）。$\mathbf{P}$ 在軸 OL 上的投影為一純量，定義如下

$$P_{OL} = P \cos \theta \tag{3.33}$$

注意此處投影 P_{OL} 的絕對值與線段 OA 的長度相等。若 OA 的指向與軸 OL 相同，則為正，即 θ 為銳角；若指向相反，則為負。若 $\mathbf{P}$ 與 OL 垂直，則 $\mathbf{P}$ 於 OL 上的投影等於零。

考慮一沿著 OL 且指向與 OL 相同的向量 $\mathbf{Q}$（圖 3.22）。$\mathbf{P}$ 與 $\mathbf{Q}$ 的純量積可表示成

$$\mathbf{P} \cdot \mathbf{Q} = PQ \cos \theta = P_{OL} Q \tag{3.34}$$

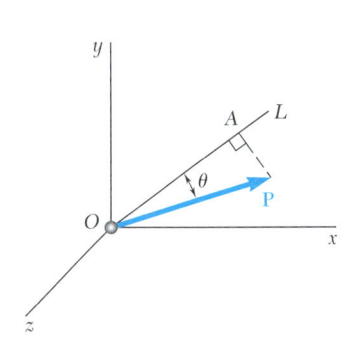

圖 3.21

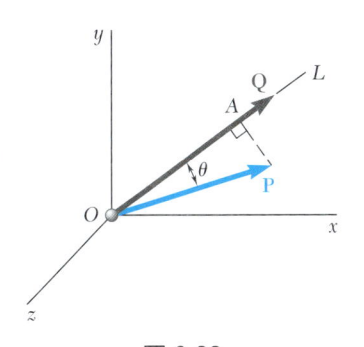

圖 3.22

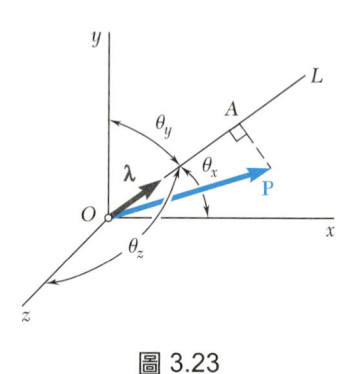

故

$$P_{OL} = \frac{\mathbf{P} \cdot \mathbf{Q}}{Q} = \frac{P_x Q_x + P_y Q_y + P_z Q_z}{Q} \tag{3.35}$$

若此處沿 OL 的向量為單位向量 $\boldsymbol{\lambda}$（圖 3.23），則

$$P_{OL} = \mathbf{P} \cdot \boldsymbol{\lambda} \tag{3.36}$$

將 $\mathbf{P}$ 與 $\boldsymbol{\lambda}$ 分解成直角分量，再由第 2.12 節中學到的 $\boldsymbol{\lambda}$ 於座標軸的分量分別等於 OL 的方向餘弦，故 $\mathbf{P}$ 於 OL 的投影可寫成

$$P_{OL} = P_x \cos\theta_x + P_y \cos\theta_y + P_z \cos\theta_z \tag{3.37}$$

其中 θ_x、θ_y 與 θ_z 為 OL 與座標軸的夾角。

圖 3.23

3.10 三向量的混合三重積 (Mixed Triple Product of Three Vectors)

三向量 $\mathbf{S}$、$\mathbf{P}$ 與 $\mathbf{Q}$ 的**混和三重積** (mixed triple product) 為一純量，定義如下

$$\mathbf{S} \cdot (\mathbf{P} \times \mathbf{Q}) \tag{3.38}$$

即為 $\mathbf{P}$ 和 $\mathbf{Q}$ 的向量積與 $\mathbf{S}$ 的純量積。

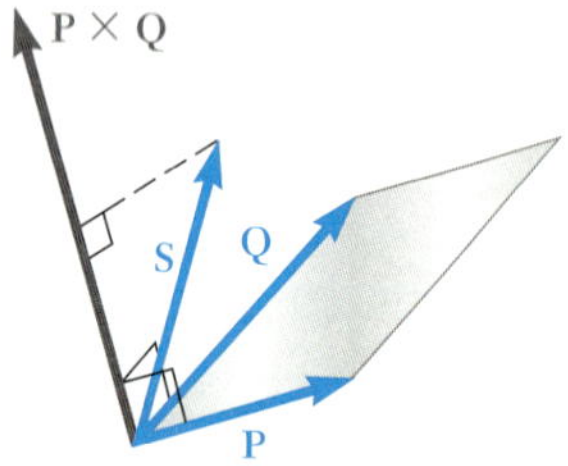

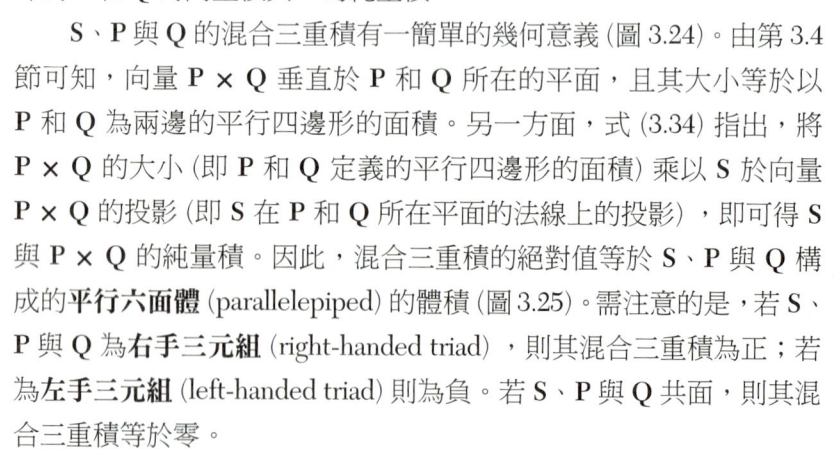

$\mathbf{S}$、$\mathbf{P}$ 與 $\mathbf{Q}$ 的混合三重積有一簡單的幾何意義（圖 3.24）。由第 3.4 節可知，向量 $\mathbf{P} \times \mathbf{Q}$ 垂直於 $\mathbf{P}$ 和 $\mathbf{Q}$ 所在的平面，且其大小等於以 $\mathbf{P}$ 和 $\mathbf{Q}$ 為兩邊的平行四邊形的面積。另一方面，式 (3.34) 指出，將 $\mathbf{P} \times \mathbf{Q}$ 的大小（即 $\mathbf{P}$ 和 $\mathbf{Q}$ 定義的平行四邊形的面積）乘以 $\mathbf{S}$ 於向量 $\mathbf{P} \times \mathbf{Q}$ 的投影（即 $\mathbf{S}$ 在 $\mathbf{P}$ 和 $\mathbf{Q}$ 所在平面的法線上的投影），即可得 $\mathbf{S}$ 與 $\mathbf{P} \times \mathbf{Q}$ 的純量積。因此，混合三重積的絕對值等於 $\mathbf{S}$、$\mathbf{P}$ 與 $\mathbf{Q}$ 構成的**平行六面體** (parallelepiped) 的體積（圖 3.25）。需注意的是，若 $\mathbf{S}$、$\mathbf{P}$ 與 $\mathbf{Q}$ 為**右手三元組** (right-handed triad)，則其混合三重積為正；若為**左手三元組** (left-handed triad) 則為負。若 $\mathbf{S}$、$\mathbf{P}$ 與 $\mathbf{Q}$ 共面，則其混合三重積等於零。

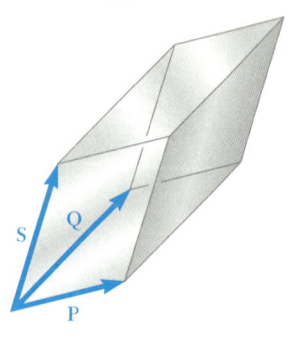

圖 3.24

圖 3.25

因上節定義的平行六面體與三個向量的順序無關，$\mathbf{S}$、$\mathbf{P}$ 與 $\mathbf{Q}$ 形成的六個混合三重積的絕對值相等，但正負號不一定相同，即

$$\begin{aligned}\mathbf{S} \cdot (\mathbf{P} \times \mathbf{Q}) &= \mathbf{P} \cdot (\mathbf{Q} \times \mathbf{S}) = \mathbf{Q} \cdot (\mathbf{S} \times \mathbf{P}) \\ &= -\mathbf{S} \cdot (\mathbf{Q} \times \mathbf{P}) = -\mathbf{P} \cdot (\mathbf{S} \times \mathbf{Q}) = -\mathbf{Q} \cdot (\mathbf{P} \times \mathbf{S})\end{aligned} \tag{3.39}$$

將代表三向量的字母以逆時針方向排成一圓 (圖 3.26)，若混合三重積中向量的排列仍為逆時針順序，則其正負號保持不變。這種排列稱為**環狀排列** (circular permutation)。再由式 (3.39) 和純量積的交換律，S、P 與 Q 的混合三重積可定義為 $\mathbf{S} \cdot (\mathbf{P} \times \mathbf{Q})$ 或 $(\mathbf{S} \times \mathbf{P}) \cdot \mathbf{Q}$。

向量 S、P 與 Q 的混合三重積可以其直角分量表示。將 $\mathbf{P} \times \mathbf{Q}$ 表示為 V，再使用式 (3.30) 表示 S 與 V 的純量積，則

$$\mathbf{S} \cdot (\mathbf{P} \times \mathbf{Q}) = \mathbf{S} \cdot \mathbf{V} = S_x V_x + S_y V_y + S_z V_z$$

將式 (3.9) 中的 V 的分量代入，得到

$$\mathbf{S} \cdot (\mathbf{P} \times \mathbf{Q}) = S_x(P_y Q_z - P_z Q_y) + S_y(P_z Q_x - P_x Q_z) \\ + S_z(P_x Q_y - P_y Q_x) \quad (3.40)$$

上式可以簡潔的行列式表示如下

$$\mathbf{S} \cdot (\mathbf{P} \times \mathbf{Q}) = \begin{vmatrix} S_x & S_y & S_z \\ P_x & P_y & P_z \\ Q_x & Q_y & Q_z \end{vmatrix} \quad (3.41)$$

利用行列式各列的排列法則，即可驗證式 (3.39) 中由幾何關係得到的各種表示法的正負號關係。

3.11　力對一軸的力矩 (Moment of a Force about a Given Axis)

基於前面所學的向量幾何，此處介紹一個新觀念，即力對一軸的力矩。再次考慮一作用於剛體的力 F 以及 F 對 O 的力矩 $\mathbf{M}_O$ (圖 3.27)。令 OL 為通過 O 的軸線，定義 F 對 OL 的力矩 $\mathbf{M}_{OL}$ 為力矩 $\mathbf{M}_O$ 於軸線 OL 上的投影 OC。令 λ 為沿 OL 的單位向量，並由第 3.9 節中一向量於一給定軸的投影的表達式 (3.36)，以及第 3.6 節中的力 F 的力矩 $\mathbf{M}_O$ 的表達式 (3.11)，得到

$$M_{OL} = \boldsymbol{\lambda} \cdot \mathbf{M}_O = \boldsymbol{\lambda} \cdot (\mathbf{r} \times \mathbf{F}) \quad (3.42)$$

上式表示 F 對軸線 OL 的力矩 M_{OL} 為 λ、r 和 F 的混合三重積。M_{OL} 以行列式表示如下

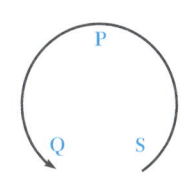

圖 3.26

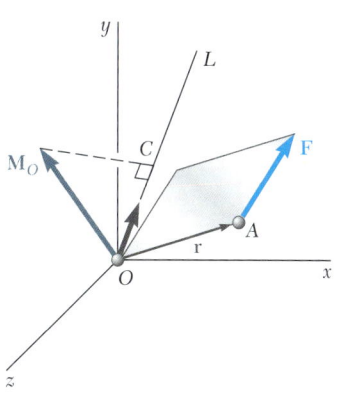

圖 3.27

$$M_{OL} = \begin{vmatrix} \lambda_x & \lambda_y & \lambda_z \\ x & y & z \\ F_x & F_y & F_z \end{vmatrix} \qquad (3.43)$$

其中 λ_x、λ_y 和 λ_z 為軸線 OL 的方向餘弦

x、y 和 z 為 **F** 作用點的座標

$\mathbf{F}_x$、$\mathbf{F}_y$ 和 $\mathbf{F}_z$ 為 **F** 的分量

若將力 **F** 分解為直角分量 $\mathbf{F}_1$ 與 $\mathbf{F}_2$，其中 $\mathbf{F}_1$ 平行於一固定軸 OL，而 $\mathbf{F}_2$ 位於垂直於 OL 的平面 P (圖 3.28)，則可較明顯看出 **F** 對 OL 的力矩 $\mathbf{M}_{OL}$ 的物理意義。將 **r** 以類似方法分解成 $\mathbf{r}_1$ 與 $\mathbf{r}_2$，並代入式 (3.42) 得到

$$\begin{aligned} M_{OL} &= \boldsymbol{\lambda} \cdot [(\mathbf{r}_1 + \mathbf{r}_2) \times (\mathbf{F}_1 + \mathbf{F}_2)] \\ &= \boldsymbol{\lambda} \cdot (\mathbf{r}_1 \times \mathbf{F}_1) + \boldsymbol{\lambda} \cdot (\mathbf{r}_1 \times \mathbf{F}_2) + \boldsymbol{\lambda} \cdot (\mathbf{r}_2 \times \mathbf{F}_1) + \boldsymbol{\lambda} \cdot (\mathbf{r}_2 \times \mathbf{F}_2) \end{aligned}$$

請注意上式除了最後一項不為零，其餘各項由於有兩個向量共面故均等於零 (第 3.10 節)。因此

$$M_{OL} = \boldsymbol{\lambda} \cdot (\mathbf{r}_2 \times \mathbf{F}_2) \qquad (3.44)$$

向量積 $\mathbf{r}_2 \times \mathbf{F}_2$ 垂直於平面 P，且代表 **F** 的分量 $\mathbf{F}_2$ 對 OL 和 P 的交點 Q 的力矩。因此，純量 M_{OL} 為使剛體繞固定軸 OL 旋轉的力矩。若 M_{OL} 為正，則 $\mathbf{r}_2 \times \mathbf{F}_2$ 與 OL 有相同指向；若 M_{OL} 為負，則指向相反。因為 **F** 的其他分量 $\mathbf{F}_1$ 無法使物體繞 OL 旋轉，故可知 **F** 對 OL 的力矩 M_{OL} 為使剛體繞固定軸 OL 旋轉的量度。

接著由力對一軸的力矩定義可知，**F** 對一座標軸的力矩等於 $\mathbf{M}_O$ 對該軸的分量。依次將式 (3.42) 中的 $\boldsymbol{\lambda}$ 以單位向量 **i**、**j** 和 **k** 代入，得到的表達式分別為 **F** 對各座標軸的力矩，且與第 3.8 節中的 **F** 對點 O 的力矩 $\mathbf{M}_O$ 的分量相同：

$$\begin{aligned} M_x &= yF_z - zF_y \\ M_y &= zF_x - xF_z \\ M_z &= xF_y - yF_x \end{aligned} \qquad (3.18)$$

如同作用於剛體的力 **F** 的分量 F_x、F_y 和 F_z 分別使剛體於 x、y 和 z 方向移動，**F** 對座標軸的力矩分量 M_x、M_y 和 M_z 分別使剛體繞 x、y 和 z 軸轉動。

廣義情況下，求解作用於點 A 的力 **F** 對某一沒有通過原點的固

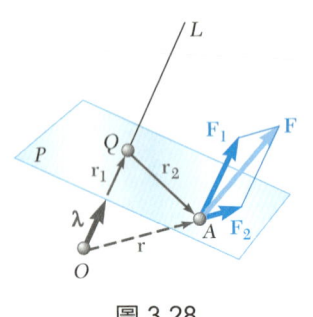

圖 3.28

定軸的力矩，可先選定該軸上任意一點 B (圖 3.29)，再求出 $\mathbf{F}$ 對點 B 的力矩 $\mathbf{M}_B$ 於軸線 BL 上的投影，即

$$M_{BL} = \boldsymbol{\lambda} \cdot \mathbf{M}_B = \boldsymbol{\lambda} \cdot (\mathbf{r}_{A/B} \times \mathbf{F}) \tag{3.45}$$

其中 $\mathbf{r}_{A/B} = \mathbf{r}_A - \mathbf{r}_B$ 為點 B 到點 A 的向量。M_{BL} 可以行列式表示如下

$$M_{BL} = \begin{vmatrix} \lambda_x & \lambda_y & \lambda_z \\ x_{A/B} & y_{A/B} & z_{A/B} \\ F_x & F_y & F_z \end{vmatrix} \tag{3.46}$$

其中 λ_x、λ_y、λ_z = 軸線 BL 的方向餘弦

$$x_{A/B} = x_A - x_B \qquad y_{A/B} = y_A - y_B \qquad z_{A/B} = z_A - z_B$$

F_x、F_y、F_z = 力 $\mathbf{F}$ 的分量

只要點 B 位於給定軸線上，則所得的結果和點 B 的選取無關。例如，若選取另一點 C，所得結果 M_{CL} 如下

$$\begin{aligned} M_{CL} &= \boldsymbol{\lambda} \cdot [(\mathbf{r}_A - \mathbf{r}_C) \times \mathbf{F}] \\ &= \boldsymbol{\lambda} \cdot [(\mathbf{r}_A - \mathbf{r}_B) \times \mathbf{F}] + \boldsymbol{\lambda} \cdot [(\mathbf{r}_B - \mathbf{r}_C) \times \mathbf{F}] \end{aligned}$$

由於向量 $\boldsymbol{\lambda}$ 與 $\mathbf{r}_B - \mathbf{r}_C$ 位於同一線上，向量 $\boldsymbol{\lambda}$、$\mathbf{r}_B - \mathbf{r}_C$ 和 $\mathbf{F}$ 形成的平行六面體的體積為零，且三向量的混合三重積也為零 (第 3.10 節)。因此，M_{CL} 表達式只剩第一項，與前面推導的 M_{BL} 表達式相同。此外，由第 3.6 節可知，計算 $\mathbf{F}$ 對一軸的力矩時，點 A 可以是 $\mathbf{F}$ 作用線上的任意點。

圖 3.29

範例 3.5

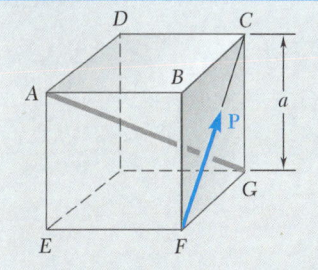

一邊長為 a 的立方體受一力 $\mathbf{P}$ 作用，如附圖所示。試求 $\mathbf{P}$ 對以下各點或線的力矩：(a) 對 A；(b) 對邊 AB；(c) 對對角線 AG；(d) 利用 (c) 的結果求 AG 與 FC 的垂直距離。

解

a. 對 A 的力矩。設定 x、y 與 z 座標如附圖所示。將力 $\mathbf{P}$ 分解成直角

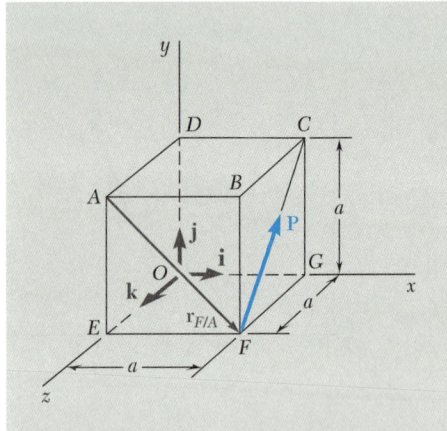

分量，$\mathbf{r}_{F/A} = \overrightarrow{AF}$ 表示由 A 到 $\mathbf{P}$ 的作用點 F 的向量。

$$\mathbf{r}_{F/A} = a\mathbf{i} - a\mathbf{j} = a(\mathbf{i} - \mathbf{j})$$
$$\mathbf{P} = (P/\sqrt{2})\mathbf{j} - (P/\sqrt{2})\mathbf{k} = (P/\sqrt{2})(\mathbf{j} - \mathbf{k})$$

$\mathbf{P}$ 對 A 的力矩為

$$\mathbf{M}_A = \mathbf{r}_{F/A} \times \mathbf{P} = a(\mathbf{i} - \mathbf{j}) \times (P/\sqrt{2})(\mathbf{j} - \mathbf{k})$$
$$\mathbf{M}_A = (aP/\sqrt{2})(\mathbf{i} + \mathbf{j} + \mathbf{k})$$

b. **對 AB 的力矩**。將 $\mathbf{M}_A$ 投影至 AB，可寫成

$$M_{AB} = \mathbf{i} \cdot \mathbf{M}_A = \mathbf{i} \cdot (aP/\sqrt{2})(\mathbf{i} + \mathbf{j} + \mathbf{k})$$
$$M_{AB} = aP/\sqrt{2}$$

由於 AB 與 x 軸平行，M_{AB} 應為力矩 $\mathbf{M}_A$ 的 x 分量。

c. **對對角線 AG 的力矩**。$\mathbf{P}$ 對 AG 的力矩可由將 $\mathbf{M}_A$ 投影至 AG 得到。以 $\boldsymbol{\lambda}$ 標示 AG 的單位向量，如下

$$\boldsymbol{\lambda} = \frac{\overrightarrow{AG}}{AG} = \frac{a\mathbf{i} - a\mathbf{j} - a\mathbf{k}}{a\sqrt{3}} = (1/\sqrt{3})(\mathbf{i} - \mathbf{j} - \mathbf{k})$$
$$M_{AG} = \boldsymbol{\lambda} \cdot \mathbf{M}_A = (1/\sqrt{3})(\mathbf{i} - \mathbf{j} - \mathbf{k}) \cdot (aP/\sqrt{2})(\mathbf{i} + \mathbf{j} + \mathbf{k})$$
$$M_{AG} = (aP/\sqrt{6})(1 - 1 - 1) \quad M_{AG} = -aP/\sqrt{6}$$

另解。$\mathbf{P}$ 對 AG 的力矩可以行列式表示：

$$M_{AG} = \begin{vmatrix} \lambda_x & \lambda_y & \lambda_z \\ x_{F/A} & y_{F/A} & z_{F/A} \\ F_x & F_y & F_z \end{vmatrix} = \begin{vmatrix} 1/\sqrt{3} & -1/\sqrt{3} & -1/\sqrt{3} \\ a & -a & 0 \\ 0 & P/\sqrt{2} & -P/\sqrt{2} \end{vmatrix} = -aP/\sqrt{6}$$

d. **AG 與 FC 的垂直距離**。首先觀察 $\mathbf{P}$ 與對角線 AG 垂直，表示純量積 $\mathbf{P} \cdot \boldsymbol{\lambda}$ 應該為零，驗算如下

$$\mathbf{P} \cdot \boldsymbol{\lambda} = (P/\sqrt{2})(\mathbf{j} - \mathbf{k}) \cdot (1/\sqrt{3})(\mathbf{i} - \mathbf{j} - \mathbf{k}) = (P\sqrt{6})(0 - 1 + 1) = 0$$

力矩 M_{AG} 因此可表示為 $-Pd$，其中 d 為 AG 與 FC 的垂直距離。(負號表示 $\mathbf{P}$ 傾向於使立方體對位於 G 的觀察者做順時針旋轉。) 利用 (c) 小題得到的 M_{AG} 值，如下

$$M_{AG} = -Pd = -aP/\sqrt{6} \qquad d = a/\sqrt{6}$$

本節的習題中將可應用純量積(或稱點積)求解兩向量的夾角與一力於一給定軸的投影。讀者也將應用三向量的混合三重積，求解一力對一給定軸的力矩與空間中兩直線的垂直距離。

1. 計算兩向量的夾角。先將兩向量以直角分量表示，且求出兩向量的大小。然後將其純量積除以其大小之乘積，即得到兩向量夾角的餘弦[式(3.32)]。
2. 計算向量 P 於一給定軸 OL 上的投影。一般而言，先將 P 和定義 OL 的單位向量 $\boldsymbol{\lambda}$ 以直角分量表示。此處需注意 $\boldsymbol{\lambda}$ 的正負號(即由點 O 指向點 L)。欲求解的投影值即等於純量積 $\mathbf{P} \cdot \boldsymbol{\lambda}$。不過，若已知 P 和 $\boldsymbol{\lambda}$ 的夾角 θ，則可直接計算 $P\cos\theta$ 得到投影。
3. 求解一力對一給定軸 OL 的力矩 M_{OL}。M_{OL} 定義為

$$M_{OL} = \boldsymbol{\lambda} \cdot \mathbf{M}_O = \boldsymbol{\lambda} \cdot (\mathbf{r} \times \mathbf{F}) \tag{3.42}$$

其中 $\boldsymbol{\lambda}$ 是 OL 的單位向量、r 是 OL 上任一點指向 F 作用線上任一點的位置向量。雖然這裡 r 的選擇不影響結果，但如同計算一力對一點的力矩，若能適當的選擇位置向量可簡化計算。此外，需特別注意向量 r 和 F 的指向與順序。讀者可參考範例 3.5 中 (c) 小題的解題步驟。兩個關鍵步驟是：首先將 $\boldsymbol{\lambda}$、r 和 F 以其直角分量表示，接著再計算混合三重積 $\boldsymbol{\lambda} \cdot (\mathbf{r} \times \mathbf{F})$ 求得對該軸的力矩。大部分三維問題中計算混合三重積最方便的方法是利用行列式。

當 $\boldsymbol{\lambda}$ 恰好為某一座標軸時，M_{OL} 等於 $\mathbf{M}_O$ 於該座標軸的純量分量。

4. 求解空間中兩直線的垂直距離。要記住使物體繞一給定軸 OL 旋轉是該力 F 的垂直分量 $\mathbf{F}_2$ (圖 3.28)。因此，

$$M_{OL} = F_2 d$$

其中 M_{OL} 是 F 繞軸 OL 的力矩、d 是 OL 和 F 作用線的垂直距離。利用上式可求得 d。作法是先假設有一已知大小為 F 的力 F 位於兩給定直線之一；且另一直線的單位向量為 $\boldsymbol{\lambda}$。接著再用前面介紹的方法計算 F 繞第二條直線轉動的力矩 M_{OL}。F 的平行分量 F_1 的大小可由下式純量積求得：

$$F_1 = \mathbf{F} \cdot \boldsymbol{\lambda}$$

接著可再由下式求得 F_2

$$F_2 = \sqrt{F^2 - F_1^2}$$

最後，將 M_{OL} 和 F_2 代入 $M_{OL} = F_2 d$ 式中並解出 d。

在範例 3.5 的 (d) 小題中，由於 P 剛好垂直於對角線 AG，因此垂直距離的計算大為簡化。一般而言，兩給定直線並不會剛好垂直，因此必須用上述方法求解其垂直距離。

習 題

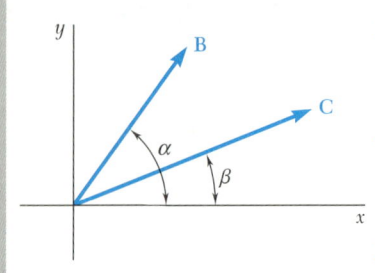

圖 P3.36

3.35 給定向量 $\mathbf{P} = 3\mathbf{i} - \mathbf{j} + 2\mathbf{k}$、$\mathbf{Q} = 4\mathbf{i} + 5\mathbf{j} - 3\mathbf{k}$ 與 $\mathbf{S} = -2\mathbf{i} + 3\mathbf{j} - \mathbf{k}$，計算純量積 $\mathbf{P} \cdot \mathbf{Q}$、$\mathbf{P} \cdot \mathbf{S}$ 與 $\mathbf{Q} \cdot \mathbf{S}$。

3.36 計算純量積 $\mathbf{B} \cdot \mathbf{C}$，並用得到的結果證明以下恆等式
$$\cos(\alpha - \beta) = \cos\alpha\cos\beta + \sin\alpha\sin\beta$$

3.37 考慮圖示的排球網，試求繩 AB 與 AC 的夾角。

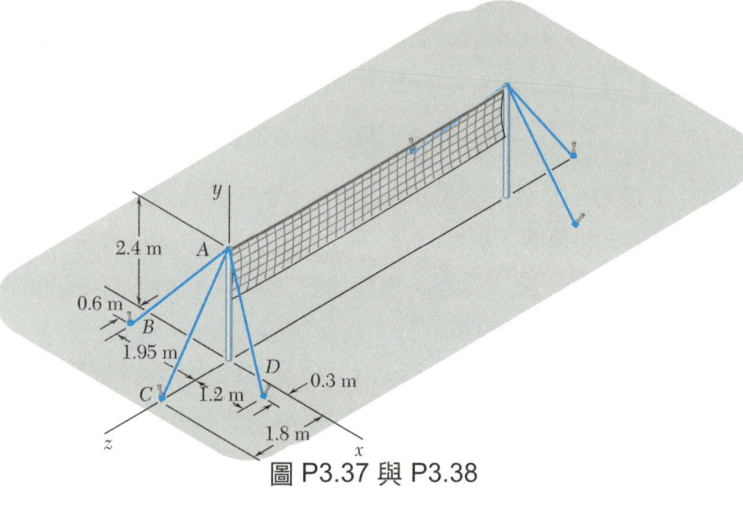

圖 P3.37 與 P3.38

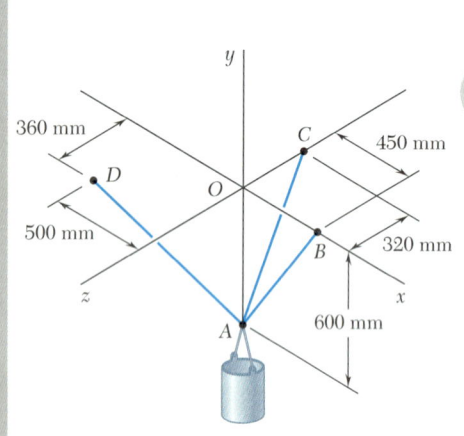

圖 P3.39 與 P3.40

3.38 考慮圖示的排球網，試求繩 AC 與 AD 的夾角。

3.39 三纜繩同繫在 A，下吊一容器，如附圖所示。試求纜繩 AB 與 AD 的夾角。

3.40 三纜繩同繫在 A，下吊一容器，如附圖所示。試求纜繩 AC 與 AD 的夾角。

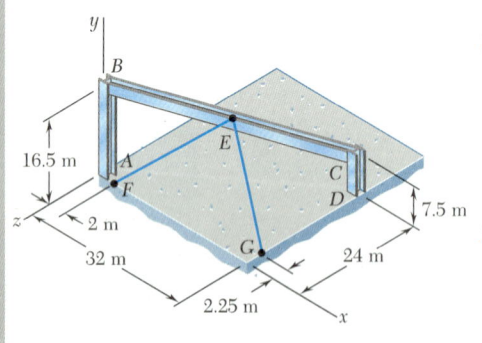

3.41 一鋼構架的桿件 AB、BC 與 CD 連接於 B 與 C，並以纜繩 EF 與 EG 加固。已知 E 在 BC 中點，且纜繩 EF 的張力為 110 N。試求 (a) EF 與 BC 的夾角；(b) 纜繩 EF 作用於點 E 的力在 BC 的投影。

3.42 一鋼構架的桿件 AB、BC 與 CD 連接於 B 與 C，並以纜繩 EG 與 EG 加固。已知 E 在 BC 中點，且纜繩 EG 的張力為 178 N。試求 (a) EF 與 BC 的夾角；(b) 纜繩 EG 作用於點 E 的力在 BC 的投影。

圖 P3.41 與 P3.42

3.43 一帳棚由多條繩索加固，其中兩條 AB 與 BC 連接至木樁 B，若繩 AB 的張力為 540 N，試求 (a) 繩 AB 與木樁的夾角；(b) 繩 AB 作用於點 B 的力在木樁上的投影。

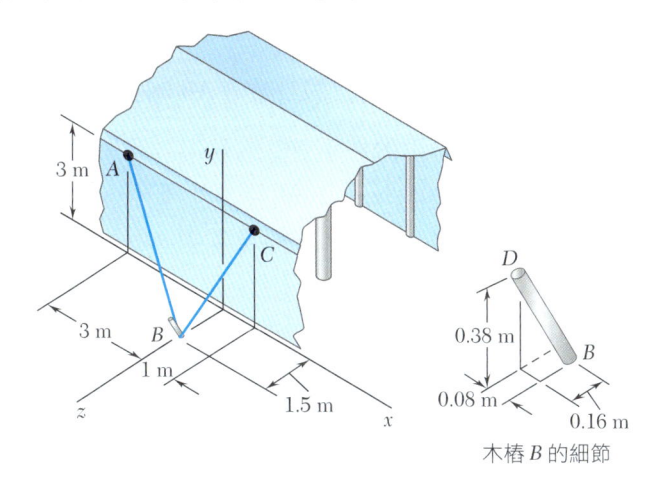

圖 P3.43 與 P3.44

3.44 一帳棚由多條繩索加固，其中兩條 AB 與 BC 連接至木樁 B，若繩 BC 的張力為 490 N，試求 (a) 繩 BC 與木樁的夾角；(b) 繩 BC 作用於點 B 的力在木樁上的投影。

3.45 給定向量 $\mathbf{P} = 4\mathbf{i} - 2\mathbf{j} + 3\mathbf{k}$、$\mathbf{Q} = 2\mathbf{i} + 4\mathbf{j} - 5\mathbf{k}$ 與 $\mathbf{S} = S_x\mathbf{i} - \mathbf{j} + 2\mathbf{k}$，試求使三向量共面的 S_x 值。

3.46 如圖 3.25 的平行六面體，試求以下情況的體積：
(a) $\mathbf{P} = 4\mathbf{i} - 3\mathbf{j} + 2\mathbf{k}$、$\mathbf{Q} = -2\mathbf{i} - 5\mathbf{j} + \mathbf{k}$ 與 $\mathbf{S} = 7\mathbf{i} + \mathbf{j} - \mathbf{k}$；
(b) $\mathbf{P} = 5\mathbf{i} - \mathbf{j} + 6\mathbf{k}$、$\mathbf{Q} = 2\mathbf{i} + 3\mathbf{j} + \mathbf{k}$ 與 $\mathbf{S} = -3\mathbf{i} - 2\mathbf{j} + 4\mathbf{k}$。

3.47 如附圖所示的纜繩 AB 張力為 570 N，試求作用於板上點 B 的張力對各座標軸的力矩。

3.48 如附圖所示的纜繩 AC 張力為 1065 N，試求作用於板上點 C 的張力對各座標軸的力矩。

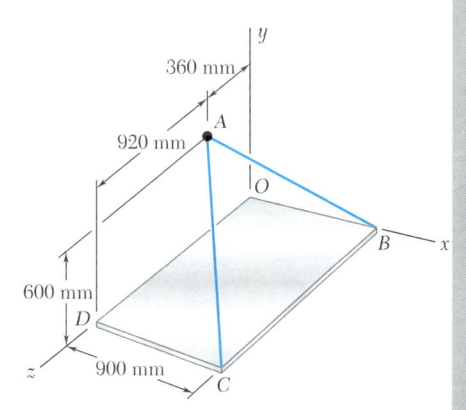

圖 P3.47 與 P3.48

3.49 一小船懸吊於兩吊柱上，其中一吊柱如附圖所示。已知作用於 A 的合力 $\mathbf{R}_A$ 對 z 軸的力矩絕對值不可超過 558 N·m。試求當 x = 2.4 m 時，繩 ABAD 區段的最大可允許張力。

3.50 如習題 3.49，當繩 ABAD 區段的張力為 300 N 時，試求最大可允許距離 x。

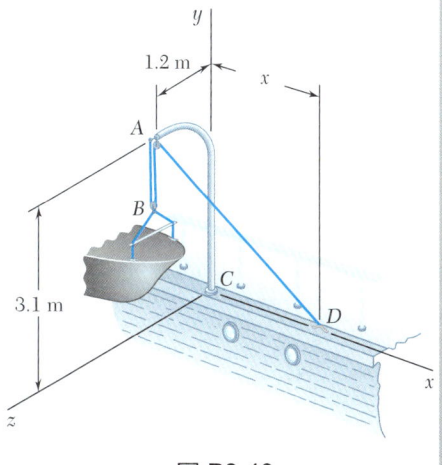

圖 P3.49

3.51 一農夫使用兩纜繩與拉拔機 B 和 E 加固穀倉的一邊。若已知作用於點 A 與 D 的兩纜繩張力對 x 軸的力矩和等於 7.6 kN·m，試求當 T_{AB} = 1.02 kN 時，$\mathbf{T}_{DE}$ 的大小。

3.52 求解習題 3.51，但假設纜繩 AB 的張力為 1.22 kN。

3.53 一力 **P** 作用於把手 BC 的點 C，且與把手垂直。已知 M_x = + 20 N·m、M_y = − 8.75 N·m 與 M_z = − 30 N·m，試求 **P** 的大小以及 ϕ 與 θ 值。

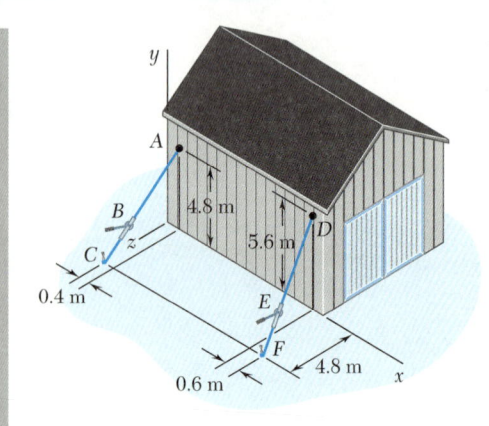

圖 P3.51

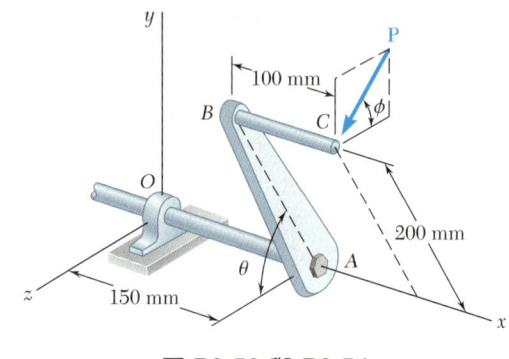

圖 P3.53 與 P3.54

3.54 一力 **P** 作用於把手 BC 的點 C，且與把手垂直。已知 M_y = − 15 N·m 與 M_z = − 36 N·m，試求當 θ = 65° 時，**P** 對 x 軸的力矩 M_x。

3.55 某三角平板 ABC 於 B 與 D 由球窩接頭支撐，另有纜繩 AE 與 CF 加固，如附圖所示。若纜繩 AE 作用於 A 的張力為 55 N，試求此力對點 D 與點 B 連線的力矩。

3.56 某三角平板 ABC 於 B 與 D 由球窩接頭支撐，另有纜繩 AE 與 CF 加固，如附圖所示。若纜繩 CF 作用於 C 的張力為 33 N，試求此力對點 D 與點 B 連線的力矩。

3.57 一 23 cm 長的垂直桿件 CD 與另一 50 cm 長的桿件 AB 在點 C 以焊接連接，C 為 AB 的中點。假設力 **P** 的大小為 235 N，試求 **P** 對 AB 的力矩。

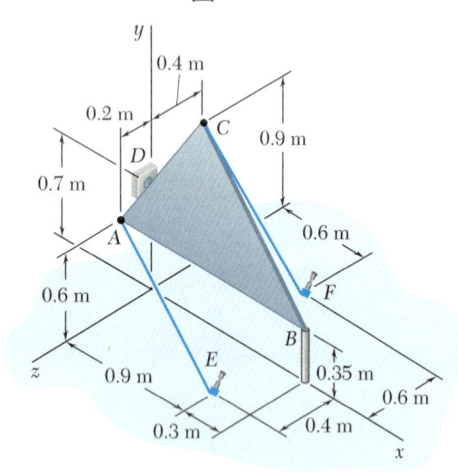

圖 P3.55 與 P3.56

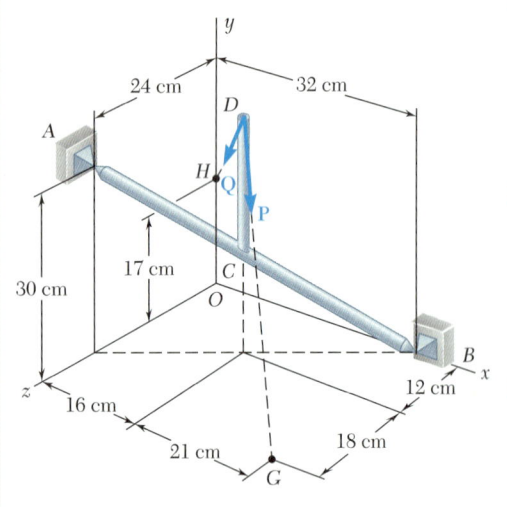

圖 P3.57 與 *P3.58*

3.58 一 23 cm 長的垂直桿件 *CD* 與另一 50 cm 長的桿件 *AB* 在點 *C* 以焊接連接，*C* 為 *AB* 的中點。假設力 **Q** 的大小為 174 N，試求 **Q** 對 *AB* 的力矩。

3.59 構架 *ACD* 於 *A* 與 *D* 鉸接 (hinged) 於牆面，另有一纜繩通過小環 *B*，纜繩兩端分別固定於牆面的鉤子 *G* 與 *H*。已知纜繩的張力為 450 N，試求纜繩 *BH* 段施加於構架的張力對對角線 *AD* 的力矩。

3.60 如習題 3.59，試求纜繩 *BG* 段施加於構架的張力對對角線 *AD* 的力矩。

3.61 某邊長為 *a* 的正四面體，一力 **P** 作用於邊 *BC* 上，如附圖所示。試求 **P** 對邊 *OA* 的力矩。

3.62 某邊長為 *a* 的正四面體：(a) 證明兩對邊，如 *OA* 與 *BC*，互相垂直；(b) 利用 (a) 與習題 3.61 求邊 *OA* 與 *BC* 的垂直距離。

3.63 空間中兩力 $\mathbf{F}_1$ 與 $\mathbf{F}_2$ 大小均為 *F*。證明 $\mathbf{F}_1$ 對 $\mathbf{F}_2$ 作用線的力矩，等於 $\mathbf{F}_2$ 對 $\mathbf{F}_1$ 作用線的力矩。

*3.64 如習題 3.55，試求纜繩 *AE* 與點 *D* 與點 *B* 連線的垂直距離。

*3.65 如習題 3.56，試求纜繩 *CF* 與點 *D* 與點 *B* 連線的垂直距離。

*3.66 如習題 3.57，試求桿件 *AB* 與 **P** 的作用線的垂直距離。

*3.67 如習題 3.58，試求桿件 *AB* 與 **Q** 的作用線的垂直距離。

*3.68 如習題 3.59，試求纜繩 *BH* 段與對角線 *AD* 的垂直距離。

*3.69 如習題 3.60，試求纜繩 *BG* 段與對角線 *AD* 的垂直距離。

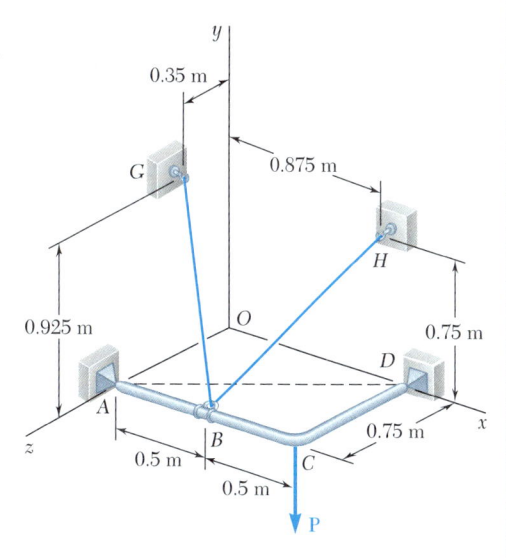

圖 P3.59

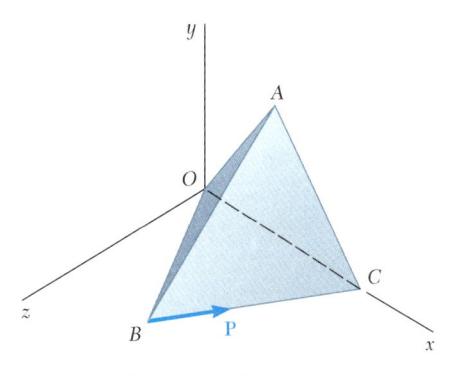

圖 P3.61 與 *P3.62*

3.12 力偶矩（力偶的力矩）(Moment of a Couple)

具有相同大小、作用線平行且指向相反的兩力 **F** 和 **−F** 構成一個力偶（圖 3.30）。這兩力在任何方向的合力都等於零，但是兩力對一給定點的力矩並不為零。因此，這兩力雖然不會使物體平移，但會使其旋轉。

分別以 r_A 與 r_B 標示 **F** 與 **−F** 的作用點的位置向量（圖 3.31），兩力對點 O 的力矩和為

$$\mathbf{r}_A \times \mathbf{F} + \mathbf{r}_B \times (-\mathbf{F}) = (\mathbf{r}_A - \mathbf{r}_B) \times \mathbf{F}$$

令 $\mathbf{r}_A - \mathbf{r}_B = \mathbf{r}$，其中 **r** 為連接兩力作用點的向量。因此，**F** 與 **−F** 對點 O 的力矩和可由下式求得

$$\mathbf{M} = \mathbf{r} \times \mathbf{F} \tag{3.47}$$

向量 **M** 稱為**力偶矩**（即力偶的力矩，moment of the couple）。力偶矩是向量，垂直於包含兩力的平面，其大小為

$$M = rF \sin \theta = Fd \tag{3.48}$$

其中 d 為 **F** 與 **−F** 作用線的垂直距離。**M** 的指向由右手定則決定。

此處須注意的是，式 (3.47) 中的向量 **r** 和座標原點的選擇無關，如果座標原點為另一點 O'，仍會得到相同的力偶矩。因此，我們稱力偶矩 **M** 為一自由向量（第 2.3 節），可作用於任一點（圖 3.32）。

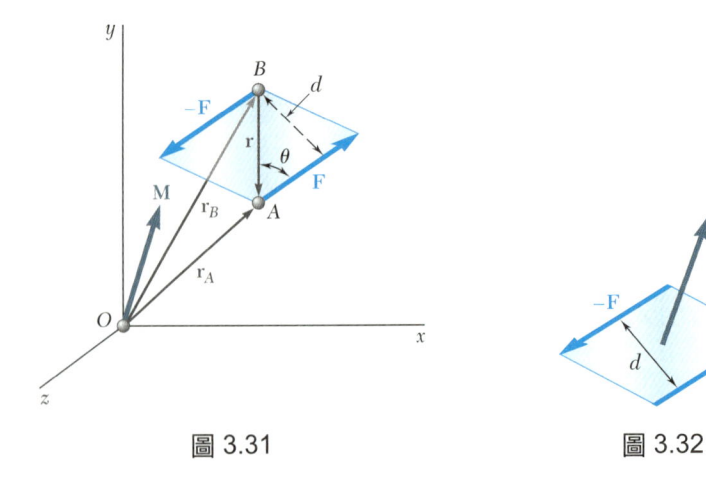

圖 3.30

圖 3.31

圖 3.32

由力偶矩的定義可知,由兩力 $\mathbf{F}_1$ 和 $-\mathbf{F}_1$ 所構成的力偶與由兩力 $\mathbf{F}_2$ 和 $-\mathbf{F}_2$ 所構成的力偶 (圖 3.33),若滿足下式,且兩力偶位於同一平面或互相平行的平面上,並有相同的指向,則兩力偶的力矩相等。

$$F_1 d_1 = F_2 d_2 \tag{3.49}$$

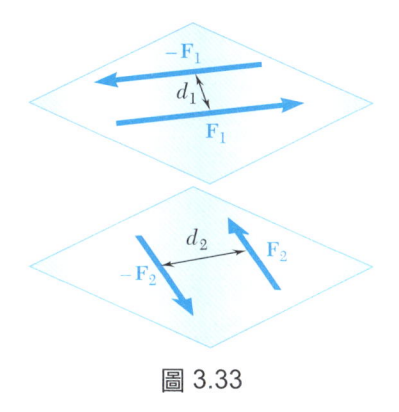

圖 3.33

照片 3.1 施加在十字扳手上的兩力互相平行、大小相等、指向相反,是力偶的一個實例。

3.13 等效力偶 (Equivalent Couples)

圖 3.34 中有三個力偶,分別作用於同一方塊的不同位置。如前所述,一力偶僅可使剛體轉動。圖中所示的三個力偶有相同的力矩 $\mathbf{M}$ (相同方向,且大小均為 $M = 120 \text{ N} \cdot \text{m}$),因此三力偶對該方塊有相同的效應 (effect)。

這個結論雖看起來很合理,但我們仍可進一步驗證。前面章節提到有實驗驗證的定理為兩向量相加所用的平行四邊形定理 (第 2.2 節),以及力的傳遞性原理 (第 3.3 節)。因此,若能藉由以下操作,將

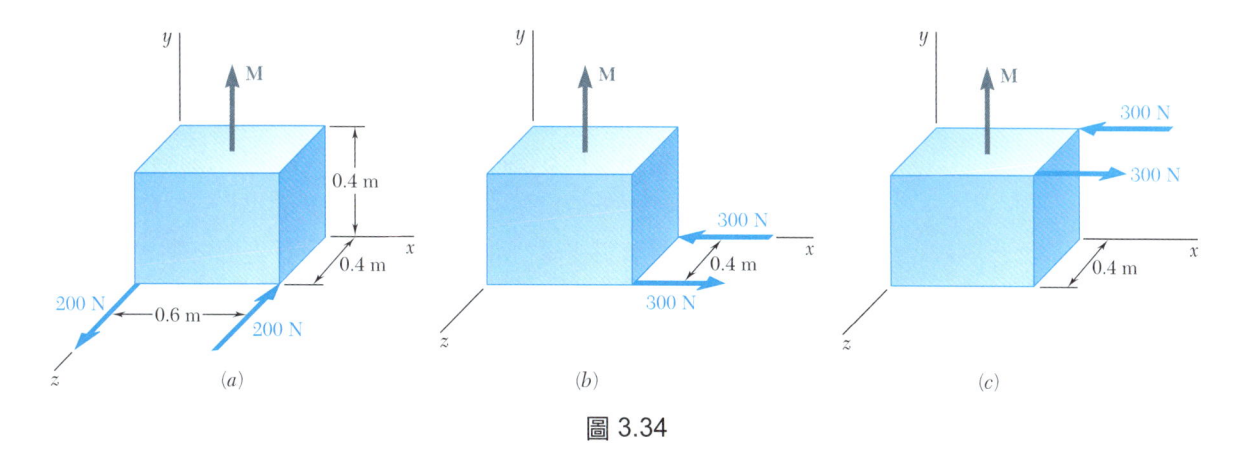

圖 3.34

圖 3.35

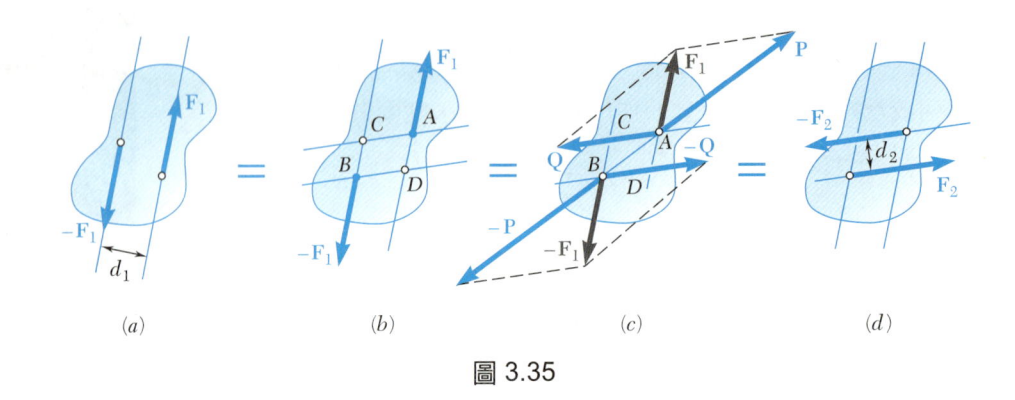

兩力系中的一力系轉換成另一力系，則此兩力系為**等效** (equivalent)（即對剛體有相同效應）：(1) 以合力取代同時作用於一質點的兩力；(2) 將一力分解成兩分量；(3) 將作用於一質點之大小相同、方向相反的兩力消掉；(4)將兩個大小相等、方向相反的兩力施加到一質點；(5) 將一力於其作用線上平移。上述各項操作皆可由平行四邊形定理或傳遞性原理得到。

我們接著證明具有相同力矩 **M** 的兩個力偶為等效。首先考慮兩個位於同一平面的力偶，假設此平面與圖 3.35 的圖形平面重合。其中一力偶由大小均為 $\mathbf{F}_1$、相距 d_1 的兩力 $\mathbf{F}_1$ 和 $-\mathbf{F}_1$ 組成 (圖 3.35a)。另一個力偶則由大小為 $\mathbf{F}_2$、相距 d_2 的兩力 $\mathbf{F}_2$ 和 $-\mathbf{F}_2$ 組成 (圖 3.35d)。由於兩力偶有相同的力矩 **M**，力矩方向垂直於圖形平面，故其指向相同 (此處假設為逆時針方向)，且滿足下式

$$F_1 d_1 = F_2 d_2 \tag{3.49}$$

若可將第一個力偶轉換成第二個力偶，即證明兩者等效。

將構成兩力偶的四力沿作用線延長，將四個交點分別標示為 A、B、C 和 D。如圖 3.35b 所示，先將力 $\mathbf{F}_1$ 和 $-\mathbf{F}_1$ 分別沿其作用線移至點 A 和點 B。接著將 $\mathbf{F}_1$ 分解成兩分量 **P** 和 **Q**，其中 **P** 和 **Q** 的作用線分別為 AB 和 AC (圖 3.35c)。依此類推，$-\mathbf{F}_1$ 可分解成作用線為 AB 的 $-\mathbf{P}$ 與作用線為 BD 的 $-\mathbf{Q}$。力 **P** 和 $-\mathbf{P}$ 大小相等、作用線相同、指向相反。接著將這兩力沿其共同作用線平移至同一點，即可消掉。原本由 $\mathbf{F}_1$ 和 $-\mathbf{F}_1$ 組成的力偶已轉換成由 **Q** 和 $-\mathbf{Q}$ 組成的力偶。

接著證明 **Q** 和 $-\mathbf{Q}$ 分別等於 $-\mathbf{F}_2$ 和 $\mathbf{F}_2$。**Q** 和 $-\mathbf{Q}$ 構成的力偶的力矩可由計算 **Q** 對點 B 的力矩得到；依此類推，$\mathbf{F}_1$ 和 $-\mathbf{F}_1$ 構成的力偶的力矩，等於 $\mathbf{F}_1$ 對點 B 的力矩。但根據范力農定理，$\mathbf{F}_1$ 的力

矩會等於其分量 P 和 Q 的力矩和。由於 P 對點 B 的力矩為零，Q 和 −Q 構成的力偶必定等於 F_1 和 $−F_1$ 構成的力偶的力矩。由式 (3.49) 可得

$$Qd_2 = F_1 d_1 = F_2 d_2 \text{ 而且 } Q = F_2$$

因此兩力 Q 和 −Q 分別等於 $−F_2$ 和 F_2，且圖 3.35a 和圖 3.35d 中的兩力偶等效。

接著考慮分別位於兩平行平面 P_1 和 P_2 的兩力偶，並證明若具有相同的力矩，則兩者等效。依照前面的方法，假設力偶由大小均為 F、作用線互相平行的力組成 (圖 3.36a 和 d)。此處要證明在平面 P_1 的力偶可用上述的標準操作轉換至位於另一平面 P_2 的力偶。

考慮分別由 F_1 和 $−F_2$ 以及 $−F_1$ 和 F_2 的作用線所定義的兩平面 (圖 3.36b)。在兩平面的交線上一點施加分別等於 F_1 和 $−F_1$ 的兩力 F_3 和 $−F_3$。因為具有相同的力矩且位於同一平面，F_1 和 $−F_4$ 構成的力偶可由 F_3 和 $−F_2$ 構成的力偶取代 (圖 3.36c)。依此類推，$−F_1$ 和 F_3 構成的力偶可取代成 $−F_3$ 和 F_2 構成的力偶。將大小相等、方向相反的力 F_3 和 $−F_3$ 消掉，最後得到位於平面 P_2 上的 F_2 和 $−F_2$ (圖 3.36d)。因此，具有相同力矩 M 的兩力偶等效，兩者可位於同一平面或位於兩平行平面。

上述性質對正確了解剛體力學非常重要，即力偶對剛體的作用，與構成力偶的兩力的大小、位置、方向無關，僅與力偶的**力矩** (大小及方向) 有關。具有相同力矩的力偶對剛體有相同效應。

3.14 力偶相加 (Addition of Couples)

考慮兩相交平面 P_1 和 P_2，兩平面上各有一力偶。因不失通用性，可假設 P_1 上的力偶由垂直於兩平面交線的兩力 F_1 和 $−F_1$ 組成，且其作用點分別為點 A 和點 B (圖 3.37a)；同理，假設 P_2 上的力偶由垂直於 AB 的兩力 F_2 和 $−F_2$ 組成，作用點一樣分別為點 A 和點 B。清楚可見，F_1 和 F_2 的合力 R 與 $−F_1$ 和 $−F_2$ 的合力 $−R$ 也組成一個力偶。若將 B 指向 A 的向量標示為 r，則根據力偶矩的定義 (第 3.12 節) 得到：

$$M = r \times R = r \times (F_1 + F_2)$$

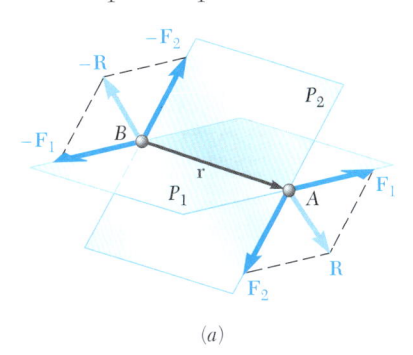

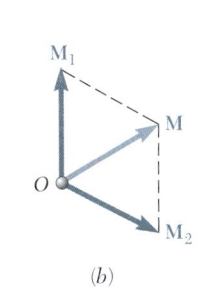

圖 3.37

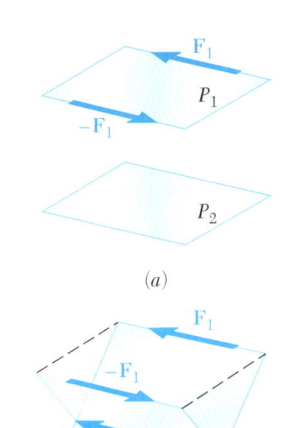

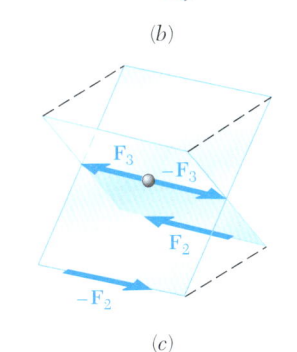

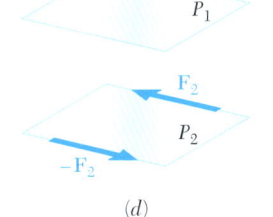

再由范力農定理

$$M = r \times F_1 + r \times F_2$$

上式第一項和第二項分別為位於 P_1 和 P_2 的力偶的力矩（M_1 和 M_2），故

$$M = M_1 + M_2 \tag{3.50}$$

即力矩分別為 M_1 和 M_2 的兩力偶之和等於一力矩 M 等於 M_1 與 M_2 向量和的力偶 (圖 3.37b)。

3.15 力偶可以向量表示 (Couples Can Be Represented by Vectors)

　　由第 3.13 節可知，有相同力矩的力偶均為等效，無論其作用於同一平面或平行的平面。因此，要定義作用於剛體上的力偶，不需畫出組成該力偶的兩力 (圖 3.38a)，僅需畫出代表該力偶的力矩 M_1 和 M_2 的向量箭頭 (含大小與方向) 即可 (圖 3.38b)。另一方面，第 3.14 節指出，兩力偶相加也會得到一力偶，且合力偶的力矩 M 等於兩力偶的力矩的向量和。因此，力偶遵循向量相加的法則，而圖 3.38b 中用來代表定義於圖 3.38a 中力偶的箭頭的確可視為一向量。

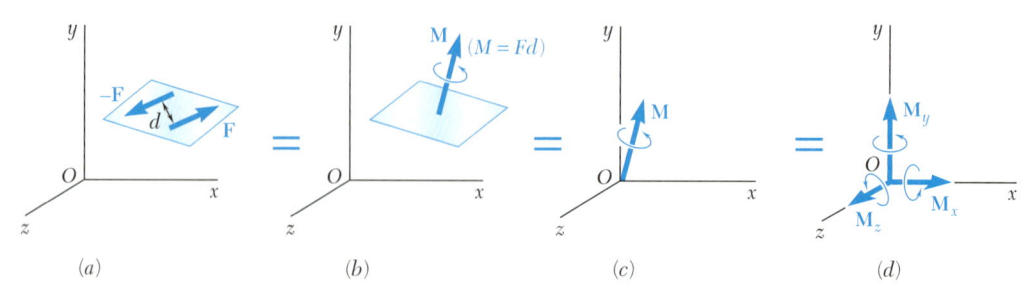

　　代表力偶的向量稱為**力偶向量** (couple vector)。請注意，圖 3.38 中以藍箭頭表示力偶本身，而之前圖中以灰黑色箭頭表示力偶的**力矩**。為避免與表示力的向量混淆，標示力偶的藍箭頭上還加上圓弧箭頭符號↑，以示區別。如同力偶的力矩，力偶向量也是自由向量；其作用點如有需要可選在座標原點 (圖 3.38c)。力偶向量 M 可分解成指向各座標軸的分量 M_x、M_y 和 M_z (圖 3.38d)，分別代表作用於 yz、zx 和 xy 平面的力偶。

圖 3.38

3.16 將一給定力分解成作用於點 O 的力和一力偶 (Resolution of a Given Force into a Force at O and a Couple)

考慮一力 **F**，作用於剛體上的點 A，點 A 的位置向量為 r（圖 3.39a）。假如因故要將力的作用點移至點 O，雖然根據傳遞性定理可將 **F** 沿其作用線移動，但不可直接將 **F** 移至不在原作用線上的點 O。

若在點 O 上加上大小相等、方向相反的兩力 **F** 和 −**F**，並不改變原本剛體的受力狀態（圖 3.39b）。但此時一力 **F** 作用於點 O 上，另外兩力形成一力偶，其力矩為 $\mathbf{M}_O = \mathbf{r} \times \mathbf{F}$。因此，作用於剛體的任一力 **F** 可平移至任一點 O，但需另外加上一力偶，其力矩等於 **F** 對點 O 的力矩。這個另加上的力偶傾向於使剛體對點 O 產生原本 **F** 對剛體產生的旋轉運動。這個力偶以垂直於含 r 和 **F** 的平面的力偶向量 $\mathbf{M}_O$ 表示。由於 $\mathbf{M}_O$ 是自由向量，可作用在剛體上的任意點而效果相同，為求方便，通常將 $\mathbf{M}_O$ 與 **F** 一起作用於點 O，稱為一個**力－力偶系** (force-couple system)（圖 3.39c）。

若將 **F** 從點 A 平移至另一點 O′（圖 3.40a 與 c），此時應計算對點 O′ 的力矩 $\mathbf{M}_{O'} = \mathbf{r'} \times \mathbf{F}$，再將 $\mathbf{M}_{O'}$ 與 **F** 施加於點 O′ 上，成為一力－力偶系。而 **F** 對點 O 和點 O′ 的力矩有以下關係

圖 3.39

圖 3.40

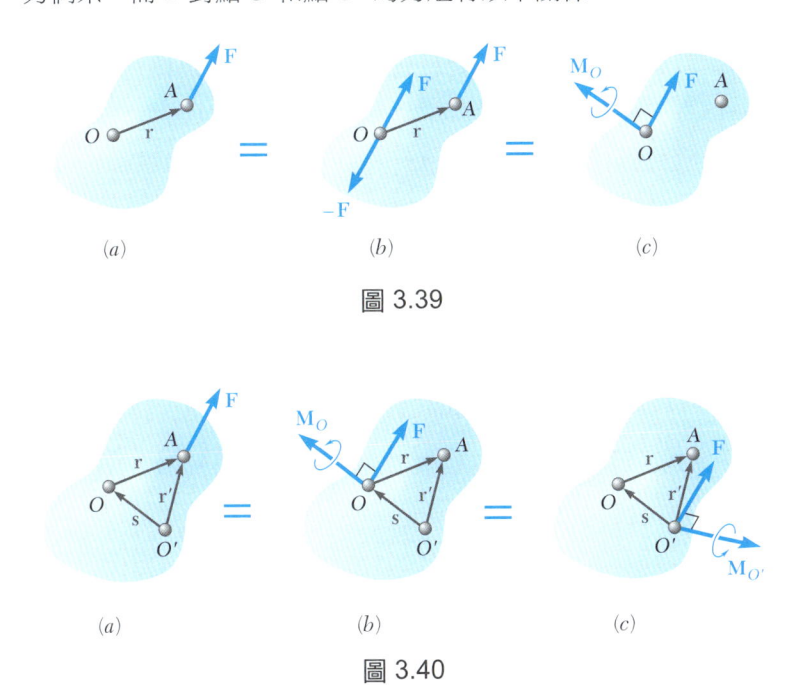

$$\mathbf{M}_{O'} = \mathbf{r}' \times \mathbf{F} = (\mathbf{r} + \mathbf{s}) \times \mathbf{F} = \mathbf{r} \times \mathbf{F} + \mathbf{s} \times \mathbf{F}$$

$$\mathbf{M}_{O'} = \mathbf{M}_O + \mathbf{s} \times \mathbf{F} \tag{3.51}$$

其中 s 為連接點 O' 和點 O 的向量。表示 $\mathbf{F}$ 對點 O' 的力矩 $\mathbf{M}_{O'}$ 可由 $\mathbf{F}$ 對點 O 的力矩 $\mathbf{M}_O$ 再加上向量積 $\mathbf{s} \times \mathbf{F}$ 得到。$\mathbf{s} \times \mathbf{F}$ 代表作用於點 O 的 $\mathbf{F}$ 對點 O' 的力矩。

這個結果也可由以下方式得到：將 $\mathbf{F}$ 和 $\mathbf{M}_O$ 由點 O 平移至點 O'，由於 $\mathbf{M}_O$ 是自由向量，可在剛體上自由平移。但平移 $\mathbf{F}$ 後對點 O' 的力矩為零，因此必須加上原本作用於點 O 的 $\mathbf{F}$ 對點 O' 的力矩 $\mathbf{s} \times \mathbf{F}$。

將 $\mathbf{F}$ 由點 A 平移至點 O 得到的等效力－力偶系包含了 $\mathbf{F}$ 與垂直於 $\mathbf{F}$ 的力偶向量 $\mathbf{M}_O$。反之，任意力－力偶系若包含的力與力偶互相垂直，則可由單一等效力取代。即將力 $\mathbf{F}$ 於垂直於 $\mathbf{M}_O$ 的平面上平移，直到其對點 O 的力矩等於力偶的力矩。

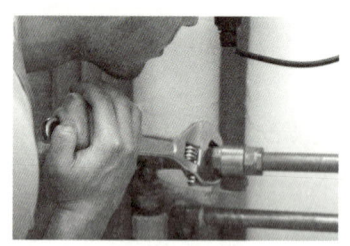

照片 3.2 手指加在扳手的力，可取代為作用於螺帽的一個等效力—力偶系。

範例 3.6

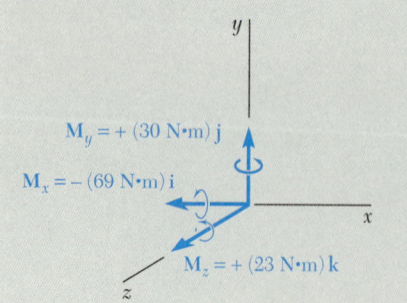

試求如附圖所示之兩力偶的等效單一力偶的分量。

解

在點 A 加上兩個指向相反、但大小皆為 100 N 的力，即可將原本由一對 100 N 力組成的力偶，以新的兩對 100 N 力組成的兩個力偶取代。其中一個力偶位於 zx 平面，另一力偶位於平行 xy 平面，另一平面上。最後得到的三個力偶可以以指向各座標軸的三個力偶向量 M_x、M_y 與 M_z 表示。對應的力矩為

$$M_x = -(150 \text{ N})(0.46 \text{ m}) = -69 \text{ N} \cdot \text{m}$$
$$M_y = +(100 \text{ N})(0.3 \text{ m}) = +30 \text{ N} \cdot \text{m}$$
$$M_z = +(100 \text{ N})(0.23 \text{ m}) = +23 \text{ N} \cdot \text{m}$$

這三個力矩為單一力偶 $\mathbf{M}$ 的三分量，而 $\mathbf{M}$ 等效於原本給定的兩力偶和，可寫成

$$\mathbf{M} = -(69 \text{ N} \cdot \text{m})\mathbf{i} + (30 \text{ N} \cdot \text{m})\mathbf{j} + (23 \text{ N} \cdot \text{m})\mathbf{k}$$

另一種解法：等效單一力偶 **M** 的分量也可透過計算四個給定力對任一點的力矩求得。若選擇點 D，可得

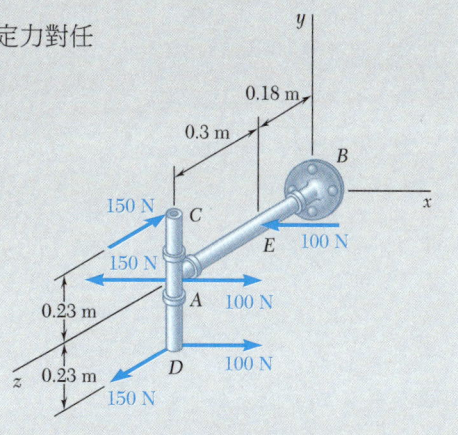

$$\mathbf{M} = \mathbf{M}_D = (0.46 \text{ m})\mathbf{j} \times (-150 \text{ N})\mathbf{k} + [(0.23 \text{ m})\mathbf{j} - (0.3 \text{ m})\mathbf{k}] \times (-100 \text{ N})\mathbf{i}$$

計算各向量積，整理後得到

$$\mathbf{M} = -(69 \text{ N} \cdot \text{m})\mathbf{i} + (30 \text{ N} \cdot \text{m})\mathbf{j} + (23 \text{ N} \cdot \text{m})\mathbf{k}$$

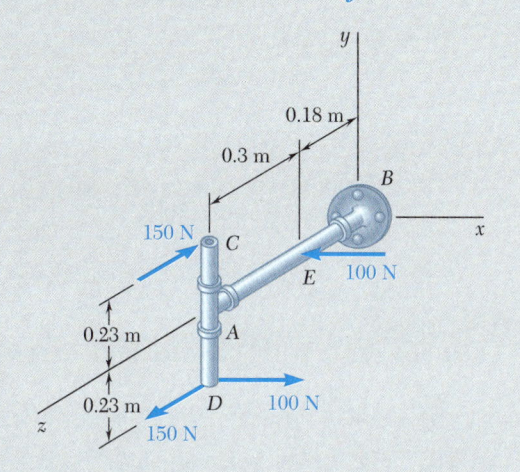

範例 3.7

將圖示的力偶與力以作用於槓桿的一等效力取代。試求等效力作用點到軸的距離。

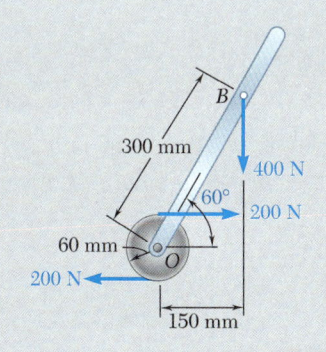

解

首先將給定的力與力偶取代為作用於 O 的等效力－力偶系。將

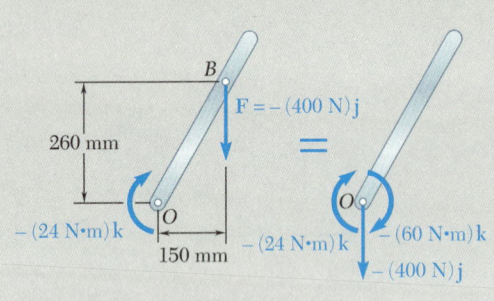

力 $\mathbf{F} = -(400\text{ N})\mathbf{j}$ 平移到 O，同時加上力矩為 $\mathbf{M}_O$ 的力偶，$\mathbf{M}_O$ 等於力在原本位置時對 O 的力矩。

$$\mathbf{M}_O = \overrightarrow{OB} \times \mathbf{F} = [(0.150\,\text{m})\mathbf{i} + (0.260\,\text{m})\mathbf{j}] \times (-400\,\text{N})\mathbf{j}$$
$$= -(60\,\text{N}\cdot\text{m})\mathbf{k}$$

這個力偶加上兩個 200 N 力形成力矩為 $-(24\,\text{N}\cdot\text{m})\mathbf{k}$ 的力偶，即得到一個力矩為 $-(84\,\text{N}\cdot\text{m})\mathbf{k}$ 的力偶。若施加 $\mathbf{F}$ 於點 C 即可消去這個力偶，點 C 由下式決定

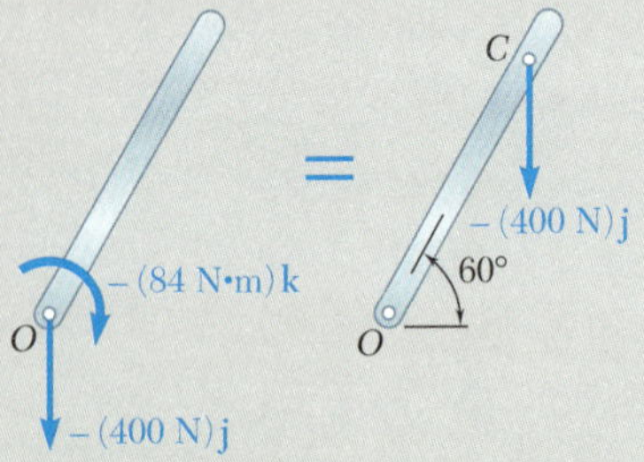

$$-(84\,\text{N}\cdot\text{m})\mathbf{k} = \overrightarrow{OC} \times \mathbf{F}$$
$$= [(OC)\cos 60°\mathbf{i} + (OC)\sin 60°\mathbf{j}] \times (-400\,\text{N})\mathbf{j}$$
$$= -(OC)\cos 60°(400\,\text{N})\mathbf{k}$$

因此，

$(OC)\cos 60° = 0.210\text{ m} = 210\text{ mm} \qquad OC = 420\text{ mm}$

另一種解法：由於力偶對剛體的效應與作用點無關，因此可將力矩為 $-(24\,\text{N}\cdot\text{m})\mathbf{k}$ 的力偶移到 B，得到 B 的力－力矩系。若施加 $\mathbf{F}$ 於點 C 即可消去這個力偶，點 C 由下式決定

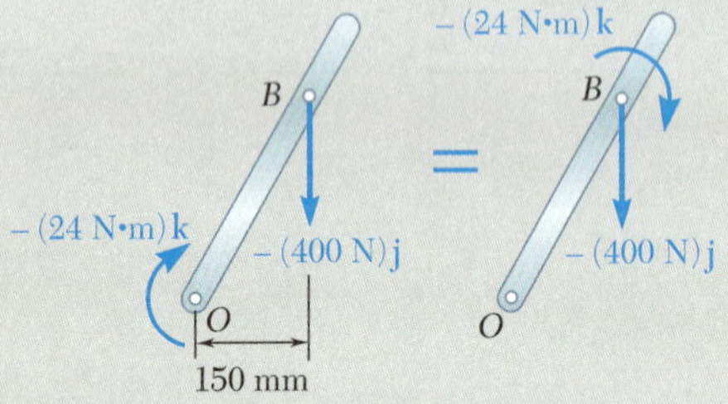

$$-(24\,\text{N}\cdot\text{m})\mathbf{k} = \overrightarrow{BC} \times \mathbf{F}$$
$$= -(BC)\cos 60°(400\,\text{N})\mathbf{k}$$

因此，

$(BC)\cos 60° = 0.060\text{ m} = 60\text{ mm} \qquad BC = 120\text{ mm}$
$OC = OB + BC = 300\text{ mm} + 120\text{ mm} \qquad OC = 420\text{ mm}$

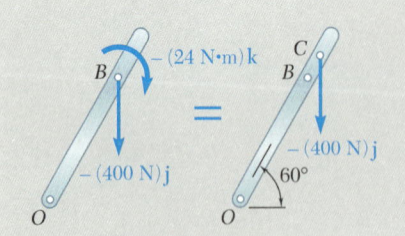

CHAPTER 3　剛體：等效力系

重點提示

本節討論了**力偶**的性質。讀者解題時須記得，作用於剛體上的力偶的淨效果是產生一力矩 **M**。此力矩與力偶的作用點無關，因此稱 **M** 為**自由向量**。兩等效力偶有相同的力矩。

本書所學計算力矩的技巧均適用於計算力偶的力矩。此外，由於力偶的力矩為自由向量，計算時應選擇最方便的點。

由於力偶的作用為產生力矩，可將力偶以向量表示，稱為**力偶向量**，等於力偶的力矩。力偶向量為一自由向量，以特殊符號 ⟋ 標示，以便與力向量區分。

解題時可能會用到以下運算：

1. **兩個以上的力偶相加**。產生一個新力偶，其力矩可由個別力偶的力矩的向量和得到 [範例 3.6]。
2. **將一力以作用於某一點的等效力－力偶系取代**。如第 3.16 節所述，力－力偶系的力等於原作用力，而力偶等於原作用力對該點的力矩。且力與力矩互相垂直。反之，若一力－力偶系中的力與力偶互相垂直，則可化簡為單一等效力。
3. **將一力－力偶系 (力與力偶互相垂直) 化簡為單一等效力**。**F** 與 **M** 互相垂直的要求在二維平面問題中自動滿足。得到的單一等效力等於原作用力 **F**，而其新的作用點為使 **F** 對原作用點的力矩等於 **M** [範例 3.7]。

習題

3.70 一平行四邊形板受兩力偶作用。試求 (a) 兩個 84 N 的力形成的力偶的力矩；(b) 若兩力偶之和為零時，兩 48 N 的力之間的距離；(c) 若合力偶為順時針 $2.88\,\text{N}\cdot\text{m}$，且 d 為 42 cm，α 值為何？

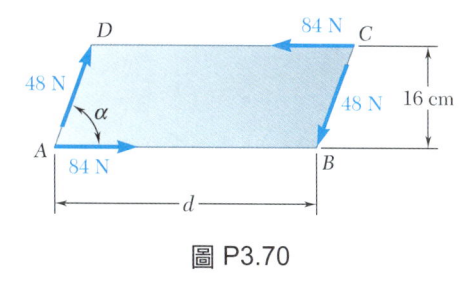

圖 P3.70

3.71 四根直徑為 10 mm 的圓釘釘在一矩形板上，如附圖所示。兩條繩子繞過圓釘並如圖示般受力。(a) 試求作用於板子的合力偶；(b) 假如僅使用一條繩子，欲產生相同力偶，且繩子的張力最小，

繩子應通過哪些圓釘，且拉力的方向為何？(c) 上述繩子最小張力為何？

3.72 四根圓釘釘在一矩形板上，如附圖所示。兩條繩子繞過圓釘並如圖示般受力。已知作用在板子的合力偶為逆時針 4.85 N·m，試求圓釘的直徑。

3.73 一木板透過兩根釘子固定於工作台上，以便進行鑽孔。已知鑽子施加 12 N·m 的力偶於木板上，試求以下情況作用於釘子的合力大小：(a) 釘子在 A 與 B；(b) 釘子在 B 與 C；(c) 釘子在 A 與 C。

3.74 兩平行的 40 N 力作用於一槓桿上，如附圖所示。試求兩力形成的力偶的力矩：(a) 將各力分解成水平與垂直分量，再將兩合力偶的力矩相加；(b) 利用兩力的垂直距離；(c) 將兩力對點 A 的力矩相加。

3.75 一減速裝置的兩軸分別受大小為 $M_1 = 15$ N·m 與 $M_2 = 3$ N·m 的力偶作用。將這兩力偶取代為單一等效力偶，試求其大小與軸向。

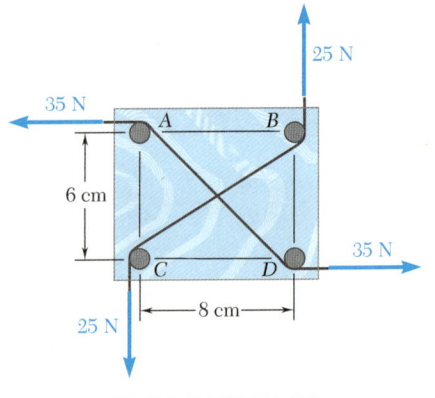

圖 *P3.71* 與 *P3.72*

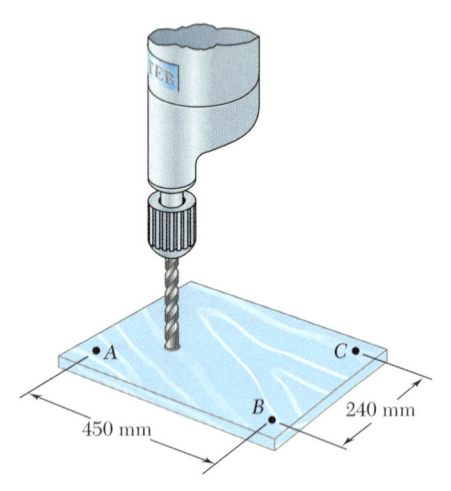

圖 *P3.73*

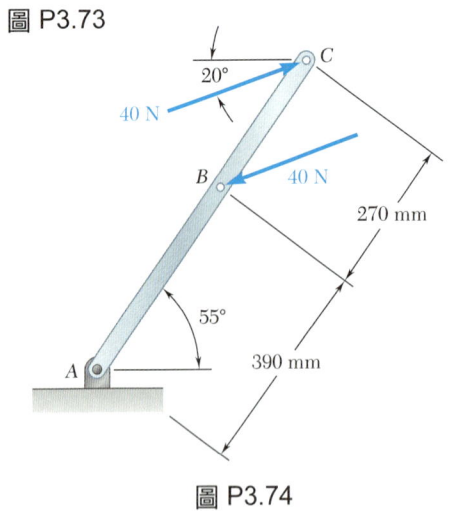

圖 *P3.74*

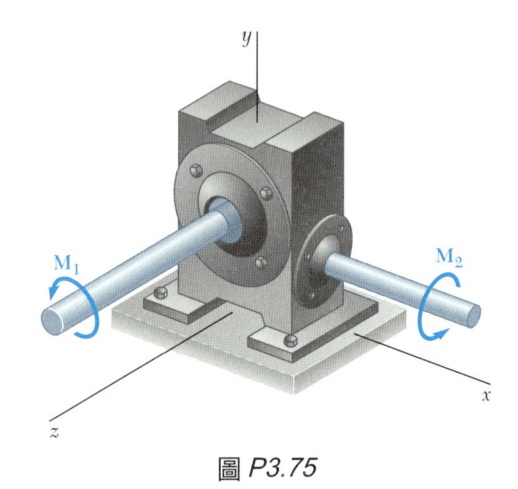

圖 *P3.75*

3.76 將圖示的兩力偶取代為單一等效力偶,並求出其大小與軸向。

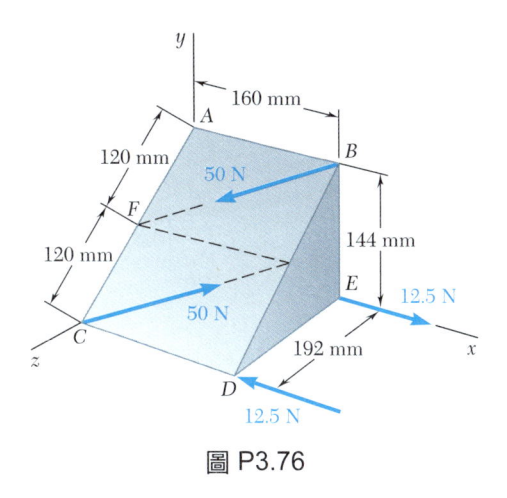

圖 P3.76

3.77 如習題 3.76,但另外加上兩個 10 N 的垂直力,一力朝上作用於 C,另一力朝下作用於 B。

3.78 若 $P = 0$,將剩下的兩力偶取代為單一等效力偶,並求出其大小與軸向。

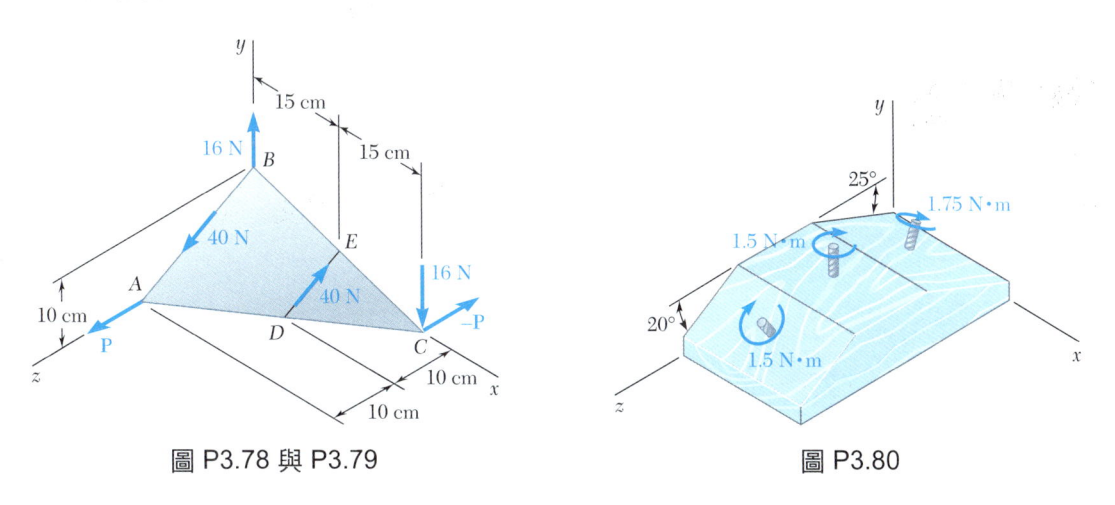

圖 P3.78 與 P3.79

圖 P3.80

3.79 若 $P = 20$ N,將三力偶取代為單一等效力偶,並求出其大小與軸向。

3.80 一工件在某製造程序時同時鑽三個孔。若鑽孔垂直於工件表面,將三力偶取代為單一等效力偶,並求出其大小與軸向。

3.81 一 260 N 力作用於軋鋼截面的點 A,如附圖所示。將此力取代為截面中心 C 的等效力－力偶系。

126 靜力學

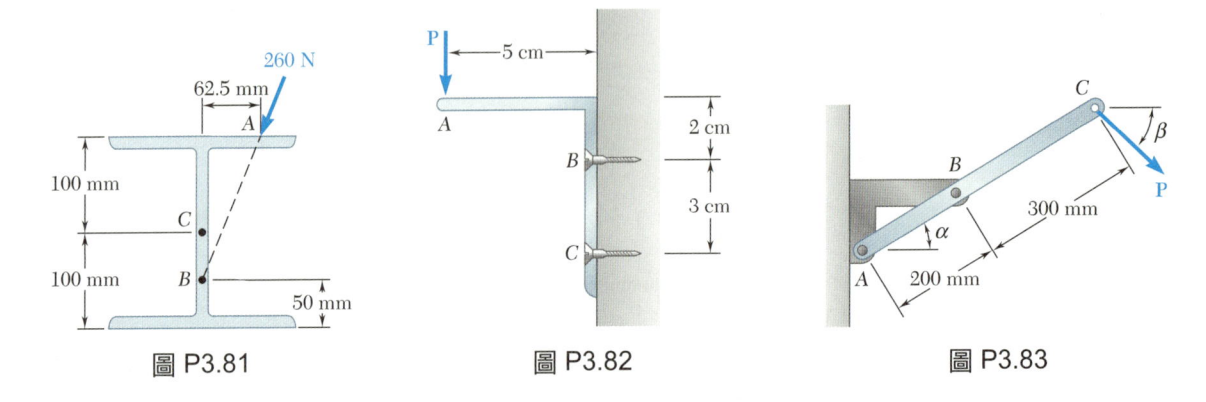

圖 P3.81

圖 P3.82

圖 P3.83

3.82 一 30 N 的垂直力 **P** 作用於拖架的點 *A*，拖架由螺絲 *B* 與 *C* 固定於牆面，如附圖所示。(a) 將 **P** 取代為作用於 *B* 的等效力－力偶系；(b) 求出作用於 *B* 與 *C*，等效於 (a) 小題的力偶的水平力。

3.83 力 **P** 的大小為 250 N，作用於長度為 500 mm 的桿件 *AC* 的端點 *C*，並於 *A* 與 *B* 連接至一拖架。假設 $\alpha = 30°$、$\beta = 60°$，將 **P** 取代為 (a) 作用於 *B* 的等效力－力偶系；(b) 分別作用於 *A* 與 *B* 的兩平行力形成的等效系。

3.84 如習題 3.83，但假設 $\alpha = \beta = 25°$。

3.85 大小為 80 N 的水平力 **P** 作用於一曲柄，如附圖所示。(a) 將 **P** 取代為作用於 *B* 的等效力－力偶系；(b) 求出作用於 *C* 與 *D*，等效於 (a) 小題的力偶的垂直力。

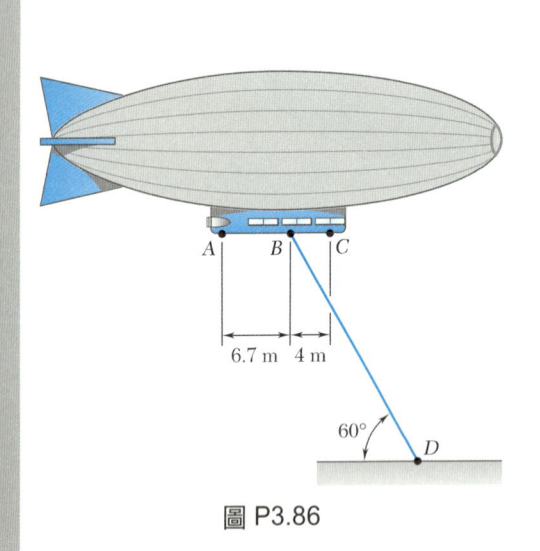

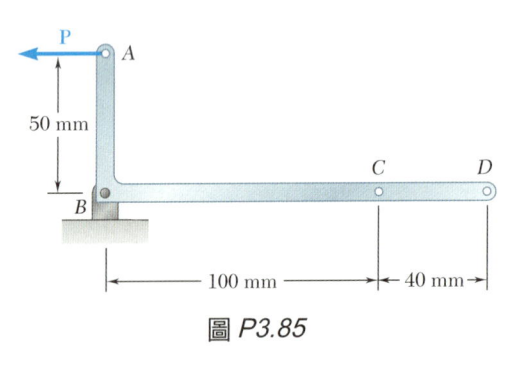

圖 P3.85

圖 P3.86

3.86 一飛船於 *B* 連接到一條纜繩，纜繩另一端固定於地面 *D*。若繩張力為 1040 N，將纜繩作用於 *B* 的張力取代為分別作用於 *A* 與 *C* 的兩平行力形成的等效系。

3.87 三根控制桿連接至一槓桿 ABC，受力如附圖所示。(a) 將三力取代為作用於 B 的等效力－力偶系；(b) 試求等效於 (a) 小題的力－力偶系的單一力，求出此力在槓桿上的作用點。

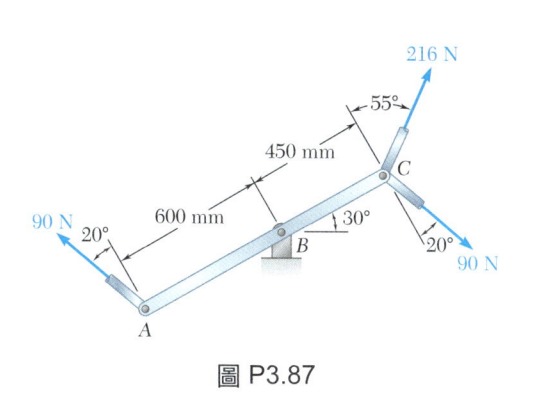

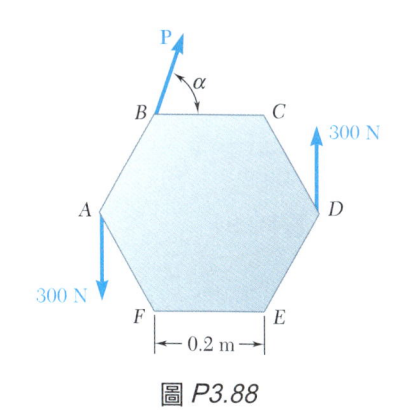

圖 P3.87

圖 P3.88

3.88 一六邊形平板受一力 P 與一力偶作用，如附圖所示。若力系可取代為作用於 E 的單一力，試求 P 最小時的大小與方向。

3.89 一梯形平板受一力 P 與一力偶作用，如附圖所示。試求 (a) 若施加一力 F 於平板，且等效於給定力系，F 最小時的作用點為何？(b) F 的大小與方向。

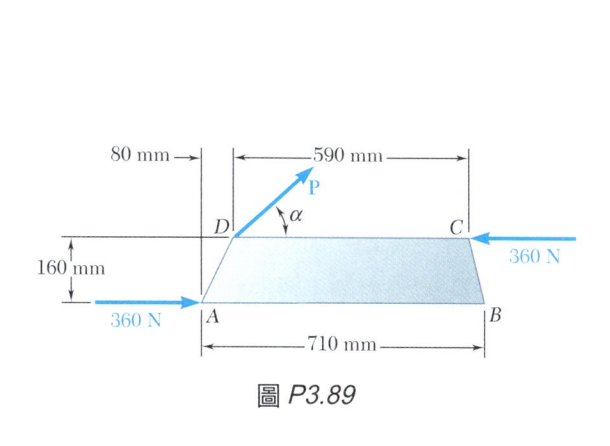

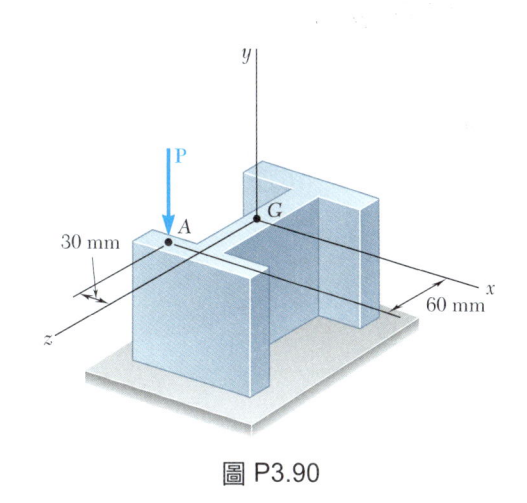

圖 P3.89

圖 P3.90

3.90 一 250 kN 的偏心壓力 P 作用於一柱的一端，將 P 取代為作用於 G 的等效力－力偶系。

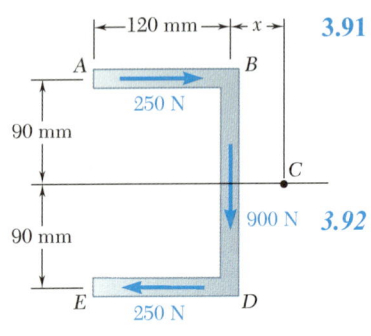

3.91 作用於槽鋼截面的剪力可以用一個 900 N 的垂直力與兩個 250 N 的水平力代表，如附圖所示。將此力與力偶取代為作用於點 C 的單一力 **F**，試求 C 與線 BD 的距離 x。(點 C 定義為截面的剪力中心。)

3.92 一力與一力偶作用於懸臂梁的自由端，如附圖所示。(a) 將此力系取代為作用於點 C 的單一力 **F**，試求 C 與線 DE 的距離 d；(b) 若 360 N 的兩力都轉向 180°，重複 (a) 小題。

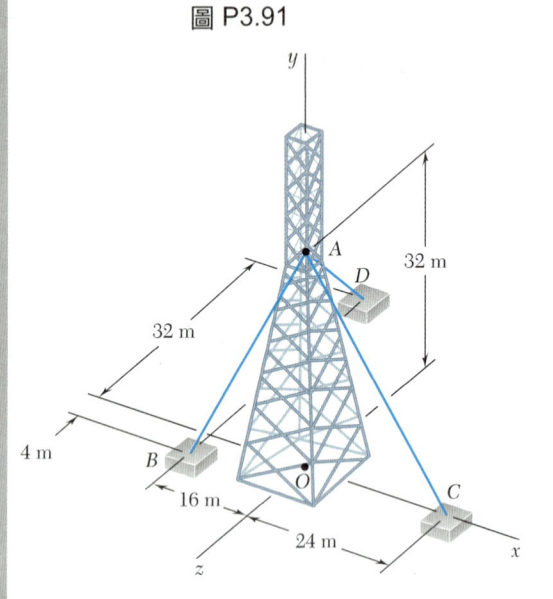

圖 P3.91

圖 P3.92

圖 P3.93 與 P3.94

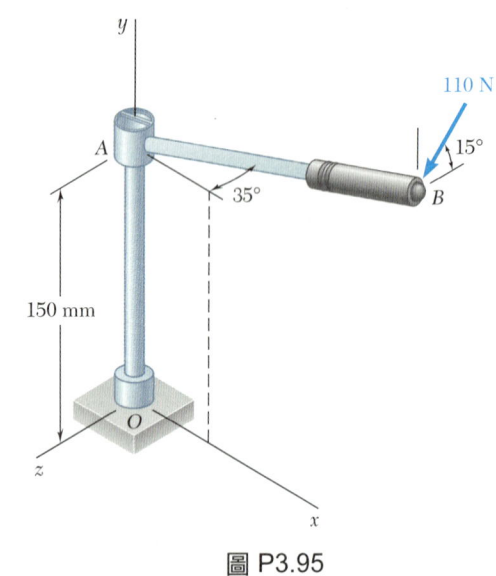

3.93 一天線由三條牽引繩固定如附圖所示。已知纜繩 AB 的張力為 1.44 kN，將纜繩 AB 作用於 A 的張力，取代為作用於天線基底中心的等效的力－力偶系。

3.94 一天線由三條牽引繩固定如附圖所示。已知纜繩 AD 的張力為 1.35 kN，將纜繩 AD 作用於 A 的張力，取代為作用於天線基底中心的等效的力－力偶系。

3.95 一 110 N 的力作用在 220 mm 長的水平把手 AB，此力位於平行 yz 平面的一平面上。將此力取代為作用於座標原點 O 的等效力－力偶系。

圖 P3.95

3.96 一 1220 N 的偏心壓力 **P** 作用於懸臂梁的自由端，將 **P** 取代為作用於 G 的等效力－力偶系。

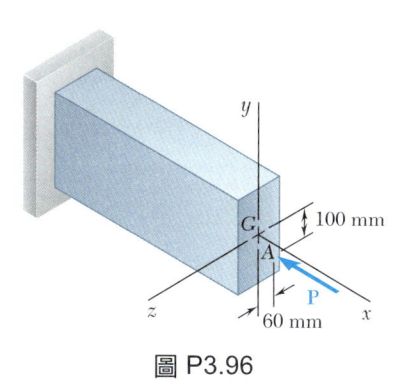

圖 P3.96

3.97 一細長木板架在門把與地面間，使門無法開啟。木板施加 175 N 沿 AB 的力於 B。將此力取代為作用於 C 的等效力－力偶系。

3.98 一 46 N 的力 **F** 與一 21.2 N · m 的力偶 **M** 作用於方塊的角 A。將給定的力－力偶系取代為作用於角 H 的等效力－力偶系。

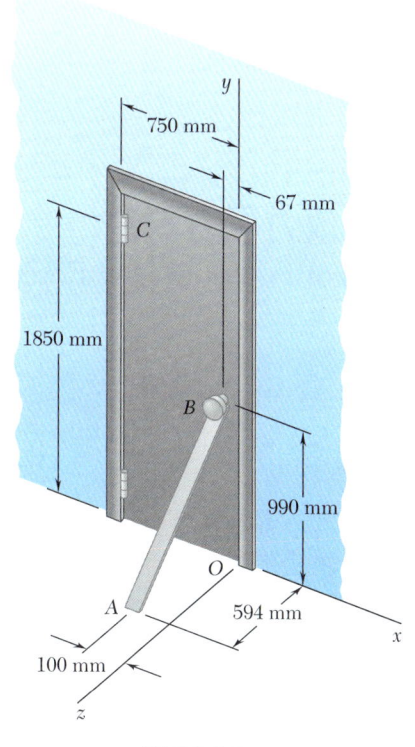

圖 P3.97

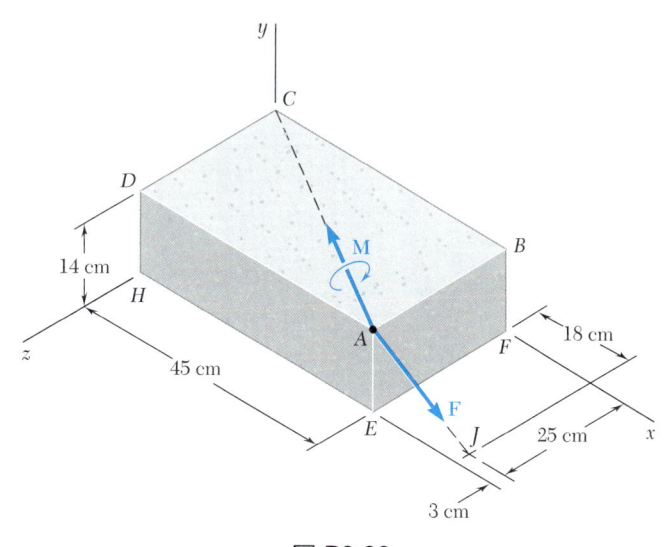

圖 P3.98

3.99 一 77 N 的力 $\mathbf{F}_1$ 與一 31 N·m 的力偶 $\mathbf{M}_1$ 作用於彎板的角 E。若將 $\mathbf{F}_1$ 與 $\mathbf{M}_1$ 取代為作用於角 B 的等效力－力偶系 $(\mathbf{F}_2, \mathbf{M}_2)$，且 $(M_2)_z = 0$，試求 (a) 距離 d；(b) $\mathbf{F}_2$ 與 $\mathbf{M}_2$。

3.100 一 13 kN 的力作用於鑄鐵柱的點 D。將此力取代為作用於 A 的等效力－力偶系。

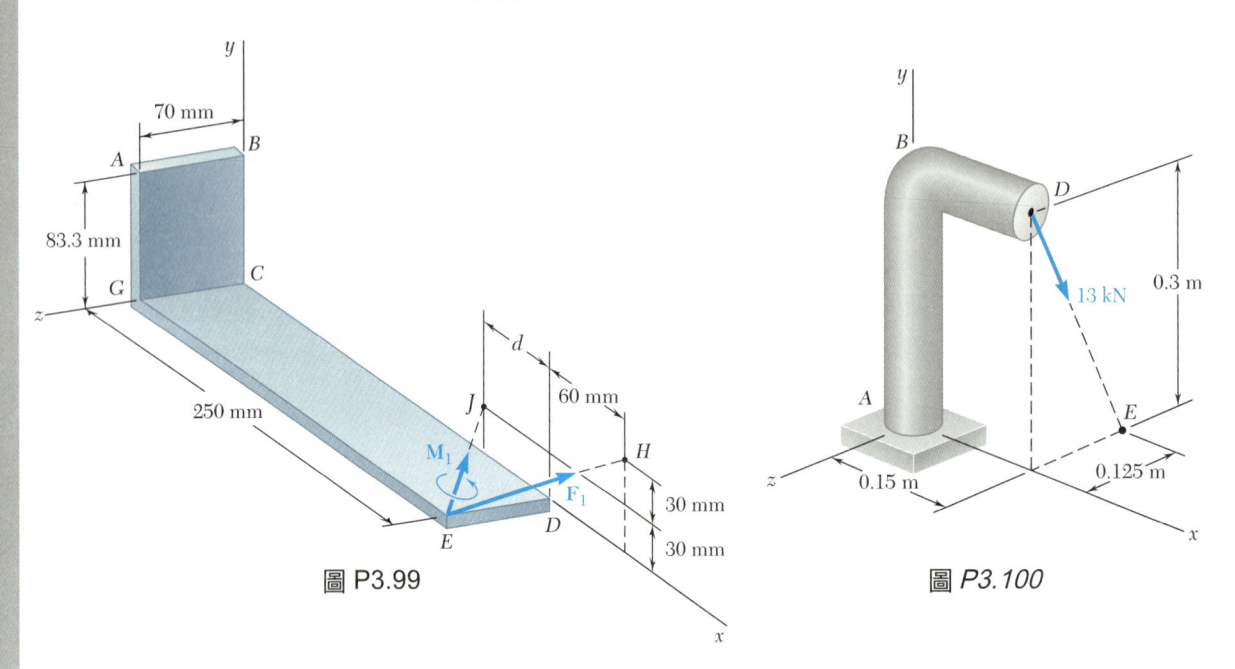

圖 P3.99

圖 P3.100

3.17 將力系化簡為一等效力－力偶系
(Reduction of a System of Forces to One Force and One Couple)

考慮一力系，由分別作用於剛體上點 A_1、A_2、A_3…上的力 $\mathbf{F}_1$、$\mathbf{F}_2$、$\mathbf{F}_3$ …組成。各點的位置向量為 $\mathbf{r}_1$、$\mathbf{r}_2$、$\mathbf{r}_3$…（圖 3.41a）。由前節討論可知，可將 $\mathbf{F}_1$ 從點 A 平移至給定點 O，但需再加上力矩為 $\mathbf{M}_1 = \mathbf{r}_1 \times \mathbf{F}$ 的力偶。重複上述步驟，平移 $\mathbf{F}_2$、$\mathbf{F}_3$…，可得如圖 3.41b 所示的力系，其中點 O 上有原本的力與另加上的力偶向量。因為這些力共點，可將其向量相加，得到合力 $\mathbf{R}$。依此類推，力偶向量 $\mathbf{M}_1$、$\mathbf{M}_2$、$\mathbf{M}_3$…也可直接向量相加，並以單一力偶向量 $\mathbf{M}_O^R$ 取代。無論多複雜的力系，均可化簡成作用於一給定點 O 的等效力－力偶系（圖 3.41c）。須注意的是，雖然力偶向量 $\mathbf{M}_1$、$\mathbf{M}_2$、$\mathbf{M}_3$…和其相對應

的力垂直(圖3.41b)，但合力 **R** 和合力偶向量 $\mathbf{M}_O^R$ 不一定互相垂直(圖 3.41c)。

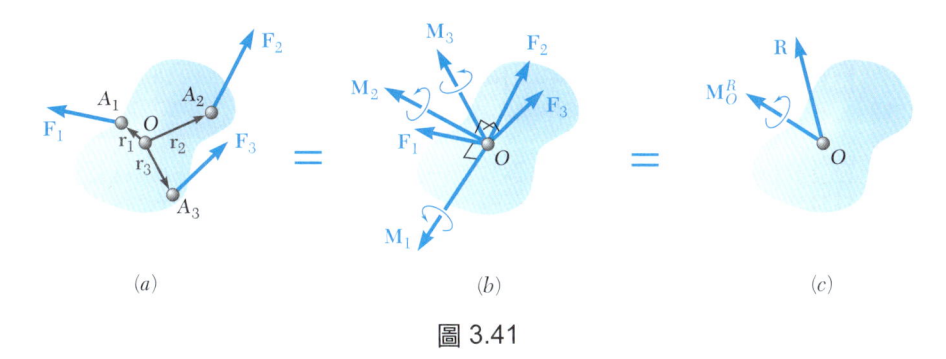

圖 3.41

等效力－力偶系定義如下

$$\mathbf{R} = \Sigma \mathbf{F} \qquad \mathbf{M}_O^R = \Sigma \mathbf{M}_O = \Sigma(\mathbf{r} \times \mathbf{F}) \tag{3.52}$$

表示合力由各力相加得到；合力偶向量 $\mathbf{M}_O^R$ 的力矩(稱為系統的**合力矩**，moment resultant) 則由各力對點 O 的力矩相加而得。

將一給定力系化簡為作用於點 O 的力－力偶系後，很容易可求得作用於另一點 O' 的力－力偶系。合力 **R** 保持不變，新的合力矩 $\mathbf{M}_{O'}^R$ 則等於 $\mathbf{M}_O^R$ 與作用於點 O 的力 **R** 對點 O' 的力矩(圖3.42)，即

$$\mathbf{M}_{O'}^R = \mathbf{M}_O^R + \mathbf{s} \times \mathbf{R} \tag{3.53}$$

求解給定力系化簡成作用於某一點 O 的單一力 **R** 和力偶向量 $\mathbf{M}_O^R$ 問題時，實際作法是將其分解至直角分量，故

$$\mathbf{r} = x\mathbf{i} + y\mathbf{j} + z\mathbf{k} \tag{3.54}$$

$$\mathbf{F} = F_x\mathbf{i} + F_y\mathbf{j} + F_z\mathbf{k} \tag{3.55}$$

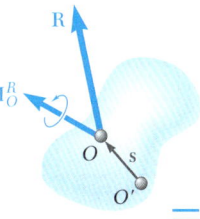

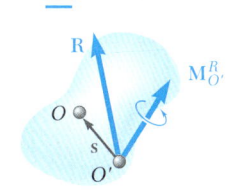

圖 3.42

將 **r** 和 **F** 代入式(3.52)，整理後得到以 **i**、**j** 和 **k** 表示的 **R** 與 $\mathbf{M}_O^R$ 如下

$$\mathbf{R} = R_x\mathbf{i} + R_y\mathbf{j} + R_z\mathbf{k} \qquad \mathbf{M}_O^R = M_x^R\mathbf{i} + M_y^R\mathbf{j} + M_z^R\mathbf{k} \tag{3.56}$$

其中分量 R_x、R_y 和 R_z 依次為所有力於 x、y 和 z 方向的合力，代表使剛體於 x、y 和 z 方向平移的傾向；而分量 M_x^R、M_y^R 和 M_z^R 依次為所有力繞 x、y 和 z 軸的力矩之和，代表使剛體對 x、y 和 z 軸轉動的傾向。

如有需要，可利用式 (2.18)、式 (2.19) 和 R_x、R_y 與 R_z 得到 **R** 的大小與方向。依此類推，也可得到力偶向量 $\mathbf{M}_O^R$ 的大小與方向。

3.18 等效力系 (Equivalent Systems of Forces)

前節討論得知，作用於剛體上的任何力系均可化簡為作用於一點 O 上的一力－力偶系。此一等效力－力偶系完全描述了該力系對剛體的作用。因此，若兩力系可化簡成最用於某點 O 的相同的力－力偶系，則此兩力系為等效。點 O 的力－力偶系由式 (3.52) 定義，我們可說：作用於相同剛體的兩力系 $\mathbf{F}_1$、$\mathbf{F}_2$、$\mathbf{F}_3$…以及 $\mathbf{F}'_1$、$\mathbf{F}'_2$、$\mathbf{F}'_3$…等效，若且唯若兩力系所有力的和相等，且各力對點 O 的力矩和相等。以數學式表達則為，兩力系等效的充分必要條件為

$$\Sigma \mathbf{F} = \Sigma \mathbf{F}' \qquad 且 \qquad \Sigma \mathbf{M}_O = \Sigma \mathbf{M}'_O \tag{3.57}$$

照片 3.3　分析推車運動時，孩童們施加在推車上的力，可取代為一個等效力－力偶系。

須注意的是，欲證明兩力系等效，式 (3.57) 中的第二式僅須滿足對某一點 O 成立。然而，若兩力系等效，該式對任意點均成立。

將式 (3.57) 中的力和力矩分解成直角分量，可將作用於剛體的兩力系等效的充分必要條件表示如下：

$$\begin{aligned}\Sigma F_x &= \Sigma F'_x & \Sigma F_y &= \Sigma F'_y & \Sigma F_z &= \Sigma F'_z \\ \Sigma M_x &= \Sigma M'_x & \Sigma M_y &= \Sigma M'_y & \Sigma M_z &= \Sigma M'_z\end{aligned} \tag{3.58}$$

上式具有很強的物理意義，即兩等效力系傾向於使剛體 (1) 於 x、y 和 z 方向有相同的平移，以及 (2) 對 x、y 和 z 軸有相同的轉動。

3.19 等價向量系 (Equipollent Systems of Vectors)

一般而言，當兩向量系滿足式 (3.57) 或式 (3.58)，即其合力相等且對任一點 O 的合力矩相等，則兩系統稱為等價。前節得到的結果可重新敘述如下：若作用於一剛體的兩力系等價，則亦為等效。

需要強調的是，有些向量系並不適用上段敘述。例如，考慮一力系，作用於一組非剛體的獨立質點。若有另一力系作用於相同質點組，且恰好為原本力系的等價力系，即這兩力系有相同的合力與合力矩。但此時不同力可能作用於不同質點上，其效用也會有所不同。故此兩力系雖然等價 (equipollent)，但不等效 (equivalent)。

3.20 力系的進一步簡化 (Further Reduction of a System of Forces)

第 3.17 節討論作用於一剛體的任一力系可化簡為作用於點 O 的一個等效力－力偶系。此力－力偶系包含一等於系同合力的力 $\mathbf{R}$ 與一等於系統合力矩的力偶向量 $\mathbf{M}_O^R$。

當 $\mathbf{R} = 0$ 時，力－力偶系僅剩一力偶向量 $\mathbf{M}_O^R$，則該力系化簡成單一力偶，稱為系統的**合力偶** (resultant couple)。

接著探討給定力系化簡成單一力的情況。由第 3.16 節可知，若 $\mathbf{R}$ 與 $\mathbf{M}_O^R$ 互相垂直，則點 O 的力－力偶系可由不同作用線的單一力 $\mathbf{R}$ 取代。可化簡成單一力（合力）的力系的力 $\mathbf{R}$ 與力偶向量 $\mathbf{M}_O^R$ 互相垂直。一般而言，三維空間問題的 $\mathbf{R}$ 與 $\mathbf{M}_O^R$ 不互相垂直，但若為以下情況則會滿足：(1) 共點力；(2) 共面力；(3) 平行力。詳述如下：

1. **共點力**作用於同一點，故可直接向量相加得到合力 $\mathbf{R}$。因此，共點力必定可化簡為單一力。共點力已於第二章詳述。
2. **共面力**作用於相同平面，此處可假設為書頁附圖的圖面 (圖 3.43a)。力系所有力的合力 $\mathbf{R}$ 也會位於圖面上，而各力對點 O 的力矩以及合力矩 $\mathbf{M}_O^R$ 均垂直紙面。因此，點 O 的力－力偶系包含一力 $\mathbf{R}$ 與一力偶向量，$\mathbf{M}_O^R$ 兩者互相垂直 (圖 3.43b)。若將 $\mathbf{R}$ 於平面上平移，直到其對點 O 的力矩等於 $\mathbf{M}_O^R$，該力－力偶系即化簡成單一力。此時，點 O 到 $\mathbf{R}$ 的作用線的距離為 $d = \mathbf{M}_O^R / R$ (圖 3.43c)。

如第 3.17 節所述，將力系的力分解成直角分量可大幅簡化力系的化簡。點 O 的力－力偶系以分量表示如下 (圖 3.44a)

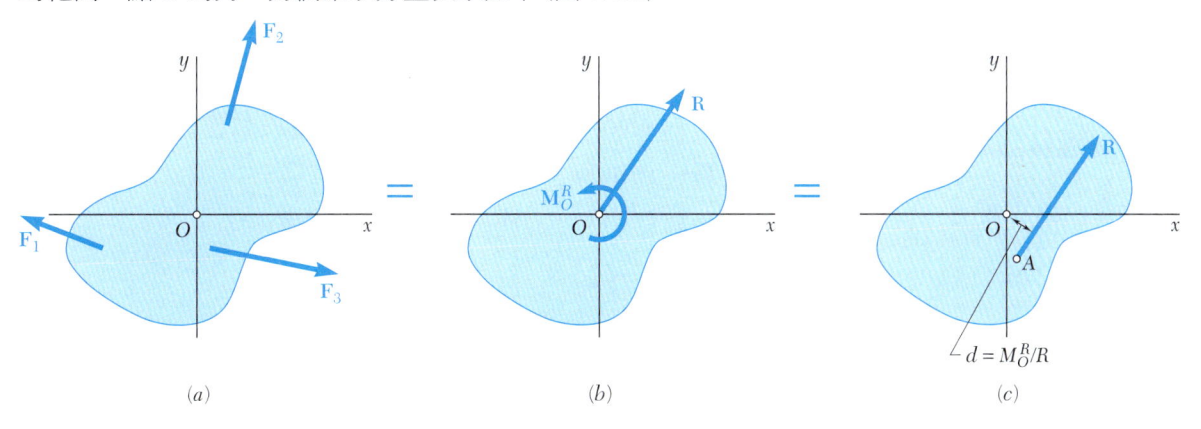

圖 3.43

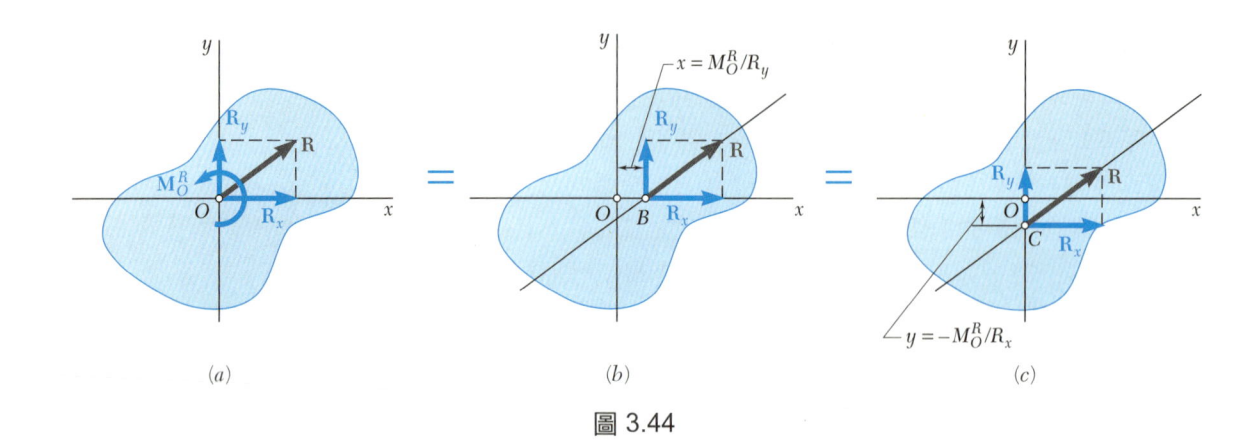

圖 3.44

$$R_x = \Sigma F_x \qquad R_y = \Sigma F_y \qquad M_z^R = M_O^R = \Sigma M_O \qquad (3.59)$$

為將點 O 的力－力偶系化簡成單一力 $\mathbf{R}$，$\mathbf{R}$ 對點 O 的力矩必須等於 $\mathbf{M}_O^R$，若將合力作用點的座標標示為 x 和 y，根據第 3.8 節的式 (3.22) 可得

$$xR_y - yR_x = M_O^R$$

上式代表 $\mathbf{R}$ 作用線的方程式。也可直接求得合力作用線與 x 軸和 y 軸的交點，方法如下：將 R 視為作用於點 B，則 $\mathbf{R}$ 的 y 分量 R_y 對點 O 的力矩必須等於 $\mathbf{M}_O^R$ (圖 3.44b)，可求得 x 值；依此類推，將 R 視為作用於點 C，則可求出 y 值 (圖 3.44c)。

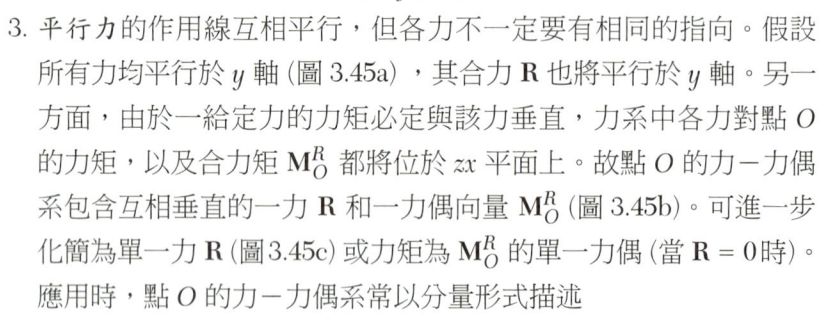

3. 平行力的作用線互相平行，但各力不一定要有相同的指向。假設所有力均平行於 y 軸 (圖 3.45a)，其合力 $\mathbf{R}$ 也將平行於 y 軸。另一方面，由於一給定力的力矩必定與該力垂直，力系中各力對點 O 的力矩，以及合力矩 $\mathbf{M}_O^R$ 都將位於 zx 平面上。故點 O 的力－力偶系包含互相垂直的一力 $\mathbf{R}$ 和一力偶向量 $\mathbf{M}_O^R$ (圖 3.45b)。可進一步化簡為單一力 $\mathbf{R}$ (圖 3.45c) 或力矩為 $\mathbf{M}_O^R$ 的單一力偶 (當 $\mathbf{R} = 0$ 時)。應用時，點 O 的力－力偶系常以分量形式描述

照片 3.4　作用在公路指示牌上的平行風可化簡成單一等效力。求出此力可簡化後續求解指示牌構架的地面支撐反力。

$$R_y = \Sigma F_y \qquad M_x^R = \Sigma M_x \qquad M_z^R = \Sigma M_z \qquad (3.60)$$

將 $\mathbf{R}$ 平移至一新的作用點 $A(x, 0, z)$，若 $\mathbf{R}$ 對點 O 的力矩等於 $\mathbf{M}_O^R$，則原力系化簡成為單一力，即

$$\mathbf{r} \times \mathbf{R} = \mathbf{M}_O^R$$
$$(x\mathbf{i} + z\mathbf{k}) \times R_y\mathbf{j} = M_x^R\mathbf{i} + M_z^R\mathbf{k}$$

(a)   (b)   (c)

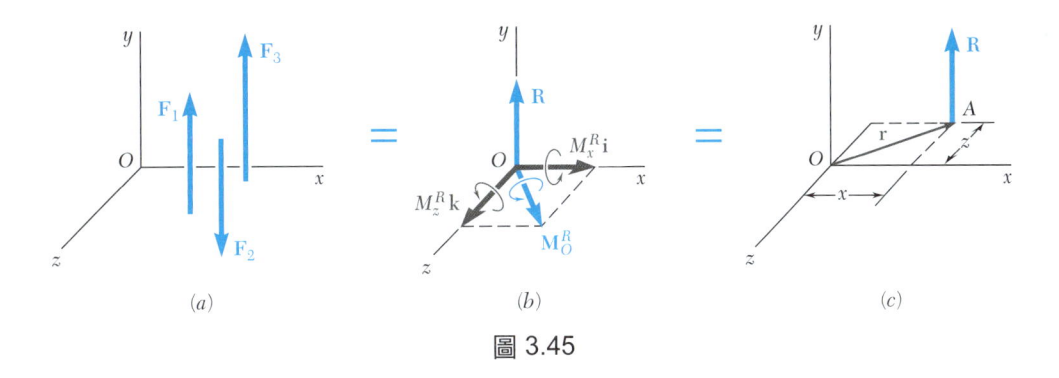

圖 3.45

計算向量積，等號兩邊各單位向量的係數相等，可得到定義點 A 座標的兩純量方程：

$$-zR_y = M_x^R \qquad xR_y = M_z^R$$

上式表示 $\mathbf{R}$ 對 x 軸和 z 軸的力矩必定分別等於 $\mathbf{M}_O^R$ 和 $\mathbf{M}_z^R$。

*3.21 將力系化簡為一力與一垂直於平面的力偶（合稱起子力系，wrench）
(Reduction of a System of Forces to a Wrench)

一般情況下，空間中一力系於點 O 的等效力系包含一力 $\mathbf{R}$ 與一力偶向量 $\mathbf{M}_O^R$，兩者不互相垂直，也不為零 (圖 3.46a)。因此，該力系無法化簡成單一力或單一力偶。但力偶向量 $\mathbf{M}_O^R$ 可分解成沿著 $\mathbf{R}$ 的分量 $\mathbf{M}_1$ 與為於垂直於 $\mathbf{R}$ 的平面上的 $\mathbf{M}_2$ (圖 3.46b)。力偶向量 $\mathbf{M}_2$ 與力 $\mathbf{R}$ 可由有新作用線的單一力 $\mathbf{R}$ 取代。因此，原力系化簡成 $\mathbf{R}$ 和力偶向量 $\mathbf{M}_1$ (圖 3.46c)，即化簡成 $\mathbf{R}$ 和作用於垂直於 $\mathbf{R}$ 的平面的力偶。因為這種力－力偶系的效用結合推進 (push) 與扭轉 (twist)，故

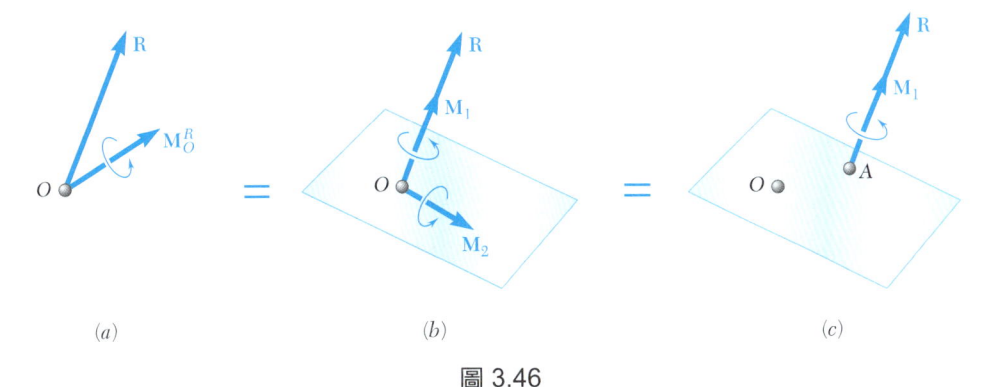

(a)   (b)   (c)

圖 3.46

稱為**起子力系** (wrench)。**R** 的作用線稱為**螺絲起子軸** (axis of the wrench)，而 $p = M_1/R$ 稱為**螺距** (pitch)。因此，起子力系含兩個共線的向量，即力 **R** 與力偶向量

$$\mathbf{M}_1 = p\mathbf{R} \tag{3.61}$$

照片 3.5　旋緊螺絲時的推轉動作即為一力與一力偶向量共線，構成一起子力系。

利用第 3.9 節得到的式 (3.35)，可求得一向量於另一向量作用線上的投影。故 $\mathbf{M}_O^R$ 於 **R** 的作用線上的投影為

$$M_1 = \frac{\mathbf{R} \cdot \mathbf{M}_O^R}{R}$$

因此，螺距依定義可表示如下

$$p = \frac{M_1}{R} = \frac{\mathbf{R} \cdot \mathbf{M}_O^R}{R^2} \tag{3.62}$$

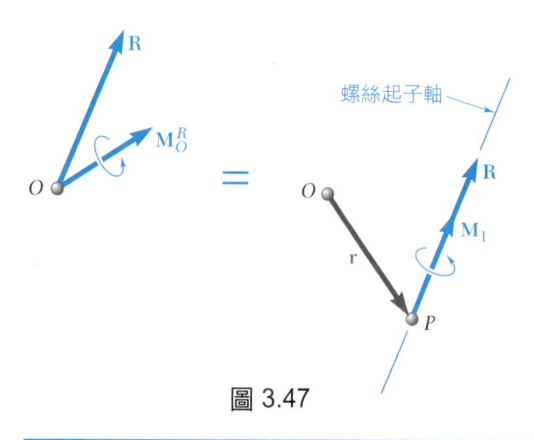

選定螺絲起子軸上任一點 **P**，其位置向量為 **r**。將合力 **R** 與力偶向量 $\mathbf{M}_1$ 作用於點 P（圖 3.47）。此力－力偶系對點 O 的力矩等於原力系的合力矩 $\mathbf{M}_O^R$，如下式

$$\mathbf{M}_1 + \mathbf{r} \times \mathbf{R} = \mathbf{M}_O^R \tag{3.63}$$

或代入式 (3.61) 得

$$p\mathbf{R} + \mathbf{r} \times \mathbf{R} = \mathbf{M}_O^R \tag{3.64}$$

圖 3.47

範例 3.8

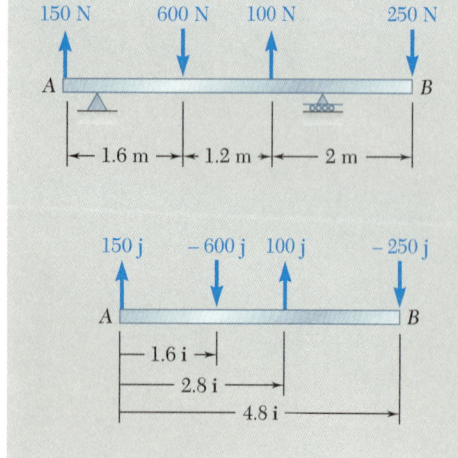

一 4.80 m 長的梁受力如附圖所示。請將給定力系依以下要求化簡：(a) 作用於 A 的等效力－力偶系；(b) 作用於 B 的等效力－力偶系；(c) 單一力 / 合力。

解

a. **作用於 A 的力－力偶系。** 作用於 A 且等效於給定力系的力－力偶系，包含一力 **R** 與一力偶 $\mathbf{M}_A^R$，定義如下

$$\mathbf{R} = \Sigma \mathbf{F}$$
$$= (150 \text{ N})\mathbf{j} - (600 \text{ N})\mathbf{j} + (100 \text{ N})\mathbf{j} - (250 \text{ N})\mathbf{j} = -(600 \text{ N})\mathbf{j}$$
$$\mathbf{M}_A^R = \Sigma(\mathbf{r} \times \mathbf{F})$$
$$= (1.6\mathbf{i}) \times (-600\mathbf{j}) + (2.8\mathbf{i}) \times (100\mathbf{j}) + (4.8\mathbf{i}) \times (-250\mathbf{j})$$
$$= -(1880 \text{ N} \cdot \text{m})\mathbf{k}$$

故作用於 A 的等效力－力偶系為

$$\mathbf{R} = 600 \text{ N} \downarrow \qquad \mathbf{M}_A^R = 1880 \text{ N} \cdot \text{m} \downarrow$$

b. **作用於 B 的力－力偶系**。這裡要求作用於 B 的力－力偶系，且等效於 (a) 小題得到的力－力偶系。此處合力 $\mathbf{R}$ 不變，但必須求出一個新力偶 $\mathbf{M}_B^R$。這個新力偶的力矩等於 (a) 小題的力－力偶系對 B 的力矩。故

$$\begin{aligned}\mathbf{M}_B^R &= \mathbf{M}_A^R + \vec{BA} \times \mathbf{R} \\ &= -(1880 \text{ N} \cdot \text{m})\mathbf{k} + (-4.8 \text{ m})\mathbf{i} \times (-600 \text{ N})\mathbf{j} \\ &= -(1880 \text{ N} \cdot \text{m})\mathbf{k} + (2880 \text{ N} \cdot \text{m})\mathbf{k} = +(1000 \text{ N} \cdot \text{m})\mathbf{k}\end{aligned}$$

作用於 B 的等效力－力偶系為

$$\mathbf{R} = 600 \text{ N} \downarrow \qquad \mathbf{M}_B^R = 1000 \text{ N} \cdot \text{m} \uparrow$$

c. **單一力/合力**。給定力系的合力等於 $\mathbf{R}$，其作用點必定滿足 $\mathbf{R}$ 對 A 的力矩等於 $\mathbf{M}_A^R$，可寫成

$$\mathbf{r} \times \mathbf{R} = \mathbf{M}_A^R$$
$$x\mathbf{i} \times (-600 \text{ N})\mathbf{j} = -(1880 \text{ N} \cdot \text{m})\mathbf{k}$$
$$-x(600 \text{ N})\mathbf{k} = -(1880 \text{ N} \cdot \text{m})\mathbf{k}$$

故得 $x = 3.13$ m。因此，等效於給定力系的單一力定義如下

$$\mathbf{R} = 600 \text{ N} \downarrow \qquad x = 3.13 \text{ m}$$

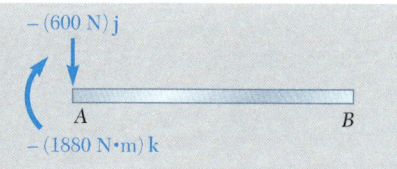

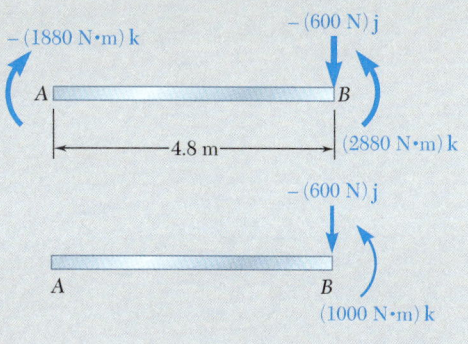

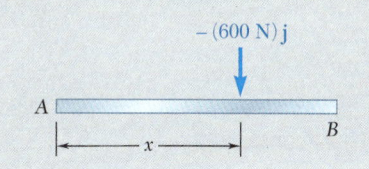

範例 3.9

四艘小拖船牽引一艘遠洋輪船到碼頭。每艘拖船施加 5000 N 的力，方向如附圖所示。試求 (a) 作用於 O 的等效力－力偶系；(b) 若以一艘馬力較大的新拖船取代原本的四艘拖船，新拖船於船身的作用點應在何處，才可產生相同效果。

解

a. **作用於 O 的力－力偶系**。每個給定力均分解成如圖示的分量。作用於 O 且等效於給定力系的力－力偶系，包含一力 $\mathbf{R}$ 與一力偶 $\mathbf{M}_O^R$，定義如下

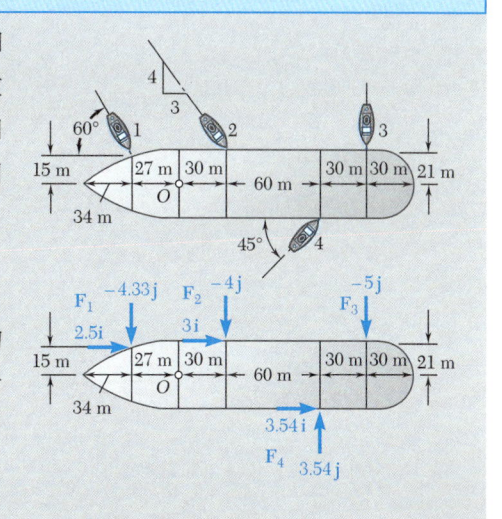

$$\mathbf{R} = \Sigma\mathbf{F}$$
$$= (2.50\mathbf{i} - 4.33\mathbf{j}) + (3.00\mathbf{i} - 4.00\mathbf{j}) + (-5.00\mathbf{j}) + (3.54\mathbf{i} + 3.54\mathbf{j})$$
$$= 9.04\mathbf{i} - 9.79\mathbf{j}$$

$$\mathbf{M}_O^R = \Sigma(\mathbf{r} \times \mathbf{F})$$
$$= (-27\mathbf{i} + 15\mathbf{j}) \times (2.50\mathbf{i} - 4.33\mathbf{j})$$
$$+ (30\mathbf{i} + 21\mathbf{j}) \times (3.00\mathbf{i} - 4.00\mathbf{j})$$
$$+ (120\mathbf{i} + 21\mathbf{j}) \times (-5.00\mathbf{j})$$
$$+ (90\mathbf{i} - 21\mathbf{j}) \times (3.54\mathbf{i} + 3.54\mathbf{j})$$
$$= (116.9 - 37.5 - 120 - 63 - 600 + 318.6 + 74.3)\mathbf{k}$$
$$= -310.7\mathbf{k}$$

故作用於 O 的等效力－力偶系為

$$\mathbf{R} = (9.04 \text{ kN})\mathbf{i} - (9.79 \text{ kN})\mathbf{j} \qquad \mathbf{M}_O^R = -(310.7 \text{ kN} \cdot \text{m})\mathbf{k}$$

或

$$\mathbf{R} = 13.33 \text{ kN} \searrow 47.3° \qquad \mathbf{M}_O^R = 310.7 \text{ kN} \cdot \text{m} \downarrow$$

備註：

由於所有的力都在紙面，可預期其力矩和垂直紙面。也可直接求圖上每一個力分量的力矩，即力分量大小乘以與 O 的垂直距離，再加上正確的正負號。

b. **單一拖船**。單一拖船施加的力必定等於 $\mathbf{R}$，其作用點 A 必定使 $\mathbf{R}$ 對 O 的力矩等於 $\mathbf{M}_O^R$。觀察 A 的位置向量為

$$\mathbf{r} = x\mathbf{i} + 21\mathbf{j}$$

故

$$\mathbf{r} \times \mathbf{R} = \mathbf{M}_O^R$$
$$(x\mathbf{i} + 21\mathbf{j}) \times (9.04\mathbf{i} - 9.79\mathbf{j}) = -310.7\mathbf{k}$$
$$-x(9.79)\mathbf{k} - 189.8\mathbf{k} = -310.7\mathbf{k} \qquad x = 12.3 \text{ m}$$

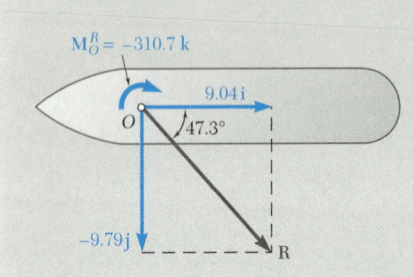

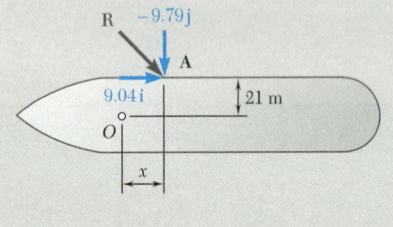

範例 3.10

三條纜繩連接至一拖架如附圖所示。將各纜繩施加的力取代為作用於 A 的等效力－力偶系。

解

首先求點 A 到各力作用點的相對位置向量，再將各力分解成直角分量。觀察 $F_B = (700 \text{ N}) \boldsymbol{\lambda}_{BE}$，其中

$$\boldsymbol{\lambda}_{BE} = \frac{\overrightarrow{BE}}{BE} = \frac{75\mathbf{i} - 150\mathbf{j} + 50\mathbf{k}}{175}$$

而且

$\mathbf{r}_{B/A} = \overrightarrow{AB} = 0.075\mathbf{i} + 0.050\mathbf{k}$ $\quad \mathbf{F}_B = 300\mathbf{i} - 600\mathbf{j} + 200\mathbf{k}$
$\mathbf{r}_{C/A} = \overrightarrow{AC} = 0.075\mathbf{i} - 0.050\mathbf{k}$ $\quad \mathbf{F}_C = 707\mathbf{i} \quad\quad\quad - 707\mathbf{k}$
$\mathbf{r}_{D/A} = \overrightarrow{AD} = 0.100\mathbf{i} - 0.100\mathbf{j}$ $\quad \mathbf{F}_D = 600\mathbf{i} + 1039\mathbf{j}$

作用於 A 且等效於給定力系的力－力偶系，包含一力 $\mathbf{R} = \Sigma\mathbf{F}$ 與一力偶 $\mathbf{M}_A^R = \Sigma(\mathbf{r} \times \mathbf{F})$。力 R 的各分量可直接求各力 x、y 與 z 分量之和得到，如下

$$\mathbf{R} = \Sigma\mathbf{F} = (1607 \text{ N})\mathbf{i} + (439 \text{ N})\mathbf{j} - (507 \text{ N})\mathbf{k}$$

利用力矩的行列式表達法可簡化 $\mathbf{M}_A^R$ 的計算（第 3.8 節），如下：

$$\mathbf{r}_{B/A} \times \mathbf{F}_B = \begin{vmatrix} \mathbf{i} & \mathbf{j} & \mathbf{k} \\ 0.075 & 0 & 0.050 \\ 300 & -600 & 200 \end{vmatrix} = 30\mathbf{i} \quad\quad -45\mathbf{k}$$

$$\mathbf{r}_{C/A} \times \mathbf{F}_C = \begin{vmatrix} \mathbf{i} & \mathbf{j} & \mathbf{k} \\ 0.075 & 0 & -0.050 \\ 707 & 0 & -707 \end{vmatrix} = \quad 17.68\mathbf{j}$$

$$\mathbf{r}_{D/A} \times \mathbf{F}_D = \begin{vmatrix} \mathbf{i} & \mathbf{j} & \mathbf{k} \\ 0.100 & -0.100 & 0 \\ 600 & 1039 & 0 \end{vmatrix} = \quad\quad 163.9\mathbf{k}$$

利用上列表達式可得

$$\mathbf{M}_A^R = \Sigma(\mathbf{r} \times \mathbf{F}) = (30 \text{ N} \cdot \text{m})\mathbf{i} + (17.68 \text{ N} \cdot \text{m})\mathbf{j} + (118.9 \text{ N} \cdot \text{m})\mathbf{k}$$

力 R 與力偶 $\mathbf{M}_A^R$ 的直角分量如附圖所示。

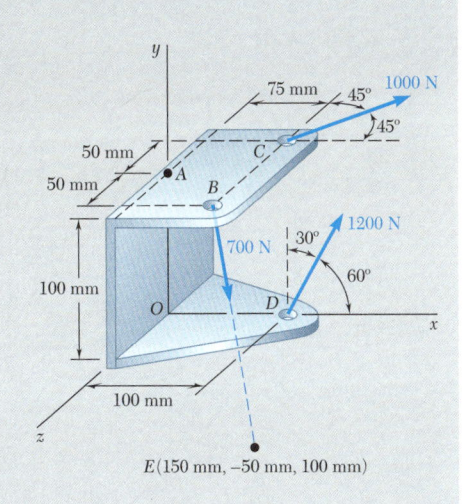

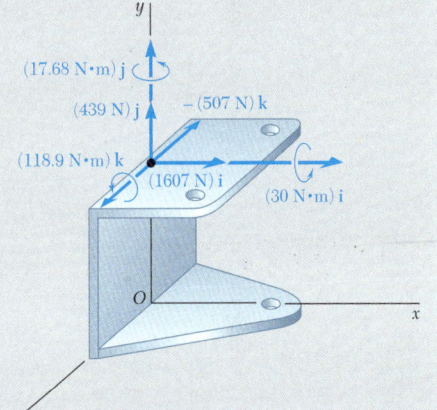

範例 3.11

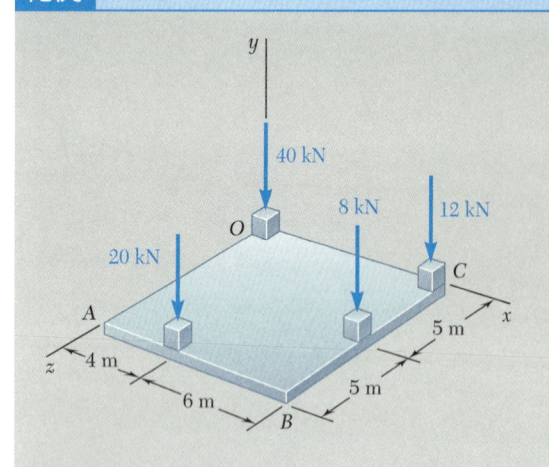

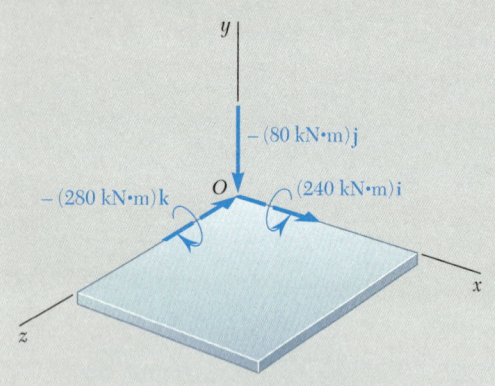

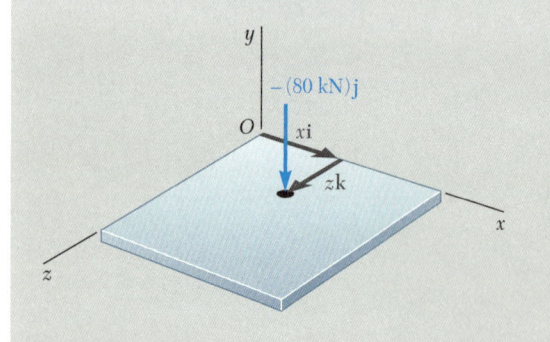

一方形底板支撐四根柱子,如附圖所示。試求四力的合力的大小與作用點。

解

首先將給定力系化簡成作用於座標原點 O 的力－力偶系,包含一力 $\mathbf{R}$ 與一力偶 $\mathbf{M}_O^R$,定義如下

$$\mathbf{R} = \Sigma \mathbf{F} \qquad \mathbf{M}_O^R = \Sigma(\mathbf{r} \times \mathbf{F})$$

求出各力作用點的位置向量,填入下表中,即可計算力矩。

$\mathbf{r}$, m	$\mathbf{F}$, kN	$\mathbf{r} \times \mathbf{F}$, kN·m
0	$-40\mathbf{j}$	0
$10\mathbf{i}$	$-12\mathbf{j}$	$-120\mathbf{k}$
$10\mathbf{i} + 5\mathbf{k}$	$-8\mathbf{j}$	$40\mathbf{i} - 80\mathbf{k}$
$4\mathbf{i} + 10\mathbf{k}$	$-20\mathbf{j}$	$200\mathbf{i} - 80\mathbf{k}$
	$\mathbf{R} = -80\mathbf{j}$	$\mathbf{M}_O^R = 240\mathbf{i} - 280\mathbf{k}$

由於力 $\mathbf{R}$ 與力偶向量 $\mathbf{M}_O^R$ 互相垂直,得到的力－力偶系可進一步化簡成單一力 $\mathbf{R}$。$\mathbf{R}$ 的新作用點在底板平面上,且滿足 $\mathbf{R}$ 對 O 的力矩等於 $\mathbf{M}_O^R$。以 $\mathbf{r}$ 標示新作用點的位置向量,包含 x 與 z 座標,可寫成

$$\mathbf{r} \times \mathbf{R} = \mathbf{M}_O^R$$
$$(x\mathbf{i} + z\mathbf{k}) \times (-80\mathbf{j}) = 240\mathbf{i} - 280\mathbf{k}$$
$$-80x\mathbf{k} + 80z\mathbf{i} = 240\mathbf{i} - 280\mathbf{k}$$

故

$$-80x = -280 \qquad 80z = 240$$
$$x = 3.50 \text{ m} \qquad z = 3.00 \text{ m}$$

因此,給定力系的合力為

$$\mathbf{R} = 80 \text{ kN} \downarrow \qquad 當 x = 3.50 \text{ m}, z = 3.00 \text{ m}$$

範例 3.12

大小都等於 P 的兩力，作用於邊長為 a 的立方體上，如附圖所示。將兩力取代為一等效起子力系，試求 (a) 合力 $\mathbf{R}$ 的大小與方向；(b) 起子的螺距；(c) 起子與 yz 平面的交點。

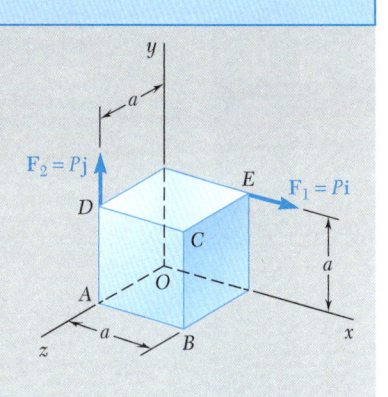

解

作用於 O 的等效力－力偶系。 首先求作用於原點 O 的等效力－力偶系。觀察可得兩力的作用點 E 與 D 的位置向量為 $\mathbf{r}_E = a\mathbf{i} + a\mathbf{j}$ 與 $\mathbf{r}_D = a\mathbf{j} + a\mathbf{k}$。兩力的合力 $\mathbf{R}$ 與其對 O 的合力矩 $\mathbf{M}_O^R$ 為

$$\mathbf{R} = \mathbf{F}_1 + \mathbf{F}_2 = P\mathbf{i} + P\mathbf{j} = P(\mathbf{i} + \mathbf{j}) \tag{1}$$

$$\mathbf{M}_O^R = \mathbf{r}_E \times \mathbf{F}_1 + \mathbf{r}_D \times \mathbf{F}_2 = (a\mathbf{i} + a\mathbf{j}) \times P\mathbf{i} + (a\mathbf{j} + a\mathbf{k}) \times P\mathbf{j}$$
$$= -Pa\mathbf{k} - Pa\mathbf{i} = -Pa(\mathbf{i} + \mathbf{k}) \tag{2}$$

a. 合力 R。 由式 (1) 與附圖，合力 $\mathbf{R}$ 的大小為 $R = P\sqrt{2}$，落在 xy 平面上，且與 x 與 y 軸夾角 $45°$。故

$$R = P\sqrt{2} \quad \theta_x = \theta_y = 45° \quad \theta_z = 90°$$

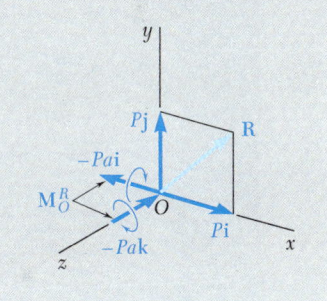

b. 起子的螺距。 回顧第 3.21 節的式 (3.62) 搭配上述的式 (1) 與式 (2)，可得

$$p = \frac{\mathbf{R} \cdot \mathbf{M}_O^R}{R^2} = \frac{P(\mathbf{i}+\mathbf{j}) \cdot (-Pa)(\mathbf{i}+\mathbf{k})}{(P\sqrt{2})^2} = \frac{-P^2 a(1+0+0)}{2P^2} \quad p = -\frac{a}{2}$$

c. 起子的軸線。 由上述討論與式 (3.61)，可知起子力系包含式 (1) 的力 $\mathbf{R}$ 與一力偶向量如下

$$\mathbf{M}_1 = p\mathbf{R} = -\frac{a}{2}P(\mathbf{i}+\mathbf{j}) = -\frac{Pa}{2}(\mathbf{i}+\mathbf{j}) \tag{3}$$

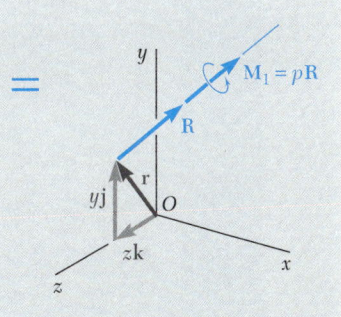

為求起子軸線與 yz 平面的交點，可利用起子力系對 O 的力矩等於原系統的合力矩 $\mathbf{M}_O^R$：

$$\mathbf{M}_1 + \mathbf{r} \times \mathbf{R} = \mathbf{M}_O^R$$

或利用 $\mathbf{r} = y\mathbf{j} + z\mathbf{k}$ 與式 (1)、(2) 與 (3)，代入上式得到

$$-\frac{Pa}{2}(\mathbf{i}+\mathbf{j}) + (y\mathbf{j}+z\mathbf{k}) \times P(\mathbf{i}+\mathbf{j}) = -Pa(\mathbf{i}+\mathbf{k})$$

$$-\frac{Pa}{2}\mathbf{i} - \frac{Pa}{2}\mathbf{j} - Py\mathbf{k} + Pz\mathbf{j} - Pz\mathbf{i} = -Pa\mathbf{i} - Pa\mathbf{k}$$

比較等號兩邊 $\mathbf{k}$ 與 $\mathbf{j}$ 的係數得到

$$y = a \quad z = a/2$$

重點提示

本節中討論力系的化簡和簡化。求解問題時可能會用到以下的運算。

1. **將一力系化簡成作用於給定點 A 的一力和一力偶**。該力為力系的**合力 R**，為所有力相加得到；該力偶的力矩則為力系的**合力矩**，由各力對點 A 的力矩相加得到，故

$$\mathbf{R} = \Sigma \mathbf{F} \qquad \mathbf{M}_A^R = \Sigma (\mathbf{r} \times \mathbf{F})$$

其中位置向量 r 為從點 A 指向 F 作用線上任一點的向量。

2. **將一力－力偶系從點 A 移至點 B**。若已知一力系於點 A 的力－力偶系，而要求其於點 B 的力－力偶系，此時並不需重新計算對點 B 的力矩。合力 R 保持不變，而位於點 B 的合力矩 $\mathbf{M}_B^R$ 可由 $\mathbf{M}_A^R$ 加上作用於點 A 的力 R 對點 B 的力矩得到 [範例 3.8]。將由 B 至 A 的向量標示為 s，得到

$$\mathbf{M}_B^R = \mathbf{M}_A^R + \mathbf{s} \times \mathbf{R}$$

3. **檢查兩力系是否等效**。先將兩力系化簡為作用於相同點 A (剛體上任一點) 的力－力偶系。若得到的兩力－力偶系完全相同，則兩力系等效 (即兩者對剛體的作用相同)，如下式

$$\Sigma \mathbf{F} = \Sigma \mathbf{F}' \text{ 且 } \Sigma \mathbf{M}_A = \Sigma \mathbf{M}_A'$$

因此，若兩力系的合力不相等，則兩者不可能等效，不需再檢查其合力矩是否相等。

4. **將給定力系化簡為單一力**。先將給定力系化簡為位於某一點 A 的一力－力偶系，力為合力 R，力偶為 $\mathbf{M}_A^R$ 只有在力 R 和力偶向量 $\mathbf{M}_A^R$ 互相垂直時，此力系才有可能化簡為單一力。可能的情況包含力系中的力為共點力、共面力或平行力。此單一力可由平移 R，使 R 對點 A 的力矩等於 $\mathbf{M}_A^R$ 時得到。點 A 至單一力 R 的作用線上任一點的位置向量 r 必須滿足

$$\mathbf{r} \times \mathbf{R} = \mathbf{M}_A^R$$

請參考範例 3.8、3.9 和 3.11。

5. **將力系化簡成起子力系**。若一給定力系包含的力不共點、不共面、或不平行，則其位於點 A 的等效力－力偶系包含一力 R 和一力偶向量 $\mathbf{M}_A^R$，兩者通常不互相垂直。(利用點積檢查 R 和 $\mathbf{M}_A^R$ 是否垂直。若其點積為零則兩者互相垂直。) 若 R 和 $\mathbf{M}_A^R$ 不互相垂直，則力－力偶系將無法化簡為單一力。但可化簡成一起子力系——即結合兩共線的力 R 和力偶向量 $\mathbf{M}_1$，此共同作用線稱為螺絲起子軸 (圖 3.47)。比例 $p = M_1/R$ 稱為螺絲起子的螺距。

可依以下步驟將一力系化簡為一起子力系：
a. 將力系化簡為作用於原點 O 的等效力－力偶系 $(\mathbf{R}, \mathbf{M}_O^R)$。
b. 依式 (3.62) 求其螺距 p

$$p = \frac{M_1}{R} = \frac{\mathbf{R} \cdot \mathbf{M}_O^R}{R^2} \quad (3.62)$$

c. 起子力系對點 O 的力矩等於位於點 O 的力－力偶系的合力矩 $\mathbf{M}_O^R$，即

$$\mathbf{M}_1 + \mathbf{r} \times \mathbf{R} = \mathbf{M}_O^R \quad (3.63)$$

利用上式可得起子式合力系的作用線與給定平面的交點，因為位置向量 $\mathbf{r}$ 由點 O 指向該點。

讀者可參考範例 3.12，應能對以上步驟有更清楚的了解。起子力系的求解以及其軸線與給定平面的交點似乎有點難度，但求解過程不外乎套用本章介紹的幾個觀念與技巧。因此，若能完全了解起子力系，即可算是充分了解本章內容。

習 題

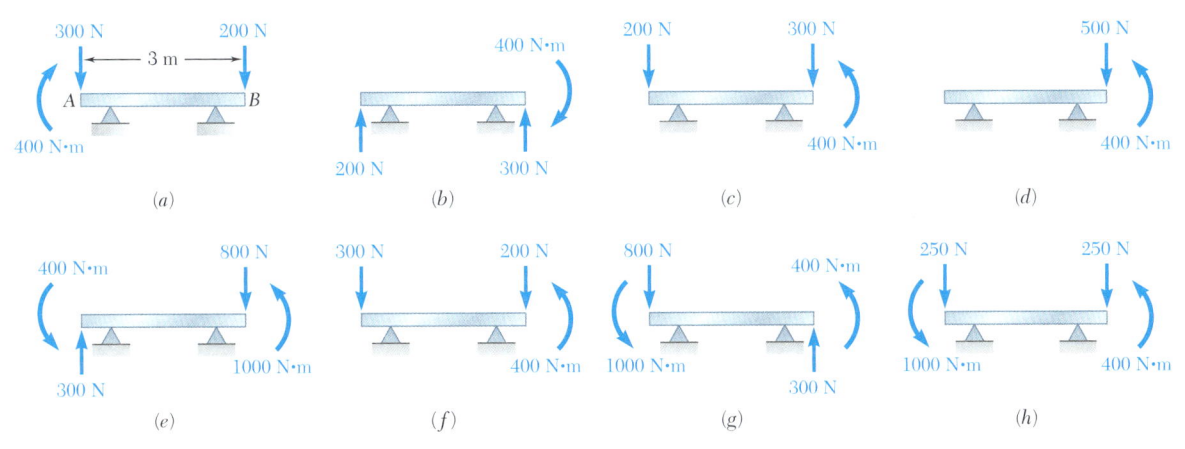

圖 P3.101

圖 P3.102

3.101 一 3 m 長的梁受如附圖所示之負載。(a) 將負載取代為作用於 A 的等效力－力偶系；(b) 哪些為等效負載？

3.102 一 3 m 長的梁受如附圖所示之負載。請問此負載與

習題 3.101 中哪個負載等效？

3.103 試就以下問題求單一等效力，以及此力作用線與點 A 的距離：(a) 習題 3.101a；(b) 習題 3.101b；(c) 習題 3.102。

3.104 五個力－力偶系分別作用於一金屬彎板的五個角上，如附圖所示。試求其中何者等效於作用於原點的力 $\mathbf{F} = (10\ \text{N})\mathbf{i}$ 與力偶 $\mathbf{M} = (15\ \text{N}\cdot\text{m})\mathbf{j} + (15\ \text{N}\cdot\text{m})\mathbf{k}$。

圖 P3.104

圖 P3.105

3.105 三個水平力作用於一垂直鑄鐵桿件，如附圖所示。試求其合力以及合力作用線到地面的距離：(a) 當 $P = 200\ \text{N}$；(b) 當 $P = 2400\ \text{N}$；(c) 當 $P = 1000\ \text{N}$。

3.106 三個舞台燈光架設在一桿件上，如附圖所示。A 與 B 的燈光各重 20 N，C 的燈光重 18 N。(a) 若 $d = 0.6\ \text{m}$，試求三個燈光的合力作用線與 D 的距離；(b) 試求使得重力合力通過桿件中點的 d 值。

圖 P3.106

3.107 體重分別為 420 N 與 320 N 的兩孩童坐在翹翹板的兩端 A 與 B。若有第三名孩童，體重為 (a) 300 N；(b) 260 N，

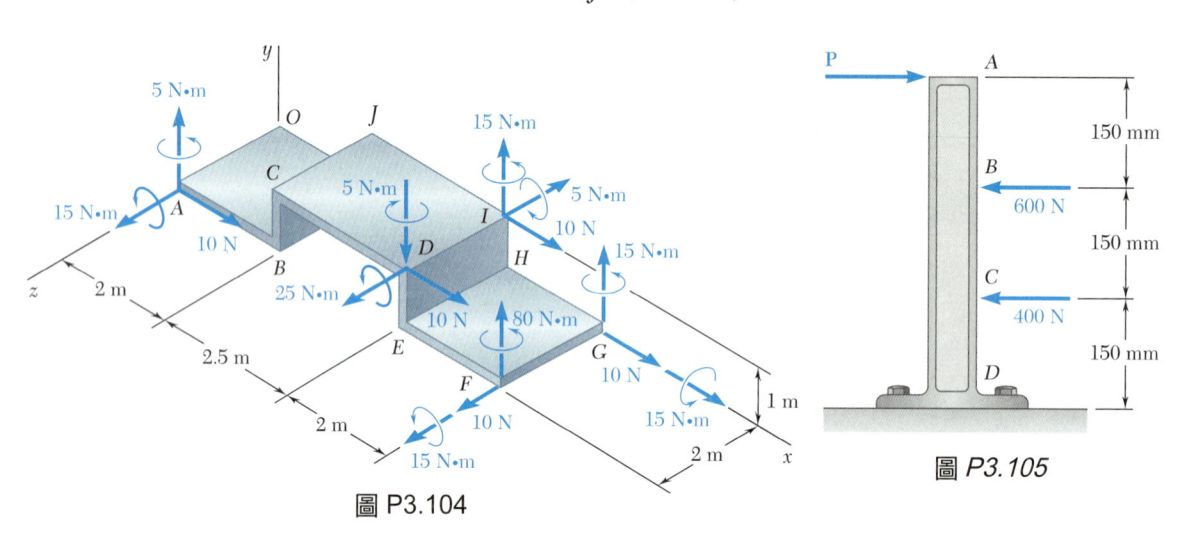

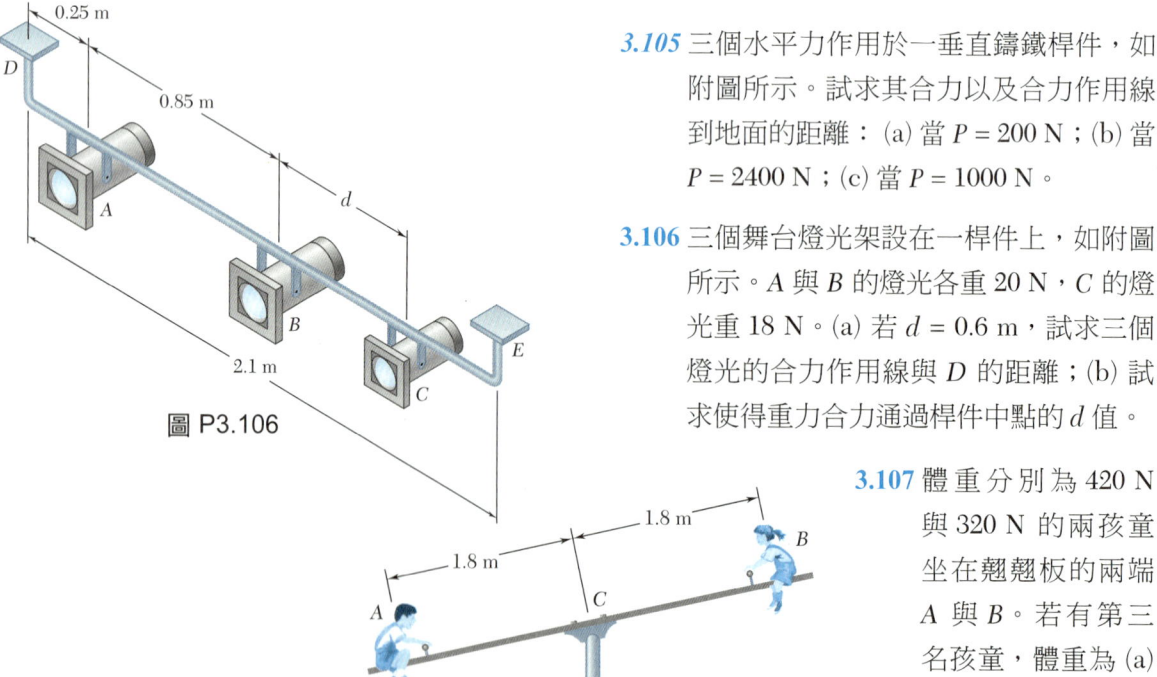

圖 P3.107

請問這名孩童要坐在翹翹板上何處,三人的體重合力會通過 C?

3.108 一力矩為 $M = 0.54\ \text{N}\cdot\text{m}$ 的力偶與三力作用於一拖架上。(a) 試求此力系的合力;(b) 找出此合力與線 AB 與線 BC 的交點。

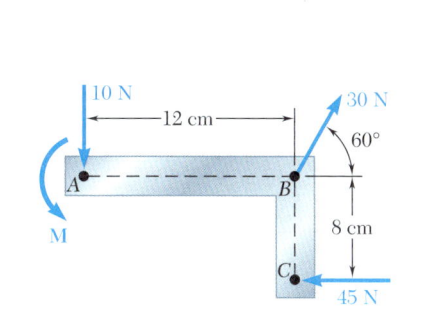

圖 P3.108 與 P3.109   圖 P3.110

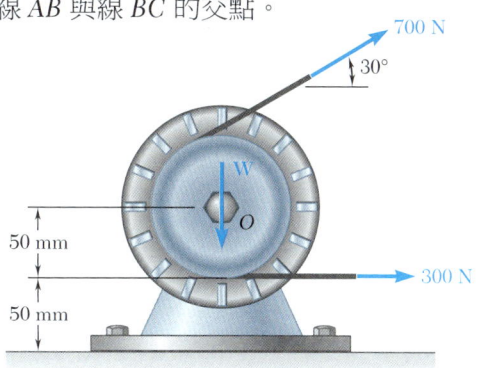

3.109 一力矩為 **M** 的力偶與三力作用於一拖架上。若此力系的合力作用線通過 (a) 點 A;(b) 點 B;(c) 點 C,試求力偶的力矩。

3.110 一重 160 N 的馬達架設在地面,試求重力與皮帶施加在馬達的張力的合力,並求出合力作用線與地面的交點。

3.111 一機械元件受力與力偶如附圖所示。元件由一僅能承受力,而無法承受力矩的鉚釘固定。當 $P = 0$ 時,若鉚釘要放置在 (a) 線 FG 上;(b) 線 GH 上,試求鉚釘的位置。

3.112 如習題 3.111,但假設 $P = 60\ \text{N}$。

3.113 一桁架受負載如附圖所示。試求桁架所受的等效力,以及其作用線與 AG 連線的交點。

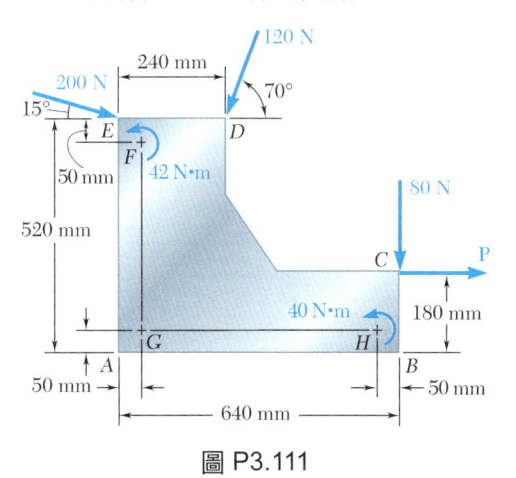

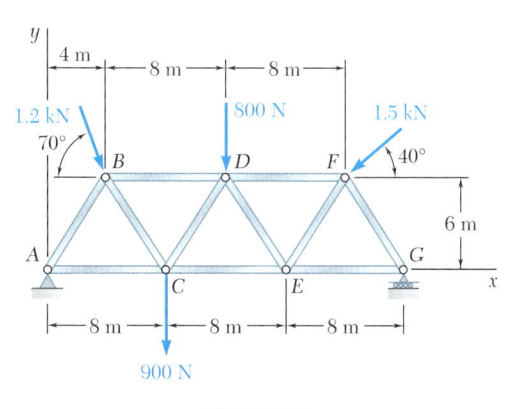

圖 P3.111   圖 P3.113

3.114 三力與一力偶作用在曲柄 ABC 上，當 P = 25 N、α = 40° 時，(a) 試求給定力系的合力；(b) 試求合力作用線與 BC 連線的交點；(c) 試求合力作用線與 AB 連線的交點。

3.115 三力與一力偶作用在曲柄 ABC 上。試求使得給定力系作用於 (a) 點 B；(b) 點 D 的等效力系等於零時的 d 值。

3.116 四力如附圖所示作用於一 700 × 375 mm 平板。(a) 試求其合力；(b) 試求此合力與平板周邊的兩交點。

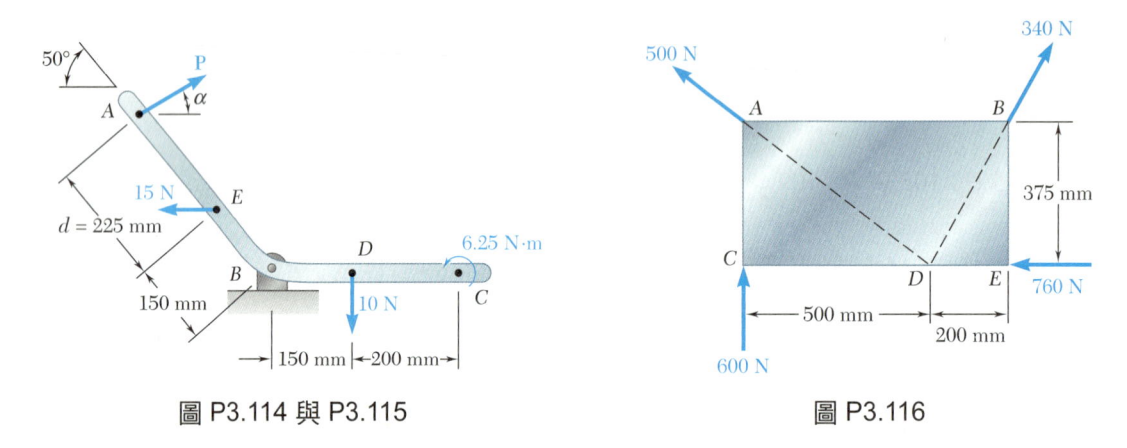

圖 P3.114 與 P3.115

圖 P3.116

3.117 如習題 3.116，但假設 760 N 的力指向右。

3.118 從動件 AB 可沿元件 C 的表面滾動，並施加大小不變的力 **F** 於表面，且與表面垂直。(a) 將 **F** 取代為一作用於點 D 的等效力－力偶系，點 D 位於接觸點 A 的正下方的地面上；(b) 當 a = 1 m、b = 2 m 時，試求使得作用於 D 的等效力－力偶系的力矩為最大值時的 x 值。

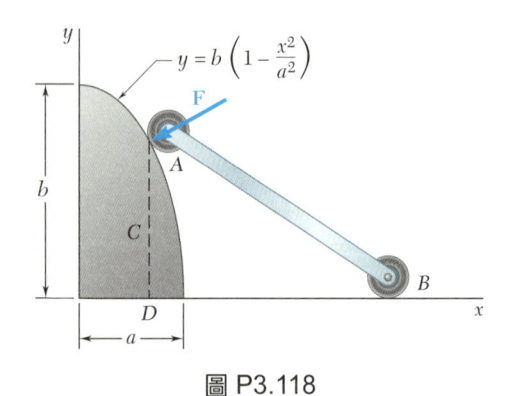

圖 P3.118

3.119 一工具將塑膠軸套插入一金屬薄板製成、直徑為 60 mm 的圓柱，此時工具施加如附圖所示的力於圓柱上。每一力皆平行於某一座標軸。將此力系取代為作用於 C 的等效力－力偶系。

3.120 兩直徑為 150 mm 的滑輪架設在軸 AD。B 與 C 的兩皮帶所在的平面都平行於 yz 平面。將附圖所示的皮帶張力取代為作用於點 A 的等效力－力偶系。

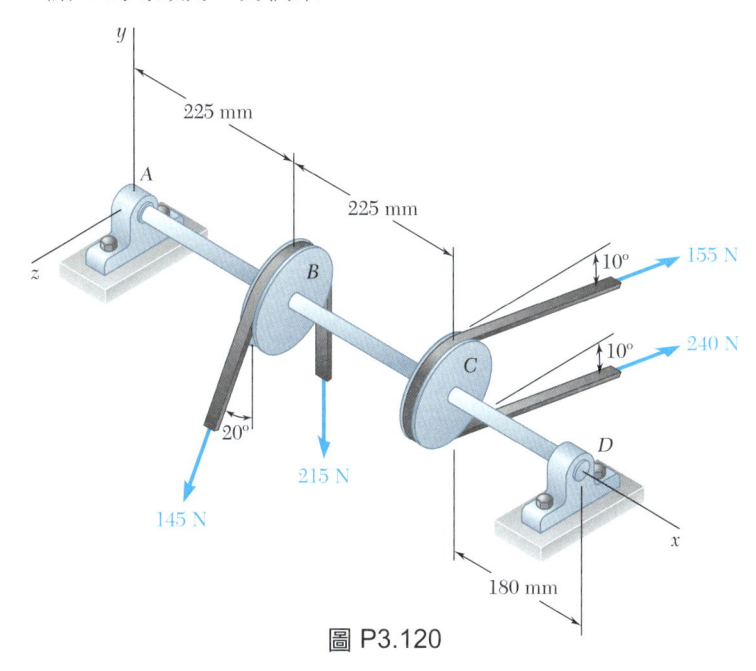

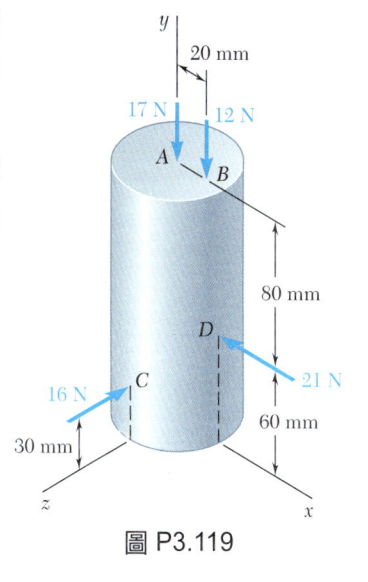

圖 P3.119

圖 P3.120

3.121 四力作用於一機械元件 ABDE 如附圖所示。將這些力取代為作用於 A 的等效力－力偶系。

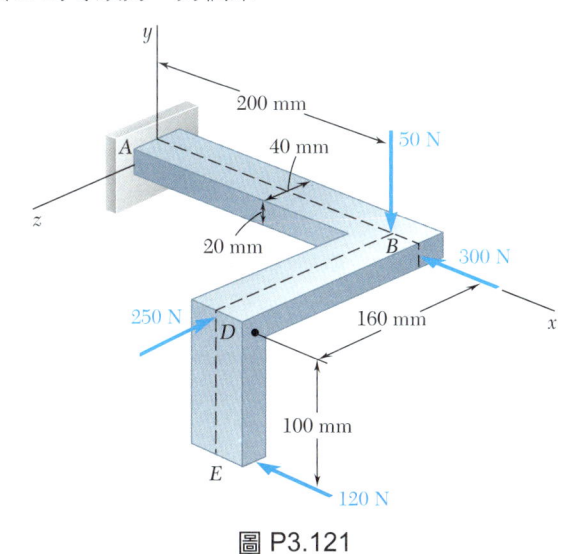

圖 P3.121

3.122 一學生施加如附圖所示的力與力偶於削鉛筆機上。(a) 已知這些力與力偶等效於作用於 A 的力 $\mathbf{R} = (13 \text{ N})\mathbf{i} + R_y\mathbf{j} - (3.5 \text{ N})\mathbf{k}$ 與力偶 $\mathbf{M}_A^R = M_x\mathbf{i} + (0.12 \text{ N} \cdot \text{m})\mathbf{j} - (0.85 \text{ N} \cdot \text{m})\mathbf{k}$，試求 B 與 C 所受的力；(b) 試求對應的 R_y 與 M_x 值。

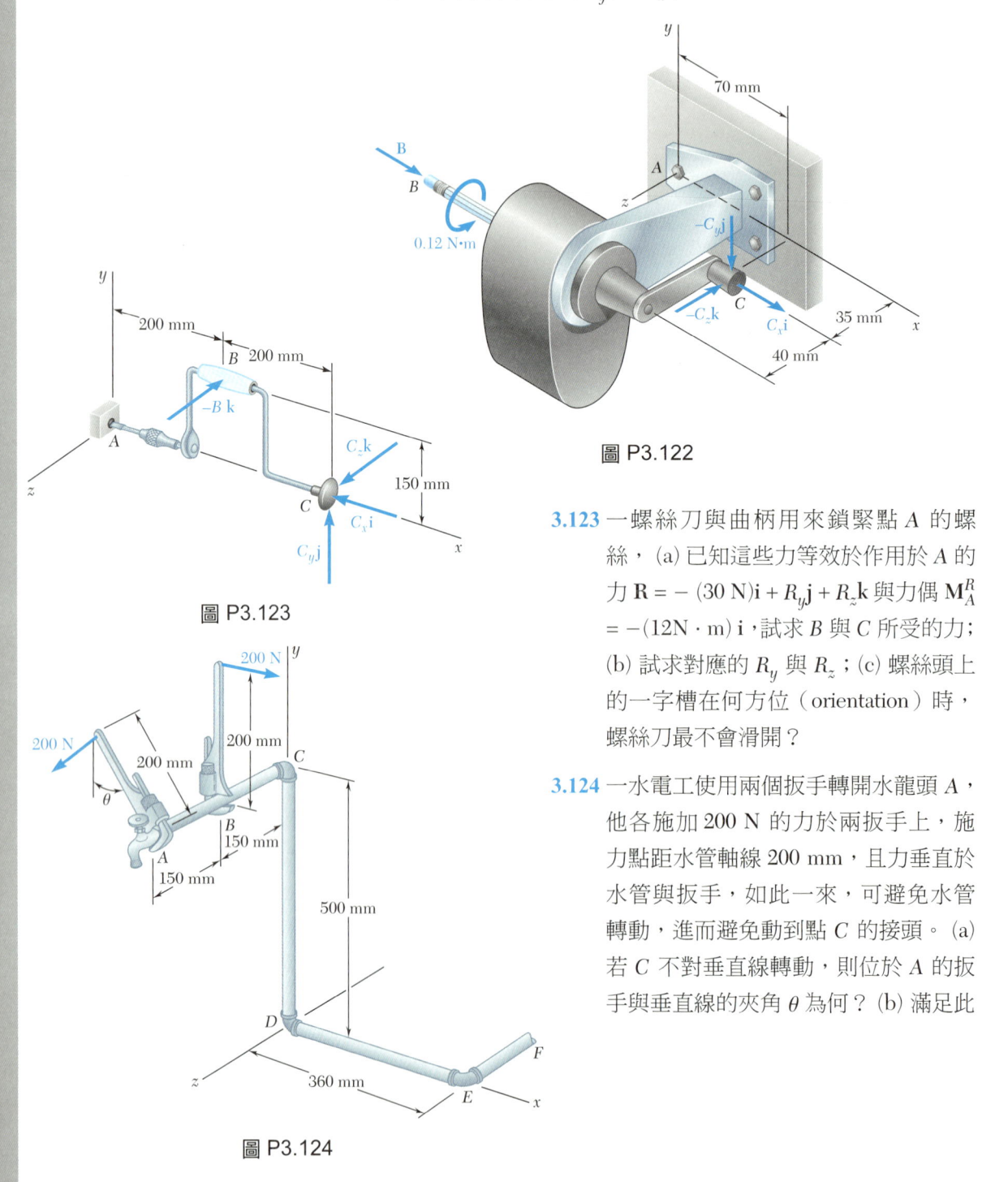

圖 P3.122

3.123 一螺絲刀與曲柄用來鎖緊點 A 的螺絲，(a) 已知這些力等效於作用於 A 的力 $\mathbf{R} = -(30 \text{ N})\mathbf{i} + R_y\mathbf{j} + R_z\mathbf{k}$ 與力偶 $\mathbf{M}_A^R = -(12 \text{ N} \cdot \text{m})\mathbf{i}$，試求 B 與 C 所受的力；(b) 試求對應的 R_y 與 R_z；(c) 螺絲頭上的一字槽在何方位（orientation）時，螺絲刀最不會滑開？

3.124 一水電工使用兩個扳手轉開水龍頭 A，他各施加 200 N 的力於兩扳手上，施力點距水管軸線 200 mm，且力垂直於水管與扳手，如此一來，可避免水管轉動，進而避免動到點 C 的接頭。(a) 若 C 不對垂直線轉動，則位於 A 的扳手與垂直線的夾角 θ 為何？(b) 滿足此

圖 P3.123

圖 P3.124

條件時，等效於這兩個 200 N 的力且作用於 C 的力－力偶系為何？

3.125 如習題 3.124，但假設 $\theta = 60°$，將兩個 200 N 的力取代為作用於 D 的等效力－力偶系，請問此時水電工是轉緊或是轉鬆以下關節：(a) 水管 CD 與 D；(b) D 與水管 DE。假設所有螺紋皆為右旋。

3.126 一可調長度的支架桿件用來將一牆面立直，作用於牆面的力－力偶系如附圖所示。若 $R = 21.2$ N 與 $M = 0.1325$ N·m，將此力－力偶系取代為作用於 A 的等效力－力偶系。

圖 *P3.126*

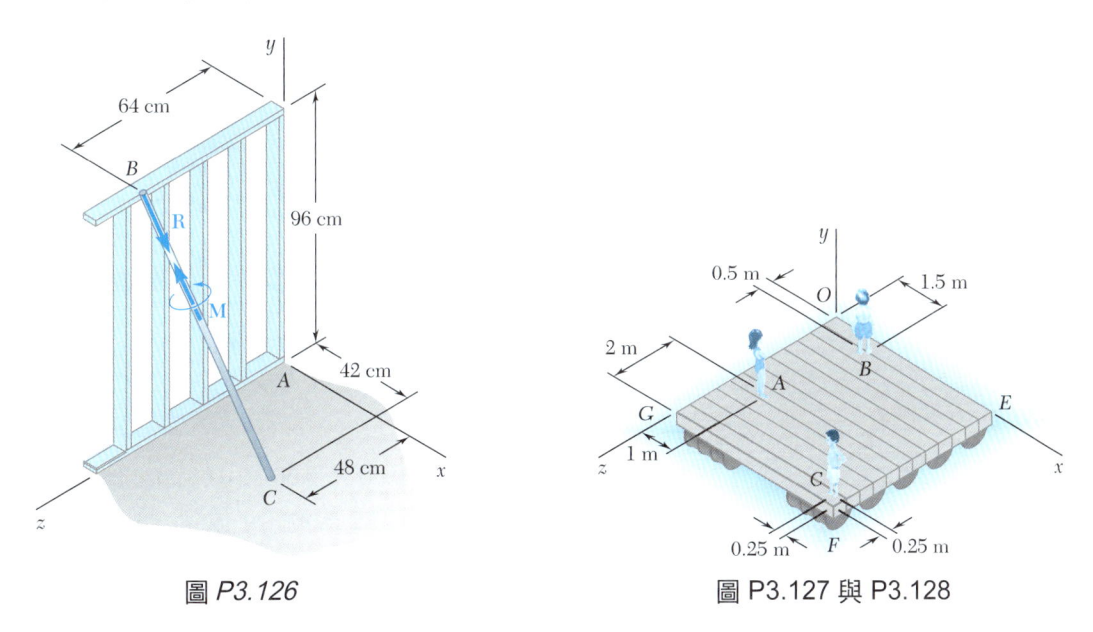

圖 P3.127 與 P3.128

3.127 三名孩童站在一 5×5 m 的木筏上，如果站在 A、B、C 的孩童體重分別為 375 N、260 N、400 N，試問三人體重合力的大小與作用點。

3.128 三名孩童站在一 5×5 m 的木筏上，站在 A、B、C 的孩童體重分別為 375 N、260 N、400 N，若有第四名體重為 425 N 的孩童站上木筏，試問他應該站在哪裡，才能使四人的合力通過木筏中心。

3.129 四面路標指示牌架設在公路的構架上,各指示牌受風力作用如附圖所示。試求當 $a = 0.4$ m、$b = 4.8$ m 時,四個風力的合力大小與作用點。

3.130 四面路標指示牌架設在公路的構架上,各指示牌受風力作用如附圖所示。試求 a 與 b 值使得四個風力的合力通過點 G。

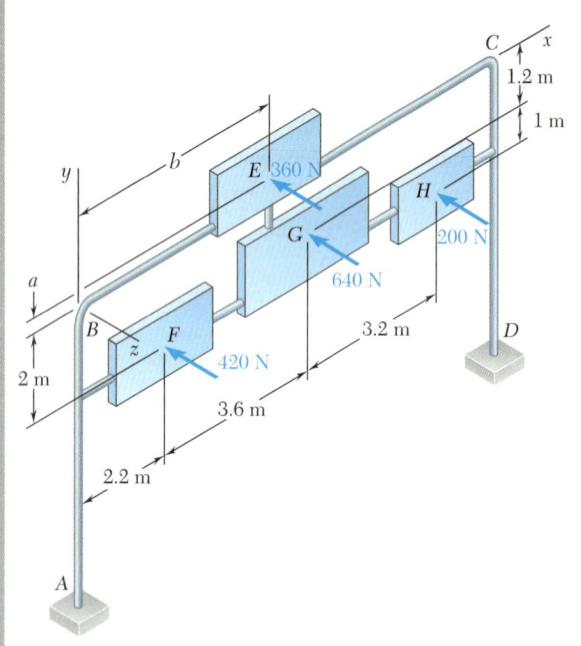

圖 P3.129 與 P3.130

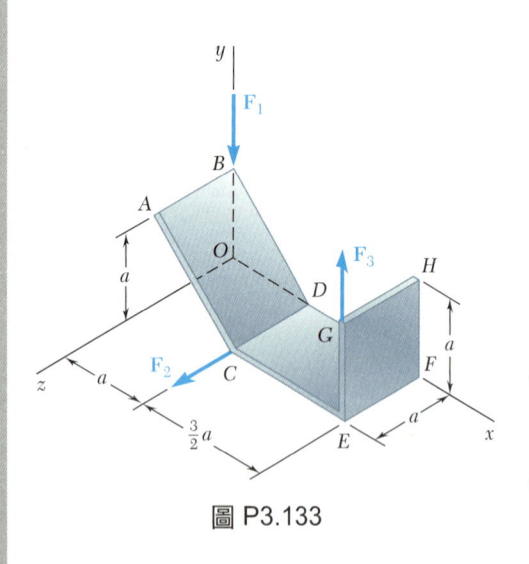

圖 P3.131

3.131 一群學生將兩個 $0.66 \times 0.66 \times 0.66$ m 的箱子與一個 $0.66 \times 0.66 \times 1.2$ m 的箱子放到一部 2×3.3 m 的推車上。放在推車尾端的兩個箱子與推車的兩邊切齊。若要放第二個 $0.66 \times 0.66 \times 1.2$ m 箱子到推車上,使得四個箱子重量合力通過輪軸與車身中線的交點。每個箱子的重量均勻,且箱子不可突出車身,若這第四個箱子的重量要最小,請問應放在何處,重量為何?(提示:第四個箱子可平放或直立放置在車身上。)

3.132 如習題 3.131,但假設第四個箱子的重量要最大,且箱子至少有一邊要切齊推車的一邊。

3.133 一片金屬板材成形如附圖所示,上有三力作用。如三力的大小均為 P,將三力取代為等效起子力

圖 P3.133

CHAPTER 3　剛體：等效力系　151

系，試求 (a) 合力 **R** 的大小與方向；(b) 起子的螺距；(c) 起子的軸線。

*3.134 大小同為 P 的三力作用於邊長為 a 的立方體，如附圖所示。將三力取代為等效起子力系，試求 (a) 合力 **R** 的大小與方向；(b) 起子的螺距；(c) 起子的軸線。

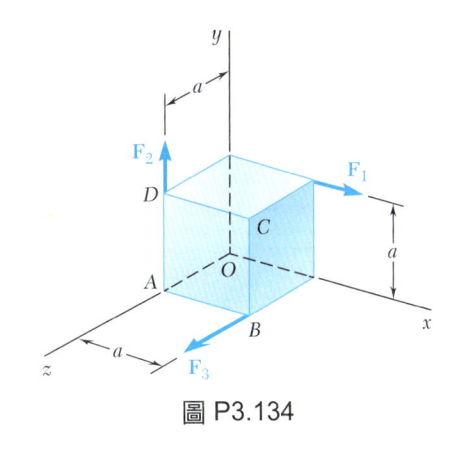

*3.135 與 *3.136 一片金屬板材透過兩根螺絲鎖緊於一木塊上，施加於螺絲的力與力偶如附圖所示。將其化簡為等效起子力系，試求 (a) 合力 **R**；(b) 起子的螺距；(c) 起子的軸線與 xz 平面的交點。

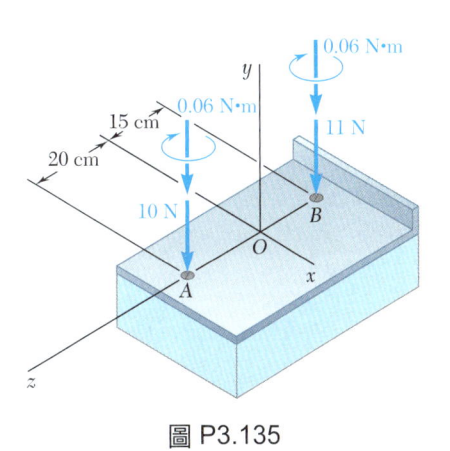

圖 P3.134

圖 P3.135

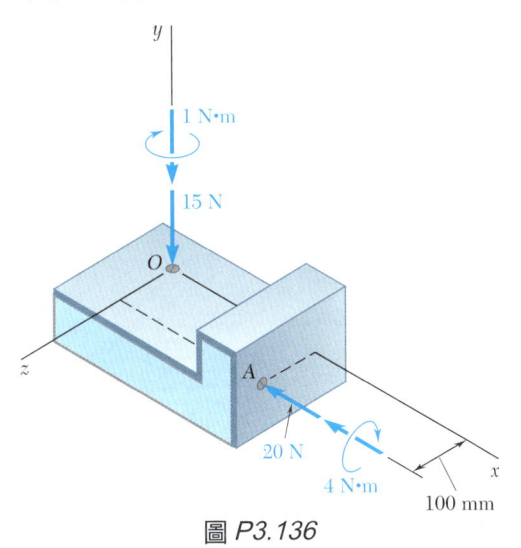

圖 P3.136

*3.137 與 *3.138 施加如附圖所示的力與力偶鎖緊 A 與 B 的兩螺栓。將此力系取代為一等效起子力系，試求 (a) 合力 **R**；(b)

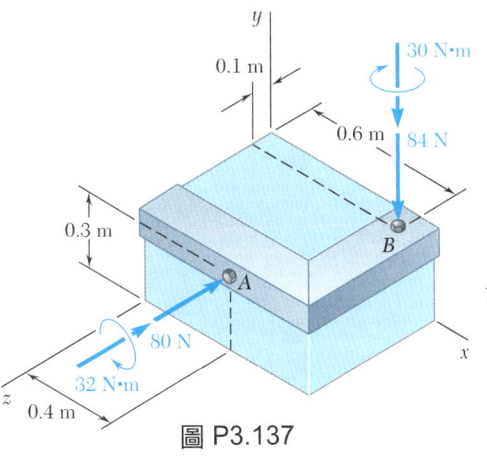

圖 P3.137

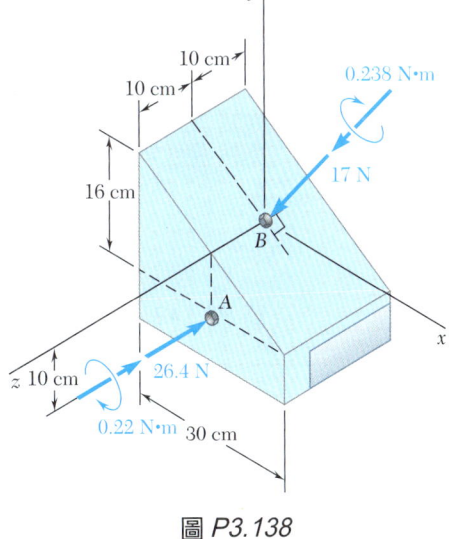

圖 P3.138

圖 P3.139

*3.139 三條纜繩牽引旗竿。若繩張力大小同為 P，將作用於旗竿的力取代為等效起子力系，試求 (a) 合力 **R**；(b) 起子的螺距；(c) 起子的軸線與 xz 平面的交點。

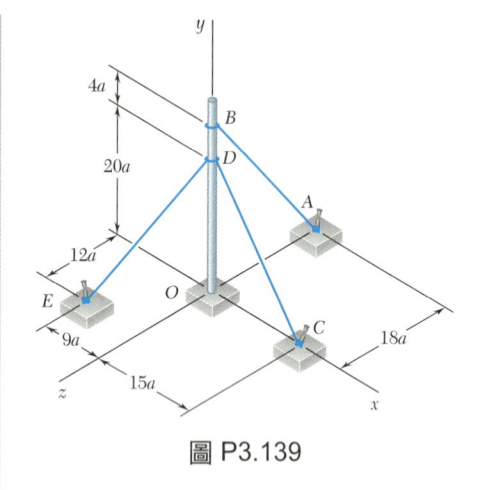

*3.140 兩條繩索分別綁在一樹枝的 A 與 B 上，將繩索施加的力取代為等效起子力系，試求 (a) 合力 **R**；(b) 起子的螺距；(c) 起子的軸線與 yz 平面的交點。

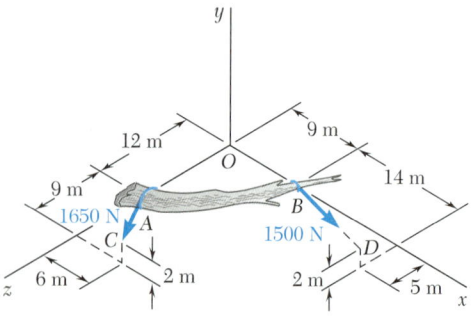

*3.141 與 *3.142 請問圖示的力－力偶系是否能化簡為單一等效力 **R**。若能，則試求 **R** 與 **R** 的作用線與 yz 平面的交點。若不能，則將給定力系取代為等效起子力系，並求合力、螺距、軸線與 yz 平面的交點。

圖 P3.140

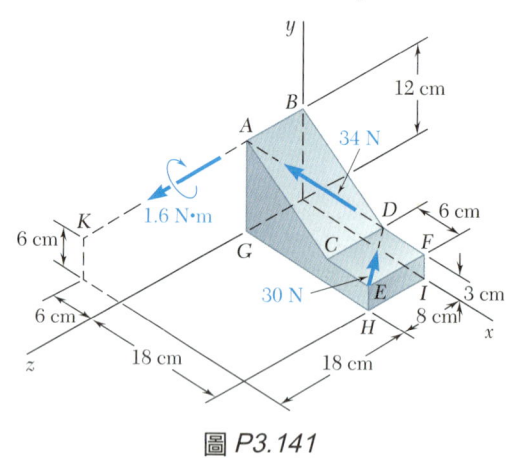

圖 P3.141

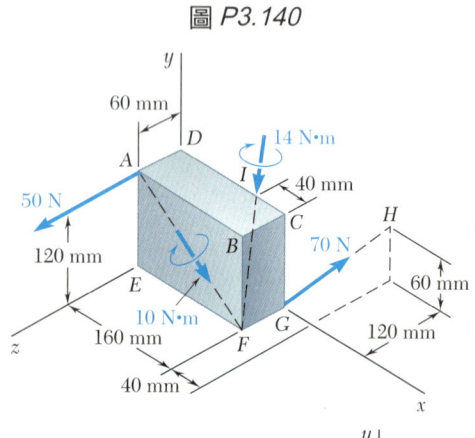

圖 P3.142

*3.143 將圖示起子力系取代為一等效力系，其中包含分別作用於 A 與 B、且都垂直於 y 軸的兩力。

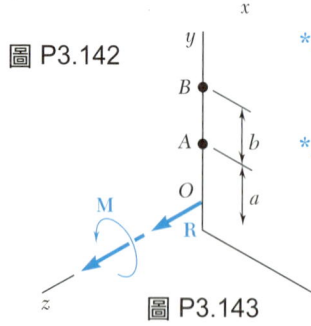

*3.144 證明一般情況下一起子力系可以兩力取代，其中一力通過一給定點，另一力則落在某給定面。

*3.145 證明一起子力系可以互相垂直的兩力取代，其中一力作用在某給定點。

*3.146 證明一起子力系可以兩力取代，其中一力落在預先指定的作用線上。

圖 P3.143

複習與摘要

■ **力的傳遞性原理 (Principle of transmissibility)：**

我們在本章中學習了如何分析作用於剛體的力。首先學習如何辨別**外力** (external forces) 與**內力** (internal forces) [第 3.2 節]。根據力的傳遞性原理，在其作用線上的移動的一外力作用於剛體上的效果相同 [第 3.3 節]。換句話說，作用於剛體上的兩外力 **F** 與 **F**′，若其大小、方向及作用線相同，則雖然兩力的作用點不同，剛體所感受到的效應相同，即其速度改變的傾向、產生轉動的傾向，以及在支撐點產生的反作用力，皆沒有差別 (圖 3.48)。因此，我們稱此兩力為**等效** (equivalent)。

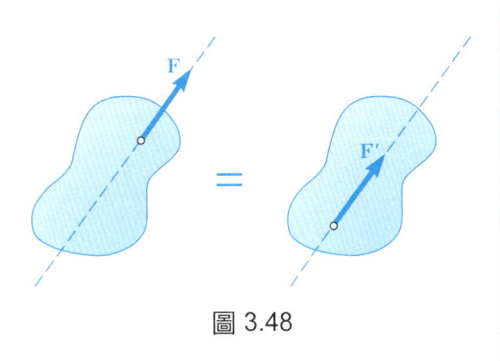

圖 3.48

■ **兩向量的向量積 (Vector product of two vectors)：**

在繼續探討**等效力系** (equivalent systems of forces) 之前，先介紹兩個向量的**向量積** (vector product)，向量積也稱為外積 [第 3.4 節]。向量 **P** 和 **Q** 的向量積 **V**，定義如下：

$$\mathbf{V} = \mathbf{P} \times \mathbf{Q}$$

V 的方向垂直於 **P** 與 **Q** 所在的平面 (圖 3.49 式)，其大小定義如下：

$$V = PQ \sin \theta \tag{3.1}$$

若我們從向量 **V** 的箭頭位置觀察向量 **P** 與 **Q**，會發現向量 **P** 逆時針旋轉 θ 角後會與向量 **Q** 重合。我們稱 **P**、**Q** 和 **V** 三向量依此順序構成一**右手三元組** (right-handed triad)。向量積的結果與兩個向量的先後次序有關。**Q** × **P** 與 **P** × **Q** 兩向量積的大小相同、方向相反，如下式：

$$\mathbf{Q} \times \mathbf{P} = -(\mathbf{P} \times \mathbf{Q}) \tag{3.4}$$

依照上述定義，直角座標軸之單位向量 **i**、**j** 和 **k** 有如下的關係：

$$\mathbf{i} \times \mathbf{i} = 0 \quad \mathbf{i} \times \mathbf{j} = \mathbf{k} \quad \mathbf{j} \times \mathbf{i} = -\mathbf{k}$$

兩向量的向量積的正負號可利用圖 3.50 來幫助記憶，圖中 **i**、**j**、**k** 為三個單位向量：若兩單位向量次序為逆時針排列，則其向量積為正；若次序為順時針，則其向量積為負。

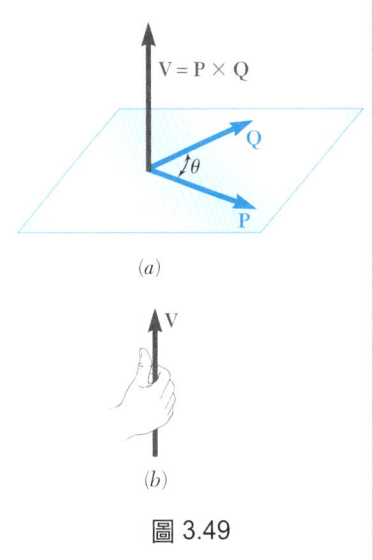

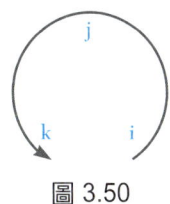

圖 3.49

圖 3.50

153

■ **向量積的直角座標分量** (Rectangular components of vector product)：

我們可以以直角座標分量來表示向量 **P** 與 **Q** 的向量積 **V**〔第 3.5 節〕：

$$\begin{aligned} V_x &= P_y Q_z - P_z Q_y \\ V_y &= P_z Q_x - P_x Q_z \\ V_z &= P_x Q_y - P_y Q_x \end{aligned} \quad (3.9)$$

上式的結果也可由行列式來表示：

$$\mathbf{V} = \begin{vmatrix} \mathbf{i} & \mathbf{j} & \mathbf{k} \\ P_x & P_y & P_z \\ Q_x & Q_y & Q_z \end{vmatrix} \quad (3.10)$$

■ **一力對一點的力距** (Moment of a force about a point)：

一力 **F** 對某點 O 的力矩定義如下：

$$\mathbf{M}_O = \mathbf{r} \times \mathbf{F} \quad (3.11)$$

其中 **r** 為從 O 點到 **F** 的作用點 A 的位置向量（圖 3.51）。若 **r** 與 **F** 的夾角為 θ，**F** 對點 O 的力矩大小為：

$$M_O = rF \sin\theta = Fd \quad (3.12)$$

其中 d 為點 O 至 **F** 作用線的垂直距離。

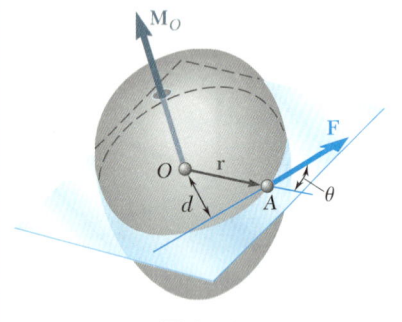

圖 3.51

■ **力矩的直角座標分量** (Rectangular components of moment)：

一力 **F** 的力矩 $\mathbf{M}_O$ 的直角座標分量可表示為〔第 3.8 節〕：

$$\begin{aligned} M_x &= yF_z - zF_y \\ M_y &= zF_x - xF_z \\ M_z &= xF_y - yF_x \end{aligned} \quad (3.18)$$

其中 x, y, z 為位置向量 **r** 在座標軸的分量（圖 3.52）。力矩 $\mathbf{M}_O$ 寫成行列式形式為：

$$\mathbf{M}_O = \begin{vmatrix} \mathbf{i} & \mathbf{j} & \mathbf{k} \\ x & y & z \\ F_x & F_y & F_z \end{vmatrix} \quad (3.19)$$

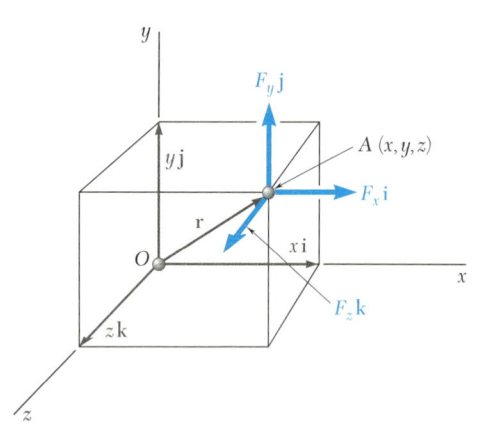

圖 3.52

在較一般的情況，作用於點 A 的力 $\mathbf{F}$ 對空間中任一點 B 的力矩可由下式求得：

$$\mathbf{M}_B = \begin{vmatrix} \mathbf{i} & \mathbf{j} & \mathbf{k} \\ x_{A/B} & y_{A/B} & z_{A/B} \\ F_x & F_y & F_z \end{vmatrix} \quad (3.21)$$

其中 $x_{A/B}$、$y_{A/B}$ 與 $z_{A/B}$ 為向量 $\mathbf{r}_{A/B}$ 在各座標軸分量：

$$x_{A/B} = x_A - x_B \quad y_{A/B} = y_A - y_B \quad z_{A/B} = z_A - z_B$$

若力 $\mathbf{F}$、點 A 與 O 均位於 xy 平面上（二維平面問題），則對點 B 的力矩 M_B 方向垂直於 xy 平面（圖 3.53），其大小為

$$M_B = (x_A - x_B)F_y - (y_A - y_B)F_x \quad (3.23)$$

範例 3.1 至 3.4 展示幾種不同計算力矩的方法。

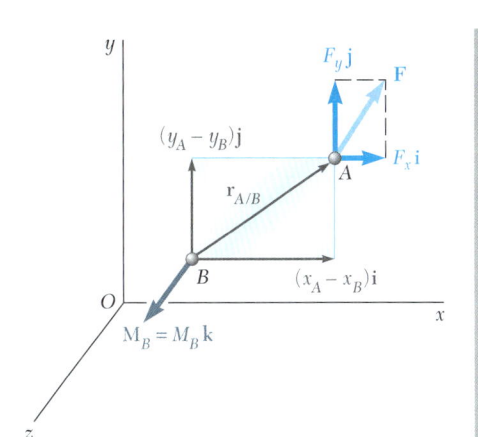

圖 3.53

■ **兩向量的純量積 (Scalar product of two vectors)：**

兩向量 $\mathbf{P}$ 與 $\mathbf{Q}$ [第 3.9 節] 的純量積標示為 $\mathbf{P} \cdot \mathbf{Q}$。純量積又稱為內積，定義如下：

$$\mathbf{P} \cdot \mathbf{Q} = PQ \cos \theta \quad (3.24)$$

其中 θ 為 $\mathbf{P}$ 與 $\mathbf{Q}$ 的夾角（圖 3.54）。我們可將 $\mathbf{P}$ 與 $\mathbf{Q}$ 的純量積以直角座標分量表示：

$$\mathbf{P} \cdot \mathbf{Q} = P_x Q_x + P_y Q_y + P_z Q_z \quad (3.30)$$

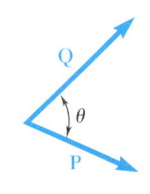

圖 3.54

■ **向量在某軸線上的投影 (Projection of a vector on an axis)：**

一向量 $\mathbf{P}$ 在軸線 OL 上的投影（圖 3.55）可由計算 $\mathbf{P}$ 與 OL 的單位向量的純量積得到，即：

$$P_{OL} = \mathbf{P} \cdot \boldsymbol{\lambda} \quad (3.36)$$

或以直角座標分量的方式表示：

$$P_{OL} = P_x \cos \theta_x + P_y \cos \theta_y + P_z \cos \theta_z \quad (3.37)$$

其中 θ_x、θ_y 與 θ_z 為 OL 與三個座標軸的夾角。

圖 3.55

■ **純量三重積 (Mixed triple product of three vectors)：**

三個向量 $\mathbf{S}$、$\mathbf{P}$ 與 $\mathbf{Q}$ 的純量三重積為純量，定義如下：

$$\mathbf{S} \cdot (\mathbf{P} \times \mathbf{Q}) \quad (3.38)$$

純量三重積的計算方法為先求 **P** 與 **Q** 的向量積，然後再求 **S** 與此向量積的純量積 [第3.10節]。純量三重積可以用行列式表示：

$$\mathbf{S} \cdot (\mathbf{P} \times \mathbf{Q}) = \begin{vmatrix} S_x & S_y & S_z \\ P_x & P_y & P_z \\ Q_x & Q_y & Q_z \end{vmatrix} \tag{3.41}$$

上式行列式中的元素為三個向量的直角座標分量。

■ **一力對某軸線的力矩** (Moment of a force about an axis)：

一力 **F** 對軸線 OL 的力矩 [第3.11節] 定義為 **F** 對點 O 的力矩 $\mathbf{M}_O$ 在 OL 上的投影 OC (圖3.56)，即為 OL 的單位向量 **λ**、位置向量 **r** 與力 **F** 的純量三重積：

$$M_{OL} = \boldsymbol{\lambda} \cdot \mathbf{M}_O = \boldsymbol{\lambda} \cdot (\mathbf{r} \times \mathbf{F}) \tag{3.42}$$

我們可將上式以行列式表示：

$$M_{OL} = \begin{vmatrix} \lambda_x & \lambda_y & \lambda_z \\ x & y & z \\ F_x & F_y & F_z \end{vmatrix} \tag{3.43}$$

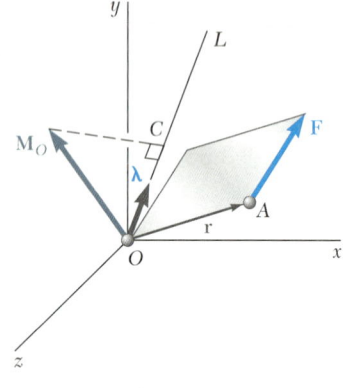

圖 3.56

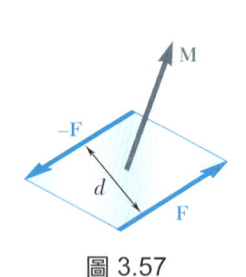

其中　$\lambda_x, \lambda_y, \lambda_z$ ＝軸線 OL 的餘弦角
　　　x, y, z ＝ **r** 的分量
　　　F_x, F_y, F_z ＝ **F** 的分量

範例3.5 即為練習如何計算一力對一軸線的力矩。

■ **力偶** (Couples)：

力偶是指空間中一對大小相等、作用線平行且方向相反的兩力 **F** 和 $-\mathbf{F}$ [第3.12節]。力偶對點 O 的力矩通常稱為力偶矩 (moment of a couple)。力偶矩和點 O 的座標無關，只與兩力的垂直距離、大小及所在的平面有關。力偶矩 **M** 為向量，其方向垂直於力偶所在平面。其大小等於力的大小 **F** 乘以兩力的垂直距離 d (圖3.57)。

圖 3.57

若兩力偶有相同的力矩 **M**，則此兩力偶稱為**等效** (equivalent)。即兩者作用於同一剛體的效果相同 [第3.13節]。兩力偶的和也是一個力偶 [第3.14節]，其力矩 **M** 為原本兩力偶力矩 $\mathbf{M}_1$ 和 $\mathbf{M}_2$ 的向量和 [範例3.6]。力偶有時稱為**力偶向量** (couple vector)，其大小和方向等於該力偶的偶矩 **M** [第3.15節]。力偶向量屬於自由向量，也就是說，一個力偶沒有固定的作用點，其轉動效果對空間每一點均相同。

如有需要亦可將一力偶平移至座標原點 O，並將其分解成直角座標分量 (圖 3.58)。

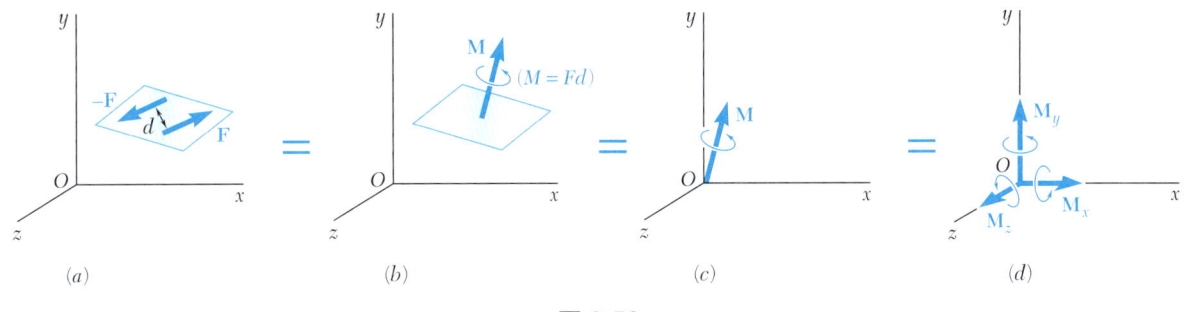

圖 3.58

- **力－力偶系 (Force-couple system)**：

已知一力 **F** 作用於某剛體上的點 A，其對剛體的效用等於一作用於剛體上任一點 O 的**力－力偶系** (force-couple system)。此力－力偶系包含了作用點平移至點 O 的單一力 **F** 與單一力偶 $\mathbf{M}_O$。$\mathbf{M}_O$ 為原本作用於點 A 的 **F** 對點 O 的力矩 [第 3.16 節]。需注意的是 **F** 和 $\mathbf{M}_O$ 必定互相垂直 (圖 3.59)。

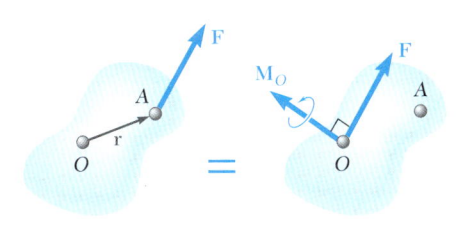

圖 3.59

- **將力系化簡為一力－力偶系 (Reduction of a system of forces to a force-couple system)**：

任一由多個力所構成力系皆可簡化成作用於任一點 O 的力－力偶系 [第 3.17 節]。簡化的步驟為先將每一個力取代為位於 O 的等效力－力偶系。接著求出作用於 O 的合力 **R** 與合力矩 $\mathbf{M}_O^R$ [範例 3.8 至 3.11]。請注意在一般情況下，此時的合力 **R** 與合力矩 $\mathbf{M}_O^R$ 並不會互相垂直。

- **等效力系 (Equivalent systems of forces)**：

綜合前述討論 [第 3.18 節] 可做出以下結論：作用於剛體的兩個力系，一力系含力 $\mathbf{F}_1$, $\mathbf{F}_2$, $\mathbf{F}_3$,…，另一力系含 $\mathbf{F}_1'$, $\mathbf{F}_2'$, $\mathbf{F}_3'$,…。此兩

力系為等效若且唯若 (if and only if)

(a)　　　　　　　　(b)　　　　　　　　(c)

圖 3.60

$$\Sigma \mathbf{F} = \Sigma \mathbf{F}' \quad 且 \quad \Sigma \mathbf{M}_O = \Sigma \mathbf{M}'_O \tag{3.57}$$

■ **力系的進一步化簡** (Further reduction of a system of forces)：

若一力系的合力 **R** 與合力矩 $\mathbf{M}_O^R$ 互相垂直，位於點 O 的力－力偶系可進一步簡化成只含一個單一力 [第 3.20 節]。滿足這個條件的系統常見的有 (a) 共點力 [第二章]；(b) 共面力 [範例 3.8 和 3.9]，或 (c) 平行力 [範例 3.11]。若合力 **R** 與合力矩 $\mathbf{M}_O^R$ 不互相垂直，則此力－力偶系無法化簡成只含單一力。然而，即使**無法**化簡成只有一個單一力，一個任意空間力系還是可以化簡成一個特殊的力－力偶系，稱為**起子力系** (wrench)。所謂起子力系，是指其含單一力 **R** 及單一力偶 $\mathbf{M}_1$，而且力與力偶向量共線 [第 3.21 節及範例 3.12]。

複習題

3.147 一 300 N 的力作用於 A。試求 (a) 此力對 D 的力矩；(b) 作用於 B 且對 D 產生相同力矩的最小力。

3.148 一車的車尾門打開時由液壓桿件 BC 支撐。若桿件施加一個沿中心線 500 N 的力於 B 的球窩上，試求此力對 A 的力矩。

3.149 斜面 ABCD 由固定於 C 與 D 的兩條纜繩支撐。每條纜繩的張力為 810 N。試求 (a) 纜繩施加於 D 的張力對 A 的力矩；(b) 纜繩施加於 C 的張力對 A 的力矩。

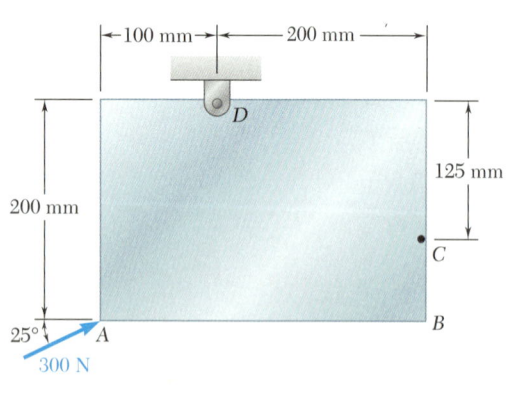

圖 P3.147

圖 P3.148

圖 P3.149

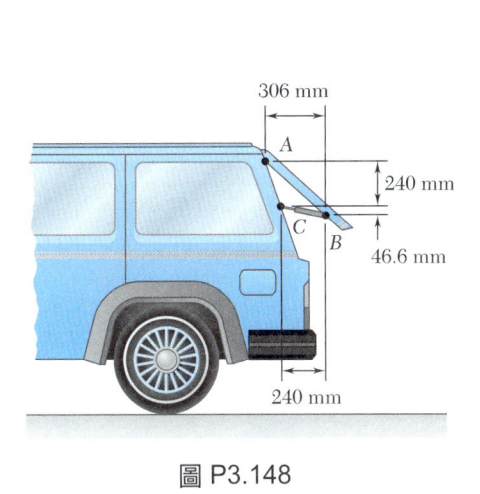

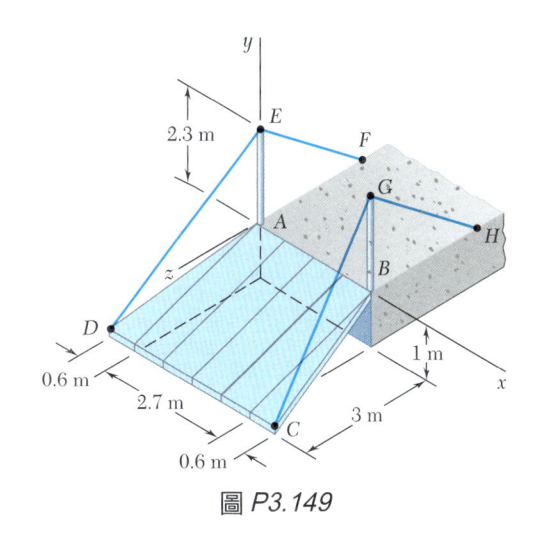

3.150 一管路的 AB 段落在 yz 平面上，且與 z 軸夾角 37°。CD 段與 EF 段與 AB 連接如附圖所示。試求 AB 與 CD 的夾角。

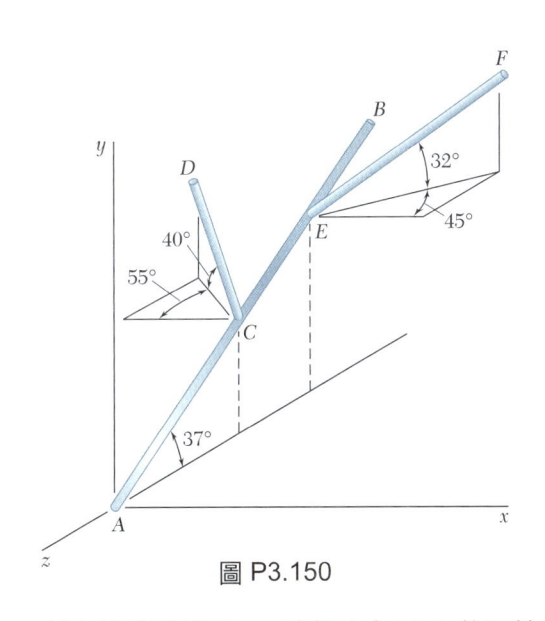

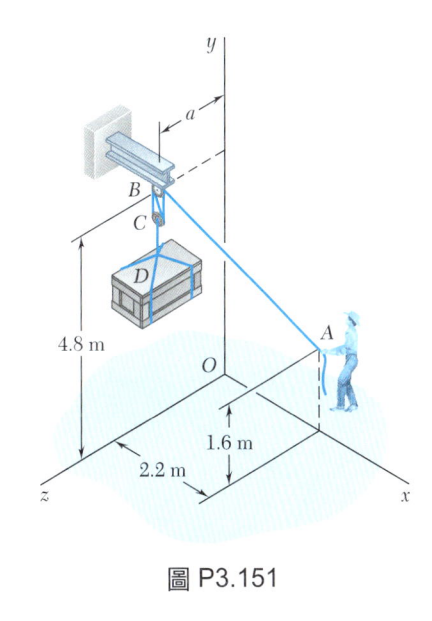

圖 P3.150

圖 P3.151

3.151 某人使用連接到一工字梁上勾子 B 的滑輪組吊起條板箱。已知繩索的 AB 段施加在 B 的張力對 y 與 z 軸的力矩分別為 120 N·m 與 −460 N·m，試求距離 a 值。

159

3.152 一大小為 70 N 的力 **F** 作用於閥門的把手，已知 $\theta = 25°$、$M_x = -7.32$ N·m、$M_z = -5.16$ N·m，試求 ϕ 與 d 值。

3.153 伸縮桿 ABC 的端點 C 連接一條纜繩，纜繩的張力為 2.24 kN。將纜繩作用於 C 的張力取代為作用於以下兩點的等效力－力偶系 (a) 點 A；(b) 點 B。

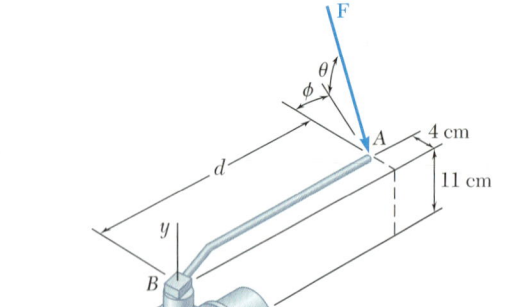

圖 P3.152

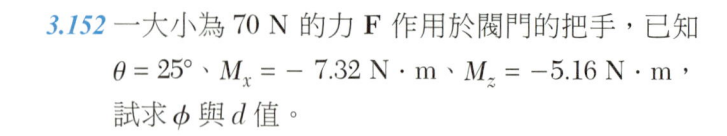

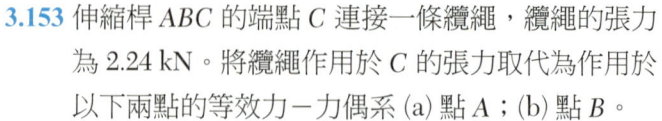

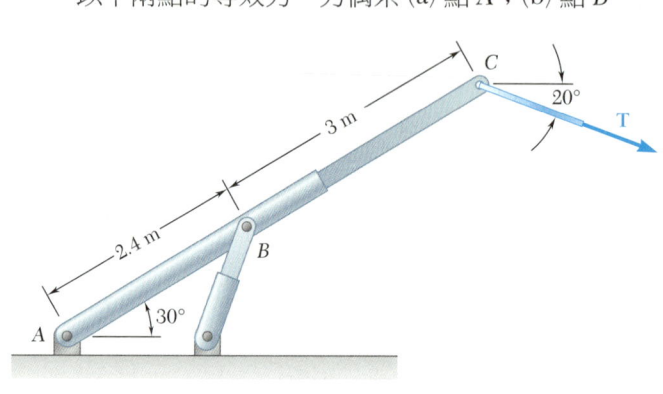

圖 P3.153

3.154 一機械師於鑽孔時施加兩水平力於扳手的把手，證明這兩力等效於單一力，若可能，請找出此力於把手上的作用點。

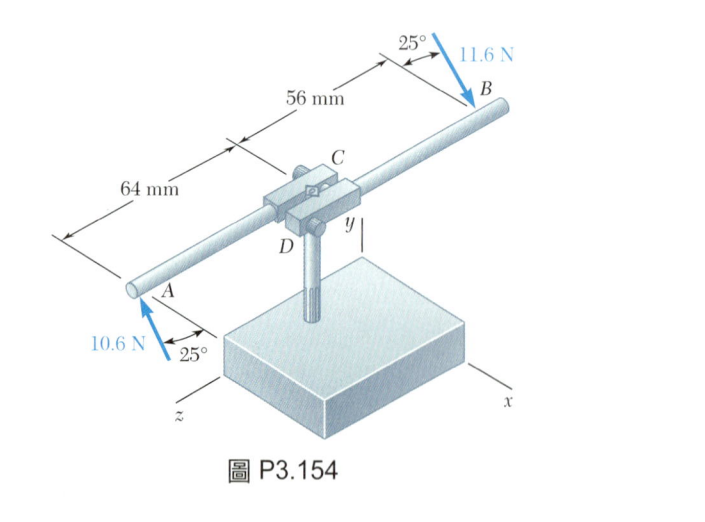

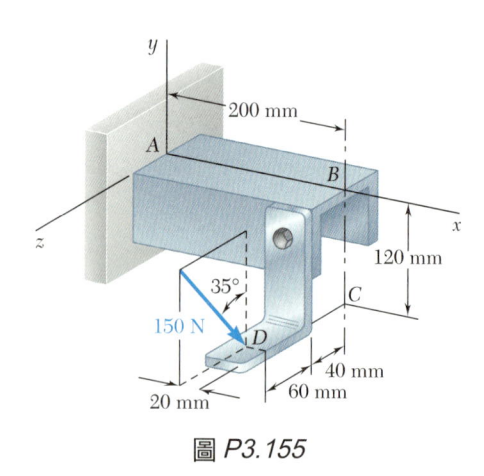

圖 P3.154

圖 P3.155

3.155 將 150 N 的力取代為作用於 A 的等效力－力偶系。

3.156 一梁受三個給定大小的力，另有第四個力的大小是位置的函數。若 $b = 1.5$ m，欲將負載取代為單一等效力，試求 (a) 使得等效力與支撐 A 的距離最大時的 a 值；(b) 等效力的大小與其在梁上的作用點。

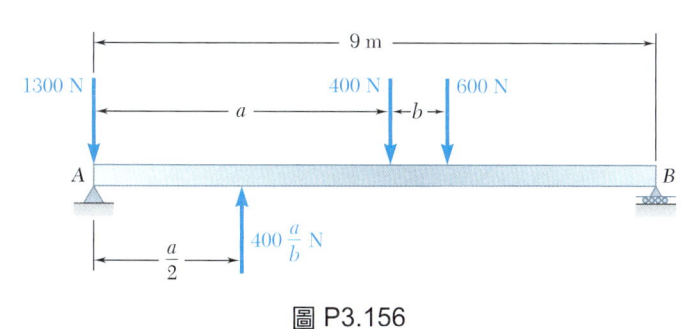

圖 P3.156

3.157 一 36 N 的力作用在扳手上，以轉緊浴室的蓮蓬頭。已知扳手的中心線與 x 軸平行，試求此力對 A 的力矩。

3.158 一邊長 3 m 的正六邊形水泥基地如附圖所示，基地上共支撐四個負載。試求另外施加於 B 與 F 的負載大小為何，才可使得六個負載的合力通過基地的中心。

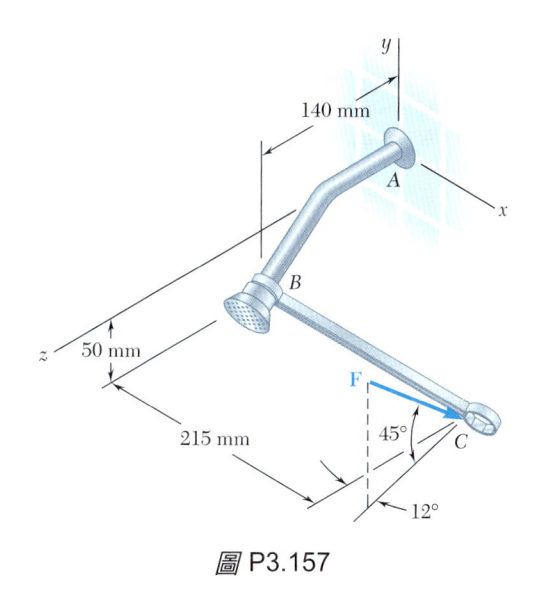

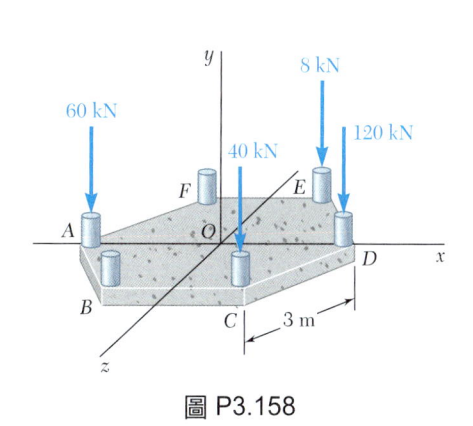

圖 P3.157

圖 P3.158

電腦題

3.C1 一梁 AB 受多個垂直力作用，如附圖所示。寫一電腦程式可計算這些力的合力大小，以及點 C 與點 A 的距離 x_C，這裡點 C 是合力作用線與 AB 的交點。使用這個程式解 (a) 範例 3.8c；(b)習題 3.106a。

3.C2 寫一電腦程式可計算分別作用於 xz 平面上的點 A_1、A_2、$\cdots$、A_n 的垂直力 $\mathbf{P}_1$、$\mathbf{P}_2$、$\cdots$、$\mathbf{P}_n$ 的合力大小與作用點。使用這個程式解 (a) 範例 3.11；(b) 習題 3.127；(c) 習題 3.129。

3.C3 朋友請你協助設計花盆。此盆有四邊、五邊、六邊或八邊等不同設計，每邊向外傾斜 10°、20° 或 30°。寫一電腦程式計算這十二種花盆設計的斜面角 α。(提示：斜面角 α 等於兩鄰邊直立向內夾角的一半。)

3.C4 一水管製造商欲求力 **F** 對軸 AA' 的力矩。此力的大小定義如下 $F = 300(1 - x/L)$，其中 x 為繞在直徑 0.6 m 圓軸上的水管長度、L 為水管全長，力的單位為牛頓。寫一電腦程式計算長度 30 m、直徑 50 mm 的水管的力矩。從 $x = 0$ 開始，每繞一圈計算一次力矩值，直到水管完全繞在圓軸上為止。

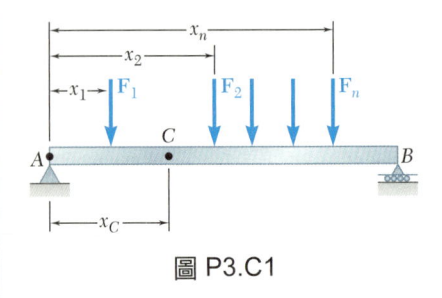

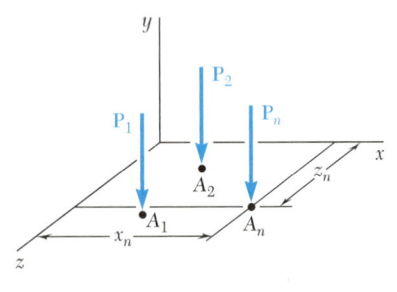

圖 P3.C1

圖 P3.C2

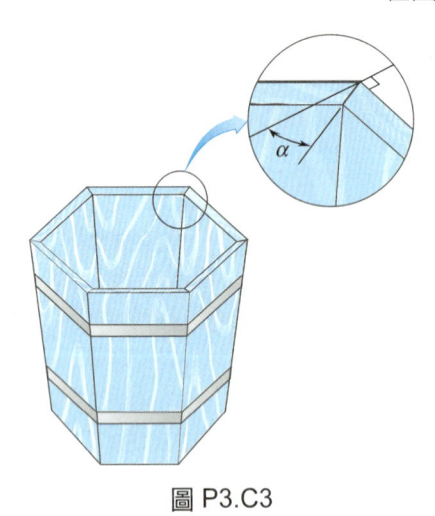

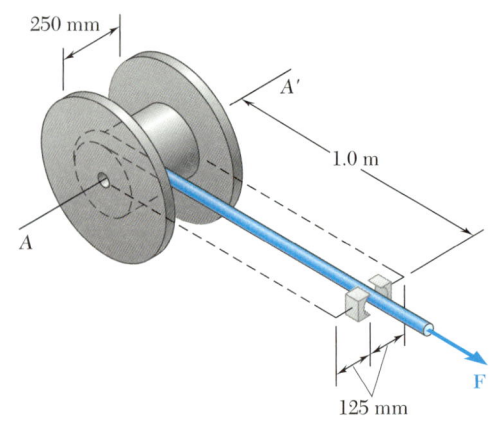

圖 P3.C3

圖 P3.C4

3.C5 一物體受一含 n 個力的力系作用。寫一電腦程式計算作用於原點的等效力系。若等效力與等效力偶互相垂直，試求原力系於 xz 平面的作用點與合力大小。使用這個程式解 (a) 習題 3.113；(b) 習題 3.120；(c) 習題 3.127。

3.C6 兩個圓柱管 AB 與 CD 架設於房間的兩平行牆面上。兩圓柱管的中心線互相平行，但不垂直於牆面。兩圓柱管由兩彈性肘管與一長直圓管連接。寫一電腦程式計算使長直圓管與位於牆面點 E 的溫度計之間距離最小時的 AB 與 CD 的長度。假設肘管的長度可忽略不計，且 AB 與 CD 的中心線分別定義為 $\lambda_{AB} = (7\mathbf{i} - 4\mathbf{j} + 4\mathbf{k})/9$ 與 $\lambda_{CD} = (-7\mathbf{i} + 4\mathbf{j} - 4\mathbf{k})/9$，其長度可在 0.225 m 到 0.9 m 之間變化。

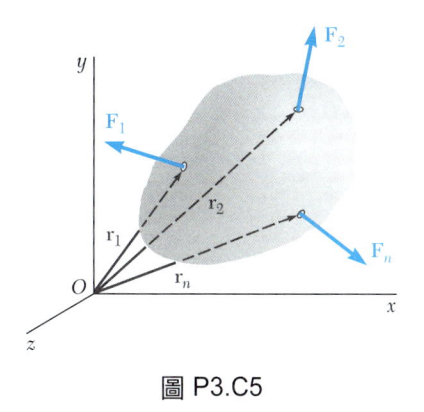

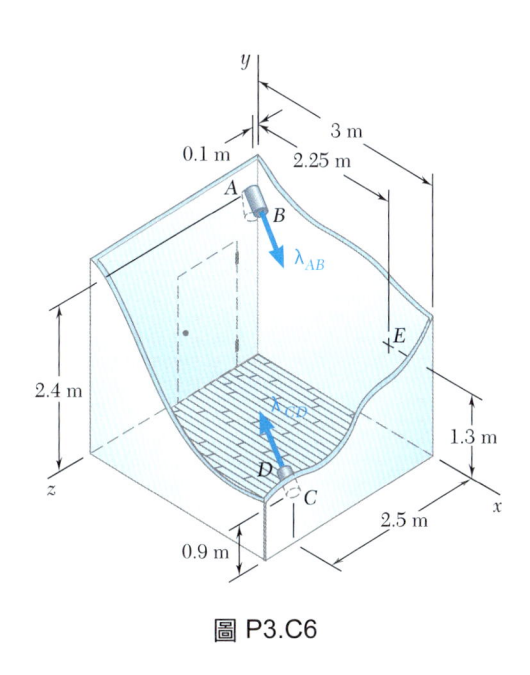

圖 P3.C5

圖 P3.C6

CHAPTER 4

剛體平衡

　　運動員奮力地在場上廝殺、同學們於一旁加油吶喊，聲音淹沒整座體育館似的，震天嘎響。其中，一排排安裝在頭頂的照明燈，以及縱橫交錯的支撐骨架，看似尋常，其實卻是靜力學的巧妙發揮。

　　桁架 (truss) 基本上只能承受少許的橫向力 (lateral load)，所以與屋頂相接的接點都是在元件的末端，否則屋頂的重量可能使把這些元件造成形變或是破壞；但是，為什麼那一盞盞的照明燈不安置在元件末端呢？我想，從圖片可以看出，懸吊燈具的桿件是一條條很長很長的梁，相當於橋梁的基座，可承受軸向力、側向力及 bending moment，而且如果燈具安裝在元件焊接點 (有很多釘子那部分)，可能會造成那點的受力比較大，使得整支梁的受力不均勻，而且安裝在焊接點也不方便後續的保養與維修；此外，呈「X」型、平行地面的支架，我想是一方面為了使得整體更穩固，另一方面也可以支撐及平衡力矩，避免其他元件受力過大而損壞。

　　下次走進建築物裡頭，不妨抬頭觀察其支撐結構，若許會有新的啟發呢！

—張立

國立台灣大學舊體育館。

助教好。
你好。
助教~~
妳~好~~啊~~~!!
噗
助教也是要去工綜嗎？要不要一起走呢？
哎呀！真是巧遇呢！沒想到會在這裡碰面。
助教今天也很漂亮啊！
不曉得上次的蛋糕合不合助教的胃口？
……
如果我沒記錯的話……
你們班的教授待會不是要小考嗎？
這…這個嘛！
真拿你沒辦法……
哪裡不懂？
唉

這個嘛，其實我是想問一下，
關於靜力平衡的問題……
你怎麼到現在還在問高中的問題啊!?
總覺得剛剛好像什麼可怕的事……
不，剛剛什麼事都沒發生。
先別說那個了，你知道為什麼桌上的杯子不會掉下去嗎？
我知道，因為重力跟桌子的支撐力達到平衡了
止不動的話，代表它受到合力為零
即使不斷的加水也一樣是合力為零。
為什麼合力一樣是零呢？
大概就是這樣……
靜力平衡的條件除了合力為零以外，還有合力矩為零。否則就會跟旁邊的杯子一樣翻倒。
因為支撐力也跟著增加啦！
謝謝助教
了解！

4.1 緒論 (Introduction)

前一章指出作用於一剛體上的外力可化簡為作用於任一點 O 的力－力偶系。當力和力偶都等於零時，此剛體即處於平衡狀態。

因此，剛體平衡的充分必要條件可由將第 3.17 節中的式 (3.52) 中的 $\mathbf{R}$ 和 $\mathbf{M}_O^R$ 設為零得到，即

$$\Sigma \mathbf{F} = 0 \qquad \Sigma \mathbf{M}_O = \Sigma(\mathbf{r} \times \mathbf{F}) = 0 \tag{4.1}$$

將各力和力矩分解成直角分量，可得剛體平衡的充分必要條件的六個純量方程式：

$$\Sigma F_x = 0 \qquad \Sigma F_y = 0 \qquad \Sigma F_z = 0 \tag{4.2}$$

$$\Sigma M_x = 0 \qquad \Sigma M_y = 0 \qquad \Sigma M_z = 0 \tag{4.3}$$

上式可用來求解作用於剛體的未知力或是支撐作用於剛體上的未知反力。式 (4.2) 表示外力在 x、y 和 z 方向的各分量力平衡；式 (4.3) 則表示外力對 x、y 和 z 軸的力矩平衡。因此，處於平衡狀態的剛體，作用其上的外力並不會使其移動或轉動。

要寫下剛體的平衡方程式，首先要辨識出作用於剛體上的所有力，接著畫出對應的**自由體圖**。本章先考慮所有作用力均位於同一平面的二維結構平衡問題，學習如何畫出自由體圖。除了施加於結構的外力，也會考慮支撐 (supports) 作用於結構的**反作用力** (簡稱反力，reactions)。每種支撐都有對應的特定反力。讀者會學到如何判定結構是否適當支撐，因此事先可知平衡方程式是否足以求解未知的力和反力。

本章稍後會考慮三維結構的平衡問題，並以相同的方式分析這類結構和支撐。

4.2 自由體圖 (Free-Body Diagram)

求解剛體平衡問題時必須考慮作用於剛體上的**所有**外力，但不可加入沒有直接作用於剛體的力。漏掉一力或是加上不該加上的力，都會得到錯誤的平衡方程式。因此，求解的第一步是畫出所考慮剛體的**自由體圖**。第二章已介紹並使用過自由體圖，這裡再次整理畫

照片 4.1 圖示堆土機的自由體圖包括所有作用於堆土機上的外力：機身的重量、鏟斗的負載、地面對輪胎的反力。

照片 4.2 我們將在第六章討論如何求出由多個桿件連接而成的結構的內力。例如：照片 4.1 中支撐鏟斗的桿件中的力。

自由體圖的步驟：

1. 首先須選擇所欲畫出自由體圖的物體。接著將這個物體與地面以及其他物體分開。描出這個物體的輪廓。
2. 自由體圖上應標示出所有外力。這些外力代表地面以及被分離的其他物體施加於自由體的力，其作用點為地面的支撐點或是與其他物體的連接點。若自由體的**重力** (weight) 不可忽略，則重力應以外力形式標示於圖上，代表地球對組成該自由體所有質點的吸引力。第五章將介紹重力作用於物體的重心。當自由體由多個部件組成時，各部件互相作用的力不應包含於自由體的外力中，因為就目前的自由體而言，部件間的作用力為內力。
3. 若**已知外力**大小和方向，則需清楚的標示於自由體圖上。須記住的是，此處所標示的力的方向，為其他物體作用於自由體上的力，而非自由體作用於其他物體的力。已知力通常包括自由體的重力和因特定目的所施加的**外力**。
4. **未知外力**通常包括支撐的反作用力，簡稱支撐力或**反力** (reactions)。為抵抗自由體的運動，並使其保持力平衡，地面和其他物體會施加反力於該自由體上。由於反力拘束自由體，使其維持原位，故亦稱為**拘束力** (constraining forces)。反力的作用點在自由體與地面的**支撐處**，或與其他物體的**連接處**，須清楚標示於圖上。反力將於第 4.3 節和第 4.8 節深入討論。
5. 自由體圖應該標示尺度，之後計算力矩時會用到。其他細節則不用畫在圖上。

二維結構的平衡 (Equilibrium in Two Dimensions)

4.3 二維結構中支撐與連接的反力 (Reactions at Supports and Connections for a Two-Dimensional Structure)

本章的第一部分將考慮二維結構的平衡問題，即假設結構與施加其上的力均位於同一平面上。因此，維持結構平衡的反力亦位於同一平面。

作用於二維結構的反力依**支撐**和**連接**可分為三大類：

1. **反力等效於一已知作用線的力**。產生這類反力的支撐和連接包括**滾輪支撐** (rollers)、**鉸支支撐** (rockers)、**無摩擦表面** (frictionless surfaces)、**短連桿和繩索** (short links and cables)、**套於無摩擦桿件的套筒** (collars on frictionless rods) 以及可於**開口槽無摩擦滑動的插銷** (frictionless pins in slots)。這些支撐和連接均只可限制某一方向的運動。上述支撐和連接以及對應的反力均列於圖 4.1 中。這些反力只有**一個未知數**，即反力的大小，在自由體圖上應以一適當的符號表示。反力的作用線已知，也應於圖上清楚標示。無摩擦表面和繩索的反力的指向須與圖 4.1 一致，若為無摩擦表面則反力指向自由體，若為繩索則反力指離自由體。其他支撐或連接的反力則可任意假設其指向。

2. **反力等效於大小與方向均未知的一力**。這類支撐和連接有**無摩擦插銷** (frictionless pins in fitted holes)、**鉸鍊** (hinges) 和**粗糙表面** (rough surfaces)。這類支撐可使自由體在各方向均無法平移，但無法避免物體繞連接點轉動。這類反力有兩個未知數，通常表示為 x 和 y 方向的分量。若為粗糙表面，則反力垂直於表面的分量必須指離表面。

3. **反力等效於一力與一力偶**。產生這類反力的支撐為**固定支撐** (fixed supports)，其支撐端植入牆壁內，無法移動或轉動，因此物體受到完全拘束。固定支撐的固定端實際所受的接觸力分布於整個接觸面上，但這分布力可簡化成一力和一力偶。這類反力有三個未知數，通常為力的兩個直角分量和力偶的力矩。

當一未知力或力偶的指向不明顯時，不需試圖於畫自由體圖時即確定指向。其指向可任意假設，之後解出的力或力偶若為負值，即表示其指向與假設相反。

照片 4.3　開啟雨篷時，將連桿拉長，此時連桿施加在滑塊的力等於滑塊施加在桿件的正向力，桿件再施加相同的力將窗戶打開。

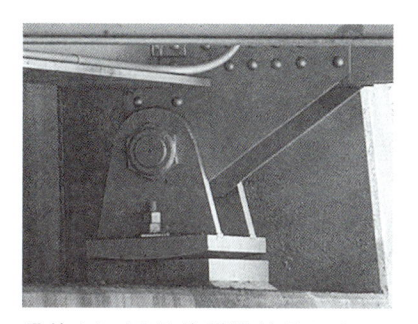

照片 4.4　圖示的弧腳軸承 (rocker bearing) 用來支撐橋梁道路。

照片 4.5　圖示為一鈑梁橋 (plate grirder bridge) 的弧腳軸承。弧腳之凸面可讓鈑梁的支撐左右移動。

4.4　二維平面問題的剛體平衡 (Equilibrium of a Rigid Body in Two Dimensions)

第 4.1 節所述的剛體平衡條件，於二維平面問題中可大幅簡化。

支撐或連接	反力	未知數數目
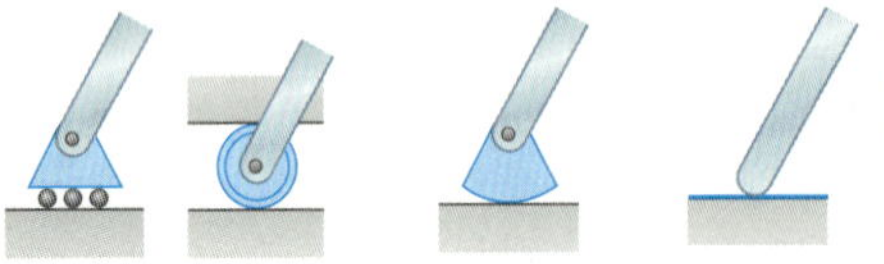 滾輪　　弧腳　　無摩擦面	 已知作用線的力	1
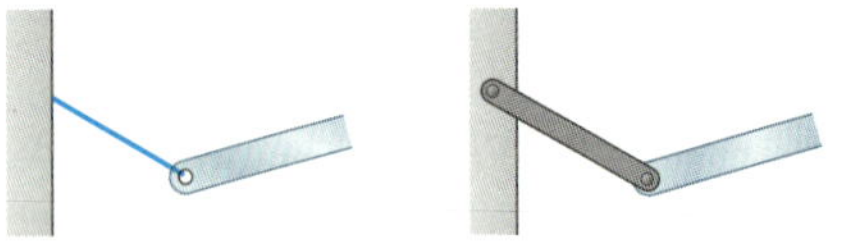 短纜繩　　　　短連桿	 已知作用線的力	1
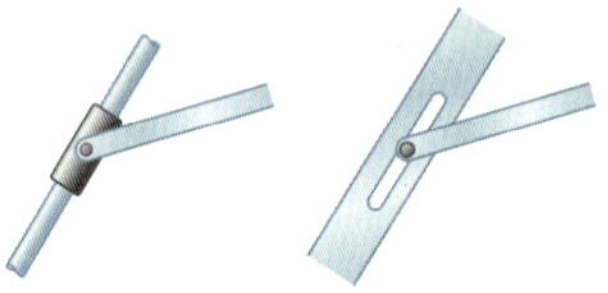 無摩擦桿上的軸環　槽內的無摩擦插銷	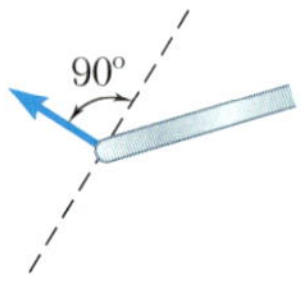 90° 已知作用線的力	1
無摩擦插銷/鉸鍊　　粗糙面	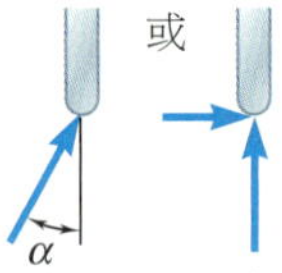 或 未知方向的力	2
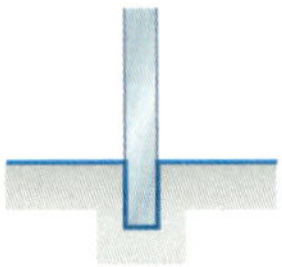 固定支撐	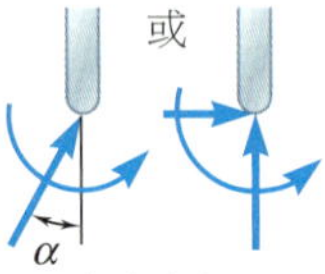 或 力與力偶	3

圖 4.1　支撐與連接的反力

若選 x 和 y 軸為結構所在的平面，則作用力必為

$$F_z = 0 \qquad M_x = M_y = 0 \qquad M_z = M_O$$

因此，第 4.1 節得到的六個平衡方程式化簡成以下三個：

$$\Sigma F_x = 0 \qquad \Sigma F_y = 0 \qquad \Sigma M_O = 0 \tag{4.4}$$

且 $\Sigma M_O = 0$ 不僅對原點 O 滿足，對其他任意點亦滿足。因此，二維

結構的平衡方程可寫成

$$\Sigma F_x = 0 \qquad \Sigma F_y = 0 \qquad \Sigma M_A = 0 \qquad (4.5)$$

其中 A 為結構所在平面的任意點。上述三個方程式可用來解不超過三個未知數。

根據前節的討論，反力未知數的數目可由支撐和連接的種類得知。因此式 (4.5) 可用來求以下幾種情況的反力：兩個轉子支撐加一繩索連接、一個固定支撐或是一個轉子支撐加一插銷等情況。

考慮圖 4.2(a)，其中的桁架受到已知力 $\mathbf{P}$、$\mathbf{Q}$ 和 $\mathbf{S}$ 作用。桁架於點 A 有插銷支撐、點 B 有滾子支撐。插銷施加反力於點 A 使得 A 無法移動，插銷的反力可分解為直角分量 $\mathbf{A}_x$ 和 $\mathbf{A}_y$，而滾子施加一垂直力 $\mathbf{B}$ 於桁架上，使其不致繞點 A 轉動。其自由體圖如圖 4.2(b) 所示，包括反力 $\mathbf{A}_x$、$\mathbf{A}_y$、$\mathbf{B}$ 以及外力 $\mathbf{P}$、$\mathbf{Q}$、$\mathbf{S}$ 與桁架的重力 $\mathbf{W}$。由於所有力對 A 的力矩和為零，即 $\Sigma M_A = 0$，因為未知數只有 B 可直接求出。接著，所有力在 x 方向的分量和以及在 y 方向的分量和皆為零，即 $\Sigma F_x = 0$ 和 $\Sigma F_y = 0$。由此可分別求得 A_x 和 A_y。

我們可寫下第四個平衡方程式，如 $\Sigma M_B = 0$，B 為 A 之外的任意點。雖然這等式成立，但並未提供額外的資訊。因為這式子並不獨立於前三式，因此無法用來求第四個未知數。但可用來驗算前三式得到的解是否正確。

雖然只有三個獨立的式子可用，但我們可依情況任選三個式子。例如：可選用以下三個平衡方程式

$$\Sigma F_x = 0 \qquad \Sigma M_A = 0 \qquad \Sigma M_B = 0 \qquad (4.6)$$

其中計算力矩的第二點 B 不可位於通過 A 且平行於 y 軸的直線上 (圖 4.2b)。這些等式為桁架平衡的充分條件 (sufficient conditions)。前兩式指出，外力的合力必可化簡為作用於 A 的垂直力，再由第三式，此力對點 B 的力矩為零，因此此力為零，故剛體平衡。

平衡方程式的另一可能組合為

$$\Sigma M_A = 0 \qquad \Sigma M_B = 0 \qquad \Sigma M_C = 0 \qquad (4.7)$$

其中點 A、B 和 C 不在一直線上 (圖 4.2b)。第一式要求外力合力通過 A；第二式要求合力通過 B；而第三式要求合力通過 C。由於點 A、B

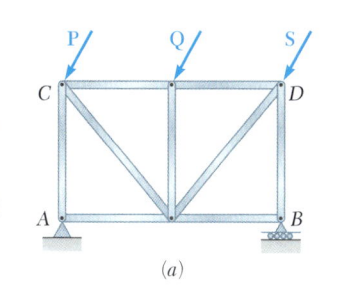

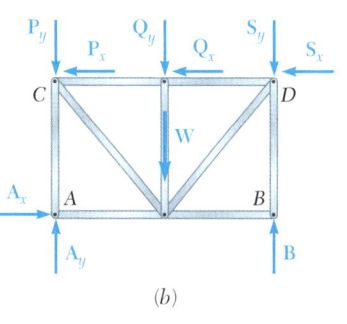

圖 4.2

圖 4.3

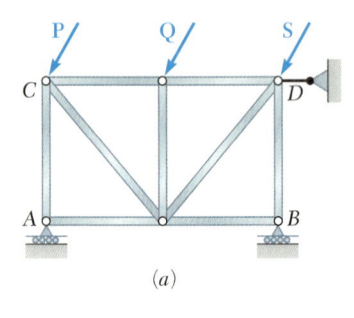

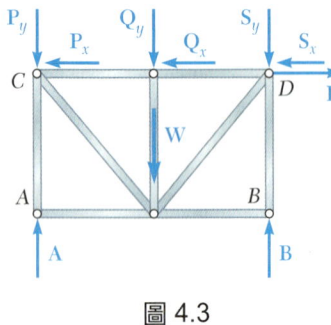

和 C 不在一直線上，因此合力必定為零。故得剛體處於平衡狀態。

$\Sigma M_A = 0$ 相對於式 (4.7) 的其他兩式，具有較明確的物理意義，因為點 A 是插銷，桁架若不力平衡則會繞點 A 轉動。點 B 和點 C 則不是插銷，因此即使桁架外力不平衡，也不會繞 B 或 C 轉動。儘管如此，求解剛體平衡時，後兩式和第一式同等重要，平衡方程式的選擇不應受其物理意義影響。實際上，應盡可能選擇僅含一未知數的方程式，以避免求解聯立方程式。對兩未知力交點做力矩平衡，可得僅含一未知數的式子；或若有兩未知力互相平行，則選擇垂直於兩力的方向做合力為零，即可直接求得第三個未知力。例如：圖 4.3 的桁架，點 A 和 B 為滾子支撐，點 D 由短連桿支撐。求 x 方向分量的合力即可直接消去 A 和 B 的反力；若對 C 做力矩和，則可直接消去 A 和 D 的反力；同理，若對 D 做力矩和可消去 B 和 D 的反力。此時，選擇的方程式為

$$\Sigma F_x = 0 \qquad \Sigma M_C = 0 \qquad \Sigma M_D = 0$$

上面每個方程式均只有一個未知數。

4.5 靜不定問題的反力 / 部分拘束 (Statically Indeterminate Reactions. Partial Constraints)

前節討論的兩個例子 (圖 4.2 和圖 4.3) 使用的支撐使得剛體在給定的受力下不移動。因此，該剛體稱為受到**完全拘束** (completely constrained)。其支撐對應的反力共有三個未知數，可用三個平衡方程式求得。此時，支撐的反作用力稱為**靜定** (statically determinate)。

圖 4.4a 中的桁架在點 A 和 B 由插銷支撐。這兩個插銷提供的拘束超過使桁架在受任意力時保持不動所需的拘束。我們也注意到，由圖 4.4b 的自由體圖，其對應的反力含有**四個未知數**。第 4.4 節指出，平面問題只有三個獨立的平衡方程式，此時未知數的數目超過方程式的數目，因此無法解出所有的未知數。儘管利用 $\Sigma M_A = 0$ 和 $\Sigma M_B = 0$ 可分別求得垂直分量 B_y 和 A_y，$\Sigma F_x = 0$ 僅可得到 A 和 B 反力水平分量的和 $A_x + B_x$。分量 A_x 和 B_x 稱為**靜不定** (statically indeterminate)，雖然可利用桁架受力的變形求得其值，但超出本書討論的範圍，通常於材料力學課程中探討。

圖 4.5a 中的桁架在點 A 和 B 由滾子支撐。清楚可見，兩個滾子提供的拘束並不足以使桁架在受力時保持不動。桁架僅在垂直方向受

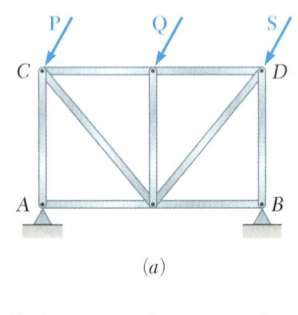

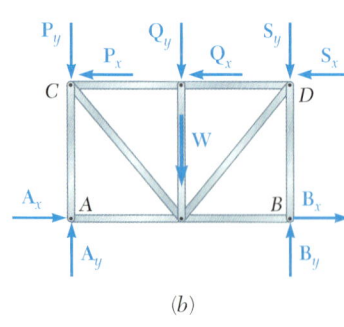

圖 4.4　靜不定反力

到拘束，水平方向則可自由移動。此桁架稱為**受到部分拘束** (partially constrained)。觀察圖 4.5b 的自由體圖，發現 A 和 B 的反力僅有兩個未知數。但三個平衡方程式仍須滿足，因此未知數的數目少於方程式的數目，一般而言，會有一個等式不滿足。例如：此處 $\Sigma M_A = 0$ 和 $\Sigma M_B = 0$ 滿足，但 $\Sigma F_x = 0$ 不滿足，除非外力的水平分量合力恰好為零。因此，圖 4.5 的桁架於一般受力狀況並無法保持平衡。

上面討論似乎得到以下結論：如一剛體完全拘束且支撐反作用力為靜定，則**反力的未知數數目必定等於平衡方程式的數目**。若兩者數目不相等，可確定剛體不為完全拘束或是支撐反力不為靜定；也有可能剛體非完全拘束且反力為靜不定。

但要強調的是，未知數與方程式數目相等是必要條件 (necessary)，而非充分條件 (not sufficient)。換句話說，兩者數目相等並不能保證物體為完全拘束，或是反力為靜定。考慮圖 4.6a 中的桁架，其支撐為點 A、B 和 E 的滾子。儘管反力有三個未知數 A、B 和 E (圖 4.6b)，但 $\Sigma F_x = 0$ 不滿足，除非外力的水平分量合力恰好為零。雖然拘束的數目足夠，但由於安排不妥，導致桁架仍未完全拘束，而可於水平方向移動。這種情況稱為**不當拘束** (improperly constrained)。因為只剩下兩個方程式可用來求解三個未知數，故此反力為靜不定。即不當拘束亦導致靜不定。

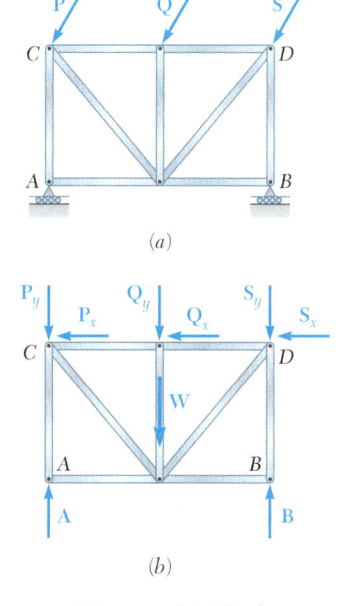

圖 4.5　部分拘束

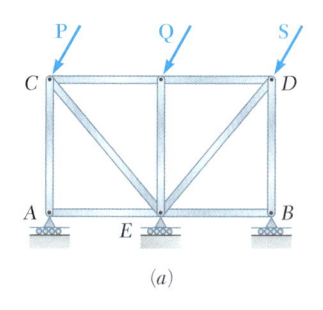

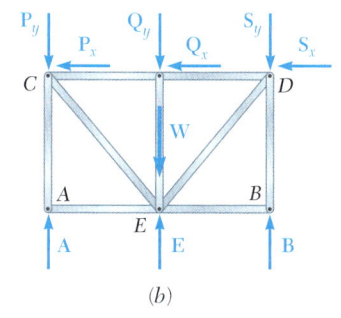

圖 4.6　不當拘束

圖 4.7 為不當拘束及靜不定的另一個例子。桁架於點 A 受到插銷支撐、點 B 和 C 分別受到滾子支撐，總共有四個未知數。因為總共只有三個獨立的平衡方程式，反力為靜不定。另一方面，$\Sigma M_A = 0$ 在一般受力時不滿足，此時反力 B 和 C 的作用線通過點 A 桁架因此有可能會繞點 A 轉動，故為不當拘束。

圖 4.6 和 4.7 的例子得到以下結論：當支撐安排使得反力為共點或是平行時，雖然有足夠數目的拘束，剛體仍為不當拘束。

總結如下，要確定二維剛體為完全拘束且其反力為靜定，應確認其反力恰好有三個未知數，且支撐的安排適當使得沒有反力共點或平行。

涉及靜不定反力的支撐在結構設計時須特別小心，須考慮可能導致的問題。另一方面，含靜不定反力的結構分析通常可用靜力的方法解出部分未知數。例如圖 4.4 的桁架，點 A 和 B 反力的垂直分量可用平衡方程式解出。

設計靜態結構時應避免可能導致部分拘束或不當拘束的支撐，理由顯而易見。當然，一個部分拘束或不當拘束的結構不一定會倒塌，在某些受力下，仍可能保持平衡。例如，圖 4.5 和 4.6 的桁架若所受外力 P、Q 和 S 皆為垂直，則仍可保持平衡。此外，若結構設計為可移動，則當然必須為部分拘束。例如：若火車車廂的煞車永久開啟，成為完全拘束，將無法運作。

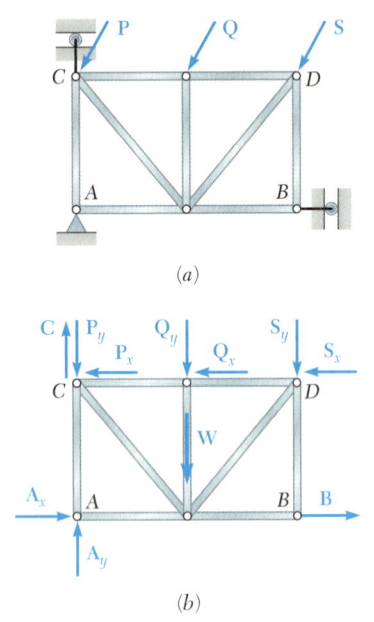

圖 4.7 不當拘束

範例 4.1

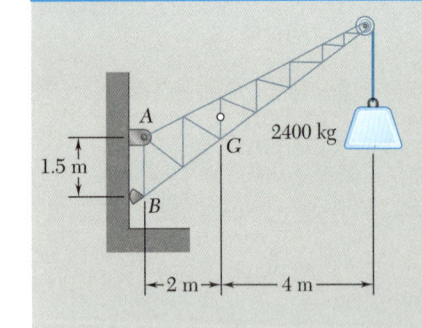

一固定起重機質量為 1000 kg，用來吊起質量 2400 kg 的條板箱。起重機由點 A 的插銷 (pin) 與點 B 的弧腳 (rocker) 支撐。起重機的重心位於 G。試求 A 與 B 的支撐反力分量。

解

自由體圖。起重機的自由體圖如附圖所示。分別將起重機與條板箱的質量乘上 $g = 9.81 \text{ m/s}^2$，得到對應的重量 9810 N (9.81 kN) 與 23500 N (23.5 kN)。插銷 A 的反力的方向未知，因此以兩分量 $\mathbf{A}_x$ 與 $\mathbf{A}_y$ 表示。弧腳 B 的反力垂直於接觸面，因此已知為水平。假設 $\mathbf{A}_x$、$\mathbf{A}_y$ 與 B 的方向如圖示。

求 **B**。所有外力對點 A 的合力矩為零。由於 $\mathbf{A}_x$ 與 $\mathbf{A}_y$ 對 A 的力矩為零,此力矩平衡方程式中沒有 A_x 或 A_y。將各力的大小乘上與 A 的垂直距離,寫成

$+\curvearrowleft\Sigma M_A = 0:\quad +B(1.5\text{ m}) - (9.81\text{ kN})(2\text{ m}) - (23.5\text{ kN})(6\text{ m}) = 0$
$\qquad\qquad\qquad B = +107.1\text{ kN} \qquad\qquad \mathbf{B} = 107.1\text{ kN} \rightarrow$

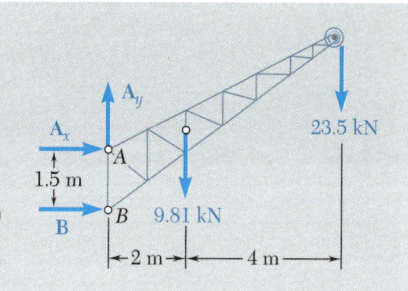

由於得到的為正值,故反力方向與假設相同。

求 $\mathbf{A}_x$。$\mathbf{A}_x$ 的大小可由求解所有外力的水平分量的合力為零求得,如下

$\xrightarrow{+}\Sigma F_x = 0:\quad A_x + B = 0$
$\qquad\qquad\qquad A_x + 107.1\text{ kN} = 0$
$\qquad\qquad\qquad A_x = -107.1\text{ kN} \qquad\qquad \mathbf{A}_x = 107.1\text{ kN} \leftarrow$

由於得到的為負值,故 $\mathbf{A}_x$ 的指向與假設相反。

求 $\mathbf{A}_y$。所有外力的垂直分量的合力為零,故

$+\uparrow\Sigma F_y = 0:\quad A_y - 9.81\text{ kN} - 23.5\text{ kN} = 0$
$\qquad\qquad\qquad A_y = +33.3\text{ kN} \qquad\qquad \mathbf{A}_y = 33.3\text{ kN} \uparrow$

　　將 $\mathbf{A}_x$ 與 $\mathbf{A}_y$ 向量相加,得到 A 的反力為 112.2 kN ∡$17.3°$。

驗算。由於所有外力對任一點的合力矩為零,故可用來驗算上面求得的反力。例如:考慮點 B,可得

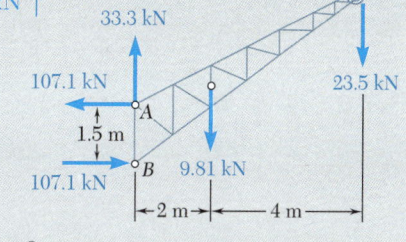

$+\curvearrowleft\Sigma M_B = -(9.81\text{ kN})(2\text{ m}) - (23.5\text{ kN})(6\text{ m}) + (107.1\text{ kN})(1.5\text{ m}) = 0$

範例 4.2

一梁受三負載作用,如附圖所示。梁由 A 的滾輪與 B 的插銷支撐。忽略梁的重量,試求當 $P = 75$ kN 時,A 與 B 的反力。

解

自由體圖。梁的自由體圖如附圖所示。點 A 的反力為垂直力,標示為 **A**。點 B 的反力以其分量 $\mathbf{B}_x$ 與 $\mathbf{B}_y$ 表示。各分量的指向

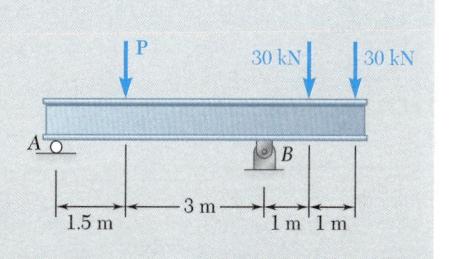

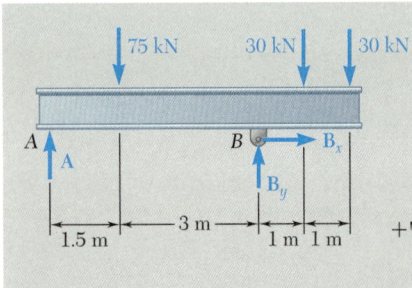

先假設如圖示。

平衡方程式。寫下三個平衡方程式，並解出反力如下

$\xrightarrow{+}\Sigma F_x = 0:$ $B_x = 0$ $\mathbf{B}_x = 0$

$+\circlearrowleft\Sigma M_A = 0:$
$-(75 \text{ kN})(1.5 \text{ m}) + B_y(4.5 \text{ m}) - (30 \text{ kN})(5.5 \text{ m}) - (30 \text{ kN})(6.5 \text{ m}) = 0$
$B_y = +105 \text{ kN}$ $\mathbf{B}_y = 105 \text{ kN} \uparrow$

$+\circlearrowleft\Sigma M_B = 0:$
$-A(4.5 \text{ m}) + (75 \text{ kN})(3 \text{ m}) - (30 \text{ kN})(1 \text{ m}) - (30 \text{ kN})(2 \text{ m}) = 0$
$A = +30 \text{ kN}$ $\mathbf{A} = 30 \text{ kN} \uparrow$

驗算。將所有外力的垂直分量相加，若為零表示以上計算正確：

$+\uparrow\Sigma F_y = +30 \text{ kN} - 75 \text{ kN} + 105 \text{ kN} - 30 \text{ kN} - 30 \text{ kN} = 0$

備註：這裡 A 與 B 的反力都是垂直，但兩者原因不同。梁在點 A 受滾輪支撐，故反力沒有水平分量；然而，點 B 的水平分量為零的原因乃是必須滿足水平方向的平衡方程式 $\Sigma F_x = 0$，且沒有任何外力有水平分量。

讀者第一眼可能看出 $\mathbf{B}_x$ 為零，因此僅在點 B 加上垂直力。但一般不建議這樣做，因為當負載條件改變，導致需要加上水平分量時，有可能忘記加上 $\mathbf{B}_x$（例如當負載有水平分量時）。這裡的 $\mathbf{B}_x = 0$ 是透過解平衡方程式 $\Sigma F_x = 0$ 求得。若不經計算，直接令 $\mathbf{B}_x = 0$，則可能忘記實際上已使用了一個平衡方程式，而導致追蹤可用平衡方程式數目時失誤。

範例 4.3

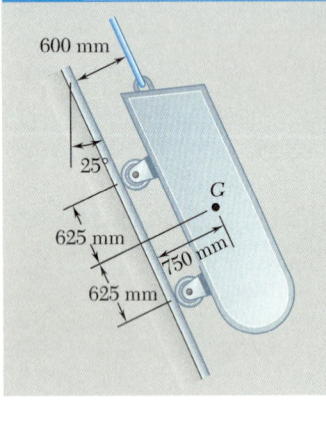

一載重車停止在一與垂直線夾角 25° 的軌道上。車身重與負載共 25 kN，作用於距軌道 750 mm、兩個輪子正中間的點 G。一作用於離軌道 600 mm 的纜繩拉住車子。試求纜繩張力與每一對輪子的反力。

解

自由體圖。車子的自由體圖如附圖所示。輪子的反力垂直於軌道，纜繩張力 $\mathbf{T}$ 平行於軌道。為求方便，令 x 軸平行軌道、y 軸垂直軌道。接著將 25 kN 的重力分解成 x、y 分量。

$$W_x = +(25 \text{ kN}) \cos 25° = +22.66 \text{ kN}$$
$$W_y = -(25 \text{ kN}) \sin 25° = -10.56 \text{ kN}$$

平衡方程式。取對 A 的力矩和以消去 $\mathbf{T}$ 與 $\mathbf{R}_1$：

$$+\circlearrowleft \Sigma M_A = 0: \quad -(10.56 \text{ kN})(0.625 \text{ m}) - (22.66 \text{ kN})(0.15 \text{ m})$$
$$+ R_2(1.25 \text{ m}) = 0$$
$$R_2 = +8 \text{ kN} \qquad \mathbf{R}_2 = 8 \text{ kN} \nearrow$$

接著取對 B 的力矩，消去 $\mathbf{T}$ 與 $\mathbf{R}_2$，故

$$+\circlearrowleft \Sigma M_B = 0: \quad (10.56 \text{ kN})(0.625 \text{ m}) - (22.66 \text{ kN})(0.15 \text{ m})$$
$$- R_1(1.25 \text{ m}) = 0$$
$$R_1 = +2.56 \text{ kN} \qquad \mathbf{R}_1 = +2.56 \text{ kN} \nearrow$$

可求得 $\mathbf{T}$ 值如下：

$$\searrow + \Sigma F_x = 0: \quad +22.66 \text{ kN} - T = 0$$
$$T = +22.66 \text{ kN} \qquad \mathbf{T} = 22.56 \text{ kN} \nwarrow$$

求得的反力如附圖所示。

驗算。可由下式驗算

$$\nearrow + \Sigma F_y = +2.56 \text{ kN} + 8 \text{ kN} - 10.56 = 0$$

也可檢查對點 A 與 B 以外的點的合力矩是否為零。

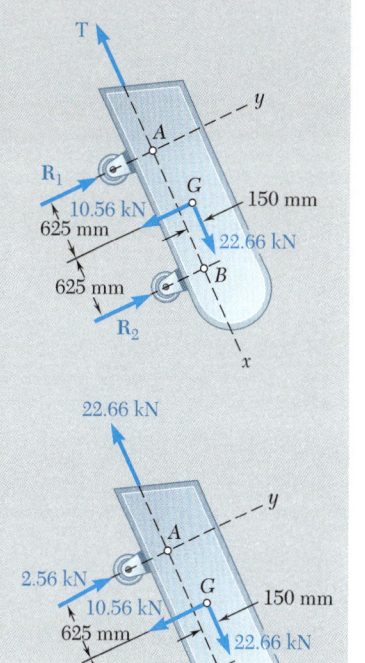

範例 4.4

圖示的構架支撐一棟小建築物的部分屋頂。已知纜繩張力為 150 kN，試求固定端 E 的反力。

解

自由體圖。構架與纜繩 BDF 的自由體圖如附圖所示。固定端 E 的反力以力分量 $\mathbf{E}_x$ 與 $\mathbf{E}_y$ 以及力偶 $\mathbf{M}_E$ 表示。其他作用於自由體的力有四個 20 kN 的負載與作用於纜繩點 F 的 150 kN 力。

平衡方程式。注意 $DF = \sqrt{(4.5 \text{ m})^2 + (6 \text{ m})^2} = 7.5 \text{ m}$，故

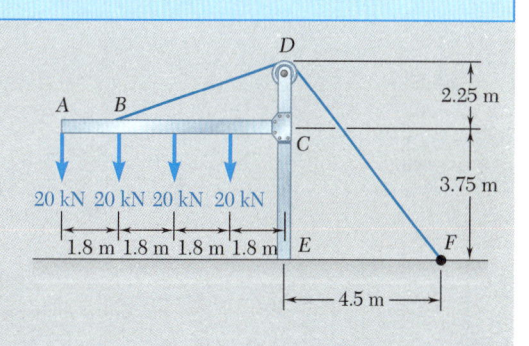

$$\xrightarrow{+}\Sigma F_x = 0: \qquad E_x + \frac{4.5}{7.5}(150 \text{ kN}) = 0$$
$$E_x = -90.0 \text{ kN} \qquad \mathbf{E}_x = 90.0 \text{ kN} \leftarrow$$

$$+\uparrow \Sigma F_y = 0: \qquad E_y - 4(20 \text{ kN}) - \frac{6}{7.5}(150 \text{ kN}) = 0$$
$$E_y = +200 \text{ kN} \qquad \mathbf{E}_y = 200 \text{ kN} \uparrow$$

$$+\circlearrowleft \Sigma M_E = 0: \qquad (20 \text{ kN})(7.2 \text{ m}) + (20 \text{ kN})(5.4 \text{ m}) + (20 \text{ kN})(3.6 \text{ m})$$
$$+ (20 \text{ kN})(1.8 \text{ m}) - \frac{6}{7.5}(150 \text{ kN})(4.5 \text{ m}) + M_E = 0$$
$$M_E = +180.0 \text{ kN} \cdot \text{m} \qquad \mathbf{M}_E = 180.0 \text{ kN} \cdot \text{m} \circlearrowleft$$

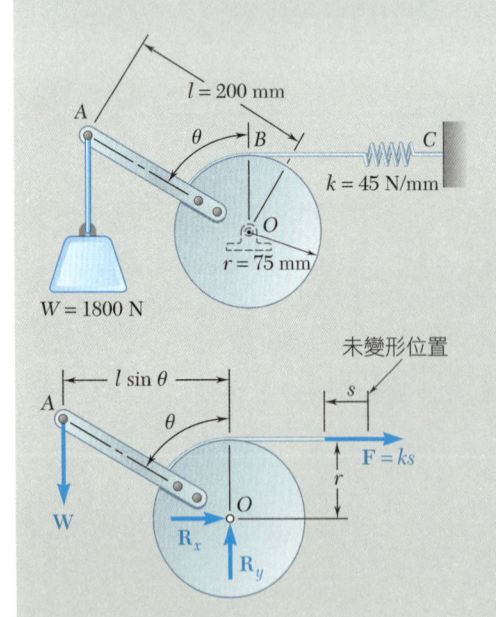

範例 4.5

一 1800 N 的重物懸吊在槓桿的點 A。彈簧 BC 的彈簧常數為 $k = 45$ N/mm，且彈簧未變形時的 $\theta = 0$。試求平衡位置。

解

自由體圖。畫出槓桿與圓柱的自由體圖。彈簧的伸長量標示為 s，注意 $s = r\theta$，故 $F = ks = kr\theta$。

平衡方程式。將 $\mathbf{W}$ 與 $\mathbf{F}$ 對 O 的力矩相加，如下

$$+\circlearrowleft \Sigma M_O = 0: \qquad Wl \sin\theta - r(kr\theta) = 0 \qquad \sin\theta = \frac{kr^2}{Wl}\theta$$

代入給定值，得到

$$\sin\theta = \frac{(45 \text{ N/mm})(75 \text{ mm})^2}{(1800 \text{ N})(200 \text{ mm})}\theta \qquad \sin\theta = 0.703\,\theta$$

以試誤法 (trial and error) 解出 $\theta = 0 \qquad \theta = 80.3°$

重點提示

若剛體在外力作用下保持平衡，則外力等效於零。求解力平衡問題的第一步是畫出清楚、大小適當的**自由體圖**，並在圖上標示出含已知與未知的所有外力。二維剛體的支撐的反作用力，依種類可能會有一至三個未知數 (圖 4.1)。畫出正確的自由體圖對解題至關重要。解題前一定要先確認所畫的自由體圖包含所有的外力、反力和物體的重力 (若不可忽略)。

1. 可寫下三個平衡方程式，並用之求得三個未知數。這三個方程式可能是

$$\Sigma F_x = 0 \qquad \Sigma F_y = 0 \qquad \Sigma M_O = 0$$

$$+\circlearrowleft \Sigma M_A = 0: \quad +B(1.5\text{ m}) - (9.81\text{ kN})(2\text{ m}) - (23.5\text{ kN})(6\text{ m}) = 0$$
$$B = +107.1\text{ kN} \qquad\qquad \mathbf{B} = 107.1\text{ kN} \rightarrow$$

   也可選擇其他組合，例如

$$\Sigma F_x = 0 \qquad \Sigma M_A = 0 \qquad \Sigma M_B = 0$$

   其中點 B 不可使 A、B 直線平行於 y 軸。或選擇

$$\Sigma M_A = 0 \qquad \Sigma M_B = 0 \qquad \Sigma M_C = 0$$

   其中點 A、B 和 C 不共線。

2. 以下技巧可以簡化計算：
   a. 對兩未知力的交點做力矩平衡，可得到僅含一未知數的等式。
   b. 若有兩未知的平行力，於力的垂直方向做力平衡，可得到僅含一未知數的等式。

3. 檢視畫出自由體圖，可能出現以下狀況：
   a. 反力未知數少於三個；此時物體處於部分拘束，物體可能運動。
   b. 反力未知數超過三個；此時反力為靜不定。可能求得一或兩個反力，但無法求出所有反力。
   c. 反力通過同一點或互相平行；此時物體處於不當拘束，物體於一般受力情況時會運動。

習題

自由體圖練習

4.F1 一構架受附圖所示之負載，當 $\alpha = 30°$ 時，請畫出求解 A 與 E 反力所需的自由體圖。

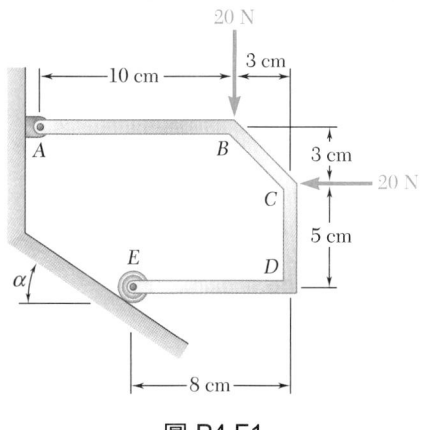

圖 P4.F1

4.F2 不考慮摩擦，當 $\theta = 60°$ 時，請畫出求解纜繩 ABD 張力與 C 反力所需的自由體圖。

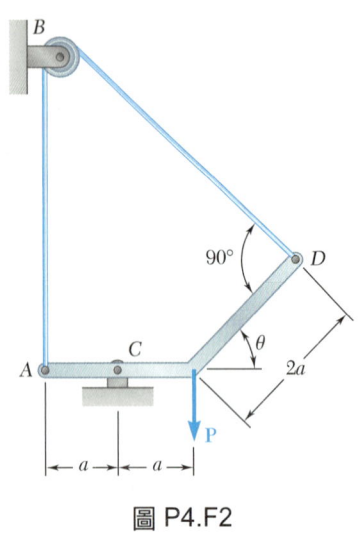

圖 P4.F2

圖 P4.F3

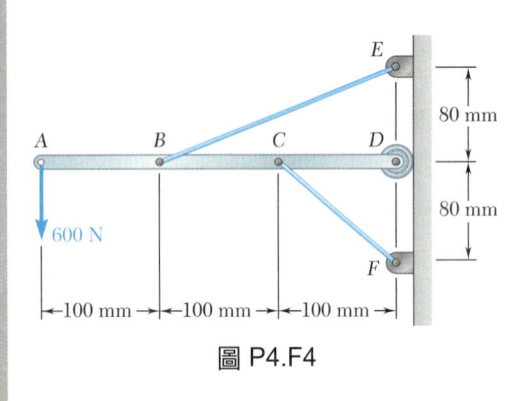

4.F3 桿件 AC 受兩個 400 N 的負載作用。A 與 C 的滾輪支撐在無摩擦的牆面上，纜繩 BD 連接至 B。請畫出求解纜繩 BD 的張力，以及 A 與 C 反力所需的自由體圖。

4.F4 請畫出求解兩纜繩的張力與 D 反力所需的自由體圖。

圖 P4.F4

課後習題

4.1 兩個質量皆為 350 kg 的條板箱放置在一部質量 1400 kg 的小貨車上。試求每一個輪子的反力：(a) 後輪 A；(b) 前輪 B。

4.2 如習題 4.1，但假設條板箱 D 被移走，貨車上僅剩條板箱 C，且位置不變。

4.3 一 T 形拖架支撐四個負載。試求 A 與 B 的反力 (a) 若 $a = 10$ cm；(b) 若 $a = 7$ cm。

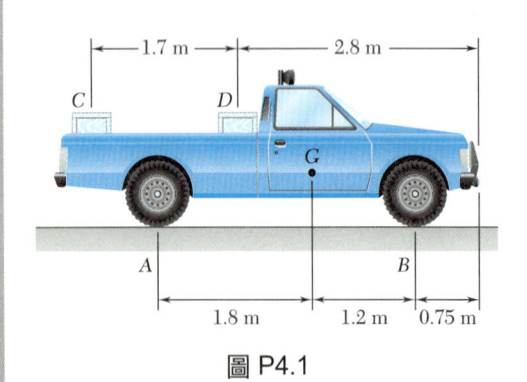

圖 P4.1

圖 P4.3

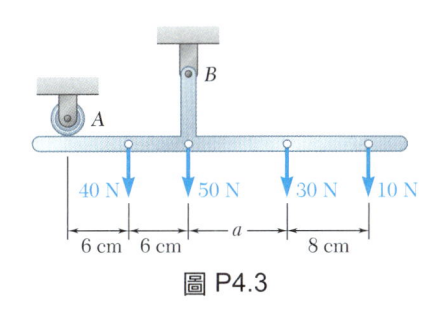

4.4 如習題 4.3，試求拖架維持靜止時可允許的最小距離 a。

4.5 一手推車載著兩個質量皆為 40 kg 的木桶。不考慮推車質量，試求 (a) 當 $\alpha = 35°$ 時，使推車保持平衡需施加在把手的垂直力 **P**；(b) 此時每個輪子的反力。

4.6 如習題 4.5，但 $\alpha = 40°$。

4.7 兩部車子 C 與 D 停在兩車道的橋上，車輪施加在橋上的力如附圖所示。試求以下情況 A 與 B 的反力，當 (a) $a = 2.9$ m；(b) $a = 8.1$ m。

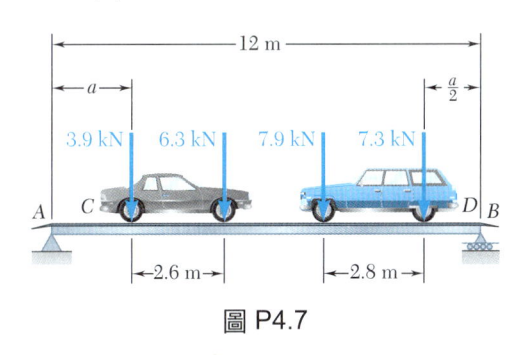

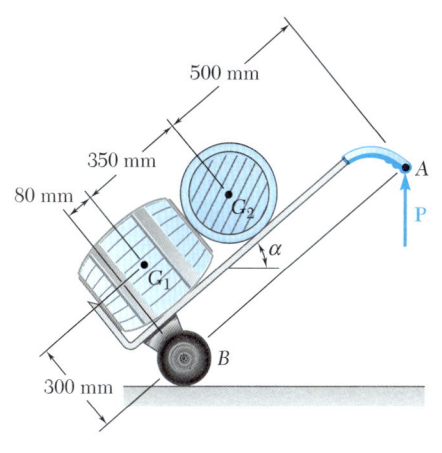

圖 P4.5

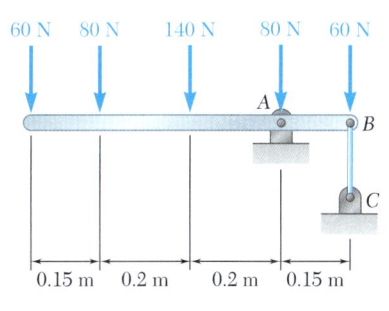

圖 P4.7

圖 P4.8

4.8 一梁受力如附圖所示，試求 (a) A 的反力；(b) 纜繩 BC 的張力。

4.9 一梁受力如附圖所示，若 B 的反力向下不可超過 100 N、向上不可超過 200N，試求距離 a 的範圍。

4.10 已知每個反力可容許的最大值為 180 N。梁重可忽略不計，試求使梁能安全使用的距離 d 的範圍。

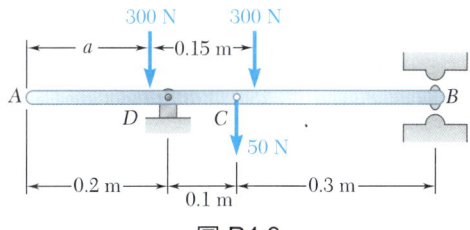

圖 P4.9

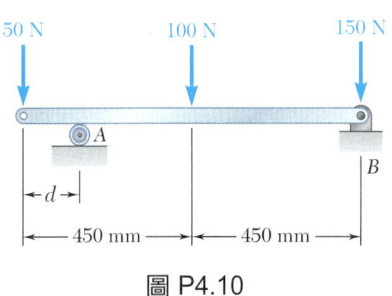

圖 P4.10

4.11 三個負載作用於一梁上，梁於 B 與 D 由纜繩支撐，且梁重可忽略不計，試求當 P = 0，且兩條繩索的張力都不為零時的 Q 值範圍。

4.12 三個負載作用於一梁上，梁於 B 與 D 由纜繩支撐，且梁重可忽略不計，已知每條纜繩最大可容許張力為 4 kN，試求當 P = 0，纜繩不致拉斷的 Q 值範圍。

4.13 如習題 4.12，試求當 P = 1 kN 時，纜繩不致拉斷的 Q 值範圍。

4.14 梁 AB 受負載如附圖所示，已知每一支撐最大可容許反力值為 2.5 kN，且 E 的反力必須朝下，試求條板箱的質量範圍。

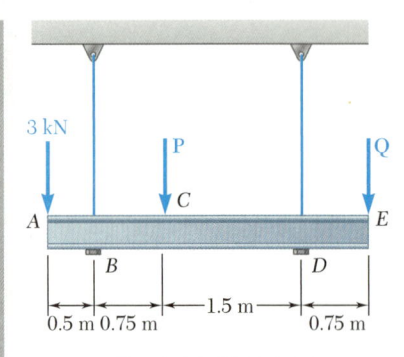

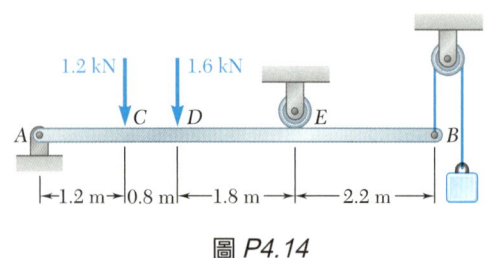

圖 P4.11 與 P4.12

圖 P4.14

圖 P4.15

4.15 拖架 BCD 由 C 的鉸鍊支撐，另有纜繩連接於 B。所受負載如附圖所示，試求 (a) 纜繩的張力；(b) C 的反力。

4.16 如習題 4.15，但假設 a = 0.32 m。

4.17 槓桿 BCD 由 C 的鉸鍊支撐，另有控制桿連接於 B。若 P = 100 N，試求 (a) 桿件 AB 的張力；(b) C 的反力。

4.18 槓桿 BCD 由 C 的鉸鍊支撐，另有控制桿連接於 B。若 C 的最大可容許反力值為 250 N，試求可安全施加在 D 的最大 P 值。

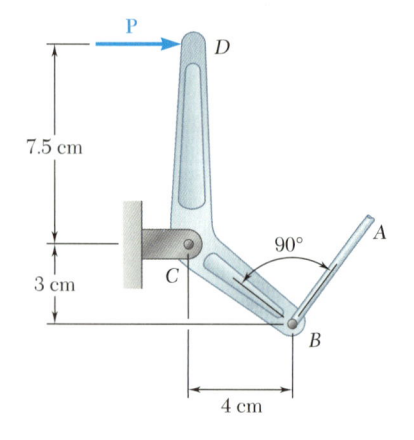

圖 P4.17 與 P4.18

4.19 兩連桿 AB 與 DE 由一曲柄連接，已知連桿 AB 的張力為 720 N，試求 (a) 連桿 DE 的張力；(b) C 的反力。

4.20 兩連桿 AB 與 DE 由一曲柄連接，若 C 的最大可容許反力值為 1600 N，試求連桿 AB 可安全施加在曲柄的最大力。

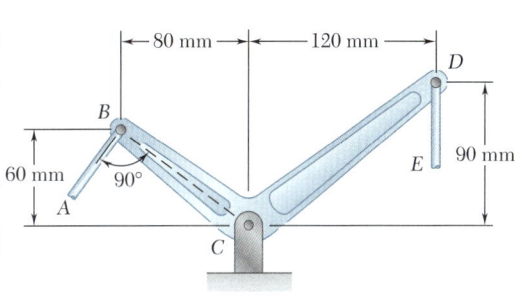

圖 P4.19 與 *P4.20*

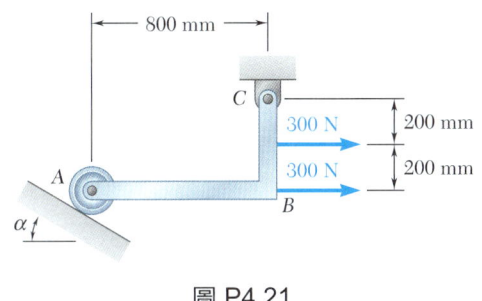

4.21 試求以下情況時 A 與 C 的反力：(a) $\alpha = 0$；(b) $\alpha = 30°$。

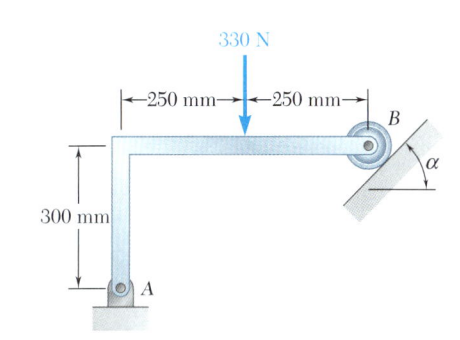

圖 P4.21

圖 P4.22

4.22 試求以下情況時 A 與 B 的反力：(a) $\alpha = 0$；(b) $\alpha = 90°$；(c) $\alpha = 30°$。

4.23 試求以下情況時 A 與 B 的反力：(a) $h = 0$；(b) $h = 200$ mm。

4.24 槓桿 AB 由 C 的鉸鍊支撐，另有控制桿連接於 A。若槓桿受一 200 N 垂直力作用於 B，試求 (a) 纜繩的張力；(b) C 的反力。

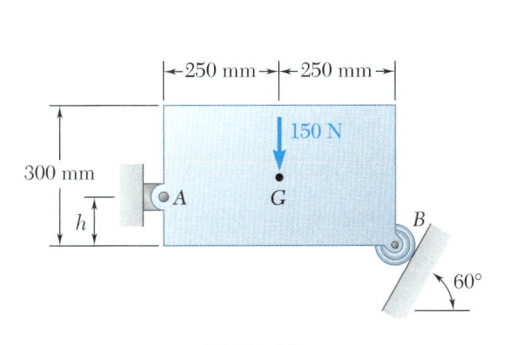

圖 P4.23

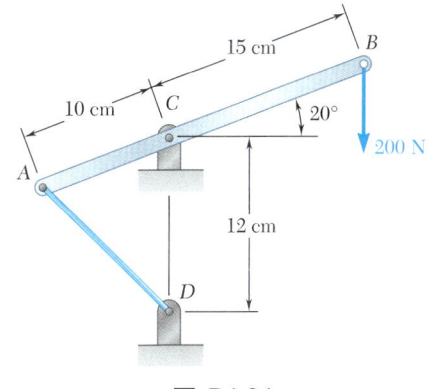

圖 *P4.24*

4.25 與 4.26 試求以下情況時 A 與 B 的反力。

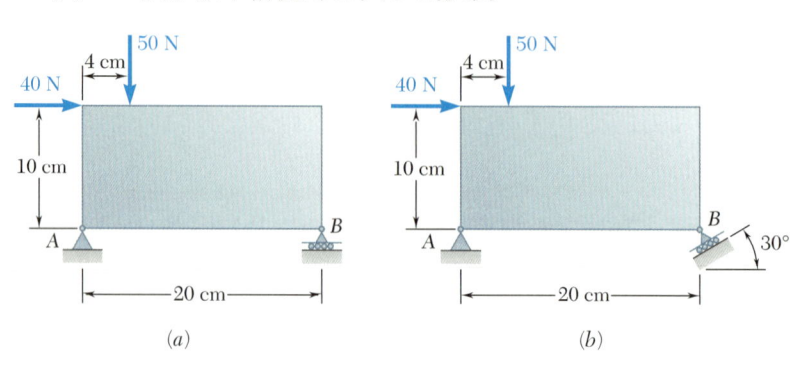

圖 P4.25

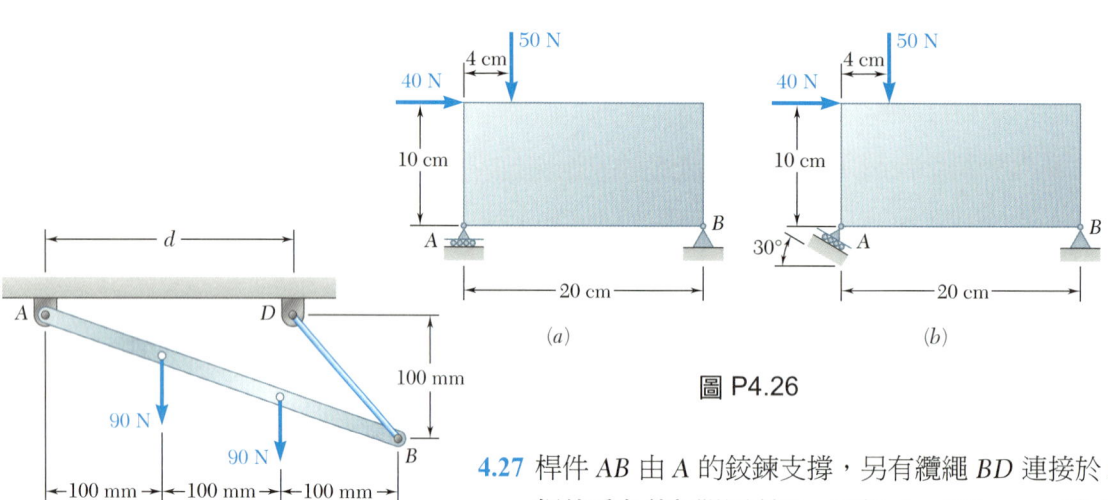

圖 P4.26

4.27 桿件 AB 由 A 的鉸鍊支撐，另有纜繩 BD 連接於 B，桿件受負載如附圖所示。已知 d = 200 mm，試求 (a) 纜繩 BD 的張力；(b) A 的反力。

4.28 桿件 AB 由 A 的鉸鍊支撐，另有纜繩 BD 連接於 B，桿件受負載如附圖所示。已知 d = 150 mm，試求 (a) 纜繩 BD 的張力；(b) A 的反力。

4.29 若不考慮摩擦與滑輪的半徑，當 d = 10 cm 時，試求纜繩 BCD 的張力與 A 的反力。

4.30 若不考慮摩擦與滑輪的半徑，當 d = 18 cm 時，試求纜繩 BCD 的張力與 A 的反力。

4.31 若不考慮摩擦，試求纜繩 ABD 的張力與 C 的反力。

圖 P4.27 與 P4.28

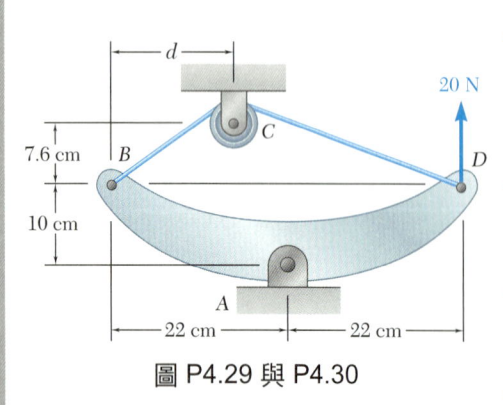

圖 P4.29 與 P4.30

圖 P4.31

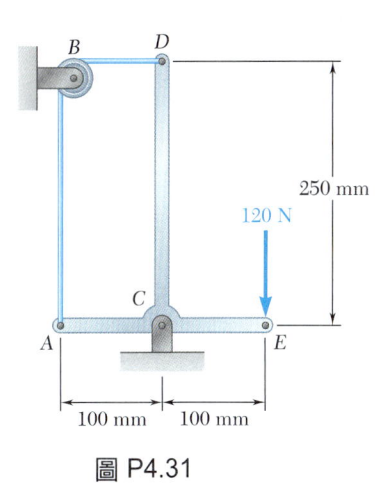

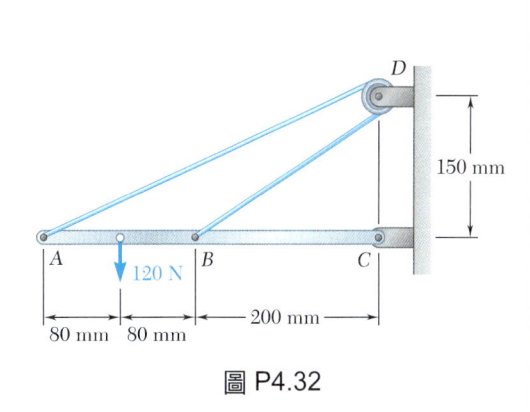

圖 P4.32

4.32 若不考慮摩擦與滑輪的半徑，試求 (a) 纜繩 ADB 的張力；(b) C 的反力。

4.33 桿件 ABC 為一半徑為 R 的圓弧，試求 (a) 使 B 與 C 的反力大小相等時的 θ 值；(b) 此時 B 與 C 的反力。

4.34 桿件 ABC 為一半徑為 R 的圓弧，試求 (a) 使 C 的反力為最小值的 θ 值；(b) 此時 B 與 C 的反力。

4.35 一可移動的拖架受一連接於 C 的纜繩以及 A 與 B 的滾輪支撐而保持靜止。受負載如附圖所示，試求 (a) 纜繩的張力；(b) A 與 B 的反力。

4.36 桿件 AB 於中點 C 懸掛 15 kg 的重物。A 與 B 的滾輪靜止於無摩擦的表面，另有水平纜繩 AD 連接到 A。試求 (a) 纜繩 AD 的張力；(b) A 與 B 的反力。

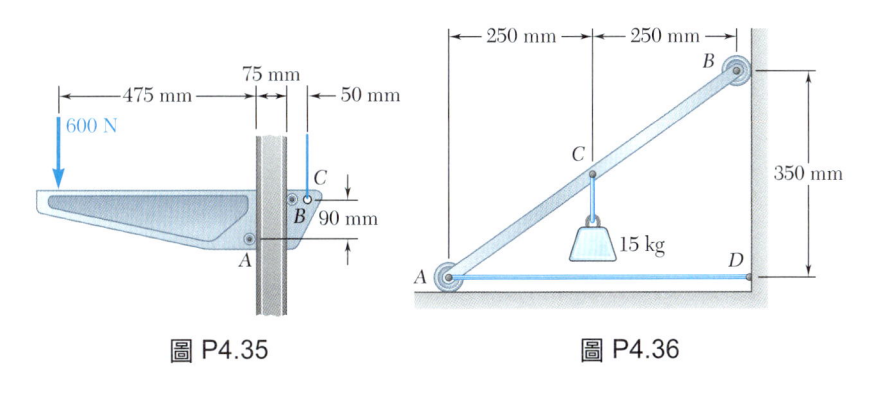

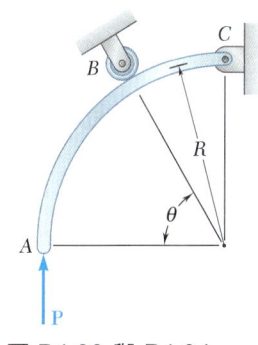

圖 P4.33 與 P4.34

圖 P4.35

圖 P4.36

4.37 桿件 AD 由纜繩 BE 支撐，並於點 C 懸掛一 200 N 的重物。桿件 A、D 兩端與無摩擦的垂直牆面接觸。試求纜繩 BE 的張力以及 A 與 D 的反力。

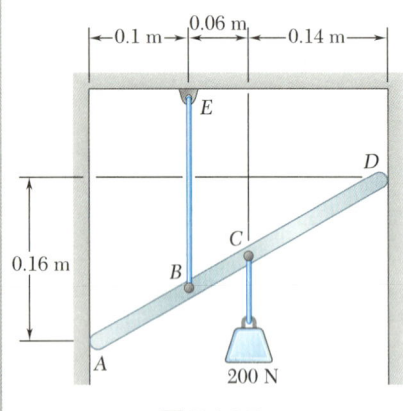

圖 P4.37

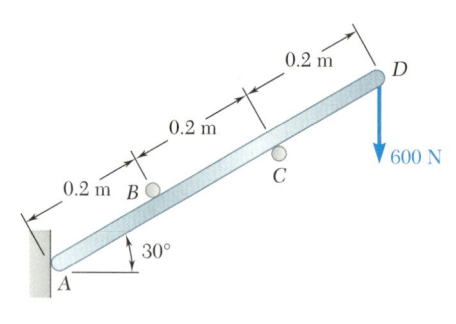

圖 P4.38

4.38 桿件 AD 由 B 與 C 的兩無摩擦圓釘支撐，並於點 A 與無摩擦的垂直牆面接觸。一 600 N 的垂直力作用於 D。試求 A、B 與 C 的反力。

4.39 桿件 AD 透過 A 與 C 的套管可於另外兩桿件上自由滑動。若繩 BE 為垂直 ($\alpha = 0$)，試求繩的張力以及 A 與 C 的反力。

圖 P4.39

4.40 如習題 4.39，但假設繩 BE 平行於套管的兩桿件 ($\alpha = 30°$)。

4.41 一 T 形拖架由 E 的滾輪與 C、D 的圓釘支撐。不考慮摩擦，試求當 $\theta = 30°$ 時 C、D、E 的反力。

4.42 一 T 形拖架由 E 的滾輪與 C、D 的圓釘支撐。不考慮摩擦，試求 (a) 維持拖架平衡的 θ 最小值；(b) 此時的 C、D、E 的反力。

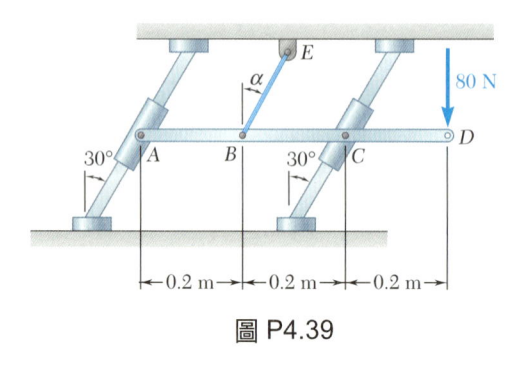

圖 P4.41 與 P4.42

4.43 梁 AD 受兩個 200 N 的負載作用，梁的一端固定於 D，另於 B 與纜繩 BE 相連，另有重物 W 連接到 E。試求以下情況時，D

的反力：(a) $W = 500$ N；(b) $W = 450$ N。

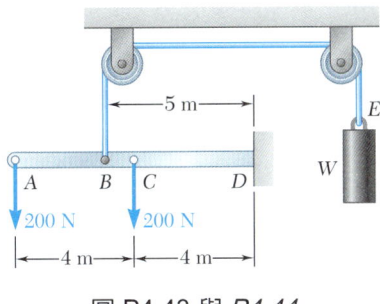

圖 P4.43 與 *P4.44*

4.44 一梁受負載如附圖所示，若 D 的力偶大小不可超過 200 N·m，試求 W 值的範圍。

4.45 一質量 8 kg 的重物以三種不同方式支撐。已知滑輪的半徑為 100 mm，試求每一情況 A 的反力。

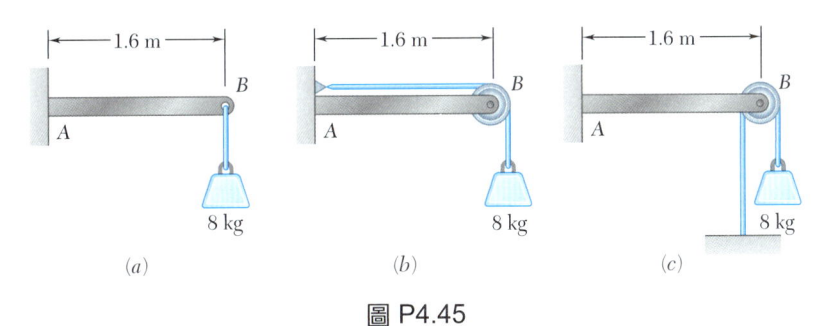

圖 P4.45

4.46 一皮帶的張力保持 20 N，並受支撐如附圖所示。已知滑輪的半徑為 10 mm，試求 C 的反力。

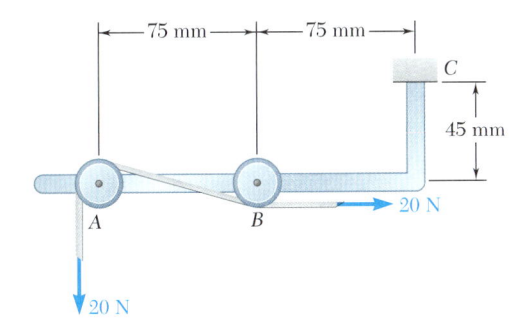

圖 P4.46

4.47 如習題 4.46，但假設滑輪的半徑為 15 mm。

4.48 一裝置如附圖所示，包括一根重 5.4 kN 的水平桿件 ABC 與一根垂直桿件 DBE，兩者焊接於 B。此裝置用來提起一重 16.2 kN 的條板箱，箱子與桿件 DBE 的距離 x = 4.8 m。若纜繩張力為 18 kN，試求以下情況 E 的反力，假設 (a) 纜繩如圖示般固定於 F；(b) 纜繩一端固定於垂直桿件上 E 上方 0.4 m 的一點。

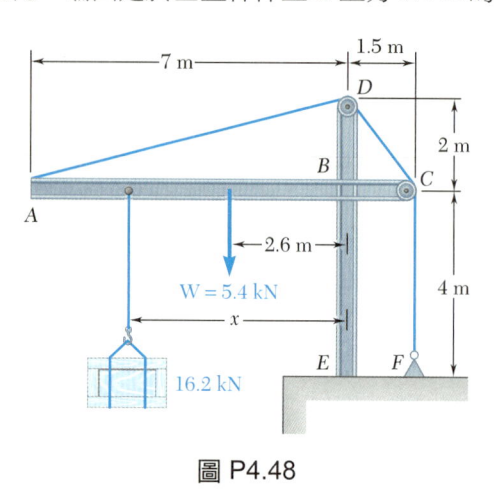

圖 P4.48

4.49 如習題 4.48，假設纜繩一端固定於 F，試求 (a) 若 x 從 0.6 m 變到 7 m，E 的力偶矩要愈小愈好，則纜繩 ADCF 所需的張力；(b) 此時力偶矩的最大值。

4.50 一 6 m 長的電線桿重 1600 N，用來承受兩繩的一端。兩繩與水平線的夾角如附圖所示，繩張力分別為 T_1 = 600 N、T_2 = 375 N。試求固定端 A 的反力。

4.51 與 **4.52** 一垂直負載 P 施加於桿件 BC 的一端 B。(a) 不考慮桿件重量，將平衡時對應的角度 θ 以 P、l 與 W 表示；(b) 若 P = 2W，試求對應的 θ 值。

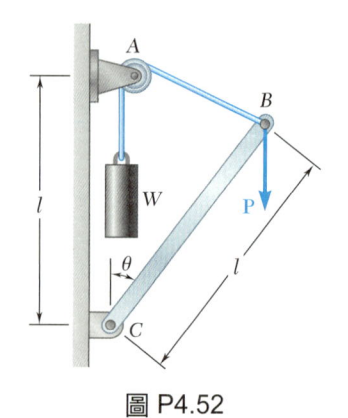

圖 P4.50

圖 P4.51

圖 P4.52

4.53 一重量 W 的細長桿件 AB，連接到無摩擦的滑塊 A 與 B。兩滑塊由一通過滑輪 C 的彈性繩相連。(a) 將繩的張力以 W 與 θ 表示；(b) 試求當繩張力為 3W 時的 θ 值。

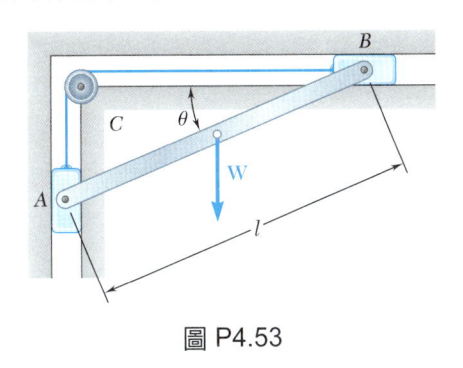

圖 P4.53

4.54 桿件 AB 受力偶 M 與大小皆為 P 的兩力作用。(a) 請推導平衡時必須滿足、變量為 θ、P、M 與 l 的方程式；(b) 試求當 M = 150 N·m、P = 200 N 與 l = 600 mm 時，對應的 θ 值。

4.55 如範例 4.5，但假設彈簧沒有變形且 θ = 90°。

4.56 一重量 W 的細長桿件 AB，連接到無摩擦的滑塊 A 與 B。彈簧常數為 k，且當 θ = 0 時彈簧沒有變形。(a) 不考慮滑塊重量，請推導平衡時必須滿足、變量為 W、k、l 與 θ 的方程式；(b) 試求當 W = 75 N、l = 30 cm 與 k = 300 N/m 時，對應的 θ 值。

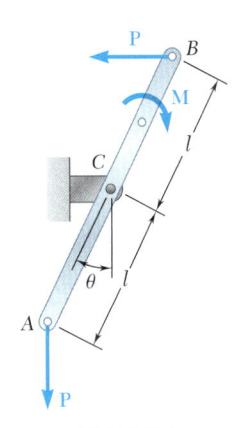

圖 P4.54

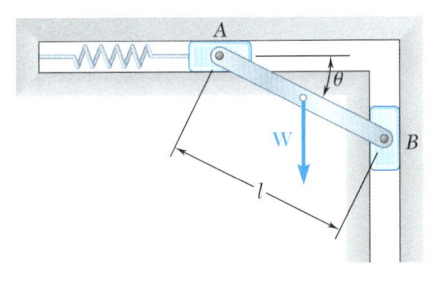

圖 P4.56

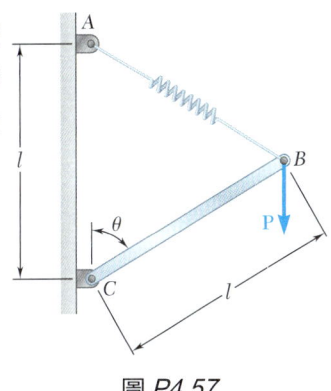

圖 P4.57

4.57 一垂直負載 P 作用於桿件 BC 的端點 B。彈簧常數為 k，當 θ = 60° 時彈簧未變形。(a) 不考慮桿件的重量，將平衡時對應的角度 θ 以 P、k 與 l 表示；(b) 若 P = kl/4，試求對應的 θ 值。

4.58 一重 W 的軸環 B 可在圖示的垂直桿件自由滑動。彈簧常數為 k，當 θ = 0 時，彈簧未變形。(a) 請推導平衡時必須滿足、變量為 θ、

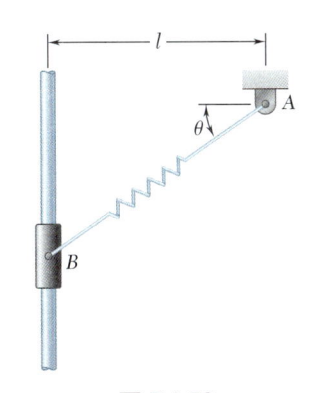

圖 P4.58

W、k 與 l 的方程式;(b) 已知 W = 300 N、l = 500 mm 與 k = 800 N/m 時,試求對應的 θ 值。

4.59 八個完全相同的 500 × 750 mm 矩形平板,質量均為 40 kg,平板固定於垂直平面上,支撐方式如附圖所示。使用的連接包括無摩擦插銷、滾輪或短連桿。試就每種支撐方式,回答以下問題:(a) 平板為完全、部分或不當拘束? (b) 反力為靜定或靜不定? (c) 平板維持圖示的平衡狀態,如果可能請計算反力。

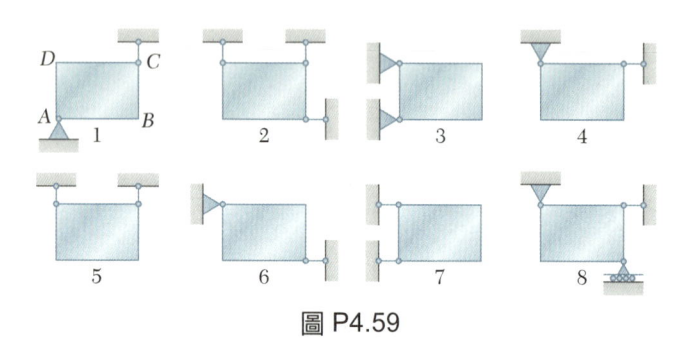

圖 P4.59

4.60 拖架 ABC 以圖示的八種方式支撐。使用的連接包括光滑插銷、滾輪或短連桿。試就每種支撐方式,回答習題 4.59 的問題,另假設 P = 100 N,如果可能請計算反力。

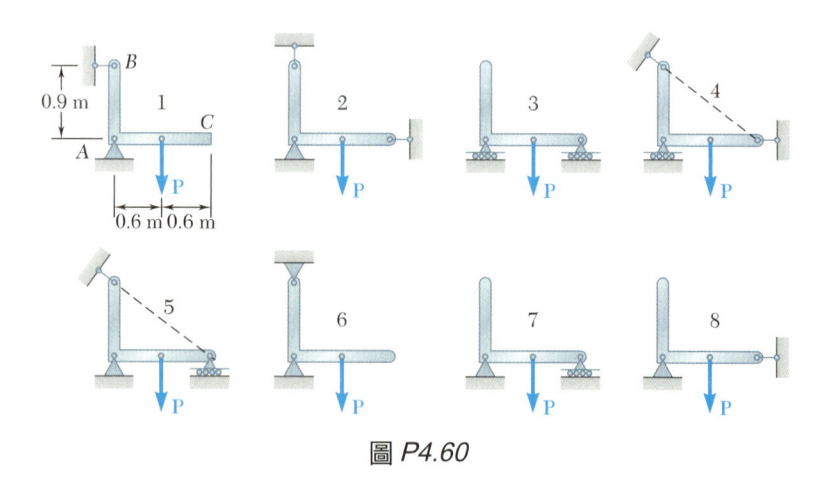

圖 P4.60

4.6 二力物體的平衡 (Equilibrium of a Two-Force Body)

剛體只受兩外力時的特殊情況,因經常於力平衡問題中見到,

圖 4.8

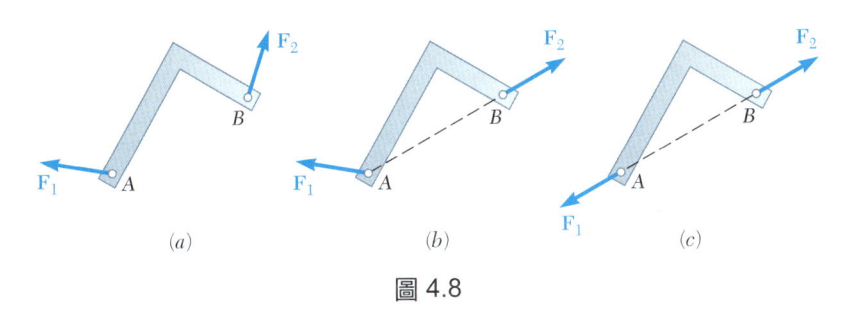

相當重要，因此在此特別說明。這類物體通常稱為**二力物體**或**二力元件** (two-force body)，下面會證明若二力物體處於平衡狀態，作用其上的兩力大小相等、作用線相同，且指向相反。

考慮一角板如圖 4.8a，有兩力 $\mathbf{F}_1$ 和 $\mathbf{F}_2$ 分別作用於點 A 和 B 若平板處於平衡狀態，則 $\mathbf{F}_1$ 和 $\mathbf{F}_2$ 對任一點的力矩和必須等於零。首先，對點 A 求力矩和，$\mathbf{F}_1$ 通過點 A 其力矩為零。因此 $\mathbf{F}_2$ 對 A 的力矩也必須為零，表示 $\mathbf{F}_2$ 的作用線通過 A（圖 4.8b）。接著對點 B 求力矩和，可證明 $\mathbf{F}_1$ 的作用線通過 B（圖 4.8c）。因此，兩力的作用線皆為 AB 直線。由 $\Sigma F_x = 0$ 和 $\Sigma F_y = 0$ 得知這兩力的大小相等且指向相反。

如有多個力作用於點 A 和 B，所有作用於 A 的力可以由其合力 $\mathbf{F}_1$ 取代。同理，所有作用於 B 的力可以由其合力 $\mathbf{F}_2$ 取代。因此，二力物體更廣義的定義為一剛體僅於兩點受力。合力 $\mathbf{F}_1$ 和 $\mathbf{F}_2$ 必須大小相等、有相同的作用線並指向相反（圖 4.8）。

在後面介紹結構、構架和機具時，讀者即可體會若能判明二力物體，將可大幅簡化某些問題的求解。

4.7 三力物體的平衡 (Equilibrium of a Three-Force Body)

另一種常見的特殊狀況為三力物體，即剛體僅受三個外力作用，或更廣義的定義：一剛體僅於三點受力。考慮一剛體上受一力系，此力系可化簡為分別作用於 A、B 和 C 的力 $\mathbf{F}_1$、$\mathbf{F}_2$ 和 $\mathbf{F}_3$（圖 4.9a）。下面會證明若三力物體處於力平衡，則三力的作用線必定共點或平行。

因剛體平衡，$\mathbf{F}_1$、$\mathbf{F}_2$ 和 $\mathbf{F}_3$ 對任一點的力矩和為零。假設 $\mathbf{F}_1$ 和 $\mathbf{F}_2$ 的作用線於點 D 相交，並計算對 D 的力矩和（圖 4.9b）。因為 $\mathbf{F}_1$ 和 $\mathbf{F}_2$ 對 D 的力矩為零，因此 $\mathbf{F}_3$ 對 D 的力矩也必須為零，合力矩才會等於零。故可知 $\mathbf{F}_3$ 的作用線亦通過 D（圖 4.9c）。因此，我們得到三力的作用線共點，唯一的例外是三力不相交，即互相平行。

圖 4.9

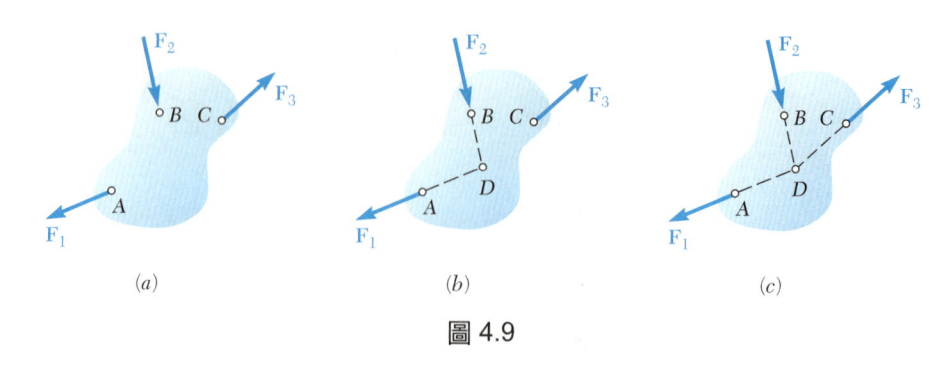

儘管三力物體的問題可由第 4.3 節到 4.5 節介紹的通用方法解出，但三力共點的性質若能妥善運用，將有助於使用圖解法或簡單的三角幾何關係求解。

範例 4.6

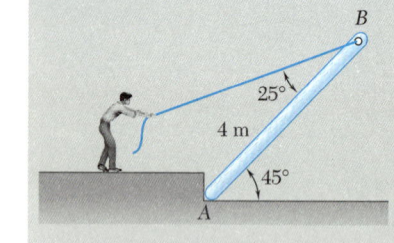

某人透過繩索將一質量 10 kg、長度 4 m 的木桿提起至附圖所示位置並保持平衡。試求此時繩張力 T 與 A 的反力。

解

自由體圖。 木桿為三力物體，作用力有：重力 **W**、繩張力 **T** 與地面 A 的反力 **R**。且

$$W = mg = (10 \text{ kg})(9.81 \text{ m/s}^2) = 98.1 \text{ N}$$

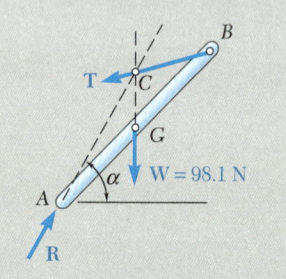

三力物體。 由於木桿為三力物體，作用力必定共點。因此反力 **R** 通過重力 **W** 與張力 **T** 兩作用線的交點 C。利用這項性質可求得 **R** 與水平線的夾角 α。

畫出通過 B 的垂直線 BF 與通過 C 的水平線 CD，可得以下長度

$$AF = BF = (AB) \cos 45° = (4 \text{ m}) \cos 45° = 2.828 \text{ m}$$
$$CD = EF = AE = \tfrac{1}{2}(AF) = 1.414 \text{ m}$$
$$BD = (CD) \cot (45° + 25°) = (1.414 \text{ m}) \tan 20° = 0.515 \text{ m}$$
$$CE = DF = BF - BD = 2.828 \text{ m} - 0.515 \text{ m} = 2.313 \text{ m}$$

故

$$\tan \alpha = \frac{CE}{AE} = \frac{2.313 \text{ m}}{1.414 \text{ m}} = 1.636$$

$$\alpha = 58.6°$$

得到作用於木桿所有外力的方向。

力三角。畫出如圖示的力三角，即可計算各內角值，利用正弦定理如下

$$\frac{T}{\sin 31.4°} = \frac{R}{\sin 110°} = \frac{98.1 \text{ N}}{\sin 38.6°}$$

$$T = 81.9 \text{ N}$$
$$R = 147.8 \text{ N} \angle 58.6°$$

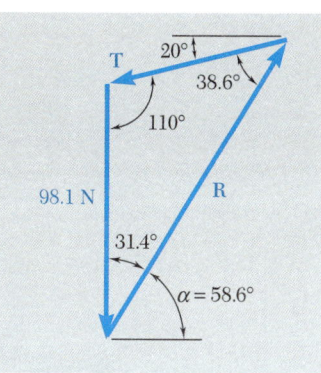

> **重點提示**
>
> 本節介紹兩種特殊受力物體的平衡問題。
>
> 1. **二力物體僅於兩點受力**。這兩點上的兩合力必定**大小相等、作用線相同且指向相反**。這個性質可讓我們將有兩未知分量的反力，以未知大小但已知方向的一力取代。可大幅簡化某些問題的計算。
>
> 2. **三力物體僅於三點受力**。這三點上的三合力必定**共點或平行**。在自由體圖標示三合力時，即可直接將這三力相交於同一點。接著利用簡單的力三角幾何關係，即可求出未知力。
>
> 上述求解三力物體的問題的原理和步驟不難理解，但有時物體形狀或受力較為複雜時，解題可能會有一定的難度。此時，畫出清楚的自由體圖變得至關重要。應找出已知與未知尺度的關係，於圖上標示清楚。範例 4.6 中，先計算 AE 和 CE，接著再求夾角 α。

習 題

4.61 試求 $a = 150$ mm 時 A 與 B 的反力。

4.62 試求使 B 的反力等於 800 N 的 a 值。

4.63 一均勻梁重 12 kN，由兩纜繩懸吊且保持水平。試求角度 α 與兩繩的張力。

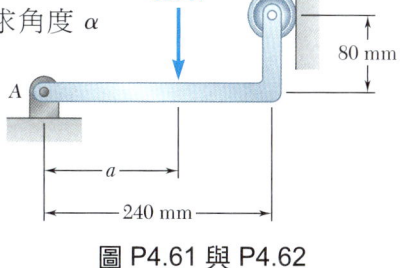

圖 P4.61 與 P4.62

圖 P4.63

4.64 欲將一重 2 kN、半徑為 2 m 的圓柱容器提到高 0.5 m 的台階上。一纜繩包覆在圓柱容器,並受水平拉力,如附圖所示。已知台階的角 A 很粗糙,試求所需纜繩張力與 A 的反力。

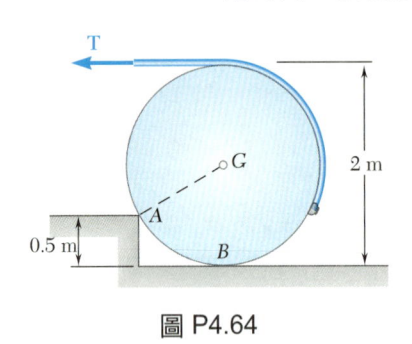

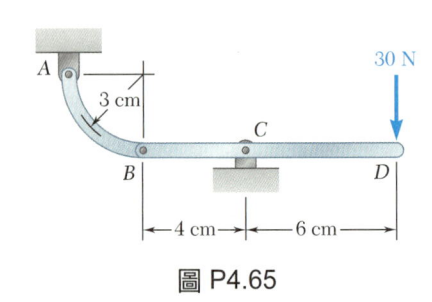

圖 P4.64

圖 P4.65

4.65 如附圖所示的構架與負載,試求 A 與 C 的反力。

4.66 如附圖所示的構架與負載,試求 C 與 D 的反力。

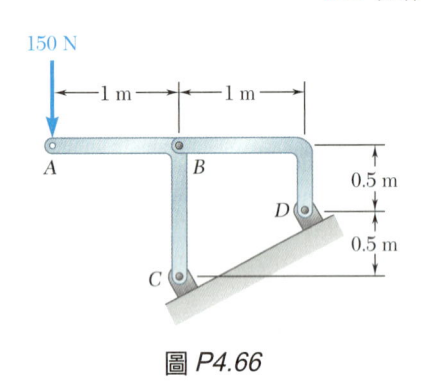

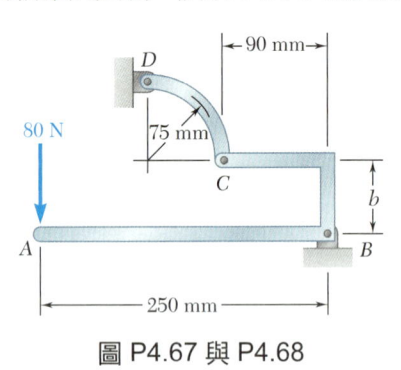

圖 P4.66

圖 P4.67 與 P4.68

4.67 試求當 b = 60 mm 時,B 與 D 的反力。

4.68 試求當 b = 120 mm 時,B 與 D 的反力。

4.69 一 T 形拖架受一 300 N 負載。試求當 α = 45° 時 A 與 C 的反力。

4.70 一 T 形拖架受一 300 N 負載。試求當 α = 60° 時 A 與 C 的反力。

4.71 一重 20 kg、直徑 200 mm 的滾輪放置於有磁磚的地板上,如附圖所示。已知磁磚厚度為 8 mm,試求以下兩種情況時將滾輪滾上磁磚所需的力 **P**:(a) 將滾輪推向左;(b) 將滾輪拉到右。

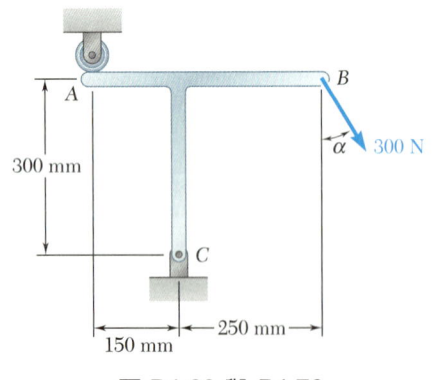

圖 P4.69 與 P4.70

圖 P4.71

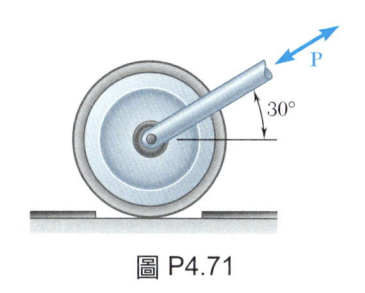

4.72 桿件 AB 的一端放置於牆角 A，另一端連接至繩 BD。若桿件中點 C 承受 200 N 的負載，試求 A 的反力與繩張力。

4.73 一 50 kg 重的條板箱懸吊在一滑輪梁系統，如附圖所示。已知 $a = 1.5$ m，試求 (a) 纜繩 CD 的張力；(b) B 的反力。

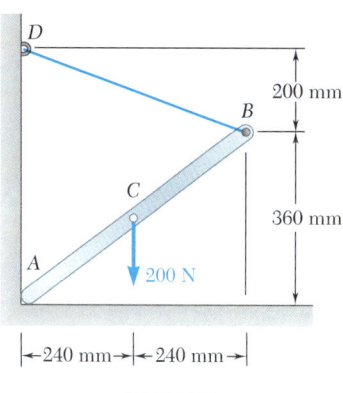

圖 P4.72

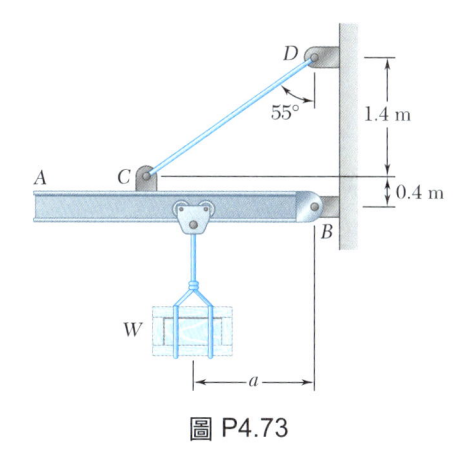

圖 P4.73

4.74 如習題 4.73，但假設 $a = 3$ m。

4.75 當 $\beta = 50°$ 時，試求 A 與 B 的反力。

4.76 當 $\beta = 80°$ 時，試求 A 與 B 的反力。

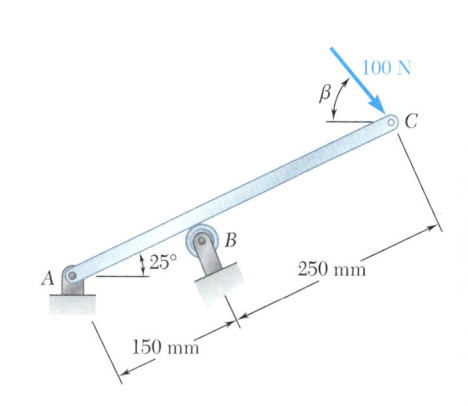

圖 P4.75 與 P4.76

4.77 已知 $\theta = 30°$，試求以下各點的反力：(a) 點 B；(b) 點 C。

4.78 已知 $\theta = 60°$，試求以下各點的反力：(a) 點 B；(b) 點 C。

4.79 使用第 4.7 節的方法，求解習題 4.23。

4.80 使用第 4.7 節的方法，求解習題 4.24。

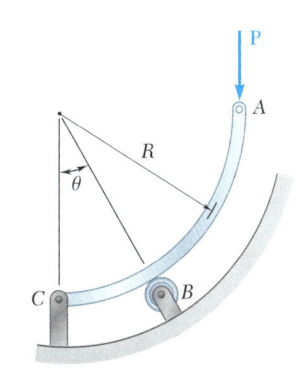

圖 P4.77 與 P4.78

4.81 與 **4.82** 桿件 ABC 由 B 的插銷支撐。另有一條不可拉長的繩繫在桿件的 A、C 兩端，且繩通過無摩擦的滑輪 D。繩的 AD 段與 CD 段的張力可假設相同。若桿件受圖示的負載，且忽略滑輪的尺寸，試求繩的張力與 B 的反力。

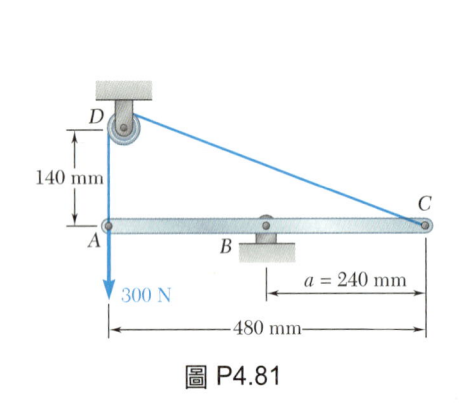

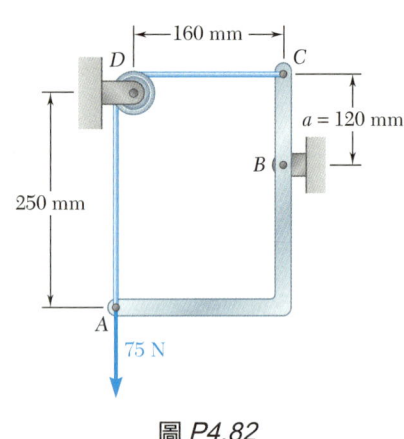

圖 P4.81

圖 P4.82

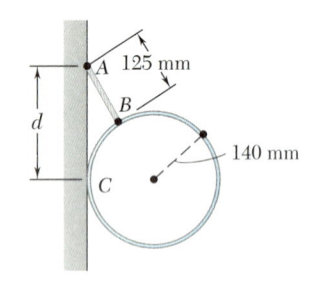

4.83 一質量 2 kg、半徑 $r = 140$ mm 的薄圓環，繫在一段長 125 mm 的繩下方，並與無摩擦的垂直牆面接觸。試求 (a) 距離 d；(b) 繩的張力；(c) C 的反力。

4.84 一長度 2R 的均勻桿件 AB，放置在一半徑為 R 的半球形碗內部。不考慮摩擦，試求平衡時的角度 θ。

圖 P4.83

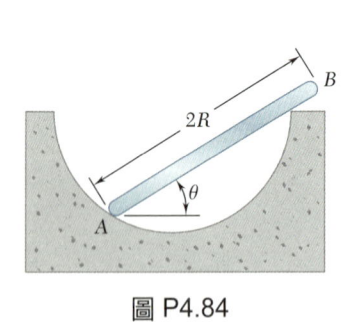

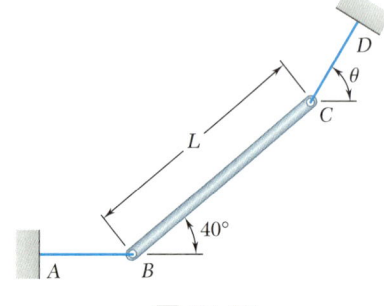

圖 P4.84

圖 P4.85

4.85 一長度 L、重量 W 的細長桿件 BC，由兩條纜繩懸吊如附圖所示。已知纜繩 AB 為水平，且桿件與水平夾角 40°。試求 (a) 纜繩 CD 與水平的夾角 θ；(b) 兩纜繩的張力。

4.86 一長度 L、重量 W 的細長桿件連接到 A 的軸環，另一端連接到 B 的小滾輪。已知滾輪可在半徑為 R 的圓柱表面自由滾動，不考慮摩擦，請推導平衡時必須滿足、變量為 θ、L 與 R 的方程式。

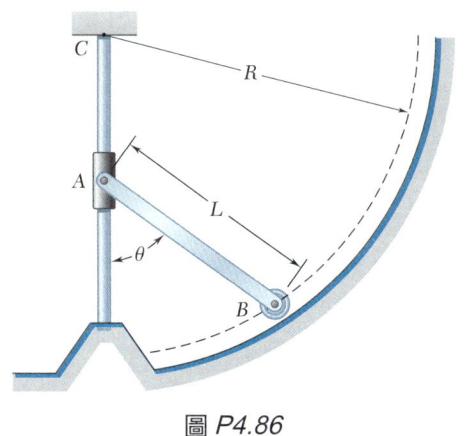

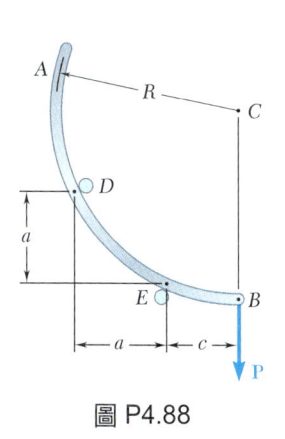

圖 P4.86

圖 P4.88

4.87 如習題 4.86 的桿件，已知 L = 15 cm、R = 20 cm、W = 10 N，試求 (a) 平衡時的角度 θ；(b) A 與 B 的反力。

4.88 一圓弧形桿件 AB 由 D 與 E 兩圓釘支撐，另有一負載 P 作用於點 B。不考慮摩擦與桿件重量，試求當 a = 20 mm 與 R = 100 mm 時，桿件平衡的距離 c 值。

4.89 一長度 L 的細長桿件，兩端分別連接到 A 與 B 的軸環，軸環可在桿件上自由滑動。已知桿件平衡，試將 θ 表示成 β 的函數。

4.90 一長度 L、質量 8 kg 的細長桿件，兩端分別連接到 A 與 β = 30°，試求 (a) 桿件與垂直線的夾角 θ；(b) A 與 B 的反力。

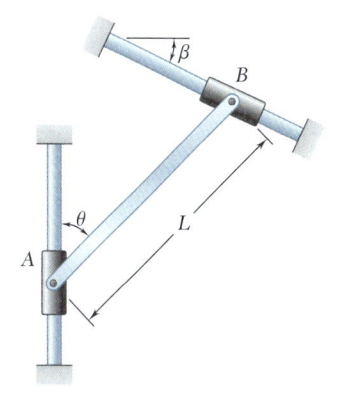

圖 P4.89 與 P4.90

三維空間的平衡問題 (Equilibrium in Three Dimensions)

4.8 三維空間中剛體的平衡問題 (Equilibrium of a Rigid Body in Three Dimensions)

第 4.1 節指出剛體於三維空間的平衡滿足六個純量方程式。

$$\Sigma F_x = 0 \qquad \Sigma F_y = 0 \qquad \Sigma F_z = 0 \qquad (4.2)$$

$$\Sigma M_x = 0 \qquad \Sigma M_y = 0 \qquad \Sigma M_z = 0 \qquad (4.3)$$

上式可用來解最多六個未知數，通常是支撐或連接的反作用力。

一般情況下，可先以向量形式表示平衡關係，其直角分量即可得到式 (4.2) 和式 (4.3) 的純量等式。向量表示法如下

$$\Sigma \mathbf{F} = 0 \qquad \Sigma \mathbf{M}_O = \Sigma(\mathbf{r} \times \mathbf{F}) = 0 \qquad (4.1)$$

將力 $\mathbf{F}$ 和位置向量 $\mathbf{r}$ 以純量分量和單位向量表示。接著，可直接計算向量積，或用行列式法求得向量積 (第 3.8 節)。若適當選擇點 O 最多可消去三個反力未知數。再利用式 (4.1) 的兩個方程式等號兩邊的單位向量的係數相等，即得到純量方程式。

4.9 三維結構支撐與連接的反力 (Reactions at Supports and Connections for a Three-Dimensional Structure)

三維結構支撐與連接的反力範圍很大，從簡單的無摩擦表面的反力為已知方向的單一力，到複雜的固定支撐的力－力偶系。因此，求解三維結構的平衡問題，每一支撐或連接均可能有一到六個未知數。圖 4.10 列出常見的支撐和連接，以及其對應的反力。要知道某個支撐或連接對應何種反力，簡單的作法是檢驗六個基本運動 (x、y 和 z 方向的平移以及繞 x、y 和 z 軸的轉動) 有哪些被限制而無法進行。若某方向的運動被限制，即表示支撐產生對應的反力。

例如：球支撐、無摩擦表面和繩索僅限制單一方向的平移，因此其對應的反力是一已知方向的力，唯一的未知數是力的大小。粗糙表面的滾子和軌道上的滑輪無法於兩個方向平移，因此反力有兩個未知數。而直接接觸粗糙表面與球窩支撐則限制三個方向的平移，因此反力有三個未知數。

有些支撐和連接同時限制平移與轉動，其對應的反力同時包含力和力偶。例如：固定支撐限制接觸面做任何運動 (平移與轉動)，因此其反力有三個未知力與三個未知力偶。又如萬向接頭 (universal joint) 僅可繞兩軸轉動，因此反力為三個未知力與一個未知力偶。

有些支撐和連接設計的主要目的是限制某些方向的平移

照片 4.6 萬向接頭常見於後輪驅動轎車及卡車的驅動軸上，用來傳遞不共線兩軸的旋轉運動。

CHAPTER 4　剛體平衡

球　　　無摩擦面	已知作用線的力（一個未知數）	纜繩　　已知作用線的力（一個未知數）
粗糙面上的滾輪　　軌道上的輪子	兩力分量	
粗糙面　　球窩	三力分量	
萬向接頭	三力分量與一力偶	固定支撐　　三力分量與三力隅
僅支撐徑向負載的鉸鏈與軸承	兩力分量(與兩力偶)	
插銷與托架　　同時支撐軸向與徑向負載的鉸鏈與軸承	三力分量(與兩力偶)	

圖 4.10　支撐與連結的反力

移，但有時也能限制轉動。其對應的反力必定包含受限方向的力分量，也可包含力偶。常見的例子如一組用來支撐徑向負荷的鉸鍊和軸承。一個軸承對應的反力有兩個未知力分量，但也可能包含兩個未知力偶分量。但須注意的是，這類支撐在正常使用狀況下並無法提供太大的力偶，因此，分析時應只考慮反力的力分量，除非必須加上反力的力偶分量才能使剛體平衡，或者某些支撐已知被設計用來施加力偶 (習題 4.119 至 4.122)。

如果反力有超過六個未知數，則未知數超過方程式數目，某些反力會是靜不定。若反力的未知數少於六個，則方程式數目超過未知數，某些平衡等式在一般受力狀況下無法滿足，此時剛體處於部分拘束。某些問題在特定受力狀況下，有些平衡等式會得到平凡解 (trivial identities) $0 = 0$，因此不需考慮。儘管處於部分拘束，剛體仍可保持平衡 (範例 4.7 與 4.8)。有時雖然有六個以上的未知數，但有些平衡方程式仍可能無法滿足。這種情況出現在支撐對應的反力平行，此時剛體處於不當拘束。

照片 4.7　圖示的軸承支撐一風扇的轉軸。

範例 4.7

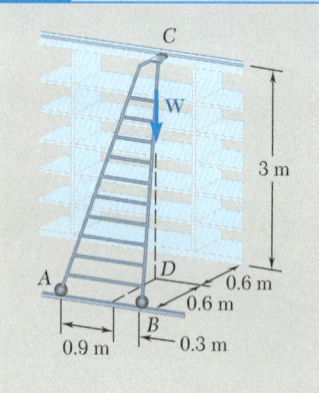

一質量 20 kg 的梯子架設在一櫃子旁，梯子的下方裝有兩個有凸緣的輪子 A 與 B，輪子放置在軌道上。梯子上方的輪子 C 沒有凸緣，倚靠在固定於牆面的軌道。一體重 80 kg 的人站在梯子上。體重與梯子重量的合力 W 的作用線通過地板上的點 D。試求 A、B、C 的反力。

解

自由體圖。先畫出梯子的自由體圖。涉及的力有體重與梯子重的合力，如下

$$\mathbf{W} = -mg\mathbf{j} = -(80 \text{ kg} + 20 \text{ kg})(9.81 \text{ m/s}^2)\mathbf{j} = -(981 \text{ N})\mathbf{j}$$

還有五個未知反力分量，其中包括每個有凸緣的輪子有兩個分量、無凸緣的輪子有一個分量。梯子因此為部分拘束，表示可自由於軌道上滑動。但在目前受力情況，由於滿足 $\Sigma F_x = 0$，故處於平衡。

平衡方程式。作用於梯子的力應等效於零。

$$\Sigma \mathbf{F} = 0: \quad A_y\mathbf{j} + A_z\mathbf{k} + B_y\mathbf{j} + B_z\mathbf{k} - (981 \text{ N})\mathbf{j} + C\mathbf{k} = 0$$
$$(A_y + B_y - 981 \text{ N})\mathbf{j} + (A_z + B_z + C)\mathbf{k} = 0$$

$$\Sigma \mathbf{M}_A = \Sigma(\mathbf{r} \times \mathbf{F}) = 0: \quad 1.2\mathbf{i} \times (B_y\mathbf{j} + B_z\mathbf{k}) + (0.9\mathbf{i} - 0.6\mathbf{k}) \times (-981\mathbf{j}) \quad (1)$$
$$+ (0.6\mathbf{i} + 3\mathbf{j} - 1.2\mathbf{k}) \times C\mathbf{k} = 0$$

計算向量積，可得

$$1.2B_y\mathbf{k} - 1.2B_z\mathbf{j} - 882.9\mathbf{k} - 588.6\mathbf{i} - 0.6C\mathbf{j} + 3C\mathbf{i} = 0$$
$$(3C - 588.6)\mathbf{i} - (1.2B_z + 0.6C)\mathbf{j} + (1.2B_y - 882.9)\mathbf{k} = 0 \quad (2)$$

將式 (2) $\mathbf{i}$、$\mathbf{j}$ 與 $\mathbf{k}$ 的係數令為零，可得以下三個純量方程式，分別代表對每個座標軸的合力矩等於零：

$$3C - 588.6 = 0 \qquad C = +196.2 \text{ N}$$
$$1.2B_z + 0.6C = 0 \qquad B_z = -98.1 \text{ N}$$
$$1.2B_y - 882.9 = 0 \qquad B_y = +736 \text{ N}$$

故得到 B 與 C 的反力如下

$$\mathbf{B} = +(736 \text{ N})\mathbf{j} - (98.1 \text{ N})\mathbf{k} \qquad \mathbf{C} = +(196.2 \text{ N})\mathbf{k}$$

將式 (1) $\mathbf{j}$ 與 $\mathbf{k}$ 的係數令為零，可得到兩個純量方程式，分別代表 y 與 z 方向力分量之和等於零。將上式得到的 B_y、B_z 與 C 值代入，可得

$$A_y + B_y - 981 = 0 \qquad A_y + 736 - 981 = 0 \qquad A_y = +245 \text{ N}$$
$$A_z + B_z + C = 0 \qquad A_z - 98.1 + 196.2 = 0 \qquad A_z = -98.1 \text{ N}$$

故得 A 的反力為 $\mathbf{A} = +(245 \text{ N})\mathbf{j} - (98.1 \text{ N})\mathbf{k}$

範例 4.8

一 1.5×2.4 m 的均勻密度招牌，重量為 1200 N，由 A 的球窩接頭 (ball-and-socket joint) 以及兩纜繩支撐。試求兩纜繩的張力與 A 的反力。

解

自由體圖。先畫出招牌的自由體圖。作用於自由體的力為重力 $\mathbf{W} = -(1200 \text{ N})\mathbf{j}$ 與 A、B、E 的反力。作用於 A 的反力的方向未知，故由三個未知分量代表。由於纜繩張力的方向已知，因此各只有一個未知數，即其大小 T_{BD} 與 T_{EC}。由於總共只有五個未知數，招牌處於部分拘束，招牌可繞 x 軸自由轉動。但由於 $\Sigma M_x = 0$，故可知目前負載下招牌處於力平衡。

力 $\mathbf{T}_{BD}$ 與 $\mathbf{T}_{EC}$ 的分量可以未知數 T_{BD} 與 T_{EC} 表示如下

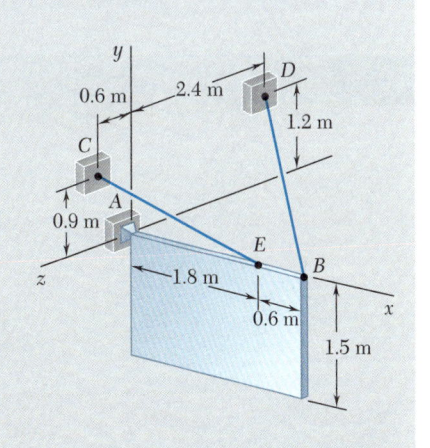

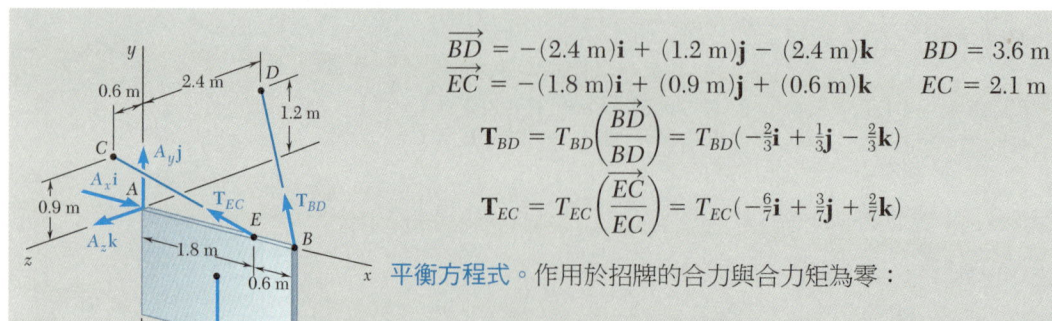

$$\overrightarrow{BD} = -(2.4 \text{ m})\mathbf{i} + (1.2 \text{ m})\mathbf{j} - (2.4 \text{ m})\mathbf{k} \qquad BD = 3.6 \text{ m}$$
$$\overrightarrow{EC} = -(1.8 \text{ m})\mathbf{i} + (0.9 \text{ m})\mathbf{j} + (0.6 \text{ m})\mathbf{k} \qquad EC = 2.1 \text{ m}$$

$$\mathbf{T}_{BD} = T_{BD}\left(\frac{\overrightarrow{BD}}{BD}\right) = T_{BD}(-\tfrac{2}{3}\mathbf{i} + \tfrac{1}{3}\mathbf{j} - \tfrac{2}{3}\mathbf{k})$$

$$\mathbf{T}_{EC} = T_{EC}\left(\frac{\overrightarrow{EC}}{EC}\right) = T_{EC}(-\tfrac{6}{7}\mathbf{i} + \tfrac{3}{7}\mathbf{j} + \tfrac{2}{7}\mathbf{k})$$

平衡方程式。作用於招牌的合力與合力矩為零：

$$\Sigma \mathbf{F} = 0: \quad A_x\mathbf{i} + A_y\mathbf{j} + A_z\mathbf{k} + \mathbf{T}_{BD} + \mathbf{T}_{EC} - (1200 \text{ N})\mathbf{j} = 0$$
$$(A_x - \tfrac{2}{3}T_{BD} - \tfrac{6}{7}T_{EC})\mathbf{i} + (A_y + \tfrac{1}{3}T_{BD} + \tfrac{3}{7}T_{EC} - 1200 \text{ N})\mathbf{j}$$
$$+ (A_z - \tfrac{2}{3}T_{BD} + \tfrac{2}{7}T_{EC})\mathbf{k} = 0 \quad (1)$$

$$\Sigma \mathbf{M}_A = \Sigma(\mathbf{r} \times \mathbf{F}) = 0:$$
$$(2.4 \text{ m})\mathbf{i} \times T_{BD}(-\tfrac{2}{3}\mathbf{i} + \tfrac{1}{3}\mathbf{j} - \tfrac{2}{3}\mathbf{k}) + (1.8 \text{ m})\mathbf{i} \times T_{EC}(-\tfrac{6}{7}\mathbf{i} + \tfrac{3}{7}\mathbf{j} + \tfrac{2}{7}\mathbf{k})$$
$$+ (1.2 \text{ m})\mathbf{i} \times (-1200 \text{ N})\mathbf{j} = 0$$
$$(0.8T_{BD} + 0.771T_{EC} - 1440 \text{ N})\mathbf{k} + (1.6T_{BD} - 0.514T_{EC})\mathbf{j} = 0 \quad (2)$$

將式 (2) $\mathbf{j}$ 與 $\mathbf{k}$ 的係數令為零，可得到兩個純量方程式，可求得 T_{BD} 與 T_{EC}：

$$T_{BD} = 450 \text{ N} \qquad T_{EC} = 1400.8 \text{ N}$$

將式 (1) $\mathbf{i}$、$\mathbf{j}$ 與 $\mathbf{k}$ 的係數令為零，可得另外三個純量方程式，可用來求出 **A**，故得

$$\mathbf{A} = +(1500.7 \text{ N})\mathbf{i} + (449.7 \text{ N})\mathbf{j} - (100.2 \text{ N})\mathbf{k}$$

範例 4.9

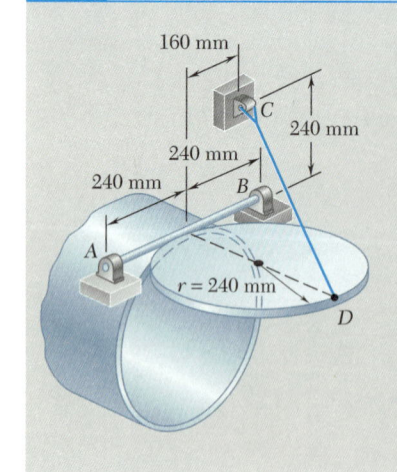

一均勻水管蓋的半徑為 $r = 240$ mm、質量為 30 kg，由纜繩 CD 懸吊成水平。假設 B 的軸承無法施加軸向力，試求纜繩的張力，以及 A 與 B 的反力。

解

自由體圖。先畫出自由體圖與座標軸。作用於自由體的力有蓋子的重量，如下

$$\mathbf{W} = -mg\mathbf{j} = -(30 \text{ kg})(9.81 \text{ m/s}^2)\mathbf{j} = -(294 \text{ N})\mathbf{j}$$

以及六個未知反力，包括纜繩張力 **T** 的大小、鉸鍊 A 的三個力分量、鉸鍊 B 的兩個力分量。**T** 的分量以未知大小 T 與向量 $\overrightarrow{DC}$ 的單位向

量表示，寫成

$$\overrightarrow{DC} = -(480 \text{ mm})\mathbf{i} + (240 \text{ mm})\mathbf{j} - (160 \text{ mm})\mathbf{k} \qquad DC = 560 \text{ mm}$$

$$\mathbf{T} = T\frac{\overrightarrow{DC}}{DC} = -\tfrac{6}{7}T\mathbf{i} + \tfrac{3}{7}T\mathbf{j} - \tfrac{2}{7}T\mathbf{k}$$

平衡方程式。作用於蓋子的合力與合力矩為零：

$\Sigma \mathbf{F} = 0$: $\qquad A_x\mathbf{i} + A_y\mathbf{j} + A_z\mathbf{k} + B_x\mathbf{i} + B_y\mathbf{j} + \mathbf{T} - (294 \text{ N})\mathbf{j} = 0$
$(A_x + B_x - \tfrac{6}{7}T)\mathbf{i} + (A_y + B_y + \tfrac{3}{7}T - 294 \text{ N})\mathbf{j} + (A_z - \tfrac{2}{7}T)\mathbf{k} = 0$ (1)

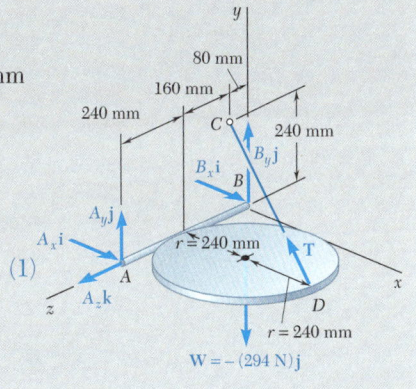

$\Sigma \mathbf{M}_B = \Sigma(\mathbf{r} \times \mathbf{F}) = 0$:
$2r\mathbf{k} \times (A_x\mathbf{i} + A_y\mathbf{j} + A_z\mathbf{k})$
$\qquad\qquad + (2r\mathbf{i} + r\mathbf{k}) \times (-\tfrac{6}{7}T\mathbf{i} + \tfrac{3}{7}T\mathbf{j} - \tfrac{2}{7}T\mathbf{k})$
$\qquad\qquad + (r\mathbf{i} + r\mathbf{k}) \times (-294 \text{ N})\mathbf{j} = 0$
$(-2A_y - \tfrac{3}{7}T + 294 \text{ N})r\mathbf{i} + (2A_x - \tfrac{2}{7}T)r\mathbf{j} + (\tfrac{6}{7}T - 294 \text{ N})r\mathbf{k} = 0$ (2)

將式(2)單位向量的係數令為零，可得三個純量方程式。

$\qquad A_x = +49.0 \text{ N} \qquad A_y = +73.5 \text{ N} \qquad T = 343 \text{ N}$

將 T、A_x 與 A_y 代入可得

$\qquad A_z = +98.0 \text{ N} \qquad B_x = +245 \text{ N} \qquad B_y = +73.5 \text{ N}$

故可得 A 與 B 的反力如下

$\qquad \mathbf{A} = +(49.0 \text{ N})\mathbf{i} + (73.5 \text{ N})\mathbf{j} + (98.0 \text{ N})\mathbf{k}$
$\qquad \mathbf{B} = +(245 \text{ N})\mathbf{i} + (73.5 \text{ N})\mathbf{j}$

範例 4.10

一 2000 N 的重物懸吊在桿件 ABCD 的點 C。桿件由 A 與 D 的球窩接頭支撐，兩者分別固定於地面與垂直牆面，另有纜繩連接 BC 段的中點 E 以及牆面的點 G。試求 (a) 使纜繩張力最小時的點 G 座標；(b) 此時的張力最小值。

解

自由體圖。桿件的自由體圖包括負載 $\mathbf{W} = (-2000 \text{ N})\mathbf{j}$，$A$ 與 D 的反力，以及繩張力 $\mathbf{T}$。為使計算中不出現 A 與 D 的反力，可計算對 AD 的合力矩等於零。以 $\boldsymbol{\lambda}$ 標示 AD 的單位向量，寫成

$\Sigma M_{AD} = 0$: $\qquad \boldsymbol{\lambda} \cdot (\overrightarrow{AE} \times \mathbf{T}) + \boldsymbol{\lambda} \cdot (\overrightarrow{AC} \times \mathbf{W}) = 0$ (1)

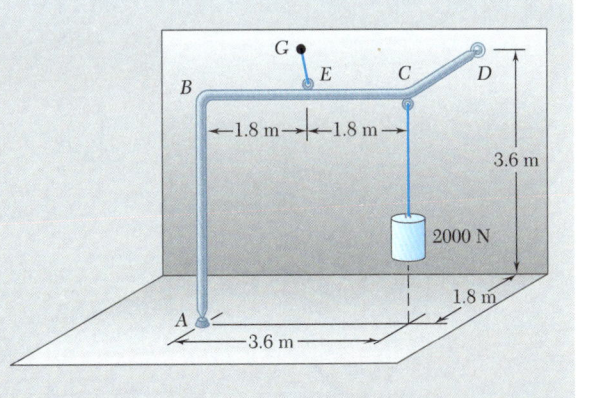

式 (1) 第二項計算如下：

$$\overrightarrow{AC} \times \mathbf{W} = (3.6\mathbf{i} + 3.6\mathbf{j}) \times (-2000\mathbf{j}) = -7200\mathbf{k}$$

$$\boldsymbol{\lambda} = \frac{\overrightarrow{AD}}{AD} = \frac{3.6\mathbf{i} + 3.6\mathbf{j} - 1.8\mathbf{k}}{5.4} = \tfrac{2}{3}\mathbf{i} + \tfrac{2}{3}\mathbf{j} - \tfrac{1}{3}\mathbf{k}$$

$$\boldsymbol{\lambda} \cdot (\overrightarrow{AC} \times \mathbf{W}) = (\tfrac{2}{3}\mathbf{i} + \tfrac{2}{3}\mathbf{j} - \tfrac{1}{3}\mathbf{k}) \cdot (-7200\mathbf{k}) = +2400$$

將結果代入式 (1) 得到

$$\boldsymbol{\lambda} \cdot (\overrightarrow{AE} \times \mathbf{T}) = -2400 \text{ N} \cdot \text{m} \tag{2}$$

最小張力。 利用純量三重積的交換律，將式 (2) 改寫成

$$\mathbf{T} \cdot (\boldsymbol{\lambda} \times \overrightarrow{AE}) = -2400 \text{ N} \cdot \text{m} \tag{3}$$

上式表示 $\mathbf{T}$ 在向量 $\boldsymbol{\lambda} \times \overrightarrow{AE}$ 的投影為一常數，由此可見，$\mathbf{T}$ 的最小值出現在當 $\mathbf{T}$ 平行於以下向量時

$$\boldsymbol{\lambda} \times \overrightarrow{AE} = (\tfrac{2}{3}\mathbf{i} + \tfrac{2}{3}\mathbf{j} - \tfrac{1}{3}\mathbf{k}) \times (1.8\mathbf{i} + 3.6\mathbf{j}) = 1.2\mathbf{i} - 0.6\mathbf{j} + 1.2\mathbf{k}$$

由於對應的單位向量為 $\tfrac{2}{3}\mathbf{i} - \tfrac{1}{3}\mathbf{j} + \tfrac{2}{3}\mathbf{k}$，故

$$\mathbf{T}_{\min} = T(\tfrac{2}{3}\mathbf{i} - \tfrac{1}{3}\mathbf{j} + \tfrac{2}{3}\mathbf{k}) \tag{4}$$

將 $\mathbf{T}$ 與 $\boldsymbol{\lambda} \times \overrightarrow{AE}$ 代入式 (3)、計算純量積，得到 $1.8T = -2400$，即 $T = -1333.3$ N。將此值代入 (4)，故

$$\mathbf{T}_{\min} = -888.9\mathbf{i} + 444.4\mathbf{j} - 888.9\mathbf{k} \qquad T_{\min} = 1333.3 \text{ N}$$

G 的座標。 由於向量 $\overrightarrow{EG}$ 與力 $\mathbf{T}_{\min}$ 有相同方向，兩者的分量必定成比例。將 G 的座標標示為 x、y、0，寫成

$$\frac{x - 1.8}{-888.9} = \frac{y - 3.6}{+444.4} = \frac{0 - 1.8}{-888.9} \qquad x = 0 \quad y = 4.5 \text{ m}$$

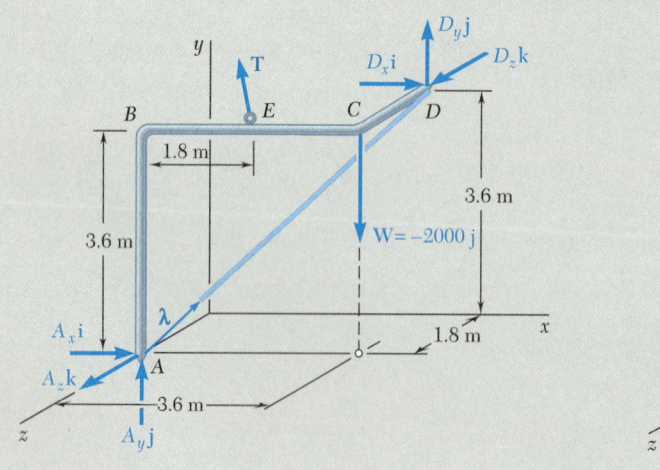

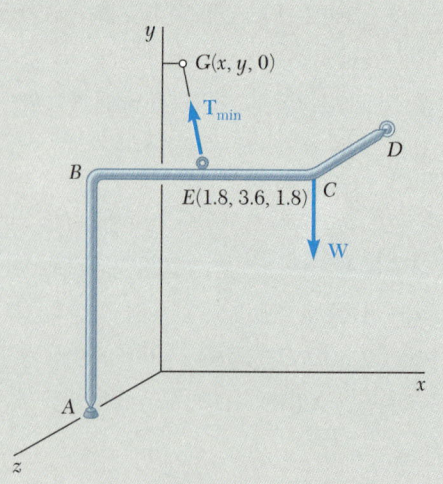

重點提示

本節討論三維物體的平衡問題。至關重要的還是要先畫出完整的**自由體圖**。

1. 畫自由體圖時，必須特別注意支撐的反力。一個支撐的反力未知數數目可能從一個到六個 (圖 4.10)。判斷反力未知數的好辦法是檢視該支撐限制物體做哪個方向的平移或轉動。
   a. 假如運動受限於某個方向。在自由體圖上加上一作用於受限方向的未知大小反力分量。
   b. 假如運動受限於繞某軸的轉動。在自由體圖上加上一作用於受限軸的未知大小力偶。
2. 作用於三維物體的外力系統等效於零，即外力的合力為零。$\Sigma \mathbf{F} = 0$ 且對任一點 A 的力矩為零 $\Sigma \mathbf{M}_A = 0$。令兩個向量方程式的 $\mathbf{i}$、$\mathbf{j}$ 和 $\mathbf{k}$ 的係數為零，即得到六個純量方程式。一般情況下，方程式中會有六個未知數，也能由這六個方程式求出。
3. 完成自由體圖後，盡量選用涉及最少未知數的平衡方程式。以下為兩個有用的方法：
   a. 對球窩支撐做力矩和，即可消掉三個未知反力分量 [範例 4.8 和 4.9]。
   b. 假如能找到一軸，通過除了某一未知反力分量的所有其他未知分量的作用點。對該軸做力矩和即得到僅含單一未知數的等式 [範例 4.10]。
4. 檢視完成的自由體圖，可能發現以下狀況：
   a. 反力未知數少於六個。物體處於**部分拘束**，並可能運動。但若在某特定受力下物體平衡，則仍能求出此時的反力 [範例 4.7]。
   b. 反力未知數超過六個。反力為**靜不定**。可能可以求得一或兩個反力未知分量，但無法求得所有未知數 [範例 4.10]。
   c. 反力互相平行。物體處於**不當拘束**，物體於一般受力狀況時會運動。

習題

自由體圖練習

4.F5 一重 170 N、長寬為 1.2×3.2 m 的薄木板，暫時由三根管材支撐。木板下緣與兩個圓柱 A 與 B 的外徑接觸，木板的上緣則倚靠在圓柱 C 的外徑。不考慮摩擦，畫出求解 A、B、C 反力所需的自由體圖。

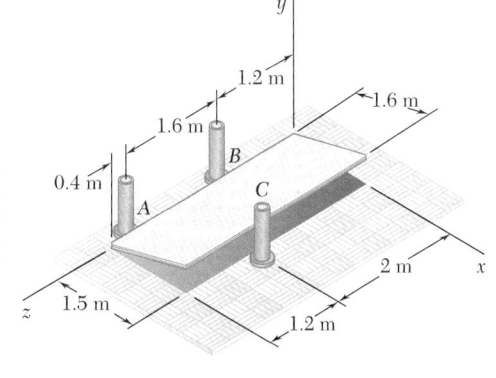

圖 P4.F5

4.F6 兩傳動帶分別繞過焊接在一軸上的兩槽輪，此軸由軸承 B 與 D 支撐。A 槽輪的半徑為 50 mm、C 槽輪的半徑為 40 mm。已知此系統以等速轉動，畫出求解張力 T 以及 B 與 D 反力所需的自由體圖。假設軸承 D 無法施加軸向力，且不考慮重力。

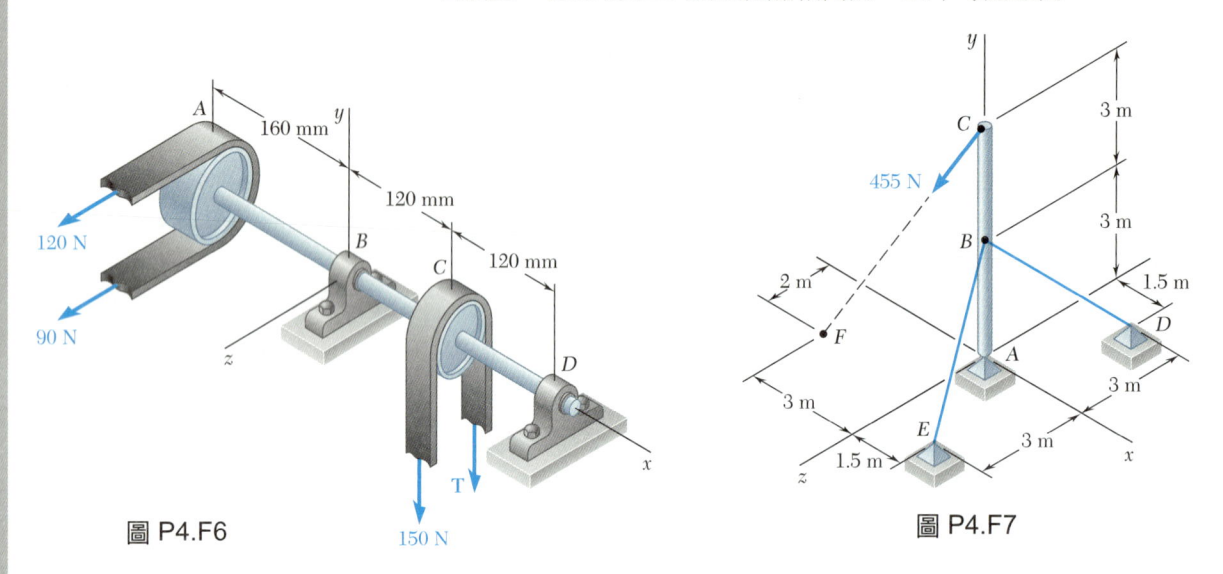

圖 P4.F6

圖 P4.F7

4.F7 一 6 m 長的立桿 ABC 受一 455 N 的力作用。立桿由 A 的球窩接頭以及兩纜繩 BD 與 BE 支撐。畫出求解兩纜繩張力與 A 的反力所需的自由體圖。

課後習題

4.91 一長 200 mm 的槓桿與一直徑 240 mm 的滑輪焊接於軸 BE 上，軸由 C 與 D 的軸承支撐。當槓桿水平時有一個 720 N 的垂直力作用在 A，試求 (a) 繩張力；(b) C 與 D 的反力。假設軸承 D 無法施加軸向力。

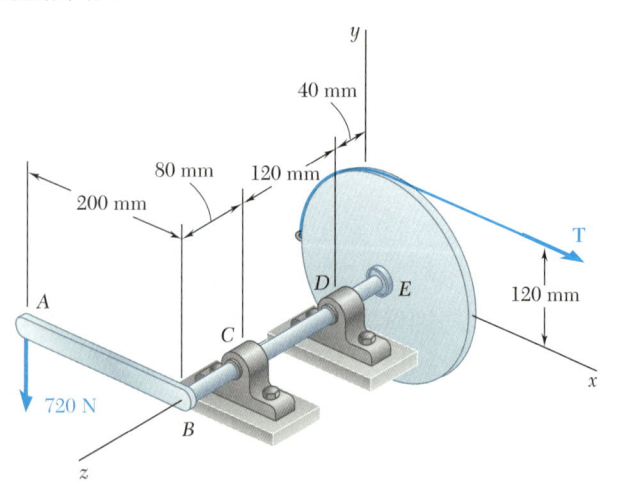

圖 P4.91

4.92 如習題 4.91，但假設軸順時針轉動 30°，且 720 N 的力保持垂直。

4.93 一重 200 N、長寬為 2 × 4 m 的薄木板，暫時倚靠於立柱 CD。木板下緣與兩個圓釘 A 與 B 的外徑接觸。不考慮摩擦，試求 A、B、C 的反力。

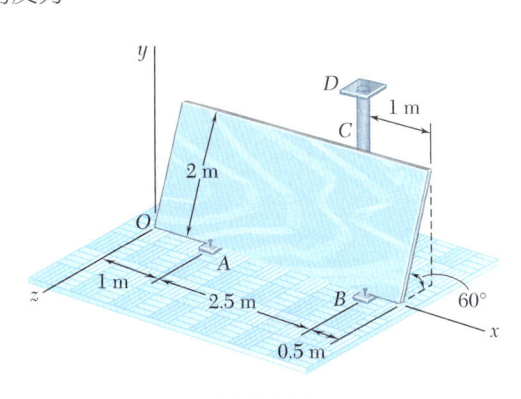

圖 P4.93

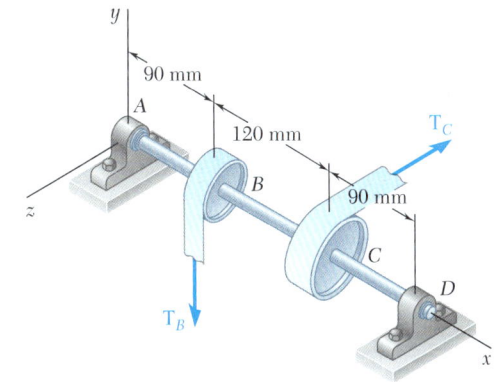

圖 P4.94

4.94 兩皮帶捲軸固定於一軸，軸由 A 與 D 的軸承支撐。捲軸 B 的半徑為 30 mm、捲軸 C 的半徑為 40 mm。已知 $T_B = 80$ N，且系統等速轉動。試求 A 與 D 的反力。假設軸承 A 無法施加軸向力，且不考慮重力。

4.95 兩傳動帶繞過一個有兩捲軸的滑輪，滑輪固定於一軸，軸則由 A 與 D 的軸承支撐。右側捲軸的半徑為 125 mm，左側捲軸的半徑為 250 mm。已知當系統靜止時，皮帶 B 兩區段的張力皆為 90 N，而皮帶 C 兩區段的張力皆為 150 N。試求 A 與 D 的反力。假設軸承 D 無法施加軸向力。

4.96 如習題 4.95，但假設滑輪等速轉動，且 $T_B = 104$ N、$T'_B = 84$ N 與 $T_C = 175$ N。

4.97 單位長度質量為 8 kg/m 的兩鋼管 AB 與 BC，焊接於 B，且由三條垂直繩支撐。已知 $a = 0.4$ m，試求每條繩的張力。

4.98 如習題 4.97 的管件，試求 (a) 若管件不可傾斜，可允許最大 a 值；(b) 此時每條繩的張力。

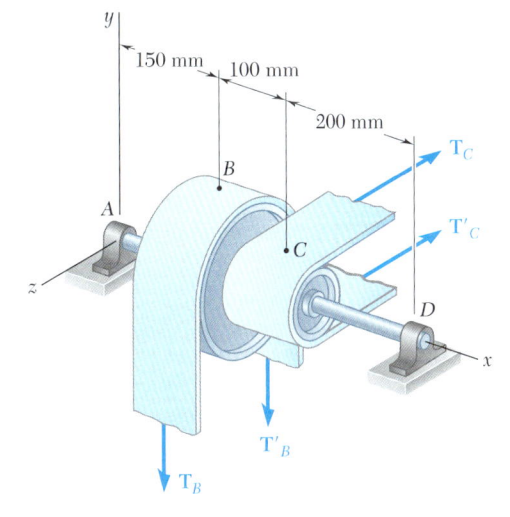

圖 P4.95

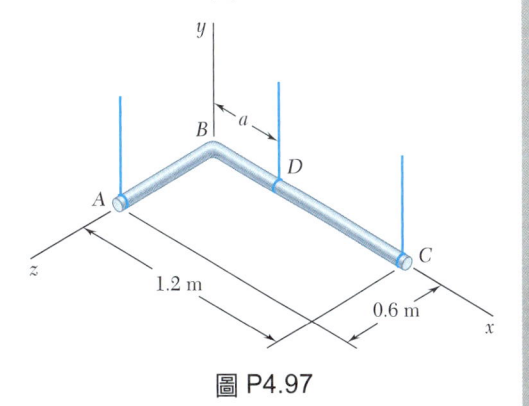

圖 P4.97

4.99 總質量為 170 kg 的數片薄隔間板堆疊一起，放置於三個木塊上，如附圖所示。試求每個方塊的受力。

4.100 總質量為 170 kg 的數片薄隔間板堆疊一起，放置於三個木塊上，如附圖所示。若要在板上放上一個沙袋，試求使三個木塊受力相等的沙袋最小質量與位置。

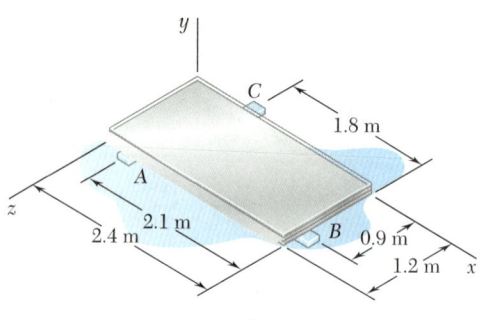

圖 P4.99 與 P4.100

4.101 一質量 18 kg、長寬為 1 × 1.2 m 的薄木板，蓋在地面的一個開口上。木板由 A 與 B 的鉸鍊與牆面相連，且木板前端放置在小方塊 C 上，試求以下各點反力的垂直分量：(a) 點 A；(b) 點 B；(c) 點 C。

4.102 如習題 4.101，但假設小方塊 C 移到 DE 下方距離 E 點 0.15 m 處。

4.103 一重 400 N 的矩形板，由三條垂直繩支撐。試求每條繩的張力。

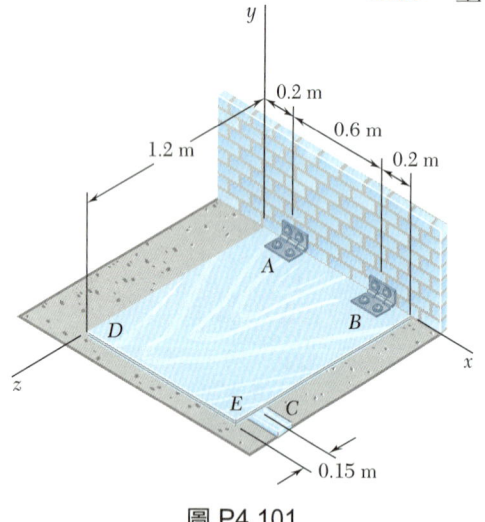

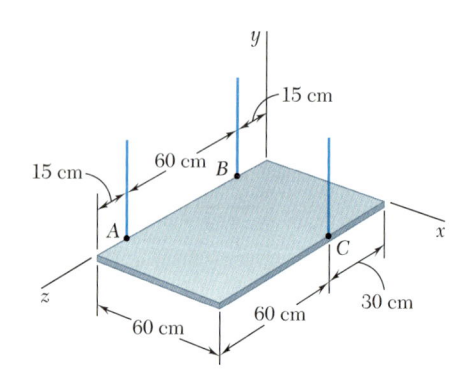

圖 P4.101

圖 P4.103 與 *P4.104*

4.104 一重 400 N 的矩形板，由三條垂直繩支撐。若要在板上放上一方塊，試求使三條繩張力相等的方塊最小質量與位置。

4.105 一長 2.4 m 的桿件由 C 的球窩接頭以及兩纜繩 AD 與 AE 支撐。試求每條繩的張力與 C 的反力。

4.106 如習題 4.105，但假設一 3.6 kN 的力作用於點 A。

4.107 一 10 m 的桿件受一 4 kN 的力作用，試求每條繩的張力與點 A 的球窩接頭的反力。

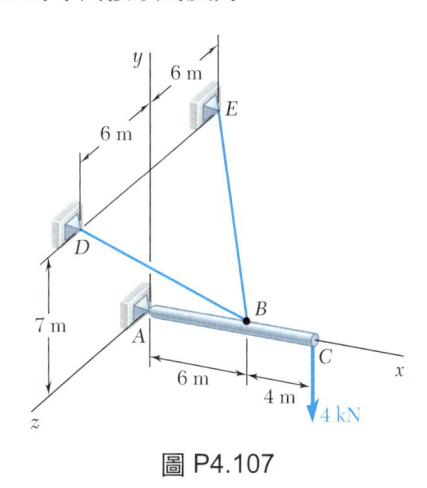

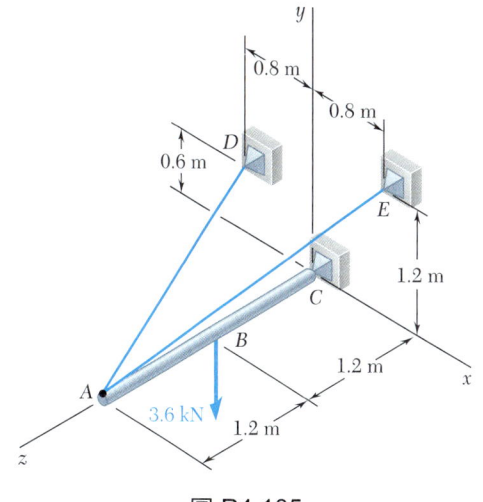

圖 P4.105

圖 P4.107

4.108 一 12 m 長的立桿支撐水平纜繩 CD，另由 A 的球窩接頭以及兩纜繩 BE 與 BF 固定。已知纜繩 CD 的張力為 14 kN，假設 CD 平行於 x 軸 ($\phi = 0$)，試求纜繩 BE 與 BF 的張力以及 A 的反力。

4.109 如習題 4.108，但假設纜繩 CD 與垂直面 xy 平面的夾角 $\phi = 25°$。

4.110 一長 1.2 m 的桿件由 C 的球窩接頭以及兩纜繩 BF 與 DAE 支撐。繩 DAE 繞過位於 A 的無摩擦滑輪，桿件受負載如附圖所示，試求每條繩的張力與 C 的反力。

4.111 如習題 4.110，但假設 1.6 kN 的力改為作用於 A。

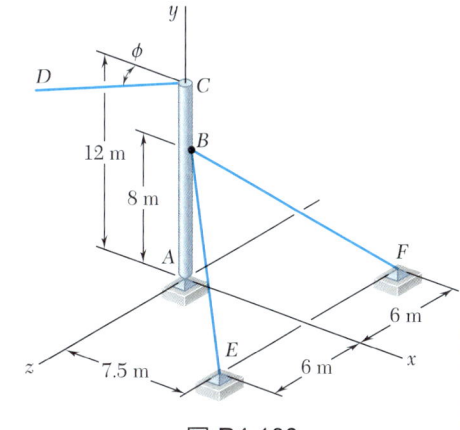

圖 P4.108

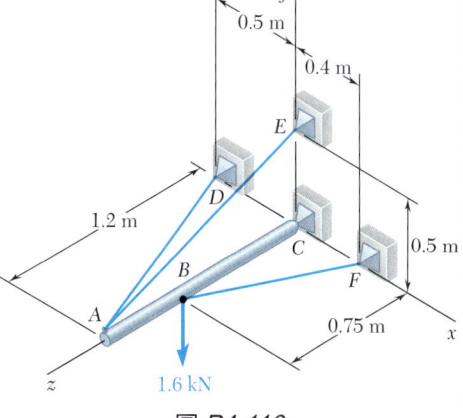

圖 P4.110

4.112 一重 3 kN 的條板箱由一通過滑輪 B 的纜繩懸吊，纜繩另一端固定於 H。桿件 AB 的重量為 1 kN，由 A 的球窩接頭以及兩纜繩 DE 與 DF 支撐，桿件重心為 G。試求 (a) 兩纜繩 DE 與 DF 的張力；(b) A 的反力。

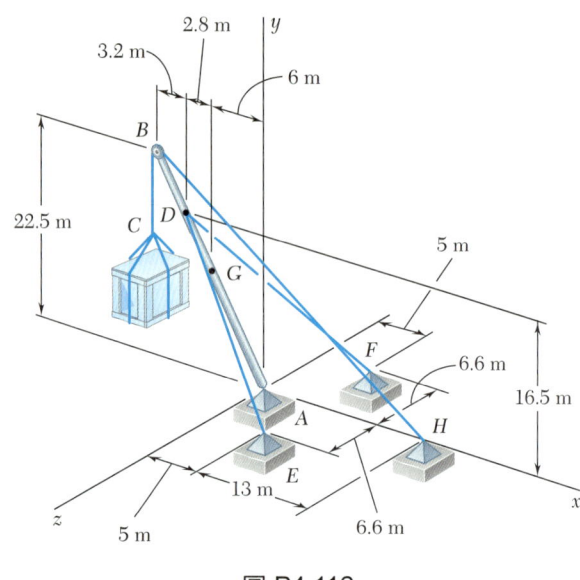

圖 P4.112

4.113 一重 100 kg 的均勻矩形板由 A 與 B 的鉸鍊，以及纜繩 DCE 支撐，纜繩穿過 C 的無摩擦小鉤。假設纜繩兩區段的張力相等，試求 (a) 纜繩張力；(b) A 與 B 的反力。假設鉸鍊 B 無法施加軸向力。

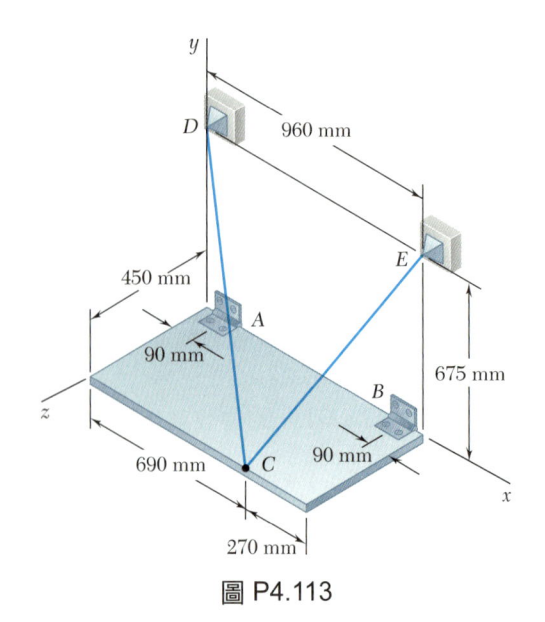

圖 P4.113

4.114 如習題 4.113，但假設纜繩 DCE 取代為連接 E 與 C 的一條纜繩。

4.115 一重 75 N 的矩形板由 A 與 B 的鉸鍊，以及纜繩 EF 支撐。假設鉸鍊 B 無法施加軸向力，試求 (a) 纜繩張力；(b) A 與 B 的反力。

4.116 如習題 4.115，但假設纜繩 EF 取代為連接 E 與 H 的一條纜繩。

4.117 一重 20 kg 的屋頂蓋由 A 與 B 的鉸鍊支撐。屋頂與水平面夾角 30°，蓋子另受桿件 CE 支撐並保持水平。試求 (a) 桿件 CE 施加的力大小；(b) 兩鉸鍊的反力。假設鉸鍊 A 無法施加軸向力。

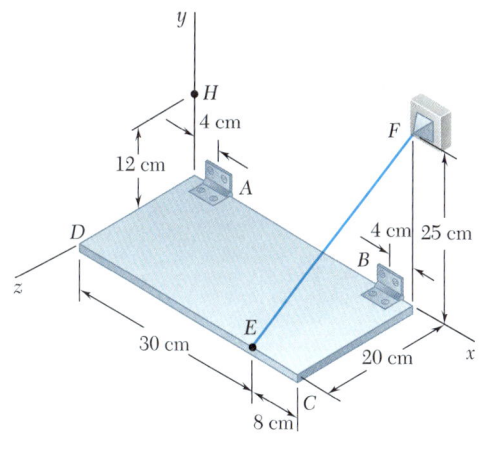

圖 P4.115

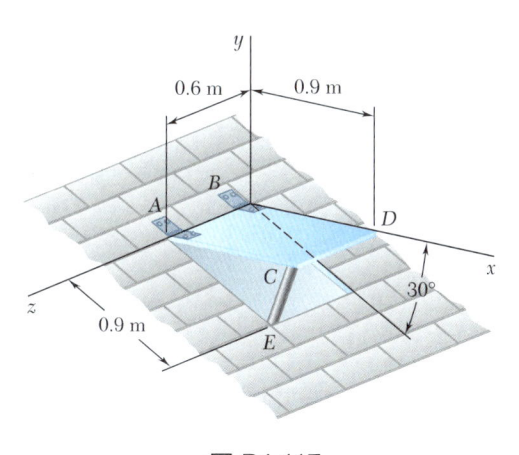

圖 P4.117

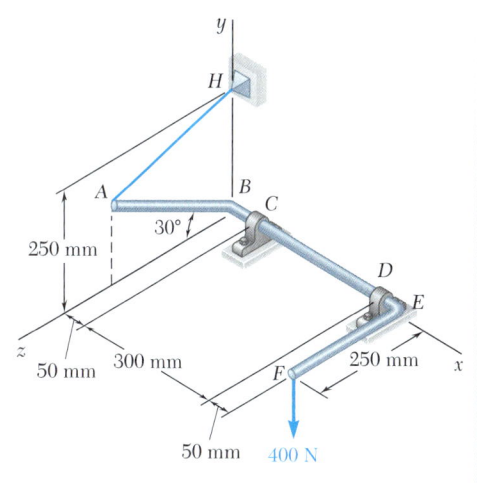

圖 P4.118

4.118 一彎桿 ABEF 由 C 與 D 的軸承以及繩 AH 支撐。已知桿件的 AB 段為 250 mm 長，試求 (a) 繩 AH 的張力；(b) C 與 D 的反力。假設軸承 D 無法施加軸向力。

4.119 如習題 4.115，但假設鉸鍊 B 被移除，而鉸鍊 A 可對平行 y 與 z 軸的軸施加力偶。

4.120 如習題 4.118，但假設軸承 D 被移除，而軸承 C 可對平行 y 與 z 軸的軸施加力偶。

4.121 一組合件焊接至 A 的軸環，軸環套在垂直插銷上。插銷可施加對 x 與 z 軸的力偶，但無法限制軸環對 y 軸轉動或沿 y 軸移動。如受圖示之負載，試求每條纜繩的張力與 A 的反力。

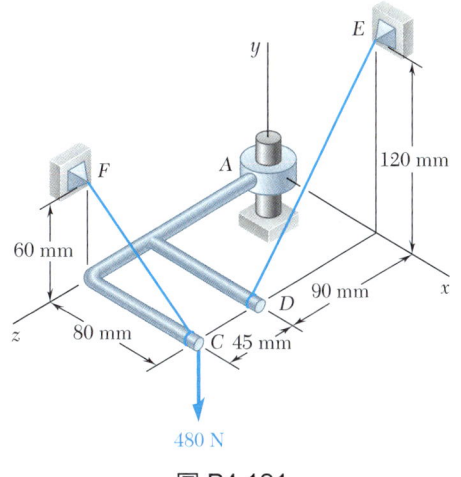

圖 P4.121

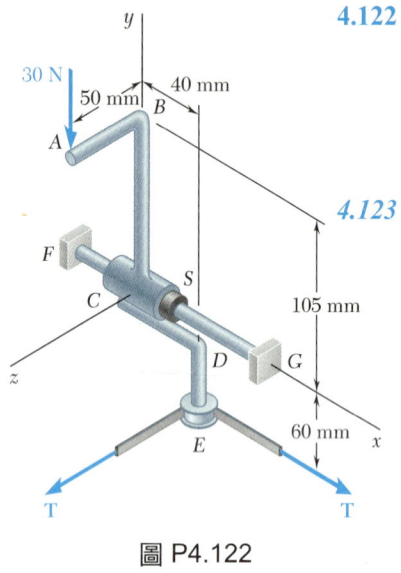

4.122 一組合件用來控制皮帶的張力 T，皮帶通過一個無摩擦滑輪 E。軸環 C 焊接於桿件 ABC 與 CDE 上，可繞軸 FG 轉動，但由於墊片 S 的作用而無法沿軸線移動。若負載如附圖所示，試求 (a) 皮帶的張力 T；(b) C 的反力。

4.123 一根剛性 L 形桿件 ABF 由 A 的球窩接頭以及三條纜繩支撐。若負載如附圖所示，試求每條纜繩的張力與 A 的反力。

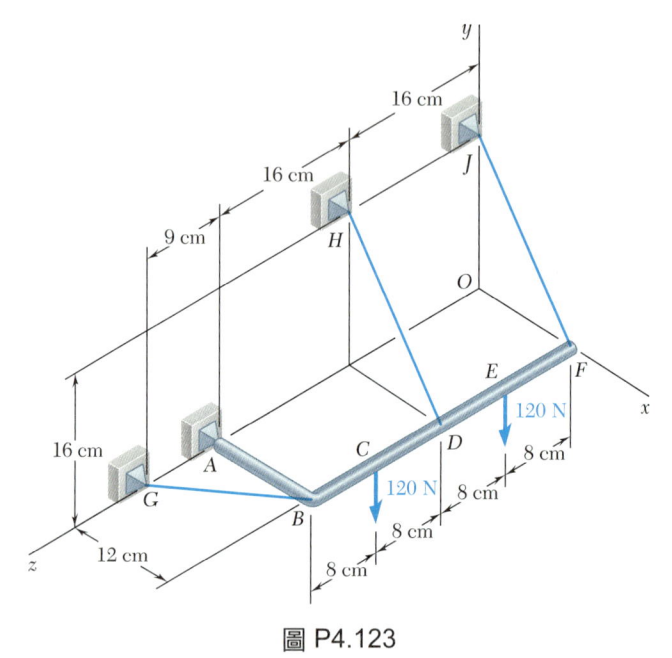

圖 P4.122

圖 P4.123

4.124 如習題 4.123，但假設作用於 C 的負載被移除。

4.125 一根剛性 L 形桿件 ABC 由 A 的球窩接頭以及三條纜繩支撐。若一 1.8 kN 的負載作用於 F，試求每條纜繩的張力。

4.126 如習題 4.125，但假設 1.8 kN 的負載改為作用於 C。

4.127 一根長 80 mm 的桿件 AF 焊接到一直角十字桿的中心，十字桿的四根手臂長度均為 200 mm。此組合件由 F 的球窩接頭與三根短連桿支撐，每根連桿與垂直線夾角 45°。若負載如附圖所示，試求 (a) 每條連桿的張力；(b) F 的反力。

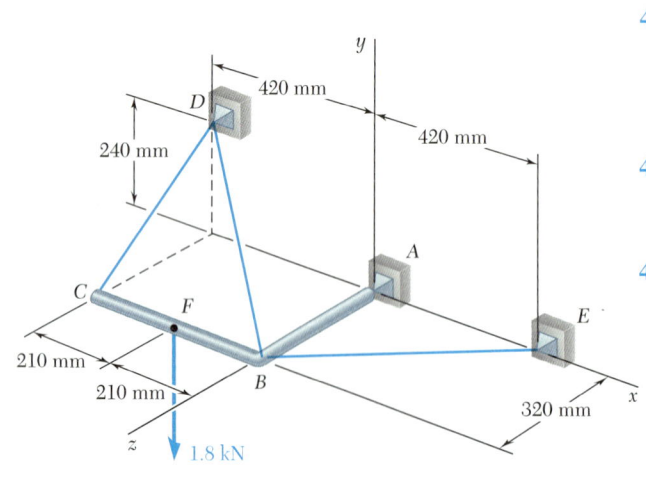

圖 P4.125

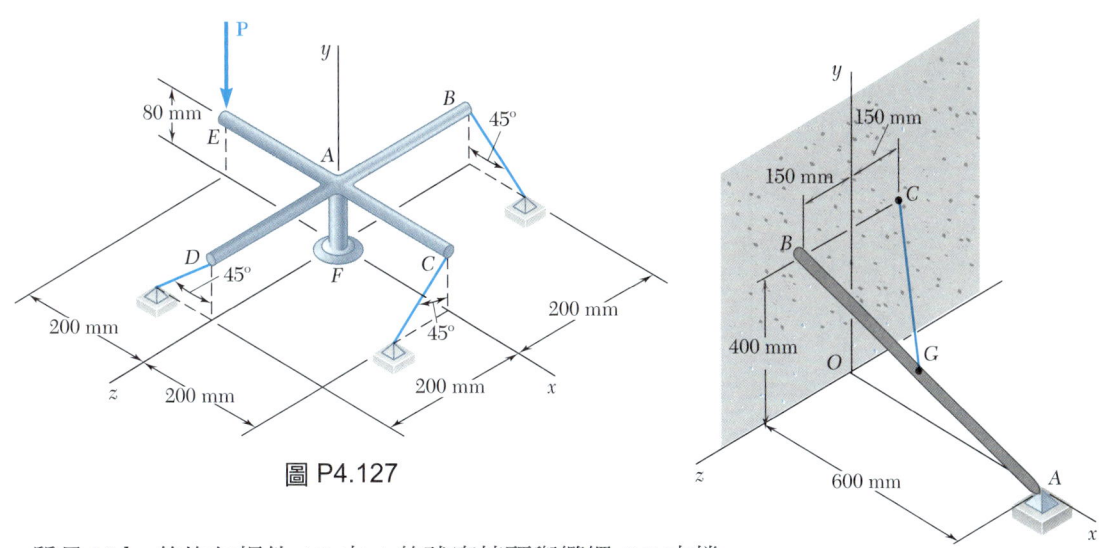

圖 P4.127

圖 P4.128

4.128 一質量 10 kg 的均勻桿件 AB 由 A 的球窩接頭與纜繩 CG 支撐，G 為桿件的中點。已知桿件靠在無摩擦的牆面的點 B，試求 (a) 繩的張力；(b) A 與 B 的反力。

4.129 三根桿件焊接一起並由三個小環支撐，如附圖所示。不考慮摩擦，當 $P = 240N$、$a = 12$ cm、$b = 8$ cm、$c = 10$ cm 時，試求 A、B、C 的反力。

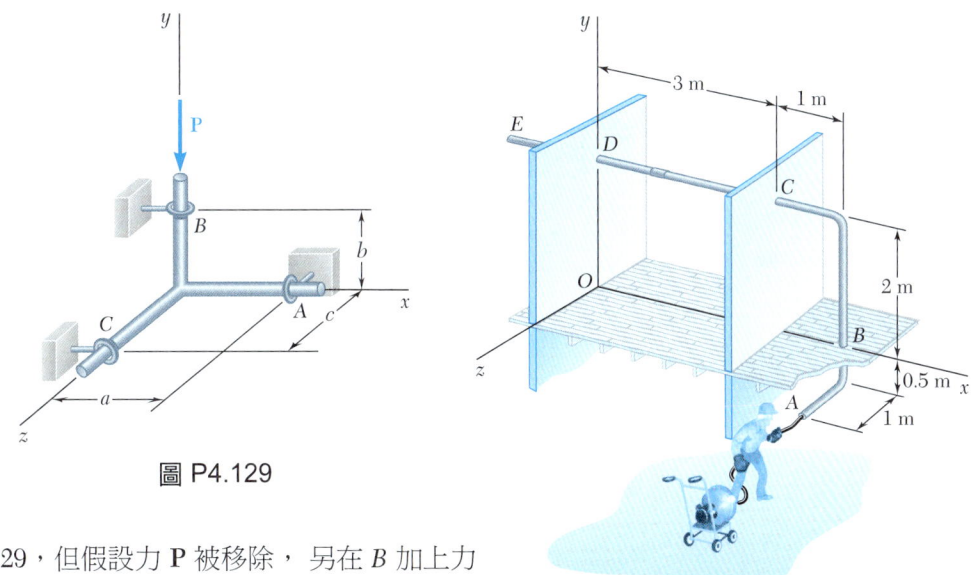

圖 P4.129

圖 P4.131

4.130 如習題 4.129，但假設力 **P** 被移除，另在 B 加上力偶 $\mathbf{M} = +(6 \text{ N} \cdot \text{m})\mathbf{j}$。

4.131 一水電工為清潔堵塞的水管 AE，將水管兩端拆開，從 A 的開口處插入一轉動清除器。清除器透過一重纜繩連接到外面的馬

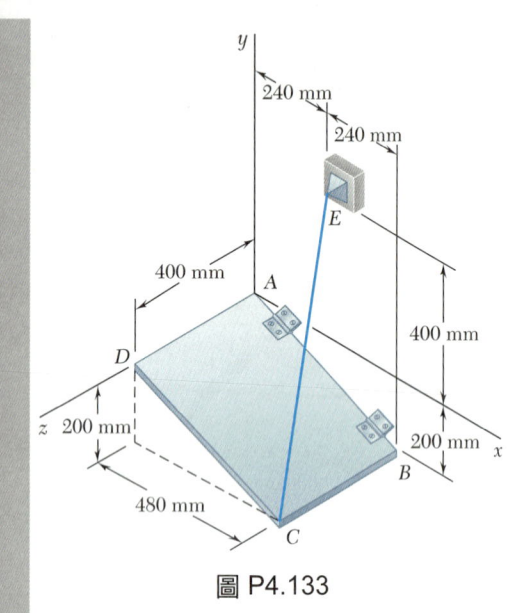

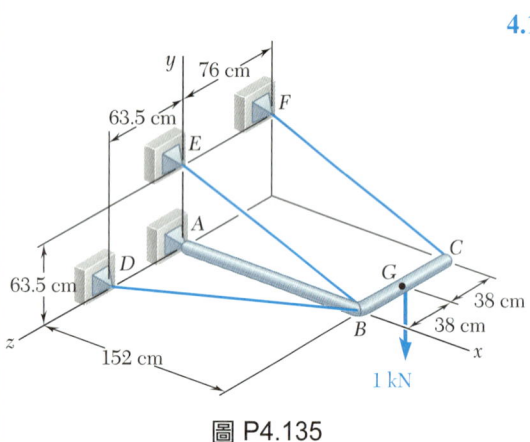

達，當水電工將纜繩推入水管時，馬達等速轉動。水電工與馬達施加於清除器的力表示為一起子力系 $\mathbf{F} = -(48\ \mathrm{N})\mathbf{k}$、$\mathbf{M} = -(90\ \mathrm{N}\cdot\mathrm{m})\mathbf{k}$。試求清潔導致的 B、C、D 的反力。假設每一支撐包含兩個垂直於水管的力分量。

4.132 如習題 4.131，但假設水電工施加一力 $\mathbf{F} = -(48\ \mathrm{N})\mathbf{k}$ 而馬達關機，即 $\mathbf{M} = 0$。

4.133 一質量 50 kg 的平板 ABCD 由 AB 邊的兩鉸鍊與繩 CE 支撐。已知平板均勻，試求繩張力。

4.134 如習題 4.133，但假設繩 CE 取代為繩 ED。

4.135 一剛性 L 形桿件 ABC 由 A 的球窩接頭以及三條纜繩支撐。若有 1 kN 的力作用於 G，試求每條纜繩的張力與 A 的反力。

4.136 長寬皆為 2 × 4 m、重量皆為 60 N 的兩片木板釘在一起，如附圖所示。兩木板由 A 與 F 的球窩接頭以及繩 BH 支撐。試求 (a) 使繩的張力為最小時 H 在 xy 平面的位置；(b) 此時的最小張力。

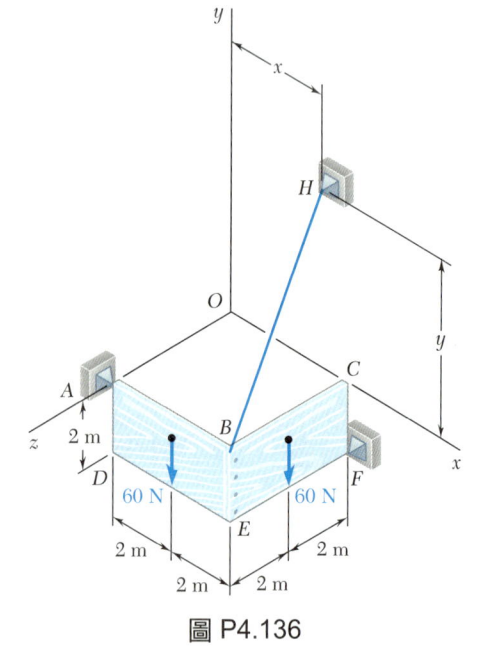

圖 P4.133

圖 P4.135

圖 P4.136

4.137 如習題 4.136，但假設 H 必須落在 y 軸上。

4.138 構架 ACD 由 A 與 D 的球窩接頭以及纜繩 GBH 支撐。纜繩穿過一無摩擦的小環 B，兩端分別固定於 G 與 H。已知一大小為 P = 268 N 的負載作用於點 C。試求繩的張力。

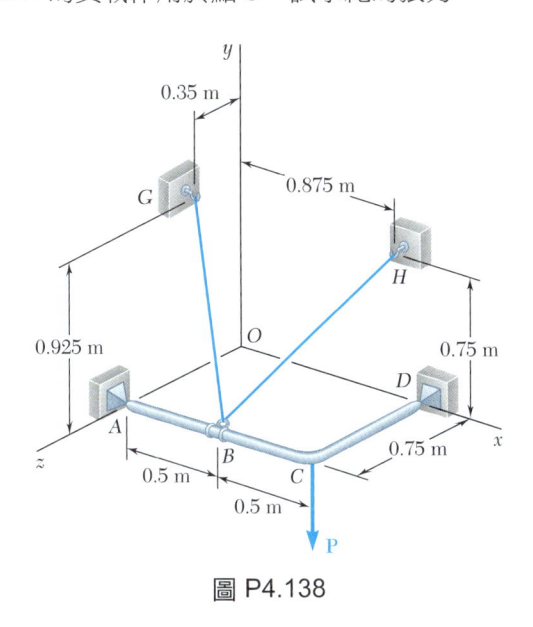

圖 P4.138

4.139 如習題 4.138，但假設纜繩 GBH 取代為一條連接 G 與 B 的纜繩。

4.140 彎桿 ABDE 由 A 與 E 的球窩接頭以及纜繩 DF 支撐。若一 300 N 的力作用於 C，試求繩張力。

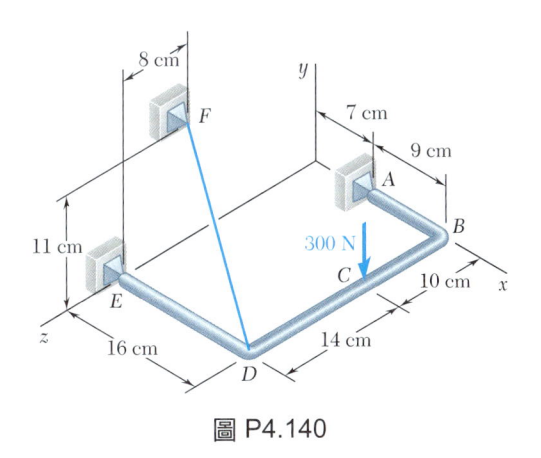

圖 P4.140

4.141 如習題 4.140，但假設纜繩 DF 取代為一條連接 B 與 F 的纜繩。

複習與摘要

■ **平衡方程式 (Equilibrium equations)：**

本章探討剛體的平衡方程式，即施加在一剛體的所有外力形成之等效力系的合力與合力矩皆為零 [第 4.1 節]。可寫成向量表達式：

$$\Sigma \mathbf{F} = 0 \qquad \Sigma \mathbf{M}_O = \Sigma(\mathbf{r} \times \mathbf{F}) = 0 \qquad (4.1)$$

可將每個外力和力矩分解為直角座標分量，則剛體平衡的充要條件 (necessary and sufficient conditions) 為以下六個純量方程式：

$$\Sigma F_x = 0 \qquad \Sigma F_y = 0 \qquad \Sigma F_z = 0 \qquad (4.2)$$

$$\Sigma M_x = 0 \qquad \Sigma M_y = 0 \qquad \Sigma M_z = 0 \qquad (4.3)$$

利用上面六個式子，我們可解出剛體所受之未知外力或解出剛體支撐 (supports) 的支撐的反作用力，簡稱支撐力或反力 (reactions)。

■ **自由體圖 (Free-body diagram)：**

求解剛體平衡問題時非常重要的是要找出所有作用在該剛體上外力。因此，求解問題的第一步是要正確的畫出剛體的自由體圖，上面標示出所有已知與未知的力 [第 4.2 節]。

■ **二維結構的平衡 (Equilibrium of a two-dimensional structure)：**

本章的第一部分探討了二維結構的平衡問題。此類問題中，結構與作用其上的力均在同一平面上。每一支撐點施加在結構的反力依其支撐狀況的不同可能有一至三個未知數 [第 4.3 節]。

由於二維結構的平衡問題僅涉及 xy 平面，式 (4.1)、(4.2) 和 (4.3) 可簡化為以下三個平衡方程式：

$$\Sigma F_x = 0 \qquad \Sigma F_y = 0 \qquad \Sigma M_A = 0 \qquad (4.5)$$

其中 A 為 xy 平面上任一點 [第 4.4 節]。可用式 (4.5) 解出最多三個未知數。式 (4.5) 中的三個條件也可由其他等效式子取代，但最多只能寫出三個獨立等式。一剛體處於平衡條件的另一種描述方式為：

$$\Sigma F_x = 0 \qquad \Sigma M_A = 0 \qquad \Sigma M_B = 0 \qquad (4.6)$$

其中點 B 為不使線 AB 平行於 y 軸的任一點。描述剛體平衡的條件還有另一種方式：

$$\Sigma M_A = 0 \qquad \Sigma M_B = 0 \qquad \Sigma M_C = 0 \qquad (4.7)$$

其中點 A、B、C 不共線。

- **靜不定問題 (Statical indeterminacy)：**

    二維結構的問題，可列出三個獨立的方程式，因此最多只能解三個未知數。假如結構支撐點的反力未知數超過三個，將無法利用靜力學中平衡所提供的方程式解出所有未知數，這類問題稱為**靜不定問題** (statically indeterminate) [第 4.5 節]。

- **部分拘束 (Partial constraints)：**

    另一方面，若支撐的反力未知數少於三個，則表示該結構在某些方向的移動或轉動沒有受到限制。此類結構無法確保在所有受力情況均可保持平衡，稱為**部分拘束** (partial constraints)。

- **不當拘束 (Improper constraints)：**

    然而，即使反力剛好有三個未知數，若施加的方式不適當，也不能保證能用平衡式求出所有未知數。例如：某結構受三個支撐，但其反力均在垂直方向，雖然只有三個未知數但仍無法解出其值，因此仍為靜不定問題。此種支撐狀況稱為**不當拘束** (improperly constrained)。

- **二力物體 (Two-force body)：**

    剛體平衡問題中有兩類受力情況值得我們深入探討。在第 4.6 節我們介紹了**二力物體**或稱**二力桿件** (two-force body)，是指一個只在兩點受到外力作用的剛體。假如在一點上有多個外力作用，這些共點外力可合成為一個合力，因此無論外力數目多少，均相當於在每點受到單一力。根據之前討論的平衡條件，一個剛體二力物體若要平衡，則此二力 F_1 與 F_2 必須滿足**大小相等** (the same magnitude)、**作用線相同** (the same line of action) 和**指向相反** (opposite sense) (圖 4.11)。後面章節中我們會用到二力物體的這些特性來簡化問題。

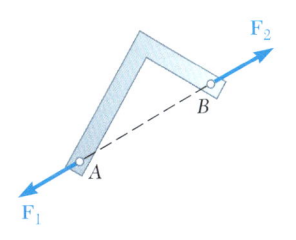

圖 4.11

- **三力物體 (Three-force body)：**

    在第 4.7 節中我們介紹了**三力物體**或稱**三力桿件** (three-force body)，即為一剛體只在三點受外力作用，各點合力分別為 F_1、F_2 與 F_3。三力物體如要平衡，則此三力必須**共點** (concurrent) (圖 4.12) 或**互相平行** (parallel)。能從結構平衡分析中辨認出三力物體常可使分析計算簡化許多 [範例 4.6]。

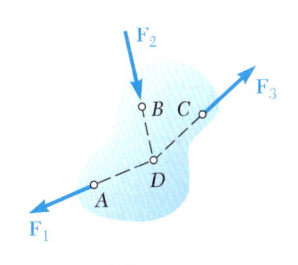

圖 4.12

■ **三維物體的平衡 (Equilibrium of a three-dimensional body)：**

本章後半段探討了三維物體的平衡，即在空間力系作用下剛體的平衡。依據支撐狀態的不同，每個支撐產生的反力可能有一至六個未知數 [第 4.8 節]。

一般情況下，求解空間中物體的平衡可用式 (4.2) 與 (4.3) 所列的六個純量式來解出反力的六個未知數 [第 4.9 節]。然而大部分三維問題較方便的作法是利用向量式：

$$\Sigma \mathbf{F} = 0 \qquad \Sigma \mathbf{M}_O = \Sigma(\mathbf{r} \times \mathbf{F}) = 0 \qquad (4.1)$$

將力 $\mathbf{F}$ 和位置向量 $\mathbf{r}$ 用直角座標分量及三個軸的單位向量表示。接著利用行列式解出向量積。每個單位向量方向可以得到兩個純量等式 (一個力、一個力矩)，因此一共可得六個等式 [範例 4.7 到 4.9]。

值得注意的是，如果適當選擇點 O 計算式 (4.1) 中的 $\Sigma \mathbf{M}_O$ 時，最多可避開三個反力的未知數。此外，求解某些問題時，如果用 $\Sigma M_{AB} = 0$ 關係式可以避免引入兩支撐點 A 和 B 的未知反力。其中 ΣM_{AB} 指所有外力對軸線 AB 的力矩 [範例 4.10]。

如果反力有超過六個未知數，部分反力為靜不定。如果未知數少於六個，則該剛體受到**部分拘束**。儘管有六個或六個以上未知數，若支撐產生的反力互相平行，則剛體仍可能處於**不當拘束**狀態。

複習題

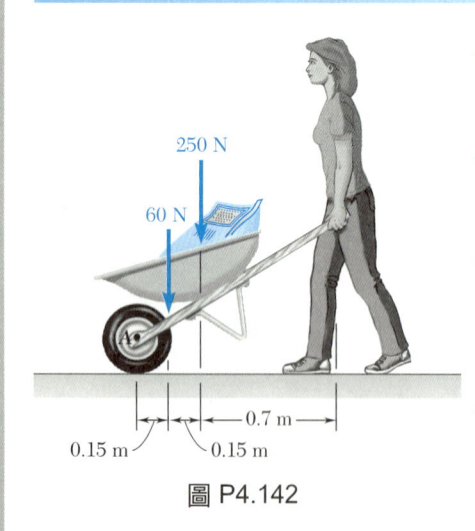

4.142 一園丁使用一重 60 N 的獨輪手推車運輸一袋 250 N 的肥料。請問她施加在每個把手的力為何？

4.143 纜繩 AB 所需張力為 200N，試求 (a) 必須施加在 D 的垂直力 $\mathbf{P}$；(b) 此時 C 的反力。

4.144 槓桿 AB 由 C 的鉸鍊支撐，另有控制繩連接於 A。若一 500 N 的水平力作用於槓桿的點 B，試求 (a) 繩的張力；(b) C 的反力。

4.145 大小為 1 kN 的力 $\mathbf{P}$ 作用於桿件 $ABCD$，桿件由 A 的插銷與纜繩 CED 支撐。不考慮摩擦，當 $a = 60$ mm 時，試求 (a) 纜繩的張力；(b) A 的反力。

圖 P4.142

圖 4.143

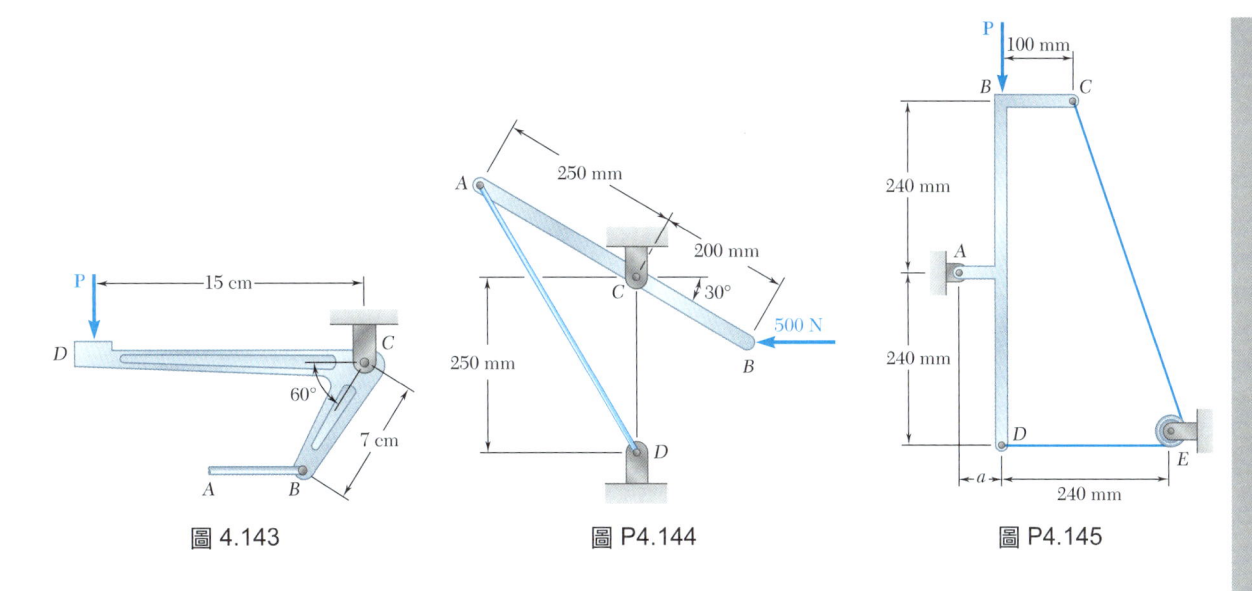

圖 P4.144

圖 P4.145

4.146 平板 DEF 上有兩條狹槽，平板放置方式使兩狹槽各套入一個無摩擦的固定插銷 A 與 B。已知 P = 15 N，試求 (a) 每個插銷施加在平板的力；(b) F 的反力。

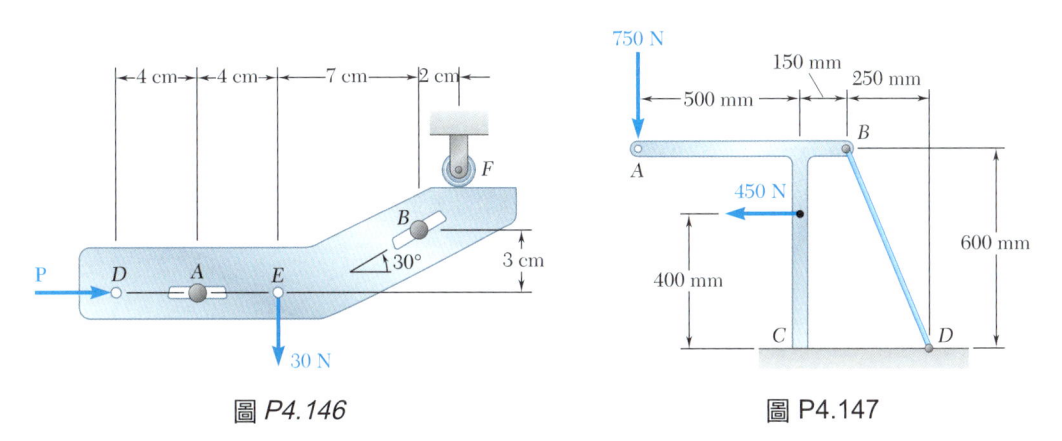

圖 P4.146

圖 P4.147

4.147 已知繩 BD 的張力為 1300 N，試求構架的固定支撐 C 的反力。

4.148 一扳手用來轉動一軸。一插銷插入軸上的點 A，另有一無摩擦面與軸的點 B 接觸。若一 60 N 的力 **P** 作用於扳手的 D，試求 A 與 B 的反力。

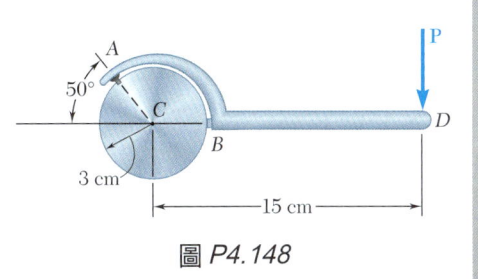

圖 P4.148

219

4.149 桿件 AB 由 A 的插銷與 C 的無摩擦圓釘支撐，試求當一 170 N 的垂直力作用於 B 時，A 與 C 的反力。

4.150 一重 240 N 的方板由三條垂直繩支撐，試求 (a) 當 a = 10 cm 時，每條繩的張力；(b) 每條繩張力均為 80 N 的 a 值。

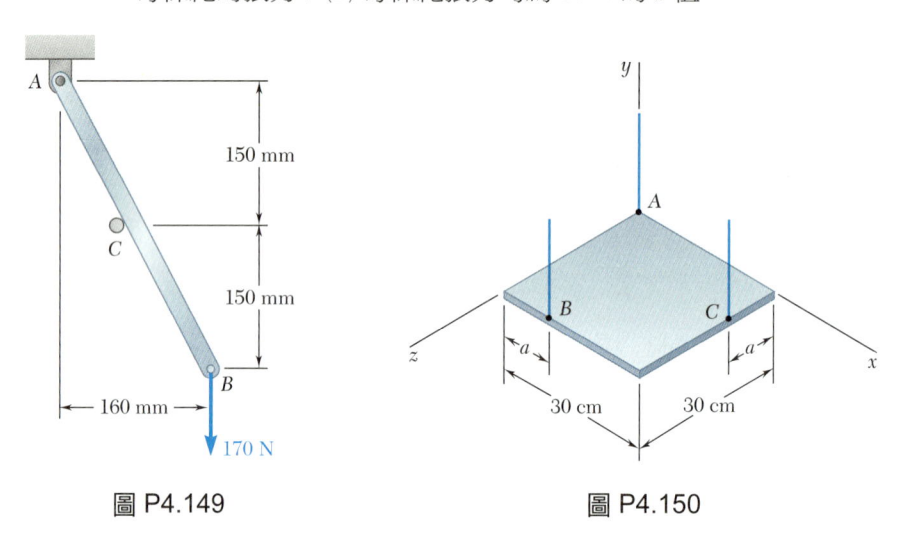

圖 P4.149

圖 P4.150

4.151 構架 ABCD 由 A 的球窩接頭與三條纜繩支撐，當 a = 150 mm 時，試求每條繩的張力與 A 的反力。

4.152 管件 ACDE 由 A 與 E 的球窩接頭，以及纜繩 DF 支撐。試求當 640 N 的負載作用於 B 時的繩張力。

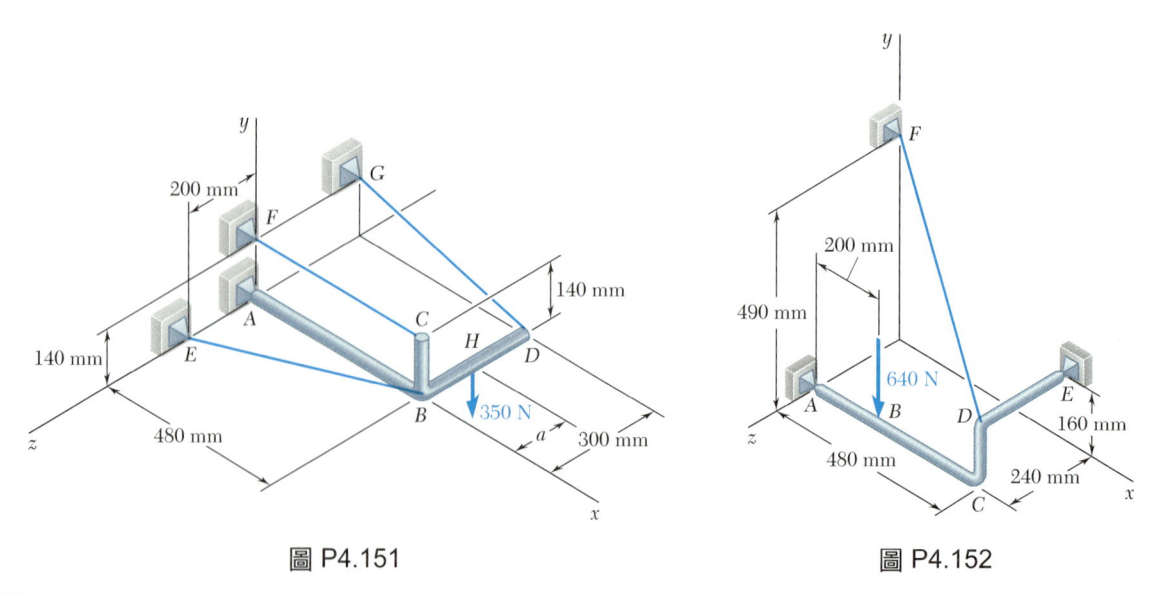

圖 P4.151

圖 P4.152

4.153 一力 **P** 作用於彎桿 ABC，彎桿有以下四種支撐方式，試求各種方式的支撐反力。

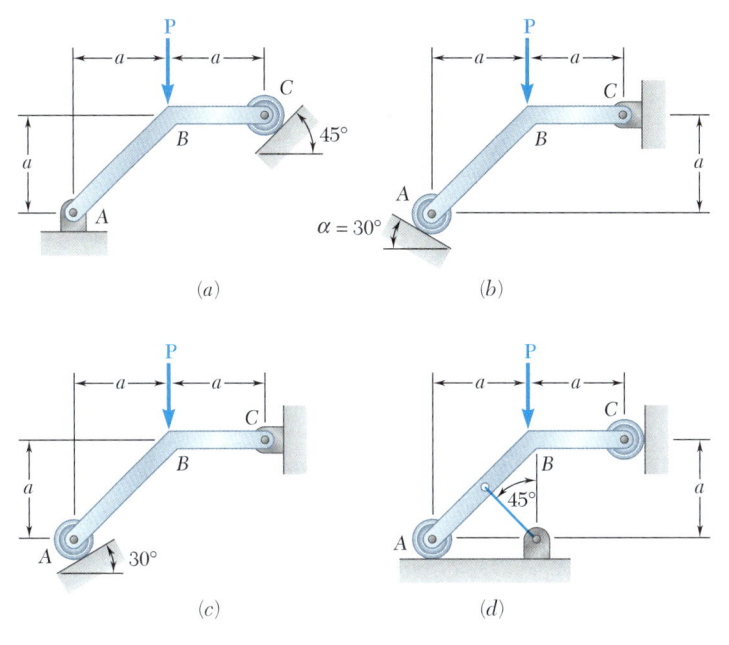

圖 P4.153

電腦題

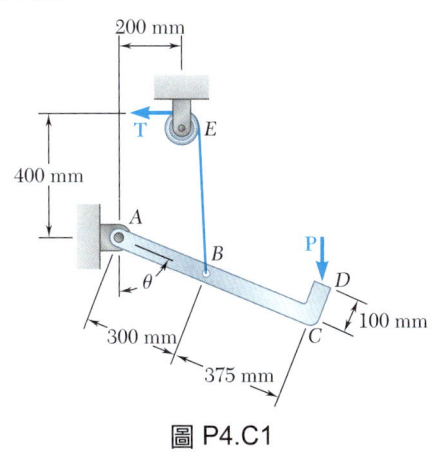

4.C1 一 L 形桿件的位置由一條連接於 B 的纜繩控制。已知桿件承受一大小為 $P = 250$ N 的負載，寫一電腦程式，計算繩張力 T，θ 值從 0 到 120°，間隔為 10°。接著用更小的間隔找出最大張力 T，以及對應的 θ 值。

圖 P4.C1

4.C2 一質量 10 kg 的桿件 AB 的位置由滑塊控制，滑塊受力 **P** 作用，慢慢往左邊移動。不考慮摩擦，寫一電腦程式，計算當 x 從 750 mm 減小到 0 時，力的大小 P 的變化，每 50 mm 計算一點。接著用更小的間隔找出最大的 P，以及對應的 x 值。

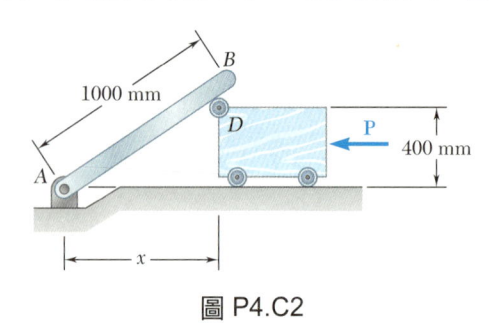

圖 P4.C2

4.C3 與 **4.C4** 彈簧 AB 的常數為 k，當 $\theta = 0$ 時，彈簧未變形。已知 $R = 250$ mm、$a = 500$ mm、$k = 20$ N/mm，寫一電腦程式，計算當 θ 從 0 增加到 90° 時，維持平衡所需的重力 W，每 10° 計算一點。接著用更小的間隔找出 W = 25 N 時的 θ 值。

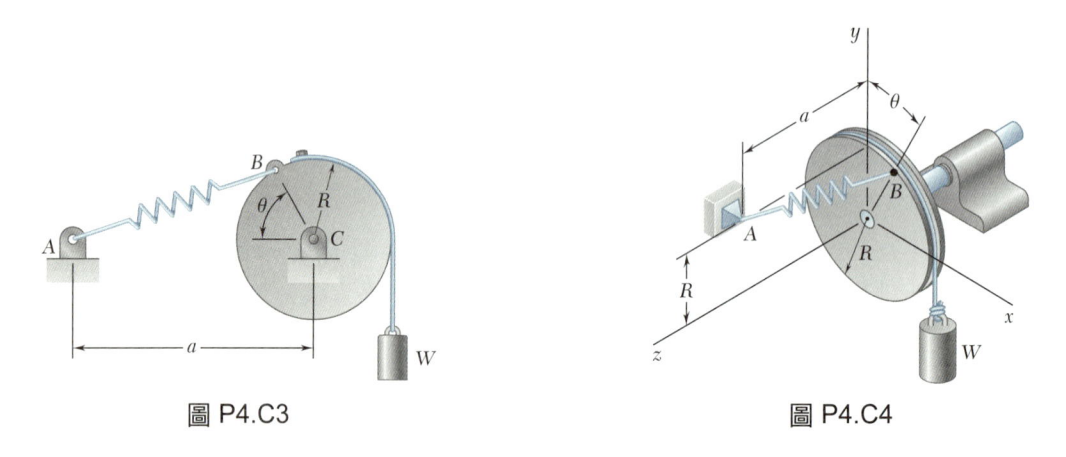

圖 P4.C3

圖 P4.C4

4.C5 一質量 20 kg、長寬為 200 × 200 mm 的平板由 AB 邊的兩鉸鍊支撐，另有纜繩 CDE 連接至 C，纜繩繞過 D 的滑輪，並於點 E 承受質量 m 的圓柱。不考慮摩擦，寫一電腦程式，計算當 θ 從 0 增加到 90° 時，維持平衡所需的質量 m，每 10° 計算一點。接著用更小的間隔找出 m = 10 kg 時的 θ 值。

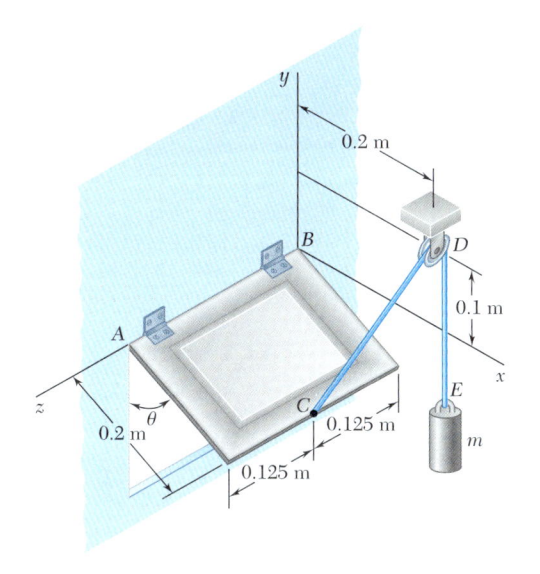

圖 P4.C5

4.C6 一起重架支撐一 2000 kg 的條板箱。起重架由 A 的球窩接頭，以及連接至 D 與 E 的兩纜繩支撐。已知起重架位於與 xy 平面夾角 ϕ 的垂直平面上。寫一電腦程式，計算當 ϕ 從 0 增加到 60° 時，每條纜繩的張力，每 5° 計算一點。接著用更小的間隔找出纜繩 BE 張力最大時的 ϕ 值。

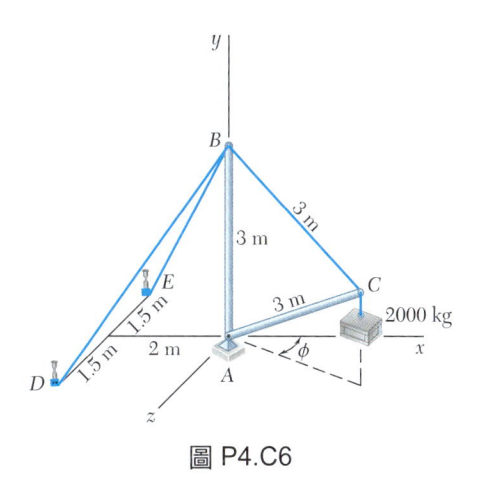

圖 P4.C6

CHAPTER 5

分布力：形心和重心

　　下圖中的柱子，不論是在橋梁、大樓，或高架道路都很常見，因為重量平均分布在左右兩側，是個很穩定的結構；但左圖中的柱子就不太尋常，因為高架鐵軌的重量幾乎都在橫桿的右側（黑色箭頭），而支持橫桿的柱子卻在橫桿的最左端，如果柱子和橫桿之間沒有加強結構，會因為合力矩不為零使得鐵軌倒塌，為了維持結構的穩定，我推測柱子和橫桿間有加強拉力的裝置（灰色短線），因為加強裝置能提供額外的力矩使橫桿靜力平衡。

(續)

台北捷運科技大樓站的神奇柱子。

但這樣的設計會增加材料的拉扯，應該是在不得已的情況下才使用，由照片知，底下是繁忙的馬路，所以為了避開馬路才這樣設計，但同樣一站在轉過照片中的彎後，就回到右圖的正常設計，可見工程單位應該也是不得已才這樣蓋。

Free-body Diagram

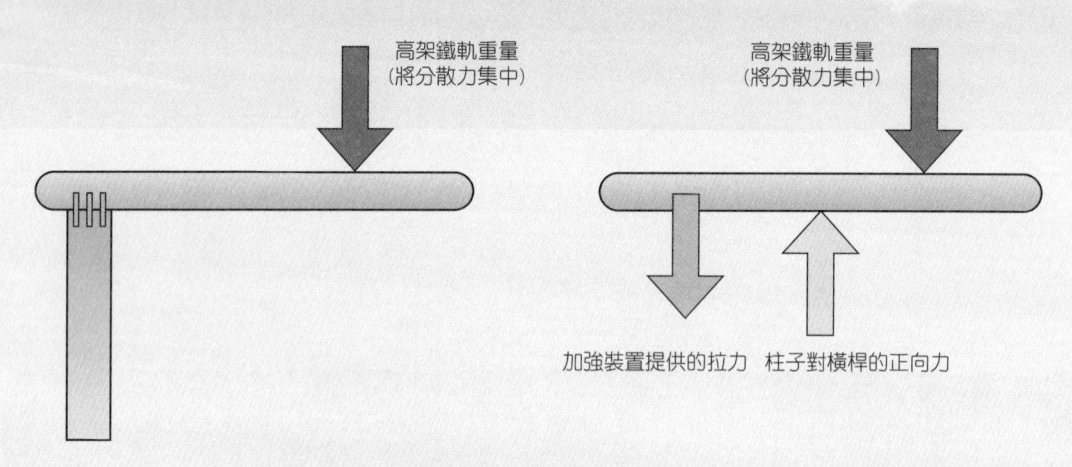

高架鐵軌重量
（將分散力集中）

高架鐵軌重量
（將分散力集中）

加強裝置提供的拉力　柱子對橫桿的正向力

—魏啟勛

可惡，我也想跟助教混熟啊！
還真是看不出來吶
你這小子，什麼時候這麼厲害了？
聽說你最近跟助教走得
也沒有啦…
不——
……
有助教教你讀書還真不錯啊～～
是嗎？
就只是普通的指導而已。
沒什麼特別的拉！
正好我們也要讀書
一起讀吧！
而且助教也在努力申請
這次我想自己讀，
我不想打擾她！
有不會的地方的話，可以教你喔！
嗯…
……
三十分鐘後…
你…你們

形心是指什麼啊？
請說
老師，我有問題——
怎麼是你們在問我啊!?
等等啊!!
每個小塊受的力就是分布力…
把一個東西切成無數個小塊，
分布力是指什麼啊？
$\left(\frac{h}{2}, \frac{h}{3}\right)$
h
$\left(0, \frac{4r}{3\pi}\right)$
r
不同形狀，形心的位置就不同。另外，考試的時候是不會給你的。所以常用的形心位置一定要背熟！
=
M
對於一個物體來說，每一個小單位都具有質量，而如果要算加總的話，我們通常會找一個點並將所有重量都放上去。
這個點我們就稱之為「形心」。
如果我們施的力沒有通過這個形心的話，就會產生一個繞著形心轉的力矩。
絕對不要跟他們一起念書了!!
下次，
就換我教你囉！
下次再一起讀吧！
今天謝啦！
這個是…
那這裡呢？
滴答
滴答
滴答
滴答

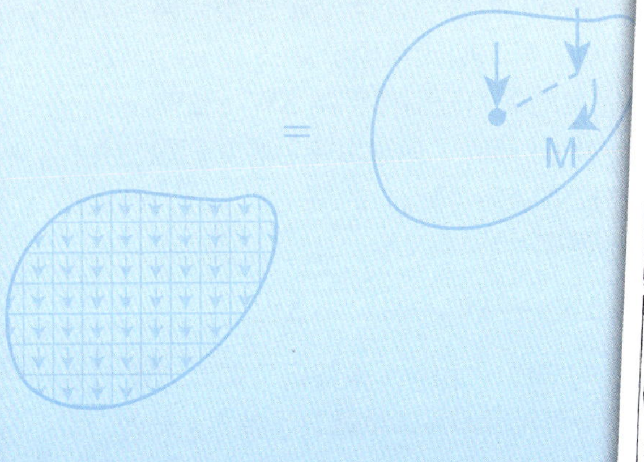
=
M

5.1 緒論 (Introduction)

到此為止,我們都假設地球施加在剛體的吸引力可以用一力 W 代表。此力稱為重力或物體的重量,施加在**物體的重心** (center of gravity) (第 3.2 節)。實際上,地球對形成物體的每個質點都施加了一力,因此,整體而言,地球對剛體的作用應由分布於剛體上所有質點的力來表示。然而,本章會講到這些微小力可由單一等效力 W 取代,另外也會講到如何決定不同形狀物體的重心,即決定合力 W 的作用點。

本章第一部分將考慮二維物體,如平板和平面上的線材,並介紹兩個求形心的重要觀念:面積或線的**形心** (centroid),以及面積或線對一給定軸的**一次矩** (first moment)。

另外也將學到,以一線或面迴轉所得曲面的面積或體積,可利用原本的線或面的形心求得 (**帕普斯－古爾丁定理**,theorems of Pappus-Guldinus)。第 5.8 節和第 5.9 節將指出,利用面積形心的觀念可簡化受分布力作用的梁的受力分析,也可用於液壓閘和水壩等浸於水中的矩形面的受力分析。

本章最後將介紹如何求三維物體的重心、體積的形心和體積對一給定座標面的一次矩。

照片 5.1　了解吊飾各元件的平衡所需的重心、形心等概念,是本章的重點。

面與線 (Areas and Lines)

5.2 二維物體的重心 (Center of Gravity of a Two-Dimensional Body)

首先考慮一水平平板 (圖 5.1),將其分割成 n 個小元素,第一個元素的座標標示為 x_1 和 y_1,第二個元素標示為 x_2 和 y_2,其餘依此類推。地球作用於平板元素的吸力分別標示為 ΔW_1、ΔW_2、⋯、ΔW_n。這些力 (或重量) 指向地球球心,但應用時可將其假設為互相平行。因此,這些力的合力為具有相同指向的單一力。合力的大小 W 可由所有元素的重量相加得到:

$$\Sigma F_z: \qquad W = \Delta W_1 + \Delta W_2 + \cdots + \Delta W_n$$

接著求合力 W 的作用點 G 的座標 $\bar{x}$ 和 $\bar{y}$,依據以下關係:W 分別對 y 軸和 x 軸的力矩應等於所有元素的元素重量對 y 軸和 x 軸的力矩和,寫下

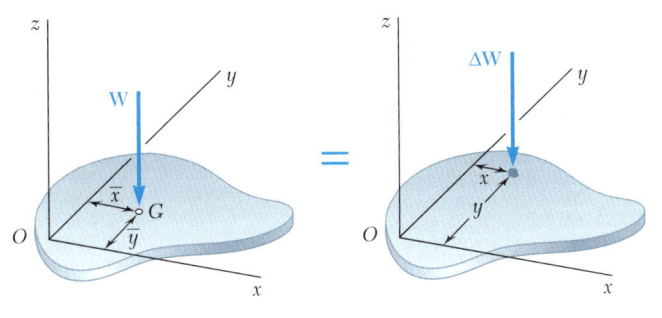

ΣM_y: $\bar{x}W = \Sigma x\,\Delta W$
ΣM_x: $\bar{y}W = \Sigma y\,\Delta W$

圖 5.1　平板的重心

$$\Sigma M_y:\quad \bar{x}W = x_1\,\Delta W_1 + x_2\,\Delta W_2 + \cdots + x_n\,\Delta W_n$$
$$\Sigma M_x:\quad \bar{y}W = y_1\,\Delta W_1 + y_2\,\Delta W_2 + \cdots + y_n\,\Delta W_n \tag{5.1}$$

如果增加分割元素的數目、同時減小元素的尺寸，取極限可得以下的積分表達式：

$$W = \int dW \qquad \bar{x}W = \int x\,dW \qquad \bar{y}W = \int y\,dW \tag{5.2}$$

上式定義平板的重力 **W** 和其重心 G 的座標 $\bar{x}$ 和 $\bar{y}$。位於平面的線材也可推導出類似的表達式 (圖 5.2)。需注意的是，線的重心 G 通常不在線上。

ΣM_y: $\bar{x}W = \Sigma x\,\Delta W$
ΣM_x: $\bar{y}W = \Sigma y\,\Delta W$

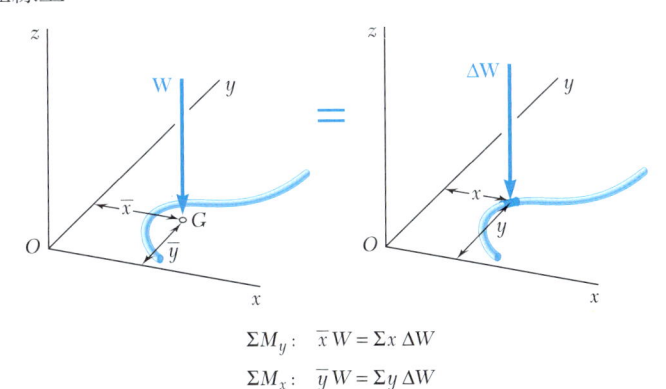

圖 5.2　線的重心

5.3　面和線的形心 (Centroids of Areas and Lines)

考慮一厚度不變的均質平板，平板上一元素的重力大小為 ΔW：

$$\Delta W = \gamma t\, \Delta A$$

其中　　γ = 材料的比重（單位體積的重量）

　　　　t = 平板的厚度

　　　　ΔA = 元素的面積

依此類推，可將整個平板的重力大小 W 表示為

$$W = \gamma t A$$

其中 A = 整個平板的面積。

γ 的單位是 N/m^3，t 的單位是公尺 (m)，面積 ΔA 和 A 是平方公尺 (m^2)，計算得到的重力 ΔW 和 W 的單位則為牛頓 (N)。

將 ΔW 和 W 的表達式代入力矩式 (5.1)，等號兩邊同除 γt，即得

ΣM_y:　　$\bar{x}A = x_1 \Delta A_1 + x_2 \Delta A_2 + \cdots + x_n \Delta A_n$
ΣM_x:　　$\bar{y}A = y_1 \Delta A_1 + y_2 \Delta A_2 + \cdots + y_n \Delta A_n$

如果增加元素的數目、同時減小元素尺寸，取極限可得

$$\bar{x}A = \int x\, dA \qquad \bar{y}A = \int y\, dA \tag{5.3}$$

上式定義均質平板的重心座標 $\bar{x}$ 和 $\bar{y}$，這個點也稱為平板的面積 A 的形心 C (圖 5.3)。但如果平板不是均質，則上式不能用來求重心，但仍可用來求面積的形心。

接著考慮一有相同截面的均質線材，線材上一元素的重量 ΔW 為

$$\Delta W = \gamma a\, \Delta L$$

ΣM_y:　$\bar{x} A = \Sigma x\, \Delta A$
ΣM_x:　$\bar{y} A = \Sigma y\, \Delta A$

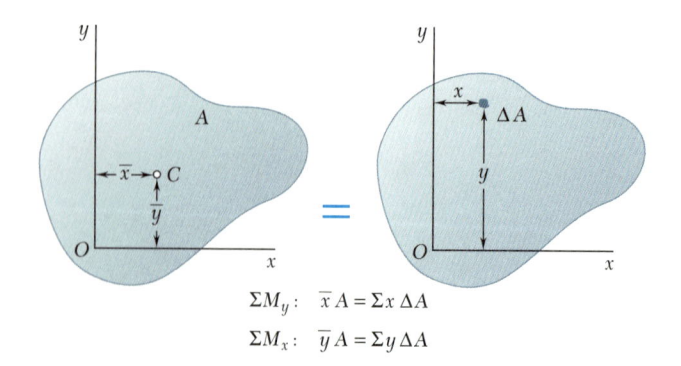

圖 5.3　面的形心

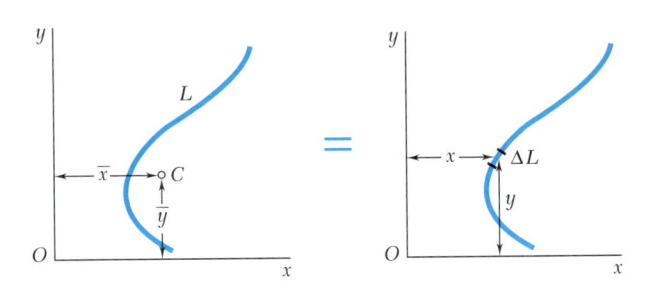

$\Sigma M_y:\quad \overline{x}L = \Sigma x\,\Delta L$
$\Sigma M_x:\quad \overline{y}L = \Sigma y\,\Delta L$

圖 5.4　線的形心

其中　γ = 材料的比重
　　　a = 線的截面積
　　　ΔL = 元素的長度

線材 (wire) 的重心和定義線材的線 (line) L 的形心 C 重合 (圖 5.4)。線 L 的形心的座標 $\overline{x}$ 和 $\overline{y}$ 可由下式得到

$$\overline{x}L = \int x\,dL \qquad \overline{y}L = \int y\,dL \tag{5.4}$$

5.4　面和線的一次矩 (First Moments of Areas and Lines)

上節中式 (5.3) 的積分 $\int x\,dA$ 稱為面積 A 對 y 軸的一次矩，標示為 Q_y，而 $\int y\,dA$ 定義為面 A 對 x 軸的一次矩，標示為 Q_x，如下式：

$$Q_y = \int x\,dA \qquad Q_x = \int y\,dA \tag{5.5}$$

比較式 (5.3) 和式 (5.5) 可知，面 A 的一次矩可表示為面積和其形心座標的乘積，即

$$Q_y = \overline{x}A \qquad Q_x = \overline{y}A \tag{5.6}$$

式 (5.6) 表示，面 A 的形心座標可由面積一次矩除以面積得

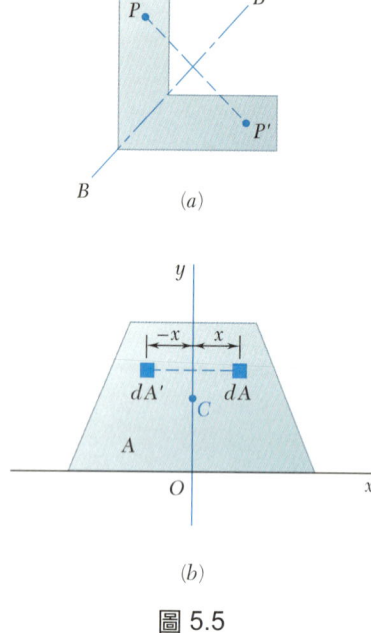

到。面積一次矩在材料力學中用來求梁受橫向力時的**剪應力** (shearing stresses)。最後，觀察式 (5.6) 發現若面積的形心位於座標軸上，則對應的一次矩等於零。反之亦然，若面積對一軸的一次矩為零，則該面積必定位於該軸上。

一線對座標軸的一次矩的表達式類似式 (5.5) 和 (5.6)，其一次矩等於線長 L 和形心 $\bar{x}$ 和 $\bar{y}$ 座標的乘積。

一面 A 中任一點 P，若在面上存在另一點 P'，使得線 PP' **垂直於軸** BB'，此時面 A 被 BB' 分為兩個相同大小的面 (圖 5.5a)，稱為面 A 對稱於軸 BB'。一線 L 若滿足相同條件，則線 L 對稱於軸 BB'。當一面 A 或一線 L 對稱於一對稱軸 BB' 時，其對於 BB' 的一次矩為零，且其形心位於該軸上。例如：圖 5.5b 中的面 A 對稱於 y 軸，觀察面上座標為 x 的小元素 dA 在座標為 $-x$ 處存在一面積相同的另一小元素 dA'。式 (5.5) 的第一式等於零，因此 $Q_y = 0$。且由式 (5.3) 的第一式得到 $\bar{x} = 0$。故可知，若一面 A 或線 L 具對稱軸，則其形心位於該軸上。

若一面或線具有兩個對稱軸，則其形心 C 必定位於兩軸的交點 (圖 5.6)。依此性質可立即求得圓形、橢圓形、正方形、長方形、正三角形或其他對稱圖形的形心。也可立即求得一些具對稱性的線的形心，如一圓的圓周和一正方形的周邊等。

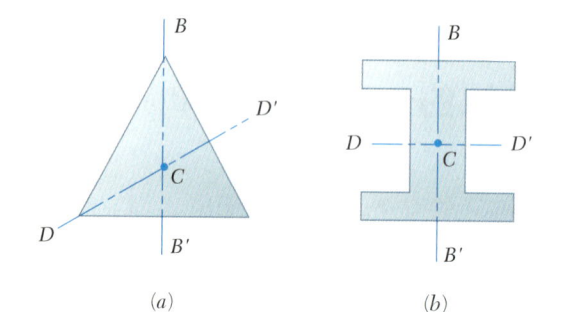

圖 5.5

圖 5.6

若一面 A 上座標為 x 和 y 的面積小元素 dA 在座標為 $-x$ 和 $-y$ 處均存在一面積相同的另一小元素 dA' (圖 5.7)，則此面 A 稱為**對稱於中心點** O。式 (5.5) 中的積分皆為零且 $Q_x = Q_y = 0$。再由式 (5.3) 得到 $\bar{x} = \bar{y} = 0$，表示該面的形心與對稱中心 O 重合。依此類推，若一線具對稱中心 O，則其形心與 O 重合。

需注意的是，有對稱中心的圖形不見得有對稱軸 (圖 5.7)；有兩個對稱軸的圖形不見得有對稱中心 (圖 5.6a)。但若一圖

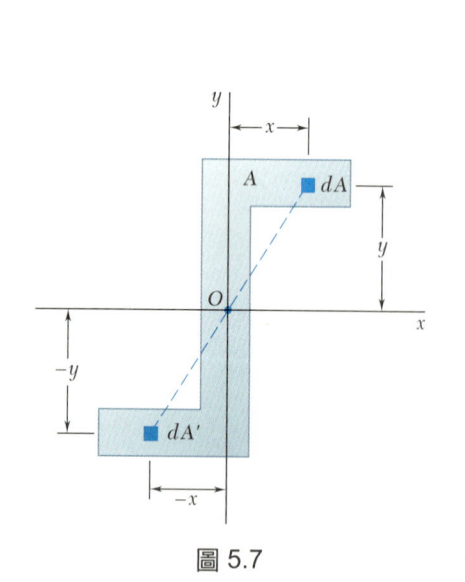

圖 5.7

形有兩對稱軸，且兩軸垂直，則兩軸交點為對稱中心 (圖 5.6b)。

不對稱的面和線以及只具有一對稱軸的面和線的形心，將於第 5.6 節和第 5.7 節討論。圖 5.8A 和 B 表列出一些常見形狀的形心。

形狀		$\bar{x}$	$\bar{y}$	面積
三角形	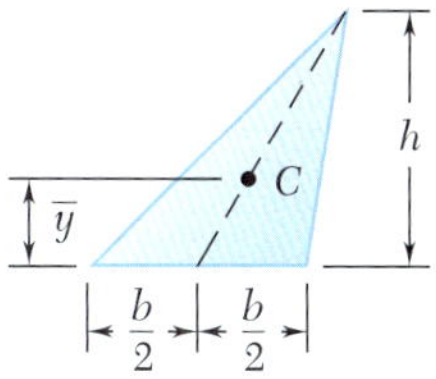		$\dfrac{h}{3}$	$\dfrac{bh}{2}$
四分之一圓	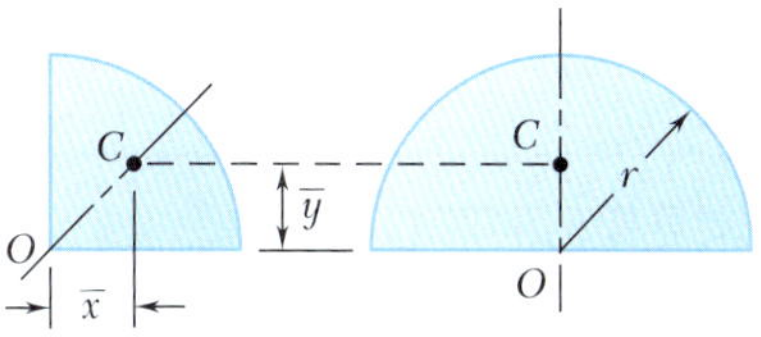	$\dfrac{4r}{3\pi}$	$\dfrac{4r}{3\pi}$	$\dfrac{\pi r^2}{4}$
半圓		0	$\dfrac{4r}{3\pi}$	$\dfrac{\pi r^2}{2}$
四分之一橢圓	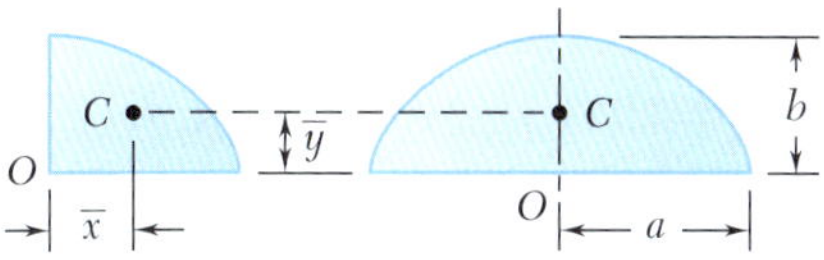	$\dfrac{4a}{3\pi}$	$\dfrac{4b}{3\pi}$	$\dfrac{\pi ab}{4}$
半橢圓		0	$\dfrac{4b}{3\pi}$	$\dfrac{\pi ab}{2}$
半拋物面	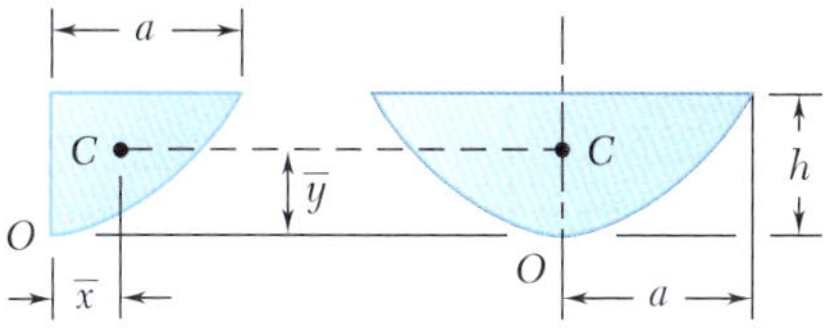	$\dfrac{3a}{8}$	$\dfrac{3h}{5}$	$\dfrac{2ah}{3}$
拋物面		0	$\dfrac{3h}{5}$	$\dfrac{4ah}{3}$
拋物線拱腹	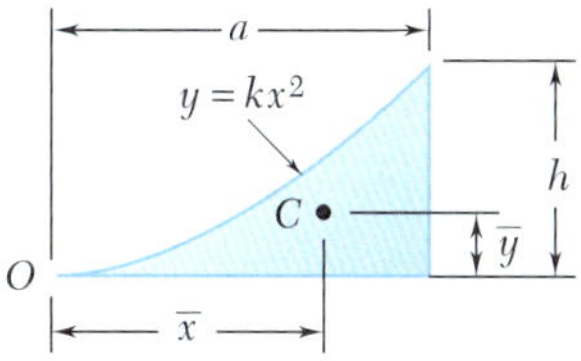	$\dfrac{3a}{4}$	$\dfrac{3h}{10}$	$\dfrac{ah}{3}$
一般拱腹	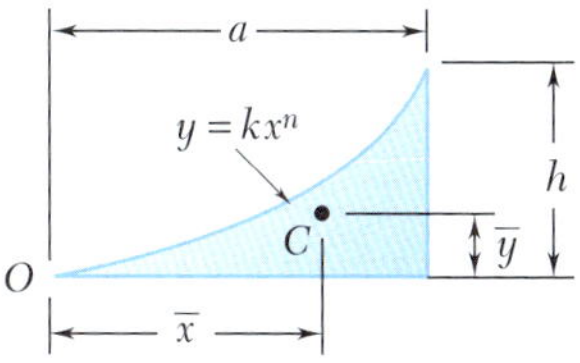	$\dfrac{n+1}{n+2}a$	$\dfrac{n+1}{4n+2}h$	$\dfrac{ah}{n+1}$
扇形	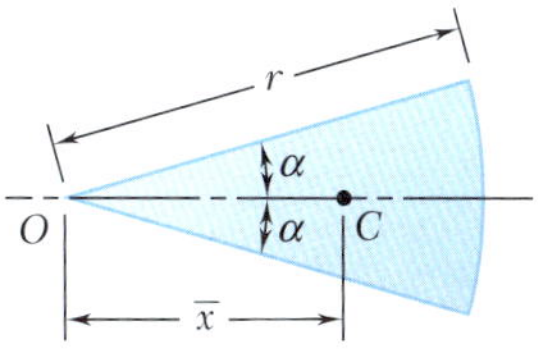	$\dfrac{2r\sin\alpha}{3\alpha}$	0	αr^2

圖 5.8A　常見平面形狀的形心

形狀		$\bar{x}$	$\bar{y}$	長度
四分之一圓弧		$\dfrac{2r}{\pi}$	$\dfrac{2r}{\pi}$	$\dfrac{\pi r}{2}$
半圓弧		0	$\dfrac{2r}{\pi}$	πr
圓弧		$\dfrac{r\sin\alpha}{\alpha}$	0	$2\alpha r$

圖 5.8B　常見線形的形心

5.5 複合平板和線材 (Composite Plates and Wires)

許多時候，平板可分割成矩形、三角形或其他常見形狀圖 5.8A。其重心 G 的橫座標 $\bar{X}$ 可由各部分的重心的橫座標 $\bar{x}_1, \bar{x}_2, \ldots, \bar{x}_n$ 求得。作法是利用整個平板重力對 y 軸的力矩等於各部分重力對 y 軸的力矩和(圖 5.9)。依此類推可得平板的重心座標 $\bar{Y}$，如下式

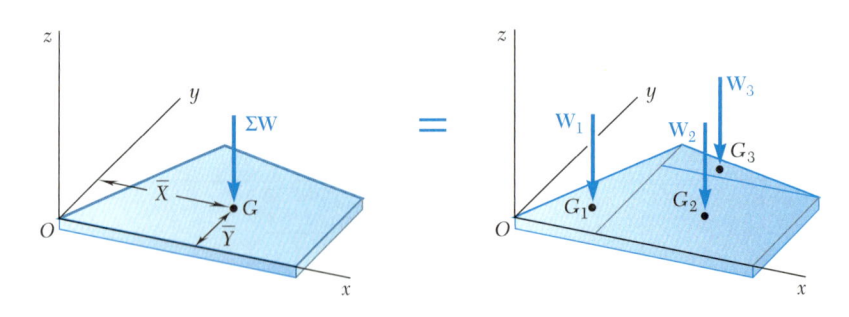

$\Sigma M_y:\quad \bar{X}(W_1 + W_2 + \cdots + W_n) = \bar{x}_1 W_1 + \bar{x}_2 W_2 + \cdots + \bar{x}_n W_n$
$\Sigma M_x:\quad \bar{Y}(W_1 + W_2 + \cdots + W_n) = \bar{y}_1 W_1 + \bar{y}_2 W_2 + \cdots + \bar{y}_n W_n$

$\Sigma M_y:\quad \bar{X}\,\Sigma W = \Sigma \bar{x}\,W$
$\Sigma M_x:\quad \bar{Y}\,\Sigma W = \Sigma \bar{y}\,W$

圖 5.9　複合平板的重心

或簡寫成

$$\overline{X}\Sigma W = \Sigma \overline{x}W \qquad \overline{Y}\Sigma W = \Sigma \overline{y}W \qquad (5.7)$$

上式可解出重心的座標 $\overline{X}$ 和 $\overline{Y}$。

如果平板的厚度不變且為均質，則重心和面的形心 C 重合。面的形心的橫座標 $\overline{X}$ 可利用複合面對 y 軸的一次矩 Q_y 等於各部分面積對 y 軸的一次矩的和求得 (圖 5.10)。採用類似方法可求得形心座標 $\overline{Y}$。如下所示：

$$Q_y = \overline{X}(A_1 + A_2 + \cdots + A_n) = \overline{x}_1 A_1 + \overline{x}_2 A_2 + \cdots + \overline{x}_n A_n$$
$$Q_x = \overline{Y}(A_1 + A_2 + \cdots + A_n) = \overline{y}_1 A_1 + \overline{y}_2 A_2 + \cdots + \overline{y}_n A_n$$

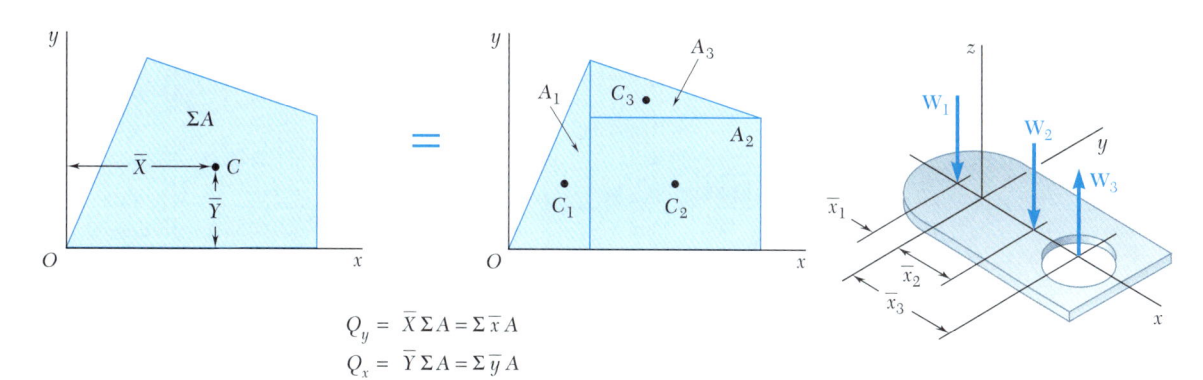

圖 5.10　複合面的形心

或簡寫成

$$Q_y = \overline{X}\Sigma A = \Sigma \overline{x}A \qquad Q_x = \overline{Y}\Sigma A = \Sigma \overline{y}A \qquad (5.8)$$

上式可求得複合面的一次矩，或已知一次矩求形心座標 $\overline{X}$ 和 $\overline{Y}$。

面積一次矩可正可負，因此計算時須注意正負號。例如：一面的形心位於 y 軸左邊，則其對該軸的一次矩為負。此外，圖 5.11 中圓洞的面積應為負值。

同理，許多時候，一複合線可先分割成簡單的形狀，再求出其重心或形心 (範例 5.2)。

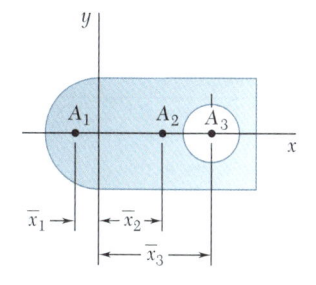

	$\overline{x}$	A	$\overline{x}A$
A_1 半圓面	−	+	−
A_2 矩形面	+	+	+
A_3 圓孔	+	−	−

圖 5.11

範例 5.1

一平面如附圖所示，試求 (a) 對 x 與 y 軸的一次矩；(b) 形心的位置。

解

平面的組成形狀。將一個矩形、一個三角形與一個半圓相連，再移除一個圓形，即可得到原平面。使用圖示的座標軸，可求出每個組成形狀的面積與形心座標，將值填入下表。由於需移除圓形，故其面積必須令為負值。另外三角形的形心的 $\bar{y}$ 座標為負值。接著計算各組成形狀對座標軸的一次矩，並填入下表。

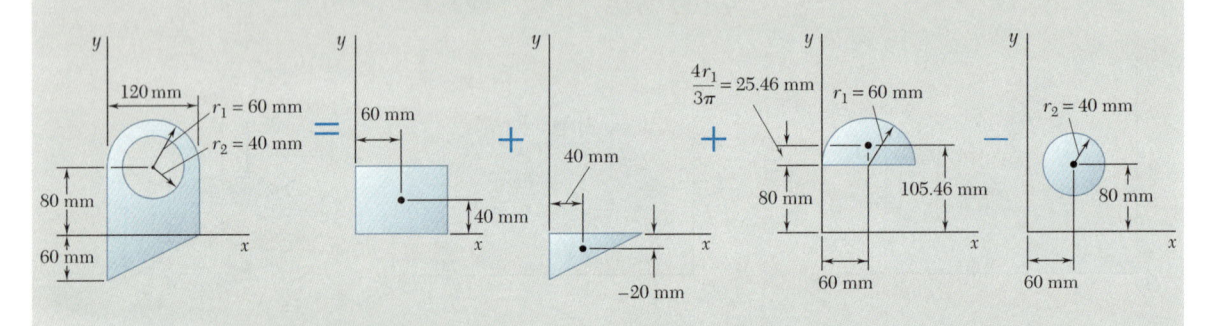

形狀	A, mm^2	$\bar{x}$, mm	$\bar{y}$, mm	$\bar{x}A$, mm^3	$\bar{y}A$, mm^3
矩形	$(120)(80) = 9.6 \times 10^3$	60	40	$+576 \times 10^3$	$+384 \times 10^3$
三角形	$\frac{1}{2}(120)(60) = 3.6 \times 10^3$	40	-20	$+144 \times 10^3$	-72×10^3
半圓形	$\frac{1}{2}\pi(60)^2 = 5.655 \times 10^3$	60	105.46	$+339.3 \times 10^3$	$+596.4 \times 10^3$
圓形	$-\pi(40)^2 = -5.027 \times 10^3$	60	80	-301.6×10^3	-402.2×10^3
	$\Sigma A = 13.828 \times 10^3$			$\Sigma \bar{x}A = +757.7 \times 10^3$	$\Sigma \bar{y}A = +506.2 \times 10^3$

a. **面積一次矩**。使用式 (5.8)，得到

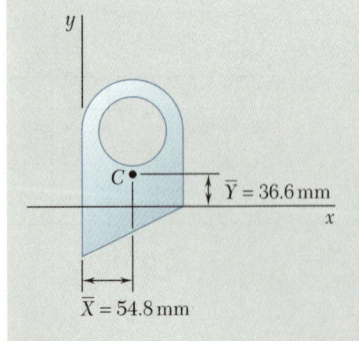

$$Q_x = \Sigma \bar{y}A = 506.2 \times 10^3 \text{ mm}^3 \qquad Q_x = 506 \times 10^3 \text{ mm}^3$$
$$Q_y = \Sigma \bar{x}A = 757.7 \times 10^3 \text{ mm}^3 \qquad Q_y = 758 \times 10^3 \text{ mm}^3$$

b. **形心位置**。將上表的數值代入定義複合面形心座標的方程式，如下

$$\bar{X}\Sigma A = \Sigma \bar{x}A: \quad \bar{X}(13.828 \times 10^3 \text{ mm}^2) = 757.7 \times 10^3 \text{ mm}^3$$
$$\bar{X} = 54.8 \text{ mm}$$

$$\bar{Y}\Sigma A = \Sigma \bar{y}A: \quad \bar{Y}(13.828 \times 10^3 \text{ mm}^2) = 506.2 \times 10^3 \text{ mm}^3$$
$$\bar{Y} = 36.6 \text{ mm}$$

範例 5.2

一由細長、均質的線材製成的三角環。試求其重心位置。

解

由於三角環由均質線材製成，其重心與對應形狀的形心重合。因此，此處可直接求形心。選擇圖示的座標軸，原點在 A，計算每條線段的形心座標，以及對應座標軸的一次矩。

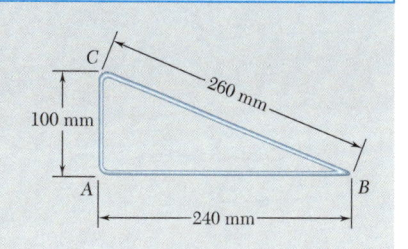

區段	L, mm	$\bar{x}$, mm	$\bar{y}$, mm	$\bar{x}L$, mm^2	$\bar{y}L$, mm^2
AB	240	120	0	28.8×10^3	0
BC	260	120	50	31.2×10^3	13×10^3
CA	100	0	50	0	5×10^3
	$\Sigma L = 600$			$\Sigma \bar{x}L = 60 \times 10^3$	$\Sigma \bar{y}L = 18 \times 10^3$

將上表的數值代入定義複合線形心座標的方程式，如下

$$\bar{X}\Sigma L = \Sigma \bar{x}L: \quad \bar{X}(600 \text{ mm}) = 60 \times 10^3 \text{ mm}^2 \quad \bar{X} = 100 \text{ mm}$$
$$\bar{Y}\Sigma L = \Sigma \bar{y}L: \quad \bar{Y}(600 \text{ mm}) = 18 \times 10^3 \text{ mm}^2 \quad \bar{Y} = 30 \text{ mm}$$

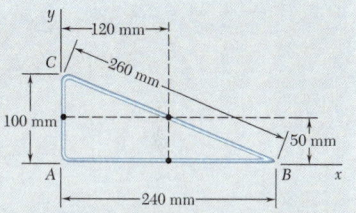

範例 5.3

一重量為 W、半徑為 r 的均勻半圓桿件，一端與 A 的插銷連接，另一端與 B 的無摩擦表面接觸。試求 A 與 B 的反力。

解

自由體圖。先畫出桿件的自由體圖。桿件所受的力包括作用於重心的重力 W、A 的反力（以 $\mathbf{A}_x$ 與 $\mathbf{A}_y$ 表示），以及 B 的水平反力。

平衡方程式

$$+\curvearrowleft \Sigma M_A = 0: \quad B(2r) - W\left(\frac{2r}{\pi}\right) = 0$$
$$B = +\frac{W}{\pi} \quad \mathbf{B} = \frac{W}{\pi} \rightarrow$$

$$\xrightarrow{+} \Sigma F_x = 0: \quad A_x + B = 0$$
$$A_x = -B = -\frac{W}{\pi} \quad \mathbf{A}_x = \frac{W}{\pi} \leftarrow$$

$$+\uparrow \Sigma F_y = 0: \quad A_y - W = 0 \quad \mathbf{A}_y = W \uparrow$$

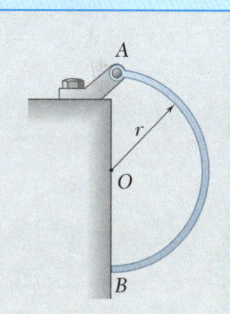

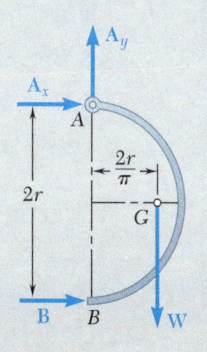

將 A 的兩反力分量相加：

$$A = \left[W^2 + \left(\frac{W}{\pi} \right)^2 \right]^{1/2} \qquad A = W\left(1 + \frac{1}{\pi^2} \right)^{1/2}$$

$$\tan \alpha = \frac{W}{W/\pi} = \pi \qquad\qquad \alpha = \tan^{-1} \pi$$

故反力可表示如下：

$$\mathbf{A} = 1.049W \; \measuredangle 72.3° \qquad \mathbf{B} = 0.318W \rightarrow$$

$A_y = W$
$A_x = \dfrac{W}{\pi}$

重點提示

前面的討論推導出通用方程式以求得二維物體和線的重心 [式 (5.2) 以及平面 [式 (5.3)] 和線 [式 (5.4)] 的形心。後面的習題中練習找出複合面和複合線的形心，或求出複合平板的一次矩 [式 (5.8)]。

1. **找出複合面和複合線的形心**。範例 5.1 和 5.2 清楚說明此類問題的解題程序。但以下幾點需要特別注意。

    a. 解題第一步應先決定如何將給定面或線分割成已知的常見形狀 (圖 5.8)。同一平面經常可分割成多種不同組合。此外，畫出不同的部件可幫助建立正確的形心、面積和線長 (如範例 5.1 所示)。要記得的是，可利用扣掉面積與加上面積來獲得最後需要的形狀。

    b. 強烈建議每個問題均表列出各部件的面積、線長和其對應的形心座標。必須記住的是，「移除」的區域 (如洞) 的面積應視為負值。此外，若座標為負，則要記得加上負號。因此，一定要注意座標原點的位置。

    c. 如果可能應盡量利用對稱性 [第 5.4 節] 來幫助求得形心的座標。

    d. 圖 5.8 中，圓形或圓弧的公式中的角度 α 的單位必須是弧度 (radians)。

2. **計算面積一次矩**。面的形心座標求法和求解面積一次矩的程序很類似。但計算後者時不一定要計算總面積。如第 5.4 節所述，一面對一通過形心的軸線的一次矩為零。

3. **求解涉及重心的問題**。後面問題中的物體為均質，因此其重心和形心重合。此外，當一物體僅由單一插銷懸吊而成平衡時，插銷和物體的重心必定在同一垂直線上。

本節許多問題乍看之下似乎和力學無關，但求得複合形狀的形心對本書後面幾個主題至關重要。

習 題

5.1 至 **5.9** 找出以下平面的形心。

圖 P5.1

圖 P5.2

圖 P5.3

圖 P5.4

圖 P5.5

圖 P5.6

圖 P5.7

圖 P5.8

圖 P5.9

5.10 至 **5.15** 找出以下平面的形心。

圖 P5.10

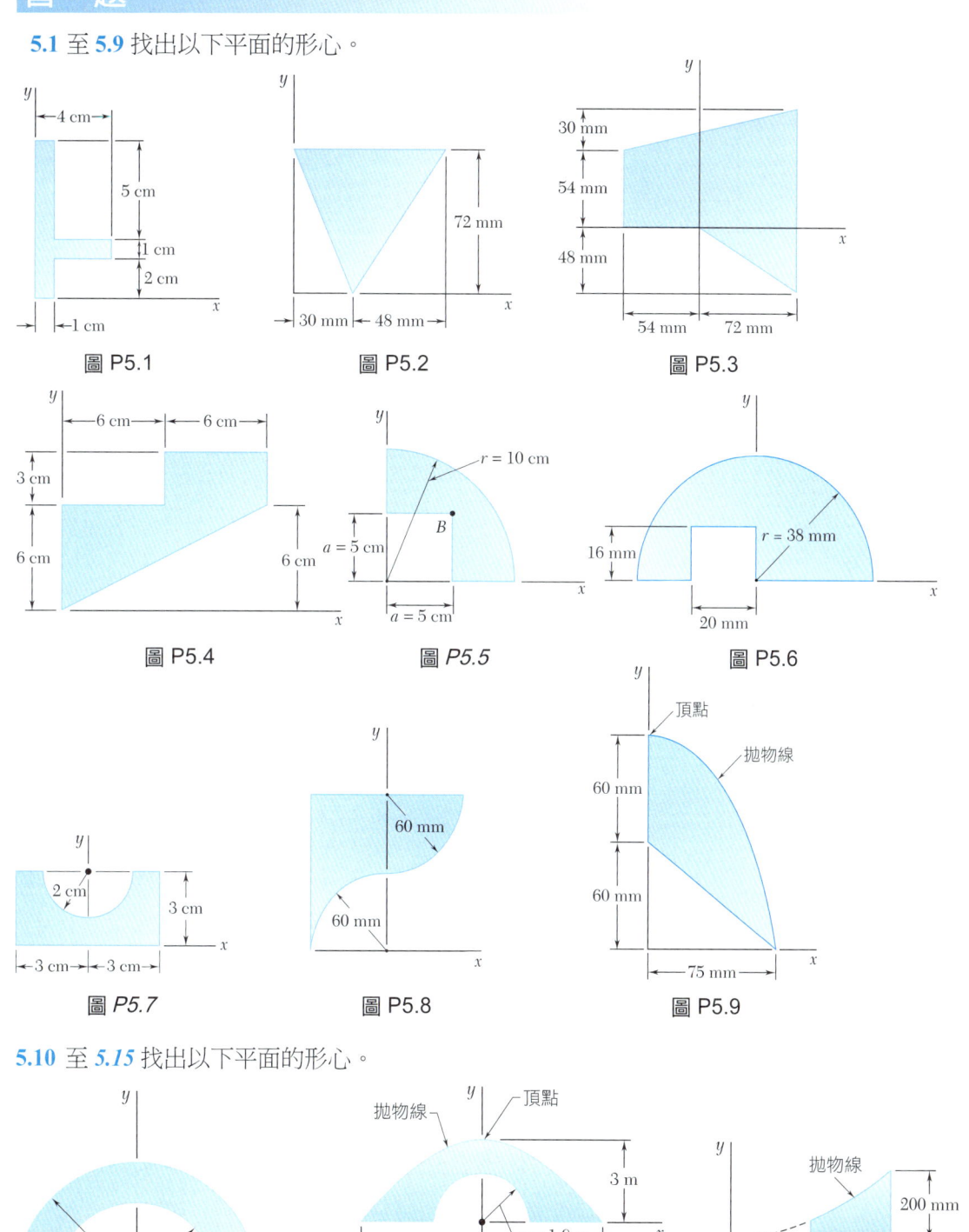

圖 P5.11

圖 P5.12

圖 P5.13

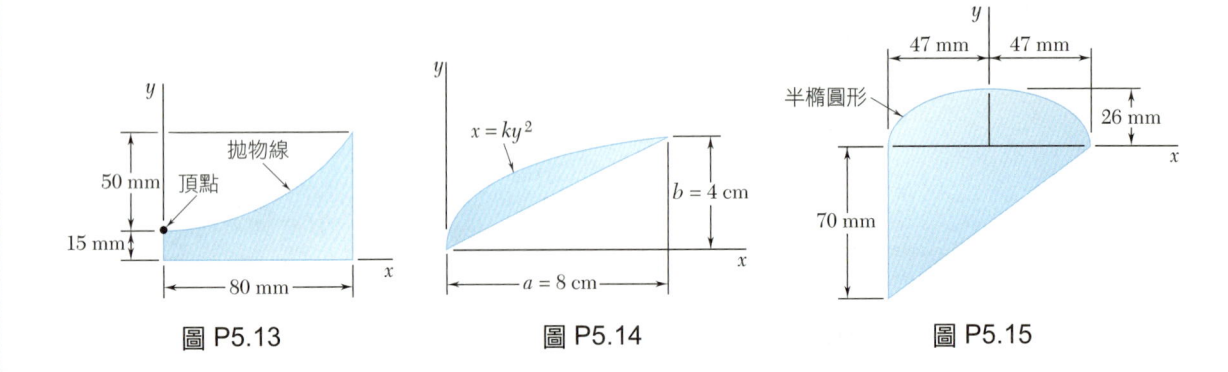

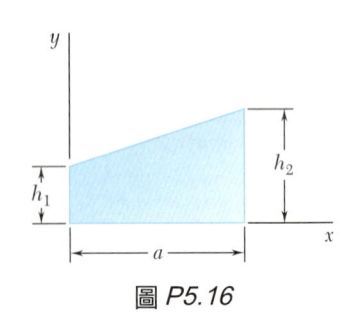

圖 P5.14

圖 P5.15

圖 P5.16

5.16 試以 h_1、h_2 與 a 表示梯形的形心的 x 座標。

5.17 如習題 5.5 的平面，試求 a/r 值，使得面積形心落在點 B。

5.18 試以 r_1、r_2 與 α 表示圖示形狀的形心的 y 座標。

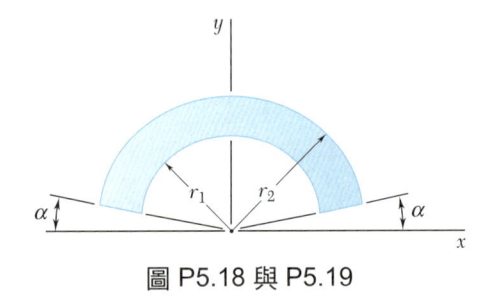

圖 P5.18 與 P5.19

5.19 證明當 r_1 趨近 r_2 時，形心位置趨近半徑為 $(r_1 + r_2)/2$ 的圓弧的形心。

5.20 與 **5.21** 水平 x 軸通過平面的形心 C，並將平面分成兩部分 A_1 與 A_2。試求每部分對 x 軸的一次矩，並解釋結果。

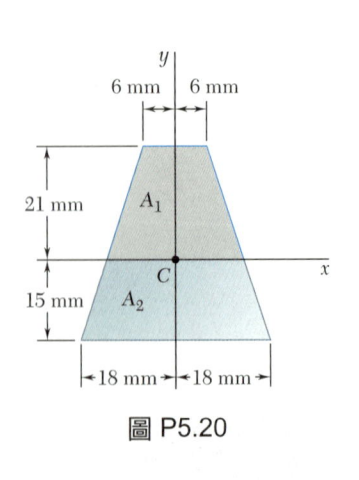

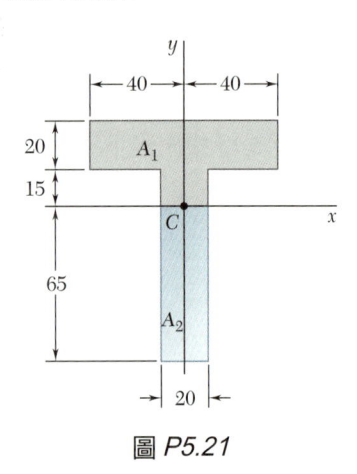

圖 P5.20

圖 P5.21

5.22 一複合梁由四根平板透過螺栓與四個 $60 \times 60 \times 12$ mm 的角鋼固定而成。梁軸向的螺栓等距，且梁受一垂直負載。材料力學將證明，作用於 A 與 B 的剪力，將分別與圖 (a) 與 (b) 的灰色區域對 x 軸的一次矩成正比。已知作用於螺栓 A 的力為 280 N，試求作用於 B 的力。

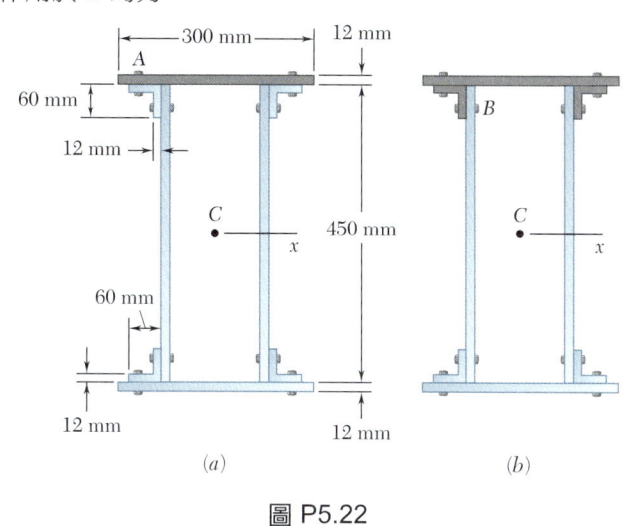

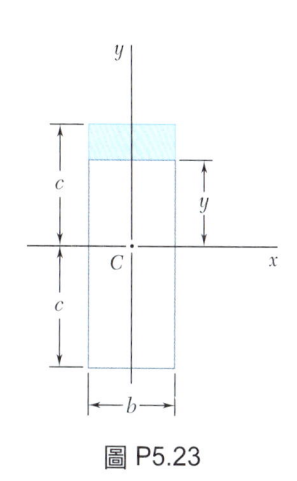

圖 P5.22

圖 P5.23

5.23 陰影面對 x 軸的一次矩標示為 Q_x。(a) 試將 Q_x 以 b、c，以及面的下緣與 x 軸的距離 y 表示；(b) Q_x 的最大值以及對應的 y 值。

5.24 至 **5.27** 一細長、均質線材彎折成下列形狀，找出各形狀的重心。

    5.24 如圖 P5.2。

    5.25 如圖 P5.3。

    5.26 如圖 P5.4。

    5.27 如圖 P5.5。

5.28 一均質線材彎折成圖示的形狀，垂直懸吊於 C 的鉸鍊，試求使 BCD 段成水平的長度 L。

5.29 一均質線材彎折成圖示的形狀，垂直懸吊於 C 的鉸鍊，試求使 AB 段成水平的長度 L。

5.30 一均質線材 ABC 彎折成半圓弧與一直線區段，垂直懸吊於 A 的鉸鍊，試求 ABC 維持如圖示位置時的 θ 值。

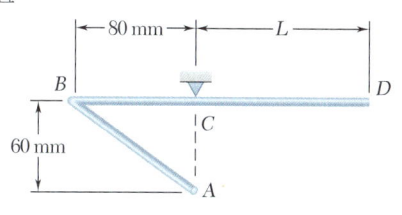

圖 P5.28 與 P5.29

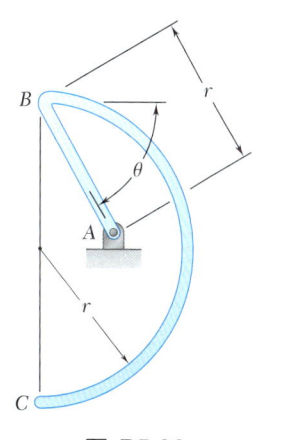

圖 P5.30

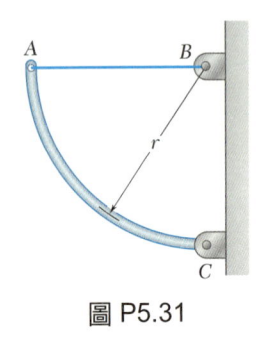

5.31 一重 40 N、半徑為 10 cm 的均勻圓弧桿件，由 C 的插銷與纜繩 AB 支撐，試求 (a) 纜繩張力；(b) C 的反力。

5.32 試求以下情況，使陰影面的形心盡可能遠離線 BB' 的距離 h 值：
(a) $k = 0.10$；(b) $k = 0.80$。

5.33 若在某 h 值時，線 BB' 與陰影面形心的距離 $\bar{y}$ 有最大值，證明 $\bar{y} = 2h/3$。

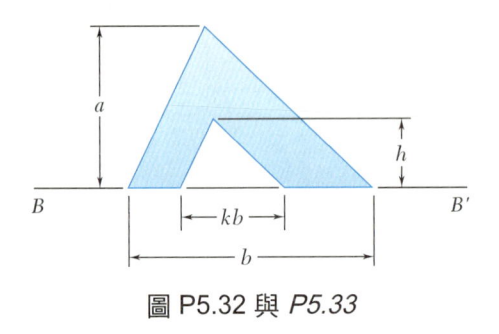

圖 P5.31

圖 P5.32 與 P5.33

5.6 以積分法求形心 (Determination of Centroids by Integration)

若某面的各邊有解析表達式 (即由代數方程式定義的曲線)，則面的形心通常可由計算第 5.3 節中的積分式 (5.3) 求得：

$$\bar{x}A = \int x\, dA \qquad \bar{y}A = \int y\, dA \tag{5.3}$$

如有面積為 dA 的元素，其邊長為 dx 和 dy 的小矩形，則上式的積分需對 x 和 y 做**雙重積分** (double integration)。使用極座標對邊長為 dr 和 $r\, d\theta$ 的面積元素 dA 積分也需使用雙重積分。

雙重積分較為複雜，然而，大部分的應用中，可以進行一次積分求得一面積的形心座標。作法是選用薄矩形或一薄扇形元素作為微分元素 dA (圖 5.12)。已知薄矩形的形心在矩形中心，而薄扇形的形心則在距頂點 $\frac{2}{3}r$ 處 (如三角形)。令整個面積對各座標軸的一次矩等於對應元素的面積一次矩之和 (或積分)，即可得到所考慮的面積的形心座標。以 $\bar{x}_{el}$ 與 $\bar{y}_{el}$ 為元素 dA 的形心座標，可得

$$Q_y = \bar{x}A = \int \bar{x}_{el}\, dA$$
$$Q_x = \bar{y}A = \int \bar{y}_{el}\, dA \qquad (5.9)$$

如果面積 A 大小未知，也可用這些元素積分得到。

面積為 dA 的微分元素的形心座標 $\bar{x}_{el}$ 與 $\bar{y}_{el}$，應以位於所考慮的面的邊界曲線上的一點座標表示。另外，元素 dA 的面積應以該點座標與適當的微分符號表示。圖 5.12 為三種常見元素的表達式；若界定面積的曲線方程式使用極座標，則應使用扇形元素，如 (c) 所示。然後將適當的數學式代入式 (5.9)，並利用曲線的方程式以一座標表示另一座標。如此一來，原本的雙重積分即變成單積分。一旦求出面積與式 (5.9) 的積分，則可依此解出面積的形心座標 $\bar{x}$ 和 $\bar{y}$。

$\bar{x}_{el} = x$
$\bar{y}_{el} = y/2$
$dA = y\, dx$

(a)

$\bar{x}_{el} = \dfrac{a+x}{2}$
$\bar{y}_{el} = y$
$dA = (a-x)\, dy$

(b)

$\bar{x}_{el} = \dfrac{2r}{3}\cos\theta$
$\bar{y}_{el} = \dfrac{2r}{3}\sin\theta$
$dA = \dfrac{1}{2}r^2\, d\theta$

(c)

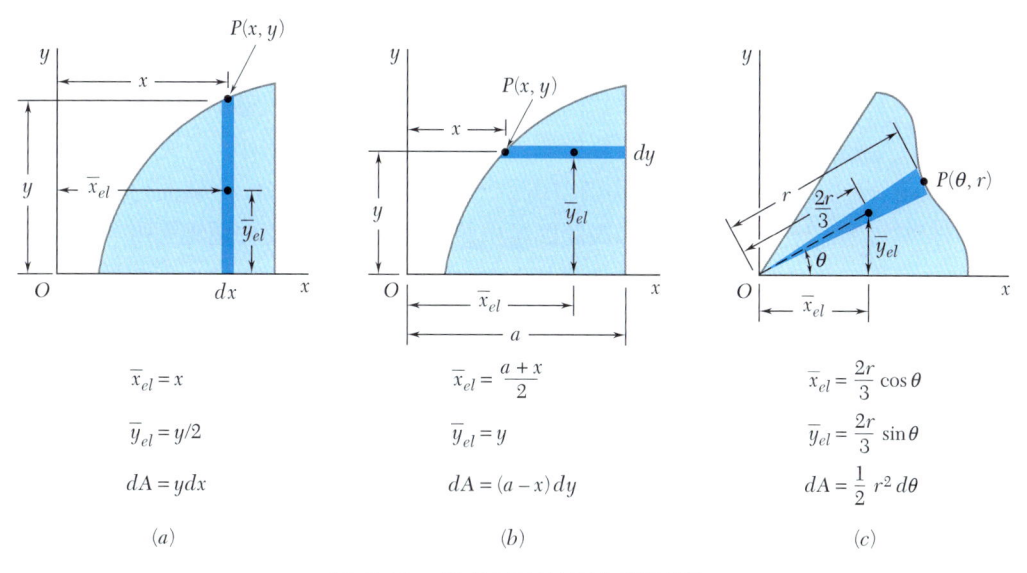

圖 5.12　微分元素的形心與面積

當線是以代數方程式定義時，其形心可由第 5.3 節中的積分式 (5.4) 得到：

$$\bar{x}L = \int x\, dL \qquad \bar{y}L = \int y\, dL \qquad (5.4)$$

根據定義線的方程式中所選用的自變數是 x、y 或 θ，微分元素 dL 必須以下列表達式之一代入 (這些式子可由畢氏定理導出)：

$$dL = \sqrt{1 + \left(\frac{dy}{dx}\right)^2}dx \qquad dL = \sqrt{1 + \left(\frac{dx}{dy}\right)^2}dy$$

$$dL = \sqrt{r^2 + \left(\frac{dr}{d\theta}\right)^2}d\theta$$

在利用線的方程式以一座標表示另一座標後,即可進行積分。式 (5.4) 可用來求得線的形心座標 $\bar{x}$ 和 $\bar{y}$。

5.7 帕普斯－古爾丁定理 (Theorems of Pappus-Guldinus)

這些定理討論迴轉 (revolution) 得到的曲面 (surfaces) 和物體 (bodies) 的性質,最早是希臘幾何學家帕普斯 (Pappus) 在西元三世紀提出,之後經瑞士數學家古爾丁 (Guldinus 或 Guldin, 1577-1643) 重新整理。

迴轉面 (surface of revolution) 是由將一平面曲線 (plane curve) 繞一固定軸迴轉所產生的曲面。例如(圖 5.13):球的表面可以由將一半圓弧 ABC 繞直徑 AC 迴轉而得到;圓錐的表面可以由將一直線 AB 繞一軸 AC 迴轉而得到;圓環 (torus) 的表面則可由將一圓繞一不相交軸迴轉而得。**迴轉體** (body of revolution) 是由將一平面 (plane) 繞一固定軸迴轉所產生的物體。如圖 5.14 所示,球體、圓錐體和圓環都可以由適當的形狀對所示的軸迴轉產生。

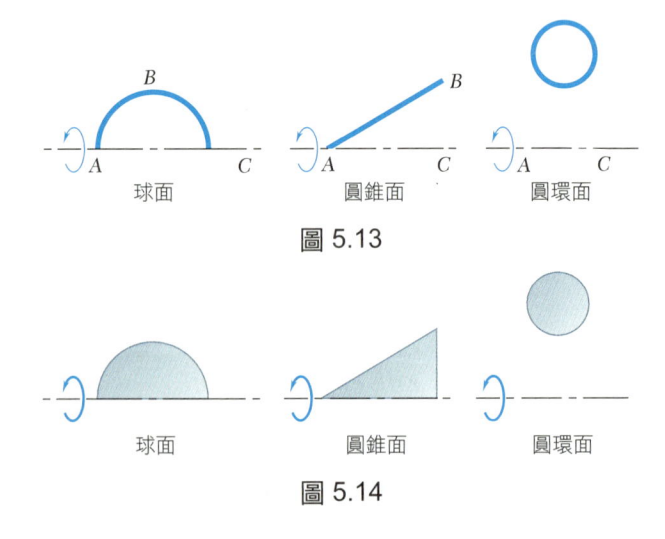

照片 5.2　圖示的儲存槽皆為迴轉體。因此可利用帕普斯－古爾丁定理求出表面積及體積。

球面　　　　　圓錐面　　　　圓環面

圖 5.13

球面　　　　　圓錐面　　　　圓環面

圖 5.14

定理一：一迴轉面的表面積等於**生成曲線** (generating curve) 的長度乘以曲線的形心在產生迴轉面時所移動的距離。

證明：考慮繞 x 軸迴轉的線 L 上的一元素 dL (圖 5.15)，此元素迴轉產生的面積 dA 等於 $2\pi y \, dL$。因此，L 迴轉產生的整個表面積為 $A = \int 2\pi y \, dL$。由第 5.3 節可知 $\int y \, dL$ 等於 $\bar{y}L$，故

$$A = 2\pi \bar{y} L \tag{5.10}$$

其中 $2\pi \bar{y}$ 是 L 的形心移動的距離 (圖 5.15)。需注意的是，生成曲線不可與轉軸相交，否則軸兩邊的部分將產生不同正負號的面積，此定理不成立。

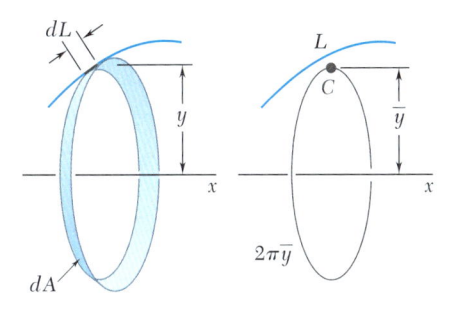

圖 5.15

定理二：一迴轉體的體積等於**生成平面** (generating area) 的面積乘以平面的形心在產生迴轉體時所移動的距離。

證明：考慮繞 x 軸迴轉的面 A 上的一元素 dA (圖 5.16)，此元素迴轉產生的體積 dV 等於 $2\pi y \, dA$。因此，A 迴轉產生的整個體積為 $V = \int 2\pi y \, dA$。由第 5.3 節可知 $\int y \, dA$ 等於 $\bar{y}A$，故

$$V = 2\pi \bar{y} A \tag{5.11}$$

圖 5.16

其中 $2\pi\bar{y}$ 是 A 的形心移動的距離。一樣需注意的是，生成平面不可與轉軸相交，否此定理不成立。

帕普斯－古爾丁定理提供一簡單方式計算迴轉面的面積以及迴轉體的體積。當迴轉面的面積已知時，也可利用此定理來求得生成曲線的形心；或者，當迴轉體的體積已知時，求得生成平面的形心 (範例 5.8)。

範例 5.4

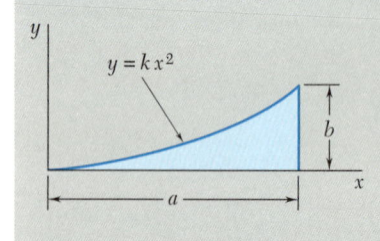

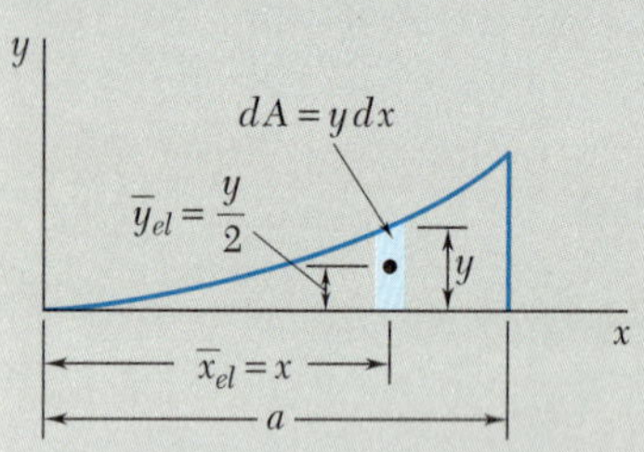

試以直接積分法求圖示區域的形心位置。

解

求常數 k。 k 值可由將 $x=a$ 與 $y=b$ 代入給定方程式求得。已知 $b=ka^2$ 或 $k=b/a^2$。曲線方程式為

$$y = \frac{b}{a^2}x^2 \quad \text{或} \quad x = \frac{a}{b^{1/2}}y^{1/2}$$

垂直微分元素。 選用如附圖所示的微分元素，計算總面積如下

$$A = \int dA = \int y\,dx = \int_0^a \frac{b}{a^2}x^2\,dx = \left[\frac{b}{a^2}\frac{x^3}{3}\right]_0^a = \frac{ab}{3}$$

微分元素對 y 軸的一次矩為 $\bar{x}_{el}\,dA$；因此，全部區域對 y 軸的一次矩為

$$Q_y = \int \bar{x}_{el}\,dA = \int xy\,dx = \int_0^a x\left(\frac{b}{a^2}x^2\right)dx = \left[\frac{b}{a^2}\frac{x^4}{4}\right]_0^a = \frac{a^2 b}{4}$$

由於 $Q_y = \bar{x}A$，故

$$\bar{x}A = \int \bar{x}_{el}\,dA \qquad \bar{x}\frac{ab}{3} = \frac{a^2 b}{4} \qquad \bar{x} = \tfrac{3}{4}a$$

同理，微分元素對 x 軸的一次矩為 $\bar{y}_{el}\,dA$；因此，全部區域對 x 軸的一次矩為

$$Q_y = \int \bar{x}_{el}\,dA = \int xy\,dx = \int_0^a x\left(\frac{b}{a^2}x^2\right)dx = \left[\frac{b}{a^2}\frac{x^4}{4}\right]_0^a = \frac{a^2 b}{4}$$

由於 $Q_x = \bar{y}A$，故

$$\bar{y}A = \int \bar{y}_{el}\,dA \qquad \bar{y}\frac{ab}{3} = \frac{ab^2}{10} \qquad \bar{y} = \tfrac{3}{10}b$$

水平微分元素。使用水平微分元素也可得到相同的結果。圖示區域的 y 一次矩為

$$Q_y = \int \bar{x}_{el}\, dA = \int \frac{a+x}{2}(a-x)\, dy = \int_0^b \frac{a^2 - x^2}{2}\, dy$$
$$= \frac{1}{2}\int_0^b \left(a^2 - \frac{a^2}{b}y\right) dy = \frac{a^2 b}{4}$$

$$Q_x = \int \bar{y}_{el}\, dA = \int y(a-x)\, dy = \int y\left(a - \frac{a}{b^{1/2}}y^{1/2}\right) dy$$
$$= \int_0^b \left(ay - \frac{a}{b^{1/2}}y^{3/2}\right) dy = \frac{ab^2}{10}$$

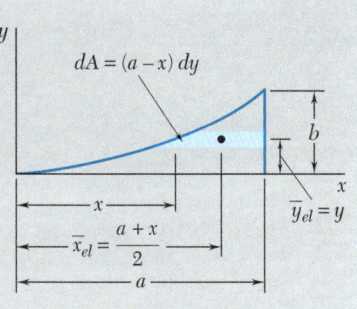

將得到的表達式代入定義面積形心的方程式即可求得 $\bar{x}$ 與 $\bar{y}$。

範例 5.5

試求圖示圓弧的形心位置。

解

由於圓弧對稱於 x 軸，故 $\bar{y} = 0$。選用圖示的微分元素，以直接積分求得弧長如下

$$L = \int dL = \int_{-\alpha}^{\alpha} r\, d\theta = r\int_{-\alpha}^{\alpha} d\theta = 2r\alpha$$

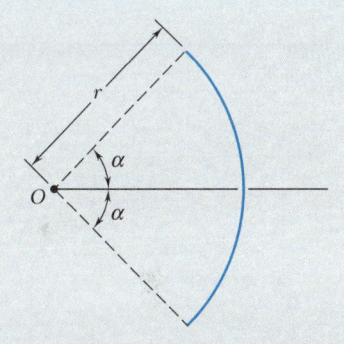

圓弧對 y 軸的一次矩為

$$Q_y = \int x\, dL = \int_{-\alpha}^{\alpha}(r\cos\theta)(r\, d\theta) = r^2\int_{-\alpha}^{\alpha} \cos\theta\, d\theta$$
$$= r^2[\sin\theta]_{-\alpha}^{\alpha} = 2r^2 \sin\alpha$$

由於 $Q_y = \bar{x}L$，故

$$\bar{x}(2r\alpha) = 2r^2 \sin\alpha \qquad \bar{x} = \frac{r\sin\alpha}{\alpha}$$

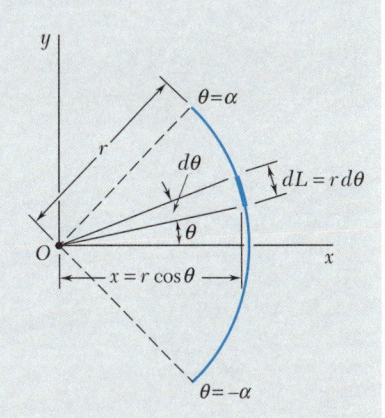

範例 5.6

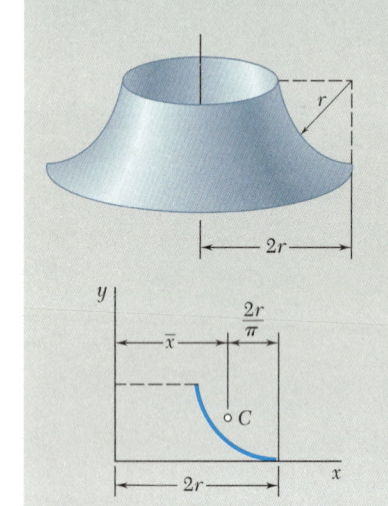

將四分之一圓弧繞垂直軸旋轉一周得到圖示的迴轉面，試求其面積。

解

根據帕普斯－古爾丁定理 I，迴轉面的面積等於弧長與其形心移動距離的乘積。回顧圖 5.8B，可得

$$\bar{x} = 2r - \frac{2r}{\pi} = 2r\left(1 - \frac{1}{\pi}\right)$$

$$A = 2\pi\bar{x}L = 2\pi\left[2r\left(1 - \frac{1}{\pi}\right)\right]\left(\frac{\pi r}{2}\right)$$

$$A = 2\pi r^2(\pi - 1)$$

範例 5.7

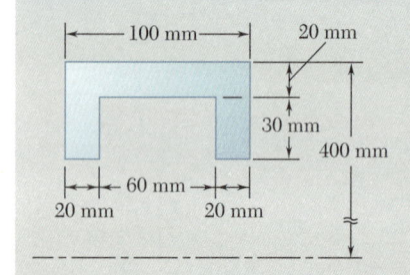

一滑輪的外徑為 0.8 m，滑輪外環截面如附圖所示。已知外環的材料為鋼、鋼的密度為 $\rho = 7.85 \times 10^3$ kg/m^3，試求其質量與重量。

解

外環的體積可利用帕普斯－古爾丁定理 II 得到，即體積等於截面面積與其形心移動距離的乘積。觀察發現，截面可視為面積為正的矩形 I 與面積為負的矩形 II 相加而成。將相關數值填入下表。

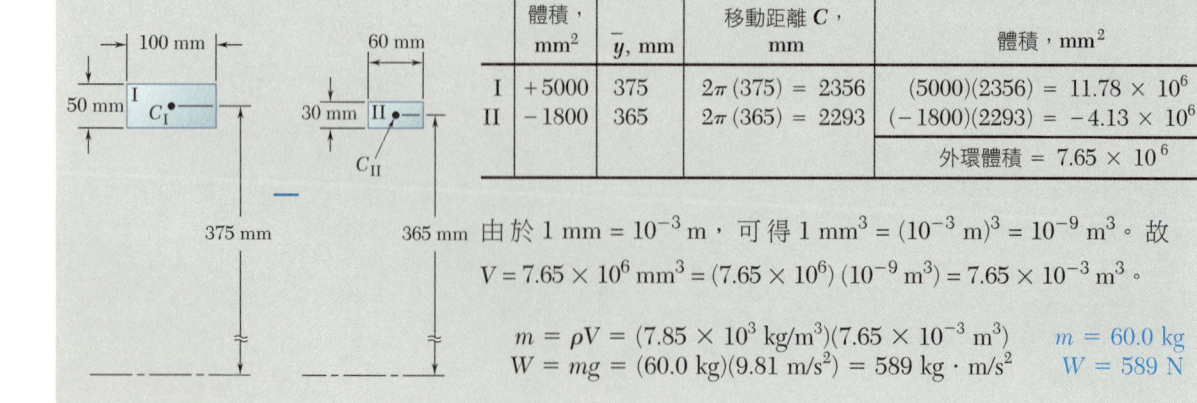

	體積, mm^2	$\bar{y}$, mm	移動距離 C, mm	體積, mm^2
I	+5000	375	$2\pi(375) = 2356$	$(5000)(2356) = 11.78 \times 10^6$
II	−1800	365	$2\pi(365) = 2293$	$(-1800)(2293) = -4.13 \times 10^6$
			外環體積 =	7.65×10^6

由於 1 mm = 10^{-3} m，可得 1 mm^3 = $(10^{-3}$ m$)^3 = 10^{-9}$ m^3。故
$V = 7.65 \times 10^6$ mm$^3 = (7.65 \times 10^6)(10^{-9}$ m$^3) = 7.65 \times 10^{-3}$ m^3。

$$m = \rho V = (7.85 \times 10^3 \text{ kg/m}^3)(7.65 \times 10^{-3} \text{ m}^3) \quad m = 60.0 \text{ kg}$$

$$W = mg = (60.0 \text{ kg})(9.81 \text{ m/s}^2) = 589 \text{ kg} \cdot \text{m/s}^2 \quad W = 589 \text{ N}$$

範例 5.8

使用帕普斯－古爾丁定理求 (a) 半圓區域的形心；(b) 半圓弧的形心。回顧圓球的體積與表面積分別為 $\frac{4}{3}\pi r^3$ 與 $4\pi r^2$。

解

圓球體積等於半圓面積與半圓繞 x 軸旋轉一周形心移動距離的乘積。

$$V = 2\pi \bar{y} A \qquad \tfrac{4}{3}\pi r^3 = 2\pi \bar{y}(\tfrac{1}{2}\pi r^2) \qquad \bar{y} = \frac{4r}{3\pi}$$

同理，圓球表面積等於半圓弧長度與半圓弧繞 x 軸旋轉一周形心移動距離的乘積。

$$A = 2\pi \bar{y} L \qquad 4\pi r^2 = 2\pi \bar{y}(\pi r) \qquad \bar{y} = \frac{2r}{\pi}$$

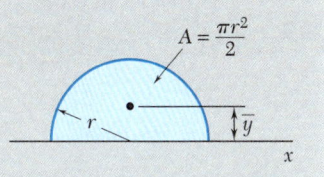

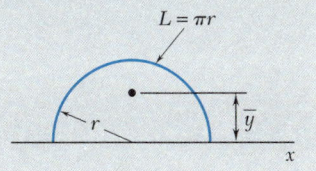

重點提示

本節習題將需使用以下式子

$$\bar{x}A = \int x\, dA \qquad \bar{y}A = \int y\, dA \tag{5.3}$$

$$\bar{x}L = \int x\, dL \qquad \bar{y}L = \int y\, dL \tag{5.4}$$

分別找出面或線的形心。讀者也可用帕普斯－古爾丁定理（第 5.7 節）求迴轉面的面積和迴轉體的體積。

1. **以直接積分求面和線的形心。** 解此類問題時，請依照範例 5.4 和 5.5 的方法：算出 A 或 L，求面或線的一次矩，並對形心座標解式 (5.3) 或 (5.4)。此外，應特別注意以下幾點：

   a. 開始解題時，仔細定義或求出積分公式中各項。強烈建議於給定面或線上畫出選定的積分元素 dA 或 dL，以及積分元素的座標。

   b. 如第 5.6 節所討論，上式中的 x 和 y 代表積分元素 dA 和 dL 的形心座標。需特別注意的是，dA 的形心座標並不等於所考慮的面的邊界曲線上的點座標，需仔細研究圖 5.12 直到完全了解才可。

   c. 在選定積分元素之前，務必仔細檢驗給定面或線的形狀，才可做出最佳選擇以簡化計算。例如：有時選用水平矩形元素會比垂直元素好。當面或線具圓形對稱性時，選用極座標通常比較有利。

d. 此處介紹的積分都不難,但有時可能要用到較難的技巧,例如三角代入 (trigonometric substitution) 或分部積分 (integration by parts)。當然,遇到較難積分時可查閱積分表。

2. **應用帕普斯－古爾丁定理**。如範例 5.6 至 5.8 所示,這些簡單但是極有用的定理可以利用形心計算表面積和體積。儘管這些定理包含形心移動的距離和生成曲線或生成平面所移動的距離,但最後得到的方程式 [式 (5.10) 和 (5.11)] 為其乘積,分別只是線 ($\bar{y}L$) 與面 ($\bar{y}A$) 的一次矩。因此,對於生成曲線或生成平面是由幾個常見形狀組成的問題而言,只要求出 $\bar{y}L$ 或 $\bar{y}A$,而不必計算曲線的長度或平面的面積。

習 題

5.34 至 5.36 以直接積分求圖示區域的形心,以 a 與 h 表示。

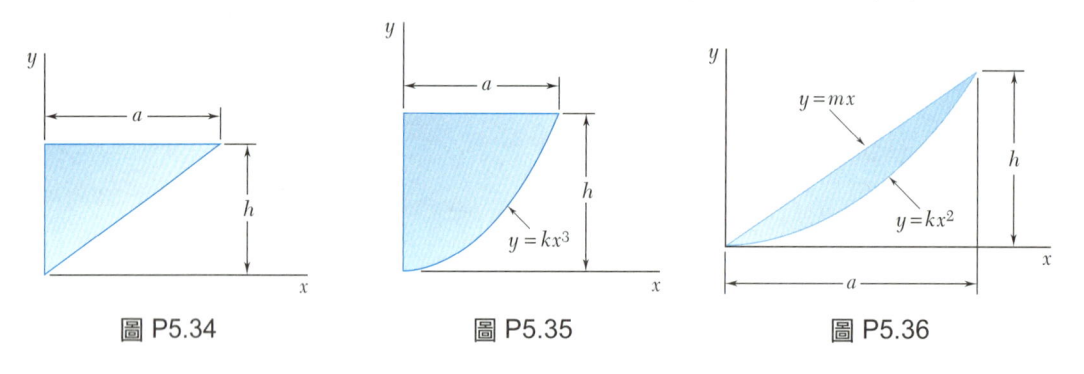

圖 P5.34 圖 P5.35 圖 P5.36

5.37 至 5.39 以直接積分求圖示區域的形心。

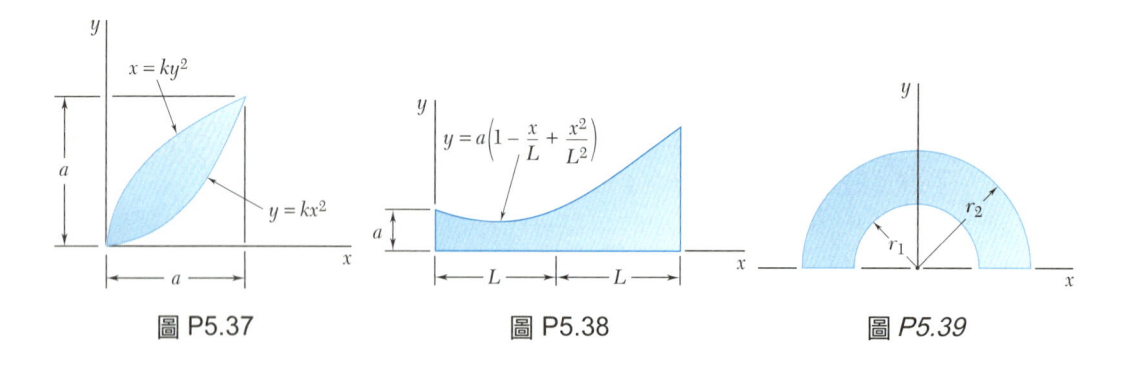

圖 P5.37 圖 P5.38 圖 P5.39

5.40 與 5.41 以直接積分求圖示區域的形心,以 a 與 b 表示。

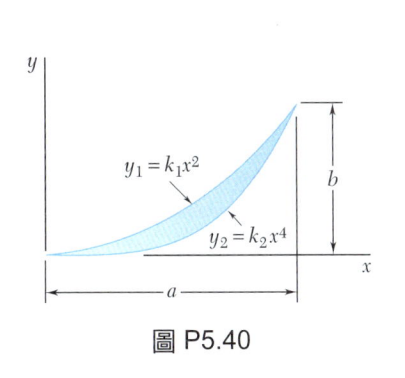

圖 P5.40

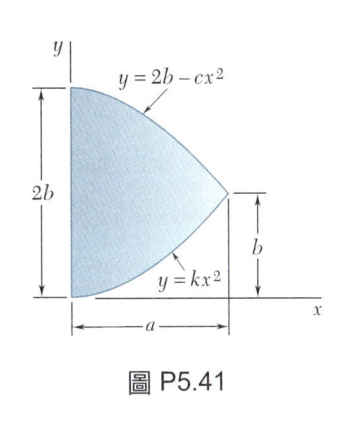

圖 P5.41

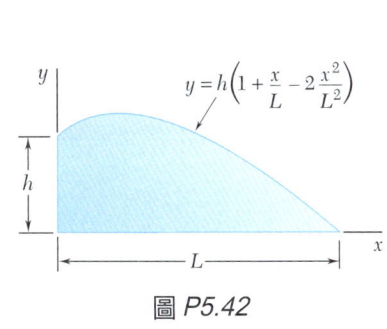

圖 P5.42

5.42 以直接積分求圖示區域的形心。

5.43 與 **5.44** 以直接積分求圖示區域的形心，以 a 與 b 表示。

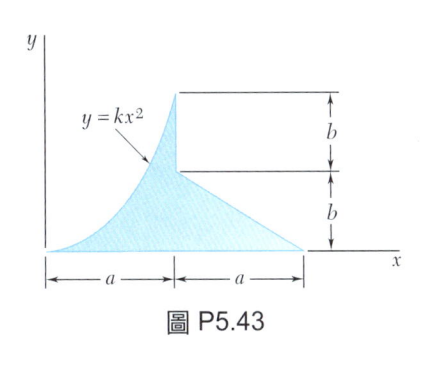

圖 P5.43

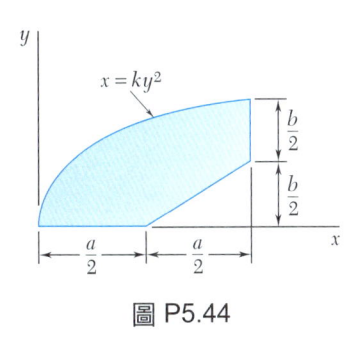

圖 P5.44

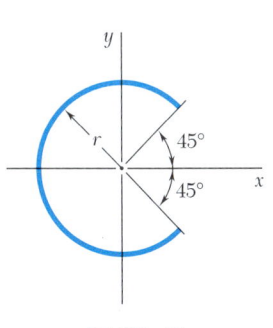

圖 P5.45

5.45 與 **5.46** 一均質線材彎曲成圖示形狀，試以直接積分求其形心的 x 座標。

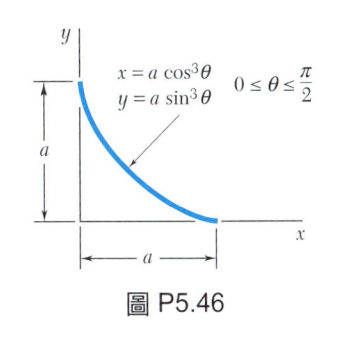

圖 P5.46

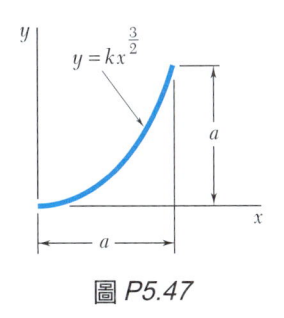

圖 P5.47

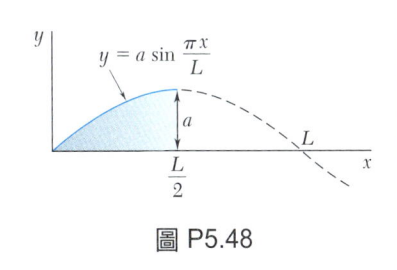

圖 P5.48

***5.47** 一均質線材彎曲成圖示形狀，試以直接積分求其形心的 x 座標，以 a 表示。

***5.48** 與 ***5.49** 以直接積分求圖示區域的形心。

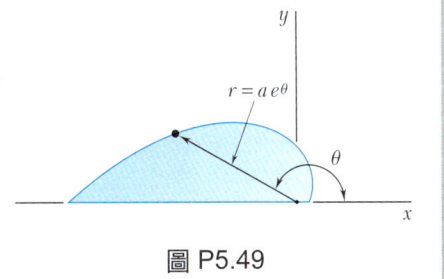

圖 P5.49

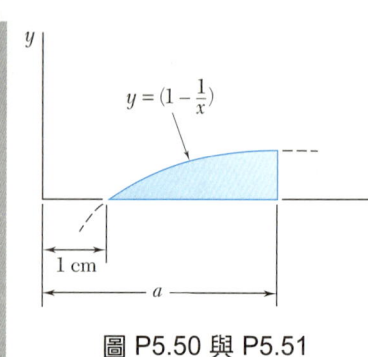

5.50 當 $a = 2$ cm 時，試求圖示區域的形心。

5.51 試求使比值 $\bar{x}/\bar{y}$ 為 9 時的 a 值。

5.52 試求將習題 5.1 的區域繞 (a) x 軸；(b) y 軸，旋轉一周得到的迴轉體的體積與表面積。

5.53 試求將習題 5.2 的區域繞 (a) $y = 72$ mm 的直線；(b) x 軸，旋轉一周得到的迴轉體的體積與表面積。

5.54 試求將習題 5.8 的區域繞 (a) $x = -60$ mm 的直線；(b) $y = 120$ mm 的直線，旋轉一周得到的迴轉體的體積與表面積。

5.55 試求將圖示拋物線區域繞 (a) x 軸；(b) AA' 軸，旋轉一周得到的迴轉體的體積。

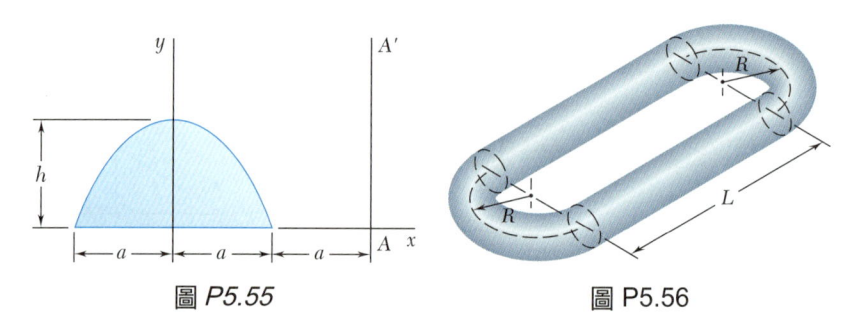

圖 P5.50 與 P5.51

圖 P5.55

圖 P5.56

5.56 一鎖鏈環由直徑 6 mm 的圓桿製成，若 $R = 10$ mm、$L = 30$ mm，試求其體積與表面積。

5.57 驗證圖 5.21 的前四個形狀的體積表達式正確。

5.58 已知圖示的實心黃銅鈕的密度為 8470 kg/m³，試求其體積與重量。

5.59 試求圖示的實心黃銅鈕的全部表面積。

5.60 用於高強度燈具的鋁製燈罩的厚度為 1 mm。已知鋁的密度為 2800 kg/m³，試求燈罩的質量。

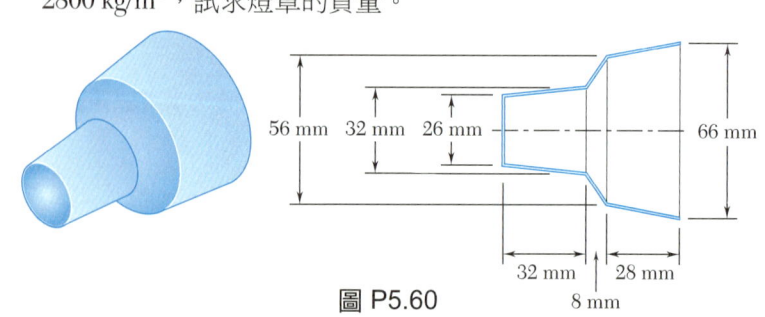

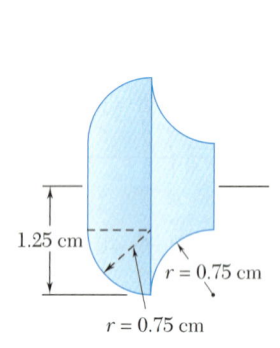

圖 P5.58 與 P5.59

圖 P5.60

5.61 一用來裝飾牆上的圓孔的黃銅孔罩如附圖所示,已知黃銅密度為 8470 kg/m^3,試求其質量。

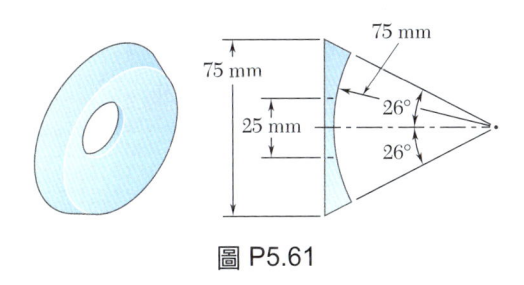

圖 P5.61

圖 P5.62

5.62 一片厚度 20 mm 的鋼板上鑽有直徑為 15 mm 的圓孔,接著於圓孔上緣製作沉頭 (countersunk) 如附圖所示。試求製作沉頭步驟所移除的材料體積。

5.63 已知兩相等圓蓋自一直徑 10 cm 的木球移除,試求剩下部分的總表面積。

5.64 若 $R = 250$ mm,試求碗的容積。

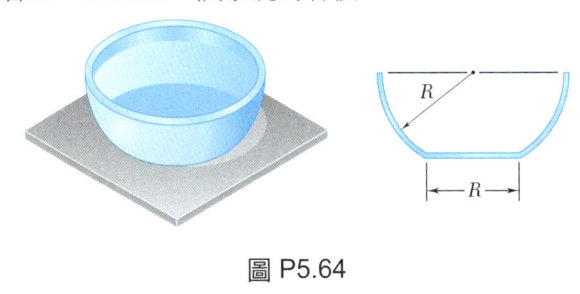

圖 P5.63

圖 P5.64

*__5.65__ 一壁燈燈罩由半透明薄塑膠片製成。已知截面為拋物線,試求燈罩外側的表面積。

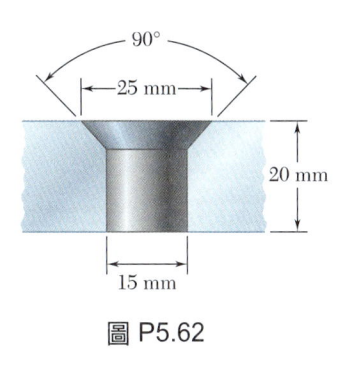

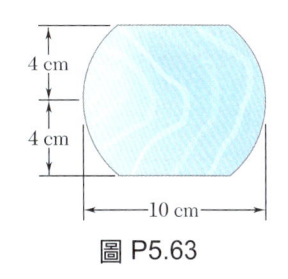

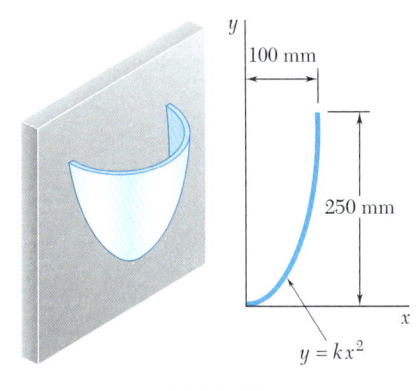

圖 P5.65

*5.8 梁上的分布負載 (Distributed Loads on Beams)

除了用來解平板的重力外,面積形心的觀念也可用來解其他問題。例如:考慮一受**分布負載** (distributed load) 的梁,此負載可能是梁直接或間接支持的材料的重量,或者可能是風力或液體靜壓力造成。分布負載可以用畫出每單位長度支持的負載 w 表示 (圖 5.17),單位為牛頓/公尺 (N/m) 或磅/英呎 (lb/ft)。作用於梁上單位長度的力大小為 $dW = w \, dx$ 而梁所受的總負載為

$$W = \int_0^L w\,dx$$

觀察可知 w 和 dx 的乘積剛好等於圖 5.17a 中面積元素 dA 的大小。因此，負載 W 的大小等於負載曲線下的總面積 A 即

$$W = \int dA = A$$

接下來要決定的是，大小與分布力總和相等的單一集中負載 W 應施加在梁上的哪個位置，才可於支撐產生相同的反力 (圖 5.17b)。但只有在考慮整根梁的自由體圖時，這個代表整個分布負載合力的集中負載 W 才會等效於梁的受力。等效集中負載 W 的作用點 P，可由 W 對點 O 的力矩與元素負載 dW 對 O 的力矩和相等的關係求出，如下：

$$(OP)W = \int x\,dW$$

或由 $dW = w\,dx = dA$ 且 $W = A$，上式可寫成

$$(OP)A = \int_0^L x\,dA \tag{5.12}$$

由於上式的積分代表曲線下的面積對 w 軸的一次矩，因此可以 $\bar{x}A$ 取代。故得到 $OP 5 \bar{x}$，其中 $\bar{x}$ 為面積 A 的形心 C 的 x 座標(需注意並不是梁的形心)。

因此，作用於梁上的分布負載可由一個集中負載取代，其大小為負載曲線下的面積，且作用線通過該面積的形心。這個集中負載可用來求支撐反力，但不能用來計算內力和撓度 (deflections)。

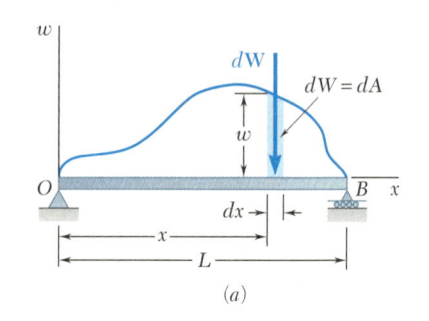

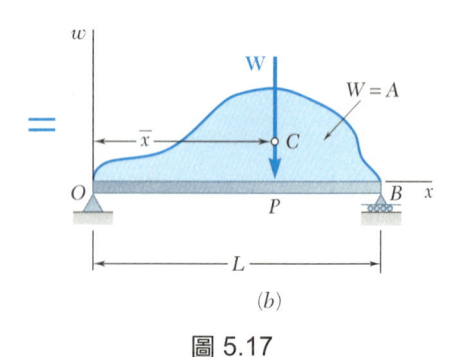

圖 5.17

照片 5.3　圖示建築的屋頂不僅要能支撐積雪重量，也要能支撐積雪的不對稱分布負載。

*5.9　液體中表面的受力 (Forces on Submerged Surfaces)

前節介紹的方法可用來求浸於液體中的矩形表面所受的靜液壓 (hydrostatic pressure forces)。考慮圖 5.18 所示長寬分別為 L 和 b 的矩形板，其中 b 是在垂直紙面的方向。如第 5.8 節所述，施加在板上長度為 dx 的元素的負載為 $w\,dx$，這裡 w 是單位長度的負載。這個負載也可表示為 $p\,dA = pb\,dx$，其中 p 是表壓 (gage pressure)、b 是板的寬

CHAPTER 5　分布力：形心和重心

度，因此 $w = bp$。因為表壓為 $p = \gamma h$，其中 γ 是液體的比重、h 是到液體表面的距離，故

$$w = bp = b\gamma h \tag{5.13}$$

上式指出單位長度的負載 w 正比於 h，故與 x 成線性關係。

根據第 5.8 節，板所受的靜液壓的合力 $\mathbf{R}$ 的大小等於負載曲線下的梯形面積，且其作用線通過梯形的形心 C。$\mathbf{R}$ 作用於板上的一點 P，稱為**壓力中心** (center of pressure)。

接著，考慮一受液壓的等寬曲面（圖 5.19a）。直接積分求液壓的合力 $\mathbf{R}$ 並不容易，這裡採用另一種作法，說明如下：考慮液體體積 ABD 為自由體，AB 為曲面、AD 和 DB 為平面（圖 5.19b）。作用於 ABD 的力有液體的重力 $\mathbf{W}$、AD 所受的合力 $\mathbf{R}_1$、BD 所受的合力 $\mathbf{R}_2$ 以及曲面 AB 作用於液體的合力 $-\mathbf{R}$。這裡的合力 $-\mathbf{R}$ 和液體作用於曲面的合力 $\mathbf{R}$ 的大小相等、指向相反且具有相同的作用線。力 $\mathbf{W}$、$\mathbf{R}_1$ 和 $\mathbf{R}_2$ 可由標準作法得到，接著再利用圖 5.19b 的自由體圖和力平衡方程式解出 $-\mathbf{R}$。

利用上述方法可求得水壩和矩形閥門所受的靜水壓。不等寬的液體中表面的靜液壓將於第 9 章討論。

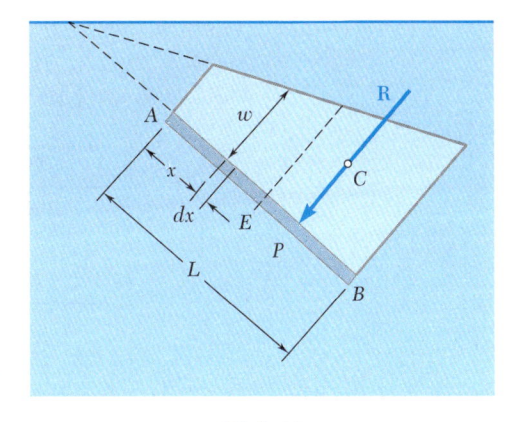

圖 5.18

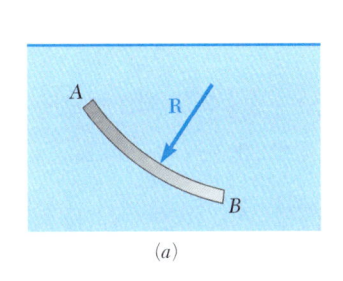

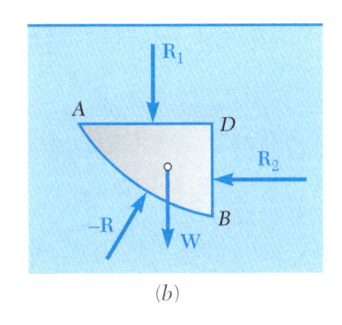

圖 5.19

範例 5.9

一梁承受分布負載如附圖所示，試求 (a) 等效集中負載；(b) 支撐反力。

$w_A = 1500$ N/m，$w_B = 4500$ N/m，$L = 6$ m

解

a. **等效集中負載**。負載的合力大小等於負載曲線下的面積，且合力

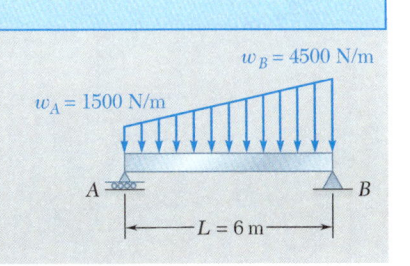

的作用線通過該區域的形心。可將該區域分成兩個三角形,並製作下表,為簡化計算,可用 kN/m 為單位。

形狀	A, kN	$\bar{x}$, m	$\bar{x}A$, kN·m
三角形 I	4.5	2	9
三角形 II	13.5	4	54
	$\Sigma A = 18.0$		$\Sigma \bar{x}A = 63$

故　$\bar{X}\Sigma A = \Sigma \bar{x}A$:　　$\bar{X}(18\text{ kN}) = 63 \text{ kN} \cdot \text{m}$　　$\bar{X} = 3.5 \text{ m}$

等效集中負載為

$$W = 18 \text{ kN} \downarrow$$

其作用線的位置為

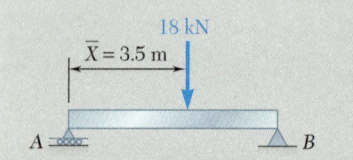

$$\bar{X} = 3.5 \text{ m 到 } A \text{ 的右側}$$

b. **反力**。A 的反力為垂直,標示為 $\mathbf{A}$;B 的反力以直角分量 $\mathbf{B}_x$ 與 $\mathbf{B}_y$ 表示。給定的負載可視為圖示的兩三角形之和。每個三角形負載的合力等於其面積,並作用於其形心。寫下自由體的平衡方程式如下:

$\xrightarrow{+} \Sigma F_x = 0$:　　　　　　　　　　　　　　　　　　　　$\mathbf{B}_x = 0$

$+\!\!\uparrow\!\!\Sigma M_A = 0$:　　$-(4.5 \text{ kN})(2 \text{ m}) - (13.5 \text{ kN})(4 \text{ m}) + B_y(6 \text{ m}) = 0$

$$\mathbf{B}_y = 10.5 \text{ kN} \uparrow$$

$+\!\!\uparrow\!\!\Sigma M_B = 0$:　　$+(4.5 \text{ kN})(4 \text{ m}) + (13.5 \text{ kN})(2 \text{ m}) - A(6 \text{ m}) = 0$

$$\mathbf{A} = 7.5 \text{ kN} \uparrow$$

另一種解法。給定的分布負載可取代為 (a) 小題求得的合力。寫下平衡方程式 $\Sigma F_x = 0$、$\Sigma M_A = 0$,以及 $\Sigma M_B = 0$,可求得反力如下

$$\mathbf{B}_x = 0 \quad \mathbf{B}_y = 10.5 \text{ kN} \uparrow \quad \mathbf{A} = 7.5 \text{ kN} \uparrow$$

範例 5.10

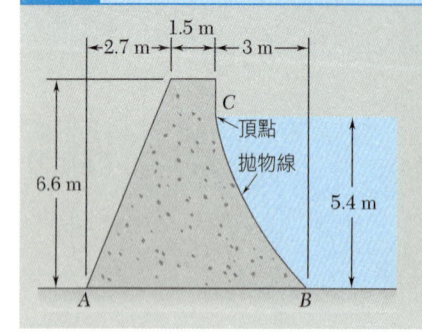

一水泥水壩的截面如附圖所示。考慮 0.3 m 厚的區段,試求 (a) 地面施加在水壩底部 AB 的反力的合力;(b) 水施加水壩 BC 的水壓的合力。水泥與水的密度分別為 2400 kg/m³ 與 1000 kg/m³。

解

a. **地面反力**。選擇 0.3 m 厚的水壩區段 $AEFCDB$ 以及水 CDB 作

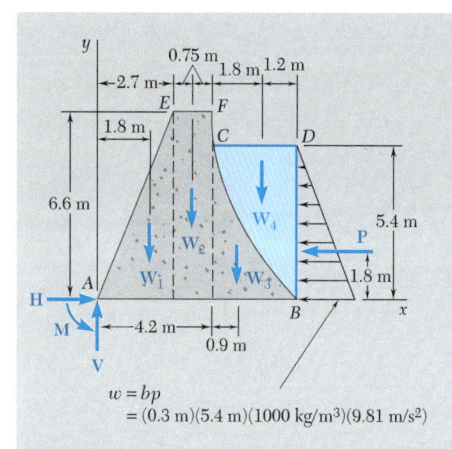

為自由體。地面施加在底部 AB 的反力可以一作用於 A 的等效力－力偶系表示。自由體所受的力還有水壩的重量,各部分以 W_1、W_2 與 W_3 標示、水的重量 W_4,以及施加在 BD 段的水壓合力 P。故

$W_1 = \frac{1}{2}(2.7 \text{ m})(6.6 \text{ m})(0.3 \text{ m})(2400 \text{ kg/m}^3)(9.81 \text{ m/s}^2) = 62.93 \text{ kN}$
$W_2 = (1.5 \text{ m})(6.6 \text{ m})(0.3 \text{ m})(2400 \text{ kg/m}^3)(9.81 \text{ m/s}^2) = 69.93 \text{ kN}$
$W_3 = \frac{1}{3}(3 \text{ m})(5.4 \text{ m})(0.3 \text{ m})(2400 \text{ kg/m}^3)(9.81 \text{ m/s}^2) = 38.14 \text{ kN}$
$W_4 = \frac{2}{3}(3 \text{ m})(5.4 \text{ m})(0.3 \text{ m})(1000 \text{ kg/m}^3)(9.81 \text{ m/s}^2) = 31.78 \text{ kN}$
$P = \frac{1}{2}(5.4 \text{ m})(0.3 \text{ m})(5.4 \text{ m})(1000 \text{ kg/m}^3)(9.81 \text{ m/s}^2) = 42.91 \text{ kN}$

平衡方程式

$\xrightarrow{+} \Sigma F_x = 0: \quad H - 42.91 \text{ kN} = 0 \qquad \mathbf{H} = 42.91 \text{ kN} \rightarrow$

$+\uparrow \Sigma F_y = 0: \quad V - 62.93 \text{ kN} - 69.93 \text{ kN} - 38.14 \text{ kN} - 31.78 \text{ kN} = 0$
$\qquad\qquad\qquad \mathbf{V} = 202.78 \text{ kN} \uparrow$

$+\circlearrowleft \Sigma M_A = 0: \quad -(62.93 \text{ kN})(1.8 \text{ m}) - (69.93 \text{ kN})(3.45 \text{ m})$
$\qquad - (38.14 \text{ kN})(5.1 \text{ m}) - (31.78 \text{ kN})(6 \text{ m}) + (42.91 \text{ kN})(1.8 \text{ m}) + M = 0$
$\qquad\qquad\qquad \mathbf{M} = 662.49 \text{ kN} \cdot \text{m} \circlearrowleft$

可將得到的力－力偶系以單一力取代,此力在點 A 的右側,與 A 的距離 d 為

$$d = \frac{662.49 \text{ kN} \cdot \text{m}}{202.78 \text{ kN}} = 3.27 \text{ m}$$

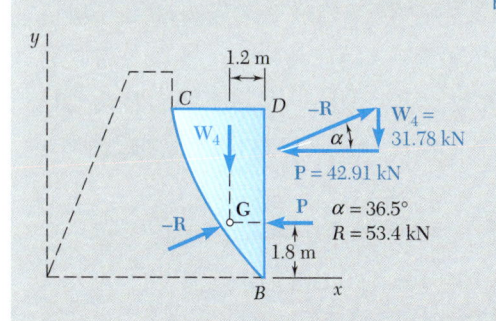

b. 水壓的合力 R。選擇拋物線區段 BCD 作為水的自由體,涉及的力有水壩施加在水的合力 $-\mathbf{R}$、水重 W_4,以及力 $\mathbf{P}$。由於三力必定共點,$-\mathbf{R}$ 通過 W_4 與 $\mathbf{P}$ 的交點 G。畫出力三角即可求出 $-\mathbf{R}$ 的大小與方向。故可得水施加在 BC 面的合力 $\mathbf{R}$ 如下

$\qquad\qquad \mathbf{R} = 53.4 \text{ kN} \angle 36.5°$

重點提示

本節習題主要包含兩類相當常見的重要負載：梁上的分布負載與液體中等寬表面的靜液壓。如第 5.8 節和第 5.9 節所討論，以及範例 5.9 和 5.10 的詳細說明，需使用形心的觀念來求得分布力的單一等效力。

1. **受分布負載的梁**。第 5.8 節中指出，梁上的分布負載可替換為單一等效力。此力的大小等於分布負載曲線下的面積，而其作用線通過該面積的形心。因此，解題第一步應先將分布負載替換為單一等效力。接著再以第四章介紹的方法求得支撐的反作用力。

    應盡可能將複雜的分布負載分割成簡單的常見形狀，如圖 5.8A 所示 [範例 5.9]。每個面再分別以其單一等效力取代。如有需要，可在將得到的數個單一等效力進一步化簡成單一力。範例 5.9 將力和面的類比，再利用求複合面的形心的技巧分析一受分布負載的梁。

2. **浸於液體中表面的受力問題**。解此類問題時須注意以下要點。

    a. 液下深度 h 的壓力 p 等於 γh 或 $\rho g h$，其中 γ 和 ρ 分別是液體的比重和密度。作用於液體中等寬面的單位長度負載 w 等於

    $$w = bp = b\gamma h = b\rho g h$$

    b. 作用於液體中平面的合力 **R** 的作用線垂直於該平面。

    c. 寬度 b 的垂直或傾斜矩形平面的負載可以一形狀為梯形的線性分布負載表示 (圖 5.18)。此外，**R** 的大小為

    $$R = \gamma h_E A$$

    其中 h_E 是表面中心到液面的距離，A 是表面積。

    d. 當矩形表面的上緣和液面重合時，其負載曲線為三角形 (而非梯形)，因為在自由表面的液壓等於零。此時，**R** 的作用線通過三角形分布負載的形心。

    e. 一般情況下不建議直接分析梯形，建議採用範例 5.9 的作法，先將梯形分割為兩個三角形。(大小等於三角形的面積乘以板寬。) 請注意，每一等效力均通過其對應三角形的形心，而這些力的合力等效於 **R**。因此，與其使用梯形負載的 **R**，不如使用已知作用點的兩個三角形負載。當然，若只對力 **R** 的大小感興趣，則直接使用 c 小節中的公式即可。

    f. 當液體中的等寬面為曲面時，作用其上的合力可由考慮由曲面、垂直平面、水平平面所包覆的液體的力平衡求得 (圖 5.19)。圖 5.19 中的 $\mathbf{R}_1$ 等於平面 AD 上方的液體重。涉及曲面的問題可參考範例 5.10 的 b 小題。

    在後續課程如材料力學和流體力學中，讀者將有許多機會使用這裡介紹的觀念。

習 題

5.66 與 5.67 梁與負載如附圖所示，試求 (a) 分布負載的合力大小與位置；(b) 支撐反力。

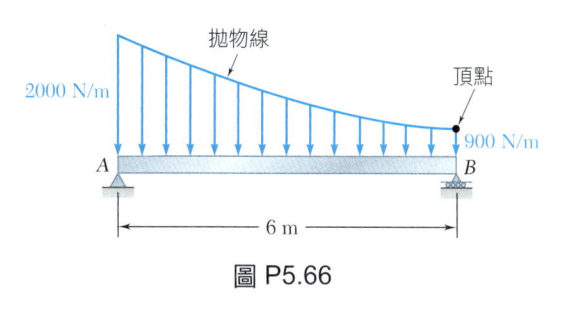

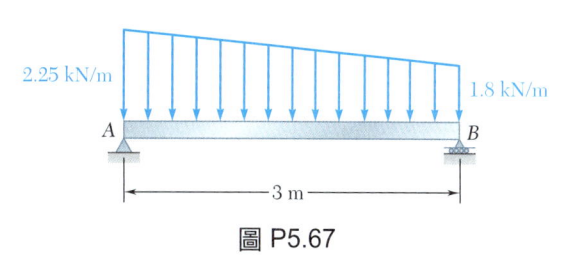

圖 P5.66

圖 P5.67

5.68 至 5.73 試求以下負載的支撐反力。

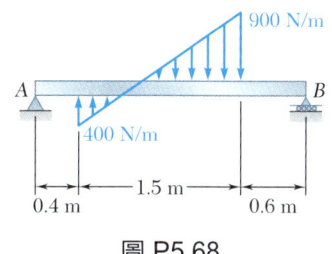

圖 P5.68

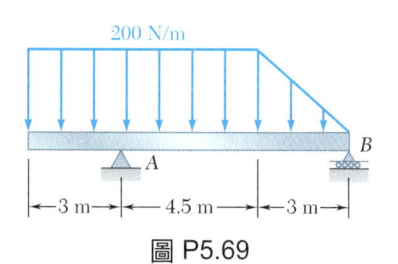

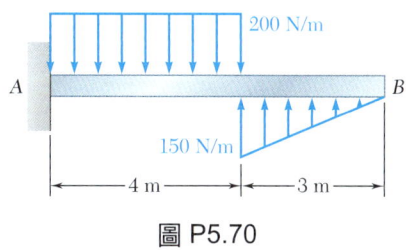

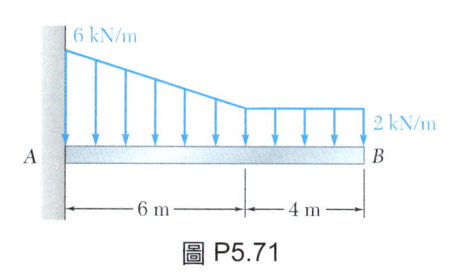

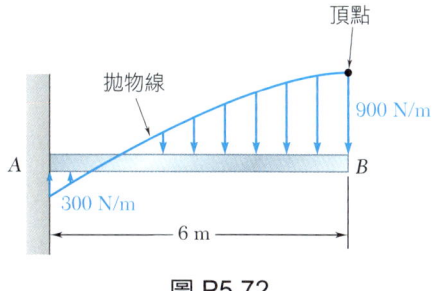

圖 P5.69

圖 P5.70

圖 P5.71

圖 P5.72

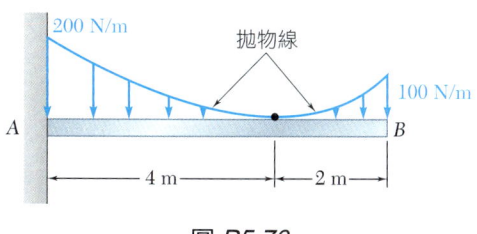

圖 P5.73

圖 P5.74 與 P5.75

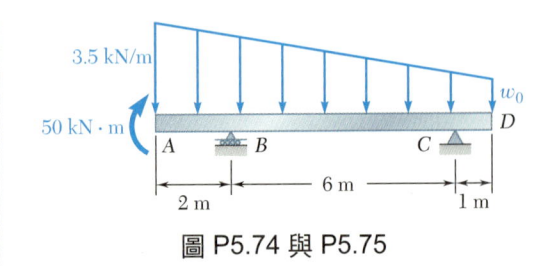

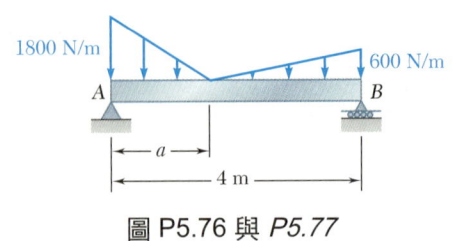

圖 P5.76 與 P5.77

圖 P5.78 與 P5.79

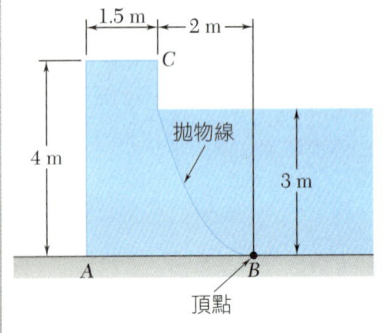

圖 P5.80

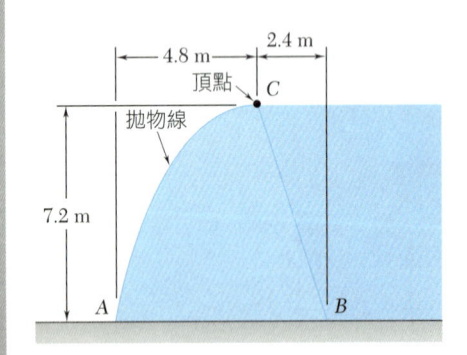

圖 P5.81

5.74 試求當 $w_0 = 1.5$ kN/m 時，梁的支撐反力。

5.75 試求 (a) 若 B 的反力為零，則梁 $ABCD$ 所受分布負載於點 D 的 w_0 值為何？(b) 此時 C 的反力。

5.76 試求 (a) 若 A 與 B 的垂直反力相等，則距離 a 值為何？(b) 此時支撐的反力。

5.77 試求 (a) 若 B 的反力為最小值，則距離 a 值為何？(b) 此時支撐的反力。

5.78 一梁受朝下的線性分布負載作用，梁於 BC 與 DE 兩區段受到支撐，兩支撐施加的均布負載如附圖所示。當 $w_A = 600$ N/m 時，試求平衡時的 w_{BC} 與 w_{DE}。

5.79 一梁受朝下的線性分布負載作用，梁於 BC 與 DE 兩區段受到支撐，兩支撐施加的均布負載如附圖所示。試求 (a) 若 $w_{BC} = w_{DE}$，則 w_A 值為何？(b) 此時的 w_{BC} 與 w_{DE} 值。

接下去的問題，水的密度為 $\rho = 10^3$ kg/m^3、水泥的密度為 $\rho_c = 2.40 \times 10^3$ kg/m^3。

5.80 與 5.81 一水泥水壩的截面如附圖所示，考慮厚度為 1 m 的區段，試求 (a) 地面施加在水壩底部 AB 的反力的合力；(b) a 小題中合力的作用點；(c) 水施加在水壩 BC 面的水壓合力。

5.82 一自動閥門包含一長寬為 225×225 mm 的方板，方板可繞通過距離底部 $h = 90$ mm 的點 A 的水平樞軸自由轉動。試求使閥門打開的水深 d。

5.83 一自動閥門包含一長寬為 225×225 mm 的方板，方板可繞通過點 A 的水平樞軸自由轉動。若當水深 $d = 450$ mm 時閥門會打開，試求點 A 到底部的距離 h。

5.84 一水箱的一邊 AB 的長寬為 3×4 m，AB 可繞底部 A 的鉸鍊轉動，另由一細長桿 BC 保持平衡。使桿件斷裂的張力為 200 kN，設計規格要求桿件承受的張力不可超過此值的 20%。若將水緩慢注入水箱，試求可容許的最大水深 d。

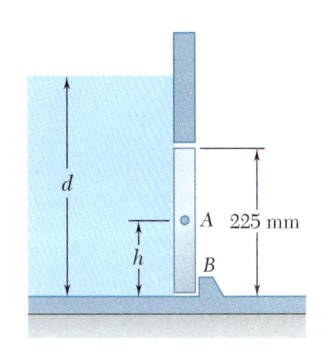

圖 P5.82 與 P5.83

5.85 一水箱的一邊 AB 的長寬為 3×4 m，AB 可繞底部 A 的鉸鍊轉動，另由一細長桿 BC 保持平衡。若將密度為 1263 kg/m^3 的甘油注入水箱，深度為 2.9 m，試求桿件張力 $\mathbf{T}$ 與鉸鍊的反力。

5.86 一長寬為 1.2×1.2 m 的方形閘門 AB 與導軌之間的摩擦力等於水壓作用於閘門的合力的 10%。若閘門重量為 5 kN，試求將閘門提起所需的力。

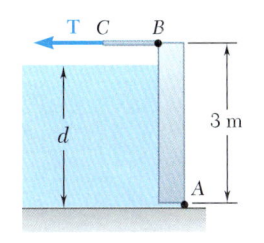

圖 P5.84 與 P5.85

5.87 一水箱由 1×1 m 的方形閘門分成兩部分，閘門可繞 A 的鉸鍊轉動。使閘門轉動的力偶大小為 490 N·m。假設水箱的一邊以流率 0.1 m^3/min 注入水，另一邊則同時以流率 0.2 m^3/min 注入密度為 $\rho_{\mathrm{ma}} = 789$ kg/m^3 的甲醇。試求閘門開始轉動的時間與轉動方向。

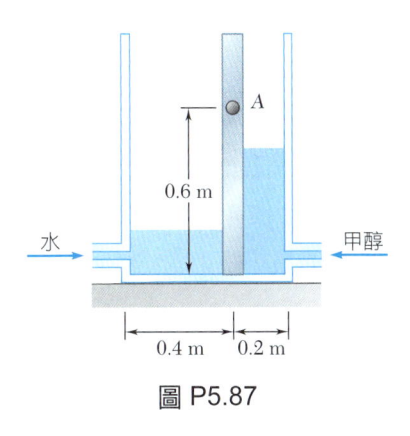

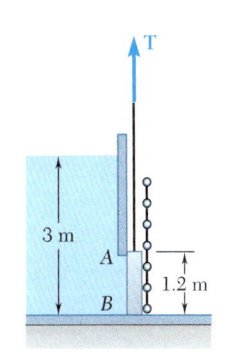

圖 P5.86

圖 P5.87

5.88 一三角形閘門位於一淡水流道的一端，閘門由 A 的插銷支撐並放置在無摩擦的 B 上。插銷 A 在閘門重心 C 的下方 $h = 0.10$ m。試求使閘門轉動的水深 d。

5.89 一三角形閘門位於一淡水流道的一端，閘門由 A 的插銷支撐並

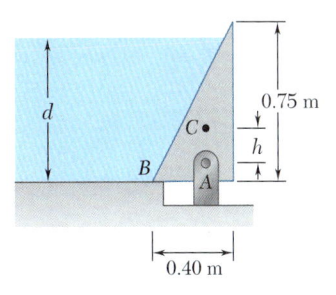

圖 P5.88 與 P5.89

放置在無摩擦的 B 上。插銷 A 在閘門重心 C 的下方距離 h 處。試求使閘門於 d = 0.75 m 時轉動的距離 h。

5.90 一方形閘門 AB 可繞上緣 A 的鉸鍊轉動，下緣 B 有一剪力插銷 (shear pin) 使閘門保持平衡。若水深 d = 3.5 m，試求剪力插銷施加在閘門的力。

5.91 一長水槽由下緣 A 的長鉸鍊以及上緣許多等距的水平纜繩支撐。試求當水槽裝滿水時，每條繩的張力。

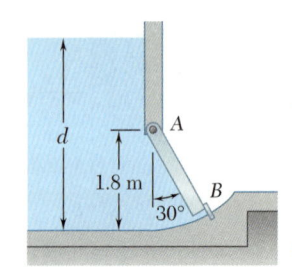

圖 P5.90

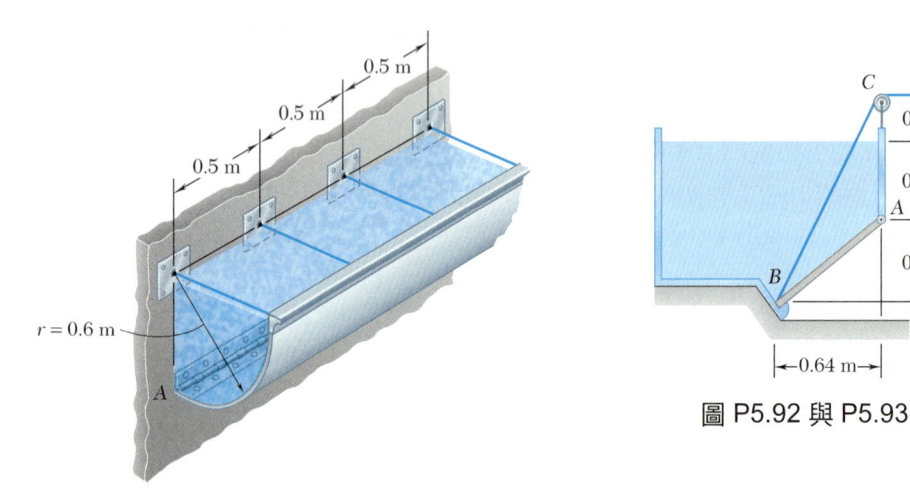

圖 P5.92 與 P5.93

圖 P5.91

5.92 一長寬為 0.5 × 0.8 m 的閘門 AB 放置於一盛滿水的水箱底部。閘門由下緣 A 的鉸鍊支撐並放置在無摩擦的 B 上。試求當纜繩 BCD 未拉緊時，A 與 B 的反力。

5.93 一長寬為 0.5 × 0.8 m 的閘門 AB 放置於一盛滿水的水箱底部。閘門由下緣 A 的鉸鍊支撐並放置在無摩擦的 B 上。試求使閘門打開所需纜繩 BCD 的最小張力。

5.94 一長寬為 1.2 × 0.6 m 的閘門由上緣 A 的鉸鍊與桿件 CD 支撐，桿件的一端 D 與一彈簧係數為 12 kN/m 的彈簧接觸。閘門垂直時彈簧未變形。假設桿件 CD 作用於閘門的力保持水平，試求使閘門底部點 B 移動到地面圓弧最右側時的最小水深 d。

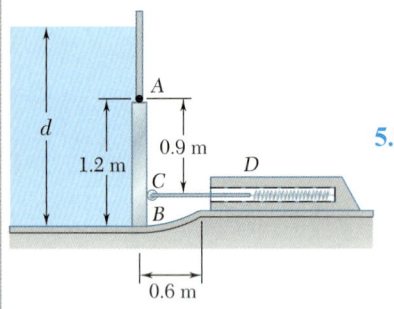

圖 P5.94

5.95 如習題 5.94，但閘門重改為 5 kN。

體 (Volumes)

5.10 三維物體的重心 / 體的形心 (Center of Gravity of a Three-Dimensional Body. Centroid of a Volume)

為求三維物體的重心 G，可將物體分割成許多分布力為 $\Delta \mathbf{W}$ 的小元素，這些小元素的重量和等效於重力 $\mathbf{W}$ 作用於 G。如圖 5.20 所示，將 y 軸設定為垂直向上，將 G 的位置向量標示為 $\bar{\mathbf{r}}$，則可得 $\mathbf{W}$ 等於元素重力 $\Delta \mathbf{W}$ 的和，且 $\mathbf{W}$ 對 O 的力矩等於元素重力對 O 的力矩和：

$$\Sigma \mathbf{F}: \qquad -W\mathbf{j} = \Sigma(-\Delta W\mathbf{j})$$
$$\Sigma \mathbf{M}_O: \quad \bar{\mathbf{r}} \times (-W\mathbf{j}) = \Sigma[\mathbf{r} \times (-\Delta W\mathbf{j})] \quad (5.14)$$

照片 5.4 預測用於運送太空梭的改良式波音 747 的飛行特性時，必須先求出兩者各自的重心。

上式的力矩部分可改寫如下：

$$\bar{\mathbf{r}}W \times (-\mathbf{j}) = (\Sigma \mathbf{r}\, \Delta W) \times (-\mathbf{j}) \quad (5.15)$$

觀察可知，如果滿足下面兩個條件，則重力 $\mathbf{W}$ 將等效於元素重力 $\Delta \mathbf{W}$ 所構成之力系：

$$W = \Sigma\, \Delta W \qquad \bar{\mathbf{r}}W = \Sigma \mathbf{r}\, \Delta W$$

若增加元素數目，同時縮小元素尺寸，取極限可得積分式如下：

$$W = \int dW \qquad \bar{\mathbf{r}}W = \int \mathbf{r}\, dW \quad (5.16)$$

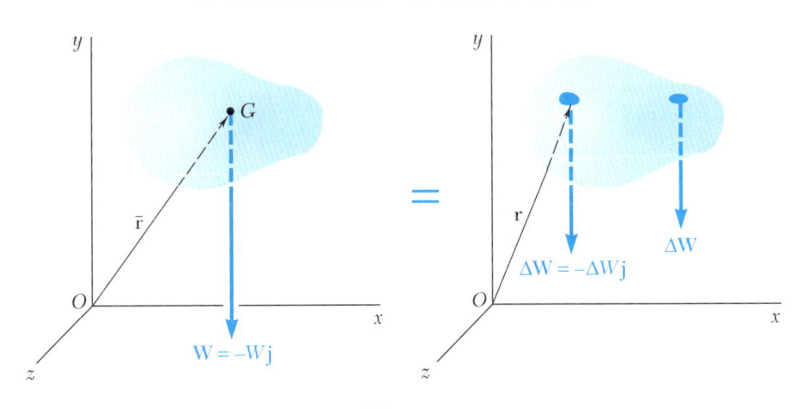

圖 5.20

上面關係式和物體擺放的方位 (orientation) 無關。例如：若將物體和座標系一起旋轉，使得 z 軸指向上，則式 (5.14) 和 (5.15) 中的單位向量 $-\mathbf{j}$ 由 $-\mathbf{k}$ 取代，但式 (5.16) 不變。將 $\bar{\mathbf{r}}$ 和 $\mathbf{r}$ 分解成直角分量，則式 (5.16) 的第二部分等效於下面三個純量方程式

$$\bar{x}W = \int x\,dW \qquad \bar{y}W = \int y\,dW \qquad \bar{z}W = \int z\,dW \tag{5.17}$$

若物體材料為均質，比重為 γ，則極小元素的重力 dW 可以其體積 dV 表示，而物體的總重可由其總體積 V 表示，即

$$dW = \gamma\,dV \qquad W = \gamma V$$

將 dW 和 W 代入式 (5.16) 可得

$$\bar{\mathbf{r}}V = \int \mathbf{r}\,dV \tag{5.18}$$

或寫成純量形式

$$\bar{x}V = \int x\,dV \qquad \bar{y}V = \int y\,dV \qquad \bar{z}V = \int z\,dV \tag{5.19}$$

座標為 $\bar{x}$、$\bar{y}$ 和 $\bar{z}$ 的點稱為**物體 V 的形心 C**。但如果物體不為均質，則式 (5.19) 不可用來求物體的重心，但式 (5.19) 仍然定義體的形心。

積分 $\int x\,dV$ 稱為體對於 yz 平面的一次矩。依此類推，$\int y\,dV$ 和 $\int z\,dV$ 分別為體對於 zx 平面和 xy 平面的一次矩。由式 (5.19) 可見，如果體的形心位於某座標平面上，則相對於該平面的一次矩為零。

若對某給定平面，一體上的每一點 P 都存在另一位於相同體積的點 P'，使得 PP' 垂直於該平面，則這個體積稱為對稱於該平面，且被該平面平分為兩部分。這個平面稱為這個體積的**對稱面 (plane of symmetry)**。當一體積具有一對稱面，V 對該平面的一次矩為零，且其形心位於對稱面上。當一體積同時具有兩對稱面時，其形心位於兩對稱面的交線上。最後，若一體積具有三個對稱面，且三者相交於一點，此交點即為體積的形心。利用這個性質可以立即得到球體、橢圓球體、圓管、平行六面體等形狀的形心。

若要求不對稱物體或是僅有一或兩對稱面的物體的形心，則要利用第 5.12 節介紹的積分法。圖 5.21 表列出幾種常見物體的形心。

一般而言，迴轉體 (volume of revolution) 的形心與其截面的形心並不會重合。因此，半球體的形心和半圓的形心具有不同座標；圓錐體和三角形的形心也不同。

5.11 組合體 (Composite Bodies)

如果一形狀較複雜的物體可分割成如圖 5.21 中的常見形狀，則複雜物體的重心 G 可由其總重量對 O 的力矩等於各組成形狀的重量對 O 的力矩和求得。如同第 5.10 節，可得到定義重心 G 座標的式子：

$$\overline{X}\Sigma W = \Sigma \overline{x}W \quad \overline{Y}\Sigma W = \Sigma \overline{y}W \quad \overline{Z}\Sigma W = \Sigma \overline{z}W \tag{5.20}$$

如果物體為均質，則其重心與形心重合，及

$$\overline{X}\Sigma V = \Sigma \overline{x}V \quad \overline{Y}\Sigma V = \Sigma \overline{y}V \quad \overline{Z}\Sigma V = \Sigma \overline{z}V \tag{5.21}$$

5.12 以積分法求物體的形心 (Determination of Centroids of Volumes by Integration)

若物體的外形能表達成數學函數的形式，利用第 5.10 節的積分法可求得形心，如下

$$\overline{x}V = \int x\,dV \quad \overline{y}V = \int y\,dV \quad \overline{z}V = \int z\,dV \tag{5.22}$$

如果選用邊長為 dx、dy 和 dz 的長方體體積元素 dV，積分需要使用**三重積分** (triple integration)。但大部分物體均可藉由選用細長體為微分元素 dV (圖 5.22)，而將問題簡化成只需使用雙重積分求解。此時物體的形心可由改寫自式 (5.22) 的下式求得

$$\overline{x}V = \int \overline{x}_{el}\,dV \quad \overline{y}V = \int \overline{y}_{el}\,dV \quad \overline{z}V = \int \overline{z}_{el}\,dV \tag{5.23}$$

接著將圖 5.22 的體積元素 dV 的表達式與座標 $\overline{x}_{el}$、$\overline{y}_{el}$ 和 $\overline{z}_{el}$ 代入，再利用表面的方程式將 z 以 x 和 y 表示，原本的三重積分即可化簡為 x 和 y 的雙重積分。

形狀		$\bar{x}$	體積
半球	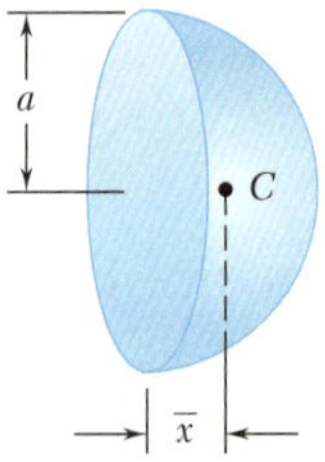	$\dfrac{3a}{8}$	$\dfrac{2}{3}\pi a^3$
迴轉半橢球體	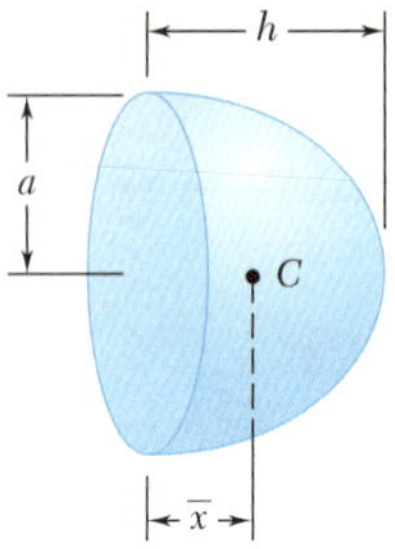	$\dfrac{3h}{8}$	$\dfrac{2}{3}\pi a^2 h$
迴轉拋物線體	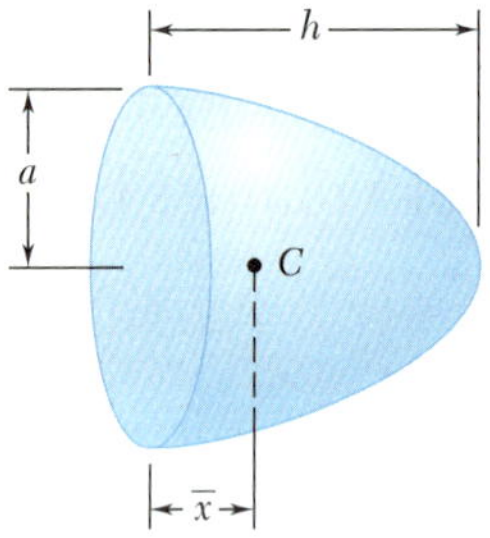	$\dfrac{h}{3}$	$\dfrac{1}{2}\pi a^2 h$
圓錐	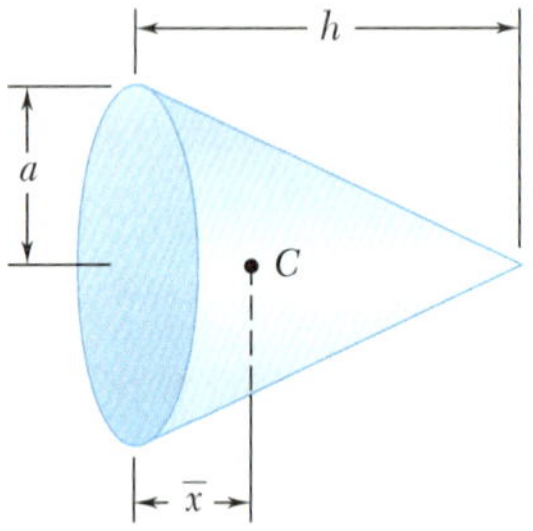	$\dfrac{h}{4}$	$\dfrac{1}{3}\pi a^2 h$
角錐	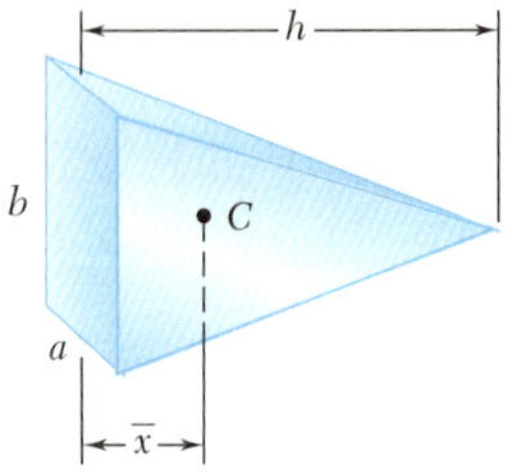	$\dfrac{h}{4}$	$\dfrac{1}{3}abh$

圖 5.21　常見三維物體的形心與體積

如果物體具有兩個對稱面，則其形心必定位於兩平面的交線上。將 x 軸設在這條交線上，則

$$\bar{y} = \bar{z} = 0$$

唯一待解的是 $\bar{x}$。此時使用平行於 yz 平面的薄片為積分元素，僅需**單積分** (single integration) 如下

$$\bar{x}V = \int \bar{x}_{el}\, dV \tag{5.24}$$

若為迴轉體，則微分元素為薄圓盤，其體積如圖 5.23 所示。

$\bar{x}_{el} = x,\ \bar{y}_{el} = y,\ \bar{z}_{el} = \dfrac{z}{2}$
$dV = z\, dx\, dy$

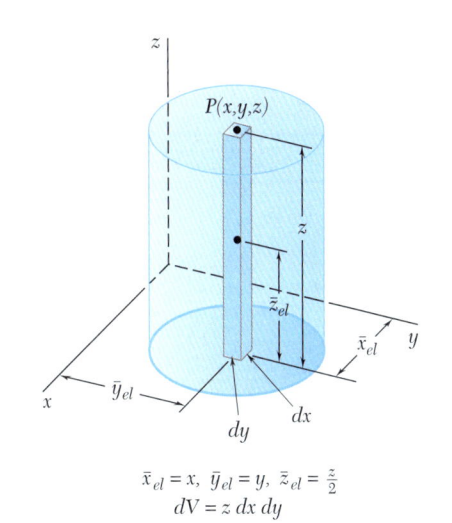

圖 5.22 以雙重積分求體積的形心

$\bar{x}_{el} = x$
$dV = \pi r^2\, dx$

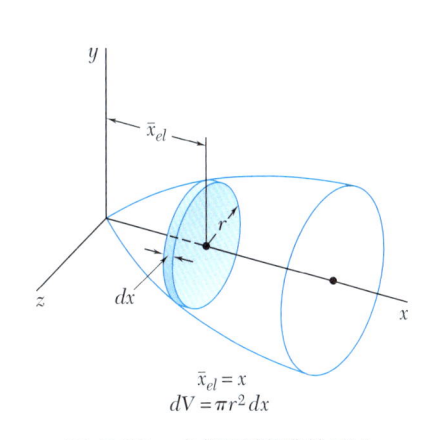

圖 5.23 求解迴轉體的形心

範例 5.11

試求附圖所示的均質迴轉體的重心位置，此物體是將半球接在圓柱上，再移除一圓錐而成。

解

由於對稱性，故重心位於 x 軸上。如下頁圖所示，此物體是將半球接在圓柱上，再移除一圓錐而成。各零件的體積與形心的橫座標，可由圖 5.21 得到，將數值填入下表。接著計算物體的總體積以及對 yz 平面的一次矩。

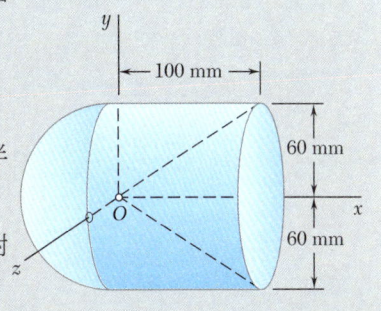

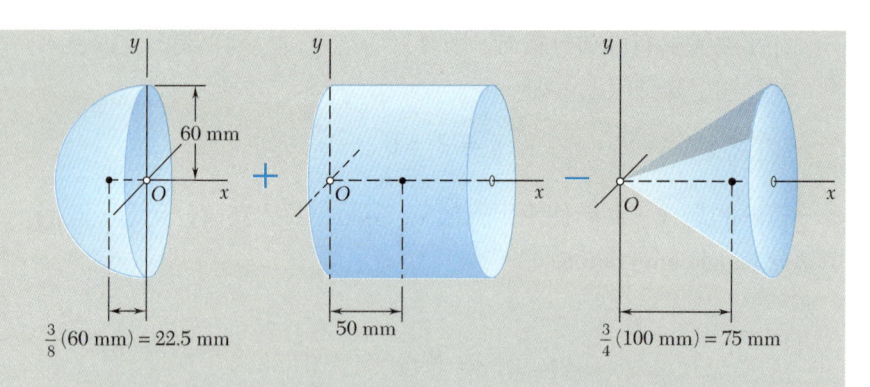

形狀	體積, mm³		$\bar{x}$, mm	$\bar{x}V$, mm⁴
半球	$\dfrac{1}{2}\dfrac{4\pi}{3}(60)^3 =$	0.4524×10^6	-22.5	-10.18×10^6
圓柱	$\pi(60)^2(100) =$	1.1310×10^6	$+50$	$+56.55 \times 10^6$
圓錐	$-\dfrac{\pi}{3}(60)^2(100) =$	-0.3770×10^6	$+75$	-28.28×10^6
	$\Sigma V =$	1.206×10^6		$\Sigma \bar{x} V = +18.09 \times 10^6$

因此，

$$\bar{X}\Sigma V = \Sigma \bar{x} V: \quad \bar{X}(1.206 \times 10^6 \text{ mm}^3) = 18.09 \times 10^6 \text{ mm}^4$$

$$\bar{X} = 15 \text{ mm}$$

範例 5.12

試求附圖所示鋼材機械元件的重心。已知各孔直徑均為 20 mm。

解

此機械元件可由下列方式得到：將一長方體 (I) 加上四分之一圓柱 (II) 減去兩個直徑為 20 mm 的圓柱 (III 與 IV)。算出各零件的體積與形心座標，並填入下表。接著計算元件的總體積以及對各座標平面的力矩。

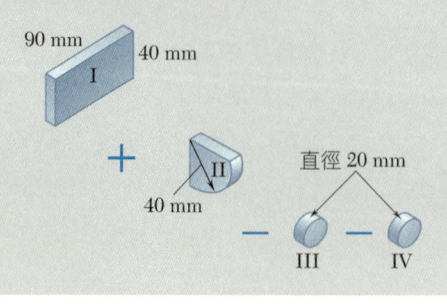

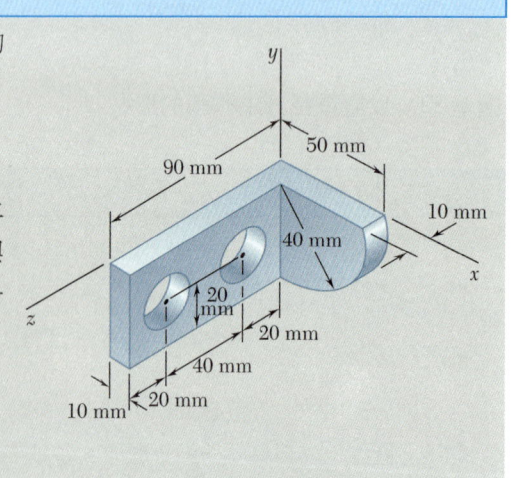

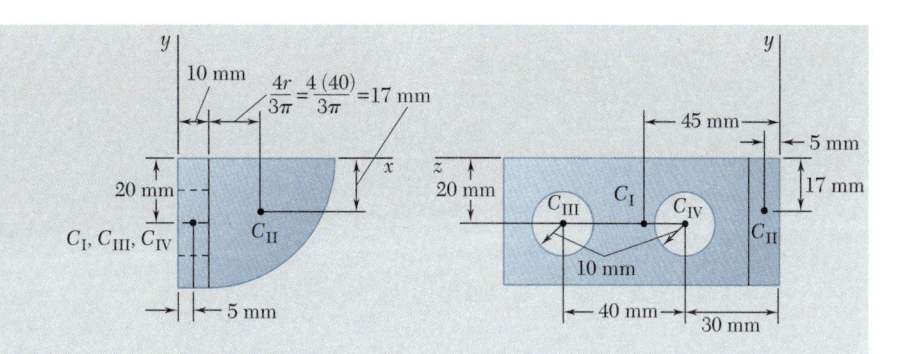

	V, mm³	$\bar{x}$, mm	$\bar{y}$, mm	$\bar{z}$, mm	$\bar{x}V$, mm⁴	$\bar{y}V$, mm⁴	$\bar{z}V$, mm⁴
I	$(90)(40)(10) = 36000$	5	-20	45	0.18×10^6	-0.72×10^6	1.62×10^6
II	$\frac{1}{4}\pi(40)^2(10) = 12566$	27	-17	5	0.3393×10^6	-0.2136×10^6	0.0628×10^6
III	$-\pi(10)^2(10) = -3142$	5	-20	70	-0.0157×10^6	0.0628×10^6	-0.2199×10^6
IV	$-\pi(10)^2(10) = -3142$	5	-20	30	-0.0157×10^6	0.0628×10^6	-0.0943×10^6
	$\Sigma V = 4.2282 \times 10^4$				$\Sigma \bar{x}V = 0.4879 \times 10^6$	$\Sigma \bar{y}V = -0.808 \times 10^6$	$\Sigma \bar{z}V = 1.3686 \times 10^6$

因此，

$\bar{X}\Sigma V = \Sigma \bar{x}V$: $\bar{X}(4.2282 \times 10^4) = 0.4879 \times 10^6$ mm⁴ $\bar{X} = 11.5$ mm
$\bar{Y}\Sigma V = \Sigma \bar{y}V$: $\bar{Y}(4.2282 \times 10^4) = -0.808 \times 10^6$ mm⁴ $\bar{Y} = -19.1$ mm
$\bar{Z}\Sigma V = \Sigma \bar{z}V$: $\bar{Z}(4.2282 \times 10^4) = 1.3686 \times 10^6$ mm⁴ $\bar{Z} = 32.4$ mm

範例 5.13

試求附圖所示的半個圓錐體的形心位置。

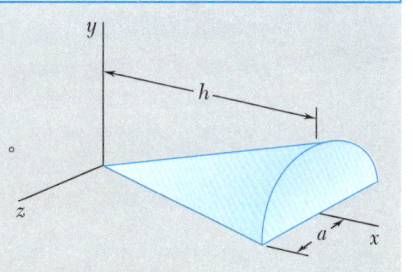

解

由於 xy 平面為一對稱面，故形心位於 xy 平面上，即 $\bar{z} = 0$。選擇厚度為 dx 的薄片作為微分元素，此微分元素的體積為

$$dV = \tfrac{1}{2}\pi r^2\, dx$$

元素的形心座標 $\bar{x}_{el}$ 與 $\bar{y}_{el}$ 可由圖 5.8（半圓區域）得到：

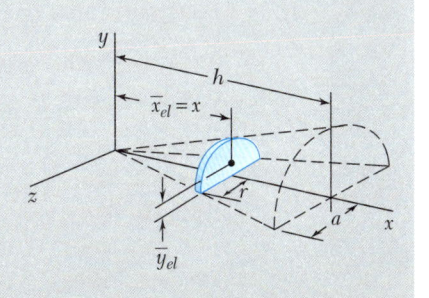

$$\bar{x}_{el} = x \qquad \bar{y}_{el} = \frac{4r}{3\pi}$$

觀察可知 r 正比於 x，關係如下

$$\frac{r}{x} = \frac{a}{h} \qquad r = \frac{a}{h}x$$

物體的體積可由以下積分得到

$$V = \int dV = \int_0^h \tfrac{1}{2}\pi r^2\, dx = \int_0^h \tfrac{1}{2}\pi \left(\frac{a}{h}x\right)^2 dx = \frac{\pi a^2 h}{6}$$

微分元素對 yz 平面的力矩為 $\bar{x}_{el}\, dV$；物體對此平面的總力矩為

$$\int \bar{x}_{el}\, dV = \int_0^h x(\tfrac{1}{2}\pi r^2)\, dx = \int_0^h x(\tfrac{1}{2}\pi)\left(\frac{a}{h}x\right)^2 dx = \frac{\pi a^2 h^2}{8}$$

因此，

$$\bar{x}V = \int \bar{x}_{el}\, dV \qquad \bar{x}\frac{\pi a^2 h}{6} = \frac{\pi a^2 h^2}{8} \qquad \bar{x} = \tfrac{3}{4}h$$

同理，微分元素對 zx 平面的力矩為 $\bar{y}_{el}\, dV$；總力矩為

$$\int \bar{y}_{el}\, dV = \int_0^h \frac{4r}{3\pi}(\tfrac{1}{2}\pi r^2)dx = \frac{2}{3}\int_0^h \left(\frac{a}{h}x\right)^3 dx = \frac{a^3 h}{6}$$

因此，

$$\bar{y}V = \int \bar{y}_{el}\, dV \qquad \bar{y}\frac{\pi a^2 h}{6} = \frac{a^3 h}{6} \qquad \bar{y} = \frac{a}{\pi}$$

重點提示

本節習題將練習找出三維物體的重心或形心。前面章節用於二維平面形狀的技巧——如對稱、將複雜物體分割為簡單的常見形狀、選用最有效率的積分元素等——均適用於三維問題。

1. **求組合體的重心**。一般而言，必須使用式 (5.20)：

$$\bar{X}\Sigma W = \Sigma \bar{x}W \qquad \bar{Y}\Sigma W = \Sigma \bar{y}W \qquad \bar{Z}\Sigma W = \Sigma \bar{z}W \qquad (5.20)$$

但由於均質物體的重心與形心重合。因此，也可用式 (5.21) 求均質物體的重心：

$$\bar{X}\Sigma V = \Sigma \bar{x}V \qquad \bar{Y}\Sigma V = \Sigma \bar{y}V \qquad \bar{Z}\Sigma V = \Sigma \bar{z}V \qquad (5.21)$$

讀者應已發現，這些式子只是本章開頭所介紹的二維問題的延伸。如範例 5.11 和 5.12 的詳解可知，二維和三維問題所用的方法完全相同。因此，在此仍要提醒讀者求解組合體的問題時應先畫出適當的圖表。此外，觀察範例 5.12 中，四分之一圓柱的形心 x 和 y 座標如何利用四分之一圓的形心座標得到。

以下列舉兩個特例，當給定物體包含截面不變的線材或是厚度不變的板材，且由相同材料組成。

a. 一個由數個具有相同截面積 A 的線材組成的物體，若將 V 以 AL 代入式 (5.21) 中，則 A 會消掉，剩下的 L 為給定元素的長度。式 (5.21) 因此化簡為

$$\overline{X}\Sigma L = \Sigma \bar{x}L \qquad \overline{Y}\Sigma L = \Sigma \bar{y}L \qquad \overline{Z}\Sigma L = \Sigma \bar{z}L$$

b. 一個由數個厚度 t 相同的板材組成的物體，若將 V 以 tA 代入式 (5.21) 中，則 t 會消掉，剩下的 A 為給定板材的面積。式 (5.21) 因此化簡為

$$\overline{X}\Sigma A = \Sigma \bar{x}A \qquad \overline{Y}\Sigma A = \Sigma \bar{y}A \qquad \overline{Z}\Sigma A = \Sigma \bar{z}A$$

2. **直接積分求物體的形心**。如第 5.12 節所述，若選用細長元素 (圖 5.22) 或是薄片 (圖 5.23) 作為積分元素 dV，則可大幅簡化式 (5.22) 的積分計算。因此，解題之前應慎選積分元素，使問題可以用單積分或雙重積分表示，以簡化計算。例如：若欲求解迴轉體的形心，則可選用薄片 (如範例 5.13) 或薄圓柱殼 (thin cylindrical shell)。要記住的是，所建立的變數關係 (如範例 5.13 中 r 和 x 的關係) 將直接影響後續積分的複雜度。最後，再次提醒式 (5.23) 中的 $\bar{x}_{el}$、$\bar{y}_{el}$ 和 $\bar{z}_{el}$ 是 dV 形心的座標。

習　題

5.96 試求附圖所示複合體的形心位置，當 (a) $h = 1.5a$；(b) $h = 2a$。

5.97 如附圖所示之複合體，試求 (a) 當 $h = L/2$ 時的 $\bar{x}$；(b) 當 $\bar{x} = L$ 時的比值 h/L。

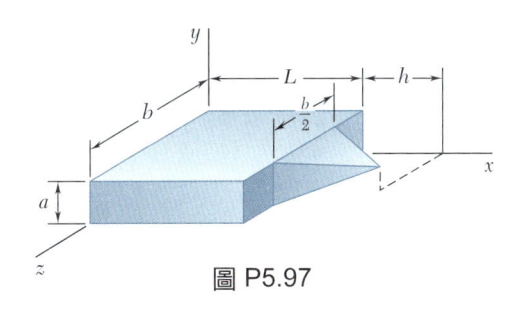

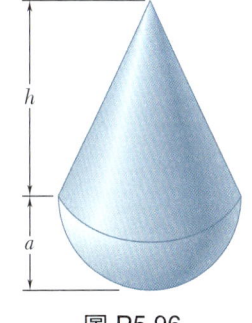

圖 P5.96

圖 P5.97

5.98 試求附圖所示物體的形心 y 座標。

5.99 試求附圖所示物體的形心 z 座標。(提示：利用範例 5.13 的結果。)

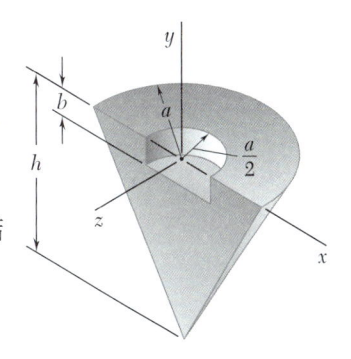

圖 P5.98 與 P5.99

5.100 與 **5.101** 如圖示的機械元件，試求其重心的 y 座標。

5.102 如圖示的機械元件，試求其重心的 x 座標。

5.103 如圖示的機械元件，試求其重心的 z 座標。

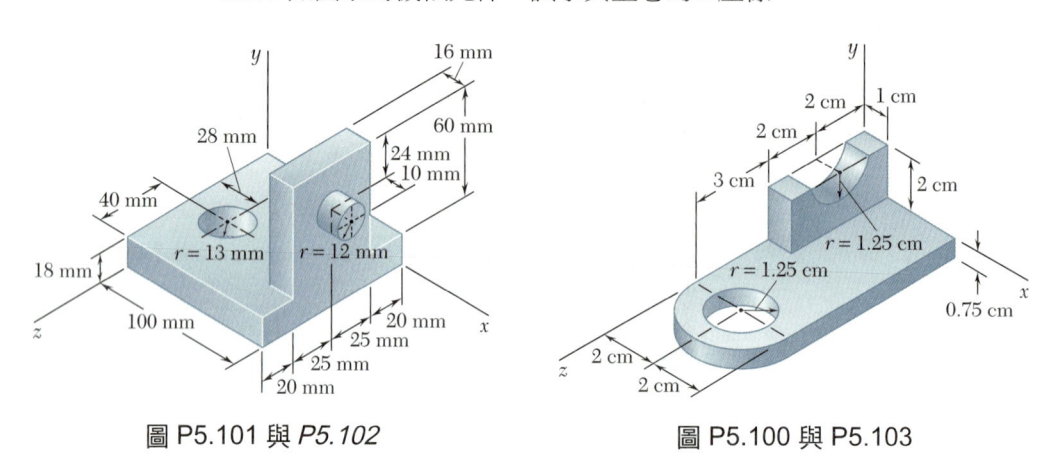

圖 P5.101 與 *P5.102*　　　　圖 P5.100 與 P5.103

5.104 如圖示的機械元件，試求其重心的 x 座標。

5.105 如圖示的機械元件，試求其重心的 z 座標。

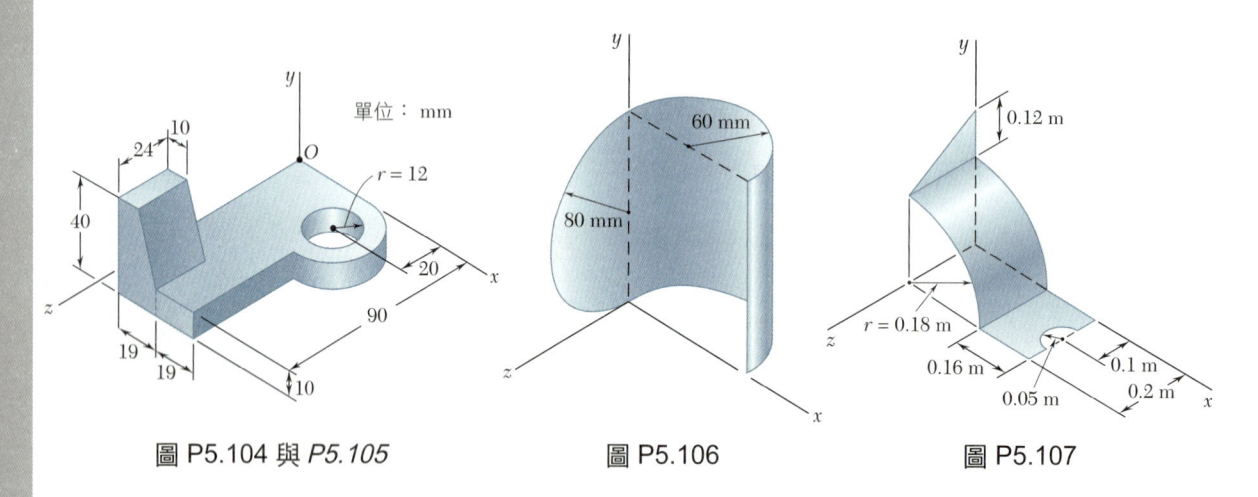

圖 P5.104 與 *P5.105*　　　　圖 P5.106　　　　圖 P5.107

5.106 與 **5.107** 試求附圖所示金屬板的重心位置。

5.108 一窗戶遮陽篷是由厚度均勻的金屬板製成，試求其重心。

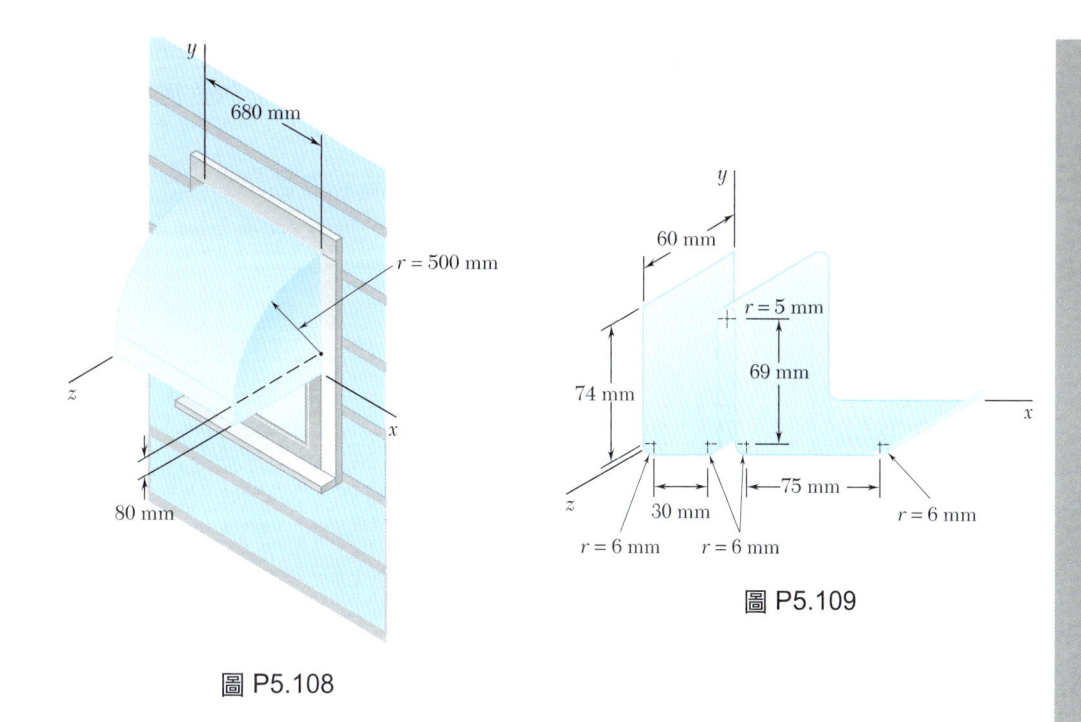

5.109 一厚度均勻的塑膠薄板彎曲成型成桌上收納架，試求其重心。

5.110 一特殊設計可放置於牆角的垃圾桶高 16 cm、截面為半徑 10 cm 的四分之一圓，已知垃圾桶是由厚度均勻的金屬板製成，試求其重心。

5.111 一電子元件的安裝拖架是由厚度均勻的金屬板製成，試求其重心。

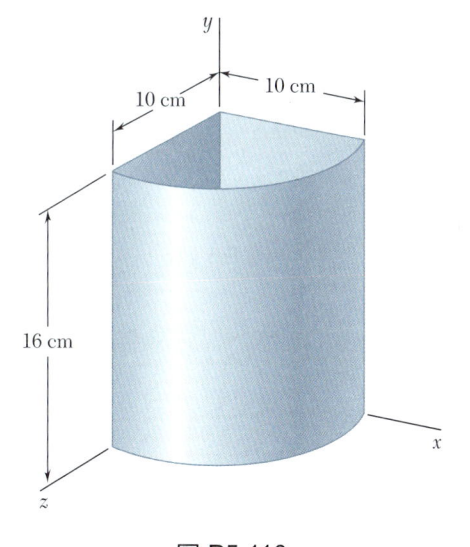

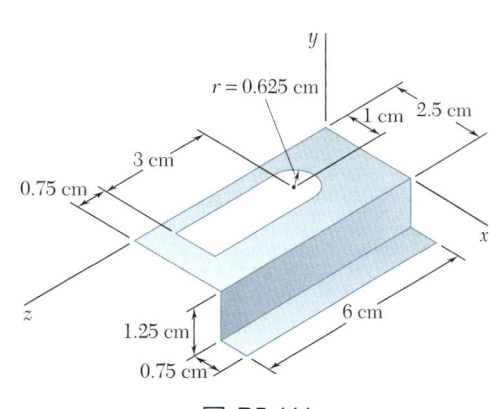

5.112 直徑為 8 cm 的圓管與長寬為 4 × 8 cm 的矩形管如附圖所示接合成一組合件。已知兩者皆由相同的均勻厚度的金屬板製成，試求組合件的重心。

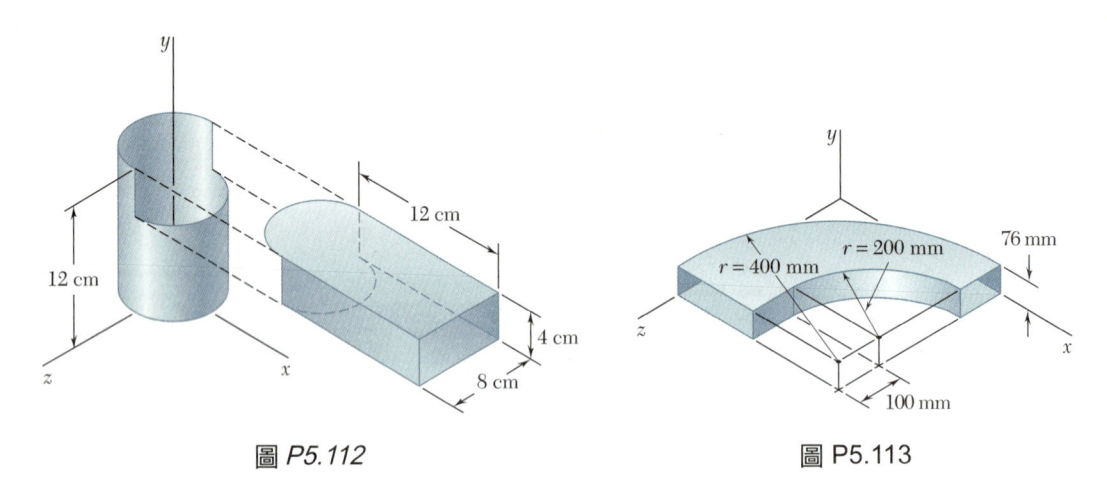

圖 P5.112

圖 P5.113

5.113 一通風系統的肘管是由厚度均勻的金屬板製成，試求其重心。

5.114 與 **5.115** 直徑不變的細黃銅桿件被彎成附圖所示的形狀，試求其重心。

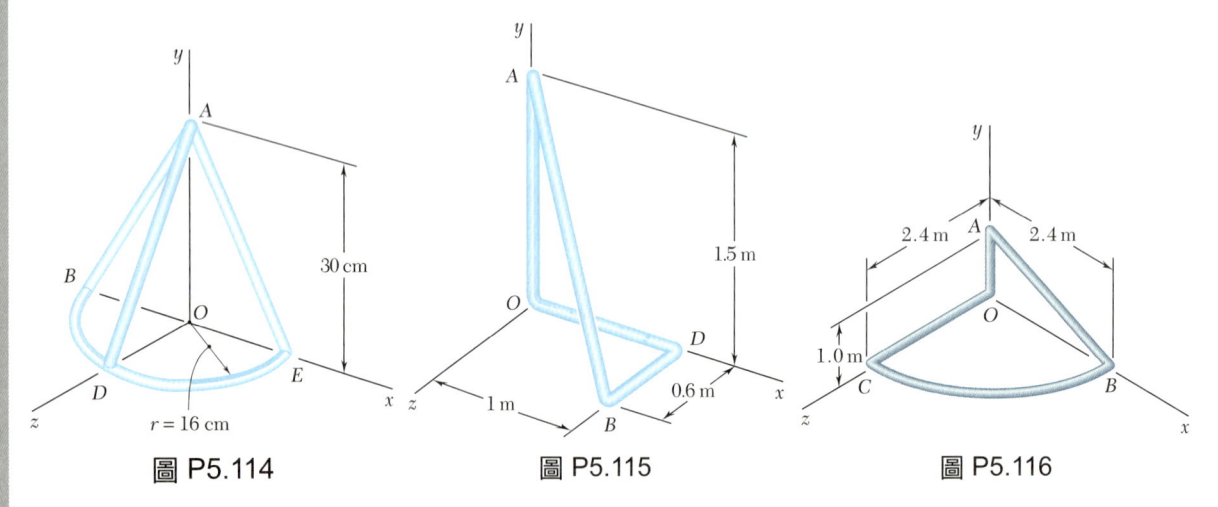

圖 P5.114

圖 P5.115

圖 P5.116

5.116 一均勻截面的細鋼絲被彎成附圖所示的形狀，試求其重心。

5.117 一溫室的構架由均勻的鋁槽管製成，試求圖示部分的重心。

CHAPTER 5　分布力：形心和重心　　275

圖 P5.117

圖 P5.118

圖 P5.119

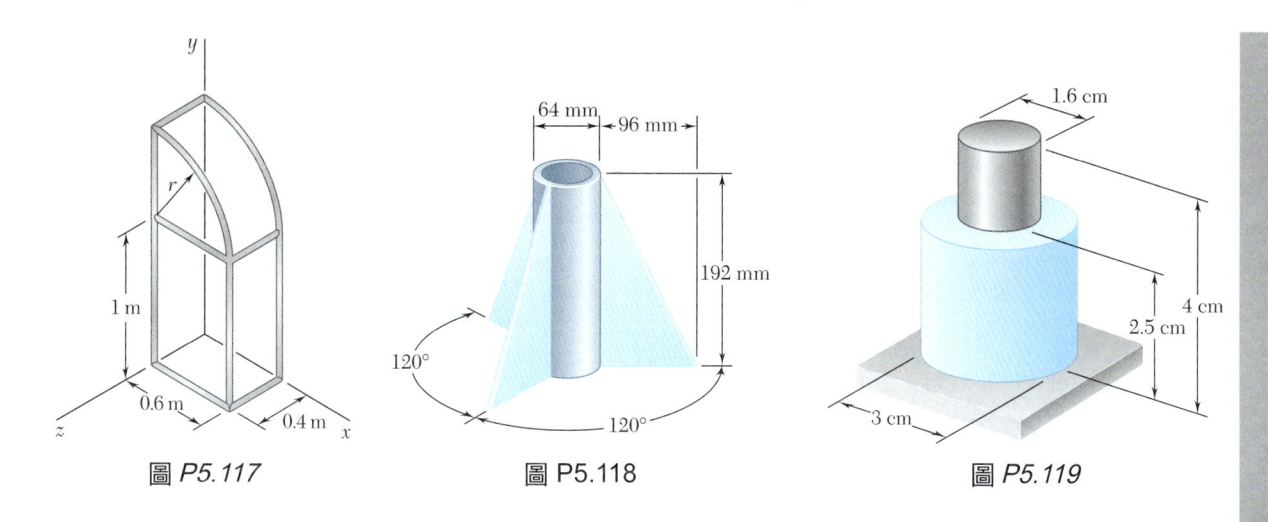

5.118 三片黃銅板焊接到一鋼管，成為旗竿的底部。已知圓管的管壁厚度為 8 mm、平板的厚度為 6 mm，試求此組合件的重心。(密度：黃銅 = 8470 kg/m^3；鋼 = 7860 kg/m^3。)

5.119 一長度為 2.5 cm 的黃銅軸環，套入一長度為 4 cm 的實心鋁圓桿。試求此複合體的重心。(密度：黃銅 = 8470 kg/m^3；鋁 = 2800 kg/m^3。)

5.120 一青銅軸襯 (bushing) 套在一空心鋼套 (sleeve) 內面。已知青銅密度為 8800 kg/m^3、鋼的密度為 7860 kg/m^3，試求此組合件的重心。

5.121 一劃針有一塑膠柄與鋼針，已知塑膠密度為 1030 kg/m^3、鋼的密度為 7860 kg/m^3，試求此劃針的重心。

圖 P5.121

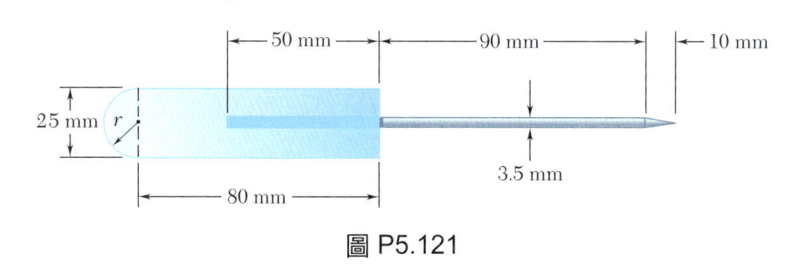

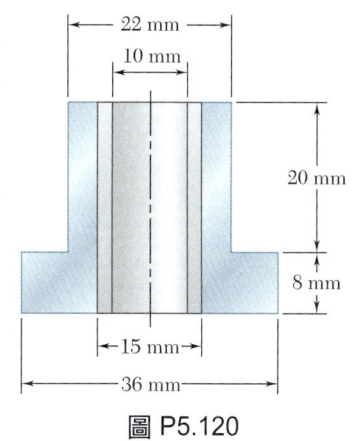

圖 P5.120

5.122 至 **5.124** 將一垂直切割面通過圖 5.21 的給定形狀，試以直接積分法求所得到的兩個體積的 $\bar{x}$ 值。其中切割面平行於給定形狀的底部，並將其分成兩個高度相同的體積。

5.122 半球。

5.123 半迴轉橢球。

5.124 迴轉拋物線體。

5.125 與 **5.126** 試求將圖示的陰影區域繞 x 軸旋轉一周所得到體積的形心。

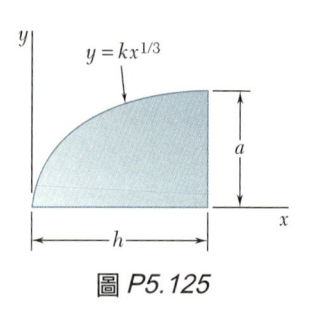

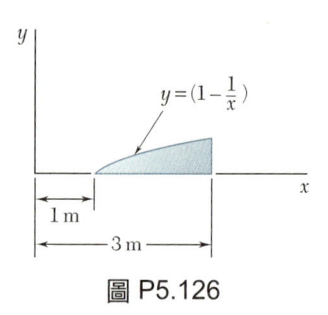

圖 P5.125（$y = kx^{1/3}$，高 a，寬 h）

圖 P5.126（$y = (1 - \frac{1}{x})$，從 1 m 到 3 m）

5.127 試求將圖示的陰影區域繞線 $x = h$ 旋轉一周所得到體積的形心。

*__5.128__ 試求將圖示的正弦曲線的陰影區域繞 x 軸旋轉一周所得到體積的形心。

*__5.129__ 試求將圖示的正弦曲線的陰影區域繞 y 軸旋轉一周所得到體積的形心。（提示：以半徑為 r、厚度為 dr 的薄圓柱殼為體積元素。）

*__5.130__ 證明高度為 h、有 n 邊 ($n = 3$、4、…) 的正角錐，其體積形心位於底部上方距離 $h/4$ 處。

5.131 試以直接積分法求圖示的半個半徑為 R 的均質薄半球殼的形心位置。

圖 P5.131

5.132 一飲料碗的側邊與底部有均勻厚度 t。若 $t \propto R$ 且 $R = 250$ mm，試求 (a) 碗的重心位置；(b) 飲料的重心位置。

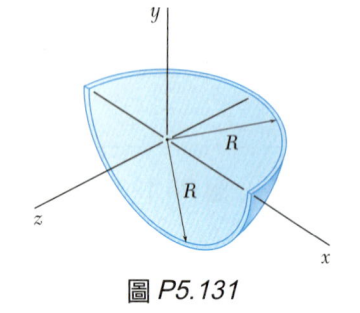

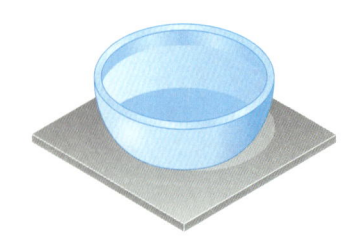

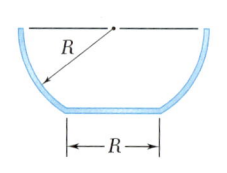

圖 P5.132

5.133 兩斜平面通過一薄圓管可切出附圖所示的區段，試求其形心。

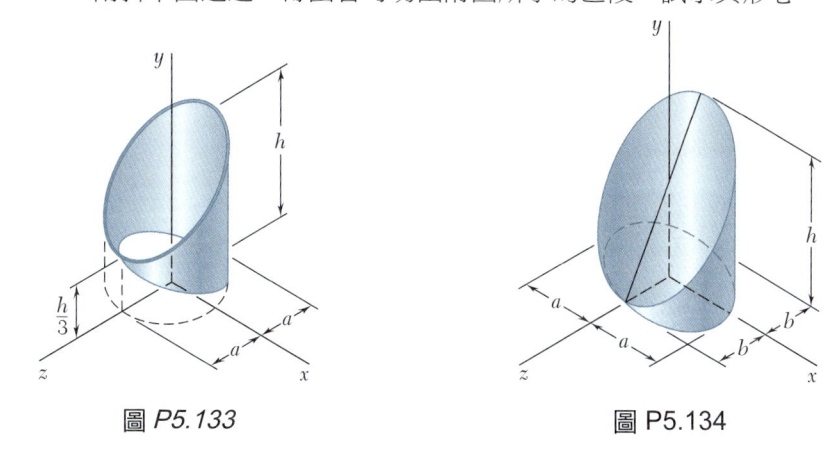

圖 P5.133

圖 P5.134

*5.134 一斜平面通過一薄橢圓柱可切出附圖所示的區段，試求其形心。

5.135 一建築師將建地整平後，插入四根立樁，以定出房屋底板的四角。為了使底板具有穩固而平坦的基底，故在底板下方放置至少 0.08 m 厚的礫石。試求所需的礫石體積及其形心的 x 座標。（提示：礫石底面為一斜面，可用方程式 $y = a + bx + cz$ 表示。）

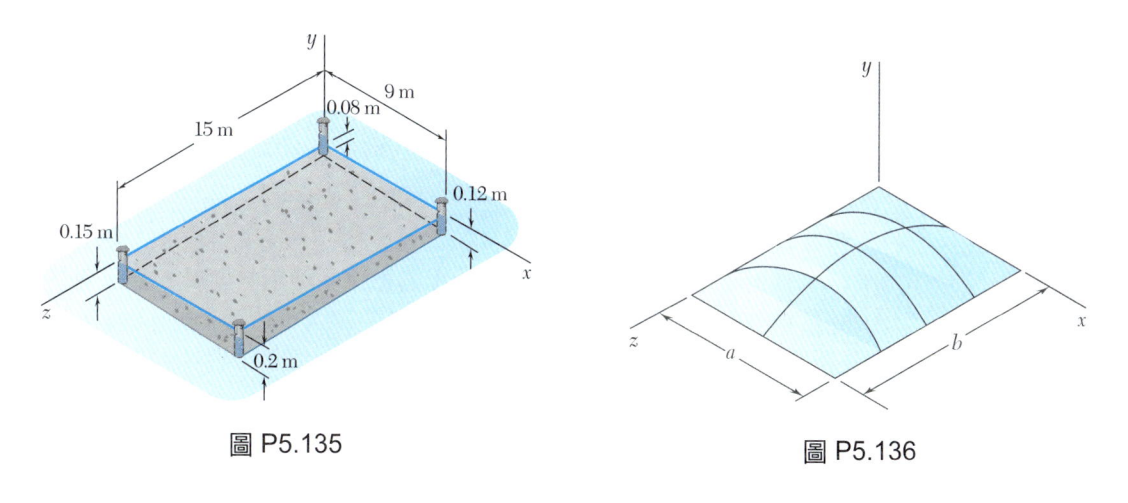

圖 P5.135

圖 P5.136

5.136 附圖所示的體積介於 xz 平面與表面 $y = 16h(ax - x^2)(bz - z^2)/a^2 b^2$ 之間，試以直接積分法求其形心。

複習與摘要

本章旨在探討剛體重心 (center of gravity) 的求法,即如何找出一點 G 使得物體所受的地心引力可由通過點 G 的重力的合力 $\mathbf{W}$ (即物體總重量) 來表示。

■ 二維物體的重心 (Center of gravity of a two-dimensional body):

本章的第一部分討論了二維平面物體,例如位於 xy 平面上的扁平板和線材。該物體在 z 方向重力的合力及重力對 y 與 x 軸的合力矩可由以下積分式表示 [第 5.2 節]:

$$W = \int dW \qquad \bar{x}W = \int x\, dW \qquad \bar{y}W = \int y\, dW \qquad (5.2)$$

上式定義了該物體的重量和重心的座標 $\bar{x}$ 和 $\bar{y}$。

■ 面和線的形心 (Centroid of an area or line):

均質 (homogeneous) 且厚度不變的扁平板的重心 G 和板的面積 A 的形心 (centroid) C 重合。此平板的形心座標為:

$$\bar{x}A = \int x\, dA \qquad \bar{y}A = \int y\, dA \qquad (5.3)$$

依此類推,xy 平面上均質且截面不變的線材重心與該線 L 的形心重合。其座標為:

$$\bar{x}L = \int x\, dL \qquad \bar{y}L = \int y\, dL \qquad (5.4)$$

■ 一次矩 (First moments):

式 (5.3) 的積分式通常稱為面 A 的第一面積矩。對於 y 和 x 軸的面積矩分別以 Q_y 和 Q_x 表示 [第 5.4 節]:

$$Q_y = \bar{x}A \qquad Q_x = \bar{y}A \qquad (5.6)$$

線的一次矩可由相同方法推導而得。

■ 對稱性 (Properties of symmetry):

當面或線具有對稱性時,則可簡化其形心的計算。例如面或線對稱於某一軸線,則其形心必定位於該軸線上;如果面或線有兩條對稱軸,則其形心必定位於兩軸線的交點;若對稱於一點 O,則點 O 即為該面或線的形心 C。

■ **組合體的重心** (Center of gravity of a composite body)：

圖 5.8 表列出常見圖形的面積與形心位置。一個由幾個常見形狀組合成的扁平板的重心 G 的座標 $\overline{X}$ 和 $\overline{Y}$ 可利用各部分的重心 G_1, G_2, … 的座標 $\overline{x}_1, \overline{x}_2, \cdots$ 和 $\overline{y}_1, \overline{y}_2, \cdots$ 求得 [第 5.5 節]。如圖 5.24 所示，各部分對 y 和 x 軸的第一矩會等於組合體對 y 和 x 軸的一次矩，故：

$$\overline{X}\Sigma W = \Sigma \overline{x} W \qquad \overline{Y}\Sigma W = \Sigma \overline{y} W \qquad (5.7)$$

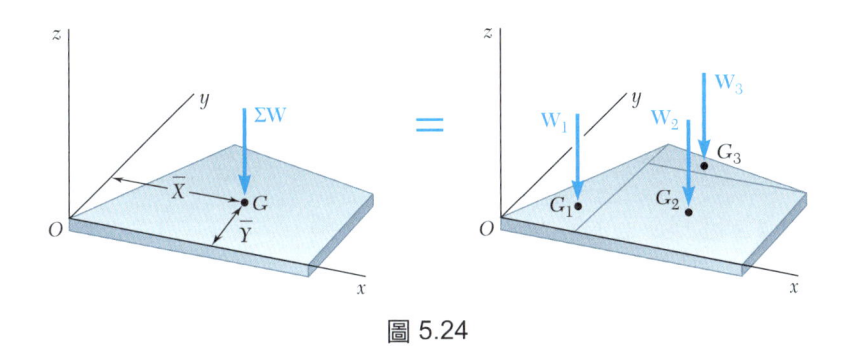

圖 5.24

如果該平板為均質且厚度不變，則其重心和該面積的形心重合。式 (5.7) 可寫成：

$$Q_y = \overline{X}\Sigma A = \Sigma \overline{x} A \qquad Q_x = \overline{Y}\Sigma A = \Sigma \overline{y} A \qquad (5.8)$$

我們可由上式求得組合體的一次矩或形心座標 [範例 5.1]。由幾個部分組合而成的組合線 (composite wire) 的重心可由類似方法求得 [範例 5.2]。

■ **積分法求解形心** (Determination of centroid by integration)：

當一面的各邊有解析表達式，則該面的形心可由積分法求得 [第 5.6 節]。我們可用式 (5.3) 的**雙重積分** (double integrals)，或像圖 5.12 所示先將該面分割成細長條接著用**單積分** (single integral) 求得面積與形心。若以 $\overline{x}_{el}$ 和 $\overline{y}_{el}$ 表示元素 dA 的形心，則：

$$Q_y = \overline{x} A = \int \overline{x}_{el}\, dA \qquad Q_x = \overline{y} A = \int \overline{y}_{el}\, dA \qquad (5.9)$$

元素 dA 的取法不只一種，但建議使用同一 dA 來計算面積一次矩 Q_y 和 Q_x；同一 dA 可也用來計算 A 的面積 [範例 5.4]。

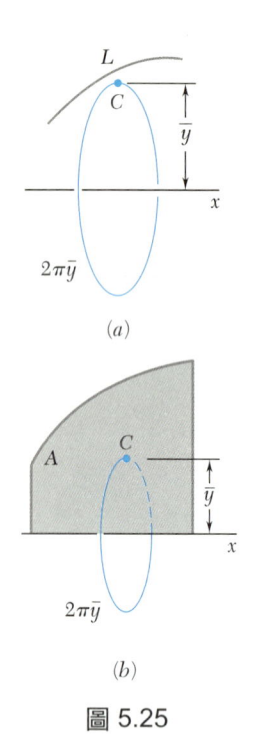

■ **帕普斯－古爾丁定理 (Theorems of Pappus-Guldinus)：**

帕普斯－古爾丁定理的內容為：一迴轉面的表面積或一迴轉體的體積可利用該生成曲線 (generating curve) 或生成平面 (generating area) 的形心求得。一長度 L 的平面曲線繞一非相交固定軸所產生的迴轉面的表面積 A 為 (圖 5.25a)

$$A = 2\pi \bar{y} L \tag{5.10}$$

其中 $\bar{y}$ 為生成曲線的形心 C 到迴轉軸的距離。依此類推，一面積 A 的平面繞一非相交固定軸所產生的迴轉體的體積 V 為 (圖 5.25b)

$$V = 2\pi \bar{y} A \tag{5.11}$$

其中 $\bar{y}$ 為生成平面的形心 C 到迴轉軸的距離。

■ **分布負載 (Distributed loads)：**

形心的概念除了用來計算扁平板的重量之外，也可用來求解其他問題。例如：求解梁的支撐的反作用力，可將作用在梁上的分布負載 w (單位：N/m) 以一集中負載 **W** (單位：N) 取代。**W** 的大小等於該分布負載的面積，作用線則通過其形心 C (圖 5.26)。相同的方法可用來求解作用於浸於液體中矩形平板所受之靜液壓 (hydrostatic forces) 的合力 [第 5.9 節]。

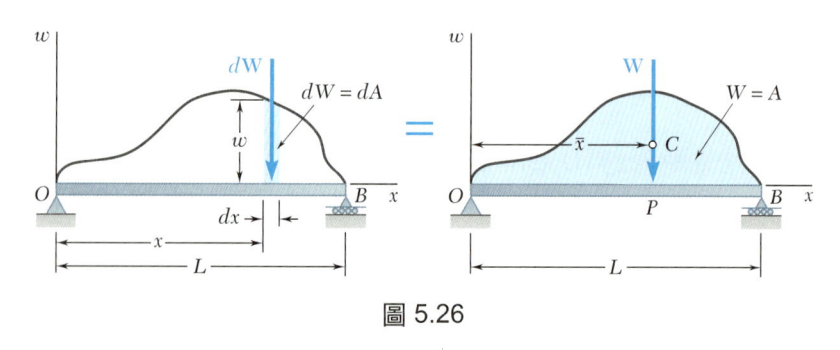

圖 5.25

圖 5.26

■ **三維物體的重心 (Center of gravity of a three-dimensional body)：**

本章最後探討如何求解空間中物體的重心 G。G 的座標 $\bar{x}, \bar{y}, \bar{z}$ 定義如下

$$\bar{x}W = \int x\,dW \qquad \bar{y}W = \int y\,dW \qquad \bar{z}W = \int z\,dW \qquad (5.17)$$

■ **體積的形心 (Centroid of a volume)：**

均質物體 (homogeneous body) 的重心 G 和其體積 V 的形心重合。C 的座標定義如下

$$\bar{x}V = \int x\,dV \qquad \bar{y}V = \int y\,dV \qquad \bar{z}V = \int z\,dV \qquad (5.19)$$

若某物體對稱於某一平面，其形心 C 會落在對稱面上。若有兩個對稱面，則 C 會位於兩個對稱面的交線上。若有三個僅相交於一點的對稱面，則 C 落於該點上 [第 5.10 節]。

■ **組合體的重心 (Center of gravity of a composite body)：**

圖 5.21 表列出幾種常見三維形狀的體積與形心。若一物體可分割成數個表中的形狀，則該物體的重心座標 $\bar{X}, \bar{Y}, \bar{Z}$ 可由各個形狀的重心座標求得，其關係如下式

$$\bar{X}\Sigma W = \Sigma \bar{x}\,W \qquad \bar{Y}\Sigma W = \Sigma \bar{y}\,W \qquad \bar{Z}\Sigma W = \Sigma \bar{z}\,W \qquad (5.20)$$

若該物體為均質，則其重心 G 與形心 C 重合。其關係如下式 [範例 5.11 和 5.12]

$$\bar{X}\Sigma V = \Sigma \bar{x}\,V \qquad \bar{Y}\Sigma V = \Sigma \bar{y}\,V \qquad \bar{Z}\Sigma V = \Sigma \bar{z}\,V \qquad (5.21)$$

■ **積分法求解形心 (Determination of centroid by integration)：**

當一物體的外形能表達成數學函數的形式，則該物體的形心可由積分法求得 [第 5.12 節]。為避免計算式 (5.19) 的三重積分，可選用如圖 5.27 中的細長體為積分元素。若以 $\bar{x}_{el}$、$\bar{y}_{el}$ 和 $\bar{z}_{el}$ 表示元素 dV 的形心，則式 (5.19) 可改寫成

$$\bar{x}V = \int \bar{x}_{el}\,dV \qquad \bar{y}V = \int \bar{y}_{el}\,dV \qquad \bar{z}V = \int \bar{z}_{el}\,dV \qquad (5.23)$$

上式計算僅須雙重積分。若該體積對稱於兩個平面，則其形心 C 位於兩平面的交線上。若將交線定為 x 軸，並將該體積分割成許多平行於 yz 平面的薄片，則不需使用多重積分即可求得 C 的座標 [範例 5.13]，如下

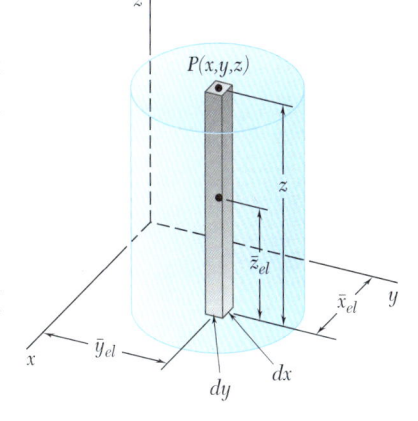

$\bar{x}_{el} = x,\ \bar{y}_{el} = y,\ \bar{z}_{el} = \dfrac{z}{2}$
$dV = z\,dx\,dy$

圖 5.27

$\bar{x}_{el} = x$
$dV = \pi r^2\,dx$

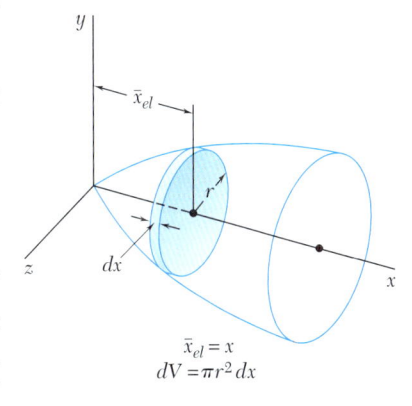

圖 5.28

$$\bar{x}V = \int \bar{x}_{el}\, dV \tag{5.24}$$

若為迴轉體，則積分元素為薄圓盤，其體積如圖 5.28 所示。

複習題

5.137 與 **5.138** 試求圖示平面區域的形心。

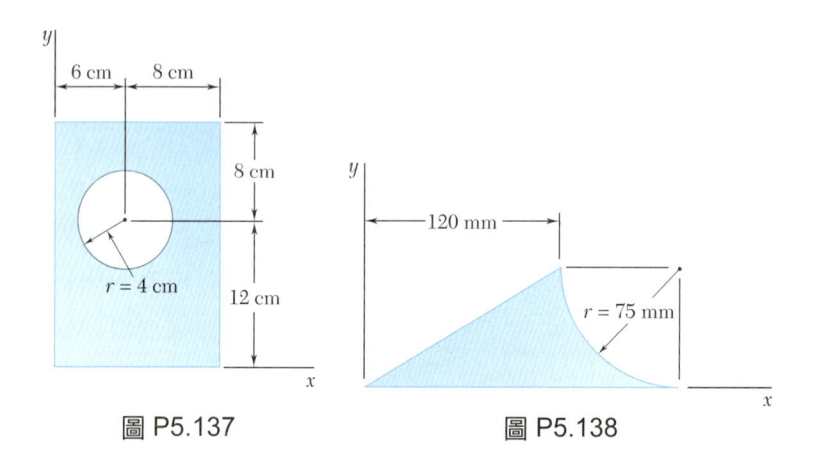

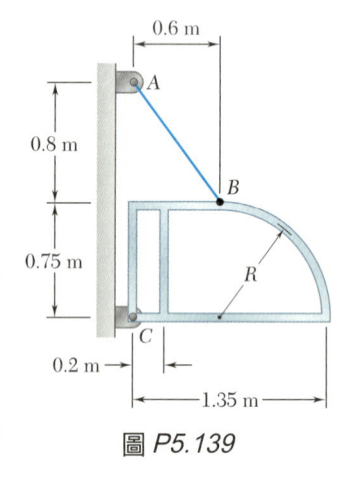

圖 P5.137

圖 P5.138

5.139 一招牌的構架由細薄鋼條製成，鋼條的單位長度質量為 4.73 kg/m。構架由 C 的插銷與纜繩 AB 支撐。試求 (a) 纜繩的張力；(b) C 的反力。

5.140 請以直接積分法求圖示區域的形心座標，以 a 和 h 表示。

5.141 請以直接積分法求圖示區域的形心座標。

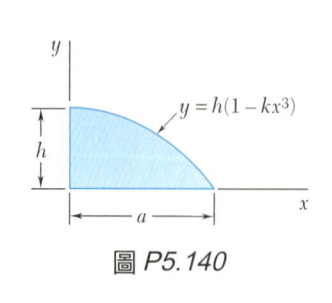

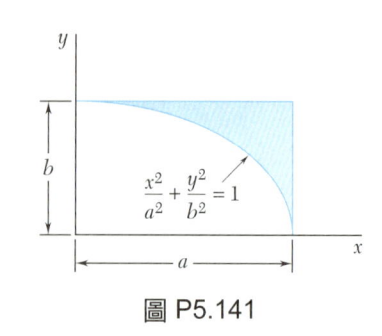

圖 P5.139

圖 P5.140

圖 P5.141

5.142 三種驅動皮帶設計如附圖所示。若任意瞬間每條皮帶與滑輪的二分之一圓周接觸，試求每種設計皮帶與滑輪的接觸面積。

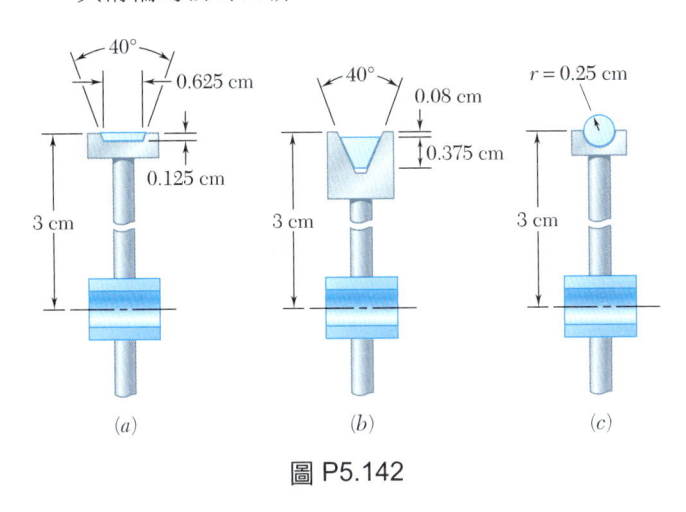

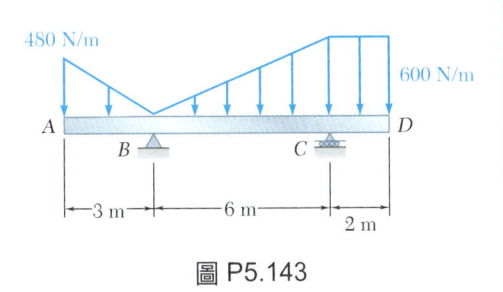

圖 P5.142

5.143 試求梁承受給定負載時的支撐反力。

5.144 梁 AB 承受兩個集中負載，且放置在彈性地面上，假設地面施加一線性分布負載於梁上。試求平衡時對應的 w_A 與 w_B。

5.145 一水壩原本設計可抵抗水的水平作用力的 120%。但建造完成後發現淤泥 (密度為 $\rho_s = 1.76 \times 10^3$ kg/m³) 以每年 12 mm 的量沈積於湖底。若考慮 1 m 寬的水壩區段，試求幾年後水壩有安全隱憂。

圖 P5.143

圖 P5.144

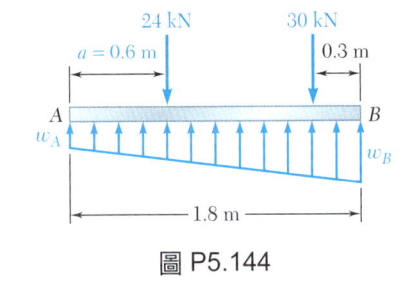

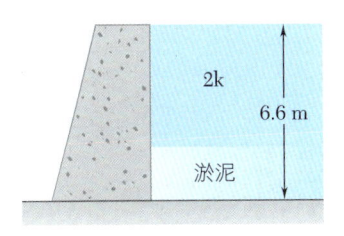

圖 P5.145

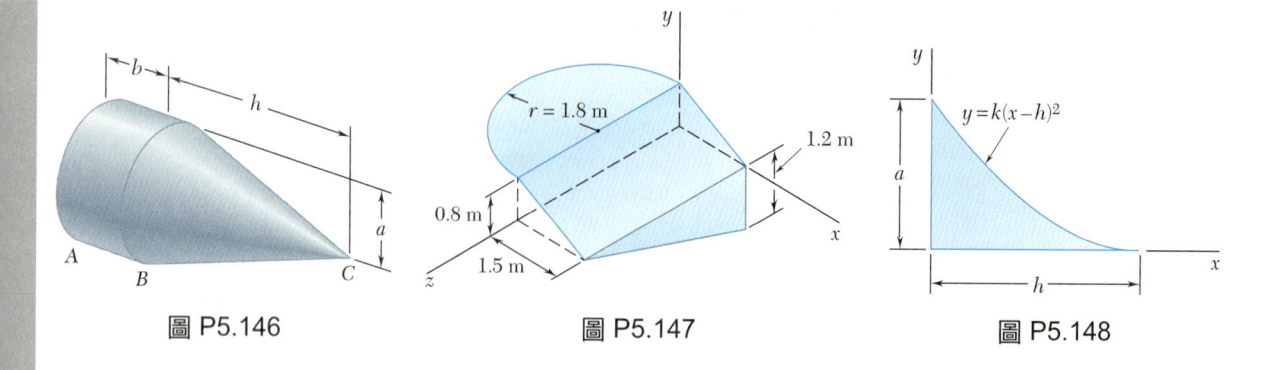

圖 P5.146 　　　　圖 P5.147 　　　　圖 P5.148

5.146 試求圖示的複合體的形心，當 (a) $h = 2b$； (b) $h = 2.5b$。

5.147 試求圖示的金屬板的重心。

5.148 試求將圖示的陰影區域繞 x 軸旋轉一周所得到體積的形心。

電腦題

5.C1 一梁承受一系列均布負載或線性負載如 (a) 所示。將每負載區域分成兩三角形 (參考範例 5.9)，接著寫一電腦程式計算 A 與 B 的反力。利用這個程式計算 (b) 與 (c) 的反力。

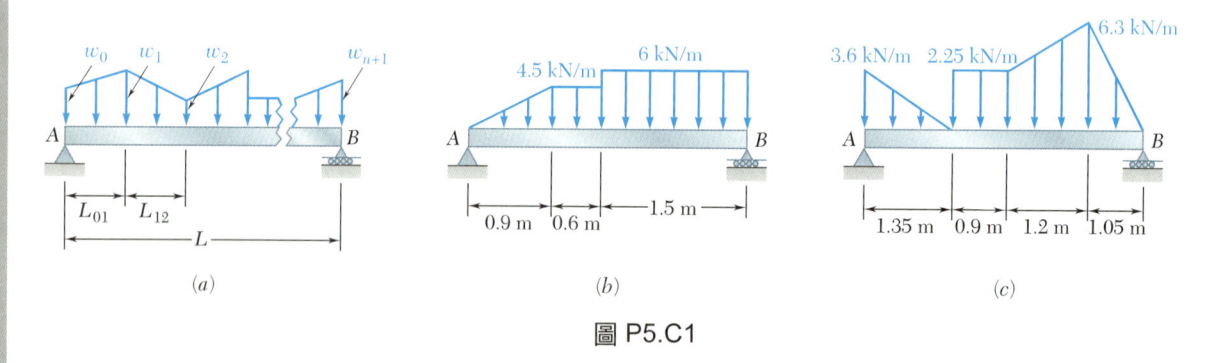

圖 P5.C1

5.C2 附圖所示的三維結構由五條等直徑的細鋼桿製成，寫一電腦程式計算結構的形心座標。利用這個程式計算以下各例：(a) $h = 12$ m、$R = 5$ m、$\alpha = 90°$；(b) $h = 570$ mm、$R = 760$ mm、$\alpha = 30°$；(c) $h = 21$ m、$R = 20$ m、$\alpha = 135°$。

圖 P5.C2

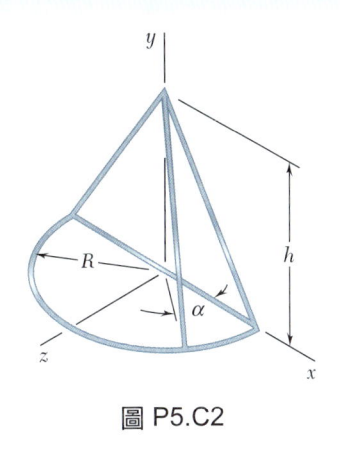

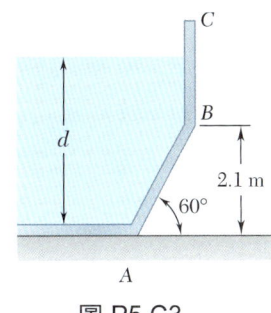

圖 P5.C3

5.C3 一無蓋水箱慢慢注滿水。(水的密度為 10^3 kg/m^3。) 寫一電腦程式計算水壓施加在水箱的側邊 ABC 的 1 m 寬區段的合力。試求當 d 從 0 到 3 m 的水壓合力，每 0.25 m 計算一點。

5.C4 將圖示的曲線以 10 條直區段近似，接著寫一電腦程式計算曲線區域的形心位置。利用這個程式計算以下各例： (a) $a = 20$ mm、$L = 220$ mm、$h = 50$ mm； (b) $a = 40$ mm、$L = 340$ mm、$h = 80$ mm； (c) $a = 100$ mm、$L = 240$ mm、$h = 20$ mm。

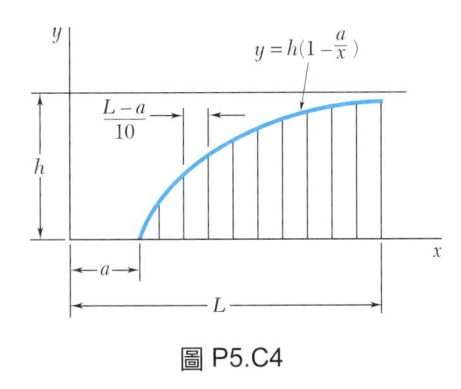

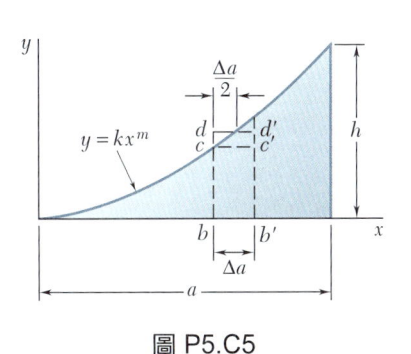

圖 P5.C4

圖 P5.C5

5.C5 將圖示的平面區域以一系列的 n 個寬度為 Δa 的長條區段 $bcc'b'$ 近似，接著寫一電腦程式計算曲線區域的形心位置。利用這個程式計算以下各例： (a) $m = 2$、$a = 80$ mm、$h = 80$ mm； (b) $m = 2$、$a = 80$ mm、$h = 500$ mm； (c) $m = 5$、$a = 80$ mm、$h = 80$ mm； (d) $m = 5$、$a = 80$ mm、$h = 500$ mm。試將每個情況所得結果與圖 5.8A 提供的精確解 $\bar{x}$ 與 $\bar{y}$ 比較，並列出誤差百分比。

285

5.C6 如習題 5.C5，但使用長條區段 $bdd'b'$。

*5.C7 一農夫請一群工程學生協助計算一池塘的水量。學生們先用細繩跨過池塘，建立一 0.5×0.5 m 的網格，接著記錄每個節點的水深，單位為 m (如下表)。寫一電腦程式計算 (a) 池塘的水量；(b) 水的重心位置。將每個 0.5×0.5 m 區域的深度近似為四個頂點水深的平均值。

中心

	1	2	3	4	5	6	7	8	9	10
1	...	...	...	...	0	0	0	...	...	...
2	...	...	0	0	0	1	0	0	0	...
3	...	0	0	1	3	3	3	1	0	0
4	0	0	1	3	6	6	6	3	1	0
5	0	1	3	6	8	8	6	3	1	0
中心 6	0	1	3	6	8	7	7	3	0	0
7	0	3	4	6	6	6	4	1	0	...
8	0	3	3	3	3	3	1	0	0	...
9	0	0	0	1	1	0	0	0	...	...
10	...	...	0	0	0	0	...	...	...	...

CHAPTER 6

結構分析

　　夜晚走過辛亥路口,瞥見路口這個複合式的路標與紅綠燈,仔細看看,熟悉感油然而生,這不就是靜力學課中教授教到的桁架嗎?後來又想想,這個看似桁架的東西其實不是桁架,想想桁架的定義:Composed only of two-force members,但是它兩側主要支撐的較粗的柱子並沒有在節點斷開,所以這並不是桁架的結構,而是構架,不過仔細觀察,它的設計方式跟課堂中學習的桁架真的十分相似,也難怪我一開始會有所誤會。

　　生活中的事物真的會與靜力學結合呢!看到課本中的東西栩栩如生地呈現在眼前,為行人與駕駛人維持秩序並指引方向,我決定幫它拍一張特寫,來紀念這個令人開心的發現。

(續)

台北市辛亥路口夜晚維持交通安全的構架。

思考問題：

1. 為何它要設計成構架的結構，而非桁架？

    我想從兩個部分來討論：一是強度，二是製造與組裝。

    強度部分，若是它如課本中的桁架設計，假設它的 m + r = 2n，那麼只要一根桿件斷裂，此架便無法達到靜平衡，很可能因此崩塌；假使 m + r > 2n，那即是當若干根桿件斷裂，達到 m + r < 2n 時，此架也可能崩塌，如果 2n 與 m + r 的差值不夠大，那麼這也是一個危險的設計；此處若原始情況 m + r < 2n 的情況不予討論，畢竟一般設計者不會如此設計。

    此處設計者巧妙地利用構架的概念為基礎，並以桁架的設計方式用以加強整個結構的強度，使整個架體更加堅固耐用。

    製造與組裝部分，我想如果它設計成桁架，勢必每個節點都要斷開，一來生產上不見得較為容易，更重的是在組裝時每個節點的校正會花上很多功夫，桁架的組裝也會花上比較多的時間。如果像本圖如此的話，至少一開始可以將兩邊較粗的柱子固定，如此便有鉛直向的參考了。

    總之，此處設計成構架比桁架要來得好上許多。

2. 整體來看，此架有沒有什麼設計不完善的地方，如何改善？

    令圖中斑馬線方向為 X 向，馬路方向為 Y 向，天地方向為 Z 向。若看 XZ 面的部分，個人覺得設計得不錯，感覺十分堅固；但若從 YZ 面方向著眼，我認為它的 Y 方向厚度並不是很足夠，若是來自平行 Y 方向的強風吹襲 (例如颱風)，那它是否會倒塌則是一個令人擔心的問題。以下我做出了一個簡單改善法：

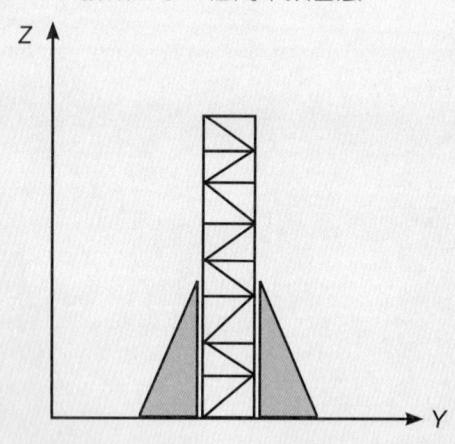

    如圖，我們可以在架的前後方加上肋材，如此若是承受 Y 向的強風吹襲，便能有較好支撐能力，這樣不但可以增加強度，我想也不會提高太多成本，應該算是頗為經濟的改善方式吧！

    ——唐大為

助教
你這幾天…都跑去哪鬼混了？
喔！這不是助教嗎？
為什麼都不來找我問問題？
原來助教這麼擔心我…
助教…
你知道我多久沒吃到你的蛋糕了嗎？
居然是蛋糕嗎？!

你該不會以為自己能讀懂靜力學了吧？
那要考考看嗎？
那你知道那個橋上的桁架的受力情形該怎麼看嗎？
桁…桁架…
呵呵…答不出來了吧？這樣你還敢說你已經懂了？
沒錯，像這樣由很多個長直桿件連接起來的結構，我們稱之為「桁架」。
而探討桁架的受力情形時，我們可以把構成桁架的每一個桿件拆開。因為桁架是不動的，所以用靜力平衡 $\Sigma F=0$, $\Sigma M=0$ 去看。
以 A 桿為例：
$\Sigma F_x=0$, $\Sigma F_{1,x}=F_{2,x}$
$\Sigma F_y=0$, $\Sigma F_{1,y}+F_{2,y}=w$
$\Sigma_M=0$,
$W\frac{L}{2}\cos\theta = F_{2,y}L\cos\theta + F_{2,x}L\sin\theta$
A θ C B L $F_{2,x}$ $F_{2,y}$ A $F_{1,y}$ $F_{1,x}$ W $F_{1,x}$ $F_{1,y}$ B $F_{3,y}$ W W $F_{3,y}$
那麼，以後還是要拿蛋糕過來喔！
好！

6.1 緒論 (Introduction)

前面幾章考慮的為單一剛體的平衡問題，僅涉及施加於剛體外部的力。本章將考慮多個零件連接而成的結構的平衡問題。這類問題不僅需考慮作用於結構的外力，也要求解各組合件之間的相互作用力。若將結構視為一個整體，則組合件間的作用力為**內力** (internal forces)。

例如：考慮圖 6.1a 中的負載為 W 的起重機。起重機由三梁 AD、CF 和 BE 組成，梁之間透過無摩擦的插銷 (pins) 連接。整個起重機則由 A 點插銷和纜繩 DG 支撐。起重機的自由體圖如圖 6.1b 所示。圖上顯示的外力有重力 $\mathbf{W}$、點 A 的支撐反力的兩個分量 $\mathbf{A}_x$ 和 $\mathbf{A}_y$，以及 D 的纜繩施加的張力 $\mathbf{T}$。起重機各零件有互相作用的內力，使其不致分離，這些力沒有出現在整體的自由體圖上。但若將起重機拆解，對各零件分別畫出自由體圖，則使三梁不致分開的力也會顯示在圖上，因為就單一零件的自由體而言，這些力為外力 (圖 6.1c)。

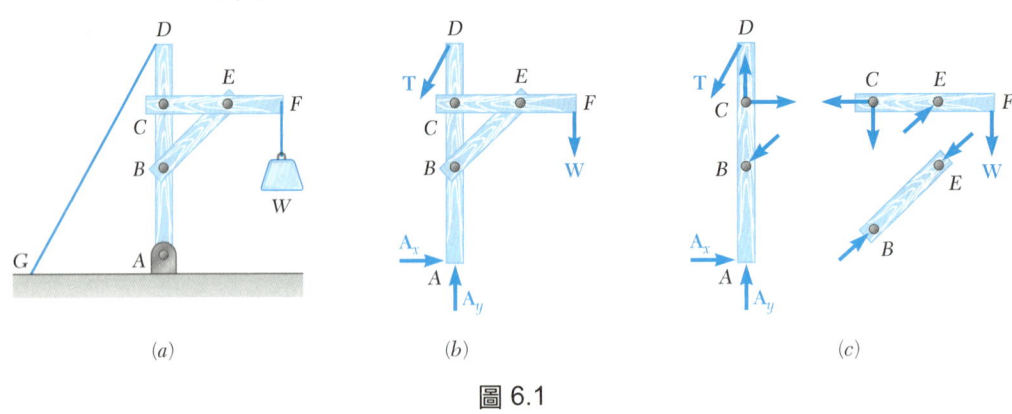

圖 6.1

注意桿件 BE 在點 B 作用於桿件 AD 的力，將與桿件 AD 作用於桿件 BE 上相同點的力大小相等且指向相反；BE 在點 E 作用於 CF 上的力與 CF 作用於 BE 的力大小相等且指向相反；CF 在點 C 作用於 AD 的力的分量與 AD 作用於 CF 的力的分量大小相等且指向相反。這種情形符合牛頓第三定律，即互相接觸的物體之間的作用力和反作用力的大小相等、具有相同的作用線，且指向相反。第一章中指出，此定律乃根據實驗結果得到，是基礎力學的六個基本原理之一，對於求解涉及多個物體連接的問題至關重要。

本章將考慮三類工程結構：

1. **桁架** (trusses)，設計來支撐負載，通常為靜止、完全拘束的結構。桁架僅包含兩端互相連接的直桿件。因此，組成桁架的桿件為二

力桿件，即桿件受兩個大小相等、指向相反，且沿桿件方向作用的力。
2. **構架** (frames)，也是設計來支撐負載，通常為靜止、完全拘束的結構。但如圖 6.1 的起重機，構架總是包含至少一個多力桿件，即桿件受三個以上的力作用，這些力通成作用線不在桿件方向。
3. **機具** (machines)，設計來傳遞和改變力，且結構中包含可移動的零件。如同零架，機具總是包含至少一個多力桿件。

照片 6.1　如圖示的是連接舊金山─奧克蘭海灣大橋引橋的插銷連接節點。

桁架 (Trusses)

6.2　桁架的定義 (Definition of a Truss)

桁架是一種主要的工程結構。對許多工程問題提供兼顧實用和經濟效益的解決方案，尤其廣為應用在設計橋梁和建築。圖 6.2a 為典型桁架的示意圖。桁架是由兩端點互相連接的多個直桿件組成。這些桿件僅在端點處連接，因此桿件中間沒有接點。例如，圖 6.2a 中的 AB 為兩桿件 AD 和 DB 連接而成，而不是單一桿件。實務上大部分結構是由數個桁架結合而成一個空間架構。其中每個桁架設計來承受作用在桁架平面上的負載，因此可視為一二維結構。

一般而言，組成桁架的桿件很細長，無法承受橫向負載。因此，所有的負載都必須加於節點 (joints) 上，而不能施加在桿件本身。有時需施加集中力於桿件的兩節點間，或桁架必須承受分布力時，例如橋梁的桁架，則必須另外加上由梁 (floor beams) 組成的地板系統 (floor system) 以將負載傳遞至節點 (圖 6.3)。

桁架自身的重量也假設由節點承受，每根桿件的重量由其兩端點平均承受。雖然實際應用時，兩桿件通常透過焊接或鉚接相連，但習慣上分析時可將其假設為插銷連接 (pinned)。因此，桁架桿件僅受單一力而沒有力矩。每一根桿件均可視為二力桿件，而桁架整體則由許多二力桿件和插銷組合而成 (圖 6.2b)。單一桿件的自由體圖為圖 6.4 中的兩種情況之一。圖 6.4a 中的兩力傾向於拉長桿件，而使桿件受張力 (in tension)；而圖 6.4b 中的兩力傾向於壓縮桿件、桿件受壓力 (in compression)。圖 6.5 中列出幾種常見的桁架。

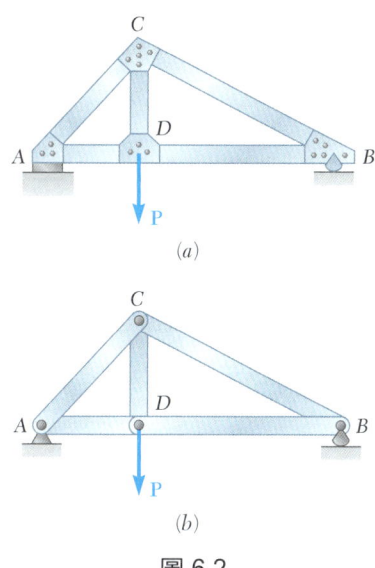

圖 6.2

圖 6.3

縱梁
底梁

圖 6.4

普拉特式　　郝式　　芬克式

典型屋頂桁架

普拉特式　　郝式　　華倫式

巴爾的摩式　　K 桁架

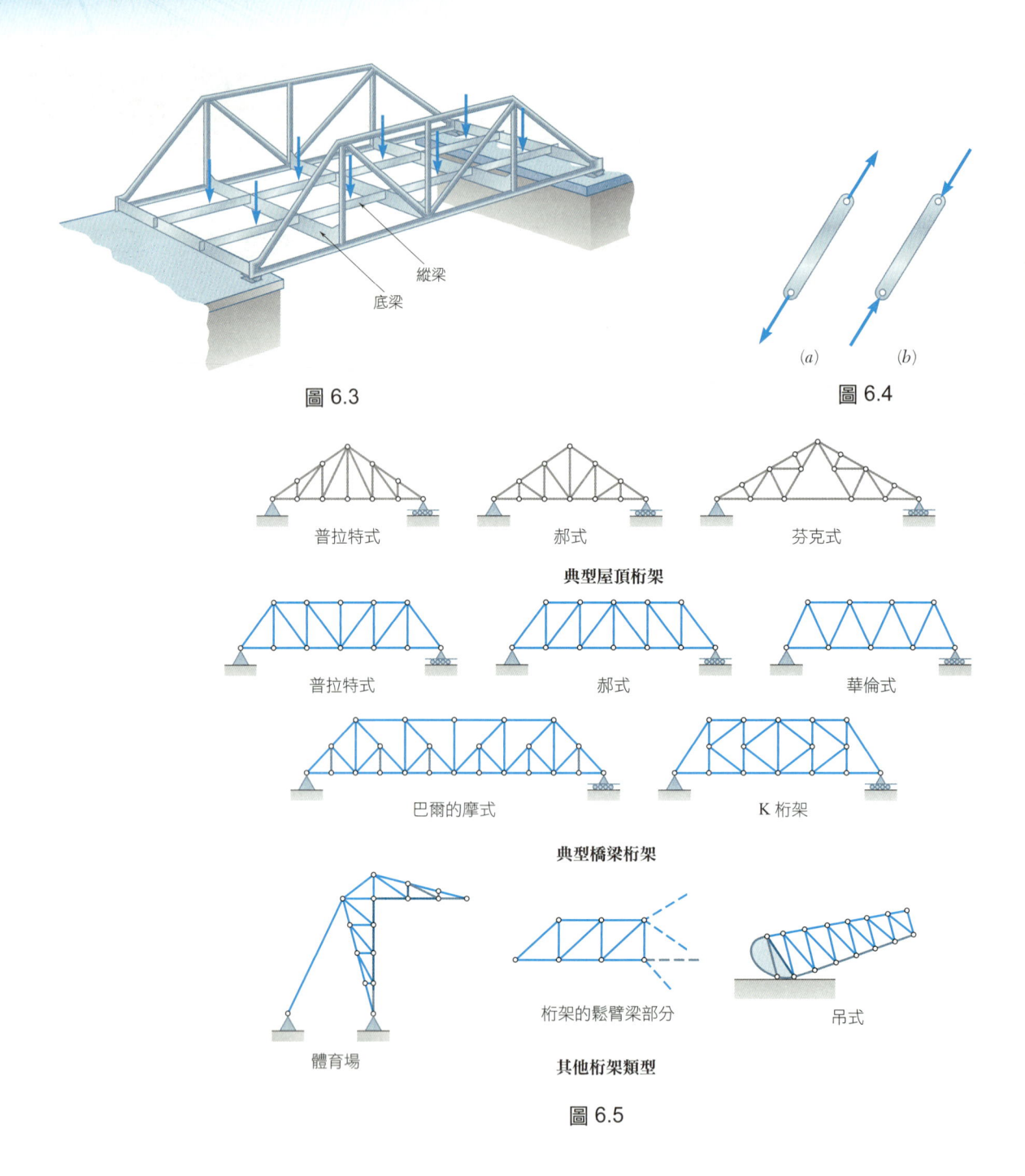

典型橋梁桁架

體育場　　桁架的鬆臂梁部分　　吊式

其他桁架類型

圖 6.5

6.3 簡單桁架 (Simple Trusses)

考慮圖 6.6a 的桁架，這個桁架由四根桿件透過插銷連接於 A、B、C 和 D 如果負載施加於 B，則桁架將會產生極大變形，甚至整個垮

(a)　(b)　(c)　(d)

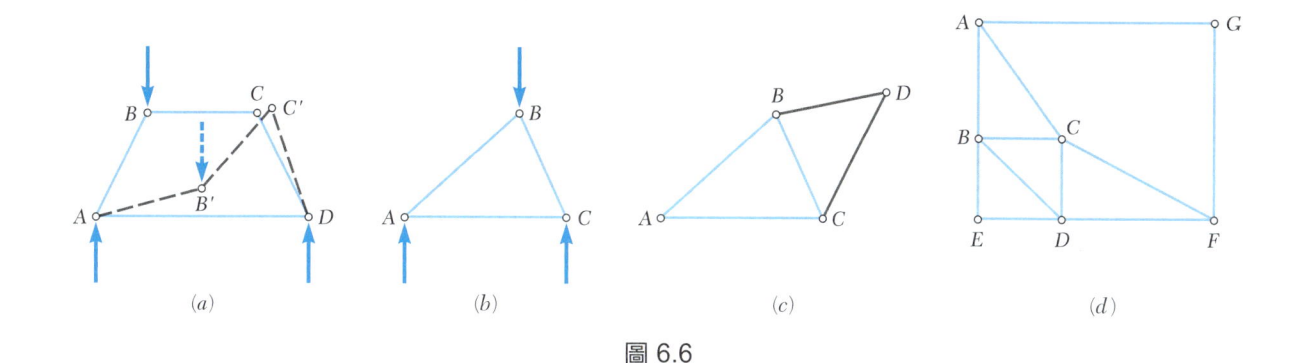

圖 6.6

掉。相對而言，圖 6.6b 中的桁架由三根桿件透過插銷連接於 A、B 和 C，若同樣負載施加於 B，則桁架只會有輕微變形。唯一可能的變形是桿件長度的些微變化。圖 6.6b 的桁架稱為**剛性桁架** (rigid truss)。這裡的剛性表示桁架受力時不會整個垮掉。

如圖 6.6c 所示，若於圖 6.6b 的三角形桁架上另加兩根桿件 BD 和 CD，可得到一個較大的剛性桁架。只要每次加上的兩根新桿件連接於同一個新節點，則不管重複幾次以上步驟，所得的新桁架仍為剛性。以這種方式建構的桁架稱為**簡單桁架** (simple truss)。

照片 6.2　兩個 K 桁架為運送橋 (movable bridge) 的主要元件，用來運送大量礦沙。桁架下方吊著運送桶，裝運礦沙，卸下徹底混合後，再將礦沙送到工廠煉鋼。

需注意的是，簡單桁架未必只由三角形構成。例如圖 6.6d 的桁架雖然不全為三角形，但是一個簡單桁架，因為可由上述步驟由三角形 ABC 逐次加上節點 D、E、F 和 G 建構得到。另一方面，剛性桁架不一定是簡單桁架，雖然看起來全由三角形組成。例如圖 6.5 中的芬克式 (Fink) 和巴爾的摩式 (Baltimore) 桁架，因為無法由上述步驟得到，因此不是簡單桁架。透過簡單的檢驗，即可確認圖 6.5 中的其他桁架是簡單桁架。(K 桁架的起始三角形應選擇中間兩個三角形之一。)

回到圖 6.6，我們注意到圖 6.6b 所示的基本三角形桁架有三根桿件和三個節點。圖 6.6c 中的桁架多了兩根桿件和一個節點，共有五根桿件和四個節點。觀察可知，每次加上兩根桿件，則節點數目加一，因此簡單桁架的桿件數 $m = 2n - 3$，其中 n 為節點數。

6.4　平面桁架的分析——節點法 (Analysis of Trusses by the Method of Joints)

由第 6.2 節討論可知，一桁架為多個插銷以及二力桿件所組成。

照片 6.3 如圖示的屋頂桁架只需在端點支撐，因此可建構有大面積無阻礙的建築，不用擔心房屋中間有柱子的阻礙。

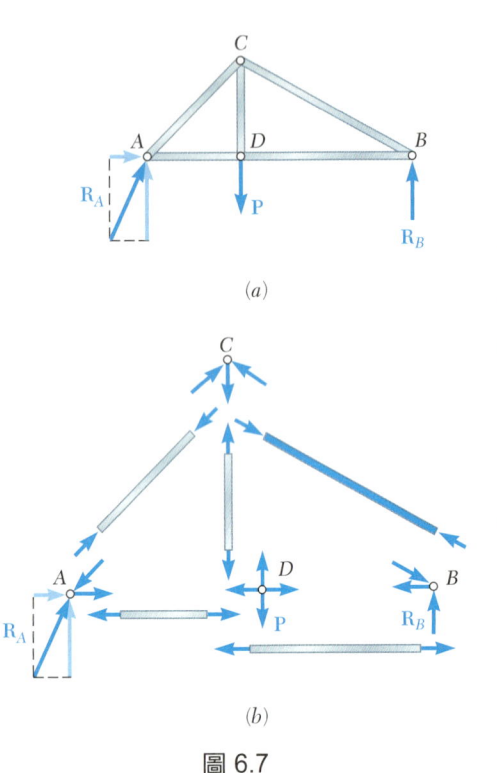

圖 6.2 的桁架的自由體圖如圖 6.7a 所示，可進一步對每根桿件畫出自由體圖 (圖 6.7b)。每根桿件受兩個力作用，桿件的每個端點各有一力；這兩力的大小相等、作用線相同，且指向相反 (第 4.6 節)。此外，牛頓第三定律指出桿件和插銷之間的作用力與反作用力的大小相等且反向。因此，桿件施加於插銷上的兩力必定沿桿件，且大小相等、方向相反。這兩力的大小值為純量，通常稱為**桿件內的力**。因為桁架所有桿件的內力作用線都已知，桁架的分析即簡化為僅需計算各桿件的力的大小，以及是張力或是壓力。

因為整個桁架處於力平衡，每個插銷也必定力平衡。因此可畫出插銷的自由體圖，寫下兩條平衡方程式 (第 2.9 節)。如果桁架有 n 個插銷，則總共會有 $2n$ 個方程式，而這些方程式可用來解 $2n$ 個未知數。以簡單桁架為例，$m = 2n - 3$，即 $2n = m + 3$，因此利用插銷的自由體圖可求解 $m + 3$ 個未知數。亦即利用桁架所有插銷的自由體圖可求得每根桿件的內力，以及反力 $\mathbf{R}_A$ 的兩個分量與反力 $\mathbf{R}_B$。

由於整個桁架為剛體，如圖 6.7a 的自由體圖，可得到另外三個方程式。但這三個方程式並沒有提供新的資訊，且和前述插銷的方程式並不互相獨立。儘管如此，利用這三個方程式，可以很快求得支撐的反力。由於簡單桁架中的桿件和插銷的特殊排列，我們總是可以找到某些僅有兩未知力作用的節點。而這兩未知數可利用第 2.11 節的方法解出。再用解出的力來求相鄰節點的其他未知力。重複上述步驟對節點逐一求解，即可得到所有桿件的內力。

例如圖 6.7 的桁架，考慮從只有兩未知力的節點著手，但所有插銷都至少受三個未知力。因此，必須先畫出整個桁架的自由體圖，再利用平衡方程式解出支撐的反力 $\mathbf{R}_A$ 和 $\mathbf{R}_B$。

節點 A 的未知力數目因此減少成兩個，這兩個未知力可利用插銷 A 的力平衡解出。反力 $\mathbf{R}_A$ 和桿件 AC 桿件 AD 分別作用於插銷 A 的力 $\mathbf{F}_{AC}$ 和 $\mathbf{F}_{AD}$ 必定形成一個力三角。首先先畫出 $\mathbf{R}_A$ (圖 6.8)；注意 $\mathbf{F}_{AC}$ 和 $\mathbf{F}_{AD}$ 的作用線分別沿著 AC 和 AD，完成力三角後，即可求出 $\mathbf{F}_{AC}$ 和 $\mathbf{F}_{AD}$ 的大小和指向。$\mathbf{F}_{AC}$ 和 $\mathbf{F}_{AD}$ 的大小代表桿件 AC 和

圖 6.7

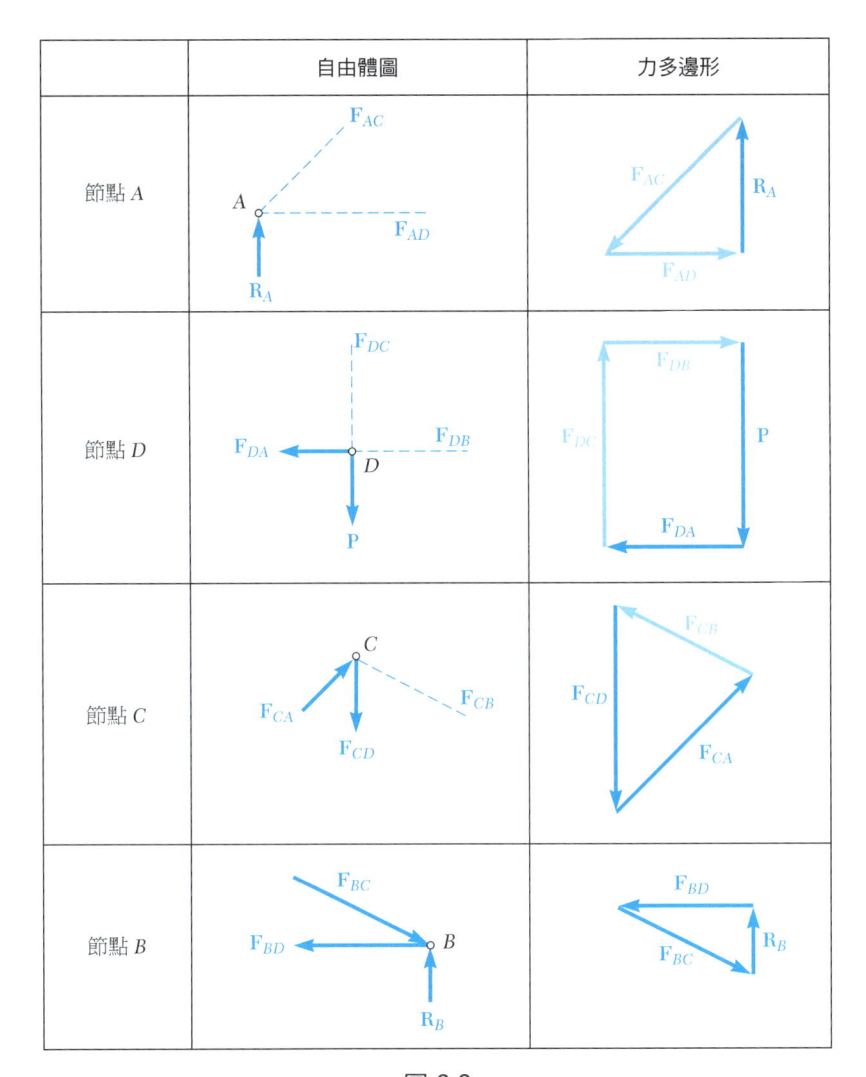

	自由體圖	力多邊形
節點 A		
節點 D		
節點 C		
節點 B		

圖 6.8

AD 的內力。因為 $\mathbf{F}_{AC}$ 指向左下的節點 A，表示桿件 AC 推向插銷 A 且桿件本身受壓力。因為 $\mathbf{F}_{AD}$ 指離節點 A，表示桿件 AD 拉離插銷 A 且桿件本身受拉力。

接著進行節點 D，此時只有兩個未知數 $\mathbf{F}_{DC}$ 和 $\mathbf{F}_{DB}$。其他力還有已知的 P 和桿件 AD 作用在插銷的力 $\mathbf{F}_{DA}$。如前所述，$\mathbf{F}_{DA}$ 和相同桿件施加在插銷 A 的力 $\mathbf{F}_{AD}$ 的大小相等且指向相反。以此如圖 6.8 所示，可畫出節點 D 的力多邊形，並求出 $\mathbf{F}_{DC}$ 和 $\mathbf{F}_{DB}$。然而，當超過三力時，較方便的作法是解平衡方程式 $\Sigma F_x = 0$ 和 $\Sigma F_y = 0$，以求得兩個未知力。因為解出的兩力均指離節點 D，桿件 DC 和 DB 均拉離插銷，並受張力。

圖 6.9

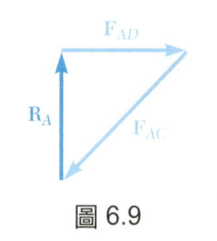

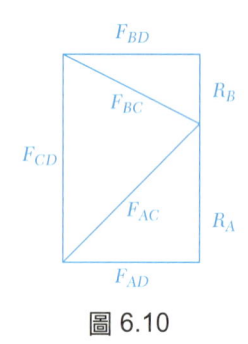

圖 6.10

接著，考慮節點 C；圖 6.8 為 C 的自由體圖。$\mathbf{F}_{CD}$ 和 $\mathbf{F}_{CA}$ 均已求出，唯一未知力是 $\mathbf{F}_{CB}$。因為每一插銷可提供足夠資訊求解兩個未知數，我們可利用這個節點做驗算。畫出力三角形，求出 $\mathbf{F}_{CB}$ 的大小和指向。因為 $\mathbf{F}_{CB}$ 指向節點 C，桿件 CB 推向插銷 C 而受壓力。再檢查力 $\mathbf{F}_{CB}$ 的確和桿件 CB 平行。

節點 B 上的所有力均已知。因為插銷處於力平衡，故力三角必定頭尾相接，再次確認上述計算無誤。

需注意的是圖 6.8 中的力多邊形並不唯一，可以有多種畫法。例如節點 A 對應的力三角也可畫成如圖 6.9 所示。圖 6.8 中的三角形是以 R_A、$\mathbf{F}_{AC}$ 和 $\mathbf{F}_{AD}$ 三力頭尾相接，而其作用線成逆時針旋轉。圖 6.8 中其他力多邊形可以類似方法畫出，這些圖可拼成如圖 6.10 的單一圖。這種圖稱為**馬克思威圖** (Maxwell's diagram)，對桁架問題的**圖形分析** (graphical analysis) 有很大的助益。

*6.5 受特殊負載的節點 (Joints Under Special Loading Conditions)

圖 6.11a 中的節點連接四根桿件，桿件兩兩相接成直線。圖 6.11b 的自由體圖顯示插銷 A 受兩對指向相反的力作用。因此對應的力多邊形必定是一個平行四邊形 (圖 6.11c)，且相對的兩桿件的內力大小相等。

接著考慮圖 6.12a，其中節點連接三根桿件，並受一負載 $\mathbf{P}$。其中兩根桿件成一直線，且負載 $\mathbf{P}$ 沿第三根桿件作用。插銷 A 的自由體圖和對應的力多邊形與圖 6.11b 和 c 相同，只是其中的 $\mathbf{F}_{AE}$ 換成 $\mathbf{P}$。因此，兩相對桿件的力大小相等，而第三根桿件的力必定等於 $\mathbf{P}$。圖 6.12b 為一個有趣的特例，這裡的 $P = 0$，因此桿件 AC 的力等於零，稱為**零力桿件** (zero-force member)。

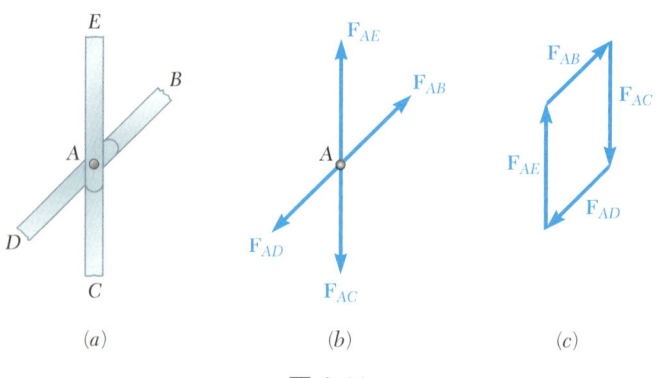

(a)　　　　(b)　　　　(c)

圖 6.11

現在考慮只連接兩桿件的節點。從第 2.9 節得知，若一質點只受兩力作用，且這兩力大小相等、作用線相同且指向相反，則該質點處於力平衡。如圖 6.13a 連接兩桿件 AB 和 AD 的節點，AB 和 AD 成一直線，若插銷 A 力平衡，則兩桿件的力必定大小相等。圖 6.13b 中除非兩桿件的力均為零，否則插銷 A 無法平衡。因此，以圖 6.13b 方式連接的桿件為零力桿件。

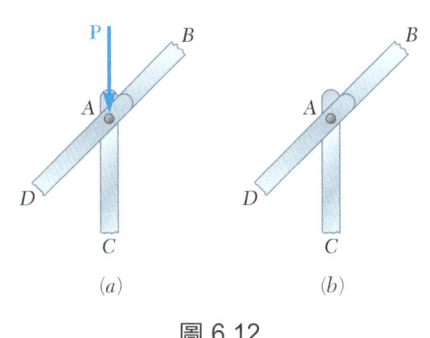

解題前若能先判斷哪些節點受特殊負載，可加速桁架的分析。例如考慮圖 6.14 中的郝式 (Howe) 桁架。以灰色表示的桿件為零力桿件。節點 C 連接三根桿件，其中兩根桿件成一直線，而且沒有外力作用，因此桿件 BC 是零力桿件。同理，觀察節點 K，桿件 JK 也是零力桿件。節點 J 情況與節點 C 和 K 相同，桿件 IJ 必定是零力桿件。檢視節點 C、J 和 K 顯示桿件 AC 和 CE 的力相等；桿件 HJ 和 JL 的力相等；桿件 IK 和 KL 的力相等。接著觀察節點 I，外力 20 kN 和桿件 HI 共線，故桿件 HI 的力為 20 kN (張力)，且桿件 GI 和 IK 的力相等。歸納得到桿件 GI、IK 和 KL 的力均相等。

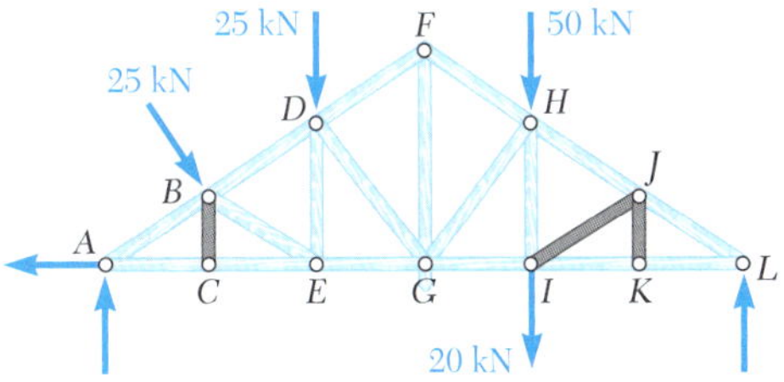

需注意上述條件並不適用於圖 6.14 的節點 B 和 D，不可假設桿件 DE 的力為 25 kN 或是桿件 AB 和 BD 的力相等。欲得這些桿件以及其餘桿件的力，則必須分別對節點 A、B、D、E、F、G、H 和 L 做自由體圖和力平衡。因此，為避免判斷失誤導致後續分析錯誤，在完全熟悉特殊負載節點的規則前，還是依照標準作法逐一對各節點畫自由體圖、寫下對應的平衡方程式求解。

最後關於零力桿件的一點說明：零力桿件於桁架中有重要功用。例如儘管圖 6.14 中的零力桿件本身沒有受力，但若桁架負載情況改變，則這些桿件有可能會受力。此外，實際應用時桿件本身有重量 (桁架分析時假設為零)，這些零力桿件有助於支撐分析時未考慮的重力和其他不完美情況，以維持桁架的原始形狀。

圖 6.12

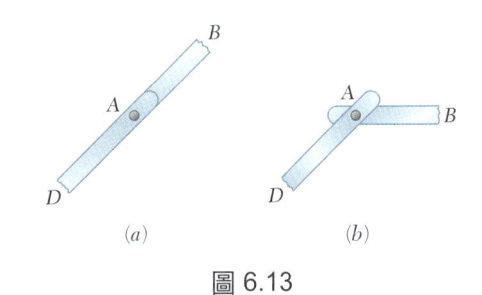

圖 6.13

圖 6.14

*6.6 空間桁架 (Space Trusses)

當幾根直桿件於端點連接成三維構造時，這個結構稱為空間桁架。

照片 6.4 三維 (空間) 桁架可用來作為廣播和電塔使用，也可用在屋頂、太空艙等處，如國際太空站 (International Space Station) 的元件。

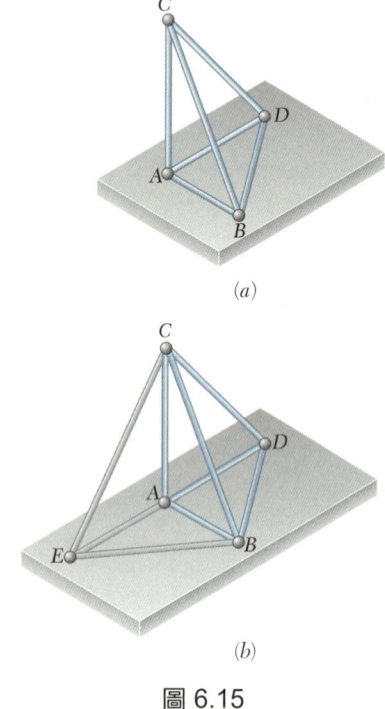

回顧第 6.3 節，最基本的二維剛性桁架包含三根於端點相接的桿件，形成一個三角形。若逐次加上兩根桿件，並使其相連於一個新的節點，以此方法可得較大的剛性結構，定義為簡單桁架。同理，最基本的剛性空間桁架包含六根於端點連接的桿件，形成一個四面體 *ABCD* (圖 6.15a)。接著加上三根桿件，例如 *AE*、*BE* 和 *CE*，並將其連接至新增的一個節點，得到的較大的剛性結構定義為**簡單空間桁架** (simple space truss) (圖 6.15b)。觀察發現，基本的四面體有六根桿件和四個節點，每次加上三根桿件時，節點的數目加一，因此得到以下結論：簡單空間桁架的桿件總數 $m = 3n - 6$，其中 n 是節點總數。

如果空間桁架為完全拘束且其支撐反力為靜定，則支撐應提供六個未知反力，支撐種類則可以是球 (balls)、滾輪 (rollers)、球/球窩 (balls/sockets) 或其組合 (第 4.9 節)。這些未知反力可由整個桁架的六個力平衡方程式解出。

雖然實際應用中，空間桁架的桿件是以焊接或螺栓鎖緊相連，在分析時常假設每個節點均為球－球窩連接。因此，桿件不受力矩，可視為二力桿件。每個節點的平衡條件可以下面三式表示：$\Sigma F_x = 0$、$\Sigma F_y = 0$ 和 $\Sigma F_z = 0$。對一有 n 節點的簡單空間桁架的每一節點寫下平衡方程式，共可得到 $3n$ 條式子。又 $m = 3n - 6$，這些式子足以求出所有未知力 (m 跟桿件的力，加上支撐的六個反力)。當然，求解時應先選擇不超過三個未知力的節點，以避免解聯立方程式。

圖 6.15

範例 6.1

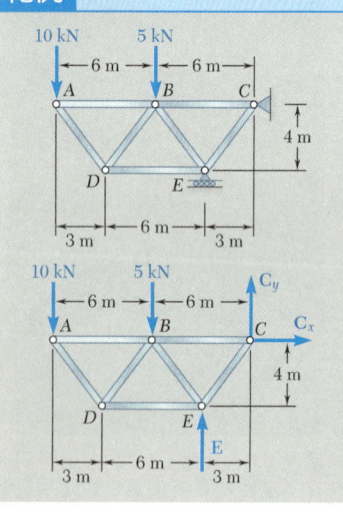

利用節點法求附圖所示桁架的各桿件的內力。

解

自由體：整個桁架。 先畫出整個桁架的自由體圖，作用在自由體的外力有施加的負載以及 *C* 與 *E* 的反力。寫下平衡方程式如下

$+\circlearrowleft \Sigma M_C = 0$: $(10 \text{ kN})(12 \text{ m}) + (5 \text{ kN})(6 \text{ m}) - E(3 \text{ m}) = 0$
$E = +50 \text{ kN}$　　　　　　**E** = 50 kN ↑

$\xrightarrow{+} \Sigma F_x = 0$:　　　　　　　　　　　　　　　　　　　　　**C**$_x$ = 0

$+\uparrow \Sigma F_y = 0$:　　$-10 \text{ kN} - 5 \text{ kN} + 50 \text{ kN} + C_y = 0$
$C_y = -35 \text{ kN}$　　　　　　　**C**$_y$ = 35 kN ↓

自由體：節點 A。 此節點的未知力只有兩個，即桿件 AB 與 AD 分別施加在節點上的力。可利用力三角求 $\mathbf{F}_{AB}$ 與 $\mathbf{F}_{AD}$。請注意桿件 AB 拉離節點，因此受張力；而桿件 AD 推向節點，因此受壓力。由比例關係可求得兩未知力的大小，如下

$$\frac{10 \text{ kN}}{4} = \frac{F_{AB}}{3} = \frac{F_{AD}}{5}$$

$$F_{AB} = 7.5 \text{ kN } T$$
$$F_{AD} = 12.5 \text{ kN } C$$

自由體：節點 D。 由於已經求得桿件 AD 施加的力，故此節點僅剩兩未知力。再次利用力三角，求桿件 DB 與 DE 的未知力大小。

$$F_{DB} = F_{DA} \qquad F_{DB} = 12.5 \text{ kN } T$$
$$F_{DE} = 2(\tfrac{3}{5})F_{DA} \qquad F_{DE} = 15 \text{ kN } C$$

自由體：節點 B。 由於超過三個力作用在此節點，這裡利用平衡方程式 $\Sigma F_x = 0$ 與 $\Sigma F_y = 0$ 解兩未知力 $\mathbf{F}_{BC}$ 與 $\mathbf{F}_{BE}$。先假設兩未知力均拉離節點，即桿件受張力。最後得到 F_{BC} 值為正，表示假設正確；F_{BE} 的值為負，表示假設錯誤，因此桿件 BE 受壓力。

$+\uparrow \Sigma F_y = 0$: $\quad -5 \text{ kN} - \tfrac{4}{5}(12.5 \text{ kN}) - \tfrac{4}{5}F_{BE} = 0$
$\qquad\qquad\qquad F_{BE} = -18.75 \text{ kN} \qquad F_{BE} = 18.75 \text{ kN } C$

$\xrightarrow{+} \Sigma F_x = 0$: $\quad F_{BC} - 7.5 \text{ kN} - \tfrac{3}{5}(12.5 \text{ kN}) - \tfrac{3}{5}(18.75 \text{ kN}) = 0$
$\qquad\qquad\qquad F_{BC} = +26.25 \text{ kN} \qquad F_{BC} = 26.25 \text{ kN } T$

自由體：節點 E。 先假設未知力 $\mathbf{F}_{EC}$ 拉離節點，將 x 分量相加，得到

$\xrightarrow{+} \Sigma F_x = 0$: $\quad \tfrac{3}{5}F_{EC} + 15 \text{ kN} + \tfrac{3}{5}(18.75 \text{ kN}) = 0$
$\qquad\qquad\qquad F_{EC} = -43.75 \text{ kN} \qquad F_{EC} = 43.75 \text{ kN } C$

將 y 分量相加，驗算所得結果是否正確。

$+\uparrow \Sigma F_y = 50 \text{ kN} - \tfrac{4}{5}(18.75 \text{ kN}) - \tfrac{4}{5}(43.75 \text{ kN})$
$\qquad\qquad = 50 \text{ kN} - 15 \text{ kN} - 35 \text{ kN} = 0 \qquad$ (驗算)

自由體：節點 C。 將計算得到的 $\mathbf{F}_{CB}$ 與 $\mathbf{F}_{CE}$ 代入節點平衡方程式，可求得反力 $\mathbf{C}_x$ 與 $\mathbf{C}_y$。由於先前整個桁架自由體時已計算出此反力，此處可驗算結果。也可直接檢查作用在節點的所有力 (桿件力與反力) 是否保持平衡：

$\xrightarrow{+} \Sigma F_x = -26.25 \text{ kN} + \tfrac{3}{5}(43.75 \text{ kN}) = -26.25 \text{ kN} + 26.25 \text{ kN} = 0$ (驗算)
$+\uparrow \Sigma F_y = -35 \text{ kN} + \tfrac{4}{5}(43.75 \text{ kN}) = -35 \text{ kN} + 35 \text{ kN} = 0 \qquad$ (驗算)

重點提示

本節中學到使用節點法求解簡單桁架中桿件的力。簡單桁架是由一基本三角形桁架擴增而成，方法是逐次加上兩根連接於一新節點的新桿件。

解題過程包含以下步驟：

1. 畫出整個桁架的自由體圖，再依此求出支撐反力。
2. 找出只連接兩根桿件的節點，畫出節點的自由體圖。利用自由體圖求出兩根桿件的未知力。如果節點只受三力作用，其中兩力未知、另一力已知，則可藉由畫出力三角形來求解未知力。但若超過三力，則應對插銷寫下平衡方程式 $\Sigma F_x = 0$、$\Sigma F_y = 0$，可先假設桿件受張力，若解出的值為負表示桿件受壓力。接著在圖上標示出力的數值以及 T（表示受張力）或 C（表示受壓力）。
3. 接著找出只有兩未知力的節點。畫出節點的自由體圖，再用上述方法求出兩未知力。
4. 重複上述步驟，直到求得桁架中所有桿件的力。因為最初已使用整個桁架的自由體圖的三個平衡方程求解支撐反力，最後應該會有三個額外方程式。可利用這額外方程式來驗算。
5. 第一個節點的選擇並不唯一。一旦求出支撐反力，可選用兩節點之一進行分析。範例 6.1 中，先分析節點 A，接著逐次分析節點 D、B、E 和 C；也可先分析節點 C，再逐次分析節點 E、B、D 和 A。另一方面，某些情況下也有可能選了第一個節點開始分析，卻發現未知數太多而無法進行。此時必須選擇其他節點重新分析。

請記住簡單桁架的分析總是可由節點法完成。也請於計算前先勾勒出求解步驟。

習 題

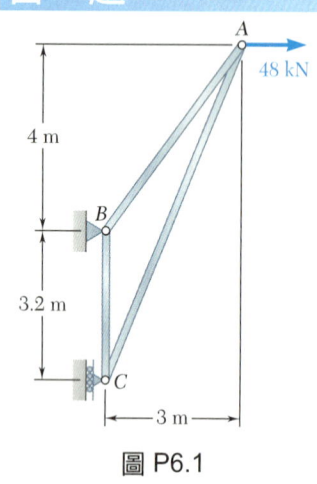

6.1 至 6.8 利用節點法求附圖所示桁架中各桿件的力，並指出桿件是受拉力或壓力。

圖 P6.1

圖 P6.2

圖 P6.3

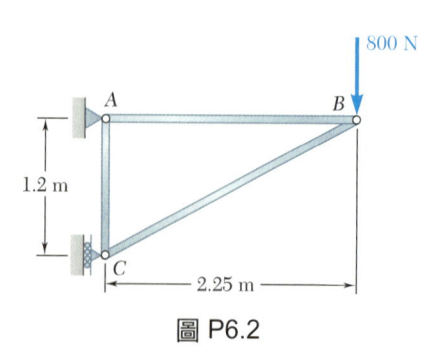

圖 P6.4

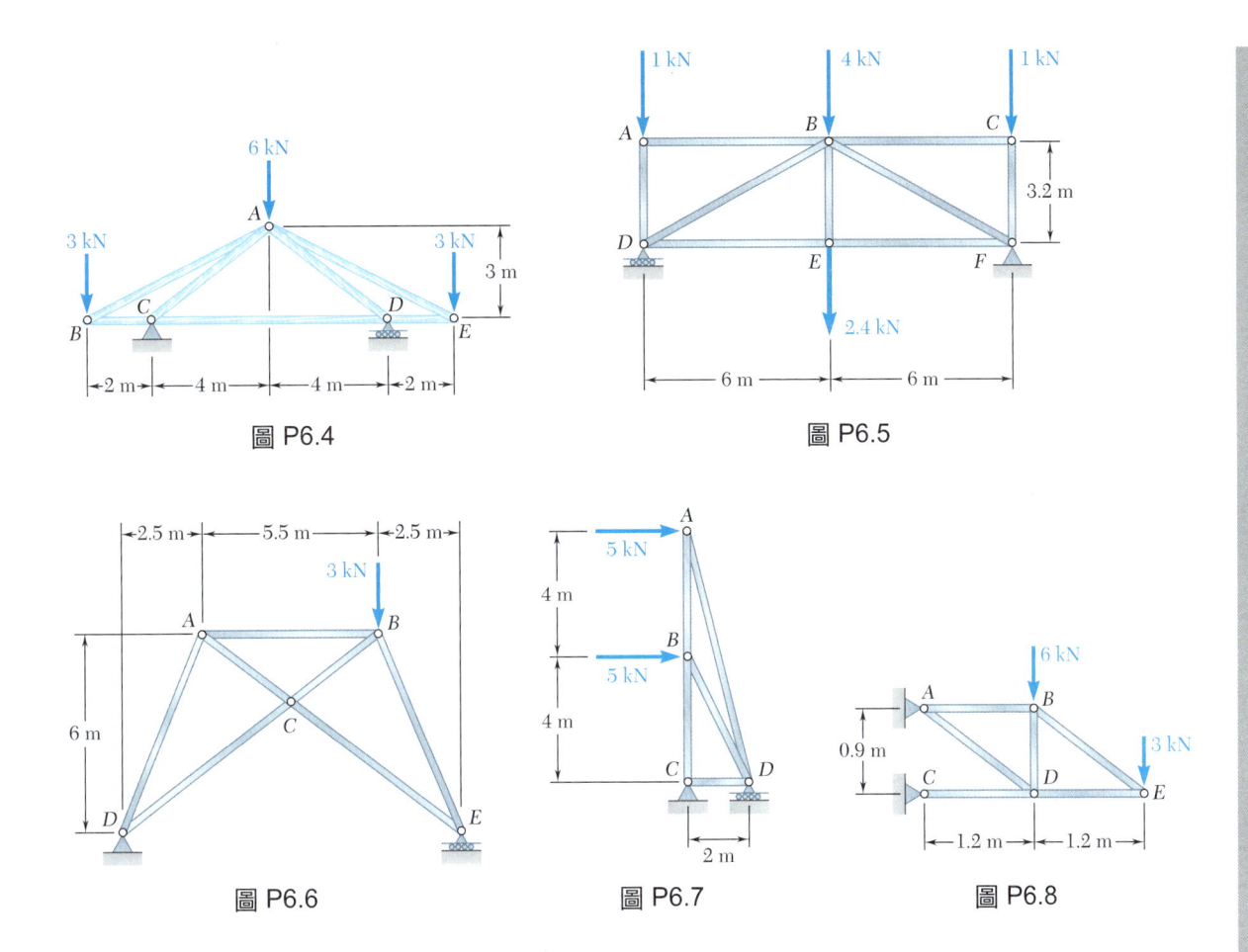

圖 P6.5

圖 P6.6

圖 P6.7

圖 P6.8

6.9 試求附圖所示的甘布里式 (Gambrel) 屋頂桁架各桿件的力，並指出桿件是受拉力或壓力。

6.10 試求附圖所示的郝式 (Howe) 屋頂桁架各桿件的力，並指出桿件是受拉力或壓力。

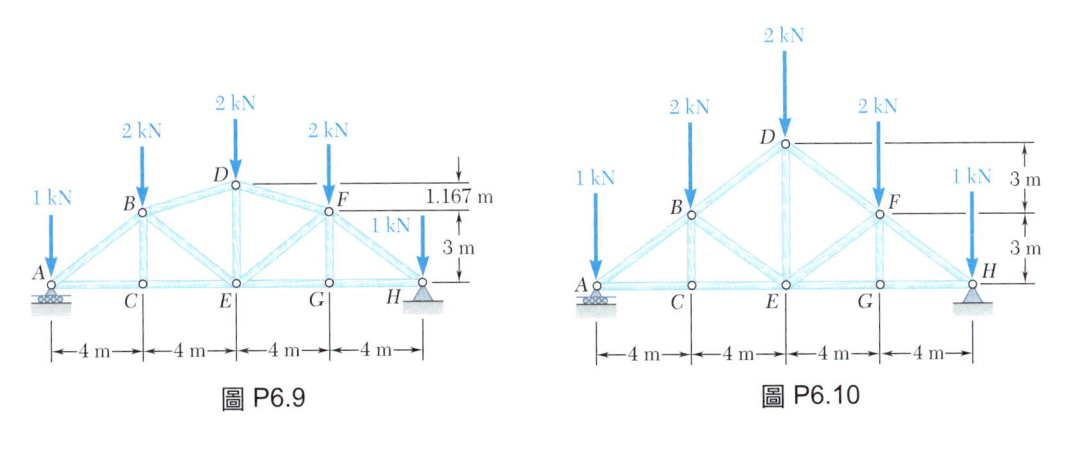

圖 P6.9

圖 P6.10

6.11 試求附圖所示的普拉特式 (Pratt) 屋頂桁架各桿件的力，並指出桿件是受拉力或壓力。

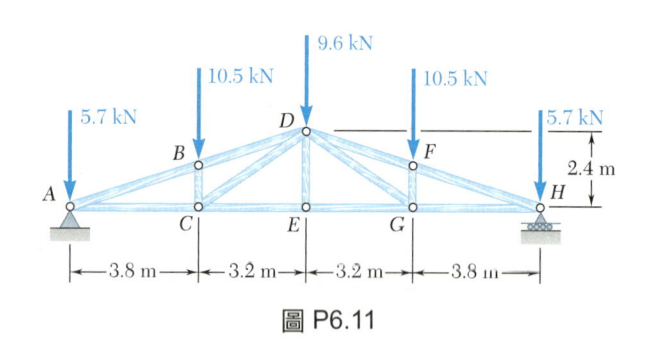

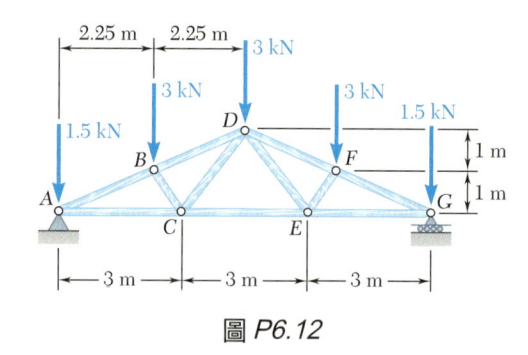

圖 P6.11

圖 P6.12

6.12 試求附圖所示的芬克式 (Fink) 屋頂桁架各桿件的力，並指出桿件是受拉力或壓力。

6.13 試求附圖所示的雙坡式 (double-pitch) 屋頂桁架各桿件的力，並指出桿件是受拉力或壓力。

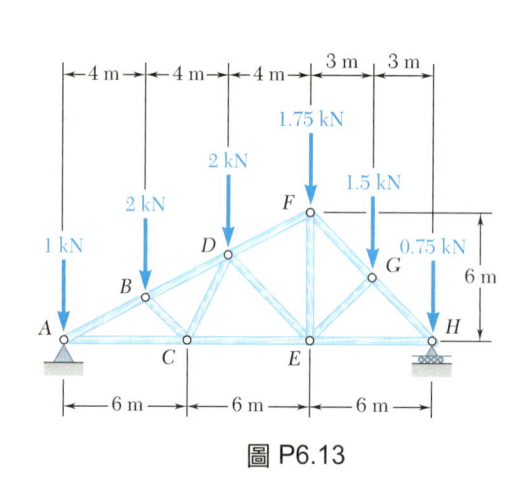

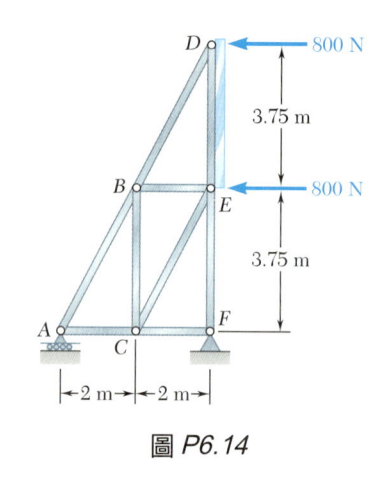

圖 P6.13

圖 P6.14

6.14 某廣告面板有多個支撐桁架，其中之一如附圖所示。若風力負載等效於圖示的兩力，試求桁架中各桿件的力，並指出桿件是受拉力或壓力。

6.15 某工作室屋頂桁架如附圖所示，試求位於線 FGH 左側各桿件的力，並指出桿件是受拉力或壓力。

6.16 某工作室屋頂桁架如附圖所示，試求位於線 FG 右側各桿件的力 (包括桿件 FG)，並指出桿件是受拉力或壓力。

圖 P6.15 與 *P6.16*

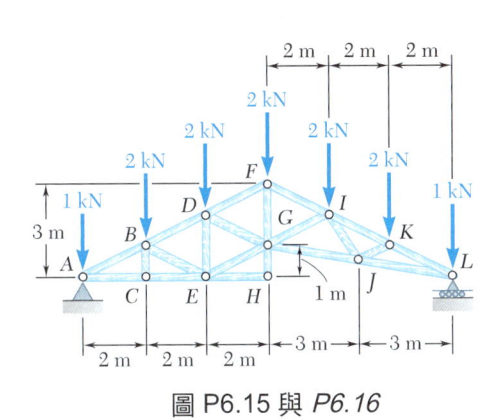

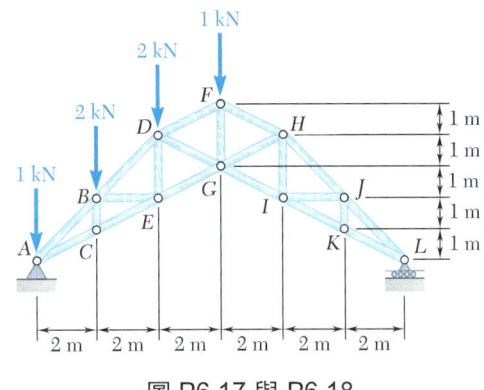

圖 P6.17 與 P6.18

6.17 某剪刀式 (scissors) 屋頂桁架如附圖所示，試求位於線 *FG* 左側各桿件的力，並指出桿件是受拉力或壓力。

6.18 某剪刀式 (scissors) 屋頂桁架附圖所示，試求位於線 *FG* 右側各桿件的力(包括桿件 *FG*)，並指出桿件是受拉力或壓力。

6.19 試求附圖所示的華倫式 (Warren) 橋梁桁架各桿件的力，並指出桿件是受拉力或壓力。

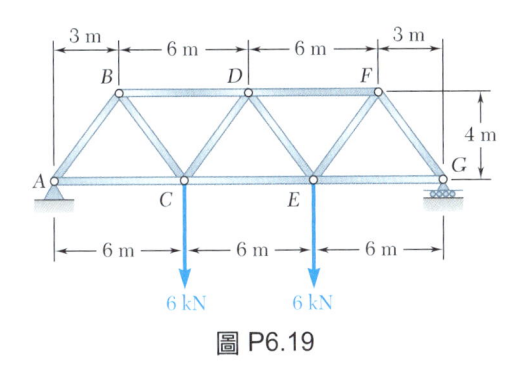

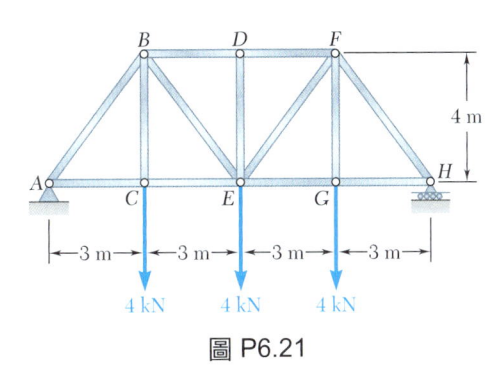

圖 P6.19

圖 P6.21

6.20 如習題 6.19，但移除作用於 *E* 的負載。

6.21 試求附圖所示的芬克式 (Fink) 桁架各桿件的力，並指出桿件是受拉力或壓力。

6.22 如習題 6.21，但移除作用於 *E* 的 2.8 kN 負載。

6.23 附圖所示的桁架為某電塔的上半部，試就所示的負載，求 *HJ* 上方各桿件的力，並指出桿件是受拉力或壓力。

6.24 如習題 6.23，若已知 $F_{CH} = F_{EJ} = 1.2$ kN (壓力)，且 $F_{EH} = 0$，試

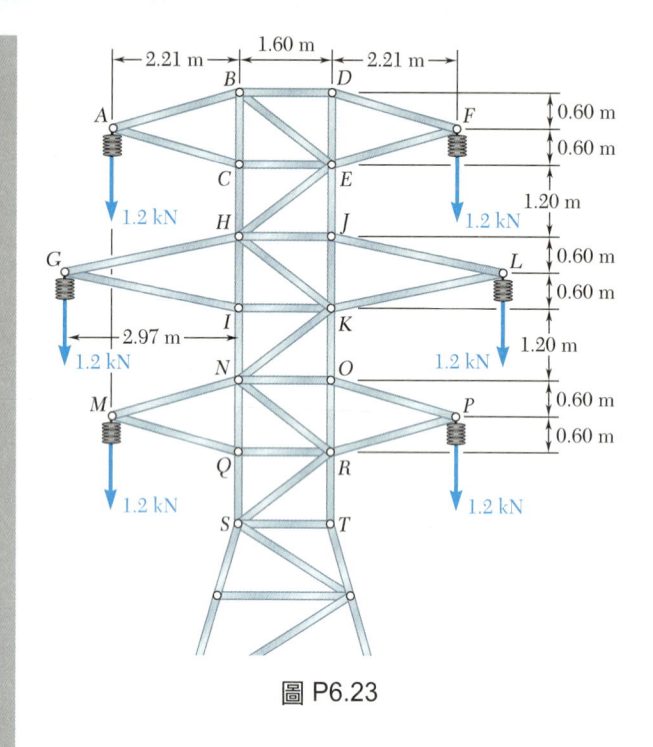

求桿件 HJ 以及位於 HJ 與 NO 之間各桿件的力，並指出桿件是受拉力或壓力。

6.25 如習題 6.23，但假設電塔右側的纜繩掉落地面。

6.26 一桁架如附圖所示，試求連接節點 A 至節點 F 之各桿件的力，並指出桿件是受拉力或壓力。

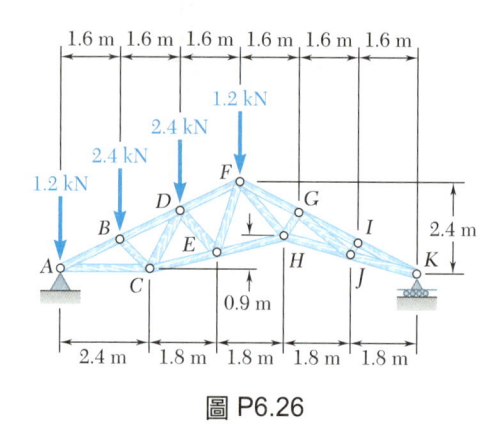

圖 P6.23

圖 P6.26

6.27 試求附圖所示的桁架各桿件的力，並指出桿件是受拉力或壓力。

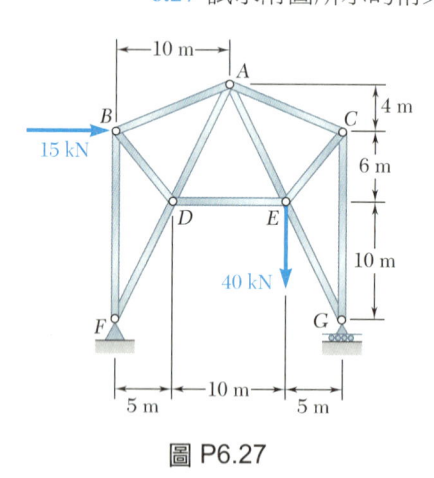

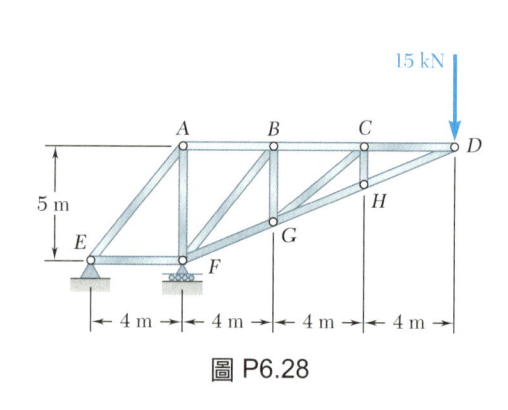

圖 P6.27

圖 P6.28

6.28 試求附圖所示的桁架各桿件的力，並指出桿件是受拉力或壓力。

6.29 請問習題 6.31a、6.32a 與 6.33a 的桁架是否為簡單桁架。

6.30 請問習題 6.31b、6.32b 與 6.33b 的桁架是否為簡單桁架。

6.31 請找出附圖所示的兩個桁架於給定負載時的零力桿件。

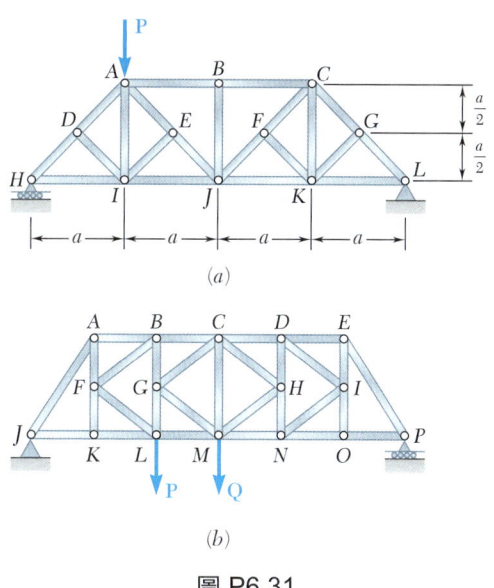

圖 P6.31

6.32 請找出附圖所示的兩個桁架於給定負載時的零力桿件。

6.33 請找出附圖所示的兩個桁架於給定負載時的零力桿件。

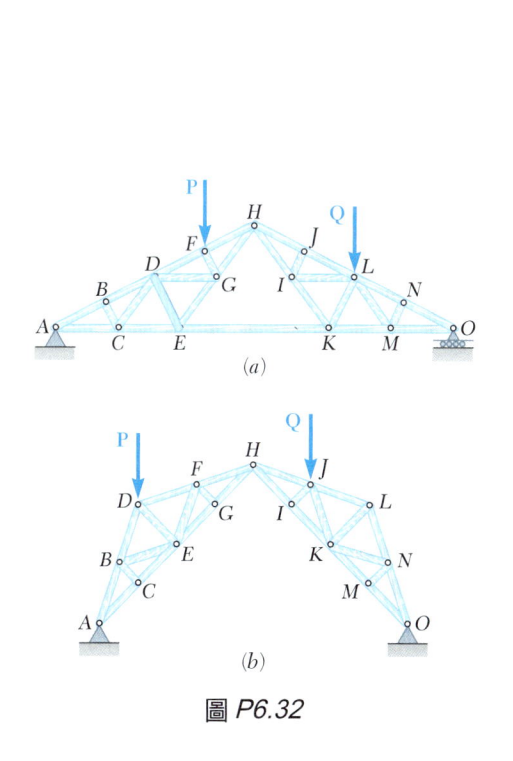

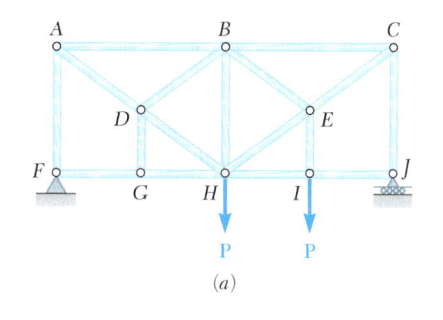

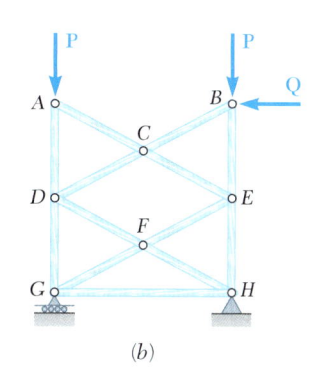

圖 P6.32

圖 P6.33

6.34 請找出 (a) 習題 6.26； (b) 習題 6.28 中桁架的零力桿件。

*6.35 附圖所示的桁架包含六根桿件，並由 A 的一根短連桿、B 的兩根短連桿，以及 D 的球窩支撐。試求給定負載時，各桿件的力。

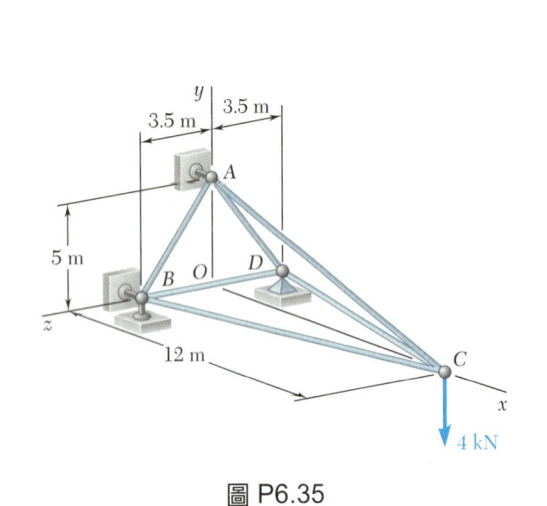

圖 P6.35

圖 P6.36 與 P6.37

*6.36 附圖所示的桁架包含六根桿件，並由 B 的球窩、C 的一根短連桿，以及 D 的兩根短連桿支撐。若 $\mathbf{P} = (-2184\ \text{N})\mathbf{j}$ 且 $\mathbf{Q} = 0$，試求各桿件的力。

*6.37 附圖所示的桁架包含六根桿件，並由 B 的球窩、C 的一根短連桿，以及 D 的兩根短連桿支撐。若 $\mathbf{P} = 0$ 且 $\mathbf{Q} = (2968\ \text{N})\mathbf{i}$，試求各桿件的力。

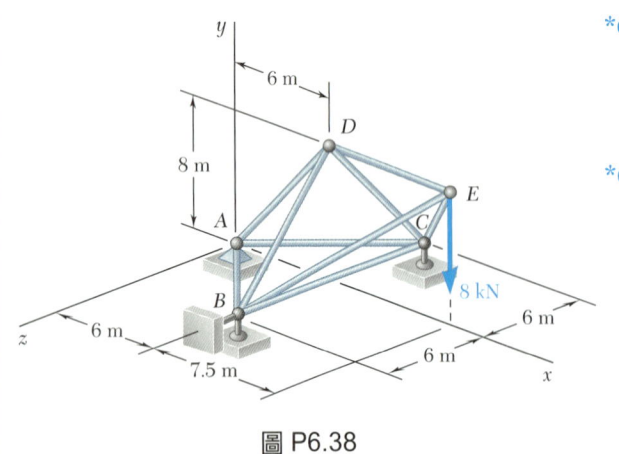

*6.38 附圖所示的桁架包含九根桿件，並由 A 的球窩、C 的一根短連桿，以及 B 的兩根短連桿支撐。試求給定負載時各桿件的力。

*6.39 附圖所示的桁架包含九根桿件，並由 B 的球窩、C 的一根短連桿，以及 D 的兩根短連桿支撐。(a) 請檢查此桁架是否為簡單桁架，且完全拘束、支撐反力為靜定； (b) 若 $\mathbf{P} = (-1200\ \text{N})\mathbf{j}$ 且 $\mathbf{Q} = 0$，試求各桿件的力。

圖 P6.38

圖 P6.39

圖 P6.41 與 P6.42

*6.40 如習題 6.39，但 **P** = 0 且 **Q** = (−900 N)**k**。

*6.41 附圖所示的桁架包含 18 根桿件，並由 A 的球窩、G 的一根短連桿，以及 B 的兩根短連桿支撐。(a) 請檢查此桁架是否為簡單桁架，且完全拘束、支撐反力為靜定；(b) 試求給定負載時，連接節點 E 的六根桿件的力。

*6.42 附圖所示的桁架包含 18 根桿件，並由 A 的球窩、G 的一根短連桿，以及 B 的兩根短連桿支撐。(a) 請檢查此桁架是否為簡單桁架，且完全拘束、支撐反力為靜定；(b) 試求給定負載時，連接節點 G 的六根桿件的力。

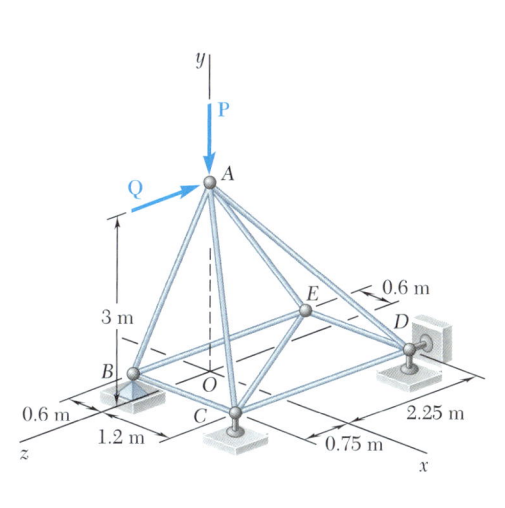

6.7 平面桁架的分析 —— 截面法 (Analysis of Trusses by the Method of Sections)

當桁架中所有桿件的力都要求出時，前面介紹的節點法很有用。但如果只想知道桁架中一根桿件或是少數幾根桿件的力，則使用節點法會太耗時。本節介紹另一種方法 —— 截面法，可更有效的解出桁架中某一桿件的力。

例如假設要求出圖 6.16a 的桁架中桿件 BD 的力，必須求出桿件 BD 作用於節點 B 或節點 D 的力。假如使用節點法，我們可選擇節點 B 或節點 D 畫自由體圖。然而，我們也可選擇桁架的某部分作為自由體，這部分可能包含數根桿件和數個節點，但想要求力的桿件必須

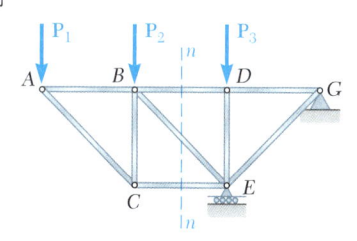

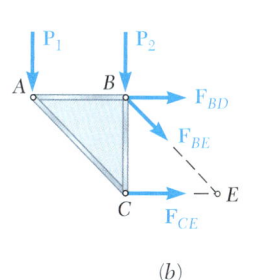

圖 6.16

是作用於自由體的外力之一。如果選擇的自由體僅有三個未知力作用其上，則利用平衡方程式即可解出欲求的桿件力。實務上，可在桁架上畫過一條曲線，通過桁架上的三根桿件，將桁架剖開成兩部分，其中一根桿件必須是欲求力的桿件，亦即以一條線將桁架分割成完全分開的兩部分，且這條線只能通過最多三個桿件。可任選分割後的兩邊之一作為自由體圖。

圖 6.16a 中的分割線 nn 通過桿件 BD、BE 和 CE，且選用 ABC 部分作為自由體圖 (圖 6.16b)。作用於自由體上的外力有分別作用於點 A 和 B 的負載 $\mathbf{P}_1$、$\mathbf{P}_2$，以及三個未知桿件力 $\mathbf{F}_{BD}$、$\mathbf{F}_{BE}$ 和 $\mathbf{F}_{CE}$。因為不確定三根桿件受張力或是壓力，分析時可先假設皆受張力。

由於剛體 ABC 力平衡，故可寫下三個平衡方程式，並用以求解三個未知力。如果只要求 $\mathbf{F}_{BD}$，只需寫下一個方程式，但這個方程式中不能有其他未知數。利用方程式 $\Sigma M_E = 0$ 得到 $\mathbf{F}_{BD}$ 的大小 F_{BD} (圖 6.16b)。求得的值為正，表示分析前 $\mathbf{F}_{BD}$ 受張力的假設正確；如果為負值，表示 $\mathbf{F}_{BD}$ 受壓力。

另一方面，若只要求 $\mathbf{F}_{CE}$，應選用不含 $\mathbf{F}_{BD}$ 或 $\mathbf{F}_{BE}$ 的方程式求解。此時可選用 $\Sigma M_B = 0$。同樣，F_{CE} 的大小為正表示最初假設桿件受張力的假設正確，若為負值表示桿件受壓力。

如果只要求 $\mathbf{F}_{BE}$，適用的方程式為 $\Sigma F_y = 0$。同樣可由求得力大小的正負號得知桿件受張力或是壓力。

當只求出一根桿件的力時，無法利用前面章節的方法驗算。然而，當求出自由體圖上所有的未知力時，寫下額外的方程式可驗算結果。例如，如果 $\mathbf{F}_{BD}$、$\mathbf{F}_{BE}$ 和 $\mathbf{F}_{CE}$ 都求出來了，可利用 $\Sigma F_x = 0$ 驗算結果。

*6.8 多個簡單桁架構成的桁架 (Trusses Made of Several Simple Trusses)

考慮兩個簡單桁架 ABC 和 DEF。如果兩者由三個桿件 BD、BE 和 CE 相連 (圖 6.17a)，則組成一個剛性桁架 $ABDF$。連接節點 B 和 D 以及用桿件 CE 連接節點 C 和 E，可將桁架 ABC 和 DEF 結合成一個剛性桁架 (圖 6.17b)。得到的桁架稱為**芬克式桁架** (Fink truss)。需注意圖 6.17a 和 6.17b 中的桁架不是簡單桁架，因為無法如第 6.3 節所述，由三角形逐次加上一對桿件得到。藉由比較將簡單桁架 ABC

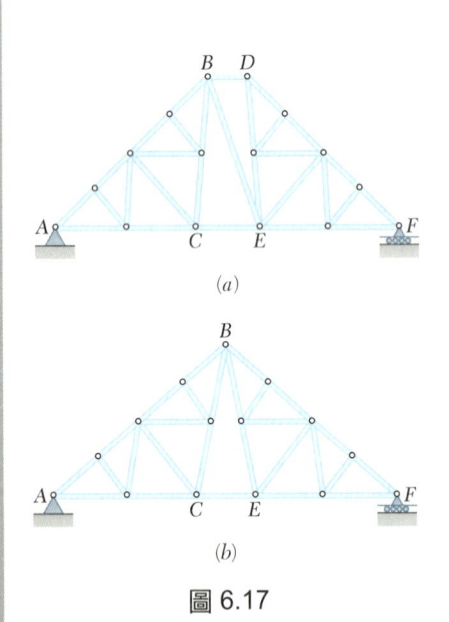

圖 6.17

和 *DEF* 連接一起的桿件組 (圖 6.17a 中的三根桿件；圖 6.17b 中的一個插銷和一根桿件)，以及第 4.4 節和第 4.5 節介紹的支撐條件，可得知圖 6.17 中兩者皆為剛形桁架。幾個簡單桁架連接而成的剛性桁架稱為**複合桁架** (compound trusses)。

如果複合桁架的桿件數 m 和節點數 n 滿足公式 $m = 2n - 3$。這個關係是否成立可透過其支撐條件得知。如果支撐是一個無摩擦的插銷和一個滾輪 (三個未知反力)，共有 $m + 3$ 個未知數，且這個數字必須等於 $2n$ (n 個插銷的平衡方程式數目)，故可得 $m = 2n - 3$。由一個插銷和一個滾輪支撐 (或等效支撐) 的複合桁架為靜定、剛性且完全拘束。意即，所有未知的支撐反力和桿件力均可透過靜力學方法求得，此時桁架不會移動也不會垮掉。但若要利用節點法求所得所有的桿件力，則需解聯立方程式。如圖 6.17a 中的複合桁架，若只要求桿件 *BD*、*BE* 和 *CE* 的力，較簡單有效的方法是畫一條通過三者的分割線，再利用截面法求解。

假設兩個簡單桁架 *ABC* 和 *DEF* 透過四根桿件 *BD*、*BE*、*CD* 和 *CE* 相連 (圖 6.18)。此時桿件數 m 大於 $2n - 3$；這個桁架為**過剛** (overrigid)，且四根桿件 *BD*、*BE*、*CD* 或 *CE* 其一為多餘。如果桁架由一個插銷 *A* 和一個滾輪 *F* 支撐，總共有 $m + 3$ 個未知數。由於 $m > 2n - 3$，未知數數目 $m + 3$ 大於可用的獨立方程式數目 $2n$；此桁架為靜不定。

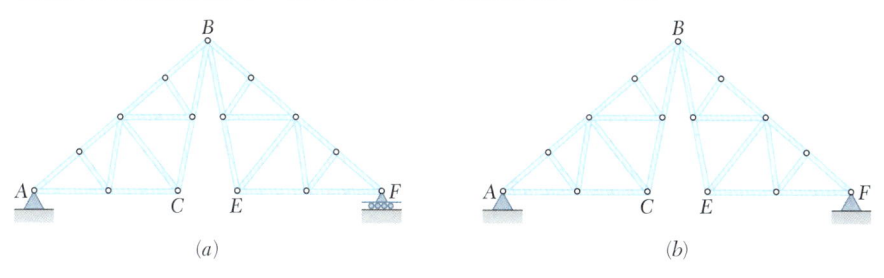

圖 6.18

最後，假設兩個簡單桁架 *ABC* 和 *DEF* 僅由一個插銷相連 (圖 6.19a)。桿件數 m 小於 $2n - 3$。若桁架由一個插銷 *A* 和一個滾輪 *F* 相連，未知總數為 $m + 3$。由於 $m < 2n - 3$，未知數數目 $m + 3$ 小於可用的獨立方程式數目 $2n$；此桁架為非剛性，且受自身重量就會垮掉。但若使用兩個插銷來支撐，則桁架變成剛性，且不會垮掉 (圖 6.19b)。此時未知數數目為 $m + 4$，等於可用的獨立方程式數目 $2n$。一般而言，若支撐反力有 r 個未知數，使複合桁架靜定、剛性且完全拘束的條件為 $m + r = 2n$。然而，此條件雖然必要，卻非桁架平衡的充分條件，但桁架與支撐分開時，桁架本身即不再是剛性 (6.11 節)。

(a)　　　　　　　　　　(b)

圖 6.19

範例 6.2

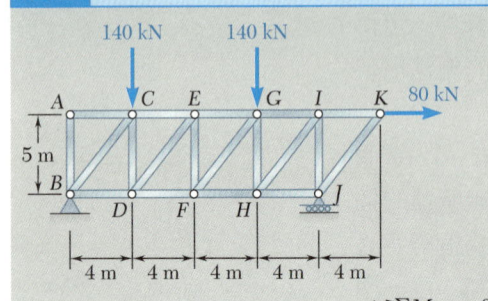

桁架如附圖所示，試求桿件 EF 與 GI 的力。

解

自由體：整個桁架。 先畫出整個桁架的自由體圖，作用於自由體的外力包括施加的外力以及 B 與 J 的反力。寫下平衡方程式如下

$+\circlearrowleft \Sigma M_B = 0:$
$$-(140 \text{ kN})(4 \text{ m}) - (140 \text{ kN})(12 \text{ m}) - (80 \text{ kN})(5 \text{ m}) + J(16 \text{ m}) = 0$$
$$J = +165 \text{ kN} \qquad \mathbf{J} = 165 \text{ kN} \uparrow$$

$\xrightarrow{+} \Sigma F_x = 0: \qquad B_x + 80 \text{ kN} = 0$
$$B_x = -80 \text{ kN} \qquad \mathbf{B}_x = 80 \text{ kN} \leftarrow$$

$+\circlearrowleft \Sigma M_J = 0:$
$$(140 \text{ kN})(12 \text{ m}) + (140 \text{ kN})(4 \text{ m}) - (80 \text{ kN})(5 \text{ m}) - B_y(16 \text{ m}) = 0$$
$$B_y = +115 \text{ kN} \qquad \mathbf{B}_y = 115 \text{ kN} \uparrow$$

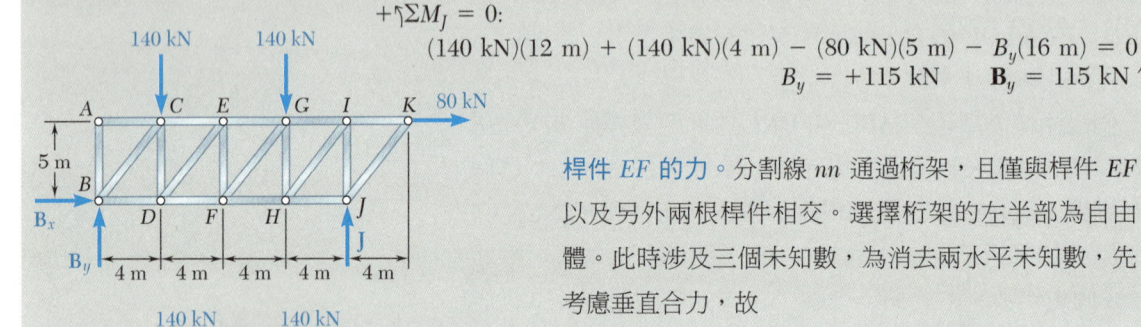

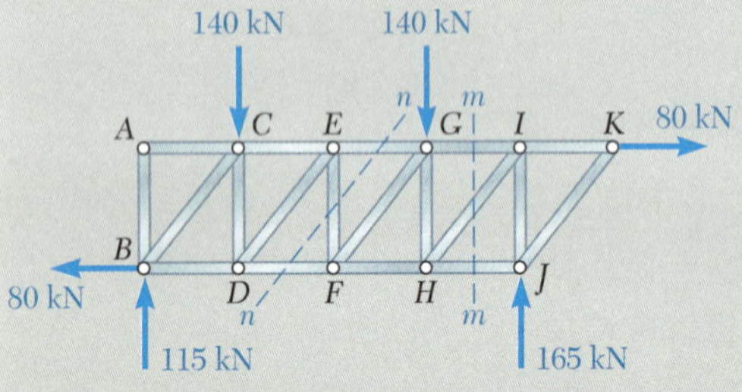

桿件 EF 的力。 分割線 nn 通過桁架，且僅與桿件 EF 以及另外兩根桿件相交。選擇桁架的左半部為自由體。此時涉及三個未知數，為消去兩水平未知數，先考慮垂直合力，故

$+\uparrow \Sigma F_y = 0: \qquad +115 \text{ kN} - 140 \text{ kN} - F_{EF} = 0$
$$F_{EF} = -25 \text{ kN}$$

之前假設桿件 EF 受張力，故求得的負值表示桿件實際上受壓力。

$$F_{EF} = 25 \text{ kN } C$$

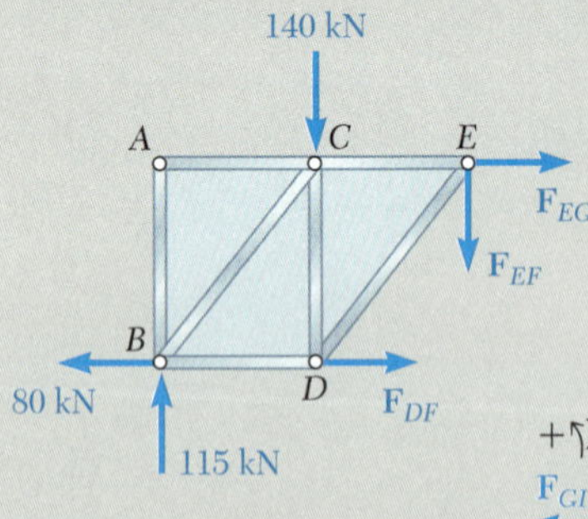

桿件 GI 的力。 分割線 mm 通過桁架，且僅與桿件 GI 以及另外兩根桿件相交。選擇桁架的右半部為自由體。此時涉及三個未知數，為消去作用於點 H 的兩未知力，寫下

$+\circlearrowleft \Sigma M_H = 0: \qquad (165 \text{ kN})(4 \text{ m}) - (80 \text{ kN})(5 \text{ m}) + F_{GI}(5 \text{ m}) = 0$
$$F_{GI} = -52 \text{ kN} \qquad F_{GI} = 52 \text{ kN } C$$

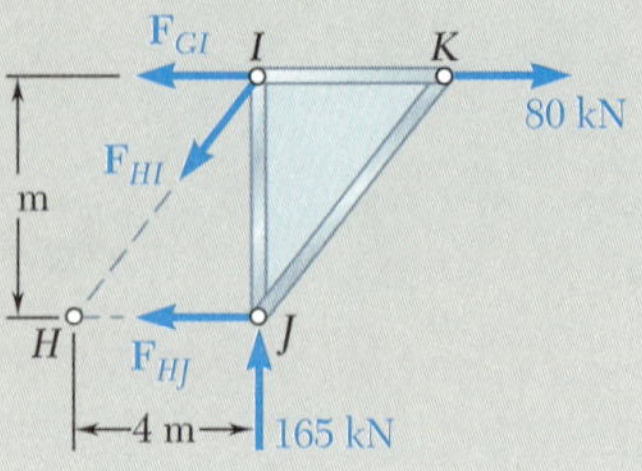

範例 6.3

一屋頂桁架如附圖所示，試求桿件 FH、GH 與 GI 的力。

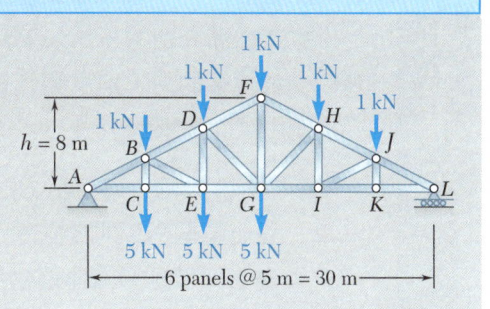

解

自由體：整個桁架。 由整個桁架的自由體圖，可求出 A 與 L 的反力：

$$\mathbf{A} = 12.50 \text{ kN} \uparrow \qquad \mathbf{L} = 7.50 \text{ kN} \uparrow$$

注意

$$\tan \alpha = \frac{FG}{GL} = \frac{8 \text{ m}}{15 \text{ m}} = 0.5333 \quad \alpha = 28.07°$$

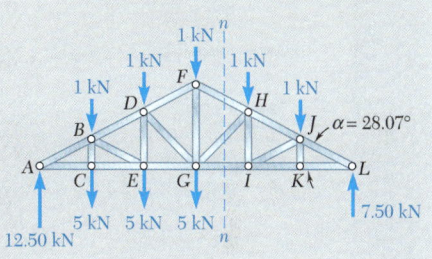

桿件 GI 的力。 分割線 nn 通過桁架，使用桁架的 HLI 部分為自由體。可求得 F_{GI}，如下

$+\circlearrowleft \Sigma M_H = 0:$ $\quad (7.50 \text{ kN})(10 \text{ m}) - (1 \text{ kN})(5 \text{ m}) - F_{GI}(5.33 \text{ m}) = 0$
$$F_{GI} = +13.13 \text{ kN} \qquad F_{GI} = 13.13 \text{ kN } T$$

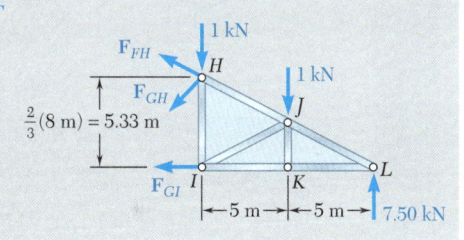

桿件 FH 的力。 由平衡方程式 $\Sigma M_G = 0$ 可求得 $\mathbf{F}_{FH}$。將 $\mathbf{F}_{FH}$ 沿作用線移動到點 F，再分解成 x 與 y 分量。$\mathbf{F}_{FH}$ 對點 G 的力矩等於 $(F_{FH} \cos \alpha)(8 \text{ m})$。

$+\circlearrowleft \Sigma M_G = 0:$
$(7.50 \text{ kN})(15 \text{ m}) - (1 \text{ kN})(10 \text{ m}) - (1 \text{ kN})(5 \text{ m}) + (F_{FH} \cos \alpha)(8 \text{ m}) = 0$
$$F_{FH} = -13.81 \text{ kN} \qquad F_{FH} = 13.81 \text{ kN } C$$

桿件 GH 的力。 注意以下關係

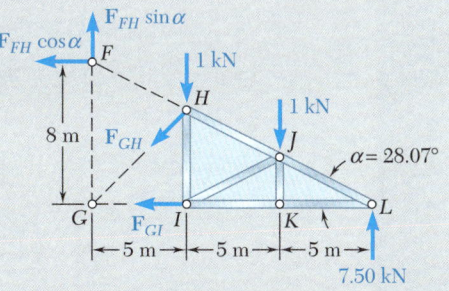

$$\tan \beta = \frac{GI}{HI} = \frac{5 \text{m}}{\frac{2}{3}(8 \text{m})} = 0.9375 \quad \beta = 43.15°$$

將力 $\mathbf{F}_{GH}$ 分解成點 G 的 x 與 y 分量，再利用平衡方程式 $\Sigma M_L = 0$，即可求得 F_{GH} 值，如下

$+\circlearrowleft \Sigma M_L = 0:$
$\quad (1 \text{ kN})(10 \text{ m}) + (1 \text{ kN})(5 \text{ m}) + (F_{GH} \cos \beta)(15 \text{ m}) = 0$
$$F_{GH} = -1.371 \text{ kN} \qquad F_{GH} = 1.371 \text{ kN } C$$

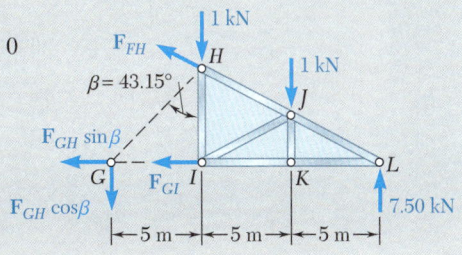

重點提示

　　本章前面介紹的節點法適用於求解簡單桁架中所有桿件的力。但若只要求一根桿件或少數桿件的力，則本節介紹的截面法較為簡單有效。當桁架不是簡單桁架時，也必須使用截面法求解。

A. 請依以下步驟使用截面法求桿件力。
  1. 畫出整個桁架的自由體圖，並求出支撐反力。
  2. 畫出一條分割線通過桁架上的三根桿件，其中一根桿件為欲求力。此時桁架被分割成兩部分。
  3. 選擇兩部分之一，畫出自由體圖。圖上標示出作用於這部分桁架的外力與其他桿件力。
  4. 寫下三個平衡方程式，解出三個未知桿件力。
  5. 有時也可只寫下一個方程式，解出欲求的桿件力。是否可行，需先檢視另外兩根有未知力的桿件作用於自由體的力是否平行或是相交於一點。
     a. 如果兩力平行，則寫下垂直兩力方向的平衡方程式，即可消掉這兩個未知力。
     b. 如果兩力相交於點 H，則對 H 取力矩平衡式，即可消掉這兩個未知力。
  6. 要記住所用的分割線必須只能通過三根桿件，因為步驟 4 的平衡方程式只能用來解三個未知數。不過，若要計算這些桿件中的某一桿件的力，且能寫出僅含一個未知數的平衡方程式，則分割線可通過三個以上的桿件。習題 6.61 至 6.64 將出現這種特殊情形。

B. 關於完全拘束和靜定桁架：
  1. 簡單支撐的簡單桁架為完全拘束且靜定。
  2. 為了判斷其他桁架是否為完全拘束且靜定，必須先計算桿件數目 m、節點數目 n，及其支撐反力數目 r。然後比較未知總數 $m + r$ 與可用的獨立方程式數目 $2n$。
     a. 若 $m + r < 2n$，則未知數數目小於方程式數目，故有些方程式無法滿足，桁架為部分拘束。
     b. 若 $m + r > 2n$，則未知數數目大於方程式數目，故有些未知數無法求出，桁架為靜不定。
     c. 若 $m + r = 2n$，則未知數數目等於方程式數目，但不表示可求出所有未知數及所滿足所有方程式。為判定桁架為完全拘束或不當拘束，應求出支撐反力和所有桿件力。如果所有力均能求得，表示桁架是完全拘束且靜定。

習 題

6.43 一桁架如附圖所示，試求桿件 CD 與 DF 的力。

6.44 一桁架如附圖所示，試求桿件 FG 與 FH 的力。

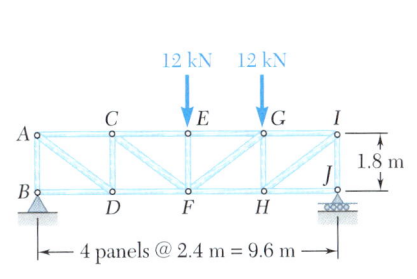

圖 P6.43 與 P6.44

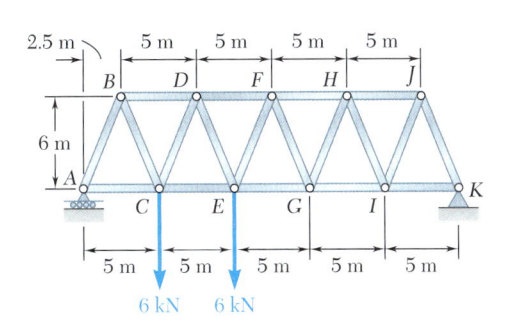

圖 P6.45 與 P6.46

6.45 一華倫式橋梁桁架如附圖所示，試求桿件 CE、DE 與 DF 的力。

6.46 一華倫式橋梁桁架如附圖所示，試求桿件 EG、FG 與 FH 的力。

6.47 一桁架如附圖所示，試求桿件 DF、EF 與 EG 的力。

6.48 一桁架如附圖所示，試求桿件 GI、GJ 與 HI 的力。

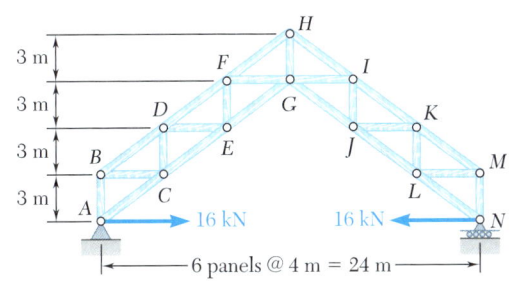

圖 P6.47 與 P6.48

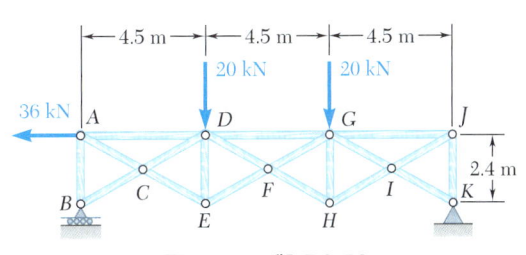

圖 P6.49 與 P6.50

6.49 一桁架如附圖所示，試求桿件 AD、CD 與 CE 的力。

6.50 一桁架如附圖所示，試求桿件 DG、FG 與 FH 的力。

6.51 一體育館屋頂桁架如附圖所示，試求桿件 AB、AG 與 FG 的力。

6.52 一體育館屋頂桁架如附圖所示，試求桿件 AE、EF 與 FJ 的力。

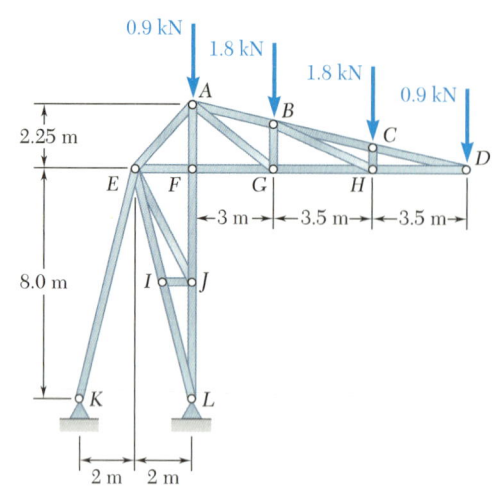

圖 P6.51 與 P6.52

圖 P6.53 與 P6.54

6.53 一桁架如附圖所示，試求桿件 CD 與 DF 的力。

6.54 一桁架如附圖所示，試求桿件 CE 與 EF 的力。

6.55 圖示的桁架設計來支撐某市場的屋頂，試求給定負載時，桿件 FG、EG 與 EH 的力。

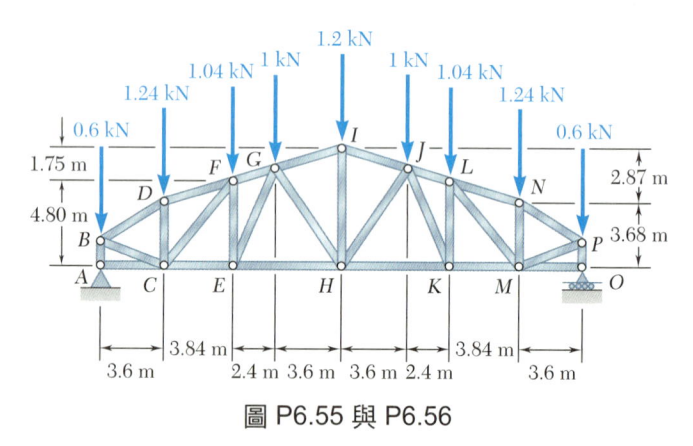

圖 P6.55 與 P6.56

6.56 圖示的桁架設計來支撐某市場的屋頂，試求給定負載時，桿件 KM、LM 與 LN 的力。

6.57 一波利尼西亞式 (Polynesian) 屋頂桁架受負載如附圖所示，試求桿件 DF、EF 與 EG 的力。

6.58 一波利尼西亞式屋頂桁架受負載如附圖所示，試求桿件 HI、GI 與 GJ 的力。

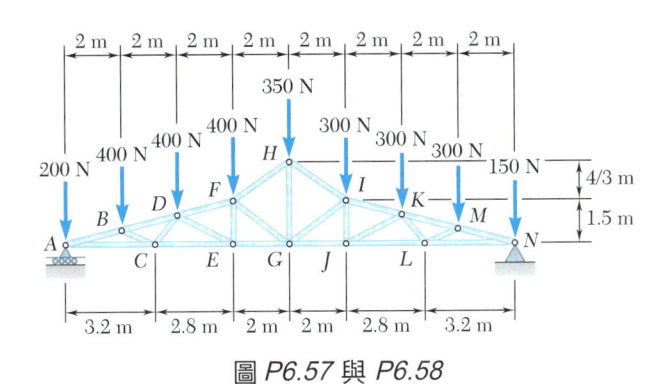

圖 P6.57 與 P6.58

6.59 一芬克式屋頂桁架受負載如附圖所示，試求桿件 BD、CD 與 CE 的力。

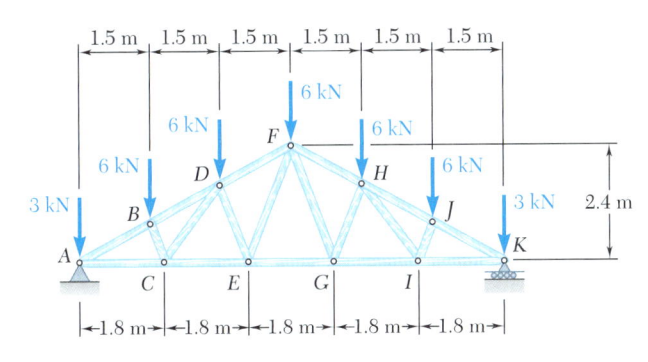

圖 P6.59 與 P6.60

6.60 一芬克式屋頂桁架受負載如附圖所示，試求桿件 FH、FG 與 EG 的力。

6.61 一桁架如附圖所示，試求桿件 EH 與 GI 的力。（提示：使用分割線 aa。）

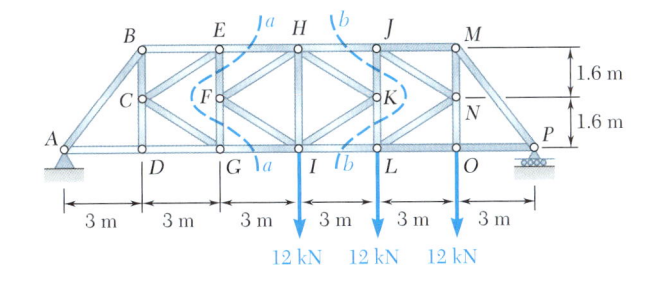

圖 P6.61 與 P6.62

6.62 一桁架如附圖所示，試求桿件 HJ 與 IL 的力。（提示：使用分割線 bb。）

6.63 一桁架如附圖所示，試求桿件 DG 與 FI 的力。(提示：使用分割線 aa。)

6.64 一桁架如附圖所示，試求桿件 GJ 與 IK 的力。(提示：使用分割線 bb。)

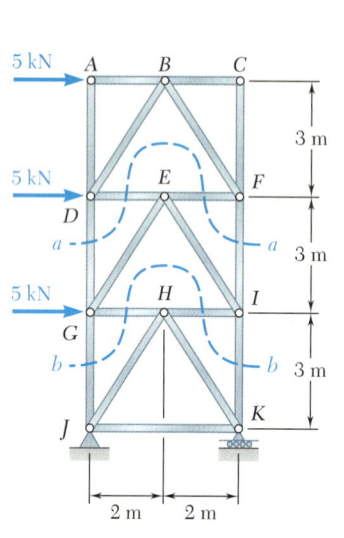

圖 P6.63 與 P6.64

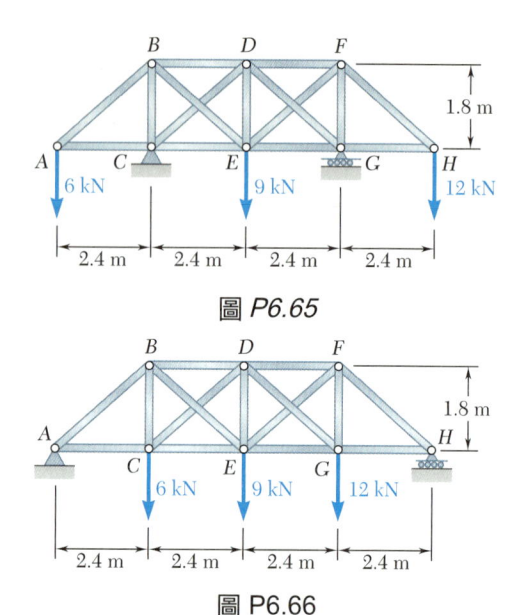

圖 P6.65

圖 P6.66

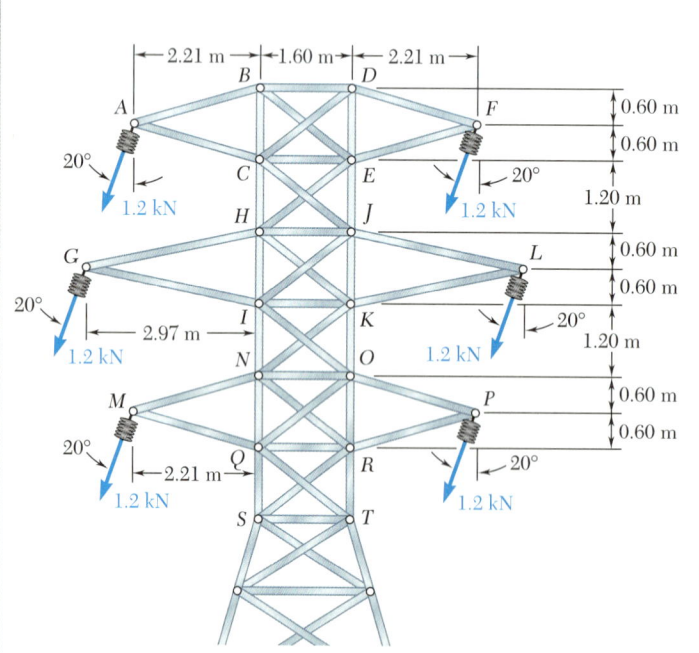

6.65 與 **6.66** 附圖所示桁架的中間區域內的對角桿件非常細，因此只能承受拉力，稱為配桿 (counter)。試求給定負載時，桿件 DE 與各配桿的力。

6.67 與 **6.68** 附圖所示電塔桁架的中間區域內的對角桿件非常細，因此只能承受拉力，稱為配桿。試求給定負載時，(a) 下列兩根配桿何者有作用；(b) 有作用的配桿的力。

6.67 配桿 CJ 與 HE。

6.68 配桿 IO 與 KN。

6.69 試將附圖所示的結構分成完全、部分或不當拘束；若為完全拘束，則進一步分成靜定或靜不定。(所有桿件皆可受張力或壓力。)

圖 P6.67 與 P6.68

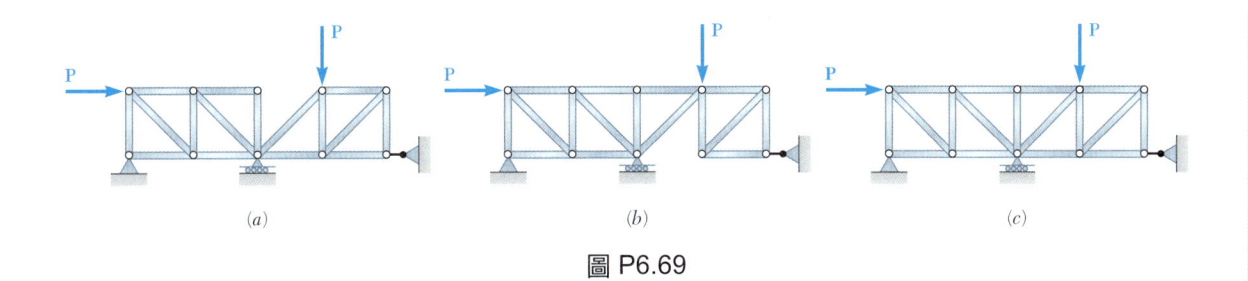

CHAPTER 6　結構分析　317

圖 P6.69

6.70 至 **6.74** 試將附圖所示的結構分成完全、部分或不當拘束；若為完全拘束，則進一步分成靜定或靜不定。(所有桿件皆可受張力或壓力。)

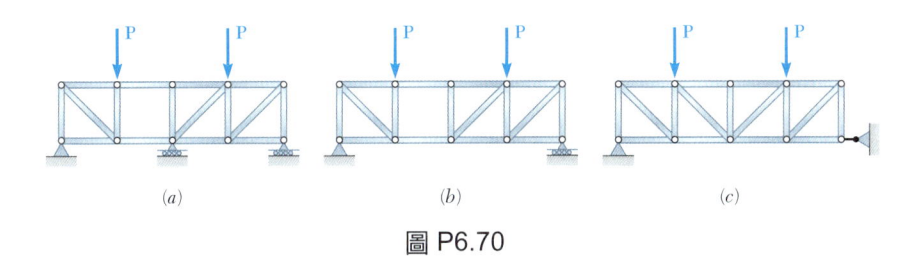

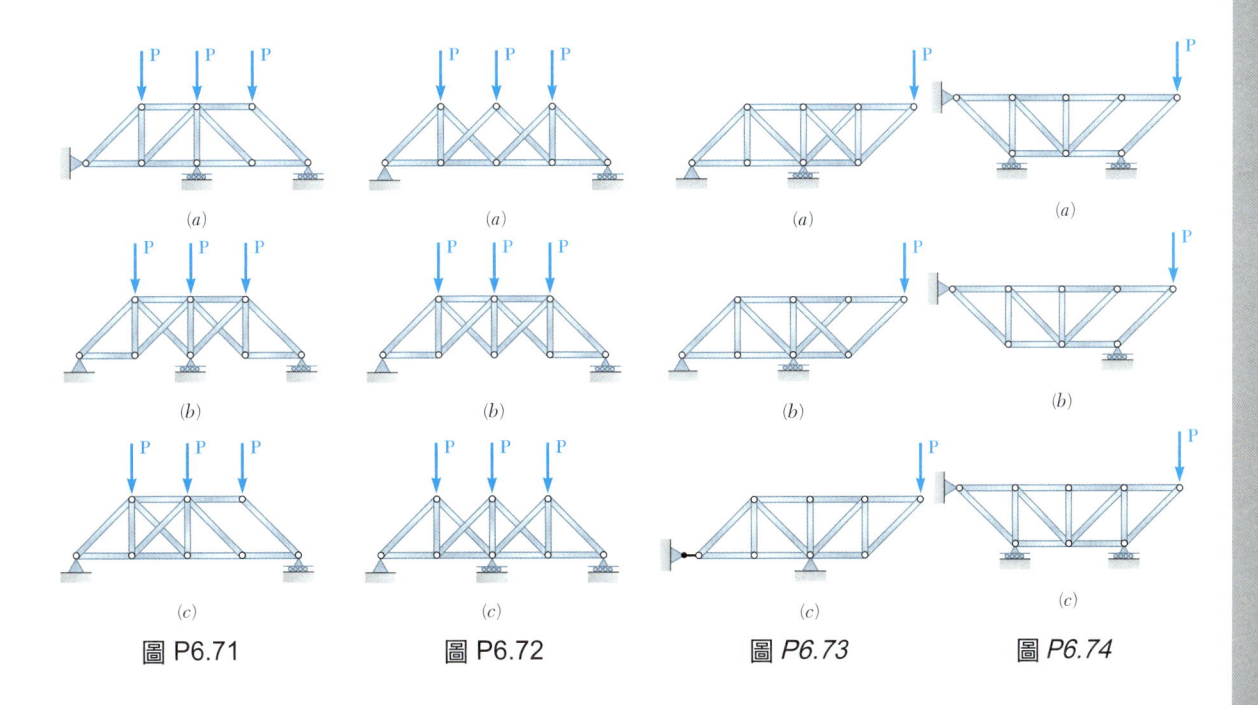

圖 P6.70

圖 P6.71　　圖 P6.72　　圖 P6.73　　圖 P6.74

構架與機具 (Frames and Machines)

6.9 含有多力桿件的結構 (Structures Containing Multiforce Members)

本章關於桁架的部分，已經考慮完全由插銷和二力桿件組成的結構。施加於二力桿件的力必定沿著桿件方向。本節考慮含有至少一個多力桿件的結構，多力桿件是指桿件受三個以上的力。一般情況下，這些力並不會沿著桿件方向，力的方向未知，因此於自由體圖上必須以兩未知分量表示。

構架和機具都是包含多力桿件的結構。**構架** (frames) 多用來承重，通常為靜止；**機具** (machines) 則用來傳遞或改變力；機具運作時可能靜止，但也可能有桿件間的相對運動。

6.10 構架的分析 (Analysis of a Frame)

第 6.1 節中提及的起重機即是一個構架，上面受給定負載 $\mathbf{W}$（圖 6.20a）。本節再度使用這個起重機作為分析的範例。圖 6.20b 顯示整個構架的自由體圖，利用自由體圖求出作用於構架上的外力。先對 A 做力矩和，可以求出纜繩的作用力 $\mathbf{T}$；分別對 x 和 y 方向取合力等於零，求得插銷 A 的反力分量 $\mathbf{A}_x$ 和 $\mathbf{A}_y$。

零件的相連桿件間有相互作用的內力，使桿件連接一起，不致分開。為求這些內力，要先對各桿件分別畫出自由體圖（圖 6.20c）。首先考慮二力桿件。桿件 BE 是這個構架中唯一的二力桿件。作用於 BE 兩端的力必定大小相等、作用線相同，且指向相反（第 4.6 節）。因此兩力皆沿著 BE，分別標示為 $\mathbf{F}_{BE}$ 和 $-\mathbf{F}_{BE}$。兩力的指向可先任意假設如圖 6.20c 所示；由求出的 F_{BE} 的正負號，即可知道最初的假設是否正確。

接著，考慮多力桿件，即受三力以上作用的桿件。根據牛頓第三定律，桿件 BE 的點 B 作用於桿件 AD 上的力，必定與 AD 作用於 BE 的力 $\mathbf{F}_{BE}$ 大小相等且反向。同理，桿件 BE 的點 E 作用於桿件 CF 上的力，必定與 CF 作用於 BE 的力 $-\mathbf{F}_{BE}$ 大小相等且反向。因此，二力桿件 BE 作用於 AD 和 CF 的力分別為 $-\mathbf{F}_{BE}$ 和 $\mathbf{F}_{BE}$；兩者反向且大小均為 F_{BE}，作用線則如圖 6.20c 所示。

兩根多力桿件連接於 C。由於作用於 C 的力的大小和方向都未知，因此以 x 和 y 分量表示。作用於桿件 AD 上的兩分量 $\mathbf{C}_x$ 和 $\mathbf{C}_y$，

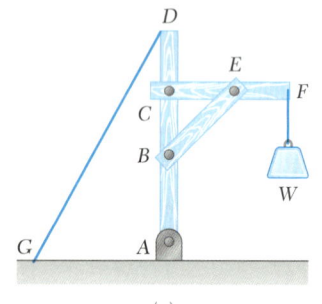

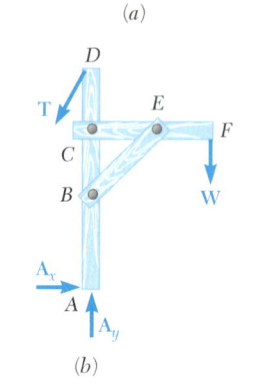

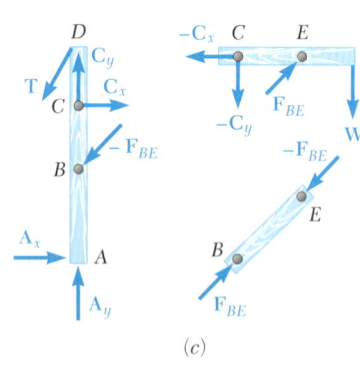

圖 6.20

指向分別任意假設為朝右和朝上。再根據牛頓第三定律，桿件 CF 作用於 AD 的力會與桿件 AD 作用於 CF 的力大小相等、指向相反。因此，作用於桿件 CF 的兩分量指向必定朝左及朝下，標示為 $-\mathbf{C}_x$ 與 $-\mathbf{C}_y$。至於 $\mathbf{C}_x$ 是否真的朝右，而 $-\mathbf{C}_x$ 朝左，則必須等到解出 $\mathbf{C}_x$ 後，由其正負號判斷。若為正號，表示最初的假設正確；若為負號，則最初的假設錯誤。接著在多力桿件的自由體圖上畫上作用於 A、D 和 F 外力。

接著利用兩根多力桿件其中一根的自由體圖，求解原本的桿件內力。例如選擇 CF 的自由體圖，寫下平衡方程式 $\Sigma M_C = 0$、$\Sigma M_E = 0$ 和 $\Sigma F_x = 0$，即可分別得到 F_{BE}、C_y 和 C_x 的大小。再利用桿件 AD 的平衡條件做驗算。

另外，要注意圖 6.20 中的插銷視為兩根相連桿件的一部分，因此不需另外畫插銷的自由體圖。這個假設可用來簡化構架和機具的分析。但在以下狀況時，需決定將插銷附屬於哪根桿件：當插銷連接了三根以上的桿件；或當插銷連接一支撐與兩根以上桿件；或當一負載作用於插銷。（當涉及多力桿件時，插銷應視為附屬其中一根。）應該將作用插銷上的力都標示清楚，如範例 6.6 所示。

6.11 與支撐分開後失去剛性的構架 (Frames Which Cease to Be Rigid When Detached from Their Supports)

第 6.10 節中的起重機即便沒有支撐本身仍能保持原本的形狀，因此視為剛體。但許多構架沒有支撐時會垮掉，因此不能視為剛體。例如考慮圖 6.21a 的構架，包含兩根桿件 AC 和 CB，分別在中點受到負載 $\mathbf{P}$ 和 $\mathbf{Q}$。桿件由插銷 A 和 B 支撐於地面，且兩者由插銷 C 相連。如果構架與支撐分開，則無法維持原本形狀，因此應該視為由兩個不同的剛性零件 AC 和 CB 組成。

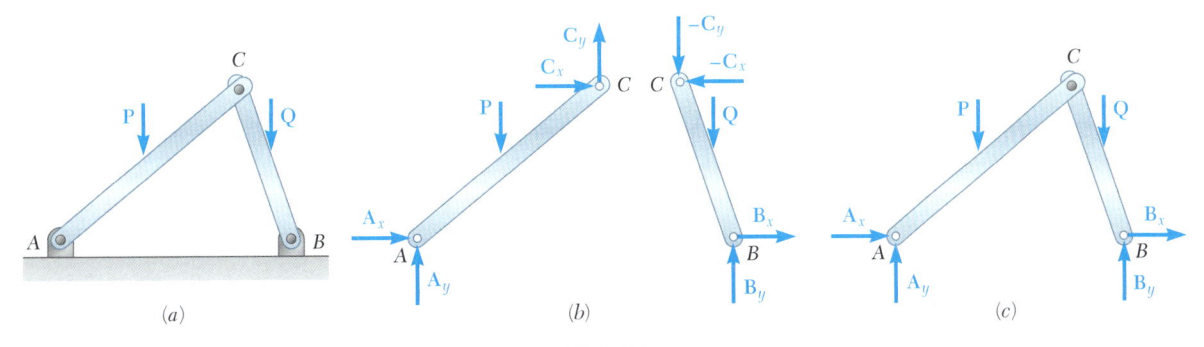

圖 6.21

如第四章所學，一剛體的平衡條件要滿足三個平衡方程式 $\Sigma F_x = 0$、$\Sigma F_y = 0$ 和 $\Sigma M = 0$ (對任一點)。因此，可利用這三條式子，再搭配桿件 AC 和 CB 的自由體圖 (圖 6.21b)。由於這些是多力桿件，且支撐和連接處為插銷，故 A 和 B 的反力以及 C 點的力分別以兩分量表示。根據牛頓第三定律，CB 作用於 AC 的力分量與 AC 作用於 CB 的力分量，將以大小相等、指向相反的向量表示。因此如果第一對分量是 $\mathbf{C}_x$ 和 $\mathbf{C}_y$，則第二對將是 $-\mathbf{C}_x$ 和 $-\mathbf{C}_y$。AC 的自由體有四個未知力分量，但只有三個獨立的平衡方程式；CB 的情況類似，有四個未知力分量，但只有三個方程式。然而，兩根桿件合計共有六個不同的未知數，與六個平衡方程式。對自由體 AC 和 CB 分別寫下 $\Sigma M_A = 0$ 和 $\Sigma M_B = 0$，得到兩個聯立方程式，可解出分量 $\mathbf{C}_x$ 和 $-\mathbf{C}_x$ 的大小值 C_x，以及分量 $\mathbf{C}_y$ 和 $-\mathbf{C}_y$ 的大小值 C_y。接著對兩個自由體分別寫下 $\Sigma F_x = 0$、$\Sigma F_y = 0$，可解出力的大小值 A_x、A_y、B_x 和 B_y。

由於作用於自由體 AC 上的力滿足平衡方程式 $\Sigma F_x = 0$、$\Sigma F_y = 0$ 和 $\Sigma M = 0$ (對任一點)，而作用於自由體 CB 的力也滿足同樣的平衡方程式，故當同時考慮兩個自由體時，其作用力應該也滿足這三個平衡方程式，儘管構架本身不是剛體。由於 C 的內力消掉，只剩下構架 ACB 本身所受的外力應考慮於平衡方程式中 (圖 6.21c)。這些方程式可用來解 A 和 B 反力的某些分量。但光是利用整個構架的自由體圖無法求出所有的支撐反力。因此必須分解構架，考慮各桿件的自由體圖 (圖 6.21b)，雖然有時只要求支撐反力。這是因為自由體 ACB 的平衡方程式是非剛性結構平衡的必要條件，而非充分條件。

本節第二段介紹的解題法涉及聯立方程式。下面將介紹較有效率的方法，利用自由體 ACB，以及自由體 AC 和 CB。對自由體 ACB 寫下 $\Sigma M_A = 0$、$\Sigma M_B = 0$，解出 B_y 和 A_y。對自由體 AC 寫下 $\Sigma M_C = 0$、$\Sigma F_x = 0$ 和 $\Sigma F_y = 0$，解出 A_x、C_x 和 C_y。最後，對 ACB 寫下 $\Sigma F_x = 0$ 解出 B_x。

圖 6.21 的構架分析包含六個未知力分量和六個獨立方程式。(構架整體的平衡方程式是由原本六個方程式推出，因此不是獨立方程式。) 檢查後可知，所有未知數均可解出，所有方程式也可滿足，表示構架是靜定且剛性。一般而言，要知道一結構是否為靜定且剛性，必須畫出每根桿件的自由體圖，再計算總共有多少未知內力和支撐反力。也應確定有幾個獨立平衡方程式 (不包含整體結構、或是多根桿件組成的結構的平衡方程式)。如果未知數多於方程式，則結構為靜不定。如果未知數數目等於方程式數目，且如果在一般受力情況下所

有未知均可求出、所有方程式均滿足，則此結構為靜定且剛性。但如果由於支撐或桿件不當排列導致無法解出所有未知數，且無法滿足所有方程式，則此結構為靜不定且非剛性。

範例 6.4

如附圖所示的構架，桿件 ACE 與 BCD 由 C 的插銷與連桿 DE 相連。於給定負載時，試求連桿 DE 的力，以及作用於桿件 BCD 上點 C 的力分量。

解

自由體：整個構架。 由於涉及的外部支撐反力僅有三個未知數，考慮整個構架為自由體可解出這些未知數，故

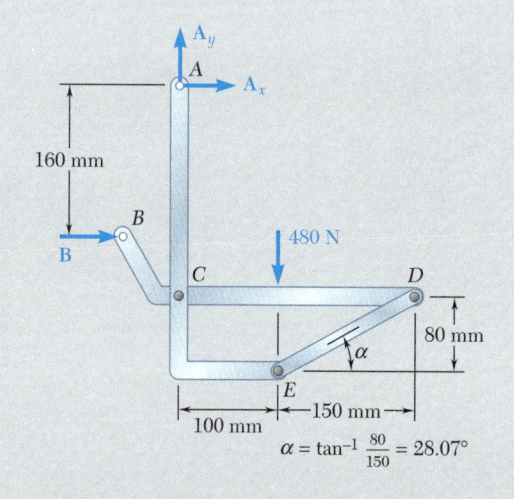

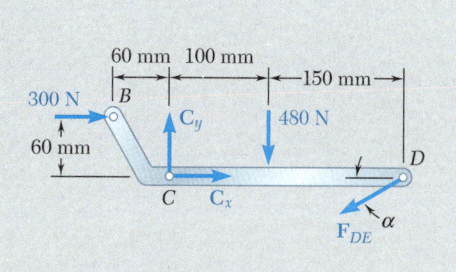

$+\uparrow \Sigma F_y = 0$:　　$A_y - 480 \text{ N} = 0$　　$A_y = +480 \text{ N}$　　$\mathbf{A}_y = 480 \text{ N} \uparrow$

$+\circlearrowleft \Sigma M_A = 0$:　　$-(480 \text{ N})(100 \text{ mm}) + B(160 \text{ mm}) = 0$
　　　　　　　　　　$B = +300 \text{ N}$　　$\mathbf{B} = 300 \text{ N} \rightarrow$

$\xrightarrow{+} \Sigma F_x = 0$:　　$B + A_x = 0$
　　　　　　　　$300 \text{ N} + A_x = 0$　　$A_x = -300 \text{ N}$　　$\mathbf{A}_x = 300 \text{ N} \leftarrow$

$\alpha = \tan^{-1} \dfrac{80}{150} = 28.07°$

各桿件。將構架分解。由於僅有兩根桿件連接於 C，作用於 ACE 與 BCD 的未知力分量分別大小相等、指向相反。假設連桿 DE 受張力，並施加大小相等並反向的力於 D 與 E。

自由體：桿件 BCD。使用自由體 BCD，故

$+\downarrow \Sigma M_C = 0$:
$$(F_{DE} \sin \alpha)(250 \text{ mm}) + (300 \text{ N})(60 \text{ mm}) + (480 \text{ N})(100 \text{ mm}) = 0$$
$$F_{DE} = -561 \text{ N} \qquad\qquad F_{DE} = 561 \text{ N } C$$

$\xrightarrow{+} \Sigma F_x = 0$: $\quad C_x - F_{DE} \cos \alpha + 300 \text{ N} = 0$
$$C_x - (-561 \text{ N}) \cos 28.07° + 300 \text{ N} = 0 \quad C_x = -795 \text{ N}$$

$+\uparrow \Sigma F_y = 0$: $\quad C_y - F_{DE} \sin \alpha - 480 \text{ N} = 0$
$$C_y - (-561 \text{ N}) \sin 28.07° - 480 \text{ N} = 0 \quad C_y = +216 \text{ N}$$

由求得的 C_x 與 C_y 的正負號，可知作用於桿件 BCD 的力分量 $\mathbf{C}_x$ 與 $\mathbf{C}_y$ 的指向分別為朝左與朝上，即

$$\mathbf{C}_x = 795 \text{ N} \leftarrow, \mathbf{C}_y = 216 \text{ N} \uparrow$$

自由體：桿件 ACE (驗算)。可使用自由體 ACE 進行驗算，如下

$+\circlearrowleft \Sigma M_A = (F_{DE} \cos \alpha)(300 \text{ mm}) + (F_{DE} \sin \alpha)(100 \text{ mm}) - C_x(220 \text{ mm})$
$= (-561 \cos \alpha)(300) + (-561 \sin \alpha)(100) - (-795)(220) = 0$

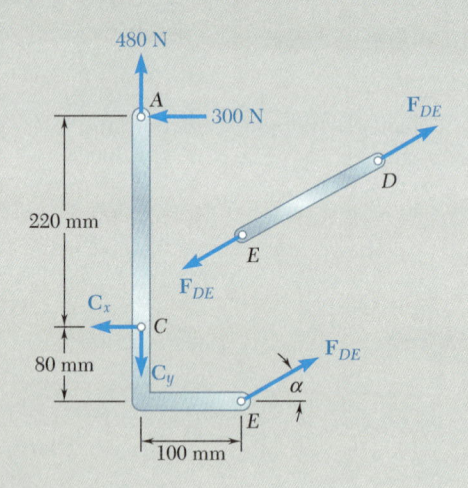

範例 6.5

如附圖所示的構架，試求作用於各連桿的力分量。

解

自由體：整個構架。 由於涉及的外部支撐反力僅有三個未知數，考慮整個構架為自由體可解出這些未知數，故

$+\curvearrowleft \Sigma M_E = 0:$ $\quad -(2400 \text{ N})(3.6 \text{ m}) + F(4.8 \text{ m}) = 0$
$\quad\quad\quad\quad\quad\quad F = +1800 \text{ N}$ $\quad\quad\quad\quad$ $\mathbf{F} = 1800 \text{ N} \uparrow$
$+\uparrow \Sigma F_y = 0:$ $\quad -2400 \text{ N} + 1800 \text{ N} + E_y = 0$
$\quad\quad\quad\quad\quad\quad E_y = +600 \text{ N}$ $\quad\quad\quad\quad$ $\mathbf{E}_y = 600 \text{ N} \uparrow$
$\xrightarrow{+} \Sigma F_x = 0:$ $\quad\quad\quad\quad\quad\quad\quad\quad\quad\quad\quad\quad\quad\quad\quad$ $\mathbf{E}_x = 0$

各桿件。 將構架分解。由於每個節點僅有兩根桿件連接，各桿件上節點的力分量大小相等且反向。

自由體：桿件 BCD

$+\curvearrowleft \Sigma M_B = 0:$ $\quad -(2400 \text{ N})(3.6 \text{ m}) + C_y(2.4 \text{ m}) = 0$ $\quad C_y = +3600 \text{ N}$
$+\curvearrowleft \Sigma M_C = 0:$ $\quad -(2400 \text{ N})(1.2 \text{ m}) + B_y(2.4 \text{ m}) = 0$ $\quad B_y = +1200 \text{ N}$
$\xrightarrow{+} \Sigma F_x = 0:$ $\quad -B_x + C_x = 0$

請注意若只考慮桿件 BCD 無法求得 B_x 或 C_x。由於求得的 B_y 與 C_y 的符號為正，可知力分量 $\mathbf{B}_y$ 與 $\mathbf{C}_y$ 的指向與假設相同。

自由體：桿件 ABE

$+\curvearrowleft \Sigma M_A = 0:$ $\quad B_x(2.7 \text{ m}) = 0$ $\quad\quad\quad\quad\quad\quad\quad\quad B_x = 0$
$\xrightarrow{+} \Sigma F_x = 0:$ $\quad +B_x - A_x = 0$ $\quad\quad\quad\quad\quad\quad\quad\quad A_x = 0$
$+\uparrow \Sigma F_y = 0:$ $\quad -A_y + B_y + 600 \text{ N} = 0$
$\quad\quad\quad\quad\quad\quad -A_y + 1200 \text{ N} + 600 \text{ N} = 0$ $\quad A_y = +1800 \text{ N}$

自由體：桿件 BCD。 再回到桿件 BCD，寫下

$\xrightarrow{+} \Sigma F_x = 0:$ $\quad -B_x + C_x = 0$ $\quad\quad 0 + C_x = 0$ $\quad\quad\quad C_x = 0$

自由體：桿件 ACF (驗算)。 至此已求出所有未知數，可使用自由體 ACF 進行驗算，如下

$+\curvearrowleft \Sigma M_C = (1800 \text{ N})(2.4 \text{ m}) - A_y(2.4 \text{ m}) - A_x(2.7 \text{ m})$
$\quad\quad\quad\quad = (1800 \text{ N})(2.4 \text{ m}) - (1800 \text{ N})(2.4 \text{ m}) - 0 = 0$ （驗算）

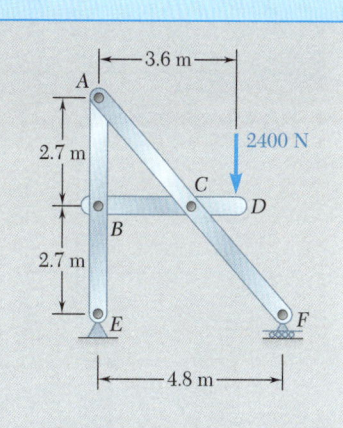

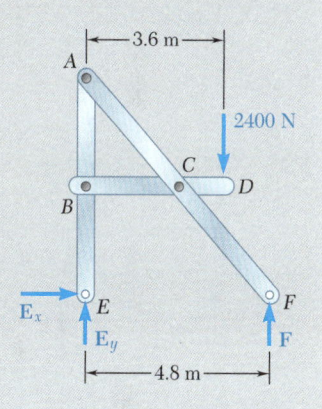

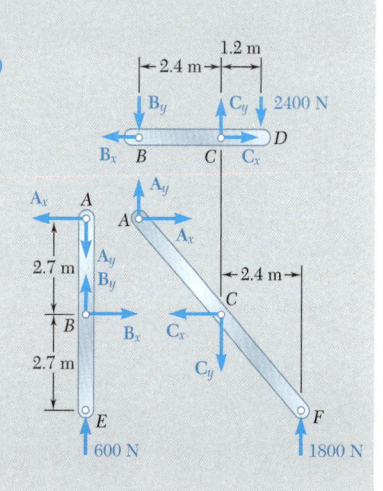

範例 6.6

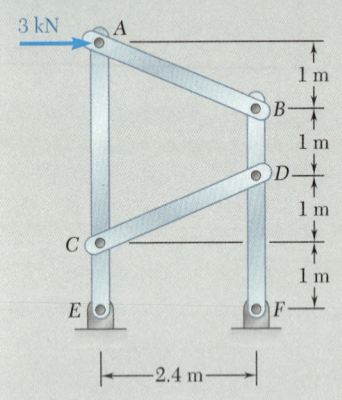

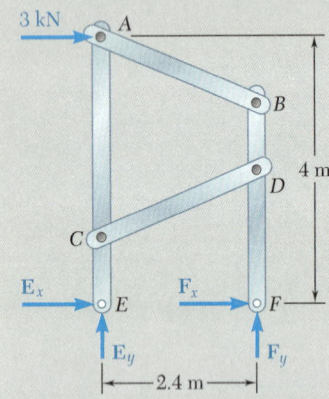

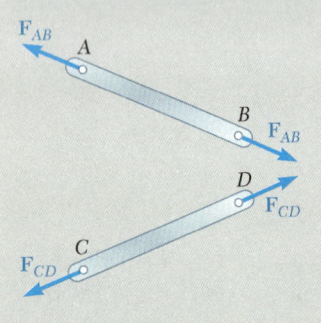

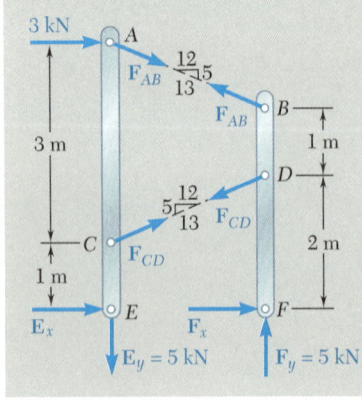

如附圖所示的構架，一 3 kN 水平力作用於插銷 A，試求作用於兩垂直桿件的力。

解

自由體：整個構架。先畫出整個構架為自由體，雖然反力有四個未知數，仍可求出 E_y 與 F_y 如下

$+\circlearrowleft\Sigma M_E = 0$:　　$-(3 \text{ kN})(4 \text{ m}) + F_y(2.4 \text{ m}) = 0$
$\qquad\qquad\qquad F_y = +5 \text{ kN}$　　　　　　$\mathbf{F}_y = 5 \text{ kN} \uparrow$

$+\uparrow\Sigma F_y = 0$:　　$E_y + F_y = 0$
$\qquad\qquad\qquad E_y = -5 \text{ kN}$　　　　　　$\mathbf{E}_y = 5 \text{ kN} \downarrow$

各桿件。整個構架的平衡方程式不足以求出 E_x 與 F_x，因此必須考慮各桿件的自由體圖才能求解。將構架分解，假設插銷 A 位於多力桿件 ACE 上，因此，3 kN 的力作用在此桿件上。另外注意桿件 AB 與 CD 為二力桿件。

自由體：桿件 ACE

$+\uparrow\Sigma F_y = 0$:　　$-\frac{5}{13}F_{AB} + \frac{5}{13}F_{CD} - 5 \text{ kN} = 0$
$+\circlearrowleft\Sigma M_E = 0$:　　$-(3 \text{ kN})(4 \text{ m}) - (\frac{12}{13}F_{AB})(4 \text{ m}) - (\frac{12}{13}F_{CD})(1 \text{ m}) = 0$

聯立解出上式，得到

$$F_{AB} = -5.2 \text{ kN} \qquad F_{CD} = +7.8 \text{ kN}$$

得到的符號表示 F_{CD} 的假設正確，而 F_{AB} 的假設錯誤，接著將 x 分量相加，得到

$\xrightarrow{+}\Sigma F_x = 0$:　　$5 \text{ kN} + \frac{12}{13}(-5.2 \text{ kN}) + \frac{12}{13}(+7.8 \text{ kN}) + E_x = 0$
$\qquad\qquad\qquad E_x = -5.4 \text{ kN}$　　　　　　$\mathbf{E}_x = 5.4 \text{ kN} \leftarrow$

自由體：整個構架。由於已求出 E_x，這裡可回到整個構架的自由體圖，寫下

$\xrightarrow{+}\Sigma F_x = 0$:　　$5 \text{ kN} - 5.4 \text{ kN} + F_x = 0$
$\qquad\qquad\qquad F_x = +2.4 \text{ kN}$　　　　　　$\mathbf{F}_x = 2.4 \text{ kN} \rightarrow$

自由體：桿件 BDF（驗算）。作用於桿件 BDF 的力滿足方程式 $\Sigma M_B = 0$，表示上述計算正確。

$+\circlearrowleft\Sigma M_B = -(\frac{12}{13}F_{CD})(1 \text{ m}) + (F_x)(3 \text{ m})$
$\qquad\qquad = -\frac{12}{13}(7.8 \text{ kN})(1 \text{ m}) + (2.4 \text{ kN})(3 \text{ m})$
$\qquad\qquad = -7.2 \text{ kN} \cdot \text{m} + 7.2 \text{ kN} \cdot \text{m} = 0$　　（驗算）

本節學到如何分析含有一個以上多力桿件的構架。後面習題將練習求作用於構架的支撐反力與桿件間的內力。

　　解題步驟如下：

1. 畫出構架整體的自由體圖。利用自由體圖盡可能解出支撐反力。（範例 6.6 只能求出四個未知反力分量的其中兩個。）
2. 分解構架，畫出每根桿件的自由體圖。
3. 先考慮二力桿件，於二力桿件與其他兩根桿件的連接處畫上大小相等、指向相反的兩力。如果二力桿件為直桿件，則這兩力沿著桿件作用。如果一開始無法判斷桿件是受張力或壓力，則可先假設桿件受張力，並將這兩力指離桿件。因為這兩力的大小相等，因此以為相同代號表示，注意不要加上正負號避免混淆。
4. 接著，考慮多力桿件。對每一個桿件，畫出所有的作用力，包括外加的**負載、支撐反力與連接處的內力**。前面解出的支撐反力的大小及方向都應清楚標示於圖上。
    a. 多力桿件與二力桿件連接處。於多力桿件上施加一力，此力與二力桿件所受的力大小相等、指向相反。給予與二力桿件上相同的代號。
    b. 兩根多力桿件連接處。由於連接處內力的大小和方向都未知，因此於連接處畫上內力的水平和垂直分量。分量的指向可任意假設，但兩根桿件所畫的分量必須大小相等、指向相反。再次強調，**不要在符號前加上正負號，以免混淆**。
5. 解出桿件的內力，以及尚未求出的支撐反力。
    a. 每一根多力桿件的自由體圖可提供三個平衡方程式。
    b. 應盡可能寫下僅含一個未知數的方程式，以簡化計算。如果能找到某一點，除了某個未知分量的其他所有分量都通過該點。則對該點做力矩平衡所得的式子即僅含一個未知數。如果除了某個未知力的其他所有力都互相平行，則對垂直於這些力的方向取力平衡即可得到僅含一個未知數的式子。
    c. 由於最初任意假設未知力的方向，只能在最後求出所有力時才能知道最初的假設是否正確。如果求得的力為正，表示假設**正確**，反之則表示力的指向與最初假設相反。
6. 依照以下法則可使解題更加有效率：
    a. 如果能找到僅含單一未知數的式子，寫下這個式子並求出該未知數。立即將其他自由體圖上出現這個力的地方以解出的數值取代。重複以上步驟直到所有僅含一個未知數的式子均已解出。
    b. 如果不能找到僅含單一未知數的式子，此時可能要解一對聯立方程式。計算前檢查確實已使用由構架的自由體圖得到的支撐反力。
    c. 構架本身和每根桿件的平衡方程式總數大於未知力和反力的總數。找出所有支撐反力和內力後，可利用剩下的方程式驗算。

重點提示

習　題

自由體圖練習

6.F1 一構架受附圖所示之負載，欲求作用於桿件 ABC 的 B 與 C 處的力，請畫出求解所需的自由體圖。

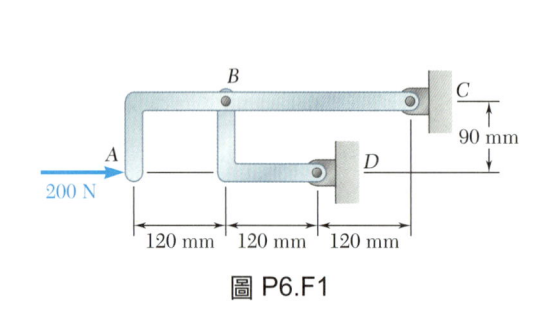

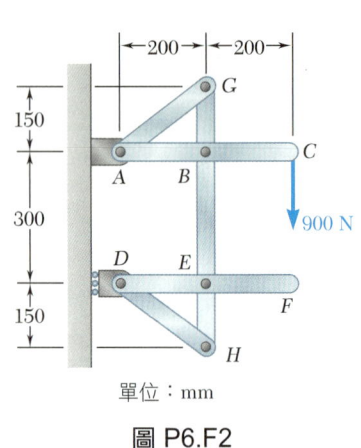

圖 P6.F1

圖 P6.F2

6.F2 一構架受附圖所示之負載，欲求作用於桿件 GBEH 的所有力，請畫出求解所需的自由體圖。

6.F3 一構架受附圖所示之負載，欲求 B 與 F 的反力，請畫出求解所需的自由體圖。

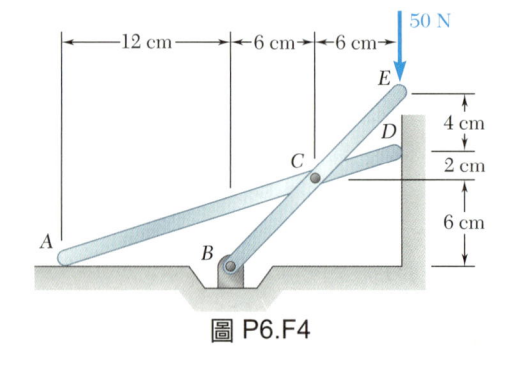

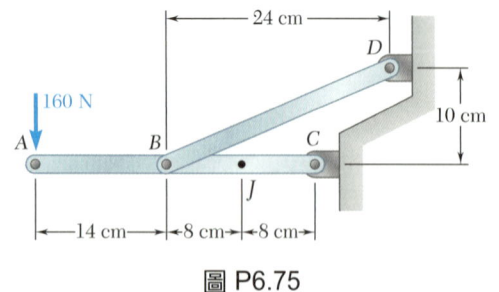

圖 P6.F3

圖 P6.F4

6.F4 已知表面之 A 與 D 無摩擦，欲求作用於桿件 BCE 的 B 與 C 處的力，請畫出求解所需的自由體圖。

課後習題

6.75 與 **6.76** 試求桿件 BD 的力以及 C 的反力分量。

圖 P6.75

6.77 試求作用於組合件之桿件 ABCD 的所有力的分量。

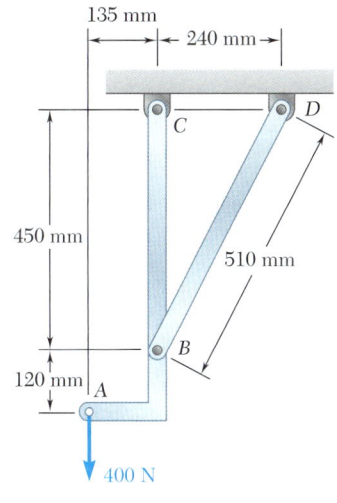

圖 P6.76

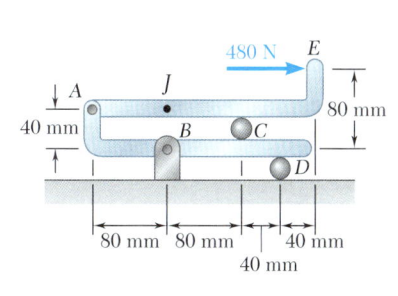

圖 P6.77

6.78 試求作用於構架之桿件 ABD 的所有力的分量。

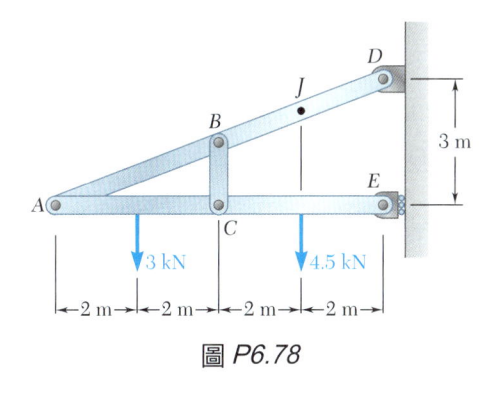

圖 P6.78

圖 P6.79

6.79 一構架受附圖所示之負載，試求作用於桿件 ABC 的所有力的分量。

6.80 如習題 6.79，但假設其中 20 kN 的負載取代為一大小為 10 kN·m 的順時針力偶，作用於桿件 EDC 的點 D。

6.81 當 $\theta = 0$ 時，試求作用於桿件 ABCD 的所有力的分量。

6.82 當 $\theta = 90°$ 時，試求作用於桿件 ABCD 的所有力的分量。

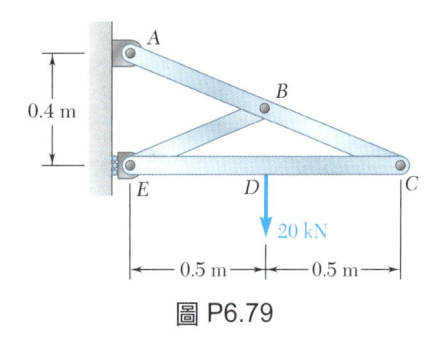

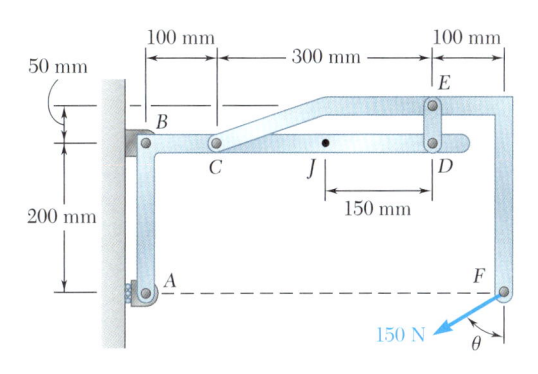

圖 P6.81 與 P6.82

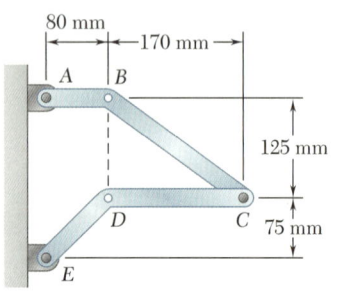

6.83 與 6.84 若一大小為 750 N 的力、垂直朝下作用於 (a) 點 B；(b) 點 D，試求 A 與 E 的反力分量。

6.85 與 6.86 若一大小為 36 N·m 的順時針力偶，作用於 (a) 點 B；(b) 點 D，試求 A 與 E 的反力分量。

6.87 當一大小為 24 N 的力、垂直朝下作用於 (a) 點 B；(b) 點 D，試求 A 與 E 的反力分量。

圖 P6.83 與 P6.85

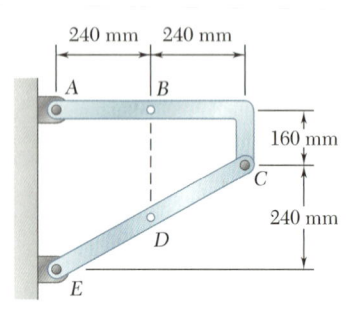

圖 P6.84 與 P6.86

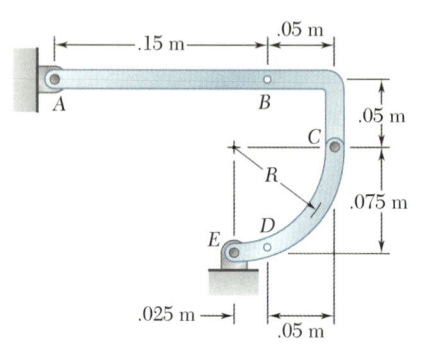

圖 P6.87 與 P6.88

6.88 當一大小為 4.8 N·m 的逆時針力偶，作用於 (a) 點 B；(b) 點 D，試求 A 與 E 的反力分量。

6.89 試求以下不同負載時，A 與 B 的反力分量：(a) 如附圖所示施加 100 N 的負載；(b) 若將 100 N 的負載沿其作用線平移到作用於點 F。

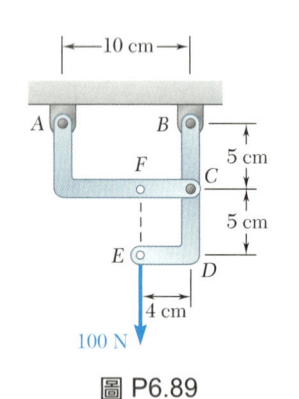

6.90 (a) 證明當一構架支撐在 A 處的滑輪時，將滑輪移除，並在 A 施加兩個與纜繩作用在滑輪上的力相等而平行之力，即可得到構架與其各元件的等效負載；(b) 證明若纜繩有一端綁在構架的點 B，則也有一大小等於纜繩張力之力作用在點 B。

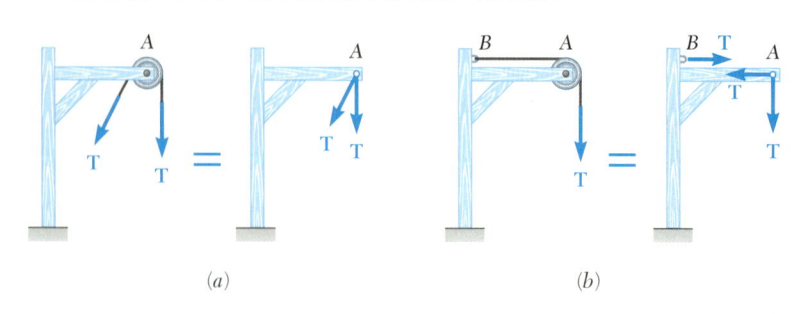

圖 P6.89

圖 P6.90

6.91 有一根直徑 1.5 m 的圓管放置在多個如附圖所示之小構架上，每隔 8 m 放置一組小構架。已知圓管本身與管內物體總重為 500 N/m，假設各表面均無摩擦，試求 (a) E 的反力分量；(b) 作用於桿件 CDE 之 C 處的力。

6.92 如習題 6.91，但其中 $h = 3$ m。

6.93 已知滑輪半徑為 0.5 m，試求 A 與 E 的反力分量。

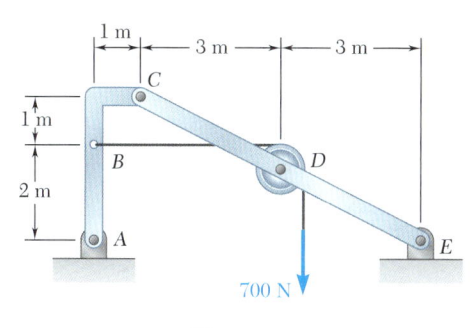

圖 P6.91

圖 P6.93

6.94 已知滑輪半徑為 50 mm，試求 B 與 E 的反力分量。

6.95 一重 12 kN 的拖車於 D 的球窩連接到一部重 14.5 kN 的小卡車。試求 (a) 當小卡車和拖車靜止時，每個輪子的反力；(b) 小卡車每個輪子因拖車而額外承受的負載。

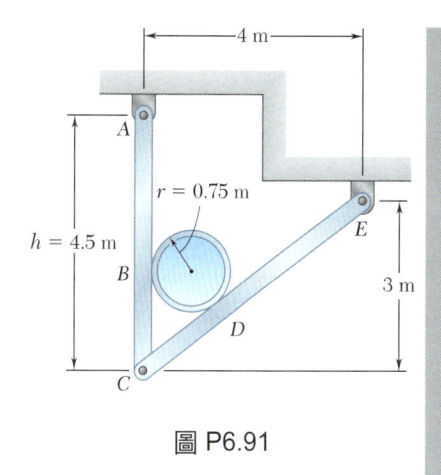

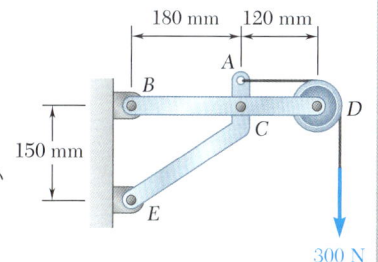

圖 P6.94

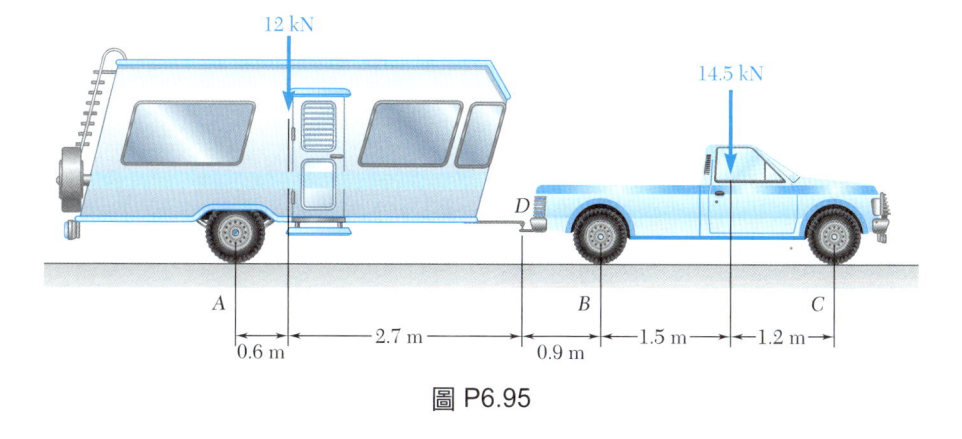

圖 P6.95

6.96 為使習題 6.95 的小卡車的四個輪子能有較佳的重量分布，改用如附圖所示的拉環。此拉環包含兩個棒狀彈簧 (附圖僅顯示一

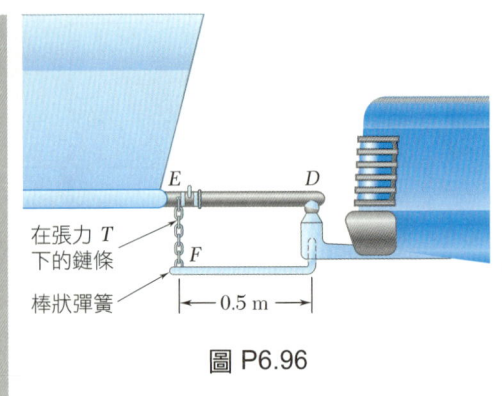

個)，棒狀彈簧套入小卡車車尾的剛性軸承。另有鏈條將彈簧與拖車相連，且兩鏈條均受張力。(a) 若欲使拖車產生的額外負載平均分布到小卡車的四個輪子，試求每條鏈條所需的張力 T；(b) 小卡車－拖車的六個輪子中每個輪子的反力為何？

6.97 一曳引機的駕駛單元與馬達單元，以位於前輪後方 2 m 處的一垂直插銷連接。C 與 D 的距離為 1 m。重 300 kN 的馬達單元的重心位於 G_m；而重 100 kN 的駕駛單元與 75 kN 的負載分別位於 G_c 與 G_l。已知未煞車時車身靜止，試求 (a) 四個輪子中每個輪子的反力；(b) 作用於馬達單元的 C 與 D 的力。

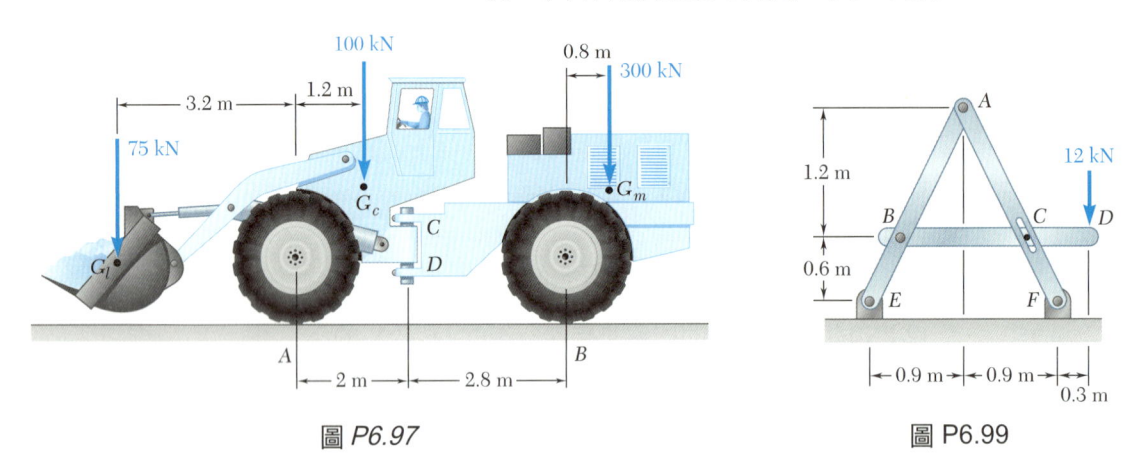

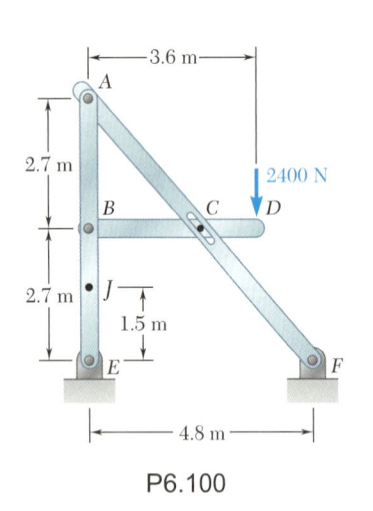

圖 P6.96

圖 P6.97

圖 P6.99

6.98 如習題 6.97，但移除其中 75 kN 的負載。

6.99 與 **6.100** 一構架受附圖所示之負載，試求作用於桿件 ABE 的所有力的分量。

6.101 一構架受附圖所示之負載，試求作用於桿件 ABD 的所有力的分量。

P6.100

圖 P6.101

圖 P6.103

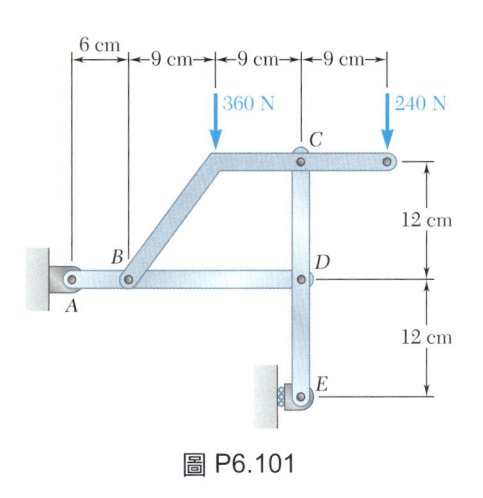

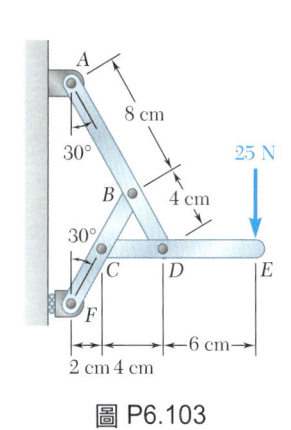

6.102 如習題 6.101，但移除 360 N 的負載。

6.103 一構架受附圖所示之負載，試求作用於桿件 CDE 上 C 與 D 的力的分量。

6.104 一構架受附圖所示之負載，試求作用於桿件 CFE 上 C 與 F 的力的分量。

6.105 一構架受附圖所示之負載，試求作用於桿件 ABD 所有力的分量。

圖 P6.104

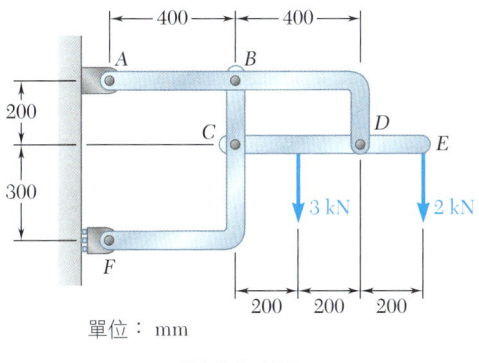

圖 P6.105

6.106 如習題 6.105，但移除 3 kN 的負載。

6.107 試求 F 的反力以及桿件 AE 與 BD 的力。

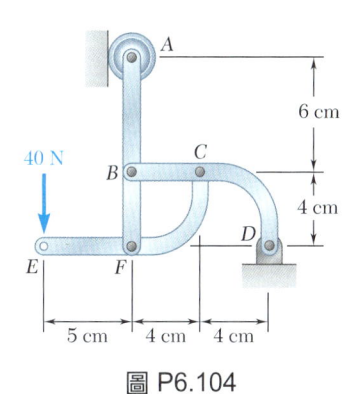

圖 P6.107

6.108 一構架受附圖所示之負載，試求 A、B、D 與 E 的反力。假設支撐表面均無摩擦。

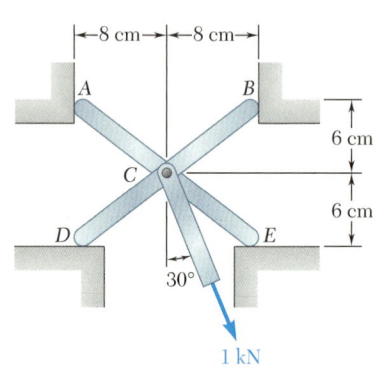

圖 P6.108

6.109 附圖所示的三鉸點拱門 (three-hinge arch) ABC 的軸線為一拋物線，其頂點位於 B。已知 $P = 112$ kN、$Q = 140$ kN，試求 (a) A 的反力分量；(b) 作用於 AB 區段的 B 的力分量。

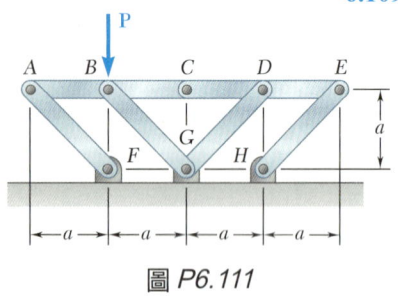

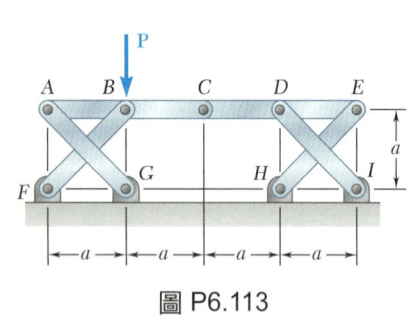

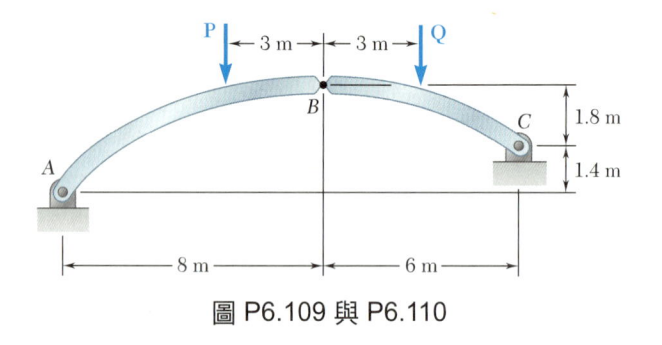

圖 P6.111

圖 P6.109 與 P6.110

6.110 附圖所示的三鉸點拱門 ABC 的軸線為一拋物線，其頂點位於 B。已知 $P = 140$ kN、$Q = 112$ kN，試求 (a) A 的反力分量；(b) 作用於 AB 區段的 B 的力分量。

6.111、6.112 與 6.113 桿件 ABC 與 CDE 由插銷連接於 C，另有四根連桿支撐。試求以下負載時，每根連桿的力。

6.114 桿件 ABC 與 CDE 由插銷連接於 C，另有四根連桿 AF、BG、DG 與 EH 支撐。試求給定負載時，每根連桿的力。

圖 P6.112

圖 P6.113

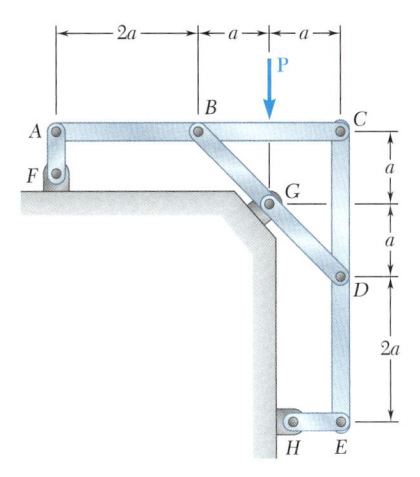

圖 P6.114

6.115 如習題 6.112，但假設力 P 取代為大小為 M_0 的順時針力偶，此力偶作用於桿件 CDE 的 D。

6.116 如習題 6.114，但假設力 P 取代為大小為 M_0 的順時針力偶，此力偶作用於相同點。

6.117 長度均為 3a 的四根梁連接成一矩形，相鄰兩梁於 A、B、C、D 處分別由一根釘子接合。每根梁於距離一端 a 的下方支撐。假設連接處只受垂直力，試求 E、F、G 與 H 的垂直反力。

6.118 長度均為 2a 的四根梁於中點由釘子兩兩相連。假設連接處只受垂直力，試求 A、D、E 與 H 的垂直反力。

圖 P6.117　　圖 P6.118

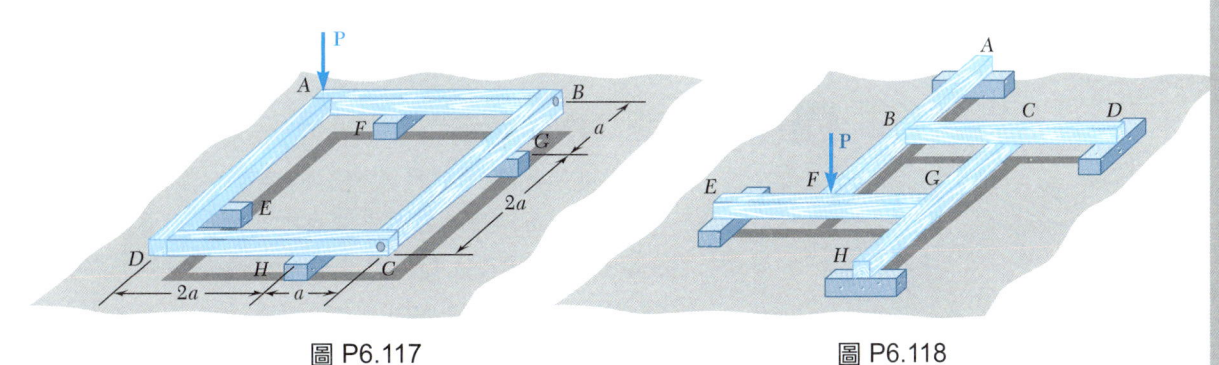

6.119 至 6.121 下列各圖所示的構架包含兩個 L 形的桿件，由兩根連桿相連。試求各構架的支撐反力，並指出構架是否為剛性。

圖 P6.119

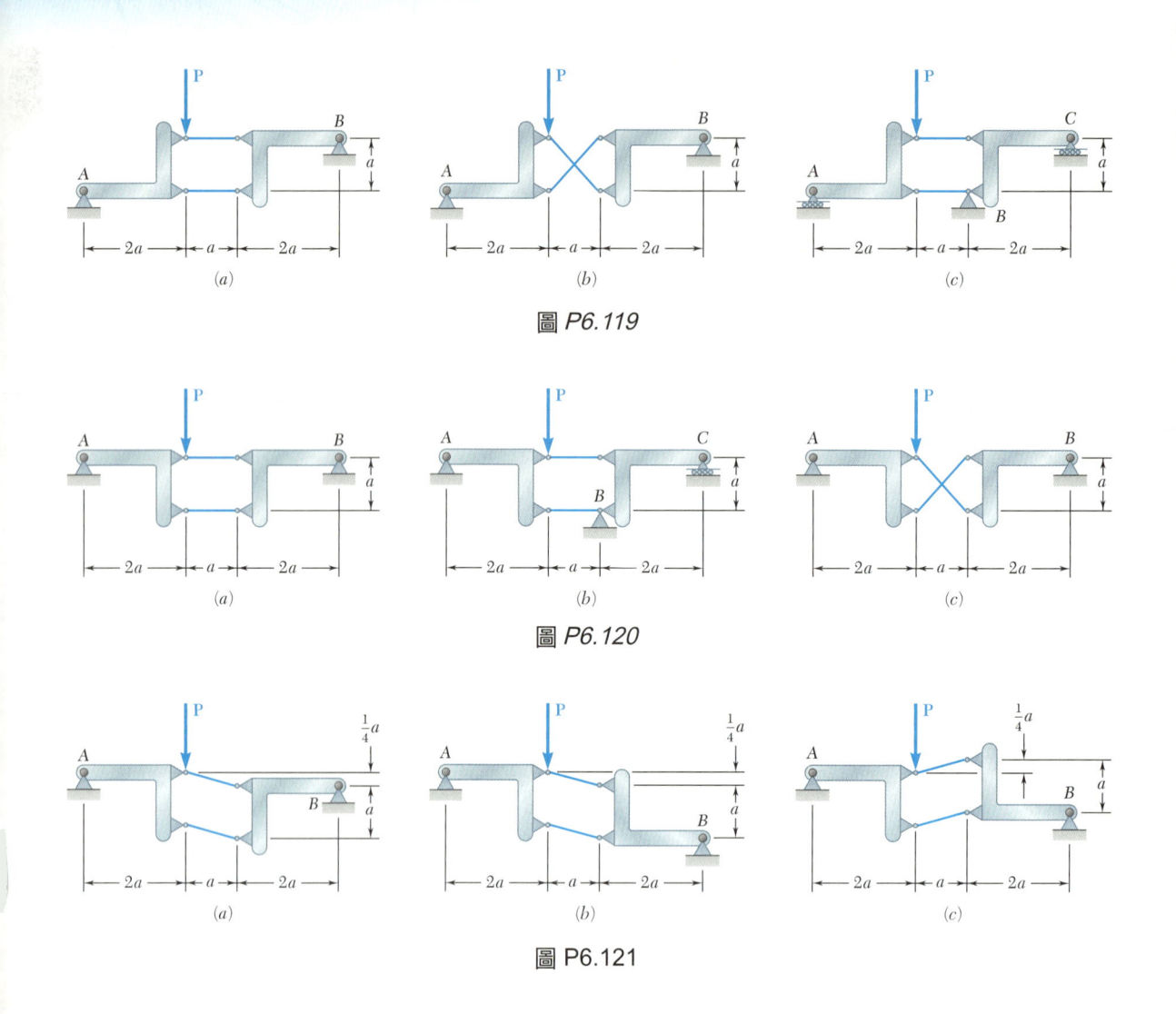

圖 P6.120

圖 P6.121

6.12　機具 (Machines)

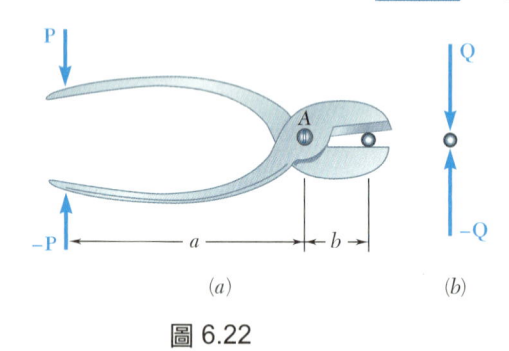

機具是用來傳遞與改變力的結構。無論是簡單的工具或是含有複雜的機構，機具主要的目的是將**輸入力** (input forces) 轉換成**輸出力** (output forces)。例如考慮圖 6.22a 中用來剪線材的鉗子，如果施加大小相等、指向相反的兩力 **P** 和 −**P** 於把手上，將有大小相等、指向相反的兩力 **Q** 和 −**Q** 作用於線材上 (圖 6.22b)。

當輸入力的大小 P 已知時，要求輸出力的大小 Q (或者是已知 Q 要求 P)，畫出鉗子的自由體圖，標示出輸入

圖 6.22

力 $\mathbf{P}$ 和 $-\mathbf{P}$ 以及線材作用於鉗子的反力 $-\mathbf{Q}$ 和 $\mathbf{Q}$（圖 6.23）。由於鉗子是非剛性結構，必須使用鉗子的兩個零件之一的自由體圖才能解出未知力。例如考慮圖 6.24a，對 A 取力矩平衡，得到關係式 $Pa = Qb$，這個式子定義了 P 和 Q 大小的關係。相同的自由體圖可用來求點 A 內力的分量，分別是 $A_x = 0$ 和 $A_y = P + Q$。

分析較複雜的機具，通常需要使用多個自由體圖，也可能要解含有多個內力的聯立方程式。選用的自由體圖應包含輸入力和輸出力的反力，且未知力分量數目不可超過可用的獨立方程式數目。建議於解題前先檢查結構是否為靜定。當然，討論機具是否為剛性並無意義，因為機具一定含有可移動零件，因此必定為非剛性。

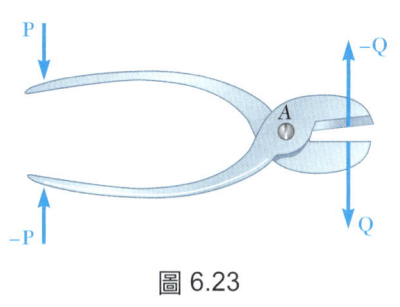

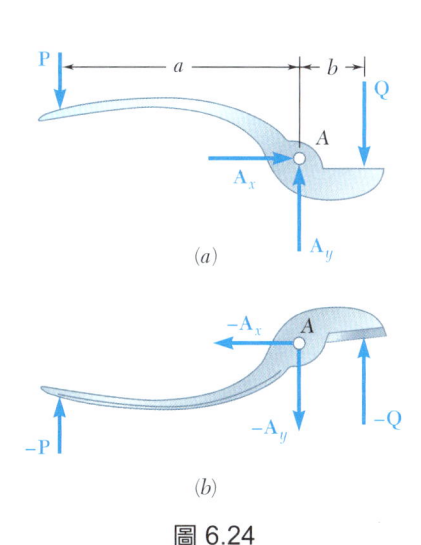

圖 6.23

圖 6.24

照片 6.5 圖示的檯燈可擺放成許多姿態。考慮每一姿態的自由體圖即可求出各彈簧中的力，以及各接點的內力。

範例 6.7

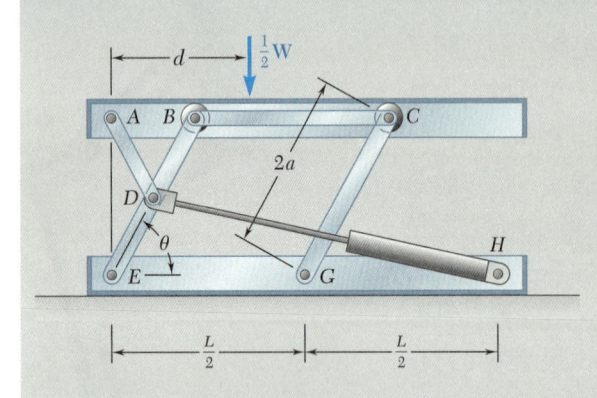

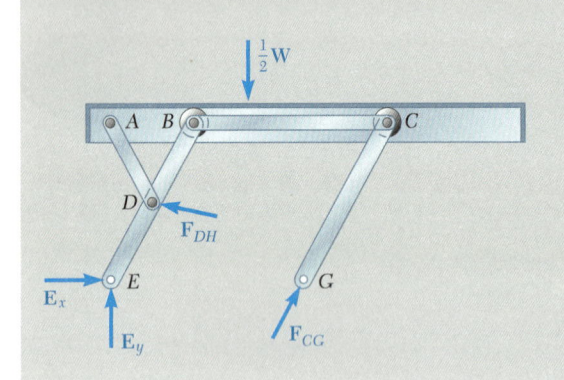

一液壓升降桌用來提起 1000 kg 的條板箱，升降桌包含一平台與兩根相同的連桿組，液壓缸即對連桿組施加相同的力（附圖僅顯示一連桿組與一液壓缸）。桿件 EDB 與 CG 長度均為 $2a$，桿件 AD 則以插銷連接到桿件 EDB 的中點。若板條箱放置在平台上，使其重量的一半被圖示的系統支撐。試求當 $\theta = 60°$、$a = 0.70$ m、$L = 3.20$ m 時，各缸提起條板箱的作用力，並證明結果與距離 d 無關。

解

此處考慮的機具包含平台與連桿組，其自由體圖則包含缸筒的輸入力 $\mathbf{F}_{DH}$、重量 $\frac{1}{2}\mathbf{W}$、相等而反向的輸出力，以及假設方向如附圖所示的 E 與 G 的反力。由於未知數超過三個，故不用此圖。將此機具分解，並畫出各零件的自由體圖。注意 AD、BC、CG 均為二力桿件，前面已假設 CG 受壓力，此時假設 AD 與 BC 受張力，受力方向如附圖所示。另外將以大小相等且反向的向量代表二力桿件作用在平台、桿件 BDE 與滾輪 C 上的力。

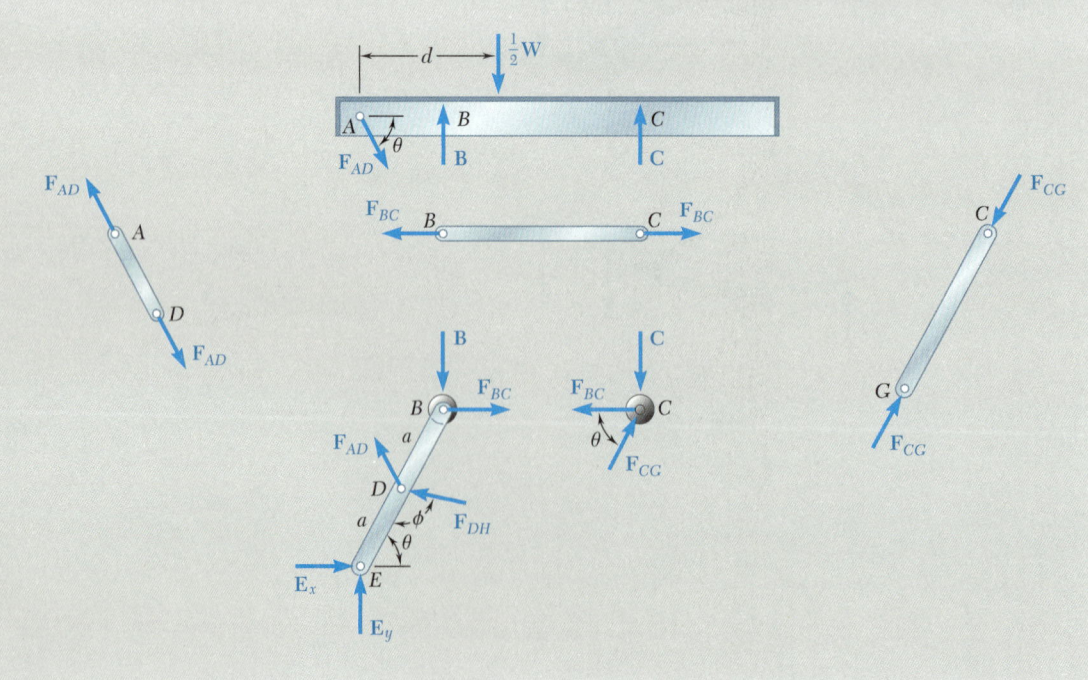

自由體：平台 ABC。

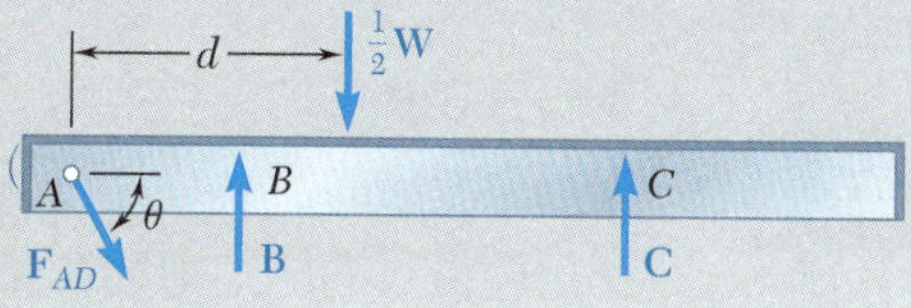

$\xrightarrow{+}\Sigma F_x = 0:$ $\quad F_{AD}\cos\theta = 0 \quad F_{AD} = 0$
$+\uparrow\Sigma F_y = 0:$ $\quad B + C - \tfrac{1}{2}W = 0 \quad B + C = \tfrac{1}{2}W$

自由體：滾輪 C。畫出力三角，求得 $F_{BC} = C\cot\theta$。

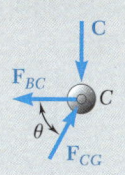

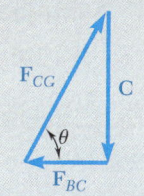

自由體：桿件 BDE。已知 $F_{AD} = 0$，

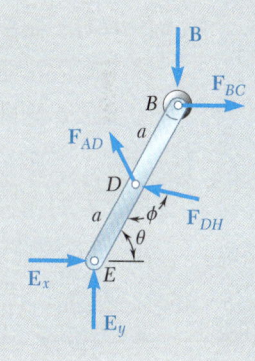

$+\circlearrowleft\Sigma M_E = 0:$ $\quad F_{DH}\cos(\phi - 90°)a - B(2a\cos\theta) - F_{BC}(2a\sin\theta) = 0$
$\qquad\qquad\qquad F_{DH}a\sin\phi - B(2a\cos\theta) - (C\cot\theta)(2a\sin\theta) = 0$
$\qquad\qquad\qquad F_{DH}\sin\phi - 2(B + C)\cos\theta = 0$

回顧式 (1)，得到

$$F_{DH} = W\frac{\cos\theta}{\sin\phi} \qquad (2)$$

觀察得知結果與 d 無關。

利用三角形 EDH 的正弦定理，如下

$$\frac{\sin\phi}{EH} = \frac{\sin\theta}{DH} \quad \sin\phi = \frac{EH}{DH}\sin\theta \qquad (3)$$

再利用餘弦定理，得到

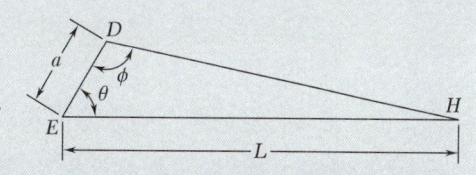

$(DH)^2 = a^2 + L^2 - 2aL\cos\theta$
$\qquad\;\; = (0.70)^2 + (3.20)^2 - 2(0.70)(3.20)\cos 60°$
$(DH)^2 = 8.49 \qquad DH = 2.91\text{ m}$

另

$\qquad W = mg = (1000\text{ kg})(9.81\text{ m/s}^2) = 9810\text{ N} = 9.81\text{ kN}$

將式 (3) 的 $\sin\phi$ 代入式 (2)，再填入數值可得

$$F_{DH} = W\frac{DH}{EH}\cot\theta = (9.81\text{ kN})\frac{2.91\text{ m}}{3.20\text{ m}}\cot 60°$$

$$F_{DH} = 5.15\text{ kN}$$

重點提示

　　本節旨在機具的分析方法。由於機具用來傳遞或改變力,因此總是含有可移動零件。但本書考慮的機具必定靜止不動,分析的目的在找出使機具保持平衡的力。

　　作用於機具的已知力稱為**輸入力**。機具將輸入力轉換成**輸出力**,例如圖 6.22 的鉗子將手作用於把手上的輸入力,轉換成施加於線材上的輸出力。與輸出力的大小相等、指向相反的力作用於機具上,使得機具能保持平衡,解出這個力後即可得到輸出力。

　　前一節讀者學到了構架的分析法,這裡使用幾乎相同的步驟分析機具:

1. 畫出機具整體的自由體圖。利用自由體圖盡可能解出支撐反力。
2. 分解機具,畫出每根桿件的自由體圖。
3. 先考慮二力桿件,於二力桿件與其他兩根桿件的連接處畫上大小相等、指向相反的兩力。如果一開始無法判斷桿件是受張力或壓力,則可先假設桿件受張力,並將這兩力指離桿件。因為這兩力的大小相等,因此以為相同代號表示,注意**不要加上正負號避免混淆**。
4. 接著,考慮多力桿件。對每一個桿件,畫出所有的作用力,包括外加的負載、支撐反力與連接處的內力。前面解出的支撐反力的大小及方向都應清楚標示於圖上。
    a. 多力桿件與二力桿件連接處。於多力桿件上施加一力,此力與二力桿件所受的力大小相等、指向相反。給予與二力桿件上相同的代號。
    b. 兩根多力桿件連接處。由於連接處內力的大小和方向都未知,因此於連接處畫上內力的**水平和垂直分量**。分量的指向可任意假設,但兩根桿件所畫的分量必須大小相等、指向相反。再次強調,不要在符號前加上**正負號**,以免混淆。
5. 完成各個自由體圖後,寫下平衡方程式。
    a. 應盡可能寫下僅含一個未知數的方程式,以簡化計算。
    b. 由於最初任意假設未知力的方向,只能在最後求出所有力時才能知道最初的假設是否正確。如果求得的力為正,表示假設正確,反之則表示力的指向與最初假設相反。
6. 最後,應將解得的數值代入未使用的平衡方程式驗算。

習 題

自由體圖練習

6.F5 桿件 *ABC* 的位置由液壓缸 *CD* 控制。已知 $\theta = 30°$，欲求液壓缸作用於插銷 *C* 的力，以及 *B* 的反力，請畫出求解所需的自由體圖。

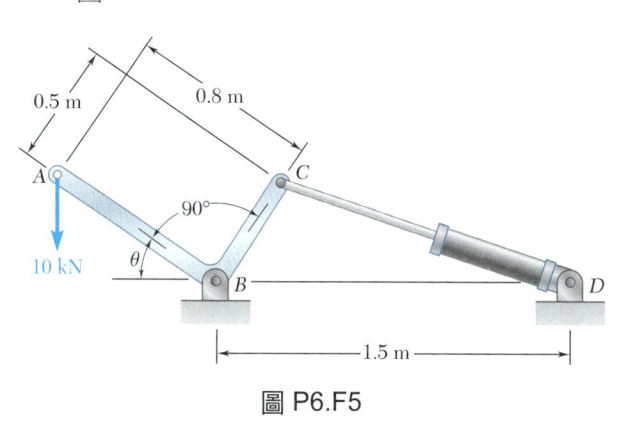

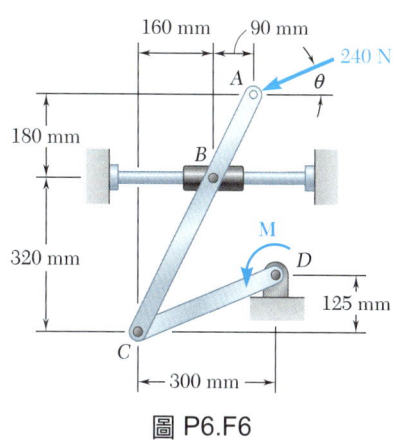

圖 P6.F5

圖 P6.F6

6.F6 桿件 *ABC* 透過插銷連接到軸環 *B* 以及曲柄 *CD* 的 *C*。不考慮摩擦，欲求 $\theta = 30°$ 時使系統保持平衡所需的力偶 **M**，請畫出求解所需的自由體圖。

6.F7 為使附圖所示的支撐桿受到 **P** 作用時能保持平衡，因此將 *D*、*E* 兩點以一安全彈簧相連。彈簧 *DE* 的常數為 50 N/cm，未變形長度為 7 cm。已知 $l = 10$ cm，且 **P** 的大小為 800 N，欲求使支撐桿放開的力 **Q**，請畫出求解所需的自由體圖。

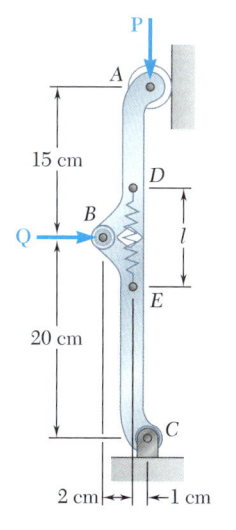

圖 P6.F7

6.F8 一重 4 kN 的圓木由一把鉗子提起。欲求作用於 DEF 上 E 與 F 的力，請畫出求解所需的自由體圖。

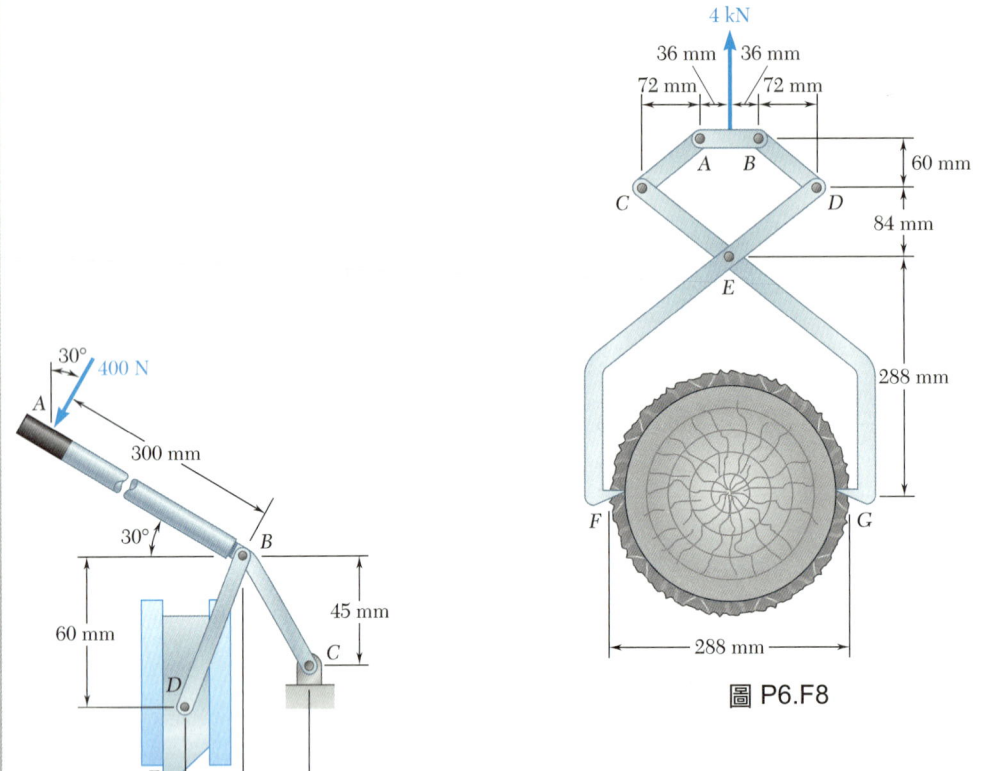

圖 P6.F8

圖 P6.122

課後習題

6.122 一剪切器用來切割電路板。試求圖示位置時 (a) 作用於刀片的 D 的力的垂直分量；(b) C 的反力。

6.123 一沖壓床用來將放置於 E 的工件壓出花紋。已知 $P = 250$ N，試求 (a) 作用於工件的力的垂直分量；(b) A 的反力。

6.124 一沖壓床用來將放置於 E 的工件壓出花紋。已知作用於工件的力的垂直分量必須為 900 N，試求 (a) 所需的垂直力 **P**；(b) 此時 A 的反力。

6.125 供水系統的水壓施加一大小為 135 N、朝下的力於 A 處的垂直栓。試求桿件 DE 的張力與作用於桿件 BCE 的 B 處的力。

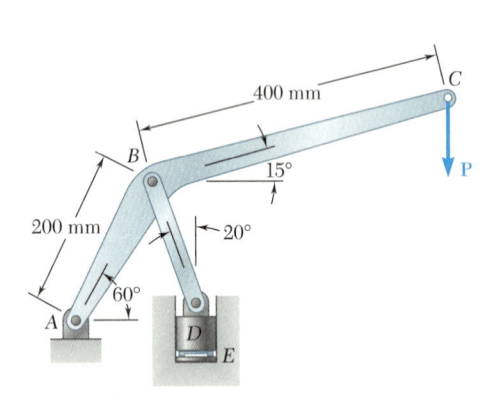

圖 P6.123 與 P6.124

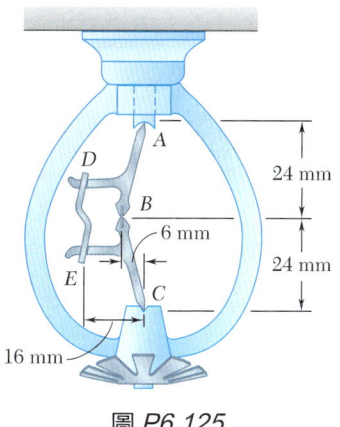

圖 P6.125

6.126 一 84 N 的力施加在虎頭鉗 (toggle vise) 的 C。已知 $\theta = 90°$，試求 (a) 作用於方塊的 D 處的垂直力；(b) 作用於桿件 ABC 的 B 處的力。

6.127 如習題 6.126，但當 $\theta = 0$。

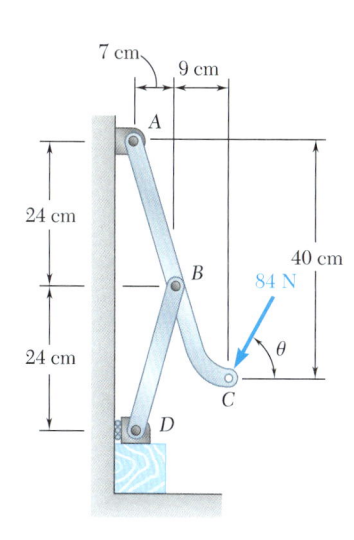

圖 P6.126

6.128 附圖所示的系統與負載，試求 (a) 保持平衡所需的力 **P**；(b) 此時桿件 BD 的力；(c) 此時 C 的反力。

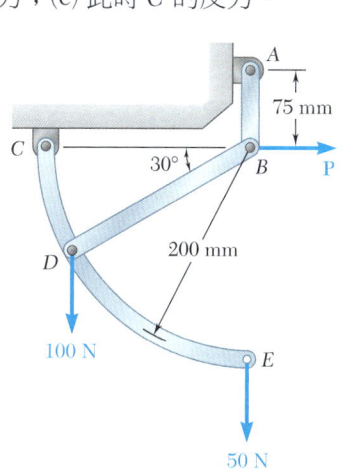

圖 P6.128

6.129 附圖所示的惠氏 (Whitworth) 機構使點 D 產生快速的來回運動，位於 B 的小方塊由插銷連接到曲柄 AB，且可在桿件 CD 的切槽中自由滑動。試求使機具保持平衡，所需施加在曲柄 AB 的力偶 **M**，當 (a) $\alpha = 0$；(b) $\alpha = 30°$。

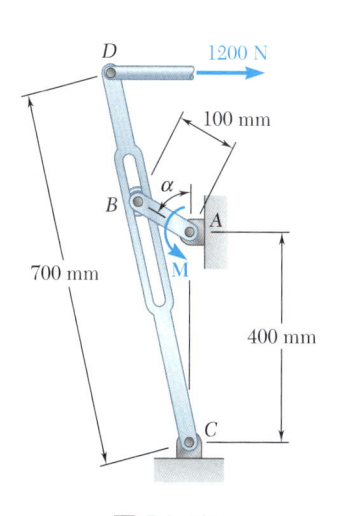

圖 P6.129

6.130 如習題 6.129，當 (a) $\alpha = 60°$；(b) $\alpha = 90°$。

6.131 一大小為 1.5 kN · m 的力偶 **M**，施加在引擎的曲柄上，就圖示的兩個位置，試求保持平衡所需的力 **P**。

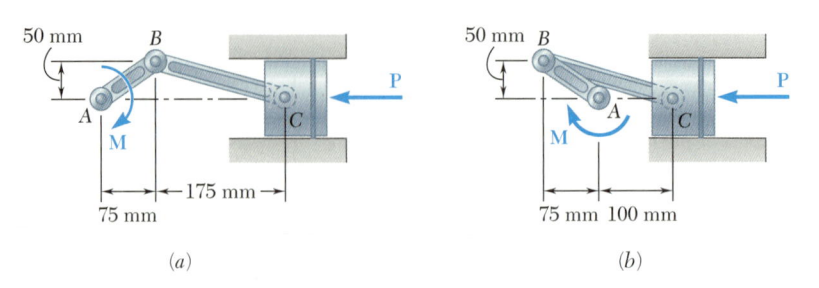

圖 P6.131 與 P6.132

6.132 一大小為 16 kN 的力 **P**，施加在引擎的活塞上，就圖示的兩個位置，試求保持平衡所需的力偶 **M**。

6.133 位於 B 的插銷連接到桿件 ABC，並可沿切槽自由滑動。不考慮摩擦，當 $\theta = 30°$ 時，試求保持平衡所需的力偶 **M**。

6.134 位於 B 的插銷連接到桿件 ABC，並可沿切槽自由滑動。不考慮摩擦，當 $\theta = 60°$ 時，試求保持平衡所需的力偶 **M**。

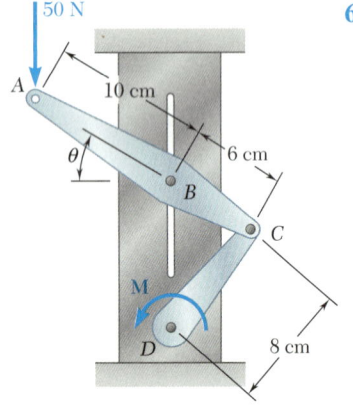

圖 P6.133 與 P6.134

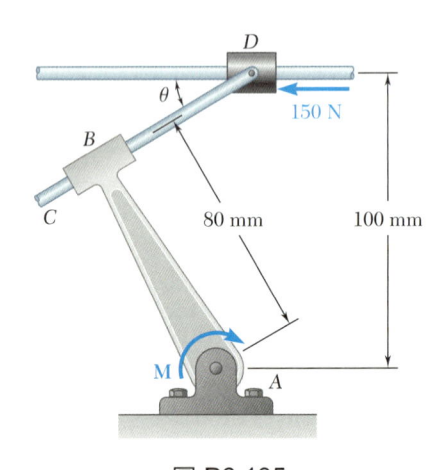

圖 P6.135

6.135 與 **6.136** 桿件 CD 連接到軸環 D，並通過一焊接於槓桿 AB 的點 B 的另一軸環。不考慮摩擦，當 $\theta = 30°$ 時，試求保持平衡所需的力偶 **M**。

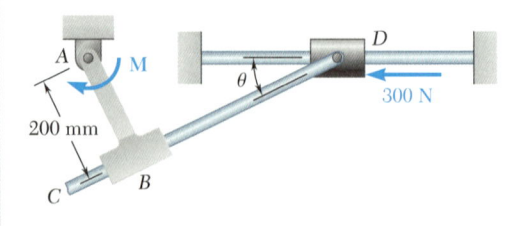

圖 P6.136

6.137 與 6.138 兩桿件以一無摩擦軸環 B 相連。已知力偶 M_A 的大小為 5 N·m，試求 (a) 保持平衡所需的力偶 M_C；(b) 此時 C 的反力分量。

圖 P6.137

圖 P6.138

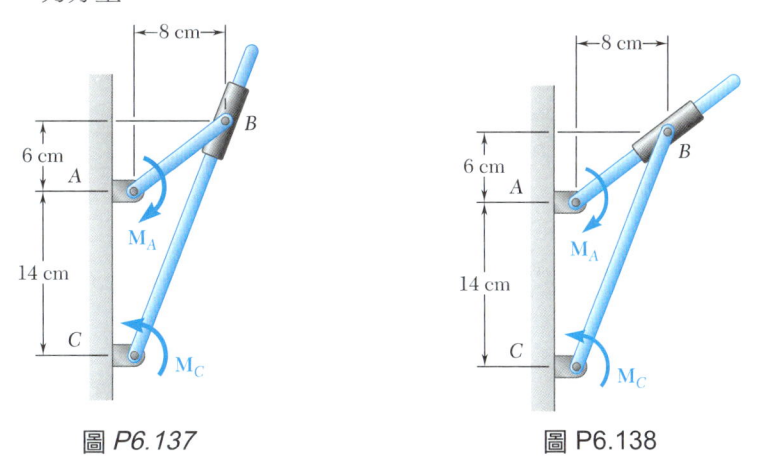

6.139 兩液壓缸控制機器手臂 ABC 的位置。已知圖示位置的兩液壓缸互相平行，試求當 P = 160 N、Q = 80 N 時，各液壓缸施加的力。

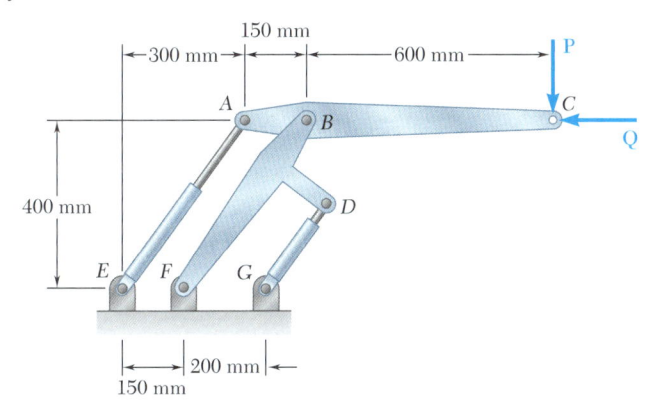

圖 P6.139 與 P6.140

6.140 兩液壓缸控制機器手臂 ABC 的位置。已知圖示位置的兩液壓缸互相平行，且皆受張力，大小為 F_{AE} = 600 N、F_{DG} = 50 N，試求施加在手臂 ABC 的 C 處的力 **P** 與 **Q**。

6.141 附圖所示的鉗子 (tongs) 用來施加一 45 kN、朝上的力於一管蓋。試求施加在鉗子 ADF 的 D 與 F 處的力。

6.142 若將圖示的雙向開關 (toggle) 加到習題 6.141，並施加單一垂直力於 G，試求施加在鉗子 ADF 的 D 與 F 處的力。

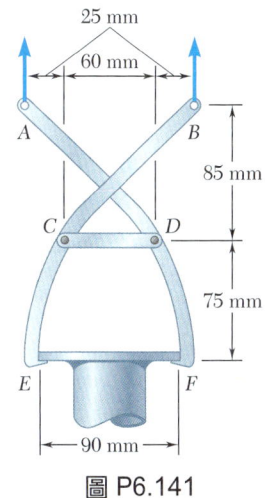

圖 P6.141

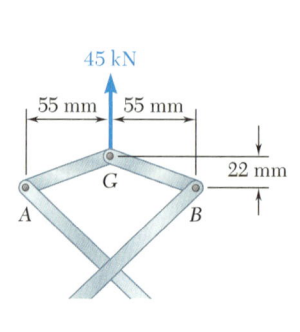

圖 P6.142

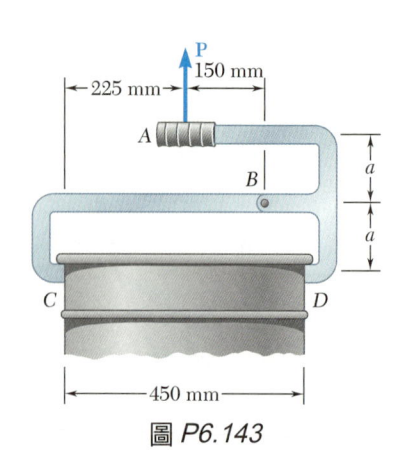

圖 P6.143

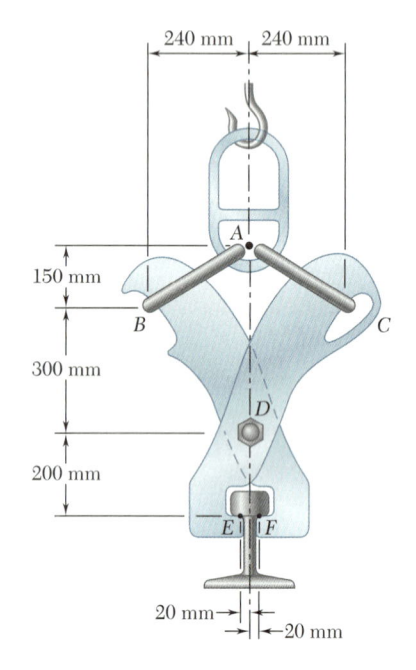

圖 P6.144

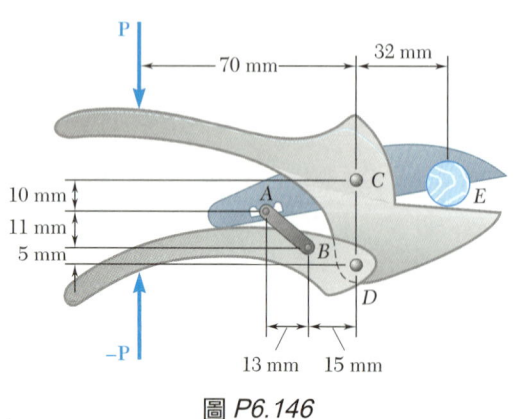

6.143 一鉗子將重 300 N 的小圓桶提起。已知 $a = 125$ mm，試求施加在鉗子 ABD 的 B 與 D 處的力。

6.144 一長 12 m、重 660 N/m 的鐵軌，由圖示的鉗子提起。試求施加在鉗子 BDF 的 D 與 F 處的力。

6.145 當兩個 300 N 的力施加在鉗子上時，試求鉗子的夾力。

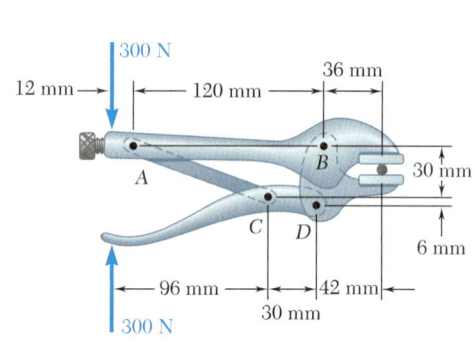

圖 P6.145

6.146 附圖所示的複式槓桿修剪剪刀，可調整插銷 A 在刀片 ACE 上的位置。已知修剪小樹枝需要 1.2 kN 的垂直力，當剪刀調整位置如圖示時，試求必須施加在手柄上的力的大小 P。

6.147 附圖所示的老虎鉗 (pliers) 夾住一直徑 8 mm 的桿件。已知兩個 250 N 的力施加在手柄，試求 (a) 施加在桿件的力的大小； (b) 插銷 A 作用於 AB

圖 P6.146

CHAPTER 6　結構分析　345

區段的力。

6.148 一工人施加兩個 300 N 的力於圖示工具的手柄上，試求工具施加在螺栓的力的大小。

6.149 一管路用專業扳手 (plumbing wrench) 用於狹小空間 (例如水槽下)。扳手包含以插銷 B 連接到長桿的桿件 BC。已知施加於螺帽的力等效於一大小為 14 N·m 的順時針 (由上往下看) 力偶，試求 (a) 插銷 B 施加在桿件 BC 的力的大小；(b) 施加於扳手的力偶 $\mathbf{M}_0$。

6.150 與 *6.151* 欲使拖架 ABC 保持圖示位置，試求必須施加在雙向開關 (toggle) CDE 的力 **P**。

6.152 一 20 kg 的架子由一自鎖支撐桿 (self-locking brace) 保持水平，支撐桿包含鉸接於 C 的兩桿件 EDC 與 CDB，兩桿件在點 D 相接觸。試求使兩桿分開所需的力 **P**。

6.153 一可伸縮手臂 ABC 連接到一供建築工人使用的平台。工人與平台的總質量為 200 kg，其重心位於 C 的正上方。當 $\theta = 20°$ 時，試求 (a) 液壓缸 BD 施加在 B 處的力；(b) 施加在支撐載具的 A 處的力。

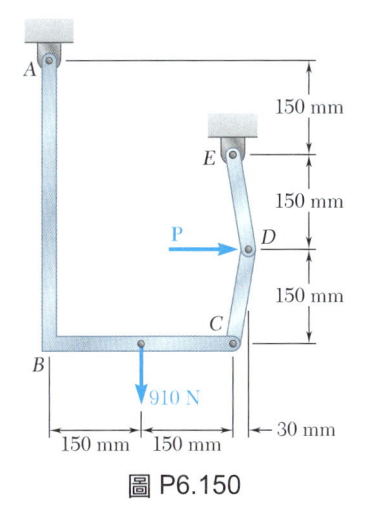

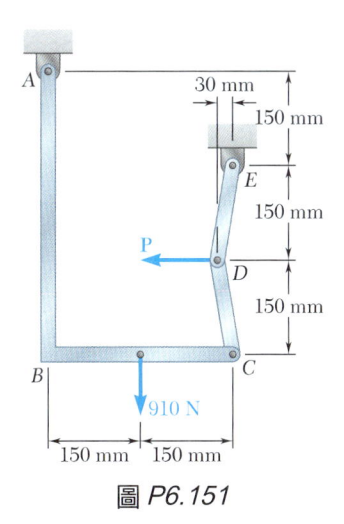

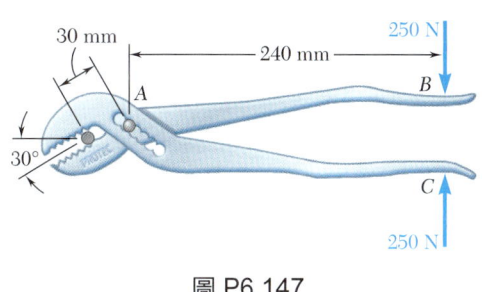

圖 P6.147

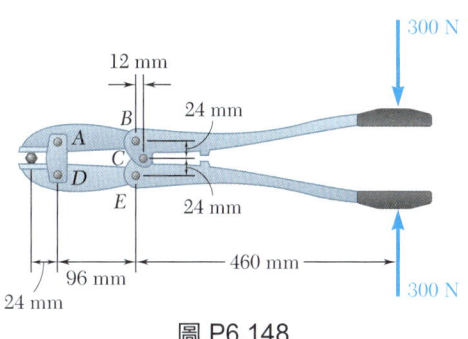

圖 P6.148

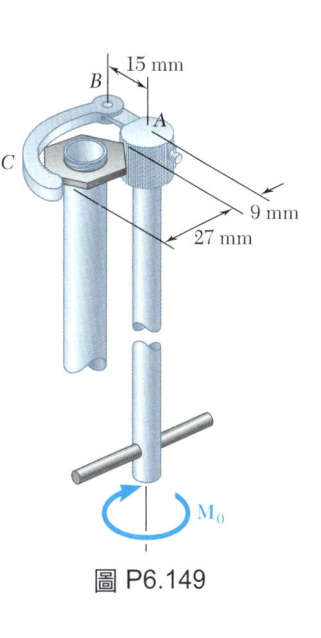

圖 P6.149

圖 P6.150

圖 *P6.151*

6.154 如習題 6.153 的可伸縮手臂 ABC，可將平台下降至接近地面，以便使工人上下平台。當 $\theta = -20°$ 時，試求 (a) 液壓缸 BD 施加在 B 處的力；(b) 施加在支撐載具的 A 處的力。

6.155 一裝載機 (front-end loader) 的鏟斗 (bucket) 裝有 16 kN 的負載。鏟斗的運動由兩組相同機具控制，附圖僅顯示其中一組。已知圖示的機具承受 16 kN 負載的一半，試求 (a) 桿件 CD 施加的力；(b) 桿件 FH 施加的力。

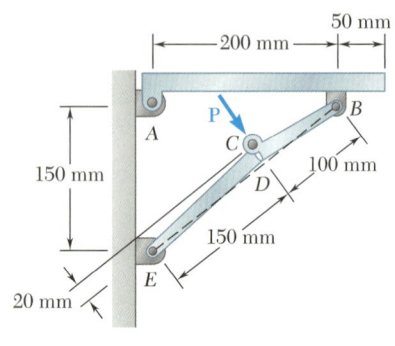

圖 P6.152

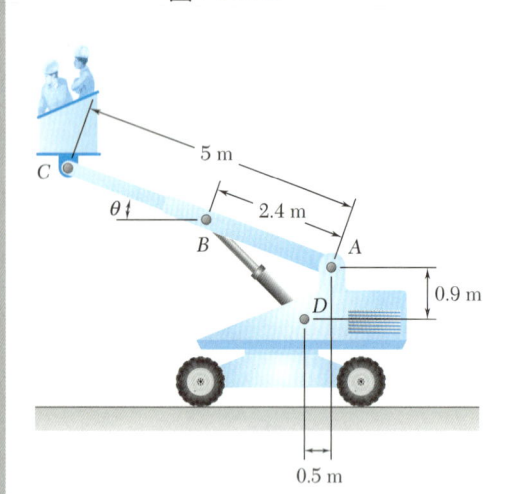

圖 P6.153

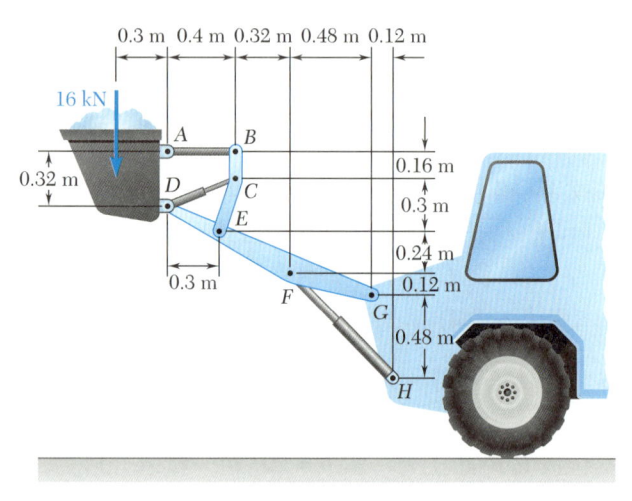

圖 P6.155

6.156 一裝載機的鏟斗的運動由兩根手臂與一連桿組控制，以插銷 D 連接。兩臂位置對稱於裝載機的中心、垂直與縱向平面；其中一臂 AFJ 與其控制液壓桿 EF 如附圖所示。連桿組 GHDB 與其控制液壓桿 BC 位於對稱面上。就圖示的位置與負載，試求 (a) 桿件 BC 施加的力；(b) 桿件 EF 施加的力。

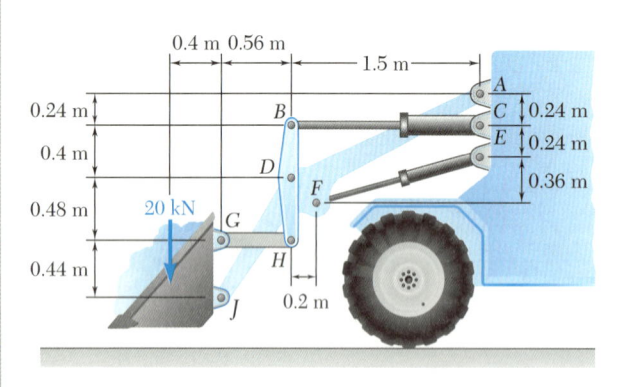

圖 P6.156

6.157 一挖土機的鏟斗的運動由液壓桿 AD、CG、EF 控制。在剷除地面某平板的一部分時，一 10 kN 的力 **P** 作用於鏟斗的 J。已知 $\theta = 45°$，試求各液壓桿施加的力。

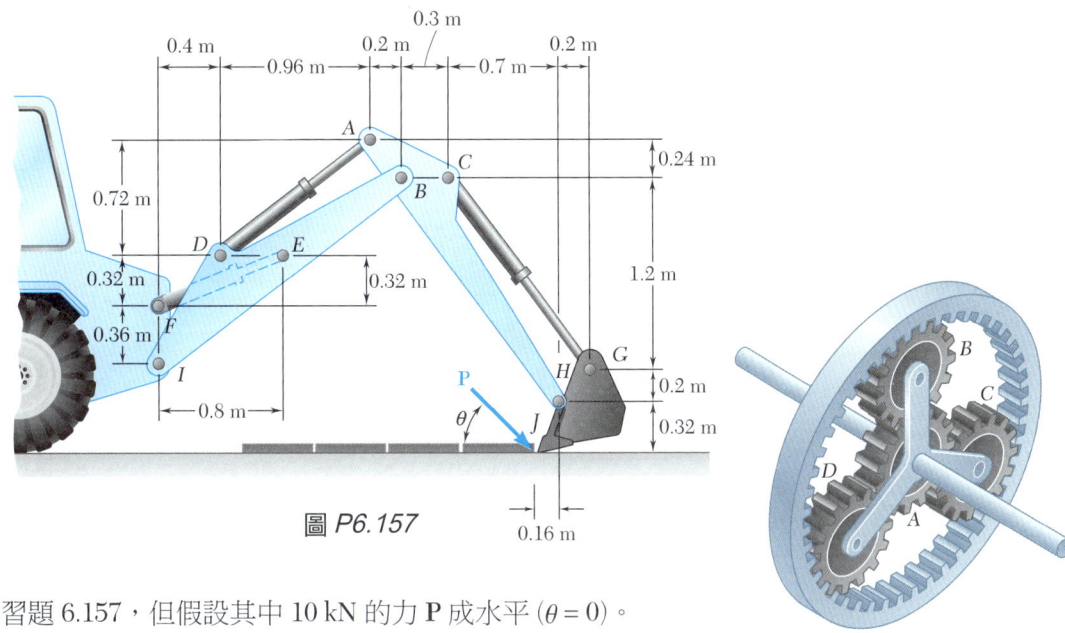

圖 P6.157

6.158 如習題 6.157，但假設其中 10 kN 的力 **P** 成水平 ($\theta = 0$)。

6.159 附圖所示的行星齒輪系統，中心齒輪 A 的半徑為 $a = 18$ mm，其餘行星齒輪的半徑為 b，外齒輪 E 的半徑為 $(a + 2b)$。一大小為 $M_A = 10$ N·m 的順時針力偶施加於中心齒輪 A，另有一大小為 $M_S = 50$ N·m 的逆時針力偶施加於輻 BCD 上。若要使系統成平衡，試求 (a) 所需行星齒輪的半徑 b；(b) 必須施加在外齒輪 E 上的力偶大小 M_E。

圖 P6.159

6.160 齒輪 D 與 G 分別固定於剛性軸上，兩軸由無摩擦軸承支撐。若 $r_D = 90$ mm、$r_G = 30$ mm，試求 (a) 使系統平衡必須施加的力偶 $\mathbf{M}_0$；(b) A 與 B 的反力。

圖 P6.160

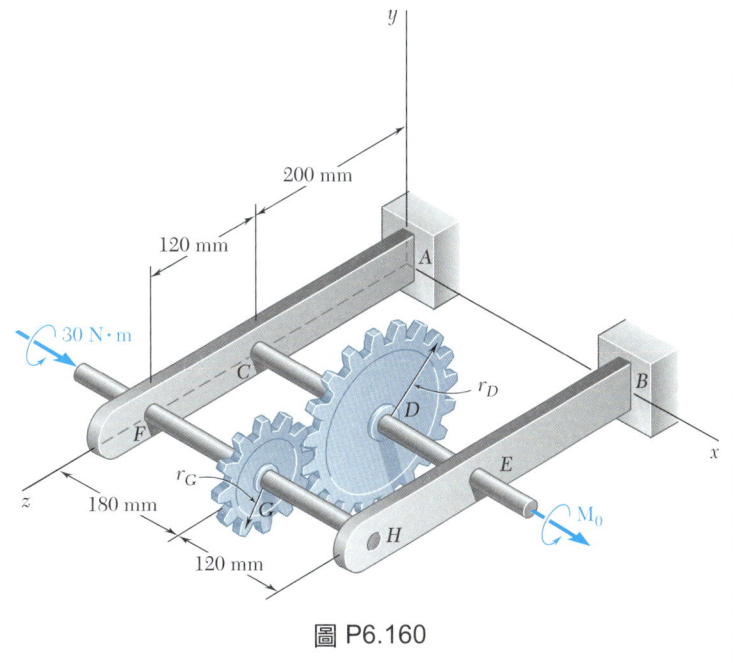

*6.161 位於垂直 xy 平面上的兩軸 AC 與 CF，由點 C 的萬用接頭相連。B 與 D 的軸承無法施加軸向力。一大小為 50 N · m 的力偶 (從正 x 軸看為順時針) 施加在軸 CF 的點 F。當附在軸 CF 上的十字件成水平時，試求 (a) 保持平衡所需施加在軸 AC 的 A 處的力偶大小；(b) B、D、E 的反力。(提示：作用在十字件上的力偶之和必須為零。)

圖 *P6.161*

*6.162 如習題 6.161，但假設附在軸 CF 上的十字件成垂直時。

*6.163 附圖所示的大機械夾鉗，用來提起一塊 7500 kg 的鋼板 HJ。已知夾鉗爪與鋼板之間並無滑動，試求作用於桿件 EFH 的所有力的分量。(提示：考慮夾鉗的對稱性，以建立作用於 EFH 的 E 處的力分量與作用於 DGJ 的 D 處的力分量之間的關係。)

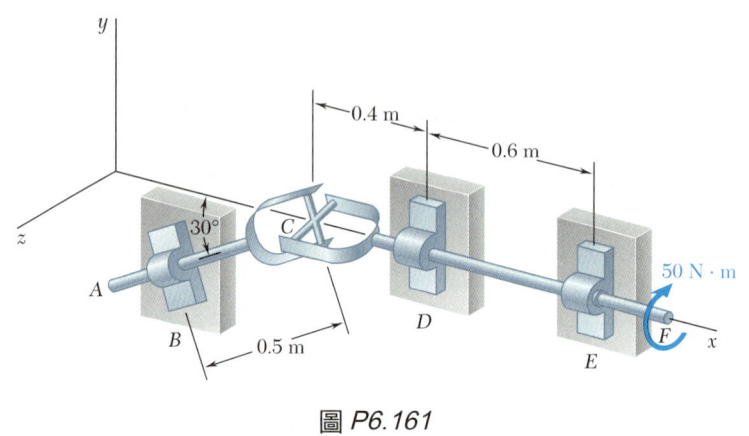

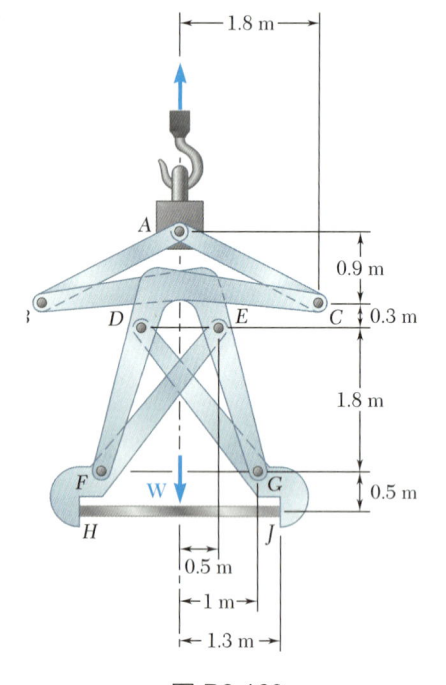

圖 P6.163

複習與摘要

本章介紹三種常見結構的桿件受力分析，學完後讀者應可求出各桿件的**內力**。

■ **桁架分析 (Analysis of trusses)：**

本章前半部探討了桁架的分析。桁架由多根細長桿件組成，每根桿件均有兩個端點。桿件與桿件僅在端點連接，連接處稱為**節點** (joints)。桿件形狀細長，無法承受橫向負載，所有外加負載均施加在節點上。因此桁架可假設為僅由插銷 (pins) 及**二力桿件** (two-force members) 構成的結構 [第 6.2 節]。

■ **簡單桁架 (Simple trusses)：**

若某桁架在受到一個小負載時不會產生大變形或是倒塌，則此桁架為剛性結構。一個由三根桿件在三個節點連接組成的三角形顯然是一個剛性桁架 (圖 6.25a)。假如在上述三角形桁架上另加兩根連接於一新節點的桿件 (圖 6.25b)，新形成的桁架亦為剛體。重複上述過程所得的桁架稱為**簡單桁架**。一個桁架是否為簡單桁架可由檢查其是否滿足 $m = 2n - 3$ 而定，其中 m 為桿件總數、n 為節點總數 [第 6.3 節]。

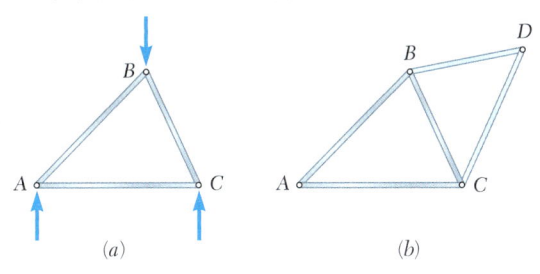

圖 6.25

■ **節點法 (Method of joints)：**

一簡單桁架中每一根桿件的受力情形可由**節點法**求得 [第 6.4 節]。首先，先將整個桁架視為一自由體，畫出自由體圖，再利用力平衡求出其支撐點的反作用力。接下來針對選定的節點畫出自由體圖、標示出桿件或支撐反力作用在該點的力。因為桿件皆為長直二力桿件，所以桿件施加在節點上的力的方向和桿件相同，其大小則未知。對一簡單桁架，可以找到適當的節點求解順序，使得每個節點的自由體圖上都只有兩個未知大小的力。這兩個未知數可由對應的兩個平衡方程式求得。假如該節點上只受三個力，則兩個未知大小的力可由其形成的力三角關係求得。若某桿件施加在節點的力方向朝向該節

點，則此桿件受到**壓力** (compression)；反之，若力方向指離節點，則桿件受到**張力** (tension) [範例 6.1]。分析複雜桁架時若能先找出某些受特殊負載的節點則可大幅簡化分析 [第 6.5 節]。節點法也適用於三維的空間桁架 [第 6.6 節]。

■ **截面法 (Method of sections)**：

節點法可以幫助我們計算桁架中每一根桿件的受力，但其計算頗為繁複。若只想知道某一桿件或少數桿件的受力，則可使用截面法 [第 6.7 節]。以圖 6.26a 的桁架為例，若僅需求取桿件 BD 的受力，則在算出支撐點的反力後，可沿分割線 $n-n$ 將桿件 BD、BE 和 CE 剖開，移除右半部，只留下包含 ABC 的左半部，並畫出自由體圖 (圖 6.26b)。對點 E 求力矩等於零，可求得桿件 BD 的內力 $\mathbf{F}_{BD}$。力若為正則表示桿件受張力；為負則受壓力 [範例 6.2 和 6.3]。

■ **複合桁架 (Compound trusses)**：

複合桁架無法由如圖 6.25a 中簡單三角桁架組成，但可由連接幾個簡單桁架組成 [第 6.8 節]。上一節介紹的截面法非常適合用來分析複合桁架。如果各組成桁架之間的連接適當 (例如由一個插銷和一個連桿，或三個不共點且不平行的連桿連接) 而且整個複合桁架的支撐適當 (例如由一個插銷與一個滾輪支撐)，則此桁架為靜定、剛性且完全拘束。滿足下面這個必要但非充分條件：$m + r = 2n$。其中 m 為桿件數、r 為未知的支撐反作用力數、n 為節點數。

■ **構架與機具 (Frames and machines)**：

本章第二部分介紹構架與機具的分析。構架與機具與桁架最大的不同在於其零件含**多力桿件** (multiforce members)，即單一桿件上承受三個以上的力。構架的主要功用與桁架相同，均為支撐負載，通常為靜態、完全拘束的剛性結構；而機具的功用主要為傳遞力或改變力的性質，如大小、方向或施加方式等。機具則因通常含有可活動的零件，故不為剛性 [第 6.9 節]。

■ **構架的分析 (Analysis of a frame)**：

分析構架和桁架一樣，先畫出整個構架的自由體圖，寫下三個平衡方程式 [第 6.10 節]。如果將支撐移除，構架仍處於剛性狀態，則支撐點的反力僅有三個未知數，因此可由整體的平衡方程式解出 [範例 6.4 和 6.5]。但若支撐移除後，構架不為剛性，則支撐力有超過

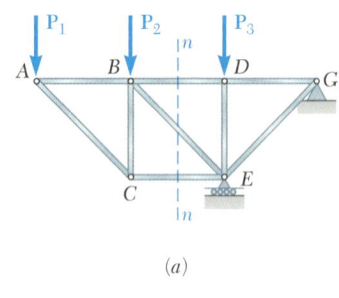

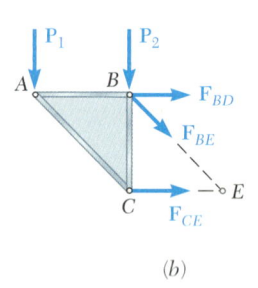

圖 6.26

三個的未知數,因此無法僅由平衡方程式求出所有未知數 [第 6.11 節;範例 6.6]。

■ **多力桿件** (Multiforce members):

求出支撐力之後,接著拆解構架,判定每一桿件為二力桿件或是多力桿件,在此假設插銷為其連接桿件的一部分。接著畫出每一多力桿件的自由體圖,需注意當兩個多力桿件由一個二力桿件連接在一起時,兩個多力桿件受到該二力桿件的作用力大小相等、指向相反。力的大小未知,但作用線與該二力桿件重合。當兩個多力桿件由一個插銷連接,則兩根桿件施加在對方的作用力大小相等、指向相反,力的大小和方向皆未知。因此,通常將此作用力以兩個未知分量表示。畫出每一個多力桿件的自由體圖、寫下平衡方程式,再解出這些**未知內力** [範例 6.4 及 6.5]。這些個別桿件平衡得到的方程式,加上整體構架的平衡方程式,可解出所有未知的支撐點反力 [範例 6.6]。事實上,若構架為**靜定且剛性**結構,則其多力桿件的自由體圖可提供求解所有未知力 (含未知支撐力) 所需的方程式 [第 6.11 節]。然而,一般建議作法還是先考慮整體構架自由體圖的平衡,以減少需要聯立解的方程式數目。

■ **機具的分析** (Analysis of a machine):

分析機具的流程和構架一樣,畫出每一個多力桿件的自由體圖,寫下對應的平衡方程式。由這些方程式得到機具的**輸出力** (output forces) 和施加在機具上的**輸入力** (input forces) 以及桿件內力的關係 [第 6.12 節;範例 6.7]。

複習題

6.164 使用節點法,求附圖所示桁架各桿件的力,並指出桿件是受拉力或壓力。

6.165 使用節點法,求附圖所示屋頂桁架各桿件的力,並指出桿件是受拉力或壓力。

圖 P6.164

圖 P6.165

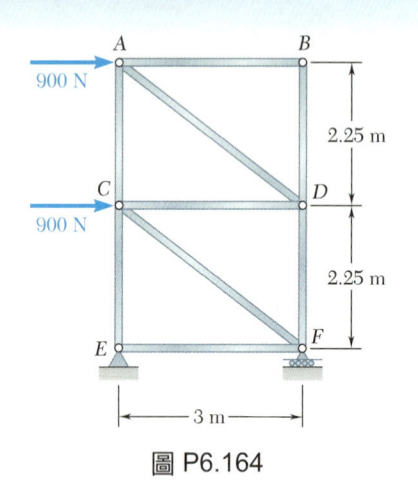

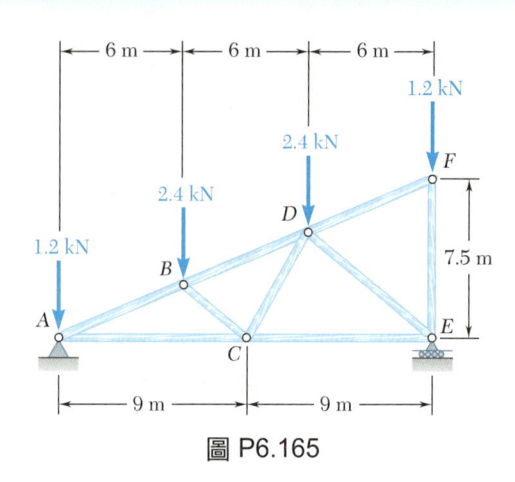

6.166 某郝式剪刀式 (Howe scissors) 屋頂桁架受負載如附圖所示，試求桿件 DF、DG 與 EG 的力。

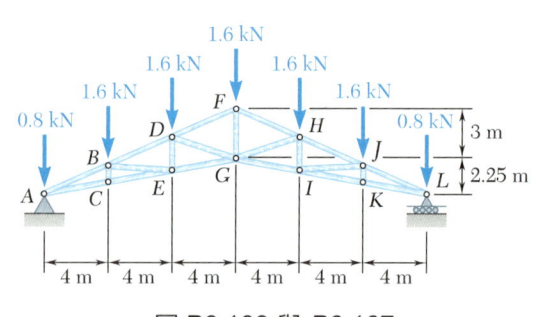

圖 P6.166 與 *P6.167*

6.167 某郝式剪刀式屋頂桁架受負載如附圖所示，試求桿件 GI、HI 與 HJ 的力。

6.168 桿件 CD 套入位於 D 的軸環，軸環可於桿件 AB 上自由滑動，AB 被彎成圓弧狀，當 $\theta = 30°$ 時，試求 (a) 桿件 CD 的力；(b) B 的反力。

6.169 一構架受附圖所示之負載，試求作用於桿件 ABC 的所有力的分量。

6.170 已知滑輪的半徑均為 250 mm，試求 D 與 E 的反力。

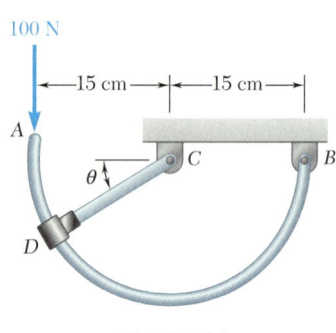

圖 P6.168

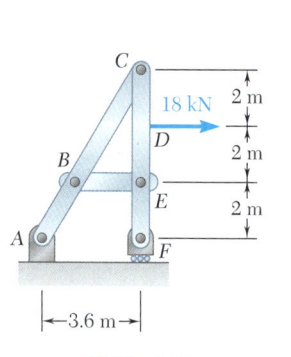

圖 P6.169

圖 P6.170

6.171 一構架受附圖所示之負載，試求作用於桿件 DABC 的 B 與 D 的力的分量。

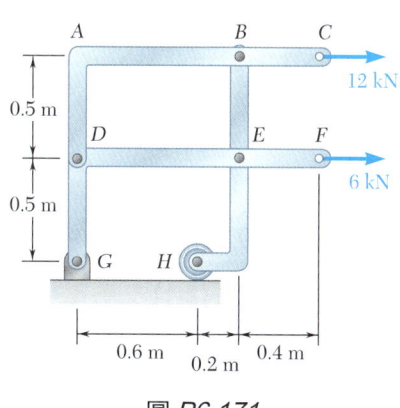

圖 P6.171

圖 P6.172

6.172 一構架受附圖所示之負載，試求 (a) C 的反力；(b) 桿件 AD 的力。

6.173 控制桿 CE 如圖示通過物體內的水平圓孔。已知連桿 BD 的長度為 250 mm，當 $\beta = 20°$ 時，試求保持平衡所需的力 **Q**。

圖 P6.173

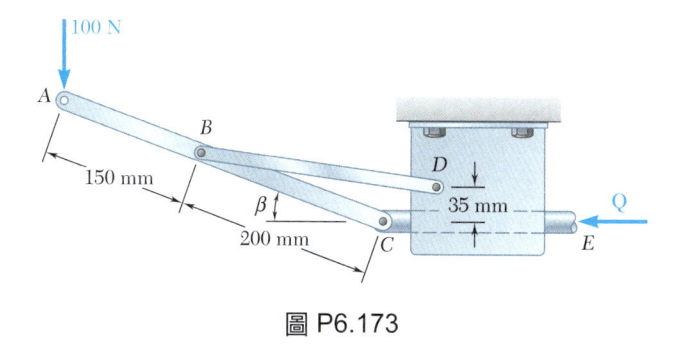

353

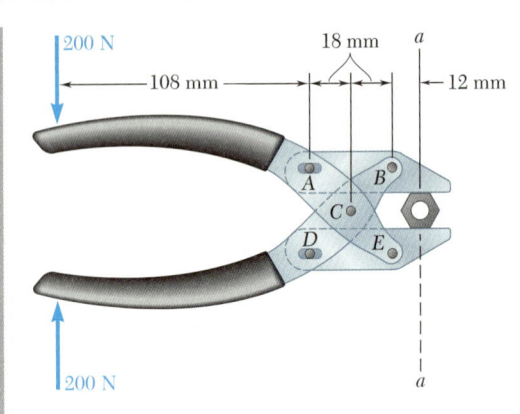

6.174 當兩個 200 N 的力施加於手柄時，試求鉗子施加在螺帽的沿線 *aa* 的力大小。假設插銷 A 與 D 可於槽中自由滑動。

6.175 已知附圖所示的構架在 B 的垂度 (sag) 為 $a = 1$ cm，試求保持平衡所需的力 **P**。

電腦題

6.C1 一普拉特式鋼材桁架設計來支撐三個 50 kN 的負載。桁架長度為 12 m。桁架高度與角度 θ，以及各桿件的截面積，必須適當選擇以得到最經濟的設計。具體而言，選擇各桿件的截面積使得應力 (力除以面積) 等於 160 MN/m^2，即鋼的可容許應力；而鋼材的總重，即其成本，必須愈小愈好。(a) 已知鋼的密度為 7800 kg/m^3，寫一電腦程式計算桁架的總重量，與位於 DE 左側所有受力桿件的截面積，θ 值從 20° 到 80°，每 5° 計算一點；(b) 用更小的間隔，找出 θ 的最佳值，以及對應的桁架重與各桿件的截面積。計算時忽略零力桿件的重量。

6.C2 一橋面放置於車道縱梁 (stringers) 上，而縱梁則由橋面橫梁 (transverse floor beams) 簡單支撐，如圖 6.3 所示。橫梁的兩端連接至兩桁架的上緣節點，其中之一顯示於圖 P6.C2。橋梁設計時需模擬當一部重 12 kN 的卡車開過橋梁時的效應。已知卡車兩軸距離為 $b = 2.25$ m，假設卡車重量平均分布於四個輪子，寫一電腦程式計算卡車施加於桿件 BH 與 GH 的力，x 值從 0 到 17.25 m，每 0.75 m 計算一點。由所得結果，試求 (a) BH 的最大張力；(b) BH 的最大壓力；(c) GH 的最大張力，並指明各種情況對應的 x 值。(注意：由於已選定間隔，故所求答案均在計算的點。)

圖 P6.174

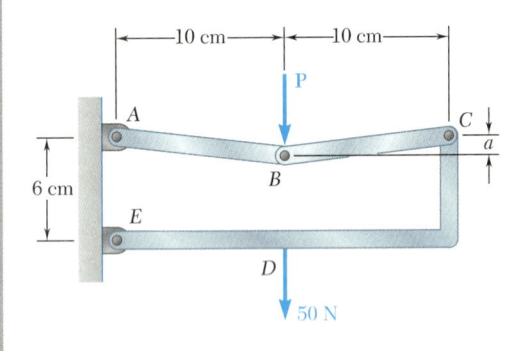

圖 P6.175

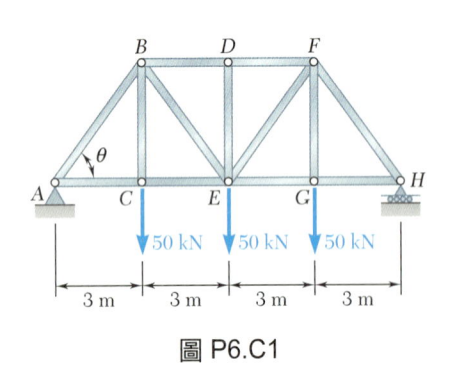

圖 P6.C1

圖 P6.C2

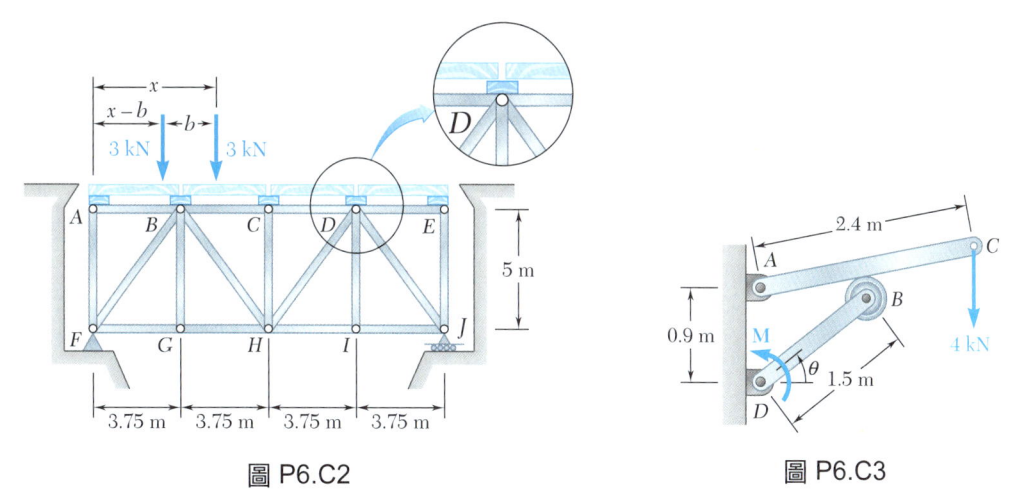

圖 P6.C3

6.C3 附圖所示機具的桿件 AC 的位置由臂 BD 控制。就給定負載，寫一電腦程式計算保持平衡所需的力偶 **M**，θ 值從 −30° 到 90°，每 10° 計算一點，並計算 A 的反力。機具設計要求使用較小的間隔計算 (a) 使 M 為最大值的 θ 值，及對應的 M 值；(b) A 的反力最大時的 θ 值，及對應的反力。

6.C4 附圖所示為用於機器人系統的雙桿機具。其中桿件 AC 與 BD 以滑塊 D 連接。不考慮摩擦，寫一電腦程式計算保持平衡所需的力偶 M_A，θ 值從 0 到 120°，每 10° 計算一點。對相同的 θ 值，計算桿件 AC 施加在滑塊的力 **F** 的大小。

圖 P6.C4

圖 P6.C5

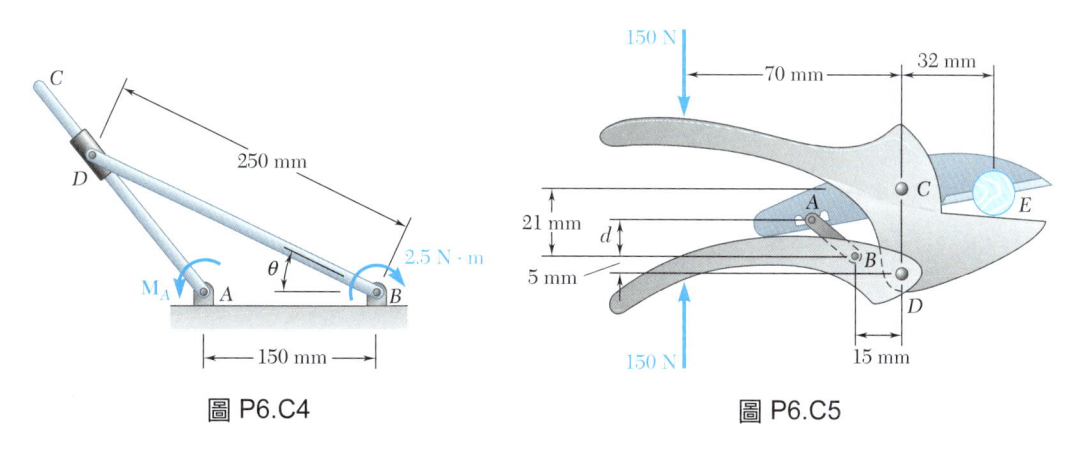

6.C5 附圖所示的複式槓桿修剪剪刀，可調整插銷 A 在刀片 ACE 上的位置。已知 AB 的長度為 17 mm，寫一電腦程式計算施加於小樹枝的垂直力的大小，d 值從 8 mm 到 12 mm，每 0.5 mm 計算一

點。設計時要求使用較小的間隔計算，若連桿 AB 的力不可超過 2.5 kN，試求可容許的最小 d 值。

6.C6 桿件 CD 連接到軸環 D，並通過焊接於槓桿 AB 的一端 B 的另一軸環。為了初步設計槓桿 AB，寫一電腦程式計算保持平衡所需的力偶的大小 M，θ 值從 15° 到 90°，每 5° 計算一點。使用較小的間隔，計算使 M 最小時的 θ 值，與對應的 M 值。

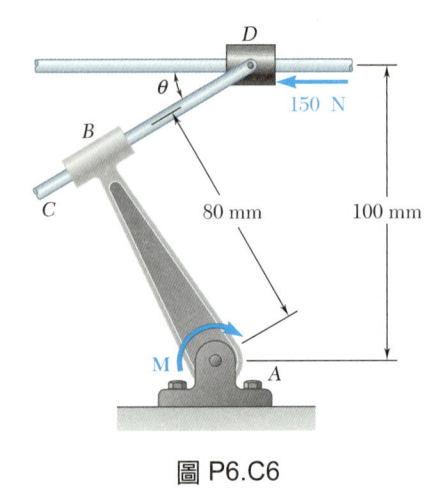

圖 P6.C6

CHAPTER 7

梁與纜繩的力

　　這座位於新竹縣竹北市的陸橋，是用來連接道路兩側田徑場和體育館的行人天橋。因為位置鄰近高速公路，天橋底下的道路屬於車流量較大的路段，加上附近沒有紅綠燈，所以在興建體育館時搭設了這座橋。中學時期我每天上課都會經過這裡，但對這座橋和其他建築一樣，沒有什麼特別的感受。不過自從進入台大機械與建築，以前我以為這只是一座普通的造型吊橋，但經過資料查詢與研讀後，發現這是一座以斜張橋模式構築的橋。吊橋 (suspension bridge) 主要是由橋墩和兩條主要纜線串聯其他垂直纜線支撐整座橋體，而主要纜線會在橋的兩端以埋入地面的方式固定。然而，這並不適合用於土壤狀況不佳或地形脆弱的地形。不同於吊橋，斜張橋 (cable-stayed bridge) 利用橋柱代替主要纜繩，所有連接橋面的纜繩都固定在橋柱上，能夠提供橋面較強的支撐力，有著免去厚實橋墩的優點。靜力學課程中靜止物體的受力分析，

(續)

新竹縣體育場斜張橋。

提到 reaction、support、distributed force、centroid 等以往並未深入探討的基本概念，也學到了一些構造的分析，像 truss、frame、beam 和 cable 等等的力學分析，這些觀念在日常生活中是那麼的重要，小從桌面上的文具，大至幾百公尺高樓大廈，其中都有經工程師設計的靜力平衡結構，才得以正常運作或屹立不搖。雖然靜力學只有一學期的課程安排，但是所學到內容卻已經讓我對工程與結構產生十足的興趣。現在每當假日回新竹的路上，無論是以前天天看見的天橋，或是車站屋頂的支架，都會想到 cable、truss 等等，試著思考它的設計與功能，讓我對未來更多工程設計方面的課程感到非常期待。

——陳譽升

你說的是真的嗎？
嗯，助教答應了我們的邀約了！
喔喔
真的嗎!?
太棒了！
不過前提是期末考我們每個人都要在平均以上。
沒希望了…
沒希望了…
沒希望了…
喂喂喂!!
我來教你們啦!!
別放棄
翌日——
總之，先來看看哪裡不熟吧！
最近的地方有點不懂…
我是第七章的部分。
你在得意什麼！
只要是上課教的部分，我都不會!!

總之，先來看最近教的吧！你們知道 beams 的內力有哪些？
Fy
F
Fx
V
V
Fx
Fx
沒錯，如果我們把左右受力的 beam 切開來，看其中的一小段的話。根據靜力平衡，我們知道它另一端也必須受力才可能 ∑F=0。
像這種在桿件內部的力，我們就稱之為內力。
平行 axial 的稱為 "axial stress"，垂直的稱為 "shear stress"
沒錯。
你出去！
原力！
tenale
shear stress
對了，
不是還有像 moment 那樣的東西存在嗎？
這樣就沒問題了吧？聽好囉！誰都不許失敗喔！
M
T
M
沒錯，當你受的外力對這根桿件產生一個 moment 的時候，為了使其 ∑M=0，另一端也會產生一個 moment。這也算是內部才有的效益。
喔~~!!
大家加油!!

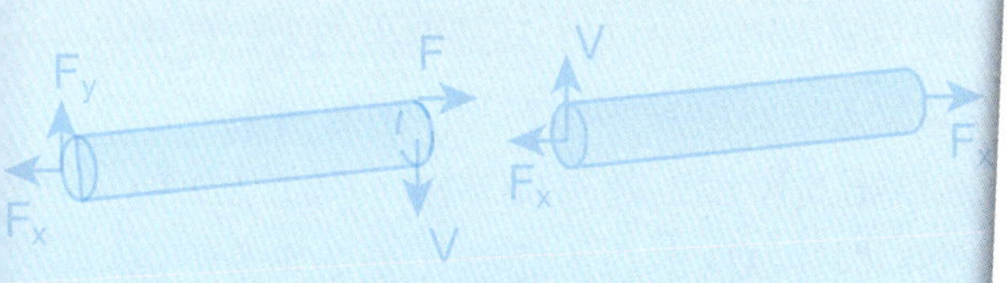
Fy
F
Fx
V
V
Fx
Fx

*7.1　緒論 (Introduction)

前面幾章主要考慮兩類基本問題：(1) 求作用於結構的外力 (第四章) 以及 (2) 各零件相互作用、使結構保持原本形狀的力 (第六章)。本章將討論的是第二類問題：求給定結構中，各零件相互作用的內力。

首先分析的是構架的桿件的內力，例如第 6.1 節和第 6.10 節討論的起重機。要注意雖然直二力桿件的內力只可能是張力或是壓力，但其他形狀的桿件的內力通常也有剪力和彎矩。

本章大部分將探討兩類非常重要工程結構的內力分析：

1. **梁** (beams)，通常為長直、截面相同的桿件，用來承受沿桿件的負載。
2. **纜繩** (cables)，為撓性零件，僅能承受張力，用來承受集中負載或分布負載。許多實際工程應用均可看到纜繩，例如吊橋和輸電線。

*7.2　桿件的內力 (Internal Forces in Members)

首先考慮一根**直二力桿件** (straight two-force member) AB (圖 7.1a)。由第 4.6 節可知，分別作用於 A 和 B 的兩力 **F** 和 $-$**F** 必定沿著 AB，指向相反且大小都是 F。將桿件於 C 點切開，此時兩個自由體 AC 和 CB 都處於力平衡，表示必定有與 **F** 大小相等、指向相反的力 $-$**F** 作用於 AC；有與 $-$**F** 大小相等、指向相反的力 **F** 作用於 CB (圖 7.1b)。這兩個新的力必定沿著 AB，與原本的力的大小 F 相等，且指向相反。由於 AC 和 CB 兩部分在切開桿件前已處於力平衡，桿件內部必定存在等效於這兩個新力的**內力**。因此可得到以下結論：假想切開一根直二力桿件，桿件分開的兩部分相互作用的內力等效於**軸向力** (axial forces)。這些力的大小均為 F，與截面的位置 C 無關，稱為桿件 AB 的力。這個例子中的桿件受張力，其長度因內力的作用而變長。圖 7.2 的例子桿件受壓力，長度會因內力的作用而變短。

接著，考慮多力桿件。以第 6.10 節的起重機為例，桿件 AD 為多力桿件，圖 7.3a 為起重機，桿件 AD 的自由體圖如圖 7.3b。將桿件 AD 於 J 切開，畫出 JD 和 AJ 兩部分的自由體圖 (圖 7.3c 和 d)。考慮自由體 JD，發現如果在 J 施加一力 **F** 與 **T** 的垂直分量抵消、施加一力 **V** 與 **T** 的水平分量抵消，以及一力偶 **M** 與 **T** 對 J 的力矩抵消，則 JD 即可保持平衡。再次得到桿件切開之前內部的 J 必定存在內力

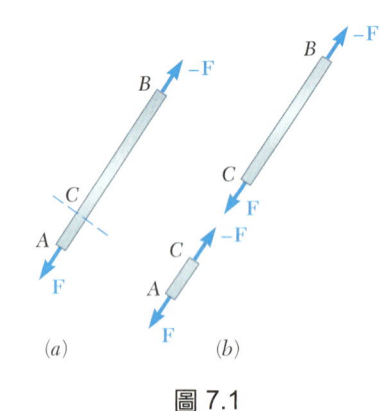

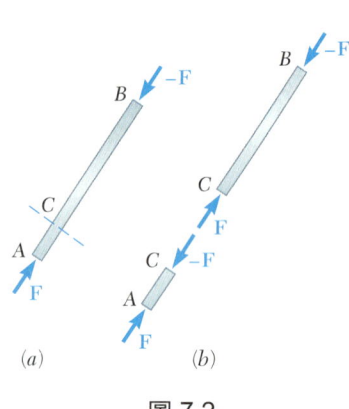

圖 7.1

圖 7.2

的結論。作用於桿件 AD 的區段 JD 的內力等效於圖 7.3c 的力－力偶系。根據牛頓第三定律，作用於 AJ 的內力必定等效於一個大小相等、指向相反的力－力偶系 (圖 7.3d)。因此可清楚得知，桿件 AD 的內力並不像二力桿件般只有張力或壓力；內力也可能產生剪切和彎曲。力 **F** 是軸向力、力 **V** 是剪力、力偶的力矩 **M** 稱為 J 的彎矩。需注意的是，當要求桿件的內力時，需清楚標示這些力要作用在桿件的哪個面。圖 7.3e 是桿件 AD 受力時可能的變形。變形的分析將於材料力學討論。

需注意的是，彎曲的**二力桿件**的內力也等效於一力－力偶系。如圖 7.4 所示，二力桿件 ABC 在點 D 切開。

照片 7.1 設計圓鋸的軸時必須考慮作用在刀鋒鋸齒的力所導致的內力。在軸的給定點，這些內力等效於一力－力偶系，包含軸向力、剪力和代表彎矩與扭矩的一力偶。

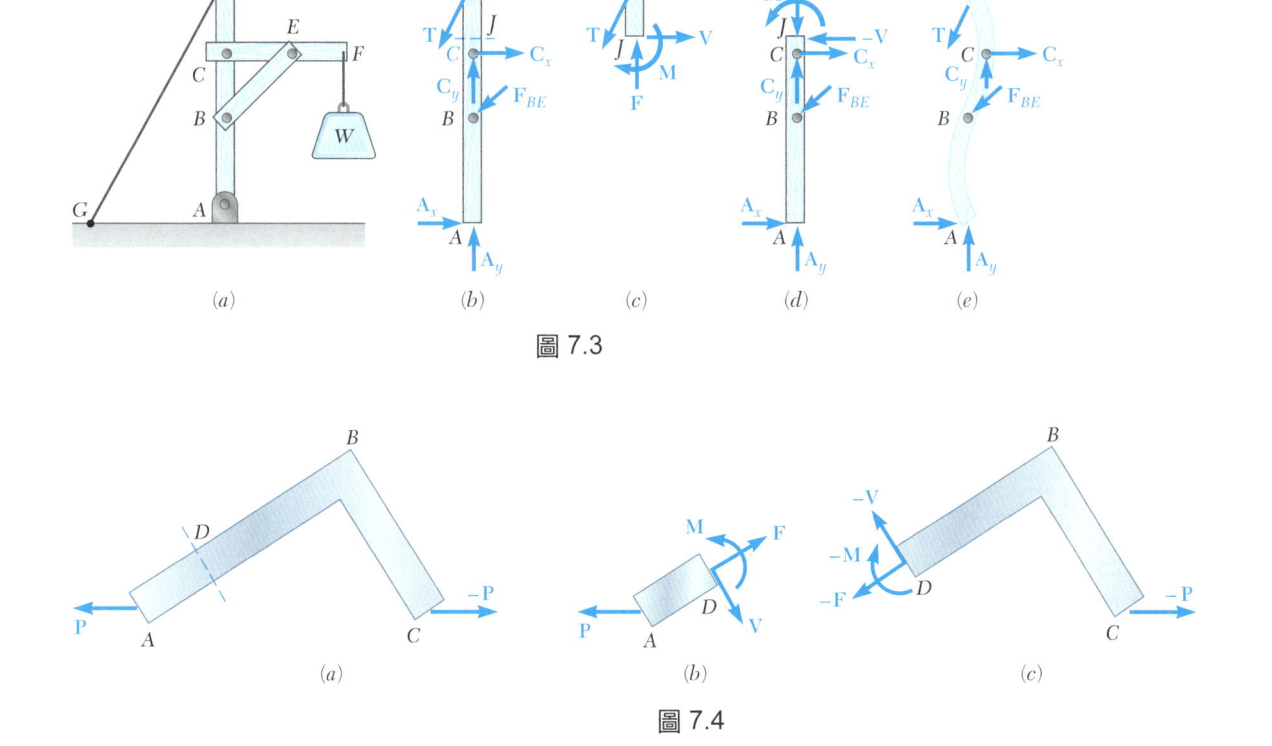

圖 7.3

圖 7.4

範例 7.1

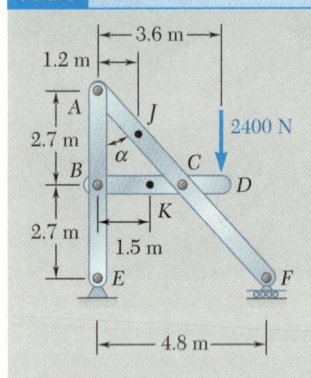

一構架如附圖所示，試求其在以下位置的內力：(a) 桿件 ACF 的點 J；(b) 桿件 BCD 的點 K。此構架已於範例 6.5 討論過。

解

連接處的反力與力。 如範例 6.5 所示，求出作用於構架各桿件的反力與力。

a. **J 的內力。** 桿件 ACF 於點 J 處切開成圖示的兩部分，任選其一為自由體，即可求出點 J 處內力的等效力－力偶系。考慮自由體 AJ，寫下

$+\circlearrowleft \Sigma M_J = 0$: $\quad -(1800 \text{ N})(1.2 \text{ m}) + M = 0$
$\quad\quad\quad\quad\quad\quad\quad M = +2160 \text{ N} \cdot \text{m}$ $\quad\quad \mathbf{M} = 2160 \text{ N} \cdot \text{m} \circlearrowleft$

$+\searrow \Sigma F_x = 0$: $\quad F - (1800 \text{ N}) \cos 41.7° = 0$
$\quad\quad\quad\quad\quad\quad\quad F = +1344 \text{ N}$ $\quad\quad \mathbf{F} = 1344 \text{ N} \searrow$

$+\nearrow \Sigma F_y = 0$: $\quad -V + (1800 \text{ N}) \sin 41.7° = 0$
$\quad\quad\quad\quad\quad\quad\quad V = +1197 \text{ N}$ $\quad\quad \mathbf{V} = 1197 \text{ N} \nearrow$

因此，點 J 的內力等效於一力偶 **M**、一軸向力 **F**，與一剪力 **V**。而作用於 JCF 的內力的等效力－力偶系則大小相等且反向。

b. **K 的內力。** 將桿件 BCD 於點 K 處切開成圖示的兩部分，考慮自由體 BK，寫下

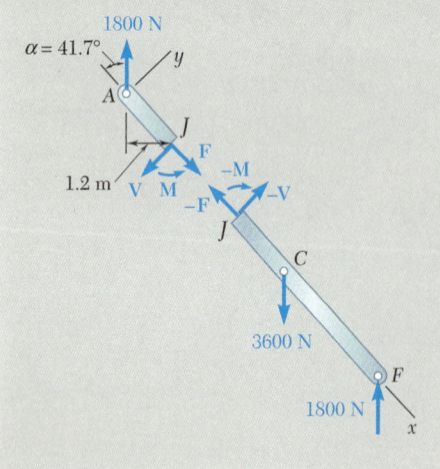

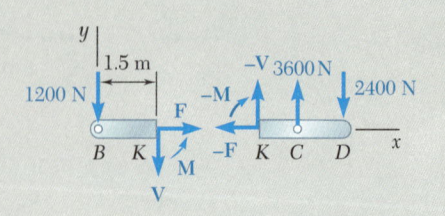

$+\circlearrowleft \Sigma M_K = 0$: $\quad (1200 \text{ N})(1.5 \text{ m}) + M = 0$
$\quad\quad\quad\quad\quad\quad\quad M = -1800 \text{ N} \cdot \text{m}$ $\quad\quad \mathbf{M} = 1800 \text{ N} \cdot \text{m} \circlearrowright$

$\xrightarrow{+} \Sigma F_x = 0$: $\quad F = 0$ $\quad\quad\quad\quad\quad\quad\quad\quad\quad\quad \mathbf{F} = 0$

$+\uparrow \Sigma F_y = 0$: $\quad -1200 \text{ N} - V = 0$
$\quad\quad\quad\quad\quad\quad\quad V = -1200 \text{ N}$ $\quad\quad \mathbf{V} = 1200 \text{ N} \uparrow$

CHAPTER 7　梁與纜繩的力　　363

重點提示

　　本節中學到求構架中桿件內力的方法。直二力桿件內任一點的內力可化簡為一軸向力，但其他桿件的內力則等效於一力一力偶系，包含一個軸向力 **F**、一個剪力 **V** 以及一個代表該點彎矩的力偶 **M**。

　　欲求桿件某一點 J 的內力，可依以下步驟解題：

1. 畫出構架整體的自由體圖，利用自由體圖盡可能解出支撐反力。
2. 分解構架，畫出每根桿件的自由體圖。盡可能寫下平衡方程式以解出作用於點 J 的所有力。
3. 將桿件於點 J 切開，分別就兩區段畫出自由體圖，於兩區段的點 J 加上代表內力的力分量和力偶。注意作用於兩區段的力和力偶的大小相等、指向相反。
4. 選擇步驟 3 畫出的兩個自由體圖中其中一個，寫下三個平衡方程式。
   a. 對 J 做力矩和，使其等於零，可得到點 J 的彎矩。
   b. 分別將平行和垂直桿件的力分量相加，使其等於零，可得到軸向力和剪力。
5. 記錄答案時，務必指明是對桿件的哪個區段，因為兩區段上相同截面的內力大小相等、指向相反。

　　由於本節問題的求解需要求構架中各個桿件互相作用的力，務必複習第六章介紹的解題方法。當構架含有滑輪和纜繩時，要記住滑輪施加在桿件上的力，與纜繩施加在滑輪上的力有相同的大小與方向 [習題 6.90]。

習　題

7.1 與 **7.2** 試求附圖所示結構點 J 處的內力 (軸向力、剪力與彎矩)。

　　7.1 如習題 6.75 的構架與負載。

　　7.2 如習題 6.78 的構架與負載。

7.3 試求附圖所示結構點 J 處的內力。

7.4 試求附圖所示結構點 K 處的內力。

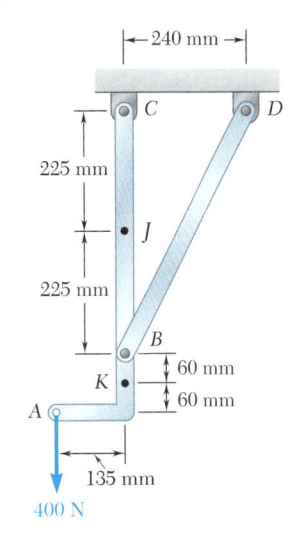

圖 P7.3 與 *P7.4*

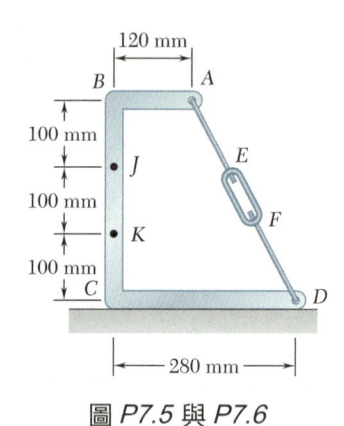

7.5 與 7.6 已知一鬆緊螺旋釦旋緊至繩 AD 的張力為 850 N，試求下列各點的內力：

7.5 點 J。

7.6 點 K。

7.7 兩桿件如附圖所示般連接，且於 A 承受一 75 N 的負載，每根桿件含一直線區段與四分之一圓區段。試求點 J 的內力。

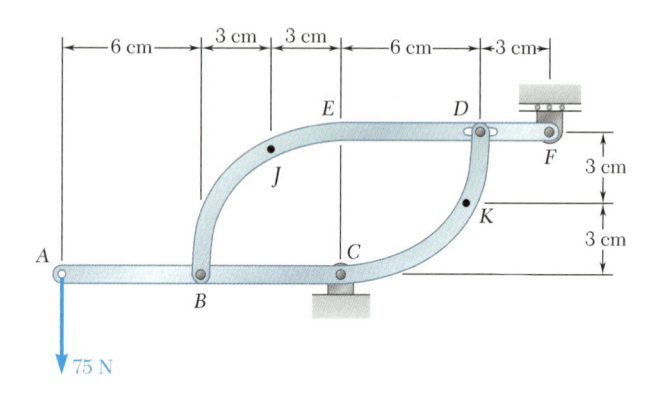

圖 P7.5 與 P7.6

圖 P7.7 與 P7.8

7.8 兩桿件如附圖所示般連接，且於 A 承受一 75 N 的負載，每根桿件含一直線區段與四分之一圓區段。試求點 K 的內力。

7.9 一形狀為半圓的桿件，受負載如附圖所示。試求點 J 的內力。

7.10 一形狀為半圓的桿件，受負載如附圖所示。試求點 K 的內力。

7.11 一形狀為半圓的桿件，受負載如附圖所示。已知 $\theta = 30°$，試求點 J 的內力。

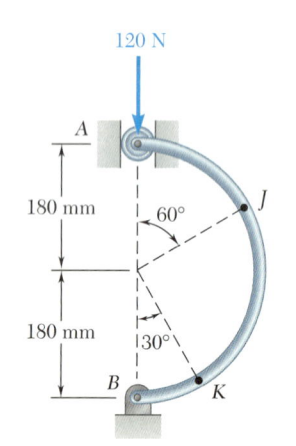

圖 P7.9 與 P7.10

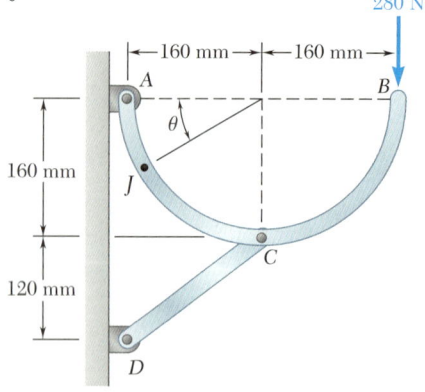

圖 P7.11 與 P7.12

7.12 一形狀為半圓的桿件，受負載如附圖所示。試求桿件內最大彎矩值與所在位置。

7.13 彎桿 AB 的軸線為拋物線，頂點在 A。若一大小 450 N 的垂直力 **P** 作用於 A，試求當 h = 12 cm、L = 40 cm、a = 24 cm 時，J 的內力。

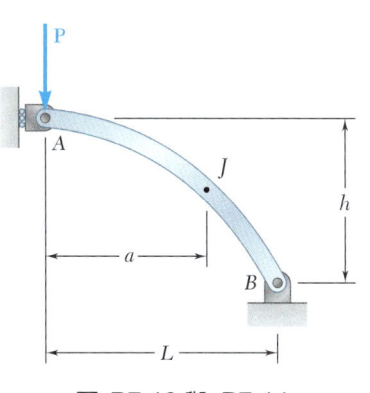

圖 *P7.13* 與 *P7.14*

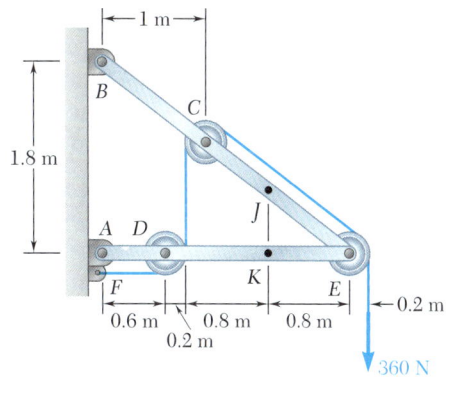

圖 P7.15 與 P7.16

7.14 已知彎桿 AB 軸線為拋物線，頂點在 A。試求彎桿內最大彎矩值與所在位置。

7.15 已知滑輪的半徑均為 200 mm，不考慮摩擦，試求附圖所示構架的點 J 的內力。

7.16 已知滑輪的半徑均為 200 mm，不考慮摩擦，試求附圖所示構架的點 K 的內力。

7.17 有一直徑 50 mm 的圓管放置在多個如附圖所示之小構架上，每隔 1 m 放置一組小構架。已知圓管本身與管內物體總重為 90 N/m，假設各表面均無摩擦，試求桿件 AC 內最大彎矩值與所在位置。

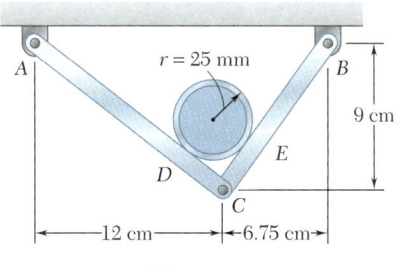

圖 **P7.17**

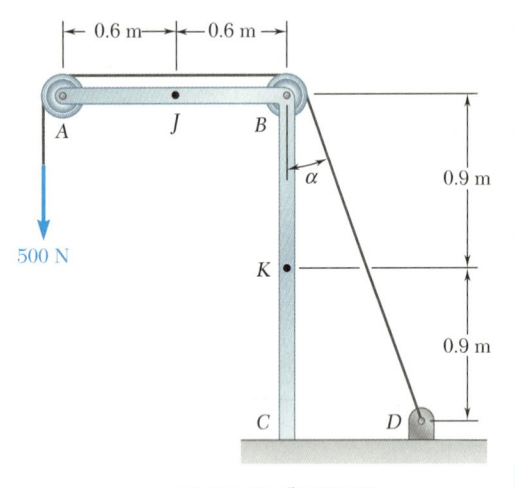

7.18 如習題 7.17，試求桿件 BC 內最大彎矩值與所在位置。

7.19 已知滑輪的半徑均為 150 mm、$\alpha = 20°$，不考慮摩擦，試求下列各點的內力：(a) 點 J；(b) 點 K。

7.20 已知滑輪的半徑均為 150 mm、$\alpha = 30°$，不考慮摩擦，試求下列各點的內力：(a) 點 J；(b) 點 K。

7.21 與 **7.22** 一力 P 作用於一直角彎桿，彎桿由滾輪與插銷支撐。試就以下三種情況，求點 J 的內力。

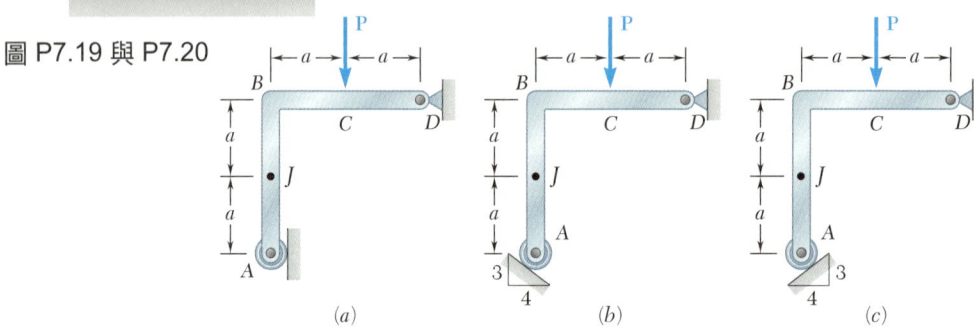

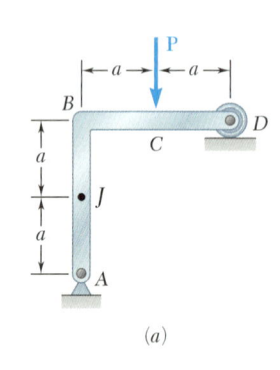

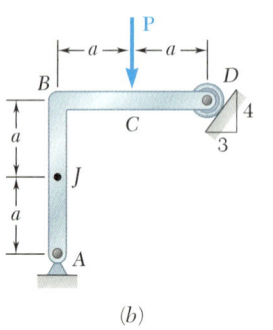

圖 P7.19 與 P7.20

圖 P7.21

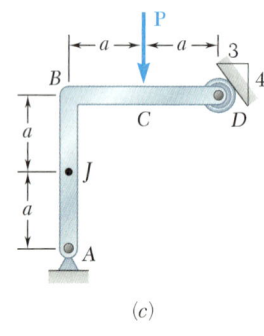

圖 P7.23

圖 P7.22

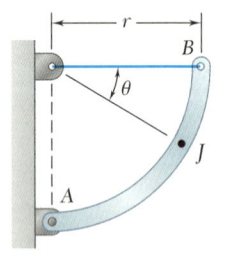

圖 P7.24

7.23 與 **7.24** 一重 W、形狀為四分之一圓的均勻截面桿件，如附圖所示。當 $\theta = 30°$ 時，求點 J 的彎矩。

7.25 如習題 7.23 的桿件，試求最大彎矩值與所在位置。

7.26 如習題 7.24 的桿件，試求最大彎矩值與所在位置。

7.27 與 **7.28** 一管件放在無摩擦水平表面，如附圖所示。若管件質量為 9 kg、直徑為 300 mm，當 $\theta = 90°$ 時，求點 J 的彎矩。

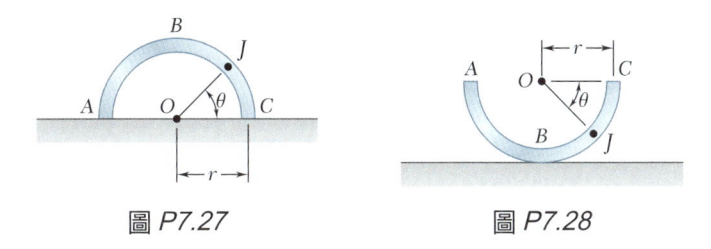

圖 P7.27

圖 P7.28

梁 (Beams)

*7.3 各式負載與支撐 (Various Types of Loading and Support)

梁 (beam) 是一種結構桿件，一般用來承受作用於桿件上的負載。大部分情況的負載為垂直梁的軸向，而只會對梁造成剪切和彎曲。當負載方向和梁軸線不垂直時，也會在梁內產生軸向力。

梁通常是長直且截面不變的桿件。設計能有效承受負載的梁包含兩個步驟：(1) 求負載造成的剪力和彎矩，以及 (2) 選用最佳截面，能抵抗步驟 (1) 求出的剪力和彎矩。這裡只討論梁設計問題的第一步驟。第二步驟屬於材料力學的範疇。

梁可承受集中力 P_1、P_2、$\ldots$，單位是牛頓、磅、或是兩者的倍數，如千牛頓、千磅 (圖 7.5a)，也可承受**分布力** w，單位是牛頓/公尺 (N/m)、千牛頓/公尺 (kN/m)、磅/呎 (lb/ft) 或千磅/呎 (kips/ft) (圖 7.5b)。梁也可能同時承受集中力和分布力。當單位長度的負載 w 在梁的某區段為常數時 (如圖 7.5b 的 AB 間區段)，稱為均布負載。如果能將分布力取代為等效的集中力，則可大幅簡化支撐反力的求解 (第 5.8 節)。當需要計算內力時，將分布力替代為集中力時須特別小心 (範例 7.3)。

梁依其支撐種類來分類，幾種常見的梁如圖 7.6 所示。兩個支撐的間距 L 稱為**跨度** (span)。如果支撐總共有三個未知數，則為靜定。如果超過三個未知數，則為靜不定，而靜力學的方法不足以解出所有支撐反力；此時須將梁對彎曲的抵抗能力納入考慮。支撐為兩個滾輪的梁不在討論之列，因其為部分拘束、在某些負載時會移動。

有時兩個以上的梁會由插銷連結成單一連續結構，圖 7.7 是兩個這種情況的例子。其中兩根梁由插銷於點 H 相連。梁的支撐有四個未知數，因此無法由整體的自由體圖完全求出。須再考慮個別梁的自

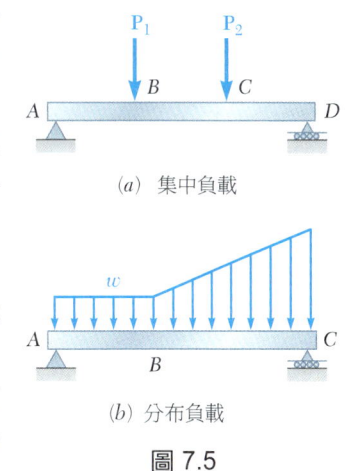

(a) 集中負載

(b) 分布負載

圖 7.5

靜定梁

(a) 簡支梁

(b) 外伸梁

(c) 懸臂梁

靜不定梁

(d) 連續梁

(e) 梁一端固定，另一端簡單支撐

(f) 固定梁

圖 7.6

(a)

(b)

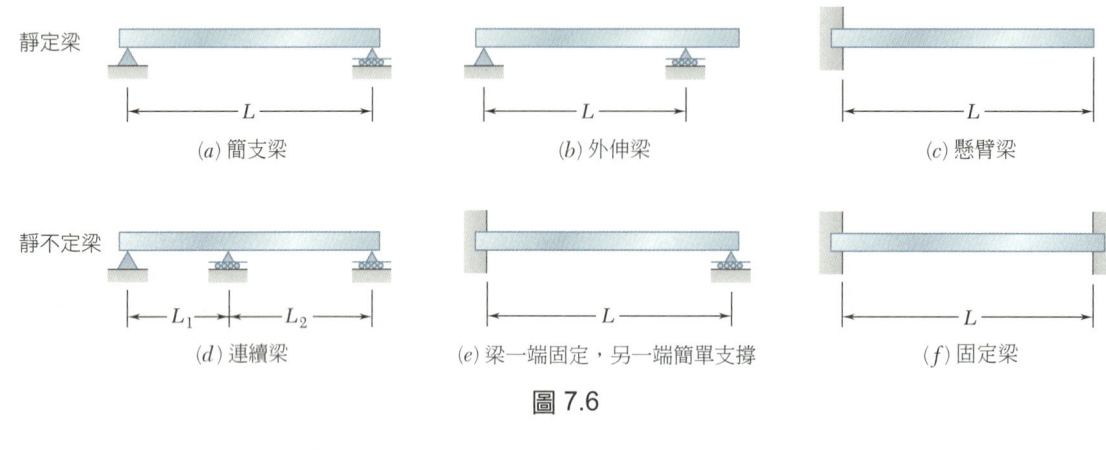

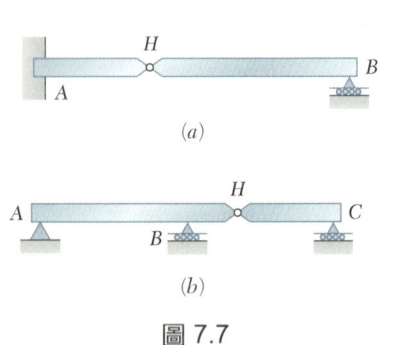

圖 7.7

照片 7.2　高架橋的梁的內力會隨卡車位置改變而改變。

由體圖才能求出；總共有六個未知數 (包括插銷的兩個力分量) 與六個方程式。

*7.4 梁的剪力和彎矩 (Shear and Bending Moment in a Beam)

考慮承受各種集中負載和分布負載的梁 AB (圖 7.8a)。本節擬求梁內所有點的剪力與彎矩。此處考慮的梁為簡支梁，但方法可應用於其他靜定梁。

第一步先畫出整根梁的自由體圖，求 A 和 B 的支撐力 (圖 7.8b)；寫下 $\Sigma M_A = 0$ 和 $\Sigma M_B = 0$，分別得到 $\mathbf{R}_B$ 和 $\mathbf{R}_A$。

為求 C 的內力，將梁於 C 切開成兩部分，分別對 AC 和 CB 畫出自由體圖 (圖 7.8c)。利用 AC 的自由體圖，將作用於 AC 的所有垂直分量相加等於零，可以求出 C 的剪力 $\mathbf{V}$。同理，將作用於 AC 的所有力和力偶對 C 的力矩相加等於零，可以求出 C 的彎矩 $\mathbf{M}$。另一種作法則是利用 CB 的自由體圖，求出剪力 $\mathbf{V}'$ 和彎矩 $\mathbf{M}'$，也是利用將作用於 CB 的垂直分量相加等於零求出剪力 $\mathbf{V}'$；將作用於 CB 的所有力和力偶對 C 的力矩相加等於零求出彎矩 $\mathbf{M}'$。雖然選擇任一個自由體圖都可得到相同的數值，但必須指明內力作用在梁的哪一個區段，才能知道內力的指向。如果要計算梁每一點的剪力和彎矩，並有效率的記錄結果，我們必須找到方法避免每次都要指明自由體圖是梁的哪個區段。因此本書採用以下的慣例：

圖 7.8

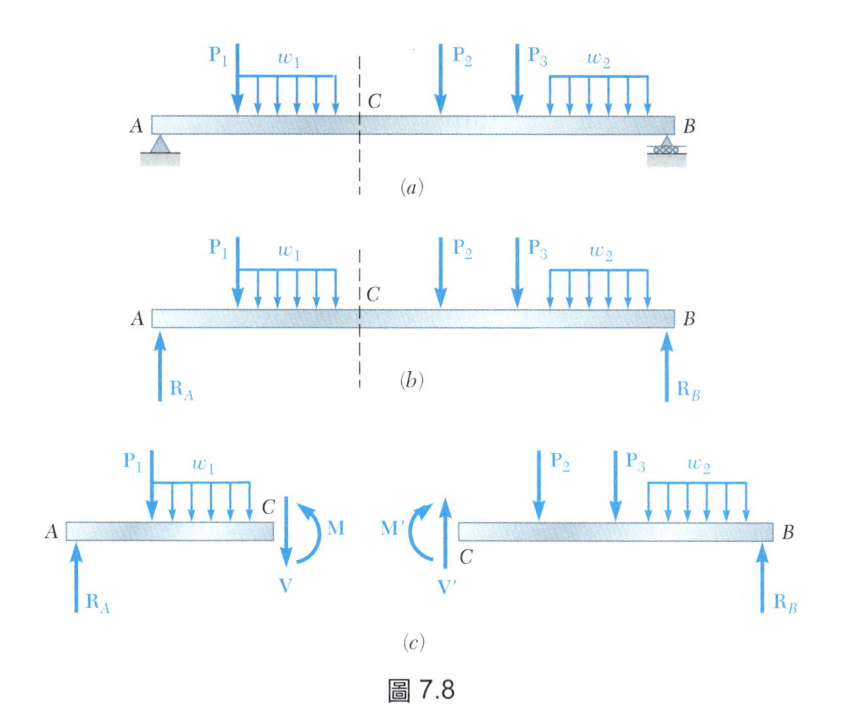

在求梁的剪力時，總是先假設內力 V 和 V' 作用方向如圖 7.8c 所示。兩者的大小值同樣是 V，若為正值表示假設正確，而剪力方向的確如圖所示。若為負值則表示假設錯誤，而剪力方向於圖上相反。因此，只需記錄大小值 V 和正負號，即可完全定義梁中任一點的剪力。純量 V 通常稱為梁內給定點的剪力。

同理，總是先假設內力偶 M 和 M' 作用方向如圖 7.8c 所示。兩者的大小值同樣是 M，若為正值表示假設正確，而彎矩方向的確如圖所示。若為負值則表示假設錯誤，而彎矩方向於圖上相反。上述關於正負號的慣例，整理如下：

當內力和內力偶作用於梁的兩區段的方向如圖 7.9a 所示時，則梁內部一點的剪力 V 和彎矩 M 定義為正。

較好記的方法如下：

1. 當作用於梁的**外力**（負載和支撐力）傾向於將梁如圖 7.9b 般剪切時，則 C 的剪力為正。
2. 當作用於梁的**外力**傾向於將梁如圖 7.9c 般彎曲時，則 C 的彎矩為正。

圖 7.9 的情況正是出現在一個中間受單一集中負載的簡支梁的左半區段的內力情況，其中剪力和彎矩均為正值。下節中將詳述這個例子。

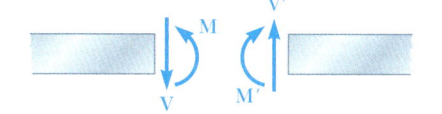

(a) 截面的內力 (正剪力與正彎矩)

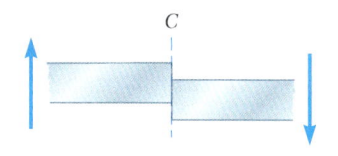

(b) 外力的效應 (正剪力)

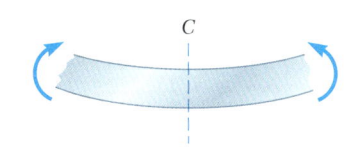

(c) 外力的效應 (正彎矩)

圖 7.9

*7.5 剪力圖和彎矩圖 (Shear and Bending-Moment Diagrams)

既然剪力和彎矩的正負號和大小均已清楚定義，即可將梁上每一點的值畫成圖，圖的原點是梁的一個端點，橫軸 x 是與該端點的距離。這樣的圖分別稱為**剪力圖** (shear diagram) 和**彎矩圖** (bending-moment diagram)。例如考慮跨距為 L 的簡支梁 AB，梁的中點 D 受一個集中負載 P (圖 7.10a)。第一步先利用整根梁的自由體圖求出支撐力 (圖 7.10b)；我們發現左右兩邊支撐力都等於 $P/2$。

接著將梁於 A 和 D 中間的一點 C 切開成 AC 和 CB 兩區段，再分別畫出自由體圖 (圖 7.10c)。先假設剪力和彎矩都是正值，因此內力 V 和 V'、內力偶 M 和 M' 標示如圖 7.9a。考慮自由體 AC，利用作用於自由體上的垂直分量和等於零，以及力對 C 的力矩和等於零，分別寫下平衡方程式，可解出 $V = +P/2$ 和 $M = +Px/2$。因此剪力和彎矩都為正值；觀察 A 的支撐力傾向將 C 如圖 7.9b 和 c 般的簡切和彎曲，與上面得到的正值一致。可畫出 AD 區段的 V 和 M (圖 7.10e 和 f)；剪力為定值 $V = P/2$，而彎矩從 $x = 0$ 的 $M = 0$ 線性增加到 $x = L/2$ 的 $M = PL/4$。

接著，從梁 D 和 B 中間的點 E 切開成 AE 和 EB 兩區段，考慮 EB 的自由體圖 (圖 7.10d)。利用作用於自由體上的垂直分量和等於零，以及力對 E 的力矩和等於零，分別寫下平衡方程式，可解出 $V = -P/2$ 和 $M = P(L-x)/2$。因此剪力為負值、彎矩為正值；觀察 B 的支撐力傾向將 E 如圖 7.9c 般彎曲，但 E 受剪切的方式與圖 7.9b 相反，與上面得到的正負號一致。接著可畫出 DB 區段的 V 和 M (圖 7.10e 和 f)；剪力為定值 $V = -P/2$，而彎矩從 $x = L/2$ 的 $M = PL/4$ 線性減小到 $x = L$ 的 $M = 0$。

注意當梁僅受集中負載時，負載間的剪力為定值、而彎矩則成線性。但當梁受分布負載時，剪力和彎矩變化則大為不同 (範例 7.3)。

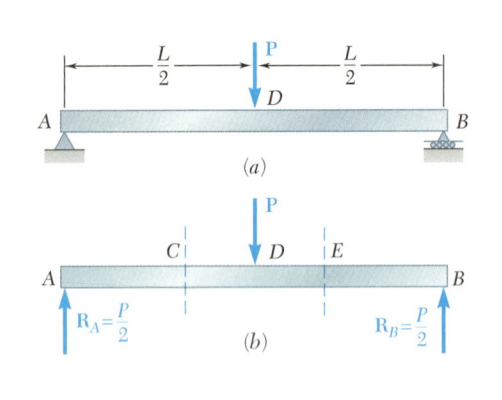

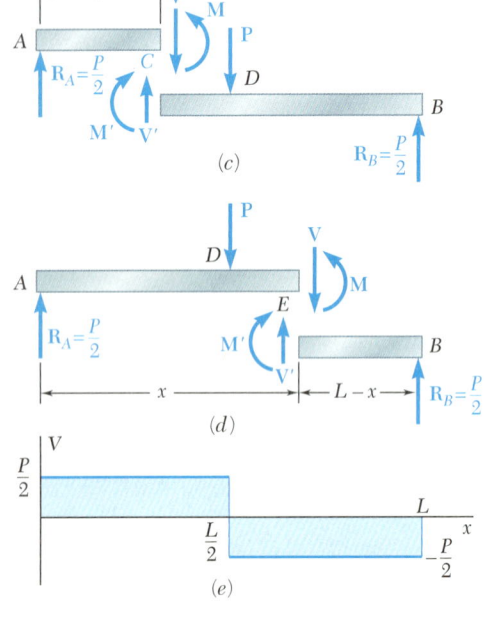

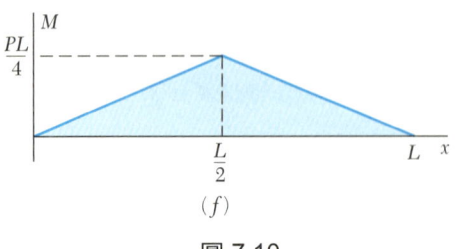

圖 7.10

範例 7.2

試畫出附圖所示梁的剪力圖與彎矩圖。

解

自由體：整根梁。 由整根梁的自由體圖，可求出 B 與 D 的反力：

$$R_B = 46 \text{ kN} \uparrow \qquad R_D = 14 \text{ kN} \uparrow$$

剪力與彎矩。 先求出受 20 kN 作用的點 A 的右側的內力。考慮梁最左端到點 1 的區段為自由體，假設 V 與 M 為正 (根據標準符號慣用法)，寫下

$$+\uparrow \Sigma F_y = 0: \qquad -20 \text{ kN} - V_1 = 0 \qquad V_1 = -20 \text{ kN}$$
$$+\circlearrowleft \Sigma M_1 = 0: \qquad (20 \text{ kN})(0 \text{ m}) + M_1 = 0 \qquad M_1 = 0$$

接著考慮最左端到點 2 的區段為自由體，寫下

$$+\uparrow \Sigma F_y = 0: \qquad -20 \text{ kN} - V_2 = 0 \qquad V_2 = -20 \text{ kN}$$
$$+\circlearrowleft \Sigma M_2 = 0: \qquad (20 \text{ kN})(2.5 \text{ m}) + M_2 = 0 \qquad M_2 = -50 \text{ kN} \cdot \text{m}$$

依類似作法畫出適當的自由體圖，可求點 3、4、5 與 6 的剪力與彎矩，如下

$$\begin{array}{ll} V_3 = +26 \text{ kN} & M_3 = -50 \text{ kN} \cdot \text{m} \\ V_4 = +26 \text{ kN} & M_4 = +28 \text{ kN} \cdot \text{m} \\ V_5 = -14 \text{ kN} & M_5 = +28 \text{ kN} \cdot \text{m} \\ V_6 = -14 \text{ kN} & M_6 = 0 \end{array}$$

在求靠梁右端的點時，可選用該點到梁最右端的區段為自由體，如下

$$+\uparrow \Sigma F_y = 0: \qquad V_4 - 40 \text{ kN} + 14 \text{ kN} = 0 \qquad V_4 = +26 \text{ kN}$$
$$+\circlearrowleft \Sigma M_4 = 0: \qquad -M_4 + (14 \text{ kN})(2 \text{ m}) = 0 \qquad M_4 = +28 \text{ kN}$$

剪力圖與彎矩圖。 現在可在剪力圖與彎矩圖上畫出剛剛求出的六點數值。如第 7.5 節所述，兩相鄰集中負載間的剪力為常數，而彎矩則成線性變化；如此可得如附圖所示之剪力圖與彎矩圖。

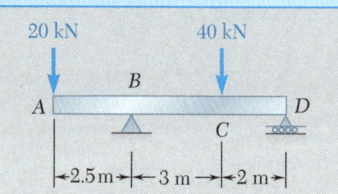

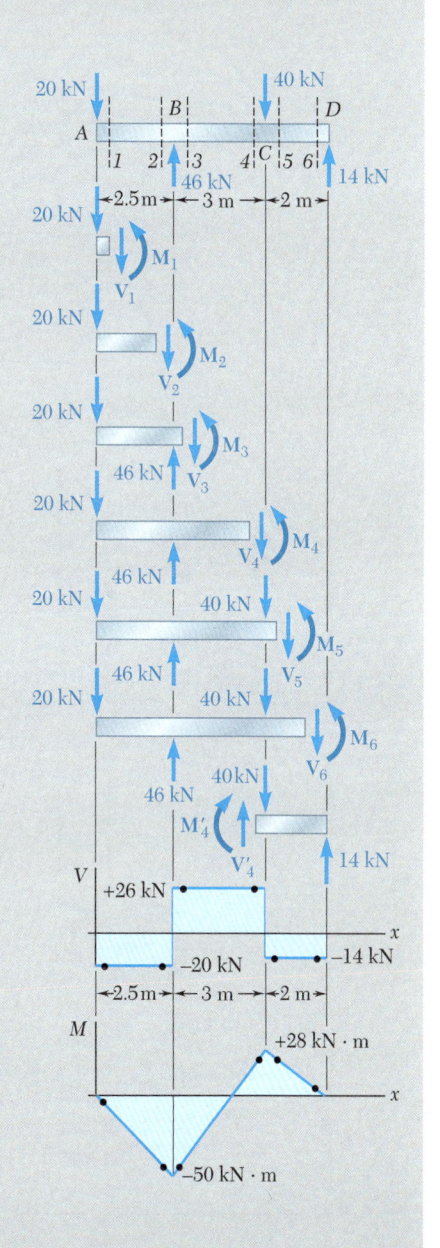

範例 7.3

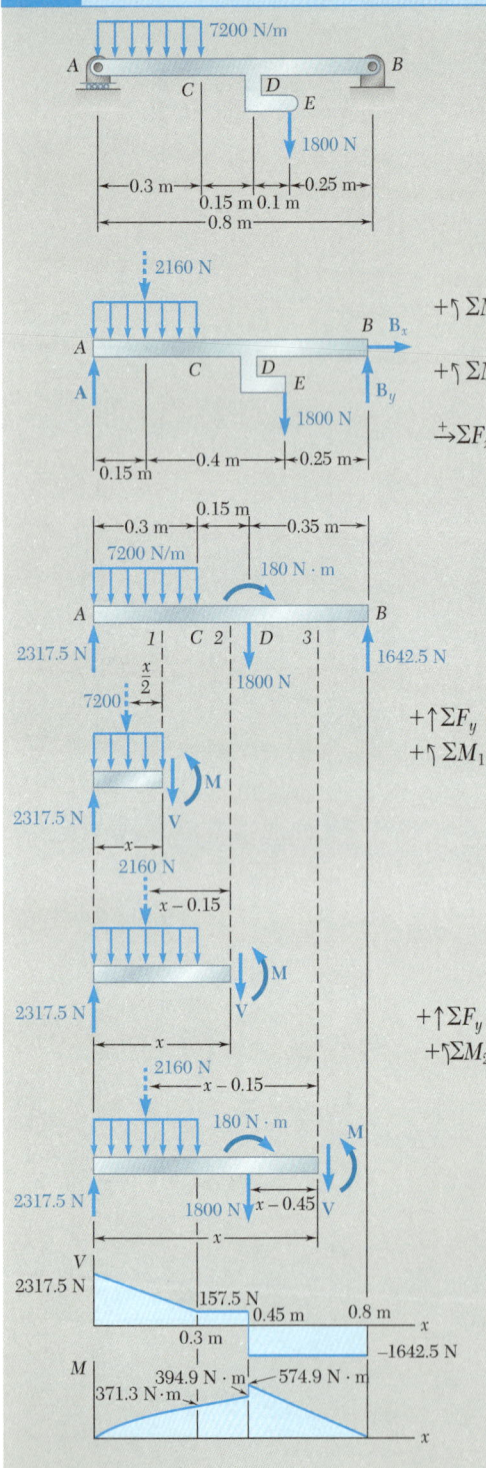

試畫出附圖所示梁的剪力圖與彎矩圖。大小為 7200 N/m 的均布負載作用於梁上 0.3 m 的 AC 區段，另有 1800 N 的負載作用於 E。

解

自由體：整根梁。 考慮整根梁為自由體，可求得反力：

$+↺\Sigma M_A = 0:$ $B_y(0.8\text{ m}) - (2160\text{ N})(0.15\text{ m}) - (1800\text{ N})(0.55\text{ m}) = 0$
$B_y = +1642.5\text{ N}$ $\mathbf{B}_y = 1642.5\text{ N} ↑$

$+↺\Sigma M_B = 0:$ $(2160\text{ N})(0.65\text{ m}) + (1800\text{ N})(0.25\text{ m}) - A(0.8\text{ m}) = 0$
$A = +2317.5\text{ N}$ $\mathbf{A} = 2317.5\text{ N} ↑$

$\xrightarrow{+}\Sigma F_x = 0:$ $B_x = 0$ $\mathbf{B}_x = 0$

1800 N 的力可取代為作用於點 D 的等效力－力偶系。

剪力圖與彎矩圖。從 A 到 C。 考慮梁最左端點 A 到點 1 的區段，可求得點 A 右方距離為 x 處的內力。作用於自由體的分布負載可取代為其合力，如下

$+↑\Sigma F_y = 0:$ $2317.5 - 7200x - V = 0$ $V = 2317.5 - 7200x$
$+↺\Sigma M_1 = 0:$ $-2317.5x + 7200x(\tfrac{1}{2}x) + M = 0$ $M = 2317.5x - 3600x^2$

由於附圖所示的自由體圖可用於所有小於 0.3 m 的 x，得到的 V 與 M 的表達式適用於 $0 < x < 0.3$ m。

從 C 到 D。 考慮梁最左端點 A 到點 2 的區段，將此區段的分布負載取代為其合力，如下

$+↑\Sigma F_y = 0:$ $2317.5 - 2160 - V = 0$ $V = 157.5\text{ N}$
$+↺\Sigma M_2 = 0:$ $-2317.5x + 2160(x - 0.15) + M = 0$ $M = (324 + 157.5x)\text{ N}\cdot\text{m}$

得到的表達式適用於 $0.3\text{ m} < x < 0.45\text{ m}$。

從 D 到 B。 使用梁最左端點 A 到點 3 的區段，可得適用於 $0.45\text{ m} < x < 0.8\text{ m}$ 的表達式，如下

$+↑\Sigma F_y = 0:$ $2317.5 - 2160 - 1800 - V = 0$ $V = -1642.5\text{ N}$
$+↺\Sigma M_3 = 0:$ $-2317.5x + 2160(x - 0.15) - 180 + 1800(x - 0.45) + M = 0$
$M = (1314 - 1642.5x)\text{ N}\cdot\text{m}$

剪力圖與彎矩圖。 現在可畫出整根梁的剪力圖與彎矩圖。須注意的是，作用於點 D、大小為 180 N·m 的力偶造成彎矩圖上點 D 的不連續。

本節學到了如何求梁內任一點的剪力 V 和彎矩 M，也學到畫梁的剪力圖和彎矩圖。圖的橫軸 x 是與梁左端點的距離，縱軸分別為 V 和 M。

A. **求梁內的剪力和彎矩**。請依以下步驟求梁內一點 C 的剪力 V 和彎矩 M。

1. 畫出整根梁的自由體圖，利用自由體圖解出支撐反力。
2. 將梁於 C 切開，於切開的兩區段擇一作為自由體圖，進行分析。記得加上作用在這區段的外力。
3. 畫出所選區段的自由體圖，標示：
    a. 作用於這區段的負載和支撐力，將分布負載以等效的集中負載取代（第 5.8 節）。
    b. 代表 C 點內力的剪力和彎曲力偶。為方便記錄各點的剪力 V 和彎矩 M，請遵循圖 7.8 和 7.9 的正負號慣例表示力和力矩的指向。如果使用 C 左邊的區段，則於 C 加上指向下的剪力 **V** 和逆時針的彎曲力偶 **M**。如果使用的是 C 右邊的區段，則在 C 加上指向上的剪力 **V′** 和順時針的彎曲力偶 **M′** [範例 7.2]。
4. 對所選區段的自由體圖寫下平衡方程式。利用 $\Sigma F_y = 0$ 解出 V、利用 $\Sigma M_C = 0$ 解出 M。
5. 記錄解出 V 和 M 的數值和正負號。V 為正值，表示 C 的剪力指向如圖 7.8 和 7.9 所示；若為負值則表示指向和圖示相反。同理，M 為正值，表示 C 的彎曲力偶指向和圖示相同，而負值表示指向相反。此外，M 為正值表示梁彎曲成笑臉；負值表示彎曲成哭臉。

B. **畫整根梁的剪力圖和彎矩圖**。通常以梁左端點為原點，沿梁軸向為 x，分別畫出 V 和 M 為縱軸的圖。雖然剪力圖和彎矩圖顯示每一點的值，但大部分問題僅需實際計算少數幾點即可畫出。

1. 僅受集中負載的梁，有以下幾點需要注意 [範例 7.2]：
    a. 剪力圖由高度不同的幾條水平線組成。因此，只需對每個集中負載的左右兩邊各取一點計算 V，即可畫出剪力圖。
    b. 彎矩圖由多條斜直線組成。因此，只需計算集中負載作用點的 M，即可畫出彎矩圖。
2. 受均布負載的梁。受均布負載的區段具有以下特點 [範例 7.3]：
    a. 剪力圖為一條斜直線。因此，只需計算均布負載起點和終點的 V。
    b. 彎矩圖為一條拋物線。大多數情況只需計算均布負載起點和終點的 M。
3. 受較複雜負載的梁。此時必須考慮任意長度 x 區段的自由體圖，求出以 x 為函

數的 V 和 M。V 和 M 在不同區段的函數可能不同，因此可能要重複上述步驟幾次才能完全求出 [範例 7.3]。

4. **當梁受一力偶作用時**，作用點兩邊的剪力相同，但彎矩圖在作用點會不連續，高度差剛好等於力偶的大小。注意，可以直接在梁上加上力偶，也可以透過施加外力於一附著於梁上的彎曲桿件，間接施加力偶於附著點上 [範例 7.3]。

習題

7.29 至 7.32 如附圖所示之梁與負載，(a) 畫出剪力圖與彎矩圖；(b) 試求剪力與彎矩的絕對值的最大值。

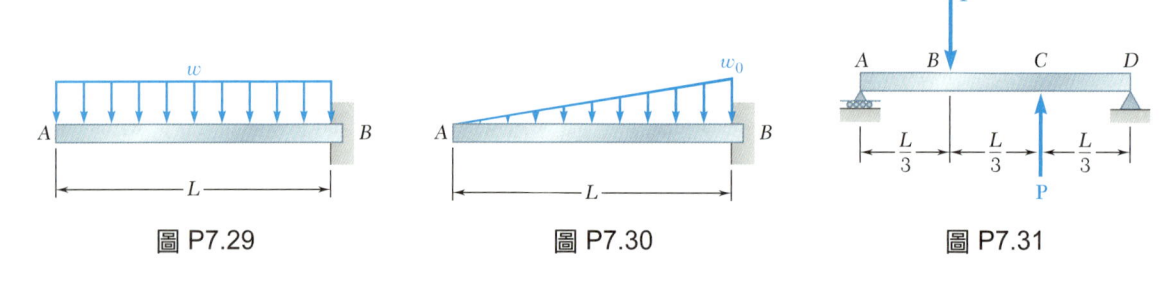

圖 P7.29

圖 P7.30

圖 P7.31

7.33 與 7.34 如附圖所示之梁與負載，(a) 畫出剪力圖與彎矩圖；(b) 試求剪力與彎矩的絕對值的最大值。

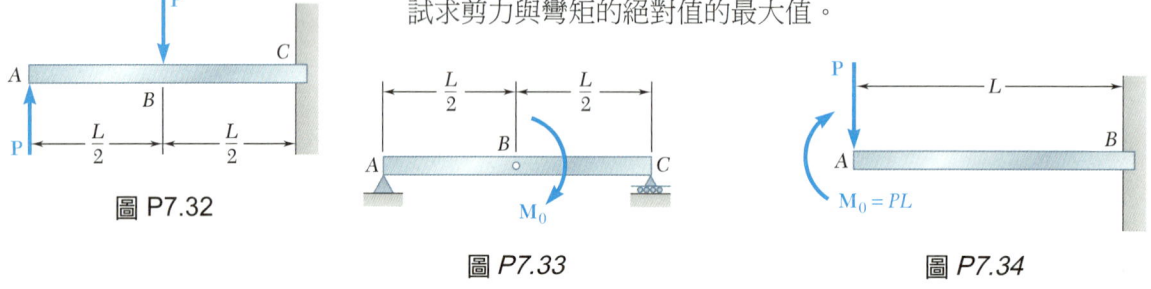

圖 P7.32

圖 P7.33

圖 P7.34

7.35 與 7.36 如附圖所示之梁與負載，(a) 畫出剪力圖與彎矩圖；(b) 試求剪力與彎矩的絕對值的最大值。

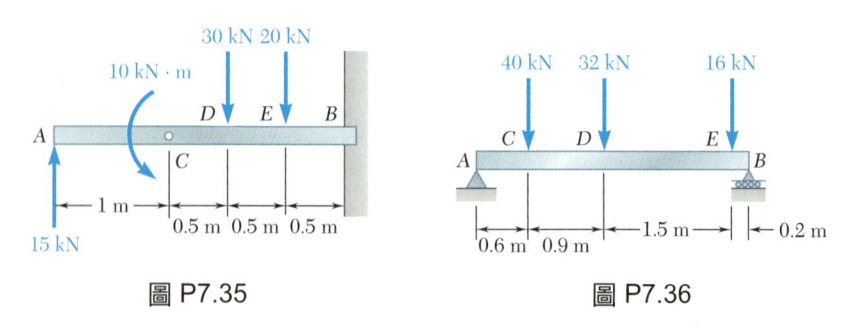

圖 P7.35

圖 P7.36

7.37 與 7.38 如附圖所示之梁與負載，(a) 畫出剪力圖與彎矩圖；(b) 試求剪力與彎矩的絕對值的最大值。

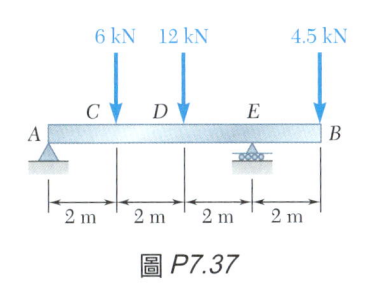

圖 P7.37

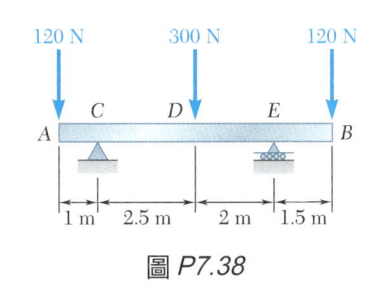

圖 P7.38

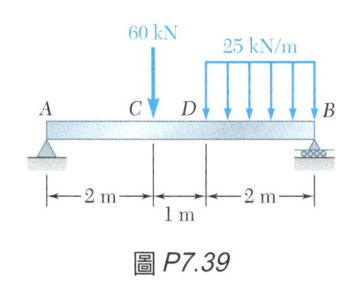

圖 P7.39

7.39 至 7.42 如附圖所示之梁與負載，(a) 畫出剪力圖與彎矩圖；(b) 試求剪力與彎矩的絕對值的最大值。

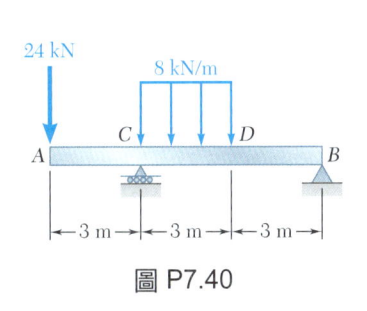

圖 P7.40

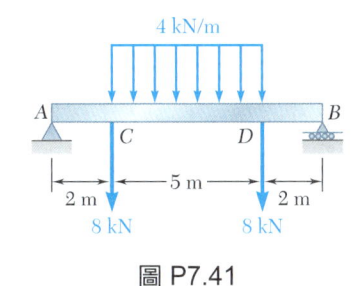

圖 P7.41

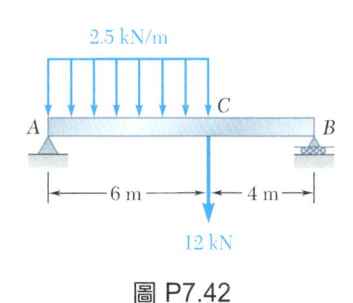

圖 P7.42

7.43 假設地面作用於梁 AB 的向上反力為均布，已知 $P = wa$，(a) 畫出剪力圖與彎矩圖；(b) 試求剪力與彎矩的絕對值的最大值。

7.44 如習題 7.43，但假設 $P = 3wa$。

7.45 假設地面作用於梁 AB 的向上反力為均布，已知 $a = 0.3$ m，(a) 畫出剪力圖與彎矩圖；(b) 試求剪力與彎矩的絕對值的最大值。

7.46 如習題 7.45，但假設 $a = 0.5$ m。

7.47 與 7.48 假設地面作用於梁 AB 的向上反力為均布，(a) 畫出剪力圖與彎矩圖；(b) 試求剪力與彎矩的絕對值的最大值。

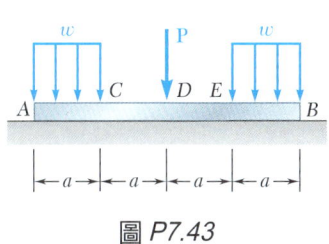

圖 P7.43

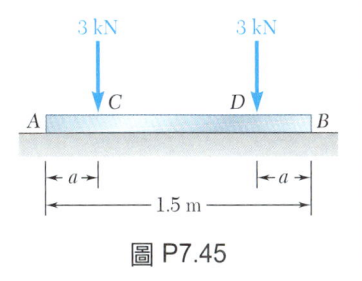

圖 P7.45

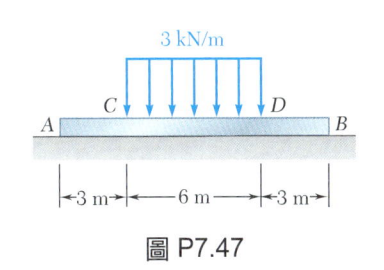

圖 P7.47

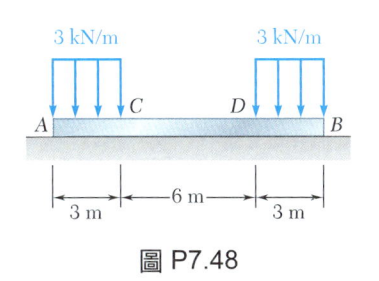

圖 P7.48

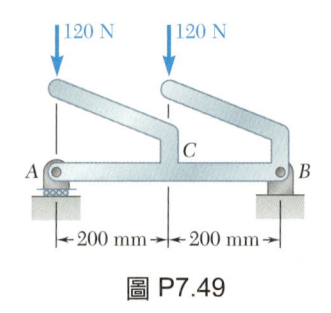

7.49 與 **7.50** 畫出梁 AB 的剪力圖與彎矩圖，並求出剪力與彎矩的絕對值的最大值。

圖 P7.49

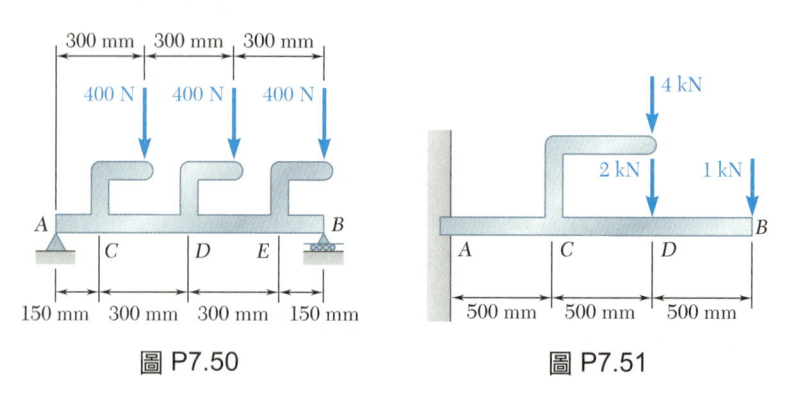

圖 P7.50

圖 P7.51

7.51 與 *7.52* 畫出梁 AB 的剪力圖與彎矩圖，並求出剪力與彎矩的絕對值的最大值。

7.53 兩槽鋼小區段 DF 與 EH 焊接於重 W = 3 kN 的均勻梁 AB 上，而成附圖所示之桿件。此桿件由兩條分別連接到 D 與 E 的纜繩提起。已知 $\theta = 30°$，不考慮槽鋼區段的重量，(a) 畫出梁 AB 剪力圖與彎矩圖；(b) 試求剪力與彎矩的絕對值的最大值。

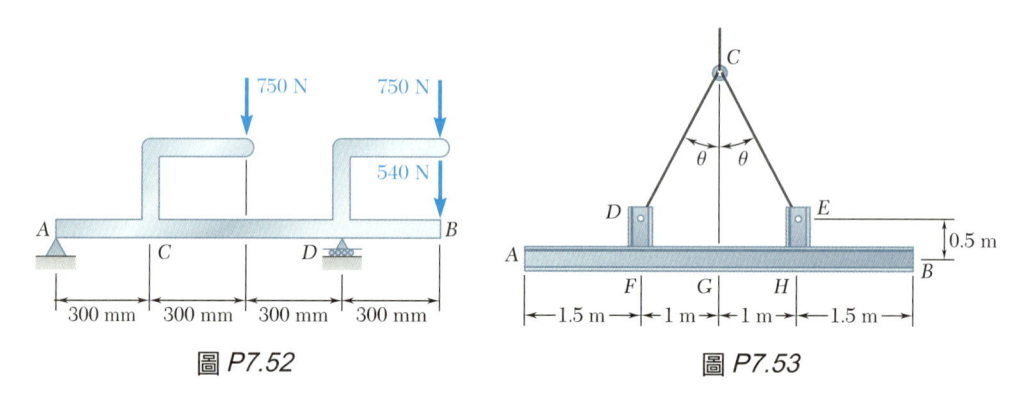

圖 *P7.52*

圖 *P7.53*

7.54 如習題 7.53，但 $\theta = 60°$。

7.55 如習題 7.53 的結構桿件，試求 (a) 使梁 AB 中的彎矩絕對值最小的角度 θ；(b) 此時的彎矩值 $|M|_{max}$。（提示：畫出彎矩圖，接著使最大正彎矩與最大負彎矩的絕對值相等。）

7.56 如習題 7.43 的梁，試求 (a) 使梁的彎矩絕對值最小的比值 $k = P/wa$；(b) 此時的彎矩值 $|M|_{max}$。（參考習題 7.55 的提示。）

7.57 如習題 7.45 的梁，試求 (a) 使梁的彎矩絕對值最小的距離 a；(b) 此時的彎矩值 $|M|_{max}$。(參考習題 7.55 的提示。)

7.58 如附圖所示的梁，試求 (a) 使梁的彎矩絕對值最小的距離 a；(b) 此時的彎矩值 $|M|_{max}$。(參考習題 7.55 的提示。)

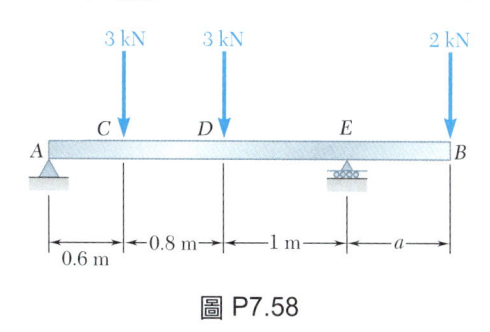

圖 P7.58

7.59 一均勻梁由懸掛於 A 與 B 的纜繩提起。若 a 為纜繩到梁的一端的距離，試求使梁的彎矩絕對值最小時的 a 值。(提示：畫出以 a、L 與單位長度重量 w 表示的彎矩圖，接著使最大正彎矩與最大負彎矩的絕對值相等。)

7.60 已知 $P = Q = 150$ N，試求 (a) 使梁的彎矩絕對值最小的距離 a；(b) 此時的彎矩值 $|M|_{max}$。(參考習題 7.55 的提示。)

圖 P7.59

7.61 如習題 7.60，但假設 $P = 300$ N、$Q = 150$ N。

*7.62 一纜繩與配重連接在懸臂梁 AB 的自由端 B，以減小梁內的彎矩。試求使梁的彎矩絕對值最小的配重大小，以及此時的彎矩值 $|M|_{max}$。考慮以下兩種情況：(a) 當分布負載永久施加於梁上；(b) 更一般的情況，即分布負載可能施加在梁上，也可能被移除。

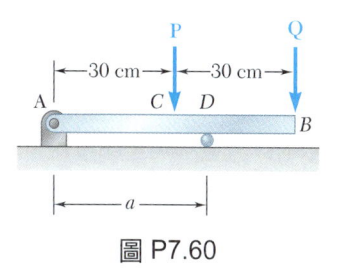

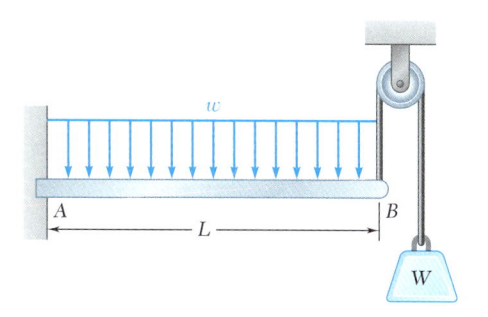

圖 P7.60

圖 P7.62

*7.6 負載、剪力和彎矩的關係 (Relations Among Load, Shear, and Bending Moment)

當梁承受兩個以上的集中負載,或是承受分布負載時,若用第 7.5 節介紹的方法來求剪力圖和彎矩圖可能極為繁瑣。如果能找出負載、剪力和彎矩之間的關係,則將可大幅簡化剪力圖和彎矩圖的求解。

考慮每單位長度承受分布負載 w 的簡支梁 AB (圖 7.11a),令 C 和 C' 為梁上相距 Δx 的兩點。C 的剪力和彎矩分別標示為 V 和 M,假設為正;而 C' 的剪力和彎矩分別標示為 $V + \Delta V$ 和 $M + \Delta M$。

對梁的 CC' 區段畫出自由體圖 (圖 7.11b)。作用於自由體圖的力有大小為 $w\,\Delta x$ 的負載與作用於 C 和 C' 的兩力偶。由於假設剪力和彎矩都為正,其指向如圖所示。

▶ 負載和剪力的關係

寫下作用於自由體 CC' 的力的垂直分量和等於零:

$$V - (V + \Delta V) - w\,\Delta x = 0$$
$$\Delta V = -w\,\Delta x$$

等號兩邊同除 Δx,再將 Δx 趨近於零,可得

$$\frac{dV}{dx} = -w \tag{7.1}$$

式 (7.1) 表示若梁受圖 7.11a 的負載,剪力圖的斜率 dV/dx 為負;且任一點斜率的數值等於該點每單位長度的負載。

於點 C 和 D 區段對式 (7.1) 積分得到

$$V_D - V_C = -\int_{x_C}^{x_D} w\,dx \tag{7.2}$$

$$V_D - V_C = -(C \cdot D\text{ 兩點之間負載曲線下的面積}) \tag{7.2'}$$

注意若考慮梁的區段 CD 的平衡也可得到相同的結果,因為負載曲線的面積代表 C 和 D 間的總負載。

觀察發現式 (7.1) 在集中負載的作用點**不成立**;而剪力於該點不連續 (第 7.5 節)。同理,當 C 和 D 之間有集中負載時,則式 (7.2) 和

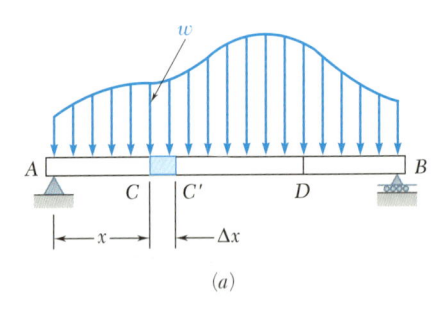

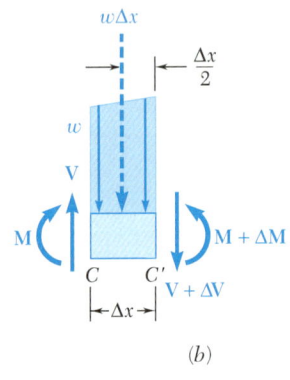

圖 7.11

(7.2') 不成立,因為推導時並未考慮集中負載。因此,式 (7.2) 和 (7.2') 只能用於兩相鄰集中負載之間。

▶ 剪力和彎矩的關係

回到圖 7.11b 的自由體圖,寫下對 C' 的合力矩等於零,得到

$$(M + \Delta M) - M - V \Delta x + w \Delta x \frac{\Delta x}{2} = 0$$
$$\Delta M = V \Delta x - \tfrac{1}{2} w (\Delta x)^2$$

等號兩邊同除 Δx,再將 Δx 趨近於零,得到

$$\frac{dM}{dx} = V \tag{7.3}$$

式 (7.3) 表示彎矩圖的斜率 dM/dx 等於剪力的值。這個關係對於剪力有定義的點均成立,亦即沒有受集中負載的點。式 (7.3) 也顯示彎矩最大值會出現在剪力等於零的點。這個性質可幫助我們找到梁可能因彎曲而失效的點。

於點 C 和 D 區段對式 (7.3) 積分得到

$$M_D - M_C = \int_{x_C}^{x_D} V\, dx \tag{7.4}$$

$$M_D - M_C = C \cdot D \text{ 兩點之間負載曲線的面積} \tag{7.4'}$$

注意當剪力為正時,剪力曲線包覆的面積為正,而剪力為負時,剪力曲線包覆的面積為負。只要剪力曲線正確,即使 C 和 D 之間有集中負載,式 (7.4) 和 (7.4') 依然成立。但若 C 和 D 之間有力偶作用,則上式將不成立,因為推導時並未考慮外加力偶造成彎矩的突然改變 (範例 7.7)。

例題

考慮跨距為 L 的簡支梁 AB,承受均布負載 w (圖 7.12a)。由整根梁的自由體圖可求出支撐力:$R_A = R_B = wL/2$ (圖 7.12b)。接著,畫出剪力圖。靠近梁的端點 A 的剪力等於 R_A,即 $wL/2$,透過考慮一極小區段為自由體圖即可得到驗證。利用式 (7.2) 可求出與 A 距

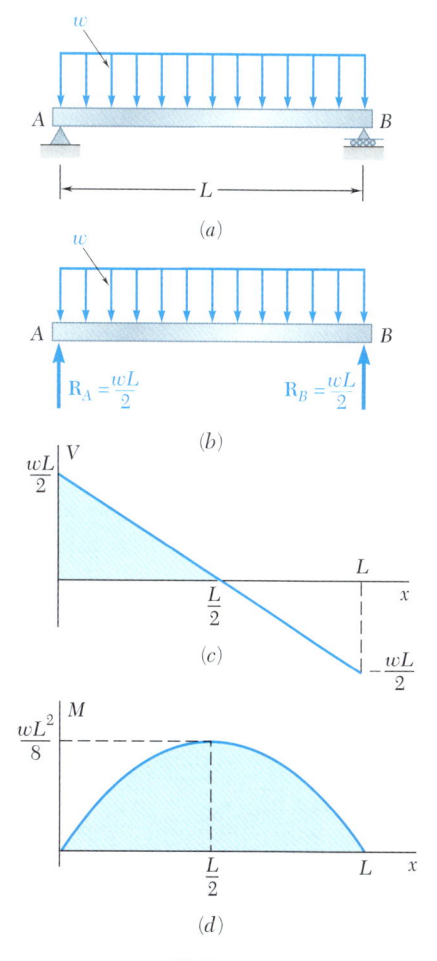

圖 P7.12

離為 x 的點的剪力 V，如下

$$V - V_A = -\int_0^x w\,dx = -wx$$

$$V = V_A - wx = \frac{wL}{2} - wx = w\left(\frac{L}{2} - x\right)$$

故剪力曲線為一斜直線，於 $x = L/2$ 與 x 軸相交（圖 7.12c）。接著考慮彎矩，觀察 $M_A = 0$。與 A 相距 x 的任一點的彎矩大小 M 可利用式 (7.4) 求出，如下

$$M - M_A = \int_0^x V\,dx$$

$$M = \int_0^x w\left(\frac{L}{2} - x\right)dx = \frac{w}{2}(Lx - x^2)$$

故彎矩曲線為一拋物線。彎矩最大值出現在 $x = L/2$，因為這一點的 V 等於零（$V = dM/dx$）。將 $x = L/2$ 代入上式，得到 $M_{\max} = wL^2/8$。

大部分工程應用中，只需知道某些特定點的彎矩大小。一旦畫出剪力圖，且求出梁一個端點的 M，任一點的彎矩值都可利用計算剪力曲線下的面積和式 (7.4′) 求出。例如圖 7.12 的梁 $M_A = 0$，彎矩最大值可直接計算剪力圖中實心三角形的面積得到：

$$M_{\max} = \frac{1}{2}\frac{L}{2}\frac{wL}{2} = \frac{wL^2}{8}$$

在這個例子中，負載曲線是水平直線，剪力曲線是一條斜直線，而彎矩曲線是拋物線。如果負載曲線是斜直線（一次方），則剪力曲線是拋物線（二次方）、彎矩曲線是立方曲線（三次方）。剪力和彎矩曲線總是分別比負載曲線高一次及二次方。因此，一旦計算出若干點的剪力和彎矩值，即可描繪出整個剪力和彎矩圖，而不需求出準確的 $V(x)$ 和 $M(x)$ 函數。如果利用剪力曲線的斜率等於 $-w$、彎矩曲線的斜率等於 V，則畫出的圖將更為準確。

範例 7.4

試畫出附圖所示梁的剪力圖與彎矩圖。

解

自由體：整根梁。 考慮整根梁為自由體，可求得反力如下

$+\Sigma \curvearrowleft M_A = 0$:
$\quad D(7.2 \text{ m}) - (20 \text{ kN})(1.8 \text{ m}) - (12 \text{ kN})(4.2 \text{ m}) - (3.6 \text{ kN})(8.4 \text{ m}) = 0$
$\qquad\qquad\qquad\qquad D = +16.2 \text{ kN} \qquad\qquad \mathbf{D} = 16.2 \text{ kN} \uparrow$
$+\uparrow \Sigma F_y = 0$: $\quad A_y - 20 \text{ kN} - 12 \text{ kN} + 16.2 \text{ kN} - 3.6 \text{ kN} = 0$
$\qquad\qquad\qquad A_y = +19.4 \text{ kN} \qquad\qquad \mathbf{A}_y = 19.4 \text{ kN} \uparrow$
$\xrightarrow{+} \Sigma F_x = 0$: $\quad A_x = 0 \qquad\qquad\qquad\qquad\quad \mathbf{A}_x = 0$

注意到 A 與 E 的彎矩均為零；故可於彎矩圖上直接標出兩點 (以小圈圈表示)。

剪力圖。由於 $dV/dx = -w$，剪力圖上兩相鄰集中負載和反力之間的區段的斜率等於零 (即剪力為常數)。將梁分成兩部分，任選其一作為自由體，即可求出任意點的剪力。例如：使用梁最左端到點 1 的區段，可求得 B 與 C 之間的剪力：

$+\uparrow \Sigma F_y = 0$: $\quad +19.4 \text{ kN} - 20 \text{ kN} - V = 0 \quad V = -0.6 \text{ kN}$

我們也發現 D 的右邊的剪力為 $+3.6 \text{ kN}$，而端點 E 的剪力為零。由於斜率 $dV/dx = -w$ 於 D 與 E 之間為常數，因此剪力圖上這兩點間為一直線。

彎矩圖。回顧兩點間剪力曲線下的面積等於這兩點間彎矩的改變量。為方便後續計算，先算出剪力圖每區段的面積、並標示於圖上。由於已知梁最左端的彎矩 M_A 為零，故

$M_B - M_A = +34.92 \qquad M_B = +34.92 \text{ kN} \cdot \text{m}$
$M_C - M_B = -1.44 \qquad M_C = +33.48 \text{ kN} \cdot \text{m}$
$M_D - M_C = -37.8 \qquad M_D = -4.32 \text{ kN} \cdot \text{m}$
$M_E - M_D = +4.32 \qquad M_E = 0$

由於已知 M_E 為零，與計算結果相符。

兩相鄰集中負載和反力之間的區段的剪力為常數；因此斜率 dM/dx 為常數，因此將已知點以直線相連，即可得到彎矩圖。而由於剪力圖上 D 與 E 之間為斜直線，故彎矩圖此區段為拋物線。

由 V 與 M 圖可得 $V_{\max} = 19.4 \text{ kN}$ 與 $M_{\max} = 34.92 \text{ kN} \cdot \text{m}$。

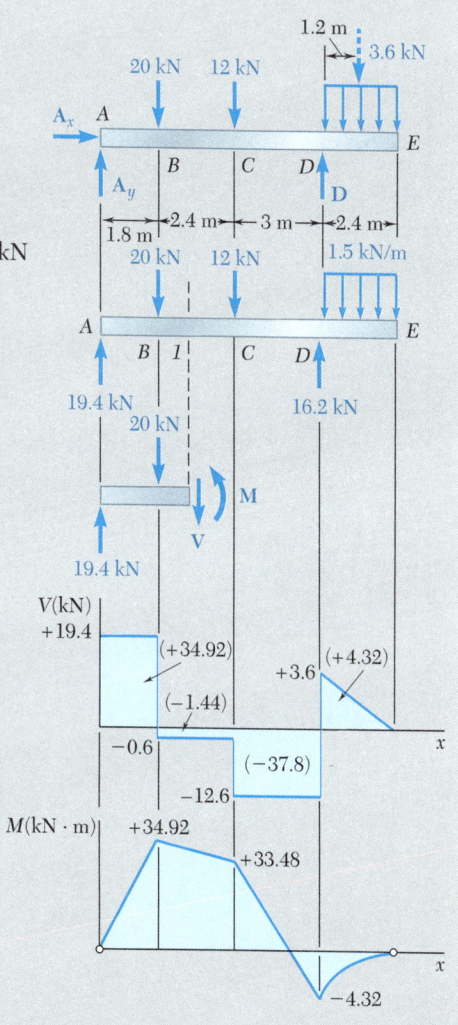

範例 7.5

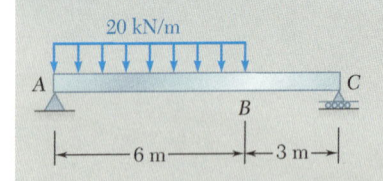

試畫出附圖所示梁的剪力圖與彎矩圖,並求出最大彎矩的位置與大小。

解

自由體:整根梁。考慮整根梁為自由體,可求得反力

$$R_A = 80 \text{ kN} \uparrow \qquad R_C = 40 \text{ kN} \uparrow$$

剪力圖。A 的右邊的剪力為 $V_A = +80$ kN。由於兩點間剪力的改變量,等於這兩點於負載曲線下的面積的負值,故可得 V_B 如下

$$V_B - V_A = -(20 \text{ kN/m})(6 \text{ m}) = -120 \text{ kN}$$
$$V_B = -120 + V_A = -120 + 80 = -40 \text{ kN}$$

由於 A 與 B 之間的斜率 $dV/dx = -x$ 為常數,剪力圖上這兩點間為直線。負載曲線的 B、C 之間面積為零,故

$$V_C - V_B = 0 \qquad V_C = V_B = -40 \text{ kN}$$

而 B 與 C 之間的剪力為常數。

彎矩圖。注意到梁的兩端彎矩為零。為求最大彎矩,將梁上 $V = 0$ 處設為點 D,寫成

$$V_D - V_A = -wx$$
$$0 - 80 \text{ kN} = -(20 \text{ kN/m})x$$

解出 x 值: $\qquad\qquad\qquad x = 4$ m

最大彎矩出現在點 D,此點滿足 $dM/dx = V = 0$。計算剪力圖各區段下的面積,並標示於圖上。由於兩點間剪力曲線下的面積等於這兩點間彎矩的改變量,故

$$M_D - M_A = +160 \text{ kN} \cdot \text{m} \qquad M_D = +160 \text{ kN} \cdot \text{m}$$
$$M_B - M_D = -40 \text{ kN} \cdot \text{m} \qquad M_B = +120 \text{ kN} \cdot \text{m}$$
$$M_C - M_B = -120 \text{ kN} \cdot \text{m} \qquad M_C = 0$$

彎矩圖包含一拋物線段與一直線段;拋物線段於 A 的斜率等於此點的 V 值。

彎矩最大值為

$$M_{max} = M_D = +160 \text{ kN} \cdot \text{m}$$

範例 7.6

試畫出附圖所示懸臂梁的剪力圖與彎矩圖。

解

剪力圖。 梁的自由端的 $V_A = 0$。負載曲線的 A 與 B 之間的面積為 $w_0 a/2$；故可求出 V_B 如下

$$V_B - V_A = -\tfrac{1}{2} w_0 a \qquad V_B = -\tfrac{1}{2} w_0 a$$

由於 B 與 C 之間沒有負載，$V_C = V_B$。點 A 的 $w = w_0$，再由式 (7.1)，剪力曲線的斜率為 $dV/dx = -w_0$，B 的斜率為 $dV/dx = 0$。負載於 A 與 B 之間線性遞減，故剪力圖為拋物線。B 與 C 之間 $w = 0$，故剪力圖為一水平線。

彎矩圖。 我們注意到梁的自由端的 $M_A = 0$。計算剪力曲線下面積，寫下

$$M_B - M_A = -\tfrac{1}{3} w_0 a^2 \qquad M_B = -\tfrac{1}{3} w_0 a^2$$
$$M_C - M_B = -\tfrac{1}{2} w_0 a(L - a)$$
$$M_C = -\tfrac{1}{6} w_0 a(3L - a)$$

利用 $dM/dx = V$，可畫出彎矩圖。A 與 B 間為三次曲線，點 A 的斜率為零，而 B 與 C 之間為一直線。

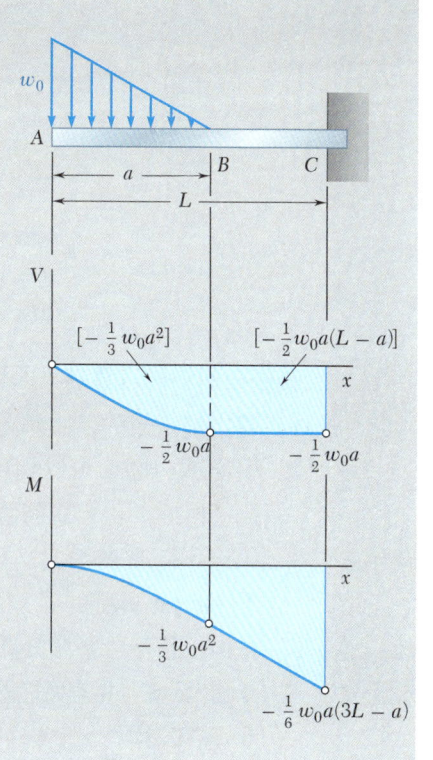

範例 7.7

一大小為 T 的力偶作用於簡支梁 AC 的點 B。試畫出梁的剪力圖與彎矩圖。

解

自由體：整根梁。 取整根梁為自由體，可得

$$\mathbf{R}_A = \frac{T}{L} \uparrow \qquad \mathbf{R}_C = \frac{T}{L} \downarrow$$

剪力圖與彎矩圖。 任一點的剪力為常數，等於 T/L。由於力偶作用於 B，彎矩圖於 B 不連續；此點的彎矩突然減少 T 值。

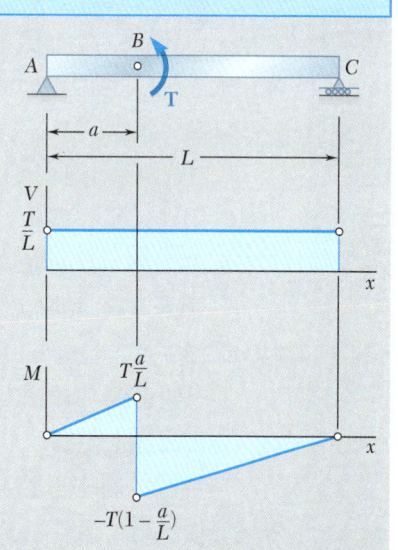

重點提示

本節學到了如何利用負載、剪力和彎矩的關係來簡化剪力圖和彎矩圖的繪製。關係如下

$$\frac{dV}{dx} = -w \tag{7.1}$$

$$\frac{dM}{dx} = V \tag{7.3}$$

$$V_D - V_C = -（C、D\ 兩點之間負載曲線下的面積） \tag{7.2'}$$

$$M_D - M_C = C、D\ 兩點之間負載區線的面積 \tag{7.4'}$$

將這些關係納入考慮，即可依以下步驟畫出梁的剪力與彎矩圖。

1. **畫出整根梁的自由體圖**，利用自由體圖解出支撐反力。
2. **畫出剪力圖**。可以利用上節介紹的方法，分別於若干點將梁切開成兩區段，任選兩區段之一畫自由體圖 [範例 7.3]。也可考慮以下的另一作法求解。
   a. 梁任一點的剪力 V 等於該點左邊所有支撐力和負載之和；力朝上為正、朝下為負。
   b. 受分布負載的梁。可從已知 V 的點著手，利用式 (7.2') 求其他感興趣點的 V。
3. 依照以下步驟畫彎矩圖。
   a. 計算剪力曲線每個區段下的面積。x 軸上方的面積定為正，x 軸下方的面積定為負。
   b. 重複使用式 (7.4') [範例 7.4 和 7.5]，從梁的最左端著手，最左端的 $M = 0$（除非有外力偶作用其上，或者是左端固定的懸臂梁）。
   c. 須特別留意力偶的作用點。彎矩圖在該作用點上會不連續，且該點的高度差為力偶的大小，若力偶為順時針，則 M 增加；若為逆時針，則 M 變小 [範例 7.7]。
4. 求 $|M|_{\max}$ 的位置與大小。彎矩絕對值的最大值出現在 $dM/dx = 0$ 的地方。根據式 (7.3)，該點的 V 等於零或正負號改變，因此
   a. 找出剪力圖上 V 正負號改變的點，求出這些點的 $|M|$。這些點是集中負載的作用點 [範例 7.4]。
   b. 求出 $V = 0$ 的點以及對應的 $|M|$。這種情況在梁受分布負載時出現。利用式 (7.2') 找出點 C 和點 D 的距離 x，其中點 C 是分布負載的起點、點 D 是剪力等於零的點。V_C 是已知的點 C 剪力值、V_D 等於零，將負載曲線下的面積表示為 x 的函數 [範例 7.5]。
5. 為提升圖的品質，記住根據式 (7.1) 和 (7.3)，任一點的 V 曲線的斜率等於 $-w$，且 M 曲線的斜率等於 V。
6. 最後，若梁承受以函數 $w(x)$ 表示的分布負載時，記住剪力 V 可由函數 $-w(x)$ 的積分得到，彎矩 M 可由 $V(x)$ 的積分得到 [式 (7.3) 和 (7.4)]。

習 題

7.63 利用第 7.6 節的方法解習題 7.29。

7.64 利用第 7.6 節的方法解習題 7.30。

7.65 利用第 7.6 節的方法解習題 7.31。

7.66 利用第 7.6 節的方法解習題 7.32。

7.67 利用第 7.6 節的方法解習題 7.33。

7.68 利用第 7.6 節的方法解習題 7.34。

7.69 與 *7.70* 如附圖所示之梁與負載,(a) 畫出剪力圖與彎矩圖;(b) 試求剪力與彎矩的絕對值的最大值。

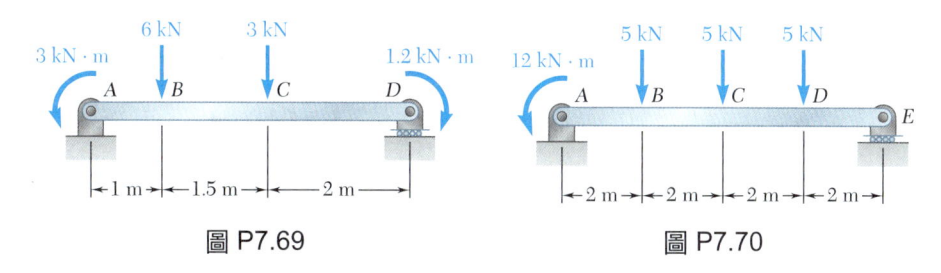

圖 P7.69

圖 P7.70

7.71 利用第 7.6 節的方法解習題 7.39。

7.72 利用第 7.6 節的方法解習題 7.40。

7.73 利用第 7.6 節的方法解習題 7.41。

7.74 利用第 7.6 節的方法解習題 7.42。

7.75 與 *7.76* 如附圖所示之梁與負載,(a) 畫出剪力圖與彎矩圖;(b) 試求剪力與彎矩的絕對值的最大值。

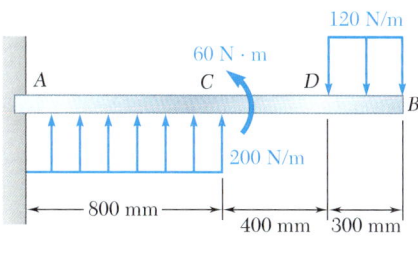

圖 P7.75

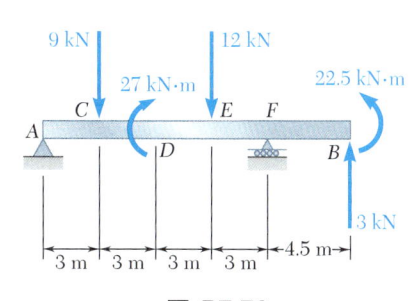

圖 *P7.76*

7.77 至 **7.79** 如附圖所示之梁與負載，(a) 畫出剪力圖與彎矩圖；(b) 試求彎矩的絕對值的最大值的大小與位置。

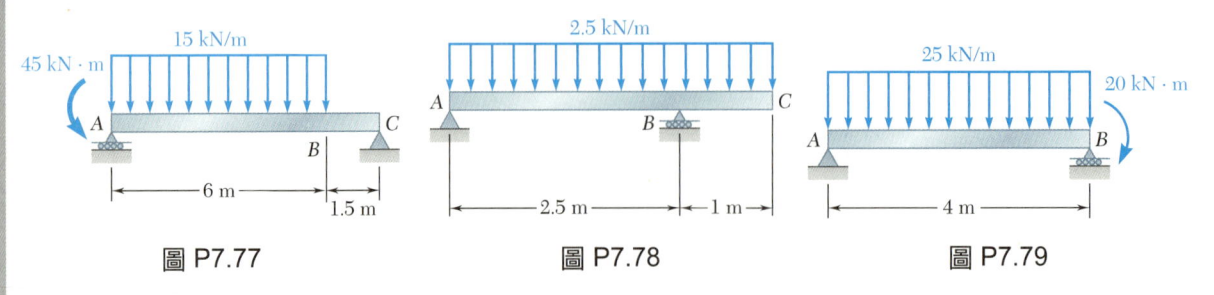

圖 P7.77

圖 P7.78

圖 P7.79

7.80 如習題 7.79，但假設作用在 B 的 20 kN 力偶為逆時針。

7.81 如附圖所示之梁與負載，畫出剪力圖與彎矩圖，並求出剪力與彎矩的絕對值的最大值，假設已知 (a) $M = 0$；(b) $M = 24$ kN/m。

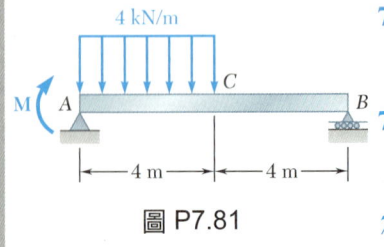

7.82 如附圖所示之梁與負載，畫出剪力圖與彎矩圖，並求出剪力與彎矩的絕對值的最大值，假設已知 (a) $P = 6$ kN；(b) $P = 3$ kN。

圖 P7.81

7.83 (a) 畫出梁 AB 的剪力圖與彎矩圖；(b) 試求剪力與彎矩的絕對值的最大值。

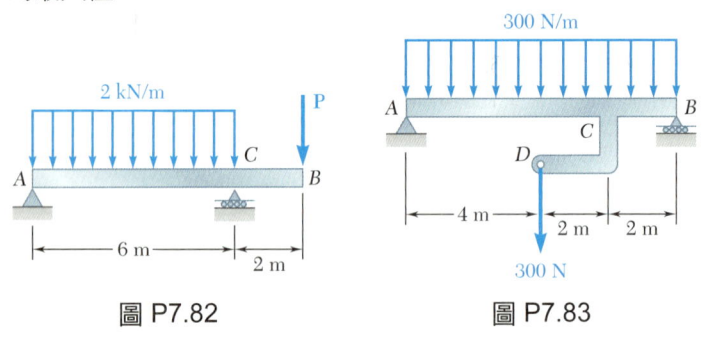

圖 P7.82

圖 P7.83

7.84 如習題 7.83，但假設作用於 D 的 300 N 的力朝上。

7.85 至 **7.87** 如附圖所示之梁與負載，(a) 寫下剪力與彎矩曲線的方程式；(b) 試求最大彎矩的大小與位置。

圖 P7.85

圖 P7.86

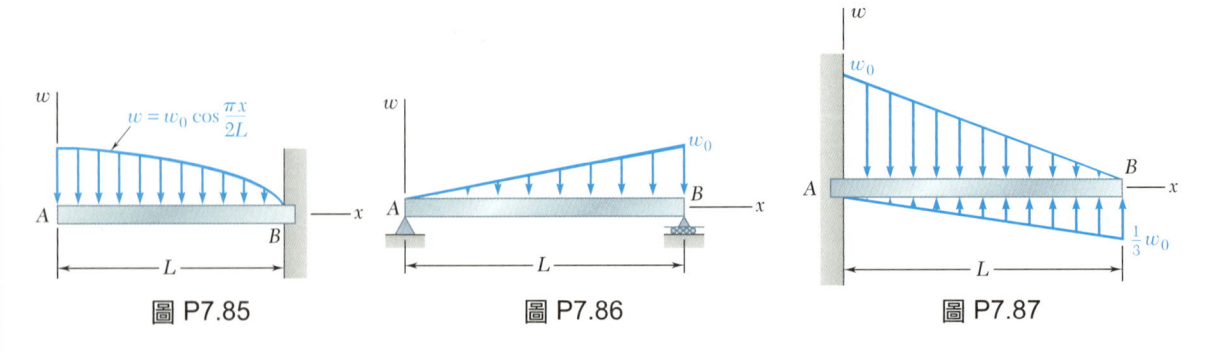

圖 P7.87

7.88 如附圖所示之梁與負載，(a) 寫下剪力與彎矩曲線的方程式；(b) 試求最大彎矩。

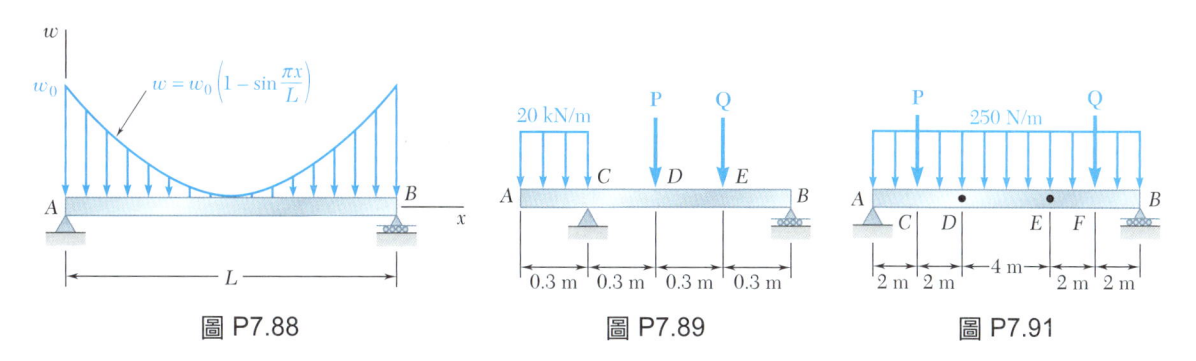

圖 P7.88

圖 P7.89

圖 P7.91

7.89 梁 AB 受一均布負載與兩未知力 P 與 Q 作用。假設已由實驗量得 D 的彎矩為 $+800\ N\cdot m$、E 的彎矩為 $+1300\ N\cdot m$，(a) 試求 P 與 Q；(b) 畫出梁的剪力圖與彎矩圖。

7.90 如習題 7.89，但假設 D 與 E 的彎矩分別為 $+650\ N\cdot m$ 與 $+1450\ N\cdot m$。

*__7.91__ 梁 AB 受一均布負載與兩未知力 P 與 Q 作用。假設已由實驗量得 D 的彎矩為 $+6.10\ kN\cdot m$、E 的彎矩為 $+5.50\ kN\cdot m$，(a) 試求 P 與 Q；(b) 畫出梁的剪力圖與彎矩圖。

*__7.92__ 如習題 7.91，但假設 D 與 E 的彎矩分別為 $+5.96\ kN\cdot m$ 與 $+6.84\ kN\cdot m$。

纜繩 (Cables)

*7.7 受集中負載的纜繩 (Cables with Concentrated Loads)

纜繩在許多工程應用都會見到，例如吊橋、輸電線、空中纜車、固定高塔的鋼索等。纜繩根據承受的負載可分為兩大類：(1) 承受集中負載的纜繩；(2) 承受分布負載的纜繩。本節將先討論第一類。

考慮兩端固定於 A 和 B 的纜繩，承受 n 個垂直集中負載 $P_1 \cdot P_2 \cdot \cdots \cdot P_n$ (圖 7.13a)。假設纜繩為撓性，即其抵抗彎曲的能力可忽略不計。進一步假設纜繩的重量和承受的負載相比很小，可忽略不計。因此，相鄰負載間的纜繩區

照片 7.3 由於與椅子和滑雪者的重量相比，纜繩本身重量可忽略不計，因此可用本節的方法求解纜繩任一點的力。

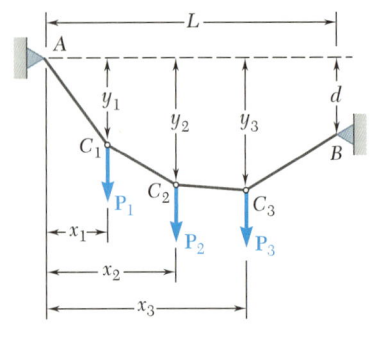

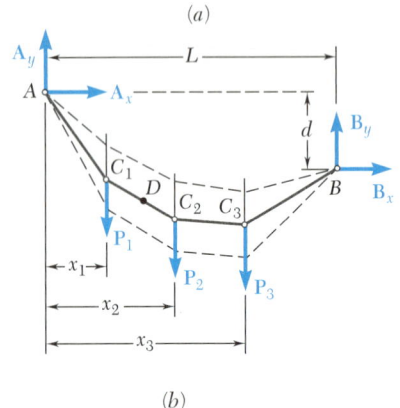

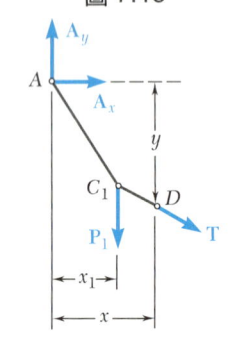

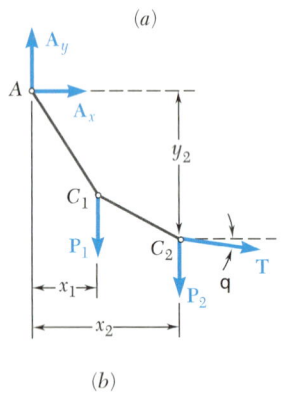

段可視為一個二力桿件，且纜繩內任一點的內力化簡成沿纜繩方向的張力。

假設所有負載皆落在已知的垂直線上，即支撐 A 到這些負載的距離為已知。也假設兩支撐間的水平和垂直距離也已知。此處要求纜繩的形狀，即支撐 A 到點 C_1、C_2、…、C_n 的垂直距離，以及纜繩每一區段的張力。

先畫出整根纜繩的自由體圖（圖 7.13b）。因為連接 A 和 B 的兩段纜繩的斜率都未知。A 和 B 的支撐反力都必須以兩個分量表示，共有四個未知數。可用的平衡方程式只有三個，不足以解出 A 和 B 的支撐力。因此必須再考慮纜繩區段的自由體圖，以找出額外的方程式。如果知道點 D 的座標 x 和 y，即可畫出 AD 區段的自由體圖（圖 7.14a），寫下 $\Sigma M_D = 0$，得到一個額外的 A_x 和 A_y 的關係式，可用來解 A 和 B 的支撐力。但如果不知道 D 的座標，則變成靜不定問題，除非題目另外給定其他 A_x 和 A_y 的關係（或 B_x 和 B_y 的關係）。纜繩的形狀可能會是圖 7.13b 中所示虛線之一。

一旦求出 A_x 和 A_y，很容易知道 A 和纜繩上任一點的垂直距離。例如考慮點 C_2，畫出 AC_2 區段的自由體圖（圖 7.14b）。寫下 $\Sigma M_{C_2} = 0$，即可求得 y_2。寫下 $\Sigma F_x = 0$ 和 $\Sigma F_y = 0$，即可求得 C_2 右方纜繩的張力 $\mathbf{T}$ 的分量。觀察可知 $T\cos\theta = -A_x$，表示繩張力的水平分量在纜繩中各點均相同。因此，張力 T 的最大值出現在 $\cos\theta$ 最小的地方，即纜繩中與水平夾角 θ 最大的區段。這區段必定和纜繩的兩個支撐之一相接。

*7.8 受分布負載的纜繩 (Cables with Distributed Loads)

考慮一連接至兩固定點 A 和 B 且承受一**分布負載**（distributed load）的纜繩（圖 7.15a）。由上節討論可知，承受集中負載的纜繩，其中任一點所受的張力必定沿纜繩區段。對受分布負載的纜繩而言，纜繩本身為曲線，在一點 D 的內力是沿著曲線切線方向的張力 $\mathbf{T}$。本節中，將學到如何求出受分布負載纜繩中任一點的張力。下節將求出兩種受特殊負載的纜繩的形狀。

考慮受一般分布負載的纜繩，畫出纜繩最低點 C 到某一點 D 的區段的自由體圖（圖 7.15b）。作用於自由體上的力有 C 的張力 $\mathbf{T}_0$（水平方向），D 的張力 $\mathbf{T}$（沿著繩的切線方向），以及繩 CD 區段承受的

負載合力 **W**。畫出對應的力三角形 (圖 7.15c)，得到以下關係：

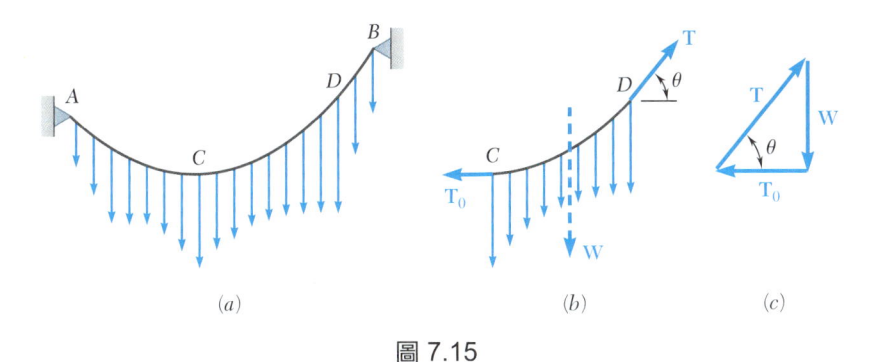

圖 7.15

$$T \cos \theta = T_0 \qquad T \sin \theta = W \qquad (7.5)$$

$$T = \sqrt{T_0^2 + W^2} \qquad \tan \theta = \frac{W}{T_0} \qquad (7.6)$$

由式 (7.5) 可知張力 **T** 的水平分量在繩內各點均相同，**T** 的垂直分量等於負載的大小 W。式 (7.6) 顯示張力 **T** 於最低點有最小值，於兩支撐點之一有最大值。

*7.9 拋物線纜繩 (Parabolic Cable)

接著考慮纜繩 AB 於水平方向承受一均勻的分布負載 (圖 7.16a)。吊橋的纜繩可視為這種負載，假設纜繩自身重量很小、可忽略不計。將每單位長度 (水平方向) 的負載標示為 w，單位為 N/m 或 lb/ft。將纜繩最低點 C 設為座標原點，纜繩 C 到 D (座標為 x 和 y) 區段承受的總負載 $W = wx$。式 (7.6) 定義 D 的張力大小和方向：

$$T = \sqrt{T_0^2 + w^2 x^2} \qquad \tan \theta = \frac{wx}{T_0} \qquad (7.7)$$

另外，D 到合力 **W** 的作用線的距離等於 C 到 D 水平距離的一半 (圖 7.16b)。對 D 的合力矩等於零，故

$$+\curvearrowleft \Sigma M_D = 0: \qquad wx\frac{x}{2} - T_0 y = 0$$

並解出 y，

$$y = \frac{wx^2}{2T_0} \qquad (7.8)$$

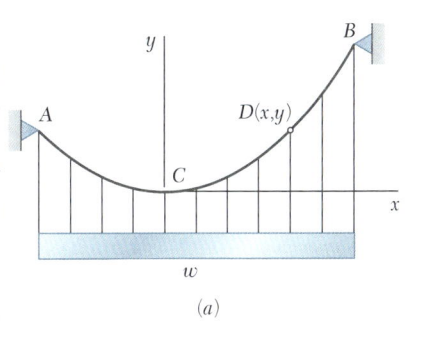

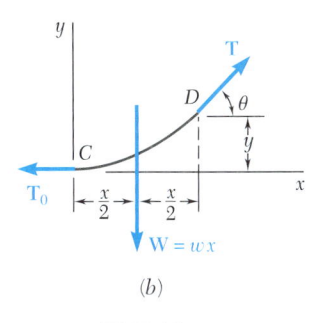

圖 7.16

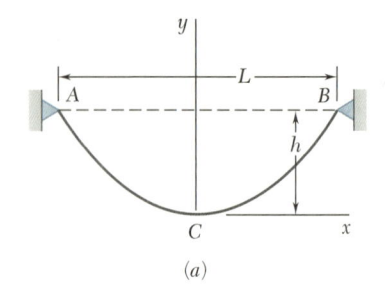

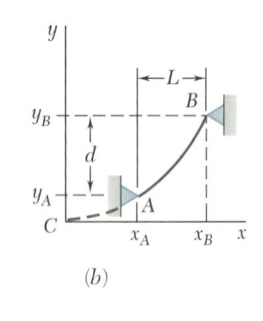

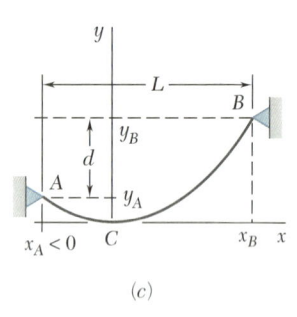

上式為頂點在座標原點的拋物線。因此纜繩受水平均布負載的形狀為拋物線。

當纜繩支撐 A 和 B 等高時，支撐的間距 L 稱為纜繩的**跨距** (span)，最低點到支撐的垂直距離稱為纜繩的**垂度** (sag) (圖 7.17a)。如果已知纜繩的跨距和垂度，且給定水平方向單位長度的負載 w，則最小張力 T_0 可藉由將 $x = L/2$ 和 $y = h$ 代入式 (7.8) 得到。式 (7.7) 可求得纜繩任一點的張力和斜率，而式 (7.8) 則定義纜繩的形狀。

當兩支撐的高度不同時，無法得知纜繩最低點的座標，因此兩支撐的座標 x_A、y_A 和 x_B、y_B 也待求。A 和 B 的座標滿足式 (7.8) 且 $x_B - x_A = L$、$y_B - y_A = d$，其中 L 和 d 分別為兩支撐的水平距離和垂直距離 (圖 7.17b 和 c)。

纜繩從最低點 C 到支撐 B 的長度可由下式得到

$$s_B = \int_0^{x_B} \sqrt{1 + \left(\frac{dy}{dx}\right)^2}\, dx \qquad (7.9)$$

將式 (7.8) 微分得到導數 $dy/dx = wx/T_0$；代入式 (7.9)，再使用二項式定理將根號項轉換成無窮級數，故

$$s_B = \int_0^{x_B} \sqrt{1 + \frac{w^2 x^2}{T_0^2}}\, dx = \int_0^{x_B} \left(1 + \frac{w^2 x^2}{2T_0^2} - \frac{w^4 x^4}{8T_0^4} + \cdots\right) dx$$

$$s_B = x_B \left(1 + \frac{w^2 x_B^2}{6T_0^2} - \frac{w^4 x_B^4}{40T_0^4} + \cdots\right)$$

再利用 $w x_B^2 / 2 T_0 = y_B$，得到

$$s_B = x_B \left[1 + \frac{2}{3}\left(\frac{y_B}{x_B}\right)^2 - \frac{2}{5}\left(\frac{y_B}{x_B}\right)^4 + \cdots\right] \qquad (7.10)$$

上式的數列在比值 y_B/x_B 小於 0.5 時會收斂。大多數情況的比值極小，因此只需計算前兩項。

範例 7.8

纜繩 AE 如附圖所示承受三個垂直負載。如點 C 在左側支撐的下方 1.5 m，試求 (a) 點 B 與 D 的高度；(b) 纜繩最大斜率與最大張力。

解

支撐反力。 反力分量 $\mathbf{A}_x$ 與 $\mathbf{A}_y$ 可求得如下：

自由體：整條纜繩

$+\curvearrowleft \Sigma M_E = 0:$
$A_x(6 \text{ m}) - A_y(18 \text{ m}) + (30 \text{ kN})(12 \text{ m}) + (60 \text{ kN})(9 \text{ m}) + (20 \text{ kN})(4.5 \text{ m}) = 0$
$$6A_x - 18A_y + 990 = 0$$

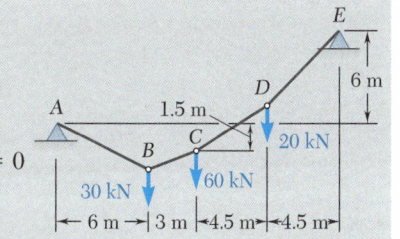

自由體：ABC

$+\curvearrowleft \Sigma M_C = 0: \quad -A_x(1.5 \text{ m}) - A_y(9 \text{ m}) + (30 \text{ kN})(3 \text{ m}) = 0$
$$-1.5A_x - 9A_y + 90 = 0$$

解聯立方程式得到
$$A_x = -90 \text{ kN} \quad \mathbf{A}_x = 90 \text{ kN} \leftarrow$$
$$A_y = +25 \text{ kN} \quad \mathbf{A}_y = 25 \text{ kN} \uparrow$$

a. 點 B 與 D 的高度。

自由體：AB。 考慮纜繩 AB 段為自由體，寫下

$+\curvearrowleft \Sigma M_B = 0: \quad (90 \text{ kN})y_B - (25 \text{ kN})(6 \text{ m}) = 0$
$$y_B = 1.67 \text{ m 在 } A \text{ 之下}$$

自由體：ABCD。 使用纜繩 ABCD 段為自由體，寫下

$+\curvearrowleft \Sigma M_D = 0:$
$-(90 \text{ kN})y_D - (25 \text{ kN})(13.5 \text{ m}) + (30 \text{ kN})(7.5 \text{ m})$
$+ (60 \text{ kN})(4.5 \text{ m}) = 0$

$$y_D = 1.75 \text{ m 在 } A \text{ 之上}$$

b. 最大斜率與最大張力。 觀察可知，最大斜率出現在 DE 段。
由於張力的水平分量為常數，其值等於 90 kN，故

$$\tan \theta = \frac{4.25 \text{ m}}{4.5 \text{ m}} \qquad \theta = 43.4°$$

$$T_{\max} = \frac{90 \text{ kN}}{\cos \theta} \qquad T_{\max} = 123.9 \text{ kN}$$

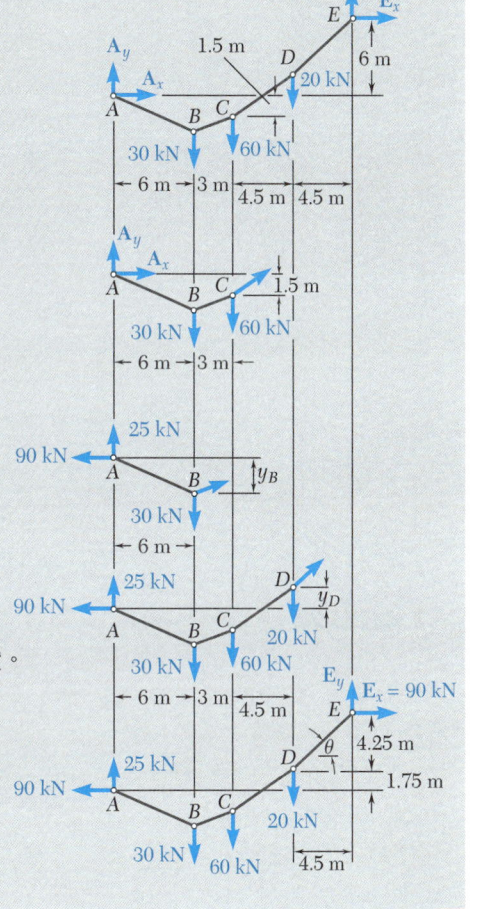

範例 7.9

一輕纜繩一端連接到支撐 A，另一端通過 B 的小滑輪，並支撐負載 P。已知纜繩的垂度為 0.5 m，且纜繩的單位質量為 0.75 kg/m，試求 (a) 負載 P 的大小；(b) 纜繩於 B 的斜率；(c) A 與 B 之間的纜繩長度。由於垂度與跨度的比值很小，可假設纜繩為拋物線。不考慮纜

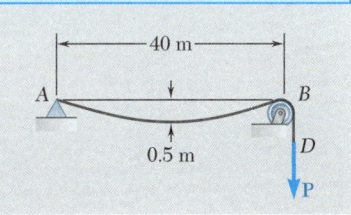

繩 BD 段的重量。

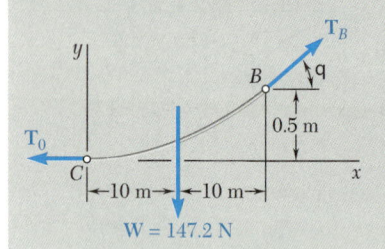

解

a. **負載 P**。以 C 標示纜繩的最低點，畫出纜繩 CB 段的自由體圖。假設負載沿水平線均勻分布，寫下

$$w = (0.75 \text{ kg/m})(9.81 \text{ m/s}^2) = 7.36 \text{ N/m}$$

纜繩 CB 段的總負載為

$$W = wx_B = (7.36 \text{ N/m})(20 \text{ m}) = 147.2 \text{ N}$$

且作用於 C 與 B 的中點。計算對 B 的力矩和，寫下

$$+\curvearrowleft \Sigma M_B = 0: \quad (147.2 \text{ N})(10 \text{ m}) - T_0(0.5 \text{ m}) = 0 \quad T_0 = 2944 \text{ N}$$

由力三角可得

$$T_B = \sqrt{T_0^2 + W^2}$$
$$= \sqrt{(2944 \text{ N})^2 + (147.2 \text{ N})^2} = 2948 \text{ N}$$

由於滑輪兩端的張力相等，故

$$P = T_B = 2948 \text{ N}$$

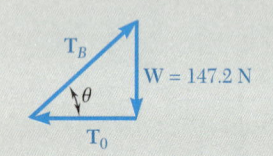

b. **纜繩於 B 的斜率**。由力三角可得

$$\tan\theta = \frac{W}{T_0} = \frac{147.2 \text{ N}}{2944 \text{ N}} = 0.05$$

$$\theta = 2.9°$$

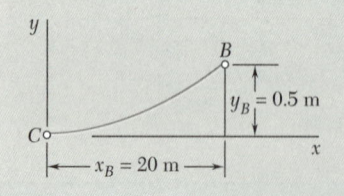

c. **纜繩長度**。利用式 (7.10) 於 CB 段，寫下

$$s_B = x_B\left[1 + \frac{2}{3}\left(\frac{y_B}{x_B}\right)^2 + \cdots\right]$$
$$= (20 \text{ m})\left[1 + \frac{2}{3}\left(\frac{0.5 \text{ m}}{20 \text{ m}}\right)^2 + \cdots\right] = 20.00833 \text{ m}$$

AB 段長度為此值的兩倍，即

$$長度 = 2s_B = 40.02 \text{ m}$$

本節的習題將使用平衡方程式解懸掛於垂直平面的纜繩問題。假設纜繩無法抵抗彎曲，因此繩張力永遠沿繩方向作用。

A. 本節第一部分考慮受集中負載的纜繩。因為繩本身的重量忽略不計，纜繩兩相鄰負載區段為直線。

請依以下步驟解題：

1. 畫出整根纜繩的自由體圖，標示負載、支撐力的垂直和水平分量。寫下對應的平衡方程式。
2. 步驟 1 得到四個未知分量與三個平衡方程式 (圖 7.13)。因此需要一個額外條件，例如纜繩中一點的位置，或者是某一點的斜率。
3. 於纜繩上標出可提供額外資訊的點後，將纜繩自該點切開成兩區段，畫出其中一區段的自由體圖。
   a. 如果知道該點的位置，寫下自由體上的力對該點的力矩，得到新的方程式 $\Sigma M = 0$。如此一來，即可解出支撐的四個未知分量 [範例 7.8]。
   b. 如果知道切開區段的斜率，寫下自由體上所有力的平衡方程式 $\Sigma F_x = 0$ 和 $\Sigma F_y = 0$。加上原本的三個方程式，即可解出四個支撐力分量和纜繩切開處的繩張力。
4. 求纜繩某給定點的高度和該點的張力的方法：在求出支撐力後，從該點將纜繩切開成兩段，對其中一段畫出自由體圖，對該點寫下 $\Sigma M = 0$，即可得到高度。寫下 $\Sigma F_x = 0$ 和 $\Sigma F_y = 0$ 求得張力的分量，以及張力的大小和方向。
5. 對僅受垂直負載的纜繩，觀察可知纜繩所有點張力的水平分量都相等。因此，最大張力發生在纜繩斜率絕對值最大的區段。

B. 本節後半部考慮水平方向承受均布負載的纜繩，其形狀是拋物線。

請依以下步驟解題：

1. 將座標原點設在纜繩最低點，x 軸和 y 軸分別朝右及朝上。拋物線表示式為

$$y = \frac{wx^2}{2T_0} \tag{7.8}$$

繩張力最小值出現在原點，繩在原點為水平；最大張力出現在連接支撐處，此處斜率最大。

2. 如果纜繩的兩支撐高度相同，繩的垂度 h 為繩最低點至兩支撐連線的垂直距離。求解這類拋物線問題，應對兩支撐之一寫下式 (7.8)；利用此式解出一個未知數。
3. 如果纜繩的兩支撐高度不同，必須對兩支撐寫下式 (7.8) (圖 7.17)。
4. 可利用式 (7.10) 求纜繩最低點到其中一個支撐的繩長。大多數情況利用前兩項即可得到夠準確的值。

習 題

7.93 纜繩 $ABCDE$ 如附圖所示承受三個垂直負載。已知 $d_C = 3$ m，試求 (a) E 的反力分量；(b) 纜繩最大張力。

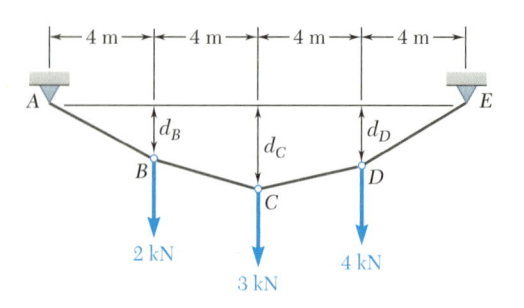

圖 P7.93 與 P7.94

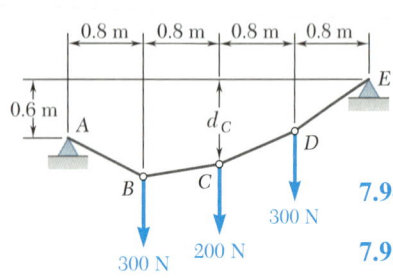

圖 P7.95 與 P7.96

7.94 已知纜繩 $ABCDE$ 最大張力為 13 kN，試求距離 d_C。

7.95 若 $d_C = 0.8$ m，試求 (a) A 的反力；(b) E 的反力。

7.96 若 $d_C = 0.45$ m，試求 (a) A 的反力；(b) E 的反力。

7.97 若 $d_C = 3$ m，試求 (a) 距離 d_B 與 d_D；(b) E 的反力。

7.98 試求 (a) 使纜繩 DE 段為水平的距離 d_C；(b) 此時的 A 與 E 的反力。

7.99 一油管由多條間隔均為 1.8 m 的纜繩支撐。由於承受油管與內容物的重量，每條纜繩的張力為 2 kN。已知 $d_C = 3.6$ m，試求 (a) 纜繩最大張力；(b) 距離 d_D。

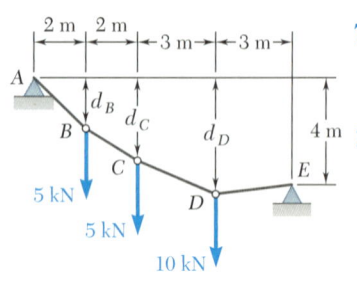

圖 P7.97 與 P7.98

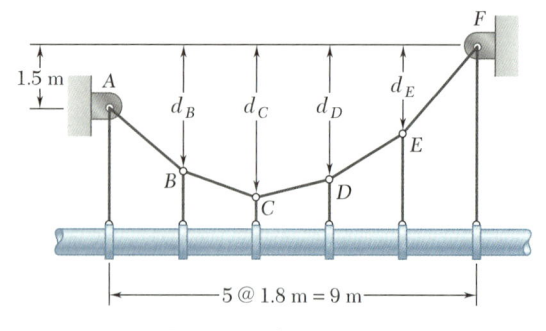

圖 P7.99 與 P7.100

7.100 如習題 7.99，但假設 $d_C = 2.7$ m。

7.101 已知 $m_B = 70$ kg、$m_C = 25$ kg，試求保持平衡所需的力 **P** 的大小。

7.102 已知 $m_B = 18$ kg、$m_C = 10$ kg，試求保持平衡所需的力 **P** 的大小。

7.103 一力 **P** 作用於 B，另有一重物懸吊於 C 使纜繩 $ABCD$ 保持附圖所示的位置。已知力 **P** 的大小為 1.32 kN，試求 (a) A 的反力；(b) 所需方塊的質量 m；(c) 纜繩各區段的張力。

7.104 一力 **P** 作用於 B，另有一重物懸吊於 C 使纜繩 $ABCD$ 保持附圖所示的位置。已知重物質量為 150 kg，試求 (a) D 的反力；(b) 所需力 **P**；(c) 纜繩各區段的張力。

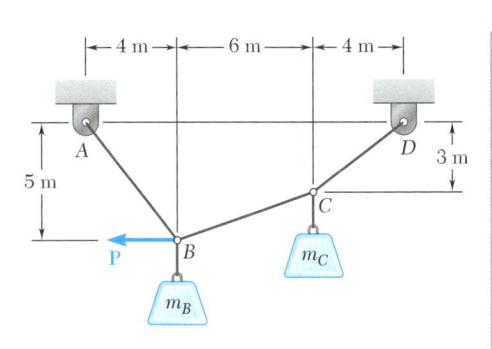

圖 P7.101 與 P7.102

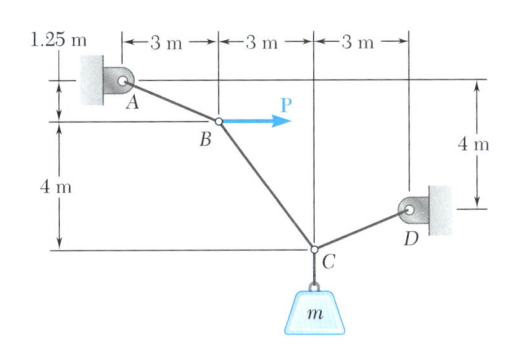

圖 P7.103 與 P7.104

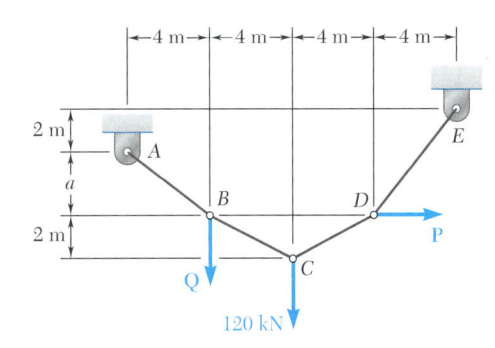

圖 P7.105 與 P7.106

7.105 若 $a = 3$ m，試求使纜繩保持附圖所示形狀所需的 **P** 與 **Q** 的大小。

7.106 若 $a = 4$ m，試求使纜繩保持附圖所示形狀所需的 **P** 與 **Q** 的大小。

7.107 一傳輸線單位長度質量為 0.8 kg/m 懸吊於兩絕緣體之間，兩絕緣體高度相同、相距 75 m。已知傳輸線的垂度為 2 m，試求 (a) 傳輸線最大張力；(b) 傳輸線長度。

7.108 纜繩 ACB 的總質量為 20 kg。假設纜繩質量沿水平線均勻分布，試求 (a) 垂度 h；(b) 纜繩在點 A 的斜率。

7.109 韋拉札諾海峽大橋 (Verrazano-Narrows Bridge) 的中心跨度區段 (center span) 有兩個由四條纜繩支撐的均勻鐵道。每條纜繩承受的負載為 $w = 180$ kN/m，沿水平線均勻分布。已知跨度 L 為

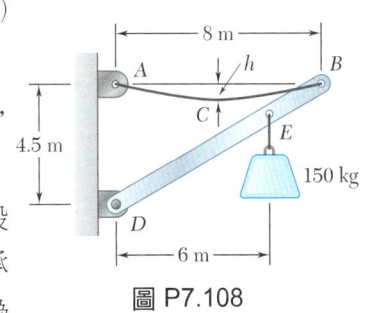

圖 P7.108

1278 m、垂度 $h = 117$ m，試求 (a) 每條纜繩最大張力；(b) 每條纜繩的長度。

7.110 韋拉札諾海峽大橋的中心跨度區段有兩個由四條纜繩支撐的均勻鐵道。橋梁設計使中心區段的垂度由冬天的 $h_w = 116$ m 變到夏天的 $h_s = 118$ m。已知跨度 L 為 1278 m，試求季節改變造成纜繩長度的變化。

7.111 金門大橋 (Golden Gate Bridge) 每條纜繩支撐一沿水平線均勻分布的負載 $w = 170$ kN/m。已知跨度 L 為 1245 m、垂度 $h = 139$ m，試求 (a) 每條纜繩最大張力；(b) 每條纜繩的長度。

7.112 兩纜繩連接到 B 的電塔，由於塔很細長，纜繩施加於 B 的合力的水平分量要等於零。已知纜繩單位長度的質量為 0.4 kg/m，試求 (a) 所需垂度 h；(b) 每條纜繩最大張力。

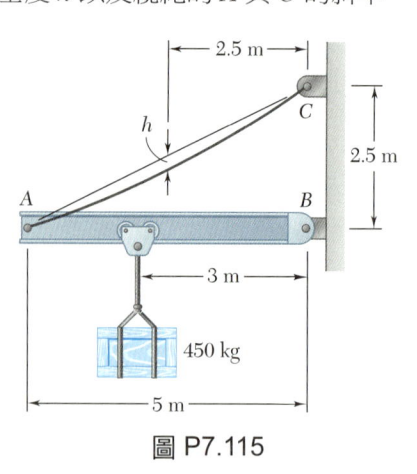

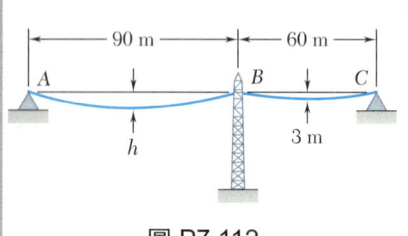

圖 P7.112

7.113 一長度為 50.5 m、單位長度質量為 0.75 kg/m 的繩，連接於相距 50 m 的兩點。試求 (a) 繩的垂度近似值；(b) 繩最大張力。[提示：使用式 (7.10) 的前兩項即可。]

7.114 一長度為 $L + \Delta$ 的纜繩連接於相同高度、相距 L 的兩點。(a) 假設 Δ 很小，且纜繩為拋物線，試以 L 與 Δ 表示垂度近似值；(b) 若 $L = 30$ m、$\Delta = 1.2$ m，試求垂度近似值。[提示：使用式 (7.10) 的前兩項即可。]

7.115 纜繩 AC 的總質量為 25 kg。假設纜繩質量沿水平線均勻分布，試求垂度 h 以及纜繩的 A 與 C 的斜率。

圖 P7.115

7.116 纜繩 ACB 承受沿水平線均勻分布的負載。最低點 C 在點 A 右方 9 m 處，試求 (a) 垂直距離 a；(b) 纜繩長度；(c) A 的反力分量。

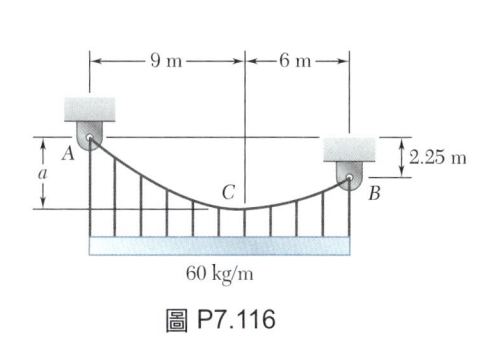

圖 P7.116

圖 P7.117

7.117 金門大橋的側邊區段承受沿水平線均勻分布的負載 $w = 136$ kN/m。已知每條纜繩到直線 AB 的最大垂直距離 h 為 9 m，且位於跨度中點，試求 (a) 纜繩最大張力；(b) B 的斜率。

7.118 一重為 700 N/m 的蒸汽管，連接於相距 12 m 的兩建築物之間，蒸汽管由一纜繩系統支撐。假設纜繩系統的重量等效於 75 N/m 的均布負載，試求 (a) 纜繩最低點 C 的位置；(b) 纜繩最大張力。

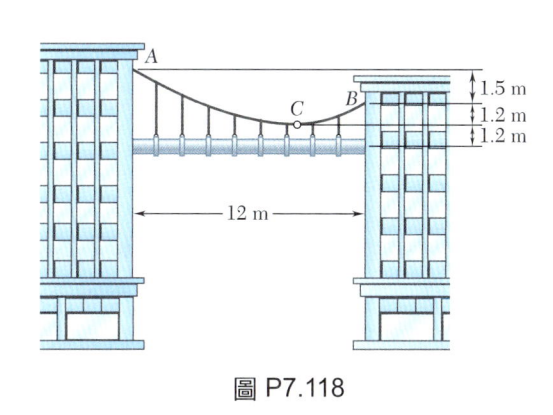

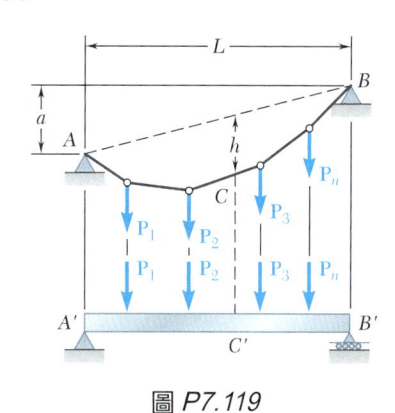

圖 P7.118

圖 *P7.119*

*7.119 一跨度為 L 的纜繩 AB，與一相同跨度的簡支梁 $A'B'$，受相同的垂直負載。證明梁點 C' 的彎矩大小等於 $T_0 h$，其中 T_0 為纜繩張力的水平分量、h 為點 C 與 AB 連線的垂直距離。

7.120 至 **7.123** 利用習題 7.119 建立的性質求解下列問題。

　　7.120 習題 7.94。

　　7.121 習題 7.97a。

7.122 習題 7.99b。

7.123 習題 7.100b。

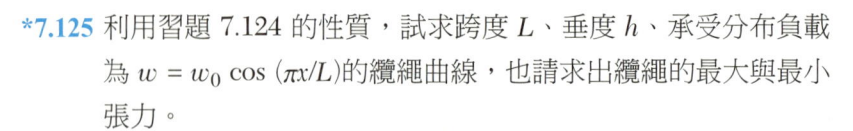

*7.124 證明一承受分布負載 $w(x)$ 的纜繩曲線可由以下微分方程式定義：$d^2y/dx^2 = w(x)/T_0$，其中 T_0 為最低點的張力。

*7.125 利用習題 7.124 的性質，試求跨度 L、垂度 h、承受分布負載為 $w = w_0 \cos(\pi x/L)$ 的纜繩曲線，也請求出纜繩的最大與最小張力。

*7.126 若纜繩 AB 的單位長度重量為 $w_0/\cos^2 \theta$，證明纜繩曲線為一圓弧。(提示：利用習題 7.124 的性質。)

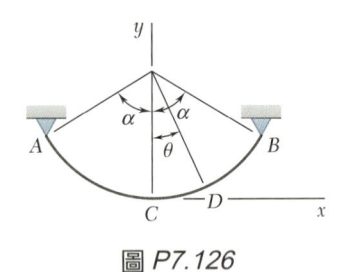

圖 P7.126

*7.10　懸鏈線纜繩 (Catenary)

接著考慮纜繩 AB，承受沿纜繩本身的均布負載 (圖 7.18a)。受自身重量懸掛的纜繩即屬於此類。將每單位長度 (沿繩方向) 的負載標示為 w，單位為 N/m。纜繩最低點 C 到某一點 D 的區段長度為 s，承受總負載大小 $W = ws$。將其代入式 (7.6)，得到 D 的張力：

$$T = \sqrt{T_0^2 + w^2 s^2}$$

接著引入常數 $c = T_0/w$ 以簡化計算，故

$$T_0 = wc \qquad W = ws \qquad T = w\sqrt{c^2 + s^2} \tag{7.11}$$

纜繩 CD 區段的自由體圖如圖 7.18b 所示。但由於 D 和負載合力 W 的作用線的距離未知，因此無法直接由自由體圖得到曲線的方程式。為求曲線方程式，先寫下長度為 ds 的一小段纜繩於水平方向的投影為 $dx = ds \cos \theta$。由圖 7.18c 得知 $\cos \theta = T_0/T$ 代入式 (7.11)，得到

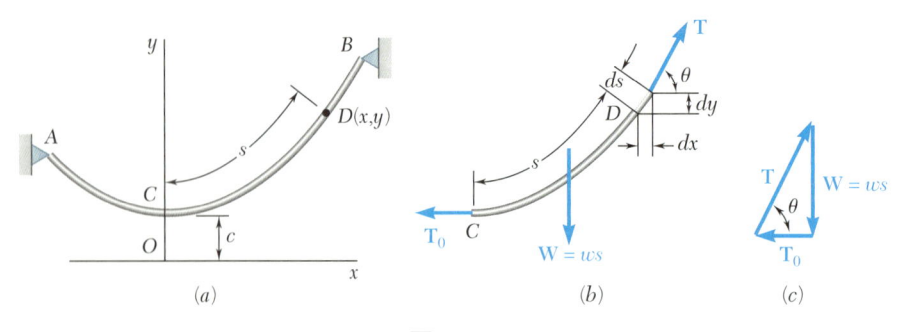

圖 7.18

$$dx = ds\cos\theta = \frac{T_0}{T}ds = \frac{wc\,ds}{w\sqrt{c^2+s^2}} = \frac{ds}{\sqrt{1+s^2/c^2}}$$

將座標原點 O 設在 C 的正下方距離 C 為 c 的點 (圖 7.18a)。從 $C(0, c)$ 積分至 $D(x, y)$ 得到

$$x = \int_0^s \frac{ds}{\sqrt{1+s^2/c^2}} = c\left[\sinh^{-1}\frac{s}{c}\right]_0^s = c\sinh^{-1}\frac{s}{c}$$

上式表示纜繩 CD 區段的長度 s 和水平距離 x 的關係，可改寫如下

$$s = c\sinh\frac{x}{c} \tag{7.15}$$

欲得到座標 x 和 y 的關係，可利用 $dy = dx\tan\theta$、$\tan\theta = W/T_0$ (圖 7.18c)，以及式 (7.11) 和 (7.15)，故

$$dy = dx\tan\theta = \frac{W}{T_0}dx = \frac{s}{c}dx = \sinh\frac{x}{c}dx$$

從 $C(0, c)$ 積分至 $D(x, y)$，並利用式 (7.12) 和 (7.13) 得到

$$y - c = \int_0^x \sinh\frac{x}{c}dx = c\left[\cosh\frac{x}{c}\right]_0^x = c\left(\cosh\frac{x}{c} - 1\right)$$

$$y - c = c\cosh\frac{x}{c} - c$$

可化簡為

$$y = c\cosh\frac{x}{c} \tag{7.16}$$

上式為懸鏈線的表達式。最低點 C 的座標值 c 稱為懸鏈線的參數。將式 (7.15) 和 (7.16) 等號兩邊平方後相減，並考慮式 (7.14)，可得 y 和 s 的關係如下：

$$y^2 - s^2 = c^2 \tag{7.17}$$

將式 (7.17) 得到的 s^2 代入式 (7.11)，故

$$T_0 = wc \qquad W = ws \qquad T = wy \tag{7.18}$$

上式最後一個等式表示纜繩的任一點 D 的張力與 D 到 x 軸的垂直距離成正比。

當纜繩的支撐 A 和 B 高度相同時，兩支撐的間距 L 稱為纜繩的**跨距**，支撐到最低點 C 的距離 h 稱為纜繩的**垂度**。此處的定義和前面介紹的拋物線相同。但須注意的是由於座標軸不同，這裡的垂度 h 為

$$h = y_A - c \tag{7.19}$$

有些懸鏈線問題涉及超越方程式 (transcendental equations)，必須以疊代求近似解 (範例 7.10)。但當纜繩很緊時，可將負載視為沿水平方向均勻分布，因此可簡化成拋物線。如此一來即可大幅簡化計算，誤差也不致太大。

當兩支撐 A 和 B 高度不同時，纜繩最低點的位置未知。可利用類似前面所介紹的拋物線的方法求解。纜繩必定通過兩支撐，且 $x_B - x_A = L$ 和 $y_B - y_A = d$，其中 L 和 d 分別為兩支撐的水平和垂直距離。

範例 7.10

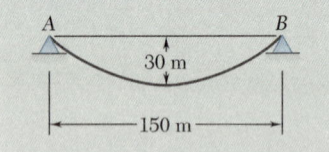

一重 50 N/m 的均勻纜繩懸吊於兩點 A 與 B 之間。試求 (a) 纜繩的最大與最小張力；(b) 纜繩長度。

解

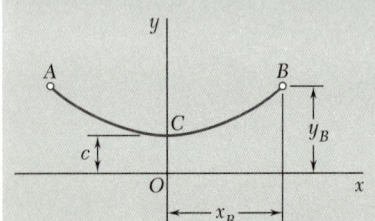

纜繩方程式。令座標原點於纜繩最低點 C 的下方距離 c 處。纜繩方程式由式 (7.16) 所示，

$$y = c \cosh \frac{x}{c}$$

點 B 座標為

$$x_B = 75 \text{ m} \qquad y_B = 30 + c$$

將座標代入纜繩方程式，可得

$$30 + c = c \cosh \frac{75}{c}$$

$$\frac{30}{c} + 1 = \cosh \frac{75}{c}$$

以試誤法求出 c 值，如下表：

c	$\dfrac{75}{c}$	$\dfrac{30}{c}$	$\dfrac{30}{c}+1$	$\cosh\dfrac{75}{c}$
90	0.833	0.333	1.333	1.367
105	0.714	0.286	1.286	1.266
99	0.758	0.303	1.303	1.301
98.4	0.762	0.305	1.305	1.305

取 $c = 98.4$，可得

$$y_B = 30 + c = 128.4 \text{ m}$$

a. **纜繩的最大與最小張力**。利用式 (7.18)，可得

$$T_{\min} = T_0 = wc = (50 \text{ N/m})(98.4 \text{ m}) \qquad T_{\min} = 4920 \text{ N}$$
$$T_{\max} = T_B = wy_B = (50 \text{ N/m})(128.4 \text{ m}) \qquad T_{\max} = 6420 \text{ N}$$

b. **纜繩長度**。纜繩的一半長度可利用式 (7.17) 求得：

$$y_B^2 - s_{CB}^2 = c^2 \qquad s_{CB}^2 = y_B^2 - c^2 = (128.4)^2 - (98.4)^2 \qquad s_{CB} = 82.5 \text{ m}$$

因此纜繩總長度為

$$s_{AB} = 2s_{CB} = 2(82.5 \text{ m}) \qquad s_{AB} = 165 \text{ m}$$

重點提示

本章最後部分學到承受沿繩方向均布負載的纜繩問題。纜繩的形狀為懸鏈線，定義如下：

$$y = c\cosh\dfrac{x}{c} \tag{7.16}$$

1. 要記住懸鏈線的座標原點位於懸鏈線最低點的正下方，距離為 c 處。最低點至任一點的繩長如下

$$s = c\sinh\dfrac{x}{c} \tag{7.15}$$

2. 應先標示出所有已知與未知數。再考慮文中所列的式子 [式 (7.15) 到 (7.19)]。解出只有一個未知數的式子。將求出的值代入其他式子以求出其他未知數。

3. 如果已知垂度 h，利用式 (7.19) 將式 (7.16) 的 y 以 $h + c$ 取代，求解方程式以得到常數 c [範例 7.10]；如果已知垂度 h 和 s，則要用式 (7.17)。

4. 許多涉及雙曲正弦或雙曲餘弦問題只能用試誤法 (trial and error) 求解。可將計算過程列成一個簡表，如範例 7.10。或者使用電腦或計算機的數值方法。

習 題

7.127 一長 20 m、重 12 kg 的鐵鍊懸吊於高度相同的兩支撐之間。已知垂度為 8 m，試求 (a) 兩支撐距離；(b) 鐵鍊的最大張力。

7.128 一長 180 m、單位長度重量為 50 N/m 的纜車纜繩，懸吊於高度相同的兩支撐之間。已知垂度為 45 m，試求 (a) 兩支撐的水平距離；(b) 鐵鍊的最大張力。

7.129 一長 40 m 的纜繩懸吊於兩建築物之間。已知最大張力為 350 N、纜繩最低點在地面上方 6 m 處，試求 (a) 兩建築物的水平距離；(b) 纜繩總質量。

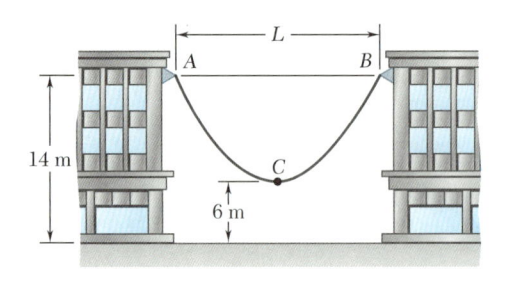

圖 P7.129

7.130 一長 60 m、重 20 N 的鋼材測量捲尺懸吊於高度相同的兩點之間。已知兩端張力為 80 N，試求兩端的水平距離。不考慮捲尺受張力的拉伸效果。

7.131 一長 20 m、單位長度質量為 0.2 kg/m 的繩，一端固定於 A，另一端連接到軸環 B。不考慮摩擦，試求 (a) $h = 8$ m 時的力 **P**；(b) 此時的跨度 L。

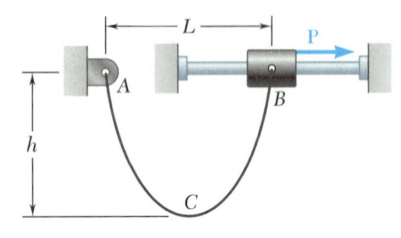

圖 P7.131、P7.132 與 P7.133

7.132 一長 20 m、單位長度質量為 0.2 kg/m 的繩，一端固定於 A，另一端連接到軸環 B。已知作用於軸環 B 的水平力大小為 $P = 20$ N，試求 (a) 垂度 h；(b) 跨度 L。

7.133 一長 20 m、單位長度質量為 0.2 kg/m 的繩，一端固定於 A，另一端連接到軸環 B。不考慮摩擦，試求 (a) $L = 15$ m 時的垂度 h；(b) 此時的力 **P**。

7.134 一長 30 m 的鐵鍊懸吊於高度相同、相距 20 m 的兩點之間。試求其垂度。

7.135 一長 10 m 的繩連接到兩支撐 A 與 B。試求 (a) 繩跨度等於垂度時的跨度；(b) 此時的角度 θ_B。

7.136 一長 90 m 的繩懸吊於高度相同、相距 60 m 的兩點之間。已知最大張力為 300 N，試求 (a) 繩的垂度；(b) 繩的總質量。

7.137 一單位長度重量為 2 N/m 的纜繩懸吊於高度相同、相距 160 m 的兩點之間。若繩最大張力不可超過 400 N，試求可容許垂度的最小值。

7.138 一長 50 cm 的均勻繩，一端固定於 A，另一端通過滑輪 B。已知 $L = 20$ cm，不考慮摩擦，試求使繩平衡的兩個垂度 h 的較小值。

圖 P7.135

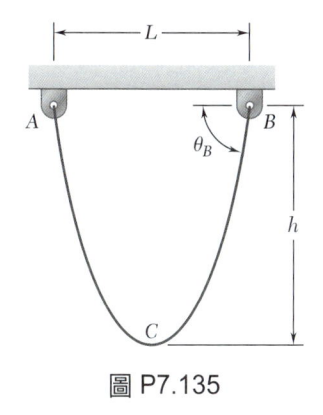

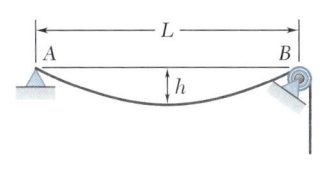

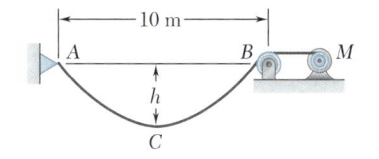

圖 P7.138

圖 P7.139 與 P7.140

7.139 一馬達 M 可用來慢慢的拉動纜繩。已知纜繩單位長度的質量為 0.4 kg/m，試求當 $h = 5$ m 時的最大張力。

7.140 一馬達 M 可用來慢慢的拉動纜繩。已知纜繩單位長度的質量為 0.4 kg/m，試求當 $h = 3$ m 時的最大張力。

7.141 纜繩 ACB 的單位長度質量為 0.45 kg/m。已知繩最低點位於支撐 A 的下方距離 $a = 0.6$ m 處，試求 (a) 最低點 C 的位置；(b) 繩的最大張力。

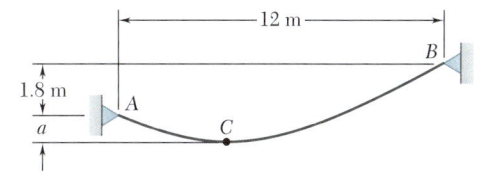

圖 P7.141 與 P7.142

7.142 纜繩 ACB 的單位長度質量為 0.45 kg/m。已知繩最低點位於支撐 A 的下方距離 $a = 2$ m 處，試求 (a) 最低點 C 的位置；(b) 繩的最大張力。

7.143 一重 3 N/m 的均勻纜繩的一端 B 受一水平力 $\mathbf{P}$ 作用。已知 $P = 180$ N、$\theta_A = 60°$，試求 (a) 點 B 的位置；(b) 繩的長度。

7.144 一重 3 N/m 的均勻纜繩的一端 B 受一水平力 $\mathbf{P}$ 作用。已知 $P = 150$ N、$\theta_A = 60°$，試求 (a) 點 B 的位置；(b) 繩的長度。

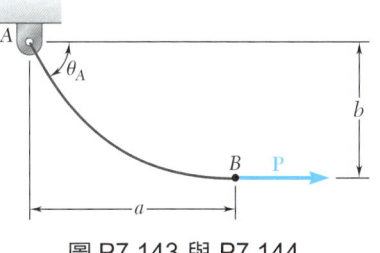

圖 P7.143 與 P7.144

7.145 一長纜繩 $ABDE$ 如附圖所示，繩點 B 以左放在粗糙的水平表面。已知單位長度質量為 2 kg/m，試求當 $a = 3.6$ m 時的力 $\mathbf{F}$。

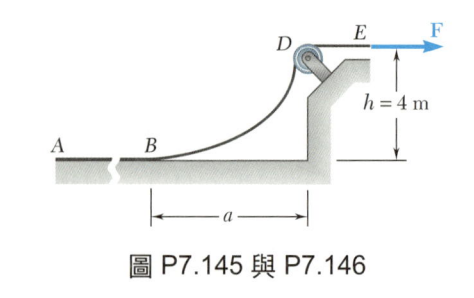

圖 P7.145 與 P7.146

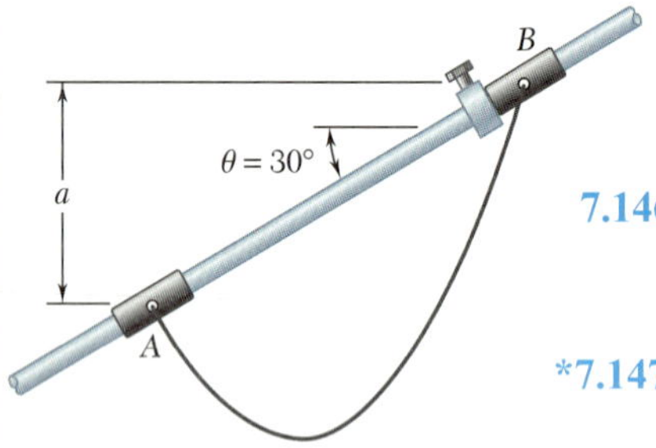

7.146 一長纜繩 ABDE 如附圖所示，繩點 B 以左放在粗糙的水平表面。已知單位長度質量為 2 kg/m，試求當 $a = 6$ m 時的力 **F**。

*7.147 一長 10 m 的纜繩 AB 連接到兩個軸環。軸環 A 可在桿件上自由滑動；軸環 B 則受限，無法於桿件上移動。不考慮摩擦與軸環重量，試求距離 a。

圖 P7.147

*7.148 如習題 7.147，但假設桿件與水平線的夾角為 45°。

7.149 令均勻纜繩與水平線的夾角為 θ，證明任一點滿足 (a) $s = c \tan \theta$；(b) $y = c \sec \theta$。

*7.150 (a) 某單位長度重量為 w 的均質纜繩，若其張力不可超過一給定值 T_m，試求可容許之最大跨度；(b) 利用 a 小題的結果，試求當 $w = 4$ N/m、$T_m = 8$ kN 時繩的最大跨度。

*7.151 一纜繩單位長度質量為 3 kg/m，受支撐如附圖所示。已知跨度 L 為 6 m，試求當最大張力為 350 N 時的兩個可能的垂度 h。

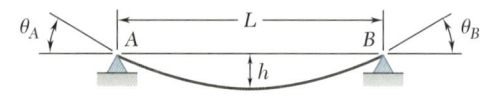

圖 P7.151、P7.152 與 P7.153

*7.152 當纜繩 AB 的最大張力等於纜繩總重時，試求其垂度與跨度的比值。

*7.153 一單位長度重量為 w 的纜繩，懸吊於高度相同、相距 L 的兩點之間。試求 (a) 當最大張力最小時的垂度與跨度的比值；(b) 此時的 θ_B 與 T_m。

複習與摘要

本章學到如何求解結構中的二力桿件、多力桿件、梁及纜繩的內力。

■ **直二力桿件的內力** (Forces in straight two-force members)：

首先考慮**直二力桿件** AB [第 7.2 節]，點 A 與 B 分別受到一大小相等、指向相反的力 $\mathbf{F}$ 與 $-\mathbf{F}$ 作用，力的作用線沿著 AB (圖 7.19a)。如果將桿件 AB 從點 C 切開、畫出 AC 段的自由體圖，可知點 C 的內力等效於一軸向力 $-\mathbf{F}$，其大小和 $\mathbf{F}$ 相同但方向相反 (圖 7.19b)。請注意若桿件形狀不是長直，則其內力一般可化簡成一個力—力偶系，而不只有單一力。

■ **多力桿件的內力** (Forces in multiforce members)：

接著考慮一**多力桿件** AD (圖 7.20a)，將桿件從點 J 切開、畫出 JD 段的自由體圖，可知點 J 的內力等效於一力—力偶系，包含了**軸向力** $\mathbf{F}$、**剪力** $\mathbf{V}$ 和**力偶** $\mathbf{M}$ (圖 7.20b)。力偶 $\mathbf{M}$ 為點 J 所受之彎矩。若以 AJ 段為自由體圖亦可求得點 J 的等效力—力偶系，其大小和由 JD 段求得的值相同，但指向相反。因此，當寫下某點的內力時必須同時標示對應的桿件 AD 區段 [範例 7.1]。

圖 7.20

■ **梁的內力** (Forces in beams)：

本章大部分內容在探討**梁** (beams) 和**纜繩** (cables) 這兩種重要工程結構的內力分析。梁通常為固定截面的長直桿件，多用來支撐作用於桿件上的負載。負載通常垂直於梁的軸向，對梁造成**剪切** (shear) 及**彎曲** (bending) 的效果。負載可為作用在某些特定點的**集中力** (concentrated loads) 或是作用在整根梁或部分區段的**分布力** (distributed loads)。梁有多種不同的支撐型態，本書只討論**靜定梁** (statically determinate beams) 問題，因此只介紹**簡支梁** (simply supported beams)、**外伸梁** (overhanging beams) 和**懸臂梁** (cantilever beams) 三種 [第 7.3 節]。

■ **梁的剪力與彎矩** (Shear and bending moment in a beam)：

計算梁中某點 C 的**剪力** $\mathbf{V}$ 和**彎矩** $\mathbf{M}$ 時，通常先以整根梁作為自由體，求出支撐的反力。接著通過點 C 將梁切成兩段，畫出其中一段的自由體圖，由力平衡可求出 V 和 M。因兩區段求得的剪力 $\mathbf{V}$ 和力偶 $\mathbf{M}$ 的指向相反，為避免困擾，這裡採用如圖 7.21 所示之**正負號慣例** (sign convention) [第 7.4 節]。

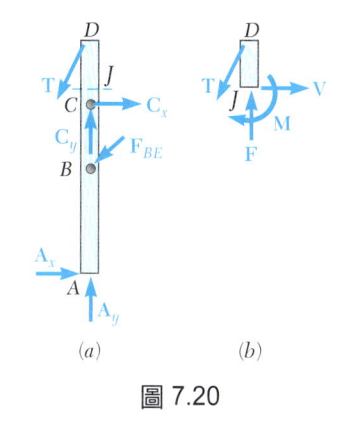

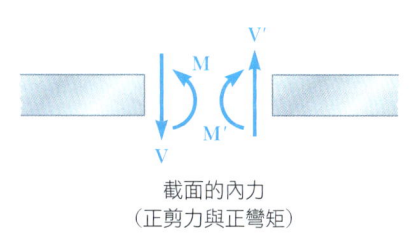

截面的內力
(正剪力與正彎矩)

圖 7.21

如果已知梁上若干點的剪力與彎矩，通常可畫出整根梁的**剪力圖** (shear diagram) 與**彎矩圖** (bending-moment diagram) [第 7.5 節]。由此可得梁上任一點的剪力與彎矩。若梁上只受集中負載，則任兩負載點間的剪力不變、彎矩線性變大或變小 [範例 7.2]。若梁上受分布負載，則剪力與彎矩沿軸向的變化較為複雜 [範例 7.3]。

■ **負載、剪力與彎矩的關係** (Relations among load, shear, and bending moment)：

我們可以利用負載、剪力和彎矩之間的特定關係描繪剪力與彎矩圖。假設每單位長度的分布負載為 w (向下為正)，我們有 [第 7.5 節]：

$$\frac{dV}{dx} = -w \tag{7.1}$$

$$\frac{dM}{dx} = V \tag{7.3}$$

或者寫成積分形式：

$$V_D - V_C = -\,(C \text{、} D \text{ 兩點之間負載曲線下的面積}) \tag{7.2$'$}$$

$$M_D - M_C = C \text{、} D \text{ 兩點之間負載曲線的面積} \tag{7.4$'$}$$

利用式 (7.2$'$)，可以由梁上的分布負載曲線積分及梁端點的剪力積分得到剪力圖。依此類推，根據式 (7.4$'$)，可以由剪力圖及梁端點的彎矩積分得到彎矩圖。然而，若梁上受到集中力，則剪力在受力點處會不連續；若受到集中力偶，則彎矩在受力點處不連續。上面幾個式子無法處理梁受到集中負載的情況 [範例 7.4 和 7.7]。最後，根據式 (7.3)，彎矩最大值或最小值所在位置的剪力為零 [範例 7.5]。

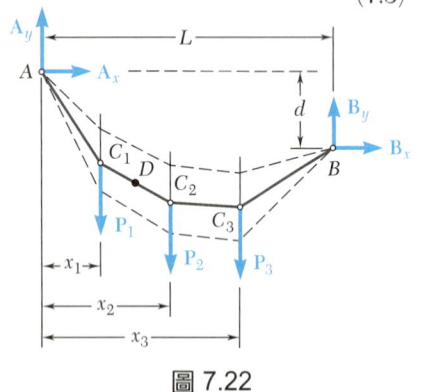

■ **受集中負載的纜繩** (Cables with concentrated loads)：

本章第二部分介紹**撓性纜繩** (flexible cables) 的分析。首先考慮一重量可忽略不計的纜繩，纜繩上多點承受集中負載 [第 7.7 節]。將整條纜繩視為自由體 (圖 7.22)，可用的三個力平衡關係式無法解出支撐點 A 和點 B 反力的四個未知數。不過如果已知纜繩上某點 D 的座標，即可由纜繩 AD 段 (或 DB 段) 的自由體圖得到第四個方程式。一旦求出點 A 和點 B 的

圖 7.22

支撐力，即可畫出適當的自由體圖求出任意點的座標及繩張力 [範例 7.8]。請注意，繩張力 **T** 的水平分量在整條纜繩上是不變的。

■ **受分布負載的纜繩 (Cables with distributed loads)：**

接著考慮一承受分布負載的纜繩 [第 7.8 節]。畫出纜繩 CD 段的自由體圖，點 C 為纜繩最低點、點 D 為纜繩上任一點 (圖 7.23)，我們觀察到點 D 的繩張力 **T** 的水平分量是一個常數，而且大小等於點 C 的繩張力 T_0。**T** 的垂直分量大小則等於纜繩 CD 段負載的合力 W。**T** 的大小與方向可由力三角得到：

$$T = \sqrt{T_0^2 + W^2} \qquad \tan \theta = \frac{W}{T_0} \qquad (7.6)$$

如果負載均勻分布在纜繩的水平方向，如圖 7.24 所示之吊橋 (suspension bridge)，則 CD 段承受的重量為 $W = wx$，其中常數 w 是每單位水平長度的負載 [第 7.9 節]。我們發現這類纜繩的形狀為拋物線，座標如下式：

$$y = \frac{wx^2}{2T_0} \qquad (7.8)$$

纜繩的長度可由式 (7.10) 的級數展開求得 [範例 7.9]。

■ **懸鏈線 (Catenary)：**

若纜繩本身重量不可忽略，則纜繩可視為承受一個沿纜繩方向的均布負載 (圖 7.25)。CD 段的負載合力為 $W = ws$，其中 s 為 CD 段纜繩長度、常數 w 為每單位長度的重量 [第 7.10 節]。將座標原點 O 設於點 C 下面 $c = T_0/w$ 處，得到下式：

$$s = c \sinh \frac{x}{c} \qquad (7.15)$$

$$y = c \cosh \frac{x}{c} \qquad (7.16)$$

$$y^2 - s^2 = c^2 \qquad (7.17)$$

$$T_0 = wc \qquad W = ws \qquad T = wy \qquad (7.18)$$

這些方程式可用來解自重不可忽略的纜繩問題 [範例 7.10]。式 (7.16) 定義這類纜繩的形狀，也稱為懸鏈線。

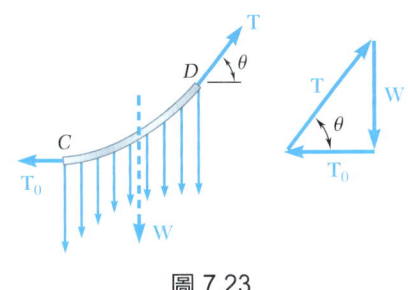

圖 7.23

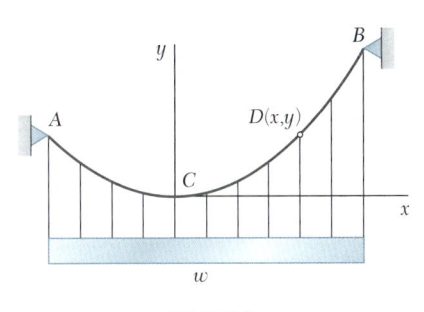

圖 7.24

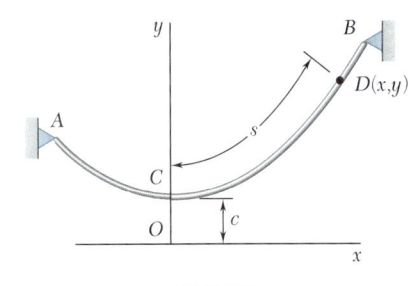

圖 7.25

407

複習題

7.154 試求當 $\alpha = 90°$ 時點 J 的內力。

7.155 試求當 $\alpha = 0$ 時點 J 的內力。

7.156 一弓箭手以 180 N 的力拉緊弓，瞄準目標。假設弓的形狀近似於一拋物線，試求點 J 的內力。

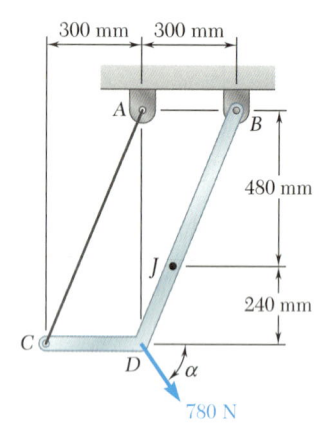

圖 P7.154 與 P7.155

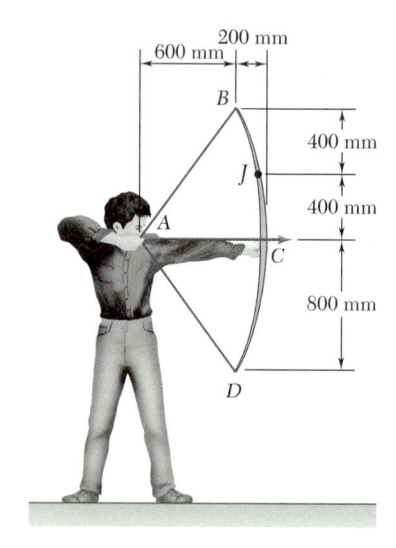

圖 P7.156

7.157 已知滑輪的半徑皆為 200 mm，不考慮摩擦，試求構架點 J 的內力。

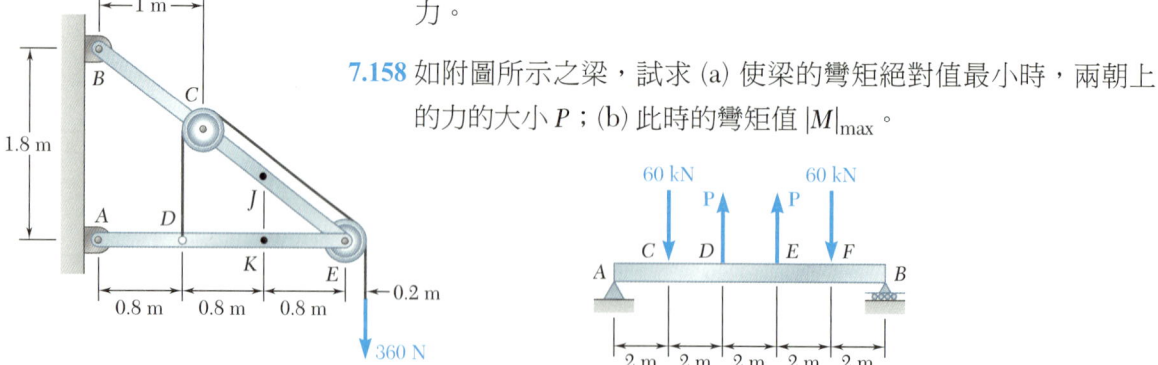

7.158 如附圖所示之梁，試求 (a) 使梁的彎矩絕對值最小時，兩朝上的力的大小 P；(b) 此時的彎矩值 $|M|_{max}$。

圖 P7.157

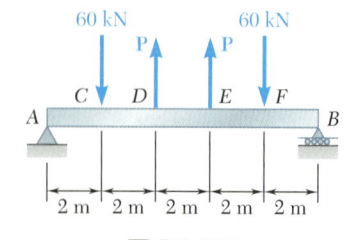

圖 P7.158

7.159 與 **7.160** 如附圖所示之梁，(a) 畫出剪力圖與彎矩圖；(b) 試求剪力與彎矩的絕對值的最大值。

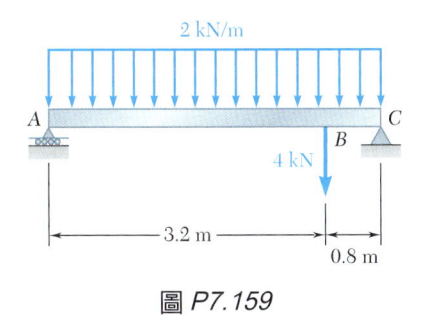

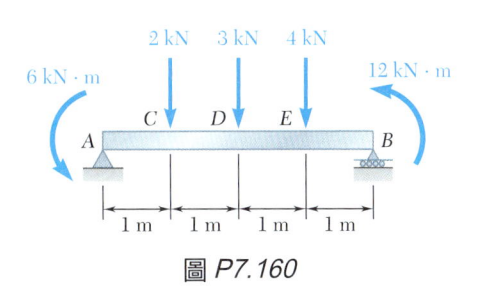

圖 P7.159

圖 P7.160

7.161 如附圖所示之梁，(a) 畫出剪力圖與彎矩圖；(b) 試求彎矩的絕對值的最大值的大小與位置。

7.162 梁 AB 放在平坦地面，梁受一拋物線負載如附圖所示。假設地面的朝上反力為均布負載，(a) 寫下剪力與彎矩曲線的方程式；(b) 試求最大彎矩。

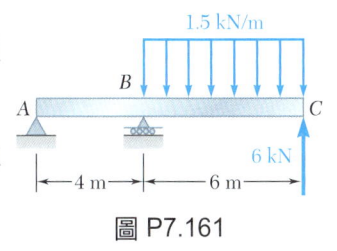

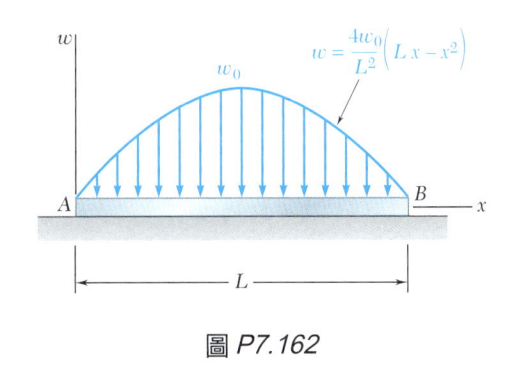

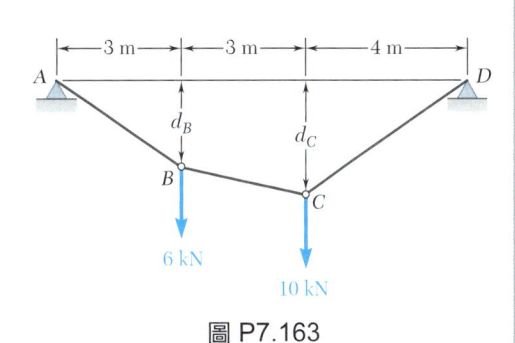

圖 P7.161

$$w = \frac{4w_0}{L^2}(Lx - x^2)$$

圖 P7.162

圖 P7.163

7.163 纜繩 ABCD 受兩負載作用。已知 $d_B = 1.8$ m，試求 (a) 距離 d_C；(b) D 的反力分量；(c) 纜繩的最大張力。

7.164 一單位長度質量為 0.65 kg/m 的繩，懸吊於高度相同、相距 120 m 的兩支撐之間。如垂度為 30 m，試求 (a) 繩的總長度；(b) 繩的最大張力。

7.165 一配重 D 連接到一纜繩的一端，纜繩通過小滑輪 A，另一端連接於固定點 B。已知 L = 18 m、h = 6 m，試求 (a) 纜繩 AB 段的長度；(b) 纜繩的單位長度重量。不考慮纜繩 AD 段本身的重量。

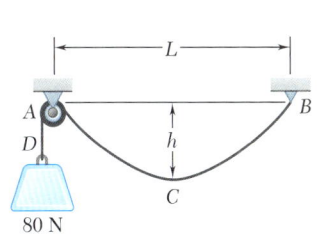

圖 P7.165

409

電腦題

7.C1 一外伸梁 (overhanging beam) 設計來支撐多個集中負載。設計時先考慮支撐 A 與 B 的彎矩，以及各集中負載處的彎矩。寫一電腦程式計算圖示之任意梁的這些彎矩值。利用此程式計算 (a) 習題 7.36；(b) 習題 7.37；(c) 習題 7.38。

圖 P7.C1

7.C2 多個集中負載與一個均布負載作用於簡支梁 AB。寫一電腦程式計算圖示之任意負載的剪力與彎矩，每 Δx 計算一點。利用此程式計算 (a) 習題 7.39，取 $\Delta x = 0.25$ m；(b) 習題 7.41，取 $\Delta x = 0.25$ m；(c) 習題 7.42，取 $\Delta x = 0.25$ m。

7.C3 梁 AB 鉸接於 B，另有滾輪支撐於 D，此梁設計來承受最左端 A 到中點 C 的均布負載。寫一電腦程式計算 A、D 兩點距離 a，其中滾輪的位置應調整到使梁的彎矩 M 絕對值最小。(注意：初步分析顯示，滾輪應放置在均布負載之下，且最大負彎矩值出現在點 D，而最大正彎矩值則會出現在 DC 之間。另可參考習題 7.55 的提示。)

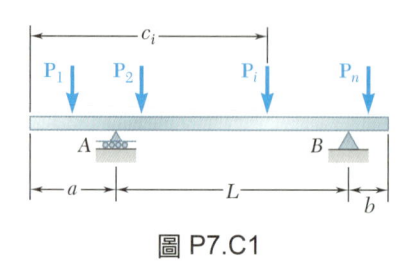

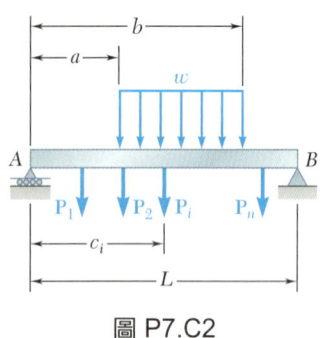

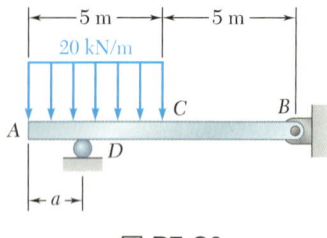

圖 P7.C2

圖 P7.C3

7.C4 一橋面包含許多放置於兩簡支梁間的窄板，其中之一如附圖所示。橋梁設計時需模擬當一部重 15 kN 的卡車開過橋梁時的效應。已知卡車兩軸距離為 1.8 m，假設卡車重量平均分布於四個輪子，(a) 寫一電腦程式計算梁的最大彎矩大小與位置，x 值從 -0.9 m 到 3 m，每 0.15 m 計算一點；(b) 如有需要可使用更小間隔，計算卡車開過造成的最大彎矩值，並求出對應的 x 值。

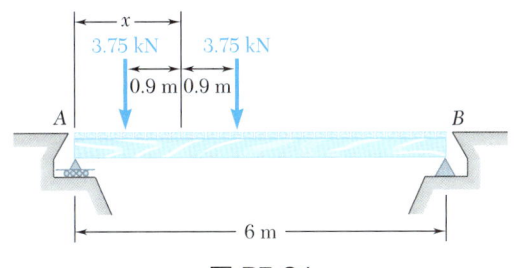

圖 P7.C4

*7.C5 寫一電腦程式畫出習題 7.C1 的梁的剪力圖與彎矩圖。利用此程式，取間隔 $\Delta x \leq L/100$，就以下梁與負載畫出 V 與 M：(a) 習題 7.36；(b) 習題 7.37；(c) 習題 7.38。

*7.C6 寫一電腦程式畫出習題 7.C2 的梁的剪力圖與彎矩圖。利用此程式，取間隔 $\Delta x \leq L/100$，就以下梁與負載畫出 V 與 M：(a) 習題 7.39；(b) 習題 7.41；(c) 習題 7.42。

7.C7 寫一電腦程式輔助設計一纜繩受力點 A_n 的水平與垂直分量，負載為 P_1、P_2、…、P_{n-1}，水平距離為 d_1、d_2、…、d_n，兩個垂直距離為 h_0 與 h_k。利用此程式求解習題 7.95b、7.96b 與 7.97b。

7.C8 一典型傳輸線包含長 s_{AB}、單位長度重量 w 的纜繩，懸吊於相同高度的兩點之間。寫一電腦程式製作一表，可供日後設計傳輸線時查閱。此表應含無因次量如 h/L、s_{AB}/L、T_0/wL 與 T_{max}/wL，c/L 值從 0.2 到 0.5，每 0.025 計算一點；以及從 0.5 到 4，每 0.5 計算一點。

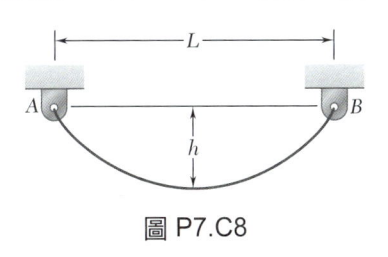

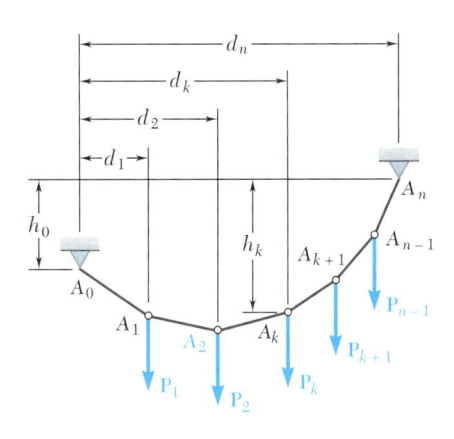

圖 P7.C7

圖 P7.C8

7.C9 寫一電腦程式解習題 7.132，P 值從 0 到 50 N，每 5 N 計算一點。

CHAPTER 8

摩擦

　　兩物體接觸並作相對運動時,兩者之間會產生抵抗運動的力,此力稱為摩擦力。摩擦力在自然界及工程上隨處可見、經常扮演了舉足輕重的角色。有時我們需要摩擦力存在,例如:走路、拿取物品或煞車;有時又不希望摩擦力存在,例如:車輛行駛、引擎運轉或軸承。雖然摩擦現象和人類生活息息相關,但我們對摩擦現象仍未完全了解,現今仍是一個重要的研究領域。儘管微觀的摩擦現象很複雜,我們可從實驗結果歸納出一些重要的巨觀規律,這些規律將在本章中做詳細的介紹。

―莊嘉揚

Toyota Corolla Altis 的碟煞煞車。

我們都考到平均以上了！這樣可以一起去玩了吧！
助教
叩
叩
助教，妳還好嗎？
是嗎？那很好啊…
……
……
妳還記得妳怎麼教我擦力嗎？
助教，
邀約的事可以下次談嗎？
……
我沒事……不過，
(摩擦力) f_s=(正向力) N×M_s(摩擦係數)
跑步的時候有摩擦力…
剎車的時候也有摩擦力…
機器運轉的時候也有摩擦力…
是阻止相對運動的力。不一定都是不好的。
比方說，當你前進的方向和履帶前進的方向相反時，履帶會一直阻礙你往前進。此時履帶作的是負功。
但是當你速度變為0時，履帶又會推著你動。此時履帶作的是正功。
之後，發現之前才是做白功也說不定。
就像摩擦力不全然是作負功一樣，人生的這個摩擦力也不見得是不好的吧！
跌倒了也沒關係，站起來繼續走下去吧！
所以…

8.1 緒論 (Introduction)

前面各章討論接觸面時均假設為**無摩擦**或是**粗糙**。如果接觸面無摩擦，則兩表面相互作用力與表面垂直，且兩表面可自由相對運動。如果接觸面粗糙，則假設接觸面會產生很大的切線力，阻止兩表面做相對運動。

這樣的描述其實是非常簡化的理想情況。完美無摩擦表面其實並不存在。當兩表面接觸時，若兩者試圖做相對運動，則接觸面會產生一個稱為**摩擦力**(friction forces)的切線力，阻止其相對運動。另一方面，摩擦力的大小值有上限，當施加的力太大時，摩擦力並不足以阻止相對運動。因此，無摩擦和粗糙表面僅有程度上的區別，本章會詳盡討論摩擦現象，以及摩擦在許多工程問題的應用。

摩擦可分成兩大類：**乾摩擦**(dry friction)(有時又稱**庫倫摩擦**(coulomb friction)和**流體摩擦**(fluid friction)。當流體內相鄰層流速不同時就會產生流體摩擦。流體摩擦在許多涉及流體流動的問題中扮演很重要的角色，例如流過管路和孔口的流體，以及浸於流體中的物體等。於分析**潤滑機制**(lubricated mechanisms) 的運動時也會用到的。與流體摩擦相關的問題會在流體力學課本探討。本書著重於乾摩擦，即涉及剛體沿**非潤滑**(nonlubricated) 表面接觸的問題。

本章第一部分分析各種剛體和結構的平衡，假設其中的接觸面為乾摩擦。接著考慮幾個乾摩擦扮演重要角色的重要工程應用。例如楔(wedges)、方螺紋螺桿 (square-threaded screws)、軸頸軸承 (journal bearings)、止推軸承 (thrust bearings)、滾動阻力 (rolling resistance) 和皮帶摩擦 (belt friction)。

8.2 乾摩擦定理／摩擦係數 (The Laws of Dry Friction. Coefficients of Friction)

乾摩擦的定理可以以下的實驗來說明。考慮一靜止於水平表面且重量為 **W** 的方塊，如圖 8.1a 所示。作用於方塊的力有重力 **W** 和接觸面的反力。因為重力沒有水平分量，故接觸面的反力也沒有水平分量；即反力與接觸面垂直，如圖 8.1a 中的 **N** 所示。接著假設施加一水平力 **P** 於方塊上 (圖 8.1b)。如果 P 很小，則方塊不會移動；表示必定有其他水平力存在，且此力與 P 平衡。這個力是**靜摩擦力** (static-friction force) **F**，是作用於方塊與平面的接觸面上為數極多的力的合力。這些力的本質至今仍未完全了解，但通常假設這些力是

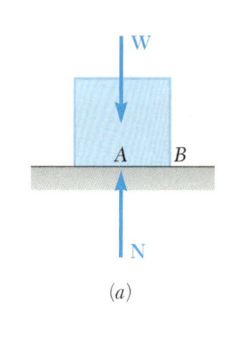

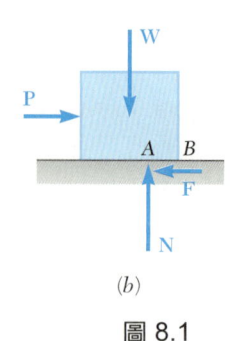

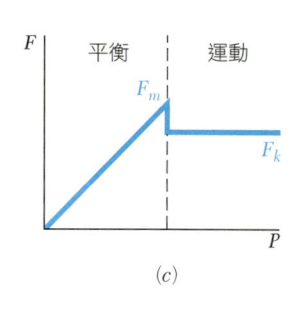

416 靜力學

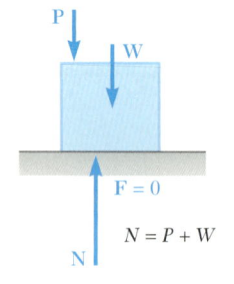

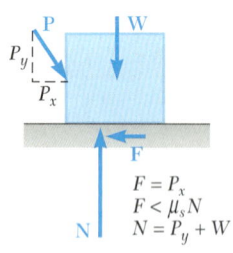

圖 8.1

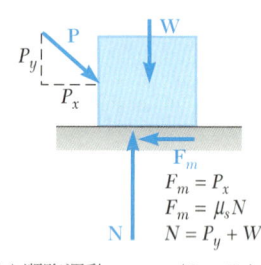

(a) 無摩擦 ($P_x = 0$)
$F = 0$
$N = P + W$

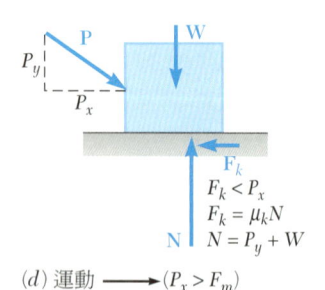

(b) 無運動 ($P_x < F_m$)
$F = P_x$
$F < \mu_s N$
$N = P_y + W$

(c) 瀕臨運動 ⟶ ($P_x = F_m$)
$F_m = P_x$
$F_m = \mu_s N$
$N = P_y + W$

(d) 運動 ⟶ ($P_x > F_m$)
$F_k < P_x$
$F_k = \mu_k N$
$N = P_y + W$

圖 8.2

由接觸面上許多不規則的細微紋路相互接觸造成，且與分子間吸引力有某種程度的關聯。

如果加大 **P**，摩擦力 **F** 也會加大以持續抵消 **P**，直到某個最大值 F_m（圖 8.1c）。如果再加大 **P**，則摩擦力將無法平衡，而方塊會開始滑行。一旦方塊開始運動，**F** 的大小立即從 F_m 減小到 F_k。摩擦力變小的原因可能是當方塊與平面有相對運動時，其接觸面的不規則紋路間的相互穿透 (interpenetration) 減少。此後，方塊持續滑行，其速度持續增加，而摩擦力幾乎保持不變，此時摩擦力稱為**動摩擦力** (kinetic-friction force)，以 F_k 表示。

實驗結果顯示靜摩擦力的最大值 F_m 與接觸面的反力的法線分量 N 成正比，故

$$F_m = \mu_s N \tag{8.1}$$

其中常數 μ_s 稱為**靜摩擦係數** (coefficient of static friction)。動摩擦力的大小 F_k 也可以寫成類似的形式如下

$$F_k = \mu_k N \tag{8.2}$$

其中常數 μ_k 稱為**動摩擦係數** (coefficient of kinetic friction)。摩擦係數 μ_s 和 μ_k 與接觸面積無關。但兩者皆與接觸面的性質有極大關係。由於與表面的具體條件有關，摩擦係數的數值很難精確到 5% 以內。表 8.1 列出幾種常見表面條件的靜摩擦係數近似值。對應的動摩擦係數約為靜摩擦係數的 75%。由於摩擦係數無因次，表 8.1 中所列數值可用於國際單位制與英制單位制。

由上述討論可得，當一剛體與水平表面接觸時有四種情況：

1. 施加於物體的力不傾向使物體沿接觸面移動；此時沒有摩擦力（圖 8.2a）。

表 8.1　乾表面的靜摩擦係數近似值

金屬/金屬	0.15–0.60
金屬/木材	0.20–0.60
金屬/石材	0.30–0.70
金屬/皮革	0.30–0.60
金屬/木材	0.25–0.50
金屬/皮革	0.25–0.50
金屬/石材	0.40–0.70
泥土/泥土	0.20–1.00
橡膠/水泥	0.60–0.90

2. 施加的力傾向於使物體沿接觸動，但力並未大到使其運動。接觸面產生的摩擦力 **F** 可由解物體的平衡方程式求出。由於不確定此時 **F** 是否達到最大值，因此不能用 $F_m = \mu_s N$ 來求摩擦力 (圖 8.2b)。

3. 施加的力恰好使物體瀕臨滑動，稱此狀態為**瀕臨運動** (motion is impending)。摩擦力 **F** 已達到最大值 F_m，與正向力 **N** 一起平衡施加力。平衡方程式和 $F_m = \mu_s N$ 都適用。須注意摩擦力的指向與瀕臨運動的方向相反 (圖 8.2c)。

4. 施加的力使物體滑行，而平衡方程式不再適用。但 **F** 等於 F_k 且 $F_k = \mu_k N$ 的關係適用。F_k 的指向與運動方向相反 (圖 8.2d)。

8.3　摩擦角 (Angles of Friction)

有時為了方便起見，可將正向力 **N** 與摩擦力 **F** 以其合力 **R** 取代。再次考慮重量 **W** 的方塊靜止放置於水平表面。如果沒有水平力施加於方塊上，合力 **R** 即化簡為正向力 **N** (圖 8.3a)。然而，如果施加力 **P** 有水平分量 P_x 推動方塊，合力 **R** 將有水平分量 **F**，且與表面的法線有一夾角 ϕ (圖 8.3b)。如果持續加大 P_x 使得方塊瀕臨運動，**R** 和垂直線的夾角會增加到一最大值 (圖 8.3c)。這個最大值稱為**靜摩擦角** (angle of static friction)，標示為 ϕ_s。由圖 8.3c，可得

$$\tan \phi_s = \frac{F_m}{N} = \frac{\mu_s N}{N}$$

$$\tan \phi_s = \mu_s \tag{8.3}$$

如果運動發生，摩擦力的大小隨即掉到 F_k；而 **R** 和 **N** 的夾角 ϕ 也同樣掉到一個較小值 ϕ_k，稱為**動摩擦角** (angle of kinetic friction) (圖 8.3d)。由圖 8.3d，可得

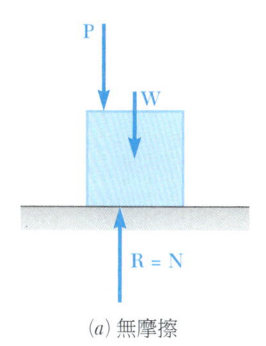

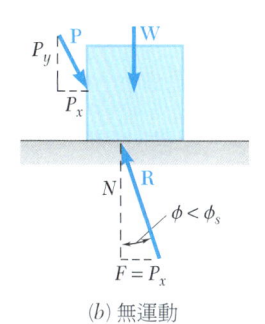

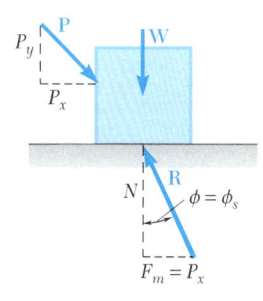

(a) 無摩擦

(b) 無運動

(c) 瀕臨運動 ⟶

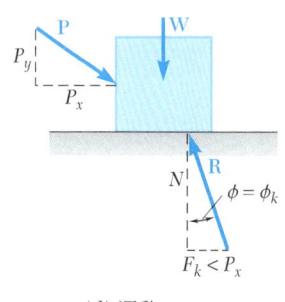

(d) 運動 ⟶

圖 8.3

$$\tan \phi_k = \frac{F_k}{N} = \frac{\mu_k N}{N}$$

$$\tan \phi_k = \mu_k \tag{8.4}$$

接著介紹一個例子來說明如何利用摩擦角來簡化某些問題的分析。考慮放置於一平板上的靜止方塊，方塊僅受其重力 **W** 以及接觸面的反力 **R** 作用。平板可被傾斜成給定角度。如果平板水平，則平板作用於方塊的力 **R** 與平板垂直，且與重力 **W** 平衡（圖 8.4a）。如果平板有一較小的傾斜角 θ，力 **R** 將維持垂直並與 **W** 保持平衡，但開始偏離平板的法線（圖 8.4b）。此時反力有一法線分量 **N**，大小為 $N = W\cos\theta$，與一切線分量 **F**，大小為 $F = W\sin\theta$。

(a) 無摩擦　　*(b)* 無運動　　*(c)* 瀕臨運動　　*(d)* 運動

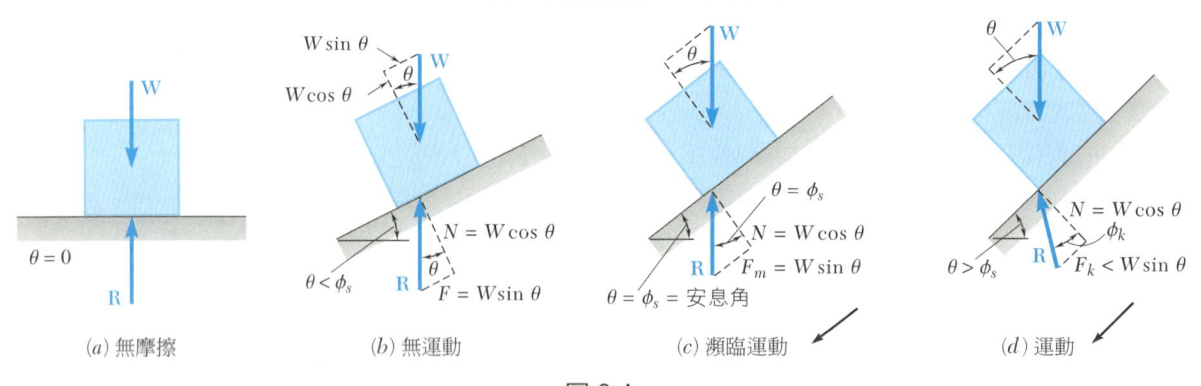

圖 8.4

如果繼續加大傾斜角，方塊將會瀕臨運動。這個時候 **R** 和平板法線的夾角將達到最大值 ϕ_s（圖 8.4c）。這個對應於瀕臨運動的傾斜角稱為**安息角** (angle of repose)。清楚可知，安息角等於靜摩擦角 ϕ_s。如果進一步加大傾斜角，方塊即開始運動，且 **R** 和法線的夾角掉到一較小值 ϕ_k（圖 8.4d）。反力 **R** 將不再垂直，且作用於方塊的力並不平衡。

8.4 乾摩擦的相關問題 (Problems Involving Dry Friction)

許多工程應用都可看到涉及乾摩擦的問題。有些問題較簡單，例如上節討論的方塊的滑行問題。有些則較為複雜，例如範例 8.3；許多問題與加速運動剛體的穩定度有關，將於動力學討論。此外，幾

種常見的機具和機構可由乾摩擦定理分析，包括楔、螺桿、軸頸和止推軸承，以及皮帶傳動。會在後面章節會討論。

解與乾摩擦相關問題的**方法**，與前面章節介紹的方法並無二致。如果問題僅涉及平移，沒有轉動，則所考慮的物體通常可視為一個質點，而可使用第二章介紹的方法。如果問題涉及轉動，則物體必須視為剛體，而使用第四章的方法。如果結構由幾個零件組成，則需使用第六章的方法分析零件間的作用力與反作用力。

照片 8.1　包裹和傳送帶之間的靜摩擦係數必須足夠大，才能使包裹不滑動。

如果物體受三個以上的力作用（包括接觸面的反力），每一表面的反力將以其分量 N 和 F 表示，再利用平衡方程式求解。如果只有三個力作用於物體上，則或許將反力以合力 R 表示，再畫力三角形求解會比較方便。

大部分與摩擦相關的問題會落入以下三種情況之一：第一類問題中，所有施加力都給定，摩擦係數也已知；要求物體是否保持靜止或滑動。維持平衡所需的摩擦力 F 未知（其大小不等於 $\mu_s N$），而需與正向力一起求出。解法是利用畫出自由體圖，解平衡方程式（圖 8.5a）。得到摩擦力的大小 F 再與最大值 $F_m = \mu_s N$ 比較。如果 F 小於或等於 F_m，則物體保持靜止。反之，如果 F 大於 F_m，則無法保持平衡，物體將會滑動；此時摩擦力的大小為 $F_k = \mu_k N$。

第二類的問題則是，所有施加力都給定，且已知物體瀕臨運動；欲求靜摩擦係數。同樣，利用畫出自由體圖，解平衡方程式求出摩擦力和正向力（圖 8.5b）。由於已知求出的 F 為最大值 F_m，故可用 $F_m = \mu_s N$ 的關係求出 μ_s。

第三類的問題是已知靜摩擦係數，且已知物體於某方向瀕臨運動；欲求其中某個施加力的大小或方向。自由體圖上的摩擦力的指向必須與瀕臨運動的方向相反，且大小為 $F_m = \mu_s N$（圖 8.5c）。寫下平衡方程式即可求出未知力。

如前所述，當只有三個力作用時，可將表面的反力直接以 R 表示，再畫出力三角形求解。請參考範例 8.2 的作法。

當兩物體 A 和 B 接觸（圖 8.6a），A 作用於 B 與 B 作用於 A 的摩擦力相等且反向（牛頓第三定律）。對其中一個物體畫出自由體圖，記得要加上指向正確的摩擦力。注意以下法則：*若於 B 觀察時，作用於 A 的摩擦力指向與 A 的運動方向（或瀕臨運動方向）相反*（圖 8.6b）。作用於 B 的摩擦力指向可以類似方法判定（圖 8.6c）。注意 B 觀察 A

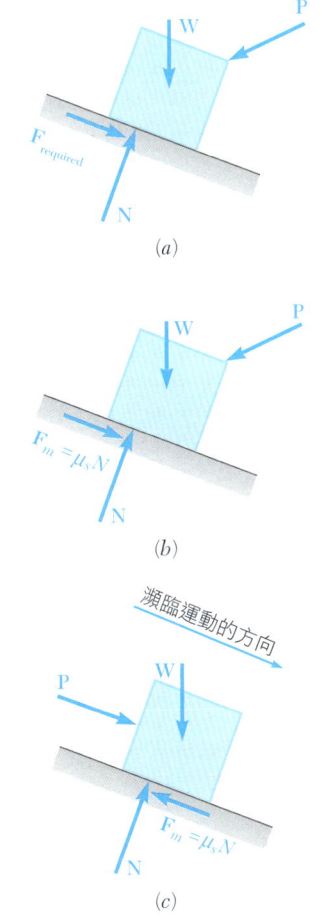

圖 8.5

的運動是相對運動。例如如果物體 A 固定不動,而物體 B 移動,則物體 A 對 B 有相對運動。此外,如果 B 和 A 都往下移動,而 B 移動較 A 快,則 B 觀察 A 將是往上移動。

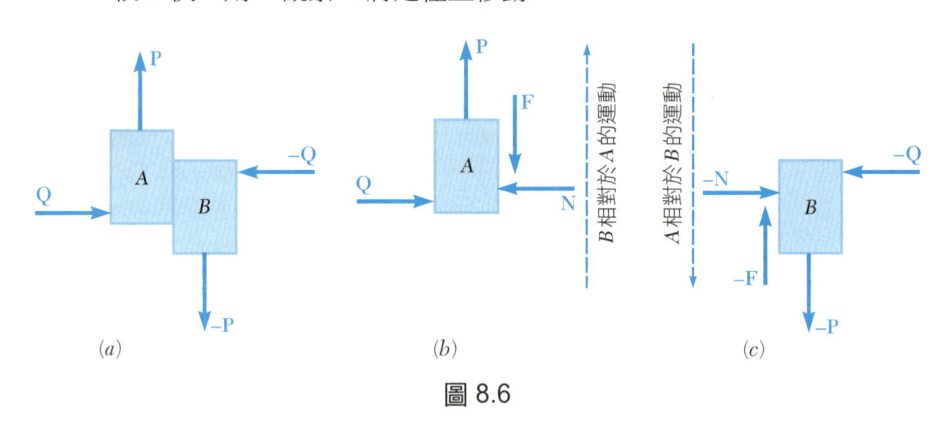

圖 8.6

範例 8.1

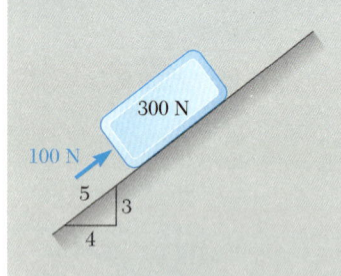

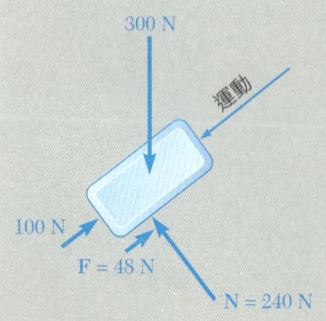

一 100 N 的力作用於一放置於斜面上、重 300 N 的方塊。方塊與平面間的摩擦係數為 $\mu_s = 0.25$、$\mu_k = 0.20$。試問方塊是否平衡,並求出摩擦力。

解

平衡所需的力。先求出保持平衡所需的摩擦力值。假設 **F** 指向左下方,畫出方塊的自由體圖,寫下

$$+\nearrow \Sigma F_x = 0: \quad 100 \text{ N} - \tfrac{3}{5}(300 \text{ N}) - F = 0$$
$$F = -80 \text{ N} \quad \mathbf{F} = 80 \text{ N} \nearrow$$

$$+\nwarrow \Sigma F_y = 0: \quad N - \tfrac{4}{5}(300 \text{ N}) = 0$$
$$N = +240 \text{ N} \quad \mathbf{N} = 240 \text{ N} \nwarrow$$

保持平衡所需的力 **F** 的大小為 80 N,指向右上方;因此,方塊傾向於滑下平面。

最大摩擦力。可能產生的最大摩擦力大小為

$$F_m = \mu_s N \qquad F_m = 0.25(240 \text{ N}) = 60 \text{ N}$$

由於保持平衡所需的力大小為 80 N,大於可獲得的最大值 (60 N),方塊無法保持平衡,而會滑下平面。

摩擦力實際值。摩擦力實際值由下式求得

$$F_{\text{actual}} = F_k = \mu_k N$$
$$= 0.20(240 \text{ N}) = 48 \text{ N}$$

此力指向與運動方向相反；因此，摩擦力朝右上方：

$$\mathbf{F}_{\text{actual}} = 48 \text{ N} \nearrow$$

須注意作用於方塊的力未平衡；合力為

$$\tfrac{3}{5}(300 \text{ N}) - 100 \text{ N} - 48 \text{ N} = 32 \text{ N} \swarrow$$

範例 8.2

一支撐方塊受兩力作用。已知方塊與斜面的摩擦係數為 $\mu_s = 0.35$、$\mu_k = 0.25$。試求以下情況所需的力 **P**：(a) 使方塊開始朝上運動；(b) 使方塊保持朝上運動；(c) 避免使方塊下滑。

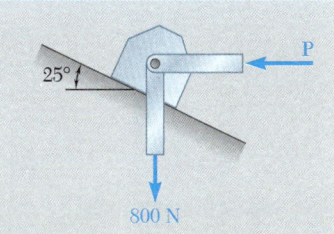

解

自由體圖。 就每種情況分別畫出自由體圖，並畫出力三角包含 800 N 的垂直力、水平力 **P** 與斜面作用於方塊的力 **R**。必須針對各種情況決定 **R** 的方向。由於 **P** 垂直於 800 N 的力，力三角形為一直角三角形，可輕易求出 **P**。但大部分情況，力三角不會剛好為直角三角形，這時就須利用正弦定理求解。

a. 使方塊開始朝上運動的 P

$$P = (800 \text{ N}) \tan 44.29° \qquad \mathbf{P} = 780 \text{ N} \leftarrow$$

$\tan \phi_s = m_s$
$= 0.35$
$\phi_s = 19.29°$
$25° + 19.29° = 44.29°$

b. 使方塊保持朝上運動的 P

$$P = (800 \text{ N}) \tan 39.04° \qquad \mathbf{P} = 649 \text{ N} \leftarrow$$

$\tan \phi_k = m_k$
$= 0.25$
$\phi_k = 14.04°$
$25° + 14.04° = 39.04°$

c. 避免使方塊下滑的 P

$$P = (800 \text{ N}) \tan 5.71° \qquad \mathbf{P} = 80.0 \text{ N} \leftarrow$$

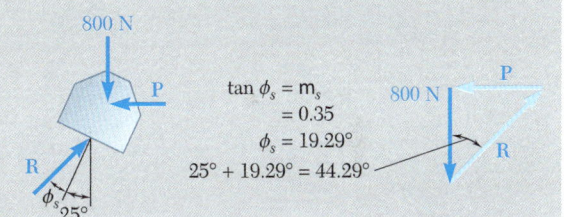

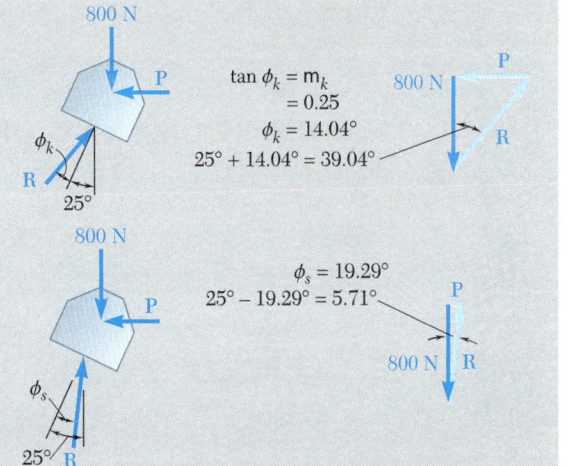

$\phi_s = 19.29°$
$25° - 19.29° = 5.71°$

範例 8.3

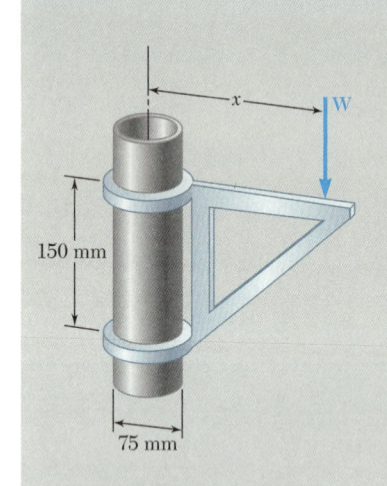

一可移動的拖架可放在直徑為 75 mm 的管件的任意高度。若管件與拖架之間的靜摩擦係數為 0.25，試求能承受負載 W 的距離 x 的最小值。不考慮拖架重量。

解

自由體圖。先畫出拖架的自由體圖。當 W 作用於距離 x 的最小值時，拖架瀕臨下滑，而 A 與 B 的摩擦力達到最大值：

$$F_A = \mu_s N_A = 0.25 N_A$$
$$F_B = \mu_s N_B = 0.25 N_B$$

平衡方程式

$\xrightarrow{+} \Sigma F_x = 0:$　　$N_B - N_A = 0$
　　　　　　　　　$N_B = N_A$

$+\uparrow \Sigma F_y = 0:$　　$F_A + F_B - W = 0$
　　　　　　　　　$0.25 N_A + 0.25 N_B = W$

又由於已知 N_B 等於 N_A，

$$0.50 N_A = W$$
$$N_A = 2W$$

$+\circlearrowleft \Sigma M_B = 0:$　　$N_A(0.15 \text{ m}) - F_A(0.075 \text{ m}) - W(x - 0.0375 \text{ m}) = 0$
　　　　　　　　$0.15 N_A - 0.075(0.25 N_A) - Wx + 0.0375 W = 0$
　　　　　　　　$0.15(2W) - 0.01875(2W) - Wx + 0.0375 W = 0$

同除 W，解出 x

$$x = 0.3 \text{ m}$$

重點提示

本節中學到相關的**乾摩擦定理**。本書的前面章節只遇到 (a) 兩物體可於無摩擦的接觸面做自由相對運動，(b) 接觸面為粗糙表面，使得兩物體完全無法做相對運動。

A. *求解乾摩擦問題時*請記住以下要點。

1. 接觸面作用於自由體的反力 **R** 可分解為法線分量 **N** 和切線分量 **F**。切線分量稱為*摩擦力*。當一物體與一固定表面接觸，摩擦力 **F** 的指向與物體實際運動方向或是瀕臨運動方向相反。

a. 只要 F 不超過最大值 $F_m = \mu_k N$，其中 μ_s 為靜摩擦係數，就不會有運動發生。

b. 如果保持平衡所需的 F 大於 F_m，就會有運動發生。當運動發生時，F 的值會掉到 $F_k = \mu_k N$，其中 μ_k 為靜摩擦係數 [範例 8.1]。

2. 當只有三個外力時，建議採用以下方法來分析摩擦力 [範例 8.2]。將反力 **R** 定義為大小 R 以及與表面法線的夾角 ϕ。只要不超過最大值 ϕ_s，其中 $\tan \phi_s = \mu_s$，就不會有運動發生。如果保持平衡所需的 ϕ 大於最大值 ϕ_s，則將有運動發生，運動後 ϕ 值會掉到 ϕ_k，其中 $\tan \phi_k = \mu_k$。

3. 當兩物體接觸時，必須判定接觸點的實際相對運動或瀕臨相對運動的方向。於兩物體其一的自由體圖上畫上摩擦力，其方向與物體實際運動或瀕臨運動的方向相反。

B. **解題方法**。第一步先畫出物體的自由體圖。將作用於表面的力分解成正向力 **N** 和摩擦力 **F**。如果涉及多個物體，分別畫出每個物體的自由體圖，於每個接觸面上標明力和指向。與第六章分析構架的方法類似。

遇到的問題可能是下列三種之一：

1. 所有施加力和摩擦係數都已知，欲求物體是否能保持平衡。注意這裡的摩擦力未知，因此不能假設等於 $\mu_s N$。
   a. 寫下平衡方程式求出 N 和 F。
   b. 計算最大可容許摩擦力 $F_m = \mu_s N$。如果 $F \leq F_m$，則能保持平衡。如果 $F > F_m$，則物體將會運動，且摩擦力的大小為 $F_k = \mu_k N$ [範例 8.1]。

2. 所有施加力都已知，欲求維持平衡所需 μ_s 之最小值。此時需假設瀕臨運動，求出對應的 μ_s 值。
   a. 寫下平衡方程式求出 N 和 F。
   b. 由於瀕臨運動，故 $F = F_m$。將求出的 N 和 F 代入方程式 $F_m = \mu_s N$ 解出 μ_s。

3. 物體為瀕臨運動，且 μ_s 已知，欲求某些未知數，例如距離、角度、力的大小或是力的方向。
   a. 假設物體可能的運動狀態，於自由體圖上畫出摩擦力，其方向與假設的運動方向相反。
   b. 由於瀕臨運動，$F = F_m = \mu_s N$。代入已知的 μ_s 值，在自由體圖將 F 以 N 表示，可消去一個未知數。
   c. 寫下並解出平衡方程式中欲求的未知數 [範例 8.3]。

習題

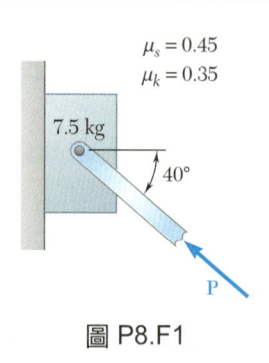

自由體圖練習

8.F1 欲求使重 7.5 kg 方塊保持平衡所需的最小力 **P**，請畫出求解所需的自由體圖。

8.F2 兩方塊 A 與 B 由一纜繩相連。已知所有接觸面的靜摩擦係數均為 0.30，不考慮滑輪的摩擦，欲求使兩方塊運動所需的最小力 **P**，請畫出求解所需的自由體圖。

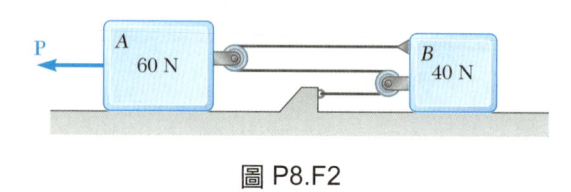

圖 P8.F1

圖 P8.F2

8.F3 一重 W、半徑 r 的圓柱如附圖所示，A 與 B 處的靜摩擦係數均為 μ_s。欲求圓柱不轉動時可施加的最大力偶 **M**，請畫出求解所需的自由體圖。

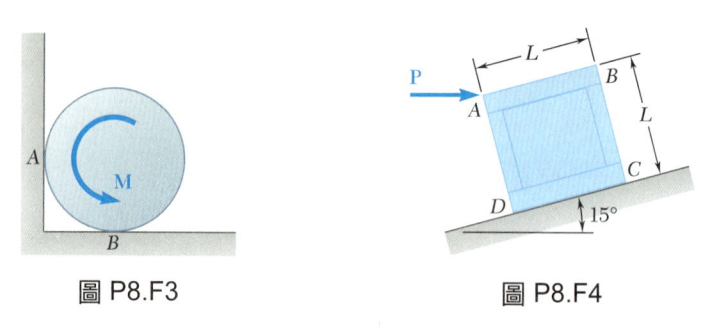

圖 P8.F3

圖 P8.F4

8.F4 一質量為 30 kg 的條板箱必須沿 15° 的斜坡朝上移動，而不翻覆。已知力 **P** 為水平，欲求箱子與斜坡之間可容許最大摩擦係數，以及對應的力 **P**，請畫出求解所需的自由體圖。

課後習題

8.1 試問圖示方塊是否保持平衡，並求出當 $\theta = 25°$、$P = 750$ N 時，摩擦力的大小與方向。

8.2 試問圖示方塊是否保持平衡，並求出當 $\theta = 30°$、$P = 150$ N 時，摩擦力的大小與方向。

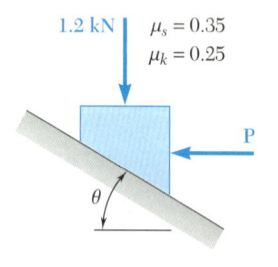

圖 P8.1 與 P8.2

8.3 試問圖示 10 kg 方塊是否保持平衡,並求出當 $\theta = 20°$、$P = 40$ N 時,摩擦力的大小與方向。

8.4 試問圖示 10 kg 方塊是否保持平衡,並求出當 $\theta = 15°$、$P = 62.5$ N 時,摩擦力的大小與方向。

8.5 已知 $\theta = 25°$,試求保持平衡所需的 P 值範圍。

8.6 試問圖示方塊是否保持平衡,並求出當 $\theta = 35°$、$P = 200$ N 時,摩擦力的大小與方向。

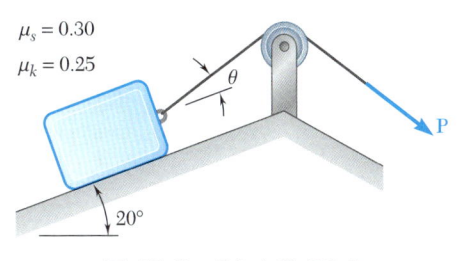

圖 P8.3、P8.4 與 P8.5

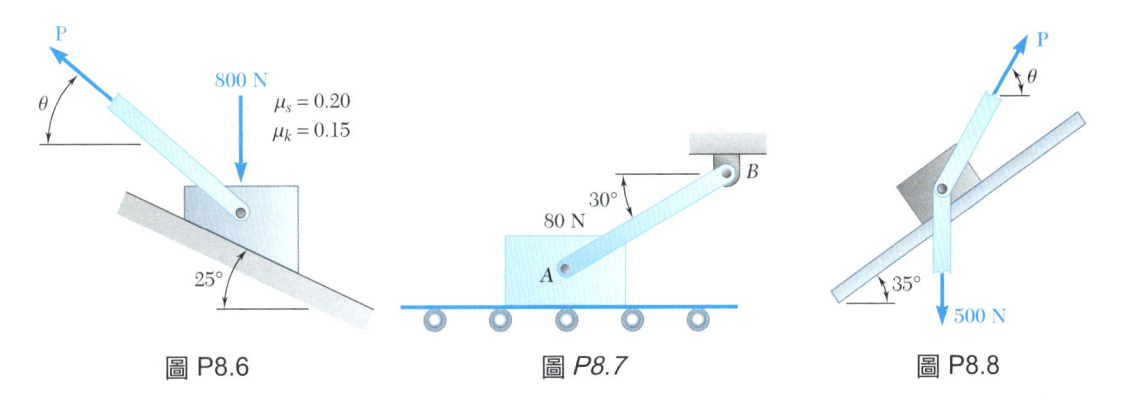

圖 P8.6

圖 P8.7

圖 P8.8

8.7 一重 80 N 的方塊連接到連桿 AB,並靜止於一移動皮帶上。已知 $\mu_s = 0.25$、$\mu_k = 0.20$,試求以下情況時保持平衡,所必須施加在皮帶的水平力 **P** 的大小:(a) 皮帶向右移動;(b) 皮帶向左移動。

8.8 方塊與軌道之間的摩擦係數為 $\mu_s = 0.30$、$\mu_k = 0.25$。已知 $\theta = 65°$,試求最小的 P 值,使得 (a) 方塊開始朝上運動;(b) 避免方塊下滑。

8.9 考慮 $\theta < 90°$ 時,試求使方塊朝右運動所需的 θ 最小值,當 (a) $W = 75$ N;(b) $W = 100$ N。

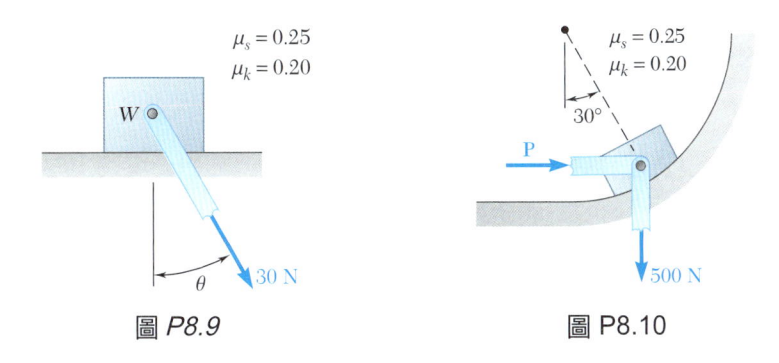

圖 P8.9

圖 P8.10

8.10 試求使方塊保持平衡時的 P 值範圍。

8.11 重 20 N 的方塊 A 與重 30 N 的方塊 B 由一斜面支撐。已知兩方塊間的靜摩擦係數為 0.15，而方塊 B 與斜面則為零。試求瀕臨運動的 θ 值。

8.12 重 20 N 的方塊 A 與重 30 N 的方塊 B 由一斜面支撐。已知各接觸面的靜摩擦係數均為 0.15。試求瀕臨運動的 θ 值。

8.13 與 **8.14** 所有接觸面的摩擦係數均為 $\mu_s = 0.40$ 與 $\mu_k = 0.30$。試求使 30 kg 方塊開始運動所需的最小力 **P**，若纜繩 AB (a) 連接如附圖所示；(b) 被移除。

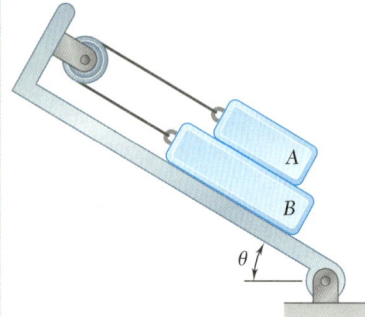

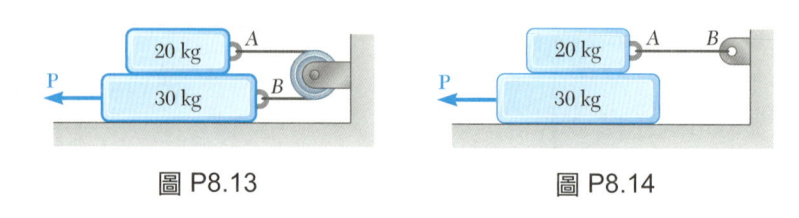

圖 P8.11 與 P8.12

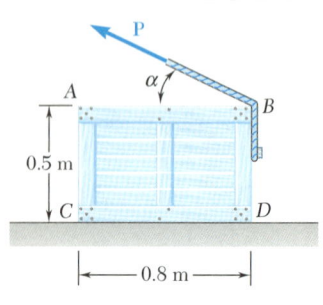

圖 P8.13

圖 P8.14

圖 P8.15 與 P8.16

8.15 一 40 kg 條板箱必須沿地板朝左移動，且不傾斜。已知條板箱與地面的靜摩擦係數為 0.35，試求 (a) 最大可容許 α 值；(b) 此時的力 **P** 大小。

8.16 一 40 kg 條板箱由附圖所示的繩拉住。已知條板箱與地面的靜摩擦係數為 0.35，若 α = 40°，試求 (a) 移動條板箱所需的力 **P** 的大小；(b) 條板箱是否會滑動或傾斜。

8.17 一 480 N 的櫃子底部裝有腳輪 (casters)，腳輪可鎖住避免滾動。地板與腳輪的靜摩擦係數為 0.30。若 h = 0.8 m，試求使櫃子向右移動所需的力 **P**，(a) 若所有腳輪均鎖住；(b) 若 B 處的兩腳輪鎖住、A 處的兩腳輪可自由滾動；(c) 若 A 處的兩腳輪鎖住、B 處的兩腳輪可自由滾動。

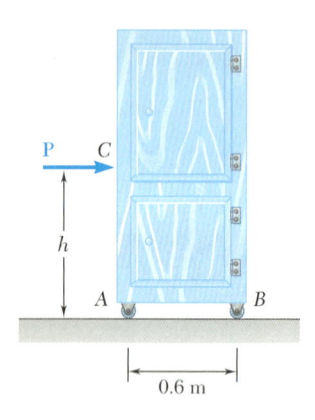

圖 P8.17 與 P8.18

8.18 一 480 N 的櫃子底部裝有腳輪，腳輪可鎖住避免滾動。地板與腳輪的靜摩擦係數為 0.30。假設所有腳輪均鎖住，試求 (a) 使櫃子向右移動所需的力 **P**；(b) 使櫃子不傾斜的最大可容許 h 值。

8.19 一力 **P** 將線以等速從線軸拉出，線軸與纏繞的線總重為 100 N。已知 A 與 B 的摩擦係數均為 $\mu_s = 0.40$ 與 $\mu_k = 0.30$，試求所需的力 **P** 的大小。

8.20 如習題 8.19，但假設 B 處的摩擦係數為零。

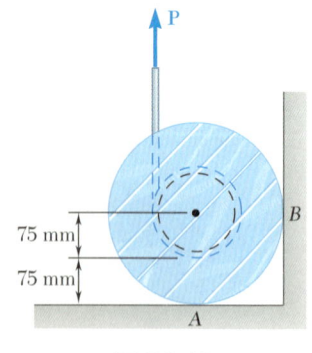

圖 P8.19

8.21 一液壓缸施加 3 kN 的力於點 B 的右邊與點 E 的左邊。試求使圓柱順時針等速轉動所需的力偶 **M** 的大小。

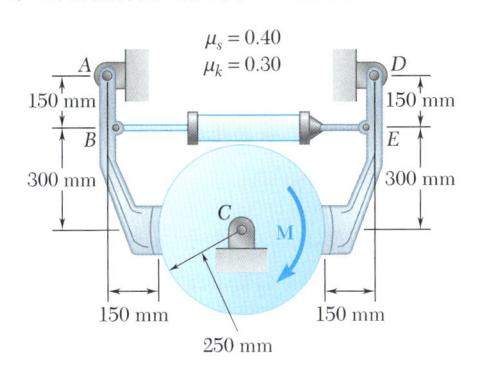

圖 P8.21 與 P8.22

8.22 一大小為 100 N·m 的力偶 **M** 作用於圓柱。試求使圓柱不轉動，液壓缸所需施加於點 B 與 E 的最小力。

8.23 一長 L 的細長桿件放置於圓釘 C 與垂直牆面之間，桿件的一端 A 承受負載 **P**。已知圓釘與桿件的靜摩擦係數為 0.15，不考慮滾輪的摩擦，試求保持平衡所需的比值 L/a 的範圍。

8.24 如習題 8.23，但假設圓釘與桿件的靜摩擦係數為 0.60。

8.25 長 6.5 m 的梯子 AB 靠在牆上。假設 B 的靜摩擦係數 μ_s 為零，試求保持平衡所需的 A 的靜摩擦係數 μ_s 的範圍。

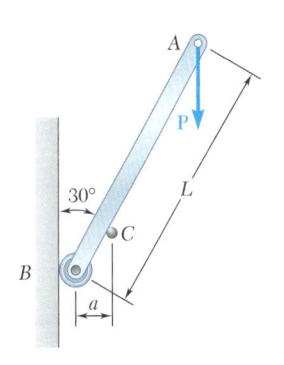

圖 P8.23

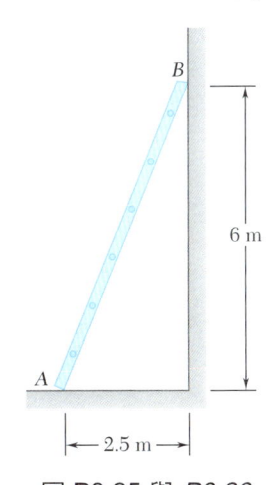

圖 P8.25 與 *P8.26*

8.26 長 6.5 m 的梯子 AB 靠在牆上。假設 A 與 B 的靜摩擦係數 μ_s 相同，試求保持平衡所需的最小 μ_s。

8.27 一長 L、重 W 的細長均勻桿件的一端 A 靠在一垂直表面，而另一端 B 則由繩 BC 支撐。已知摩擦係數均為 $\mu_s = 0.40$ 與 $\mu_k = 0.30$，試求 (a) 瀕臨運動的最大 θ 值；(b) 此時對應的繩張力。

8.28 某機具底盤質量為 75 kg，上方有兩點 A 與 B 與地面接觸。已知靜摩擦係數為 0.30。若有一大小為 500 N 的力 $\mathbf{P}$ 作用於點 C，試求使底盤不移動的 θ 值範圍。

8.29 一重 50 N 的平板 $ABCD$ 連接到 A 與 D 的軸環，並可在一垂直桿件上滑動。已知兩軸環與桿件的靜摩擦係數為 0.40。試問平板是否保持平衡，當施加在 E 的垂直力大小為 (a) $P = 0$；(b) $P = 20$ N。

8.30 如習題 8.29，但若平板下滑，試求作用於 E 的垂直力的大小 P 的範圍。

8.31 桿件 DE 與一小圓柱放在兩導軌之間。不管力 $\mathbf{P}$ 多大，桿件均不會下滑，即自鎖設計。不考慮圓柱的重量，試求 A、B 與 C 處可容許的最小靜摩擦係數。

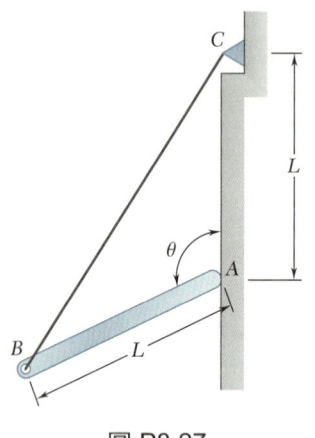

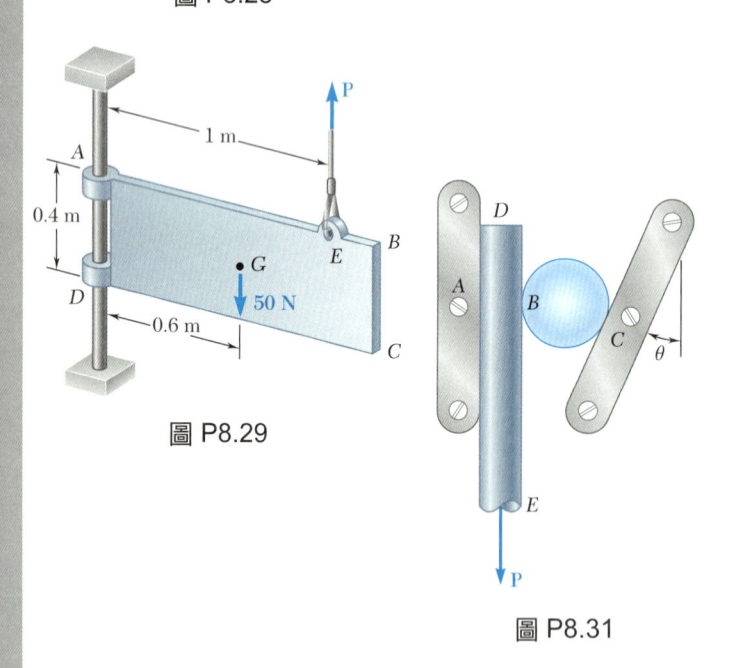

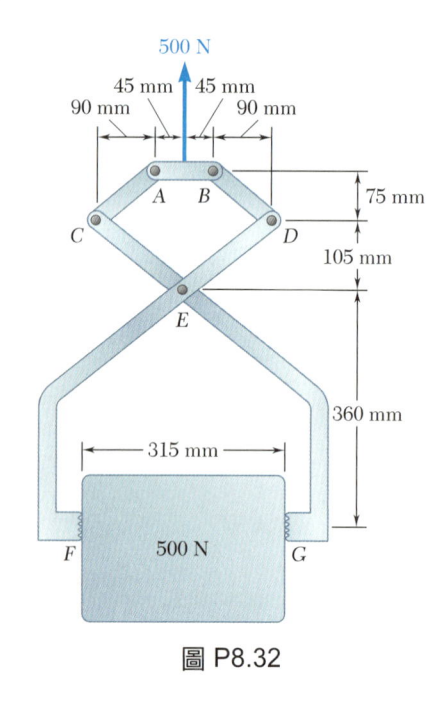

圖 P8.27

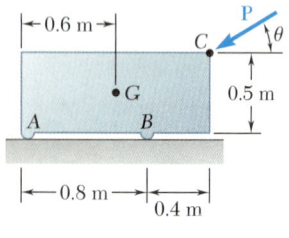

圖 P8.28

圖 P8.29

圖 P8.31

圖 P8.32

8.32 一重 500 N 的水泥塊由夾鉗提起。試求水泥塊與夾鉗在 F 與 G 處之可容許最小靜摩擦係數。

8.33 一半徑為 100 mm 的凸輪用來控制平板 *CD* 的運動。已知凸輪與平板之間的靜摩擦係數為 0.45，不考慮滾輪支撐的摩擦，試求 (a) 若平板厚度為 20 mm，保持平衡所需的力 **P**；(b) 使機構自鎖的平板最大厚度(即無論力 **P** 多大，平板均無法運動)。

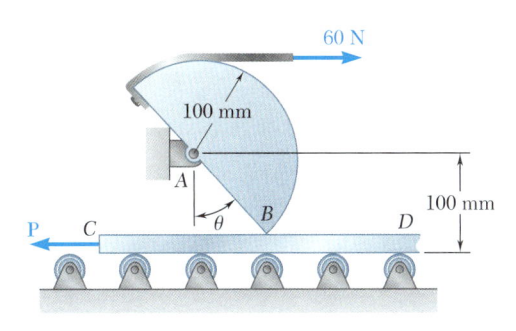

圖 *P8.33*

8.34 工作人員使用一固定於高樓的梯子進行工作，為確保安全，梯子上裝有一安全裝置如附圖所示，此裝置包含連接到梯子的軌道，以及可於軌道凸緣滑行的套筒。工作人員腰帶上的安全鏈條的另一端連接到凸輪的點 *E*，凸輪可繞套筒上的點 *C* 轉動。若當鏈條垂直下拉時，套筒不可滑動，且軌道凸緣、*A* 與 *B* 處的插銷以及偏心凸輪之間的各接觸面的靜摩擦係數相同，試求可容許之最小靜摩擦係數。

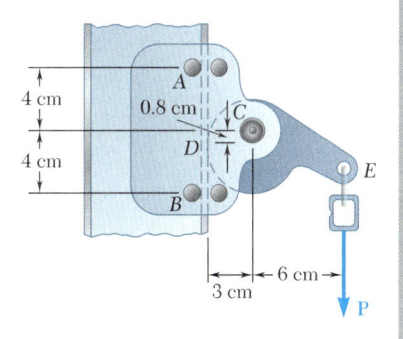

圖 P8.34

8.35 當拉力向上時，習題 8.34 的安全套筒必須能沿軌道自由滑行。當拉力如附圖所示，若套筒可滑動，試求軌道凸緣與兩插銷之間之可容許最小靜摩擦係數，假設 (a) $\theta = 60°$；(b) $\theta = 50°$；(c) $\theta = 40°$。

圖 P8.35

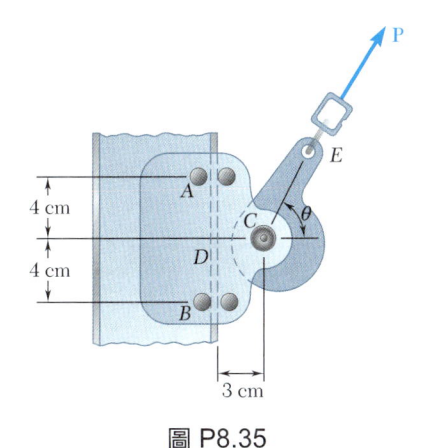

8.36 兩個重量均為 10 N 的方塊 A 與 B 由一不計重量的細桿相連。所有接觸面的靜摩擦係數均為 0.30，且細桿與垂直線夾角 $\theta = 30°$，(a) 證明當 $P = 0$ 時，系統平衡；(b) 試求保持平衡時的最大 P 值。

8.37 棒 AB 的兩端分別連接到兩軸環，兩軸環可在桿件上滑行，如附圖所示。一力 **P** 作用於端點 A 右方距離 a 處的點 D。已知軸環與桿件之間的靜摩擦係數 μ_s 為 0.3，不計棒與軸環的重量。試求保持平衡時比值 a/L 的最小值。

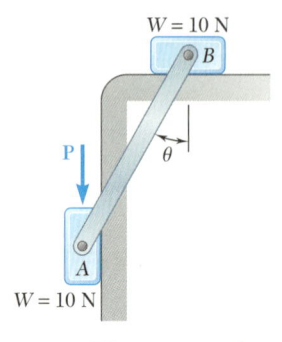

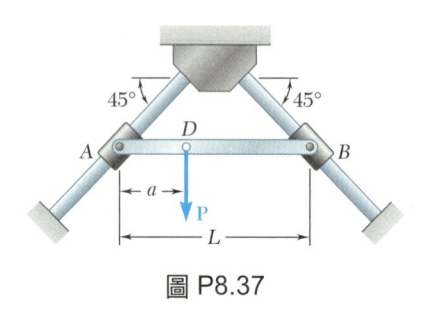

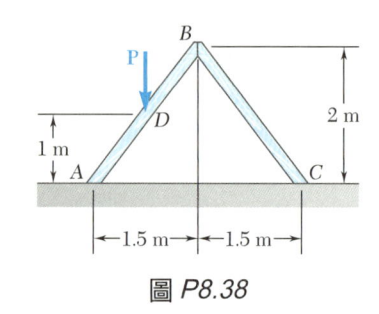

圖 P8.36

圖 P8.37

圖 P8.38

8.38 兩片相同的均勻板暫時放置如附圖所示，每片板重 40 N。已知所有接觸面的靜摩擦係數為 0.40，試求 (a) 保持平衡時的最大 **P** 值；(b) 瀕臨運動的表面。

8.39 已知軸環與桿件之間的靜摩擦係數為 0.35，試求保持平衡時的 P 值範圍，當 $\theta = 50°$、$M = 20$ N·m。

8.40 已知軸環與桿件之間的靜摩擦係數為 0.40，試求保持平衡時的 M 值範圍，當 $\theta = 60°$、$P = 200$ N。

8.41 要將長 3 m、重 4.8 kN 的梁朝左移動。一水平力 **P** 作用於推車，假設車輪無摩擦。而其他所有接觸面的摩擦係數為 $\mu_s = 0.30$ 與 $\mu_k = 0.25$、初始的 $x = 0.6$ m。已知推車的上表面稍高於平台，試求使梁開始移動所需的力 **P**。（提示：梁於 A 與 D 受支撐。）

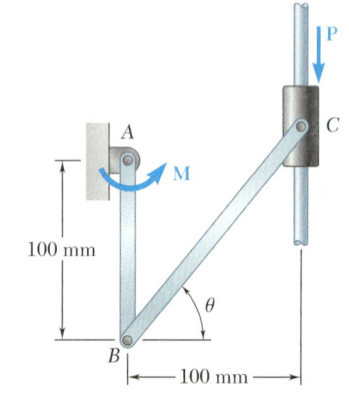

圖 P8.39 與 P8.40

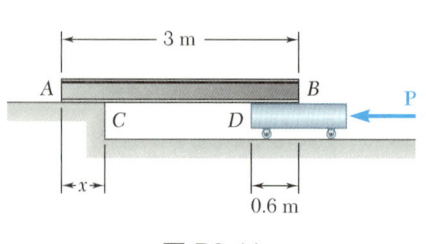

圖 P8.41

8.42 如習題 8.41，(a) 證明若推車的上表面稍低於平台，則梁無法移動；(b) 證明若有兩名重量均為 700 N 的工人站在梁的 B，則梁仍可移動，試求出梁向左的最大位移。

8.43 兩個重量均為 8 kg 的方塊 A 與 B 靜止於架子上，兩者由一不計重量的桿件相連。已知作用於 C 的水平力 **P** 從零慢慢增大，試求使運動開始的 P 值，其運動為何？假設所有表面的靜摩擦係數為 (a) $\mu_s = 0.40$；(b) $\mu_s = 0.50$。

8.44 一長 225 mm 的細鋼桿放在一圓管的內緣如附圖所示。已知鋼桿與圓管的靜摩擦係數為 0.20，試求鋼桿不滑落圓管內的最大 θ 值。

8.45 如習題 8.44，試求鋼桿不滑出圓管的最小 θ 值。

8.46 兩不計重量的細桿由插銷 C 相連，並分別連接到重量均為 W 的方塊 A 與 B。已知 $\theta = 80°$，且方塊與水平面的靜摩擦係數為 0.30，試求保持平衡的最大 P 值。

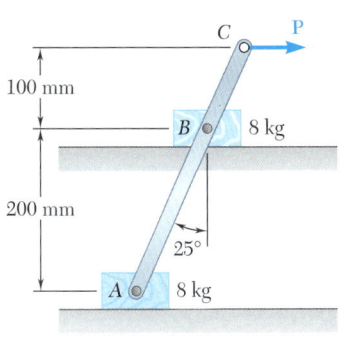

圖 P8.43

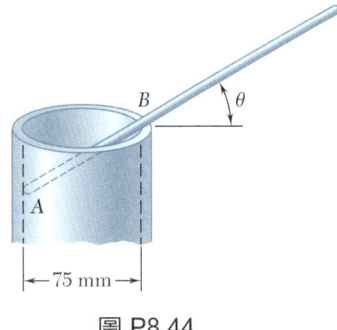

圖 P8.44

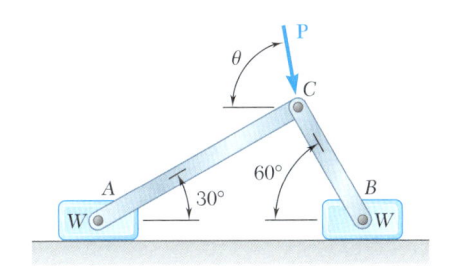

圖 P8.46 與 P8.47

8.47 兩不計重量的細桿由插銷 C 相連，並分別連接到重量均為 W 的方塊 A 與 B。已知 $P = 1.260 W$，且方塊與水平面的靜摩擦係數為 0.30，試求保持平衡時，θ 值的範圍 (取 0 到 180° 之間)。

8.5 楔 (Wedges)

楔是用來提起大石塊或其他重物的簡單機具。透過施加一比負載小很多的力於楔上以提起重物。此外，由於接觸面的摩擦力，某些形狀的楔雖然受負載作用但仍會保持不動。因此，可用楔來微調機械中重物的位置。

考慮圖 8.7a 的方塊 A。方塊靜止倚靠於垂直牆面 B，透過推擠楔 C 於方塊 A 和另一楔 D 之間，將方塊抬起。欲求移動楔 C 所需的力

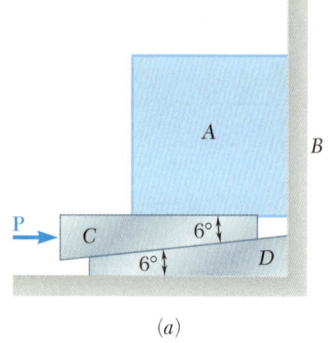

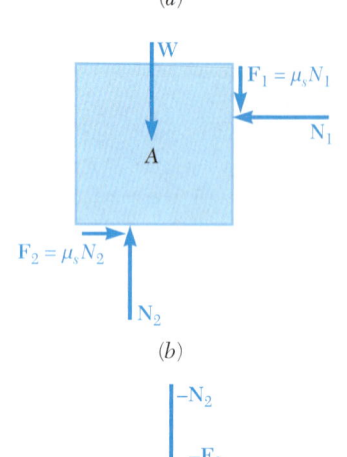

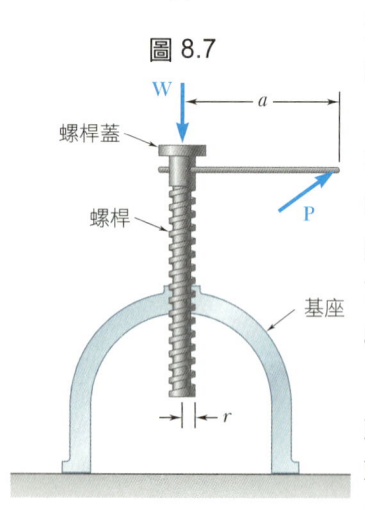

P 的最小值。假設方塊的重量 W 已知，單位可以是磅或是牛頓。

方塊 A 和楔 C 的自由體圖如圖 8.7b 和 c 所示。作用於方塊的力有方塊的重力，以及牆面 B 和楔 C 接觸面的正向力和摩擦力。因為要使方塊運動，摩擦力 F_1 和 F_2 的大小分別等於 $\mu_s N_1$ 和 $\mu_s N_2$。摩擦力的指向必須標示正確。由於方塊會向上移動，牆面施加於方塊的力 F_1 必定朝下。另一方面，由於楔 C 向右移動，A 相對於 C 則向左移動，故 C 施加於 A 的力 F_2 必定朝右。

現在考慮圖 8.7c 的自由體 C，作用於 C 的力有施加力 P、A 與 D 接觸面的正向力與摩擦力。假設楔的重量遠小於其他力，可忽略不計。A 作用於 C 的力與 C 作用於 A 的力 N_2 和 F_2 的大小相等、指向相反，因此標示為 $-N_2$ 和 $-F_2$；摩擦力 $-F_2$ 必定朝左。且 D 作用於 C 的力 F_3 也朝左。

若將摩擦力以正向力表示，則兩自由體圖的未知數總數可減少為四個。方塊 A 和楔 C 處於力平衡可得到四個平衡方程式，可用來解出 P 的大小。需注意，此問題若直接以合力取代正向力和摩擦力，可以簡化分析。每個自由體只受三個力，畫出對應的力三角即可求解（範例 8.4）。

8.6 方螺紋螺桿 (Square-Threaded Screws)

方螺紋螺桿常用於起重機、衝床和其他機構中。螺桿的分析和沿斜面滑行的方塊問題很類似。

考慮圖 8.8 的千斤頂，其中螺桿下方由千斤頂基座支撐，上方則受負載 W。螺桿和基座接觸於螺紋面上。施加一力 P 於把手上可轉動螺桿進而提起負載 W。

展開後的基座螺紋為直線，如圖 8.9a 所示。畫出長度為 $2\pi r$ 的水平線與螺紋的垂直**導程** (lead) L，即可得到正確的斜率，其中 r 為螺紋的平均半徑、導程 L 為螺桿旋轉一周前進的距離。斜線與水平線的夾角 θ 稱為**導角** (lead angle)。由於摩擦力與接觸面無關，分析時可假設兩螺紋的接觸面遠小於實際接觸面積，因此可將螺桿表示成圖 8.9a 中的方塊。分析千斤頂時螺桿與螺桿蓋 (cap) 的摩擦可忽略不計。

方塊的自由體圖應包括負載 W、基座螺紋的反力 R，以及和施加於把手的力 P 有相同效應的水平力 Q。力 Q 對螺桿軸的力矩應與 P 相同，且大小為 $Q = Pa/r$。由圖 8.9a 的自由體圖可求得力 Q 與提起負載 W 所需的力 P。假設提起負載的過程很緩慢，可視為靜態，

圖 8.7

圖 8.8

故取摩擦角等於 ϕ_s。對連續轉動的機構而言，可能需要區分啟動所需的力 (要用 ϕ_s) 與維持運動所需的力 (要用 ϕ_k)。

如果摩擦角 ϕ_s 大於導角 θ，螺桿稱為**自鎖** (self-looking)；受負載時會保持不動。欲使螺桿朝下轉動，則需施加如圖 8.9b 的力。如果 ϕ_s 小於 θ，螺桿受負載時會自動放鬆旋轉而下降。如要防止螺桿下降，則需施加如圖 8.9c 的力。

螺桿的導程不應與其**螺距**混淆。導程定義為螺桿轉動一周前進的距離；螺距則是相鄰螺牙的距離。單螺紋螺桿的導程和螺距相同，但**多螺紋**螺桿的搗成和螺距則不同。多螺紋螺桿上有多條獨立的螺紋。例如雙螺紋螺桿的導程等於兩倍螺距；三螺紋螺桿的導程等於三倍螺距。

照片 8.2　如圖示楔被用來劈開樹幹。因為楔對木頭的作用力，比人對楔所施的力量大上許多。

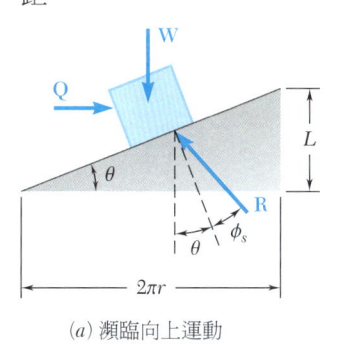

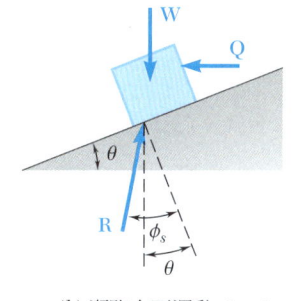

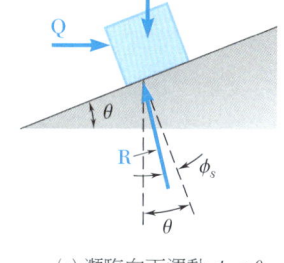

(a) 瀕臨向上運動
(b) 瀕臨向下運動 $\phi_s > \theta$
(c) 瀕臨向下運動 $\phi_s < \theta$

圖 8.9

範例 8.4

某機具方塊 B 的位置可藉由移動楔 A 調整。已知所有接觸面的靜摩擦係數均為 0.35，試求以下情況所需的力 **P**：(a) 提起方塊 B；(b) 降下方塊 B。

解

先畫出方塊 B 與楔 A 的自由體圖，與對應的力三角。接著用正弦定理求出未知力。由於 $\mu_s = 0.35$，摩擦角為

$$\phi_s = \tan^{-1} 0.35 = 19.3°$$

a. 提起方塊所需的力 P

自由體：方塊 B

$$\frac{R_1}{\sin 109.3°} = \frac{400 \text{ N}}{\sin 43.4°}$$
$$R_1 = 549 \text{ N}$$

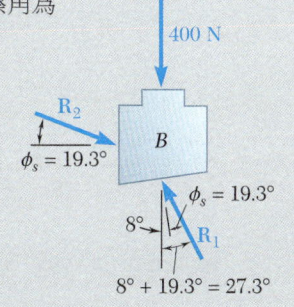

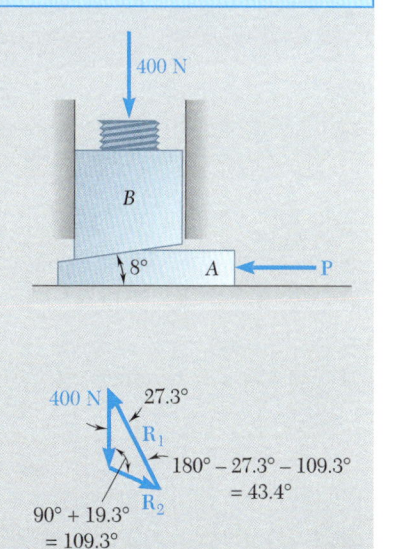

$$\dfrac{P}{\sin 46.6°} = \dfrac{549\text{ N}}{\sin 70.7°}$$
$$P = 423\text{ N} \qquad \mathbf{P} = 423\text{ N} \leftarrow$$

b. 降下方塊所需的力 P

自由體：方塊 B

$$\dfrac{R_1}{\sin 70.7°} = \dfrac{400\text{ N}}{\sin 98.0°}$$
$$R_1 = 381\text{ N}$$

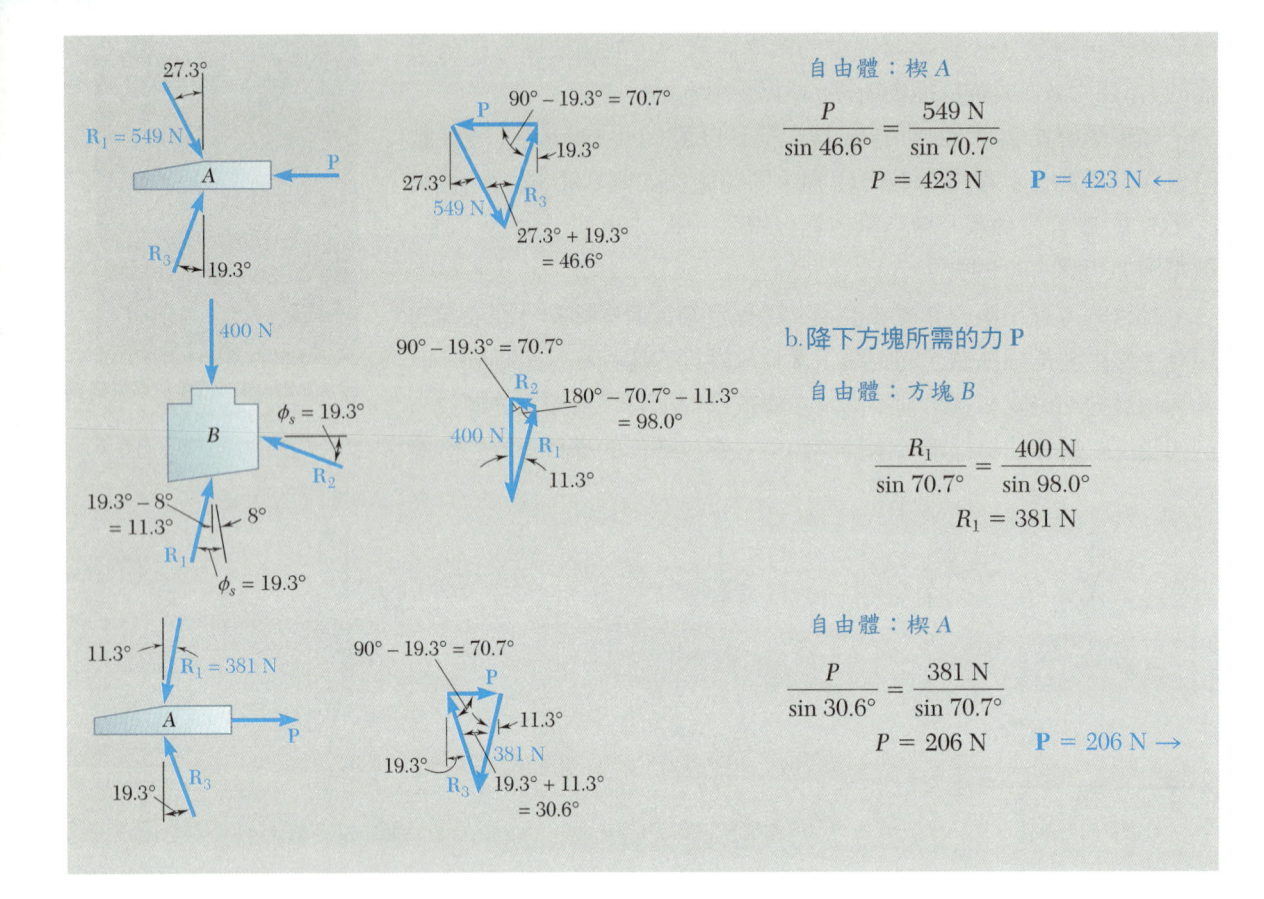

自由體：楔 A

$$\dfrac{P}{\sin 30.6°} = \dfrac{381\text{ N}}{\sin 70.7°}$$
$$P = 206\text{ N} \qquad \mathbf{P} = 206\text{ N} \rightarrow$$

範例 8.5

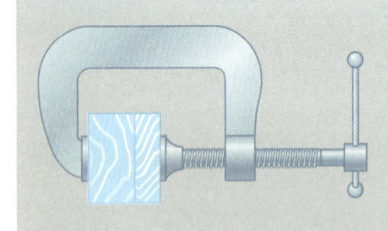

一夾具夾住兩個木塊，如附圖所示。夾具有平均直徑為 10 mm 的雙螺紋，螺距為 2 mm。螺紋間的靜摩擦係數為 $\mu_s = 0.30$。若將夾具鎖緊時的最大力偶為 40 N·m，試求 (a) 施加在木塊的力；(b) 將夾具放鬆所需的力偶。

解

a. 夾具施加的力。 螺紋的平均半徑為 $r = 5$ mm。由於為雙螺紋，導程 L 等於螺距的兩倍：$L = 2(2\text{ mm}) = 4$ mm。可得導角 θ 與摩擦角 ϕ_s 如下

$$\tan\theta = \dfrac{L}{2\pi r} = \dfrac{4\text{ mm}}{10\pi\text{ mm}} = 0.1273 \qquad \theta = 7.3°$$
$$\tan\phi_s = \mu_s = 0.30 \qquad \phi_s = 16.7°$$

應該施加在代表螺桿的方塊的力 **Q** 可由下面方法獲得，此力

對螺桿軸線的力矩為 Qr，並等於外加的力偶

$$Q(5 \text{ mm}) = 40 \text{ N} \cdot \text{m}$$
$$Q = \frac{40 \text{ N} \cdot \text{m}}{5 \text{ mm}} = \frac{40 \text{ N} \cdot \text{m}}{5 \times 10^{-3} \text{ m}} = 8000 \text{ N} = 8 \text{ kN}$$

接著可畫出方塊的自由體圖與對應的力三角。施加在木塊的力 **W** 的大小可由下式得到

$$W = \frac{Q}{\tan(\theta + \phi_s)} = \frac{8 \text{ kN}}{\tan 24.0°}$$

$$W = 17.97 \text{ kN}$$

b. 將夾具放鬆所需的力偶。放鬆夾具所需的力 **Q** 與對應的力偶，可由自由體圖與對應的力三角求得

$$Q = W \tan(\phi_s - \theta) = (17.97 \text{ kN}) \tan 9.4°$$
$$= 2.975 \text{ kN}$$

力偶 $= Qr = (2.975 \text{ kN})(5 \text{ mm})$
$\qquad = (2.975 \times 10^3 \text{ N})(5 \times 10^{-3} \text{ m}) = 14.87 \text{ N} \cdot \text{m}$

力偶 $= 14.87 \text{ N} \cdot \text{m}$

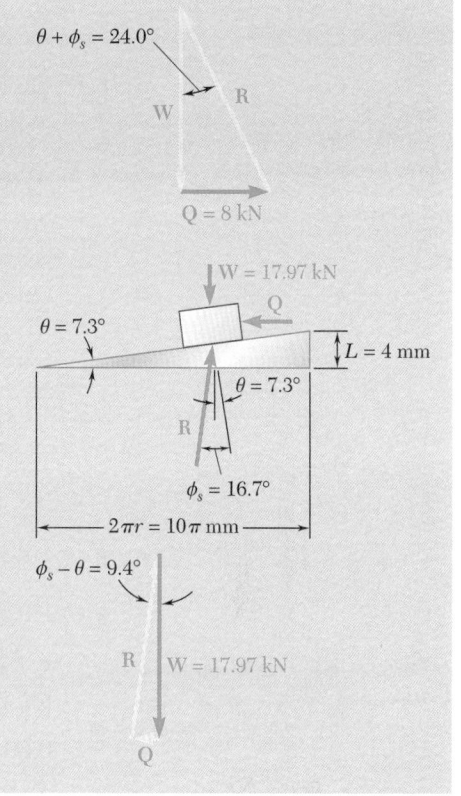

本節學到利用摩擦定理求解涉及楔和方螺紋螺桿的問題。

1. **楔**。解題時請記住以下要點：
   a. 先畫出楔與其他物體的自由體圖。小心標示所有接觸面相對運動的方向；摩擦力的指向與相對運動反向。
   b. 如果楔被插入或移除，表示所有接觸面均瀕臨運動，則於接觸面標示最大靜摩擦力 F_m。
   c. 許多情況標示反力 R 和摩擦角會比標示正向力和摩擦力求解較為方便。此時可透過畫出力三角形，再用圖解法或三角函數來解出未知數。
2. **方螺紋螺桿**。方螺紋螺桿的分析和上節介紹的方塊滑行於斜面問題相同。應將螺紋攤開成一三角形，得到正確的螺紋傾斜角度 [範例 8.5]。解方螺紋問題時請記住以下要點：
   a. 不要混淆螺距與導程。**螺距**是兩相鄰螺牙的距離，而**導程**是螺桿旋轉一周前進的距離。單螺紋螺桿的導程等於螺距。雙螺紋螺桿的導程等於兩倍螺距。
   b. 將螺桿鎖緊所需的力偶不同於放鬆螺桿所需的力偶。此外，用於千斤頂和夾板通常是的**自鎖螺桿**；即無外加力偶時螺桿會保持靜止，且需外加力偶才能放鬆 [範例 8.5]。

習題

8.48 機具零件 ABC 由無摩擦鉸鍊 B 與一個 10° 的楔 C 支撐。已知楔的兩表面的靜摩擦係數均為 0.20，試求 (a) 移動楔所需的力 **P**；(b) 此時 B 的反力分量。

圖 P8.48

8.49 如習題 8.48，但力 **P** 朝右。

8.50 與 **8.51** 一由水泥板支撐的鋼梁的一端的高度，可由鋼楔 E 與 F 調整。基板 CD 與鋼梁的下緣焊接在一起，已知鋼梁受 100 kN 的力。兩鋼表面間的靜摩擦係數為 0.30、鋼與水泥之間則為 0.60。若力 **Q** 的作用使梁無法水平運動，試求 (a) 提起梁所需的力 **P**；(b) 此時對應的力 **Q**。

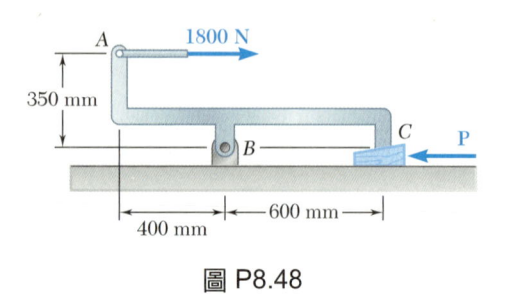

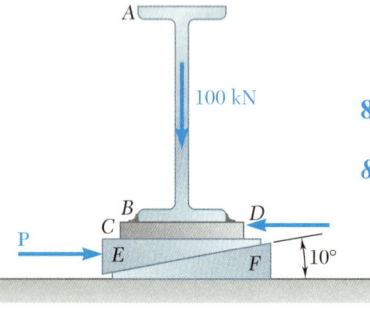

圖 P8.50

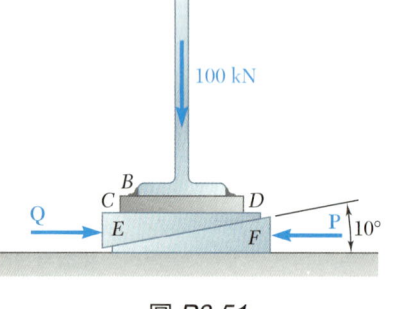

圖 P8.51

8.52 與 **8.53** 兩個 8° 的楔用來定位一重 530 N 的方塊，楔的重量可忽略不計。已知所有接觸面的靜摩擦係數均為 0.40，試求方塊瀕臨運動的力 **P** 的大小。

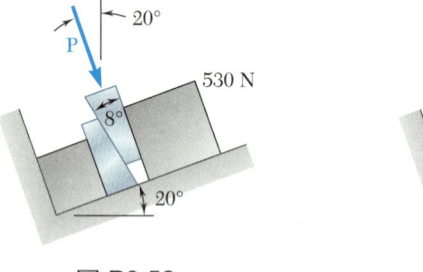

圖 P8.52

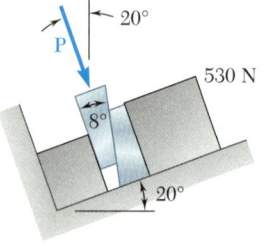

圖 P8.53

8.54 方塊 A 支撐一管柱，且靜止於楔 B 上。已知所有接觸面的靜摩擦係數均為 0.25，且 $\theta = 45°$，試求提起方塊 A 所需的最小力 **P**。

8.55 方塊 A 支撐一管柱，且靜止於楔 B 上。已知所有接觸面的靜摩擦係數均為 0.25，且 $\theta = 45°$，試求保持平衡所需的最小力 **P**。

8.56 方塊 A 支撐一管柱,且靜止於楔 B 上。已知所有接觸面的靜摩擦係數均為 0.25。若 P = 0,試求 (a) 瀕臨運動的角度 θ; (b) 此時垂直牆施加於方塊的力。

8.57 一不計重量的楔 A 置於兩個重量均為 100 N 的平板 B 與 C 之間。所有接觸面的靜摩擦係數均為 0.35。試求使楔開始移動所需的力 **P**,(a) 若兩板同樣可自由移動;(b) 若板 C 被固定於表面。

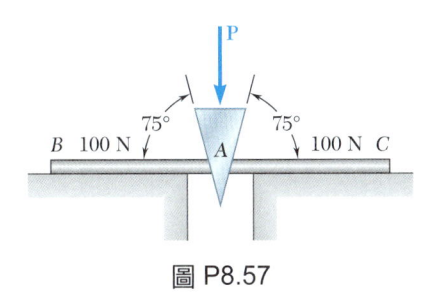

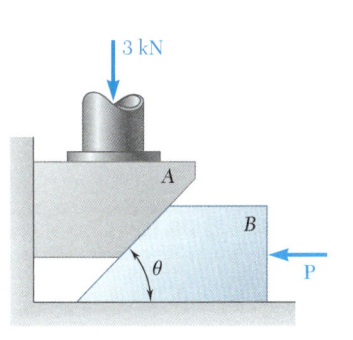

圖 P8.54、P8.55 與 P8.56

圖 P8.57

8.58 一個 10° 的楔用來劈開一段樹幹。楔與樹幹之間的靜摩擦係數為 0.35。已知插入楔所需的力 **P** 大小為 600 N。試求插入後,楔施加於樹幹的力的大小。

8.59 一個 10° 的楔被擠入重量為 5 kg 的桿件 AB 的一端 B 之下。已知楔與桿件之間的靜摩擦係數為 0.40,而楔與地板之間則為 0.20,試求提起桿件的 B 所需的最小力 **P**。

8.60 一門栓 (door latch) 的彈簧常數為 375 N/m,且於附圖所示位置時施加一 3 N 的力於螺栓 (bolt) 上。螺栓與鎖舌片的靜摩擦係數為 0.40;所有其他表面均有潤滑,故可假設為無摩擦。試求開始關門所需的力 **P**。

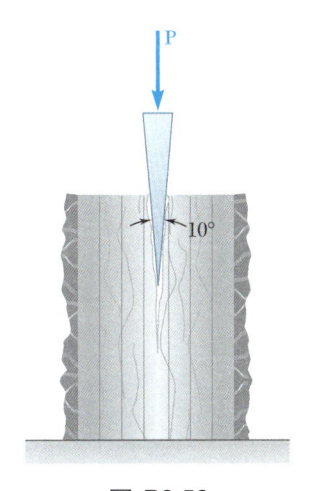

圖 *P8.58*

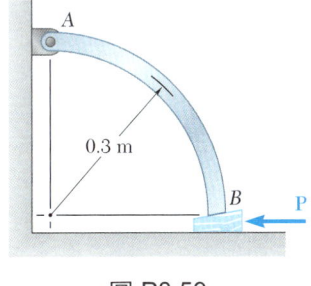

圖 P8.59

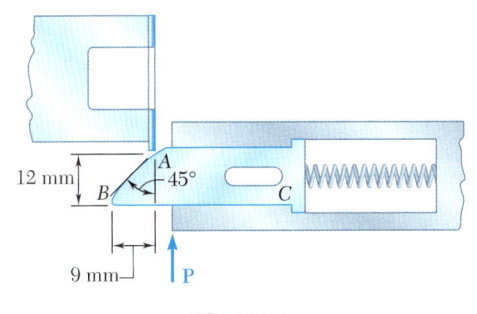

圖 P8.60

8.61 如習題 8.60,若關門所需的力 **P** 在附圖所示位置,以及當 B 幾乎位於鎖舌片時相等,試求螺栓表面與線 BC 的夾角。

8.62 一個 5° 的楔被擠入重量為 1400 N 的機具底盤 A 處。已知所有接觸面的靜摩擦係數均為 0.20。(a) 試求移動楔所需的力 **P**；(b) 試問機具底盤是否會移動。

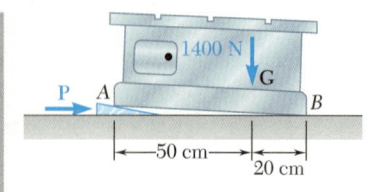

圖 P8.62

8.63 如習題 8.62，但假設楔被擠入機具底盤 B 處。

8.64 一個 15° 的楔被擠入重量 50 kg 的管件。已知所有接觸面的靜摩擦係數均為 0.20。(a) 證明管件與垂直牆之間有滑動；(b) 試求移動楔所需的力 **P**。

8.65 一個 15° 的楔被擠入重量 50 kg 的管件。已知楔上下兩表面的靜摩擦係數均為 0.20，試求使 A 處有滑動時管件與垂直牆之間的最大靜摩擦係數。

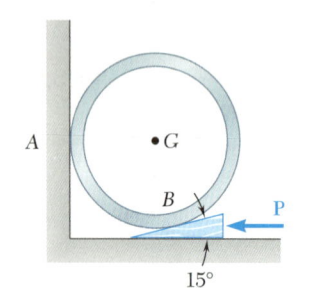

圖 P8.64 與 P8.65

*8.66 一 200 N 的方塊靜止於不計重量的楔上。楔上下表面的靜摩擦係數均為 μ_s，方塊與垂直牆的摩擦不計。若 $P = 100$ N，試求瀕臨運動的 μ_s。(提示：使用試誤法求解。)

*8.67 如習題 8.66，但假設移除滾輪，而所有表面的靜摩擦係數均為 μ_s。

8.68 推導下列公式，以指出第 8.6 節討論的作用於千斤頂手柄上的負載 W 與力 P 之間的關係。(a) $P = (Wr/a)\tan(\theta + \phi_s)$ 以提起負載；(b) 若螺桿為自鎖，則 $P = (Wr/a)\tan(\theta - \phi_s)$ 以降下負載；(c) 若螺桿為非自鎖，則 $P = (Wr/a)\tan(\theta - \phi_s)$ 以使負載不動。

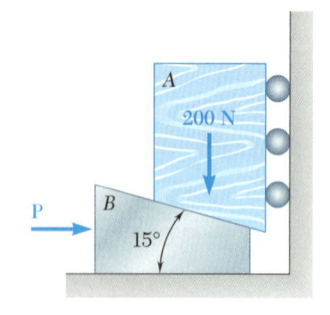

圖 P8.66

8.69 附圖所示的方螺紋渦輪 (worm gear) 的平均半徑為 30 mm、導程為 7.5 mm，大齒輪承受固定的大小為 700 N·m 的順時針力偶。已知兩齒輪之間的靜摩擦係數為 0.12，試求使大齒輪以逆時針方向轉動所需施加在軸上的力偶。不計 A、B 與 C 處軸承的摩擦。

8.70 如習題 8.69，試求使大齒輪以順時針方向轉動所需施加在軸上的力偶。

8.71 高強度螺栓用在許多鋼結構中，對於標稱直徑為 24 mm 的螺栓，所需最小張力為 210 kN。假設摩擦係數為 0.40，試求應施加在螺栓與螺帽的力偶。螺紋的平均直徑為 22.6 mm、導程為

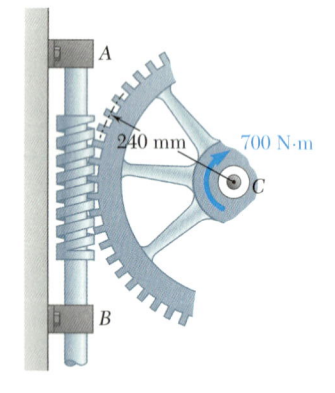

圖 P8.69

3 mm。不計螺帽與墊圈間的摩擦,並假設螺栓為方螺紋。

8.72 一汽車千斤頂 (automobile jack) 的位置是以螺桿 ABC 控制,此螺桿兩端均為單螺紋 (A 端為右螺紋、C 端為左螺紋)。每一螺紋的螺距為 2 mm、平均直徑為 7.5 mm。若靜摩擦係數為 0.15,試求提起汽車所需的力偶 **M** 的大小。

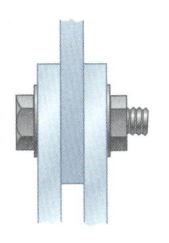

圖 P8.71

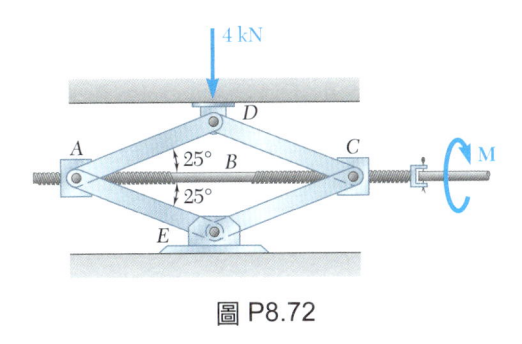

圖 P8.72

8.73 如習題 8.72,試求降下汽車所需的力偶 **M** 的大小。

8.74 附圖所示的齒輪拉動組合中,方螺紋螺桿 AB 的平均半徑為 15 mm、導程為 4 mm。已知靜摩擦係數為 0.10,試求施加 3 kN 的力於齒輪上,所需施加於螺桿的力偶大小。

8.75 兩固定桿件 A 與 B 的兩端各做成單螺紋螺桿,其平均半徑為 6 mm、螺距為 2 mm。已知桿件 A 為右螺紋、桿件 B 為左螺紋。桿件與套筒之間的靜摩擦係數為 0.12。試求使兩桿件互相拉近所需施加在套筒上的力偶大小。

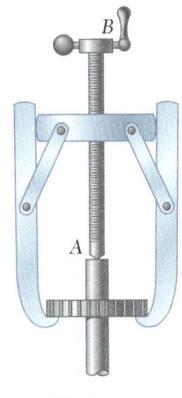

圖 P8.74

圖 P8.75

8.76 如習題 8.75,但假設兩桿均為右螺紋,試求轉動套筒所需施加的力偶大小。

*8.7 軸頸軸承 / 軸摩擦 (Journal Bearings. Axle Friction)

軸頸軸承用來提供轉動軸的側向支撐。下節將討論的止推軸承則提供軸的軸向支撐。如果軸頸軸承完全潤滑,其摩擦阻力與轉速、

軸與軸承間距，以及潤滑油的黏滯性有關。如第 8.1 節所述，這類問題會在流體力學討論。本章介紹的方法可用來研究沒有潤滑的頸軸軸承的問題。假設軸與軸承沿一直線直接接觸。

考慮重量皆為 **W** 的兩輪，固定於一由兩軸頸軸承支撐的轉軸上 (圖 8.10a)。如果要使兩輪等速轉動，則需在輪上施加力偶 **M**。圖 8.10c 為其中一輪與部分轉軸的自由體圖，圖上的力有輪的重力 **W**、維持轉動所需的力偶 **M**、與軸承的反力 **R**。軸承反力 **R** 為垂直、且與 **W** 的大小相等、指向相反，但不通過軸心 O；**R** 的作用線在 O 的右方，且對 O 的力矩與力偶 **M** 的力矩平衡。因此轉動時，軸與軸承並不在最低點 A 接觸。接觸發生在點 B (圖 8.10b)，或更精確的說，接觸在垂直紙面且通過 B 的直線。物理上可解釋如下：當輪轉動時，軸會傾向爬上軸承直到兩者相對滑動為止。最後會保持接觸在點 B。此時作用線的距離等於 $r \sin \phi_k$，其中 r 為軸的半徑。對作用於自由體的

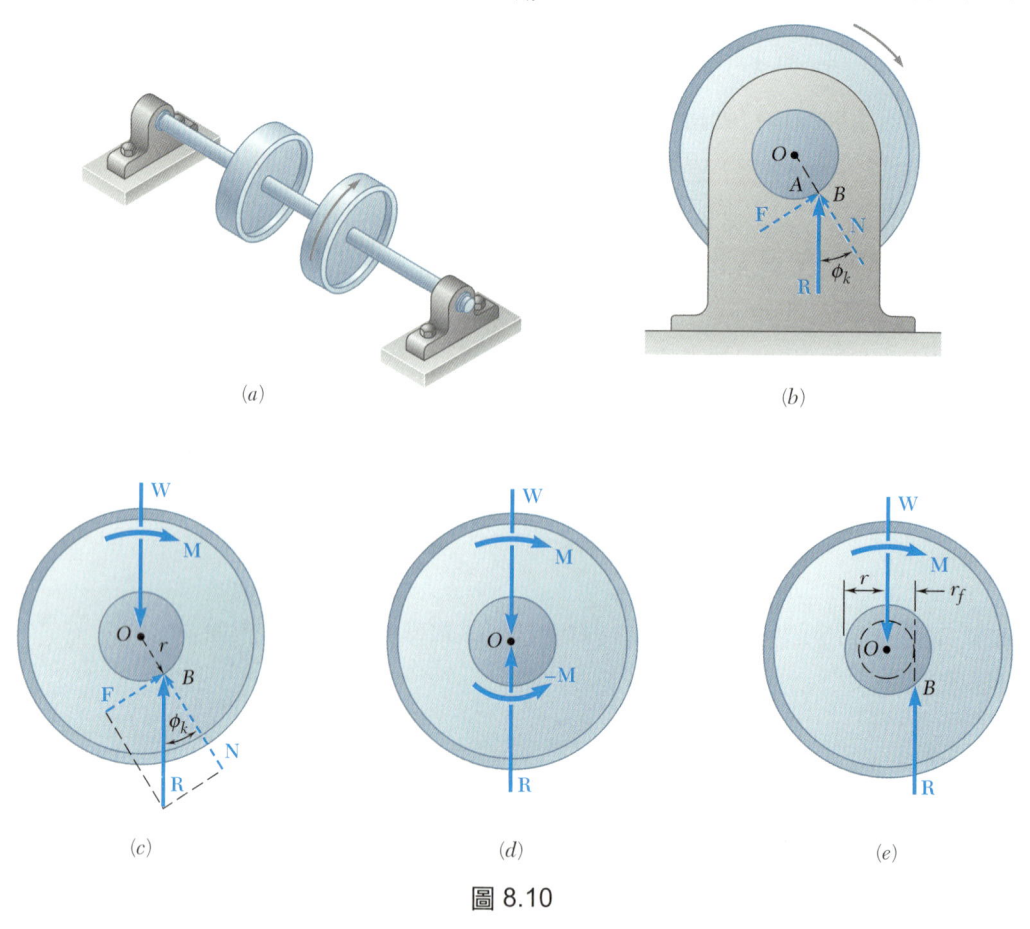

圖 8.10

力寫下 $\Sigma M_O = 0$，得到克服摩擦阻力所需力偶 **M** 的大小如下：

$$M = Rr \sin \phi_k \tag{8.5}$$

當摩擦角很小時，$\sin \phi_k$ 可以 $\tan \phi_k$ 取代，意即以 μ_k 取代，故得近似式如下

$$M \approx Rr\mu_k \tag{8.6}$$

求解某些問題時，也可令 **R** 的作用線通過 O，再加上與力偶 **M** 大小相等但反向的力偶 $-\mathbf{M}$，如圖 8.10d 所示。另外加上的力偶代表軸承的摩擦阻力。

若要用圖解法，可如圖 8.10e 畫上 **R** 的作用線，且與圓心在 O 的圓相切，圓的半徑為

$$r_f = r \sin \phi_k \approx r\mu_k \tag{8.7}$$

這個圓稱為軸和軸承的摩擦圓，與軸的受力狀態無關。

*8.8　止推軸承 / 圓盤摩擦 (Thrust Bearings. Disk Friction)

兩種止推軸承常用於提供轉軸的軸支撐：(1) **端面軸承** (end bearings)，以及 (2) **套環軸承** (collar bearings) (圖 8.11)。套環軸承的摩擦力發生在互相接觸的兩環狀面上；端面軸承的摩擦力則發生在軸的整個端面上。當軸的端面為空心環時，則發生在這個環上。兩圓面間的摩擦力稱為**圓盤摩擦** (disk friction)，有時也出現在其他機構，例如圓盤離合器。

這裡考慮較為通用的轉動空心軸幾何形狀，推導摩擦力公式。施加一力偶 **M** 使軸等速轉動，另一力 **P** 使軸與軸承面保持接觸 (圖

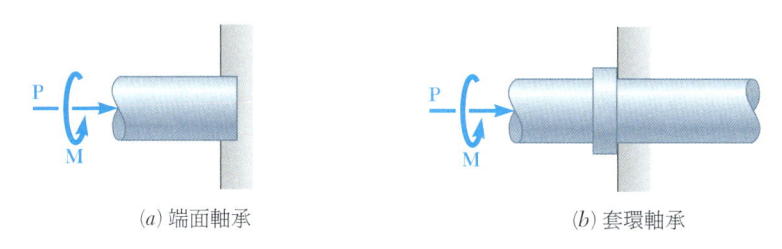

(a) 端面軸承　　　　　(b) 套環軸承

圖 8.11　止推軸承

8.12)。軸與軸承的接觸發生在一環形面上，其內徑 R_1、外徑 R_2。假設兩表面的接觸壓力均勻，則作用於面積 ΔA 的小元素正向力 $\Delta \mathbf{N}$ 的大小 $\Delta N = P\,\Delta A/A$，其中，作用於 ΔA 的摩擦力大小為 $\Delta F = \mu_k \Delta N$。將轉軸中心線到 ΔA 的距離標示為 r，$\Delta \mathbf{F}$ 對軸中心線的力矩大小 ΔM 為

$$\Delta M = r\,\Delta F = \frac{r\mu_k P\,\Delta A}{\pi(R_2^2 - R_1^2)}$$

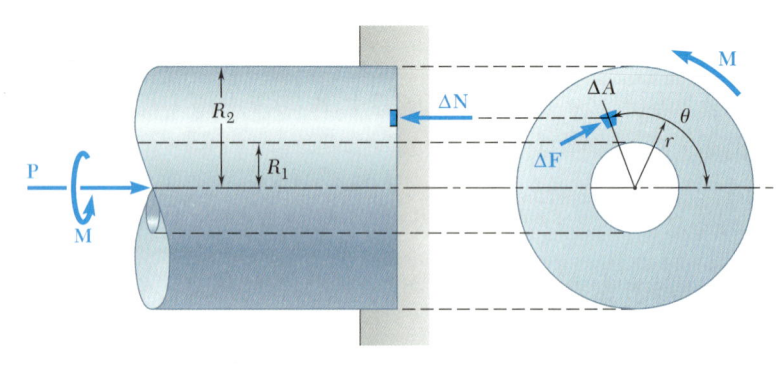

圖 8.12

軸的平衡需要施加於軸的力偶力矩 $\mathbf{M}$ 等於摩擦力 $\Delta \mathbf{F}$ 的力矩和。將 ΔA 以極座標下的微分元素 $dA = r\,d\theta\,dr$ 取代，對整個接觸面積分，得到以下要克服軸承摩擦阻力所需的力偶 $\mathbf{M}$ 的大小：

$$\begin{aligned} M &= \frac{\mu_k P}{\pi(R_2^2 - R_1^2)} \int_0^{2\pi} \int_{R_1}^{R_2} r^2\,dr\,d\theta \\ &= \frac{\mu_k P}{\pi(R_2^2 - R_1^2)} \int_0^{2\pi} \tfrac{1}{3}(R_2^3 - R_1^3)\,d\theta \\ M &= \tfrac{2}{3}\mu_k P \frac{R_2^3 - R_1^3}{R_2^2 - R_1^2} \end{aligned} \qquad (8.8)$$

當接觸發生在一個半徑 R 的整圓時，式 (8.8) 化簡成

$$M = \tfrac{2}{3}\mu_k PR \qquad (8.9)$$

由上式可知 M 值等於作用於距圓心 $2R/3$ 的集中力 P 所產生的力矩。

圓盤離合器能傳遞不造成相對滑動的最大力偶表達式與式 (8.9) 類似，只需將 μ_k 取代為靜摩擦係數 μ_s。

*8.9 滾動輪摩擦 / 滾動阻力 (Wheel Friction. Rolling Resistance)

滾輪是人類文明最重要的發明之一。滾輪的使用使人得以用很小的力移動重物。因為任一瞬間滾輪與地面的接觸點與地面沒有相對運動，滾輪的使用消除了負載直接與地面接觸所造成的極大摩擦力。然而，實際上滾輪轉動時仍受些許阻力。這個阻力有兩個不同成因：(1) 軸摩擦與輪邊摩擦的組合效應；以及 (2) 滾輪與地面變形，導致實際接觸發生在一面上，而不是一點。

為更了解滾輪運動阻力的第一個成因，考慮一火車車廂，由八個架在軸和軸承組的滾輪支撐。假設車廂以等速度沿水平直線朝右運動。圖 8.13a 顯示其中一輪的自由體圖。作用於自由體圖的力有滾輪承受的負載 W 和鐵軌的正向力 N。由於 W 通過軸心 O，軸承的摩擦阻力應以一逆時針力偶 M 表示 (第 8.7 節)。為使自由體保持平衡，要加上兩個大小相等、指向相反的力 P 和 F，這兩力形成一順時針力偶 −M。力 F 是鐵軌作用於滾輪的摩擦力，P 代表需施加於滾輪使其以等速運動的外力。要注意的是，若滾輪和鐵軌間無摩擦，則 P 和 F 都不存在。代表軸摩擦的力偶 M 也會等於零；表示滾輪將於鐵軌上滑行，而非轉動。

當沒有軸摩擦時，力偶 M 以及兩力 P 和 F 都變成零。例如圖 8.13b 中的滾輪沒有軸承與軸摩擦，滾輪以等速於水平面上滾動將只受兩個力：自身重力 W 和地面的正向力 N。無論滾輪和地面的摩擦係數為何，滾輪都不受摩擦力。因此，一自由滾動於水平面上的滾輪將一直滾動不停。

然而，實際經驗顯示滾輪滾動中會減速，最終靜止。這需由本節最開始提到的第二類阻力解釋，稱為**滾動阻力** (rolling resistance)。受負載 W 時，滾輪和地面都會些許變形，導致滾輪和地面的接觸發生在一特定面積上。實驗結果顯示，地面施加於滾輪接觸面上的合力 R 作用於點 B。點 B 並不在輪心 O 的正下方，而在 O 的前面一小段距離處 (圖 8.13c)。為平衡 W 對點 B 的力矩，使滾輪以等速轉動，必須施加水平力 P 於輪心。寫下 $\Sigma M_B = 0$ 如下

$$Pr = Wb \qquad (8.10)$$

其中 r = 滾輪半徑
　　b = O 和 B 的水平距離

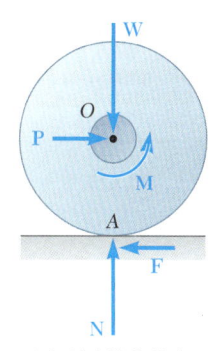

(a) 軸摩擦的效應

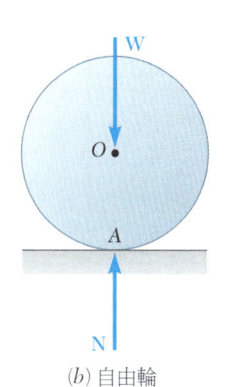

(b) 自由輪

(c) 滾動阻力

圖 8.13

距離 b 通常稱為**滾動阻力係數** (coefficient of rolling resistance)。需注意 b 代表一段長度,因此不是無因次係數;單位通常是英吋或是毫米。b 值和幾個參數有關,但至今尚未完全明白。實驗結果顯示,鋼軌上的鋼輪的滾動阻力係數約為 0.25 mm、但相同鋼輪在軟地面上的 b 則約為 125 mm。

範例 8.6

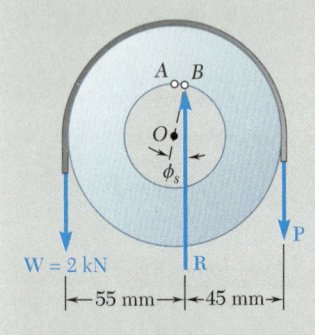

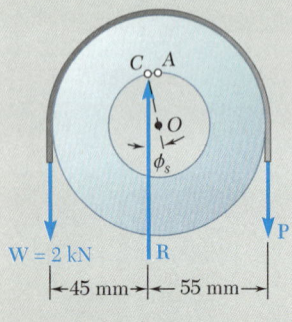

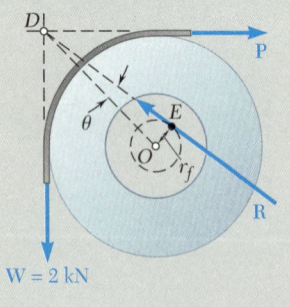

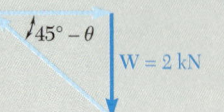

一直徑為 100 mm 的滑輪可繞一直徑為 50 mm 的固定軸轉動。滑輪與軸之間的靜摩擦係數為 0.20。試求 (a) 開始提起 2 kN 負載所需的最小垂直力 **P**;(b) 使負載不動所需的最小垂直力 **P**;(c) 開始提起相同負載所需的最小水平力 **P**。

解

a. **開始提起負載所需的最小垂直力 P**。當繩左右兩區段的力相等時,滑輪與軸接觸於 A。當 **P** 增大,滑輪稍微繞軸轉動,而接觸發生於 B。畫出當瀕臨運動時,滑輪的自由體圖。滑輪的圓心 O 到 **R** 的作用線的垂直距離為

$$r_f = r \sin \phi_s \approx r\mu_s \qquad r_f \approx (25 \text{ mm})0.20 = 5 \text{ mm}$$

計算對 B 的力矩和,寫下

$$+\circlearrowleft \Sigma M_B = 0: \quad (55 \text{ mm})(2 \text{ kN}) - (45 \text{ mm})P = 0$$
$$P = 2.44 \text{ kN} \qquad \qquad \mathbf{P} = 2.44 \text{ kN} \downarrow$$

b. **使負載不動的垂直力 P**。當力 **P** 減小,滑輪稍微繞軸轉動,而接觸發生於 C。考慮滑輪為自由體,計算對 C 的力矩和,寫下

$$+\circlearrowleft \Sigma M_C = 0: \quad (45 \text{ mm})(2 \text{ kN}) - (55 \text{ mm})P = 0$$
$$P = 1.64 \text{ kN} \qquad \qquad \mathbf{P} = 1.64 \text{ kN} \downarrow$$

c. **開始提起相同負載所需的最小水平力 P**。由於三力 **W**、**P** 與 **R** 不互相平行,三者必定共點。因此 **R** 的作用線必定通過 **W** 與 **P** 的交點 D,且必定與摩擦圓相切,由此可得 **R** 的方向。回顧摩擦圓的半徑為 $r_f = 5$ mm,寫下

$$\sin \theta = \frac{OE}{OD} = \frac{5 \text{ mm}}{(50 \text{ mm})\sqrt{2}} = 0.0707 \qquad \theta = 4.1°$$

由力三角,可得

$$P = W \cot(45° - \theta) = (2 \text{ kN}) \cot 40.9°$$
$$= 2.31 \text{ kN} \qquad \qquad \mathbf{P} = 2.31 \text{ kN} \rightarrow$$

重點提示

本節學到了幾種摩擦法則的工程應用。

1. **軸頸軸承與軸摩擦**。軸頸軸承所受的反力沒有通過支撐軸的軸心。軸心與反力作用線的距離 (圖 8.10)，定義如下：

$$r_f = r \sin \phi_k \approx r\mu_k \quad \text{若有實際運動}$$

或

$$r_f = r \sin \phi_s \approx r\mu_s \quad \text{若瀕臨運動}$$

一旦求出反力的作用線，可畫出*自由體圖*，並利用對應的平衡方程式完成求解 [範例 8.6]。某些問題中，可以發現反力的作用線與半徑為 $r_f \approx r\mu_k$ 或 $r_f \approx r\mu_s$ 的圓相切，此圓稱為摩擦圓 [範例 8.6 的 c 小題]。

2. **止推軸承與圓盤摩擦**。止推軸承克服摩擦阻力所需的力偶大小，等於施加在軸的端面的*動摩擦力*的力矩和 [式 (8.8) 與 (8.9)]。

   圓盤離合器是圓盤摩擦的一例，其分析方法和止推軸承相同，但在求能傳遞的最大扭矩時，必須計算施加在圓盤上的最大*靜摩擦力*的力矩和。

3. **滾動輪摩擦與滾動阻力**。滾動阻力是由輪與地面的變形所導致。地面的反力 **R** 的作用線與輪心的水平距離為 b。距離 b 稱為滾動阻力係數，單位為英吋或 mm。

4. **同時涉及滾動阻力與軸摩擦的問題**。自由體圖必須畫出地面反力 **R** 的作用線與軸的摩擦圓相切，且此作用線與輪心的水平距離等於滾動阻力係數。

習　題

8.77 一不計重量的槓桿寬鬆的套入半徑為 30 mm 的固定軸。已知大小為 275 N 的力 **P** 可使槓桿開始順時針轉動，試求 (a) 軸與槓桿之間的靜摩擦係數；(b) 槓桿不逆時針轉動的最小力 **P**。

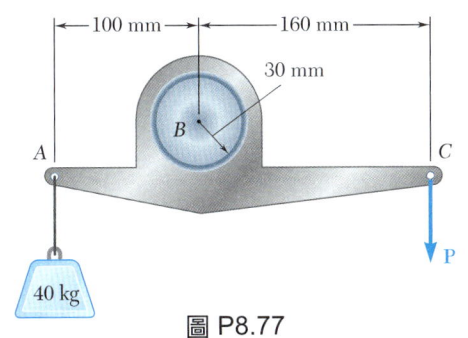

圖 P8.77

8.78 一熔金屬桶 (hot-metal ladle) 與其內容物總重為 520 N。已知鉤子與桶之間的靜摩擦係數為 0.30，試求使桶開始傾斜所需的纜繩 AB 的張力。

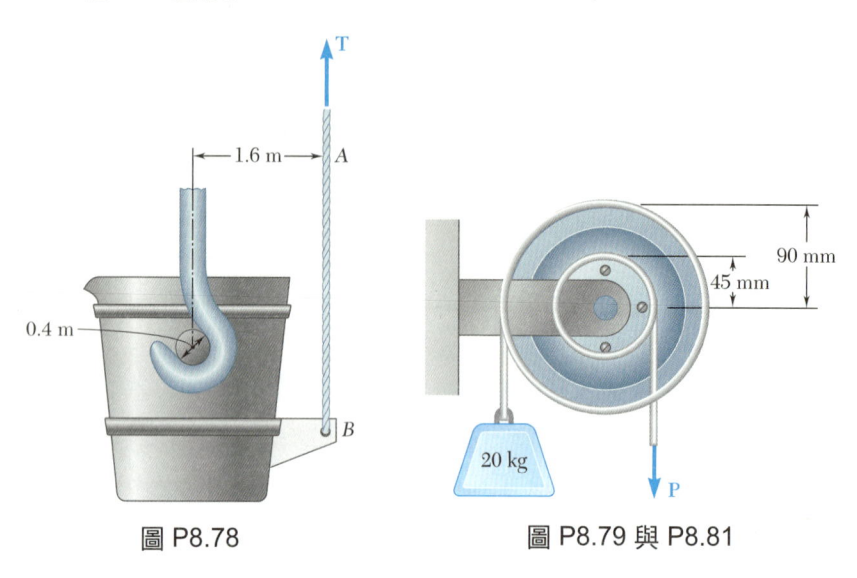

圖 P8.78

圖 P8.79 與 P8.81

8.79 與 8.80 附圖所示的雙滑輪附在半徑為 10 mm 的軸上，軸則寬鬆的套在一固定軸承。已知軸與潤滑不佳的軸承之間的靜摩擦係數為 0.40，試求開始提起負載所需的力 **P** 的大小。

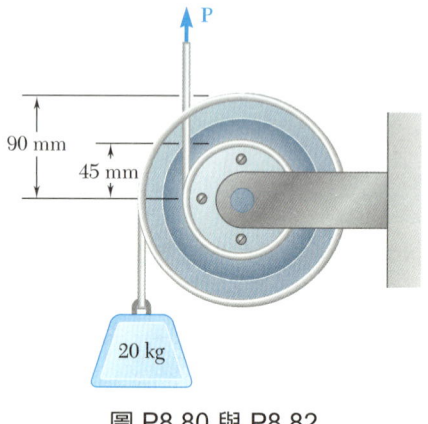

圖 P8.80 與 P8.82

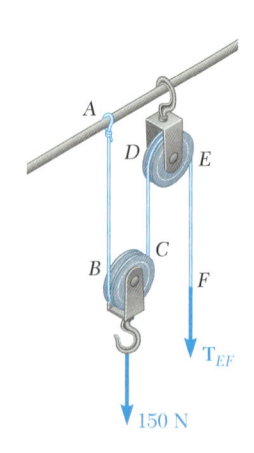

圖 P8.83 與 P8.84

8.81 與 8.82 附圖所示的雙滑輪附在半徑為 10 mm 的軸上，軸則寬鬆的套在一固定軸承。已知軸與潤滑不佳的軸承之間的靜摩擦係數為 0.40，試求保持平衡所需的最小力 **P** 的大小。

8.83 附圖所示的滑車組 (block and tackle) 用來提起 150 N 的負載。直徑均為 3 cm 的兩滑輪分別繞直徑 0.5 cm 的軸轉動。已知靜摩擦

係數為 0.20，試求當負載緩慢提起時，每區段繩的張力。

8.84 附圖所示的滑車組用來提起 150 N 的負載。直徑均為 3 cm 的兩滑輪分別繞直徑 0.5 cm 的軸轉動。已知靜摩擦係數為 0.20，試求當負載緩慢下降時，每區段繩的張力。

8.85 某摩托車設計成能以等速度沿 2% 的斜坡往下滾。假設直徑 25 mm 的軸與軸承之間的動摩擦係數為 0.10，試求車輪與地面之間的滾動阻力。

8.86 附圖所示的連桿設計常用於公路橋梁結構中，以容許因溫度變化導致的膨脹。直徑均為 60 mm 的插銷 A 與 B 處的靜摩擦係數均為 0.20。已知 BC 施加在連桿的力的垂直分量為 200 kN，試求 (a) 使連桿移動所應施加在梁 BC 的水平力；(b) 梁 BC 施加在連桿的合力與垂直線的夾角。

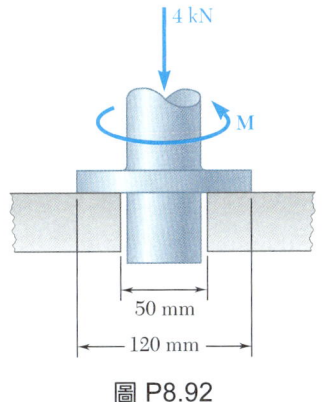

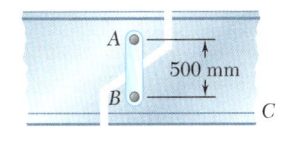

圖 P8.86

8.87 與 **8.88** 一不計重量的槓桿 AB，寬鬆的套在一直徑 50 mm 的固定軸上。已知固定軸與槓桿之間的靜摩擦係數為 0.15，試求使槓桿開始逆時針轉動所需的力 **P**。

8.89 與 **8.90** 一不計重量的槓桿 AB，寬鬆的套在一直徑 50 mm 的固定軸上。已知固定軸與槓桿之間的靜摩擦係數為 0.15，試求使槓桿開始順時針轉動所需的力 **P**。

8.91 一滿載的火車車廂質量為 30 Mg，由八個直徑為 800 mm 的車輪支撐，輪軸直徑為 125 mm。已知摩擦係數為 $\mu_s = 0.020$、$\mu_k = 0.015$，試求以下情況所需之水平力，(a) 使車廂開始運動；(b) 使車廂以等速運動。不考慮車輪與軌道之間的滾動阻力。

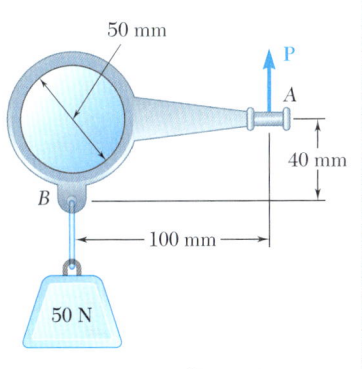

圖 *P8.87* 與 P8.89

8.92 已知使一垂直軸轉動所需的力偶大小為 30 N·m，試求環形接觸面之間的靜摩擦係數。

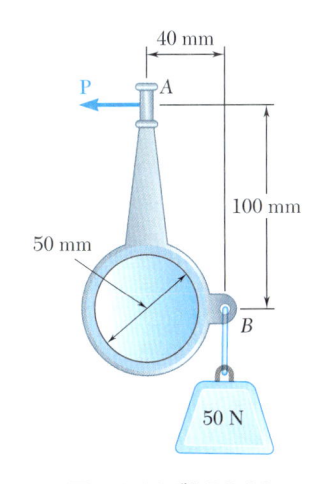

圖 P8.88 與 P8.90

圖 P8.92

8.93 一重 200 N 的電動地板拋光機在一表面上工作,其動摩擦係數為 0.25。假設圓盤與地板之間每單位面積的正向力為均勻分布,試求使機器不運動所需的水平力的大小 Q。

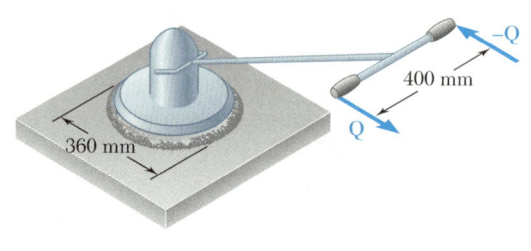

圖 P8.93

***8.94** 止推軸承的摩擦阻力隨著軸承表面的磨耗而減小。通常假設磨耗正比於軸上任給定點移動的距離,即正比於此點與軸線的距離 r。接著,假設每單位面積的正向力與 r 成反比,證明一個已磨耗軸承,克服摩擦阻力所需的力偶大小 M,等於適用新軸承的式 (8.9) 的值的 75%。

***8.95** 假設軸承磨耗如習題 8.94 所述,證明一個已磨耗之套環軸承 (worn-out collar bearing),克服摩擦阻力所需的力偶大小 M 等於

$$M = \tfrac{1}{2}\mu_k P(R_1 + R_2)$$

其中 P = 總軸向力的大小
　　　R_1、R_2 = 套環的內半徑與外半徑

***8.96** 假設接觸面之間的壓力為均勻,證明圓錐軸承 (conical bearing) 克服摩擦阻力所需的力偶大小 M 等於

$$M = \frac{2}{3}\frac{\mu_k P}{\sin\theta}\frac{R_2^3 - R_1^3}{R_2^2 - R_1^2}$$

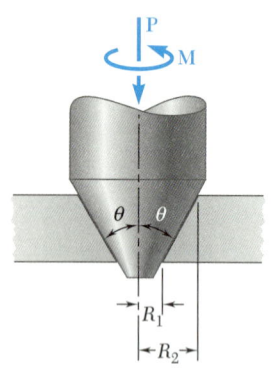

圖 P8.96

8.97 如習題 8.93,但假設圓盤與地板之間單位面積的正向力成線性分布,最大值在圓心,圓周處則為零。

8.98 試求使一部重 10 kN 的汽車以沿水平道路等速運動所需的水平力,車輪直徑為 500 mm。假設滾動摩擦為 1.2 mm,不計其他形式的摩擦。

8.99 已知一直徑為 100 mm 的圓盤等速滾下一 2% 的斜坡,試求圓盤與斜坡之間的滾動阻力係數。

8.100 一重 900 kg 的機具底盤,沿鋪設於水泥地板上一系列外直徑為 100 mm 的鋼管滾動。已知鋼管與底盤之間的滾動阻力係數為 0.5 mm,而鋼管與水泥底板之間則為 1.25 mm,試求使底盤緩慢移動所需的力 **P** 的大小。

圖 P8.100

8.101 如習題 8.85,但假設需考慮滾動阻力係數 1.75 mm。

8.102 如習題 8.91,但假設需考慮滾動阻力係數 0.5 mm。

8.10 皮帶摩擦 (Belt Friction)

考慮如圖 8.14a 所示一通過固定鼓輪的平皮帶。欲求當皮帶即將往右滑動時,皮帶左右兩段的張力 T_1 和 T_2 的關係式。

從皮帶取出跨角為 $\Delta\theta$ 的一小段元素 PP'。將 P 和 P' 的張力分別標示為 T 和 $T + \Delta T$,畫出元素的自由體圖(圖 8.14b)。除了張力外,自由體還受鼓輪施加的正向力 $\Delta \mathbf{N}$ 和摩擦力 $\Delta \mathbf{F}$。由於假設瀕臨運動,故 $\Delta F = \mu_s \Delta N$。如果 $\Delta\theta$ 趨近於零,則 ΔN、ΔF 以及 P 和 P' 的張力差的大小也會趨近於零;但 P 的張力值 T 將保持不變。以上觀察幫助我們選擇適當的符號。

選擇如圖 8.14b 的座標軸,寫下元素 PP' 的平衡方程式:

$$\Sigma F_x = 0: \quad (T + \Delta T)\cos\frac{\Delta\theta}{2} - T\cos\frac{\Delta\theta}{2} - \mu_s \Delta N = 0 \quad (8.11)$$

$$\Sigma F_y = 0: \quad \Delta N - (T + \Delta T)\sin\frac{\Delta\theta}{2} - T\sin\frac{\Delta\theta}{2} = 0 \quad (8.12)$$

利用式 (8.12) 解出 ΔN,再代入式 (8.11) 化簡得到

$$\Delta T \cos\frac{\Delta\theta}{2} - \mu_s(2T + \Delta T)\sin\frac{\Delta\theta}{2} = 0$$

等號兩邊同除 $\Delta\theta$。第一項只需簡單的將 ΔT 除以 $\Delta\theta$;第二項則將括弧內變數除以 2、將正弦除以 $\Delta\theta/2$,得到

$$\frac{\Delta T}{\Delta\theta}\cos\frac{\Delta\theta}{2} - \mu_s\left(T + \frac{\Delta T}{2}\right)\frac{\sin(\Delta\theta/2)}{\Delta\theta/2} = 0$$

如果令 $\Delta\theta$ 趨近於零,則餘弦會趨近於 1、$\Delta T/2$ 會趨近於零。根據微積分學到的定理,$\sin(\Delta\theta/2)$ 和 $\Delta\theta/2$ 的商會趨近於 1。由定義 $\Delta T/\Delta\theta$ 的極限等於導數 $dT/d\theta$,故

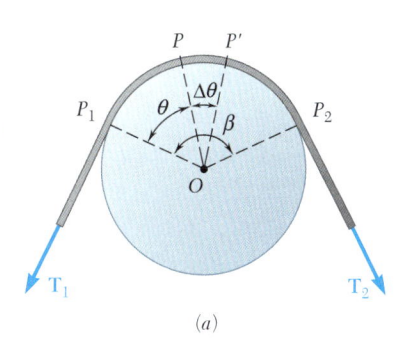

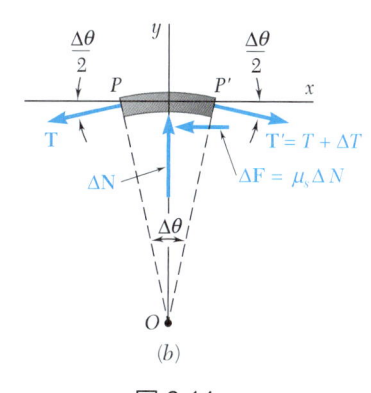

圖 8.14

$$\frac{dT}{d\theta} - \mu_s T = 0 \qquad \frac{dT}{T} = \mu_s d\theta$$

上面第二個方程式中的兩項由 P_1 積分到 P_2(圖 8.14a)。在 P_1,$\theta = 0$ 且 $T = T_1$;在 P_2,$\theta = \beta$ 且 $T = T_2$。代入上下限做定積分得到

$$\int_{T_1}^{T_2} \frac{dT}{T} = \int_0^\beta \mu_s d\theta$$
$$\ln T_2 - \ln T_1 = \mu_s \beta$$

等號左邊等於 T_2 和 T_1 商的自然對數,

$$\ln \frac{T_2}{T_1} = \mu_s \beta \tag{8.13}$$

上面關係式也可寫成以下形式

$$\frac{T_2}{T_1} = e^{\mu_s \beta} \tag{8.14}$$

照片 8.3 繩子繞著繫船柱時,工人控制繩子所需施加的力將遠小於拉緊端的繩張力。

導出的這個公式可應用於通過鼓輪的平皮帶問題,也可應用於繩索纏繞於圓桿的問題。也可用來解帶式煞車的問題,這類問題不動的是皮帶,而鼓輪瀕臨轉動。這個公式也可用在皮帶驅動的問題,這類問題中滑輪和皮帶一起轉動;我們關注的是兩者是否有相對滑動。

式 (8.13) 和 (8.14) 只能用在當皮帶、繩索或煞車瀕臨滑動。如果欲求 T_1 或 T_2,則用式 (8.14);如果欲求 μ_s 或是接觸角 β,則用式 (8.13)。注意,T_2 一定大於 T_1;因此 T_2 代表皮帶拉的部分,而 T_1 則是抵抗拉的部分。須注意的是接觸角 β 的單位是弧度。角度 β 可以大於 2π;例如如果繩索纏繞一圓桿 n 圈,則 β 等於 $2\pi n$。

如果皮帶、繩索或煞車發生滑動,則其公式很類似式 (8.13) 和 (8.14),但需改用動摩擦係數 μ_k。但如果皮帶、繩索、煞車既不瀕臨滑動且不在滑動中,則上述公式都不適用。

皮帶驅動常用 V 形皮帶。V 形皮帶如圖 8.15a 所示,皮帶和滑輪的接觸發生在凹槽兩側。可畫出皮帶小元素的自由體圖,將條件設定在皮帶瀕臨滑動,即可得到皮帶左右兩段張力的關係式 (圖 8.15b 和

c)，類似式 (8.11) 和 (8.12)，但作用於元素的總摩擦力變成 $2\Delta F$，正向力的 y 分量和等於 $2\Delta N \sin(\alpha/2)$。故

$$\ln \frac{T_2}{T_1} = \frac{\mu_s \beta}{\sin(\alpha/2)} \quad (8.15)$$

或

$$\frac{T_2}{T_1} = e^{\mu_s \beta / \sin(\alpha/2)} \quad (8.16)$$

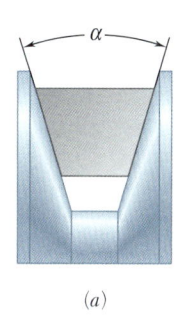

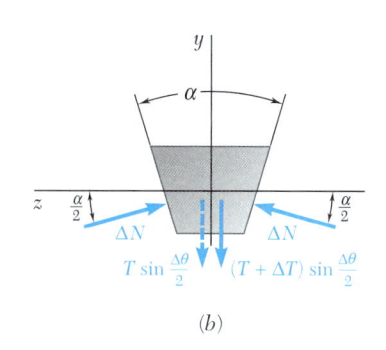

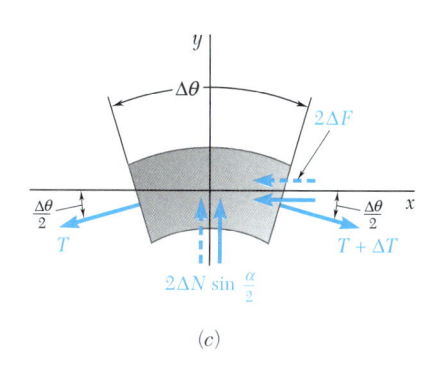

圖 8.15

範例 8.7

某船隻拋出的繫船索繞過一絞盤兩圈，如附圖所示。已知繫船索的張力為 7500 N，而一碼頭工人在索的自由端施加 150 N 的力，即可使繫船索不滑動。(a) 試求索與絞盤之間的摩擦係數；(b) 若繫船索繞過絞盤三整圈，試求 150 N 的力所能承受的繩索張力。

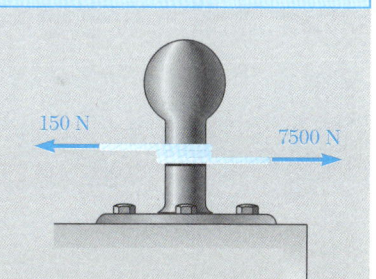

解

a. **摩擦係數**。由於繫船索瀕臨滑動，故利用式 (8.13)：

$$\ln \frac{T_2}{T_1} = \mu_s \beta$$

由於繫船索繞過絞盤兩整圈，故

$$\beta = 2(2\pi \text{ rad}) = 12.57 \text{ rad}$$
$$T_1 = 150 \text{ N} \qquad T_2 = 7500 \text{ N}$$

因此，

$$\mu_s \beta = \ln \frac{T_2}{T_1}$$

$$\mu_s (12.57 \text{ rad}) = \ln \frac{7500 \text{ N}}{150 \text{ N}} = \ln 50 = 3.91$$

$$\mu_s = 0.311 \qquad\qquad \mu_s = 0.311$$

b. **繫船索繞過絞盤三整圈**。利用 a 小題得到的 μ_s 值，可得到

$$\beta = 3(2\pi \text{ rad}) = 18.85 \text{ rad}$$
$$T_1 = 150 \text{ N} \qquad \mu_s = 0.311$$

這些值代入式 (8.14)，可得到

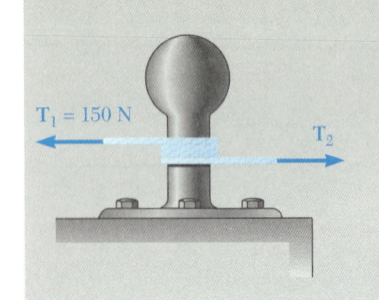

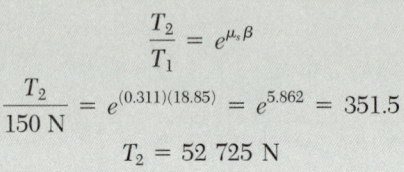

$$\frac{T_2}{T_1} = e^{\mu_s \beta}$$

$$\frac{T_2}{150 \text{ N}} = e^{(0.311)(18.85)} = e^{5.862} = 351.5$$

$$T_2 = 52\,725 \text{ N}$$

$$T_2 = 52.7 \text{ kN}$$

範例 8.8

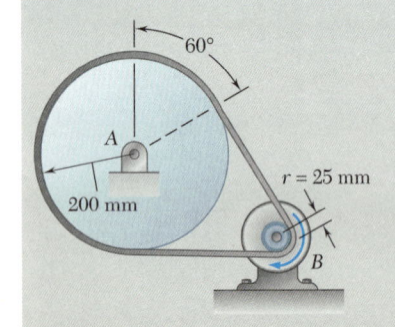

一平皮帶將滑輪 A 與滑輪 B 相連，其中滑輪 A 驅動一工具機、而滑輪 B 連接到一電動馬達軸。已知兩滑輪與皮帶之間的摩擦係數為 $\mu_s = 0.25$、$\mu_k = 0.20$，而皮帶可容許的最大張力為 3000 N，試求皮帶可施加在滑輪 A 的最大扭矩。

解

由於滑動阻力取決於滑輪與皮帶之間的接觸角 β 與靜摩擦係數 μ_s，而兩滑輪的 μ_s 相同，故滑動將先發生於 β 較小的滑輪 B。

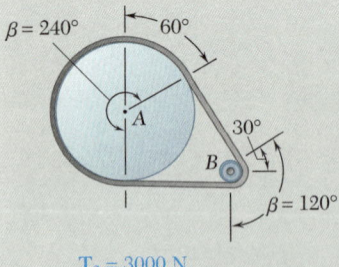

滑輪 B。利用式 (8.14)，$T_2 = 3000$ N、$\mu_s = 0.25$、$\beta = 120° = 2\pi/3$ rad，寫下

$$\frac{T_2}{T_1} = e^{\mu_s \beta} \qquad \frac{3000 \text{ N}}{T_1} = e^{0.25(2\pi/3)} = 1.688$$

$$T_1 = \frac{3000 \text{ N}}{1.688} = 1777.3 \text{ N}$$

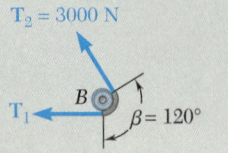

滑輪 A。畫出滑輪 A 的自由體圖。工具機施加於滑輪 A 的力偶為 $\mathbf{M}_A$，此值與皮帶施加的扭矩相等且反向，故

$$+\circlearrowleft \Sigma M_A = 0: \quad M_A - (3000 \text{ N})(0.2 \text{ m}) + (1777.3 \text{ N})(0.2 \text{ m}) = 0$$
$$M_A = 244.54 \text{ N} \cdot \text{m} \qquad M_A = 244.5 \text{ N} \cdot \text{m}$$

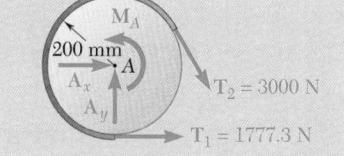

注：此處可計算使 A 處不滑動所需的 μ_s 值，檢查是否小於實際的 μ_s 值，以驗算滑輪 A 處的皮帶確實沒有滑動。由式 (8.13) 可得

$$\mu_s \beta = \ln \frac{T_2}{T_1} = \ln \frac{3000 \text{ N}}{1777.3 \text{ N}} = 0.524$$

再由 $\beta = 240° = 4\pi/3$ rad，故

$$\frac{4\pi}{3}\mu_s = 0.524 \qquad \mu_s = 0.125 < 0.25$$

重點提示

本節學到**皮帶摩擦**的問題，包括通過一固定鼓輪的皮帶、鼓輪轉動而皮帶固定的帶式煞車，以及皮帶驅動。

1. 皮帶摩擦的問題屬於以下兩大類之一：
   a. 瀕臨滑動。可使用下面兩個公式之一，皆使用靜摩擦係數 μ_s

$$\ln \frac{T_2}{T_1} = \mu_s \beta \tag{8.13}$$

或

$$\frac{T_2}{T_1} = e^{\mu_s \beta} \tag{8.14}$$

   b. 皮帶於滾輪上滑動。此時式 (8.13) 和 (8.14) 中的 μ_s 要以動摩擦係數 μ_k 取代。
2. 解皮帶摩擦問題前應記住以下幾點：
   a. 夾角 β 的單位是弧度 (radians)。皮帶和鼓輪問題中，這個角度是滾輪上被皮帶包覆的圓弧角。
   b. 將較大的張力標示為 T_2、較小的張力標示為 T_1。
   c. 較大張力發生在位於運動方向或是瀕臨運動方向的皮帶段。
3. 解題時四個變數 (T_1、T_2、β 和 μ_s 或 μ_k) 中的三個通常給定或很容易得到，第四個變數則要利用適當的方程式解出。可能情況如下：
   a. 已知瀕臨滑動，求皮帶和鼓輪的 μ_s。由已知數求 T_1、T_2 和 β；將數值代入式 (8.13) 解出 μ_s [範例 8.7 的 a 小題]。依照相同步驟找出不滑動的最小 μ_s。

b. **已知瀕臨滑動，求應用在皮帶或鼓輪上的力或力偶的大小。** T_1 或 T_2 也已知其一，則代入式 (8.14) 找到未知的張力。如果 T_1 和 T_2 都未知，但已知其他數值，則畫出皮帶–鼓輪的自由體圖，寫下平衡方程式搭配式 (8.14) 求 T_1 和 T_2。由自由體圖應可求出特定力或力偶的大小。依照相同步驟求出施加於皮帶或鼓輪而不使其相對運動的最大力或力偶 [範例 8.8]。

習題

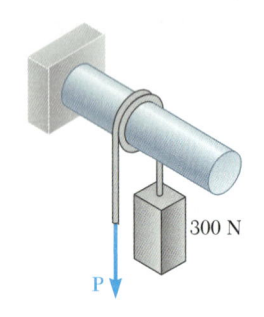

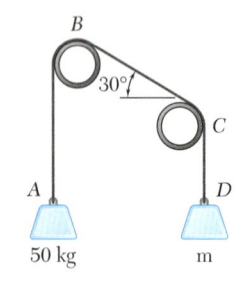

圖 P8.103

圖 P8.105 與 P8.106

8.103 一重 300 N 的方塊由一繞水平桿 1.5 圈的繩支撐。已知繩與桿之間的靜摩擦係數為 0.15，試求保持平衡時，P 值的範圍。

8.104 一繫船索繞絞盤兩整圈。藉由施加一 400 N 的力於繫船索的自由端，可支撐繫船索另一端的 25 kN 的力。試求 (a) 繫船索與絞盤之間的靜摩擦係數；(b) 若欲施加相同 400 N 的力以支撐一較大的 100 kN 力，試求繫船索應繞絞盤幾圈。

8.105 繩 ABCD 如附圖所示繞在兩管件上。已知靜摩擦係數為 0.25，試求 (a) 能保持平衡之最小質量 m；(b) 此時繩 BC 段的張力。

8.106 繩 ABCD 如附圖所示繞在兩管件上。已知靜摩擦係數為 0.25，試求 (a) 能保持平衡之最大質量 m；(b) 此時繩 BC 段的張力。

8.107 已知繩與水平管之間的靜摩擦係數為 0.25，而繩與垂直管之間則為 0.20，試求保持平衡時的 P 值範圍。

8.108 已知繩與水平管之間的靜摩擦係數為 0.30，而能保持平衡之最小 P 值為 80 N，試求 (a) 保持平衡時的最大 P 值；(b) 繩與垂直管之間的靜摩擦係數。

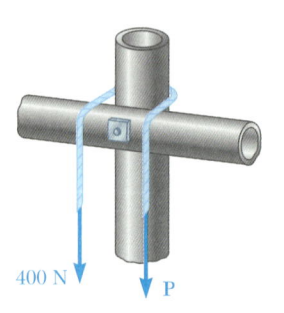

圖 P8.107 與 P8.108

8.109 一煞車用來控制飛輪的轉速。摩擦係數為 $\mu_s = 0.30$、$\mu_k = 0.25$。試求施加於飛輪的力偶大小,已知 $P = 45$ N,且飛輪以逆時針等速轉動。

8.110 附圖所示的設置用來量測一小渦輪機的輸出。當飛輪靜止時,每一彈簧的讀數為 70 N。若必須施加 12.6 N·m 的力偶於飛輪上,才能使其以順時針等速轉動,試求 (a) 此時每一彈簧的讀數;(b) 動摩擦係數。假設皮帶長度不變。

8.111 附圖所示的設置用來量測一小渦輪機的輸出。動摩擦係數為 0.20,且當飛輪靜止時,每一彈簧的讀數為 80 N。試求 (a) 當滑輪以順時針等速轉動時,每一彈簧的讀數;(b) 此時必須施加在飛輪的力偶。假設皮帶長度不變。

8.112 一平皮帶用來將力偶由滑輪 B 傳遞到滑輪 A。已知靜摩擦係數為 0.40,且皮帶可容許的最大張力為 450 N,試求可施加於轉盤 A 的最大力偶。

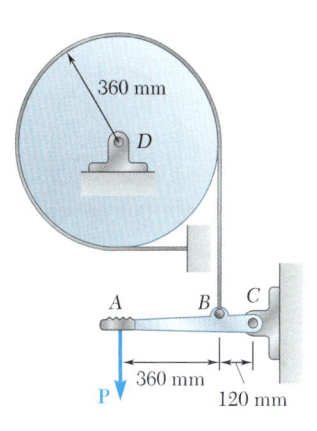

圖 P8.109

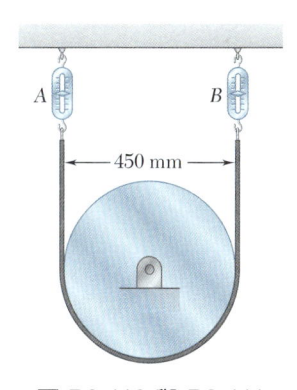

圖 P8.110 與 P8.111

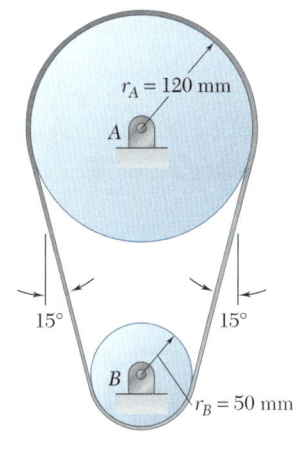

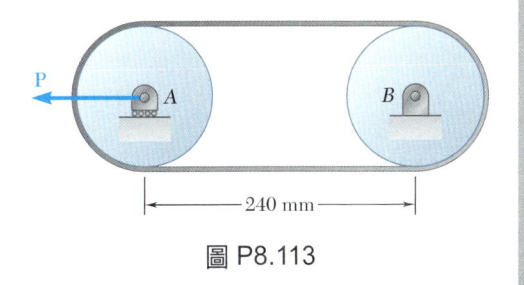

圖 P8.112

8.113 一平皮帶用來將力偶由滑輪 A 傳遞到滑輪 B。滑輪的半徑均為 60 mm,一大小為 $P = 900$ N 的力施加於滑輪 A 的軸。已知靜摩擦係數為 0.35,試求 (a) 可傳遞的最大力偶;(b) 此時皮帶的最大張力。

8.114 如習題 8.113,但假設皮帶以符號「∞」的方式繞於兩滑輪上。

圖 P8.113

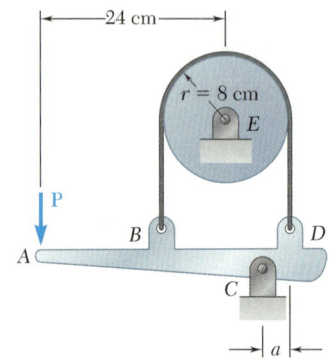

8.115 一鼓剎的轉速由一連接至控制桿 AD 的皮帶控制。一大小為 25 N 的力 **P** 作用於控制桿的 A。已知皮帶與鼓剎之間的動摩擦係數為 0.25、$a = 4$ cm，且鼓剎等速轉動，試求以下情況時作用於鼓剎的力偶大小，(a) 逆時針轉動；(b) 順時針轉動。

8.116 一鼓剎的轉速由一連接至控制桿 AD 的皮帶控制。已知 $a = 4$ cm，當鼓剎以逆時針轉動，且非自鎖，試求靜摩擦係數的最大值。

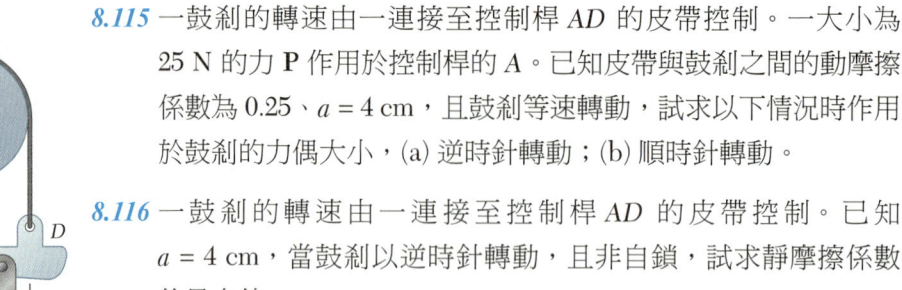

8.117 一鼓剎的轉速由一連接至控制桿 AD 的皮帶控制。已知靜摩擦係數為 0.30，且鼓剎以逆時針轉動，試求鼓剎為非自鎖時，a 的最小值。

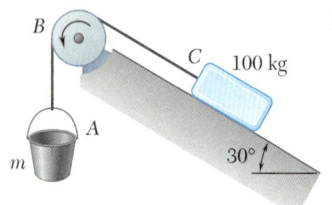

圖 *P8.115*、*P8.116* 與 *P8.117*

8.118 水桶 A 與方塊 C 以通過滑輪 B 的纜繩相連。已知滑輪 B 緩慢逆時針轉動，且所有表面的摩擦係數為 $\mu_s = 0.35$、$\mu_k = 0.25$，試求以下情況時水桶的最小質量 m，(a) 方塊 C 靜止；(b) 方塊 C 開始沿斜坡朝上運動；(c) 方塊 C 以等速沿斜坡朝上運動。

8.119 如習題 8.118，但假設滑輪 B 固定無法轉動。

8.120 與 *8.122* 一纜繩繞在三根平行管。已知摩擦係數為 $\mu_s = 0.25$、$\mu_k = 0.20$，試求 (a) 保持平衡時最小重量 W；(b) 若管件 B 緩慢逆時針轉動、管件 A 與 C 固定不動，可提起之最大重量 W。

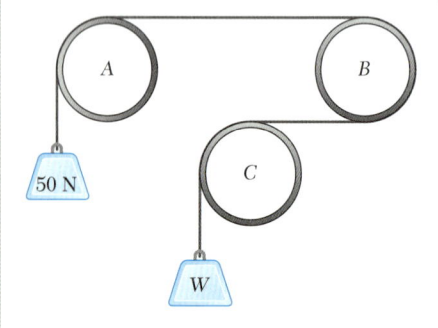

圖 P8.118

圖 P8.120 與 P8.121

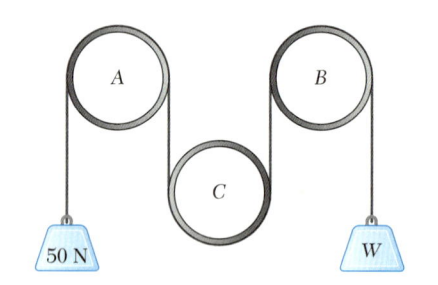

圖 P8.122 與 P8.123

8.121 與 *8.123* 一纜繩繞在三根平行管。其中兩根管件固定無法轉動；第三根可緩慢轉動。已知摩擦係數為 $\mu_s = 0.25$、$\mu_k = 0.20$，試求可提起之最大重量 W，(a) 若只有管件 A 逆時針轉動；(b) 若只有管件 C 順時針轉動。

8.124 一儲存帶 (recording tape) 通過半徑 20 mm 的驅動輪 B 與惰輪 (idler drum) C。已知儲存帶與驅動輪之間的摩擦係數為 $\mu_s = 0.40$、$\mu_k = 0.30$，而惰輪 C 可自由轉動。若儲存帶與驅動輪之間不可滑動，試求可容許之最小 P 值。

8.125 如習題 8.124，但假設惰輪 C 固定不可轉動。

8.126 附圖所示的帶扳手 (strap wrench) 用來穩固的抓住圓管，而不破壞圓管的外表面。已知所有接觸面的靜摩擦係數皆相同，當 $a = 200$ mm、$r = 30$ mm、$\theta = 65°$，試求使扳手自鎖所需的最小 μ_s 值。

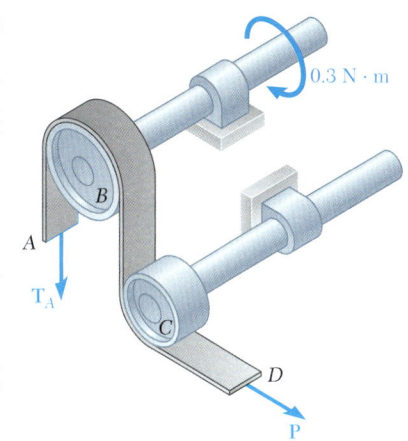

圖 P8.124

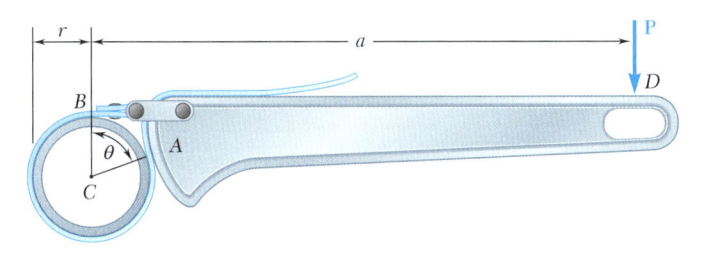

圖 P8.126

8.127 如習題 8.126，但假設 $\theta = 75°$。

8.128 一重 10 N 的棒 AE 由通過半徑為 5 cm 的滑輪的纜繩支撐。端點 E 受限而無法移動。已知纜繩與滑輪之間的 $\mu_s = 0.30$，試求 (a) 若不可滑動，可施加於滑輪之可容許最大逆時針力偶 $\mathbf{M}_0$；(b) 此時施加於端點 E 的力。

8.129 如習題 8.128，但假設施加的是順時針力偶 $\mathbf{M}_0$。

8.130 證明對任意形狀的表面，只要所有接觸點的摩擦係數均相同，則式 (8.13) 與 (8.14) 均成立。

8.131 完成式 (8.15) 的推導，此式指出 V 形皮帶左右兩部分的張力關係。

8.132 如習題 8.112，但假設將平皮帶與滑輪取代為 V 形皮帶與 V 形滑輪，$\alpha = 36°$。(α 如圖 8.15a 所示。)

8.133 如習題 8.113，但假設將平皮帶與滑輪取代為 V 形皮帶與 V 形滑輪，$\alpha = 36°$。(α 如圖 8.15a 所示。)

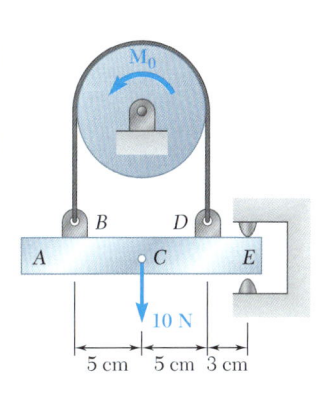

圖 P8.128

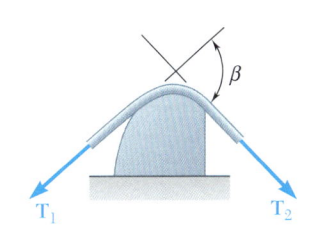

圖 P8.130

複習與摘要

本章旨在探討乾摩擦的性質與應用。乾摩擦問題存在於兩個相互接觸且沒有潤滑的剛體表面。

■ **靜摩擦與動摩擦 (Static and kinetic friction)：**

當一水平力 P 施加到一靜止於水平面的方塊時 [第 8.2 節]，我們注意到當 P 很小時方塊不會移動。因為當方塊有滑動傾向時，接觸面會施加一個抵抗此滑動傾向的摩擦力 F 於方塊上，且 F 與 P 達到力平衡 (圖 8.16)。當 P 逐漸增大，F 也會逐漸增大，直到最大值 F_m。假如 P 大於 F_m，方塊會開始滑行，且摩擦力 F 的大小會從 F_m 減小到 F_k。實驗顯示 F_m 和 F_k 的大小和方塊所受的正向力 N 成正比：

$$F_m = \mu_s N \qquad F_k = \mu_k N \qquad (8.1, 8.2)$$

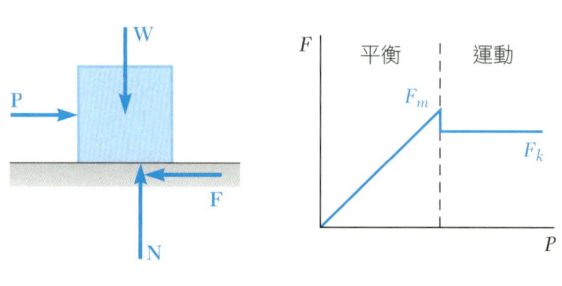

圖 8.16

其中 μ_s 和 μ_k 分別稱為靜摩擦係數及動摩擦係數。靜摩擦係數及動摩擦係數與相互接觸面的性質有關，物體的材料、接觸面表面粗糙度、清潔與否都有相當大的影響。表 8.1 列出一些典型接觸面的靜摩擦係數。

■ **摩擦角 (Angles of friction)：**

有時可將正向力 N 和摩擦力 F 以它們的合力 R 取代 (圖 8.17)。R 與接觸面的法線方向所成之角度為 ϕ。當摩擦力逐漸增大到最大值 $F_m = \mu_s N$ 時，ϕ 也達到最大值 ϕ_s，稱為靜摩擦角。一旦物體開始滑動，F 的大小會減小至 F_k、角度 ϕ 減小至 ϕ_k，稱為動摩擦角。從第 8.3 節得知：

$$\tan \phi_s = \mu_s \qquad \tan \phi_k = \mu_k \qquad (8.3, 8.4)$$

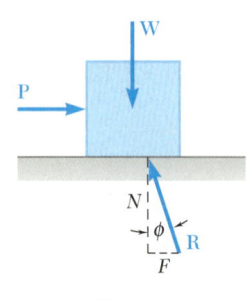

圖 8.17

■ **摩擦問題 (Problems involving friction)**：

處理含有摩擦的力平衡問題時，必須注意摩擦力的大小 F 只有在物體瀕臨滑動時才會等於最大值 $F_m = \mu_s N$ [第 8.4 節]。假如物體不為瀕臨運動，F 和 N 必須視為獨立未知數，須由平衡方程式求得 (圖 8.18a)。求得 F 之後必須確認其值是否大於 F_m，若 F 大於 F_m，表示物體克服了最大靜摩擦力而開始滑行，此時摩擦力大小為 $F_k = \mu_k N$ [範例 8.1]。假如物體瀕臨運動，F 剛好達到最大值 $F_m = \mu_s N$ (圖 8.18b)，我們可將此式代入平衡方程中 [範例 8.3]。當自由體圖中只含包括接觸面的反力 **R** 在內的三個力時，可選擇畫出力三角求解未知力 [範例 8.2]。

當摩擦問題涉及兩個物體 A 與 B 相互作用力時，我們必須確認摩擦力的方向是否正確。例如：B 施加在 A 上的摩擦力方向和 A 相對於 B 的運動方向或瀕臨運動方向相反 [圖 8.6]。

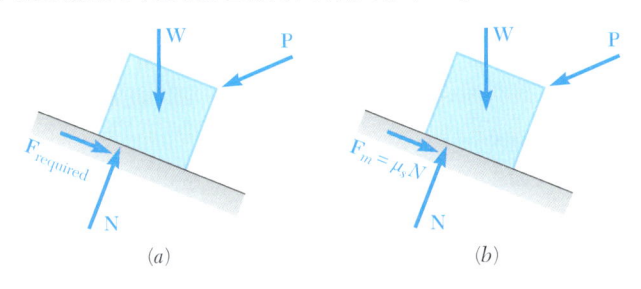

圖 8.18

■ **楔與螺桿 (Wedges and screws)**：

本章第二部分介紹幾種靜摩擦扮演重要角色的工程應用。楔是一種簡單的機具 (machine)，可用來舉起重物 [第 8.5 節]。分析楔受力時，可畫出兩個或更多個自由體圖，正確的標示出每一個摩擦力的方向 [範例 8.4]。**方螺紋螺桿** (square-threaded screws) 常用於千斤頂 (jacks)、衝床 (presses) 和其他機構。假如把螺紋展開攤平如圖 8.19 所示，會看到螺紋其實就是一個斜坡 [第 8.6 節]，其中 r 為螺桿的平均半徑、L 為導程 (螺桿旋轉一周前進的距離)、W 為負載、Qr 等於施加於螺桿上的力偶。值得注意的是，多螺紋螺桿 (multiple-threaded screws) 的螺距 (兩相鄰螺牙的距離) 不等於導程。

圖 8.19

本章討論的其他工程應用還有**軸頸軸承** (journal bearings)、**軸摩擦** (axle friction) [第 8.7 節]、**止推軸承** (thrust bearings)、**圓盤摩擦** (disk friction) [第 8.8 節]、**滾輪摩擦** (wheel friction)、**滾動阻力** (rolling resistance) [第 8.9 節] 和**皮帶摩擦** [第 8.10 節]。

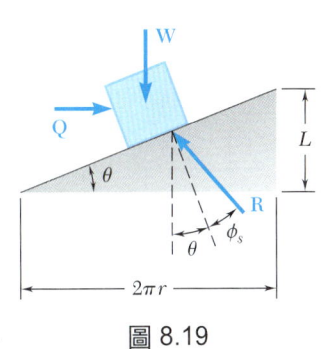

■ 皮帶摩擦 (Belt friction)：

分析一平皮帶 (flat belt) 與固定鼓輪的摩擦問題時，首先須得知皮帶相對於鼓輪滑動或瀕臨滑動的方向。假如圖 8.20 中的皮帶即將朝鼓輪右邊滑動，此時鼓輪作用於皮帶的摩擦力朝左，且皮帶右側張力大於左側。將較大的張力以 T_2 表示、較小張力以 T_1 表示、靜摩擦係數為 μ_s、皮帶和鼓輪接觸夾角為 β 弧度。第 8.10 節推導出以下公式：

$$\ln \frac{T_2}{T_1} = \mu_s \beta \tag{8.13}$$

$$\frac{T_2}{T_1} = e^{\mu_s \beta} \tag{8.14}$$

範例 8.7 和 8.8 利用上式解出。假如皮帶在鼓輪上滑動，上兩式仍成立但摩擦係數應使用 μ_k。

圖 8.20

複習題

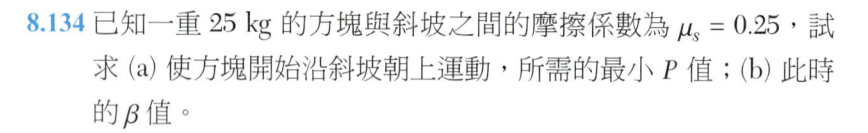

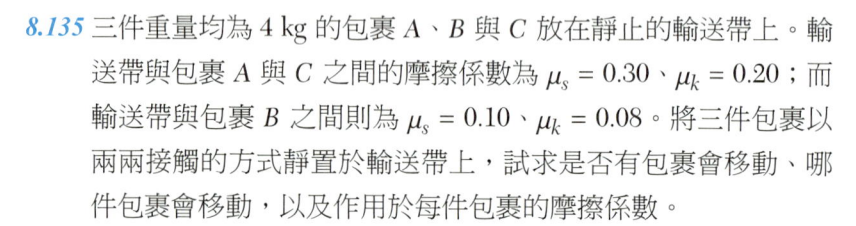

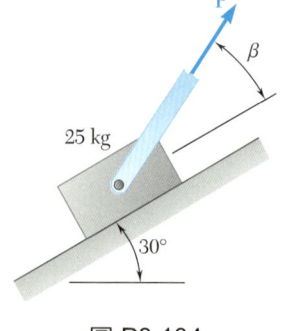

8.134 已知一重 25 kg 的方塊與斜坡之間的摩擦係數為 $\mu_s = 0.25$，試求 (a) 使方塊開始沿斜坡朝上運動，所需的最小 P 值；(b) 此時的 β 值。

圖 P8.134

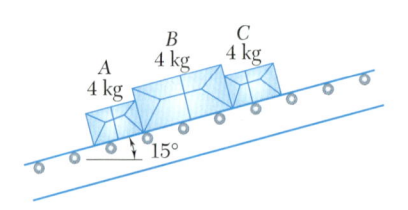

8.135 三件重量均為 4 kg 的包裹 A、B 與 C 放在靜止的輸送帶上。輸送帶與包裹 A 與 C 之間的摩擦係數為 $\mu_s = 0.30$、$\mu_k = 0.20$；而輸送帶與包裹 B 之間則為 $\mu_s = 0.10$、$\mu_k = 0.08$。將三件包裹以兩兩接觸的方式靜置於輸送帶上，試求是否有包裹會移動、哪件包裹會移動，以及作用於每件包裹的摩擦係數。

圖 P8.135

8.136 一重為 W、半徑為 r 的圓柱，如附圖所示。若圓柱不可轉動，

試以 W 與 r 表示可施加在圓柱上的最大力偶 M，假設靜摩擦係數 (a) A 處為 0、B 處為 0.30；(b) A 處為 0.25、B 處為 0.30。

8.137 一沖壓床用來將放置於 E 的工件壓出花紋。已知在 D 處，垂直管壁與模具之間的靜摩擦係數為 0.30，試求模具施加在工件的力。

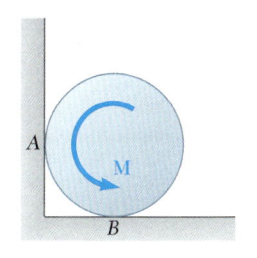

圖 P8.136

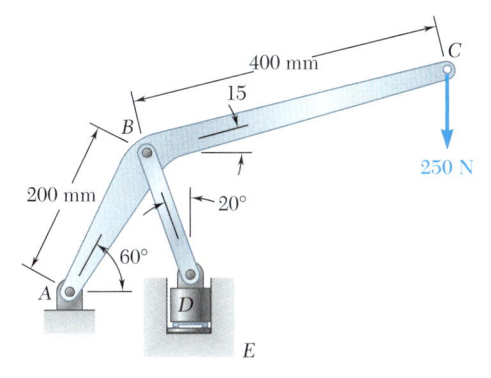

圖 P8.137

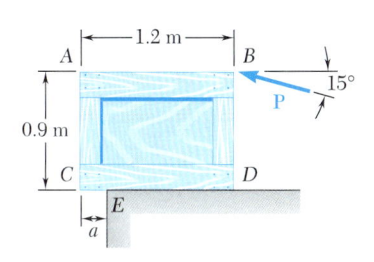

圖 P8.138

8.138 一工人施加一力 P 於重 50 kg 的條板箱的一角 B，將其緩慢的沿卸貨平台朝左邊推動。已知當 $a = 200$ mm 時，條板箱開始繞卸貨平台的角 E 傾斜，試求 (a) 條板箱與卸貨平台之間的動摩擦係數；(b) 此時對應的力 P 的大小。

8.139 一重 10 N 的滑窗通常由分別懸吊 5 N 配重的兩條繩支撐。已知其中一繩斷掉後，窗戶仍開著，試求靜摩擦係數可能之最小值。(假設滑窗稍小於窗框，兩者僅於點 A 與 D 接觸。)

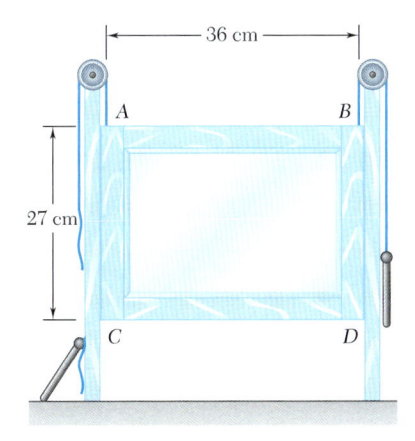

圖 P8.139

461

8.140 一長 l = 600 mm 的細桿 AB 連接到軸環 B，並靜止於一小輪 C 上，C 與垂直桿的水平距離為 a = 80 mm。已知軸環與垂直桿之間的靜摩擦係數為 0.25，不考慮小輪的半徑，當 Q = 100 N、θ = 30° 時，試求保持平衡時 P 值範圍。

8.141 一機具零件 ABC 由無摩擦的鉸鍊 B 與一 10° 的楔 C 支撐。已知楔上下兩表面的靜摩擦係數均為 0.20，試求 (a) 使楔朝左移動所需的力 **P**；(b) 此時 B 的反力分量。

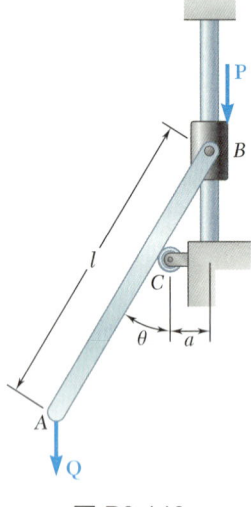

圖 P8.140

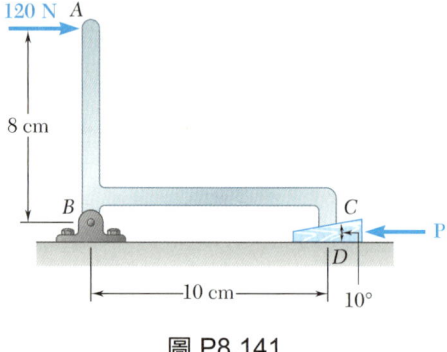

圖 P8.141

8.142 一圓錐楔由兩水平板支撐，接著兩水平板緩慢靠近。指出若 (a) μ_s = 0.20；(b) μ_s = 0.30 時，楔將如何運動？

8.143 一皮帶用來控制飛輪的轉速。已知皮帶與飛輪之間的動摩擦係數為 0.25，且飛輪順時針等速轉動，試求施加於飛輪的力偶大小。證明若飛輪逆時針轉動時的結果相同。

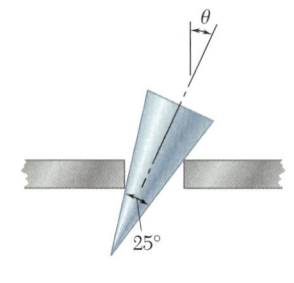

圖 P8.142

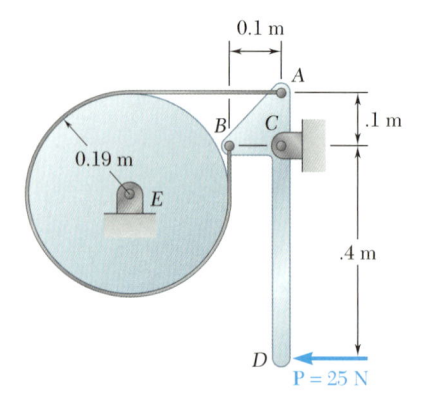

圖 P8.143

8.144 一不計重量的槓桿寬鬆的套在直徑為 75 mm 的固定軸上。觀察得知，若於 C 加上 3 kg 的重物，則槓桿開始轉動。試求軸與槓桿之間的靜摩擦係數。

8.145 附圖所示之馬達組，重 W = 175 N 的馬達用來使驅動皮帶保持張力。已知平皮帶與滑輪 A 與 B 之間的靜摩擦係數為 0.40，不考慮平台 CD 的重量，當驅動輪 A 以順時針轉動時，試求可傳遞到滑輪 B 的最大力偶。

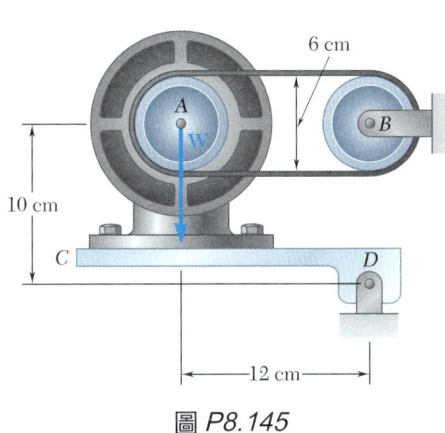

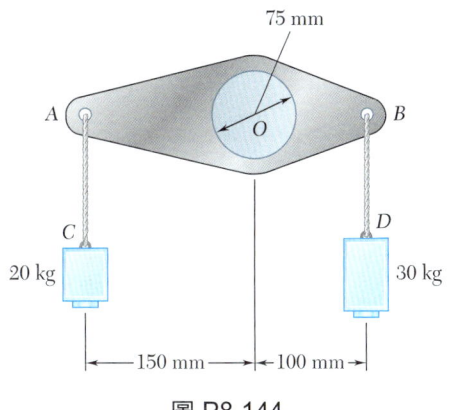

圖 P8.144

圖 P8.145

電腦題

8.C1 重為 10 kg 的桿 AB 的位置由一重為 2 kg 的方塊控制。一力 P 作用於方塊，使其緩慢的朝左移動。已知所有接觸面的動摩擦係數均為 0.25，寫一電腦程式計算力的大小 P，x 值從 900 到 100 mm，每 50 mm 計算一點。使用更小的間隔，計算最大的 P 值，並求出對應的 x 值。

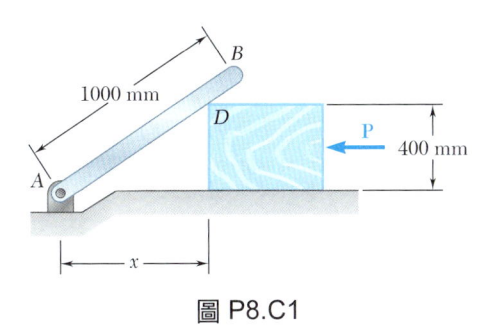

圖 P8.C1

8.C2 方塊 A 與 B 由一斜面支撐，如附圖所示。已知方塊 A 的重量為 20 N，所有接觸面的靜摩擦係數均為 0.15，寫一電腦程式，並用以計算瀕臨運動的 θ 值，方塊 B 的重量從 0 到 100 N，每 10 N 計算一點。

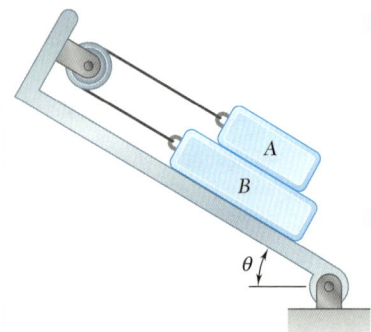

圖 P8.C2

8.C3 重 300 g 的圓筒 C 靠在圓筒 D 上，已知 A 與 B 的靜摩擦係數均為 μ_s。寫一電腦程式，並用以計算圓筒 D 不轉動時，可施加的最大逆時針力偶 M。取 μ_s 值從 0 到 0.40，每 0.05 計算一點。

8.C4 兩桿件由滑塊 D 相接，並受力偶 M_A 作用以保持平衡。已知桿件 AC 與滑塊之間的靜摩擦係數為 0.40，寫一電腦程式，並用以計算保持平衡時，M_A 的範圍。取 θ 值從 0 到 120°，每 10° 計算一點。

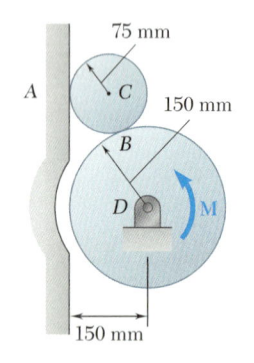

圖 P8.C3

圖 P8.C4

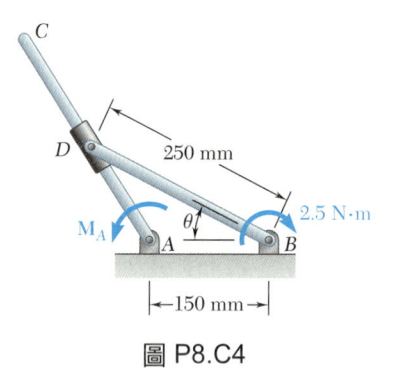

8.C5 一條通過 B 處小固定圓柱的纜繩，使重 10 N 的方塊 A 緩慢沿圓柱表面朝上移動。已知所有接觸面的動摩擦係數均為 0.30。寫一電腦程式，並用以計算保持運動所需的 P。取 θ 值從 0 到 90°，每 10° 計算一點。並計算每 θ 點之方塊與曲面的反力大小。[注意纜繩與小固定圓柱 B 之接觸角為 $\beta = \pi - (\theta/2)$。]

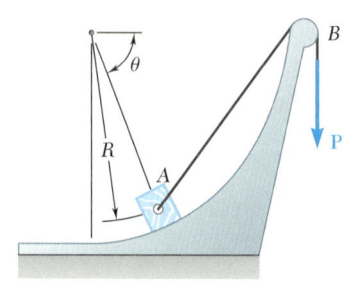

圖 P8.C5

8.C6 一平皮帶用來將力偶從滑輪 A 傳遞到滑輪 B。兩滑輪的半徑均為 80 mm，另有惰輪 C 用來增加皮帶與滑輪的接觸面。皮帶可容許的張力為 200 N，皮帶與兩滑輪之間的靜摩擦係數為 0.30。寫一電腦程式，並用以計算可傳遞之最大力偶。取 θ 值從 0 到 30°，每 5° 計算一點。

圖 P8.C6

圖 P8.C7

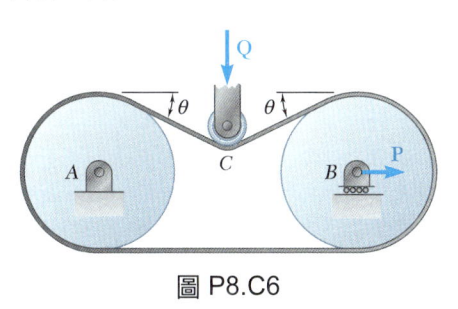

8.C7 兩軸環 A 與 B 可於兩垂直桿滑動，不計摩擦，兩環由長 750 mm 的繩相連，繩通過固定軸 C。繩與固定軸之間的靜摩擦係數為 0.30。已知軸環 B 的重量為 40 N，寫一電腦程式，並用以計算保持平衡時，軸環 A 的最大與最小重量。取 θ 值從 0 到 60°，每 10° 計算一點。

8.C8 長度為 L 的均勻梁的一端 B 由一靜止的起重機拉住。最初梁靜止於地面，其一端 A 在滑輪 C 的正下方。當纜繩緩慢拉動時，當 $\theta = 0$ 時，梁先滑向左，直到位移為 x_0。第二階段時，B 被提起，而 A 則繼續向左滑行，直到 x 到達最大值 x_m，此時 θ 的對應值為 θ_1。接著，當 θ 增加時，梁繞 A' 轉動。當 θ 達到 θ_2 時，A 開始滑向右，並持續以不規則方式滑動直到 B 到達 C。已知梁與地面的摩擦係數為 $\mu_s = 0.50$、$\mu_k = 0.40$，(a) 寫一電腦程式，並用以計算當梁滑向左時，所有 θ 值所對應的 x 值，並求出 x_0、x_m 與 θ_1；(b) 修改程式計算梁瀕臨滑向右時，所有 θ 值所對應的 x 值，並求出對應於 $x = x_m$ 之 θ_2 值。

圖 P8.C8

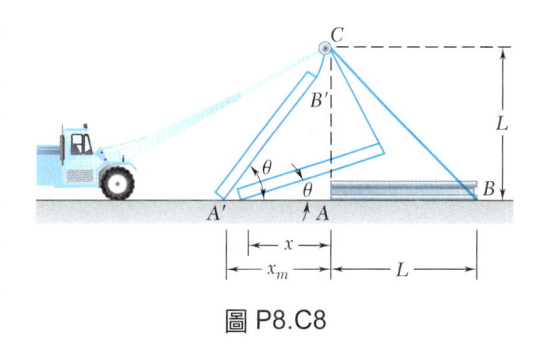

CHAPTER 9

分布力：慣性矩

建築物中的結構桿件的強度，很大程度取決於桿件的截面性質，例如截面的二次矩，或稱面積的慣性矩。

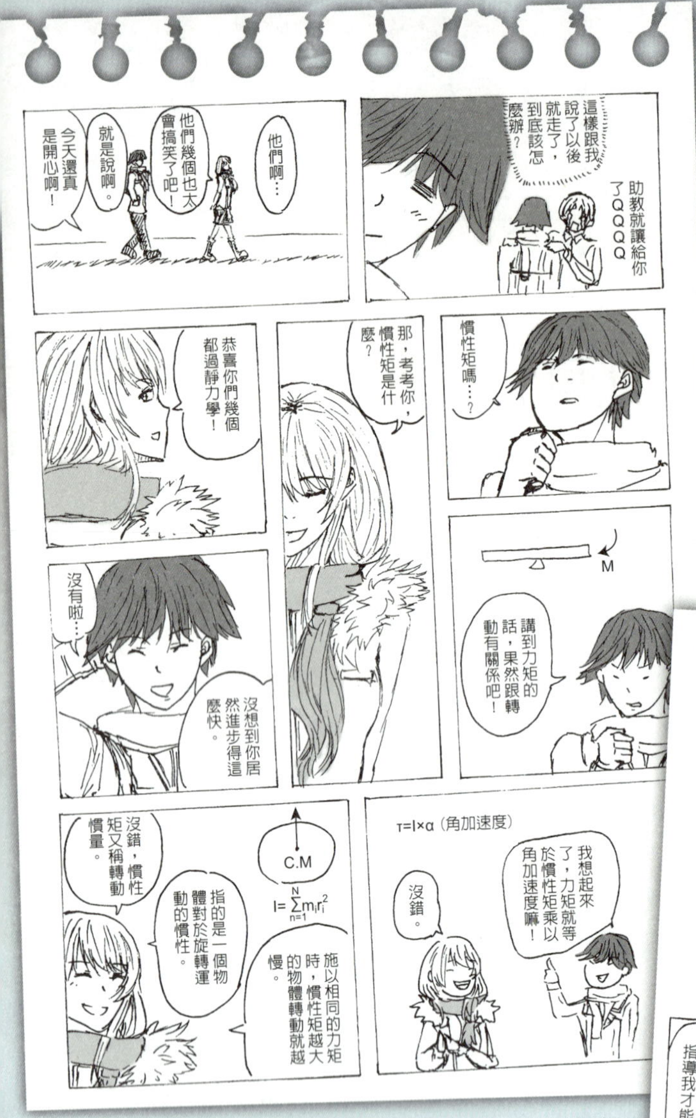

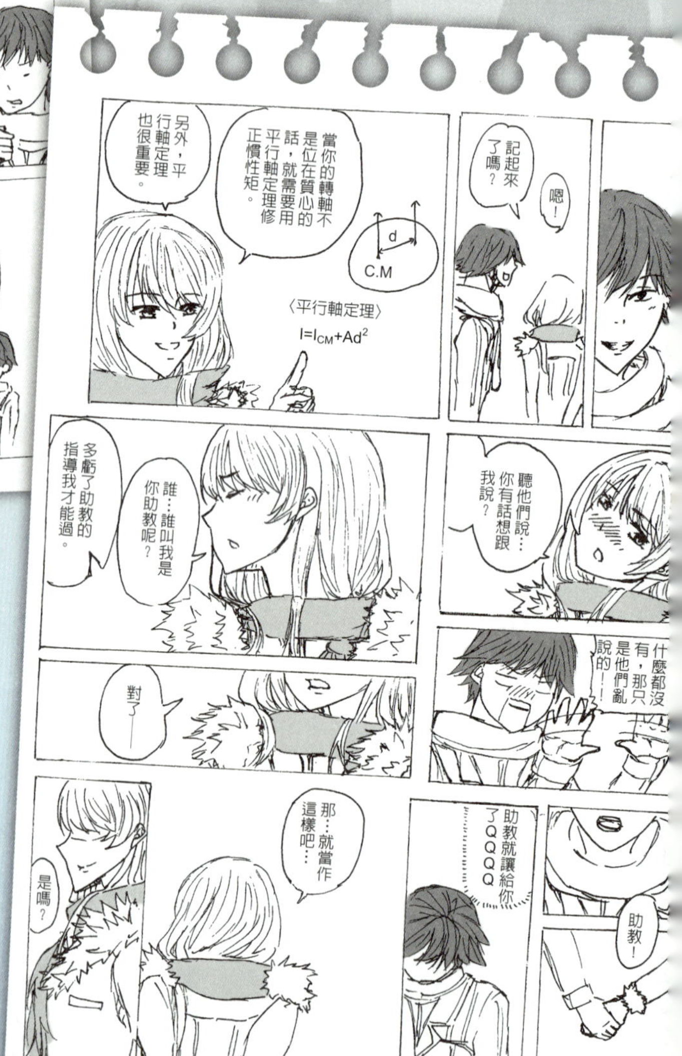

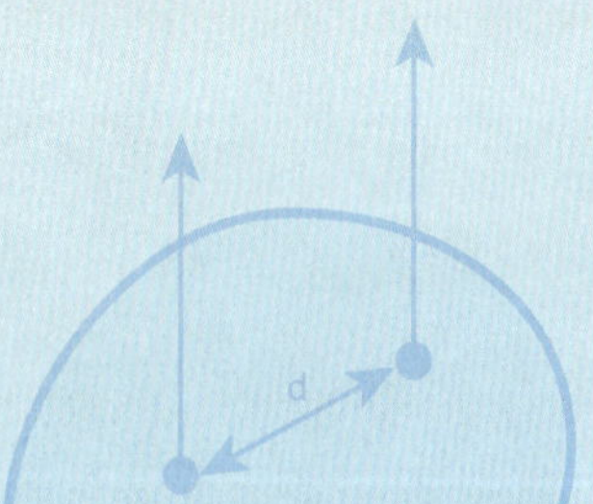

〈平行軸定理〉

$I=I_{CM}+Ad^2$

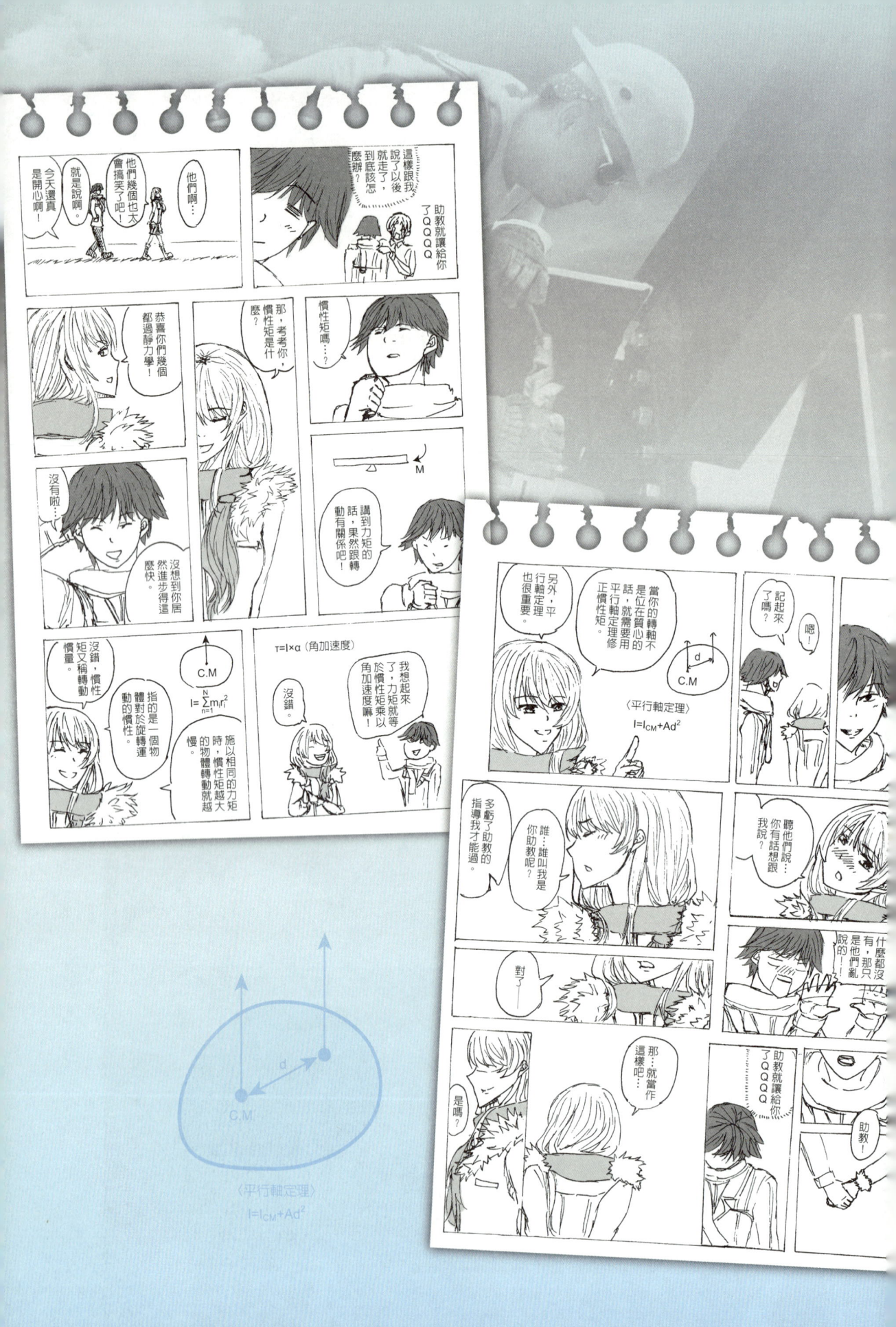

9.1 緒論 (Introduction)

第五章分析了分布於面或體的各種力系。可將力分成三個主要類別：(1) 均質且厚度不變的平板的重量 (第 5.3 節到第 5.6 節)；(2) 梁受的分布負載 (第 5.8 節) 和靜液壓力 (第 5.9 節)；以及 (3) 均質三維物體的重量 (第 5.10 節和第 5.11 節)。均質平板內一個元素的重力大小 ΔW 與元素的面積 ΔA 成正比；梁所受的分布負載的小元素的重力大小 ΔW 以負載曲線下小元素的面積 $\Delta A = \Delta W$ 表示；浸於液體中的矩形表面所受的靜液壓分布也可依類似步驟求得。均質三維物體內一個元素的重力大小 ΔW 與元素的體積 ΔV 成正比。因此，第五章考慮的所有情況的分布力都與其對應元素面積或體積成正比。這些力的合力因此可由這些對應元素的面積或體積和得到，而且合力對給定軸的力矩可由計算面積或體積對該軸的一次矩得到。

本章第一部分考慮的分布力 $\Delta\mathbf{F}$ 的大小不只與元素的面積 ΔA 有關，也和 ΔA 到某給定軸的距離有關。更精確的說，單位面積的力的大小 $\Delta F / \Delta A$ 假設與到該軸的距離成線性變化。下節會指出，此類分布力在分析梁彎曲問題或是浸於液體中的非矩形表面問題會遇到。假設元素力分布於一面積 A 且與 x 軸的距離 y 成線性變化。則這些力的合力 $\mathbf{R}$ 與面積 A 的一次矩 $Q_x = \int y\, dA$ 有關；$\mathbf{R}$ 的作用點與該面積對 x 軸的二次矩，或稱**慣性矩**，$I_x = \int y^2\, dA$ 有關。讀者將學到如何計算各種面積對 x 和 y 軸的慣性矩。本章第一部分也會介紹面積的**極慣性矩** (polar moment of inertia) $J_O = \int r^2\, dA$，其中 r 是元素面積 dA 到點 O 的距離。為簡化計算，將先建立一面積 A 對給定 x 軸的慣性矩 $I_{x'}$ 與相同面積對一平行於 x 軸的 x' 軸的關係 (平行軸定理)。讀者也將學到當座標旋轉時，如何正確轉換一給定面積的慣性矩 (第 9.9 節和第 9.10 節)。

本章的第二部分將學到如何求各種質量對一給定軸的慣性矩。第 9.11 節說明一給定質量對 AA' 軸的慣性矩定義為 $I = \int r^2\, dm$，其中 r 是質量為 dm 的元素到 AA' 軸的距離。質量的慣性矩在動力學涉及剛體繞一軸轉動的問題會用到。平行軸定理也會用來簡化質量慣性矩的計算。最後，讀者會學到當座標旋轉時，如何正確轉換質量慣性矩 (第 9.16 節到第 9.18 節)。

面積的慣性矩 (Moments of Inertia of Areas)

9.2 二次矩，或稱面積的慣性矩 (Second Moment, or Moment of Inertia, of an Area)

本章第一部分考慮分布力 $\Delta\mathbf{F}$，其大小 ΔF 正比於受力元素的面積 ΔA，也正比於 ΔA 到給定軸的距離。

例如考慮一截面不變的梁，受一對大小相等、指向相反的力偶分別作用於梁的兩端。這樣的梁稱為**受純彎曲** (pure bending)，材料力學將會介紹梁任一截面的內力均為分布力，其大小 $\Delta F = ky\,\Delta A$ 與 y 成正比，y 是元素面積 ΔA 與通過截面形心的軸的距離。通過形心的軸如圖 9.1 中的 x 軸，稱為截面的**中性軸** (neutral axis)。作用於中性軸一邊的力為壓力，另一邊則為張力；中性軸本身受力為零。

元素力 $\Delta\mathbf{F}$ 於整個截面的合力 $\mathbf{R}$ 的大小為

$$R = \int ky\,dA = k\int y\,dA$$

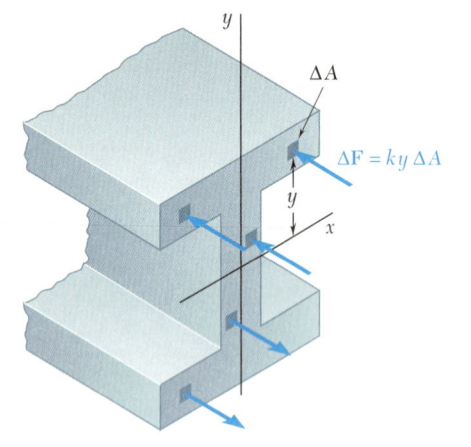

圖 9.1

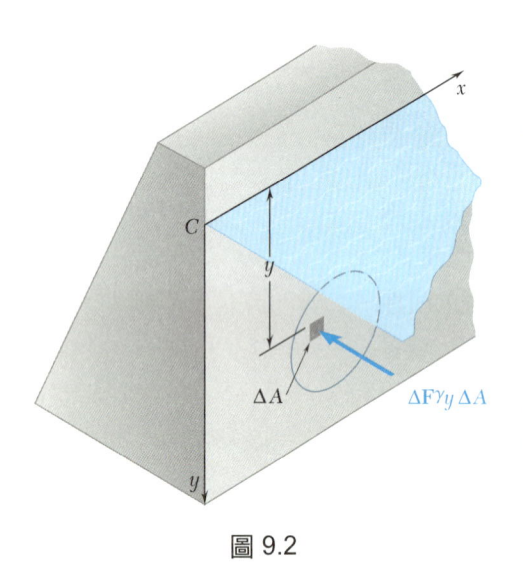

上式後面的積分即為截面對 x 軸的**一次矩** (first moment) Q_x；Q_x 等於 $\bar{y}A$，由於截面的形心位於 x 軸上，因此 Q_x 等於零。力系 $\Delta\mathbf{F}$ 因此化簡成一個力偶。力偶的力矩大小 M (彎矩) 必定等於元素力的力矩和 $\Delta M_x = y\,\Delta\mathbf{F} = ky^2\,\Delta A$ 對整個截面積分可得

$$M = \int ky^2\,dA = k\int y^2\,dA$$

上式第二個積分稱為梁截面對 x 軸的**二次矩** (second moment)，或稱**慣性矩** (moment of inertia)，標示為 I_x 可由每個元素面積 dA 乘上元素到 x 軸的距離平方，再對整個截面積分得到。由於無論 y 是否為正，$y^2\,dA$ 一定為正或零，積分 I_x 一定為正。

圖 9.2

另一個二次矩或面積慣性矩的例子在下面這個靜液壓問題會用到：如圖 9.2 所示，一水下垂直圓形閘門，用來關閉一大型蓄水池的出水口。水施加於閘門的合力有多大？合力對閘門所在平面與水面的交線 (x 軸) 的力矩有多大？

如果閘門為矩形，水壓的合力可由水壓曲線得到，如第 5.9 節所示。但由於此處閘門為圓形，必須使用較為通用的方法。以 y 標示面積為 ΔA 的元素的深度，以 γ 標示水的比重，元素所受的水壓為

$p = \gamma y$，而元素 ΔA 所受的力為 $\Delta F = p\,\Delta A = \gamma y\,\Delta A$，因此可得水壓的合力為

$$R = \int \gamma y\,dA = \gamma \int y\,dA$$

可由計算閘門面積對 x 軸的一次矩 $Q_x = \int y\,dA$ 求得。合力的力矩 M_x 必定等於元素力的力矩和 $\Delta M_x = y\,\Delta F = \gamma y^2 \Delta A$。對整個截面積分得到

$$M_x = \int \gamma y^2\,dA = \gamma \int y^2\,dA$$

這裡的積分代表面積對 x 軸的二次矩或稱慣性矩 I_x。

9.3 以積分法求面積的慣性矩 (Determination of the Moment of Inertia of an Area by Integration)

前節介紹了面積 A 對 x 軸或 y 軸的二次矩 (慣性矩) 的定義 (圖 9.3a)，可寫成下式

$$I_x = \int y^2\,dA \qquad I_y = \int x^2\,dA \tag{9.1}$$

上式稱為面積 A 的**直角慣性矩** (rectangular moments of inertia)，可選用平行一座標軸的薄矩形為積分元素 dA 以簡化積分。計算 I_x 時，選用平行 x 軸的薄矩形，薄矩形上每一點與 x 軸的距離都是 y (圖 9.3b)；薄矩形的慣性矩 dI_x 可由薄矩形的面積 dA 乘上 y^2 得到。計算 I_y 時，選用平行 y 軸的薄矩形，薄矩形上每一點與 y 軸的距離都是 x (圖 9.3c)；薄矩形的慣性矩 dI_y 等於 $x^2\,dA$。

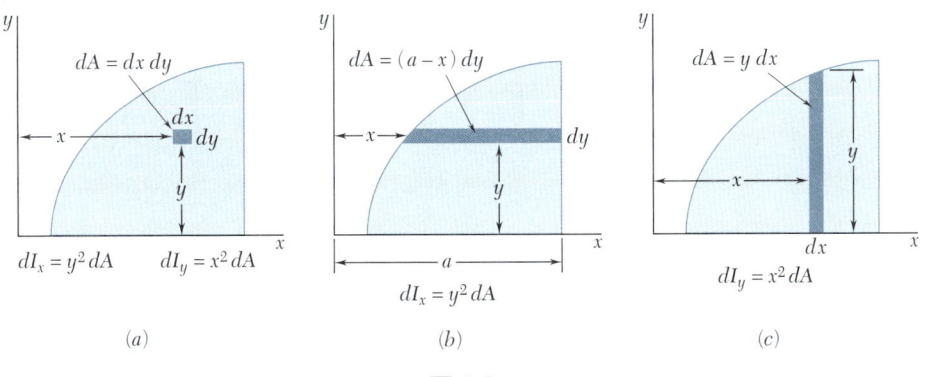

圖 9.3

▶ 矩形的慣性矩

這裡以求矩形對寬的慣性矩 (圖 9.4) 為例。將矩形分割成平行 x 軸的薄矩形，故

$$dA = b\,dy \qquad dI_x = y^2 b\,dy$$

$$I_x = \int_0^h by^2\,dy = \tfrac{1}{3}bh^3 \tag{9.2}$$

圖 9.4

▶ 使用相同的積分元素計算 I_x 和 I_y

上面推導的公式可用來求平行 y 軸的薄矩形積分元素對 x 軸的慣性矩 dI_x，如圖 9.3c 所示。令式 (9.2) 中的 $b = dx$ 和 $h = y$，得到

$$dI_x = \tfrac{1}{3}y^3\,dx$$

另一方面，也可得到

$$dI_y = x^2\,dA = x^2 y\,dx$$

因此，可用相同的積分元素計算給定面積的慣性矩 I_x 與 I_y (圖 9.5)。

$dI_x = \tfrac{1}{3}y^3\,dx$

$dI_y = x^2 y\,dx$

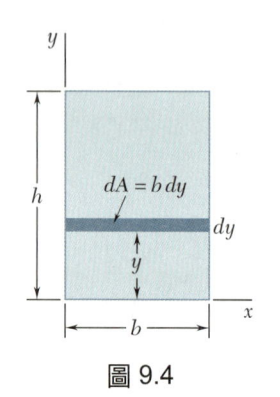

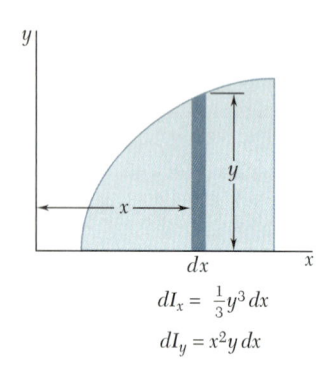

圖 9.5

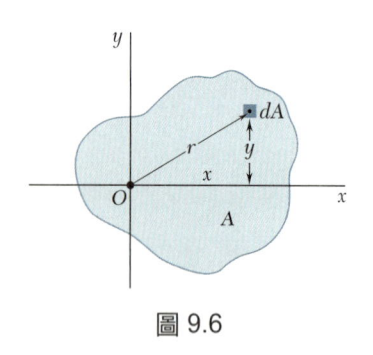

9.4 極慣性矩 (Polar Moment of Inertia)

分析圓軸扭轉或是圓形薄片旋轉時，需要用到一個極為重要的積分如下

$$J_O = \int r^2\,dA \tag{9.3}$$

其中 r 為 O 與面積為 dA 之元素的距離 (圖 9.6)。這個積分稱為面積 A 對「極」O 的**極慣性矩** (polar moment of inertia)。

如果已知某給定面的直角慣性矩 I_x 與 I_y，則可直接利用 $r^2 = x^2 + y^2$，再利用下式計算極慣性矩：

$$J_O = \int r^2\,dA = \int (x^2 + y^2)\,dA = \int y^2\,dA + \int x^2\,dA$$

即

圖 9.6

$$J_O = I_x + I_y \qquad (9.4)$$

9.5 面積的迴轉半徑 (Radius of Gyration of an Area)

考慮一面 A 其對 x 軸的慣性矩為 I_x (圖 9.7a)。將面 A 假想成濃縮於一平行 x 軸的薄矩形 (圖 9.7b)。如果被濃縮的面 A 對 x 軸也要有相同的慣性矩,則薄矩形應放置在距離 x 軸 k_x 處,其中 k_x 定義如下

$$I_x = k_x^2 A$$

解出 k_x 寫成

$$k_x = \sqrt{\frac{I_x}{A}} \qquad (9.5)$$

距離 k_x 稱為面積對 x 軸的迴轉半徑。我們也可定義類似的**迴轉半徑** (radius of gyration) k_y 和 k_O (圖 9.7c 與 d),如下

$$I_y = k_y^2 A \qquad k_y = \sqrt{\frac{I_y}{A}} \qquad (9.6)$$

$$J_O = k_O^2 A \qquad k_O = \sqrt{\frac{J_O}{A}} \qquad (9.7)$$

如果將式 (9.4) 改寫成迴轉半徑的函數,可得

$$k_O^2 = k_x^2 + k_y^2 \qquad (9.8)$$

例題

計算圖 9.8 中矩形對寬的迴轉半徑 k_x,利用式 (9.5) 和 (9.2),寫成

$$k_x^2 = \frac{I_x}{A} = \frac{\frac{1}{3}bh^3}{bh} = \frac{h^2}{3} \qquad k_x = \frac{h}{\sqrt{3}}$$

矩形的迴轉半徑 k_x 如圖 9.8 所示。需注意不可與形心座標 $\bar{y} = h/2$ 混淆。k_x 與面積的二次矩 (慣性矩) 有關,而 $\bar{y}$ 與面積的一次矩有關。

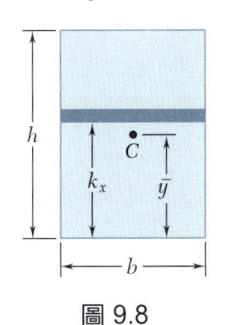

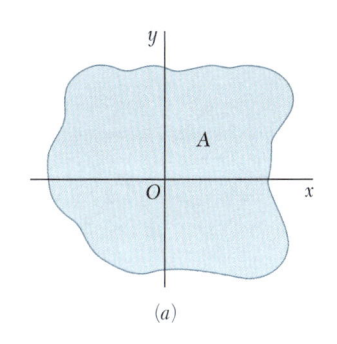

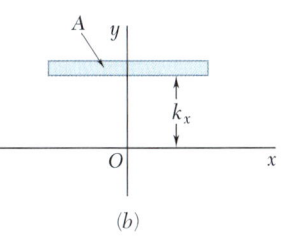

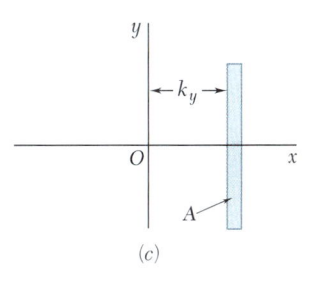

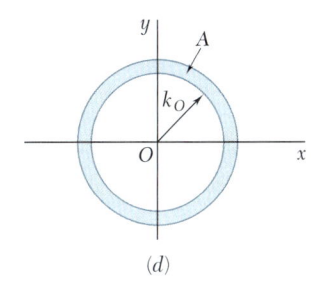

圖 9.7

圖 9.8

範例 9.1

試求三角形對其底的慣性矩。

解

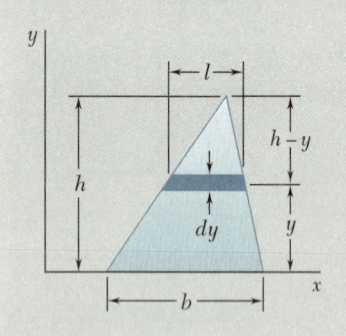

先畫出底為 b、高為 h 的三角形，取 x 軸與底重合。取平行於 x 軸的細長條為微分元素 dA。由於細長條各點與 x 軸的距離相等，寫下

$$dI_x = y^2\, dA \qquad dA = l\, dy$$

利用相似三角形關係

$$\frac{l}{b} = \frac{h-y}{h} \qquad l = b\frac{h-y}{h} \qquad dA = b\frac{h-y}{h}dy$$

將 dI_x 從 $y = 0$ 積分到 $y = h$，得到

$$I_x = \int y^2\, dA = \int_0^h y^2 b\frac{h-y}{h}dy = \frac{b}{h}\int_0^h (hy^2 - y^3)\,dy$$

$$= \frac{b}{h}\left[h\frac{y^3}{3} - \frac{y^4}{4}\right]_0^h \qquad I_x = \frac{bh^3}{12}$$

範例 9.2

(a) 試以直接積分法求一圓形區域的形心極慣性矩；(b) 利用 a 小題的結果，試求圓形區域對一直徑的慣性矩。

解

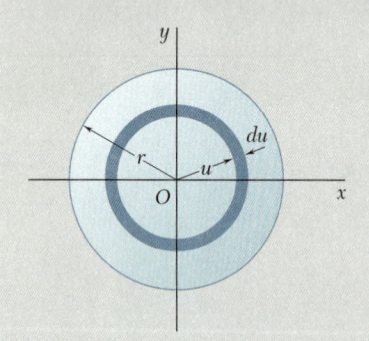

a. 極慣性矩。 選取細圓環作為微分元素 dA。由於微分元素各點到圓心的距離相等，寫下

$$dJ_O = u^2\, dA \qquad dA = 2\pi u\, du$$

$$J_O = \int dJ_O = \int_0^r u^2(2\pi u\, du) = 2\pi \int_0^r u^3\, du$$

$$J_O = \frac{\pi}{2}r^4$$

b. 對一直徑的慣性矩。 由於圓形區域的對稱性，可知 $I_x = I_y$，故可知

$$J_O = I_x + I_y = 2I_x \qquad \frac{\pi}{2}r^4 = 2I_x \qquad I_{\text{diameter}} = I_x = \frac{\pi}{4}r^4$$

範例 9.3

(a) 試求附圖所示陰影面對各座標軸的慣性矩(請參考範例 5.4)；
(b) 利用 a 小題的結果，試求陰影面對各座標軸的迴轉半徑。

解

參考範例 5.4，可得曲線與總面積的表達式如下

$$y = \frac{b}{a^2}x^2 \qquad A = \tfrac{1}{3}ab$$

慣性矩 I_x。選用垂直細長條為微分元素 dA。由於此元素上各點到 x 軸的距離不相等，因此必須將此元素視為一薄矩形 (thin rectangle)。此元素對 x 軸的慣性矩為

$$dI_x = \tfrac{1}{3}y^3\,dx = \frac{1}{3}\left(\frac{b}{a^2}x^2\right)^3 dx = \frac{1}{3}\frac{b^3}{a^6}x^6\,dx$$

$$I_x = \int dI_x = \int_0^a \frac{1}{3}\frac{b^3}{a^6}x^6\,dx = \left[\frac{1}{3}\frac{b^3}{a^6}\frac{x^7}{7}\right]_0^a$$

$$I_x = \frac{ab^3}{21}$$

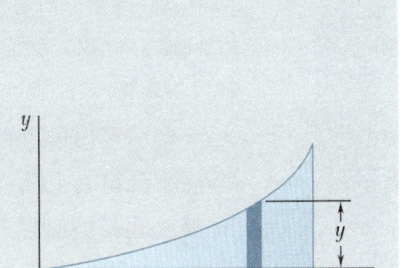

慣性矩 I_y。使用相同的垂直微分元素。由於此元素上各點到 y 軸的距離相等，故

$$dI_y = x^2\,dA = x^2(y\,dx) = x^2\left(\frac{b}{a^2}x^2\right)dx = \frac{b}{a^2}x^4\,dx$$

$$I_y = \int dI_y = \int_0^a \frac{b}{a^2}x^4\,dx = \left[\frac{b}{a^2}\frac{x^5}{5}\right]_0^a$$

$$I_y = \frac{a^3b}{5}$$

迴轉半徑 k_x 與 k_y。由定義

$$k_x^2 = \frac{I_x}{A} = \frac{ab^3/21}{ab/3} = \frac{b^2}{7} \qquad k_x = \sqrt{\tfrac{1}{7}}\,b$$

或

$$k_y^2 = \frac{I_y}{A} = \frac{a^3b/5}{ab/3} = \tfrac{3}{5}a^2 \qquad k_y = \sqrt{\tfrac{3}{5}}\,a$$

重點提示

本節的目的在介紹面積的直角與極慣性矩，以及對應的迴轉半徑。雖然後面的習題看起來比較像微積分的問題，而不是力學問題，但希望前面的介紹清楚說明學習慣性矩對研究各種工程問題的重要性。

1. 計算直角慣性矩 I_x 與 I_y。定義如下

$$I_x = \int y^2 \, dA \qquad I_y = \int x^2 \, dA \tag{9.1}$$

其中 dA 是微分元素 $d_x \, d_y$ 的面積。慣性矩是面的二次矩；例如 I_x 與面積 dA 的垂直距離 y 有關。如第 9.3 節學到的，必須小心定義 dA 的形狀與方位。此外，要注意以下要點。

   a. 大部分形狀的面的慣性矩可由單積分得到。圖 9.3b 和 c 與圖 9.5 中的表達式可用來計算 I_x 和 I_y。無論使用單積分或雙重積分，記得將積分元素 dA 清楚畫出。
   b. 無論面積與座標軸的相對位置，面積的慣性矩必定為正值。這是因為慣性矩是由 dA 與距離平方的乘積的積分得到。（請比較與一次矩的差別。）只有在一面積被移除時（例如面上的空洞），該移除面積所對應的慣性矩才會是負值。
   c. 由於慣性矩等於面積乘以長度的平方，可檢查慣性矩表達式中的每一項的單位是否為長度的四次方。若不是，則表示計算過程有誤。

2. 計算極慣性矩 J_O。定義 J_O 如下

$$J_O = \int r^2 \, dA \tag{9.3}$$

其中 $r^2 = x^2 + y^2$。如果給定面為軸對稱（如範例 9.2），可以將 dA 表示成 r 的函數，並以單積分計算 J_O。當一面不為軸對稱時，較容易的作法通常是先計算 I_x 和 I_y 再以下式求得

$$J_O = I_x + I_y \tag{9.4}$$

最後，如果給定形狀的邊界方程式是以極座標表示，則 $dA = r \, dr \, d\theta$，且需要用到雙重積分來計算 J_O [如習題 9.27]。

3. 求迴轉半徑 k_x、k_y 與極迴轉半徑 k_O。這些物理量已於第 9.5 節定義，只能在已求出面積和慣性矩後得到。要記住的是，k_x 是一段 y 方向的距離，而 k_y 是一段 x 方向的距離。如還有疑問，請再仔細研讀第 9.5 節。

習 題

9.1 至 **9.4** 試以直接積分法求陰影面對 y 軸的慣性矩。

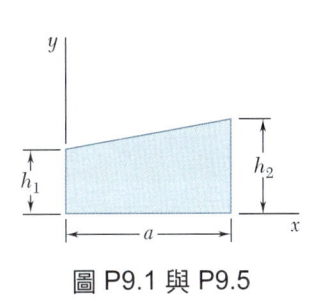

圖 P9.1 與 P9.5

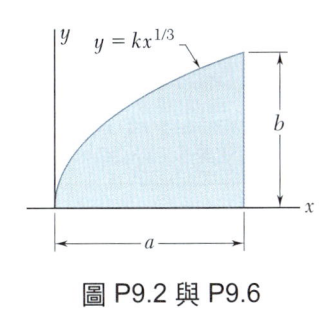

圖 P9.2 與 P9.6

9.5 至 **9.8** 試以直接積分法求陰影面對 x 軸的慣性矩。

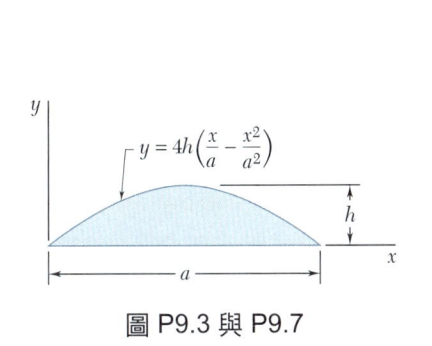

圖 P9.3 與 P9.7

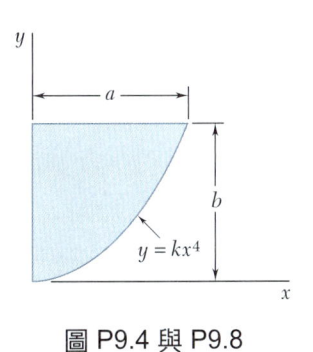

圖 P9.4 與 P9.8

9.9 至 *9.11* 試以直接積分法求陰影面對 x 軸的慣性矩。

9.12 至 *9.14* 試以直接積分法求陰影面對 y 軸的慣性矩。

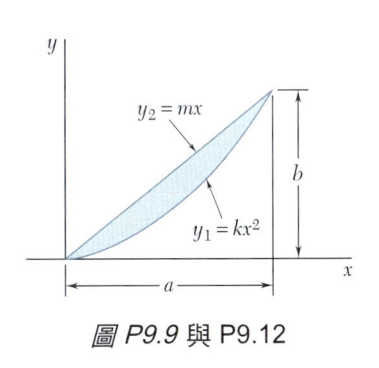

圖 *P9.9* 與 P9.12

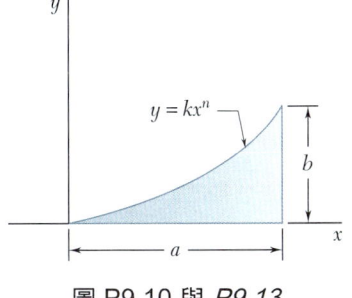

圖 P9.10 與 *P9.13*

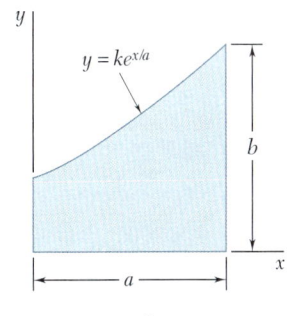

P9.11 與 *P9.14*

9.15 與 **9.16** 試求陰影面對 x 軸的慣性矩與迴轉半徑。

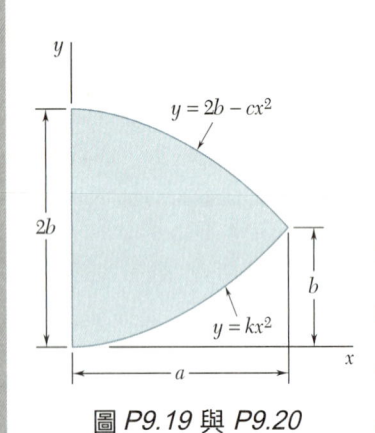

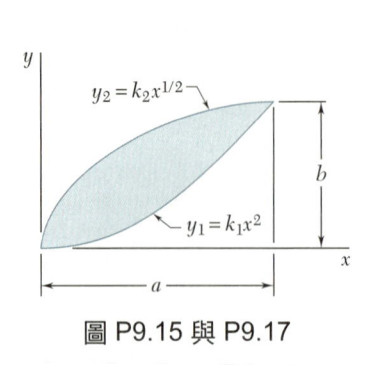

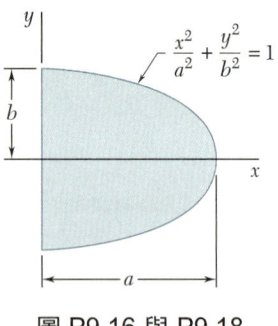

圖 P9.15 與 P9.17

圖 P9.16 與 P9.18

9.17 與 **9.18** 試求陰影面對 y 軸的慣性矩與迴轉半徑。

9.19 試求陰影面對 x 軸的慣性矩與迴轉半徑。

9.20 試求陰影面對 y 軸的慣性矩與迴轉半徑。

9.21 與 **9.22** 試求陰影面對點 P 的極慣性矩與極迴轉半徑。

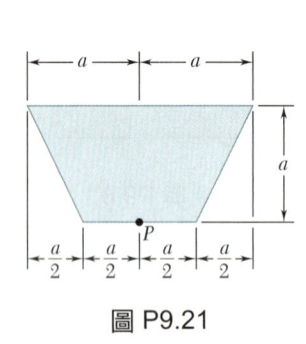

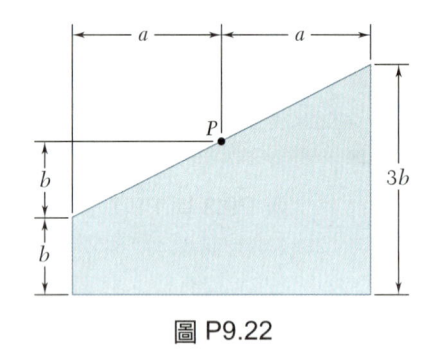

圖 P9.19 與 P9.20

圖 P9.21

圖 P9.22

9.23 與 **9.24** 試求陰影面對點 P 的極慣性矩與極迴轉半徑。

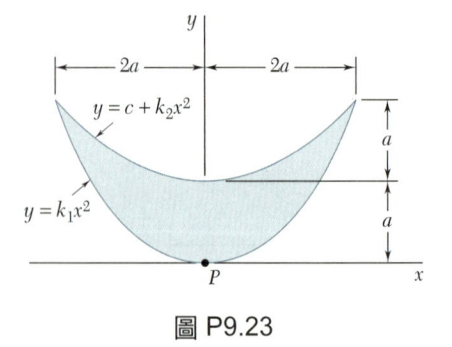

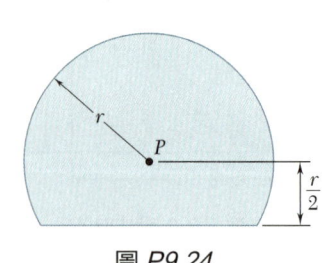

圖 P9.23

圖 P9.24

9.25 (a) 試以直接積分法，求半圓環區域對點 O 的極慣性矩；(b) 使用 a 小題的結果，求此區域對 x 與 y 軸的慣性矩。

9.26 (a) 當厚度 $t = R_2 - R_1$ 很小時，證明圖示之半圓環區域的極迴轉半徑 k_O，近似於平均半徑 $R_m = (R_1 + R_2)/2$；(b) 試求以下情況時，以 R_m 取代 k_O 導致的誤差，t/R_m：1、1/2 與 1/10。

9.27 試求陰影面對點 O 的極慣性矩與極迴轉半徑。

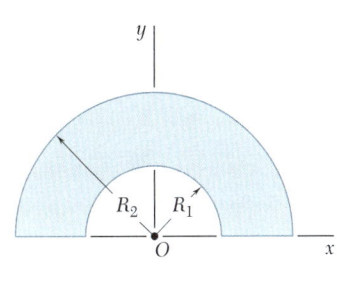

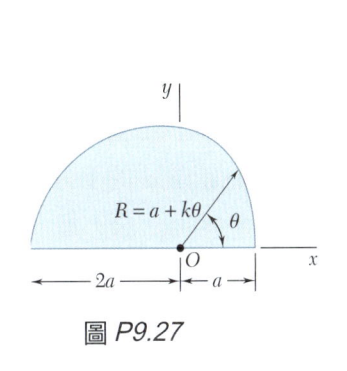

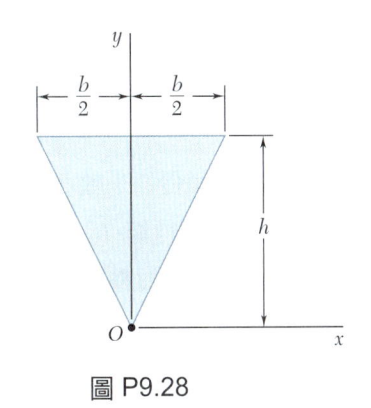

圖 P9.25 與 P9.26

圖 P9.27

圖 P9.28

9.28 試求等腰三角形對點 O 的極慣性矩與極迴轉半徑。

*9.29 使用習題 9.28 等腰三角形的極慣性矩，證明半徑為 r 的圓的形心極慣性矩等於 $\pi r^4/2$。(提示：當圓被切成愈來愈多個相同的扇形時，各扇形的近似形狀為何？)

*9.30 證明一給定面 A 的形心極慣性矩不會小於 $A^2/2\pi$。(提示：將給定面的慣性矩與面積相同且形心相同的圓之慣性矩加以比較。)

9.6 平行軸定理 (Parallel-Axis Theorem)

考慮一面積 A 對一軸 AA' 的慣性矩 I (圖 9.9)。將面積 dA 的元素到 AA' 的距離標示為 y，寫下

$$I = \int y^2 \, dA$$

接著通過該面的形心 C，畫出平行 AA' 的 BB' 軸，稱為**形心軸** (centroidal axis)。將元素 dA 到 BB' 的距離標示為 y'，寫下 $y = y' + d$，其中 d 為兩軸 AA' 與 BB' 的距離。將 y 代入上面積分式，寫下

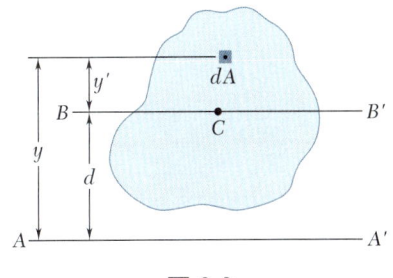

圖 9.9

$$I = \int y^2 \, dA = \int (y' + d)^2 \, dA$$
$$= \int y'^2 \, dA + 2d \int y' \, dA + d^2 \int dA$$

第一個積分為該面對形心軸 BB' 的慣性矩 $\bar{I}$。第二個積分代表該面對 BB' 的一次矩；因為形心 C 位於軸 BB' 上，第二個積分必定為零。最後，觀察得知最後一個積分項等於總面積 A，故

$$I = \bar{I} + Ad^2 \tag{9.9}$$

上式表示一面對任一軸 AA' 的慣性矩 I，等於該面對平行 AA' 的形心軸 BB' 的慣性矩 $\bar{I}$，加上面積 A 與兩軸距離 d 的平方的乘積。這個定理稱為**平行軸定理** (parallel-axis theoream)。將 I 和 $\bar{I}$ 分別以 $k^2 A$ 和 $\bar{k}^2 A$ 代入，定理也可表示如下

$$k^2 = \bar{k}^2 + d^2 \tag{9.10}$$

另一類似的定理也可用來連結一面對點 O 的極慣性矩 J_O，與該面對其形心 C 的極慣性矩 $\bar{J}_C$。將 O 與 C 的距離標示為 y，寫下

$$J_O = \bar{J}_C + Ad^2 \quad \text{或} \quad k_O^2 = \bar{k}_C^2 + d^2 \tag{9.11}$$

例題 1

應用平行軸定理求圓面對圓的切線的慣性矩 I_T (圖 9.10)。由範例 9.2 已知圓面對形心軸的慣性矩為 $\bar{I} = \frac{1}{4}\pi r^4$，因此可寫下

$$I_T = \bar{I} + Ad^2 = \tfrac{1}{4}\pi r^4 + (\pi r^2)r^2 = \tfrac{5}{4}\pi r^4$$

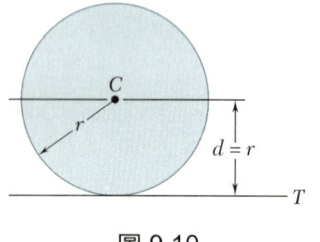

圖 9.10

例題 2

當已知一面對一軸的慣性矩時，可利用平行軸定理求該面的形心慣性矩。例如考慮圖 9.11 的三角形，由範例 9.1 已知其對底 AA' 的慣性矩等於 $\frac{1}{12}bh^3$。利用平行軸定理可得

$$I_{AA'} = \bar{I}_{BB'} + Ad^2$$
$$\bar{I}_{BB'} = I_{AA'} - Ad^2 = \tfrac{1}{12}bh^3 - \tfrac{1}{2}bh(\tfrac{1}{3}h)^2 = \tfrac{1}{36}bh^3$$

此處乘積 Ad^2 從給定的慣性矩減去，以得到三角形的形心慣性矩。注意，若

從形心軸轉移到一平行軸時，需要加上這個乘積；但若是從一平行軸轉移到形心軸，則要減去這個乘積。

回到圖 9.11，三角形對直線 DD'（通過一頂點）的慣性矩可由下式得到

$$I_{DD'} = \bar{I}_{BB'} + Ad'^2 = \tfrac{1}{36}bh^3 + \tfrac{1}{2}bh(\tfrac{2}{3}h)^2 = \tfrac{1}{4}bh^3$$

請注意，$I_{DD'}$ 無法直接由 $I_{AA'}$ 得到。只有在兩平行軸之一為形心軸時才可用平行軸定理。

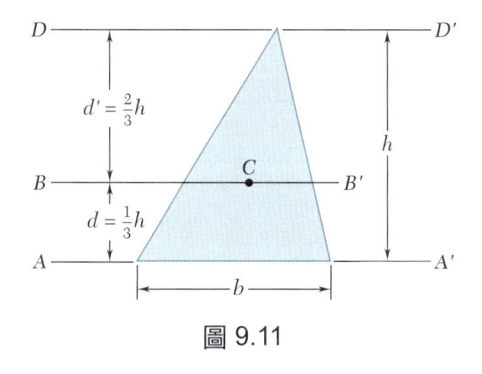

圖 9.11

9.7 複合面的慣性矩 (Moments of Inertia of Composite Areas)

考慮一個由多個面 A_1、A_2、A_3、…組合而成的複合面 A。由於代表 A 的慣性矩的積分可分割為分別對 A_1、A_2、A_3、…積分，A 對給定軸的慣性矩可藉由將 A_1、A_2、A_3、…對相同軸的慣性矩相加得到。因此，一個由幾個如圖 9.12 等常見形狀組成的面積的慣性矩，可直接由表列的公式得到。但在將各構成形狀的慣性矩相加之前，記得要用平行軸定理將慣性矩轉移至給定軸。請參見範例 9.4 和 9.5。

圖 9.13 表列各種結構形狀的截面性質。如第 9.2 節所述，梁截面對中性軸的慣性矩與梁截面彎矩的計算密切相關。因此，慣性矩的計算是結構設計與分析的先決條件。

需注意複合面的迴轉半徑不等於各部分面積的迴轉半徑的和。要求複合面的迴轉半徑，需先計算複合面的慣性矩。

照片 9.1　圖 9.13 表列出軋鋼形狀的一些數據，以便讀者查閱。照片上為常見於建築中的 H 形鋼。

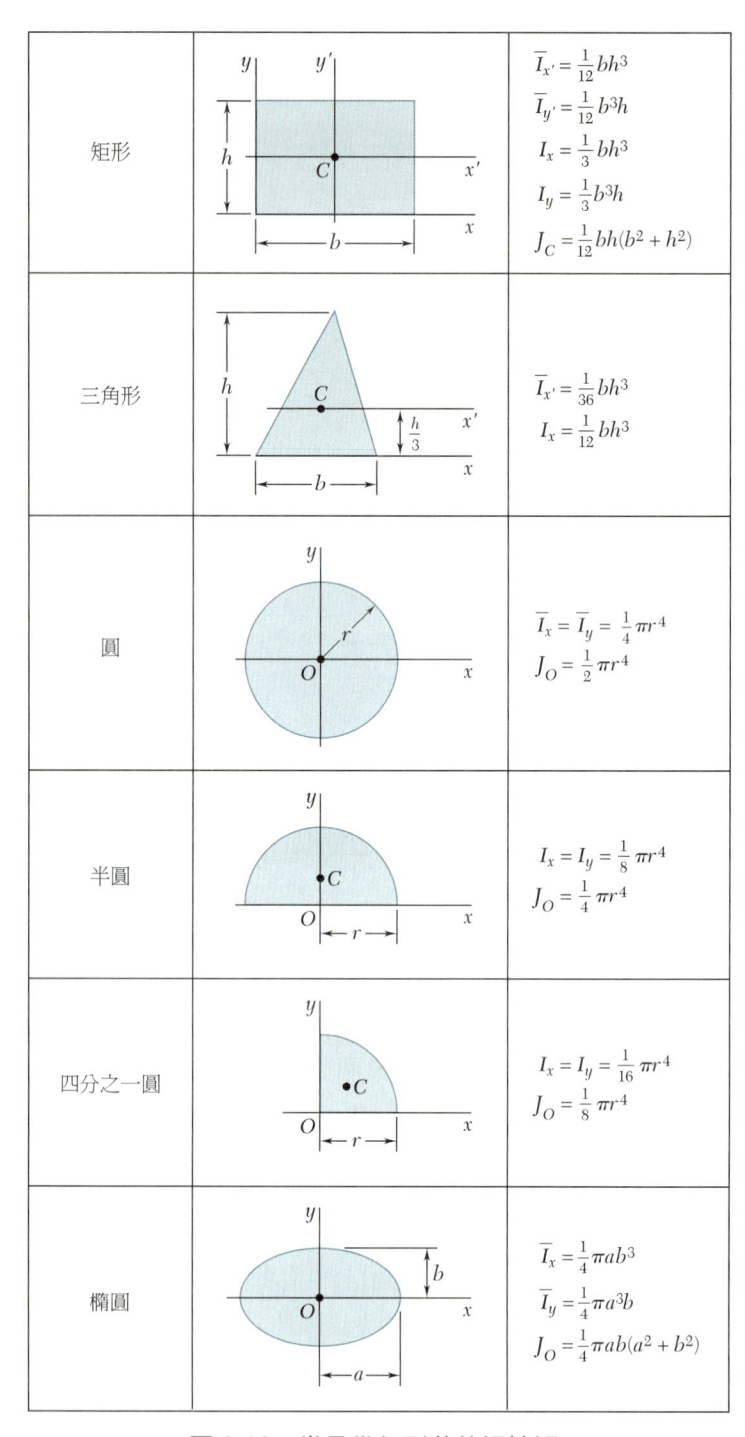

矩形		$\overline{I}_{x'} = \frac{1}{12}bh^3$ $\overline{I}_{y'} = \frac{1}{12}b^3h$ $I_x = \frac{1}{3}bh^3$ $I_y = \frac{1}{3}b^3h$ $J_C = \frac{1}{12}bh(b^2+h^2)$
三角形		$\overline{I}_{x'} = \frac{1}{36}bh^3$ $I_x = \frac{1}{12}bh^3$
圓		$\overline{I}_x = \overline{I}_y = \frac{1}{4}\pi r^4$ $J_O = \frac{1}{2}\pi r^4$
半圓		$I_x = I_y = \frac{1}{8}\pi r^4$ $J_O = \frac{1}{4}\pi r^4$
四分之一圓		$I_x = I_y = \frac{1}{16}\pi r^4$ $J_O = \frac{1}{8}\pi r^4$
橢圓		$\overline{I}_x = \frac{1}{4}\pi ab^3$ $\overline{I}_y = \frac{1}{4}\pi a^3 b$ $J_O = \frac{1}{4}\pi ab(a^2+b^2)$

圖 9.12 常見幾何形狀的慣性矩

	表示法	截面積 mm²	高度 mm	寬度 mm
H 形鋼 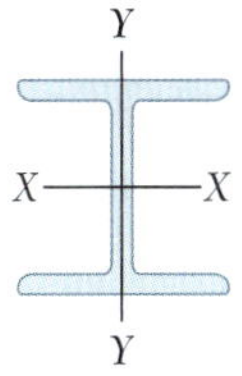	W460 × 113 W410 × 85 W360 × 57.8 W200 × 46.1	14400 10800 7230 5880	462 417 358 203	279 181 172 203
I 形鋼 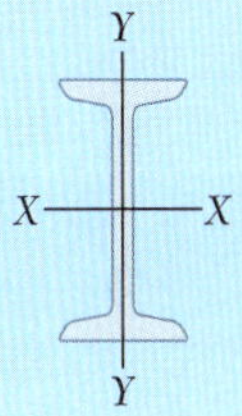	S460 × 81.4 S310 × 47.3 S250 × 37.8 S150 × 18.6	10300 6010 4810 2360	457 305 254 152	152 127 118 84.6
槽鋼 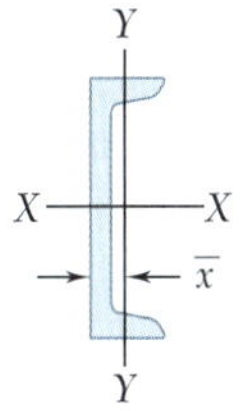	C310 × 30.8 C250 × 22.8 C200 × 17.1 C150 × 12.2	3920 2890 2170 1540	305 254 203 152	74.7 66.0 57.4 48.8
角鋼 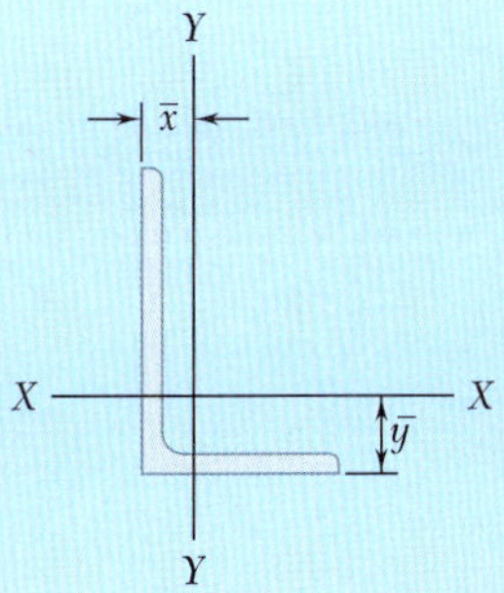	L152 × 152 × 25.4 L102 × 102 × 12.7 L76 × 76 × 6.4 L152 × 102 × 12.7 L127 × 76 × 12.7 L76 × 51 × 6.4	7100 2420 929 3060 2420 768		

圖 9.13　軋鋼形狀的性質 (SI 單位)

		X-X 軸			Y-Y 軸	
		$\overline{I}_x$ 10^6 mm^4	$\overline{k}_x$ mm	$\overline{y}$ mm	$\overline{I}_y$ 10^6 mm^4	$\overline{k}_y$ mm	$\overline{x}$ mm
H 形鋼	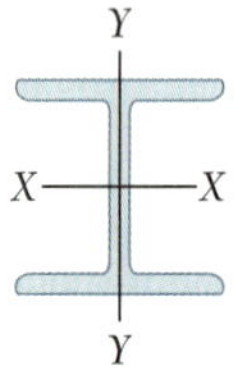	554 316 160 45.8	196 171 149 88.1		63.3 17.9 11.1 15.4	66.3 40.6 39.4 51.3	
I 形鋼	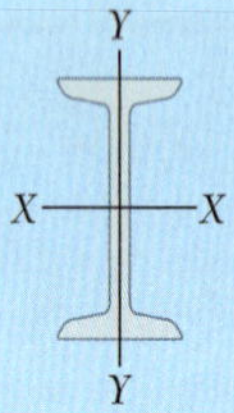	333 90.3 51.2 9.16	180 123 103 62.2		8.62 3.88 2.80 0.749	29.0 25.4 24.1 17.8	
槽鋼	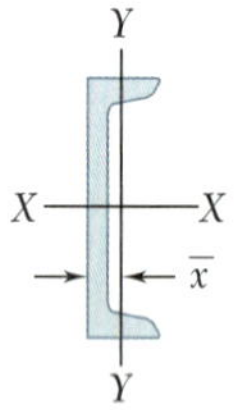	53.7 28.0 13.5 5.45	117 98.3 79.0 59.4		1.61 0.945 0.545 0.286	20.2 18.1 15.8 13.6	17.7 16.1 14.5 13.0
角鋼	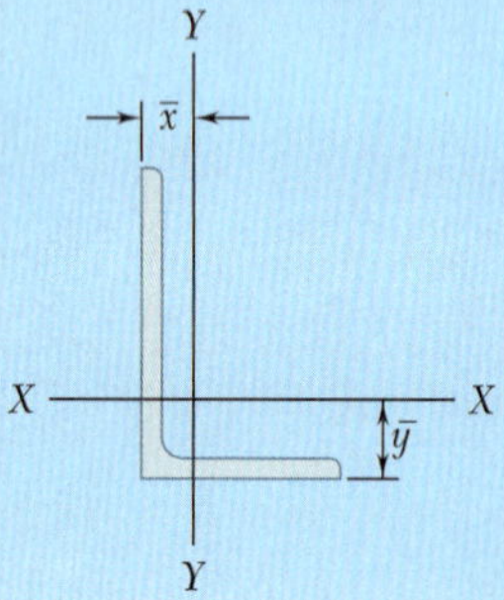	14.7 2.30 0.512 7.20 3.93 0.454	45.5 30.7 23.5 48.5 40.1 24.2	47.2 30.0 21.2 50.3 44.2 24.9	14.7 2.30 0.512 2.59 1.06 0.162	45.5 30.7 23.5 29.0 20.9 14.5	47.2 30.0 21.2 24.9 18.9 12.4

圖 9.13 （續）

範例 9.4

某 W360 × 57.8 軋鋼梁在上緣加裝一 220 × 18 mm 的平板，以提高強度。試求複合區域對通過形心 C 且平行於平板的軸的慣性矩與迴轉半徑。

解

令座標原點 O 位於 H 形鋼 (wide-flange shape) 的形心，複合區域的形心到原點的距離 $\overline{Y}$ 可由第五章的方法求出。H 形鋼的面積可參考圖 9.13。平板的面積與 y 座標如下

$$A = (220 \text{ mm})(18 \text{ mm}) = 3960 \text{ mm}^2$$
$$\overline{y} = \tfrac{1}{2}(358 \text{ mm}) + \tfrac{1}{2}(18 \text{ mm}) = 188 \text{ mm}$$

區段	面積, mm²	$\overline{y}$, mm	$\overline{y}A$, mm³
平板	3960	188	744480
H 形鋼	7230	0	0
	$\Sigma A = 11190$		$\Sigma \overline{y}A = 744480$

$$\overline{Y}\Sigma A = \Sigma \overline{y}A \qquad \overline{Y}(11190) = 744480 \qquad \overline{Y} = 66.53 \text{ mm}$$

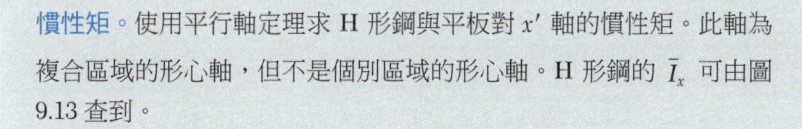

慣性矩。使用平行軸定理求 H 形鋼與平板對 x' 軸的慣性矩。此軸為複合區域的形心軸，但不是個別區域的形心軸。H 形鋼的 $\overline{I}_x$ 可由圖 9.13 查到。

對 H 形鋼，

$$I_{x'} = \overline{I}_x + A\overline{Y}^2 = (160 \times 10^6 \text{ mm}^4) + (7230 \text{ mm}^2)(66.53 \text{ mm})^2 = 192 \times 10^6 \text{ mm}^4$$

對平板，

$$I_{x'} = \overline{I}_x + Ad^2 = (\tfrac{1}{12})(220 \text{ mm})(18 \text{ mm})^3 + (3960 \text{ mm})(188 \text{ mm} - 66.53 \text{ mm})^2 = 58.54 \times 10^6 \text{ mm}^4$$

對複合區域，

$$I_{x'} = (192 + 58.54) \times 10^6 \text{ mm}^4 = 250.54 \times 10^6 \text{ mm}^4$$

$$I_{x'} = 250.5 \times 10^6 \text{ mm}^4$$

迴轉半徑

$$k_{x'}^2 = \frac{I_{x'}}{A} = \frac{250.54 \times 10^6 \text{ mm}^4}{11190 \text{ mm}^4} \qquad k_{x'} = 149.6 \text{ mm}$$

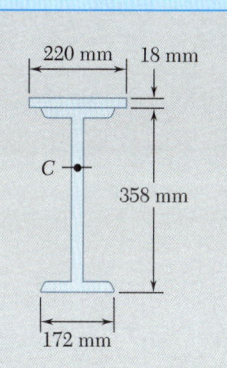

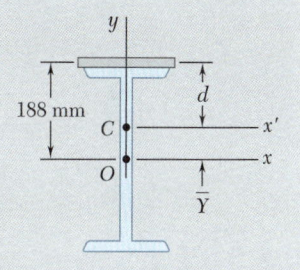

範例 9.5

試求陰影面對 x 軸的慣性矩。

解

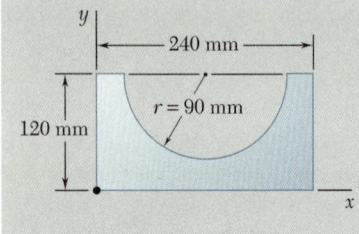

給定面可由一矩形面移除半圓得到，而矩形與半圓的慣性矩則分別計算。

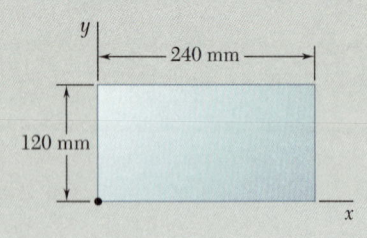

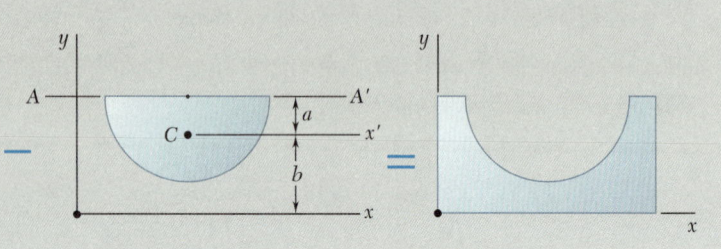

矩形的慣性矩。 由圖 9.12 可得到

$$I_x = \tfrac{1}{3}bh^3 = \tfrac{1}{3}(240 \text{ mm})(120 \text{ mm})^3 = 138.2 \times 10^6 \text{ mm}^4$$

半圓的慣性矩。 由圖 5.8 可求出半圓對直徑 AA' 的形心 C。

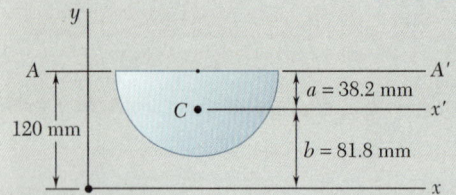

$$a = \frac{4r}{3\pi} = \frac{(4)(90 \text{ mm})}{3\pi} = 38.2 \text{ mm}$$

形心 C 到 x 軸的距離 b 為

$$b = 120 \text{ mm} - a = 120 \text{ mm} - 38.2 \text{ mm} = 81.8 \text{ mm}$$

參考圖 9.12，計算半圓對直徑 AA' 的慣性矩；並求出半圓的面積。

$$I_{AA'} = \tfrac{1}{8}\pi r^4 = \tfrac{1}{8}\pi(90 \text{ mm})^4 = 25.76 \times 10^6 \text{ mm}^4$$
$$A = \tfrac{1}{2}\pi r^2 = \tfrac{1}{2}\pi(90 \text{ mm})^2 = 12.72 \times 10^3 \text{ mm}^2$$

利用平行軸定理，求得 $\bar{I}_{x'}$：

$$I_{AA'} = \bar{I}_{x'} + Aa^2$$
$$25.76 \times 10^6 \text{ mm}^4 = \bar{I}_{x'} + (12.72 \times 10^3 \text{ mm}^2)(38.2 \text{ mm})^2$$
$$\bar{I}_{x'} = 7.20 \times 10^6 \text{ mm}^4$$

再次利用平行軸定理，求得 I_x：

$$I_x = \bar{I}_{x'} + Ab^2 = 7.20 \times 10^6 \text{ mm}^4 + (12.72 \times 10^3 \text{ mm}^2)(81.8 \text{ mm})^2$$
$$= 92.3 \times 10^6 \text{ mm}^4$$

給定面的慣性矩。 將矩形的慣性矩減去半圓的慣性矩，即得

$$I_x = 138.2 \times 10^6 \text{ mm}^4 - 92.3 \times 10^6 \text{ mm}^4$$
$$I_x = 45.9 \times 10^6 \text{ mm}^4$$

本節介紹平行軸定理，並詳述如何用來簡化複合面的慣性矩與極慣性矩的計算。後面習題包含一般常見形狀與鋼材常見的形狀。讀者也將利用平行軸定理，求作用於水下平面的靜液壓合力的作用點。

1. **應用平行軸定理**。第 9.6 節推導出平行軸定理

$$I = \bar{I} + Ad^2 \tag{9.9}$$

一面 A 對給定軸的慣性矩 I，等於該面對一平行的形心軸的慣性矩為 $\bar{I}$ 加上乘積 Ad^2，其中 d 是兩軸的距離。使用平行軸定理時請注意以下幾點。

   a. 一面 A 的形心慣性矩 $\bar{I}$ 可由該面對一平行軸的慣性矩減去乘積 Ad^2 得到。故慣性矩 $\bar{I}$ 小於同一面對任一平行軸的慣性矩 I。

   b. 只有在兩平行軸的其中一軸為形心軸時，才可使用平行軸定理。因此，如例題 2 所示，當已知一面對一非形心軸的慣性矩，欲求該面對另一非形心軸的慣性矩時，不可直接套用平行軸定理，而要先求出該面對平行給定軸的形心軸的慣性矩。

2. **計算複合面的慣性矩與極慣性矩**。範例 9.4 和 9.5 闡述解題的步驟。解複合面的問題時，需記下組成複合面的常見形狀或常見鋼材形狀，以及各面的形心與欲計算慣性矩的給定軸的距離。此外，需注意以下幾點。

   a. 無論軸與面的相對位置為何，面積慣性矩必定為正值。如前節所述，只有當一面被移除時 (如孔洞)，其慣性矩才會是負值。

   b. 半橢圓與四分之一橢圓的慣性矩可由分別將一橢圓分成一半與四分之一得到。但需注意的是，所得到的慣性矩是對橢圓的對稱軸。要得到形心慣性矩，則要再利用平行軸定理。以上說明同樣適用於半圓與四分之一圓，而圖 9.12 所列這些形狀的慣性矩並不是形心慣性矩。

   c. 計算複合面的極慣性矩，根據已知條件，可用圖 9.12 中的 J_O 或是利用以下關係

$$J_O = I_x + I_y \tag{9.4}$$

   d. 計算給定面的形心慣性矩之前，要先利用第五章的方法找到形心位置。

3. **靜液壓合力的作用點**。第 9.2 節指出

$$R = \gamma \int y\, dA = \gamma \bar{y} A$$

$$M_x = \gamma \int y^2\, dA = \gamma I_x$$

其中 $\bar{y}$ 為 x 軸與水下平面形心的距離。由於 **R** 等效於靜液壓系統，故

$$\Sigma M_x: \qquad y_P R = M_x$$

其中 y_p 是 **R** 作用點的深度,且

$$y_P(\gamma \bar{y} A) = \gamma I_x \qquad 或 \qquad y_P = \frac{I_x}{\bar{y}A}$$

建議讀者仔細研究圖 9.13 中常見鋼材形狀所用的表示法,可能會在後續的工程課程再次遇到。

習題

9.31 與 9.32 試求陰影面對 x 軸的慣性矩與迴轉半徑。

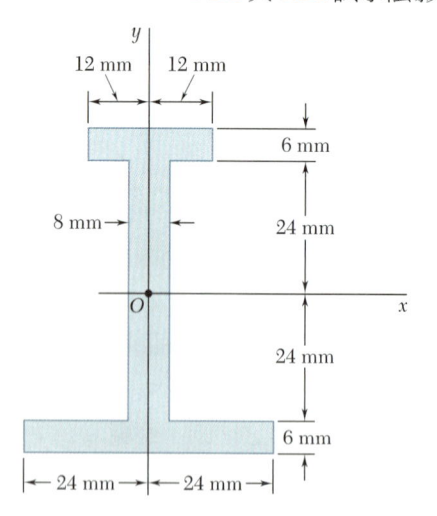

圖 P9.31 與 P9.33

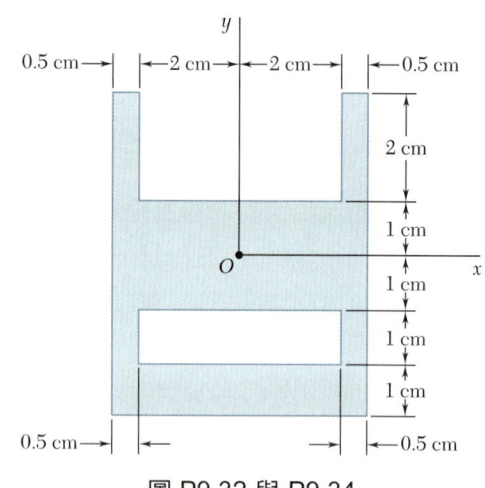

圖 P9.32 與 P9.34

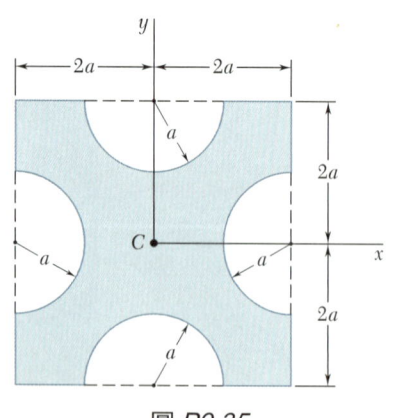

圖 P9.35

圖 P9.36

9.33 與 9.34 試求陰影面對 y 軸的慣性矩與迴轉半徑。

9.35 與 9.36 當 $a = 20$ mm,試求陰影面對 x 軸與 y 軸的慣性矩。

9.37 陰影面積等於 50 mm^2。試求其形心慣性矩 $\bar{I}_x$ 與 $\bar{I}_y$,已知 $\bar{I}_y = 2\bar{I}_x$,且此面對點 A 的極慣性矩為 $J_A = 2250$ mm^4。

9.38 陰影面對點 A、B 與 D 的極慣性矩，分別為 $J_A = 2880 \text{ mm}^4$、$J_B = 6720 \text{ mm}^4$ 與 $J_D = 4560 \text{ mm}^4$。試求其面積、形心慣性矩 $\bar{J}_C$，與 C 到 D 的距離 d。

9.39 試求陰影面對平行於 AA' 的形心軸的慣性矩，已知 $d_1 = 30 \text{ mm}$、$d_2 = 10 \text{ mm}$，且對 AA' 與 BB' 的慣性矩分別為 $4.1 \times 10^6 \text{ mm}^4$ 與 $6.9 \times 10^6 \text{ mm}^4$。

9.40 已知陰影區域面積為 7500 mm^2，對 AA' 的慣性矩為 $31 \times 10^6 \text{ mm}^4$，試求其對 BB' 的慣性矩，已知 $d_1 = 60 \text{ mm}$、$d_2 = 15 \text{ mm}$。

9.41 至 **9.44** 如附圖所示各區域，試求對平行與垂直於 AB 邊的形心軸之慣性矩 $\bar{I}_x$ 與 $\bar{I}_y$。

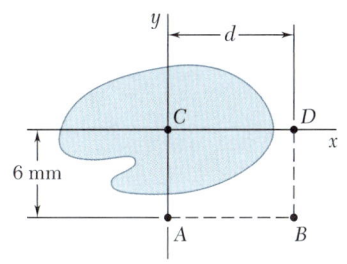

圖 P9.37 與 *P9.38*

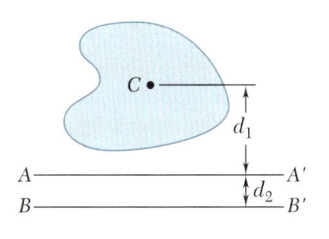

圖 P9.39 與 P9.40

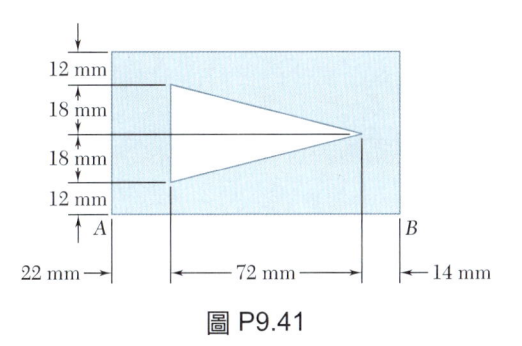

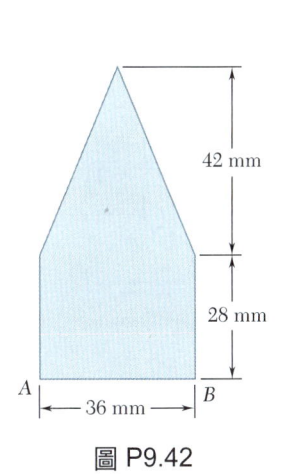

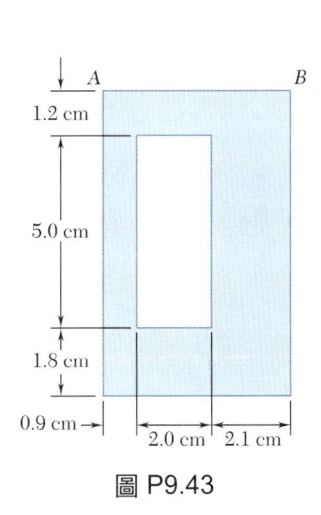

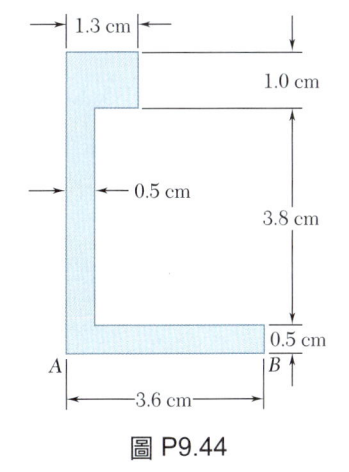

圖 P9.41

圖 P9.42

圖 P9.43

圖 P9.44

9.45 與 9.46 試求附圖所示區域對 (a) 點 O；(b) 區域的形心的極慣性矩。

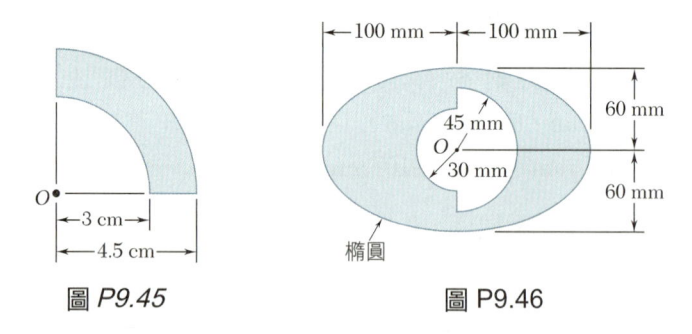

圖 P9.45

圖 P9.46

9.47 與 9.48 試求附圖所示區域對 (a) 點 O；(b) 區域的形心的極慣性矩。

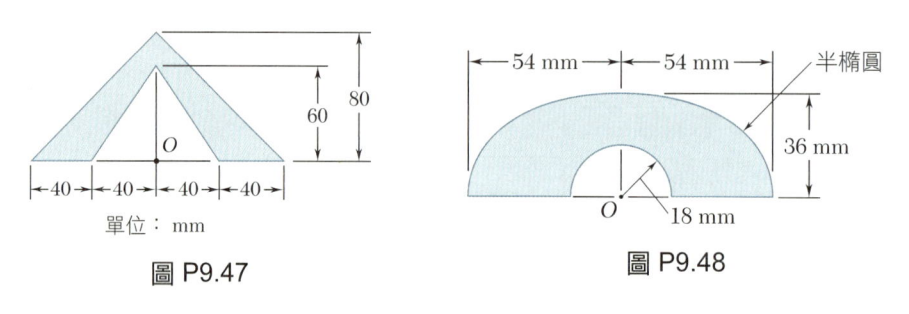

單位：mm

圖 P9.47

圖 P9.48

9.49 兩槽鋼 (channels) 與兩平板組成如附圖所示之截面。若 $b = 200$ mm，試求此截面對形心 x 軸與 y 軸的慣性矩與迴轉半徑。

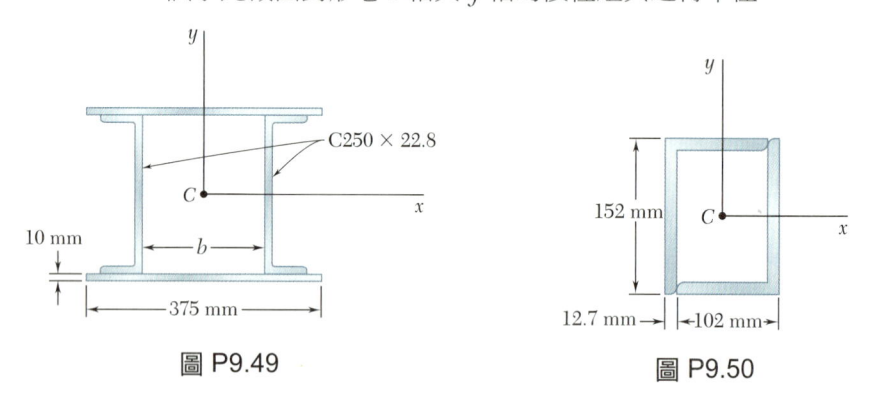

圖 P9.49

圖 P9.50

9.50 兩 L152 × 102 × 12.7 mm 角鋼焊接成附圖所示之截面。試求此截面對形心 x 軸與 y 軸的慣性矩與迴轉半徑。

9.51 兩 C310 × 30.8 槽鋼的與一 310 × 47.3 軋鋼焊接成附圖所示之截面。試求此截面對形心 x 軸與 y 軸的慣性矩與迴轉半徑。

9.52 兩厚度為 20 mm 的平板焊接到一軋鋼。試求此截面對形心 x 軸與 y 軸的慣性矩。

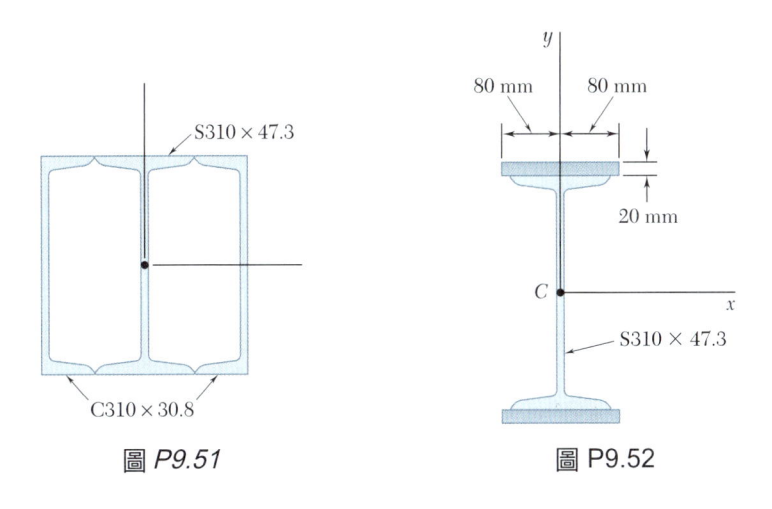

圖 P9.51

圖 P9.52

9.53 一槽鋼與一平板焊接成附圖所示對稱於 y 軸之截面。試求此截面對形心 x 軸與 y 軸的慣性矩。

9.54 將一槽鋼焊接於軋鋼的上緣可增強其強度，如附圖所示。試求此截面對形心 x 軸與 y 軸的慣性矩。

9.55 兩 L76 × 76 × 6.4 mm 角鋼與一 C250 × 22.8 槽鋼焊接成附圖所示之截面。試求此截面分別對平行與垂直於腹板的形心軸的慣性矩。

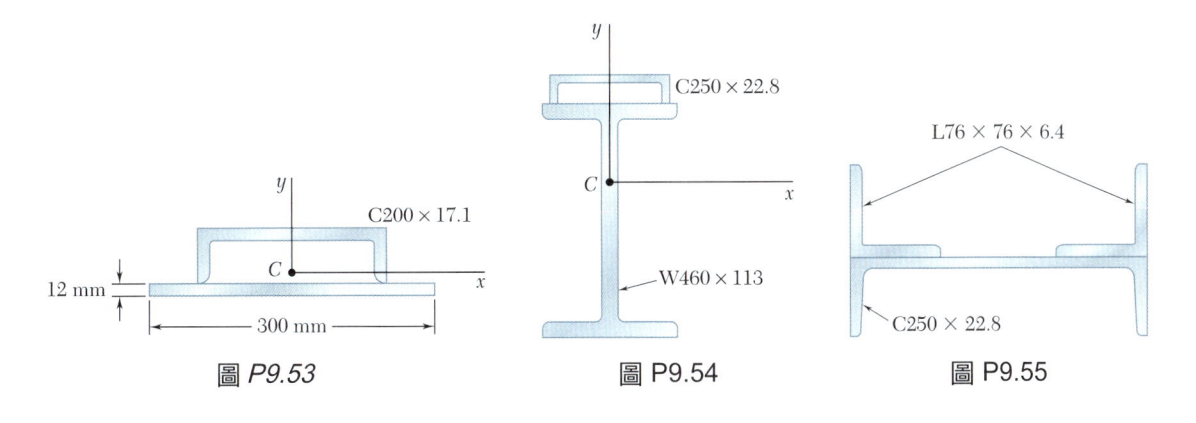

圖 P9.53

圖 P9.54

圖 P9.55

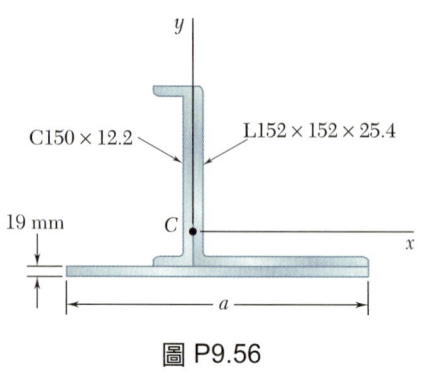

9.56 一槽鋼與一角鋼焊接到長寬為 $a \times 0.02$ m 的鋼板上。已知形心 y 軸如附圖所示，試求 (a) 寬度 a；(b) 對形心 x 軸與 y 軸的慣性矩。

9.57 與 **9.58** 附圖所示的平板為一注滿水到線 AA' 的水槽的一端。參考第 9.2 節，試求作用在平板的靜液壓的合力之作用點深度(壓力中心)。

圖 P9.56

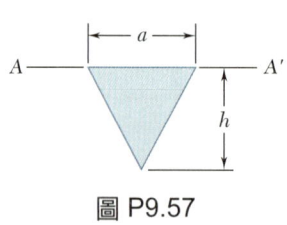

圖 P9.57

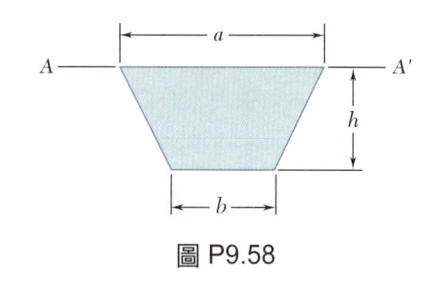

圖 P9.58

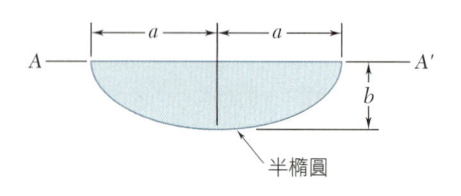

9.59 與 ***9.60** 附圖所示的平板為一注滿水到線 AA' 的水槽的一端。參考第 9.2 節，試求作用在平板的靜液壓的合力之作用點深度(壓力中心)。

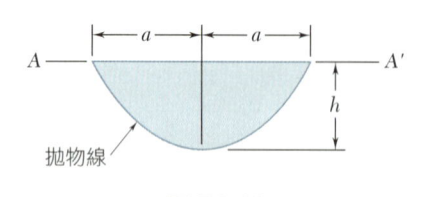

9.61 某垂直梯形門用作自動閥門，另有附於 AB 邊上鉸鍊位置的兩彈簧使此閥門保持關閉。已知每一彈簧施加大小為 1470 N·m 的力偶，試求使閘門打開的水深 d。

9.62 一水槽側邊有直徑為 0.5 m 的開口，開口的蓋子由四根等距的螺栓連接於水箱。當蓋子圓心位於水面下 1.4 m 時，試求每根螺栓由於水壓所承受額外的力。

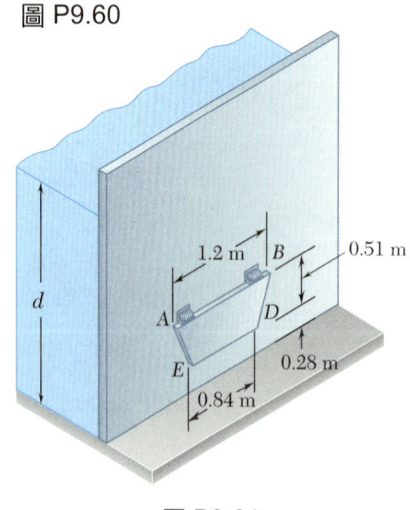

圖 P9.59

圖 P9.60

圖 P9.61

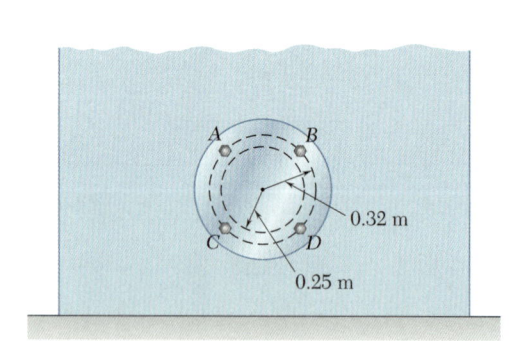

圖 P9.62

*9.63 試求圖示體積的形心 x 座標。(提示：體積的高 h 正比於 x 座標；考慮此高與作用於液體中表面的水壓的對比。)

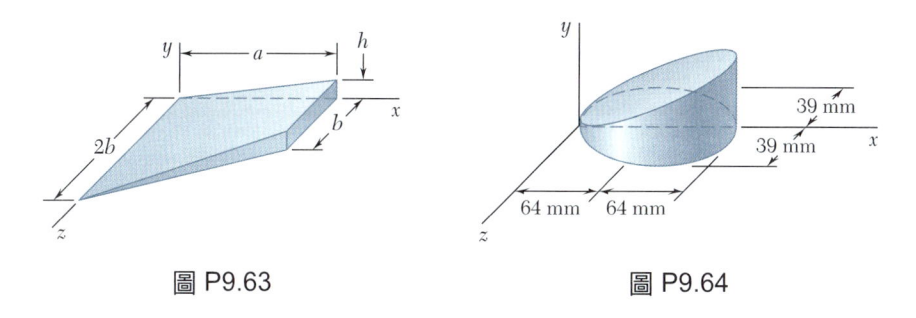

圖 P9.63

圖 P9.64

*9.64 試求圖示體積的形心 x 座標。此體積是由橢圓柱與斜面相交而成。(參考習題 9.63 的提示。)

*9.65 證明作用於液體中平面 A 的靜液壓力系統，可化簡成作用於平面 A 形心的一力 **P** 與兩力偶。此力 **P** 垂直於平面，大小為 $P = \gamma A \bar{y} \sin \theta$，其中 γ 為液體的比重，兩力偶為 $\mathbf{M}_{x'} = (\gamma \bar{I}_{x'} \sin \theta) \mathbf{i}$ 與 $\mathbf{M}_{y'} = (\gamma \bar{I}_{x'y'} \sin \theta) \mathbf{j}$，其中 $\bar{I}_{x'y'} = \int x'y' \, dA$ (參考第 9.8 節)。請注意，兩力偶與平面 A 的深度無關。

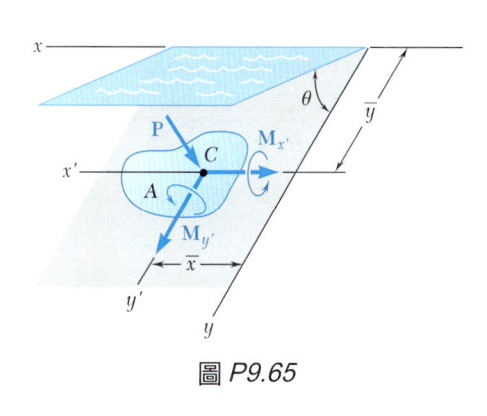

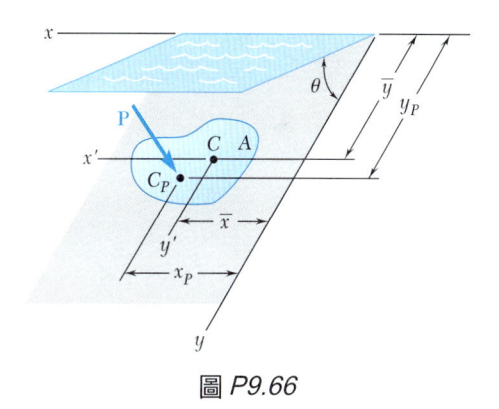

圖 P9.65

圖 P9.66

*9.66 證明作用於液體中平面 A 的靜液壓合力為垂直於平面的力 **P**，大小為 $P = \gamma A \bar{y} \sin \theta = \bar{p} A$，其中 γ 為液體的比重，$\bar{p}$ 為平面形心 C 處的液壓。證明 **P** 作用於一點 C_p，稱為壓力中心，其座標為 $x_p = I_{xy}/A\bar{y}$ 與 $y_p = I_x/A\bar{y}$，其中 $I_{xy} = \int xy \, dA$ (參考第 9.8 節)。另外也證明座標差 $y_p - \bar{y}$ 等於 $\bar{k}_x^2/\bar{y}$，因此與面積的沉浸深度有關。

*9.8 慣性積 (Product of Inertia)

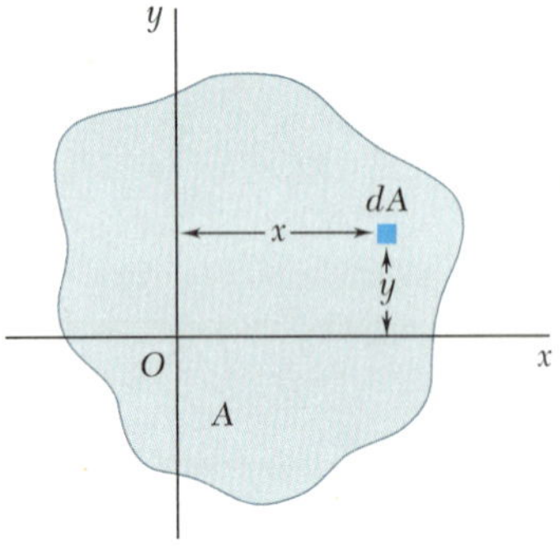

將一面 A 的積分元素 dA 乘上 dA 的座標 x 與 y 再對整個面積分 (圖 9.14) 得到的積分式稱為面 A 對 x 與 y 軸的**慣性積** (product of inertia)，表示如下：

$$I_{xy} = \int xy \, dA \tag{9.12}$$

與慣性矩 I_x 和 I_y 不同的是，慣性積 I_{xy} 可以為正、負或零。

當 x 與 y 軸其一，或是兩者都是面 A 的對稱軸時，慣性積 I_{xy} 為零。例如考慮圖 9.15 所示的截面，由於截面對稱於 x 軸，每一座標為 x 與 y 的積分元素 dA 皆有一個座標為 x 與 $-y$ 的對應元素 dA'。清楚可見，這樣的一對元素在計算 I_{xy} 時相互消去，而積分式 (9.12) 化簡為零。

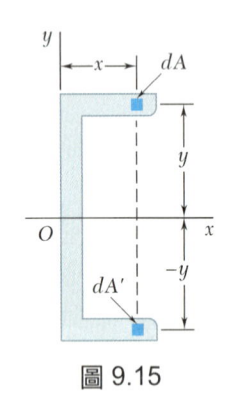

如第 9.6 節建立的慣性矩的平行軸定理，慣性積也可推導出類似的定理。考慮面 A 與直角座標系 x 與 y (圖 9.16)。通過座標為 $\bar{x}$ 與 $\bar{y}$ 的形心 C，畫兩條分別平行於 x 與 y 軸的形心軸 x' 與 y'。將積分元素 dA 的座標依原座標系標示為 x 與 y 並依形心座標系標示為 x' 與 y'，可寫下 $x = x' + \bar{x}$ 和 $y = y' + \bar{y}$。代入式 (9.12) 可得到以下慣性積 I_{xy} 的表達式：

$$I_{xy} = \int xy \, dA = \int (x' + \bar{x})(y' + \bar{y}) \, dA$$
$$= \int x'y' \, dA + \bar{y} \int x' \, dA + \bar{x} \int y' \, dA + \bar{x}\bar{y} \int dA$$

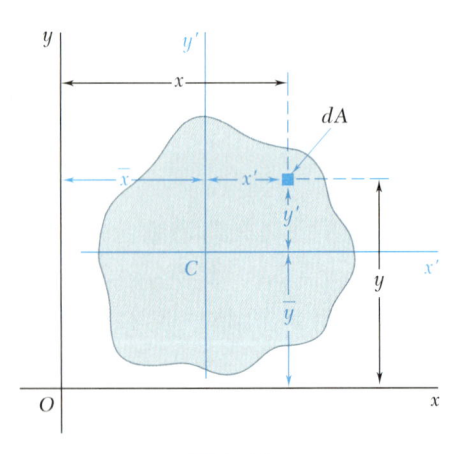

圖 9.14

圖 9.15

圖 9.16

上式第一個積分項代表面 A 對形心軸 x' 與 y' 的慣性積 $\bar{I}_{x'y'}$。後兩項代表面積對形心軸的一次矩；由於形心 C 位於軸上，故一次矩皆為零。觀察最後一項等於整個面的面積 A，故

$$I_{xy} = \bar{I}_{x'y'} + \bar{x}\bar{y}A \tag{9.13}$$

*9.9 主軸與主慣性矩 (Principal Axes and Principal Moments of Inertia)

考慮圖 9.17 中的面 A 與座標軸 x 與 y，假設已知面 A 的慣性矩與慣性積為

$$I_x = \int y^2\, dA \qquad I_y = \int x^2\, dA \qquad I_{xy} = \int xy\, dA \tag{9.14}$$

原座標軸對原點旋轉 θ 後得到新座標軸 x' 與 y'，欲求 A 對新座標軸的慣性矩與慣性積 $I_{x'}$、$I_{y'}$ 與 $I_{x'y'}$。

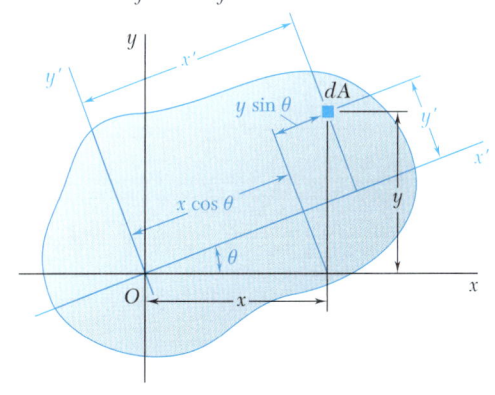

圖 9.17

首先寫下面積元素 dA 新舊座標的關係如下

$$x' = x\cos\theta + y\sin\theta \qquad y' = y\cos\theta - x\sin\theta$$

將 $I_{x'}$ 表達式中的 y' 以上面第二式代入，得到

$$\begin{aligned} I_{x'} &= \int (y')^2\, dA = \int (y\cos\theta - x\sin\theta)^2\, dA \\ &= \cos^2\theta \int y^2\, dA - 2\sin\theta\cos\theta \int xy\, dA + \sin^2\theta \int x^2\, dA \end{aligned}$$

再利用式 (9.14) 得到

$$I_{x'} = I_x \cos^2 \theta - 2I_{xy} \sin \theta \cos \theta + I_y \sin^2 \theta \tag{9.15}$$

類似步驟可得到 $I_{y'}$ 與 $I_{x'y'}$ 的表達式如下

$$I_{y'} = I_x \sin^2 \theta + 2I_{xy} \sin \theta \cos \theta + I_y \cos^2 \theta \tag{9.16}$$

$$I_{x'y'} = (I_x - I_y) \sin \theta \cos \theta + I_{xy}(\cos^2 \theta - \sin^2 \theta) \tag{9.17}$$

利用已知三角函數關係式

$$\sin 2\theta = 2 \sin \theta \cos \theta \qquad \cos 2\theta = \cos^2 \theta - \sin^2 \theta$$

和

$$\cos^2 \theta = \frac{1 + \cos 2\theta}{2} \qquad \sin^2 \theta = \frac{1 - \cos 2\theta}{2}$$

可將式 (9.15)、(9.16) 和 (9.17) 改寫成

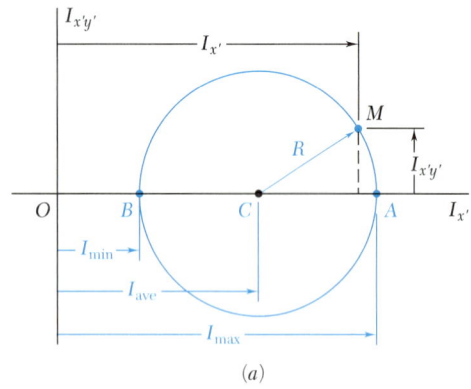

$$I_{x'} = \frac{I_x + I_y}{2} + \frac{I_x - I_y}{2} \cos 2\theta - I_{xy} \sin 2\theta \tag{9.18}$$

$$I_{y'} = \frac{I_x + I_y}{2} - \frac{I_x - I_y}{2} \cos 2\theta + I_{xy} \sin 2\theta \tag{9.19}$$

$$I_{x'y'} = \frac{I_x - I_y}{2} \sin 2\theta + I_{xy} \cos 2\theta \tag{9.20}$$

將式 (9.18) 和 (9.19) 相加得到

$$I_{x'} + I_{y'} = I_x + I_y \tag{9.21}$$

上式結果與預期相同，因為等號兩邊都等於極慣性矩 J_O。

式 (9.18) 和 (9.20) 代表圓的參數方程式；如果選用一組直角座標，一點 M 的橫座標為 $I_{x'}$、縱座標為 $I_{x'y'}$，對任意的 θ 作圖將得到一個圓。可將 θ 從式 (9.18) 與 (9.20) 中消去，作法是將式 (9.18) 中的 $(I_x + I_y)/2$ 移項，再將式 (9.18) 與 (9.20) 等號兩邊平方相加，得到

$$\left(I_{x'} - \frac{I_x + I_y}{2}\right)^2 + I_{x'y'}^2 = \left(\frac{I_x - I_y}{2}\right)^2 + I_{xy}^2 \tag{9.22}$$

圖 9.18

令

$$I_{ave} = \frac{I_x + I_y}{2} \quad \text{和} \quad R = \sqrt{\left(\frac{I_x - I_y}{2}\right)^2 + I_{xy}^2} \quad (9.23)$$

得到以下恆等式

$$(I_{x'} - I_{ave})^2 + I_{x'y'}^2 = R^2 \quad (9.24)$$

上式代表一個圓，其半徑為 R、圓心 C 的 x 與 y 座標分別為 I_{ave} 與 0（圖 9.18a）。觀察得知式 (9.19) 與 (9.20) 為這個圓的參數方程式。此外，由於圓對稱於橫軸，同樣的結果也可由畫出座標為 $I_{y'}$ 與 $-I_{x'y'}$ 的點 N 得到（圖 9.18b）。這個性質將於第 9.10 節用到。

上面畫出的圓與橫軸相交於兩點 A 與 B（圖 9.18a）：點 A 對應於慣性矩 $I_{x'}$ 的最大值；而點 B 對應於最小值。此外，兩點的慣性積 $I_{x'y'}$ 都等於零。因此，令式 (9.20) 中 $I_{x'y'} = 0$ 即可得到對應於點 A 與 B 的參數 θ 的值 θ_m，即

$$\tan 2\theta_m = -\frac{2I_{xy}}{I_x - I_y} \quad (9.25)$$

有兩個 $2\theta_m$ 值滿足上式，兩者相差 180°，亦即兩個 θ_m 的值相差 90°。其中一個 θ_m 對應於圖 9.18a 的點 A 與圖 9.17 中通過點 O 的一軸，且對該軸的慣性矩為最大值；另一個 θ_m 則對應於點 B 與通過點 O 的另一軸，且對該軸的慣性矩為最小值。這裡得到的兩軸互相垂直，稱為**面對 O 的主軸** (principal axes of the area about O)，對應的最大值 I_{max} 與最小值 I_{min}，稱為**面對 O 的主慣性矩** (principal moments of inertia of the area about O)。由於式 (9.25) 定義的兩個 θ_m 值是由令式 (9.20) 中的 $I_{x'y'} = 0$ 求出，清楚可見對主軸的慣性積等於零。

觀察圖 9.18a 可得

$$I_{max} = I_{ave} + R \qquad I_{min} = I_{ave} - R \quad (9.26)$$

利用式 (9.23) 的 I_{ave} 與 R，寫下

$$I_{max,min} = \frac{I_x + I_y}{2} \pm \sqrt{\left(\frac{I_x - I_y}{2}\right)^2 + I_{xy}^2} \quad (9.27)$$

除非透過檢視可判斷兩個主軸分別對應於 I_{max} 或 I_{min}，否則必須將一個 θ_m 值代入式 (9.18) 才能確定哪一個 m 對應於對 O 的最大慣性矩。

參考第 9.8 節，如果一面有一通過點 O 的對稱軸，此軸必定是對 O 的主軸之一。另一方面，主軸未必是對稱軸；無論一面是否有

對稱軸，對任一點 O 必定有兩個慣性主軸。

上述性質對位於面內或面外的任一點 O 均成立。如果點 O 與形心重合，所有通過 O 的直線均為形心軸；面積對形心的兩主軸稱為**面的主形心軸** (principal centroidal axes of the area)。

範例 9.6

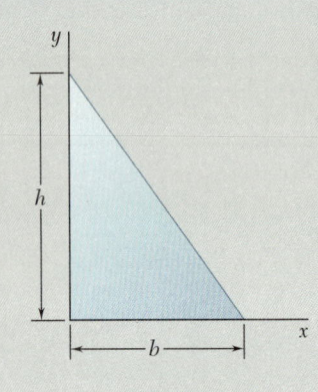

試求附圖所示的三角形的慣性積，(a) 對 x 軸與 y 軸；(b) 對平行 x 軸與 y 的形心軸。

解

a. **慣性積 I_{xy}**。選用垂直細長條作為面積微分元素。利用平行軸定理，寫下

$$dI_{xy} = dI_{x'y'} + \bar{x}_{el}\bar{y}_{el}\,dA$$

由於元素對稱於 x' 與 y' 軸，可知 $dI_{x'y'} = 0$。再由三角形的幾何形狀，可得

$$y = h\left(1 - \frac{x}{b}\right) \qquad dA = y\,dx = h\left(1 - \frac{x}{b}\right)dx$$

$$\bar{x}_{el} = x \qquad \bar{y}_{el} = \tfrac{1}{2}y = \tfrac{1}{2}h\left(1 - \frac{x}{b}\right)$$

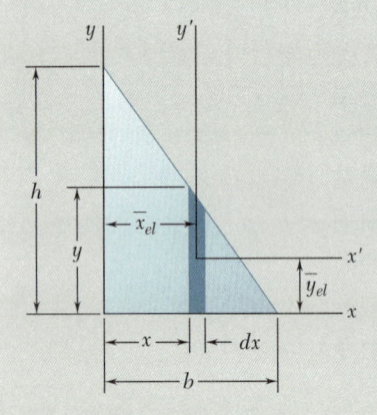

積分 dI_{xy} 從 $x = 0$ 至 $x = b$，可得

$$I_{xy} = \int dI_{xy} = \int \bar{x}_{el}\bar{y}_{el}\,dA = \int_0^b x(\tfrac{1}{2})h^2\left(1 - \frac{x}{b}\right)^2 dx$$

$$= h^2 \int_0^b \left(\frac{x}{2} - \frac{x^2}{b} + \frac{x^3}{2b^2}\right)dx = h^2\left[\frac{x^2}{4} - \frac{x^3}{3b} + \frac{x^4}{8b^2}\right]_0^b$$

$$I_{xy} = \tfrac{1}{24}b^2h^2$$

b. **慣性積 $\bar{I}_{x''y''}$**。三角形對應於 x 與 y 軸的形心座標為

$$\bar{x} = \tfrac{1}{3}b \qquad \bar{y} = \tfrac{1}{3}h$$

利用 a 小題得到的 I_{xy} 表達式，再利用平行軸定理，寫下

$$I_{xy} = \bar{I}_{x''y''} + \bar{x}\bar{y}A$$

$$\tfrac{1}{24}b^2h^2 = \bar{I}_{x''y''} + (\tfrac{1}{3}b)(\tfrac{1}{3}h)(\tfrac{1}{2}bh)$$

$$\bar{I}_{x''y''} = \tfrac{1}{24}b^2h^2 - \tfrac{1}{18}b^2h^2$$

$$\bar{I}_{x''y''} = -\tfrac{1}{72}b^2h^2$$

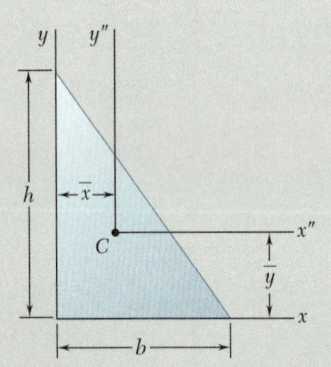

範例 9.7

附圖所示截面對 x 與 y 軸的慣性矩已經求得，為

$$I_x = 1.66 \times 10^6 \text{ mm}^4 \qquad I_y = 1.12 \times 10^6 \text{ mm}^4$$

試求 (a) 截面對 O 的主軸的方位；(b) 截面對 O 的主慣性矩值。

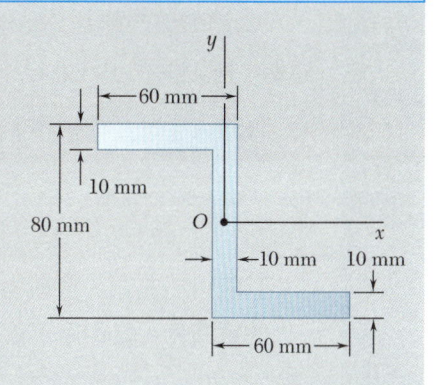

解

先計算截面對 x 軸與 y 軸的慣性積，將截面如圖示般分成三個矩形。注意對於每個矩形而言，對平行於 x 軸與 y 軸的形心軸之慣性積 $\bar{I}_{x'y'}$ 均為零。利用平行軸定理 $I_{xy} = \bar{I}_{x'y'} + \bar{x}\bar{y}A$，發現矩形的 I_{xy} 化簡成 $\bar{x}\bar{y}A$。

矩形	面積，mm^2	$\bar{x}$, mm	$\bar{y}$, mm	$\bar{x}\bar{y}A$, mm^4
I	600	-25	$+35$	-5.25×10^5
II	600	0	0	0
III	600	$+25$	-35	-5.25×10^5
			$\Sigma \bar{x}\bar{y}A =$	-1.05×10^6

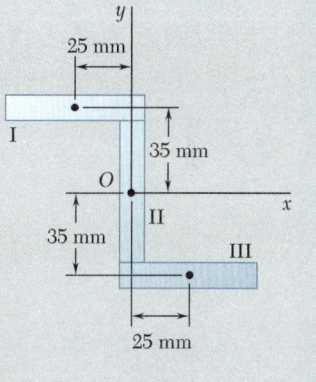

$$I_{xy} = \Sigma \bar{x}\bar{y}A = -1.05 \times 10^6 \text{ mm}^4$$

a. 主軸。 由於已知 I_x、I_y 與 I_{xy}，可用式 (9.25) 求 θ_m 如下：

$$\tan 2\theta_m = -\frac{2I_{xy}}{I_x - I_y} = -\frac{2(-1.05 \times 10^6 \text{ mm}^4)}{(1.66 - 1.12) \times 10^6 \text{ mm}^4} = +3.89$$

$$2\theta_m = 75.6° \text{ and } 255.6°$$

$$\theta_m = 37.8° \quad 與 \quad \theta_m = 127.8°$$

b. 主慣性矩。 利用式 (9.27)，寫下

$$I_{\max,\min} = \frac{I_x + I_y}{2} \pm \sqrt{\left(\frac{I_x - I_y}{2}\right)^2 + I_{xy}^2}$$

$$= \frac{1.66 \times 10^6 + 1.12 \times 10^6}{2} \pm \sqrt{\left(\frac{1.66 \times 10^6 - 1.12 \times 10^6}{2}\right)^2 + (-1.05 \times 10^6)^2}$$

$$I_{\max} = 2.47 \times 10^6 \text{ mm}^4 \qquad I_{\min} = 0.306 \times 10^6 \text{ mm}^4$$

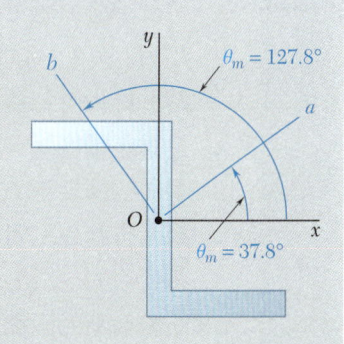

由於截面的面積元素分布較靠近 b 軸、較遠離 a 軸，因此可知 $I_a = I_{\max} = 2.47 \times 10^6 \text{ mm}^4$，而 $I_b = I_{\min} = 0.306 \times 10^6 \text{ mm}^4$。此結論可由將 $\theta = 37.8°$ 代入式 (9.18) 與 (9.19) 而得到驗證。

本節習題將繼續分析慣性矩，並將利用各種計算慣性積的技巧。儘管問題通常很直觀，解題時仍須注意以下幾點。

1. 以積分法計算慣性積 I_{xy}。定義物理量如下

$$I_{xy} = \int xy\, dA \tag{9.12}$$

其值可能為正、負或者為零。慣性積可直接由上式雙重積分得到，也可用範例 9.6 的單積分。當利用單積分的方法與平行軸定理時，要記住下式中的 $\bar{x}_{el}$ 與 $\bar{y}_{el}$

$$dI_{xy} = dI_{x'y'} + \bar{x}_{el}\bar{y}_{el}\, dA$$

為積分元素 dA 的形心座標。因此，如果 dA 不在第一象限，其座標至少有一負值。

2. 計算複合面的慣性積。較簡單的作法是由組成複合面的常見形狀的慣性矩，搭配以下的平行軸定理求得

$$I_{xy} = \bar{I}_{x'y'} + \bar{x}\bar{y}A \tag{9.13}$$

這種題型的解法可參見範例 9.6 和 9.7。除了複合面問題的常見法則，要記住以下幾點。

   a. 如果複合面的形心軸之一恰為面的對稱軸，則面的慣性積 $\bar{I}_{x'y'}$ 等於零。因此，對稱軸平行於座標軸的對稱形，如圓形、半圓形、矩形和等腰三角形的 $\bar{I}_{x'y'}$ 等於零。

   b. 使用平行軸定理時，要特別留意每個組成形狀座標 $\bar{x}$ 與 $\bar{y}$ 的正負號 [範例 9.7]。

3. 求座標旋轉後的慣性矩與慣性積。利用第 9.9 節推導的式 (9.18)、(9.19) 和 (9.20) 可計算繞原點 O 旋轉後的新座標軸的慣性矩和慣性積。必須知道軸在某方位時的 I_x、I_y 與 I_{xy} 才能代入上面的式子。也要記住座標軸逆時針旋轉時的 θ 為正，而順時針旋轉時為負。

4. 計算主慣性矩。第 9.9 節指出當座標軸旋轉至某個特定角度時，會出現最大 $I_{\max}$ 及最小的慣性矩 $I_{\min}$，而且慣性積為零。式 (9.27) 可用來計算這些值，稱為**面積對 O 的主慣性矩**。對應的兩軸稱為**面積對 O 的主軸**，其方位定義如式 (9.25)。為求兩主軸何者對應成 $I_{\max}$ 何者對應成 $I_{\min}$ 則可依照式 (9.27) 之後課文的描述，或者觀察兩主軸何者的面積較集中；較集中的軸對應成 $I_{\min}$ [範例 9.7]。

習 題

9.67 至 9.70 試以直接積分法求給定面對 x 與 y 軸的慣性積。

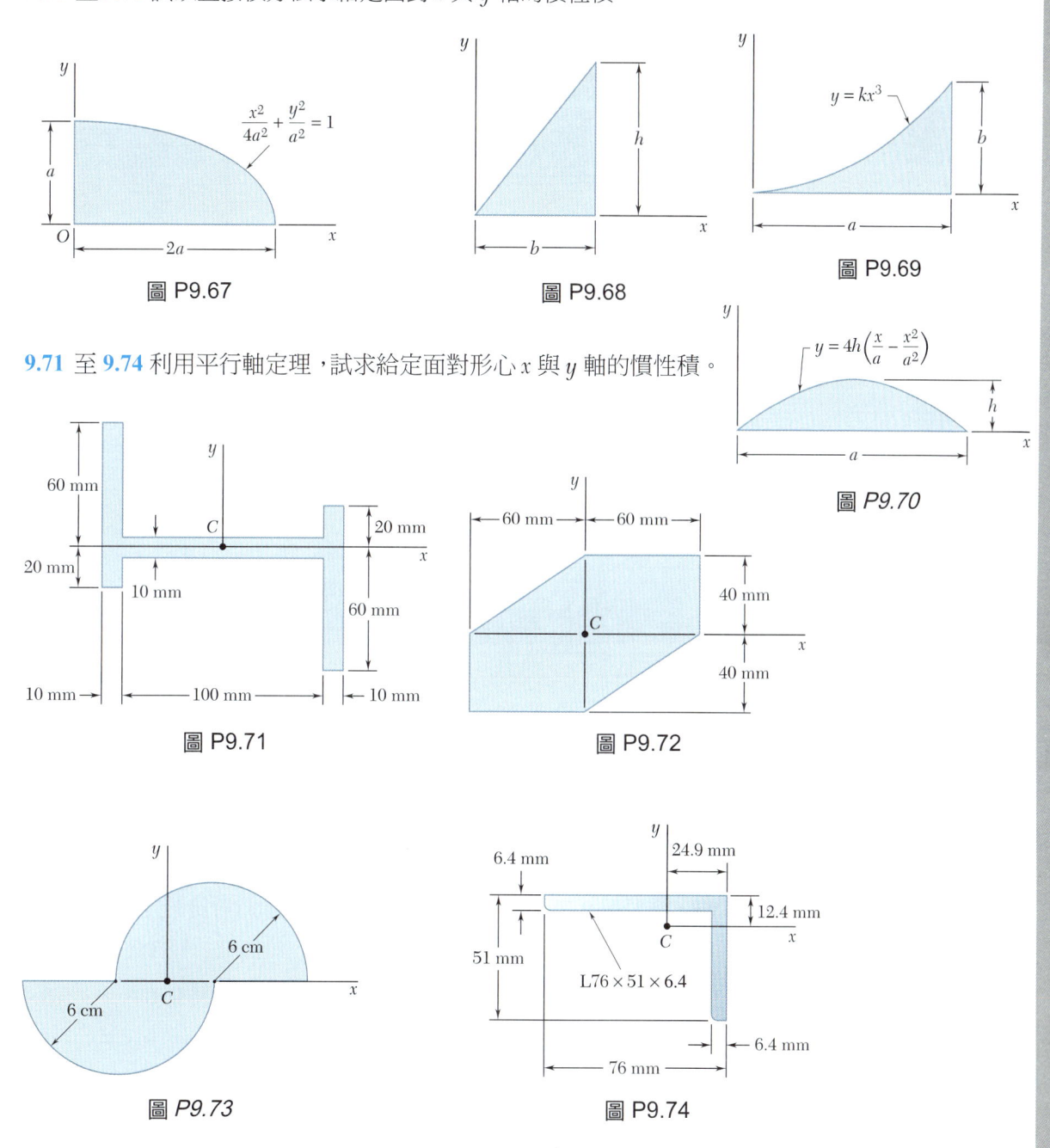

圖 P9.67 — $\dfrac{x^2}{4a^2} + \dfrac{y^2}{a^2} = 1$

圖 P9.68

圖 P9.69 — $y = kx^3$

圖 P9.70 — $y = 4h\left(\dfrac{x}{a} - \dfrac{x^2}{a^2}\right)$

9.71 至 9.74 利用平行軸定理，試求給定面對形心 x 與 y 軸的慣性積。

圖 P9.71

圖 P9.72

圖 P9.73

圖 P9.74 — L76 × 51 × 6.4

9.75 至 9.78 利用平行軸定理，試求給定面對形心 x 與 y 軸的慣性積。

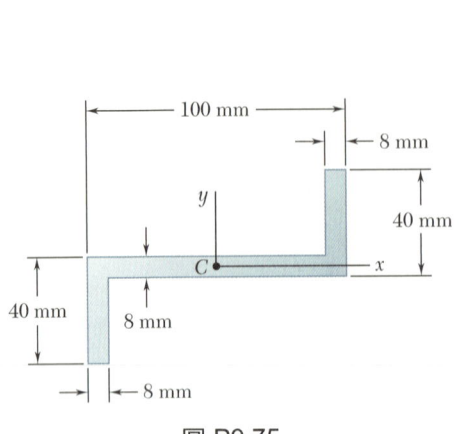

圖 P9.75

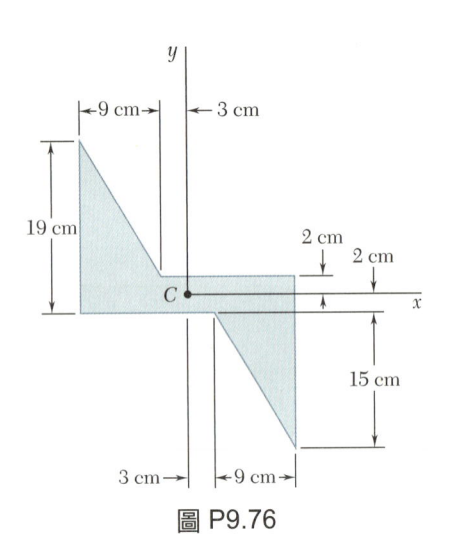

圖 P9.76

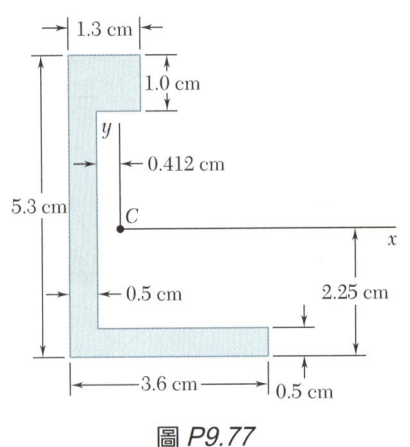

圖 P9.77

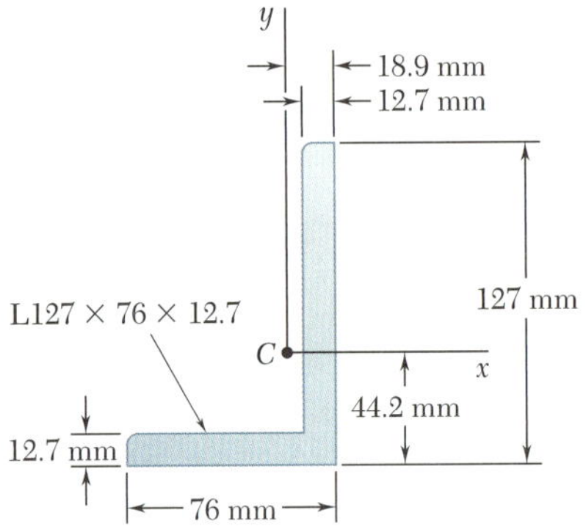

圖 P9.78

9.79 如習題 9.67 的四分之一橢圓，試求其對下列新軸線的慣性矩與慣性積；將 x 與 y 軸對 O 旋轉 (a) 逆時針 45°；(b) 順時針 30°。

9.80 如習題 9.72 的面，試求其對 x 與 y 軸順時針旋轉 30° 所得到的新形心軸的慣性矩與慣性積。

9.81 如習題 9.73 的面，試求其對 x 與 y 軸逆時針旋轉 60° 所得到的新形心軸的慣性矩與慣性積。

9.82 如習題 9.75 的面，試求其對 x 與 y 軸順時針旋轉 45° 所得到的新形心軸的慣性矩與慣性積。

9.83 如習題 9.74 的 L76 × 51 × 6.4 mm 截面，試求其對 x 與 y 軸順時針旋轉 30° 所得到的新形心軸的慣性矩與慣性積。

9.84 如習題 9.78 的 L127 × 76 × 12.7 mm 角鋼截面,試求其對 x 與 y 軸逆時針旋轉 45° 所得到的新形心軸的慣性矩與慣性積。

9.85 如習題 9.67 的四分之一橢圓,試求原點的主軸,以及對應的主慣性矩。

9.86 至 **9.88** 試求以下各面於原點的主軸,以及對應的主慣性矩。

9.86 習題 9.72 的面。

9.87 習題 9.73 的面。

9.88 習題 9.75 的面。

9.89 與 **9.90** 試求以下角鋼截面於原點的主軸,以及對應的主慣性矩。

9.89 習題 9.74 的 L76 × 51 × 6.4 mm 角鋼截面。

9.90 習題 9.78 的 L127 × 76 × 12.7 mm 角鋼截面。

*9.10 莫爾圓求解慣性矩與慣性積 (Mohr's Circle for Moments and Products of Inertia)

前節用圓來圖解座標對固定點 O 旋轉後對面積慣性矩的關係。最早使用這種圖解法的是德國工程師莫爾 (Otto Mohr, 1835-1918),因此這樣的圓稱為**莫爾圓** (Mohr's circle)。如果已知面 A 對通過點 O 的兩直角座標軸 x 與 y 的慣性矩與慣性積。可用莫爾圓的圖解法求 (a) 該面對 O 的主軸與主慣性矩,以及 (b) 該面對繞 O 旋轉後的直角座標軸 x' 與 y' 的慣性矩與慣性積。

考慮給定面 A 與兩直角座標軸 x 與 y (圖 9.19a)。假設已知慣性矩 I_x、I_y 與慣性積 I_{xy} 使用以下方法將其標示於圖上,先標示座標為 I_x 和 I_{xy} 的點 X 以及座標為 I_y 和 $-I_{xy}$ 的點 Y (圖 9.19b)。如果與圖 9.19a 的假設相同,I_{xy} 為正,點 X 位於橫軸的上半部,點 Y 位於下半部,如圖 9.19b 所示;如果 I_{xy} 為負,X 位於橫軸的下半部,Y 位於上半部。將 X 與 Y 以直線相連,將 XY 與橫軸的交點標示為 C,接著以 C 為圓心、XY 為直徑畫圓。注意,C 的橫座標與圓的半徑分別為式 (9.23) 定義的 I_{ave} 與 R。故可知此處得到的圓正是給定面對點 O 的莫爾圓。因此,圓與橫軸的交點 A 和 B 的橫座標,分別代表面積的最大 ($I_{\max}$) 及最小 ($I_{\min}$) 慣性矩。

由於 $\tan(XCA) = 2I_{xy}/(I_x - I_y)$,夾角 XCA 的大小等於滿足式

(9.25) 的兩個角度 $2\theta_m$ 之一；因此，角度 θ_m 定義了圖 9.19a 中的主軸 Oa 對應到圖 9.19b 中的點 A，θ_m 等於莫爾圓夾角 XCA 的一半。進一步觀察發現如果和此處考慮的情況相同，即 $I_x > I_y$ 且 $I_{xy} > 0$，則將 CX 旋轉成 CA 的角度應為順時針。再者，在此條件下，由式 (9.25) 得到的角度 θ_m 為負；因此將 Ox 旋轉成 Oa 的角度也是順時針。故得到以下結論：圖 9.19 左右兩圖的旋轉方向相同。如果莫爾圓上的 CX 旋轉成 CA 要順時針旋轉 $2\theta_m$，則將圖 9.19a 中的 Ox 旋轉成主軸 Oa 需要順時針旋轉 θ_m。

根據定義，莫爾圓具有唯一性，考慮面 A 對直角座標軸 x' 和 y' 的慣性矩與慣性積，應可得到相同的圓 (圖 9.19a)。因此，座標為 $I_{x'}$ 和 $I_{x'y'}$ 的點 X'，以及座標為 $I_{y'}$ 和 $-I_{x'y'}$ 的點 Y' 也落在莫爾圓上，而且圖 9.19b 中的夾角 $X'CA$ 必定等於圖 9.19a 中夾角 $x'Oa$ 的兩倍。由於夾角 XCA 為夾角 xOa 的兩倍，故圖 9.19b 中的夾角 XCX' 為圖 9.19a 中的夾角 xOx' 的兩倍。圖 9.19a 中的直角座標軸 x' 和 y' 與原座標軸 x 和 y 的夾角 θ，圖 9.19b 中的直徑 $x'y'$ 定義給定面對 x' 和 y' 軸的慣性矩 $I_{x'}$、$I_{y'}$ 與慣性積 $I_{x'y'}$，而 $x'y'$ 可由將直徑 XY 旋轉 2θ 得到。直徑 XY 對應於慣性矩 I_x、I_y 與慣性積 I_{xy}。要記住，圖 9.19b 中將直徑 XY 旋轉成直徑 $X'Y'$ 的角度，與圖 9.19a 中將 xy 軸旋轉成 x'、y' 軸的角度具有相同的轉向 (同為順時針或逆時針)。

(a)

(b)

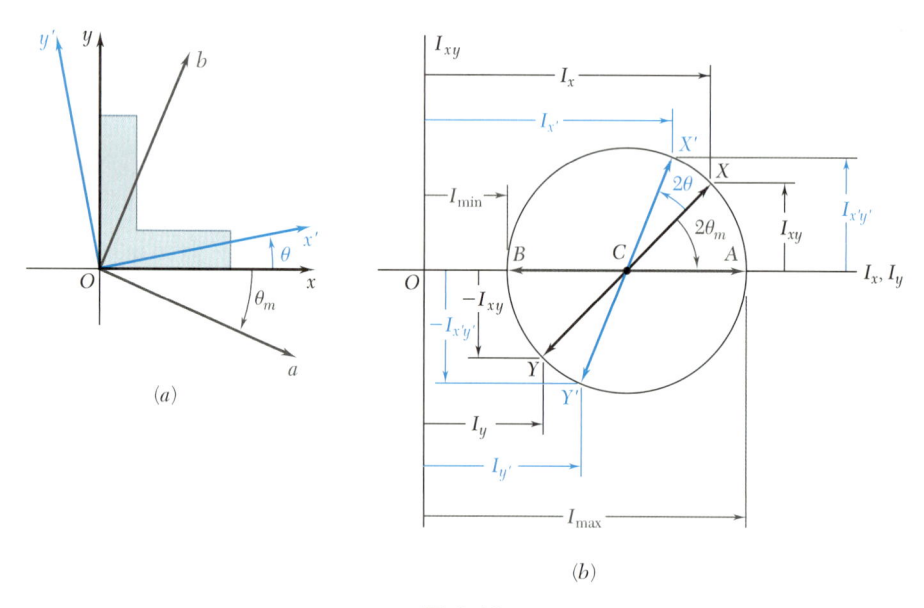

圖 9.19

需注意,莫爾圓的使用並非只局限於圖解法(即著重準確的繪圖與量測各種參數),莫爾圓配合三角函數可很容易導出以數值求解的各種關係式(範例 9.8)。

範例 9.8

附圖所示的截面對 x 與 y 軸的慣性矩與慣性積已知為

$$I_x = 7.20 \times 10^6 \text{ mm}^4 \quad I_y = 2.59 \times 10^6 \text{ mm}^4$$

$$I_{xy} = -2.54 \times 10^6 \text{ mm}^4$$

利用莫爾圓,試求 (a) 截面對 O 的主軸;(b) 截面對 O 的主慣性矩;(c) 截面對與 x 軸與 y 軸夾角 60° 的 x' 軸與 y' 軸的慣性矩與慣性積。

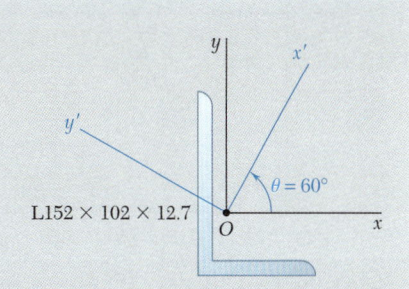

解

畫出莫爾圓。先畫出座標為 $I_x = 7.20$、$I_{xy} = -2.54$ 的點 X,以及座標為 $I_y = 2.59$、$-I_{xy} = +2.54$ 的點 Y。以直線連接 X 與 Y,定義出莫爾圓的圓心 C。圓心的橫座標 C,代表 I_{ave},接著可直接計算圓的半徑 R,如下

$$I_{ave} = OC = \tfrac{1}{2}(I_x + I_y) = \tfrac{1}{2}(7.20 \times 10^6 + 2.59 \times 10^6) = 4.895 \times 10^6 \text{ mm}^4$$
$$CD = \tfrac{1}{2}(I_x - I_y) = \tfrac{1}{2}(7.20 \times 10^6 - 2.59 \times 10^6) = 2.305 \times 10^6 \text{ mm}^4$$
$$R = \sqrt{(CD)^2 + (DX)^2} = \sqrt{(2.305 \times 10^6)^2 + (2.54 \times 10^6)^2}$$
$$= 3.430 \times 10^6 \text{ mm}^4$$

a. **主軸**。截面的主軸對應於莫爾圓上的點 A 與 B,而將 CX 旋轉成 CA 的角度為 $2\theta_m$,故

$$\tan 2\theta_m = \frac{DX}{CD} = \frac{2.54}{2.305} = 1.102 \quad 2\theta_m = 47.8° \quad \theta_m = 23.9°$$

因此,將 x 軸以逆時針旋轉 23.9°,即可得到對應於最大慣性矩的主軸 Oa,而將 y 軸旋轉相同角度即可得到對應於最小慣性矩的主軸 Ob。

b. **主慣性矩**。主慣性矩以橫座標 A 與 B 代表,故

$$I_{max} = OA = OC + CA = I_{ave} + R = (4.895 + 3.430)10^6 \text{ mm}^4$$
$$I_{max} = 8.33 \times 10^6 \text{ mm}^4$$
$$I_{min} = OB = OC - BC = I_{ave} - R = (4.895 - 3.430)10^6 \text{ mm}^4$$
$$I_{min} = 1.47 \times 10^6 \text{ mm}^4$$

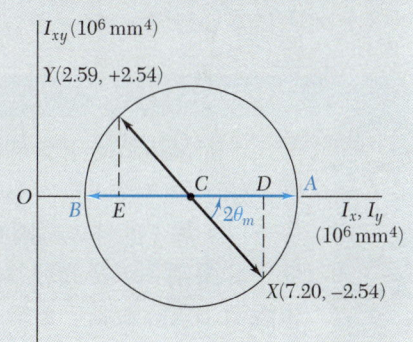

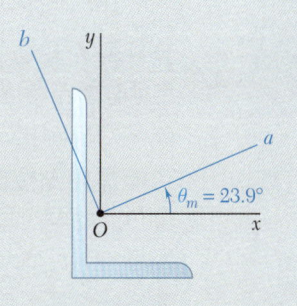

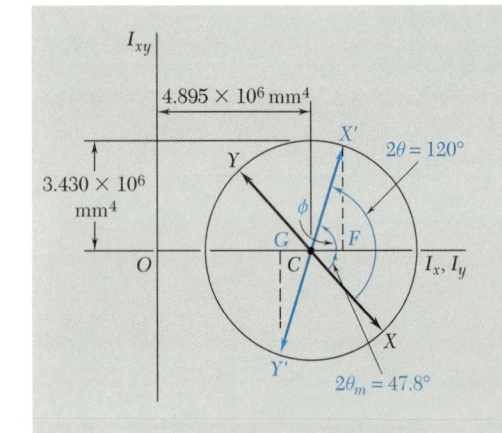

c. **對 x' 軸與 y' 軸的慣性矩與慣性積**。莫爾圓上對應於 x' 軸與 y' 軸的點 X' 與 Y'，可由將 CX 與 CY 逆時針旋轉 $2\theta = 2(60°) = 120°$ 得到。X' 與 Y' 的座標即為所要求的慣性矩與慣性積。注意 CX' 與橫軸的夾角為 $\phi = 120° - 47.8° = 72.2°$，寫下

$$I_{x'} = OF = OC + CF$$
$$= 4.895 \times 10^6 \text{ mm}^4 + (3.430 \times 10^6 \text{ mm}^4) \cos 72.2°$$
$$I_{x'} = 5.94 \times 10^6 \text{ mm}^4$$

$$I_{y'} = OG = OC - GC$$
$$= 4.895 \times 10^6 \text{ mm}^4 - (3.430 \times 10^6 \text{ mm}^4) \cos 72.2°$$
$$I_{y'} = 3.85 \times 10^6 \text{ mm}^4$$

$$I_{x'y'} = FX' = (3.430 \times 10^6 \text{ mm}^4) \sin 72.2°$$
$$I_{x'y'} = 3.27 \times 10^6 \text{ mm}^4$$

重點提示

本節習題將使用莫爾圓求座標旋轉後的面積慣性矩與慣性積。儘管有時使用莫爾圓不如套用方程式直接 [式 (9.18) 到 (9.20)]，但莫爾圓的圖形表示使各種變數間的關係一目了然。此外，莫爾圓顯示某給定問題所有可能的慣性矩與慣性積。

使用莫爾圓。背後的理論已於第 9.9 節詳述，第 9.10 節與範例 9.8 討論了如何應用。也說明了求解主軸、主慣性矩、對特定方位座標軸的慣性矩與慣性積的步驟。使用莫爾圓時，務必熟記以下幾點。

a. **物理量 R 和 I_{ave} 完整定義一個莫爾圓**，R 和 I_{ave} 分別代表圓的半徑與原點 O 與圓心 C 的距離。如果已知某座標軸的慣性矩與慣性積，則這些值可由式 (9.23) 得到。然而，莫爾圓也可由其他已知值定義出 [習題 9.103、9.106 和 9.107]。這些情況時，可能需要先做假設，例如當 I_{ave} 未知時假設圓心的位置、假設慣性矩的相對大小（如 $I_x > I_y$），或假設慣性積的正負號。
b. **座標 (I_x, I_{xy}) 的點 X 和座標 $(I_y, -I_{xy})$ 的點 Y 都落在莫爾圓上，且位於直徑的兩端**。
c. **由於慣性矩必定為正**，整個莫爾圓必定在 I_{xy} 軸的右邊；即 $I_{ave} > R$ 恆成立。
d. **當座標軸旋轉 θ 時**，莫爾圓上對應的直徑應旋轉 2θ，且兩者方向相同（同為順時針或逆時針）。強烈建議於圓周上以大寫字母標示已知點，如圖 9.19b 與範例 9.8 所示，如此一來比較容易判斷任意 θ 對應的慣性積的正負號，以及各座標軸對應的慣性矩 [範例 9.8 a 和 c 小題]。

儘管此處介紹的莫爾圓用來求慣性矩與慣性積，莫爾圓也可用來求解材料力學中同樣涉及座標旋轉，但不同物理現象的問題。像莫爾圓這樣某一特定技巧用於多種不同問題在工程上很常見，讀者將會遇到其他解題技巧，可用來求解許多不同的問題。

習 題

9.91 利用莫爾圓，試求習題 9.67 的四分之一橢圓對下列新軸線的慣性矩與慣性積：將 x 與 y 軸對 O 旋轉 (a) 逆時針 45°；(b) 順時針 30°。

9.92 若將 x 與 y 軸逆時針旋轉 30° 得到新形心軸。利用莫爾圓，試求習題 9.72 的區域對新形心軸的慣性矩與慣性積。

9.93 若將 x 與 y 軸逆時針旋轉 60° 得到新形心軸。利用莫爾圓，試求習題 9.73 的區域對新形心軸的慣性矩與慣性積。

9.94 若將 x 與 y 軸順時針旋轉 45° 得到新形心軸。利用莫爾圓，試求習題 9.75 的區域對新形心軸的慣性矩與慣性積。

9.95 若將 x 與 y 軸順時針旋轉 30° 得到新形心軸。利用莫爾圓，試求習題 9.74 的 L76 × 51 × 6.4 mm 角鋼截面，對新形心軸的慣性矩與慣性積。

9.96 若將 x 與 y 軸逆時針旋轉 45° 得到新形心軸。利用莫爾圓，試求習題 9.78 的 L127 × 76 × 12.7 mm 角鋼截面，對新形心軸的慣性矩與慣性積。

9.97 如習題 9.67 的四分之一橢圓，利用莫爾圓，試求其在原點的主軸，以及對應的慣性矩值。

9.98 至 *9.102* 利用莫爾圓，試求下列各面的主形心軸，以及對應的慣性矩值。

    9.98 習題 9.72。
    9.99 習題 9.76。
    9.100 習題 9.73。
    9.101 習題 9.74。
    9.102 習題 9.77。

(習題 9.102 的慣性矩 $\bar{I}_x$ 與 $\bar{I}_y$ 已於習題 9.44 求出。)

9.103 L127 × 76 × 12.7 mm 的角鋼截面對通過 C 的兩直角軸 x 與 y 軸的慣性矩與慣性積分別為 $\bar{I}_x = 1.06 \times 10^6$ mm^4、$\bar{I}_y = 3.93 \times 10^6$ mm^4 與 $\bar{I}_{xy} < 0$，而此截面對通過 C 的任意軸的最小慣性矩為 $\bar{I}_{\min} = 0.647 \times 10^6$ mm^4。利用莫爾圓，試求 (a) 截面的慣性積 $\bar{I}_{xy}$；(b) 主軸的方位 (orientation)；(c) $\bar{I}_{\max}$ 值。

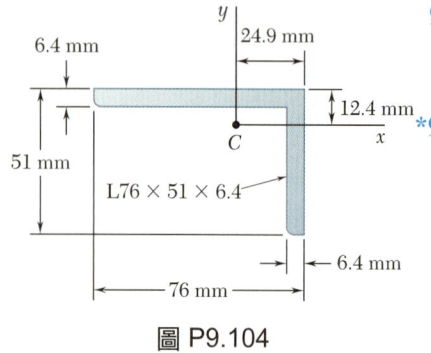

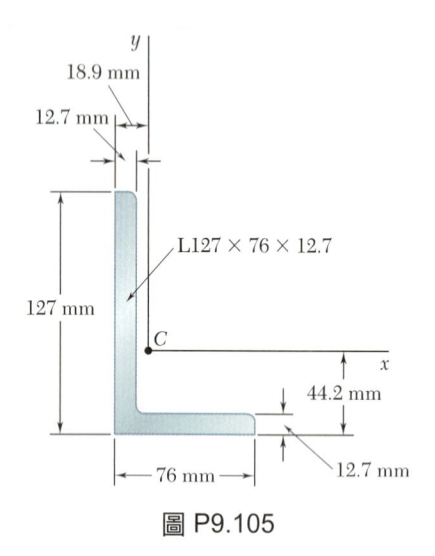

9.104 與 **9.105** 利用莫爾圓，試求附圖所示的角軋鋼截面的主形心軸，與對應的慣性矩。(截面性質可參見圖 9.13。)

*9.106 某給定面對兩直角軸 x 與 y 軸的慣性矩分別為 $\bar{I}_x = 1.2 \times 10^6$ mm^4 與 $\bar{I}_y = 0.3 \times 10^6$ mm^4。已知將 x 與 y 軸對形心逆時針旋轉 30° 後，對旋轉後的 x 軸的慣性矩為 1.45×10^6 mm^4，利用莫爾圓，試求 (a) 主軸的方位 (orientation)；(b) 主形心慣性矩。

9.107 已知某給定面的 $\bar{I}_y = 48 \times 10^6$ mm^4 與 $\bar{I}_{xy} = -20 \times 10^6$ mm^4，其中 x 與 y 軸為直角形心軸。若將 x 軸對 C 逆時針旋轉 67.5° 後對應的慣性積為最大值，利用莫爾圓，試求 (a) 此面的慣性矩 $\bar{I}_x$；(b) 主形心慣性矩。

9.108 利用莫爾圓，證明對任意正多邊形（例如正五邊形），(a) 對通過形心的任意軸之慣性矩均相同；(b) 對通過形心的任一對直角軸的慣性積為零。

9.109 利用莫爾圓，證明表達式 $I_{x'}I_{y'} - I_{x'y'}^2$ 與 x' 與 y' 軸的方位無關，其中 $I_{x'}$、$I_{y'}$ 與 $I_{x'y'}$ 分別代表給定面對通過給定點 O 的兩直角軸 x' 與 y' 的慣性矩與慣性積。另外也證明上述表達式等於由座標軸原點到莫爾圓的切線長度平方。

9.110 利用上一題建立的不變性，以面 A 的慣性矩 I_x 與 I_y 以及對 O 的主慣性矩 I_{min} 與 I_{max}，表示此面的慣性積 I_{xy}，其中 x 與 y 軸為通過 O 的一對直角軸。利用得到的結果計算 L76 × 51 × 6.4 mm 的角鋼截面的慣性積 I_{xy}，已知其最大慣性矩為 5.232×10^5 mm^4。

質量慣性矩 (Moments of Inertia of a Mass)

9.11　質量慣性矩 (Moment of Inertia of a Mass)

考慮小質量 Δm，附著在質量可忽略不計的桿件上，並可對一軸 AA' 自由轉動（圖 9.20a）。如果施加一力偶於該系統，起初靜止的桿件和質量將會開始對 AA' 旋轉。運動的具體情況將會於動力學探討。這裡僅指出系統達到某特定轉速的時間，與質量 Δm 以及距離 r 的平方成正比。因此，乘積 $r^2 \Delta m$ 量測系統的**慣性** (inertia)，亦即量測當

圖 9.20

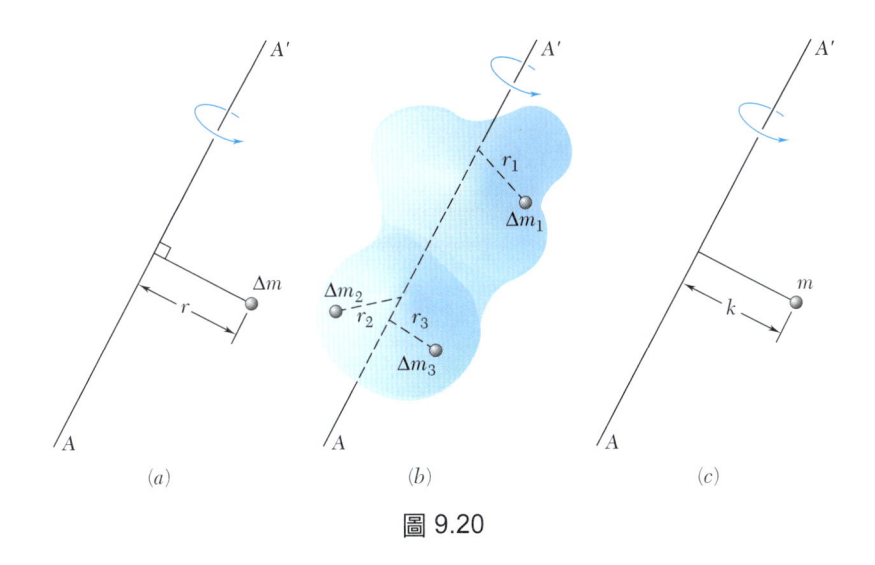

試圖使系統運動時，系統產生的阻力。因此，乘積 $r^2 \Delta m$ 稱為質量 Δm 對軸 AA' 的慣性矩 [或稱**轉動慣量** (moment of inertia)]。

考慮質量 m 的物體繞軸 AA' 旋轉 (圖 9.20b)。將物體分割成質量元素 Δm_1、Δm_2 等，物體對旋轉的抵抗力可以 $r_1^2 \Delta m_1 + r_2^2 \Delta m_2 + \cdots$ 表示。此和定義了物體對軸 AA' 的慣性矩。增加元素的數目，並減小單一元素的體積，取極限可得以下積分

$$I = \int r^2 \, dm \tag{9.28}$$

物體對軸 AA' 的迴轉半徑 k 定義如下

$$I = k^2 m \quad \text{或} \quad k = \sqrt{\frac{I}{m}} \tag{9.29}$$

如果將整個物體的質量集中於一點，且對軸 AA' 的慣性矩保持不變，則這點與軸 AA' 的距離 k 稱為迴轉半徑 (圖 9.20c)。無論物體保持原本形狀 (圖 9.20b)，或是如圖 9.20c 般集中於一點，這兩種情況的質量 m 對軸 AA' 轉動有相同的反應。

迴轉半徑 k 的單位是公尺 (meters)，質量 m 的單位是公斤 (kilograms)，因此質量慣性矩的單位是 $kg \cdot m^2$。

物體對座標軸的慣性矩可以座標為 xy 和 z 的質量元素 dm 表示 (圖 9.21)。例如元素 dm 到 y 軸的距離 r 的平方為 $z^2 + x^2$，可將物體對 y 軸的慣性矩表示如下

圖 9.21

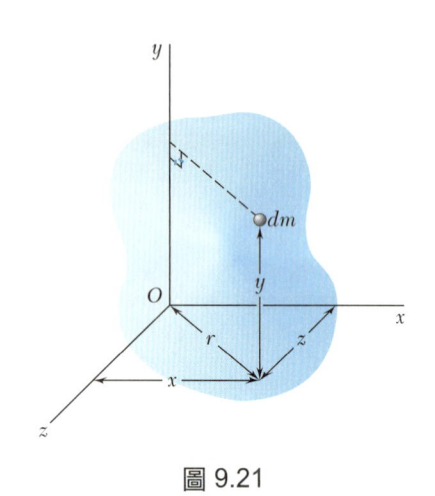

$$I_y = \int r^2 \, dm = \int (z^2 + x^2) \, dm$$

對 x 和 z 軸可得到類似的表達式，如下

$$I_x = \int (y^2 + z^2) \, dm$$
$$I_y = \int (z^2 + x^2) \, dm \qquad (9.30)$$
$$I_z = \int (x^2 + y^2) \, dm$$

9.12 平行軸定理 (Parallel-Axis Theorem)

考慮一質量 m 的物體，令 $Oxyz$ 為一直角座標系，原點在任一點 O，而 $Gx'y'z'$ 是一個平行形心軸座標系，即其原點在物體的重心 G，且 x'、y' 與 z' 軸分別平行於 xy 與 z 軸（圖 9.22）。以 $\bar{x}$、$\bar{y}$ 與 $\bar{z}$ 標示 G 在 $Oxyz$ 的座標，寫下元素 dm 在 $Oxyz$ 的座標 xyz 與在形心座標系 $Gx'y'z'$ 的座標 x'、y'、z' 之間的關係：

$$x = x' + \bar{x} \qquad y = y' + \bar{y} \qquad z = z' + \bar{z} \qquad (9.31)$$

照片 9.2 之後的動力學會討論，凸輪軸的轉動行為與凸輪軸對其轉軸的質量慣性矩有關。

參考式 (9.30) 將物體對 x 軸的慣性矩表示如下：

$$I_x = \int (y^2 + z^2) \, dm = \int [(y' + \bar{y})^2 + (z' + \bar{z})^2] \, dm$$
$$= \int (y'^2 + z'^2) \, dm + 2\bar{y} \int y' \, dm + 2\bar{z} \int z' \, dm + (\bar{y}^2 + \bar{z}^2) \int dm$$

上式的第一個積分代表物體對形心軸 x' 的慣性矩 $\bar{I}_{x'}$；第二和第三個積分分別代表物體對 $z'x'$ 和 $x'y'$ 平面的一次矩，由於兩平面都包含 G，故兩積分皆為零；最後一個積分等於物體的質量 m。因此可整理改寫成

$$I_x = \bar{I}_{x'} + m(\bar{y}^2 + \bar{z}^2) \qquad (9.32)$$

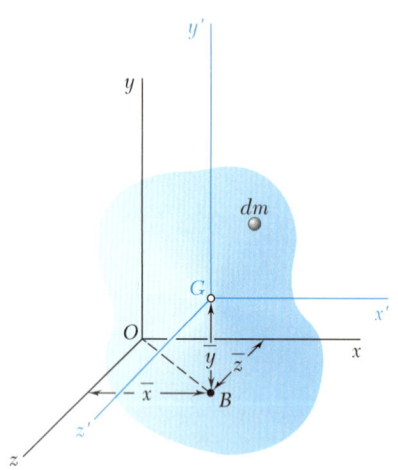

圖 9.22

同理可得

$$I_y = \bar{I}_{y'} + m(\bar{z}^2 + \bar{x}^2) \qquad I_z = \bar{I}_{z'} + m(\bar{x}^2 + \bar{y}^2) \tag{9.32'}$$

由圖 9.22 可知 $\bar{z}^2 + \bar{x}^2$ 代表 y 和 y' 軸的距離 OB 的平方，而 $\bar{y}^2 + \bar{z}^2$ 與 $\bar{x}^2 + \bar{y}^2$ 分別代表 x 和 x' 軸以及 z 和 z' 軸的距離的平方。以 d 標示任意軸 AA' 與其平行形心軸 BB' 的距離（圖 9.23），可寫下描述物體對 AA' 的慣性矩 I 與其對 BB' 的慣性矩 $\bar{I}$ 的通用關係式如下：

$$I = \bar{I} + md^2 \tag{9.33}$$

將慣性矩以迴轉半徑表示，可寫成

$$k^2 = \bar{k}^2 + d^2 \tag{9.34}$$

其中 k 和 $\bar{k}$ 分別為物體對 AA' 和 BB' 的迴轉半徑。

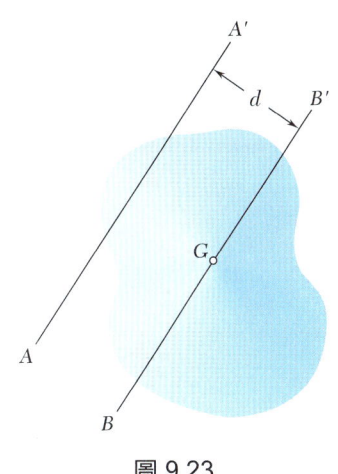

圖 9.23

9.13 薄平板的慣性矩 (Moments of Inertia of Thin Plates)

考慮均勻厚度 t 的均質薄平板，材料的密度為 ρ（密度 = 單位體積的質量）。平板對平板平面上一軸 AA' 的質量慣性矩為（圖 9.24a）

$$I_{AA',\,\text{mass}} = \int r^2\, dm$$

由於 $dm = \rho t\, dA$，寫成

$$I_{AA',\,\text{mass}} = \rho t \int r^2\, dA$$

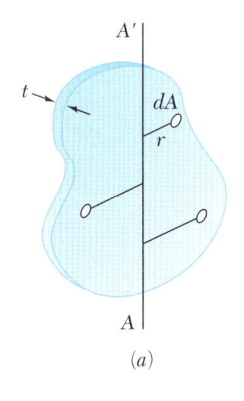

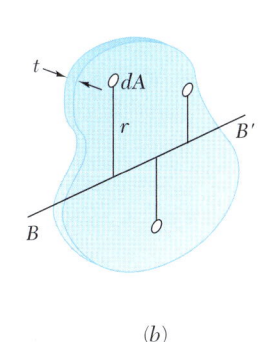

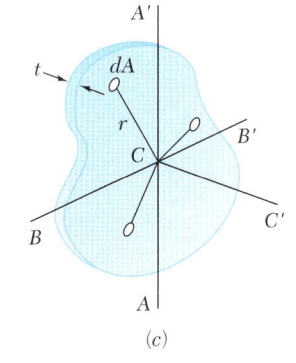

圖 9.24

其中 r 為面積元素 dA 到軸 AA' 的距離；因此積分等於平板對 AA' 的面積慣性矩，即

$$I_{AA',\,mass} = \rho t I_{AA',\,area} \tag{9.35}$$

對平板平面上垂直 AA' 的軸 BB'（圖 9.24b），也得到類似的慣性矩關係如下

$$I_{BB',\,mass} = \rho t I_{BB',\,area} \tag{9.36}$$

接著考慮垂直平板且通過 AA' 與 BB' 交點的軸 CC'（圖 9.24c），可得

$$I_{CC',\,mass} = \rho t J_{C,\,area} \tag{9.37}$$

其中 J_C 為平板對點 C 的面積極慣性矩。

已知面積的極慣性矩與直角慣性矩的關係式為 $J_C = I_{AA'} + I_{BB'}$，可得薄平板的質量慣性矩關係式如下

$$I_{CC'} = I_{AA'} + I_{BB'} \tag{9.38}$$

▶ 矩形平板

邊長為 a 與 b 的矩形平板（圖 9.25），得到對通過平板重心的 AA' 和 BB' 的質量慣性矩如下：

$$I_{AA',\,mass} = \rho t I_{AA',\,area} = \rho t(\tfrac{1}{12}a^3 b)$$
$$I_{BB',\,mass} = \rho t I_{BB',\,area} = \rho t(\tfrac{1}{12}a b^3)$$

觀察可知乘積 $\rho a b t$ 等於平板的質量 m，薄平板的質量慣性矩可改寫如下：

$$I_{AA'} = \tfrac{1}{12}ma^2 \qquad I_{BB'} = \tfrac{1}{12}mb^2 \tag{9.39}$$

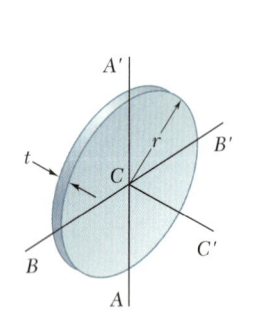

圖 9.25

$$I_{CC'} = I_{AA'} + I_{BB'} = \tfrac{1}{12}m(a^2 + b^2) \tag{9.40}$$

▶ 圓形平板

半徑為 r 的圓形平板（圖 9.26），寫成

$$I_{AA',\,mass} = \rho t I_{AA',\,area} = \rho t(\tfrac{1}{4}\pi r^4)$$

觀察可知乘積 $\rho \pi r^2 t$ 等於平板的質量 m，且 $I_{AA'} = I_{BB'}$，圓形平板的質量慣性矩可寫成：

$$I_{AA'} = I_{BB'} = \tfrac{1}{4}mr^2 \tag{9.41}$$

圖 9.26

$$I_{CC'} = I_{AA'} + I_{BB'} = \tfrac{1}{2}mr^2 \qquad (9.42)$$

9.14 以積分法求三維物體的慣性矩
(Determination of the Moment of Inertia of a Three-Dimensional Body by Integration)

三維物體的質量慣性矩可由計算積分 $I = \int r^2 \, dm$ 得到。如果物體由密度為 ρ 的均質材料製成，質量元素 dm 等於 ρdV，且 $I = \rho \int r^2 \, dV$。故積分只與物體形狀有關。計算三維物體的慣性矩通常需要做三重積分或至少是雙重積分。

然而，若物體有兩個對稱面，則可能只用單積分即可求得物體的慣性矩，但需選用垂直對稱面的薄片作為質量元素 dm。例如迴轉體的質量元素是薄圓盤（圖 9.27）。利用式 (9.42)，圓盤對迴轉軸的慣性矩如圖 9.27 所示。對其他兩軸的慣性矩則可用式 (9.41) 搭配平行軸定理得到。對表達式積分即可得到物體的慣性矩。

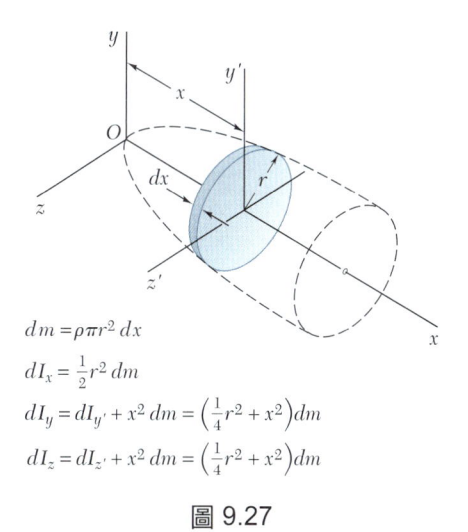

$$dm = \rho \pi r^2 \, dx$$
$$dI_x = \tfrac{1}{2} r^2 \, dm$$
$$dI_y = dI_{y'} + x^2 \, dm = \left(\tfrac{1}{4} r^2 + x^2\right) dm$$
$$dI_z = dI_{z'} + x^2 \, dm = \left(\tfrac{1}{4} r^2 + x^2\right) dm$$

圖 9.27

9.15 複合體的慣性矩 (Moments of Inertia of Composite Bodies)

圖 9.28 表列出幾種常見形狀的慣性矩。當某物體由這些常見形狀組成時，該物體對給定軸的慣性矩等於這些組成形狀對相同軸的慣性矩相加得到。與前面討論複合面相同，複合體的迴轉半徑不可直接將組成形狀的迴轉半徑相加。

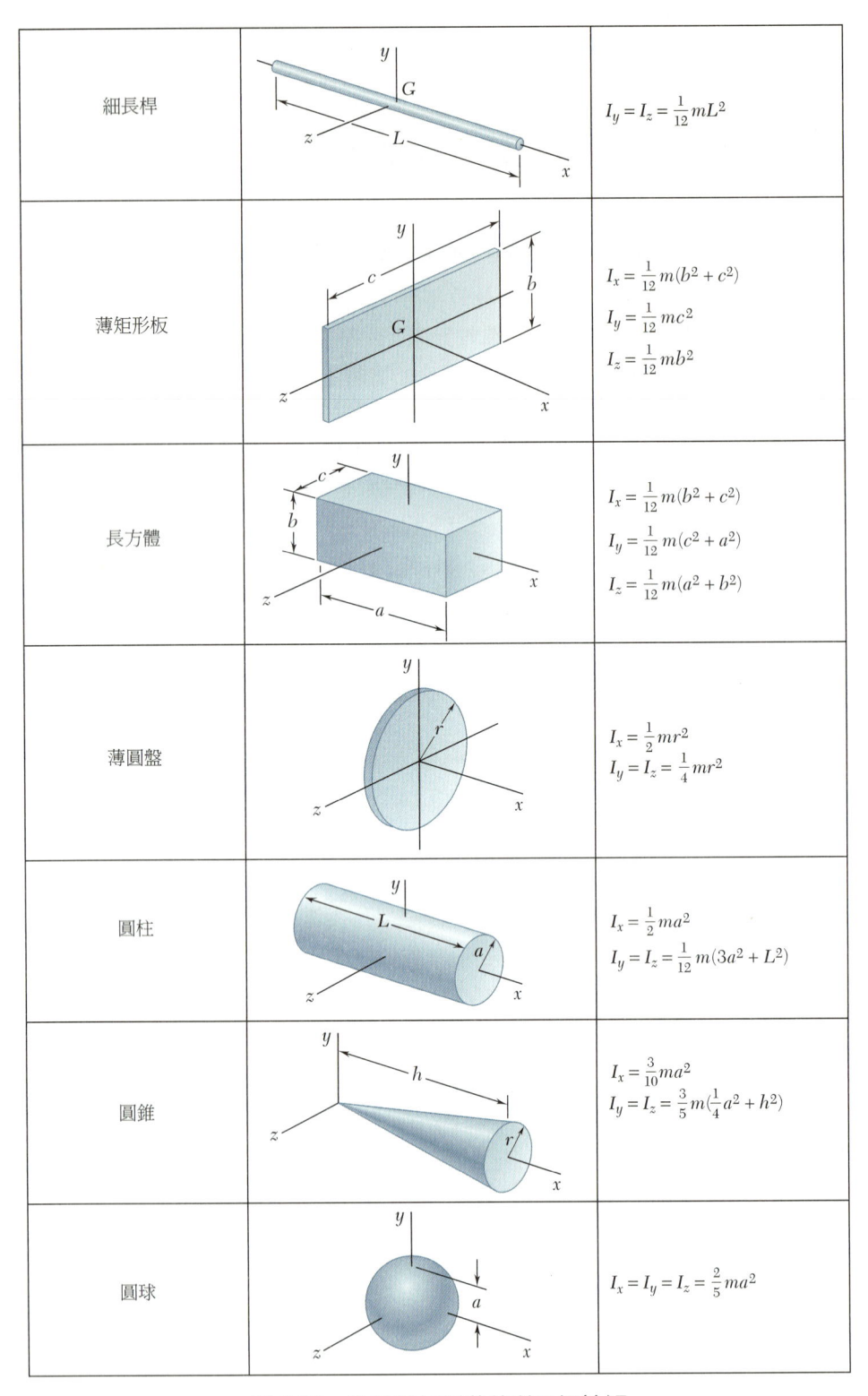

形狀	圖示	慣性矩
細長桿		$I_y = I_z = \frac{1}{12}mL^2$
薄矩形板		$I_x = \frac{1}{12}m(b^2+c^2)$ $I_y = \frac{1}{12}mc^2$ $I_z = \frac{1}{12}mb^2$
長方體		$I_x = \frac{1}{12}m(b^2+c^2)$ $I_y = \frac{1}{12}m(c^2+a^2)$ $I_z = \frac{1}{12}m(a^2+b^2)$
薄圓盤		$I_x = \frac{1}{2}mr^2$ $I_y = I_z = \frac{1}{4}mr^2$
圓柱		$I_x = \frac{1}{2}ma^2$ $I_y = I_z = \frac{1}{12}m(3a^2+L^2)$
圓錐		$I_x = \frac{3}{10}ma^2$ $I_y = I_z = \frac{3}{5}m(\frac{1}{4}a^2+h^2)$
圓球		$I_x = I_y = I_z = \frac{2}{5}ma^2$

圖 9.28　常見幾何形狀的質量慣性矩

範例 9.9

附圖所示的細長桿長度為 L，質量為 m。試求此桿對垂直於桿，並通過桿的一端的軸線的質量慣性矩。

解

選用圖示的質量微分元素，寫下

$$dm = \frac{m}{L}dx$$

$$I_y = \int x^2\, dm = \int_0^L x^2 \frac{m}{L} dx = \left[\frac{m}{L}\frac{x^3}{3}\right]_0^L \qquad I_y = \tfrac{1}{3}mL^2$$

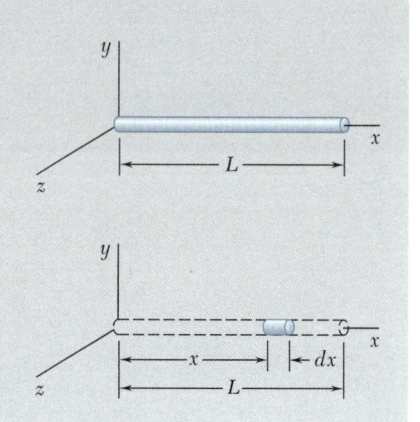

範例 9.10

試求圖示的均質長方體對 z 軸的慣性矩。

解

選用圖示的薄板為質量微分元素，故

$$dm = \rho bc\, dx$$

參考第 9.13 節可知，此元素對 z' 軸的慣性矩為

$$dI_{z'} = \tfrac{1}{12}b^2\, dm$$

利用平行軸定理，可得薄板對 z 軸的質量慣性矩。

$$dI_z = dI_{z'} + x^2\, dm = \tfrac{1}{12}b^2\, dm + x^2\, dm = (\tfrac{1}{12}b^2 + x^2)\rho bc\, dx$$

從 $x = 0$ 積分到 $x = a$，可得

$$I_z = \int dI_z = \int_0^a (\tfrac{1}{12}b^2 + x^2)\rho bc\, dx = \rho abc(\tfrac{1}{12}b^2 + \tfrac{1}{3}a^2)$$

由於長方體總質量為 $m = \rho abc$，可寫下

$$I_z = m(\tfrac{1}{12}b^2 + \tfrac{1}{3}a^2) \qquad I_z = \tfrac{1}{12}m(4a^2 + b^2)$$

注意若長方體很細長，則 b 遠小於 a，而 I_z 化簡成 $\tfrac{1}{3}ma^2$，即為範例 9.9 中 $L = a$ 的結果。

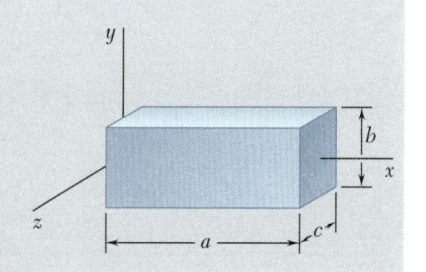

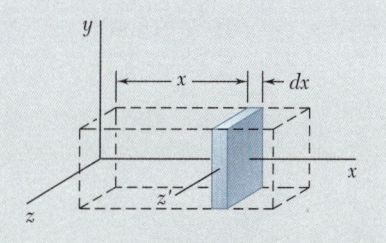

範例 9.11

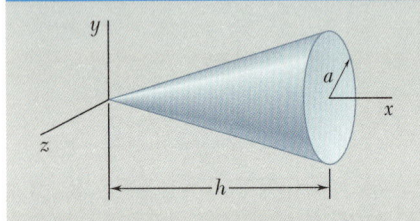

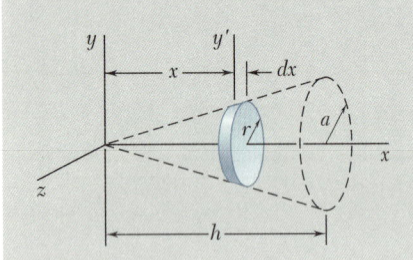

試求正圓錐對 (a) 其縱軸；(b) 通過圓錐頂點而垂直於其縱軸的一軸；(c) 通過圓錐形心並垂直於縱軸的一軸的慣性矩。

解

取圖示的質量微分元素，則

$$r = a\frac{x}{h} \qquad dm = \rho\pi r^2\, dx = \rho\pi\frac{a^2}{h^2}x^2\, dx$$

a. 慣性矩 I_x。 利用第 9.13 節推導的薄圓盤表達式，計算微分元素對 x 軸的質量慣性矩。

$$dI_x = \tfrac{1}{2}r^2\, dm = \tfrac{1}{2}\left(a\frac{x}{h}\right)^2\left(\rho\pi\frac{a^2}{h^2}x^2\, dx\right) = \tfrac{1}{2}\rho\pi\frac{a^4}{h^4}x^4\, dx$$

從 $x = 0$ 積分到 $x = h$，得到

$$I_x = \int dI_x = \int_0^h \tfrac{1}{2}\rho\pi\frac{a^4}{h^4}x^4\, dx = \tfrac{1}{2}\rho\pi\frac{a^4}{h^4}\frac{h^5}{5} = \tfrac{1}{10}\rho\pi a^4 h$$

由於圓錐的總質量為 $m = \tfrac{1}{3}\rho\pi a^2 h$，寫下

$$I_x = \tfrac{1}{10}\rho\pi a^4 h = \tfrac{3}{10}a^2(\tfrac{1}{3}\rho\pi a^2 h) = \tfrac{3}{10}ma^2 \qquad I_x = \tfrac{3}{10}ma^2$$

b. 慣性矩 I_y。 使用相同的微分元素。利用平行軸定理，並使用第 9.13 節推導的薄圓盤表達式，寫下

$$dI_y = dI_{y'} + x^2\, dm = \tfrac{1}{4}r^2\, dm + x^2\, dm = (\tfrac{1}{4}r^2 + x^2)\, dm$$

將 r 與 dm 的表達式代入上式，得到

$$dI_y = \left(\tfrac{1}{4}\frac{a^2}{h^2}x^2 + x^2\right)\left(\rho\pi\frac{a^2}{h^2}x^2\, dx\right) = \rho\pi\frac{a^2}{h^2}\left(\frac{a^2}{4h^2} + 1\right)x^4\, dx$$

$$I_y = \int dI_y = \int_0^h \rho\pi\frac{a^2}{h^2}\left(\frac{a^2}{4h^2} + 1\right)x^4\, dx = \rho\pi\frac{a^2}{h^2}\left(\frac{a^2}{4h^2} + 1\right)\frac{h^5}{5}$$

引入圓錐的總質量 m，改寫 I_y 如下

$$I_y = \tfrac{3}{5}(\tfrac{1}{4}a^2 + h^2)\tfrac{1}{3}\rho\pi a^2 h \qquad I_y = \tfrac{3}{5}m(\tfrac{1}{4}a^2 + h^2)$$

c. 慣性矩 $\bar{I}_{y''}$。 利用平行軸定理，寫下

$$I_y = \bar{I}_{y''} + m\bar{x}^2$$

求解 $\bar{I}_{y''}$，再由 $\bar{x} = \tfrac{3}{4}h$，可得

$$\bar{I}_{y''} = I_y - m\bar{x}^2 = \tfrac{3}{5}m(\tfrac{1}{4}a^2 + h^2) - m(\tfrac{3}{4}h)^2$$

$$\bar{I}_{y''} = \tfrac{3}{20}m(a^2 + \tfrac{1}{4}h^2)$$

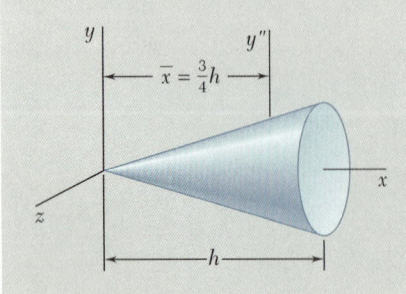

範例 9.12

附圖所示的鋼材鍛件由 $150 \times 50 \times 50$ mm 的長方體與兩直徑為 50 mm、長 75 mm 的圓柱組成。已知鋼的密度為 7850 kg/m^3，試求此鍛件對各座標軸的慣性矩。

解

計算質量

長方體

$$V = (0.05 \text{ m})(0.05 \text{ m})(0.15 \text{ m}) = 3.75 \times 10^{-4} \text{ m}^3$$
$$m = (7850 \text{ kg/m}^3)(3.75 \times 10^{-4} \text{ m}^3) = 2.94 \text{ kg}$$

各圓柱

$$V = \pi(0.025 \text{ m})^2(0.075 \text{ m}) = 1.473 \times 10^{-4} \text{ m}^3$$
$$m = (7850 \text{ kg/m}^3)(1.473 \times 10^{-4} \text{ m}^3) = 1.16 \text{ kg}$$

慣性矩。各元件的慣性矩由圖 9.28 算出，必要時使用平行軸定理，注意所有長度單位為 m。

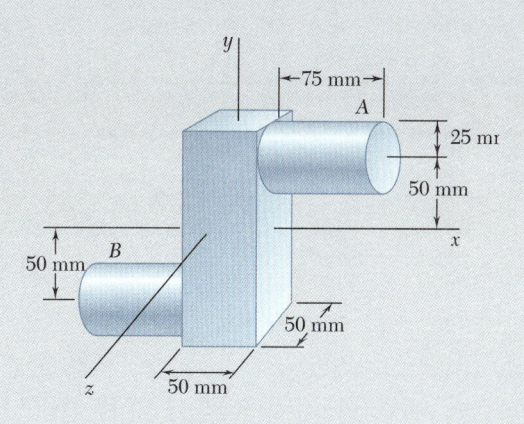

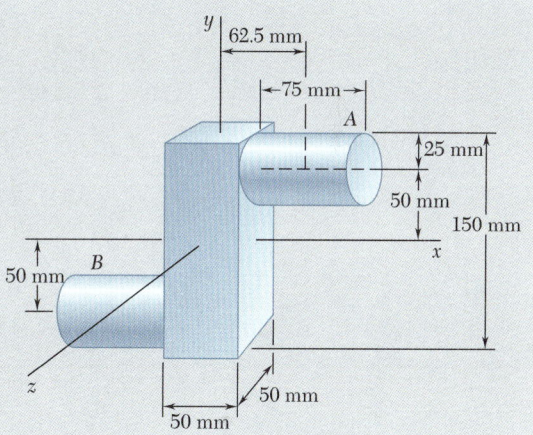

長方體

$$I_x = I_z = \tfrac{1}{12}(2.94 \text{ kg})[(0.15 \text{ m})^2 + (0.05 \text{ m})^2] = 6.125 \times 10^{-3} \text{ kg} \cdot \text{m}^2$$
$$I_y = \tfrac{1}{12}(2.94 \text{ kg})[(0.05 \text{ m})^2 + (0.05 \text{ m})^2] = 1.225 \times 10^{-3} \text{ kg} \cdot \text{m}^2$$

各圓柱

$$I_x = \tfrac{1}{2}ma^2 + m\bar{y}^2 = \tfrac{1}{2}(1.16 \text{ kg})(0.025 \text{ m})^2$$
$$+ (1.16 \text{ kg})(0.05 \text{ m})^2 = 3.263 \times 10^{-3} \text{ kg} \cdot \text{m}^2$$
$$I_y = \tfrac{1}{12}m(3a^2 + L^2) + m\bar{x}^2 = \tfrac{1}{12}(1.16 \text{ kg})[3(0.025 \text{ m})^2 + (0.075 \text{ m})^2]$$
$$+ (1.16 \text{ kg})(0.0625 \text{ m})^2 = 5.256 \times 10^{-3} \text{ kg} \cdot \text{m}^2$$
$$I_z = \tfrac{1}{12}m(3a^2 + L^2) + m(\bar{x}^2 + \bar{y}^2) = \tfrac{1}{12}(1.16 \text{ kg})[3(0.025 \text{ m})^2 + (0.075 \text{ m})^2]$$
$$+ (1.16 \text{ kg})[(0.0625 \text{ m})^2 + (0.05 \text{ m})^2] = 8.156 \times 10^{-3} \text{ kg} \cdot \text{m}^2$$

整體。將所得值相加：

$$I_x = 6.125 \times 10^{-3} + 2(3.263 \times 10^{-3}) \qquad I_x = 12.65 \times 10^{-3} \text{ kg} \cdot \text{m}^2$$
$$I_y = 1.225 \times 10^{-3} + 2(5.256 \times 10^{-3}) \qquad I_y = 11.74 \times 10^{-3} \text{ kg} \cdot \text{m}^2$$
$$I_z = 6.125 \times 10^{-3} + 2(8.156 \times 10^{-3}) \qquad I_z = 22.44 \times 10^{-3} \text{ kg} \cdot \text{m}^2$$

範例 9.13

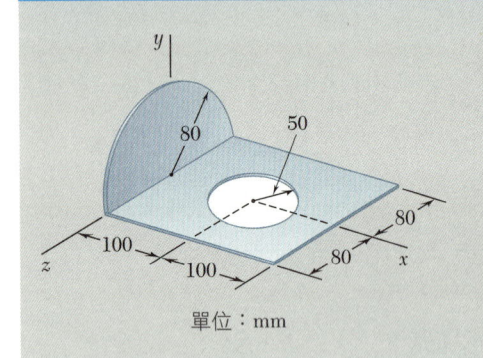

某薄鋼板的厚度為 4 mm，鋼板切割與彎曲而成附圖所示的機件。已知鋼的密度為 7850 kg/m³，試求此機件對各座標軸的慣性矩。

解

此機件是由半圓板加上矩形再減去一圓板所組成。

計算質量

半圓板

$$V_1 = \tfrac{1}{2}\pi r^2 t = \tfrac{1}{2}\pi(0.08 \text{ m})^2(0.004 \text{ m}) = 40.21 \times 10^{-6} \text{ m}^3$$
$$m_1 = \rho V_1 = (7.85 \times 10^3 \text{ kg/m}^3)(40.21 \times 10^{-6} \text{ m}^3) = 0.3156 \text{ kg}$$

矩形板

$$V_2 = (0.200 \text{ m})(0.160 \text{ m})(0.004 \text{ m}) = 128 \times 10^{-6} \text{ m}^3$$
$$m_2 = \rho V_2 = (7.85 \times 10^3 \text{ kg/m}^3)(128 \times 10^{-6} \text{ m}^3) = 1.005 \text{ kg}$$

圓板

$$V_3 = \pi a^2 t = \pi(0.050 \text{ m})^2(0.004 \text{ m}) = 31.42 \times 10^{-6} \text{ m}^3$$
$$m_3 = \rho V_3 = (7.85 \times 10^3 \text{ kg/m}^3)(31.42 \times 10^{-6} \text{ m}^3) = 0.2466 \text{ kg}$$

慣性矩。利用第 9.13 節介紹的方法，計算各元件的慣性矩。

半圓板。由圖 9.28，觀察可知，對質量為 m、半徑為 r 的圓板而言

$$I_x = \tfrac{1}{2}mr^2 \qquad I_y = I_z = \tfrac{1}{4}mr^2$$

由於對稱性，對半圓板而言

$$I_x = \tfrac{1}{2}(\tfrac{1}{2}mr^2) \qquad I_y = I_z = \tfrac{1}{2}(\tfrac{1}{4}mr^2)$$

由於半圓板的質量為 $m_1 = \tfrac{1}{2} m$，故

$$I_x = \tfrac{1}{2}m_1 r^2 = \tfrac{1}{2}(0.3156 \text{ kg})(0.08 \text{ m})^2 = 1.010 \times 10^{-3} \text{ kg} \cdot \text{m}^2$$
$$I_y = I_z = \tfrac{1}{4}(\tfrac{1}{2}mr^2) = \tfrac{1}{4}m_1 r^2 = \tfrac{1}{4}(0.3156 \text{ kg})(0.08 \text{ m})^2 = 0.505 \times 10^{-3} \text{ kg} \cdot \text{m}^2$$

矩形板

$$I_x = \tfrac{1}{12}m_2 c^2 = \tfrac{1}{12}(1.005 \text{ kg})(0.16 \text{ m})^2 = 2.144 \times 10^{-3} \text{ kg} \cdot \text{m}^2$$
$$I_z = \tfrac{1}{3}m_2 b^2 = \tfrac{1}{3}(1.005 \text{ kg})(0.2 \text{ m})^2 = 13.400 \times 10^{-3} \text{ kg} \cdot \text{m}^2$$
$$I_y = I_x + I_z = (2.144 + 13.400)(10^{-3}) = 15.544 \times 10^{-3} \text{ kg} \cdot \text{m}^2$$

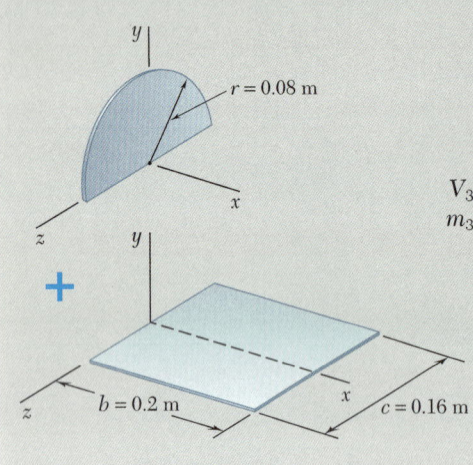

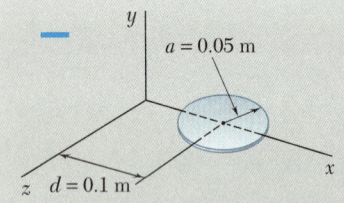

圓板

$I_x = \frac{1}{4}m_3a^2 = \frac{1}{4}(0.2466\text{ kg})(0.05\text{ m})^2 = 0.154 \times 10^{-3}\text{ kg}\cdot\text{m}^2$
$I_y = \frac{1}{2}m_3a^2 + m_3d^2$
$\quad = \frac{1}{2}(0.2466\text{ kg})(0.05\text{ m})^2 + (0.2466\text{ kg})(0.1\text{ m})^2 = 2.774 \times 10^{-3}\text{ kg}\cdot\text{m}^2$
$I_z = \frac{1}{4}m_3a^2 + m_3d^2 = \frac{1}{4}(0.2466\text{ kg})(0.05\text{ m})^2 + (0.2466\text{ kg})(0.1\text{ m})^2$
$\quad = 2.620 \times 10^{-3}\text{ kg}\cdot\text{m}^2$

整體

$I_x = (1.010 + 2.144 - 0.154)(10^{-3})\text{ kg}\cdot\text{m}^2 \quad I_x = 3.00 \times 10^{-3}\text{ kg}\cdot\text{m}^2$
$I_y = (0.505 + 15.544 - 2.774)(10^{-3})\text{ kg}\cdot\text{m}^2 \quad I_y = 13.28 \times 10^{-3}\text{ kg}\cdot\text{m}^2$
$I_z = (0.505 + 13.400 - 2.620)(10^{-3})\text{ kg}\cdot\text{m}^2 \quad I_z = 11.29 \times 10^{-3}\text{ kg}\cdot\text{m}^2$

重點提示

本節介紹三維物體對給定軸的質量慣性矩與迴轉半徑 [式 (9.28) 和 (9.29)]。也推導了適用於質量慣性矩的平行軸定理，並討論薄平板和三維物體的質量慣性矩的計算。

1. **計算質量慣性矩。** 形狀相對簡單的物體對給定軸的質量慣性矩 I，可直接由式（9.28）的定義計算得到。但通常需要將物體分割成薄片，計算薄片對給定軸的慣性矩，如有需要再利用平行軸定理。

2. **利用平行軸定理。** 第 9.12 節推導質量慣性矩的平行軸定理如下

$$I = \bar{I} + md^2 \tag{9.33}$$

上式指出，質量 m 的物體對給定軸的質量慣性矩，等於物體對平行形心軸的慣性矩 $\bar{I}$ 與乘積 md^2 之和，其中 d 是兩軸距離。欲計算三維物體對一座標軸的慣性矩，d^2 可以其他兩軸的平方和取代 [式 (9.32)、(9.32′)]。

3. **避免單位造成的錯誤。** 使用一致的單位至關重要。因此，所有長度應使用公尺、質量則使用公斤。此外，強烈建議計算時加上單位 [範例 9.12 與 9.13]。

4. **計算薄平板的質量慣性矩。** 第 9.13 節指出，薄平板對給定軸的質量慣性矩，可由對應的面積慣性矩乘上平板的密度 ρ 與厚度 t 得到 [式 (9.35) 到 (9.37)]。由於圖 9.24c 中的軸 CC' 與平板垂直，$I_{CC',\text{mass}}$ 與面積極慣性矩 $J_{C,\text{area}}$ 對應。

   除了直接計算薄平板對給定軸的慣性矩，有時較方便的作法是先計算對某一平行軸的慣性矩，再利用平行軸定理。此外，欲求薄平板對一垂直平板的軸的慣性矩，應先求出對互相垂直的兩面內軸的慣性矩，再利用式 (9.38)。最後，記得面積 A 厚度 t、密度 ρ 的平板質量為 $m = \rho tA$。

5. **以單積分求物體的慣性矩。** 第 9.14 節與範例 9.10 和 9.11 討論如何用單積分計算物體的慣性矩，方法是將物體分割成許多相疊的平行薄片。通常需要將物體的質量

以密度和尺寸表示。如同範例所示，假設物體分割成垂直 x 軸的相疊薄片，則需將每一薄片表示為變數 x 的函數。

a. 若物體為迴轉體，元素薄片為圓盤，可利用圖 9.27 所示的方程式計算物體的慣性矩 [範例 9.11]。

b. 一般情況時，物體不為迴轉體，微分元素不是圓盤，而是不同形狀的薄片，不可用圖 9.27 的方程式。例如範例 9.10 中的元素為薄矩形。對更複雜的形狀，可能需用到第 9.12 節中式 (9.32) 和 (9.32')，如下

$$dI_x = dI_{x'} + (\bar{y}_{el}^2 + \bar{z}_{el}^2)\, dm$$
$$dI_y = dI_{y'} + (\bar{z}_{el}^2 + \bar{x}_{el}^2)\, dm$$
$$dI_z = dI_{z'} + (\bar{x}_{el}^2 + \bar{y}_{el}^2)\, dm$$

其中的符號「'」標示每一元素的形心軸，$\bar{x}_{el}$、$\bar{y}_{el}$ 和 $\bar{z}_{el}$ 代表元素的形心座標。薄片的形心慣性矩以類似前面介紹的薄平板方式求得：參考圖 9.12，計算對應的面積慣性矩，再乘上薄片的厚度與密度。此外，假設物體分割成垂直於 x 軸的相疊薄片，記住 $dI_{y'}$ 加上 $dI_{z'}$ 可得到 $dI_{x'}$，不用直接計算。最後，將結果以單一變數 x 表示，再對 x 積分即可。

6. **計算複合體的慣性矩**。如第 9.15 節所述，複合體對某給定軸的慣性矩等於其組成形狀對相同軸的慣性矩之和。範例 9.12 和 9.13 詳述解題步驟。要記住只有材料被移除的區域（如孔洞）的慣性矩才會是負值。

儘管本節介紹的複合體較為直觀，讀者仍須小心以避免計算錯誤。此外，如果所需的慣性矩沒有列在圖 9.28 上，則需要讀者利用本章所學的方法自行推導。

習 題

9.111 質量為 m 的薄板，切成邊長為 a 的正三角形。試求薄板的質量慣性矩，對 (a) 形心軸 AA' 與 BB'；(b) 垂直於薄板的形心軸 CC'。

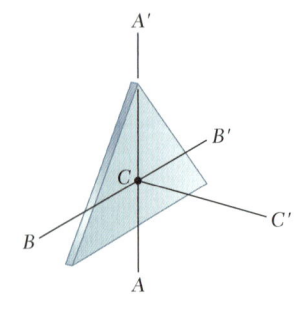

圖 P9.111

9.112 一由均勻薄板切成的橢圓環，質量為 m，試求其慣性矩，對 (a) 形心軸 BB'；(b) 垂直於環平面的形心軸 CC'。

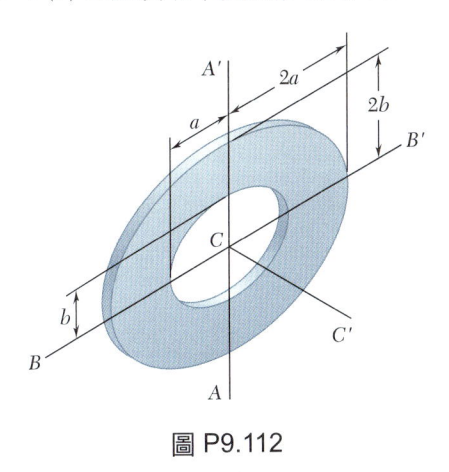

圖 P9.112

9.113 一半圓薄板的半徑為 a、質量為 m。試求此板的質量慣性矩，對 (a) 形心軸 BB'；(b) 垂直於薄板的形心軸 CC'。

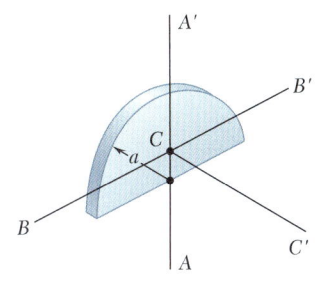

圖 P9.113

9.114 一由均質薄板切成的四分之一環，質量為 m，已知 $r_1 = \frac{3}{4} r_2$，試求此環的質量慣性矩，對 (a) 軸 AA'；(b) 垂直於環面的形心軸 CC'。

9.115 一梯形薄板，質量為 m。試求薄板的質量慣性矩，對 (a) x 軸；(b) y 軸。

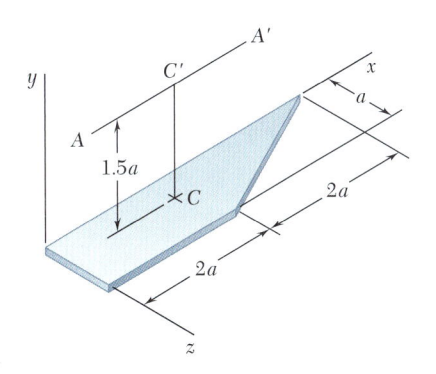

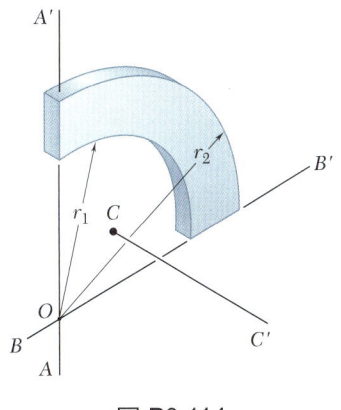

圖 P9.114

圖 P9.115 與 P9.116

9.116 一梯形薄板，質量為 m。試求薄板的質量慣性矩，對 (a) 垂直於薄板的形心軸 CC'；(b) 平行於 x 軸且距離薄板 $1.5a$ 的軸 AA'。

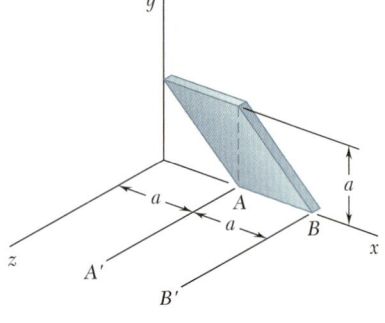

9.117 一平行四邊形薄板,質量為 m。試求薄板的質量慣性矩,對 (a) x 軸;(b) 垂直於薄板的軸 BB'。

9.118 一平行四邊形薄板,質量為 m。試求薄板的質量慣性矩,對 (a) y 軸;(b) 垂直於薄板的軸 AA'。

9.119 附圖所示的圓柱的密度均勻、質量為 m,試以直接積分法求其對 z 軸的質量慣性矩。

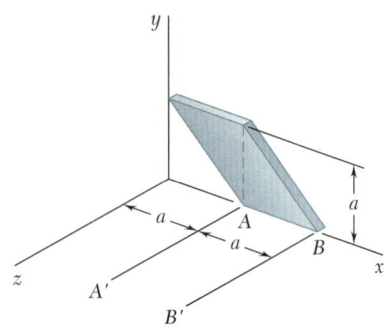

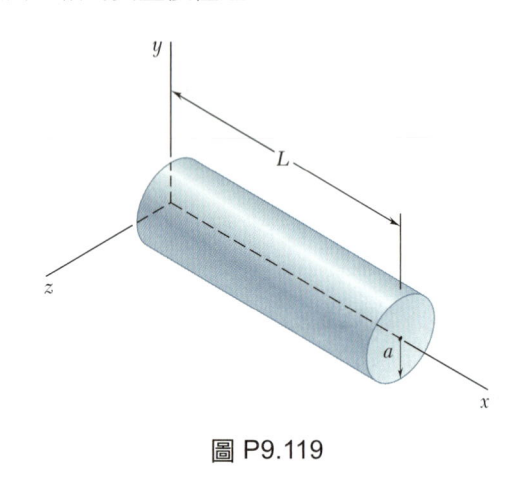

圖 P9.117 與 P9.118

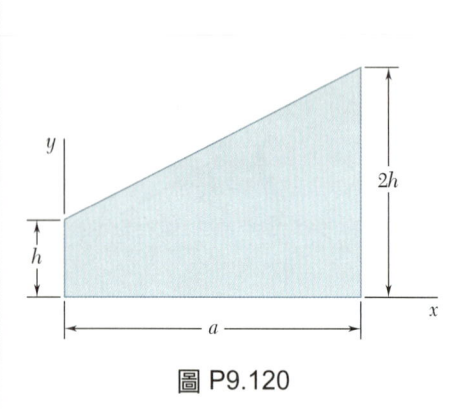

圖 P9.120

圖 P9.119

9.120 附圖所示的面繞 x 軸旋轉一周,得到質量為 m 的均質迴轉體。試以直接積分法求此迴轉體對 x 軸的質量慣性矩,請以 m 與 h 表示。

9.121 附圖所示的面繞 x 軸旋轉一周,得到質量為 m 的均質迴轉體。試以直接積分法求此迴轉體的質量慣性矩,對 (a) x 軸;(b) y 軸,請以 m 與迴轉體的尺寸表示。

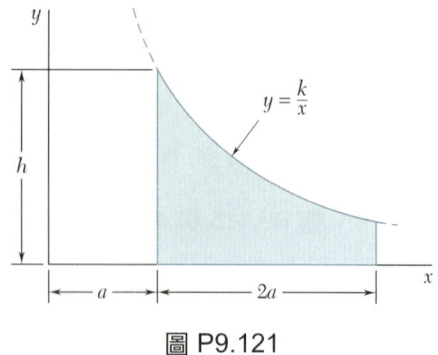

圖 P9.121

9.122 試以直接積分法求圖示體積對 x 軸的質量慣性矩，假設體積密度均勻、質量為 m。

9.123 試以直接積分法求圖示體積對 y 軸的質量慣性矩，假設體積密度均勻、質量為 m。

9.124 試以直接積分法求圖示體積對 y 軸的質量慣性矩，假設體積密度均勻、質量為 m。

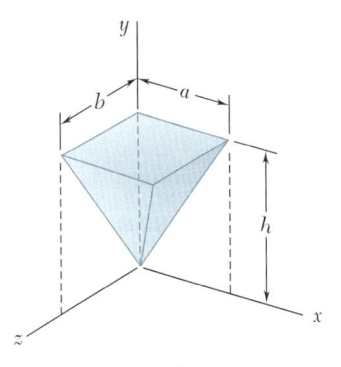

圖 P9.122 與 P9.123

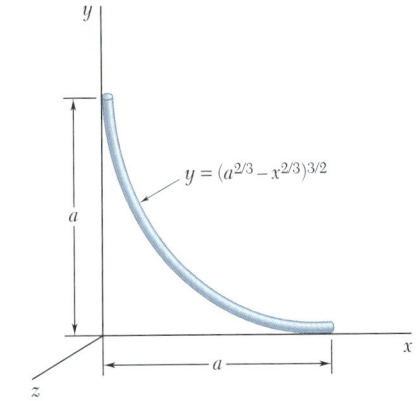

圖 P9.124

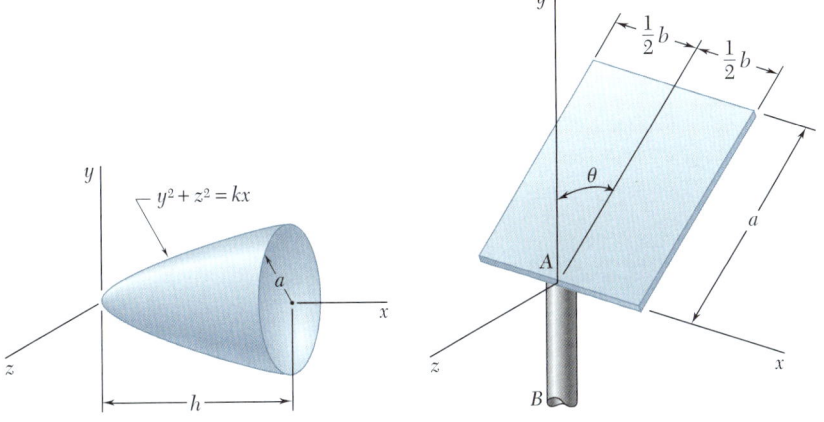

圖 P9.125

9.125 一質量為 m 的矩形薄板焊接到垂直軸 AB。已知薄板與 y 軸夾角 θ，試以直接積分法求薄板的質量慣性矩，對 (a) y 軸；(b) z 軸。

*9.126 一細鋼線被彎成附圖所示的形狀。以 m' 標示單位長度的質量，試以直接積分法求鋼線對各座標軸的質量慣性矩。

9.127 如附圖所示的某惰輪截面。試求其對軸 AA' 的質量慣性矩與迴轉半徑。(青銅密度為 $8580\ kg/m^3$、鋁密度為 $2770\ kg/m^3$、合成橡膠則為 $1250\ kg/m^3$。)

9.128 如附圖所示的某模鑄平皮帶輪的截面。試求其對軸 AA' 的質量慣性矩與迴轉半徑。(黃銅密度為 $8650\ kg/m^3$、強化纖維聚碳酸脂的密度為 $1250\ kg/m^3$。)

圖 P9.126

圖 P9.127

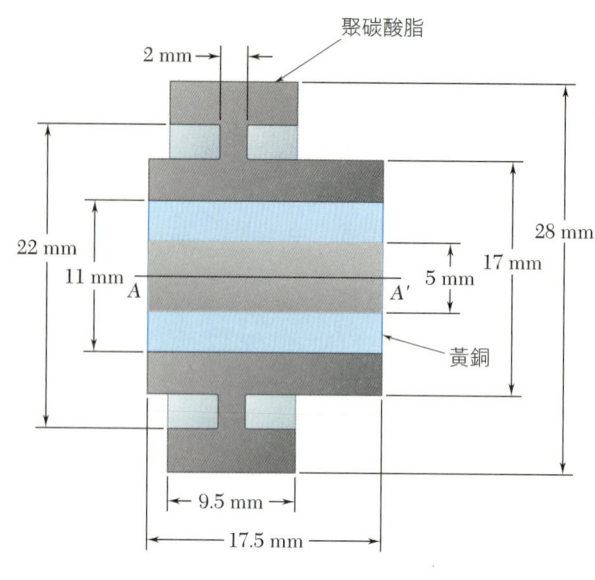

圖 P9.128

9.129 以切削將圓柱的一端移除一圓錐體，可得如圖示的機件。若 $b = \frac{1}{2}h$，試求此機具對 y 軸的質量慣性矩與迴轉半徑。

9.130 給定如附圖所示的薄圓錐殼 (thin conical shell)，質量為 m，試求其對 x 軸的質量慣性矩與迴轉半徑。(提示：假設此圓錐殼是由將底面半徑為 a 的圓錐自底面半徑為 $a + t$ 的圓錐移除所形成，其中 t 為圓錐殼壁厚。將推導中出現的 t^2、t^3 等高次項假設為零，但別忘了考慮兩圓錐的高度差。)

9.131 附圖所示的兩鋼材元件是將一截頭圓錐底部車削移除一半圓球而成。已知鋼的密度為 7850 kg/m^3，試求元件對 y 軸的質量慣性矩。

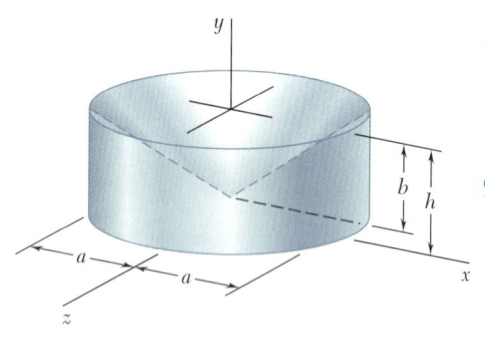

圖 P9.129

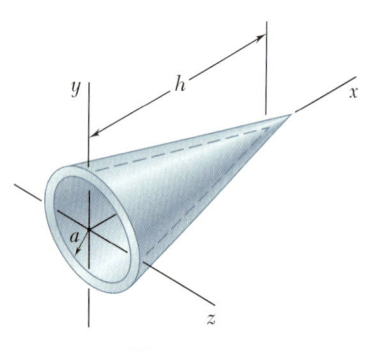

圖 P9.130

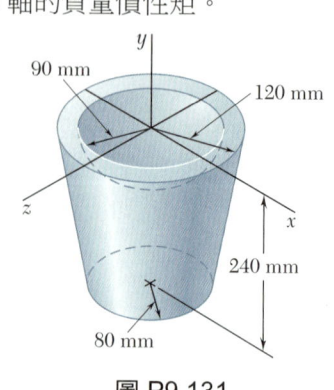

圖 P9.131

9.132 某風速計 (anemometer) 的杯與臂是以密度為 ρ 的材料製成。已知質量為 m、厚度為 t 的半球狀薄杯對其形心軸的質量慣性矩為 $5ma^2/12$，試求 (a) 風速計對軸 AA' 的質量慣性矩；(b) 使杯的形心慣性矩等於杯對軸 AA' 的慣性矩的 1% 的比值 a/l。

圖 P9.132

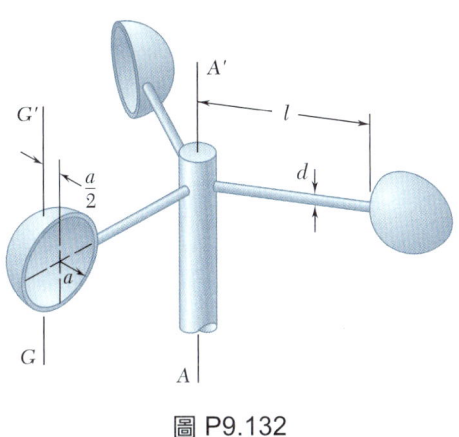

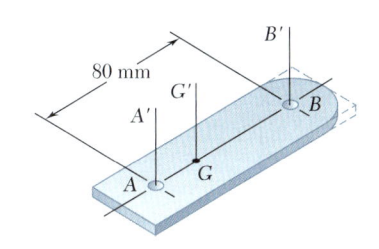

圖 P9.133

9.133 一碎紙機的刀片長期使用後磨耗如附圖所示，質量為 0.18 kg。已知刀片對軸 AA' 與軸 BB' 的質量慣性矩分別為 $0.320 \text{ g} \cdot \text{m}^2$ 與 $0.680 \text{ g} \cdot \text{m}^2$。試求 (a) 形心軸 GG' 的位置；(b) 對軸 GG' 的迴轉半徑。

9.134 附圖所示的元件由厚 0.002 m 的鋼板製成。已知鋼的密度為 7850 kg/m^3，試求元件對各座標軸的質量慣性矩。

9.135 與 9.136 一元件由厚 2 mm 的鋼板製成。已知鋼的密度為 7850 kg/m^3，試求元件對各座標軸的質量慣性矩。

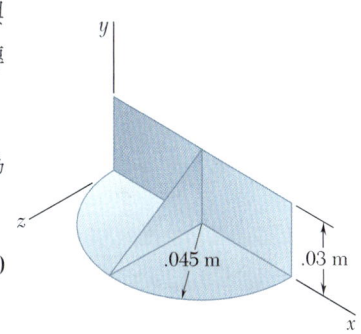

圖 P9.134

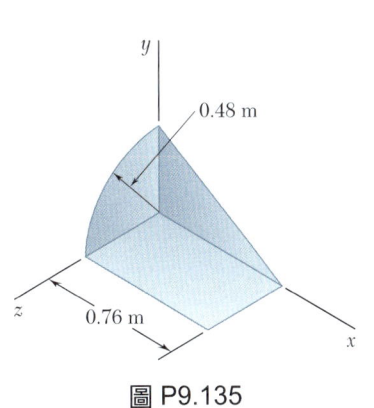

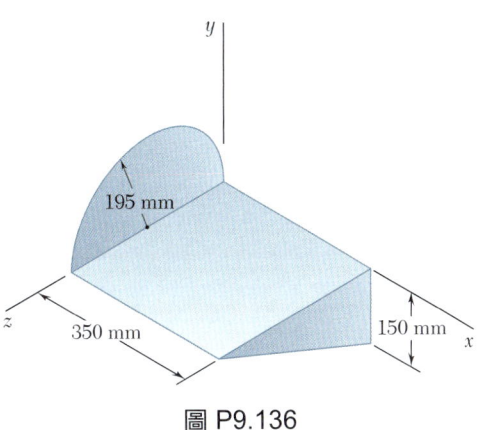

圖 P9.135

圖 P9.136

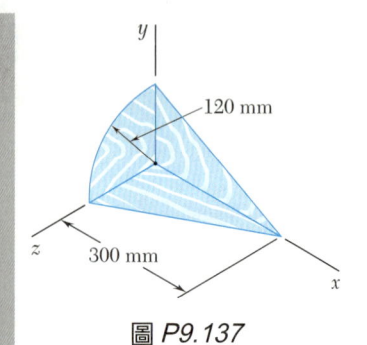

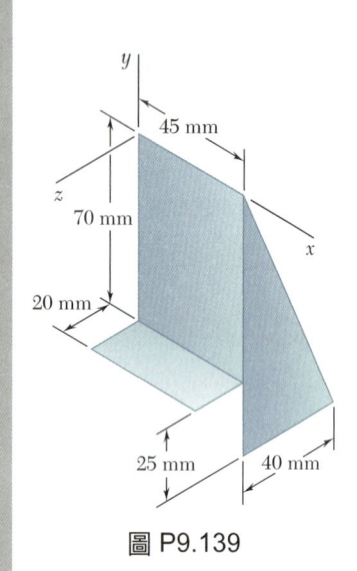

9.137 一模型飛機的某組合件由三片厚 1.5 mm 的木板組成。不計接合木板的黏膠質量，試求此組合件對各座標軸的質量慣性矩。(木片的密度為 780 kg/m³。)

9.138 一元件由厚 0.0025 m 的鋼板製成。已知鋼的密度為 7850 kg/m³，試求元件對各座標軸的質量慣性矩。

圖 P9.137

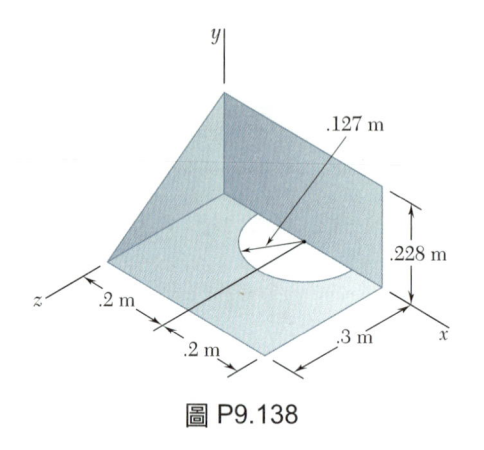

圖 P9.138

9.139 某框錨 (framing anchor) 以厚 2 mm 的鍍鋅鋼 (galvanized steel) 製成。試求其對各座標軸的質量慣性矩。(鍍鋅鋼的密度為 7530 kg/m³。)

***9.140** 一農夫將厚 2 mm 的矩形鋼板，焊接到半個圓鋼管(含兩端的半圓板)，做成水槽。已知鋼的密度為 7850 kg/m³，圓鋼管壁厚為 1.8 mm，試求水槽對各座標軸的質量慣性矩。不計焊接材料的質量。

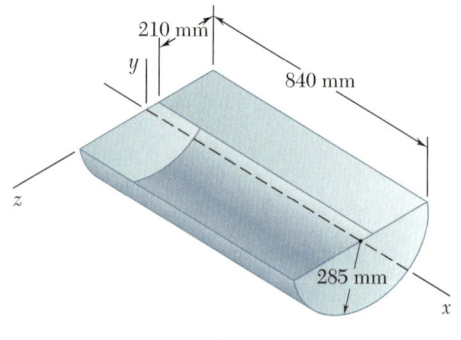

圖 P9.139

圖 P9.140

9.141 一機件由鋼製成，試求其對 (a) x 軸；(b) y 軸；(c) z 軸的質量慣性矩。(鋼的密度為 7850 kg/m³。)

9.142 試求附圖所示鋼材機件對 x 與 y 軸的質量慣性矩與迴轉半徑。(鋼的密度為 7850 kg/m³。)

圖 P9.141

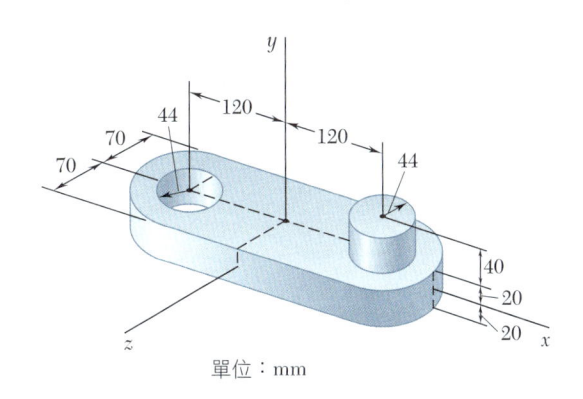

單位：mm

圖 P9.142

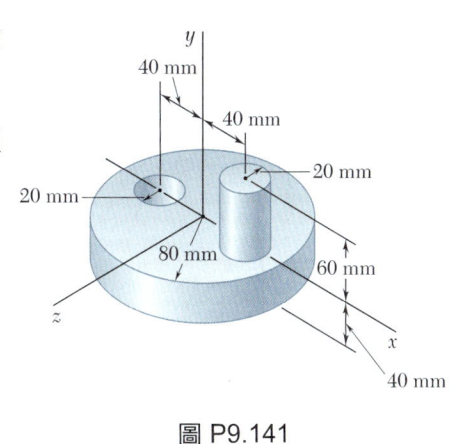

9.143 試求附圖所示鋼材機件對 y 軸的質量慣性矩。(鋼的密度為 7850 kg/m³。)

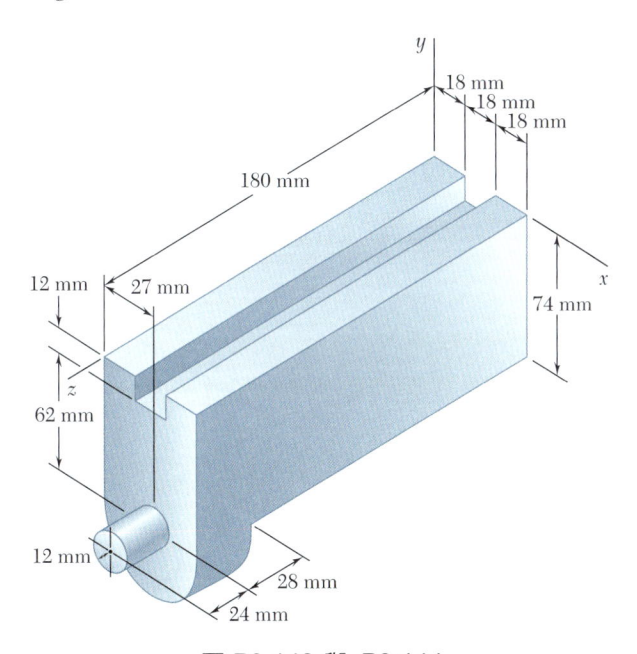

圖 P9.143 與 P9.144

9.144 試求附圖所示鋼材機件對 z 軸的質量慣性矩。(鋼的密度為 7850 kg/m³。)

9.145 試求附圖所示鋼材夾具 (fixture) 對 (a) x 軸；(b) y 軸；(c) z 軸的質量慣性矩。(鋼的密度為 7850 kg/m³。)

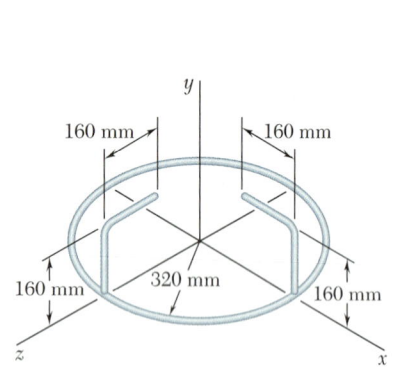

圖 P9.146

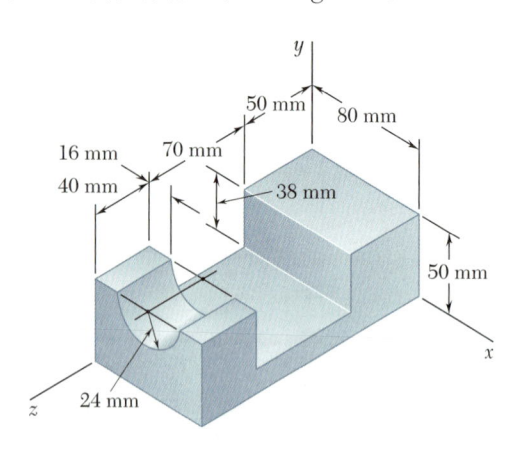

圖 P9.145

9.146 單位長度質量為 0.049 kg/m 的鋁線用來製成圖示的圓與直線。試求此組合件對各座標軸的質量慣性矩。

9.147 附圖所示的物體由直徑 3 mm 的鋼線製成。已知鋼的密度為 7850 kg/m³，試求其對各座標軸的質量慣性矩。

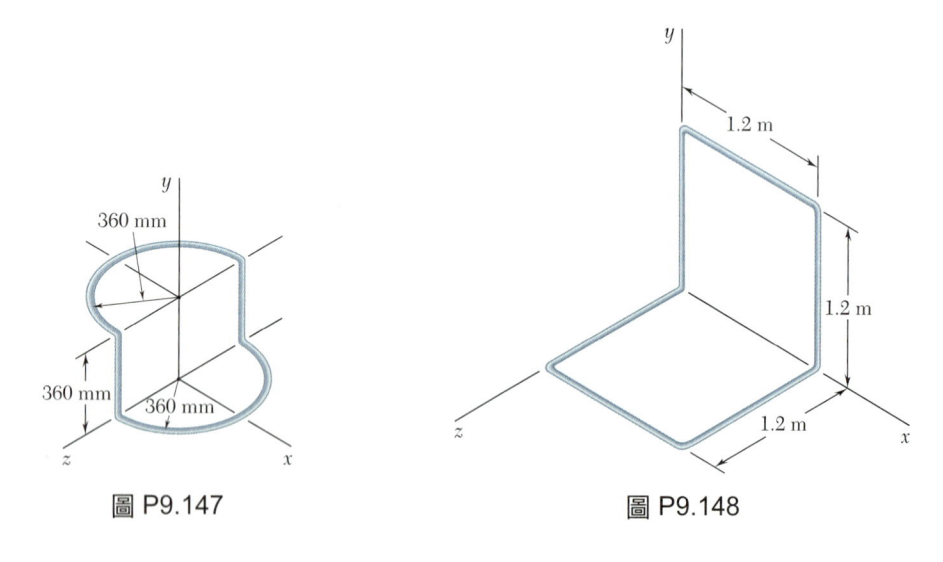

圖 P9.147

圖 P9.148

9.148 單位長度質量為 0.056 kg/m 的均質線用來製成圖示的形狀。試求其對各座標軸的質量慣性矩。

*9.16 物體對通過 O 的任意軸的慣性矩 / 質量慣性矩 (Moment of Inertia of a Body with Respect to an Arbitrary Axis through O. Mass Products of Inertia)

本節將學到當已知物體對三個座標軸的慣性矩，以及某些物理量時，如何求物體對通過原點的任意軸 OL 的慣性矩 (圖 9.29)。

物體對 OL 的慣性矩 I_{OL} 等於 $\int p^2\, dm$ 其中 p 為質量元素 dm 到軸 OL 的垂直距離。如果將 OL 的單位向量標示為 $\boldsymbol{\lambda}$，將元素 dm 的位置向量標示為 $\mathbf{r}$，觀察可知垂直距離 p 等於 $r\sin\theta$，即為向量積 $\boldsymbol{\lambda}\times\mathbf{r}$ 的大小。故

$$I_{OL} = \int p^2\, dm = \int |\boldsymbol{\lambda}\times\mathbf{r}|^2\, dm \qquad (9.43)$$

圖 9.29

將 $|\boldsymbol{\lambda}\times\mathbf{r}|^2$ 以向量積的直角分量表示，可得

$$I_{OL} = \int [(\lambda_x y - \lambda_y x)^2 + (\lambda_y z - \lambda_z y)^2 + (\lambda_z x - \lambda_x z)^2]\, dm$$

其中單位向量 $\boldsymbol{\lambda}$ 的分量 λ_x、λ_y、λ_z 代表軸 OL 的方向餘弦；$\mathbf{r}$ 的分量 x、y、z 代表質量元素 dm 的座標。將平方展開，重新整理得到

$$\begin{aligned}I_{OL} = &\lambda_x^2\int(y^2+z^2)\,dm + \lambda_y^2\int(z^2+x^2)\,dm + \lambda_z^2\int(x^2+y^2)\,dm\\ &-2\lambda_x\lambda_y\int xy\,dm - 2\lambda_y\lambda_z\int yz\,dm - 2\lambda_z\lambda_x\int zx\,dm\end{aligned} \qquad (9.44)$$

參考式 (9.30)，式 (9.44) 的前三個積分分別代表物體對三座標軸的慣性矩 I_x、I_y、I_z。式 (9.44) 的最後三個積分涉及座標相乘，分別是物體對 x 和 y 軸、y 和 z 軸，以及 z 和 x 軸的慣性積。故

$$I_{xy} = \int xy\,dm \qquad I_{yz} = \int yz\,dm \qquad I_{zx} = \int zx\,dm \qquad (9.45)$$

將式 (9.44) 改寫成式 (9.30) 與 (9.45) 定義的積分，得到

$$I_{OL} = I_x\lambda_x^2 + I_y\lambda_y^2 + I_z\lambda_z^2 - 2I_{xy}\lambda_x\lambda_y - 2I_{yz}\lambda_y\lambda_z - 2I_{zx}\lambda_z\lambda_x \qquad (9.46)$$

式 (9.45) 定義的質量慣性積為面積慣性積的延伸 (第 9.8 節)。與先前面積慣性矩相同，當對稱條件成立時，質量慣性積化簡為零。質量慣性積的平行軸定理可表示成類似於面積慣性積的表達式。將式

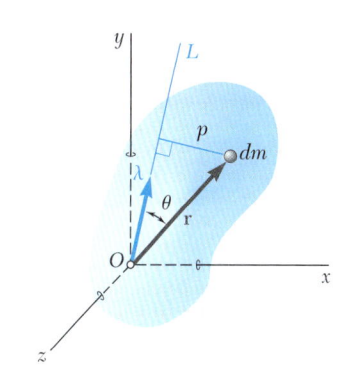

(9.31) 到 (9.45) 的關係式代入可得

$$\begin{aligned} I_{xy} &= \bar{I}_{x'y'} + m\bar{x}\bar{y} \\ I_{yz} &= \bar{I}_{y'z'} + m\bar{y}\bar{z} \\ I_{zx} &= \bar{I}_{z'x'} + m\bar{z}\bar{x} \end{aligned} \qquad (9.47)$$

其中 $\bar{x}, \bar{y}, \bar{z}$ 為物體重心 G 的座標，$\bar{I}_{x'y'}$、$\bar{I}_{y'z'}$、$\bar{I}_{z'x'}$ 為物體對形心軸 x'、y'、z' 的慣性積 (圖 9.22)。

*9.17 慣性橢球／慣性主軸 (Ellipsoid of Inertia. Principal Axes of Inertia)

回到前節所考慮的物體，假設對大量通過固定點 O 的軸 OL 求慣性矩，再於所有的軸 OL 上畫上一點 Q，且 $OQ = 1/\sqrt{I_{OL}}$。畫出的點 Q 形成一個曲面 (圖 9.30)。將式 (9.46) 的 I_{OL} 以 $1/(OQ)^2$ 代入，即可得曲面的方程式。方程式的等號兩邊同乘 $(OQ)^2$。觀察可知

$$(OQ)\lambda_x = x \qquad (OQ)\lambda_y = y \qquad (OQ)\lambda_z = z$$

其中 x, y, z 為 Q 的直角座標，故

$$I_x x^2 + I_y y^2 + I_z z^2 - 2I_{xy}xy - 2I_{yz}yz - 2I_{zx}zx = 1 \qquad (9.48)$$

所得的方程式為一個**二次曲面** (quadric surface)。由於對所有軸 OL 的 I_{OL} 都不為零，故點 Q 與 O 的距離為有限值，所得的二次曲線為一個**橢球** (ellipsoid)。這個橢球定義物體對通過 O 的任意軸的慣性矩，故稱為物體在點 O 的**慣性橢球** (ellipsoid of inertia)。

如果圖 9.30 中的座標軸旋轉，則定義橢球的方程式係數隨之改變，因為物體的慣性矩和慣性積變成對旋轉後座標軸計算。但由於橢球的形狀只與物體的質量分布有關，故不受座標旋轉影響。假設選擇慣性橢球的主軸 x'、y'、z' 為座標軸 (圖 9.31)。橢球對這組座標軸的方程式如下

$$I_{x'}x'^2 + I_{y'}y'^2 + I_{z'}z'^2 = 1 \qquad (9.49)$$

上式不含任何座標軸的乘積。比較式 (9.48)、(9.49) 可知物體對 x'、y'、z' 的慣性積必定為零。座標軸 x'、y'、z' 稱為物體在點 O 的慣性主軸，而係數 $I_{x'}$、$I_{y'}$、$I_{z'}$ 稱為物體在點 O 的**主慣性矩**。請注意，給定任意形狀的物體與一點 O，總是可以找到該物體在點 O 的慣性主

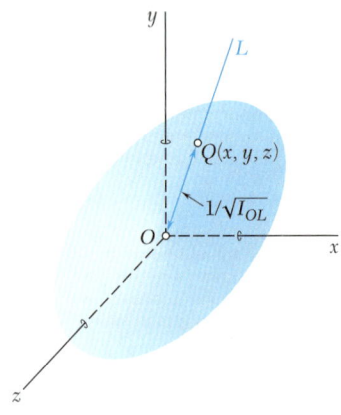

圖 9.30

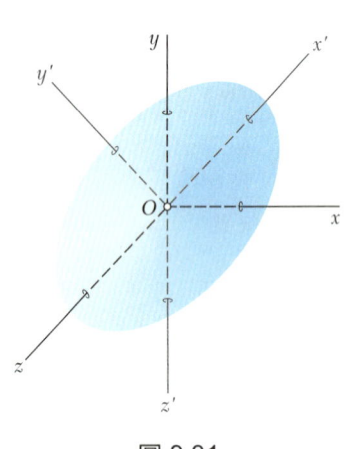

圖 9.31

軸，亦即物體對這些軸的慣性積為零。無論物體的形狀如何，物體對通過 O 的 x、y、z 軸的慣性矩與慣性積都可定義一個橢球，而根據定義，這個橢球的主軸即為物體在點 O 的慣性主軸。

如果使用慣性主軸 x'、y'、z' 作為座標軸，物體對通過 O 的任意軸的慣性矩的表達式 (9.46) 將可化簡如下

$$I_{OL} = I_{x'}\lambda_{x'}^2 + I_{y'}\lambda_{y'}^2 + I_{z'}\lambda_{z'}^2 \tag{9.50}$$

任意形狀物體的慣性主軸的求解頗為複雜，將於下節討論。但有許多情況不需計算即可判定出慣性主軸。例如考慮圖 9.32 所示，底面為橢圓的均質圓錐；此圓錐有兩個互相垂直的對稱面 OAA' 與 OBB'。由式 (9.45) 的定義，如果選定 $x'y'$ 與 $y'z'$ 平面為這兩個對稱面，則所有慣性積皆為零。因此 x'、y'、z' 軸為圓錐在 O 的慣性主軸。另一個例子為圖 9.33 所示的均質正四面體 (regular tetrahedron) $OABC$。O 與對面正三角形的形心 D 的連線為物體在點 O 的一個慣性主軸，此外所有通過 O 而且垂直於 OD 的直線也是慣性主軸。這個性質也可透過以下的觀察得知：如果將四面體繞 OD 旋轉 $120°$，其形狀與質量分布與原本四面體完全相同；亦即物體在點 O 的慣性橢球在經歷同樣的旋轉後仍保持不變，表示橢球是一個以 OD 為轉軸的迴轉體，而 OD 必定是橢球的一個主軸。

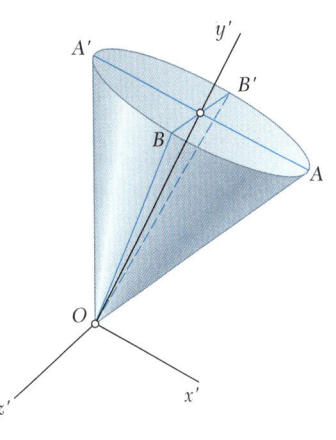

圖 9.32

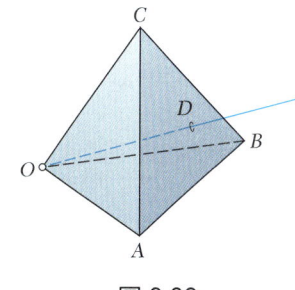

圖 9.33

*9.18 任意形狀物體的主軸與主慣性矩的求解 (Determination of the Principal Axes and Principal Moments of Inertia of a Body of Arbitrary Shape)

本節介紹的分析法可用來求沒有明顯對稱性的物體。

考慮物體在給定點 O 的慣性橢球 (圖 9.34)；令 $\mathbf{r}$ 為橢球曲面上一點 P 的半徑向量，令 $\mathbf{n}$ 為曲面點 P 處的單位法向量。觀察可知 $\mathbf{r}$ 與 $\mathbf{n}$ 只有在主軸與曲面的交點 P_1、P_2、P_3 處共線。

回顧微積分學到的曲面方程式 $f(x, y, z) = 0$，在點 $P(x, y, z)$ 的法向量方向定義為該點函數 f 的梯度 ∇f。為求主軸與慣性橢球曲面的交點，則利用 $\mathbf{r}$ 和 ∇f 共線

$$\nabla f = (2K)\mathbf{r} \tag{9.51}$$

圖 9.34

其中 K 為常數、$\mathbf{r} = x\mathbf{i} + y\mathbf{j} + z\mathbf{k}$，且

$$\nabla f = \frac{\partial f}{\partial x}\mathbf{i} + \frac{\partial f}{\partial y}\mathbf{j} + \frac{\partial f}{\partial x}\mathbf{k}$$

回顧式 (9.48)，發現函數 $f(x, y, z)$ 與以下慣性橢球對應

$$f(x, y, z) = I_x x^2 + I_y y^2 + I_z z^2 - 2I_{xy}xy - 2I_{yz}yz - 2I_{zx}zx - 1$$

將 $\mathbf{r}$ 和 ∇f 代入式 (9.51)，各單位向量的係數相等可得

$$\begin{aligned} I_x x &- I_{xy} y - I_{zx} z = Kx \\ -I_{xy} x &+ I_y y - I_{yz} z = Ky \\ -I_{zx} x &- I_{yz} y + I_z z = Kz \end{aligned} \quad (9.52)$$

將各項除以 O 與 P 的距離 r，可得含方向餘弦 λ_x、λ_y 和 λ_z 的方程式：

$$\begin{aligned} I_x \lambda_x &- I_{xy} \lambda_y - I_{zx} \lambda_z = K\lambda_x \\ -I_{xy} \lambda_x &+ I_y \lambda_y - I_{yz} \lambda_z = K\lambda_y \\ -I_{zx} \lambda_x &- I_{yz} \lambda_y + I_z \lambda_z = K\lambda_z \end{aligned} \quad (9.53)$$

將等號右邊移項到左邊可得以下齊次方程組：

$$\begin{aligned} (I_x - K)\lambda_x &- I_{xy} \lambda_y - I_{zx} \lambda_z = 0 \\ -I_{xy} \lambda_x &+ (I_y - K)\lambda_y - I_{yz} \lambda_z = 0 \\ -I_{zx} \lambda_x &- I_{yz} \lambda_y + (I_z - K)\lambda_z = 0 \end{aligned} \quad (9.54)$$

這個齊次方程組有非零解 (即 $\lambda_x = \lambda_y = \lambda_z = 0$) 的條件是行列式等於零：

$$\begin{vmatrix} I_x - K & -I_{xy} & -I_{zx} \\ -I_{xy} & I_y - K & -I_{yz} \\ -I_{zx} & -I_{yz} & I_z - K \end{vmatrix} = 0 \quad (9.55)$$

將行列式展開，改寫如下

$$\begin{aligned} K^3 &- (I_x + I_y + I_z)K^2 + (I_x I_y + I_y I_z + I_z I_x - I_{xy}^2 - I_{yz}^2 - I_{zx}^2)K \\ &- (I_x I_y I_z - I_x I_{yz}^2 - I_y I_{zx}^2 - I_z I_{xy}^2 - 2I_{xy}I_{yz}I_{zx}) = 0 \end{aligned} \quad (9.56)$$

上式為 K 的三次式，有三個正實根 K_1、K_2 與 K_3。

將 K_1 代入式 (9.54) 的 K，可得對應於 K_1 的主軸的方向餘弦。由於這三個方程式線性相依，只有兩個可用來求 λ_x、λ_y 和 λ_z。但如第 2.12 節，方向餘弦必定滿足以下關係，故可得第三個方程式

$$\lambda_x^2 + \lambda_y^2 + \lambda_z^2 = 1 \quad (9.57)$$

對 K_2、K_3 重複以上步驟，可得到另兩個主軸的方向餘弦。

接著證明式 (9.56) 的三根 K_1、K_2、K_3 為給定物體的主慣性矩。將式 (9.53) 中的 K 以 K_1 代入，將 λ_x、λ_y 和 λ_z 分別以對應值 $(\lambda_x)_1$、

$(\lambda_y)_1$ 和 $(\lambda_z)_1$ 代入；可滿足三個方程式。接著分別對第一、第二、第三個方程式乘上 $(\lambda_x)_1$、$(\lambda_y)_1$ 和 $(\lambda_z)_1$，再將三個方程式相加，故

$$I_x^2(\lambda_x)_1^2 + I_y^2(\lambda_y)_1^2 + I_z^2(\lambda_z)_1^2 - 2I_{xy}(\lambda_x)_1(\lambda_y)_1 \\ - 2I_{yz}(\lambda_y)_1(\lambda_z)_1 - 2I_{zx}(\lambda_z)_1(\lambda_x)_1 = K_1[(\lambda_x)_1^2 + (\lambda_y)_1^2 + (\lambda_z)_1^2]$$

由式 (9.46)，觀察上式等號左邊代表物體對應 K_1 的主軸的慣性矩，因此為對應這個根的主慣性矩。另一方面，由式 (9.57)，等號右邊化簡成 K_1。因此 K_1 為主慣性矩。依類似方法，可證明 K_2 和 K_3 為該物體另外兩個主慣性矩。

範例 9.14

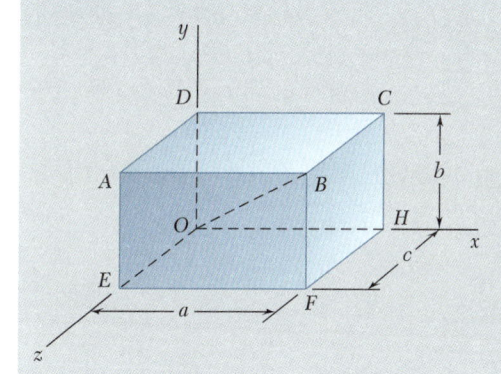

考慮附圖所示質量為 m、邊長為 a、b 與 c 的長方體。試求 (a) 長方體對各座標軸的慣性矩與慣性積；(b) 對對角線 OB 的慣性矩。

解

a. 對各座標軸的慣性矩與慣性積

慣性矩。先定出形心軸 x'、y' 與 z'，再由圖 9.28 得到對形心軸的慣性矩，接著用平行軸定理：

$$I_x = \bar{I}_{x'} + m(\bar{y}^2 + \bar{z}^2) = \tfrac{1}{12}m(b^2 + c^2) + m(\tfrac{1}{4}b^2 + \tfrac{1}{4}c^2)$$

$$I_x = \tfrac{1}{3}m(b^2 + c^2)$$

同理， $I_y = \tfrac{1}{3}m(c^2 + a^2) \qquad I_z = \tfrac{1}{3}m(a^2 + b^2)$

慣性積。由於對稱性，故對形心軸的慣性積為零，而這些軸為主軸。利用平行軸定理，可得

$$I_{xy} = \bar{I}_{x'y'} + m\bar{x}\bar{y} = 0 + m(\tfrac{1}{2}a)(\tfrac{1}{2}b) \qquad I_{xy} = \tfrac{1}{4}mab$$

同理， $I_{yz} = \tfrac{1}{4}mbc \qquad I_{zx} = \tfrac{1}{4}mca$

b. 對 OB 的慣性矩。 回顧式 (9.46)：

$$I_{OB} = I_x\lambda_x^2 + I_y\lambda_y^2 + I_z\lambda_z^2 - 2I_{xy}\lambda_x\lambda_y - 2I_{yz}\lambda_y\lambda_z - 2I_{zx}\lambda_z\lambda_x$$

其中 OB 的方向餘弦為

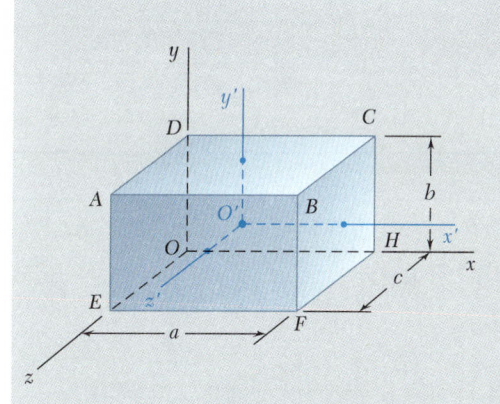

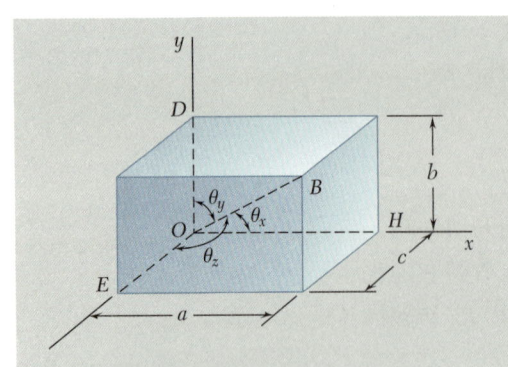

$$\lambda_x = \cos\theta_x = \frac{OH}{OB} = \frac{a}{(a^2+b^2+c^2)^{1/2}}$$

$$\lambda_y = \frac{b}{(a^2+b^2+c^2)^{1/2}} \qquad \lambda_z = \frac{c}{(a^2+b^2+c^2)^{1/2}}$$

將求得的慣性矩、慣性積與方向餘弦代入 I_{OB} 的式中，如下

$$I_{OB} = \frac{1}{a^2+b^2+c^2}\left[\tfrac{1}{3}m(b^2+c^2)a^2 + \tfrac{1}{3}m(c^2+a^2)b^2 + \tfrac{1}{3}m(a^2+b^2)c^2 \right.$$
$$\left. -\tfrac{1}{2}ma^2b^2 - \tfrac{1}{2}mb^2c^2 - \tfrac{1}{2}mc^2a^2\right]$$

$$I_{OB} = \frac{m}{6}\frac{a^2b^2+b^2c^2+c^2a^2}{a^2+b^2+c^2}$$

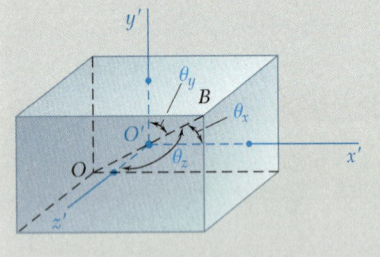

另一種解法。 由於線 OB 通過形心 O'，故慣性矩 I_{OB} 可利用主慣性矩 $\bar{I}_{x'}$、$\bar{I}_{y'}$、$\bar{I}_{z'}$ 直接求得。由於 x'、y'、z' 為主軸，利用式 (9.50) 寫下

$$I_{OB} = \bar{I}_{x'}\lambda_x^2 + \bar{I}_{y'}\lambda_y^2 + \bar{I}_{z'}\lambda_z^2$$
$$= \frac{1}{a^2+b^2+c^2}\left[\frac{m}{12}(b^2+c^2)a^2 + \frac{m}{12}(c^2+a^2)b^2 + \frac{m}{12}(a^2+b^2)c^2\right]$$

$$I_{OB} = \frac{m}{6}\frac{a^2b^2+b^2c^2+c^2a^2}{a^2+b^2+c^2}$$

範例 9.15

若範例 9.14 中的長方體的 $a = 3c$、$b = 2c$，試求 (a) 原點 O 處的主慣性矩；(b) 原點 O 處的慣性主軸。

解

a. **原點 O 處的主慣性矩**。將 $a = 3c$、$b = 2c$ 代入範例 9.14 的解答中，得到

$$I_x = \tfrac{5}{3}mc^2 \qquad I_y = \tfrac{10}{3}mc^2 \qquad I_z = \tfrac{13}{3}mc^2$$
$$I_{xy} = \tfrac{3}{2}mc^2 \qquad I_{yz} = \tfrac{1}{2}mc^2 \qquad I_{zx} = \tfrac{3}{4}mc^2$$

將慣性矩與慣性積代入式 (9.56)，整理後得到

$$K^3 - (\tfrac{28}{3}mc^2)K^2 + (\tfrac{3479}{144}m^2c^4)K - \tfrac{589}{54}m^3c^6 = 0$$

接著解此方程式的根，由第 9.18 節的討論可知，求得的根為物體在原點處的主慣性矩。

$K_1 = 0.568867mc^2 \qquad K_2 = 4.20885mc^2 \qquad K_3 = 4.55562mc^2$
$K_1 = 0.569mc^2 \qquad K_2 = 4.21mc^2 \qquad K_3 = 4.56mc^2$

b. *O 處的慣性主軸*。為求一慣性主軸的方向，先將對應的 K 值代入式 (9.54) 中，加上式 (9.57) 共有三個方程式，可求得對應主軸的方向餘弦。因此，對第一個主慣性矩 K_1：

$$(\tfrac{5}{3} - 0.568867)mc^2(\lambda_x)_1 - \tfrac{3}{2}mc^2(\lambda_y)_1 - \tfrac{3}{4}mc^2(\lambda_z)_1 = 0$$
$$-\tfrac{3}{2}mc^2(\lambda_x)_1 + (\tfrac{10}{3} - 0.568867)mc^2(\lambda_y)_1 - \tfrac{1}{2}mc^2(\lambda_z)_1 = 0$$
$$(\lambda_x)_1^2 + (\lambda_y)_1^2 + (\lambda_z)_1^2 = 1$$

求解得

$(\lambda_x)_1 = 0.836600 \qquad (\lambda_y)_1 = 0.496001 \qquad (\lambda_z)_1 = 0.232557$

慣性主軸與座標軸的夾角即為

$(\theta_x)_1 = 33.2° \qquad (\theta_y)_1 = 60.3° \qquad (\theta_z)_1 = 76.6°$

接著使用相同的方程組解 K_2 與 K_3，分別得到原點處的第二個與第三個慣性主軸的角度，如下

$(\theta_x)_2 = 57.8° \qquad (\theta_y)_2 = 146.6° \qquad (\theta_z)_2 = 98.0°$

和

$(\theta_x)_3 = 82.8° \qquad (\theta_y)_3 = 76.1° \qquad (\theta_z)_3 = 164.3°$

重點提示

本節定義了物體的質量慣性積 I_{xy}、I_{yz}、I_{zx}，並詳述如何求解物體對通過原點 O 任意軸的慣性矩。讀者也學到如何求物體在原點 O 的慣性主軸，以及對應的主慣性矩。

1. **求複合體的質量慣性積**。複合體對座標軸的質量慣性積，可表示成各組成部分對這些軸的慣性積的和。再對每一組成部分利用平行軸定理，如式 (9.47)

$$I_{xy} = \bar{I}_{x'y'} + m\bar{x}\bar{y} \qquad I_{yz} = \bar{I}_{y'z'} + m\bar{y}\bar{z} \qquad I_{zx} = \bar{I}_{z'x'} + m\bar{z}\bar{x}$$

其中符號 ′ 標示組成部分的形心軸，$\bar{x}$、$\bar{y}$、$\bar{z}$ 代表重心座標。請記住質量慣性積可為正、負或零，也要注意 $\bar{x}$, $\bar{y}$, $\bar{z}$ 的正負號。

   a. 利用組成部分的對稱性，可推論兩個或三個對形心的質量慣性積等於零。例如讀者可驗證以下物體的慣性積 $\bar{I}_{y'z'}$ 與 $\bar{I}_{z'x'}$ 為零：平行於 xy 平面的薄平板、位於平行 xy 平面的線材、以及對稱軸平行 z 軸的物體。以下物體的慣性積 $\bar{I}_{x'y'}$、$\bar{I}_{y'z'}$ 與 $\bar{I}_{y'z'}$ 皆為零：對稱軸平行於座標軸的矩形、圓形、半圓形平板；平行於一座標軸的直線材；對稱軸平行於座標軸的圓形或半圓形線材。

   b. 不為零的質量慣性積可由式 (9.45) 計算得到。通常要用到三重積分，但若物體可分割成相疊的平行薄片則可用單積分。計算和前面介紹的慣性矩類似。

2. **計算物體對任意軸 OL 的慣性矩**。第 9.16 節推導了慣性矩 I_{OL} 的表達式 (9.46)。計算 I_{OL} 前，要先求物體對座標軸的質量慣性矩和慣性積，以及沿 OL 單位向量 $\boldsymbol{\lambda}$ 的方向餘弦。

3. **計算物體的主慣性矩與慣性主軸**。第 9.17 節指出可找到質量慣性積為零的座標軸，稱為**慣性主軸**，其對應的慣性矩稱為物體的**主慣性矩**。許多情況物體的慣性主軸由其對稱性即可判定。求解無明顯對稱性物體的慣性主軸和主慣性矩的方法可見第 9.18 節，或範例 9.15。包含以下步驟：

   a. 將式 (9.55) 的行列式乘開，解三次式的根。可用試誤法、計算機或電腦軟體求根。行列式的根 K_1、K_2、K_3 即為物體的主慣性矩。

   b. 求對應 K_1 的主軸的方向餘弦，將 K_1 代入式 (9.54) 中的 K，加上式 (9.57) 可解出對應 K_1 的主軸的方向餘弦。

   c. 對 K_2、K_3 重複以上步驟，求解其他兩主軸的方向餘弦。得到的三個主軸的單位向量應互相垂直，因此任兩單位向量的純量積必定為零。

習 題

9.149 試求附圖所示鋼材夾具的質量慣性積 I_{xy}、I_{yz} 與 I_{zx}。(鋼的密度為 7850 kg/m³。)

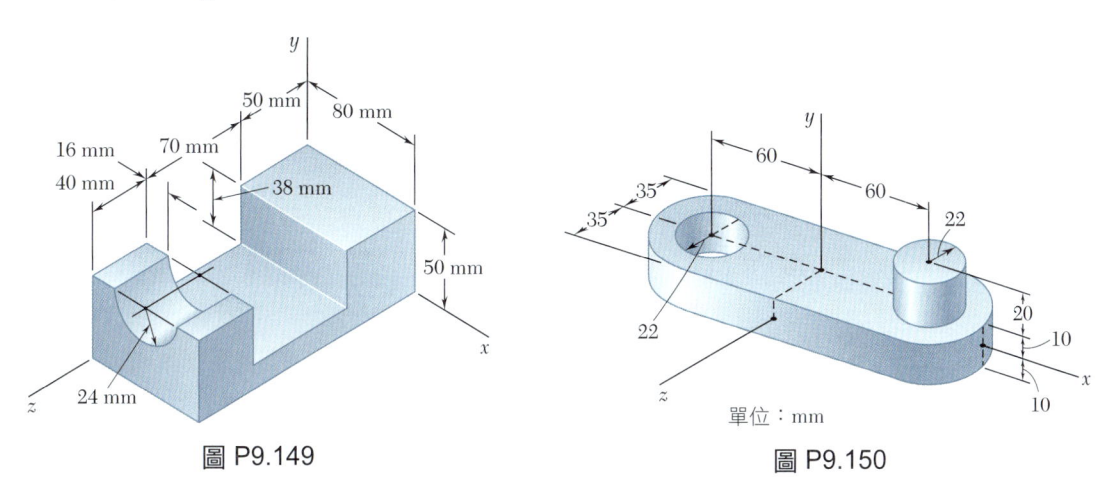

圖 P9.149

圖 P9.150

9.150 試求附圖所示鋼材夾具的質量慣性積 I_{xy}、I_{yz} 與 I_{zx}。(鋼的密度為 7850 kg/m³。)

9.151 與 9.152 試求附圖所示鋁元件的質量慣性積 I_{xy}、I_{yz} 與 I_{zx}。(鋁的密度為 2770 kg/m³。)

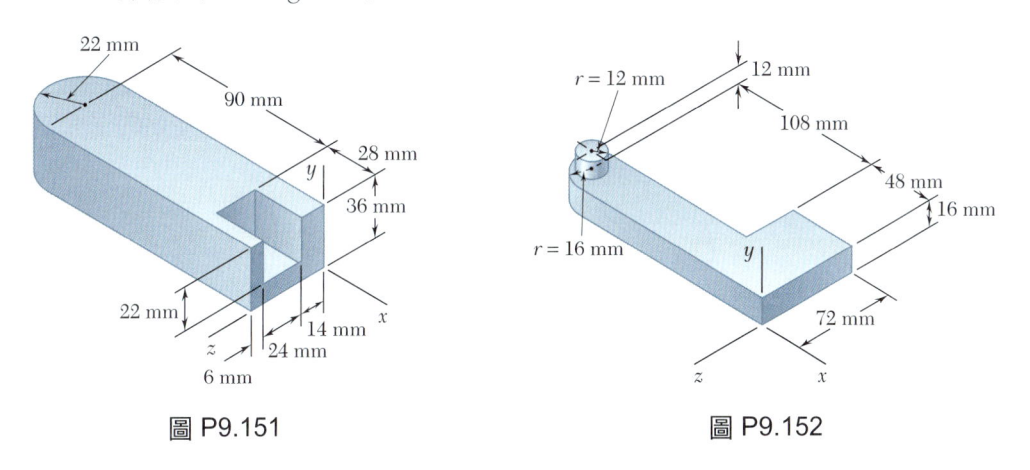

圖 P9.151

圖 P9.152

9.153 至 9.156 一元件由厚 2 mm 的鋼板製成。已知鋼的密度為 7850 kg/m³,試求元件的質量慣性積 I_{xy}、I_{yz} 與 I_{zx}。

圖 P9.153

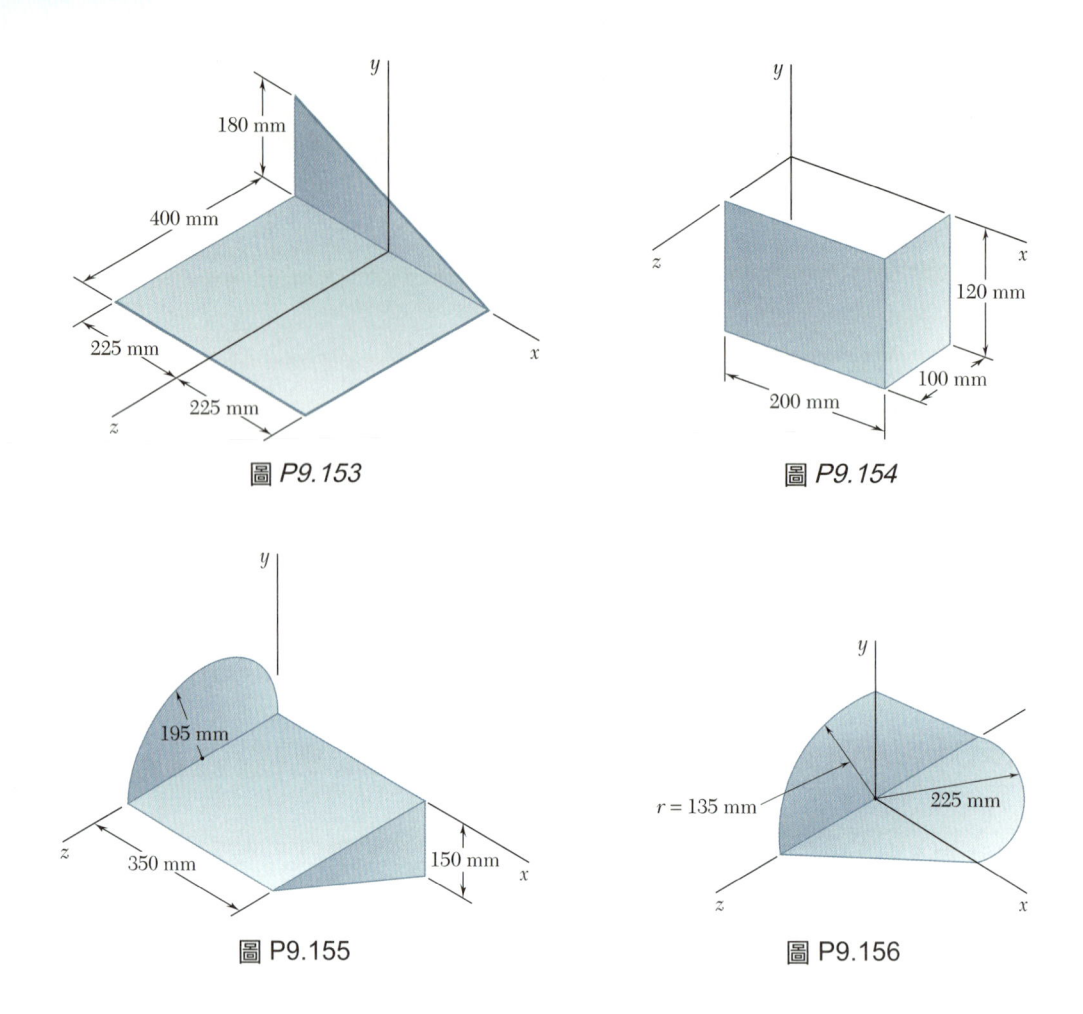

圖 P9.154

圖 P9.155

圖 P9.156

9.157 附圖所示的形狀由直徑 1.5 mm 的鋁線製成。已知鋁的密度為 2880 kg/m³，試求其質量慣性積 I_{xy}、I_{yz} 與 I_{zx}。

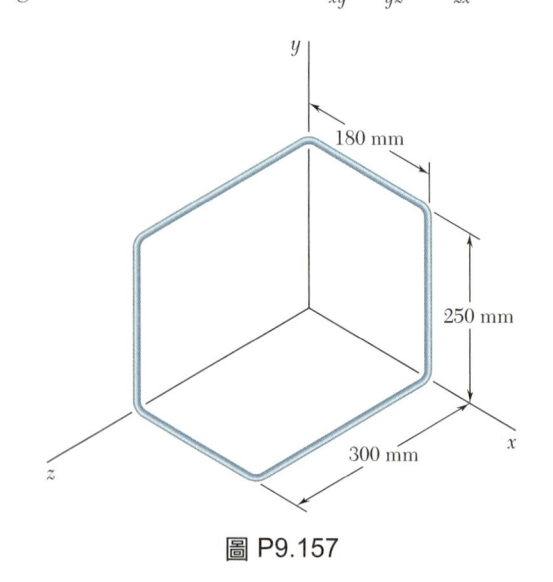

圖 P9.157

9.158 附圖所示的形狀由直徑不變的鋁線製成。以 m' 標示鋁線的單位長度質量，試求其質量慣性積 I_{xy}、I_{yz} 與 I_{zx}。

9.159 與 **9.160** 附圖所示的形狀由單位長度重量為 w 的黃銅線製成。試求其質量慣性積 I_{xy}、I_{yz} 與 I_{zx}。

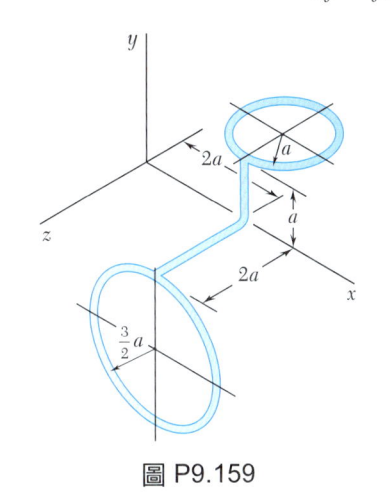

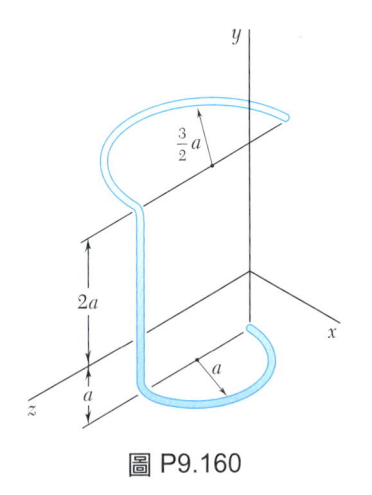

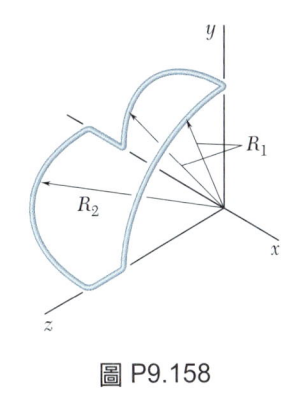

圖 P9.158

圖 P9.159

圖 P9.160

9.161 完成式 (9.47) 之質量慣性積的平行軸定理的推導。

9.162 試就附圖所示質量為 m 的均質四面體，(a) 以直接積分法求質量慣性積 I_{zx}；(b) 由 a 小題的結果求 I_{yz}、I_{xy}。

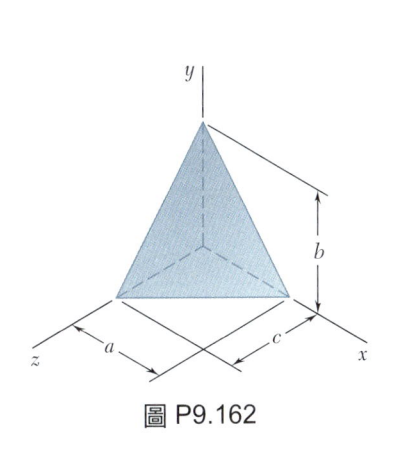

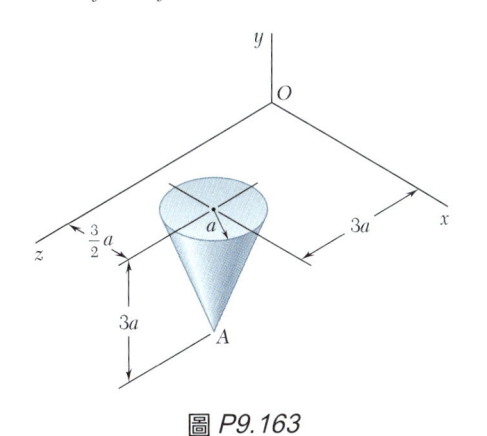

圖 P9.162

圖 P9.163

9.163 附圖所示質量為 m 的均質圓錐，試求圓錐對原點 O 與點 A 連線的質量慣性矩。

9.164 附圖所示質量為 m 的均質圓柱，試求圓柱對原點 O 與點 A 連線的質量慣性矩。點 A 在圓柱之上表面的圓周上。

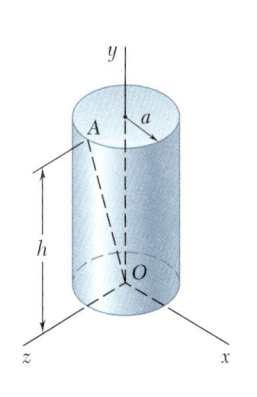

圖 P9.164

9.165 如習題 9.141 的機件，試求其對原點 O 與點 A 連線的質量慣性矩。

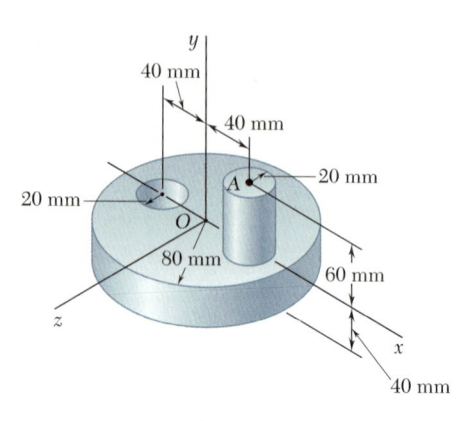

圖 P9.165

9.166 如習題 9.145 與 9.149，試求鋼夾具對通過原點，且與 x、y、z 軸夾角相等的一軸的質量慣性矩。

9.167 附圖所示薄彎板的重量為 W，且密度均勻，試求其對原點 O 與點 A 連線的質量慣性矩。

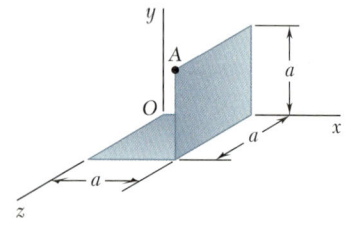

圖 P9.167

9.168 附圖所示元件由厚度為 t、比重為 γ 的鋼板製成，試求其對原點 O 與點 A 連線的質量慣性矩。

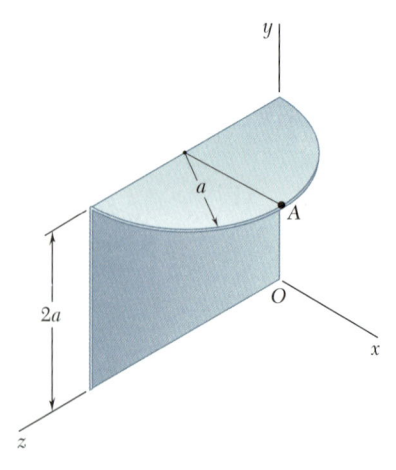

圖 P9.168

9.169 如習題 9.136 與 9.155，試求元件對通過原點，且單位向量為 $\lambda = (-4\mathbf{i} + 8\mathbf{j} + \mathbf{k})/9$ 的軸的質量慣性矩。

9.170 至 *9.172* 試求下列各形狀對通過原點，且單位向量為 $\lambda = (-3\mathbf{i} - 6\mathbf{j} + 2\mathbf{k})/7$ 的軸的質量慣性矩。

9.170 習題 9.148。

9.171 習題 9.147。

9.172 習題 9.146。

9.173 附圖所示半徑為 a、長度為 L 的均質圓柱，試求使圓柱的慣性橢球為圓球時的比值 a/L，在以下兩點計算：(a) 圓柱的形心；(b) 點 A。

9.174 附圖所示的長方體，試求使長方體的慣性橢球為圓球時的比值 b/a 與 c/a，在以下兩點計算：(a) 點 A；(b) 點 B。

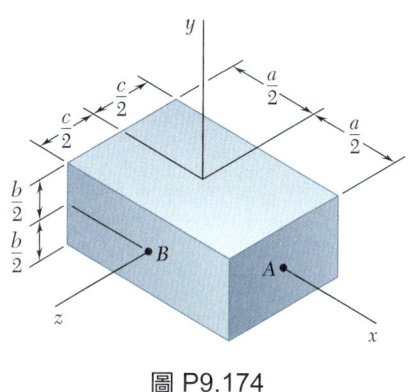

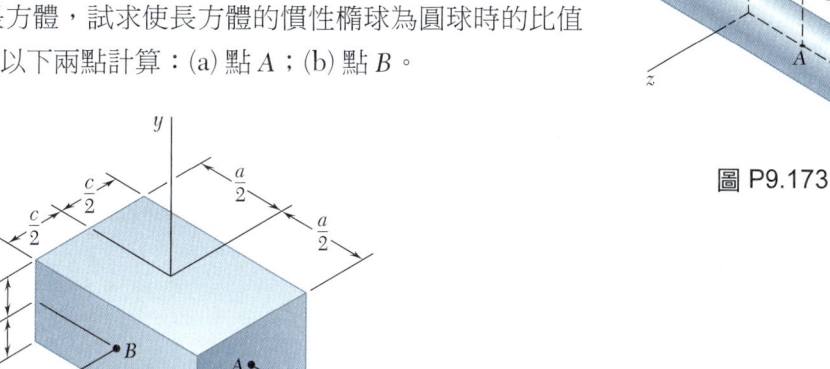

圖 P9.173

圖 P9.174

9.175 如範例 9.11 的正圓錐，試求使圓錐的慣性橢球為圓球時的比值 a/h，在以下兩點計算：(a) 圓錐的頂點；(b) 圓錐底面的圓心。

9.176 給定一任意物體與三直角座標軸 x、y 與 z，證明物體對任一軸的質量慣性矩，不大於物體對另外兩軸的質量慣性矩之和，即證明 $I_x \le I_y + I_z$，以及另外兩個類似的不等式。此外，證明若物體為均質迴轉體，則 $I_y \ge \frac{1}{2}I_x$，其中 x 為迴轉軸，而 y 為一橫軸。

9.177 考慮質量為 m、邊長為 a 的立方體，(a) 證明立方體的中心處的慣性橢球為圓球，並利用此性質求立方體對任一對角線的慣性矩；(b) 證明立方體頂點處的慣性橢球為迴轉橢球，並求立方體在該點的主慣性矩。

9.178 給定一任意形狀的均質物體，質量為 m，以及原點在 O 的三直角座標軸 x、y 與 z。證明物體的質量慣性矩之和 $I_x + I_y + I_z$ 不

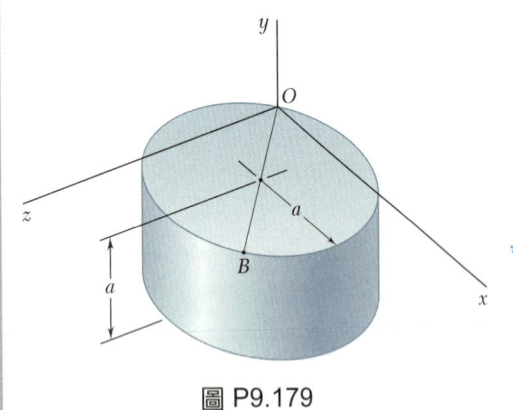

小於球心在 O，且質量與材料相同的圓球的質量慣性矩之和。此外，利用習題 9.176 的結果，證明若物體為迴轉軸為 x 的實心迴轉體，物體對一橫軸 y 的質量慣性矩 I_y 不小於 $3ma^2/10$，其中 a 為質量與材料相同之圓球的半徑。

*9.179 附圖所示的均質圓柱，質量為 m，上表面的直徑 OB 與 x 軸、z 軸的夾角均為 45°。(a) 試求圓柱在原點 O 的質量主慣性矩；(b) 計算 O 處的慣性主軸與座標軸的夾角；(c) 畫出圓柱，並在上面畫出慣性主軸相對於 x、y、z 軸的方位。

圖 P9.179

9.180 至 *9.184* 試就下列問題，求 (a) 在原點的質量主慣性矩；(b) 在原點的慣性主軸。畫出物體，並在上面畫出慣性主軸相對於 x、y、z 軸的方位。

*9.180 習題 9.165。

9.181 習題 9.145 與 9.149。

9.182 習題 9.167。

9.183 習題 9.168。

9.184 習題 9.148 與 9.170。

複習與摘要

本章前半段討論如何求出作用於一面積 A 的平面上的分布力 $\Delta\mathbf{F}$ 的合力 $\mathbf{R}$。若已知此分布力的大小和其作用的元素面積 ΔA 及作用點到 x 軸的距離 y 成正比，若比值為 k 可得 $\Delta F = ky\,\Delta A$。發現合力 $\mathbf{R}$ 的大小正比於面積 A 的一次矩 $Q_x = \int y\,dA$ 且 $\mathbf{R}$ 對 x 軸的力矩正比於面積 A 對 x 軸的二次矩 (second moment) 或稱為慣性矩或轉動慣量 (moment of inertia) $I_x = \int y^2\,dA$ [第 9.2 節]。

■ **直角慣性矩 (Rectangular moments of inertia)**：

直角慣性矩 I_x 和 I_y 可由以下積分求得：

$$I_x = \int y^2\,dA \qquad I_y = \int x^2\,dA \qquad (9.1)$$

如果用平行於 x 或 y 座標軸的細長條為積分元素 dA，則上式對面積的雙重積分可簡化成單積分。我們也可先算出細長條元素的慣性矩 I_x 和 I_y (圖 9.35)，再積分得到整個面的 I_x 和 I_y [範例 9.3]。

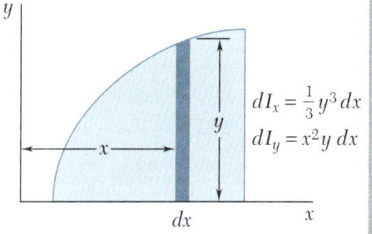

圖 9.35

■ **極慣性矩 (Polar moment of inertia)**：

面 A 除了對 x 軸及 y 軸的慣性矩，尚有對座標原點 O 的極慣性矩 (polar moment) J_O [第 9.4 節]：

$$J_O = \int r^2\,dA \qquad (9.3)$$

其中 r 為圖 9.36 中積分元素 dA 到點 O 的距離，由畢氏定理可得 $r^2 = x^2 + y^2$，因此得到：

$$J_O = I_x + I_y \qquad (9.4)$$

■ **迴轉半徑 (Radius of gyration)**：

面積 A 對 x 軸的迴轉半徑 k_x 由 $I_x = k_x^2 A$ 定義。同理，A 對 x 軸和原點 O 的迴轉半徑 k_x 和 k_O 定義如下：

$$k_x = \sqrt{\frac{I_x}{A}} \qquad k_y = \sqrt{\frac{I_y}{A}} \qquad k_O = \sqrt{\frac{J_O}{A}} \qquad (9.5\text{-}9.7)$$

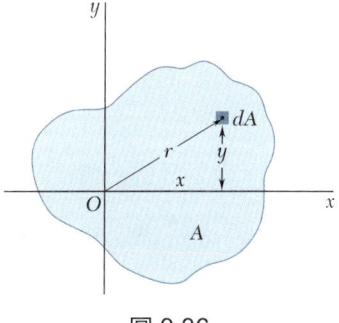

圖 9.36

■ **平行軸定理 (Parallel-axis theorem)**：

我們在 9.6 節介紹了平行軸定理，描述如下：圖 9.37 中一面積對任一軸 AA' 的慣性矩等於該面積對形心軸 BB' 的慣性矩 $\bar{I}$ 加上面積 A 與兩軸間之垂直距離 d 的平方的乘積：

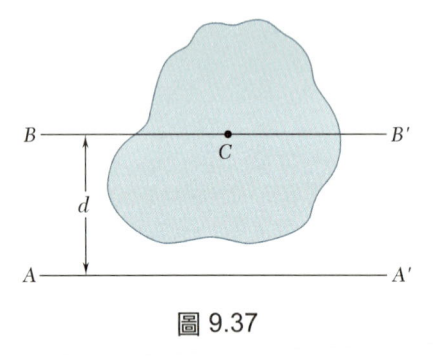

$$I = \bar{I} + Ad^2$$

(9.9)

圖 9.37

當已知面積對於軸 AA' 的慣性矩時，可用上式求出該面積對形心軸 BB' 的慣性矩，即 $I = \bar{I} + Ad^2$。

面積極慣性矩也存在類似的關係式。若一面積對任一點 O 的極慣性矩為 J_O、對其形心 C 的極慣性矩為 $\bar{J}_C$、d 為點 O 和點 C 的距離，則

$$J_O = \bar{J}_C + Ad^2 \qquad (9.11)$$

■ **複合面 (Composite areas)**：

平行軸定理可有效的用來計算複合面對任一軸的慣性矩 [第 9.7 節]。我們先將複合面分解成數個形心座標已知的簡單形狀，接著用圖 9.12 和 9.13 提供的圖表得到各個構成形狀對其本身的形心軸的慣性矩，再用平行軸定理將每一個構成形狀的慣性矩轉換到相對應於一共同的座標軸。複合面的慣性矩即為轉換後各個慣性矩的總和 [範例 9.4 和 9.5]。

■ **慣性積 (Product of inertia)**：

第 9.8 節到第 9.10 節討論了當座標軸旋轉某一角度時面積慣性矩如何作座標轉換。首先定義一面積 A 的慣性積為

$$I_{xy} = \int xy\, dA \qquad (9.12)$$

假如面積 A 對稱於 x 軸或 y 軸或同時對稱於 x 軸及 y 軸，則 $I_{xy} = 0$。我們也推導出慣性積的平行軸定理：

$$I_{xy} = \bar{I}_{x'y'} + \bar{x}\,\bar{y}A \qquad (9.13)$$

其中 $\bar{I}_{x'y'}$ 是面積對形心軸 x' 和 y' 的慣性積。x' 和 y' 軸分別平行於 x 和 y 軸，$\bar{x}$ 和 $\bar{y}$ 為面積的形心座標 [第 9.8 節]。

■ **座標軸旋轉 (Rotation of axes)**：

我們在第 9.9 節求出一面積對 x' 和 y' 軸的慣性矩 $I_{x'}$、$I_{y'}$ 和慣性積 $I_{x'y'}$，這裡的 x' 和 y' 軸是原座標 x 和 y 軸逆時針旋轉 θ 角後所得之新座標軸 (圖 9.38)。我們可將 $I_{x'}$、$I_{y'}$ 和 $I_{x'y'}$ 以對原座標的 I_x、I_y 和 I_{xy} 表示

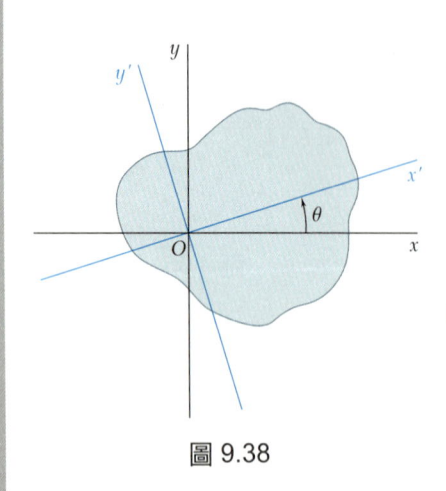

圖 9.38

$$I_{x'} = \frac{I_x + I_y}{2} + \frac{I_x - I_y}{2} \cos 2\theta - I_{xy} \sin 2\theta \qquad (9.18)$$

$$I_{y'} = \frac{I_x + I_y}{2} - \frac{I_x - I_y}{2} \cos 2\theta + I_{xy} \sin 2\theta \qquad (9.19)$$

$$I_{x'y'} = \frac{I_x - I_y}{2} \sin 2\theta + I_{xy} \cos 2\theta \qquad (9.20)$$

■ 主軸 (Principal axes)：

面積對 O 點的主軸慣性矩定義為面積慣性矩的最大和最小值，此時這兩個互相垂直的座標軸稱為主軸。假設主軸為原座標軸逆時針旋轉 θ_m，我們可得

$$\tan 2\theta_m = -\frac{2I_{xy}}{I_x - I_y} \qquad (9.25)$$

■ 主軸慣性矩 (Principal moments of inertia)：

I 的最大和最小值稱為面積對 O 點的**主軸慣性矩**，如下式

$$I_{\max,\min} = \frac{I_x + I_y}{2} \pm \sqrt{\left(\frac{I_x - I_y}{2}\right)^2 + I_{xy}^2} \qquad (9.27)$$

值得注意的是主軸的慣性積為零。

■ 莫爾圓 (Mohr's circle)：

面積慣性矩和慣性積對旋轉後的新座標軸的座標轉換可圖形表示成莫爾圓 [第 9.10 節]。莫爾圓畫法如下：給定原座標軸的慣性矩和慣性積 I_x、I_y 和 I_{xy}。先畫出座標為 (I_x, I_{xy}) 的點 X 和座標為 $(I_y, -I_{xy})$ 的點 Y，接著連接兩點畫出一直線和一圓 (圖 9.39)。當座標軸旋轉 θ 角時，莫爾圓上的直徑 XY 旋轉 2θ 角得到新座標 X' 和 Y'。圖上點 X' 和 Y' 對應的座標即為 $I_{x'}$、$I_{y'}$ 和 $I_{x'y'}$。此外，圖上的 θ_m 和橫軸上的點 A 和點 B 定義出主軸 a 和 b 以及該面積的主軸慣性矩 [範例 9.8]。

圖 9.39

■ 質量慣性矩 (Moments of inertia of masses)：

本章第二部分主要探討**質量慣性矩**，在動力學中涉及剛體旋轉的問題常用到。如圖 9.40 所示剛體對任一軸 AA' 的質量慣性矩定義如下

$$I = \int r^2 \, dm \tag{9.28}$$

其中 r 為 AA' 到質量元素的距離 [第 9.11 節]。物體的迴轉半徑定義為

$$k = \sqrt{\frac{I}{m}} \tag{9.29}$$

物體對於各座標軸的慣性矩定義如下

$$\begin{aligned} I_x &= \int (y^2 + z^2) \, dm \\ I_y &= \int (z^2 + x^2) \, dm \\ I_z &= \int (x^2 + y^2) \, dm \end{aligned} \tag{9.30}$$

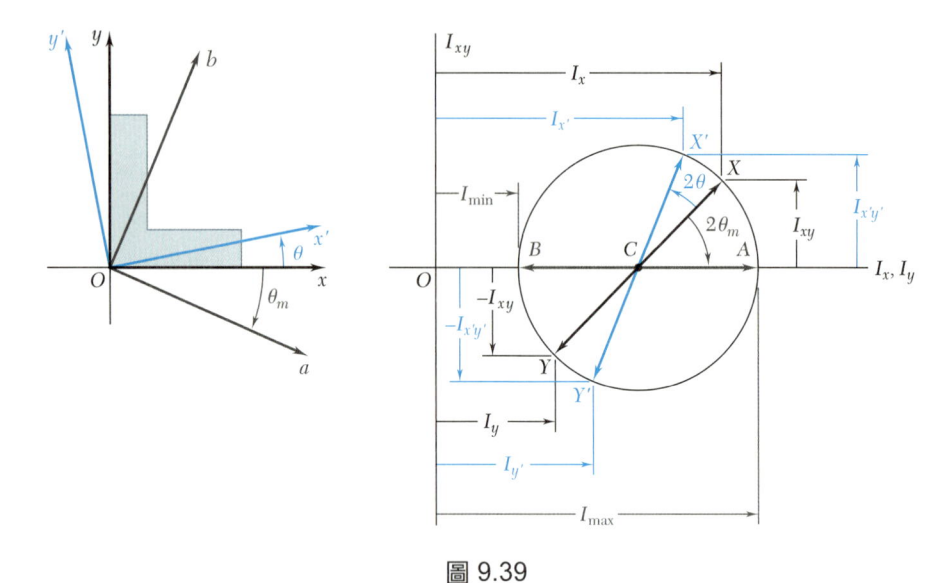

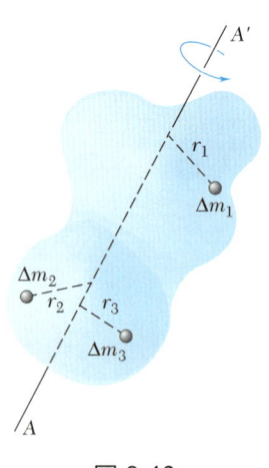

圖 9.40

■ 平行軸定理 (Parallel-axis theorem)：

之前介紹的平行軸定理也適用於質量慣性矩 [第 9.12 節]。如圖

9.41 所示，一物體對任意軸 AA' 的質量慣性矩可表示成

$$I = \bar{I} + md^2 \quad (9.33)$$

其中 $\bar{I}$ 為該物體對平行於 AA' 的形心軸 BB' 的慣性矩，m 為物體的質量，d 為兩軸的距離。

■ **薄平板的慣性矩 (Moments of inertia of thin plates)**：

薄平板的慣性矩可直接由平板的面積慣性矩得到 [第 9.13 節]。圖 9.42 中的長方形薄板對各軸的質量慣性矩為

$$I_{AA'} = \tfrac{1}{12}ma^2 \qquad I_{BB'} = \tfrac{1}{12}mb^2 \quad (9.39)$$

$$I_{CC'} = I_{AA'} + I_{BB'} = \tfrac{1}{12}m(a^2 + b^2) \quad (9.40)$$

若為圖 9.43 中的圓形板則為

$$I_{AA'} = I_{BB'} = \tfrac{1}{4}mr^2 \quad (9.41)$$

$$I_{CC'} = I_{AA'} + I_{BB'} = \tfrac{1}{2}mr^2 \quad (9.42)$$

■ **複合體 (Composite bodies)**：

當物體有兩個對稱平面，通常可以選用薄平板為積分元素 dm 並用單一積分即可求得該物體對任一軸的慣性矩 [範例 9.10 和 9.11]。另一方面，當一物體由若干個常見幾何形狀的物體構成，則該物體對某軸的慣性矩可由圖 9.28 中的公式和平行軸定理求出 [範例 9.12 和 9.13]。

■ **對任意軸的慣性矩 (Moment of inertia with respect to an arbitrary axis)**：

本章最後部分學到如何求一物體對通過原點 O 的任意軸 OL 的慣性矩 [第 9.16 節]。如圖 9.44 所示，將 OL 的單位向量 $\boldsymbol{\lambda}$ 的分量標示為 λ_x、λ_y 和 λ_z。導入慣性積如下

$$I_{xy} = \int xy\,dm \qquad I_{yz} = \int yz\,dm \qquad I_{zx} = \int zx\,dm \quad (9.45)$$

發現該物體對於 OL 的慣性矩可表示為下式

$$I_{OL} = I_x\lambda_x^2 + I_y\lambda_y^2 + I_z\lambda_z^2 - 2I_{xy}\lambda_x\lambda_y - 2I_{yz}\lambda_y\lambda_z - 2I_{zx}\lambda_z\lambda_x \quad (9.46)$$

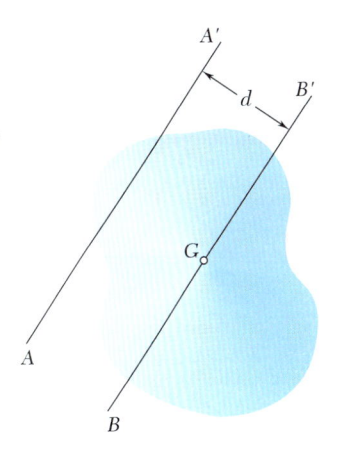

圖 9.41

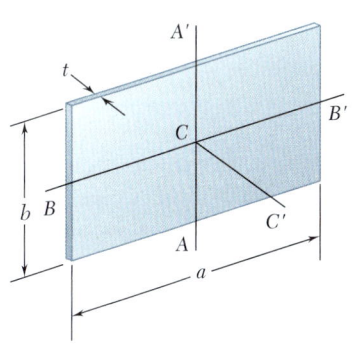

圖 9.42

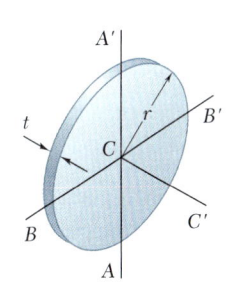

圖 9.43

■ **慣性橢球、慣性主軸、主慣性矩** (Ellipsoid of inertia, Principal axes of inertia, Principal moments of inertia)：

如前所述一物體對任一軸 OL 的慣性矩為 I_{OL}，定義 OL 上一點 Q 使得 $OQ = 1/\sqrt{I_{OL}}$ [第 9.17 節]，所有 OL 上的點 Q 在空間中形成一橢球面，稱為物體對點 O 的慣性橢球。

如圖 9.45 所示，橢球的主軸 x'、y' 與 z' 剛好為該物體的主慣性矩，即物體對於主軸的慣性積 $I_{x'y'}$、$I_{y'z'}$ 和 $I_{z'x'}$ 為零。若物體具有某些對稱性，則其主軸常可由這些對稱性推斷而得。將主軸設為座標軸，可得 I_{OL} 表示式如下

$$I_{OL} = I_{x'}\lambda_{x'}^2 + I_{y'}\lambda_{y'}^2 + I_{z'}\lambda_{z'}^2 \tag{9.50}$$

其中 $I_{x'}$、$I_{y'}$ 和 $I_{z'}$ 為物體在點 O 的**主慣性矩**。

當無法由觀察得到慣性主軸時 [第 9.17 節]，則必須解三次方程式

$$K^3 - (I_x + I_y + I_z)K^2 + (I_xI_y + I_yI_z + I_zI_x - I_{xy}^2 - I_{yz}^2 - I_{zx}^2)K \\ - (I_xI_yI_z - I_xI_{yz}^2 - I_yI_{zx}^2 - I_zI_{xy}^2 - 2I_{xy}I_{yz}I_{zx}) = 0 \tag{9.56}$$

上式的根 K_1、K_2 和 K_3 恰為該物體的主慣性矩。我們可將 K_1 代入式 (9.54)，再加上式 (9.57) 聯立解出與主慣性矩 K_1 對應的主軸方向餘弦 $(\lambda_x)_1$、$(\lambda_y)_1$ 與 $(\lambda_z)_1$。依此類推可求出 K_2 和 K_3 對應主軸之方向餘弦 [範例 9.15]。

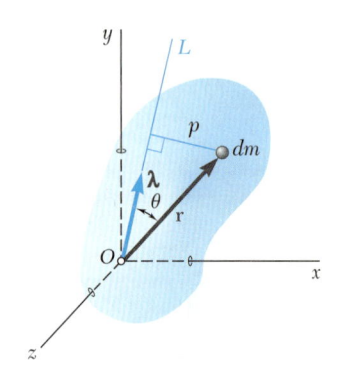

圖 9.44

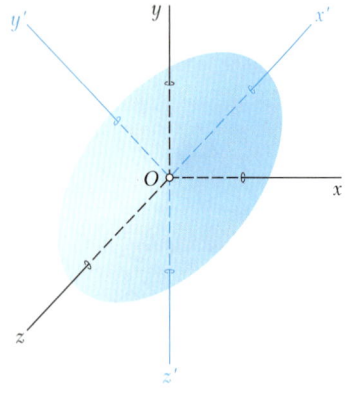

圖 9.45

複習題

9.185 試以直接積分法求陰影區域對 x 與 y 軸的慣性矩。

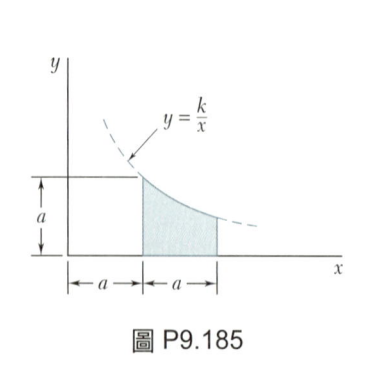

圖 P9.185

圖 P9.186

9.186 試求陰影區域對 y 軸的慣性矩與迴轉半徑。

9.187 試求陰影區域對 x 軸的慣性矩與迴轉半徑。

9.188 如附圖所示區域，試求對平行與垂直於 AB 邊的形心軸之慣性矩 $\bar{I}_x$ 與 $\bar{I}_y$。

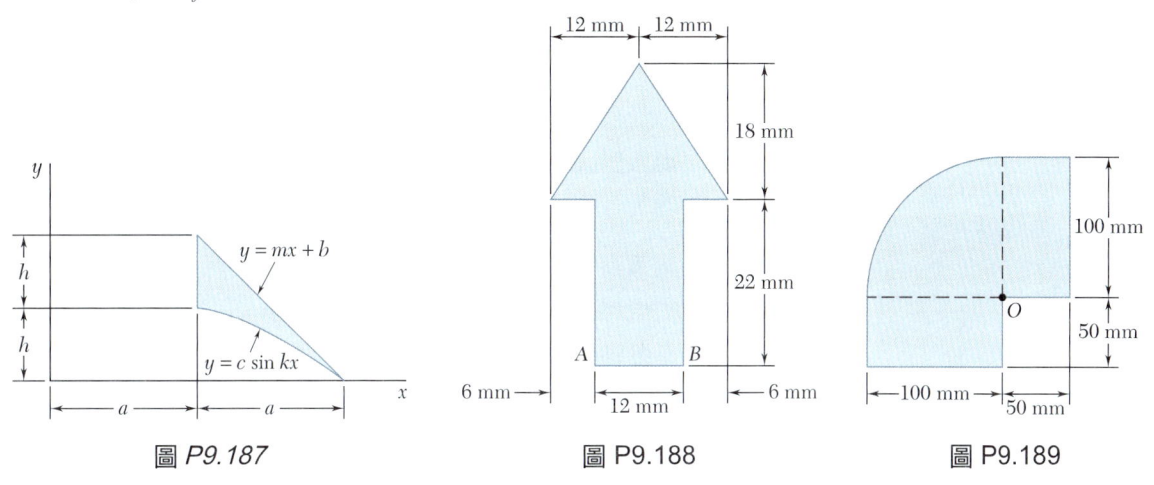

圖 *P9.187*

圖 P9.188

圖 P9.189

9.189 試求圖示面的極慣性矩，對 (a) 點 O；(b) 面的形心。

9.190 兩 L127 × 76 × 12.7 mm 角鋼焊接到厚度為 12 mm 的鋼板。若已知 $\bar{I}_x$ 與 $\bar{I}_y$，試求距離 b，以及焊接後截面的形心慣性矩 $\bar{I}_y = 4\bar{I}_x$。

9.191 利用平行軸定理，求 L127 × 76 × 12.7 mm 的角鋼截面對形心 x 軸與 y 軸的慣性積。

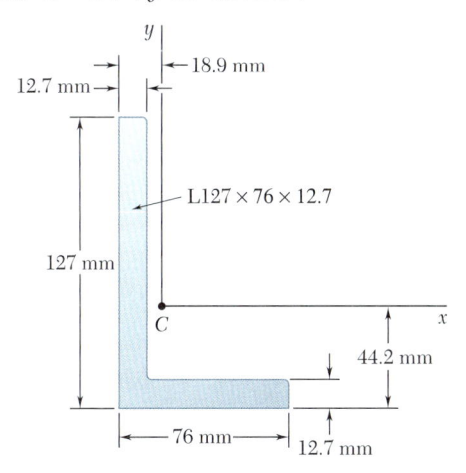

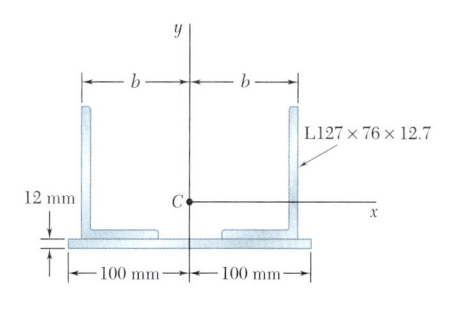

圖 *P9.190*

圖 P9.191 與 *P9.192*

9.192 如附圖所示的 L127 × 76 × 12.7 mm 的角鋼截面，利用莫爾圓求 (a) 對 x 與 y 軸順時針旋轉 30° 所得到的新形心軸的慣性矩與慣性積；(b) 通過形心的主軸方位，以及對應的慣性矩。

9.193 一元件由均勻薄金屬板製成，質量為 m，試求質量慣性矩，對 (a) x 軸；(b) y 軸。

9.194 一元件由均勻薄金屬板製成，質量為 m，試求質量慣性矩，對 (a) 軸 AA'；(b) 軸 BB'，其中 AA' 與 BB' 平行於 x 軸，且位於 xz 平面上方距離 a 處的一平行平面上。

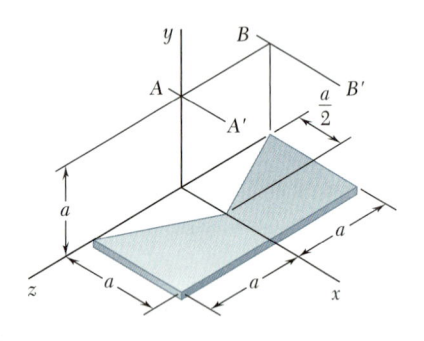

圖 P9.193 與 P9.194

9.195 某薄鋼板的厚度為 2 mm，鋼板切割與彎曲而成附圖所示的機件。已知鋼的密度為 7850 kg/m³，試求此機件對各座標軸的質量慣性矩。

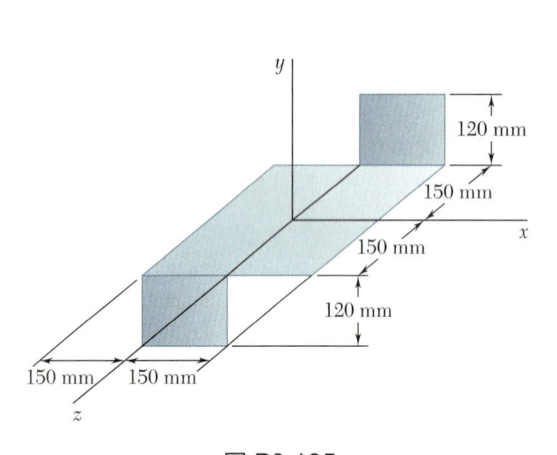

圖 P9.195

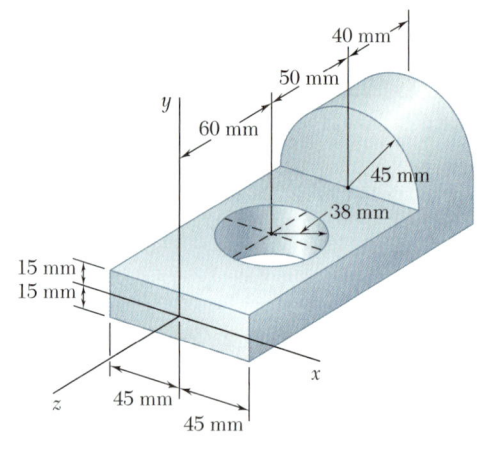

圖 P9.196

9.196 試求圖示之鋼材元件對 x 軸的質量慣性矩與迴轉半徑。（鋼的密度為 7850 kg/m³。）

電腦題

9.C1 若有已知慣性矩與慣性積為 I_x、I_y、I_{xy} 的面，將 x 與 y 軸逆時針旋轉 θ 得到的新的座標軸 x' 與 y'，試寫一電腦程式計算此面對軸 x' 與 y' 的慣性矩與慣性積 $I_{x'}$、$I_{y'}$、$I_{x'y'}$。利用此程式計

算範例 9.7 的截面，取 θ 值從 0 到 90°，每 5° 計算一點。

9.C2 若有已知慣性矩與慣性積為 I_x、I_y、I_{xy} 的面，試寫一電腦程式計算此面的慣性主軸方位，以及對應的主慣性矩。利用此程式計算 (a) 習題 9.89；(b) 範例 9.7。

9.C3 許多截面均可由一系列的矩形近似而成，如附圖所示。寫一電腦程式計算此類截面對水平與垂直形心軸的慣性矩與迴轉半徑。利用此程式解以下截面：(a) 圖 P9.31 與圖 P9.33；(b) 圖 P9.32 與圖 P9.34；(c) 圖 P9.43；(d) 圖 P9.44。

9.C4 許多截面均可由一系列的矩形近似而成，如附圖所示。寫一電腦程式計算此類截面對水平與垂直形心軸的慣性積。利用此程式解以下截面：(a) 習題 9.71；(b) 習題 9.75；(c) 習題 9.77。

9.C5 圖示之平面區域繞 x 軸旋轉一周，得到質量為 m 的均質實心體。將此區域以 400 個類似 $bcc'b'$、寬度均為 Δl 的矩形近似。接著，寫一電腦程式計算實心體對 x 軸的質量慣性矩。利用此程式解下列問題中的 a 小題，(a) 範例 9.11；(b) 習題 9.121。假設 $m = 2$ kg、$a = 100$ mm、$h = 400$ mm。

9.C6 圖示之形狀由單位長度重量為 1 kg/m 的均質線製成。將此形狀以 10 段直線區段近似，接著，寫一電腦程式計算此線對 x 軸的質量慣性矩 I_x。利用此程式計算下列情況的 I_x，當 (a) $a = 25$ mm、$L = 275$ mm、$h = 100$ mm；(b) $a = 50$ mm、$L = 425$ mm、$h = 250$ mm；(c) $a = 125$ mm、$L = 625$ mm、$h = 150$ mm。

*9.C7 已知一物體的慣性矩與慣性積 I_x、I_y、I_z、I_{xy}、I_{yz} 與 I_{zx}，寫一電腦程式計算此物體對原點的質量主慣性矩 K_1、K_2 與 K_3。利用此程式解下列問題中的 a 小題，(a) 習題 9.180；(b) 習題 9.181；(c) 習題 9.184。

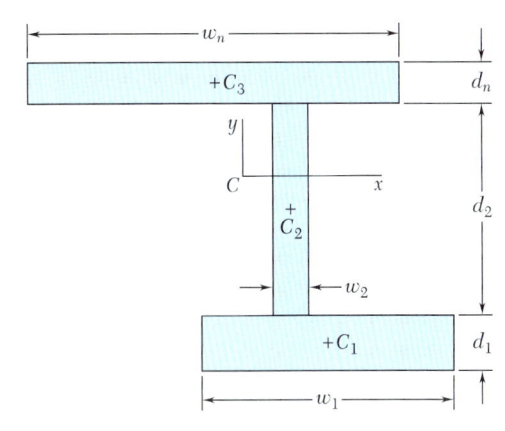

圖 P9.C3 與 P9.C4

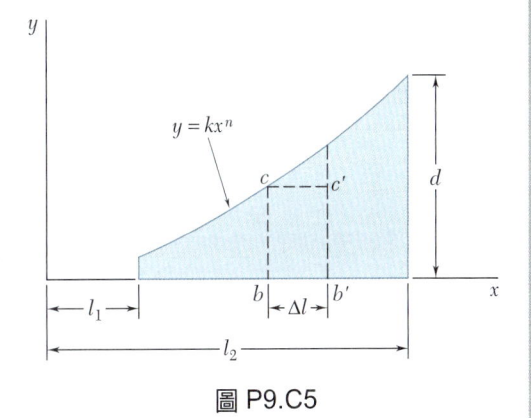

圖 P9.C5

圖 P9.C6

551

9.C8 擴展習題 9.C7 的程式,加入計算原點處的慣性主軸與各座標軸的夾角。利用此程式解下列問題,(a) 習題 9.180;(b) 習題 9.181;(c) 習題 9.184。

CHAPTER 10

虛功法

當結構的各受力點的位移存在一簡單關係時，使用虛功法可有效的求解結構的力平衡問題。例如，可使用於照片所示的剪刀式高空作業平台（scissor lift platform），此平台可將工人升高到建築中的高速公路下方，以進行施工。

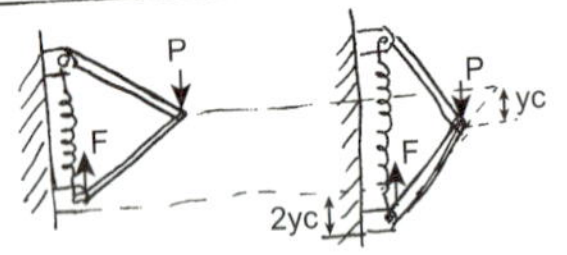

以這題來說，虛功就是假設它如果有一個微小的位移，和這個微小的位移平行的力就會作功。因為實際上不會有這個位移，故稱之為虛功。

但是實際上它並不會動，所以其實不會有這個虛功。

虛功 = 0

➡ (彈力作的功) = (P 作的功)

➡ 求出彈力

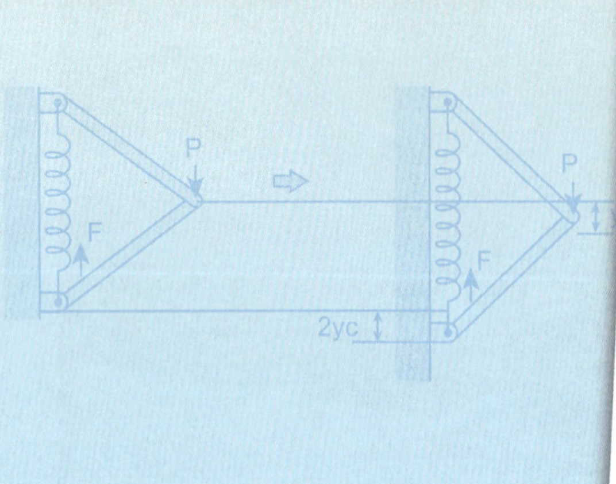

*10.1 緒論 (Introduction)

前面章節求解剛體平衡的問題的方法是利用物體所受外力平衡。寫下平衡方程式 $\Sigma F_x = 0$、$\Sigma F_y = 0$ 和 $\Sigma M_A = 0$，再解出其中的未知數。求解這類問題有時使用另一替代法將更簡單有效。這個方法基於*虛功原理*，最早是瑞士數學家伯努利於十八世紀時提出。

第 10.3 節將指出，虛功原理描述如下：如果一質點或剛體，或更普遍的情況如多個剛體組成的平衡系統，受到外力作用使其產生一給定位移，而偏離原本的平衡位置。外力在位移期間所作的總功等於零。在解涉及由多個零件連接而成的機具或機構的平衡問題時，使用這個原理特別有效。

本章第二部分將應用虛功法的*位能*觀念解題。第 10.8 節將指出，如果質點、剛體或剛體系處於平衡，則其位能對某一定義位置的變數的導數等於零。

讀者也將學到如何評估機具的機械效率 (第 10.5 節)，並判斷某一平衡位置是平衡、不平衡或是隨遇平衡 (neutral equilibrium) (第 10.9 節)。

*10.2 力所作的功 (Work of a Force)

首先定義力學常見名詞：**位移** (displacement) 與**功** (work)。考慮圖 10.1 中的一質點從點 A 移動到鄰近的點 A'。如果 **r** 為點 A 的位置向量，連接 A 和 A' 的小向量可以微分 $d\mathbf{r}$ 表示；向量 $d\mathbf{r}$ 稱為質點的*位移*。現在假設力 **F** 作用於質點上。力 **F** 對應於位移 $d\mathbf{r}$ 所作的功定義如下：

$$dU = \mathbf{F} \cdot d\mathbf{r} \tag{10.1}$$

上式是力 **F** 與位移 $d\mathbf{r}$ 的純量積。以 F 和 ds 分別標示力與位移的大小，以 α 標示 **F** 和 $d\mathbf{r}$ 的夾角。回顧第 3.9 節學到的純量積定義，故

$$dU = F\,ds\,\cos\alpha \tag{10.1'}$$

功為*純量*，只有大小和正負，而沒有方向。請注意，功的單位應為長度單位乘以力的單位，通常為 N·m。功的單位 N·m 稱為**焦耳** (joule, J)。

由式 (10.1') 可知，若夾角 α 為銳角，則功 dU 為正；若 α 為鈍角，則功 dU 為負。以下三種情況應特別注意。如果力 **F** 與 $d\mathbf{r}$ 同向，則功 dU 化簡成 $F\,ds$。如果 **F** 與 $d\mathbf{r}$ 反向，則功 dU 化簡成 $-F\,ds$。

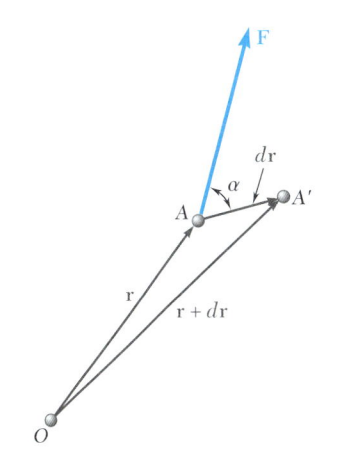

圖 10.1

照片 10.1　應用虛功法可更有效率的求出照片中液壓缸施加於載人斗的力。因為作用於各桿件的各力的施力點的位移之間存在一簡單關係。

最後，如果 **F** 和 $d\mathbf{r}$ 垂直，則 dU 為零。

力 **F** 於位移 $d\mathbf{r}$ 期間所作的功 dU，可視為位移 $d\mathbf{r}$ 在 **F** 方向的分量 $ds\cos\alpha$ 與 **F** 的乘積 (圖 10.2a)。這種看法在計算物體重力 **W** 所作的功時特別有效 (圖 10.2b)。功 **W** 等於 **W** 與物體重心 G 的垂直位移 dy 的乘積。如果位移向下，則功為正；如果位移向上，則功為負。

以下兩類在靜力學常遇到的力從**不作功**：作用於固定點的力 ($ds=0$)，或作用方向與垂直位移的力 ($\cos\alpha=0$)。例如當物體繞一無摩擦插銷轉動時，插銷的反力不作功；當物體於無摩擦表面滑動時，作用於物體的反力不作功；作用於沿軌道移動的滑輪的反力不作功；當物體重心水平移動時，重力不作功；作用於一純滾動滾輪的摩擦力不作功 (因為任意瞬間的接觸點無移動)。而有**作功**的力包括：物體的重力 (上述情況除外)、作用於滑行於粗糙表面物體的摩擦力，以及大部分作用於移動物體的力。

某些情況，多個力所作的功的總和為零。例如考慮兩個由**無摩擦插銷**連接的剛體 AC 和 BC (圖 10.3a)。其中一個作用力是，BC 作用於 AC 的力 **F**。一般而言，這個力所作的功不會為零，但這個力與 AC 作用於 BC 的力 $-\mathbf{F}$ 相等且反向。因此，當考慮作用於 AB 與 BC 所有力的總功時，作用於點 C 的這兩個內力所作的功消掉。另一個類似的情況是一個由兩個方塊組成的系統，其中兩方塊由不可伸長的繩 AB 相連 (圖 10.3b)。點 A 的繩張力 **T** 所作的功與點 B 張力 **T'** 所作的功大小相等，由於這兩力大小相等，且點 A 和 B 移動相同距離；但其中一力的功為正、另一力的功為負。因此內力所作的功再次消掉。

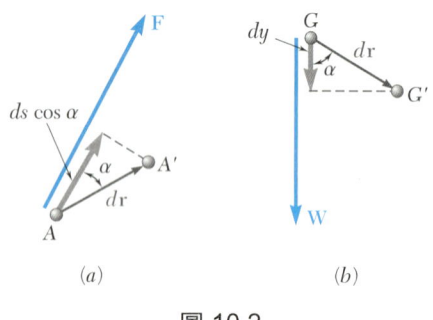

圖 10.2

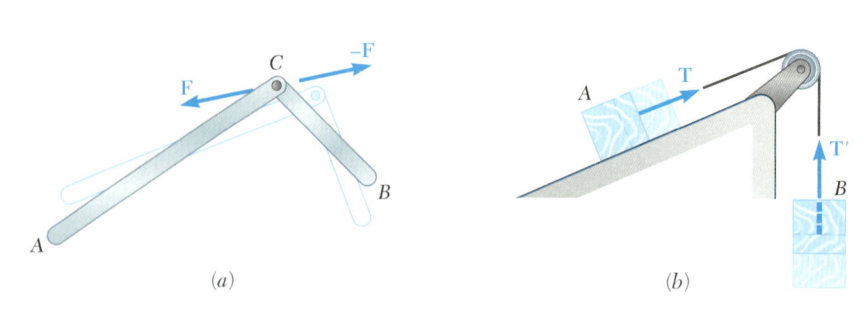

圖 10.3

以下將證明剛體內質點的內力總功等於零。考慮剛體的兩質點 A 和 B，以及兩質點相互作用的兩力 $\mathbf{F}$ 與 $-\mathbf{F}$（圖 10.4），這兩力相等且反向。雖然一般情況下兩質點的小位移 $d\mathbf{r}$ 和 $d\mathbf{r}'$ 不相等，但在 AB 的分量必定相等，否則兩質點將無法維持相同距離，而違背剛體的假設。因此，$\mathbf{F}$ 所作的功與 $-\mathbf{F}$ 所作的功相等且反向，且總功為零。

計算外力所作的功時，較方便的作法是直接求力偶所作的功，而非分別計算組成力偶的力所作的功。考慮作用於剛體的兩力 $\mathbf{F}$ 和 $-\mathbf{F}$，兩力形成力偶 $\mathbf{M}$（圖 10.5）。剛體的小位移分別將 A 與 B 移動到 A' 與 B''。此位移可分成兩部分，第一部分是點 A 和 B 經歷相同位移 $d\mathbf{r}_1$；第二部分是點 A' 固定，而 B' 移動到 B''，位移為 $d\mathbf{r}_2$，位移大小為 $ds_2 = r\,d\theta$。第一部分中，$\mathbf{F}$ 所作的功與 $-\mathbf{F}$ 所作的功，大小相等且正負號相反，因此相加等於零。第二部分中，只有力 $\mathbf{F}$ 作功，所作的功為 $dU = F\,ds_2 = Fr\,d\theta$。但乘積 Fr 與力偶的力矩大小 M 相等，因此力矩為 $\mathbf{M}$ 的力偶對剛體所作的功為

$$dU = M\,d\theta \qquad (10.2)$$

其中 $d\theta$ 是物體轉動的小角度，單位是弧度。再次強調，功的單位應該是力的單位乘上長度單位。

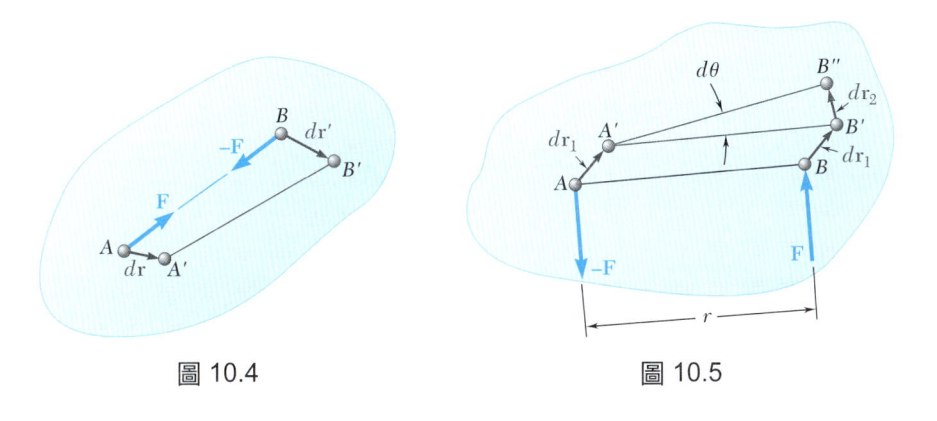

圖 10.4

圖 10.5

*10.3 虛功原理 (Principle of Virtual Work)

考慮一質點受多個力作用 $\mathbf{F}_1$、$\mathbf{F}_2$、$\cdots$、$\mathbf{F}_n$（圖 10.6）。可想像質點經歷小位移，從 A 移動到 A'，但質點受力的實際位移可能不在 AA' 方向，或外力恰好平衡使得位移等於零。由於這個想像的位移並未真正發生，故稱為**虛位移** (virtual displacement)，以 $\delta \mathbf{r}$ 標示。符號

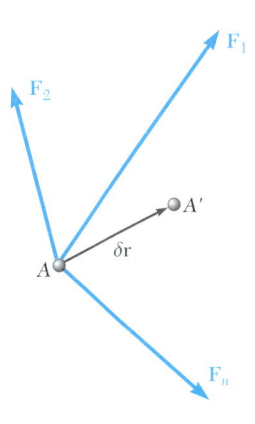

圖 10.3

$\delta \mathbf{r}$ 表示一階微分，用以區分真正的位移 $d\mathbf{r}$。下面將會看到，虛位移可用來求質點是否滿足平衡條件。

力 $\mathbf{F}_1$、$\mathbf{F}_2$、$\cdots$、$\mathbf{F}_n$ 於虛位移 $\delta \mathbf{r}$ 期間所作的功，稱為**虛功** (virtual work)。圖 10.6 中作用於質點所有力得虛功為

$$\delta U = \mathbf{F}_1 \cdot \delta \mathbf{r} + \mathbf{F}_2 \cdot \delta \mathbf{r} + \cdots + \mathbf{F}_n \cdot \delta \mathbf{r}$$
$$= (\mathbf{F}_1 + \mathbf{F}_2 + \cdots + \mathbf{F}_n) \cdot \delta \mathbf{r}$$

或

$$\delta U = \mathbf{R} \cdot \delta \mathbf{r} \tag{10.3}$$

其中 $\mathbf{R}$ 為給定力的合力。因此，力 $\mathbf{F}_1$、$\mathbf{F}_2$、$\cdots$、$\mathbf{F}_n$ 的總虛功等於合力 $\mathbf{R}$ 的虛功。

質點的虛功原理陳述如下：如果質點處於平衡狀態，作用於質點的力，於任意虛位移期間所做的總虛功等於零。這是必要條件：如果質點處於平衡狀態，合力 $\mathbf{R}$ 為零，再由式 (10.3)，總虛功 δU 為零；這也是充分條件：如果對任意虛位移的總虛功 δU 為零，亦即對任意 $\delta \mathbf{r}$ 的純量積 $\mathbf{R} \cdot \delta \mathbf{r}$ 為零，則合力 $\mathbf{R}$ 必定為零。

剛體的虛功原理陳述如下：如果剛體處於平衡狀態，作用於剛體的力，於任意虛位移期間所做的總虛功等於零。這是必要條件：如果物體處於平衡狀態，組成物體的所有質點處於平衡狀態，且作用於所有質點的所有力的總虛功為零。再由前節討論得知，內力的總虛功為零，故得知外力的總虛功也必定為零。可證明這也是充分條件。

虛功原理可擴展到由多個剛體連接而成的系統。如果系統於虛位移期間仍保持連接，由於各連接點的內力的總功等於零，故只需考慮系統外力所作的功。

*10.4 虛功原理的應用 (Applications of the Principle of Virtual Work)

虛功原理特別適合求解多個剛體連接而成的機具或機構的平衡問題。例如考慮圖 10.7a 中用來壓木塊的連桿機構 ACB。欲求當 $\mathbf{P}$ 作用於 C 時木塊所受的力，假設摩擦力可忽略不計。以 $\mathbf{Q}$ 表示方塊作用於連桿的反力，畫出連桿的自由體圖，並考慮使夾角 θ 增加 $\delta\theta$ 的虛位移 (圖 10.7b)。將座標原點設在 A，當 y_C 減小時 x_B 增加。由圖上也可清楚看到變化量 δx_B 為正，而變化量 $-\delta y_C$ 為負。反力 $\mathbf{A}_x$、$\mathbf{A}_y$ 與 $\mathbf{N}$ 於虛位移期間不作功，只需考慮 $\mathbf{P}$ 與 $\mathbf{Q}$ 所作的功。由於 $\mathbf{Q}$ 與 δx_B 反向，$\mathbf{Q}$ 所作的虛功為 $\delta U_Q = -Q\,\delta x_B$。由於 $\mathbf{P}$ 與變化量 $(-\delta y_C)$

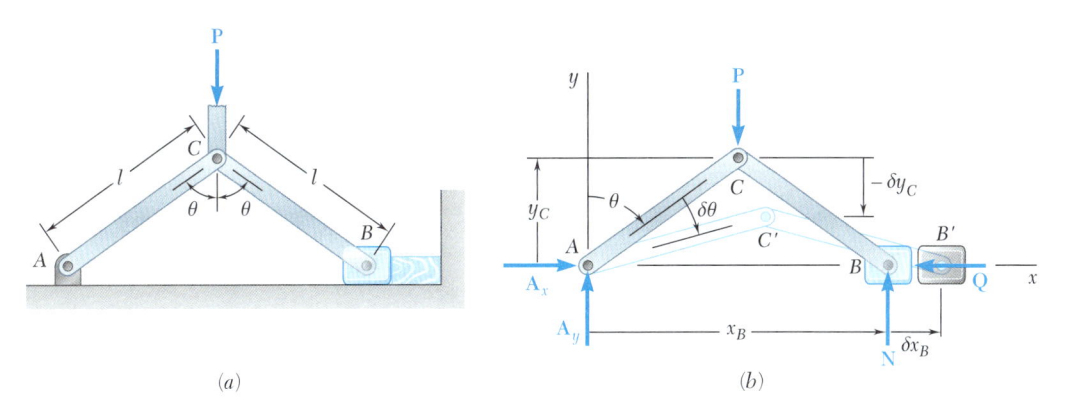

圖 10.7

同向，**P** 所作的虛功為 $\delta U_P = +\mathbf{P}\,(-\delta y_C) = -P\,\delta y_C$。最後得到的負號表示力 **Q** 與 **P** 分別指向 $-x$ 以及 $-y$ 方向。將 x_B 與 y_C 表示為夾角 θ 的函數，微分可得

$$x_B = 2l \sin\theta \qquad y_C = l \cos\theta$$
$$\delta x_B = 2l \cos\theta\,\delta\theta \qquad \delta y_C = -l \sin\theta\,\delta\theta \tag{10.4}$$

力 **Q** 和 **P** 的總虛功等於

$$\delta U = \delta U_Q + \delta U_P = -Q\,\delta x_B - P\,\delta y_C$$
$$= -2Ql \cos\theta\,\delta\theta + Pl \sin\theta\,\delta\theta$$

令 $\delta U = 0$ 可得

$$2Ql \cos\theta\,\delta\theta = Pl \sin\theta\,\delta\theta \tag{10.5}$$

$$Q = \tfrac{1}{2}P \tan\theta \tag{10.6}$$

　與傳統力平衡的方法相比，虛功法的優點清楚可見：使用虛功法即可排除所有未知的反力，但使用平衡方程式 $\Sigma M_A = 0$ 只可排除兩個未知反力。虛功法這個性質可用來解許多機具與機構問題。如果虛位移與支撐或連接所施加的拘束一致，則所有反力與內力都可排除，只需考慮負載、外力和摩擦力所作的功。

　虛功法也可用來解完全拘束結構的問題，雖然實際結構不可能產生任何位移。例如考慮圖 10.8a 所示的構架 ACB。如果點 A 固定，B 有水平的虛位移(圖 10.8b)，只需考慮 **P** 和 $\mathbf{B}_x$ 所作的功。因此可利用類似前面求力 **Q** 的方法求得反力分量 $\mathbf{B}_x$(圖 10.7b)，故

$$B_x = -\tfrac{1}{2}P \tan\theta$$

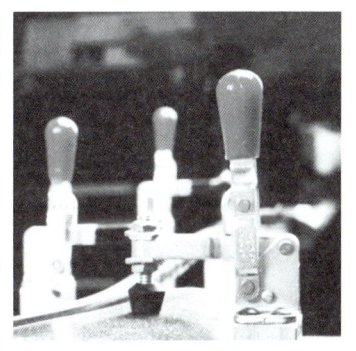

照片 10.2　夾鉗的夾力可表示成施加在柄上的力的函數。先建立夾鉗各元件之間的幾何關係，再利用虛功法即可得到。

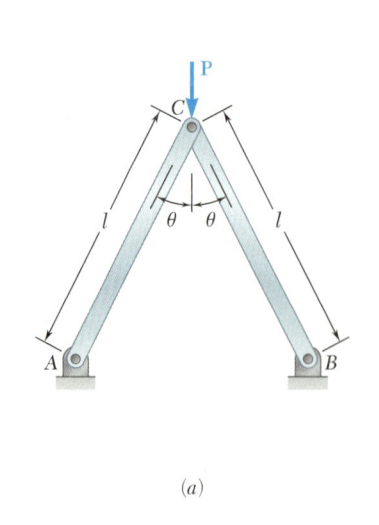

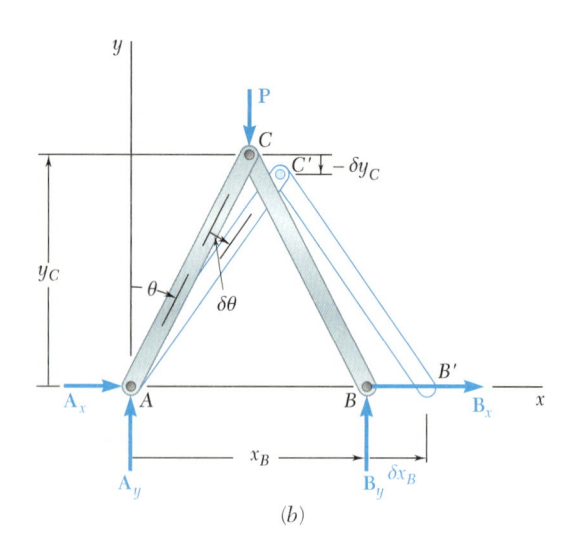

圖 10.8

依此類推，固定 B，將 A 水平移動一個虛位移，可求得反力分量 $\mathbf{A}_x$。分量 $\mathbf{A}_y$ 與 $\mathbf{B}_y$ 可由將剛體 ACB 分別對 B 和 A 轉動得到。

虛功法也可用來求系統受力平衡時的形狀。例如圖 10.7 受兩力 $\mathbf{P}$ 和 $\mathbf{Q}$ 作用的連桿，平衡時的夾角 θ 值可由式 (10.6) 得到。

要注意的是，只有當問題的各虛位移之間存在簡單的幾何關係時，虛功法才有其優勢。當虛位移的幾何關係複雜時，還是建議使用第六章介紹的平衡方程式。

*10.5　真實機具／機械效率 (Real Machines. Mechanical Efficiency)

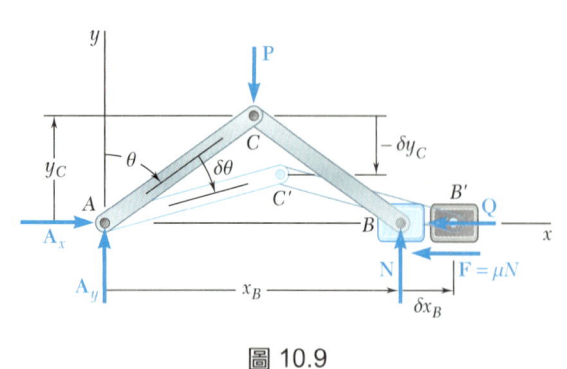

分析前節的連桿時，我們假設可忽略摩擦。因此，虛功僅含外力 $\mathbf{P}$ 和反力 $\mathbf{Q}$ 所作的功。反力 $\mathbf{Q}$ 所作的功，與作用於方塊的力所作的功，兩者大小相等但正負相反。因此根據式 (10.5) **輸出功** $2Ql\cos\theta\,\delta\theta$ 等於**輸入功** $Pl\sin\theta\,\delta\theta$。輸入功與輸出功相等的機具稱為「理想」機具。但「真實」機具不可忽略摩擦，而摩擦力總會作功，導致輸出功總是小於輸入功。

圖 10.9

例如考慮圖 10.7a 的連桿，假設滑塊 B 和水平面之間有摩擦力 $\mathbf{F}$（圖 10.9）。使用傳統法對 A 做力矩和，可得 $N = P/2$。以 μ 表示方塊 B 與水平面的摩擦係數，則 $F = \mu N = \mu P/2$。回顧式 (10.4)，發現力 $\mathbf{Q}$、$\mathbf{P}$、$\mathbf{F}$ 在圖 10.9 的虛位移期間所作的總虛功為

$$\delta U = -Q\,\delta x_B - P\,\delta y_C - F\,\delta x_B$$
$$= -2Ql\cos\theta\,\delta\theta + Pl\sin\theta\,\delta\theta - \mu Pl\cos\theta\,\delta\theta$$

令 $\delta U = 0$，可得

$$2Ql\cos\theta\,\delta\theta = Pl\sin\theta\,\delta\theta - \mu Pl\cos\theta\,\delta\theta \tag{10.7}$$

表示輸出功等於輸入功減去摩擦力所作的功。解 Q 可得

$$Q = \tfrac{1}{2}P(\tan\theta - \mu) \tag{10.8}$$

當 $\tan\theta = \mu$，亦即當 θ 等於摩擦角 ϕ 時，$Q = 0$；而當 $\theta < \phi$ 時，$Q < 0$。該連桿只能用於當 θ 大於摩擦角時。

機具的機械效率定義如下

$$\eta = \frac{輸出功}{輸入功} \tag{10.9}$$

理想機具由於輸入功與輸出功相等，故機械效率 $\eta = 1$，而真實機具的機械效率總是小於 1。

考慮剛剛分析的連桿，其機械效率為

$$\eta = \frac{輸出功}{輸入功} = \frac{2Ql\cos\theta\,\delta\theta}{Pl\sin\theta\,\delta\theta}$$

將 Q 以式 (10.8) 代入上式，寫成

$$\eta = \frac{P(\tan\theta - \mu)l\cos\theta\,\delta\theta}{Pl\sin\theta\,\delta\theta} = 1 - \mu\cot\theta \tag{10.10}$$

沒有摩擦力時，$\mu = 0$ 且 $\eta = 1$。當 μ 不為零時，若 $\mu\cot\theta = 1$，亦即 $\tan\theta = \mu$ 或 $\theta = \tan^{-1}\mu = \phi$，則效率 η 等於零。再次強調，該連桿僅適用於 θ 大於摩擦角 ϕ。

範例 10.1

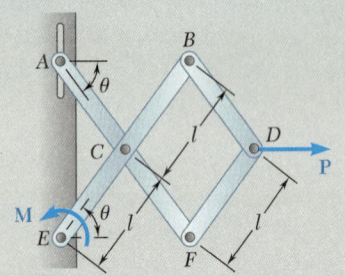

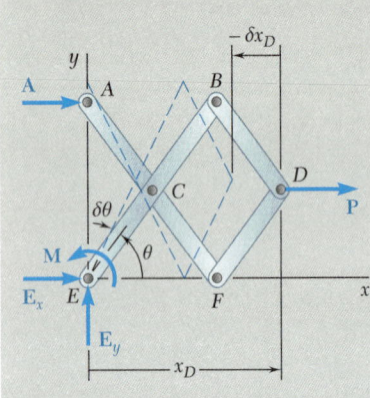

利用虛功法,求使附圖所示機構保持平衡所需的力偶 **M** 的大小。

解

選擇原點在 E 的座標系,寫下

$$x_D = 3l \cos \theta \qquad \delta x_D = -3l \sin \theta \, \delta \theta$$

虛功原理。由於反力 **A**、$\mathbf{E}_x$ 與 $\mathbf{E}_y$ 於虛位移期間不作功,故 **M** 與 **P** 所作的總虛功必定為零。注意 **P** 指向正 x 方向、**M** 作用於正 θ 方向,寫下

$$\delta U = 0: \quad +M \, \delta\theta + P \, \delta x_D = 0$$
$$+M \, \delta\theta + P(-3l \sin\theta \, \delta\theta) = 0$$

$$M = 3Pl \sin \theta$$

範例 10.2

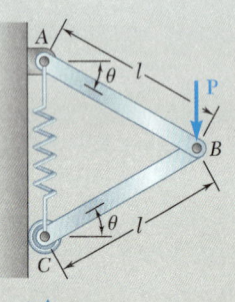

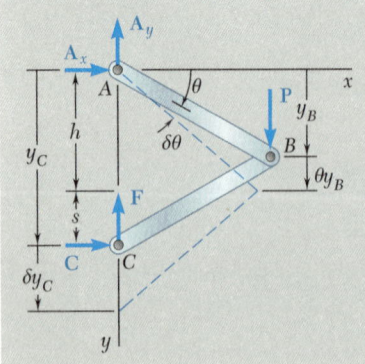

試求對應於機具平衡位置的 θ 與彈簧張力的表達式。彈簧未變形的長度為 h,彈簧常數為 k,不計機構的重量。

解

如圖示的座標系,可得

$$y_B = l \sin \theta \qquad y_C = 2l \sin \theta$$
$$\delta y_B = l \cos \theta \, \delta \theta \qquad \delta y_C = 2l \cos \theta \, \delta \theta$$

彈簧伸長量為 $s = y_C - h = 2l \sin \theta - h$

彈簧施加於 C 的力的大小為

$$F = ks = k(2l \sin \theta - h) \tag{1}$$

虛功原理。由於反力 $\mathbf{A}_x$、$\mathbf{A}_y$ 與 **C** 不作功,故 **P** 與 **F** 所作的總虛功必定為零。

$$\delta U = 0: \quad P\,\delta y_B - F\,\delta y_C = 0$$
$$P(l\cos\theta\,\delta\theta) - k(2l\sin\theta - h)(2l\cos\theta\,\delta\theta) = 0$$
$$\sin\theta = \frac{P + 2kh}{4kl}$$
$$F = \tfrac{1}{2}P$$

將上式代入式(1)，得到

範例 10.3

附圖所示的液壓升降桌(hydraulic-lift table) 用來提起 1000 kg 的條板箱。此桌包含一平台(platform)與兩個相同的連桿組(linkages)，兩液壓缸分別施加相同的力於兩連桿組。(附圖僅顯示一連桿組與一液壓缸。)桿件 EDB 與 CG 的長度均為 $2a$，桿件 AD 銷接於 EDB 的中點。若條板箱放在桌上，使得一半的重量由圖示系統支撐。當 $\theta = 60°$、$a = 0.70$ m、$L = 3.20$ m 時，試求每一液壓缸施加的力。此機構已於範例 6.7 時考慮過。

解

此處考慮的機具包含一平台與一連桿組，輸入力為液壓缸施加的 $\mathbf{F}_{DH}$，輸出力與 $\tfrac{1}{2}\mathbf{W}$ 相等且反向。

虛功原理。首先觀察得知，E 與 G 處的反力不作功。以 y 標示平台距離底部的高度、以 s 標示液壓缸與活塞的長度 DH，寫下

$$\delta U = 0: \quad -\tfrac{1}{2}W\,\delta y + F_{DH}\,\delta s = 0 \quad (1)$$

平台的垂直位移 δy 以 EDB 的角位移 $\delta\theta$ 表示如下

$$y = (EB)\sin\theta = 2a\sin\theta$$
$$\delta y = 2a\cos\theta\,\delta\theta$$

為了將 δs 以 $\delta\theta$ 表示，先利用餘弦定理如下

$$s^2 = a^2 + L^2 - 2aL\cos\theta$$

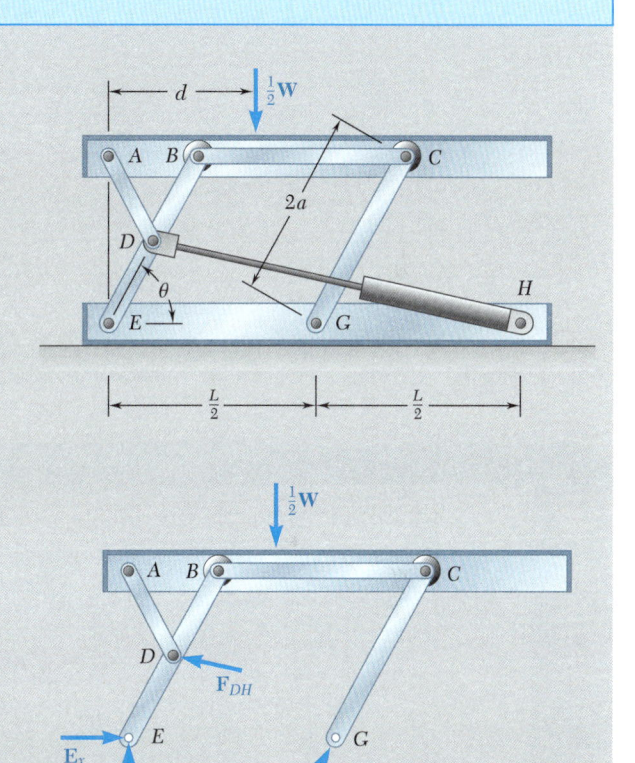

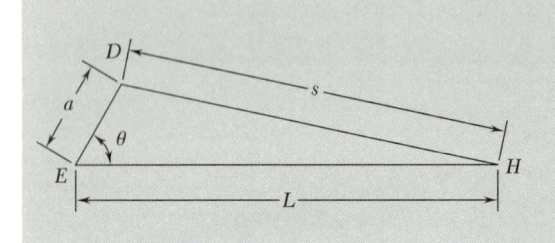

微分可得

$$2s\,\delta s = -2aL(-\sin\theta)\,\delta\theta$$

$$\delta s = \frac{aL\sin\theta}{s}\delta\theta$$

將 δy 與 δs 代入式 (1)，寫下

$$(-\tfrac{1}{2}W)2a\cos\theta\,\delta\theta + F_{DH}\frac{aL\sin\theta}{s}\delta\theta = 0$$

$$F_{DH} = W\frac{s}{L}\cot\theta$$

代入給定的數值，可得

$$W = mg = (1000\text{ kg})(9.81\text{ m/s}^2) = 9810\text{ N} = 9.81\text{ kN}$$
$$s^2 = a^2 + L^2 - 2aL\cos\theta$$
$$= (0.70)^2 + (3.20)^2 - 2(0.70)(3.20)\cos 60° = 8.49$$
$$s = 2.91\text{ m}$$
$$F_{DH} = W\frac{s}{L}\cot\theta = (9.81\text{ kN})\frac{2.91\text{ m}}{3.20\text{ m}}\cot 60°$$

$$\boxed{F_{DH} = 5.15\text{ kN}}$$

重點提示

本節學到利用與傳統方法不同的**虛功法**求解剛體平衡問題。

力於作用點的位移期間所作的功，或力偶於轉動期間所作的功，分別如式 (10.1) 和 (10.2) 所示：

$$dU = F\,ds\cos\alpha \qquad (10.1)$$

$$dU = M\,d\theta \qquad (10.2)$$

虛功原理。一般形式的虛功原理表述如下：如果多個剛體相連而成的系統處於平衡狀態，作用於系統的外力於任意虛位移期間所作的總虛功等於零。

應用虛功原理時，請記住以下幾點：

1. **虛位移**。處於平衡狀態的機具或機構並沒有移動的傾向。但我們可想像於機具上施加一假想的小位移。由於位移並未真實發生，故稱為虛位移。
2. **虛功**。力或力偶於虛位移期間所作的功稱為虛功。
3. 僅需考慮於虛位移期間有作功的力。
4. 虛位移期間不作功的力，且與系統所受拘束一致的有：
   a. 支撐的反力

b. 連接處的內力
c. 不可拉伸的繩施加的力
使用虛功法時不需考慮這些力。
5. 記得將計算時的所有虛位移表示成<u>單一虛位移的函數</u>。如前面三個範例的作法，將所有虛位移以 $\delta\theta$ 表示。
6. 只有在問題的相對位移的幾何關係較簡單時，使用虛功法才有效。

習 題

10.1 與 **10.2** 試求連桿組保持平衡所必須作用於 G 的垂直力 **P**。

10.3 與 **10.4** 試求連桿組保持平衡所必須作用於桿件 *DEFG* 的力偶 **M**。

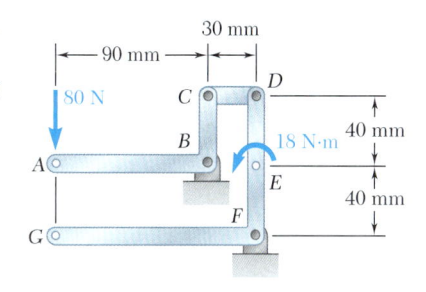

圖 P10.1 與 P10.3

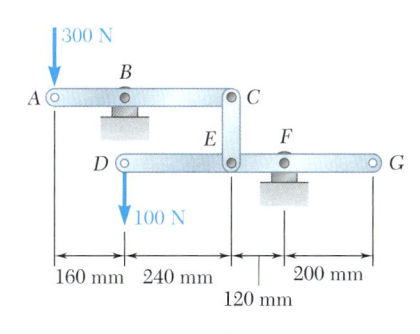

圖 P10.2 與 P10.4

10.5 試求連桿組保持平衡所必須施加的力 **P**。所有桿件的長度相同，滾輪 A 與 B 可在水平桿上自由滾動。

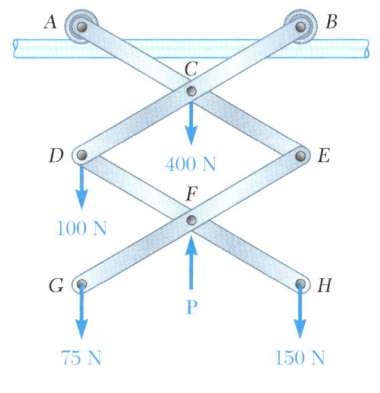

圖 P10.5

10.6 如習題 10.5，但假設垂直力 **P** 作用於點 E。

10.7 附圖所示的雙桿連桿組 (two-bar linkage) 由插銷 B 與可在垂直桿上自由滑動的軸環 D 支撐。試求連桿組保持平衡所需的力 **P**。

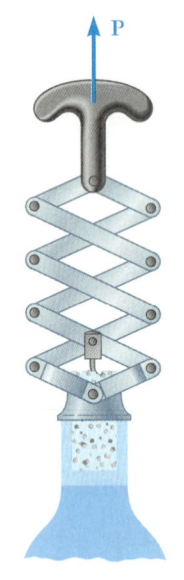

圖 P10.8

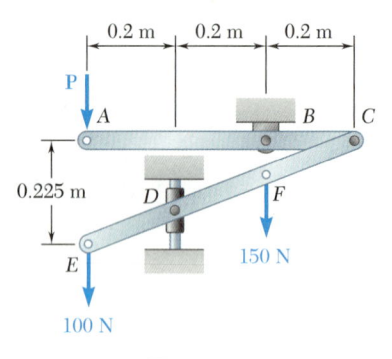

圖 P10.7

10.8 已知瓶子施加在軟木塞 (cork) 的最大靜摩擦力為 300 N，試求 (a) 拔起軟木塞所必須施加在開瓶器的力 **P**；(b) 開瓶器底部作用於瓶頂的最大力。

10.9 桿件 AD 受一垂直力 **P** 作用於一端 A，另有相等且反向的兩水平力分別作用於點 B 與 C。推導保持平衡所需的水平力 Q 的大小的表達式。

10.10 與 **10.11** 細長桿 AB 連接到軸環 A，並靜止靠在小輪 C 上。不計小輪半徑與摩擦，推導桿件保持平衡所需的力 Q 的大小的表達式。

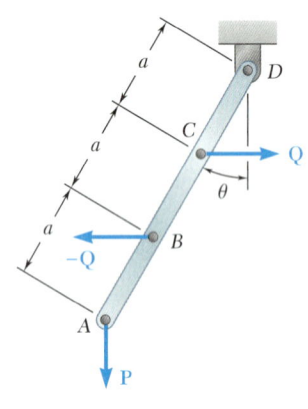

圖 P10.9

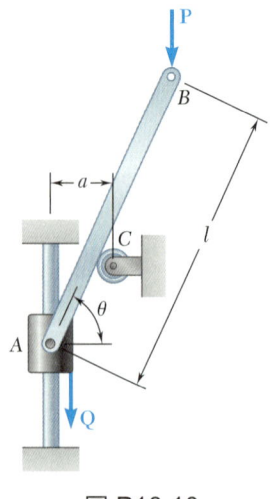

圖 P10.10

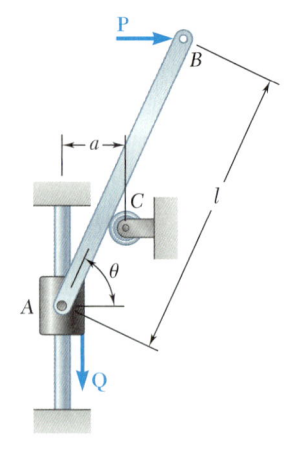

圖 P10.11

10.12 已知力 **Q** 的作用線通過點 C，推導保持平衡所需的力 **Q** 的大小的表達式。

10.13 如習題 10.12，但假設點 A 的力 **P** 改為水平朝左。

10.14 附圖所示的機構受一力 **P** 作用，推導保持平衡所需的力 **Q** 的大小的表達式。

10.15 與 **10.16** 推導使圖示連桿組保持平衡所需的力偶 **M** 的大小的表達式。

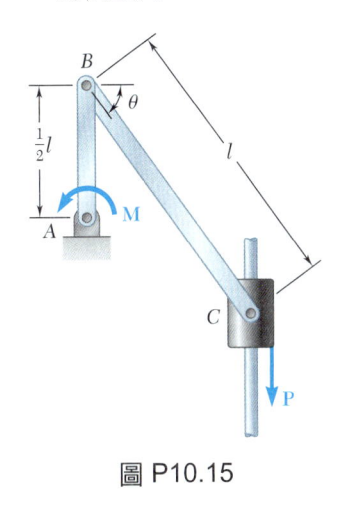

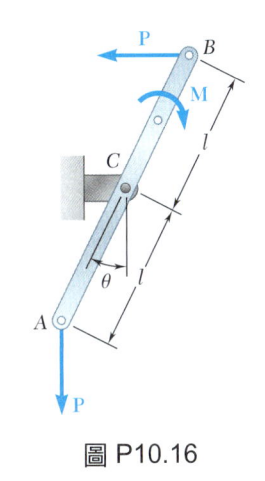

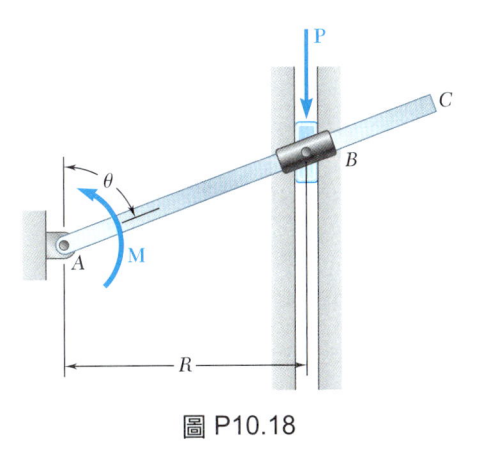

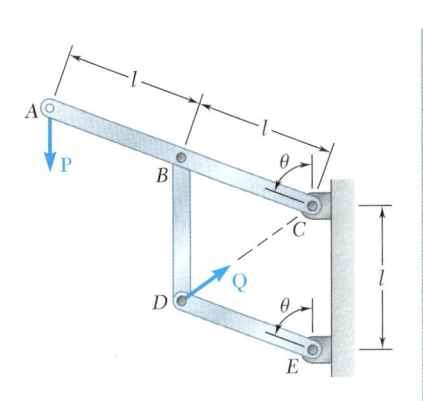

圖 P10.12

圖 P10.15

圖 P10.16

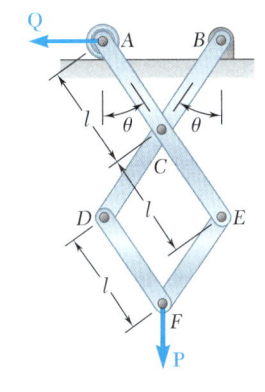

圖 P10.14

10.17 長度為 l、重量為 W 的均勻桿 AB 由兩長度相同的繩 AC 與 BC 支撐。推導保持平衡所需的力偶 **M** 的大小的表達式。

10.18 軸環 B 可在桿件 AC 上滑動，且銷接在一可於垂直槽中滑動的方塊上。推導保持平衡所需的力偶 **M** 的大小的表達式。

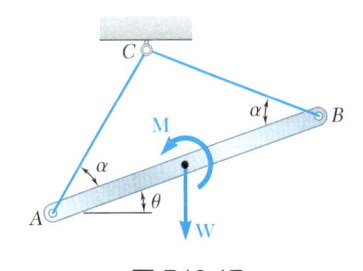

圖 P10.17

圖 P10.18

10.19 若 $l = 1.8$ m、$Q = 200$ N、$\theta = 65°$，試求使圖示連桿組保持平衡所需的力偶 **M**。

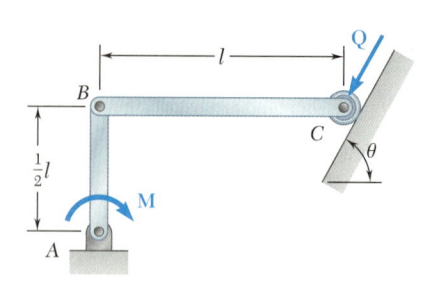

圖 P10.19 與 P10.20

10.20 若 $l = 1.8$ m、$M = 3$ kN · m、$\theta = 70°$，試求使圖示連桿組保持平衡所需的力 **Q**。

10.21 一 4 kN 的力 **P** 作用在圖示的引擎系統的活塞上。已知 $AB = 50$ mm、$BC = 200$ mm，試求保持平衡所需的力偶 **M**，當 (a) $\theta = 30°$；(b) $\theta = 150°$。

10.22 一大小為 100 N · m的力偶 **M** 作用在圖示的引擎系統的曲柄上。已知 $AB = 50$ mm、$BC = 200$ mm，試求保持平衡所需的力 **P**，當 (a) $\theta = 60°$；(b) $\theta = 120°$。

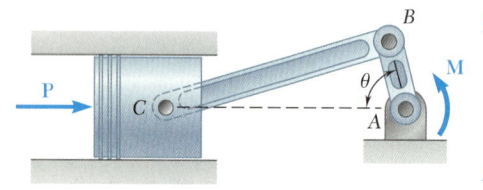

圖 P10.21 與 P10.22

10.23 長度為 l 的細長桿連接到軸環 B，並靜止靠在一半徑為 r 的圓柱面上。不計摩擦，當 $l = 200$ mm、$r = 60$ mm、$P = 40$ N、$Q = 80$ N 時，試求平衡位置時的 θ 值。

10.24 長度為 l 的細長桿連接到軸環 B，並靜止靠在一半徑為 r 的圓柱面上。不計摩擦，當 $l = 280$ mm、$r = 100$ mm、$P = 300$ N、$Q = 600$ N 時，試求平衡位置時的 θ 值。

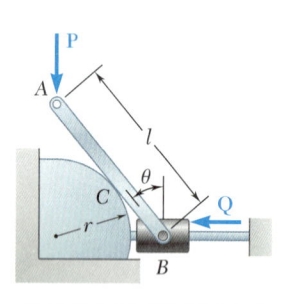

圖 P10.23 與 P10.24

10.25 如習題 10.10 的桿件，當 $l = 600$ mm、$a = 100$ mm、$P = 100$ N、$Q = 160$ N 時，試求平衡位置時的 θ 值。

10.26 如習題 10.11 的桿件，當 $l = 600$ mm、$a = 100$ mm、$P = 50$ N、$Q = 90$ N 時，試求平衡位置時的 θ 值。

10.27 如習題 10.12 的桿件，當 $P = 80$ N、$Q = 100$ N時，試求機構平衡位置時的 θ 值。

10.28 如習題 10.14 的桿件，當 $P = 270$ N、$Q = 960$ N 時，試求機構平衡位置時的 θ 值。

10.29 大小為 600 N 的負載 W 作用於連桿的 B，彈簧常數為 $k = 25$ kN/m，彈簧未變形時 AB 與 BC 成水平。不計連桿的重量，已知 $l = 300$ mm，試求平衡位置時的 θ 值。

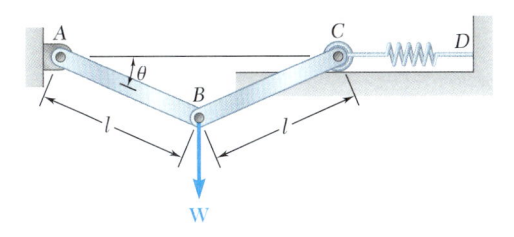

圖 P10.29 與 *P10.30*

10.30 一垂直負載 W 作用於連桿的 B，彈簧常數為 k，彈簧未變形時 AB 與 BC 成水平。不計連桿的重量，請推導當連桿平衡時，所必須滿足的以 θ、W、l、k 表示的方程式。

10.31 兩桿件 AD 與 DG 銷接於 D，並以彈簧 AG 相連。已知彈簧未變形長度為 300 mm，彈簧常數為 20 kN/m，當一 3.6 kN 的負載作用於 E 時，試求平衡位置時的 x 值。

10.32 如習題 10.31，但假設作用於 E 的 3.6 kN 垂直力改為作用於 C。

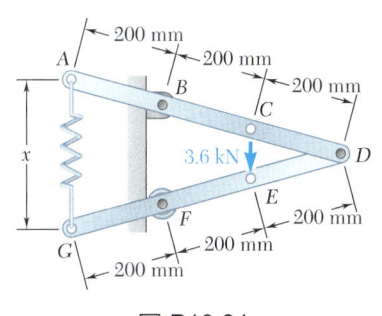

圖 P10.31

10.33 重量均為 5 kg 的兩桿件 AB 與 BC 銷接於 B，並以彈簧 DE 相連。已知彈簧未變形長度為 150 mm，彈簧常數為 1 kN/m，試求平衡位置時的 x 值。

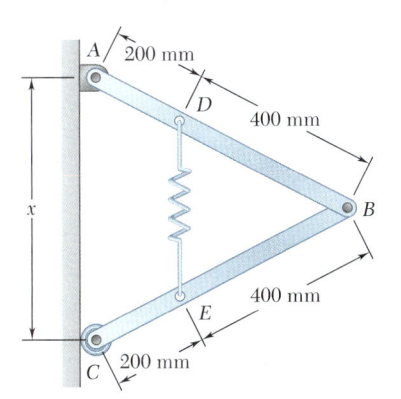

圖 P10.33

10.34 桿件 ABC 連接到可自由於軌道中滑行的兩方塊 A 與 B。連接到 A 的彈簧的 $k = 3$ kN/m，而此彈簧未變形時桿件垂直。如圖示的負載時，試求平衡位置時的 θ 值。

10.35 大小為 150 N的垂直力 **P** 作用於纜繩 CDE 的一端 E，纜繩通過小滑輪 D，並連接到機構的 C。彈簧常數 $k = 4$ kN/m，當 $\theta = 0$ 時彈簧未變形。不計機構的重量與滑輪半徑，試求平衡位置時的 θ 值。

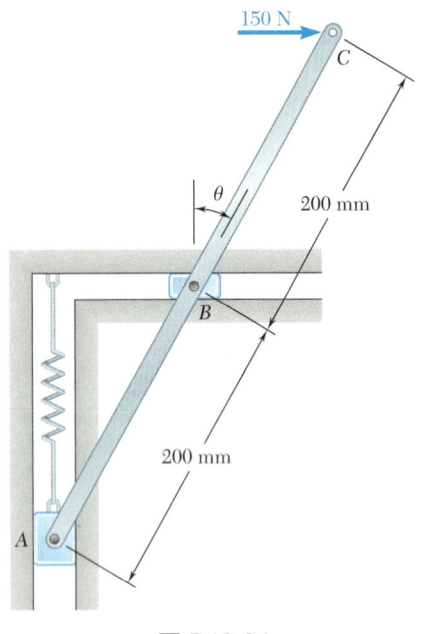

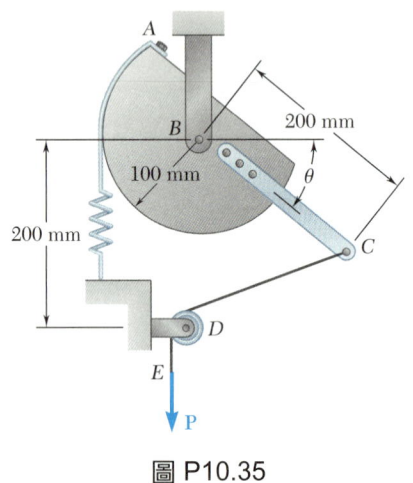

圖 P10.34

圖 P10.35

10.36 大小為 200 N的水平力 **P** 作用於機構的 C。彈簧常數 $k = 2.25$ kN/m，當 $\theta = 0$ 時彈簧未變形。不計機構的重量，試求平衡位置時的 θ 值。

10.37 與 **10.38** 已知彈簧 CD 的常數為 k，且當桿件 ABC 水平時，彈簧未變形，試求以下情況的平衡位置時的 θ 值。

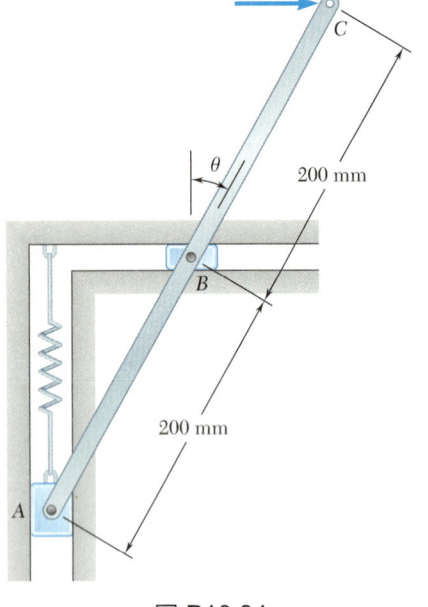

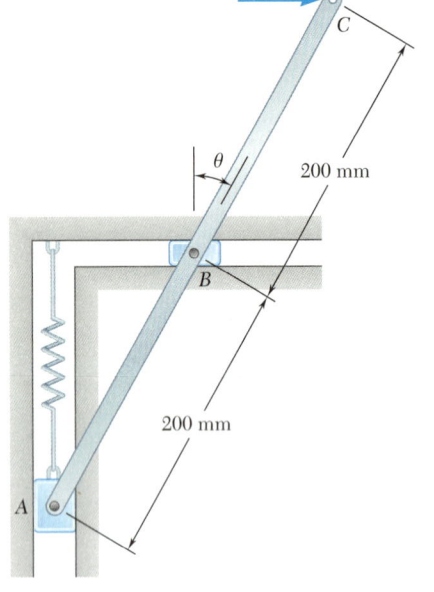

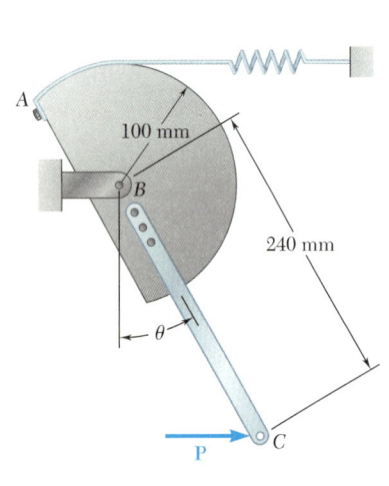

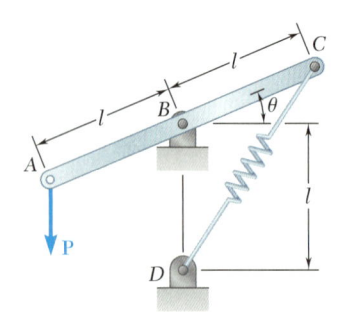

圖 P10.36

圖 P10.37 與 P10.38

10.37 $P = 300$ N、$l = 400$ mm、$k = 5$ kN/m

10.38 $P = 300$ N、$l = 300$ mm、$k = 4$ kN/m

10.39 槓桿 AB 連接到水平軸 BC，軸通過一軸承且焊接到固定支撐 C。軸 BC 的扭轉彈簧常數為 K，即大小為 K 的力偶可將端點 B 旋轉 1 rad。已知當 AB 水平時軸未被扭轉，當 $P = 100$ N、$l = 250$ mm、$K = 12.5$ N·m/rad，試求平衡位置時的 θ 值。

10.40 如習題 10.39，但假設 $P = 350$ N、$l = 250$ mm、$K = 12.5$ N·m/rad，試求下列各範圍之平衡位置時的 θ 值：$0 < \theta < 90°$、$270° < \theta < 360°$、$360° < \theta < 450°$。

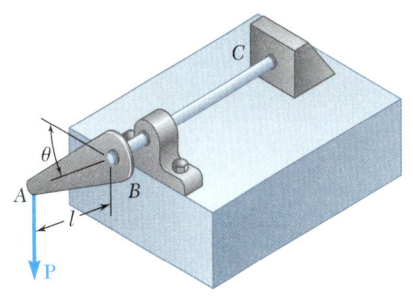

圖 P10.39

10.41 桿件 ABC 的位置由液壓缸 BD 控制。如圖示的負載，當 $\theta = 65°$ 時，試求液壓缸施加在插銷 B 的力。

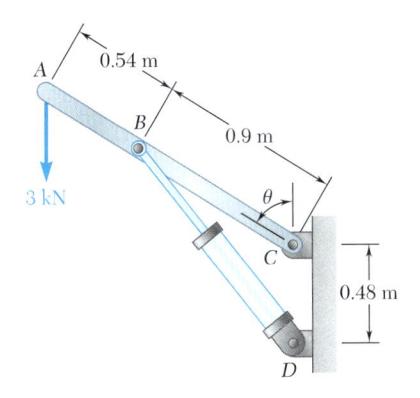

圖 P10.41 與 P10.42

10.42 桿件 ABC 的位置由液壓缸 BD 控制。如圖示的負載，(a) 將液壓缸施加在插銷 B 的力，以 BD 的長度表示；(b) 若液壓缸可施加於插銷 B 的最大力為 12.5 kN，試求角度 θ 可能之最小值。

10.43 桿件 ABC 的位置由液壓缸 CD 控制。如圖示的負載，當 $\theta = 55°$ 時，試求液壓缸施加在插銷 C 的力。

圖 P10.43 與 P10.44

10.44 桿件 ABC 的位置由液壓缸 CD 控制。已知液壓缸施加在插銷 C 的力為 15 kN，試求角度 θ。

10.45 附圖所示的伸縮臂 (telescoping arm) ABC 用來升降建築工人使用的平台。工人與平台總重 2 kN，且重心位於 C 的正上方。在 $\theta = 20°$ 時的位置，試求液壓缸施加在插銷 B 的力。

10.46 如習題 10.45，但假設平台與工人下降到接近地面，$\theta = -20°$ 的位置。

10.47 以 μ_s 標示軸環 C 與垂直桿之間的靜摩擦係數，試推導保持圖示平衡位置時，可施加的最大力偶 **M** 的大小。解釋若 $\mu_s \geq \tan\theta$ 時會如何？

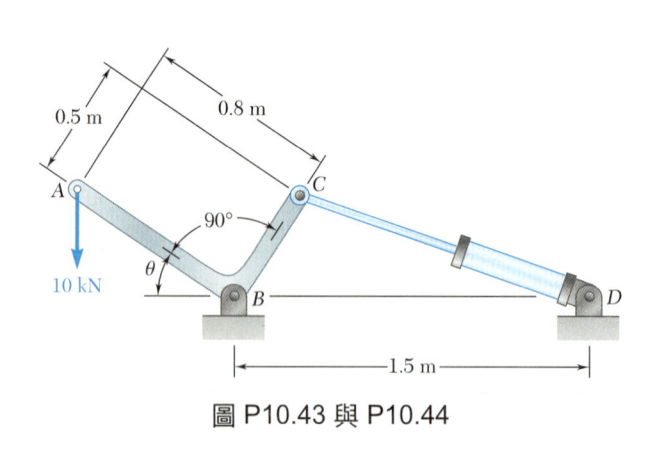

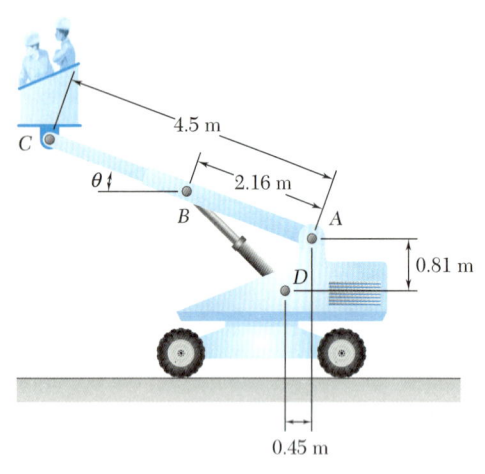

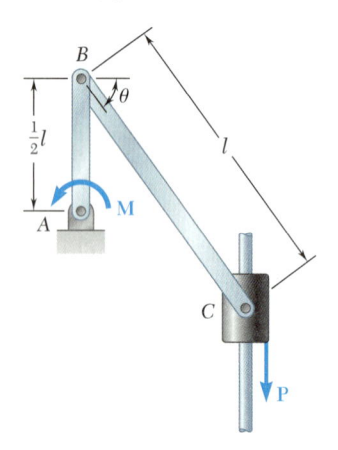

圖 P10.45

圖 *P10.47* 與 P10.48

10.48 已知軸環 C 與垂直桿之間的靜摩擦係數為 0.40，當 $\theta = 35°$、$l = 600$ mm、$P = 300$ N 時，試求保持圖示平衡位置時，可施加的最大力偶 **M** 的大小。

10.49 一力 **P** 將重 W 的方塊沿一與水平線夾角 α 的斜面往上拉。若方塊與斜面之間的摩擦係數為 μ，試推導此系統機械效率的表達式。證明若移除力 **P** 後方塊仍停留在斜面上，則方塊機械效率無法超過 $\frac{1}{2}$。

10.50 如第 8.6 節討論的千斤頂，試推導其機械效率的表達式。證明若千斤頂為自鎖，則機械效率無法超過 $\frac{1}{2}$。

10.51 以 μ_s 標示連接到桿件 ACE 的方塊與水平面之間的靜摩擦係數，試推導保持平衡時，可施加的力 **Q** 的最大值與最小值，以 P、μ_s、θ 表示的表達式。

10.52 已知連接到桿件 ACE 的方塊與水平面之間的靜摩擦係數為 0.15，當 $\theta = 30°$、$l = 0.2$ m、$P = 40$ N 時，試求保持平衡時，可施加的力 **Q** 的最大值與最小值。

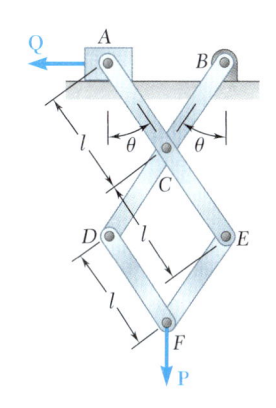

圖 P10.51 與 P10.52

10.53 利用虛功法，求解 E 的反力。

10.54 利用虛功法，分別求解代表 H 處反力的力與力偶。

10.55 如習題 10.43，使用已求出液壓缸 CD 施加的力，試求將 10 kN 負載提起 15 mm 時，CD 長度的改變量。

10.56 如習題 10.45，使用已求出液壓缸 BD 施加的力，試求將連接於 C 的平台提起 60 mm 時，BD 長度的改變量。

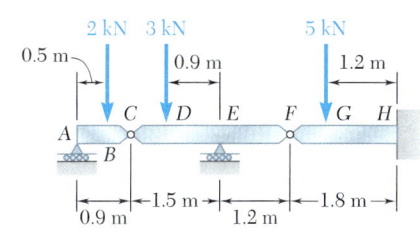

圖 P10.53 與 P10.54

10.57 若桿件 FG 的長度增加 30 mm，試求節點 C 的垂直位移。(提示：施加一垂直負載於節點 C，利用第六章介紹的方法，計算桿件 FG 施加在節點 F 與 G 的力。接著利用虛功法於桿件 FG 給定的長度增加所產生的虛位移。但此法只可用於長度改變很小時。)

10.58 若桿件 FG 的長度增加 30 mm，試求節點 C 的水平位移。(參考習題 10.57 的提示。)

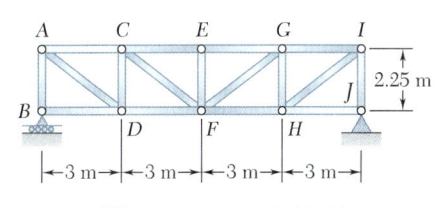

圖 P10.57 and P10.58

*10.6　一力於有限位移所作的功 (Work of a Force During a Finite Displacement)

考慮作用於質點的力 $\mathbf{F}$。$\mathbf{F}$ 於質點極小位移 $d\mathbf{r}$ 所作的功定義如下 (第 10.2 節)

$$dU = \mathbf{F} \cdot d\mathbf{r} \tag{10.1}$$

$\mathbf{F}$ 於質點一有限位移 A_1 到 A_2 所作的功，標示為 $U_{1 \to 2}$，由式 (10.1) 沿質點移動的曲線積分得到：

$$U_{1 \to 2} = \int_{A_1}^{A_2} \mathbf{F} \cdot d\mathbf{r} \tag{10.11}$$

使用另一表達式

$$dU = F\, ds \cos \alpha \tag{10.1'}$$

可將功 $U_{1 \to 2}$ 寫成

$$U_{1 \to 2} = \int_{s_1}^{s_2} (F \cos \alpha)\, ds \tag{10.11'}$$

其中積分變數 s 為質點沿路徑的移動距離。若畫出縱軸為 $F \cos \alpha$、橫軸為 s 的曲線 (圖 10.10b)，則曲線與橫軸的面積代表功 $U_{1 \to 2}$。若有一大小不變的力 $\mathbf{F}$ 作用於運動方向，則式 (10.11') 變成 $U_{1 \to 2} = F(s_2 - s_1)$。

回顧第 10.2 節力矩為 $\mathbf{M}$ 的力偶於剛體轉動極小角度 $d\theta$ 所作的功為

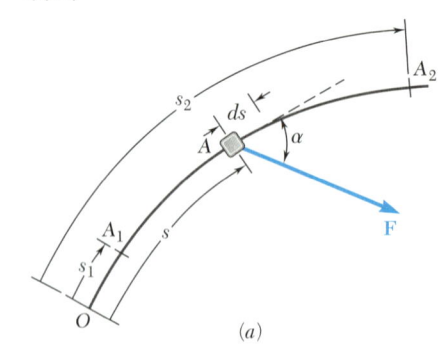

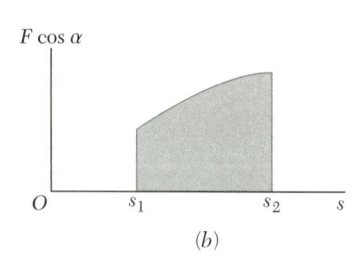

圖 10.10

$$dU = M\,d\theta \qquad (10.2)$$

力偶於剛體轉動有限角度所作的功表示如下：

$$U_{1\to 2} = \int_{\theta_1}^{\theta_2} M\,d\theta \qquad (10.12)$$

若力偶不變，則式 (10.12) 變成

$$U_{1\to 2} = M(\theta_2 - \theta_1)$$

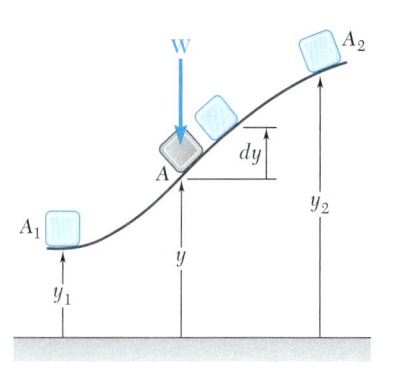

圖 10.11

▶ 重力所作的功

第 10.2 節說明物體重力 **W** 於物體極小位移所作的功，等於 W 與物體重心垂直位移的乘積。若 y 軸指向上，**W** 於物體有限位移所作的功如下 (圖 10.11)

$$dU = -W\,dy$$

從 A_1 積分到 A_2，得到

$$U_{1\to 2} = -\int_{y_1}^{y_2} W\,dy = Wy_1 - Wy_2 \qquad (10.13)$$

或

$$U_{1\to 2} = -W(y_2 - y_1) = -W\,\Delta y \qquad (10.13')$$

其中 Δy 為 A_1 到 A_2 的垂直位移。因此，重力 **W** 作的功等於 W 與物體重心垂直位移的乘積。當 $\Delta y < 0$，即物體朝下運動時，作功為正。

▶ 彈簧的彈力所作的功

考慮一物體 A 透過一彈簧與固定點 B 相連；假設物體在 A_0 時彈簧未變形 (圖 10.12a)。實驗顯示，彈簧作用於物體 A 的力 **F** 的大小正比於彈簧的變形量 x，即

$$F = kx \qquad (10.14)$$

其中 k 為彈簧常數，單位為 N/m。彈簧施加的力 **F** 於物體從 $A_1(x = x_1)$ 到 $A_2(x = x_2)$ 的有限位移期間所作的功如下

$$dU = -F\,dx = -kx\,dx$$

$$U_{1\to 2} = -\int_{x_1}^{x_2} kx\,dx = \tfrac{1}{2}kx_1^2 - \tfrac{1}{2}kx_2^2 \qquad (10.15)$$

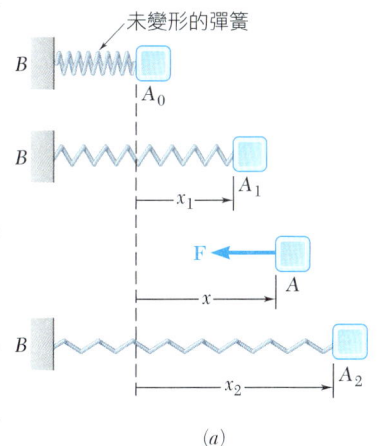

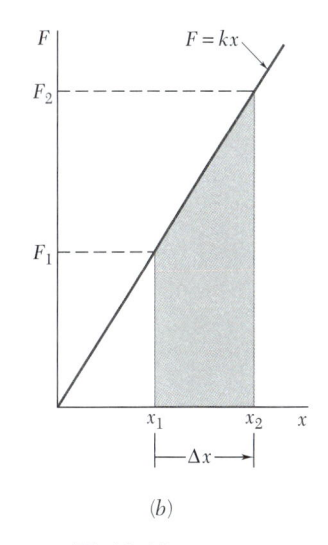

圖 10.12

要注意 k 和 x 的單位要一致。例如 k 的單位為 N/m、x 的單位為 m。當 $x_2 < x_1$ 時，亦即，當彈簧回復至無變形位置時，彈簧施加於物體的力 **F** 所作的功為正。

由於式 (10.14) 表示一通過原點、斜率為 k 的直線方程式，從 A_1 到 A_2 位移期間，**F** 所作的功 $U_{1 \to 2}$ 等於圖 10.12b 中的梯形面積，即等於 $\frac{1}{2}(F_1 + F_2)$ 乘以 Δx。當 Δx 為負值時，彈簧力 **F** 所作的功為正值，寫成

$$U_{1 \to 2} = -\tfrac{1}{2}(F_1 + F_2)\,\Delta x \tag{10.16}$$

式 (10.16) 通常較式 (10.15) 好用，單位也比較不會混淆。

*10.7 位能 (Potential Energy)

再次考慮圖 10.11 的物體，根據式 (10.13)，重力 **W** 於有限位移期間所作的功，可由將位置 1 的函數值 Wy 減去位置 2 的函數值得到。因此 **W** 所作的功與路徑無關，只與函數 Wy 的最初值與最終值有關。這個函數稱為物體對重力 **W** 的位能，標示為 V_g，即

$$U_{1 \to 2} = (V_g)_1 - (V_g)_2 \qquad \text{其中 } V_g = Wy \tag{10.17}$$

如果 $(V_g)_2 > (V_g)_1$，亦即如果位能於有限位移期間增加，則功 $U_{1 \to 2}$ 為負。另一方面，如果 **W** 所作的功為正，則位能減小。因此，物體的位能 V_g 量測重力 **W** 可作的功。由於式 (10.17) 只與位能的改變有關，而非 V_g 的實際值，故 V_g 的表達式中若加上任意常數並不會改變結果。換句話說，量測高度 y 的基準點可任意選擇。位能的單位為焦耳 (joules, J) 與功相同

現在考慮圖 10.12a 的物體，由式 (10.15) 彈性力 **F** 所作的功可由位置 1 的函數值 $\frac{1}{2}kx^2$ 減去位置 2 的函數值得到。這個函數標示為 V_e，稱為物體對彈性力 **F** 的位能，寫成

$$U_{1 \to 2} = (V_e)_1 - (V_e)_2 \qquad \text{其中 } V_e = \tfrac{1}{2}kx^2 \tag{10.18}$$

觀察位移期間，彈簧施加於物體的力 **F** 所作的功為負值，而位能 V_e 增加。需注意 V_e 的表達式中的 x 是彈簧的變形量。

位能的觀念也能用在重力和彈性力以外的力，只要力所作的功 dU 為**恰當微分** (exact differential)。可能找到位能函數 V，使得

CHAPTER 10　虛功法　577

$$dU = -dV \tag{10.19}$$

將上式於一有限位移積分，得到以下公式

$$U_{1\to 2} = V_1 - V_2 \tag{10.20}$$

上式表示力所作的功等於位能改變的負值，與路徑無關。滿足式 (10.20) 的力稱為**保守力** (conservative force)。

*10.8　位能與平衡 (Potential Energy and Equilibrium)

當已知系統的位能時，可大幅簡化虛功原理的應用。例如考慮虛位移時，式 (10.19) 變成 $\delta U = -\delta V$。此外，如果系統的位置由單一獨立變數 θ 定義，可寫成 $\delta V = (dV/d\theta)\,\delta\theta$。由於 $\delta\theta$ 必定不為零，系統平衡的條件 $\delta U = 0$ 變成

$$\frac{dV}{d\theta} = 0 \tag{10.21}$$

因此，以位能表示時，虛功原理可表述如下：*如果系統平衡，則其總位能的導數為零*。如果系統的位置與多個獨立變數有關(此系統稱為具有多個自由度)，則 V 對各獨立變數的偏導數必定為零。

例如考慮一個由兩根桿件 AC 與 CB 連接而成的結構，於 C 承受負載 W。結構以點 A 的插銷與點 B 的滾輪支撐，並以彈簧 BD 將 B 連接到固定點 D (圖 10.13a)。彈簧常數為 k，並假設彈簧的自然長度等於 AD，故當 B 與 A 重合時，彈簧未變形。忽略摩擦力與桿件的重量，於結構位移期間作功的力只有重力 $\mathbf{W}$ 與彈簧作用於點 B 的力 $\mathbf{F}$ (圖 10.13b)。因此，系統的總位能等於重力 $\mathbf{W}$ 的位能 V_g 與彈性力 $\mathbf{F}$ 的位能 V_e 之和。

令 A 為座標原點，彈簧的變形量為 $AB = x_B$。位能為

$$V_e = \tfrac{1}{2}kx_B^2 \qquad V_g = Wy_C$$

將座標 x_B 與 y_C 以角度 θ 表示，寫成

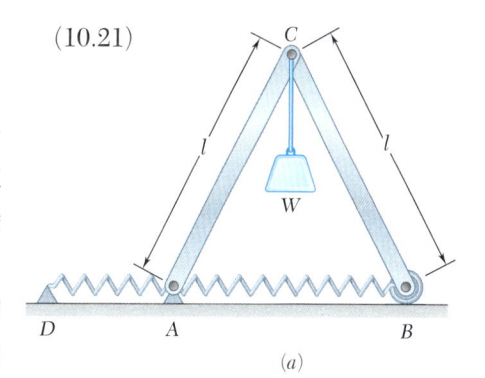

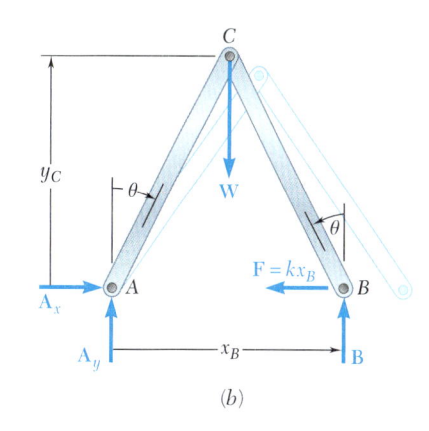

圖 10.13

$$x_B = 2l \sin \theta \qquad y_C = l \cos \theta$$
$$V_e = \tfrac{1}{2}k(2l \sin \theta)^2 \qquad V_g = W(l \cos \theta)$$
$$V = V_e + V_g = 2kl^2 \sin^2 \theta + Wl \cos \theta \qquad (10.22)$$

系統的平衡位置可令位能 V 的導數為零得到，如下

$$\frac{dV}{d\theta} = 4kl^2 \sin \theta \cos \theta - Wl \sin \theta = 0$$

或將 $l \sin \theta$ 提出得到

$$\frac{dV}{d\theta} = l \sin \theta (4kl \cos \theta - W) = 0$$

因此有兩個平衡位置，分別對應到 $\theta = 0$ 與 $\theta = \cos^{-1}(W/4kl)$。

*10.9 平衡點的穩定性 (Stability of Equilibrium)

考慮圖 10.14 中的三根長度為 $2a$、重量為 W 的均勻桿件。雖然每根桿件都處於平衡，但三者有極大不同。假如每根桿件被稍微推離平衡位置後放開，則桿件 a 將返回初始位置；桿件 b 將繼續運動離開初始位置；桿件 c 則停留在新的位置不動。桿件 a 的情況稱為**穩定平衡** (stable)；桿件 b 稱為**不穩定平衡** (unstable)；桿件 c 稱為**隨遇平衡** (neutral)。

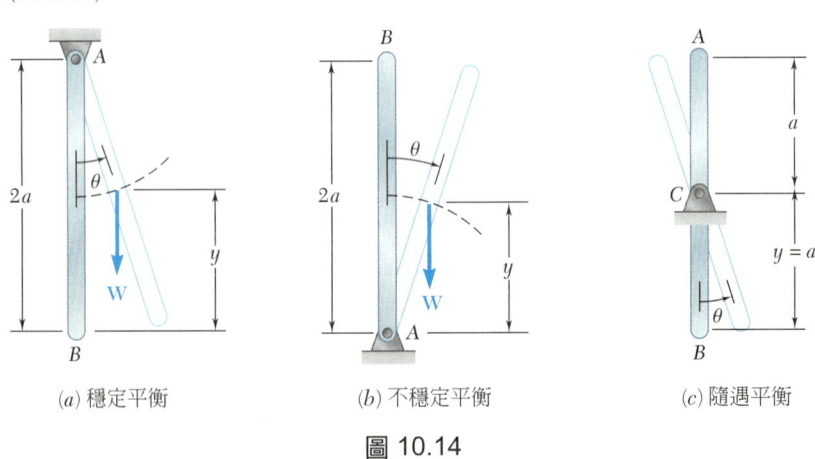

(a) 穩定平衡　　　(b) 不穩定平衡　　　(c) 隨遇平衡

圖 10.14

回顧第 10.7 節中的重力位能 V_g 等於 Wy，其中 y 為 W 作用點的高度，量測的基準點是任意平面。觀察可知桿件 a 在平衡點的位能為最小值；桿件 b 在平衡點的位能為最大值；而桿件 c 的位能是常數。因此，位能最小值、最大值、常數分別對應穩定、不穩定與隨遇平衡 (圖 10.15)。

(a) 穩定平衡　　　(b) 不穩定平衡　　　(c) 隨遇平衡

圖 10.15

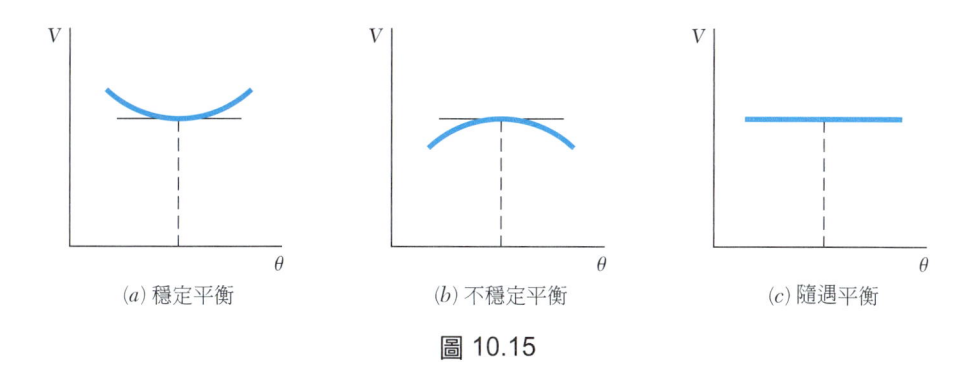

所得結果有以下觀察：力總是傾向於作正功、減小系統位能。因此，當系統被偏離平衡點時，若 V 為最小值，則作用於系統的力傾向於將其帶回初始位置 (圖 10.15a)；若 V 為最大值，則傾向於將其帶離初始位置 (圖 10.15b)；若 V 為常數 (圖 10.15c)，則力不傾向於移動系統。

由微積分可知，一函數為極小或極大可由其二階導數的正負判定。總結單一自由度的系統 (即系統的位置僅以單一獨立變數 θ 定義) 的平衡條件如下：

$$\begin{aligned}\frac{dV}{d\theta} &= 0 \quad \frac{d^2V}{d\theta^2} > 0: \text{ 穩定平衡} \\ \frac{dV}{d\theta} &= 0 \quad \frac{d^2V}{d\theta^2} < 0: \text{ 不穩定平衡}\end{aligned} \quad (10.23)$$

如果 V 的一階與二階導數皆為零，則必須檢視更高階導數才能判斷平衡點為穩定、不穩定或是隨遇。如果所有導數皆為零，則為隨遇平衡，位能 V 為常數。如果不為零的一階導數為偶次，且為正，則為穩定平衡。其他情況則為不穩定平衡。

如果系統有**多個自由度**，其位能 V 與多個變數有關，因此必須應用多變數函數理論以決定 V 是否為最小值。具有兩自由度的系統，若能同時滿足下列關係式，則可證明為穩定，且對應的位能 $V(\theta_1, \theta_2)$ 最小：

$$\begin{aligned}\frac{\partial V}{\partial \theta_1} &= \frac{\partial V}{\partial \theta_2} = 0 \\ \left(\frac{\partial^2 V}{\partial \theta_1 \partial \theta_2}\right)^2 &- \frac{\partial^2 V}{\partial \theta_1^2}\frac{\partial^2 V}{\partial \theta_2^2} < 0 \\ \frac{\partial^2 V}{\partial \theta_1^2} &> 0 \quad \text{和} \quad \frac{\partial^2 V}{\partial \theta_2^2} > 0\end{aligned} \quad (10.24)$$

範例 10.4

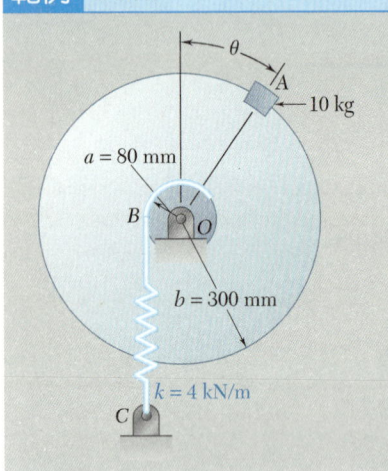

一重 10 kg 的方塊連接到半徑為 300 mm 的圓盤外緣。已知當 $\theta = 0$ 時彈簧 BC 未變形，試求平衡位置，並指出各位置是穩定、不穩定或隨遇平衡。

解

位能。以 s 標示彈簧的伸長量，並令座標原點於 O，可得

$$V_e = \tfrac{1}{2}ks^2 \qquad V_g = Wy = mgy$$

以弧度為 θ 的單位，則

$$s = a\theta \qquad y = b\cos\theta$$

將 s 與 y 代入 V_e 與 V_g，寫下

$$V_e = \tfrac{1}{2}ka^2\theta^2 \qquad V_g = mgb\cos\theta$$
$$V = V_e + V_g = \tfrac{1}{2}ka^2\theta^2 + mgb\cos\theta$$

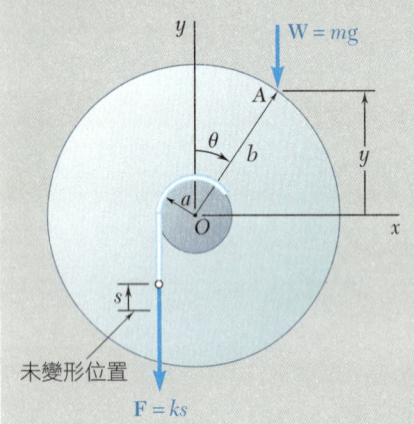

平衡位置。令 $dV/d\theta = 0$，寫下

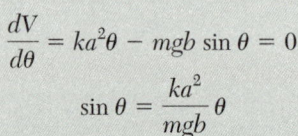

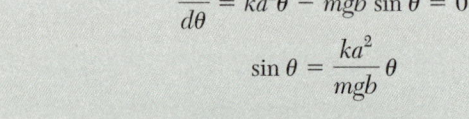

$$\frac{dV}{d\theta} = ka^2\theta - mgb\sin\theta = 0$$

$$\sin\theta = \frac{ka^2}{mgb}\theta$$

代入 $a = 0.08$ m、$b = 0.3$ m、$k = 4000$ N/m、$m = 10$ kg，得到

$$\sin\theta = \frac{(4000 \text{ N/m})(0.08 \text{ m})^2}{(10 \text{ kg})(9.81 \text{ m/s}^2)(0.3 \text{ m})}\theta$$

$$\sin\theta = 0.8699\,\theta$$

其中 θ 的單位為弧度。以試誤法求出 θ，故

$$\theta = 0 \qquad 與 \qquad \theta = 0.902 \text{ rad}$$
$$\theta = 0 \qquad 與 \qquad \theta = 51.7°$$

平衡點的穩定度。位能 V 對 θ 的二階導數為

$$\frac{d^2V}{d\theta^2} = ka^2 - mgb\cos\theta$$
$$= (4000 \text{ N/m})(0.08 \text{ m})^2 - (10 \text{ kg})(9.81 \text{ m/s}^2)(0.3 \text{ m})\cos\theta$$
$$= 25.6 - 29.43\cos\theta$$

當 $\theta = 0$: $\dfrac{d^2V}{d\theta^2} = 25.6 - 29.43\cos 0° = -3.83 < 0$

當 $\theta = 0$ 為不穩定平衡

當 $\theta = 51.7°$: $\dfrac{d^2V}{d\theta^2} = 25.6 - 29.43\cos 51.7° = +7.36 > 0$

當 $\theta = 51.7°$ 為穩定平衡

本節定義一力於有限位移期間所作的功,以及剛體與剛體系統的位能。讀者學到使用位能的觀念求剛體或剛體系統的平衡位置。

1. 系統的位能 V 為作功而使系統移動的所有外力的位能之和。本節習題求解以下問題:
   a. **重力的位能**。重力產生的位能,$V_g = Wy$,其中 y 為重力 W 的高度,量測的基準點是任意參考平面。注意,位能 V_g 也可用在大小不變、垂直朝下的力 $\mathbf{P}$,寫成 $V_g = Py$。
   b. **彈簧的位能**。彈簧的彈性力產生的位能,$V_e = \frac{1}{2}kx^2$,其中 k 是彈簧常數、x 是彈簧變形量。

   固定支撐的反力、連接處的內力、不可拉伸繩的力,或其他不作功的力,都不用納入系統位能的計算。

2. 當計算系統位能 V 時,必須將系統內各段距離與角度以單一變數表示,如角度 θ,因為求系統的平衡位置時要求導數 $dV/d\theta$。

3. 當系統處於平衡時,其位能的一階導數等於零。因此:
   a. 求系統的平衡位置,一旦位能 V 以單一變數 θ 表示,計算一階導數,解 $dV/d\theta = 0$ 求出 θ。
   b. 求維持系統平衡所需的力或力偶,將已知的 θ 值代入方程式 $dV/d\theta = 0$,解出未知的力或力偶。

4. 平衡點的穩定性。一般可使用以下規則:
   a. **穩定平衡**發生在系統位能最小時,即在 $dV/d\theta = 0$,且 $d^2V/d\theta^2 > 0$ 時 (圖 10.14a 與 10.15a)。
   b. **不穩定平衡**發生在系統位能最大時,即在 $dV/d\theta = 0$,且 $d^2V/d\theta^2 < 0$ 時 (圖 10.14b 與 10.15b)。
   c. **隨遇平衡**發生在系統位能為常數時,$dV/d\theta$、$d^2V/d\theta^2$ 以及所有 V 的導數都為零 (圖 10.14c 與 10.15c)。

   當 $dV/d\theta$ 與 $d^2V/d\theta^2$ 為零,但 V 的後續導數不全為零的情況可參閱第 578 頁的討論。

習 題

10.59 利用第 10.8 節的方法解習題 10.29。

10.60 利用第 10.8 節的方法解習題 10.30。

10.61 利用第 10.8 節的方法解習題 10.31。

10.62 利用第 10.8 節的方法解習題 10.32。

10.63 利用第 10.8 節的方法解習題 10.33。

10.64 利用第 10.8 節的方法解習題 10.35。

10.65 利用第 10.8 節的方法解習題 10.37。

10.66 利用第 10.8 節的方法解習題 10.38。

10.67 證明習題 10.1 為隨遇平衡。

10.68 證明習題 10.7 為隨遇平衡。

10.69 質量均為 m 的兩均質桿件，分別連接到半徑相同的齒輪。試求此系統的平衡位置，並指出各位置是穩定、不穩定或隨遇平衡。

10.70 兩均質桿件 AB 與 CD，如附圖所示般連接到半徑相同的兩齒輪已知 $m_{AD} = 300g$、$m_{CD} = 500g$，試求此系統的平衡位置，並指出各位置是穩定、不穩定或隨遇平衡。

10.71 質量均為 m、長度均為 l 的兩均質桿件，如附圖所示般連接到兩齒輪。若 $0 \leq \theta \leq 180°$，試求此系統的平衡位置，並指出各位置是穩定、不穩定或隨遇平衡。

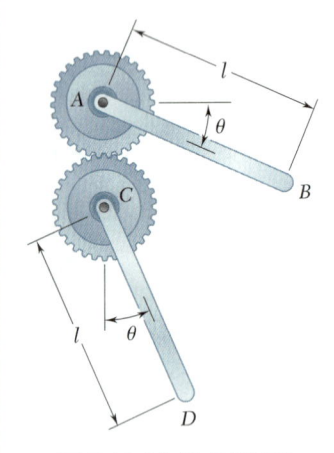

圖 P10.69 與 P10.70

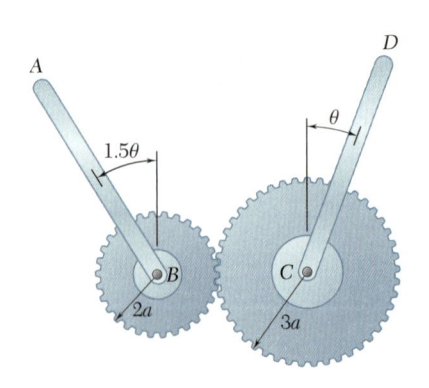

圖 P10.71

10.72 質量均為 m、長度均為 l 的兩均質桿件，如附圖所示般以皮帶相連。假設皮帶與滑輪之間無滑動，試求此系統的平衡位置，並指出各位置是穩定、不穩定或隨遇平衡。

10.73 利用第 10.8 節的方法解習題 10.39。並指出各位置是穩定、不穩定或隨遇平衡。(提示：扭轉彈簧施加的力偶所對應的位能為 $\frac{1}{2}K\theta^2$，其中 K 為扭轉彈簧常數、θ 為扭轉角。)

10.74 如習題 10.40，試求各平衡位置是穩定、不穩定或隨遇平衡。(參考習題 10.73 的提示。)

10.75 一重 W 的方塊懸吊於桿件 AB，平衡時的角度 θ 等於 45°，如附圖所示。不計 AB 的重量，已知當 $\theta = 20°$ 時彈簧未變形，試求 W 值，並指出各位置是穩定、不穩定或隨遇平衡。

10.76 一重 W 的方塊懸吊於桿件 AB，如附圖所示。不計 AB 的重量，已知當 $\theta = 20°$ 時彈簧未變形，當 $W = 6.6$ N 時，試求平衡時的 θ，並指出各位置是穩定、不穩定或隨遇平衡。

10.77 一重 W 的細長桿件 AB 連接到可於軌道中自由滑動的兩方塊 A 與 B。已知當 $y = 0$ 時彈簧未變形，當 $W = 80$ N、$l = 500$ mm、$k = 600$ N/m，試求平衡時的 y。

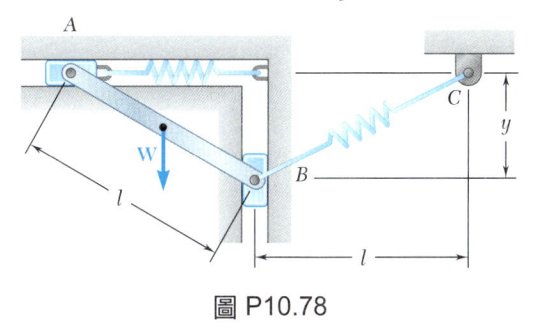

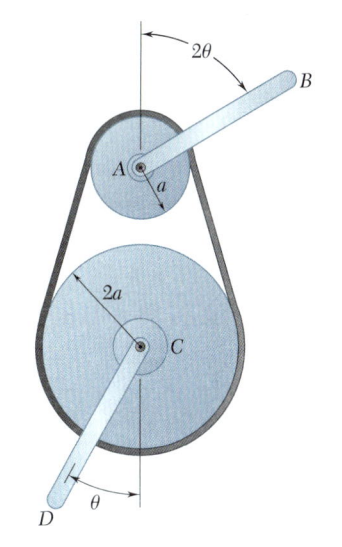

圖 P10.72

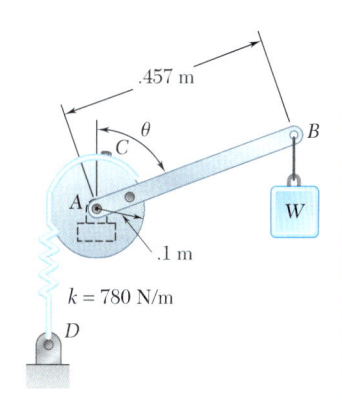

圖 P10.77

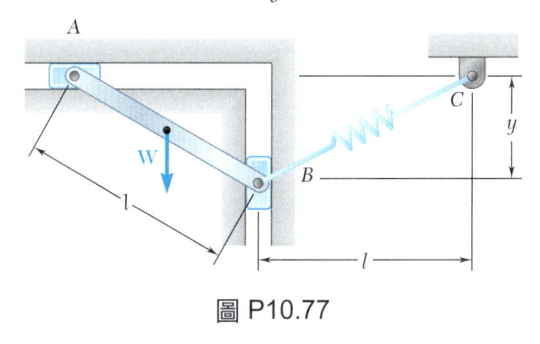

圖 P10.75 與 P10.76

10.78 一重 W 的細長桿件 AB 連接到可於軌道中自由滑動的兩方塊 A 與 B。已知當 $y = 0$ 時兩彈簧皆未變形，當 $W = 80$ N、$l = 500$ mm、$k = 600$ N/m，試求平衡時的 y。

圖 P10.78

10.79 一重 W 的細長桿件 AB 連接到可於軌道中自由滑動的兩方塊 A 與 B。彈簧常數為 k，當 AB 水平時彈簧未變形。不計方塊的重量，試推導桿件平衡時，θ、W、l 與 k 必須滿足的方程式。

10.80 一重 W 的細長桿件 AB 連接到可於軌道中自由滑動的兩方塊 A 與 B。彈簧常數為 k，當 AB 水平時彈簧未變形。當 $W = 300$ N、$l = 400$ mm、$k = 3$ kN/m 時有三個平衡位置，試求對應的三個 θ 值，並指出各位置是穩定、不穩定或隨遇平衡。

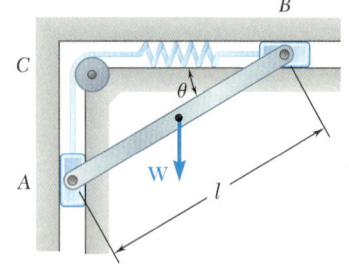

圖 P10.79 與 P10.80

10.81 彈簧常數為 2 kN/m 的彈簧 AB 連接到兩個相同的滑輪。已知當 $\theta = 0$ 時彈簧未變形，試求 (a) 平衡點存在時，方塊質量 m 的範圍；(b) 穩定平衡時的 θ 值範圍。

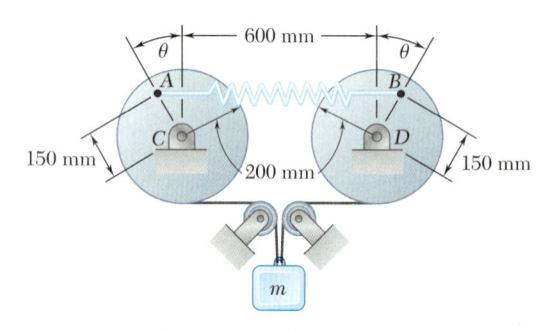

圖 P10.81 與 P10.82

10.82 彈簧常數為 2 kN/m 的彈簧 AB 連接到兩個相同的滑輪。已知當 $\theta = 0$ 時彈簧未變形，且 $m = 20$ kg，試求平衡位置的所有 θ 值（小於 180°）。並指出各位置是穩定、不穩定或隨遇平衡。

10.83 一細長桿件 AB 連接到可於桿件上自由滑動的兩軸環 A 與 B。已知 $\beta = 30°$，$P = Q = 400$ N，試求平衡時的 θ 值。

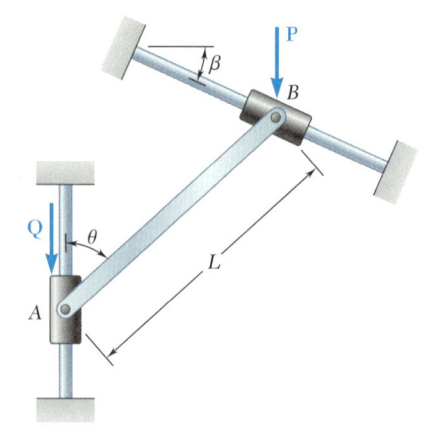

圖 P10.83 與 P10.84

10.84 一細長桿件 AB 連接到可於桿件上自由滑動的兩軸環 A 與 B。已知 $\beta = 30°$、$P = 100$ N、$Q = 25$ N，試求平衡時的 θ 值。

10.85 與 10.86 重 75 kN 的手推車 B 沿一與水平線夾角為 β 的斜坡移動。彈簧常數為 5 kN/m，當 $x = 0$ 時彈簧未變形。試求下列情況時，平衡時的距離 x。

10.85 角度 $\beta = 30°$

10.86 角度 $\beta = 60°$

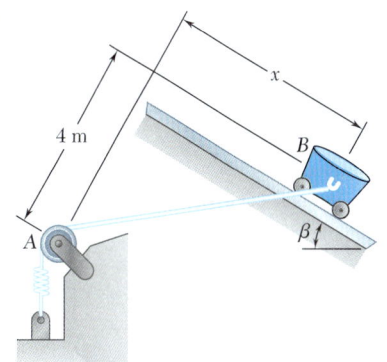

圖 P10.85 與 P10.86

10.87 與 10.88 軸環 A 可在圖示之半圓桿件上自由滑動。已知彈簧常數為 k，彈簧未變形的長度等於半徑 r。當 $W = 200$ N、$r = 180$ mm、$k = 3$ kN/m，試求平衡時的 θ 值。

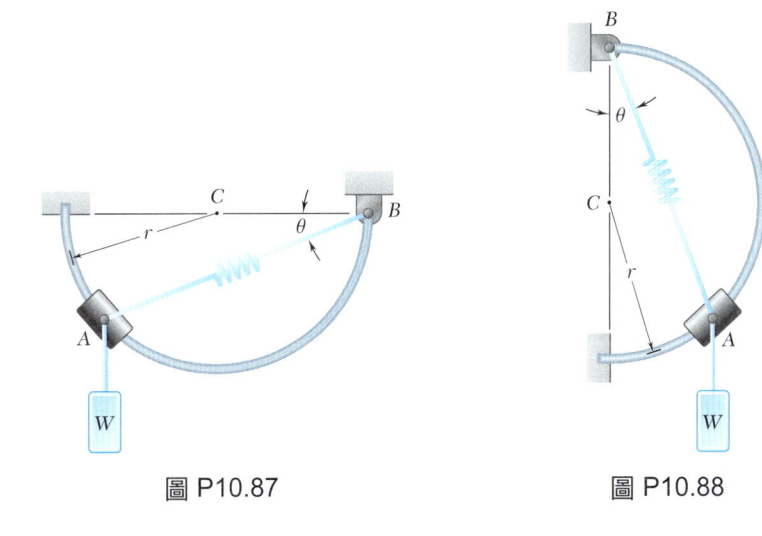

圖 P10.87　　圖 P10.88

10.89 不計重量的兩桿件 AB 與 BC 連接到一根彈簧常數為 k 的彈簧，當兩桿水平時，彈簧未變形。試求使系統在圖示位置為穩定平衡所施加的相等且反向的兩力 **P** 與 −**P** 的大小 P 的範圍。

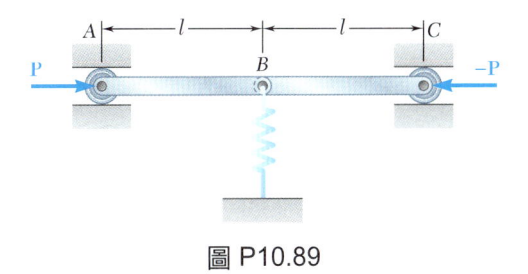

圖 P10.89

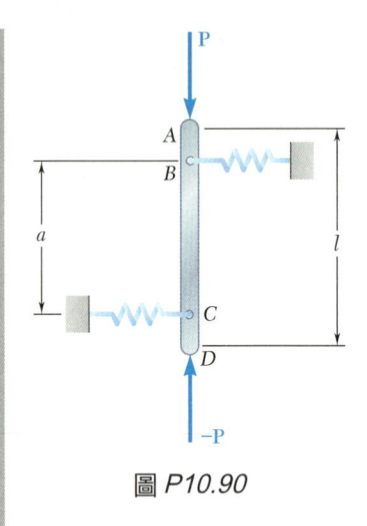

10.90 垂直桿件 AD 連接到彈簧常數為 k 的兩彈簧，且如附圖所示的平衡位置。試求使系統為穩定平衡所施加的相等且反向的兩力 **P** 與 −**P** 的大小 P 的範圍，若 (a) AB = CD；(b) AB = 2CD。

10.91 桿件 AB 鉸接於 A，並連接到彈簧常數為 k 的兩彈簧。若 h = 500 mm、d = 240 mm、W = 400 N，試求使桿件在圖示位置為穩定平衡的 k 值範圍。各彈簧可分別受張力或壓力。

圖 P10.90

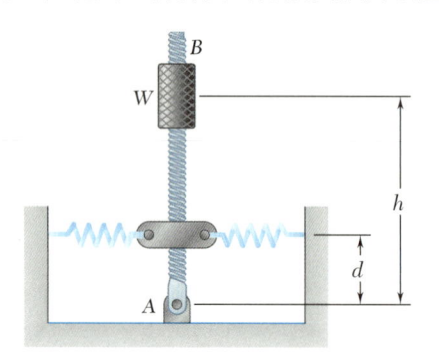

圖 P10.91 與 P10.92

10.92 桿件 AB 鉸接於 A，並連接到彈簧常數為 k 的兩彈簧。若 h = 900 mm、k = 1.5 kN/m、W = 300 N，試求使桿件在圖示位置為穩定平衡的最小距離 d。各彈簧可分別受張力或壓力。

10.93 與 10.94 兩桿件連接到一根彈簧常數為 k 的彈簧，當兩桿垂直時，彈簧未變形。試求使系統在圖示位置為穩定平衡時的 P 值範圍。

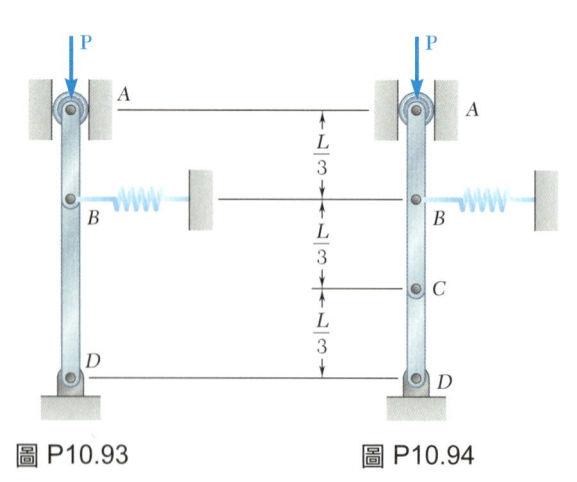

圖 P10.93

圖 P10.94

10.95 水平桿 BEH 連接到三根垂直桿。軸環 E 可在桿件 DF 上自由滑動。當 $a = 480$ mm、$b = 400$ mm、$P = 600$ N，試求使系統在圖示位置為穩定平衡時的 Q 值範圍。

10.96 水平桿 BEH 連接到三根垂直桿。軸環 E 可在桿件 DF 上自由滑動。當 $a = 150$ mm、$b = 200$ mm、$Q = 45$ N，試求使系統在圖示位置為穩定平衡時的 P 值範圍。

***10.97** 不計重量、長度均為 l 的兩桿件 AB 與 BC，連接到彈簧常數為 k 的兩彈簧。當 $\theta_1 = \theta_2 = 0$ 時兩彈簧未變形，且系統平衡。試求此位置為穩定平衡時的 P 值範圍。

***10.98** 如習題 10.97，但已知 $l = 800$ mm、$k = 2.5$ kN/m。

***10.99** 不計重量、長度為 $2a$ 的桿件 ABC 與一半徑為 a 的滑輪鉸接於 C。已知彈簧常數均為 k，當 $\theta_1 = \theta_2 = 0$ 時兩彈簧未變形，試求當 $\theta_1 = \theta_2 = 0$ 時為穩定平衡時的 P 值範圍。

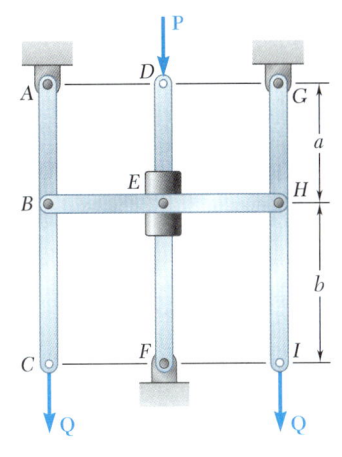

圖 *P10.95* 與 P10.96

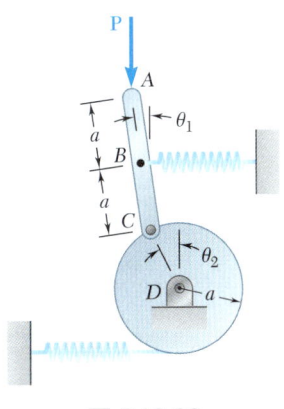

圖 P10.99

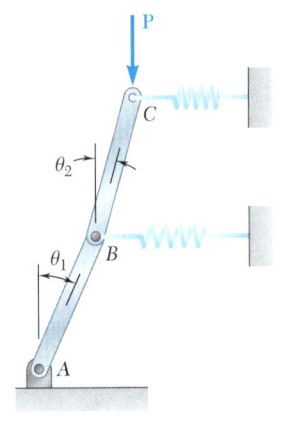

圖 *P10.97*

***10.100** 如習題 10.99，但已知 $k = 2$ kN/m、$a = 350$ mm。

複習與摘要

■ **力的功 (Work of a force)**：

本章第一部分介紹虛功原理，以及如何應用在求解平衡問題。首先定義力 **F** 在一小位移 $d\mathbf{r}$ 作的功為 [第 10.2 節]

$$dU = \mathbf{F} \cdot d\mathbf{r} \tag{10.1}$$

如圖 10.16 所示，dU 可由取力 **F** 和位移 $d\mathbf{r}$ 的純量積得到。若力和位移的大小標示為 F 和 ds，兩者之間夾角為 α，式 (10.1) 可改寫成

$$dU = F\,ds\,\cos\alpha \tag{10.1'}$$

若 $\alpha < 90°$，則功 dU 為正；$\alpha = 90°$，功 dU 為零；$\alpha > 90°$，功 dU 為負。同理，一力偶 **M** 對剛體所作的功為

$$dU = M\,d\theta \tag{10.2}$$

其中 $d\theta$ 為剛體受力矩作用所轉動的小角度，單位為弧度。

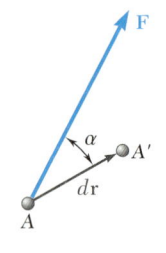

圖 10.16

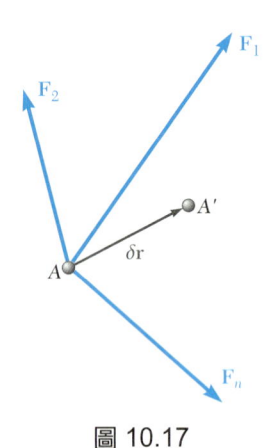

■ **虛位移 (Virtual displacement)**：

考慮一位於 A 的質點受到若干力 $\mathbf{F}_1, \mathbf{F}_2, \cdots, \mathbf{F}_n$ 的作用 [第 10.3 節]，假想該質點移動到一個新的位置 A' (圖 10.17)。因為位移沒有真的發生，故稱之為**虛位移**，標示為 $\delta\mathbf{r}$。這些力所作的功稱為**虛功**，標示為 δU。

$$\delta U = \mathbf{F}_1 \cdot \delta\mathbf{r} + \mathbf{F}_2 \cdot \delta\mathbf{r} + \cdots + \mathbf{F}_n \cdot \delta\mathbf{r}$$

圖 10.17

■ **虛功原理 (Principle of virtual displacement)**：

虛功原理表述當一質點處於平衡狀態時，施加在該質點上所有力對任意虛位移所作的虛功為零。

虛功原理亦適用於剛體系統。因為使用虛功原理時只需考慮有作功的力，不須將零件分拆畫自由體圖，再解聯立平衡方程式，因此往往可大幅簡化計算，常用在解決許多工程問題。虛功原理特別適合用在機具與由多個剛體組成之機構，因為支撐的反力不作功且插銷連接處內力所作的功相互抵消 [第 10.4 節；範例 10.1、10.2 和 10.3]。

■ **機械效率 (Mechanical efficiency)**：

然而，若處理的不是理想化的機具 [第 10.5 節]，兩剛體接觸的摩擦力往往不可忽略不計，此時必須考慮摩擦力作的功。因為部分能量透過摩擦力作功消耗成熱能，機具系統對外界輸出的功會小於輸入的功。定義機械效率如下

$$\eta = \frac{\text{輸出功}}{\text{輸入功}} \qquad (10.9)$$

沒有摩擦的理想機具 $\eta = 1$，摩擦不可忽略的真實機具 $\eta < 1$。

- **力於有限位移所作的功 (Work of a force over a finite displacement)**：

　　本章第二部分考慮力於有限位移所作的功。一力 **F** 作用於質點 A 使其從點 A_1 移動至 A_2（圖 10.18），**F** 所作的功 $U_{1 \to 2}$ 可對式 (10.1) 或式 (10.1′) 的等號右邊各項積分得到，積分路徑為該質點的移動軌跡 [第 10.6 節]：

$$U_{1 \to 2} = \int_{A_1}^{A_2} \mathbf{F} \cdot d\mathbf{r} \qquad (10.11)$$

或

$$U_{1 \to 2} = \int_{s_1}^{s_2} (F \cos \alpha)\, ds \qquad (10.11')$$

依此類推，一力偶 **M** 作用於剛體，使其從 θ_1 轉動了有限角度至 θ_2 所作的功為

$$U_{1 \to 2} = \int_{\theta_1}^{\theta_2} M\, d\theta \qquad (10.12)$$

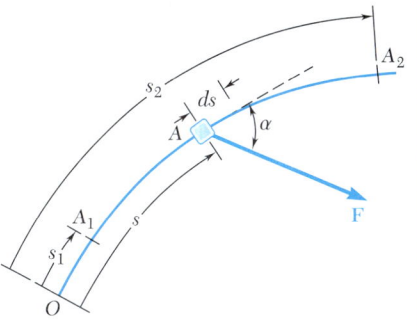

圖 10.18

- **重力的功 (Work of a weight)**：

　　一重量 **W** 的物體從高度 y_1 移動至 y_2 時重力所作的功（圖 10.19）可由式 (10.11′) 得到，令 $F = W$ 與 $\alpha = 180°$：

$$U_{1 \to 2} = -\int_{y_1}^{y_2} W\, dy = W y_1 - W y_2 \qquad (10.13)$$

當 y 減少時，**W** 作的功為正。

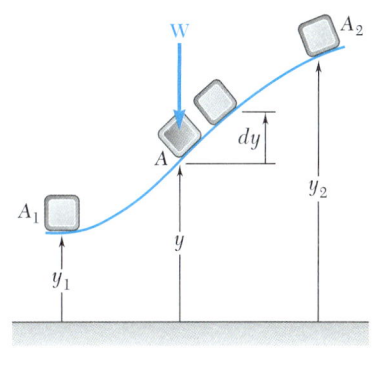

圖 10.19

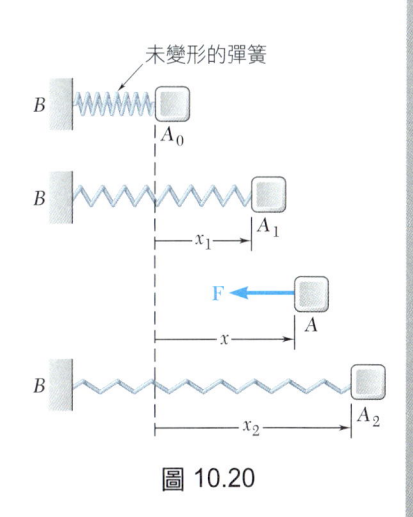

- **彈簧所作的功 (Work of the force exerted by a spring)**：

　　如圖 10.20 所示，一彈簧作用於物體 A 時長度從 x_1 拉伸至 x_2。此時彈性力 $F = kx$，其中 k 為彈簧常數，$\alpha = 180°$，彈簧所作的功由下式得到

圖 10.20

$$U_{1\to 2} = -\int_{x_1}^{x_2} kx\, dx = \tfrac{1}{2}kx_1^2 - \tfrac{1}{2}kx_2^2 \qquad (10.15)$$

彈簧從拉伸或壓縮狀態回復至未變形狀態過程中彈性力 **F** 作功為正。

- **位能 (Potential energy)：**

    假如在一系統中，力 **F** 作的功和路徑無關，僅與初始與最終狀態有關，則此力稱為**保守力**。保守力作的功表示如下

$$U_{1\to 2} = V_1 - V_2 \qquad (10.20)$$

其中 V 為與保守力 **F** 對應之位能函數，V_1 和 V_2 分別為 V 在點 A_1 和 A_2 的值 [第 10.7 節]。重力 **W** 和彈簧的彈性力 **F** 的位能函數分別可定義為：

$$V_g = Wy \qquad \text{和} \qquad V_e = \tfrac{1}{2}kx^2 \qquad (10.17 \cdot 10.18)$$

- **虛功定理的其他表示法 (Alternative expression for the principle of virtual work)：**

    當一機械系統的位置只與一獨立變數 θ 有關時，系統的位能為該變數的函數 $V(\theta)$，再依式 (10.20) 得到 $\delta U = -\delta V = -(dV/d\theta)\,\delta\theta$。依虛功原理，系統平衡條件 $\delta U = 0$ 可由下式取代

$$\frac{dV}{d\theta} = 0 \qquad (10.21)$$

當所有力都為保守力時，通常建議使用式 (10.21) 而不直接用虛功原理 [第 10.8 節；範例 10.4]。

- **平衡穩定性 (Stability of equilibrium)：**

    使用位能函數還有另一個好處，即可由 V 二階導數的正負號，判斷系統處於**穩定平衡**、**不穩定平衡**或**隨遇平衡** [第 10.9 節]。若 $d^2V/d\theta^2 > 0$，V 為最小值，且系統處於**穩定平衡**；若 $d^2V/d\theta^2 < 0$，V 為最大值，且系統處於**不穩定平衡**；若 $d^2V/d\theta^2 = 0$，則必須取更高階導數。

複習題

10.101 試求使連桿組保持平衡必須施加在 A 的水平力 **P**。

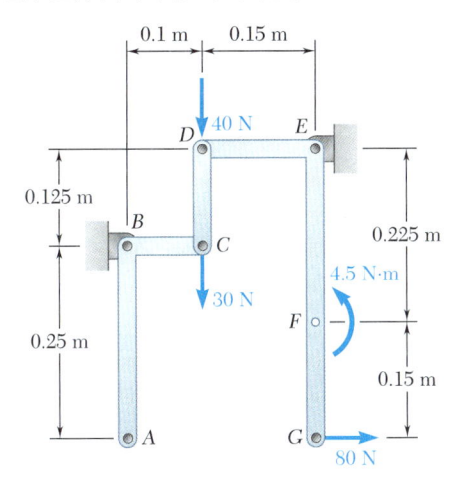

圖 P10.101 與 P10.102

10.102 試求使連桿組保持平衡必須施加在桿件 ABC 的力偶 **M**。

10.103 彈簧常數為 15 kN/m 的彈簧連接連桿組的點 C 與 F。不計彈簧與連桿的重量，試求彈簧力與點 G 的垂直運動，當一 120 N 垂直向下的力作用於 (a) 點 C；(b) 點 C 與 H。

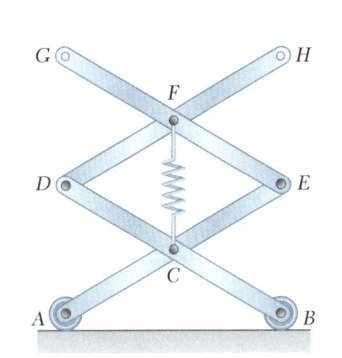

圖 P10.103

10.104 試推導使圖示機構保持平衡所需的力 **Q** 的大小的表達式。

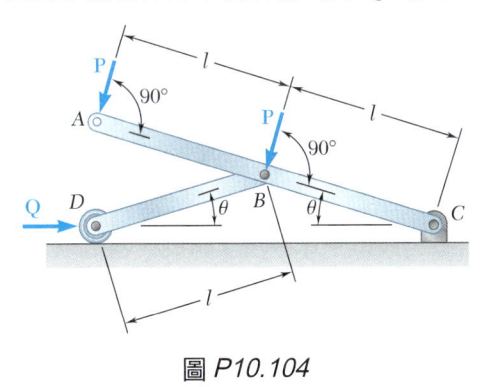

圖 P10.104

10.105 試推導使圖示連桿組保持平衡所需的力偶 **M** 的大小的表達式。

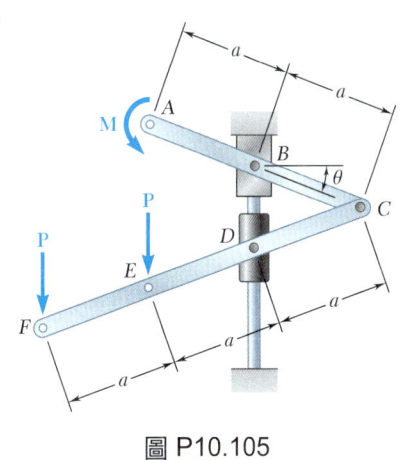

圖 P10.105

10.106 兩桿件 AC 與 CE 銷接於 C，並由彈簧 AE 相連。彈簧常數為 k，且當 θ = 30° 時彈簧未變形。如圖示負載時，試推導系統平

衡時 P、θ、l 與 k 必須滿足的方程式。

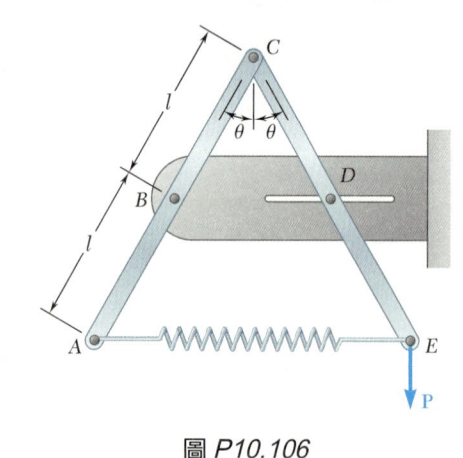

10.107 大小為 240 N 的力 **P** 作用於纜繩 CDE 的端點 E，纜繩通過滑輪 D，並連接到一機構的 C。不計機構的重量與滑輪半徑，試求平衡時的 θ 值。彈簧常數為 $k = 4$ kN/m，且當 $\theta = 90°$ 時彈簧未變形。

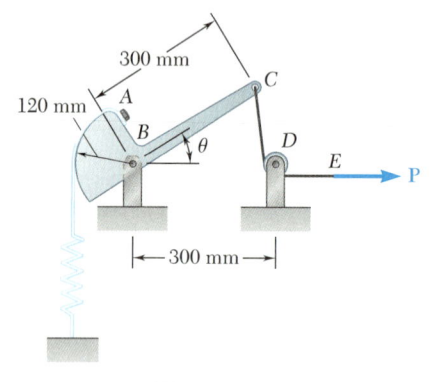

圖 P10.106

圖 P10.107

10.108 兩相同的桿件 ABC 與 DBE 銷接於 B，並由彈簧 CE 相連。已知彈簧未變形時的長度為 80 mm，且彈簧常數為 $k = 2$ kN/m，當 120 N 的負載作用於 E 時，試求平衡時的距離 x 值。

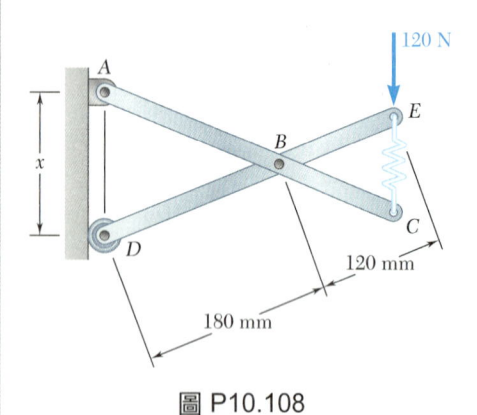

10.109 如習題 10.108，但假設 120 N 的負載改為作用於 C。

10.110 兩桿件 AB 與 BC 連接到一彈簧常數為 k 的彈簧，當兩桿垂直時彈簧未變形。試求系統為穩定平衡時的 P 值範圍。

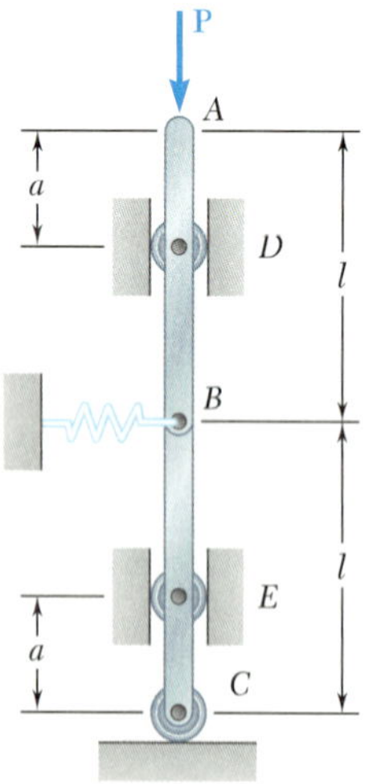

10.111 一半徑為 r 的均質半球放在圖示之斜面上。假設摩擦夠大使半球不滑下斜面，當 $\beta = 10°$ 時，試求平衡時的 θ 值。

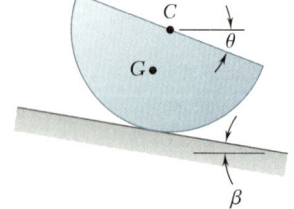

圖 P10.108

圖 P10.110

圖 P10.111 與 P10.112

10.112 一半徑為 r 的均質半球放在圖示之斜面上。假設摩擦夠大使半球不滑下斜面，試求 (a) 平衡位置存在時的最大 β 值；(b) 當 β 等於 a 小題的一半時，平衡時的 θ 值。

電腦題

10.C1 一力偶 **M** 作用於曲柄 AB 上，以便當力 **P** 作用於活塞時，圖示之引擎系統可保持平衡。已知 $b = 60$ mm、$l = 200$ mm，寫一電腦程式計算比值 M/P，取 θ 值從 0 到 180°，每 10° 計算一點。使用更小的間隔，試求出使比值 M/P 最大的 θ 值，以及對應的 M/P 值。

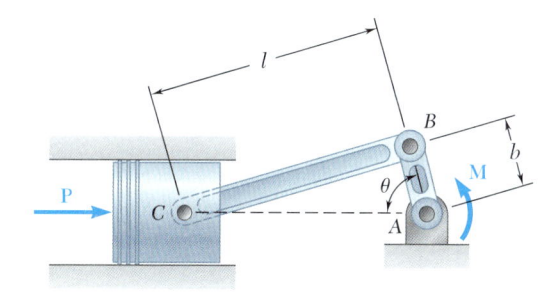

圖 P10.C1

10.C2 已知 $a = 500$ mm、$b = 150$ mm、$L = 500$ mm、$P = 100$ N，寫一電腦程式計算桿件 BD 的力，取 θ 值從 30° 到 150°，每 10° 計算一點。使用更小的間隔，試求出使桿件 BD 的力的絕對值小於 400 N 的 θ 值範圍。

圖 P10.C2

10.C3 如習題 10.C2，但假設作用於 A 的力 **P** 水平指向右。

10.C4 彈簧 AB 的常數為 k，當 $\theta = 0$ 時彈簧未變形。(a) 不計桿件 BCD 的重量，寫一電腦程式計算系統的位能 V，以及導數 $dV/d\theta$；(b) 若 $W = 750$ N、$a = 250$ mm、$k = 15$ kN/m，計算並畫出位能對 θ 的圖，取 θ 值從 0 到 165°，每 15° 計算一點；(c) 使用更小的間

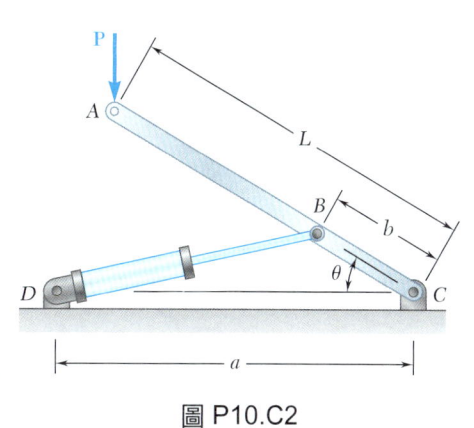

隔，試求系統平衡時的所有的 θ 值，並指出各點是穩定、不穩定或隨遇平衡。

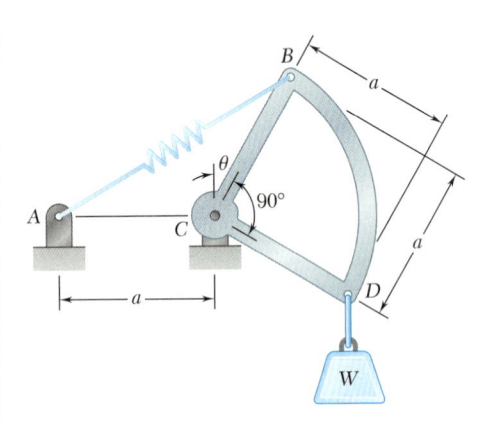

10.C5 長度均為 L 的兩桿件 AC 與 DE 由一軸環相連，軸環附在桿件 AC 的中點 B。(a) 寫一電腦程式計算系統的位能 V，以及導數 $dV/d\theta$；(b) 若 W = 75 N、P = 200 N、L = 500 mm，計算 V 與 $dV/d\theta$，取 θ 值從 0 到 70°，每 5° 計算一點；(c) 使用更小的間隔，試求系統平衡時的所有的 θ 值，並指出各點是穩定、不穩定或隨遇平衡。

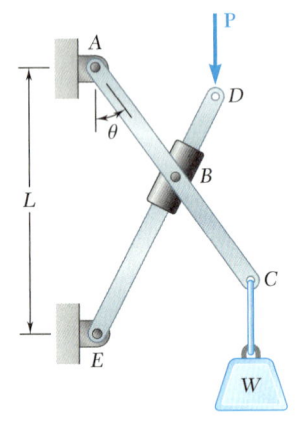

圖 P10.C4

圖 P10.C5

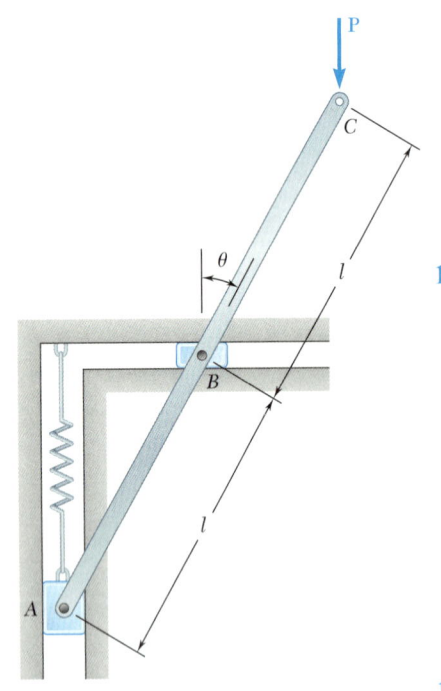

10.C6 細長桿 ABC 附在可於導軌中自由移動的兩方塊 A 與 B 上。彈簧常數為 k，當桿件垂直時，彈簧未變形。(a) 不計桿件與方塊的重量，寫一電腦程式計算系統的位能 V，以及導數 $dV/d\theta$；(b) 若 P = 150 N、l = 200 mm、k = 3 kN/m，計算並畫出位能對 θ 的曲線，取 θ 值從 0 到 75°，每 5° 計算一點；(c) 使用更小的間隔，試求系統平衡時的所有的 θ 值 (0 ≤ θ ≤ 75°)，並指出各點是穩定、不穩定或隨遇平衡。

10.C7 如習題 10.C6，但假設作用於 C 的力 P 水平指向右。

圖 P10.C6

594

圖片來源

CHAPTER 1
章首：©莊嘉揚

CHAPTER 2
章首：©林子源；照片 2.1：© H. David Seawell/Corbis；照片 2.2：© WIN-Initiative/Getty Images.

CHAPTER 3
章首：©周振涵；照片 3.1：© McGraw-Hill/Photo by Lucinda Dowell；照片 3.2：www.shutterstock.com；照片 3.3：© Jose Luis Pelaez/Getty Images；照片 3.4：© Images-USA/Alamy RF；照片 3.5：www.shutterstock.com.

CHAPTER 4
章首：©張立；照片 4.1, 照片 4.2, 照片 4.3：© The McGraw-Hill Companies, Inc./Photo by Lucinda Dowell；照片 4.4, 照片 4.5：Courtesy National Information Service for Earthquake Engineering, University of California, Berkeley；照片 4.6：© McGraw-Hill/Photo by Lucinda Dowell；照片 4.7：Courtesy of SKF, Limited.

CHAPTER 5
章首：©魏啟勛；照片 5.1：© Christies Images/SuperStock；照片 5.2：www.shutterstock.com；照片 5.3：© Ghislain & Marie David de Lossy/Getty Images；照片 5.4：NASA.

CHAPTER 6
章首：©唐大為；照片 6.1：Courtesy National Information Service for Earthquake Engineering, University of California, Berkeley；照片 6.2：Courtesy of Ferdinand Beer；照片 6.3：© The McGraw-Hill Companies, Inc./Photo by Sabina Dowell；照片 6.4：www.shutterstock.com；照片 6.5：© Mouse in the House/Alamy.

CHAPTER 7
章首：©陳譽升；照片 7.1：© The McGraw-Hill Companies, Inc./Photo by Sabina Dowell；照片 7.2：© Alan Thornton/Getty Images；照片 7.3：© Michael S. Yamashita/Corbis.

CHAPTER 8
章首：©莊嘉揚；照片 8.1：© Chuck Savage/Corbis；照片 8.2：© Ted Spiegel/Corbis；照片 8.3：© Adam Woolfitt/Corbis.

CHAPTER 9
章首：© Lester Lefkowitz/Getty Images；照片 9.1：© Ed Eckstein/Corbis；照片 9.2：www.shutterstock.com.

CHAPTER 10
章首：© Tom Brakefield/SuperStock；照片 10.1：Courtesy of Altec Industries；照片 10.2：Courtesy of DE-STA-CO.

封面攝影：©莊嘉揚

習題答案

CHAPTER 2

- **2.1** 3.30 kN ⤴ 66.6°.
- **2.2** 690 N ⤵ 67.0°.
- **2.4** 8.03 kN ⤵ 3.8°.
- **2.5** (a) 101.4 N.
  (b) 196.6 N.
- **2.6** (a) 3660 N.
  (b) 3730 N.
- **2.7** 2600 N ⤴ 53.5°.
- **2.8** (a) 26.9 N.
  (b) 18.75 N.
- **2.10** (a) 37.1°.
  (b) 73.2 N.
- **2.11** (a) 392 N. (b) 346 N.
- **2.13** (a) 368 N →. (b) 213 N.
- **2.14** (a) 21.1 N ↓. (b) 45.3 N.
- **2.15** 695.4 N ⤵ 67.0°.
- **2.16** 8.03 kN ⤵ 3.8°.
- **2.18** 100.3 N ⤵ 21.2°.
- **2.19** 104.4 N ⤴ 86.7°.
- **2.21** (80 N) 61.3 N, 51.4 N; (120 N) 41.0 N, 112.8 N; (150 N) −122.9 N, 86.0 N.
- **2.22** (40 N) 20.0 N, −34.6 N; (50 N) −38.3 N, −32.1 N; (60 N) 54.4 N, 25.4 N.
- **2.24** (102 N) −48.0 N, 90.0 N; (106 N) 56.0 N, 90.0 N; (200 N) −160.0 N, −120.0 N.
- **2.25** (a) 2190 N. (b) 2060 N.
- **2.26** (a) 610 N. (b) 500 N.
- **2.28** (a) 373 N. (b) 286 N.
- **2.30** (a) 621 N. (b) 160.8 N.
- **2.31** 654 N ⤴ 21.5°.
- **2.32** 251 N ⤴ 85.3°.
- **2.33** 54.9 N ⤴ 48.9°.
- **2.35** 309 N ⤵ 86.6°.
- **2.36** 474 N ⤴ 32.5°.
- **2.37** 203 N ∠ 8.5°.
- **2.39** (a) 21.7°. (b) 229 N.
- **2.40** (a) 26.5 N. (b) 623 N.
- **2.42** (a) 29.4°. (b) 371 N.
- **2.43** (a) 6.37 kN. (b) 12.47 kN.
- **2.45** (a) 12.4 kN. (b) 1.15 kN.
- **2.46** (a) 173 N. (b) 231 N.
- **2.48** (a) 305 N. (b) 514 N.
- **2.49** $T_c = 5.87$ kN; $T_D = 9.14$ kN.
- **2.51** (a) 312 N. (b) 144 N.
- **2.52** $0 < P < 514$ N.
- **2.53** (a) 1213 N. (b) 166.3 N
- **2.54** (a) 863 N. (b) 1216 N
- **2.55** $F_A = 1303$ N; $F_B = 420$ N.
- **2.57** (a) 1081 N. (b) 82.5°.
- **2.58** (a) 1294 N. (b) 62.5°.
- **2.59** (a) 5.00° ∠. (b) 1.05 kN.
- **2.61** (a) 784 N. (b) 71.0°.
- **2.62** 1.250 m.
- **2.63** (a) 43.9 N. (b) 120 N.
- **2.65** $27.4° < \alpha < 222.6°$.
- **2.67** (a) 3 kN. (b) 3 kN. (c) 2 kN. (d) 2 kN. (e) 1.5 kN.
- **2.68** (b) 2 kN. (d) 1.5 kN.
- **2.69** (a) 1293 N. (b) 2220 N.
- **2.71** (a) −130.1 N; +816 N; +357 N. (b) 98.3°; 25.0°; 66.6°.
- **2.72** (a) +390 N; +614 N; +181.8 N. (b) 58.7°; 35.0°; 76.0°.
- **2.73** (a) −175.8 N; −257 N; +251 N. (b) 116.1°; 130.0°; 51.1°.
- **2.74** (a) +350 N; −169.0 N; +93.8 N. (b) 28.9°; 115.0°; 76.4°.
- **2.75** (a) −90.1 N; +190.5 N; −63.1 N. (b) 114.2°; 30°; 106.7°.
- **2.76** (a) 439 N. (b) 65.8°; 30.0°; 106.7°.
- **2.77** (a) +56.4 N; −103.9 N; −20.5 N. (b) 62.0°; 150.0°; 99.8°.
- **2.79** 950 N; 43.4°; 71.6°; 127.6°.
- **2.81** (a) 132.5°. (b) $F_x = +53.9$ N; $F_z = 7.99$ N; $F = 74$ N.
- **2.82** (a) 114.4°. (b) $F_y = +694$ N; $F_z = +855$ N; $F = 1209.1$ N.
- **2.83** (a) 194.0 N; 108.0 N. (b) 105.1°; 62.0°.
- **2.85** 30 N; −35 N; −30 N.
- **2.86** 28.8 N; −36 N; 38.4 N.
- **2.87** −1125 N; 750 N; 450 N.
- **2.89** 240 N; −255 N; 160.0 N.
- **2.91** 940 N; 65.7°; 28.2°; 76.4°.
- **2.92** 940 N; 63.4°; 27.2°; 84.5°.
- **2.94** 913 N; 50.6°; 117.6°; 51.8°.
- **2.95** 748 N; 120.1°; 52.5°; 128.0°.
- **2.96** 3120 N; 37.4°; 122.0°; 72.6°.
- **2.97** 4.28 kN; 93.7°; 31.3°; 121.1°.
- **2.99** 13.98 kN.
- **2.101** 926 N ↑.
- **2.103** 2102 N.
- **2.104** 1868 N.
- **2.106** $T_{AB} = 571$ N; $T_{AC} = 830$ N; $T_{AD} = 528$ N.
- **2.107** 960 N.
- **2.108** $0 \leq Q < 300$ N.
- **2.109** 845 N.
- **2.110** 768 N.
- **2.112** 12.4 kN.
- **2.113** $T_{AB} = 126.9$ N; $T_{AC} = 257.3$ N.
- **2.115** $T_{AB} = 510$ N; $T_{AC} = 56.2$ N; $T_{AD} = 536$ N.
- **2.116** $T_{AB} = 1340$ N; $T_{AC} = 1025$ N; $T_{AD} = 915$ N.
- **2.117** $T_{AB} = 1431$ N; $T_{AC} = 1560$ N; $T_{AD} = 183.0$ N.
- **2.118** $T_{AB} = 1249$ N; $T_{AC} = 490$ N; $T_{AD} = 1647$ N.
- **2.119** 3.4 kN; 2.5 kN; 4.4 kN.
- **2.121** $T_{BAC} = 76.7$ N; $T_{AD} = 26.9$ N; $T_{AE} = 49.2$ N.
- **2.122** $P = 305$ N; $T_{BAC} = 117.0$ N; $T_{AD} = 40.9$ N.
- **2.123** $P = 131.2$ N; $Q = 29.6$ N.
- **2.125** (a) 1155 N. (b) 1012 N.
- **2.127** 21.8 kN ⤴ 73.4°.
- **2.128** (a) 523 N. (b) 428 N.

2.129 (a) 95.1 N. (b) 95.0 N.
2.131 $F_C = 6.40$ kN; $F_D = 4.80$ kN.
2.133 (a) 288 N. (b) 67.5°, 30.0°, 108.7°.
2.134 (a) 114.4°. (b) $F_y = 694$ N, $F_z = 855$ N, $F = 1209$ N.
2.135 515 N; $\theta_x = 70.2°$; $\theta_y = 27.6°$; $\theta_z = 71.5°$.
2.137 (a) 125.0 N. (b) 45.0 N.
2.C2 (1) (b) 20°; (c) 244 N. (2) (b) −10°; (c) 467 N. (3) (b) 10°; (c) 163.2 N.
2.C3 (a) 1.001 m. (b) 4.01 kN. (c) 1.426 kN; 1.194 kN.

CHAPTER 3

3.1 13.02 N · m ↲.
3.2 13.02 N · m ↲.
3.4 (a) 196.2 N · m ↲. (b) 199.0 N ↘ 59.5°
3.5 (a) 196.2 N · m ↲. (b) 321 N ↗ 35.0°. (c) 231 N ↑ at point D.
3.6 (a) 20.5 N · m ↰. (b) 68.4 mm.
3.7 (a) 27.4 N · m ↰. (b) 228 N ↗ 42°.
3.9 112 N · m ↰.
3.10 61.6 N · m ↰.
3.11 (a) 760 N · m ↰. (b) 760 N · m ↰.
3.12 1224 N.
3.17 (a) $(-3\mathbf{i} - \mathbf{j} - \mathbf{k})/\sqrt{11}$. (b) $(2\mathbf{j} + 3\mathbf{k})/\sqrt{13}$.
3.18 2.21 m.
3.20 (a) $9\mathbf{i} + 22\mathbf{j} + 21\mathbf{k}$. (b) $22\mathbf{i} + 11\mathbf{k}$. (c) 0.
3.22 $(886 \text{ N} \cdot \text{m})\mathbf{i} + (259 \text{ N} \cdot \text{m})\mathbf{j} - (670 \text{ N} \cdot \text{m})\mathbf{k}$.
3.23 $-(42.2 \text{ N} \cdot \text{m})\mathbf{i} - (21 \text{ N} \cdot \text{m})\mathbf{j} - (21 \text{ N} \cdot \text{m})\mathbf{k}$.
3.24 $(1200 \text{ N} \cdot \text{m})\mathbf{i} - (1500 \text{ N} \cdot \text{m})\mathbf{j} - (900 \text{ N} \cdot \text{m})\mathbf{k}$.
3.25 $(7.50 \text{ N} \cdot \text{m})\mathbf{i} - (6.00 \text{ N} \cdot \text{m})\mathbf{j} - 10.39 \text{ N} \cdot \text{m})\mathbf{k}$.
3.27 100.8 mm.
3.28 144.8 mm.
3.29 1.95 m.
3.30 1.72 m.
3.32 2.36 m.
3.33 1.491 m.
3.35 $\mathbf{P} \cdot \mathbf{Q} = +1$; $\mathbf{P} \cdot \mathbf{S} = -11$; $\mathbf{Q} \cdot \mathbf{S} = +10$.
3.37 43.6°.
3.38 38.9°.
3.39 77.9°.
3.41 (a) 134.1°. (b) −76.6 N.
3.42 (a) 65°. (b) 75.3 N.
3.43 (a) 52.9°. (b) 326 N.
3.45 7.
3.46 (a) 67. (b) 111.
3.47 $M_x = 0$, $M_y = -162.0$ N · m, $M_z = 270$ N · m.
3.48 $M_x = -576$ N · m, $M_y = -243$ N · m, $M_z = 405$ N · m.
3.49 307.5 N.
3.51 1.14 kN.
3.53 $P = 125.0$ N; $\phi = 73.7°$, $\theta = 53.1°$.
3.54 23.0 N · m.
3.55 2.28 N · m.
3.56 −9.50 N · m.
3.57 +24.8 N · m.
3.59 −90 N · m.
3.60 −111.0 N · m.
3.61 $aP/\sqrt{2}$.
3.64 0.1198 m.
3.66 13.06 cm.
3.67 12.69 cm.
3.69 0.249 m.
3.70 (a) 13.4 N · m ↰. (b) 0.28 m. (c) 54.0°.

3.72 12.5 mm.
3.73 (a) 26.7 N. (b) 50.0 N. (c) 23.5 N.
3.74 (a) 6.19 N · m. ↲. (b) 6.19 N · m ↲. (c) 6.19 N · m ↲.
3.76 $M = 3.22$ N · m; $\theta_x = 90.0°$, $\theta_y = 53.1°$, $\theta_z = 36.9°$.
3.77 $M = 2.72$ N · m; $\theta_x = 134.9°$, $\theta_y = 58.0°$, $\theta_z = 61.9°$.
3.78 $M = 6.04$ N · m; $\theta_x = 72.8°$, $\theta_y = 27.3°$, $\theta_z = 110.5°$.
3.79 $M = 11.7$ N · m; $\theta_x = 81.2°$, $\theta_y = 13.70°$, $\theta_z = 100.4°$.
3.80 $M = 4.50$ N · m; $\theta_x = 90.0°$, $\theta_y = 177.1°$, $\theta_z = 87.1°$.
3.81 $\mathbf{F} = 260$ N ↗ 67.4°; $\mathbf{M}_C = 5$ N · m ↲.
3.82 (a) $\mathbf{F} = 30.0$ N ↓; $\mathbf{M} = 1.5$ N · m ↰.
(b) $\mathbf{B} = 50.0$ N ←; $\mathbf{C} = 50.0$ N →.
3.83 (a) $\mathbf{F}_B = 250$ N ↘ 60.0°; $\mathbf{M}_B = 75.0$ N · m ↲.
(b) $\mathbf{F}_A = 375$ N ↘ 60.0°; $\mathbf{F}_B = 625$ N ↘ 60.0°.
3.86 $\mathbf{F}_A = 389$ N ↘ 60.0°; $\mathbf{F}_C = 651$ N ↘ 60.0°.
3.87 (a) $\mathbf{F} = 216$ N ∠ 65.0°; $\mathbf{M} = 33.0$ N · m ↲.
(b) $\mathbf{F} = 216$ N ∠ 65.0° applied to the lever 267 mm to the left of Point B.
3.90 $(250 \text{ kN})\mathbf{j}$; $(15 \text{ kN} \cdot \text{m})\mathbf{i} + (7.5 \text{ kN} \cdot \text{m})\mathbf{k}$.
3.91 $\mathbf{F} = 900$ N ↓; $x = 50.0$ mm.
3.93 $\mathbf{F} = -(640 \text{ N})\mathbf{i} - (1280 \text{ N})\mathbf{j} + (160 \text{ N})\mathbf{k}$;
$\mathbf{M} = (5.12 \text{ kN} \cdot \text{m})\mathbf{i} + (20.48 \text{ kN} \cdot \text{m})\mathbf{k}$.
3.95 $\mathbf{F} = -(28.5 \text{ N})\mathbf{j} + (106.3 \text{ N})\mathbf{k}$; $\mathbf{M} = (12.35 \text{ N} \cdot \text{m})\mathbf{i} - (19.16 \text{ N} \cdot \text{m})\mathbf{j} - (5.13 \text{ N} \cdot \text{m})\mathbf{k}$.
3.96 $\mathbf{F} = -(1220 \text{ N})\mathbf{i}$; $\mathbf{M} = (73.2 \text{ N} \cdot \text{m})\mathbf{j} - (122 \text{ N} \cdot \text{m})\mathbf{k}$.
3.97 $\mathbf{F}_C = (5.00 \text{ N})\mathbf{i} + (150.0 \text{ N})\mathbf{j} - (90.0 \text{ N})\mathbf{k}$;
$\mathbf{M}_C = (77.4 \text{ N} \cdot \text{m})\mathbf{i} + (61.5 \text{ N} \cdot \text{m})\mathbf{j} + (106.8 \text{ N} \cdot \text{m})\mathbf{k}$.
3.98 $\mathbf{F} = (36.0 \text{ N})\mathbf{i} - (28.0 \text{ N})\mathbf{j} - (6.00 \text{ N})\mathbf{k}$;
$\mathbf{M} = -(18.8 \text{ N} \cdot \text{m})\mathbf{i} + (2.7 \text{ N} \cdot \text{m})\mathbf{j} - (28.8 \text{ N} \cdot \text{m})\mathbf{k}$.
3.99 (a) 135.0 mm. (b) $\mathbf{F}_z = (42.0 \text{ N})\mathbf{i} + (42.0 \text{ N})\mathbf{j} - (49.0 \text{ N})\mathbf{k}$;
$\mathbf{M}_z = -(25.9 \text{ N} \cdot \text{m})\mathbf{i} + (21.2 \text{ N} \cdot \text{m})\mathbf{j}$.
3.101 (a) Loading a 500 N ↓; 1000 N · m ↲.
Loading b 500 N ↑; 500 N · m ↰.
Loading c 500 N ↓; 500 N · m ↲.
Loading d 500 N ↓; 1100 N · m ↲.
Loading e 500 N ↓; 1000 N · m ↲.
Loading f 500 N ↓; 200 N · m ↲.
Loading g 500 N ↓; 2300 N · m ↰.
Loading h 500 N ↓; 650 N · m ↰.
(b) Loadings a and e are equivalent.
3.102 Equivalent to case f of problem 3.101.
3.104 Equivalent force-couple system at D.
3.106 (a) 0.99 m to the right of D. (b) 0.78 m.
3.107 (a) 0.6 m to the right of C. (b) 0.69 m to the right of C.
3.108 (a) 34 N ↘ 28.0°. (b) AB: 116.4 mm to the left of B; BC: 62 mm below B.
3.109 (a) 0.48 N · m ↰. (b) 2.4 N · m ↰. (c) 0.
3.111 (a) 0.365 m above G. (b) 0.227 m to the right of G.
3.112 (a) 0.299 m above G. (b) 0.259 m to the right of G.
3.113 3.86 kN ↗ 79.0°; 9.54 m to the right of A.
3.114 (a) 7.35 N ∠ 55.6°; (b) 476 mm to the left of B.
(c) 33.7 mm above and to the left of A.
3.115 (a) 211 mm. (b) 211 mm.
3.116 (a) 1562 N ↘ 50.2°. (b) 250 mm to the right of C and 300 mm above C.
3.117 (a) 1308. N ∠ 66.6°. (b) 412 mm to the right of A and 250 mm to the right of C.
3.118 (a) $\mathbf{R} = F$ ↗ $\tan^{-1}(a^2/2bx)$;
$\mathbf{M} = 2Fb^2(x - x^3/a^2)/\sqrt{a^4 + 4b^2x^2}$ ↰. (b) 0.369 m.
3.119 $\mathbf{R} = -(21.0 \text{ N})\mathbf{i} - (29.0 \text{ N})\mathbf{j} + (16.00 \text{ N})\mathbf{k}$;
$\mathbf{M} = -(0.870 \text{ N} \cdot \text{m})\mathbf{i} + (0.630 \text{ N} \cdot \text{m})\mathbf{j} + (0.390 \text{ N} \cdot \text{m})\mathbf{k}$.
3.120 $\mathbf{R} = (420 \text{ N})\mathbf{j} - (339 \text{ N})\mathbf{k}$; $\mathbf{M} = (1.125 \text{ N} \cdot \text{m})\mathbf{i} + (163.9 \text{ N} \cdot \text{m})\mathbf{j} - (109.9 \text{ N} \cdot \text{m})\mathbf{k}$.

3.121 $\mathbf{R} = -(420\text{ N})\mathbf{j} - (50.0\text{ N})\mathbf{j} - (250\text{ N})\mathbf{k}$;
$\mathbf{M} = (30.8\text{ N} \cdot \text{m})\mathbf{j} - (22.0\text{ N} \cdot \text{m})\mathbf{k}$.
3.122 (a) $\mathbf{B} = (18.7\text{ N})\mathbf{i}$, $\mathbf{C} = -(5.7\text{ N})\mathbf{i} - (12.1\text{ N})\mathbf{j} - (3.5\text{ N})\mathbf{k}$.
(b) $R_y = -12.1\text{ N}$; $M_x = 0.54\text{ N} \cdot \text{m}$.
3.123 (a) $\mathbf{F}_B = -(80.0\text{ N})\mathbf{k}$, $\mathbf{F}_C = -(30.0\text{ N})\mathbf{i} + (40.0\text{ N})\mathbf{k}$.
(b) $R_y = 0$, $R_z = 40.0\text{ N}$. (c) When the slot in vertical
3.124 (a) $60.0°$. (b) $(100\text{ N})\mathbf{i} - (173.2\text{ N})\mathbf{j}$; $(52\text{ N} \cdot \text{m}.)\mathbf{i}$.
3.127 1035 N; 2.57 m from OG and 3.05 m from OE.
3.128 2.32 m from OG and 1.165 m from OE.
3.129 1.62 kN; 5.04 m to the right of AB and 1.175 m. below BC.
3.130 $a = 0.29$ m; $b = 8.2$ m.
3.133 (a) P; $\theta_x = 90.0°$; $\theta_y = 90.0°$, $\theta_z = 0$. (b) $5a/2$. (c) Axis of the wrench is parallel to the z axis at $x = a$, $y = -a$.
3.134 (a) $P\sqrt{3}$; $\theta_x = \theta_y = \theta_z = 54.7°$. (b) $-a$.
(c) Axis of the wrench is diagonal OA.
3.135 (a) $-(21.0\text{ N})\mathbf{j}$. (b) 5.7 mm. (c) Axis of wrench is parallel to the y axis at $x = 0$; $z = 16.7$ mm.
3.137 (a) $-(84.0\text{ N})\mathbf{j} - (80.0\text{ N})\mathbf{k}$. (b) 0.477 m.
(c) $x = 0.526$ m, $y = 0$, $z = -0.1857$ m.
3.139 (a) $3P(2\mathbf{i} - 20\mathbf{j} - \mathbf{k})/25$. (b) $-0.0988\,a$.
(c) $x = 2.00\,a$, $z = -1.990\,a$.
3.142 $\mathbf{R} = (20.0\text{ N})\mathbf{i} + (30.0\text{ N})\mathbf{j} - (10.00\text{ N})\mathbf{k}$; $y = -0.540$ m, $z = -0.420$ m.
3.143 $\mathbf{F}_A = (M/b)\mathbf{i} + R[1+(a/b)]\mathbf{k}$; $\mathbf{F}_B = -(M/b)\mathbf{i} - (aR/b)\mathbf{k}$.
3.147 41.7 N $\cdot$ m ↻. (b) 147.4 N ⦨ 45.0°.
3.148 111.5 N $\cdot$ m ↻.
3.150 27.4°.
3.151 1.252 m.
3.153 (a) $\mathbf{F} = 2.24$ kN ⦩ 20.0°; $\mathbf{M} = 9.27$ kN $\cdot$ m ↻.
(b) $\mathbf{F} = 2.24$ kN ⦩ 20.0°; $\mathbf{M} = 5.15$ kN $\cdot$ m ↻.
3.154 $(0.906\text{ N})\mathbf{i} + (0.423\text{ N})\mathbf{k}$; 1.272 m to the right of B.
3.156 (a) 6.91 m. (b) 458 N; 3.16 m to the right of A.
3.158 $\mathbf{F}_B = 140$ kN ↓; $\mathbf{F}_F = 100$ kN ↓.
3.C3 4 sides: $\beta = 10°$, $\alpha = 44.1°$;
$\beta = 20°$, $\alpha = 41.6°$;
$\beta = 30°$, $\alpha = 37.8°$.
3.C4 $\theta = 0\ rev$: $M = 97.0$ N $\cdot$ m;
$\theta = 6\ rev$: $M = 63.3$ N $\cdot$ m;
$\theta = 12\ rev$: $M = 9.17$ N $\cdot$ m.
3.C6 $d_{AB} = 0.9$ m; $d_{CD} = 0.225$ m; $d_{min} = 1.46$ m.

CHAPTER 4

4.1 (a) 6.07 kN ↑. (b) 4.23 kN ↑.
4.2 (a) 4.89 kN ↑. (b) 3.69 kN ↑.
4.3 (a) $\mathbf{A} = 20.0$ N ↓; $\mathbf{B} = 150.0$ N ↑.
(b) $\mathbf{A} = 10.00$ N ↓; $\mathbf{B} = 140.0$ N ↑.
4.5 (a) 37.9 N ↑. (b) 373 N ↑.
4.6 (a) 2.76 N ↑. (b) 391 N ↑.
4.7 (a) $\mathbf{A} = 10.05$ kN ↑; $\mathbf{B} = 15.35$ kN ↑.
(b) $\mathbf{A} = 8.92$ kN ↑; $\mathbf{B} = 16.48$ kN ↑.
4.8 (a) 980 N ↑. (b) 560 N ↑.
4.9 0.05 m ≤ a ≤ 0.25 m.
4.10 150.0 mm ≤ d ≤ 400 mm.
4.11 0.500 kN ≤ Q ≤ 11.00 kN.
4.15 (a) 2.00 kN. (b) 2.32 kN ⦨ 46.4°.
4.17 (a) 150.0 N. (b) 224.7 N ⦨ 32.3°.
4.18 111.3 N →.
4.19 (a) 600 N. (b) 1253 N ⦨ 69.8°.
4.21 (a) $\mathbf{A} = 225$ N ↑; $\mathbf{C} = 641$ N ⦨ 20.6°.
(b) $\mathbf{A} = 365$ N ⦨ 60.0°; $\mathbf{C} = 844$ N ⦨ 22.0°.
4.23 (a) $\mathbf{A} = 150.0$ N ⦨ 30.0°; $\mathbf{B} = 150.0$ N ⦩ 30.0°.
(b) $\mathbf{A} = 433$ N ⦩ 12.55°; $\mathbf{B} = 488$ N ⦨ 30.0°.

4.25 (a) $\mathbf{A} = 44.7$ N ⦩ 26.6°; $\mathbf{B} = 30.0$ N ↑.
(b) $\mathbf{A} = 30.2$ N ⦩ 41.4°; $\mathbf{B} = 34.6$ N ⦩ 60.0°.
4.26 (a) $\mathbf{A} = 20.0$ N ↑; $\mathbf{B} = 50.0$ N ⦩ 36.9°.
(b) $\mathbf{A} = 23.1$ N ⦨ 60.0°; $\mathbf{B} = 59.6$ N ⦩ 30.2°.
4.27 (a) 190.9 N. (b) 142.3 N ⦨ 18.43°.
4.28 (a) 324 N. (b) 270 N →.
4.29 65.5 N; 74.9 N ⦩ 81.1°.
4.30 220.1 N; 167.6 N ⦩ 87.1°.
4.31 $T = 80.0$ N; $\mathbf{C} = 89.4$ N ⦨ 26.6°.
4.32 (a) 130.0 N. (b) 224 N ⦨ 2.05°.
4.33 (a) 26.6°. (b) $\mathbf{B} = \dfrac{\sqrt{5}}{2}P$ ⦩ 26.6°; $\mathbf{C} = \dfrac{\sqrt{5}}{2}P$ ⦨ 26.6°.
4.34 (a) 45.0°. (b) $\mathbf{B} = \sqrt{2}P$ ⦩ 45.0°; $\mathbf{C} = P$ ←.
4.35 (a) 600 N. (b) $\mathbf{A} = 4.00$ kN ←; $\mathbf{B} = 4.00$ kN →.
4.36 (a) 105.1 N. (b) $\mathbf{A} = 147.2$ N ↑; $\mathbf{B} = 105.1$ N ←.
4.37 $T_{BE} = 200$ N; $\mathbf{A} = 75$ N →; $\mathbf{D} = 75$ N ←.
4.38 $\mathbf{A} = 346.4$ N →; $\mathbf{B} = 173.2$ N ⦩ 60.0°; $\mathbf{C} = 866$ N ⦩ 60.0°.
4.39 $T = 80.0$ N; $\mathbf{A} = 160.0$ N ⦩ 30.0°; $\mathbf{C} = 160.0$ N ⦩ 30.0°.
4.40 $T = 69.3$ N; $\mathbf{A} = 140.0$ N ⦩ 30.0°; $\mathbf{C} = 180.0$ N ⦩ 30.0°.
4.43 (a) $\mathbf{D} = 100$ N ↓; $\mathbf{M}_D = 100$ N $\cdot$ m ↻.
(b) $\mathbf{D} = 50$ N ↓; $\mathbf{M}_D = 150$ N $\cdot$ m ↻.
4.45 (a) $\mathbf{A} = 78.5$ N ↑; $\mathbf{M}_A = 125.6$ N $\cdot$ m ↻.
(b) $\mathbf{A} = 111.0$ N ⦨ 45.0°; $\mathbf{M}_A = 125.6$ N $\cdot$ m ↻.
(c) $\mathbf{A} = 157.0$ N ↑; $\mathbf{M}_A = 251$ N $\cdot$ m.
4.46 $\mathbf{C} = 28.3$ N ⦩ 45.0°; $\mathbf{M}_C = 4.30$ N $\cdot$ m ↻.
4.47 $\mathbf{C} = 28.3$ N ⦩ 45.0°; $\mathbf{M}_C = 4.50$ N $\cdot$ m ↻.
4.48 (a) $\mathbf{E} = 39.6$ kN ↑; $\mathbf{M}_E = 64.8$ kN $\cdot$ m ↻.
(b) $\mathbf{E} = 21.6$ kN ↑; $\mathbf{M}_E = 91.8$ kN $\cdot$ m ↻.
4.50 $\mathbf{A} = 1848$ N ⦩ 82.6°; $\mathbf{M}_A = 1431$ N $\cdot$ m ↻.
4.51 (a) $\theta = 2\cos^{-1}\left[\dfrac{1}{4}\left(\dfrac{W}{P} \pm \sqrt{\dfrac{W^2}{P^2}+8}\right)\right]$. (b) $\theta = 65.1°$.
4.52 (a) $\theta = 2\sin^{-1}(W/2P)$. (b) $\theta = 29.0°$.
4.53 (a) $T = \tfrac{1}{2}W(1 - \tan\theta)$. (b) $\theta = 39.8°$.
4.54 (a) $\sin\theta + \cos\theta = M/pl$. (b) 17.11° and 72.9°.
4.55 141.1°.
4.56 (a) $(1 - \cos\theta)\tan\theta = W/2kl$. (b) 49.7°.
4.59 (1) completely constrained; determinate; $\mathbf{A} = \mathbf{C} = 196.2$ N ↑.
(2) completely constrained; determinate; $\mathbf{B} = 0$, $\mathbf{C} = \mathbf{D} = 196.2$ N ↑.
(3) completely constrained; indeterminate; $\mathbf{A}_x = 294$ N →; $\mathbf{D}_x = 294$ N ←.
(4) improperly constrained; indeterminate; no equilibrium.
(5) partially constrained; determinate; equilibrium; $\mathbf{C} = \mathbf{D} = 196.2$ N ↑.
(6) completely constrained; determinate; $\mathbf{B} = 294$ N →, $\mathbf{D} = 491$ N ⦩ 53.1°.
(7) partially constrained; no equilibrium.
(8) completely constrained; indeterminate; $\mathbf{B} = 196.2$ N ↑, $\mathbf{D}_y = 196.2$ N ↑.
4.61 $\mathbf{A} = 680$ N ⦨ 28.1°; $\mathbf{B} = 600$ N ←.
4.62 200 mm.
4.64 $T = 1.155$ kN; $\mathbf{A} = 2.31$ kN ⦨ 60.0°.
4.65 $\mathbf{A} = 63.6$ N ⦩ 45.0°; $\mathbf{C} = 87.5$ N ⦩ 59.0°.
4.67 $\mathbf{B} = 888$ N ⦩ 41.3°; $\mathbf{D} = 943$ N ⦩ 45.0°.
4.68 $\mathbf{B} = 1001$ N ⦩ 48.2°; $\mathbf{D} = 943$ N ⦩ 45.0°.
4.69 $\mathbf{A} = 778$ N ↓; $\mathbf{C} = 1012$ N ⦩ 77.9°.
4.71 (a) 128 N ⦨ 30.0°. (b) 77.5 N ⦨ 30.0°.
4.72 $\mathbf{A} = 185.3$ N ⦨ 62.4°; $T = 92.9$ N.
4.73 (a) 499 N. (b) 457 N ⦩ 26.6°.
4.75 $\mathbf{A} = 163.1$ N ⦩ 74.1°; $\mathbf{B} = 258$ N ⦩ 65.0°.
4.77 (a) $2P$ ⦩ 60.0°. (b) 1.239 P ⦩ 36.2°.
4.78 (a) $1.155P$ ⦩ 30.0°. (b) $1.086P$ ⦨ 22.9°.

4.79 (a) $\mathbf{A} = 150.0$ N ∡ $30.0°$; $\mathbf{B} = 150.0$ N ∢ $30.0°$.
(b) $\mathbf{A} = 433$ N ∢ $12.55°$; $\mathbf{B} = 488$ N ∢ $30.0°$.
4.80 (a) 318.1 N. (b) 476.4 N ∢ $60.5°$.
4.81 $T = 416.7$ N; $\mathbf{B} = 463.1$ N ∢ $30.3°$.
4.83 (a) 225 mm. (b) 23.1 N. (c) 12.21 N →.
4.84 $32.5°$.
4.87 (a) $59.4°$. (b) $\mathbf{A} = 8.5$ N →; 13.1 N ∢ $49.8°$.
4.88 60.0 mm.
4.89 $\tan \theta = 2 \tan \beta$.
4.90 (a) $49.1°$. (b) $\mathbf{A} = 45.3$ N ←; $\mathbf{B} = 90.6$ N ∡ $60.0°$.
4.91 (a) 1200 N. (b) $\mathbf{C} = (400$ N$)\mathbf{i} + (1200$ N$)\mathbf{j}$;
$\mathbf{D} = -(1600$ N$)\mathbf{i} - (480$ N$)\mathbf{j}$.
4.93 $\mathbf{A} = (120$ N$)\mathbf{j} - (11.6$ N$)\mathbf{k}$; $\mathbf{B} = (80$ N$)\mathbf{j} - (46.2$ N$)\mathbf{k}$;
$\mathbf{C} = (57.7$ N$)\mathbf{k}$.
4.94 $\mathbf{A} = (56$ N$)\mathbf{j} + (18$ N$)\mathbf{k}$; $\mathbf{D} = (24$ N$)\mathbf{j} + (42$ N$)\mathbf{k}$.
4.95 $\mathbf{A} = (120.0$ N$)\mathbf{j} + (133.3$ N$)\mathbf{k}$; $\mathbf{D} = (60.0$ N$)\mathbf{j} + (166.7$ N$)\mathbf{k}$.
4.97 $T_A = 23.5$ N; $T_C = 11.77$ N; $T_D = 105.9$ N.
4.98 (a) 0.480 m. (b) $T_A = 23.5$ N; $T_C = 0$; $T_D = 117.7$ N.
4.99 $N_A = 371$ N ↓; $N_B = 618$ N ↓; $N_C = 679$ N ↓.
4.100 $x_s = 0.6$ m; $z_s = 1.2$ m; $(m_s)_{min} = 34.0$ kg.
4.101 (a) 121.9 N. (b) -46.2 N. (c) 100.9 N.
4.102 (a) 95.6 N. (b) -7.36 N. (c) 88.3 N.
4.103 $T_A = 150$ N; $T_B = 50$ N; $T_C = 200$ N.
4.105 $T_{AD} = 2.60$ kN; $T_{AE} = 2.80$ kN; $\mathbf{C} = (1.800$ kN$)\mathbf{j} + (4.80$ kN$)\mathbf{k}$.
4.106 $T_{AD} = 5.20$ kN; $T_{AE} = 5.60$ kN; $\mathbf{C} = (9.60$ kN$)\mathbf{k}$.
4.107 $T_{BD} = T_{BE} = 5.24$ kN; $\mathbf{A} = (5.72$ kN$)\mathbf{i} - (2.67$ kN$)\mathbf{j}$.
4.108 $T_{BE} = T_{BF} = 17.50$ kN; $\mathbf{A} = -(7.00$ kN$)\mathbf{i} + (22.4$ kN$)\mathbf{j}$.
4.109 $T_{BE} = 6.62$ kN; $T_{BF} = 25.1$ kN; $\mathbf{A} = -(6.34$ kN$)\mathbf{i} + (20.3$ kN$)\mathbf{j} + (2.96$ kN$)\mathbf{k}$.
4.112 $T_{DE} = T_{DF} = 1.31$ kN; $\mathbf{A} = -(4.01$ kN$)\mathbf{i} + (7.72$ kN$)\mathbf{j}$.
4.113 (a) 345 N. (b) $\mathbf{A} = (114.5$ N$)\mathbf{i} + (377$ N$)\mathbf{j} + (144.5$ N$)\mathbf{k}$;
$\mathbf{B} = (113.2$ N$)\mathbf{j} + (185.5$ N$)\mathbf{k}$.
4.115 (a) 49.5 N. (b) $\mathbf{A} = -(12.00$ N$)\mathbf{i} + (22.5$ N$)\mathbf{j} - (4.00$ N$)\mathbf{k}$;
$\mathbf{B} = (15.00$ N$)\mathbf{j} + (34.0$ N$)\mathbf{k}$.
4.116 (a) 118.8 N. (b) $\mathbf{A} = -(93.8$ N$)\mathbf{i} + (22.5$ N$)\mathbf{j} + (70.8$ N$)\mathbf{k}$;
$\mathbf{B} = (15.00$ N$)\mathbf{j} - (8.33$ N$)\mathbf{k}$.
4.117 (a) 101.6 N. (b) $\mathbf{A} = -(26.3$ N$)\mathbf{i}$; $\mathbf{B} = (98.1$ N$)\mathbf{j}$.
4.119 (a) 49.5 N. (b) $\mathbf{A} = -(12.00$ N$)\mathbf{i} + (37.5$ N$)\mathbf{j} + (30.0$ N$)\mathbf{k}$;
$\mathbf{M}_A = -(10.2$ N · m$)\mathbf{j} + (4.5$ N · m$)\mathbf{k}$.
4.120 (a) 462 N. (b) $\mathbf{C} = (169.1$ N$)\mathbf{j} + (400$ N$)\mathbf{k}$;
$\mathbf{M}_C = (20.0$ N · m$)\mathbf{j} + (151.5$ N · m$)\mathbf{k}$.
4.121 $T_{CF} = 200$ N; $T_{DE} = 450$ N; $\mathbf{A} = (160.0$ N$)\mathbf{i} + (270$ N$)\mathbf{k}$;
$\mathbf{M}_A = -(16.20$ N · m$)\mathbf{i}$.
4.122 (a) 25 N. (b) $\mathbf{C} = -(25$ N$)\mathbf{i} + (30$ N$)\mathbf{j} - (25$ N$)\mathbf{k}$;
$\mathbf{M}_C = (1$ N · m$)\mathbf{j} - (1.5$ N · m$)\mathbf{k}$.
4.125 $T_{BD} = 2.18$ kN; $T_{BE} = 3.96$ kN; $T_{CD} = 1.500$ kN.
4.126 $T_{BD} = 0$; $T_{BE} = 3.96$ kN; $T_{CO} = 3.00$ kN.
4.127 (a) $T_B = -0.366P$; $T_C = 1.219P$; $T_D = -0.853P$.
(b) $\mathbf{F} = -0.345P\mathbf{i} + P\mathbf{j} - 0.862P\mathbf{k}$.
4.129 $\mathbf{A} = (120.0$ N$)\mathbf{j} - (150.0$ N$)\mathbf{k}$; $\mathbf{B} = (180.0$ N$)\mathbf{i} + (150.0$ N$)\mathbf{k}$;
$\mathbf{C} = -(180.0$ N$)\mathbf{i} + (120.0$ N$)\mathbf{j}$.
4.130 $\mathbf{A} = (20.0$ N$)\mathbf{j} + (25.0$ N$)\mathbf{k}$; $\mathbf{B} = (30.0$ N$)\mathbf{i} - (25.0$ N$)\mathbf{k}$;
$\mathbf{C} = -(30.0$ N$)\mathbf{i} - (20.0$ N$)\mathbf{j}$.
4.131 $\mathbf{B} = (60.0$ N$)\mathbf{k}$; $\mathbf{C} = (30.0$ N$)\mathbf{j} - (16.00$ N$)\mathbf{k}$;
$\mathbf{D} = -(30.0$ N$)\mathbf{j} + (4.00$ N$)\mathbf{k}$.
4.133 373 N.
4.135 $T_{CF} = 1.3$ kN; $T_{BD} = 1.55$ kN; $T_{BE} = 1.3$ kN;
$\mathbf{A} = (3.82$ kN$)\mathbf{i} - (0.6$ kN$)\mathbf{k}$.
4.136 (a) $x = 4.00$ m; $y = 8.00$ m; (b) 50.7 N.
4.137 (a) $x = 0$ m; $y = 16.00$ m. (b) 56.6 N.
4.138 360 N.
4.140 426.6 N.
4.141 908.6 N.
4.142 42.0 N ↑.
4.143 (a) 80.8 N ↓. (b) 215.7 N ∡ $22.0°$.
4.145 (a) 3.125 kN. (b) 5.66 kN ∢ $45.0°$.
4.147 $\mathbf{C} = 1951$ N ∢ $88.5°$; $\mathbf{M}_C = 75.0$ N · m ↓.
4.149 $\mathbf{A} = 170.0$ N ∢ $33.9°$. $\mathbf{C} = 160.0$ N ∡ $28.1°$.
4.150 (a) $T_A = 60$ N; $T_B = T_C = 90$ N. (b) 15.00 cm.
4.151 $T_{BE} = 975$ N; $T_{CF} = 600$ N; $T_{DG} = 625$ N; $\mathbf{A} = (2100$ N$)\mathbf{i} + (175.0$ N$)\mathbf{j} - (375$ N$)\mathbf{k}$.
4.153 (a) $\mathbf{A} = 0.745P$ ∡ $63.4°$; $\mathbf{C} = 0.471P$ ∢ $45.0°$.
(b) $\mathbf{A} = 0.812P$ ∡ $60.0°$; $\mathbf{C} = 0.503P$ ∡ $36.2°$.
(c) $\mathbf{A} = 0.448P$ ∡ $60.0°$; $\mathbf{C} = 0.652P$ ∡ $69.9°$.
(d) improperly constrained: no equilibrium.
4.C1 $\theta = 20°$; $T = 574$ N; $\theta = 70°$; $T = 638.5$ N; $T_{max} = 661$ N at $\theta = 50.4°$.
4.C2 $x = 600$ mm: $P = 31.4$ N; $x = 150$ mm: $P = 37.7$ N; $P_{max} = 47.2$ N at $x = 283$ mm.
4.C3 $\theta = 30°$: $W = 48.3$ N; $\theta = 60°$; $W = 183$ N; $W = 25$ N at $\theta = 22.9°$ [Also at $\theta = 175.7°$].
4.C4 $\theta = 30°$: $W = 4$ N; $\theta = 60°$: $W = 22.9$ N; $W = 25$ N at $\theta = 62.6°$ [Also at $\theta = 159.6°$].
4.C5 $\theta = 30°$: $m = 7.09$ kg; $\theta = 60°$: $m = 11.02$ kg. When $m = 10$ kg, $\theta = 51.0°$.
4.C6 $\theta = 15°$: $T_{BD} = 10.30$ kN; $T_{BE} = 21.7$ kN; $\theta = 30°$: $T_{BD} = 5.69$ kN, $T_{BE} = 24.4$ kN; $T_{max} = 26.5$ kN at $\theta = 36.9°$.

CHAPTER 5

5.1 $\bar{X} = 1.045$ cm, $\bar{Y} = 3.591$ cm.
5.2 $\bar{X} = 36.0$ mm, $\bar{Y} = 48.0$ mm.
5.3 $\bar{X} = 19.27$ mm, $\bar{Y} = 26.6$ mm.
5.4 $\bar{X} = 5.67$ cm, $\bar{Y} = 5.17$ cm.
5.6 $\bar{X} = 1.6$ mm, $\bar{Y} = 17.5$ mm.
5.8 $\bar{X} = -10.00$ mm, $\bar{Y} = 87.5$ mm.
5.9 $\bar{X} = 30$ mm; $\bar{Y} = 64.8$ mm.
5.10 $\bar{X} = 0$, $\bar{Y} = 6.45$ cm.
5.11 $\bar{X} = 0$, $\bar{Y} = 1.372$ m.
5.13 $\bar{X} = 50.5$ mm, $\bar{Y} = 19.34$ mm.
5.14 $\bar{X} = 3.20$ cm, $\bar{Y} = 2.00$ cm.
5.17 $a/r = 0.508$.
5.18 $\bar{Y} = \dfrac{2}{3}\left(\dfrac{r_2^3 - r_1^3}{r_2^2 - r_1^2}\right)\left(\dfrac{2\cos\alpha}{\pi - 2\alpha}\right)$.
5.19 $\bar{Y} = \left(\dfrac{r_1 + r_2}{\pi - 2\alpha}\right)\cos\alpha$.
5.20 3675 mm^3 for A, -3675 mm^3 for A_2.
5.22 459 N.
5.23 (a) $b(c^2 - y^2)/2$. (b) $y = 0$, $Q_x = bc^2/2$.
5.24 $\bar{X} = 36.6$ mm, $\bar{Y} = 47.6$ mm.
5.26 $\bar{X} = 5.52$ cm, $\bar{Y} = 5.16$ cm.
5.28 120.0 mm.
5.29 99.5 mm.
5.31 (a) 25.5 N. (b) 47.4 N ∢ $57.5°$.
5.32 (a) $0.513\,a$. (b) $0.691\,a$.
5.34 $\bar{x} = a/3$, $\bar{y} = 2h/3$.
5.35 $\bar{x} = 2a/5$, $\bar{y} = 3h/7$.
5.36 $\bar{x} = a/2$, $\bar{y} = 2h/5$.
5.37 $\bar{y} = \bar{x} = 9a/20$.
5.38 $\bar{x} = 5L/4$, $\bar{y} = 33a/40$.
5.40 $\bar{x} = 5a/8$, $\bar{y} = b/3$.
5.41 $\bar{x} = 3a/8$, $\bar{y} = b$.

5.43 $\bar{x} = a., \bar{y} = 17b/35.$
5.44 $\bar{x} = 17a/130, \bar{y} = 11b/26.$
5.45 $-2\sqrt{2}r/3\pi.$
5.46 $2a/5.$
5.48 $\bar{x} = L/\pi, \bar{y} = \pi a/8.$
5.49 $\bar{x} = -9.27a, \bar{y} = 3.09a.$
5.50 $\bar{x} = 1.629$ cm, $\bar{y} = 0.185$ cm.
5.51 $a = 1.9$ cm or 3.74 cm.
5.52 (a) Volume $= 248.2$ cm^3, Area $= 546.6$ cm^2.
(b) Volume $= 72.3$ cm^3, Area $= 169.6$ cm^2.
5.53 (a) Volume $= 423 \times 10^3$ mm^3, Area $= 37.2 \times 10^3$ mm^2.
(b) Volume $= 847 \times 10^3$ mm^3, Area $= 72.5 \times 10^3$ mm^2.
5.54 (a) Volume $= 2.26 \times 10^6$ mm^3, Area $= 116.3 \times 10^3$ mm^2.
(b) Volume $= 1.471 \times 10^6$ mm^3, Area $= 116.3 \times 10^3$ mm^2.
5.56 $V = 3470$ mm^3; $A = 2320$ mm^2.
5.58 $V = 3.96$ cm^3; $W = 0.329$ N.
5.60 0.0305 kg.
5.62 720 mm^3.
5.63 308 cm^2.
5.64 31.9 liters.
5.66 (a) $\mathbf{R} = 7.60$ kN ↓, $\bar{x} = 2.57$ m, (b) $\mathbf{A} = 4.35$ kN ↑;
$\mathbf{B} = 3.25$ kN ↑.
5.67 (a) $\mathbf{R} = 6.08$ kN ↓, $\bar{x} = 1.44$ m. (b) $\mathbf{A} = 3.15$ kN ↑;
$\mathbf{B} = 2.92$ kN ↑.
5.68 $\mathbf{A} = 105.0$ N ↑; $\mathbf{B} = 270$ N ↑.
5.69 $\mathbf{A} = 1.43$ kN ↑; $\mathbf{B} = 370$ N ↑.
5.71 $\mathbf{A} = 32.0$ kN ↑; $M_A = 124.0$ kN · m ↑.
5.72 $\mathbf{A} = 3.00$ kN ↑; $M_A = 12.60$ kN · m ↑.
5.74 $\mathbf{B} = 12.67$ kN ↑; $\mathbf{C} = 16.58$ kN ↑.
5.76 (a) 0.536 m. (b) $\mathbf{A} = \mathbf{B} = 761$ N ↑.
5.78 $w_{BC} = 2810$ N/m; $w_{DE} = 3150$ N/m.
5.80 (a) $\mathbf{H} = 44.1$ kN →; $\mathbf{V} = 228$ kN ↑. (b) 1.159 m to the right of A. (c) $\mathbf{R} = 59.1$ kN ⤢ $41.6°$.
5.81 (a) $\mathbf{H} = 254$ kN →; $\mathbf{V} = 831$ kN ↑. (b) 3.25 m to the right of A (c) $\mathbf{R} = 268$ kN ⤢ $18.43°$.
5.82 300 mm.
5.83 100 mm.
5.85 $\mathbf{T} = 67.2$ kN ←; $\mathbf{A} = 141.2$ kN ←.
5.86 8.4 kN ↑.
5.87 $t = 35.7$ ↑; gate rotates clockwise.
5.88 0.683 m.
5.89 0.0711 m.
5.91 883 N.
5.92 $\mathbf{A} = 1197$ N ⤢ $53.1°$; $\mathbf{B} = 1511$ N ⤢ $53.1°$.
5.93 3570 N.
5.94 1.83 m.
5.96 (a) $0.0536 a$ below base of cone.
(b) $0.0625 a$ above base of cone.
5.97 (a) $0.548 L.$ (b) $2\sqrt{3}.$
5.98 $-(2h^2 - 3b^2)/2(4h - 3b).$
5.99 $-a(4h - 2b)/\pi(4h - 3b).$
5.100 -0.1403 cm.
5.101 19.13 mm.
5.103 3.47 cm.
5.104 18.28 mm.
5.106 $\overline{X} = 45.0$ mm; $\overline{Z} = -20.2$ mm.
5.107 $\overline{X} = 0.1402$ m; $\overline{Y} = 0.0944$ m; $\overline{Z} = 0.0959$ m.
5.108 $\overline{X} = 340$ mm; $\overline{Y} = 314$ mm; $\overline{Z} = 283$ mm.
5.109 $\overline{X} = 46.5$ mm; $\overline{Y} = 27.2$ mm; $\overline{Z} = 30.0$ mm.
5.110 $\overline{X} = \overline{Z} = 4.21$ cm; $\overline{Y} = 7.03$ cm.
5.113 $\overline{X} = 180.2$ mm; $\overline{Y} = 38.0$ mm; $\overline{Z} = 193.5$ mm.

5.114 $\overline{X} = 0$; $\overline{Y} = 10.05$ cm; $\overline{Z} = 5.15$ cm.
5.115 $\overline{X} = 0.410$ m; $\overline{Y} = 0.510$ m; $\overline{Z} = 0.1500$ m.
5.116 $\overline{X} = 0.909$ m; $\overline{Y} = 0.1842$ m; $\overline{Z} = 0.884$ m.
5.118 $\overline{X} = \overline{Z} = 0$; $\overline{Y} = 83.3$ mm above the base.
5.120 $\overline{Y} = 10.4$ mm above the base.
5.121 $\overline{X} = 61.1$ mm from the end of the handle.
5.122 $(\bar{x}_1) = 21a/88$; $(\bar{x}_2) = 27a/40.$
5.123 $(\bar{x}_1) = 21h/88$; $(\bar{x}_2) = 27h/40.$
5.124 $(\bar{x}_1) = 2h/9$; $(\bar{x}_2) = 2h/3.$
5.126 $\bar{x} = 2.34$ m; $\bar{y} = \bar{z} = 0.$
5.128 $\bar{x} = 1.297 a$; $\bar{y} = \bar{z} = 0.$
5.129 $\bar{x} = \bar{z} = 0$; $\bar{y} = 0.374 b.$
5.132 (a) $\bar{x} = \bar{z} = 0$; $\bar{y} = -121.9$ mm. (b) $\bar{x} = \bar{z} = 0$;
$\bar{y} = -90.2$ mm.
5.134 $\bar{x} = 0$; $\bar{y} = 5h/16$; $\bar{z} = -b/4.$
5.135 $V = 18.23$ m^3; $\bar{x} = 4.72$ m.
5.136 $\bar{x} = a/2$; $y = 8h/25$; $\bar{z} = b/2.$
5.137 $\bar{x} = 7.22$ cm; $\bar{y} = 9.56$ cm.
5.138 $\bar{x} = 92$ mm; $\bar{y} = 23.3$ mm.
5.141 $\bar{x} = 2a/3(4 - \pi)$; $\bar{y} = 2b/3(4 - \pi).$
5.143 $\mathbf{B} = 1.36$ kN ↑; $\mathbf{C} = 2.36$ kN ↑.
5.144 $w_A = 10.00$ kN/m; $w_B = 50.0$ kN/m.
5.146 (a) $b/10$ to the left of base of cone
(b) $0.01136b$ to the right of base of cone.
5.147 $\overline{X} = 0.295$ m; $\overline{Y} = 0.423$ m; $\overline{Z} = 1.703$ m.
5.C1 (b) $\mathbf{A} = 5.49$ kN ↑; $\mathbf{B} = 8.235$ kN ↑.
(c) $\mathbf{A} = 5.69$ kN ↑; $\mathbf{B} = 7.205$ kN ↑.
5.C2 (a) $\overline{X} = 0$, $\overline{Y} = 0.278$ m. $\overline{Z} = 0.0878$ m.
(b) $\overline{X} = 0.0487$ mm, $\overline{Y} = 0.1265$ mm, $\overline{Z} = 0.0997$ mm.
(c) $\overline{X} = -0.0372$ m, $\overline{Y} = 0.1659$ m, $\overline{Z} = 0.1043$ m.
5.C3 $d = 1.00$ m: $\mathbf{F} = 5.66$ kN ⤢ $30°$;
$d = 3.00$ m: $\mathbf{F} = 49.9$ kN ⤢ $27.7°$.
5.C4 (a) $\overline{X} = 116$ mm, $\overline{Y} = 30$ mm. (b) $\overline{X} = 182$ mm, $\overline{Y} = 56$ mm.
(c) $\overline{X} = 170$ mm, $\overline{Y} = 20$ mm.
5.C5 With $n = 40$: (a) $\overline{X} = 60.2$ mm, $\overline{Y} = 23.4$ mm.
(b) $\overline{X} = 60.2$ mm, $\overline{Y} = 146.2$ mm.
(c) $\overline{X} = 68.7$ mm. $\overline{Y} = 20.4$ mm.
(d) $\overline{X} = 68.7$ mm, $\overline{Y} = 127.8$ mm.
5.C6 With $n = 40$: (a) $\overline{X} = 60.0$ mm, $\overline{Y} = 24.0$ mm.
(b) $\overline{X} = 60.0$ mm, $\overline{Y} = 150.0$ mm.
(c) $\overline{X} = 68.6$ mm, $\overline{Y} = 21.8$ mm.
(d) $\overline{X} = 68.6$ mm, $\overline{Y} = 136.1$ mm.
5.C7 (a) $V = 314$ m^3.
(b) $\overline{X} = 2.16$ m, $\overline{Y} = -1.13$ m, $\overline{Z} = 2.32$ m.

CHAPTER 6

6.1 $F_{AB} = 180.0$ kN T; $F_{AC} = 156.0$ kN C; $F_{BC} = 144.0$ kN T.
6.2 $F_{AB} = 1500$ N T; $F_{AC} = 800$ N C; $F_{BC} = 1700$ N C.
6.3 $F_{AB} = 52.0$ kN T; $F_{AC} = 64.0$ kN T; $F_{BC} = 80.0$ kN C.
6.5 $F_{AB} = F_{BC} = 0$; $F_{AD} = F_{CF} = 1.000$ kN C; $F_{BD} = F_{CF}$
$= 6.80$ kN C; $F_{BE} = 2.40$ kN T; $F_{DE} = F_{EF} = 6.00$ kN T.
6.7 $F_{AB} = 20.0$ kN T; $F_{AD} = 20.6$ kN C; $F_{BC} = 30.0$ kN T;
$F_{BD} = 30.0$ kN T; $F_{CD} = 10.00$ kN T.
6.8 $F_{AB} = 4.00$ kN T; $F_{AD} = 15.00$ kN T; $F_{BD} = 9.00$ kN C;
$F_{BE} = 5.00$ kN T; $F_{CD} = 16.00$ kN C; $F_{DE} = 4.00$ kN C.
6.9 $F_{AB} = F_{FH} = 5$ kN C; $F_{AC} = F_{CE} = F_{EG} = F_{GH}$
$= 4$ kN T; $F_{BC} = F_{FG} = 0$; $F_{BD} = F_{DF} = 4$ kN C;
$F_{BE} = F_{EF} = 200$ N C; $F_{DE} = 240$ N T.
6.10 $F_{AB} = F_{FH} = 5$ kN C; $F_{AC} = F_{CE} = F_{EG} = F_{GH}$
$= 4$ kN T; $F_{BC} = F_{FG} = 0$; $F_{BD} = F_{DF} = 3.333$ kN C;
$F_{BE} = F_{EF} = 1.667$ kN C; $F_{DE} = 2$ kN T.

6.11 $F_{AB} = 47.2$ kN C; $F_{AC} = 44.6$ kN T; $F_{BC} = 10.50$ kN C; $F_{BD} = 47.2$ kN C; $F_{CD} = 17.50$ kN T; $F_{CE} = 30.6$ kN T; $F_{DE} = 0$.

6.13 $F_{AB} = 7.83$ kN C; $F_{AC} = 7.00$ kN T; $F_{BC} = 1.886$ kN C; $F_{BD} = 6.34$ kN C; $F_{CD} = 1.491$ kN T; $F_{CE} = 5.00$ kN T; $F_{DE} = 2.83$ kN C; $F_{DF} = 3.35$ kN T; $F_{EF} = 2.75$ kN T; $F_{EG} = 1.061$ kN C; $F_{EH} = 3.75$ kN T; $F_{FG} = 4.24$ kN C; $F_{GH} = 5.30$ kN C.

6.15 $F_{AB} = 11.2$ kN C; $F_{AC} = F_{CE} = 10$ kN T; $F_{BC} = F_{EH} = 0$; $F_{BD} = 8.95$ kN C; $F_{BE} = 2.24$ kN C; $F_{DE} = 3$ kN C; $F_{DF} = 10.07$ kN C; $F_{EF} = 2.24$ kN T; $F_{EG} = 8.95$ kN T.

6.17 $F_{AB} = 9.90$ kN C; $F_{AC} = 7.83$ kN T; $F_{BC} = 0$; $F_{BD} = 7.07$ kN C; $F_{BE} = 2.00$ kN C; $F_{CE} = 7.83$ kN T; $F_{DE} = 1.000$ kN T; $F_{DF} = 5.03$ kN C; $F_{DG} = 0.559$ kN C; $F_{EG} = 5.59$ kN T.

6.18 $F_{FG} = 3.50$ kN T; $F_{FH} = 5.03$ kN C; $F_{GH} = 1.677$ kN T; $F_{GI} = F_{IK} = F_{KL} = 3.35$ kN T; $F_{HI} = F_{IJ} = F_{JK} = 0$; $F_{HJ} = F_{JL} = 4.24$ kN C.

6.19 $F_{AB} = F_{FG} = 7.50$ kN C; $F_{AC} = F_{EG} = 4.50$ kN T; $F_{BC} = F_{EF} = 7.50$ kN T; $F_{BD} = F_{DF} = 9.00$ kN C; $F_{CD} = F_{DE} = 0$; $F_{CE} = 9.00$ kN T.

6.21 $F_{AB} = F_{EG} = 17.5$ kN C; $F_{BD} = F_{DE} = 15.5$ kN C; $F_{AC} = F_{FG} = 15.08$ kN T; $F_{BC} = F_{EF} = 2.26$ kN C; $F_{CD} = F_{DF} = 9$ kN T; $F_{CF} = 7$ kN C.

6.22 $F_{AB} = F_{EG} = 15$ kN C; $F_{BD} = F_{DE} = 13$ kN C; $F_{AC} = F_{FG} = 12.92$ kN T; $F_{BC} = F_{EF} = 2.26$ kN C; $F_{CD} = F_{DF} = 8$ kN T; $F_{CF} = 5.6$ kN T.

6.23 $F_{AB} = F_{DF} = 2.29$ kN T; $F_{AC} = F_{EF} = 2.29$ kN C; $F_{BC} = F_{DE} = 0.600$ kN C; $F_{BD} = 2.21$ kN T; $F_{BE} = F_{EH} = 0$; $F_{CE} = 2.21$ kN T; $F_{CH} = F_{EJ} = 1.200$ kN T.

6.26 $F_{AB} = 9.39$ kN C; $F_{AC} = 8.40$ kN T; $F_{BC} = 2.26$ kN C; $F_{BD} = 7.60$ kN C; $F_{CD} = 0.128$ kN T; $F_{CE} = 7.07$ kN T; $F_{DE} = 2.14$ kN C; $F_{DF} = 6.10$ kN T; $F_{EF} = 2.23$ kN T.

6.27 $F_{AB} = 31.0$ kN C; $F_{AC} = 28.3$ kN C; $F_{AD} = 15.09$ kN T; $F_{AE} = 9.50$ kN T; $F_{BD} = 21.5$ kN T; $F_{BF} = 28.0$ kN C; $F_{CE} = 41.0$ kN T; $F_{CG} = 42.0$ kN C; $F_{DE} = 22.0$ kN T; $F_{DF} = 33.5$ kN T; $F_{EG} = 0$.

6.28 $F_{CH} = F_{CG} = F_{BG} = F_{BF} = 0$; $F_{AB} = F_{BC} = F_{CD} = 24$ kN T; $F_{DH} = F_{FG} = 26$ kN C; $F_{AF} = 30$ kN C; $F_{AE} = 38.4$ kN T; $F_{EF} = 24$ kN C.

6.29 Truss of prob. 6.33a is the only simple truss.

6.30 Trusses of prob. 6.31b and prob. 6.33b are simple trusses.

6.31 (a) AI, BJ, CK, DI, EI, FK, GK. (b) FK, IO.

6.34 (a) GH, GJ, IJ. (b) BF, BG, CG, CH.

6.35 $F_{AB} = F_{AD} = 2.44$ kN C; $F_{AC} = 10.4$ kN T; $F_{BC} = F_{CD} = 5$ kN C; $F_{BD} = 2.8$ kN T.

6.36 $F_{AB} = F_{AD} = 861$ N C; $F_{AC} = 676$ N C; $F_{BC} = F_{CD} = 162.5$ N T; $F_{BD} = 244$ N T.

6.37 $F_{AB} = F_{AD} = 2810$ N T; $F_{AC} = 5510$ N C; $F_{BC} = F_{CD} = 1325$ N C; $F_{BD} = 1908$ N T.

6.38 $F_{AB} = F_{AC} = 5.3$ kN C; $F_{AD} = 12.5$ kN T; $F_{BC} = 10.5$ kN T; $F_{CD} = F_{BE} = F_{BD} = 6.25$ kN C; $F_{DE} = 7.5$ kN T.

6.39 $F_{AB} = 840$ N C; $F_{AC} = 110.6$ N C; $F_{AD} = 394$ N C; $F_{AE} = 0$; $F_{BC} = 160.0$ N T; $F_{BE} = 200$ N T; $F_{CD} = 225$ N T; $F_{CE} = 233$ N T; $F_{DE} = 120.0$ N T.

6.40 $F_{AB} = F_{AE} = F_{BC} = 0$; $F_{AC} = 995$ N T; $F_{AD} = 1181$ N C; $F_{BE} = 600$ N T; $F_{CD} = 375$ V T; $F_{CE} = 700$ N C; $F_{DE} = 360$ N T.

6.43 $F_{CD} = 9.00$ kN C; $F_{DF} = 12.00$ kN T.

6.44 $F_{FG} = 5.00$ kN T; $F_{FH} = 20.0$ kN T.

6.45 $F_{CE} = 8$ kN T; $F_{DE} = 2.6$ kN T; $F_{DF} = 9$ kN C.

6.46 $F_{EG} = 7.5$ kN T; $F_{FG} = 3.9$ kN C; $F_{FH} = 6$ kN C.

6.49 $F_{AD} = 13.50$ kN C; $F_{CD} = 0$; $F_{CE} = 56.1$ kN T.

6.50 $F_{DG} = 75.0$ kN C; $F_{FG} = 56.1$ kN T; $F_{FH} = 69.7$ kN T.

6.51 $F_{AB} = 8.20$ kN T; $F_{AG} = 4.50$ kN T; F_{FG} 11.60 kN C.

6.52 $F_{AE} = 17.46$ kN T; $F_{EF} = 11.60$ kN C; $F_{FJ} = 18.45$ kN C.

6.53 $F_{CD} = 20.0$ kN C; $F_{DF} = 52.0$ kN T.

6.54 $F_{CE} = 36.0$ kN T; $F_{EF} = 15.00$ kN C.

6.55 $F_{FG} = 5.23$ kN C; $F_{EG} = 0.1476$ kN C; $F_{EH} = 5.08$ kN T.

6.56 $F_{KM} = 5.02$ kN T; $F_{LM} = 1.963$ kN C; $F_{LN} = 3.95$ kN C.

6.59 $F_{CE} = 24$ kN T; $F_{CD} = 6.25$ kN T; $F_{BD} = 29.8$ kN C.

6.60 $F_{EG} = 16.88$ kN T; $F_{FG} = 8.01$ kN T; $F_{FH} = 22.3$ kN C.

6.63 $F_{DG} = 3.75$ kN T; $F_{FI} = 3.75$ kN C.

6.64 $F_{GJ} = 11.25$ kN T; $F_{TK} = 11.25$ kN C.

6.66 $F_{BE} = 10$ kN T; $F_{EF} = 5$ kN T; $F_{DE} = 0$.

6.67 (a) CJ. (b) 1.026 kN T.

6.68 (a) IO. (b) 2.05 kN T.

6.69 (a) improperly constrained. (b) completely constrained, determinate. (c) completely constrained, indeterminate.

6.70 (a) completely constrained, determine. (b) partially constrained. (c) improperly constrained.

6.71 (a) completely constrained, determinate. (b) completely constrained, indeterminate. (c) improperly constrained.

6.72 (a) partially constrained. (b) completely constrained, determinate. (c) completely constrained, indeterminate.

6.75 $F_{BD} = 780$ N T; $\mathbf{C}_x = 720$ N $\leftarrow$, $\mathbf{C}_y = 140.0$ N $\downarrow$.

6.76 $F_{BD} = 255$ N C; $\mathbf{C}_x = 120.0$ N $\rightarrow$, $\mathbf{C}_y = 625$ N $\uparrow$.

6.77 $\mathbf{A}_x = 480$ N $\rightarrow$, $\mathbf{A}_y = 120.0$ N $\uparrow$; $\mathbf{B}_x = 480$ N $\leftarrow$, $\mathbf{B}_y = 320$ N $\downarrow$; $\mathbf{C} = 120.0$ N $\downarrow$; $\mathbf{D} = 320$ N $\uparrow$.

6.79 $\mathbf{A}_x = 25.0$ kN $\leftarrow$, $\mathbf{A}_y = 20.0$ kN $\uparrow$; $\mathbf{B}_x = 25.0$ kN $\leftarrow$, $\mathbf{B}_y = 10.00$ kN $\downarrow$; $\mathbf{C}_x = 50.0$ N $\rightarrow$, $\mathbf{C}_y = 10.00$ kN $\downarrow$.

6.81 $\mathbf{A} = 375$ N; $\mathbf{A}_x = 375$ N $\leftarrow$, $\mathbf{B}_y = 150.0$ N $\uparrow$; $\mathbf{C} = 50.0$ N $\uparrow$; $\mathbf{D} = 200$ N $\downarrow$.

6.82 $\mathbf{A} = 150.0$ N $\rightarrow$; $\mathbf{B} = 0$; $\mathbf{C}_x = 150.0$ N $\leftarrow$, $\mathbf{C}_y = 100.0$ N $\uparrow$; $\mathbf{D} = 100.0$ N $\downarrow$.

6.83 (a) $\mathbf{A}_x = 300$ N $\leftarrow$, $\mathbf{A}_y = 660$ N $\uparrow$; $\mathbf{E}_x = 300$ N $\rightarrow$, $\mathbf{E}_y = 90.0$ N $\uparrow$. (b) $\mathbf{A}_x = 300$ N $\leftarrow$, $\mathbf{A}_y = 150.0$ N $\uparrow$; $\mathbf{E}_x = 300$ N $\rightarrow$, $\mathbf{E}_y = 600$ N $\uparrow$.

6.84 (a) $\mathbf{A}_x = 450$ N $\leftarrow$, $\mathbf{A}_y = 525$ N $\uparrow$; $\mathbf{E}_x = 450$ N $\rightarrow$, $\mathbf{E}_y = 225$ N $\uparrow$; (b) $\mathbf{A}_x = 450$ N $\leftarrow$, $\mathbf{A}_y = 150.0$ N $\uparrow$; $\mathbf{E}_x = 450$ N $\rightarrow$, $\mathbf{E}_y = 600$ N $\uparrow$.

6.87 (a) $\mathbf{E}_x = 14.4$ N $\rightarrow$; $\mathbf{E}_y = 14.4$ N $\uparrow$; $\mathbf{A}_x = 14.4$ N $\leftarrow$; $\mathbf{A}_y = 9.6$ N $\uparrow$; (b) $\mathbf{E}_x = 6.4$ N $\rightarrow$, $\mathbf{E}_y = 22.4$ N $\uparrow$; $\mathbf{A}_x = 6.4$ N $\leftarrow$, $\mathbf{A}_y = 1.6$ N $\uparrow$.

6.88 (a) $\mathbf{E}_x = 19.2$ N $\leftarrow$; $\mathbf{E}_y = 19.2$ N $\downarrow$; $\mathbf{A}_x = 19.2$ N $\rightarrow$; $\mathbf{A}_y = 19.2$ N $\uparrow$; (b) $\mathbf{E}_x = 51.2$ N $\rightarrow$, $\mathbf{E}_y = 12.8$ N $\uparrow$; $\mathbf{A}_x = 51.2$ N $\rightarrow$, $\mathbf{A}_y = 12.8$ N $\downarrow$.

6.89 (a) $\mathbf{A}_x = 80.0$ N $\leftarrow$, $\mathbf{A}_y = 40.0$ N $\uparrow$; $\mathbf{B}_x = 80.0$ N $\rightarrow$, $\mathbf{B}_y = 60.0$ N $\uparrow$. (b) $\mathbf{A}_x = 0$, $\mathbf{A}_y = 40.0$ N $\uparrow$; $\mathbf{B}_x = 0$, $\mathbf{B}_y = 60.0$ N $\uparrow$.

6.91 (a) $\mathbf{E}_x = 1$ kN $\leftarrow$, $\mathbf{E}_y = 1.125$ kN $\uparrow$. (b) $\mathbf{C}_x = 2$ kN $\leftarrow$, $\mathbf{C}_y = 2.875$ kN $\uparrow$.

6.92 (a) $\mathbf{E}_x = 1.5$ kN $\leftarrow$, $\mathbf{E}_y = 0.75$ kN $\uparrow$. (b) $\mathbf{C}_x = 1.5$ kN $\leftarrow$, $\mathbf{C}_y = 3.25$ kN $\uparrow$.

6.93 $\mathbf{A}_x = 150.0$ N $\leftarrow$, $\mathbf{A}_y = 250$ N $\uparrow$; $\mathbf{E}_x = 150.0$ N $\rightarrow$, $\mathbf{E}_y = 450$ N $\uparrow$.

6.94 $\mathbf{B}_x = 700$ N $\leftarrow$, $\mathbf{B}_y = 200$ N $\downarrow$; $\mathbf{E}_x = 700$ N $\rightarrow$, $\mathbf{E}_y = 500$ N $\uparrow$.

6.95 (a) $\mathbf{A} = 4.91$ kN $\uparrow$; $\mathbf{B} = 4.68$ kN $\uparrow$; $\mathbf{C} = 3.66$ kN $\uparrow$. (b) $\Delta B = +1.45$ kN; $\Delta C = -0.36$ kN.

6.96 (a) 2.92 kN. (b) $\mathbf{A} = 5.32$ kN $\uparrow$; $\mathbf{B} = 3.55$ kN $\uparrow$; $\mathbf{C} = 4.35$ kN $\uparrow$.

6.99 $\mathbf{A}_x = 13.00$ kN $\leftarrow$, $\mathbf{A}_y = 4.00$ kN $\downarrow$; $\mathbf{B}_x = 36.0$ kN $\rightarrow$, $\mathbf{B}_y = 6.00$ kN $\uparrow$; $\mathbf{E}_x = 23.0$ kN $\leftarrow$, $\mathbf{E}_y = 2.00$ kN $\downarrow$.

6.100 $\mathbf{A}_x = 2025$ N $\leftarrow$, $\mathbf{A}_y = 1800$ N $\downarrow$; $\mathbf{B}_x = 4050$ N $\rightarrow$, $\mathbf{B}_y = 1200$ N $\uparrow$; $\mathbf{E}_x = 2025$ N $\leftarrow$, $\mathbf{E}_y = 600$ N $\uparrow$.

6.101 $A_x = 1.11$ kN ←, $A_y = 600$ N ↑; $B_x = 1.11$ kN ←, $B_y = 800$ N ↓; $D_x = 2.22$ kN →, $D_y = 200$ N ↑.

6.102 $A_x = 660$ N ←, $A_y = 240$ N ↑; $B_x = 660$ N ←, $B_y = 320$ N ↓; $D_x = 1.32$ kN →, $D_y = 80.0$ N ↑.

6.103 $C_x = 21.7$ N →, $C_y = 37.5$ N ↓; $D_x = 21.7$ N ←, $D_y = 62.5$ N ↑.

6.104 $C_x = 78.0$ N →, $C_y = 28.0$ N ↑; $F_x = 78.0$ N ←, $F_y = 12.00$ N ↑.

6.107 $F_x = 300$ N ←, $F_y = 1.2$ kN ↑; $F_{AE} = 1$ kN C; $F_{BD} = 500$ N T.

6.108 $A = 327$ N →; $B = 827$ N ←; $D = 621$ N ↑; $E = 246$ N ↑.

6.109 (a) $A_x = 200$ kN →, $A_y = 122.0$ kN ↑. (b) $B_x = 200$ kN ←, $B_y = 10.00$ kN ↓.

6.110 (a) $A_x = 205$ kN →, $A_y = 134.5$ kN ↑. (b) $B_x = 205$ kN ←, $B_y = 5.50$ kN ↑.

6.112 $F_{AF} = P/4\ C$; $F_{BG} = F_{DG} = P/\sqrt{2}\ C$; $F_{EH} = P/4\ T$.

6.113 $F_{AG} = \sqrt{2}P/6\ C$; $F_{BF} = 2\sqrt{2}P/3\ C$; $F_{DI} = \sqrt{2}P/3\ C$; $F_{EH} = \sqrt{2}P/6\ T$.

6.115 $F_{AF} = M_0/4a\ C$; $F_{BG} = F_{DG} = M_0/\sqrt{2}a\ T$; $F_{EH} = 3M_0/4a\ C$.

6.116 $F_{AF} = M_0/6a\ T$; $F_{BG} = \sqrt{2}M_0/6a\ T$; $F_{DG} = \sqrt{2}M_0/3a\ T$; $F_{EH} = M_0/6a\ C$.

6.117 $E = P/5$ ↓; $F = 8P/5$ ↑; $G = 4P/5$ ↓; $H = 2P/5$ ↑.

6.118 $A = P/15$ ↑; $D = 2P/15$ ↑; $E = 8P/15$ ↑; $H = 4P/15$ ↑.

6.121 (a) $A = 2.06P \measuredangle 14.04°$; $B = 2.06 \measuredangle 14.04°$; frame is rigid. (b) Frame is not rigid. (c) $A = 1.25P \measuredangle 36.9°$; $B = 1.031P \measuredangle 14.04°$; frame is rigid.

6.122 (a) 2860 N ↓. (b) 2700 N ⌲ 68.5°.

6.123 (a) 746 N ↓. (b) 565 N ⌲ 61.3°.

6.126 (a) $(F_{BD})_y = 96.0$ N ↓. (b) $F_{BD} = 100.0$ N $\measuredangle 73.7°$.

6.127 (a) $(F_{BD})_y = 240$ N ↓. (b) $F_{BD} = 250$ N $\measuredangle 73.7°$.

6.128 (a) $P = 109.8$ N →. (b) 126.8 N T. (c) 139.8 N ⌲ 38.3°.

6.129 (a) 160.8 N · m ↻. (b) 155.9 N · m ↻.

6.130 (a) 117.8 N · m ↻. (b) 47.9 N · m ↻.

6.131 (a) 21.0 kN ←. (b) 52.5 kN ←.

6.132 (a) 1143 N · m ↓. (b) 457 N · m ↓.

6.133 16.6 N · m. ↻.

6.134 7.2 N · m. ↻.

6.135 18.43 N · m ↓.

6.136 208 N · m ↓.

6.139 $F_{AE} = 800$ N T; $F_{DG} = 100.0$ N C.

6.140 $P = 120.0$ N ↓; $Q = 110.0$ N ←.

6.141 $D = 30.0$ kN ←; $F = 37.5$ kN ⌲ 36.9°.

6.142 $D = 150.0$ kN; $F = 96.4$ kN ⌲ 13.50°.

6.144 $F = 15.2$ kN ⌲ 15.1°; $D = 21$ kN ←.

6.145 8.45 kN.

6.147 (a) 2 kN. (b) 2.2 kN ⌲ 63.2°.

6.148 44.8 kN.

6.149 (a) 1.35 kN. (b) 14 N · m. ↓.

6.150 140.0 N.

6.152 92.9 N ⌲.

6.153 (a) 9.29 kN ⌲ 44.4°. (b) 8.04 kN ⌲ 34.4°.

6.155 (a) 14.3 kN C. (b) 47.1 kN C.

6.156 (a) 21.82 kN C. (b) 47.52 kN T.

6.159 (a) 27.0 mm. (b) 40.0 N · m ↓.

6.160 (a) (90.0 N · m)**i**. (b) $A = 0$; $M_A = -(48.0$ N · m)**i**; $B = 0$; $M_B = -(72.0$ N · m)**i**.

6.163 $E_x = 100.0$ kN →, $E_y = 154.9$ kN ↑; $F_x = 26.5$ kN →, $F_y = 118.1$ kN ↓; $H_x = 126.5$ kN ←, $H_y = 36.8$ kN ↓.

6.164 $F_{AB} = F_{BD} = 0$; $F_{AC} = 675$ N T; $F_{AD} = 1125$ N C; $F_{CD} = 900$ N T; $F_{CE} = 2025$ N T; $F_{CF} = 2250$ N C; $F_{DF} = 675$ N C; $F_{EF} = 1800$ N T.

6.165 $F_{AB} = 6.24$ kN C; $F_{AC} = 2.76$ kN T; $F_{BC} = 2.50$ kN C; $F_{BD} = 4.16$ kN C; $F_{CD} = 1.867$ kN T; $F_{CE} = 2.88$ kN T; $F_D = 3.75$ kN C; $F_{DF} = 0$; $F_{EF} = 1.200$ kN C.

6.166 $F_{DF} = 10.5$ kN C; $F_{DG} = 3.35$ kN C; $F_{EG} = 13.02$ kN T.

6.168 (a) 400 N T. (b) 361 N ⌲ 16.10°.

6.170 $D_x = 13.60$ kN →, $D_y = 7.50$ kN ↑; $E_x = 13.60$ kN ←, $E_y = 2.70$ kN ↓.

6.172 (a) 1.5 kN ⌲ 48.4°. (b) 1.9 kN T.

6.173 764 N ←.

6.175 25.0 N ↓.

6.C1 (a) $\theta = 30°$: $W = 2.36$ kN, $A_{AB} = 938$ mm^2, $A_{AC} = A_{CE} = 812$ mm^2, $A_{BC} = A_{BE} = 313$ mm^2, $A_{BD} = 1083$ mm^2. (b) $\theta_{opt} = 56.8°$: $W = 1.56$ kN, $A_{AB} = 560$ mm^2, $A_{AC} = A_{CE} = 307$ mm^2, $A_{BC} = 313$ mm^2, $A_{BE} = 187$ mm^2, $A_{BD} = 409$ mm^2.

6.C2 (a) For $x = 9.75$ m, $F_{BH} = 3.19$ kN T. (b) For $x = 3.75$ m, $F_{BH} = 1.313$ kN C. (c) For $x = 6$ m, $F_{GH} = 3.04$ kN T.

6.C3 $\theta = 30°$: $M = 8.79$ kN · m ↻; $A = 3.35$ kN $\measuredangle 75.5°$. (a) $M_{max} = 13.02$ kN · m when $\theta = 65.9°$. (b) $A_{max} = 7.18$ kN when $\theta = 68.5°$.

6.C4 $\theta = 30°$; $M_A = 1.669$ N · m ↻, $F = 11.79$ N, $\theta = 80°$; $M_A = 3.21$ N · m ↻, $F = 11.98$ N.

6.C5 $d = 8$ mm: 3.17 kN C; $d = 11$ mm: 1.43 kN C; $d = 9.5$ mm.: $F_{AB} = 2.5$ kN C.

6.C6 $\theta = 20°$: $M = 31.8$ N · m; $\theta = 75°$: $M = 12.75$ N · m; $\theta = 60.0°$: $M_{min} = 12.00$ N · m.

CHAPTER 7

7.1 $F = 720$ N →; $V = 140.0$ N ↑; $M = 11.2$ N · m. ↻ (On JC).

7.2 $F = 11.06$ kN ⌲ 20.6°; $V = 3.86$ kN ⌲ 69.4°; $M = 8.25$ kN · m ↓ (On JD).

7.3 $F = 625$ N ↓; $V = 120$ N ←; $M = 27$ N · m ↻ (On CJ).

7.4 $F = 400$ N ↑; $V = 0$; $M = 54$ N · m ↓ (On CK).

7.7 $F = 12.50$ N $\measuredangle 30.0°$; $V = 21.7$ N ⌲ 60.0°; $M = 0.75$ N · m ↓ (On BJ).

7.8 $F = 108.3$ N $\measuredangle 60.0°$; $V = 62.5$ N ⌲ 30.0°; $M = 1$ N · m ↻ (On DK).

7.9 $F = 103.9$ N ⌲ 60.0°; $V = 60.0$ N $\measuredangle 30.0°$; $M = 18.71$ N · m ↻ (On AJ).

7.10 $F = 60.0$ N ⌲ 30.0°; $V = 103.9$ N ⌲ 60.0°; $M = 10.80$ N · m ↻ (On BK).

7.11 $F = 194.6$ N ⌲ 60.0°; $V = 257$ N $\measuredangle 30.0°$; $M = 24.7$ N · m ↓ (On AJ).

7.12 45.2 N · m for $\theta = 82.9°$.

7.15 $F = 250$ N ⌲ 36.9°; $V = 120.0$ N $\measuredangle 53.1$; $M = 120.0$ N · m ↻ (On BJ).

7.16 $F = 560$ N ←; $V = 90.0$ N ↓; $M = 72.0$ N · m ↓ (On AK).

7.17 1.5 N · m. at D.

7.18 1.05 N · m. at E.

7.19 (a) $F = 500$ N ←; $V = 500$ N ↑; $M = 300$ N · m ↓ (On AJ). (b) $F = 970$ N ↑; $V = 171.0$ N ←; $M = 446$ N · m ↓ (On AK).

7.20 (a) $F = 500$ N ←; $V = 500$ N ↑; $M = 300$ N · m ↓ (On AJ). (b) $F = 933$ N ↑; $V = 250$ N ←; $M = 375$ N · m ↓ (On AK).

7.23 0.0557 Wr ↻ (On AJ).

7.24 0.289 Wr ↓ (On BJ).

7.25 0.1009 Wr for $\theta = 57.3°$.

7.26 0.357 Wr for $\theta = 49.3°$.

7.29 (b) $|V|_{max} = wL$; $|M|_{max} = wL^2/2$.

7.30 (b) $|V|_{max} = wL/2$; $|M|_{max} = w_oL^2/6$.

7.31 (b) $|V|_{max} = 2P/3$; $|M|_{max} = PL/9$.
7.32 (b) $|V|_{max} = P$; $|M|_{max} = PL/2$.
7.35 (b) $|V|_{max} = 35.0$ kN; $|M|_{max} = 12.50$ kN·m.
7.36 (b) $|V|_{max} = 50.5$ kN; $|M|_{max} = 39.8$ kN·m.
7.39 (b) $|V|_{max} = 64.0$ kN; $|M|_{max} = 92.0$ kN·m.
7.40 (b) $|V|_{max} = 30.0$ kN; $|M|_{max} = 72.0$ kN·m.
7.41 (b) $|V|_{max} = 18.00$ kN; $|M|_{max} = 48.5$ kN·m.
7.42 (b) $|V|_{max} = 15.30$ kN; $|M|_{max} = 46.8$ kN·m.
7.45 (b) $|V|_{max} = 1.800$ kN; $|M|_{max} = 0.225$ kN·m.
7.46 (b) $|V|_{max} = 2.00$ kN; $|M|_{max} = 0.500$ kN·m.
7.47 (a) $M \geq 0$ everywhere.
(b) $|V|_{max} = 4.50$ kN; $|M|_{max} = 13.50$ kN·m.
7.48 (a) $M \leq 0$ everywhere.
(b) $|V|_{max} = 4.50$ kN; $|M|_{max} = 13.50$ kN·m.
7.49 $|V|_{max} = 180.0$ N; $|M|_{max} = 36.0$ N·m.
7.50 $|V|_{max} = 800$ N; $|M|_{max} = 180.0$ N·m.
7.51 $|V|_{max} = 7$ kN; $|M|_{max} = 7.5$ kN·m.
7.55 (a) 54.5°. (b) 675 N·m.
7.56 (a) 1.236. (b) $0.1180 wa^2$.
7.57 (a) 0.311 m. (b) 193.0 N·m.
7.58 (a) 0.840 m. (b) 1.680 N·m.
7.59 $0.207 L$.
7.62 (a) $0.414 wL$; $0.0858 wL^2$. (b) $0.250 wL$; $0.250 wL^2$.
7.69 (b) $|V|_{max} = 6.40$ kN; $|M|_{max} = 4.00$ kN·m.
7.70 (b) $|V|_{max} = 9.00$ kN; $|M|_{max} = 14.00$ kN·m.
7.77 (b) 75.0 kN·m, 4.00m from A.
7.78 (b) 1.378 kN·m, 1.050m from A.
7.79 (b) 40.5 kN·m, 1.800m from A.
7.80 (b) 60.5 kN·m, 2.20m from A.
7.81 (a) 18.00 kN·m, 3.00 m from A.
(b) 34.1 kN·m, 2.25 from A.
7.82 (a) 12.00 kN·m at C. (b) 6.25 kN·m, 2.50 m from A.
7.86 (a) $V = (w_0/6L)(L^2 - 3x^2)$; $M = (w_0/6L)(L^2 x - x^3)$.
(b) $0.0642 w_0 L^2 A \measuredangle = 0.577L$.
7.87 (a) $V = (w_0/3L)(2x^2 - 3Lx + L^2)$; $M = (w_0/8L)(4x^3 - 9Lx^2 + 6L^2 x - L^3)$.
(b) $w_0 L^2/72$, at $x = L/2$.
7.89 (a) $\mathbf{P} = 4.00$ kN ↓; $\mathbf{Q} = 6.00$ kN ↓. (b) $M_C = -900$ N·m.
7.90 (a) $\mathbf{P} = 2.50$ kN ↓; $\mathbf{Q} = 7.50$ kN ↓. (b) $M_C = -900$ N·m.
7.91 (a) $\mathbf{P} = 1.350$ kN ↓; $\mathbf{Q} = 0.450$ kN ↓. (b) $V_{max} = 2.70$ kN at A; $M_{max} = 6.345$ kN·m, 5.40 m from A.
7.92 (a) $\mathbf{P} = 0.540$ kN ↓; $\mathbf{Q} = 1.860$ kN ↓.
(b) $V_{max} = 3.14$ kN at B; $M_{max} = 7.00$ kN·m, 6.88 ft from A.
7.93 (a) $\mathbf{E}_x = 8.00$ kN →; $\mathbf{E}_y = 5.00$ kN ↑. (b) 9.43 kN.
7.94 2.00 m.
7.95 (a) 838 N ⦦ 17.4°. (b) 971 N ⦩ 34.5°.
7.96 (a) 2669 N ⦨ 2.10°. (b) 2815 N ⦩ 18.6.
7.97 (a) $d_B = 1.733$ m; $d_D = 4.20$ m. (b) 21.5 kN ⦩ 3.81°.
7.98 (a) 2.80 m. (b) $\mathbf{A} = 32.0$ kN ⦦ 38.7°; $\mathbf{E} = 25.0$ kN →.
7.101 196.2 N.
7.102 157.0 N.
7.103 (a) 2.08 kN ⦦ 22.6°. (b) 107 kg. (c) $T_{AB} = 2.08$ kN; $T_{BC} = 1$ kN; $T_{CD} = 650$ N.
7.107 (a) 2770 N. (b) 75.14 m.
7.109 (a) 334.49 MN. (b) 1306 m.
7.110 0.8 m.
7.111 (a) 259.52 MN. (b) 1285 m.
7.112 (a) 6.75 m. (b) $T_{AB} = 615$ N; $T_{BC} = 600$ N.
7.114 (a) $\sqrt{3L\Delta/8}$. (b) 3.67 m.
7.115 $h = 27.6$ mm; $\theta_A = 25.5°$; $\theta_C = 27.6°$.
7.116 (a) 4.05 m. (b) 6.41 m. (c) $A_x = 5890$ N ←, $A_y = 5300$ N ↑.
7.117 (a) 235.82 MN. (b) 29.3°.

7.118 (a) 4.8 m to the left of B. (b) 9.3 kN.
7.125 $Y = h[1 - \cos(\pi x/L)]$; $T_{min} = w_0 L^2/h\pi^2$;
$T_{max} = (w_0 L/\pi)\sqrt{(L^2/h^2\pi^2) + 1}$
7.127 (a) 9.89 m. (b) 60.3 N.
7.128 (a) 148.3 m. (b) 5.625 kN.
7.129 (a) 35.6 m. (b) 49.2 kg.
7.130 59.85 m.
7.133 (a) 5.89 m. (b) 10.89 N →.
7.134 10.05 m
7.135 (a) 4.22 m. (b) 80.3°.
7.136 (a) 30.2 m. (b) 56.6 kg.
7.139 31.8 N.
7.140 29.8 N.
7.143 (a) $a = 79.0$ m; $b = 60.0$ m. (b) 103.9 m.
7.144 (a) $a = 65.8$ m; $b = 50.0$ m. (b) 86.6 m.
7.145 119.1 N →.
7.146 177.6 N →.
7.147 3.50 m.
7.148 5.71 m.
7.151 0.394 m and 10.97 m
7.152 0.1408.
7.153 (a) 0.338. (b) 56.5°; $0.755 wL$.
7.154 $\mathbf{F} = 125$ N ⦨ 67.4°; $\mathbf{V} = 300$ N ⦩ 22.6°; $\mathbf{M} = 156$ N·m ↓ (on BJ).
7.155 $\mathbf{F} = 2330$ N ⦨ 67.4°; $\mathbf{V} = 720$ N ⦩ 22.6°; $\mathbf{M} = 374$ N·m ↓ (on BJ).
7.156 $\mathbf{F} = 94.6$ N ⦩ 76.0°; $\mathbf{V} = 116.4$ N ⦨ 14.04°; $\mathbf{M} = 54$ N·m ↓ (on BJ).
7.157 $\mathbf{F} = 200$ N ⦩ 36.9°; $\mathbf{V} = 120.0$ N ⦨ 53.1°; $\mathbf{M} = 120$ N·m ↑ (on BJ).
7.158 (a) 40.0 kN. (b) 40.0 kN·m.
7.161 (b) 12.00 kN·m, 6.00 m from A.
7.163 (a) 2.28 m. (b) $\mathbf{D}_x = 13.67$ kN →; $\mathbf{D}_y = 7.80$ kN ↑.
(c) 15.94 kN.
7.164 (a) 138.1 m. (b) 602 N.
7.165 (a) 56.3 m. (b) 2.36 N/m.
7.C1 (a) $M_D = +39.8$ kN·m. (b) $M_D = +14$ kN·m.
(c) $M_D = +180$ N·m.
7.C3 $a = 1.923$ m; $M_{max} = 37.0$ kN·m at 4.64 from A.
7.C4 (b) $M_{max} = 8.13$ kN·m when $x = 2.55$ m and 3.45 m.
7.C8 $c/L = 0.300$; $h/L = 0.5225$; $s_{AB}/L = 1.532$; $T_0/wL = 0.300$; $T_{max}/wL = 0.823$.

CHAPTER 8

8.1 Equilibrium; $\mathbf{F} = 172.6$ N ⦧.
8.2 Block moves; $\mathbf{F} = 279$ N ⦧.
8.3 Equilibrium; $\mathbf{F} = 4.04$ N. ⦨ 20°.
8.4 Block moves; $\mathbf{F} = 19$ N ⦨ 20°.
8.5 7.56 N $\leq P \leq$ 59.2 N
8.6 Block moves; $\mathbf{F} = 103.5$ N ⦧.
8.8 (a) 403 N. (b) 229 N.
8.10 143.0 N $\leq P \leq$ 483 N.
8.11 31.0°.
8.12 53.5°.
8.13 (a) 353 N ←. (b) 196.2 N ←.
8.14 (a) 275 N ←. (b) 196.2 N ←.
8.17 (a) 144 N →. (b) 120 N →. (c) 51.4 N →.
8.18 (a) 144 N →. (b) 1 m.
8.19 41.7 N.
8.20 37.5 N.
8.21 151.5 N·m.

8.22 1.473 kN.
8.23 $6.35 \leq L/a \leq 10.81$.
8.25 0.208.
8.27 (a) 136.4°. (b) 0.928 W.
8.29 (a) Plate in equilibrium. (b) Plate moves downward.
8.30 $10.00 \text{ N} < P < 36.7 \text{ N}$.
8.32 0.860.
8.34 0.0533.
8.35 (a) 1.333. (b) 1.192. (c) 0.839.
8.36 (b) 2.69 N.
8.37 0.225.
8.39 $168.4 \text{ N} \leq P \leq 308 \text{ N}$.
8.40 $9.38 \text{ N} \cdot \text{m} \leq M \leq 15.01 \text{ N} \cdot \text{m}$
8.41 540 N.
8.43 (a) System slides; $P = 62.8$ N. (b) System rotates about B; $P = 73.2$ N.
8.44 35.8°.
8.45 20.5°.
8.46 1.225 W.
8.47 $46.4° \leq \theta \leq 52.4°$ and $67.6° \leq \theta \leq 79.4°$.
8.48 (a) 620 N ←. (b) $\mathbf{B}_x = 1390$ N ←; $\mathbf{B}_y = 1050$ N ↓.
8.49 (a) 234 N →. (b) $\mathbf{B}_x = 1824$ N ←; $\mathbf{B}_y = 1050$ N ↓.
8.52 441 N.
8.53 480 N.
8.54 9.86 kN ←.
8.55 9.13 N ←.
8.56 (a) 28.1°. (b) 728 N ⦨ 14.04°.
8.57 (a) 62.7 N. (b) 62.7 N.
8.59 67.4 N.
8.60 7 N.
8.62 (a) 197.0 N →. (b) Base will not move.
8.63 (a) 280 N ←. (b) Base moves.
8.64 (b) 283 N ←.
8.65 0.442.
8.66 0.1103.
8.67 0.1013.
8.71 $1068 \text{ N} \cdot \text{m}$
8.72 $15.3 \text{ N} \cdot \text{m}$.
8.73 $41.4 \text{ N} \cdot \text{m}$.
8.75 $4.18 \text{ N} \cdot \text{m}$.
8.77 (a) 0.238. (b) 218 N ↓.
8.78 18.8 kN.
8.79 450 N.
8.80 412 N.
8.81 344 N.
8.82 376 N.
8.84 $T_{AB} = 77.5$ N; $T_{CD} = 72.5$ N. $T_{EF} = 67.8$ N.
8.86 (a) 4.80 kN. (b) 1.375°.
8.88 22.0 N ←.
8.89 1.95 N ↓.
8.90 18 N ←.
8.92 0.1670.
8.93 15 N.
8.98 48 N.
8.99 1 mm.
8.100 154.4 N.
8.101 300 mm.
8.102 (a) 1.288 kN. (b) 1.058 kN.
8.103 $73.0 \text{ N} \leq P \leq 1233 \text{ N}$.
8.104 (a) 0.329. (b) 2.67 turns.
8.105 (a) 22.8 kg. (b) 291 N.
8.106 (a) 109.7 kg. (b) 828 N.

8.109 $44.9 \text{ N} \cdot \text{m}$ ↑.
8.110 (a) $T_A = 42$ N; $T_B = 98$ N. (b) 0.270.
8.111 (a) $T_A = 55.7$ N; $T_B = 104.3$ N. (b) $10.95 \text{ N} \cdot \text{m}$. ↓.
8.112 $35.1 \text{ N} \cdot \text{m}$.
8.113 (a) $27.0 \text{ N} \cdot \text{m}$. (b) 675 N.
8.114 (a) $39.0 \text{ N} \cdot \text{m}$. (b) 844 N.
8.117 4.5 cm.
8.118 (a) 11.66 kg. (b) 38.6 kg. (c) 34.4 kg.
8.119 (a) 9.46 kg. (b) 167.2 kg. (c) 121.0 kg.
8.120 (a) 10.4 N. (b) 58.5 N.
8.121 (a) 28.9 N. (b) 28.9 N.
8.124 5.97 N.
8.125 9.56 N.
8.126 0.350.
8.128 (a) $0.3 \text{ N} \cdot \text{m}$. ↑. (b) 3.8 N ↓.
8.129 (a) $0.172 \text{ N} \cdot \text{m}$. ↓. (b) 2.15 N ↑.
8.133 (a) $51.0 \text{ N} \cdot \text{m}$. (b) 875 N.
8.134 (a) 170.5 N. (b) 14.04°
8.136 (a) $0.300 Wr$. (b) $0.349 Wr$.
8.137 664 N ↓.
8.139 0.750.
8.140 $-46.8 \text{ N} \leq P \leq 34.3 \text{ N}$.
8.141 (a) $\mathbf{P} = 56.6$ N ←. (b) $\mathbf{B}_x = 82.6$ N ←; $\mathbf{B}_y = 96.0$ N ↓.
8.143 $10.05 \text{ N} \cdot \text{m}$.
8.144 0.226.
8.C1 $x = 500$ mm: 63.3 N; $P_{\max} = 67.8$ N at $x = 355$ mm.
8.C2 $W_B = 10$ N: $\theta = 46.4°$; $W_B = 70$ N: $\theta = 21.3°$.
8.C3 $\mu_A = 0.25$: $M = 0.0603 \text{ N} \cdot \text{m}$.
8.C4 $\theta = 30°$: $1.336 \text{ N} \cdot \text{m} \leq M_A \leq 2.23 \text{ N} \cdot \text{m}$.
8.C5 $\theta = 60°$: $\mathbf{P} = 16.40$ N ↓; $R = 5.14$ N.
8.C6 $\theta = 20°$: $10.39 \text{ N} \cdot \text{m}$.
8.C7 $\theta = 20°$: 151.5 N; 66.25 N.
8.C8 (a) $x_0 = 0.600L$; $x_m = 0.604L$; $\theta_1 = 5.06°$. (b) $\theta_2 = 55.4°$.

CHAPTER 9

9.1 $a^3(h_1 + 3h_2)/12$.
9.2 $3a^3b/10$.
9.3 $ha^3/5$.
9.4 $4a^3b/21$.
9.6 $ab^3/6$.
9.8 $4ab^3/13$.
9.9 $ab^3/28$.
9.10 $(ab^3/3)/(3n + 1)$.
9.11 $0.1056 \, ab^3$.
9.12 $a^3b/20$.
9.15 $3ab^3/35$; $b\sqrt{9/35}$.
9.16 $\pi ab^3/8$; $b/2$.
9.17 $3a^3b/35$; $a\sqrt{9/35}$.
9.18 $\pi a^3 b/8$; $a/2$.
9.21 $43a^4/48$; $0.773a$.
9.22 $4ab(a^2 + 4b^2)/3$; $\sqrt{(a^2 + 4b^2)/3}$.
9.23 $64 \, a^4/15$; $1.265 \, a$.
9.25 (a) $\pi(R_2^4 - R_1^4)/4$. (b) $I_x = I_y = \pi(R_2^4 - R_1^4)/8$.
9.26 (b) -10.56%; -2.99%; -0.1248%.
9.28 $bh \, (12h^2 + b^2)/48$; $\sqrt{(12h^2 + b^2)/24}$.
9.31 $390 \times 10^3 \text{ mm}^4$; 21.9 mm.
9.32 $46 \times 10^4 \text{ mm}^4$; 16 mm.
9.33 $64.3 \times 10^3 \text{ mm}^4$; 8.87 mm.
9.34 $46.5 \times 10^4 \text{ mm}^4$; 16.1 mm.
9.37 $\bar{I}_x = 150.0 \text{ mm}^4$; $\bar{I}_y = 300 \text{ mm}^4$.
9.39 $A = 4000 \text{ mm}^2$; $\bar{I} = 500 \times 10^3 \text{ mm}^4$.

9.40 46.2×10^6 mm^4.
9.41 $\bar{I}_x = 1.874 \times 10^6$ mm^4; $\bar{I}_y = 5.82 \times 10^6$ mm^4.
9.42 $\bar{I}_x = 479 \times 10^3$ mm^4; $\bar{I}_y = 149.7 \times 10^3$ mm^4.
9.43 $\bar{I}_x = 191.3 \times 10^4$ mm^4; $\bar{I}_y = 75.2 \times 10^4$ mm^4.
9.44 $\bar{I}_x = 18.13 \times 10^4$ mm^4; $\bar{I}_y = 4.51 \times 10^4$ mm^4.
9.46 (a) 60.2×10^6 mm^4. (b) 60.1×10^6 mm^4.
9.47 (a) 11.57×10^6 mm^4. (b) 7.81×10^6 mm^4.
9.48 (a) 3.13×10^6 mm^4. (b) 2.41×10^6 mm^4.
9.49 $\bar{I}_x = 186.7 \times 10^6$ mm^4; $\bar{k}_x = 118.6$ mm; $\bar{I}_y = 167.7 \times 10^6$ mm^4; $\bar{k}_y = 112.4$ mm.
9.50 $\bar{I}_x = 18.4 \times 10^6$ mm^4; $\bar{k}_x = 54.9$ mm; $\bar{I}_y = 11.6 \times 10^6$ mm^4; $\bar{k}_y = 43.6$ mm.
9.52 $\bar{I}_x = 260 \times 10^6$ mm^4; $\bar{k}_x = 144.6$ mm; $\bar{I}_y = 17.53$ mm^4; $\bar{k}_y = 37.6$ mm.
9.54 $\bar{I}_x = 745 \times 10^6$ mm^4; $\bar{I}_y = 91.3 \times 10^6$ mm^4.
9.55 $\bar{I}_x = 3.55 \times 10^6$ mm^4; $\bar{I}_y = 49.8 \times 10^6$ mm^4.
9.56 (a) 386 mm. (b) $\bar{I}_x = 53.1 \times 10^6$ mm^4; $\bar{I}_y = 140.9 \times 10^6$ mm^4.
9.57 $h/2$.
9.58 $(a + 3b)\,h/(2a + 4b)$.
9.59 $3\pi b/16$.
9.60 $4h/7$.
9.63 $5a/8$.
9.64 80.0 mm.
9.67 $a^4/2$.
9.68 $b^2h^2/8$.
9.69 $a^2b^2/16$.
9.71 -1.760×10^6 mm^4.
9.72 2.40×10^6 mm^4.
9.74 -159.6×10^3 mm^4.
9.75 471×10^3 mm^4.
9.76 -90.1×10^6 mm^4.
9.78 1.165×10^6 mm^4.
9.79 (a) $\bar{I}_{x'} = 0.482a^4$; $\bar{I}_{y'} = 1.482a^4$; $\bar{I}_{x'y'} = -0.589a^4$. (b) $\bar{I}_{x'} = 1.120a^4$; $\bar{I}_{y'} = 0.843a^4$; $\bar{I}_{x'y'} = 0.760a^4$.
9.80 $\bar{I}_{x'} = 2.12 \times 10^6$ mm^4; $\bar{I}_{y'} = 8.28 \times 10^6$ mm^4; $\bar{I}_{x'y'} = -0.532 \times 10^6$ mm^4.
9.81 $\bar{I}_{x'} = 103.3 \times 10^5$ mm^4; $\bar{I}_{y'} = 202 \times 10^5$ mm^4; $\bar{I}_{x'y'} = -87.3 \times 10^5$ mm^4.
9.83 $\bar{I}_{x'} = 96.78 \times 10^3$ mm^4; $\bar{I}_{y'} = 519 \times 10^3$ mm^4; $\bar{I}_{x'y'} = 46.64 \times 10^3$ mm^4.
9.85 20.2°; $1.754a^4$; $0.209a^4$.
9.86 25.1°; $\bar{I}_{\max} = 8.32 \times 10^6$ mm^4; $\bar{I}_{\min} = 2.08 \times 10^6$ mm^4.
9.87 29.7° and 119.7°; 253×10^5 mm^4; 52.4×10^5 mm^4.
9.89 $-23.78°$ and 66.22°; 524.3×10^3 mm^4; 91.7×10^3 mm^4.
9.91 (a) $\bar{I}_{x'} = 0.482a^4$; $\bar{I}_{y'} = 1.482a^4$; $\bar{I}_{x'y'} = -0.589a^4$. (b) $\bar{I}_{x'} = 1.120a^4$; $\bar{I}_{y'} = 0.843a^4$; $0.760a^4$.
9.92 $\bar{I}_{x'} = 2.12 \times 10^6$ mm^4; $\bar{I}_{y'} = 8.28 \times 10^6$ mm^4; $\bar{I}_{x'y'} = -0.532 \times 10^6$ mm^4.
9.93 $\bar{I}_{x'} = 1033 \times 10^4$ mm^4; $\bar{I}_{y'} = 2020 \times 10^4$ mm^4; $\bar{I}_{x'y'} = -873 \times 10^4$ mm^4.
9.95 $\bar{I}_{x'} = 96.79 \times 10^3$ mm^4; $\bar{I}_{y'} = 519.21 \times 10^3$ mm^4; $\bar{I}_{x'y'} = 46.63 \times 10^3$ mm^4.
9.97 20.2°; $1.754a^4$; $0.209a^4$.
9.98 25.1° counterclockwise at C; $I_{\max} = 8.32 \times 10^6$ mm^4; $I_{\min} = 2.08 \times 10^6$ mm^4.
9.99 $-33.4°$; 221×10^6 mm^4; 24.9×10^6 mm^4.
9.100 29.7°; 253×10^5 mm^4; 524×10^4 mm^4.
9.103 (a) -1.146×10^6 mm^4. (b) 19.53° clockwise. (c) 4.343×10^6 mm^4.
9.104 23.8° clockwise; 0.524×10^6 mm^4; 0.0917×10^6 mm^4.
9.105 19.54° counterclockwise; 4.34×10^6 mm^4; 0.647×10^6 mm^4.
9.106 (a) 25.3°. (b) 1459×10^3 mm^4; 40.5×10^3 mm^4.

9.107 (a) 88.0×10^6 mm^4. (b) 96.3×10^6 mm^4; 39.7×10^6 mm^4.
9.111 (a) $\bar{I}_{AA'} = \bar{I}_{BB'} = ma^2/24$. (b) $ma^2/12$.
9.112 (a) $5mb^2/4$. (b) $5m\,(a^2 + b^2)/4$.
9.113 (a) $0.0699\ ma^2$. (b) $0.320\ ma^2$.
9.114 (a) $25\ mr_2^2/64$. (b) $0.1522\ mr_2^2$.
9.115 (a) $5\ ma^2/18$. (b) $3.61\ ma^2$.
9.117 (a) $ma^2/3$. (b) $3ma^2/2$.
9.118 (a) $7ma^2/6$. (b) $ma^2/2$.
9.119 $m(3a^2 + 4L^2)/12$.
9.120 $1.329\ mh^2$.
9.121 (a) $0.241\ mh^2$. (b) $m(3a^2 + 0.1204\ h^2)$.
9.122 $m(b^2 + 3h^2)/5$.
9.124 $m(a^2 + 3h^2)/6$.
9.126 $I_x = I_y = ma^2/4$; $I_z = ma^2/2$.
9.127 1.286×10^{-6} kg $\cdot$ m^2; 8.8 mm.
9.128 837×10^{-9} kg $\cdot$ m^2; 6.92 mm.
9.130 $ma^2/2$; $a/\sqrt{2}$.
9.131 281×10^{-3} kg $\cdot$ m^2.
9.132 (a) $\pi pl^2\,[6a^2t(5a^2/3l^2 + 2a/l + 1) + d^2l/4]$. (b) 0.1851.
9.133 (a) 27.5 mm to the right of A. (b) 32.0 mm.
9.135 $I_x = 0.877$ kg $\cdot$ m^2; $I_y = 1.982$ kg $\cdot$ m^2; $I_z = 1.652$ kg $\cdot$ m^2.
9.136 $I_x = 175.5 \times 10^{-3}$ kg $\cdot$ m^2; $I_y = 309 \times 10^{-3}$ kg $\cdot$ m^2; $I_z = 154.4 \times 10^{-3}$ kg $\cdot$ m^2.
9.138 $I_x = 0.1175$ kg $\cdot$ m^2; $I_y = 0.2783$ kg $\cdot$ m^2; $I_z = 0.2362$ kg $\cdot$ m^2.
9.139 $I_x = 282.5 \times 10^{-6}$ kg $\cdot$ m^2; $I_y = 108.6 \times 10^{-6}$ kg $\cdot$ m^2; $I_z = 372.2 \times 10^{-6}$ kg $\cdot$ m^2.
9.141 (a) 13.99×10^{-3} kg $\cdot$ m^2. (b) 20.6×10^{-3} kg $\cdot$ m^2. (c) 14.30×10^{-3} kg $\cdot$ m^2.
9.142 $I_x = 28.3 \times 10^{-3}$ kg $\cdot$ m^2; $I_y = 183.8 \times 10^{-3}$ kg $\cdot$ m^2; $k_x = 42.9$ mm; $k_y = 109.3$ mm.
9.143 73.3×10^{-3} kg $\cdot$ m^2.
9.145 (a) 26.4×10^{-3} kg $\cdot$ m^2. (b) 31.2×10^{-3} kg $\cdot$ m^2. (c) 8.58×10^{-3} kg $\cdot$ m^2.
9.147 $I_x = 0.0232$ kg $\cdot$ m^2; $I_y = 0.0214$ kg $\cdot$ m^2; $I_z = 0.018$ kg $\cdot$ m^2.
9.148 $I_x = 0.323$ kg $\cdot$ m^2; $I_y = I_z = 0.419$ kg $\cdot$ m^2.
9.149 $I_{xy} = 2.50 \times 10^{-3}$ kg $\cdot$ m^2; $I_{yz} = 4.06 \times 10^{-3}$ kg $\cdot$ m^2; $I_{zx} = 8.81 \times 10^{-3}$ kg $\cdot$ m^2.
9.150 $I_{xy} = 286 \times 10^{-6}$ kg $\cdot$ m^2; $I_{yz} = I_{zx} = 0$.
9.151 $I_{xy} = -709 \times 10^{-6}$ kg $\cdot$ m^2; $I_{yz} = 208.5 \times 10^{-6}$ kg $\cdot$ m^2; $I_{zx} = -869.2 \times 10^{-6}$ kg $\cdot$ m^2.
9.152 $I_{xy} = -228.9 \times 10^{-6}$ kg $\cdot$ m^2; $I_{yz} = -71.2 \times 10^{-6}$ kg $\cdot$ m^2; $I_{zx} = 465.9 \times 10^{-6}$ kg $\cdot$ m^2.
9.155 $I_{xy} = -8.04 \times 10^{-3}$ kg $\cdot$ m^2; $I_{yz} = 12.90 \times 10^{-3}$ kg $\cdot$ m^2; $I_{zx} = 94.0 \times 10^{-3}$ kg $\cdot$ m^2.
9.156 $I_{xy} = 0$; $I_{yz} = 48.3 \times 10^{-6}$ kg $\cdot$ m^2; $I_{zx} = -4.43 \times 10^{-3}$ kg $\cdot$ m^2.
9.157 $I_{xy} = 47.9 \times 10^{-6}$ kg $\cdot$ m^2; $I_{yz} = 102.1 \times 10^{-6}$ kg $\cdot$ m^2; $I_{zx} = 64.1 \times 10^{-6}$ kg $\cdot$ m^2.
9.158 $I_{xy} = -m'\,R_1^3/2$; $I_{yz} = m'\,R_1^3/2$; $I_{zx} = -m'\,R_2^3/2$.
9.159 $I_{xy} = wa^3\,(1 - 5\pi)/g$; $I_{yz} = -11\pi\,wa^3/g$; $I_{zx} = 4wa^3\,(1 + 2\pi)/g$.
9.160 $I_{xy} = -11wa^3/g$; $I_{yz} = wa^3(\pi + 6)/2g$; $I_{zx} = -wa^3/4g$.
9.162 (a) $mac/20$. (b) $I_{xy} = mab/20$; $I_{yz} = mbc/20$.
9.165 18.17×10^{-3} kg $\cdot$ m^2.
9.166 11.81×10^{-3} kg $\cdot$ m^2.
9.167 $5Wa^2/18g$.
9.168 $4.41\ rta^4/g$.
9.169 281×10^{-3} kg $\cdot$ m^2.
9.170 0.354 kg $\cdot$ m^2.

9.173 (a) $1/\sqrt{3}$. (b) $\sqrt{7/12}$.
9.174 (a) $b/a = 2$; $c/a = 2$. (b) $b/a = 1$; $c/a = 0.5$.
9.175 (a) 2. (b) $\sqrt{2/3}$.
9.179 (a) $K_1 = 0.363ma^2$; $K_2 = 1.583ma^2$; $K_3 = 1.720ma^2$.
(b) $(\theta_x)_1 = (\theta_z)_1 = 49.7°$, $(\theta_y)_1 = 113.7°$; $(\theta_x)_2 = 45.0°$,
$(\theta_y)_2 = 90.0°$, $(\theta_z)_2 = 135.0°$; $(\theta_x)_3 = (\theta_z)_3 = 73.5°$, $(\theta_y)_3 = 23.7°$.
9.180 (a) $K_1 = 14.30 \times 10^{-3}$ kg·m²; $K_2 = 13.96 \times 10^{-3}$ kg·m²;
$K_3 = 20.6 \times 10^{-3}$ kg·m².
(b) $(\theta_x)_1 = (\theta_y)_1 = 90.0°$, $(\theta_z)_1 = 0$; $(\theta_x)_2 = 3.42°$, $(\theta_y)_2 = 86.6°$,
$(\theta_z)_2 = 90.0°$; $(\theta_x)_3 = 93.4°$, $(\theta_y)_3 = 3.43°$, $(\theta_z)_3 = 90.0°$.
9.182 (a) $K_1 = 0.1639Wa^2/g$; $K_2 = 1.054Wa^2/g$; $K_3 = 1.115Wa^2/g$.
(b) $(\theta_x)_1 = 36.7°$, $(\theta_y)_1 = 71.6°$, $(\theta_z)_1 = 59.5°$; $(\theta_x)_2 = 74.9°$,
$(\theta_y)_2 = 54.5°$, $(\theta_z)_2 = 140.5°$; $(\theta_x)_3 = 57.5°$, $(\theta_y)_3 = 138.8°$,
$(\theta_z)_3 = 112.4°$.
9.183 (a) $K_1 = 2.26\gamma ta^4/g$; $K_2 = 17.27\gamma ta^4/g$; $K_3 = 19.08\gamma ta^4/g$.
(b) $(\theta_x)_1 = 85.0°$, $(\theta_y)_1 = 36.8°$, $(\theta_z)_1 = 53.7°$; $(\theta_x)_2 = 81.7°$,
$(\theta_y)_2 = 54.7°$, $(\theta_z)_2 = 143.4°$; $(\theta_x)_3 = 9.70°$, $(\theta_y)_3 = 99.0°$,
$(\theta_z)_3 = 86.3°$.
9.185 $I_x = a^4/8$; $I_y = 3a^4/2$.
9.186 $a^3b/6$; $a/\sqrt{3}$.
9.188 $I_x = 48.9 \times 10^3$ mm⁴; $I_y = 8.35 \times 10^3$ mm⁴.
9.189 (a) 80.9×10^6 mm⁴. (b) 57.4×10^6 mm⁴.
9.191 -1.165×10^{-6} mm⁴.
9.195 $I_x = 26.0 \times 10^{-3}$ kg·m²; $I_y = 38.2 \times 10^{-3}$ kg·m²;
$I_z = 17.55 \times 10^{-3}$ kg·m².
9.196 $I_x = 38.1 \times 10^{-3}$ kg·m²; $k_x = 110.7$ mm.
9.C1 $\theta = 20°$; $I_{x'} = 2.272 \times 10^6$ mm⁴, $I_{y'} = 0.508 \times 10^6$ mm⁴,
$I_{x'y'} = -0.534 \times 10^6$ mm⁴.
9.C3 (a) $\bar{I}_{x'} = 371 \times 10^3$ mm⁴, $\bar{I}_{y'} = 64.3 \times 10^3$ mm⁴;
$\bar{k}_{x'} = 21.3$ mm, $\bar{k}_{y'} = 8.87$ mm. (b) $\bar{I}_{x'} = 40.4$ in⁴,
$\bar{I}_{y'} = 46.5$ in⁴; $\bar{k}_{x'} = 1.499$ in., $\bar{k}_{y'} = 1.607$ in. (c) $\bar{k}_x = 2.53$ in., $\bar{k}_y = 1.583$ in. (d) $\bar{k}_x = 1.904$ in., $\bar{k}_y = 0.950$ in.
9.C5 (a) 5.99×10^{-3} kg·m². (b) 77.4×10^{-3} kg·m².
9.C6 (a) 100.3×10^{-6} kg·m². (b) 874.6×10^{-6} kg·m².
(c) 282×10^{-6} kg·m².

CHAPTER 10

10.1 270 N ↑.
10.2 60.0 N ↓.
10.3 32.4 N·m ⤸.
10.4 12 N·m ⤸.
10.5 500 N ↑.
10.6 750 N ↑.
10.9 $Q = 3P \tan\theta$.
10.10 $Q = P[(l/a)\cos^3\theta - 1]$.
10.12 $Q = 2P\sin\theta/\cos(\theta/2)$.
10.14 $Q = (3P/2)\tan\theta$.
10.15 $M = Pl/2 \tan\theta$.
10.16 $M = Pl(\sin\theta + \cos\theta)$.
10.17 $M = \frac{1}{2}Wl \tan\alpha \sin\theta$.
10.18 $M = PR \csc^2\theta$.
10.19 426 N·m ⤸.
10.20 1.14 kN ⤢ 70.0°.
10.23 39.2°.
10.26 19.81° and 51.9°.
10.27 36.4°.
10.28 67.1°.
10.29 40.2°.
10.31 390 mm.
10.32 330 mm.
10.34 57.2°.
10.35 38.7°.
10.36 60.4°.
10.37 22.6°.
10.38 51.1°.
10.39 59.0°.
10.40 78.7°, 324°, 379°.
10.43 12.03 kN ↘.
10.44 20.4°.
10.45 9.43 kN ↖.
10.46 9.99 kN ↖.
10.48 300 N·m, 81.8 N·m.
10.49 $\eta = 1/(1 + \mu \cot\alpha)$.
10.50 $\eta = \tan\theta/\tan(\theta + \phi_s)$.
10.52 37.6 N, 31.6 N.
10.53 7.75 kN ↑.
10.54 $H = 1.361$ kN ↑; $M_H = 550$ N·m ⤹.
10.57 12.5 mm. ↓.
10.58 9.38 mm. →.
10.69 $\theta = 45.0°$, stable; $\theta = -135.0°$, unstable.
10.70 $\theta = -149°$, unstable; $\theta = 31°$, stable.
10.71 (a) 0, unstable. (b) 137.8°, stable.
10.72 $\theta = 0$ and $\theta = 180.0°$, unstable; $\theta = 75.5°$ and
$\theta = 284°$, stable.
10.73 59.0°, stable.
10.74 78.7°, stable; 324°, unstable; 379°, stable.
10.75 $W = 10.53$ N, stable.
10.76 $\theta = 31.6°$, stable.
10.77 357 mm.
10.78 252 mm.
10.80 9.39° and 90.0°, stable; 34.16°, unstable.
10.82 $\theta = 12.92°$, stable; $\theta = 77.1°$, unstable.
10.83 49.1°.
10.86 16.88 m.
10.87 54.8°.
10.88 37.4°.
10.89 $P < kl/2$.
10.91 $k > 1.74$ kN/m.
10.92 300 mm.
10.93 $P < 2kL/9$.
10.94 $P < kL/18$.
10.96 $P < 160.0$ N.
10.98 $P < 764$ N.
10.99 $0 \le P < 0.219$ ka.
10.101 120.0 N →.
10.102 30 N·m ⤹.
10.103 (a) 60.0 N C, 8.00 mm↓. (b) 300 N C, 40.0 mm↓.
10.105 $M = 7Pa \cos\theta$.
10.107 19.40°.
10.108 142.5 mm.
10.110 $P < k(l-a)^2/2l$.
10.112 (a) 22.0°. (b) 30.6°.
10.C1 $\theta = 60°$: 60.5 mm; $\theta = 120°$: 43.3 mm.; $(M/P)_{max} = 56.3$ mm at $\theta = 73.7°$.
10.C2 $\theta = 60°$: 171.1 N C. For $32.5° \le \theta \le 134.3°$, $|F| \le 400$ N.
10.C3 $\theta = 60°$; 296 N T. For $\theta \le 125.7°$, $|F| \le 400$ N.
10.C4 (b) $\theta = 60°$, datum at C: $V = -33.2$ J.
(c) 34.2°, stable; 90°, unstable; 145.8°, stable.
10.C5 (b) $\theta = 50°$, datum at E: $V = 100.5$ J. $dV/d\theta = 22.9$ J.
(c) $\theta = 0$, unstable; 30.4°.
10.C6 (b) $\theta = 60°$, datum at B: 30.0 J.
(c) $\theta = 0$, unstable; 41.4°, stable.
10.C7 (b) $\theta = 60°$, datum at $\theta = 0$: -37.0 J. (c) 52.2°, stable.

索引

Slug　10

一　劃

一力對一點的力矩　a moment of a force about a point　85
一次矩　first moment　470

二　劃

二力物體/二力元件　two-force body　191
二次曲面　quadric surface　530
二次矩　second moment　470
力　force　3, 6
力-力偶系　force-couple system　82
力三角　force triangle　39
力的分解　resolving the force **F**　23
力偶　couple　82
力偶向量　couple vector　118
力偶系　force-couple system　119
力偶矩/力偶的力矩　moment of the couple　114

三　劃

三角形法則　triangle rule　21
三重積分　triple integration　265
千牛頓　kN　7
千磅　kilopound, kip　11
叉積　cross product　86
大小　magnitude　4, 19
小時　h　8

四　劃

不可壓縮流體　incompressible fluids　3
不當拘束　improperly constrained　173
不穩定平衡　unstable　578
中性軸　neutral axis　470
內力　internal forces　82, 85, 290
公寸　decimeter, dm　8
公分　centimeter, cm　8
公升　liter, L　9
公尺　m　7
公斤　kg　7
公克　g　7
公里　km　7
公厘　mm　7
分　min　8
分布負載　distributed load　253, 388
分量　components　23
反力　reactions　168
反作用力/反力　reactions　167
方向　direction　4, 19
方向餘弦　direction cosines　50
水力學　hydraulics　3
牛頓　N　7

五　劃

加速度　accelerations　20
可交換　commutative　21, 102
可結合　associative　22
可壓縮流體　compressible fluids　3
可變形體　deformable bodies　3
右手三元組　right-handed triad　86, 104
右手定則　right-hand rule　86
外力　external forces　82
左手三元組　left-handed triad　104
平方公尺　square meter, m^2　8
平行六面體　parallelepiped　104

607

平行軸定理　parallel-axis theorem　479, 480, 510
平移　translation　83
生成平面　generating area　245
生成曲線　generating curve　245
皮帶摩擦　belt friction　449
立方公尺　cubic meter, m^3　8

六　劃

共面　coplanar　22
共點力　concurrent　23
合力　resultant　4, 19
合力偶　resultant couple　133
向量　vector　4, 20
向量積　vector product　85
多邊形法則　polygon rule　22
安息角　angle of repose　418
百萬公克　Mg　7
自由體圖　free-body diagrams　14
自鎖　self-looking　433

七　劃

位能　potential energy　576
位移　displacements　20
位置向量　position vector　89
作用線　line of action　19
作用點　point of application　83
完全拘束　completely constrained　172
形心軸　centroidal axis　479
形成一致的單位制　consistent system of units　6
投影　projections　87

八　劃

受到部分拘束　partially constrained　173
受純彎曲　pure bending　470
固定支撐　fixed supports　169
帕普斯－古爾丁定理　theorems of Pappus-Guldinus　228
拘束力　constraining forces　168
直二力桿件　straight two-force member　360
直角慣性矩　rectangular moment of inertia　471
空間　space　3
空間桁架　Space Trusses　297
空間圖　space diagram　39
芬克式桁架　Fink truss　308
長方形　rectangle　29
長度　length　6
非潤滑　nonlubricated　415

九　劃

保守力　conservative force　577
垂度　sag　390
恰當微分　exact differential　576
指向　sense　19
施力點　point of application　4, 19
流體　fluids　3
流體摩擦　fluid friction　415
相等　equal　21
秒　second, s　7, 9
英尺　foot, ft　9
英寸　inch, in.　11
英里　mile, mi　11
英磅　pound, lb　9
范力農定理　Varignon's Theorem　90
負向量　negative vector　21
重力　force of gravity　7
重力　weight　168
重心　center of gravity　83
重量　weight, $\mathbf{W}$　5, 7, 83
面的主形心軸　principal centroidal axes of the area　498
面對 O 的主軸　principal axes of the area about O　497

面對 O 的主慣性矩　principal moments of inertia of the area about O　497

十　劃

剛性桁架　rigid truss　293
剛體　rigid body　3, 82
套於無摩擦桿件的套筒　collars on frictionless rods　169
套環軸承　collar bearings　441
座標　coordinates　4
庫倫摩擦　coulomb friction　415
時間　time　3, 6
桁架　trusses　291
純量　scalar　20, 102
純量積　scalar product　102
起子力系　wrench　136
迴轉半徑　radius of gyration　473
迴轉面　surface of revolution　244
迴轉體　body of revolution　244
馬克思威圖　Maxwell's diagram　296

十一　劃

乾摩擦　dry friction　415
剪力圖　shear diagram　370
剪應力　shearing stresses　232
動力單位　kinetic units　6
動力學　dynamics　3
動量　momenta　20
動摩擦力　kineticfriction force　416
動摩擦角　angle of kinetic friction　417
動摩擦係數　coefficient of kinetic friction　416
基本單位　basic units　6
張力　tension　85
敘述　statement　13
旋轉　rotation　83
梁　beams　360, 367

混和三重積　mixed triple product　104
粗糙表面　rough surfaces　169
莫爾圓　Mohr's circle　503
速度　velocities　20

十二　劃

單位向量　unit vector　30, 51
單積分　single integration　267
無摩擦表面　frictionless surfaces　169
無摩擦插銷　frictionless pins in fitted holes　169
無摩擦滑動的插銷　frictionless pins in slots　169
焦耳　joule, J　555
短連桿和繩索　short links and cables　169
等效　equivalent　84, 116
虛功　virtual work　558
虛位移　virtual displacement　557
軸向力　axial forces　360
量　mass　3

十三　劃

傳遞性原理　principle of transmissibility　83
傾斜　oblique　29
圓盤摩擦　disk friction　441
楔　wedges　431
極慣性矩　polar moment of inertia　469, 472
滑動向量　sliding vectors　82
經驗法則　empiricism　3
萬有引力常數　constant of gravitation　5
跨度　span　367
跨距　span　390
過剛　overrigid　309
零力桿件　zero-force member　296

十四　劃

圖形分析　graphical analysis　296
對稱面　plane of symmetry　264
慣性　inertia　508
慣性矩　moment of inertia　470
慣性橢球　ellipsoid of inertia　530
慣性積　product of inertia　494
構架　frames　291, 318
滾動阻力　rolling resistance　443
滾輪支撐　rollers　169
端面軸承　end bearings　441
鉸支支撐　rockers　169
鉸鍊　hinges　169

十五　劃

摩擦力　friction forces　415
摩擦角　angles of friction　417
標準磅　standard pound　9
潤滑機制　lubricated mechanisms　415
複合桁架　compound trusses　308
質量　mass　6
質量慣性矩　moment of inertia of a mass　508
噸　ton　11

十六　劃

導出單位　derived unit　6
導程　lead　432
機具　machines　291, 318, 334
橢球　ellipsoid　530
輸入力　input forces　334
輸出力　output forces　334

隨遇平衡　neutral　578
靜力學　statics　3
靜不定　statically indeterminate　172
靜定　statically determinate　172
靜摩擦力　static-friction force　415
靜摩擦角　angle of static friction　417
靜摩擦係數　coefficient of static friction　416

十七　劃

壓力中心　center of pressure　255
壓縮力　compression　85
環狀排列　circular permutation　105
薄平板的慣性矩　moments of inertia of thin plates　511
螺絲起子軸　axis of the wrench　136
螺距　pitch　136
點積　dot product　102

十八　劃

簡單空間桁架　simple space truss　298
簡單桁架　simple truss　293
轉動慣量　moment of inertia　509
雙重積分　double integration　242

十九　劃以上

瀕臨運動　motion is impending　417
穩定平衡　stable　578
彎矩圖　bending-moment diagram　370
變形　deformations　85
纜繩　cables　360

常見平面形狀的形心

形狀		$\bar{x}$	$\bar{y}$	面積
三角形			$\dfrac{h}{3}$	$\dfrac{bh}{2}$
四分之一圓		$\dfrac{4r}{3\pi}$	$\dfrac{4r}{3\pi}$	$\dfrac{\pi r^2}{4}$
半圓		0	$\dfrac{4r}{3\pi}$	$\dfrac{\pi r^2}{2}$
半拋物面		$\dfrac{3a}{8}$	$\dfrac{3h}{5}$	$\dfrac{2ah}{3}$
拋物面		0	$\dfrac{3h}{5}$	$\dfrac{4ah}{3}$
拋物線拱腹		$\dfrac{3a}{4}$	$\dfrac{3h}{10}$	$\dfrac{ah}{3}$
扇形		$\dfrac{2r\sin\alpha}{3\alpha}$	0	αr^2
四分之一圓弧		$\dfrac{2r}{\pi}$	$\dfrac{2r}{\pi}$	$\dfrac{\pi r}{2}$
半圓弧		0	$\dfrac{2r}{\pi}$	πr
圓弧		$\dfrac{r\sin\alpha}{\alpha}$	0	$2\alpha r$

常見幾何形狀的慣性矩

矩形	
$\bar{I}_{x'} = \frac{1}{12}bh^3$ $\bar{I}_{y'} = \frac{1}{12}b^3h$ $I_x = \frac{1}{3}bh^3$ $I_y = \frac{1}{3}b^3h$ $J_C = \frac{1}{12}bh(b^2+h^2)$	

三角形	
$\bar{I}_{x'} = \frac{1}{36}bh^3$ $I_x = \frac{1}{12}bh^3$	

圓	
$\bar{I}_x = \bar{I}_y = \frac{1}{4}\pi r^4$ $J_O = \frac{1}{2}\pi r^4$	

半圓	
$I_x = I_y = \frac{1}{8}\pi r^4$ $J_O = \frac{1}{4}\pi r^4$	

四分之一圓	
$I_x = I_y = \frac{1}{16}\pi r^4$ $J_O = \frac{1}{8}\pi r^4$	

橢圓	
$\bar{I}_x = \frac{1}{4}\pi ab^3$ $\bar{I}_y = \frac{1}{4}\pi a^3 b$ $J_O = \frac{1}{4}\pi ab(a^2+b^2)$	

常見幾何形狀的質量慣性矩

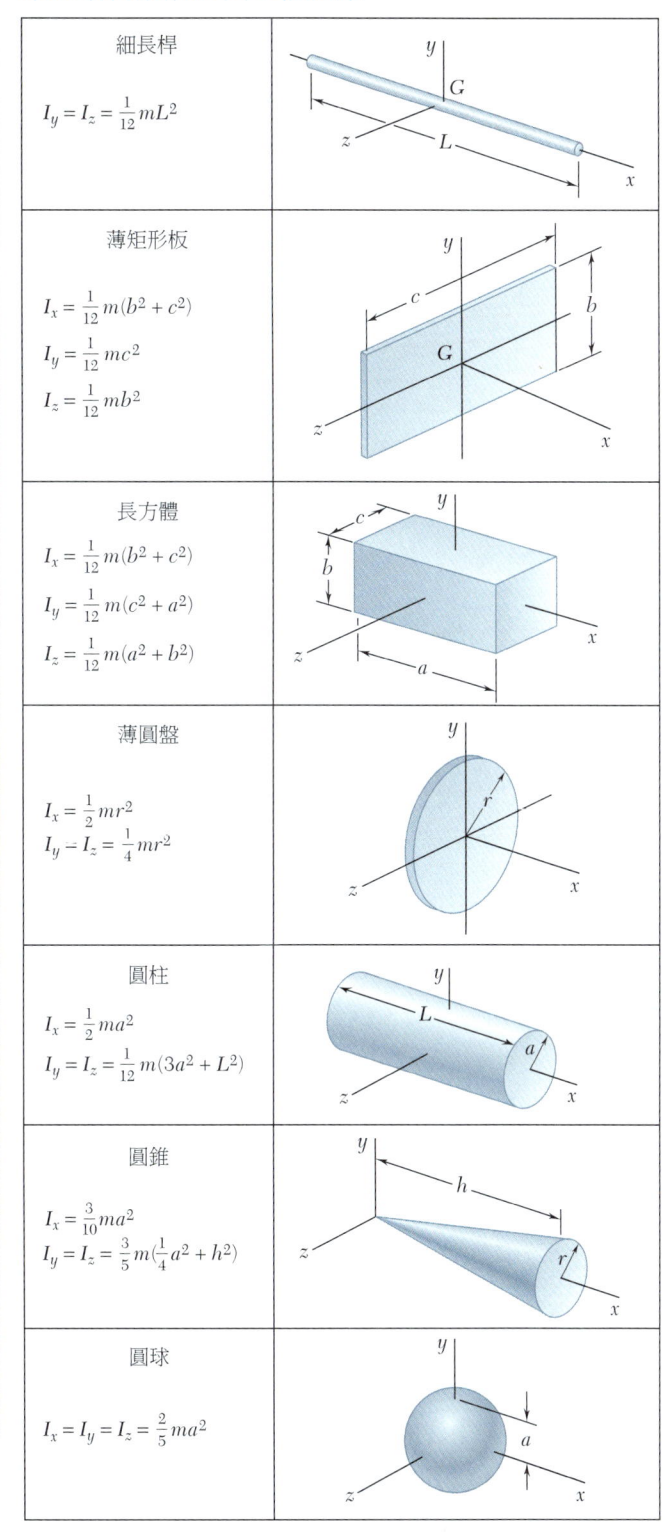

細長桿	
$I_y = I_z = \frac{1}{12}mL^2$	

薄矩形板	
$I_x = \frac{1}{12}m(b^2+c^2)$ $I_y = \frac{1}{12}mc^2$ $I_z = \frac{1}{12}mb^2$	

長方體	
$I_x = \frac{1}{12}m(b^2+c^2)$ $I_y = \frac{1}{12}m(c^2+a^2)$ $I_z = \frac{1}{12}m(a^2+b^2)$	

薄圓盤	
$I_x = \frac{1}{2}mr^2$ $I_y = I_z = \frac{1}{4}mr^2$	

圓柱	
$I_x = \frac{1}{2}ma^2$ $I_y = I_z = \frac{1}{12}m(3a^2+L^2)$	

圓錐	
$I_x = \frac{3}{10}ma^2$ $I_y = I_z = \frac{3}{5}m(\frac{1}{4}a^2+h^2)$	

圓球	
$I_x = I_y = I_z = \frac{2}{5}ma^2$	